中德“双元制”职业教育化工专业系列教材

Chemietechnik

化学工程与技术

(德) 埃克哈德·伊格纳托维茨　著
Eckhard Ignatowitz

原著第12版

周　铭　徐晓强　陈　星　等译

化学工业出版社
·北京·

内容简介

《化学工程与技术》是一本全面介绍化学生产过程的书籍，结构系统，分为15个不同的主题领域，集化工设备、化工仪表、化工工艺和化工生产安全于一体。本书语言表述清晰易懂，内含约1500幅彩色图示、照片和曲线图以及大量表格，以用于直观解释和理解。各专业领域都配有物理和化学基础知识讲解，并介绍物理和化学过程以及机器、设备和装置，以确保学习者充分理解每个主题并构建深入思考的能力；每章结束后都配有针对所讲内容的作业和复习题，一方面帮助学习者巩固所学知识，另一方面为教师和培训师补充教学材料提供思路。

本书兼具逻辑性和可读性，可供高职高专化学工程及相关专业作为教材使用，还可作为化学工业的设计和生产部门工作和培训的人员的参考读物。

CHEMIETECHNIK, 12th editiony Dr.-Ing. Eckhard Ignatowitz
ISBN 978-3-8085-7120-0
Copyright©2015 by Verlag Europa-Lehrmittel, Nourney, Vollmer GmbH & Co. KG All rights reserved.
Authorized translation from the German language edition published by VERLAG EUROPA-LEHRMITTEL, Nourney, Vollmer GmbH & Co. KG

本书中文简体字版由 EUROPA-LEHRMITTEL, Nourney, Vollmer GmbH & Co. KG 授权化学工业出版社独家出版发行。
本书仅限在中国内地（大陆）销售，不得销往中国香港、澳门和台湾地区。未经许可，不得以任何方式复制或抄袭本书的任何部分，违者必究。

北京市版权局著作权合同登记号：01-2021-3764

图书在版编目（CIP）数据

化学工程与技术/（德）埃克哈德·伊格纳托维茨（Eckhard Ignatowitz）著；周铭等译.—北京：化学工业出版社，2022.2
中德“双元制”职业教育化工专业系列教材
ISBN 978-7-122-40169-4

Ⅰ.①化… Ⅱ.①埃… ②周… Ⅲ.①化学工程 Ⅳ.①TQ02

中国版本图书馆CIP数据核字（2021）第218227号

责任编辑：满悦芝　王海燕　　　装帧设计：张　辉
责任校对：王　静

出版发行：化学工业出版社（北京市东城区青年湖南街13号　邮政编码100011）
印　　装：天津图文方嘉印刷有限公司
787mm×1092mm　1/16　印张37　字数903千字　　2022年10月北京第1版第1次印刷

购书咨询：010-64518888　　　售后服务：010-64518899
网　　址：http://www.cip.com.cn
凡购买本书，如有缺损质量问题，本社销售中心负责调换。

定　　价：298.00元

版权所有　违者必究

序

石油化学工业是典型的流程工业，融合多种学科，是知识、技术密集的产业，具有设备大型化、自动化程度高、工艺过程复杂，安全生产、绿色低碳发展要求高等诸多特征，对从业人员的职业素质和综合能力有很高要求。《国家职业教育改革实施方案》明确指出，要“借鉴‘双元制’等模式，总结现代学徒制和企业新型学徒制试点经验，校企共同研究制定人才培养方案，及时将新技术、新工艺、新规范纳入教学标准和教学内容，强化学生实习实训”，要“积极吸引企业和社会力量参与，指导各地各校借鉴德国、日本、瑞士等国家经验，探索创新实训基地运营模式”。

盘锦职业技术学院于 2017 年 3 月率先在国内引入德国化工“双元制”人才培养项目，在化工类专业中开展德国双元制本土化改革，通过理念上的创新、模式上的引进、标准上的借鉴、机制上的复制，吸纳德国职业教育先进的办学元素，经过内化与改革，形成了一系列标准与创新模式。特别在人才培养方案制定、行动领域课程开发、双主体师资队伍建设、校企双元协同育人、引入德国化工职业资格考试等方面进行了创新与实践。

《化学工程与技术》是伴随盘锦职业技术学院“中德化工双元培育项目”而引进的，是欧洲职业学校教材。该书是德国化工“双元制”人才培养的重要图书，适用于德国化工研发和生产企业的工作人员和培训生学习，也是适用于德国职业学校、应用技术大学的专业教学材料。该书也是德国化工类职业资格（化工操作员、化工技术员、化工工艺工程师等）考试的参考教材。对于高校化学工程和化学专业的学生、化工领域的工匠、化工领域的技术人员，也是非常好的学习材料。

该书内容涵盖了化学工程的全面介绍，将化工领域涉及的各类知识进行了高度融合。该书系统性极强，结构清晰，主题领域呈结构化展开。按照化学工程涉及的专业领域，以模块化形式介绍了化工装置、电气工程、机械零件、化工设备材料技术、测量技术、化工单元操作、控制与调节技术、化学反应技术、环境保护等，各模块知识相互关联，使读者能全面了解化工生产的全过程，具有科学、规范、实用、便利的特点。这种模块化的结构赋予读者更大的灵活性，既可以按照顺序逐一学习，也可以根据所需灵活进行教学和学习，或单独学习某一模块。此外，该书中含有大量教学资源，包括近 1500 幅彩色图片、照片和图示说明，给学习者更大的空间。

《化学工程与技术》一书弥补了化工“双元制”培养模式本土化过程中培训资源的不足，引领了学校、企业、学生等不同教育主体的学习方向，打破了教育主体之间的壁垒，更好地诠释了“双元制”校企协同、标准统一、学生主体的理念。

《化学工程与技术》为我们展示了国外教材的特色及理念，值得我们借鉴和学习。

于红军

全国石油和化工职业教育教学指导委员会主任

译　序

德国职业教育是国际职业教育界的一座丰碑。盘锦职业技术学院在教育部和国家发展和改革委员会的政策支持下，同德国国际合作机构（GIZ）、德国工商大会海外代表处（AHK）合作，在化工职业教育领域实践德国双元制本土化改革，积极吸纳德国职业教育先进的办学元素。德国化工教材的科学、规范、实用、便利等特点非常值得借鉴。国内尚没有化工领域的双元培育教材，因此决定翻译引进德国化工领域双元培育的经典教材《化学工程与技术》（**Chemietechnik**），这对推进化工职业教育领域的双元培育改革，特别是教材建设具有重要价值。

《化学工程与技术》是一部体系完整、内容结构清晰的化工职业教育领域双元培育经典教材，也是一部信息量非常大的实用工具书。本书内容涵盖化工装置构造及组成设备的功能、化工工艺技术，以及测量、控制、调节和过程控制技术等内容，同时，环境保护和职业安全也在本书内容之列。

本书采用模块式的结构，语言表述易懂，排版布局清晰美观，图表简洁明了，综合性强、逻辑性强、可读性强。本书内含超过1500幅彩色图示、照片以及大量表格，便于读者直观地理解所学内容。书中没有复杂的公式推导，也没有重复繁琐的理论概念叙述，取而代之的是精简的概述和形象的图表说明，原理一目了然。

《化学工程与技术》适用于化工研发企业和生产领域的所有工作人员和培训生，可用作职业培训和企业员工培训辅助教学材料，还可用于化学工程和化学专业的本科生学习化工技术的入门教材。**此外，本书也是AHK化工工艺员职业考试的重要参考书。**

盘锦职业技术学院化学工程系的多位教师参与了本书翻译和校对的工作，具体分工如下：何秀娟（前言、Ⅰ、XV），陈星（Ⅰ、Ⅱ、Ⅳ），冯凌（Ⅰ、Ⅶ）；陈月（Ⅳ、Ⅴ），张潮泙（Ⅰ、Ⅲ、Ⅳ），聂莉莎（Ⅰ、Ⅷ、Ⅺ），刘婷婷（Ⅰ、Ⅵ、Ⅶ），徐晓强（Ⅳ），崔帅（Ⅴ、XⅢ），高波（Ⅰ、Ⅵ、Ⅻ、XV），左丹（Ⅶ、Ⅹ、XⅣ），刘洪宇（Ⅸ、Ⅺ）。陈星校对了“化学技术员职业培训所需的学习领域，根据框架教学计划和本化学技术书籍对内容分类的建议”部分。所有老师参与词汇部分的校对。全书由周铭、陈星、徐晓强进行统稿。

由于译者水平有限，书中难免存在不妥之处，请广大读者批评指正。

译者

2022年2月

前言

本书适用于化工企业研发和生产领域的所有工作人员和培训生，以及用作高校化学工程专业方向学生的课外学习和进修材料。

本书适用于职业技术学校的课堂教学，也可用作应用技术大学的专业教学材料以及企业和个人的培训教材。

本书内容涵盖化工装置的结构及其组成设备的功能、化工工艺技术，以及测量、控制、调节和过程控制技术等内容。同时，环境保护和职业安全也在本书内容之列。

本书特别适合用作企业和学校培训中化工类职业培训生的学习材料。这些职业包括，例如德国的化工操作员、化工技术员、化工技术助理和化工技术操作员，或者奥地利的化工工艺工程师，或瑞士的化工技术专家。

本书部分内容适合作为供水和废水处理技术工人、制药技术专家、装置机械工人、管道和容器工程师的培训资料。

此外，对于许多未经化学工程专业培训的化工生产从业者，本书也是其职业转岗培训和个人职业发展的宝贵参考资料。

本书非常适合用于化学工业领域工匠培训以及工业和生产工程领域的化工技术员培训。

对于高等学校化学工程和化学专业的学生，本书内容涵盖了化学工程的全面介绍。

《化学工程与技术》一书内容系统性强、结构清晰，主题领域呈结构化展开。这种模块化的结构赋予本书使用者更大的灵活性，既可以按照本书顺序逐一学习每一个主题，也可以根据实际需要以不同于本书编排的顺序灵活安排教学、学习或单独学习某一个主题。

本书用语专业、表达清晰，包含必要的技术术语介绍和解释，同时重要的技术术语也附上了英文。

本书包含超过 1500 幅彩色插图、照片以及大量表格用于说明、解释和补充文本。

本书的每一个主题领域都给出了其物理和化学原理的解释，随后基于理论知识展开工艺过程及设备、机器和装置系统的介绍。这一编排思路有助于读者主动探索、理解和思考问题。

本书中的例题可展示公式和规律，课后练习题则进一步深化所学内容。关键词句以最简短的形式总结了重要知识点，便于学习者记忆重点知识。

本书每章的结尾都有课后任务和复习题，内容针对该章节，有助于进一步巩固所学的知识，并且也可用于丰富教师或培训师的课程教学。

从第 572 页起，列出了基于文化部长联席会议（KMK）框架课程计划的化工操作员培训的学习领域，及其对应《化学工程与技术》一书中内容的分配建议。

本书第 12 版中添加和补充了以下内容：化工装置规划、温度和压力的测量、筛分分析的分析、质量工具、吸收、精馏任务示例、精馏塔入口高度对分离效果的影响、液-液萃取。

本书作者和出版者诚挚期待您对本书提出建设性修改建议！

邮箱地址：lektorat@europa-lehrmittel.de

埃克哈德·伊格纳托维茨博士（Dr. Eckhard Ignatowitz）
2014 ~ 2015 年冬

目　录

化学与环境

化学物质的用处

今天，化学工业的产品（**图 0-1**）无处不在：

- 卫生用品，如肥皂，洗涤剂
- 合成纤维制成的服装
- 药品，化妆品
- 塑料制成的原料和建筑材料
- 染料
- 肥料和农药
- 润滑剂、油、硬化剂、冷却剂

化学工业中的这些材料和许多其他材料提高了我们的生活标准，创造了新的就业机会，提供了更好的产品，提高了作物产量并且改善了生活质量。

图 0-1：化学产品

环境危害

通常，生产或者加工这些有用的化学产品会产生固体废物、废水和废气等残留物。如果没有妥善处理，则会导致严重的污染甚至破坏环境（**图 0-2**）。

有毒的生产残留物和废物储存不当，会污染土壤并且毒害地下水。

向河流和湖泊排入有毒有害的废水，将危害水域中的生命，并且这样的水也不能制成饮用水。

向大气中排放有毒有害或者有气味的气体或者粉尘，空气将受到很大的污染，从而危害人类的健康。

图 0-2：环境危害

化学工业从业人员的环境保护责任

在德国，每个化学工业都与相关的国家机构合作制定了环境保护措施，将环境负担限制在必要的范围内（第 550 ～ 571 页）。为了使这些措施有效实施，化学工业的从业者必须遵守相应的工作指南。其中包括：

① 根据运营计划保证化工设备正常运行；
② 立即排除并报告运行故障；
③ 未经授权禁止排放或者存放化学品；
④ 根据标准清除指定收集容器中的有害物质；
⑤ 减少废弃物，例如多次使用（回收）；
⑥ 在所有情况下始终保持环保意识。

化学工业的安全

化学工业的工作场所对员工而言比一般的工作场所更危险。机械伤害导致的一般事故风险属于化学工业的特殊危险，这些危险是由于生产和处理部分有毒、腐蚀性、易燃或者易爆的化学品造成的。

因此，对化学工业的新人来说，应特别注意上级领导或者有经验员工的指示和指导，以确保在化工厂中安全工作。这种安全意识的行为既能保护自己的健康，也能保护其他员工的健康和生命。

根据化学工业经验制定的**原料及化学工业行业协会事故预防规定**，对化学工业中的工作具有约束力。该规定适用于所有公司，有安全性问题时应参考该规定。

在化学厂特别危险的区域中，安全标志（指示牌）能引起人们对危险的注意，并且要求采取某些安全行为。务必注意这些标志，其中有不同类别的安全标志。

禁止标志

图中的禁止标志禁止了某种行为（**图 0-3**）。禁止标志是圆形的，有红色边框和红色斜线。在白色背景上，以黑色象形图的形式显示禁止的行为。

化学工业的主要禁止内容是禁止吸烟以及禁止使用明火或者非防爆手电筒。单独标记了允许吸烟的区域。

使用明火，例如：焊接时，必须经过公司负责人的批准。

禁止通行标示牌封锁了行人和未经授权人员的通道区域；禁止用水灭火；将水龙头中的水标记为不适合饮用即为非饮用水。

务必遵守禁止标示牌。

图 0-3：禁止标志

警告标志

警告标志表示可能存在的危险，例如：火灾和爆炸危险、有毒或者腐蚀性物质、放射线、悬浮载荷、移动车辆、电压和其他危害（**图 0-4** 和**图 0-5**）。

警告标志是三角形的形状，用于指出潜在的危险，如黄色背景上的黑色简图。

此外，还可以用黑色 / 黄色条纹带或者类似的条纹隔开危险位置。

在警告标志的区域中，应严格遵守事故预防规定。

图 0-4：警告标志（1）

在警告区域开始工作前，应从上级直属领导处获得建议和指导。

先告知，然后采取行动！

即使工作非常紧迫，也必须优先考虑工作安全！

图 0–5：警告标志（2）

指示标志

指示标志表示在标记区域中的人员有义务穿戴个人防护装备（**图 0-6**），以圆形的并且以蓝色背景上的白色象形图的形式表明应穿戴的防护设备。

操作化工设备或者在化工设备区域中工作时，必须穿戴防护头盔和防护鞋。处理腐蚀性化学品和使用含有此类化学品的设备时，也必须穿戴护目镜和防护手套。如果释放有毒气体或者粉尘，则需要呼吸保护设备，等等。

指示标志表示有义务穿戴个人防护设备。

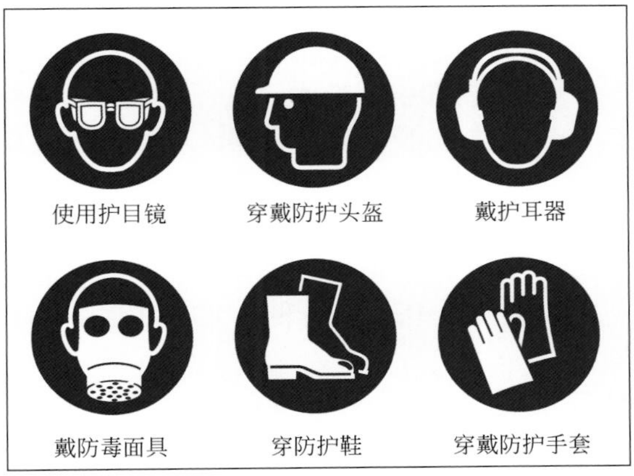

图 0–6：指示标志

救援标志

救援标志表示逃生路线、紧急出口、救援淋浴装置以及急救和急救站（**图 0-7**）。救援标志是矩形的，并且以绿色背景上的白色象形图的形式显示该符号。救援标志用于在发生事故时以最快的方式提供帮助（例如：通过急救箱）或者能够逃离危险。

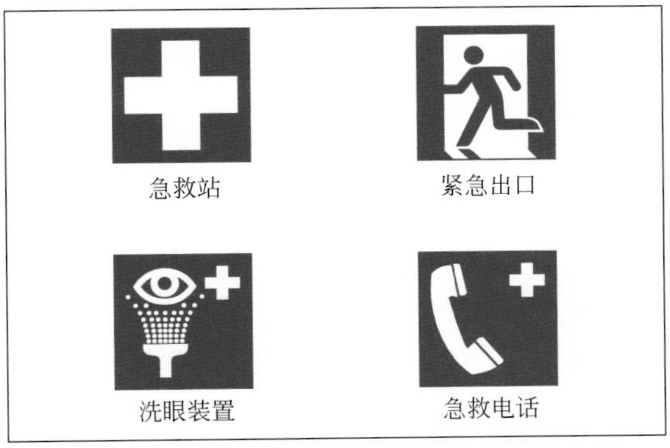

图 0–7：救援标志

消防标志

消防标志表示消防装置或者设备所在的位置（**图 0-8**）。

消防标志是方形的，在红色背景上显示符号，例如灭火器。

不得遮挡或者堵住消防装置和设备。

每个员工都应了解逃生路线和救援站以及工作区域中的消防设备。

图 0–8：消防标志

有关事故预防和职业安全的更多信息，参见第 126 ～ 137 页。

化学工程导论

化学工程的专业领域

化学工程是一个非常广泛的知识领域，可以分为以下子领域：

- **物质的化学制造过程**。该子领域也称为单元过程（unit processes）。

涉及技术方面实施的化学转化（反应）和必要的条件及设备。

- **化学工艺流程**。涉及每个流程步骤，称为流程技术的单元操作（unit operations），这在化学生产过程技术实施中是必要的。
  例如，流程技术的基本操作有粉碎、加热或者冷却、混合和分离。通常，这些物质不发生化学转化，大多只在原始状态下变化，例如：颗粒尺寸、温度、含量。流程技术的基本操作是物理过程。
- **设备和机器技术**。该领域描述和解释了进行化学反应和流程技术的基本操作所需的装置、反应器和机器。例如，搅拌釜是一种可以进行化学反应或者混合过程的装置。例如，电动机是驱动搅拌釜的搅拌装置，是一种驱动机，提供搅拌所需的能量。
- **测量、控制和调节技术**。用于测量、控制和调节化工设备运行状态参数的装置和技术，通过使用该装置和技术，使化学反应和材料转化过程在最佳条件下安全地进行。例如，压力测量设备（压力表）、pH 值测量设备或者温度调节器。

化工装置（chemical plant）

化工生产过程在反应器和装置中进行，在其中可以创建过程所需的条件，如温度、压力，等等。

反应器和装置通过阀门开关与管道相互连接。

输送设备：如泵将物质通过管道输送到装置中。

机器：如电动机提供所需的机械能源。

测量、控制和调节设备测量、监控、控制和调节过程参数。

这些装置统称为**生产装置**或者**化工装置**（**图 0-9**）。

图 0-9：化工装置

化学过程的描述

可通过一般示例，表明在化学工业中进行化学反应时可能出现的各种情况。

在完全设定的温度和压力条件下将两种物质 **A** 和 **B** 转换为物质 **C** 和 **D**。

在化学中，通过化学反应方程来说明这个过程。

原始物质　　反应条件　　反应产品

$$\mathbf{A} + \mathbf{B} \xrightarrow[\text{催化剂}]{\text{温度, 压力}} \mathbf{C} + \mathbf{D}$$

化学反应方程描述了物质的化学转化过程，包含左侧的原始物质（反应物）和右侧的反应产物。箭头方向表示反应过程的方向，在反应箭头的上方和下方，说明了进行反应所需的反应条件和催化剂。

$$CH_4 + H_2O \xrightarrow[\text{镍}]{900℃,3.5MPa} CO + 3H_2$$

例如，从甲烷和水获得合成气体 CO 和 H_2。

在化学反应方程中没有提到化学反应原料的制备，以及反应产物的进一步加工。

通常，通过中间阶段进行化学反应生成的物质称为半成品，是下一个生产阶段的原始材料。反应过程中产生的不需要的物质称为副产品或者废弃物。

一般副产品可以用于其他的生产过程，但是废弃物必须再处理或者清除。

在化学工程中，通过**流程图**描述化学生产过程，其中不仅说明了生产中涉及的物质，还记录了物质的流动路径和化工生产的基本操作。

基本流程图（也称为基本流程示意图）在标记框中描述了主要工艺步骤，用线条和箭头描述物料流向（**图 0-10**）。

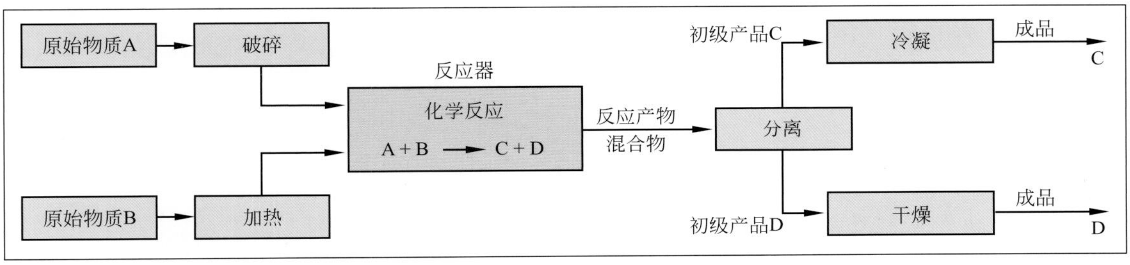

图 0-10：化学生产过程的基本流程图

化工生产的核心设备是反应器，在反应器中原始物料转化为产物。为了使化学反应更好地进行，必须对原始物料预加工。例如：粉碎或者加热。化学反应完成后，必须将反应产物从混合物中分离，然后再进一步处理，使其达到再次使用或销售的质量指标。

工艺流程图（也称为工艺流程示意图）以示意图的形式描述化学生产过程，包括设备的图形符号以及物料的路线。**图 0-11** 所示的示例描述了搅拌釜中的沉淀反应，将悬浮液过滤得到透明液体和固体残留物，保存在搅拌釜或者桶中。设备的符号以及物料流的路线已标准化（第 106 ～ 115 页）。在工艺流程图中，还补充了典型操作条件和重要物料流的说明。

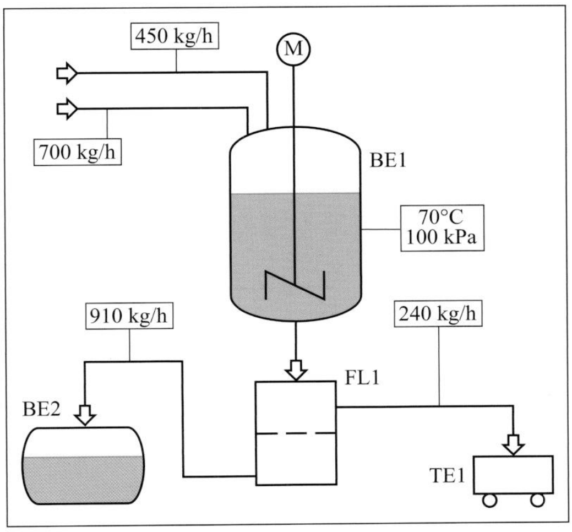

图 0-11：设备的工艺流程图

改工艺管道及仪表流程图，例如：用于设备监控的显示器和监视器，更真实地反映了化工设备的情况（第 6 页，图 0-12）。

化学工业的工艺类型

物质的转化过程可分为化学过程和生物过程。在化学过程中，通过化学反应进行物质转化；在微生物过程中，如在细菌和真菌的帮助下，通过生物技术完成物质转化。

流程技术基本操作分为机械过程的粉碎、筛分和混合，以及分离过程中的加热、冷却、干燥和蒸馏。

在化学生产设备中，化学转化过程和化工单元操作相结合。例如在反应器中进行化学转化，同时进行搅拌（机械基本操作）和加热（分离基本操作）（图 0-12）。

化学工程中的工作方式

可以通过不同的工作方式操作化工设备。

分批操作

分批操作，也称为间歇性或者不连续操作（batchprocess），其中按照时间顺序进行每个过程和流程步骤。该设备由反应容器如搅拌釜，以及供给和排出管路组成（**图 0-12**）。

首先，将原料 A 抽入反应器中，然后加热并且慢慢加入原料 B，开始化学反应。反应完成后，排出反应产物并且清洁反应器，然后开始新的批次。分批操作优先用于产品不固定和产量较少的场合。也可以在同一设备中进行缓慢反应或者不同的生产过程。

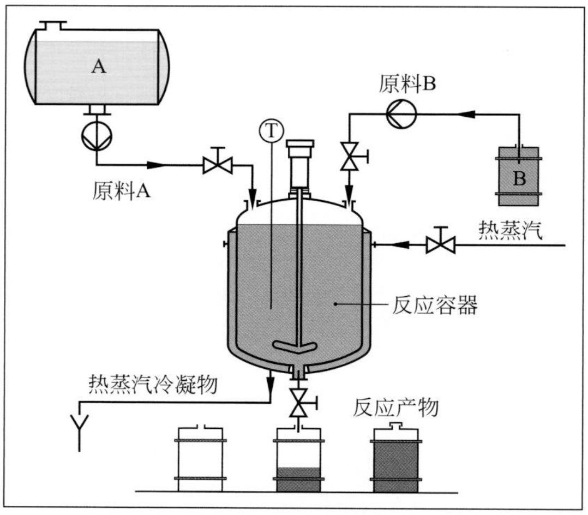

图 0−12：分批操作的化工设备（示例）

连续操作

在连续运行的化工设备中，从开始到结束，物料流持续经过设备和反应器（**图 0-13**）。

连续操作时，生产过程在各个设备中连续地进行。在整个生产期间，每个设备的工艺条件是恒定的，因此具有相同的温度、压力和相同的产品成分。

连续操作适用于根据一个固定的反应顺序，生产大量物质的场合。

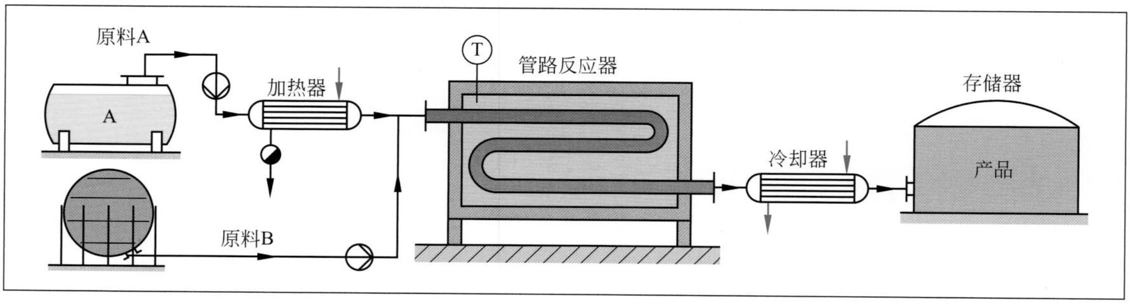

图 0−13：连续运行的化工设备（示例）

生产过程的开发

在化工厂生产化学产品前，必须进行大量的测试和准备工作。

如化学反应方程式所述，第一步是在化学实验室中研究化学过程（**图 0-14**）。在大量实验室测试中，确定最佳的化学反应条件。在许多实验室测试中还研究了反应所需的原料的处理以及反应产物的分离和后处理，从而确定可能的最佳方法。在实验室中进行反应的质量通常小于或略大于1kg。

实验室测试的结果是组建半工业技术设备（也称为试验设备）的基础，在该设备中将化学工艺转移到生产中（**图 0-15**）。

半工业（中试）设备的尺寸较小，但与后期的大规模技术生产设备相同，原则上具有相同的结构和相同的装置排列。设备设计为可以监控、变更和改进过程的所有单个步骤。因此，大部分装置部件由玻璃制成，这样可以观察到其中发生的过程。转化的质量通常小于 100kg。

在半工业设备中获得的关于反应条件和化学反应收率以及原料处理和设备调节的知识，被用于大型化工厂的设计和组建（**图 0-16**）。

大型化工厂的组建可实现以尽可能低的成本生产尽可能多的反应产物。此外还必须考虑环境保护，因为在大量转化过程中，即使排放低含量的有害物质也会导致环境污染。

这种从中试到大型化工厂的过程称为放大（scale up）。

图 0-14：化学实验室中的测试

图 0-15：半工业设备中的反应条件优化

图 0-16：大型化工厂的生产

I. 化工装置

对于非专业人员来说，化工装置（chemical plant）看似是一个难以想象的复杂结构，由大量部件组成（第7页，图0-16）。

但是通过分析观察可以看出，这些大量的部件都可以划分为数量有限的基本元件（**图1-1**）：

管道

管道将化工厂的每个设备连接起来。在管路中，物料从一台设备输送到另一台设备。

通常，数根管子通过管件连接起来组成管道。

阀门

阀门安装在管道中用于调节管道中物料的流量。此外，阀门还可以关闭和开启管道，防止设备超载。

反应设备

在反应设备（反应器）中进行化学反应。反应器的设计应能够设置反应过程所需的条件，例如压力和温度。

工艺过程设备

工艺过程设备用于再加工、加热或者冷却、混合或者分离物料和物料混合物。该设备位于反应器的上游或者下游。

驱动机

化工装置的驱动机（电动机）为设备的运动部件（如搅拌釜中的搅拌器）和流动的物料提供能量，例如管道中流动的液体。

输送设备

输送设备用于将物料输送到生产所需的设备中。其中包括传送带、气动输送系统以及泵和压缩机等。

存储设备

在存储设备中，可以保存、临时储存物料以及保持存货。这确保生产过程始终可以获得足够的原材料和足够数量的产品。

测量、控制和调节装置（MSR装置）

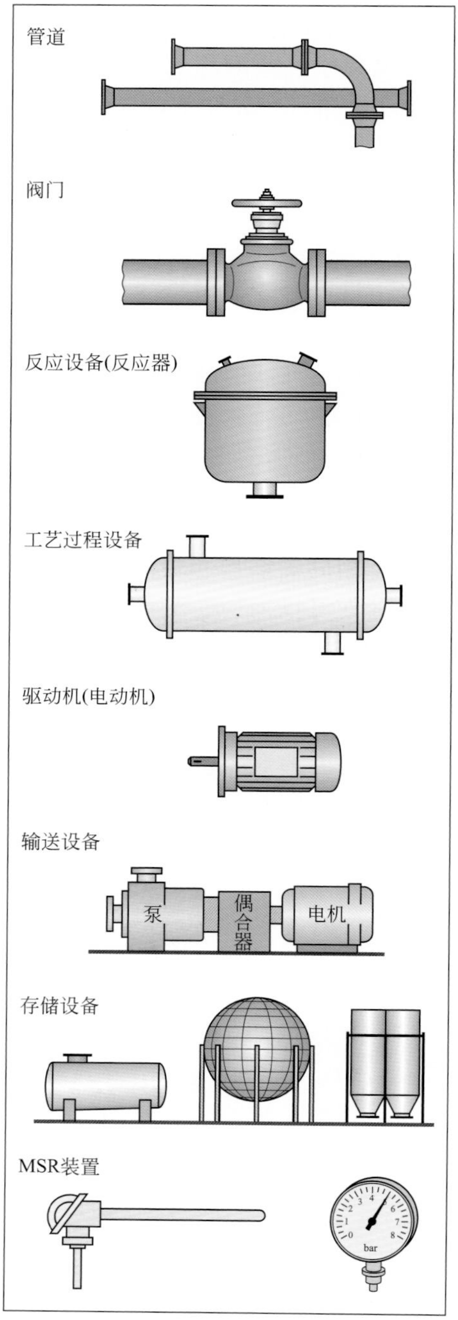

图1-1：化工设备的基本元件

MSR装置用于获取化工设备运行状态参数，如压力和温度，并且在最佳条件下运行。过程控制系统根据预定程序自动控制化工设备。

1 管道

管道（pipelines）是设备部件之间的管状连接，用于输送物料。在化工装置中，主要是在封闭的管道中进行物料输送。由于它们是封闭的或者独立的部件，因此也称为管道系统或者管网（**图 1-2**）。

图 1–2：化工装置中的管道

管道系统由三个结构元件组成：

– 直管和弯管部分
– 管件
– 将管子和管件连接在一起的管道连接件

这些部件是预制组件，可组装成复杂的管道系统。

此外，管道可以配备管路保温和伴热装置。

根据操作要求，选择管路尺寸和合适的管路材料。为了达到标准化，统一了管路尺寸并且对其能承受的压力进行分级。

1.1 公称直径 *DN*

公称直径（nominal diameter）简称 *DN*，是管道系统的特征尺寸，用来表示管子、管件和阀门等配合部件的特征尺寸，大致等于管道部件的内径，单位 mm。

公称直径没有单位。公称直径说明示例：*DN* 125。

公称直径不允许用作技术图纸中的尺寸标注（**图 1-3**）。

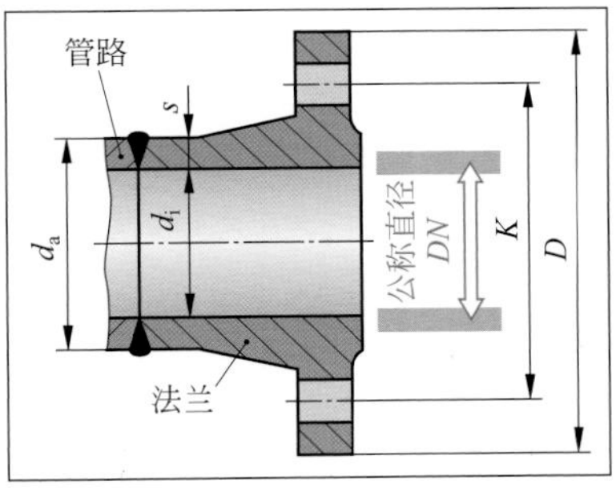

图 1–3：管路尺寸

公称直径的分类方式是：每个公称直径的管道的输送能力增加 60% ～ 100%。

依据 DIN EN ISO 6708，优选的 *DN* 类别有：

10mm, 15mm, 20mm, 25mm, 32mm, 40mm, 50mm, 60mm, 80mm, 100mm, 125mm, 150mm, 200mm, 250mm, 300mm, 350mm, 400mm, 450mm, 500mm, 600mm, 700mm, 800mm, 900mm, 1000mm, 1100mm, 1200mm, 1400mm, 1500mm, 1600mm, 1800mm, 2000mm, 2200mm, 2400mm, 2600mm, 2800mm, 3000mm, 3200mm, 3400mm, 3600mm, 3800mm, 4000mm。

相同的公称直径分类也适用于管道的所有其他部件，例如管件、管道连接件和阀门。其尺寸标准设定可使所有这些部件配合在一起。这就是设置公称直径参数的目的。

由设备设计人员根据流速和经过管道的输送流量确定公称直径。

其中，根据右侧的公式计算所需的管道内直径 $d_{i,erf}$，单位 mm。

其中：v = 流速，V = 流量。

选择比计算所得的内直径 d_i 更大的尺寸作为公称直径。

内直径
$d_{i,\,erf} = 2\sqrt{\dfrac{V}{\pi v}}$

例题： 计算内直径 $d_{i,\,erf}$= 37.5mm。选择的公称直径：*DN* 40。

练习题： 每小时经过公称直径 *DN* 40（内直径 43.1mm）的管路中的水为 3.2m³。管路中的流速是多少？

解： 基本公式 $d_i = 2\sqrt{\dfrac{V}{\pi v}}$，通过转换得出：$v = \dfrac{4V}{\pi d_i^2}$

代入：$v=\frac{4\ V}{\pi\ d_i^2}=\frac{4\times3.200\text{m}^3}{\pi\times43.1\text{mm}^2\cdot\text{h}}\approx\frac{4\times3.200\times10^9\text{mm}^3}{\pi\times1858\text{mm}^2\times3600\text{s}}\approx609\frac{\text{mm}}{\text{s}}\approx\mathbf{0.609}\frac{\text{m}}{\text{s}}$

习题：1.2m^3 容量的搅拌釜应在 5min 内注满液体。在进水管中，流速不应超过 1.0m/s。入口管的公称直径是多少？

1.2 公称压力 *PN*

公称压力（nominal pressure）简称 *PN*，是管道系统压力负荷能力的参数，管道系统中配备了相同压力负荷能力和相同端口尺寸的管道部件。

公称压力的数值例如：*PN* 10，表示在 20℃的工作温度下，最大允许的工作压力，单位 bar（1bar=100kPa）。所述的公称压力不标注单位。

为了避免大量的压力等级，确定了满足操作实践要求的许多公称压力等级。**表 1-1** 显示了优选的公称压力等级。

表 1-1：优选的公称压力等级（DIN EN1333）

PN 2.5	*PN* 25
PN 6	*PN* 40
PN 10	*PN* 63
PN 16	*PN* 100

例如：如果需要设备管道，其中工作压力为 20bar，则可以用高于工作压力的公称压力选择管道部件，这里是 *PN* 25。管道的阀门和管件也必须符合压力等级 *PN* 25 的要求。

考虑到管路材料的强度，管路的壁厚设计为可以承受所述的公称压力。针对不同的管路材料有相应的生产尺寸标准。**表 1-2** 显示了非合金钢管的主要尺寸及其对不同公称压力 *PN* 的适用性。

表 1-2：非合金钢管的主要尺寸及其对不同公称压力 *PN* 的适用性

项目			公称直径 *DN*																
			*DN*10	*DN*15	*DN*20	*DN*25	*DN*32	*DN*40	*DN*50	*DN*65	*DN*80	*DN*100	*DN*125	*DN*150	*DN*200	*DN*250	*DN*300	*DN*350	*DN*400
公称压力等级 *PN*	*PN*2.5	d_a/mm	17.2	21.3	26.9	33.7	42.4	48.3	60.3	76.1	88.9	114.3	139.7	168.3	219.1	273	323.9	355.6	406.4
	*PN*6 *PN*10 *PN*16	s/mm	1.8	2	2.3	2.6	2.6	2.6	2.9	2.9	3.2	3.6	4	4.5	5.9	6.3	7.1	7.1	7.1
		d_i/mm	13.6	17.3	22.3	28.5	37.2	43.1	54.5	70.3	82.5	107.1	131.7	159.3	207.3	260.4	309.7	341.4	392.2
	*PN*25	d_a/mm													219.1	273	323.9		406.4
		s/mm													6.3	7.1	8		8.8
		d_i/mm						↓		↓	↓	↓	↓	↓	206.5	258.8	307.9	↓	388.8
	*PN*62	d_a/mm						48.3		76.1	88.9	114.3	139.7	168.3	219.1	273	323.9	355.6	406.4
		s/mm						2.9		3.2	3.6	4	4.5	5.6	7.1	8.8	11	12.5	14.2
		d_i/mm	↓	↓	↓	↓	↓	42.5	↓	69.7	81.7	106.3	130.7	157.1	204.9	255.4	301.9	330.6	378

注：上述尺寸适用于标有红色垂直箭头的区域。

可以通过下面的等式，根据 DIN EN 13480-3 计算经受压力 p_e 的直管的最小壁厚 e。其中：p_c 为计算压力，单位 N/mm^2；$1\text{bar}=10^5\ \text{N/m}^2=0.1\text{N/mm}^2$；

f 为设计压力，单位 N/mm^2；z 为焊缝系数。

针对非奥氏体钢：$f=\frac{R_{p0.2}}{1.5}$；针对奥氏体钢：$f=\frac{R_{p0.2}}{1.2}$；要定制的壁厚 $e_{定}$ 则还要加上腐蚀余度、生产损耗和生产误差。

管路的壁厚

$$e=\frac{p_c d_i}{2fz-p_c}$$

或者

$$e=\frac{p_c d_a}{2fz+p_c}$$

练习题：公称直径 *DN* 80 的焊接管路（$z=0.7$）制成的管道应设计为公称压力 *PN* 25。奥氏体管材的 0.2% 屈服强度为 210N/mm^2（X6CrNiMoTi17-12-2）。各种影响的壁厚增加值为最小壁厚的 100%。定制的壁厚至少要多少？

解： 针对 DN 80，根据表 1-2 得出：$d_i = 82.5mm$；其中 $1bar = 10^5 N/m^2 = 0.1N/mm^2$；

$$e = \frac{25 \times 0.1N/mm^2 \times 82.5mm}{2 \times 175N/mm^2 \times 0.7 - 25 \times 0.1N/mm^2} \approx 0.8505mm;$$

$$其中\ f = \frac{R_{p0.2}}{1.2} = \frac{210N/mm^2}{1.2} = 175N/mm^2$$

$$e_{定} = e \times 200\% \approx 0.8585mm \times 200\% \approx 1.701mm \approx 1.7mm$$

最大允许的工作压力

公称压力规格 PN 适用于 –10 ～ 100℃（环境温度）的工作温度。

在超过工作温度的情况下，管材的负荷能力会下降。因此，最大允许的工作压力也下降到较低的数值（**图 1-4**）。

> 最大允许的工作压力 p_s 以 bar 为单位表示工作压力，同时在管道系统中有较高的工作温度。

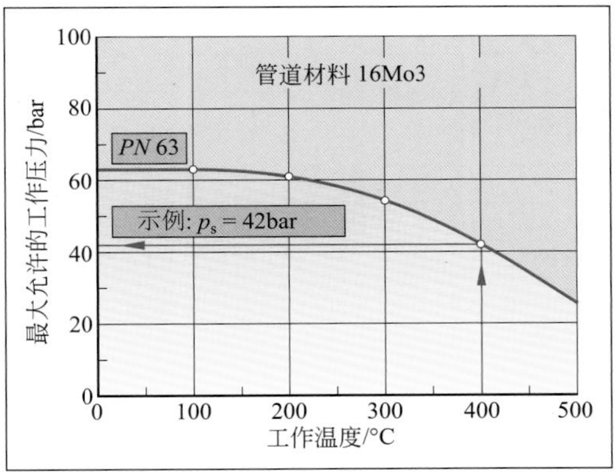

图 1-4：较高温度时最大允许的工作压力

读数示例： 由公称压力 PN 63 的 16Mo3 钢制成的管道，在 20℃时的最大允许工作压力为 $p_s = 63bar$。400℃时，该管道的最大允许工作压力 p_s 约为 42bar（图 1-4）。

有关管材应用温度范围的更多信息，参见第 16 页。

习题： 16Mo3 制成的管道设计为公称压力 PN63。350℃时管道的最大允许工作压力是多少？

1.3 管道及管道尺寸

概述

可以根据不同的角度分类管道（pipe）：

- 根据形状，分为光滑管、法兰管、螺纹管和套管（**图 1-5**）。
- 根据生产工艺，分为无缝管或者焊接管。
- 根据管材，分为非合金钢或者合金钢制成的钢管以及铜管、铝管、塑料管和化工陶瓷管。

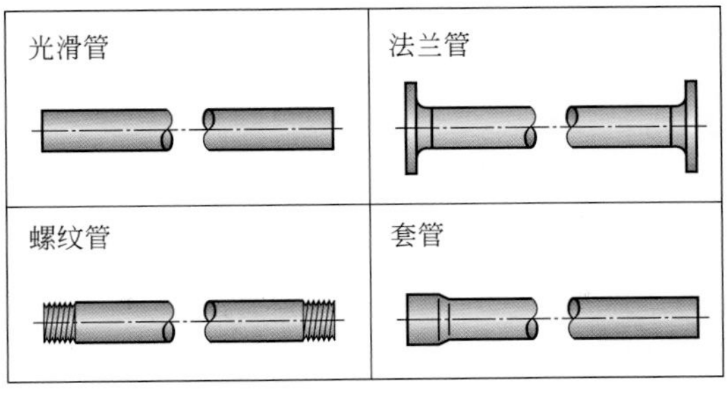

图 1–5：管件类型

有各种各样的标准化管道用于各种用途。针对化工设备的建设，以下管道非常重要：

- 适用于压应力的焊接钢管
  - 适用于室温的非合金钢（DIN EN 10217-1）
  - 适用于高温的非合金钢和合金钢（DIN EN 10217-2）
  - 由不锈钢制成（DIN EN 10217-7）
- 适用于无菌、化学、制药的不锈钢管（DIN 11866）
- 适用于压应力的无缝钢管
  - 适用于室温的非合金钢（DIN EN 10216-1）

– 适用于高温的非合金钢和合金钢（DIN EN 10216-2）
– 由不锈钢制成（DIN EN 10216-5）

管道尺寸

在管道标准中，根据公称直径 *DN*，确定生产管道的外直径和壁厚。在某些标准中还解释了管子的单位质量 m'。

表 1-3 举例显示了不锈钢管的生产尺寸（DIN ENISO 1127）。

表 1-3：符合 DIN EN ISO 1127 标准的不锈钢管的尺寸和单位质量 m'
（管道系列 1：有标准配件的管道）

公称直径	额定外直径 /mm	壁厚 /mm													
		1.0	1.2	1.6	2.0	2.3	2.6	2.9	3.2	3.6	4.0	4.5	5.0	5.6	6.3
		单位质量 m' / (kg/m)													
DN 15	21.3	0.509		**0.789**	**0.966**										
DN 20	26.9	0.649		**1.01**	**1.25**		1.58	1.75	1.90		2.29				
DN 25	33.7	0.818	0.976	**1.29**	**1.58**	**1.81**	2.02	2.23	**2.45**				3.29		
DN 32	42.4		**1.63**	**2.02**		**2.59**	2.86	3.14	**3.49**				4.68		
DN 40	48.3		**1.87**	**2.31**	2.65	**2.97**		3.61	**4.03**				5.42		
DN 50	60.3			2.35	2.92	3.34	3.76	4.17	4.58	5.11	5.83				7.66
DN 65	76.1			**2.98**	3.70	**4.25**	**4.78**	**5.32**		6.54	7.22		8.90		
DN 80	88.9	示例		3.49	**4.35**	**4.98**	5.61	**6.24**	**6.86**	7.68	8.51			11.7	
DN 100	114.3			4.52	**5.62**		**7.27**	**8.09**	8.90	**9.98**		12.4			17.1
DN 125	139.7			5.33	**6.89**		**8.92**		**11.0**		**13.6**		16.8		**21.0**
DN 150	168.3			6.68	**8.32**		**10.8**		**13.2**	**14.8**	16.4	**18.5**	20.4	22.8	
DN 200	219.1				**10.9**		**14.1**	15.7	17.3	**19.4**	21.5				**33.6**
DN 250	273				**13.6**		17.6	19.6	21.6	**24.3**	**26.9**	30.2	33.5		**42.0**
DN 300	323.9				16.1		**20.9**	23.3	25.7		**32.1**	**35.9**	39.9	44.7	
DN 350	355.6				17.7		**22.9**	25.6	28.2		**35.2**		**43.8**		55.1
DN 400	406.4				20.2		**26.3**	29.3	32.3		**40.3**		**50.2**		

也可以用旁边的尺寸公式计算管子的单位质量 m'。其中：D 为额定外直径，单位 mm；T 为额定壁厚，单位 mm；ρ 为管材密度，单位 kg/dm^3。

$$m' = (D - T) \times T \times 0.0246615 \times \frac{\rho}{7.85} \quad 单位：kg/m$$

例题： 由公称直径 *DN* 50，壁厚为 3.2mm 的非合金结构钢 P235TR2 制成的钢管，其单位质量为多少？（$\rho = 7.85kg/dm^3$）。

解： $m' = (60.3 - 3.2) \times 3.2 \times 0.0246615 \times \frac{7.85}{7.85}$ kg/m ≈ 4.5kg/m

管道的选择

根据要求的公称直径和通过公称压力计算的最小壁厚，从标准尺寸表（例如表 1-3）中选择合适的管道。

例题： 通过上面第 10 页的练习题，得出公称压力 *PN* 25 和公称直径 *DN* 80 的最小壁厚 $e_{定} = 1.7$mm。

根据表 1-3，下一个最大的壁厚 $T = 2.0$mm，管路 *DN* 80 的额定外直径为 88.9mm。因此，管道尺寸为 88.9mm × 2.0mm。

该管路的内直径为 $d_i = d_a - 2T = 88.9mm - 2 \times 2.0mm = 84.9mm$。

根据表 1-3：管道 88.9 mm× 2.0mm 的单位质量为 $m' = 4.35kg/m$。

管路规格的简单示例：

42m 管路 – 88.9 × 2.0 – EN 10 296-2 – X6CrNiMoTi17-12-2 – d1，固定长度为 6m

含义：42m 管路，外直径为 88.9mm，壁厚为 2.0mm，符合 EN 10 296-2 标准，材料为 X6CrNiMoTi17- 12-2 的焊接圆管，d1 酸洗，供货长度为 6m。

1.4 管道配件

在安装现场，通过管道配件（管件）将管道组装成管路。其中，管道配件除了直管件，还使用了预制的弯管件、三通管、异径管和封闭件。

图 1-6 举例显示了法兰管的管件。由此可以将所有必要的管道装配在一起。

所有常用的管路都有管件。

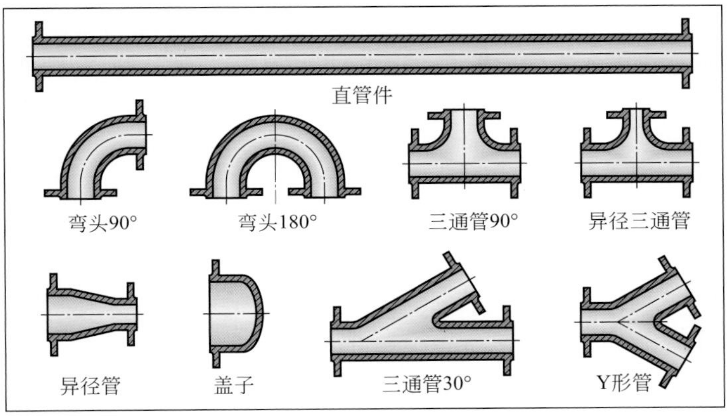

图 1-6：法兰管的管件

1.5 管路连接

使用管接头将管段和管件连接起来形成管路（**图 1-7**）。阀门和仪表也通过管路连接件与管道连接在一起。

管路连接还取决于：

- 操作要求：可拆卸或者不可拆卸的连接。
- 操作条件：低压或者高压，低温或者高温。
- 管路和成型件的材料：可焊接或者不可焊接的材料，必须选择合适的管路连接。

管路连接	原理图	符号	可拆卸 – 不可拆卸	应用范围
焊接	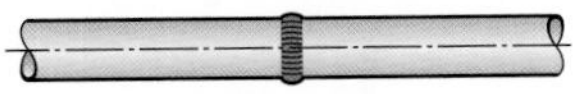		只能破坏性拆卸	适用于所有压力和温度，特别是有毒和爆炸性物质
法兰连接	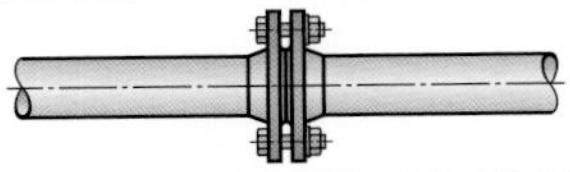	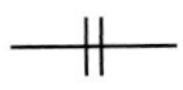	可拆卸	适用于受限的所有压力和温度，是化工设备中最常见的可拆卸连接
螺纹连接	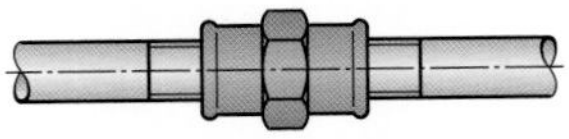	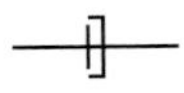	可拆卸	适用于所有的压力和一定范围的温度。优先适用于较小的公称直径，如燃气管路和水管
压配连接	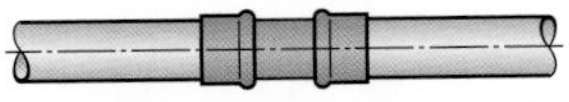		只能破坏性拆卸	适用于低至中等压力和温度。如用于由 CrNi 钢制成的化工设备
承插连接	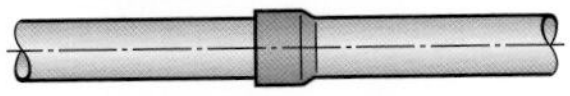	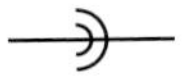	可拆卸	适用于较低的压力和环境温度
快速闭合	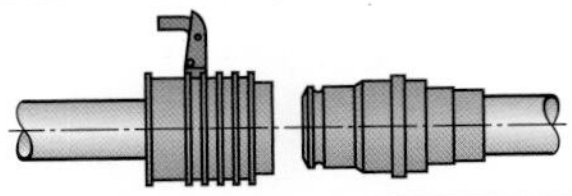		可非常快速地拆卸	适用于较低的压力和环境温度。如排水软管的接口

图 1-7：最常用的管路连接的概述

法兰连接

化工设备结构中最常用的可拆卸管路连接是法兰连接（flange joint），主要用于将阀门、泵、容器等安装部件连接到管道上，必须定期维护或者在发生故障时将其卸下进行维护。

法兰连接由两个法兰、密封垫片、数个螺栓和螺母组成（**图 1-8**）。

法兰的类型有多种（**图 1-9**）。它们的形状和密封面不同，并且是标准化的。此外还分为固定法兰和松套法兰。

固定法兰与管道有一个固定连接，例如通过焊缝或者一个螺纹连接（图 1-9）。焊接法兰是最常见的法兰类型，因为它适用于所有压力。其他类型的法兰受公称直径或者公称压力的限制。

松套法兰在管路上松弛地滑动，并且通过一个有密封件的轴环或者翻边密封。在狭窄的安装位置中，它具有可自由选择螺栓位置的优点。

法兰有不同的密封表面（**图 1-10**）。

具有光滑密封面或突出密封面（图 1-8）的法兰仅适用于低压，因为平面密封件会在高压下横向推出。

凹凸面法兰或榫槽面法兰适用于高压。

在凹凸面法兰对中，平面密封件不会被压力推出；在榫槽面法兰对中，O 形密封件不会被压力推出。

法兰连接的安装必须非常小心，以使其保持密封。密封表面必须干净和干燥，不能在密封表面上涂抹润滑脂。只有合适的新密封件和未腐蚀的润滑螺栓和螺母适用。

按照以下步骤进行安装：

① 组装法兰连接选用手拧紧螺栓和螺母。

② 使用扭矩扳手“对角”拧紧螺栓，至少分 3 次，直至达到所需的扭矩。

③ 一段时间后，通过扭矩扳手拧紧螺栓，调整密封件的“位置”。

根据 DIN EN 1092-1，相同公称直径和相同公称压力的法兰具有相同的连接尺寸和相同数量的螺栓孔（**图 1-11**）。

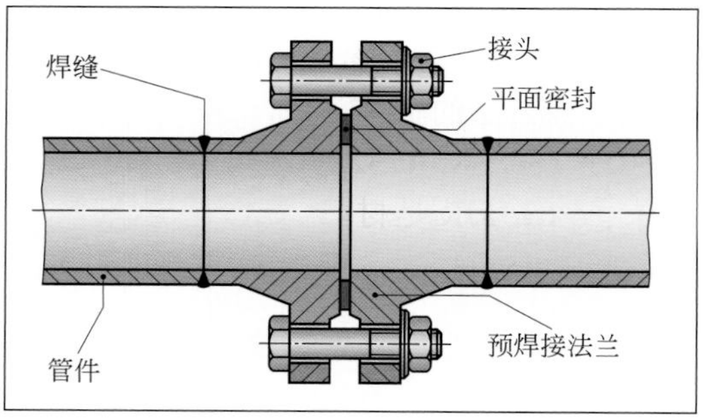

图 1-8：法兰连接

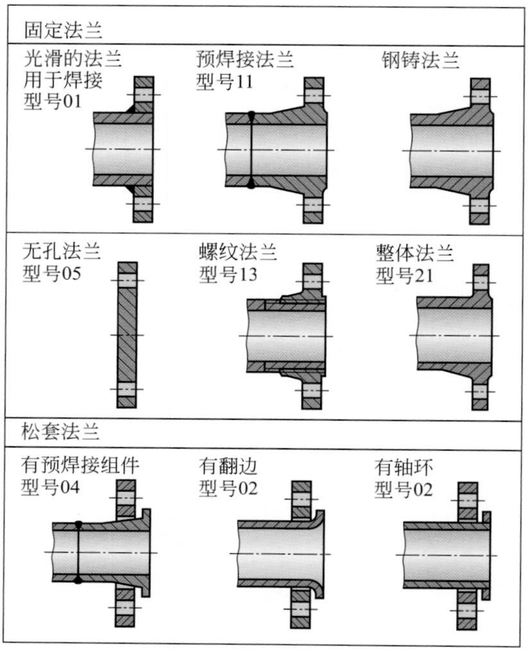

图 1-9：符合 DIN EN 1092 标准的钢法兰

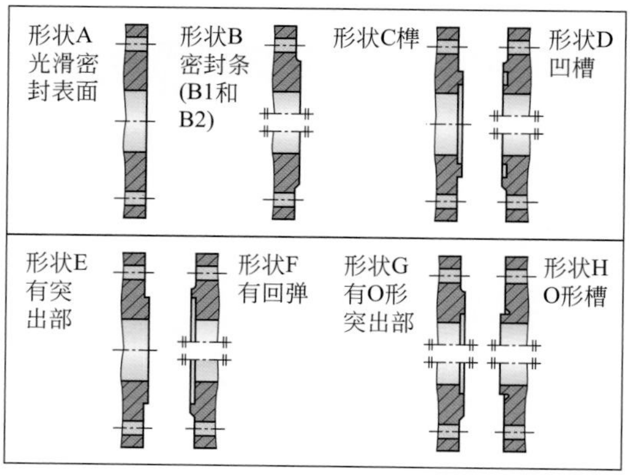

图 1-10：符合 DIN EN 1092 标准的法兰密封表面

它们可以相互配合连接，可使用的螺栓也是有规定的（DIN 1515-1）。关于管路和法兰的所需材料，可以参见第 17 页的相关内容。

例如法兰的**简称是：生产商 /EN 1092-1/11/DN 150/PN 40/S235JR**。其中，11 是法兰型号，S235JR 是材料。

法兰密封件

法兰密封件的作用是密封法兰连接，使液体或者气体不会从连接处溢出或者在真空时渗透。密封件采用垫片或者成型密封圈制成（**图 1-12**）。法兰密封件是标准化部件：DIN 1514-1 ～ 8 和 DIN EN 12 560-1 ～ 7。

垫片位于法兰的光滑端面之间，并适合整个密封表面（图 1-8），由螺栓压合，补偿法兰表面的微观凹凸不平。垫片适用于密封低压至中压（最高 *PN* 63）的管道。没有法兰侧向支撑的垫片不适用于高压，因为会被横向推出。垫片还有不同的内部结构和不同材料（**图 1-13**）。

成型密封圈（图 1-12，右侧）放入凹槽中，并且通过一个与凹槽配合的凸起的环（称为弹簧）挤压在一起。榫槽密封面适用于密封高压，因为密封圈不能横向推出。典型的成型密封圈是 O 形圈（DIN 1514-8）。还有许多其他类型（**图 1-14**）。

法兰连接的密封性与以下三点有关：

- 正确选择密封材料：由含氟橡胶塑料或者 PTFE 等制成的弹性密封件适用于低压。由不锈钢和 PTFE 制成的弹性金属密封件适用于中压和高压。
- 密封面的表面平整度：必须水平并且干净。
- 通过对角拧紧螺栓，使密封件的压力均匀。

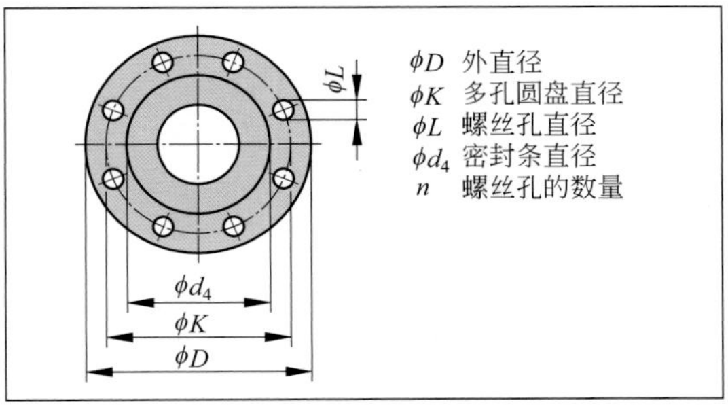

ϕD 外直径
ϕK 多孔圆盘直径
ϕL 螺丝孔直径
ϕd_4 密封条直径
n 螺丝孔的数量
ϕL
ϕd_4
ϕK
ϕD

图 1-11：法兰的连接尺寸（DIN EN 1092）

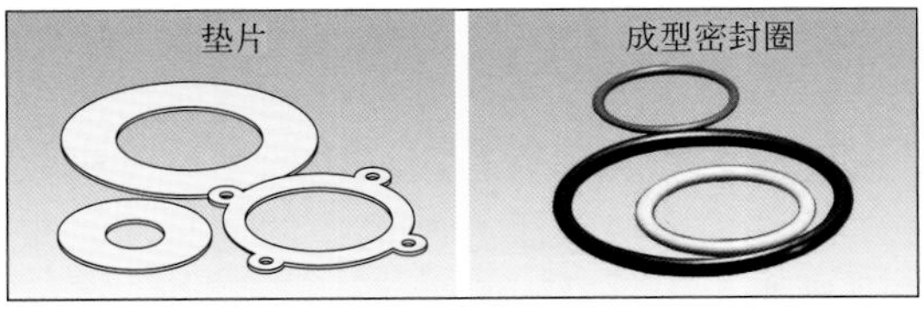

垫片
成型密封圈

图 1-12：法兰密封件

平面密封件	由橡胶、纤维、填料或者石墨制成的模压塑料	化工设备建设中的标准垫片
波纹密封件	有PTFE垫的钢芯	适用于腐蚀性介质和搪瓷法兰
螺旋密封件	有PTFE填料的不锈钢	由于压力变化导致的频繁负荷变化

图 1-13：符合 DIN 1514 标准的垫片（部分）

O形密封件	含氟橡胶塑料	开槽和弹簧法兰中的标准成型密封件
钢弹簧槽密封件	聚四氟乙烯 PTFE 金属	高机械和化学负荷时适用

图 1-14：成型密封圈

管路的焊接

管路焊接是指各个管段之间的材料连接，以形成具有绝对紧密度的连续管道（图 1-2）。

如果管件不需要可拆卸，则焊接是最安全的连接方法，只有阀门和内置组件才能安装在带有法兰的焊接管道中。

管路接头

管路接头（DIN EN ISO 8434-1）由两个焊接在管路末端的密封管套和锁紧螺母组成（**图 1-15**）。通过拧紧锁紧螺母，将两个密封表面压在一起并且密封。还有配备弹性密封件或者切割环密封件的管路接头系统。

管路接头用于较小公称直径的管路，因为锁紧螺母的压紧力足以密封高压，例如在压缩气瓶中。

经常使用的还有配备螺纹成型件的螺纹管接头，即管道配件。

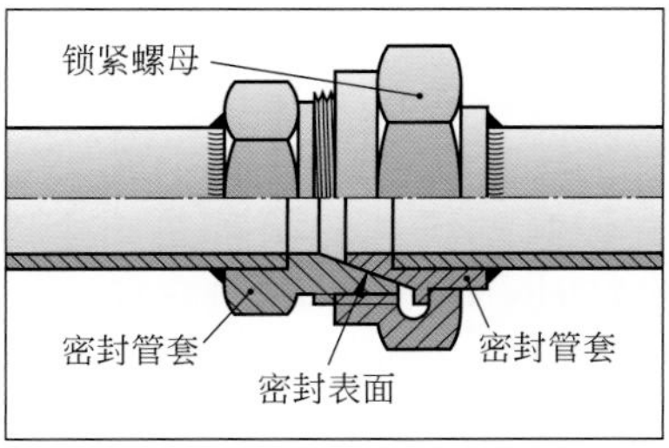

图 1-15：管路接头

压合管路接头

适用于由不锈钢、铬镍钢制成的薄壁管路（图 **1-16**）。

将管路末端移入压合配件中，然后用手持式挤压工具对压合配件的周围材料区域进行塑性变形来实现管件的连接。通过预先放入压合凹槽中的密封圈，来实现管路连接的密封性。连接过程约为 1min。

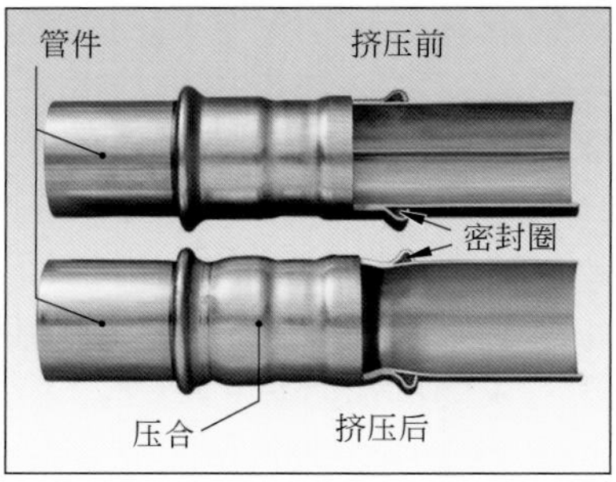

图 1-16：压合连接

1.6 工业管道材料

管道材料的选择主要取决于管道中输送物质的腐蚀特征，以及管道系统中的工作压力和工作温度。

使用材料的前提条件是工艺物料不会腐蚀管材，可根据材料的腐蚀负荷表进行选择（第 208、209 页）。

化工设备中的绝大多数管道均由钢材制成，符合 DIN EN 13480-2 标准的要求。

表 1-4 显示了部分不同材料的类别。在第 188 ～ 197 页简单作了介绍。

没有腐蚀性和高压负荷的，以及在环境温度下使用时，一般使用非合金钢管，例如 P195TR2、P235TR2、P265TR2。

在较高的工作温度下，使用耐热钢，如 P265GH、16Mo3、20CrMoV13-5-5。针对较高工作温度下的较高工作压力，使用耐热细晶粒钢，如 P275NH 或者 P460N。低温时，使用由冷硬钢制成的管道，如 P460NL1。高腐蚀性介质或者对化学产品的纯度要求较高时，使用由不锈钢（耐腐蚀）制成的管道，如 X6CrNi18-10（材料编号 1.4301）或者 X5CrNiMoTi17-12-2（材料编号 1.4571）。

表 1-4：工业钢管材料依据 DIN EN 13480-2（部分）

无缝管路：DIN EN 10216-1 ～ 5
焊接管路：DIN EN 10217-1 ～ 7

材料组	使用温度范围 /℃	材料①	
		简称	材料编号
适用于环境温度	－10 ～ 100	P195TR2	1.0255
		P235TR2	1.0258
		P265TR2	1.0259
耐热钢	－10 ～ 400	P265GH	—
	－10 ～ 500	16Mo3	1.5415
	－10 ～ 500	X11CrMn5+I	—
耐热细晶粒钢	－10 ～ 400	P275NH	—
		P355 NH	—
冷硬钢	－10 ～ 400	P460NL1	—
		26CrMo4-2	1.7219
		11MnNi5-3	1.6212
不锈钢	－20 ～ 600	X6CrNiN18-10	1.4301
	－20 ～ 500	X5CrNiMo17-12-2	1.4571
	－20 ～ 500	X2CrNiMo18-14-3	1.4435
	－20 ～ 500	X1NiCrMoCu25-20-5	1.4539

① 关于简称解释和钢的材料编号，参考第 186 ～ 192 页。

在食品工业、生物化学和医疗技术以及制药工业中，使用无菌的不锈钢管道（DIN 11866），如 X2CrNiMo17-12-2 或者 X2CrNiMo18-14-3 和 X1CrNiMoCu25-20-5（表 1-4）。通过酸洗、拉伸、平整或者打磨，对这些应用范围的钢管内部进行再加工，使 *Ra* ≤ 1.60μm（卫生级 H1）至 *Ra* < 0.25μm（卫生级 H5）。

此外，如果必须具备对硫酸、盐酸和磷酸的特殊耐腐蚀性，也使用由镍基合金制成的管道，例如 Alloy C-276（Nicrofer 5716）。

特殊的铜镍合金如 CuNiFe1Mn 适用于**海水管道**。

由于具有耐腐蚀性、易加工性和重量轻等特点，塑料（PE、PVC）和玻璃纤维增强塑料（GF-UP、GF-EP）制成的管道也被广泛使用，例如排水管道。

管道的其他组件、**法兰**和适当的**螺栓**、**螺纹销**和**螺母**必须由合适的材料制成。其中，这些组件的材料也是标准化的：DIN EN 1092-1 标准的法兰，DIN EN 1515-1 标准的螺栓和螺栓。这些标准包含与管路相同或者类似的材料（表 1-4）。

用于管道的法兰和紧固件应由与管件相同或者类似的材料制成。

示例：由 X2CrNiMo18-14-3 制成的管道应配备由相同材料 X2CrNiMo18-14-3 制成的法兰、螺栓和螺母。

有关化工设备材料的一般信息，参见第 188 ～ 223 页。

1.7 管道等级

根据由管道造成的**潜在危险**和 DIN EN 13480-1 标准，细分管道等级，也称为管道类别。

将输送液体或者气体的管道分为四个类别：Ⅲ、Ⅱ、Ⅰ、0。管道类别与流动介质的危险 / 无害性以及其工作压力和公称直径 *DN* 有关（**表 1-5**）。

表 1-5：管路类别

项目	液体							
	危险液体				不危险的液体			
管道类别	Ⅲ	Ⅱ	Ⅰ	0	Ⅱ	Ⅰ	0	0
最大有效的压力 /bar	> 500	10 ～ 500	0.5 ～ 10	< 0.5	> 500	10 ～ 500	0.5 ～ 10	< 0.5
公称直径 *DN*	> 25	> 25	> 25	≤ 25	> 200	> 200	< 200	< 200
项目	**气体**							
	危险气体				不危险的气体			
管道类别	Ⅲ	Ⅱ	Ⅰ	0	Ⅱ	Ⅰ	0	0
最大有效的压力 /bar	> 0.5	> 0.5	> 0.5	> 0.5	> 0.5	> 0.5	> 0.5	—
公称直径 *DN*	> 350	25 ～ 350	25 ～ 100	≤ 25	100 ～ 250	32 ～ 100	≤ 32	—

复习题

1. 组装管道的三个基本组件是什么？
2. 公称直径如 *DN*100 代表什么？
3. 公称压力是什么意思？
4. 针对 18bar 的管道，应设计哪个公称压力？
5. *DN*150 且壁厚为 2.6mm 的管道，其管路尺寸和单位长度有关的质量是多少？
6. 有哪些管路连接类型？
7. 各管路连接类型有哪些优点和缺点？
8. 为什么在高压下使用配备成型密封件的法兰连接？
9. 压合连接的优点是什么？
10. 哪个管道类别的管路公称直径为 200，并在 5bar 时能输送危险气体？
11. 给出工业管道用不锈钢的简称。

1.8 管路固定

如果管路牢固地固定在支撑点上，则将其称为固定支架（固定支座），如果支架可以补偿管路膨胀，则称为可移动支架（管路滑动支座或者动点）（**图 1-17**）。

在建筑物或者支撑结构上固定管路，可以设计为支承式（支架）或者悬吊式（吊架）（**图 1-18**）。

管卡（DIN 30681）适用于以垂直或者悬挂的方式固定无套管或者保温的管道［图 1-18（a）、（d）］。支架可以设计为滑动支架或者固定支架。在可移动支架中，滑动管托支撑在滑动表面上，或者支架可移动地悬挂在螺栓扣上。在固定支架中，管托和支撑结构焊接或者拧紧在一起。

U 形螺栓（DIN 3570）可以设计为垂直结构的固定支架［图 1-18（b）］或者悬挂结构的滑动支架。

滑动管托也可以在轴上移动［图 1-18（c）］，仅支撑管道重量并且确保可自由移动。

管路吊架设计为滑动支架［图 1-18（d）］。通过螺栓扣可以精确对齐。

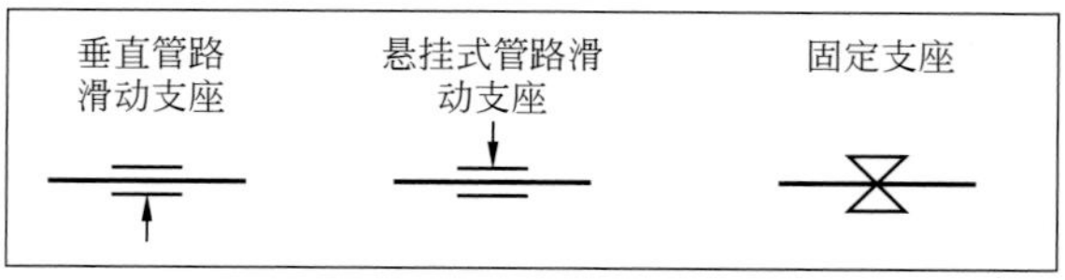

图 1-17：管道支架的符号

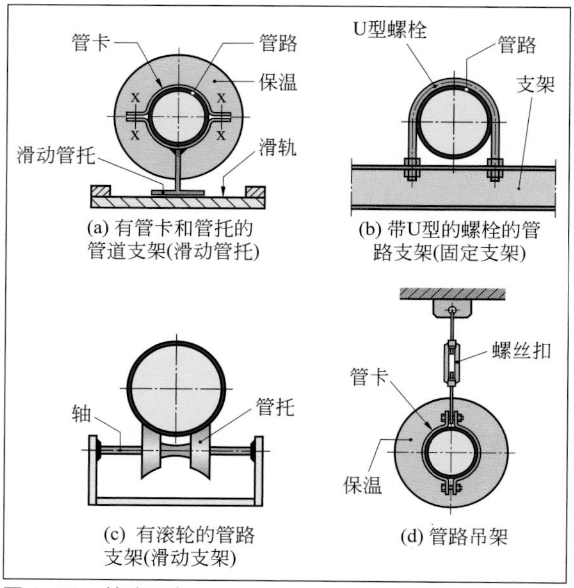

图 1-18：管路固定

1.9 管道标记

在化学工业中，通常通过在管道上作标记来清楚地指出管道中流动的物质。根据 DIN 2403 使用标志色和识别码，设置在管道上清晰可见的位置，并且可以在安装和运行故障时快速安全地定位。

使用了十种标志色（第 19 页，**图 1-19**），并为每个标志色分配一个主代码（从 0 到 9）。标志色及其主代码表示某个特定组别的物质。通过物质名称本身或者通过一个额外的附加代码，说明详细的物质名称。

可以通过不同的方式标记管道：

- 通过固定在管道上的涂有标志色的铭牌标记管道，并且打印有物质名称或者两位数的物质代码。

  第一个数字表示主代码，第二个数字表示设置的辅助代码。例：酸的主代码是 6，盐酸的辅助代码是 1，因此盐酸的总代码是 6.1。通过铭牌箭头或者字样，可以额外说明物质的流动方向。
- 在整个长度的管道上涂上组别颜色。
- 通过设置在管道上的色环以及重要位置处的标签或者彩色铭牌标记管道，例如开始处、支管处等等。
- 也必须根据有害物质条例（第 128 页），通过有害物质符号标记含有有害物质的管道。

标志色有两种黄色和两种棕色。在黄色中，一种表示可燃气体（主代码 4），另一种表示不可燃气体（主代码 5）。在棕色中，该规定也适用于液体。通过铭牌箭头的红色或者黑色，区分易燃或者不易燃物质（图 1-19）。

标志色	主代码	物质组别	铭牌上的标志示例	
			通过物质名称	通过代码
绿色	组别1	水	商业用水	1.2
红色	组别2	水蒸气	热蒸汽	2.1
灰色	组别3	空气	压缩空气	3.1
黄色或者黄色-红色	组别4	可燃气体 包括液化气体 (燃料气体、H_2、CO、碳氢化合物)	甲烷	4.3
黄色-黑色或者黑色	组别5	不可燃气体 (N_2、CO_2、SO_2、Cl_2、气体混合物、废气)	氮气	5.0
橙色	组别6	酸 包括酸性溶液和酸性过程	盐酸	6.1
紫色	组别7	碱 包括碱性溶液和碱性过程	氢氧化钠溶液	7.0
棕色或者棕色-红色	组别8	可燃液体 包括糊状且流动的液体	燃料油	8.2
棕色或者黑色	组别9	不可燃液体 包括糊状的金属液体	盐水	9.1
蓝色	组别0	氧气	氧气	0.3

图 1-19：根据流动物质标记管道（DIN 2403）

1.10 管道膨胀补偿

如果管道受力或者温度变化时，会改变其长度。这种物理性质意味着安装在空载和冷态中的管道或在高压和高温的运行状态下会发生热胀冷缩。如果这些膨胀没有得到补偿，则管道会拉紧。产生的应力可能会损坏法兰密封件和管道接口。

纵向热膨胀

设计管道时，必须考虑由于温度升高而引起的纵向长度变化和热膨胀 Δl（**图 1-20**）。这与管路长度 l_0、管路材料和温差$\Delta t = t_2 - t_1$有关。

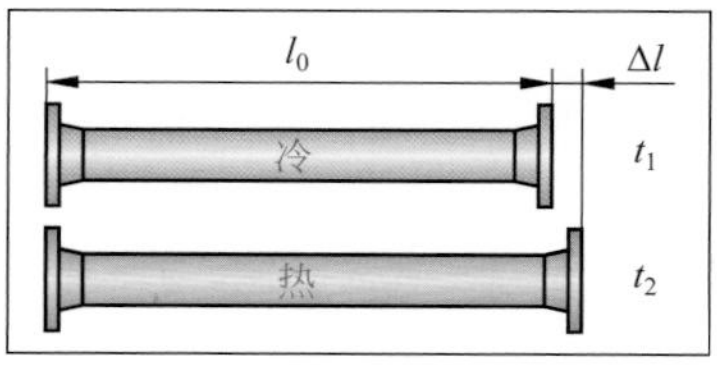

图 1-20：纵向热膨胀

纵向热膨胀的计算公式为：$\boldsymbol{\Delta l = l_0 \alpha \Delta t}$

α 是**纵向热膨胀系数**，表示 1m 长管路在温度增加 1℃（相当于 1K）时的纵向膨胀量，单位 mm（**表 1-6**）。

表 1-6：材料的纵向热膨胀系数 α

材料	α/[mm/(m·K)]
非合金结构钢	0.012
不锈钢	0.017
铝材	0.023
铜材	0.020
PVC（塑料）	0.070

示例： 加热一个 8.0m 长的不锈钢管道至 250℃。由此产生的长度变化为多少？

解： $\Delta t = 250℃ = 250\text{K}$

$$\Delta l = 8.0\text{m} \times 0.017 \frac{\text{mm}}{\text{m} \cdot \text{K}} \times 250\text{K} = 34\text{mm}$$

可以通过材料的弹性来补偿管道的较小长度变化，但较大的膨胀必须通过补偿元件补偿。

管路膨胀补偿元件（compensation elements）

弯管补偿器： 通过将弯管焊接在管道中，可以实现管路膨胀补偿（**图 1-21**）。弯管通过变形补偿较小的管路膨胀。

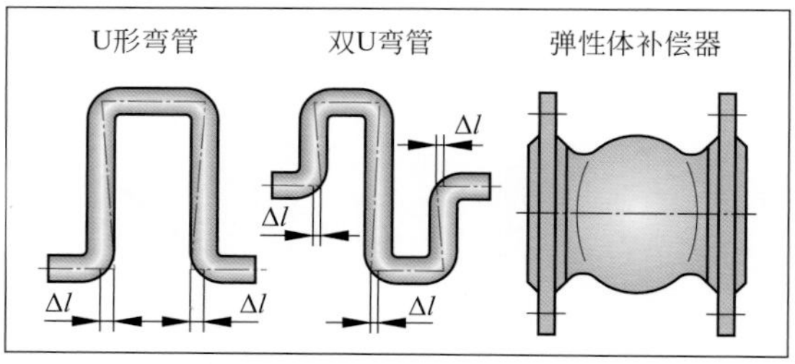

图 1-21：弯管、弹性体补偿器

弹性体补偿器（橡胶补偿器）在两个法兰之间有一个由织物增强弹性塑料制成的凸出管件（图 1-21），其应用压力高达 *PN* 25，温度最高 150℃。

波纹管补偿器由一个可以在管路方向上拉伸的薄壁金属波纹管和两侧焊接的法兰组成（**图 1-22**），可以在最大公称压力 *PN* 100 和最高温度 500℃下使用。

在大约 50% 的最大补偿量状态下，补偿器预拉伸安装在管道中。这样可以补偿膨胀和拉紧。

补偿器的安装长度
$l_E = l_B + \Delta l_{VSp}$；$\Delta l_{VSp} = 0.5 \times \Delta l_{ges}$

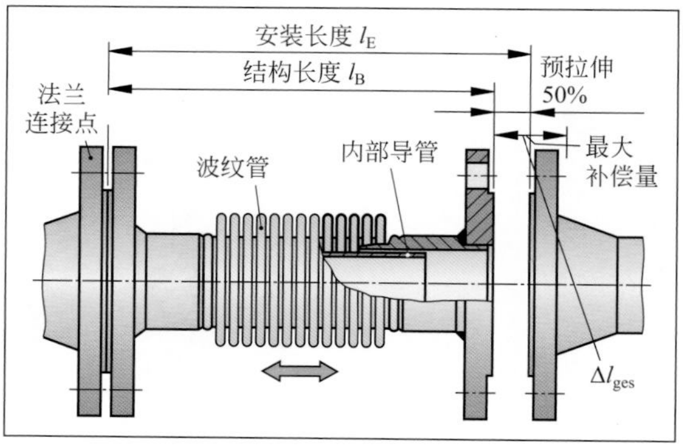

图 1-22：波纹管补偿器（波纹补偿器）

轴向补偿器包含一个导管，并且只能补偿管路方向的膨胀。没有导管的补偿器也可以吸收较小的横向位移。弹性体和波纹管补偿器通常安装在泵后部的管道中，用于吸收振动。

1.11 管路保温

管路保温（pipe-insulation）用于防止热管道中的热量损失（隔热）和冷管道中的冷量损失（冷保温）。

通过围绕在管道周围的保温材料，实现隔热和冷保温。

有三种材料适合用作**保温材料**：

- 适用于最高约100℃的较低温度范围：聚苯乙烯或者聚氨酯制成的硬质泡沫（第215页）。
- 适用于最高约600℃的中等温度范围：由矿物纤维（玻璃棉和岩棉）制成的外壳模具和垫子。
- 适用于最高约1200℃的高温：由陶瓷纤维，如氧化铝纤维制成的外壳模具和垫子。

通常通过保温成型件（半管壳），隔离公称直径小于*DN* 80并且保温厚度小于50 mm的管路。在管路周围放置两个半壳，用一个金属带固定，并且用金属护套覆盖（**图1-23**），可以防止水分渗透。

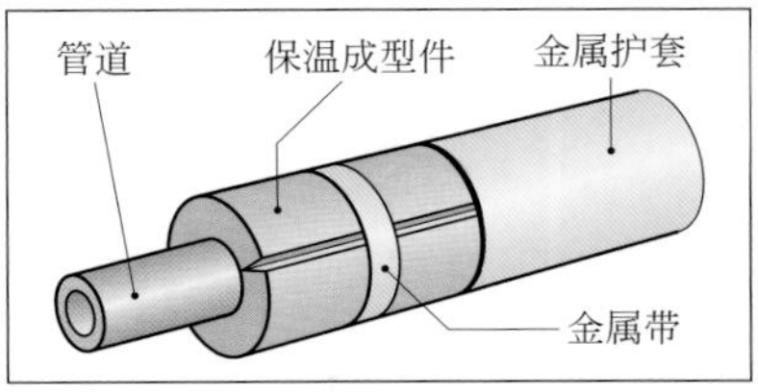

图1-23：有外罩的管路保温

公称直径大于*DN* 80的管道有一个底部结构隔热层（**图1-24**），由环箍、间隔条和由镀锌软铁板或者不锈钢板制成的壳板组成。管道和金属护套之间的空间填充保温材料。

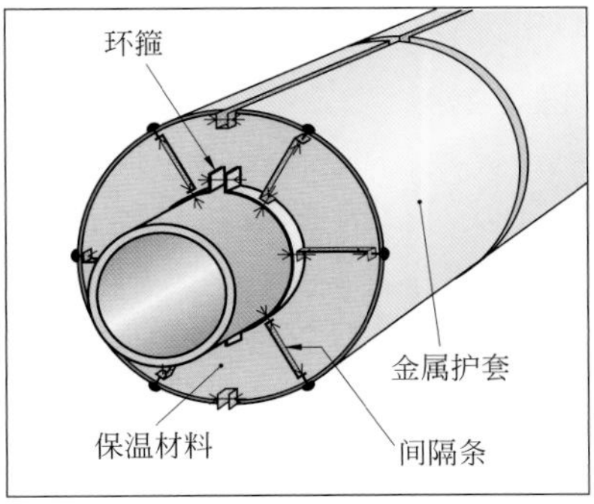

图1-24：有底部结构的管路保温

根据保温层成本和热损耗成本确定**保温层的厚度**，通常在50～250mm之间。

保温层应安装在整个长度的管道上，包括弯头和支管。必须避免不保温区域，因为这里存在强烈的热量损失。

法兰连接和配件包覆有可拆卸的保温模制件（**图1-25**）。这样在不密封时，可以无阻碍地进入连接处，而无须移除整个管路保温层。

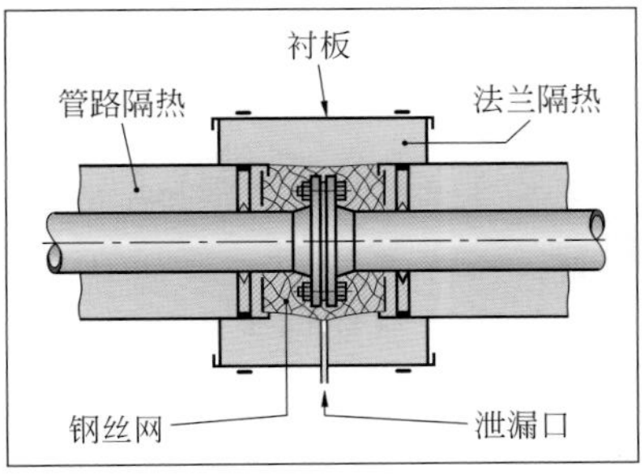

图1-25：法兰连接的隔热

适当尺寸的管路保温可以解决许多问题：

- 避免流动介质的温度下降太多（节能）。
- 在气体输送管道中，温度低于露点温度，阻止了湿气冷凝。例如在含有SO_2的废气中，这将导致严重的腐蚀损坏。
- 在蒸汽管道中，避免形成冷凝水。

管路伴热（trace heating）

如果不允许管道中输送的物质冷却或者应该额外加热，例如对高黏性液体便有此必要，则应使用管路伴热。伴热装置布置在管路周围，通过保温避免热量损失（**图1-26**）。

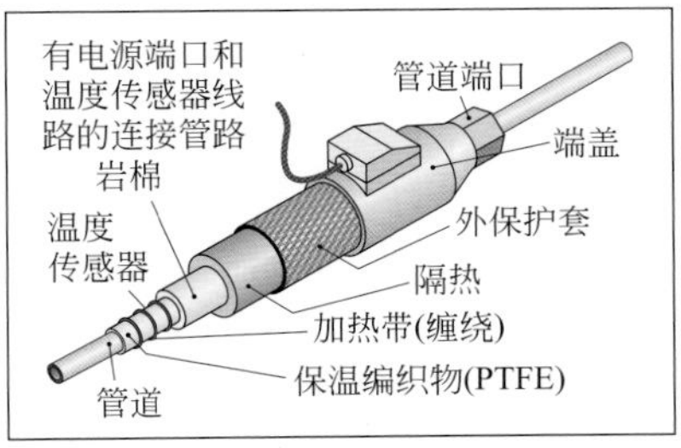

图1-26：电气管路伴热装置

电管路伴热装置是将加热带铺设在管路周围，并且可以通过控制器调节其加热能力，以满足热量需要。

使用传热介质进行伴热，例如加热蒸汽，加热蒸汽伴热装置由缠绕在管道上的可变形加热管（例如由铜制成）组成。

1.12 管道的示意图

管道的示意图用于提供管道的相关信息。根据希望获得的信息内容，有不同的描述类型。

管道及仪器流程图

管道及仪表流程图（piping and instrumentation-diagram），简称 P&ID 流程图或者 P&ID 流程示意图，是描述化工设备结构和功能的整体简化示意图（**图 1-27**）。

管道用线条表示，阀门、管道设备、以及仪表设备和机器用图形表示（**图 1-28**）。

根据 DIN EN ISO 10628 和 DIN 2429，标准化了 P&ID 流程图和其中使用的符号。

通过连接处的缩写表示管路连接。同样，通过符号标记膨胀补偿元件。

化工设备的 P&ID 流程图的排列一般为：物质从左侧流入设备，从右侧流出。

箭头标记物质的流入或者流出的位置。

每个管道都有一个管道名称，包含管道编号、公称直径、公称压力、材料和管道样式，例如通过管道等级表示。

管道名称**示例**：3-65-10B8

它表示 3 号管道，公称直径为 *DN* 65，公称压力为 *PN* 10，非合金钢（B），管道类别为 8。

在流程图中的管道旁边标明管道名称（图 1-28，下部）。

阀门和仪表设备也用缩写符号和编号标记。

通过文字标记可以识别管道中流动的物质，并且指出其流入位置和流出位置。这里可以额外给出一个图纸编号，说明后续设备部件的 P&ID 流程图。

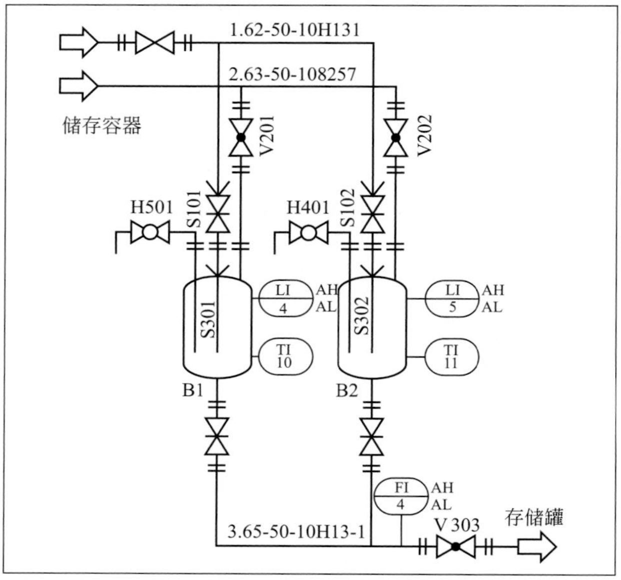
1.62-50-10H131
2.63-50-108257
储存容器
V201
V202
H501
S101
H401
S102
S301
S302
LI 4
AH
AL
LI 5
TI 10
TI 11
B1
B2
FI 4
V 303
存储罐
3.65-50-10H13-1
图 1-27：符合 DIN EN ISO 10628 的管道及仪表流程图

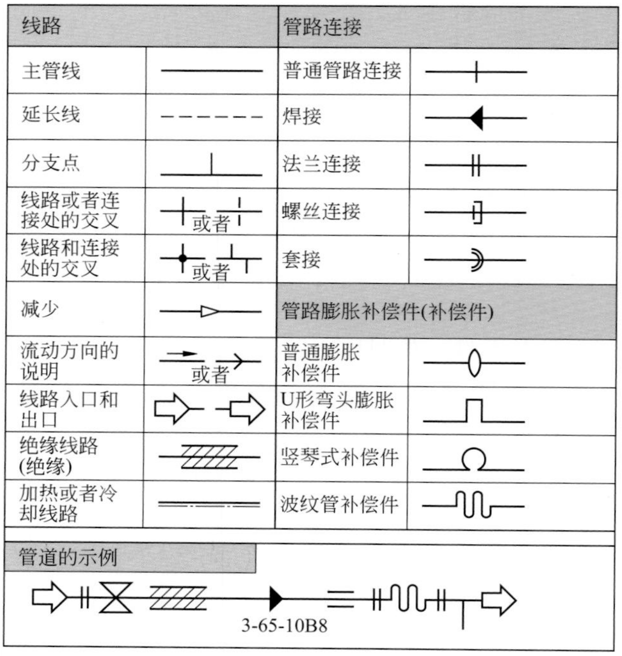
线路
管路连接
主管线
普通管路连接
延长线
焊接
分支点
法兰连接
线路或者连接处的交叉
或者
螺丝连接
线路和连接处的交叉
或者
套接
减少
管路膨胀补偿件(补偿件)
流动方向的说明
或者
普通膨胀补偿件
线路入口和出口
U形弯头膨胀补偿件
绝缘线路(绝缘)
竖琴式补偿件
加热或者冷却线路
波纹管补偿件
管道的示例
3-65-10B8
图 1-28：符合 DIN EN ISO 10628 的 P&ID 流程图中的管道和安装件图示

此外，在 P&ID 流程图中，化工设备由符号表示，这些符号表示了设备的基本形状（第 113 页）。

在管道或者仪表位置，用简称和椭圆表示测量和控制位置（第 484 页）。

管道和设备模型

管道和设备模型提供了化工设备中管道、阀门和仪表的路线示意图。

它用于指导设备的规划、安装和操作。

通过计算机程序，将管道和设备模型显示为监视器图像（**图 1-29**）。由于图像为平面结构，可以清楚地看到管道及其路线。

这种描述类型不是标准化的。根据不同的计算机程序，符号或多或少地基于 DIN EN ISO 10628 而定。

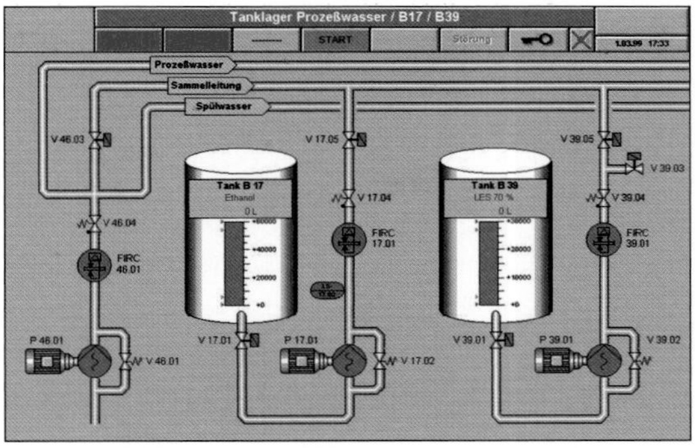

图 1-29：混合设备的二维管道和设备模型

管道轴测图

管道轴测图是等距投影中管道的非比例图示（**图 1-30**）。

该图描绘了管道形状，并包含清楚的管道角度。

它包含规定的管道路线尺寸、管件的长度、成型件和配件，以及配件、支架和电气、测量、控制与调节装置（EMSR 设备）的位置。

管道上的文字标记表示公称直径和公称压力（第 22 页）。

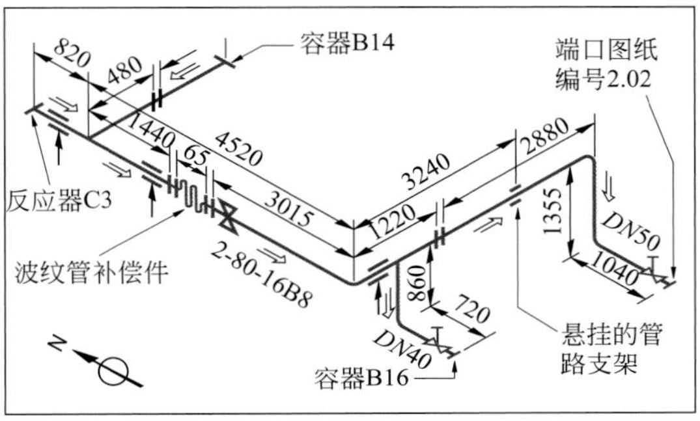

图 1-30：管道轴测图

空间设备图

目前，管道轴测图或者其他透视管道图主要由计算机程序（CAD 程序）生成，描述了管道和整个化工设备路线的三维图像（**图 1-31**）。

通过 CAD 程序，可以确定管道每个组件的尺寸和名称。从而可以制定订单列表。

设备部件，如某个装置的位置变化，可以输入 CAD 程序中。该程序计算管道中的条件变化，并且在几秒钟内以图形的方式在变更的订单列表中显示出来。

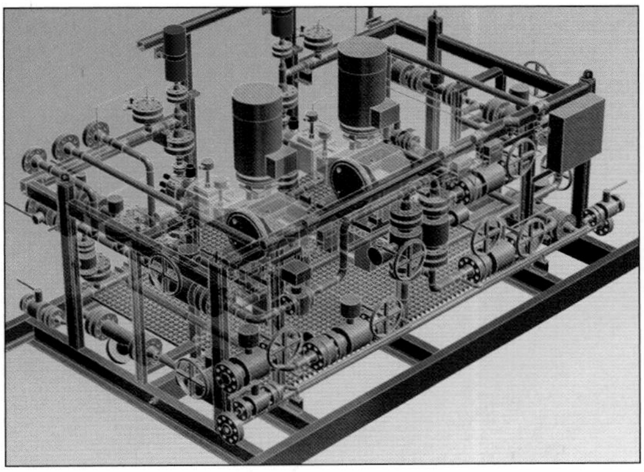

图 1-31：设备的三维 CAD 模型

复习题

1. 在管路支架中，固定支座和滑动支座的作用是什么？
2. 酸和碱有哪种管道颜色？
3. 有哪些膨胀补偿器？
4. 为什么必须安装有预紧力的波纹管补偿器？
5. 隔热的目的是什么？
6. 在什么应用情况下安装管道伴热装置？
7. 管路轴侧图包括哪些内容？
8. 管道名称 001.56-50-10B8 表示什么？

2 阀门

阀门（valves），也称为闭锁装置或者调整机构，用于阻塞和打开管道（开关），调节流体流量以及保护设备。

有各种阀门：闸阀、蝶阀、球阀、截止阀（**图 1-32**），用于控制所需的开度，改变输送流体的流量。

图 1-32：化工设备的阀门

在标准（DIN EN 736）中规定了阀门的基本结构类型、组件、名称和术语。

根据阀门关闭元件的移动方向与流体流动方向的比较，**区分**阀门的**名称**（**图 1-33**）。

闸阀：启闭元件垂直于流动方向移动。

蝶阀：启闭元件围绕旋转轴垂直于流动方向移动。流体围绕着启闭元件流动。可以旋转 90°。

球阀：启闭元件围绕旋转轴横向于流动方向移动。流体流过启闭元件。可以旋转 90°。

截止阀：启闭元件与流体方向相反或者在其本身的方向上移动。

阀门的选择要根据其用途和操作条件而定，同时，必须符合其他管道的公称直径和公称压力的要求。

在流程图中用符号表示阀门。

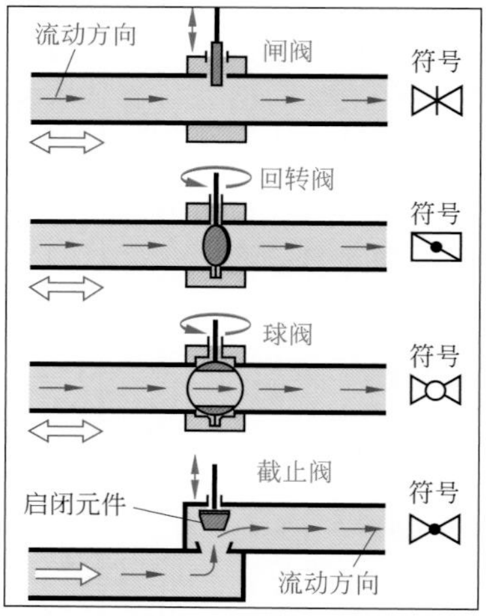

图 1-33：配件的结构类型

2.1 闸阀、蝶阀、球阀

闸阀、蝶阀、球阀是功能性**开关阀门**。

闸阀（gate valve）是启闭装置，可完全关闭或打开管道（包括较大的公称直径）。

其主要作用是打开和关闭物料流，但是也可以用于粗略调节流量。

启闭元件是一个楔子或者孔板，通过一个手轮和阀杆垂直于流动方向上下移动（**图 1-34**）。

闸阀的结构形式使其在打开状态下，对流动介质的流动阻力尽可能地小。当闸板被提起时，流动介质可以流过整个管道横截面，而流动方向不会改变。闸阀可以双向输送物料。

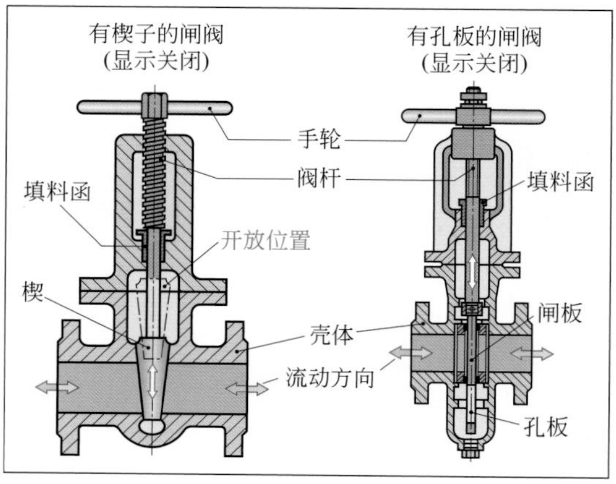

图 1-34：闸阀结构形式

蝶阀（butterfly valve）的使用压力范围最高为25bar，是闸阀和截止阀的廉价替代品。通过它可以关闭流体或者在有限的范围内调节流量。启闭元件是一个可旋转的圆盘，可以通过一个可锁定的阀杆或者自锁式齿轮箱固定在一个位置中（**图 1-35**）。

圆盘底部的旋转轴承暴露在液体中，会受到腐蚀性介质的侵蚀。因此，蝶阀在腐蚀性介质中使用较少，优选在供给水时使用。

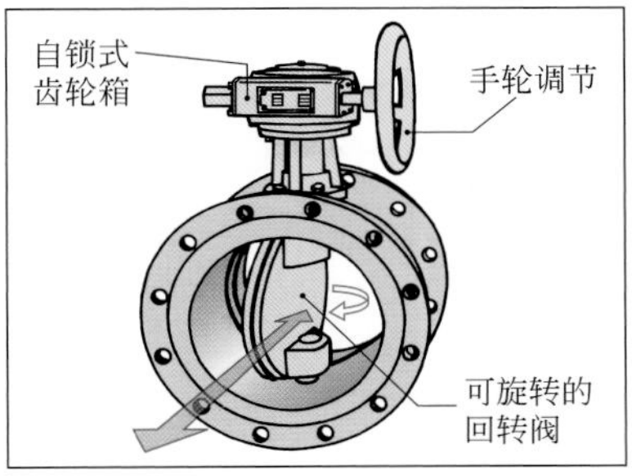

图 1-35：蝶阀（打开）

球阀（ball valve）拥有一个有圆柱形流动开口的球形启闭元件（塞子）（**图 1-36**）。通过一个阀杆慢慢旋转启闭元件，可以将管道完全打开或者关闭。

球阀通常用于关闭或者完全打开管道，在特殊的启闭元件设计中，球阀也可以调节流量。

球阀也可以设计为三通旋塞，用于关闭或者释放液体流动，并且使其可选择在一个或者两个管道中流动。

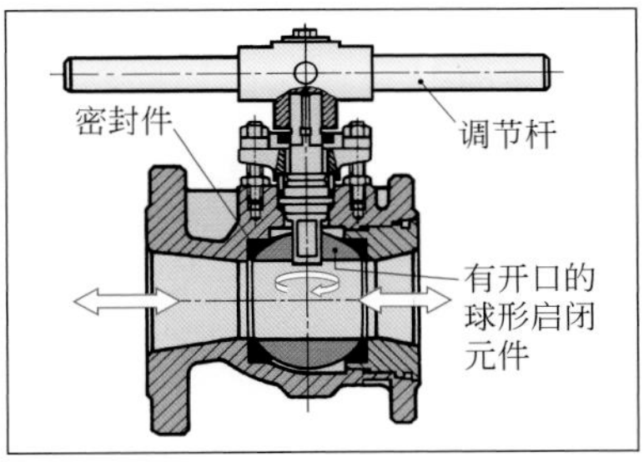

图 1-36：球阀（打开）

2.2 截止阀

原则上截止阀（globe valve）是主要的**调节阀门**，根据其功能分为截止阀和调节阀、自闭阀、安全阀和减压阀。根据流动方向，它可以用作直通阀（直流）、角阀（偏转 90°）和三通阀或者四通阀。

2.2.1 截止阀和调节阀

通过截止阀和调节阀可以关闭和打开管道，以及精准调节流量。

在**图 1-37** 中通过一个特征曲线，描述了截止阀和调节阀的调节作用。该图体现了阀门开度 h 和流量 V 之间的关系。还有具有线性或者等百分比特征曲线的调节阀。

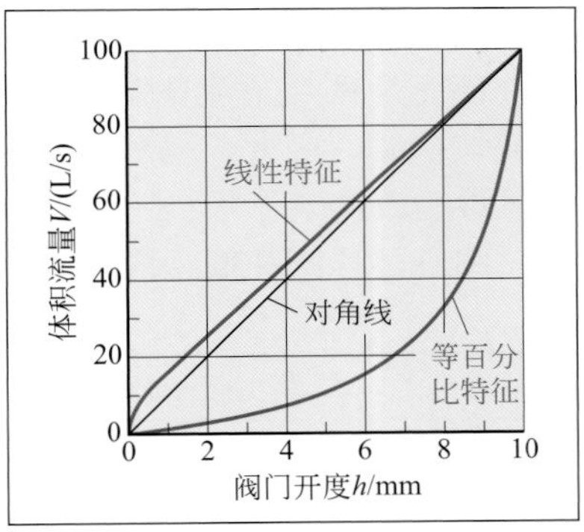

图 1-37：阀门的特征曲线

在线性特征曲线中，体积流量 V 与阀门开度 h 成正比。在等百分比特征曲线中，体积流量变化 ΔV 在较小的阀门开度 h 中非常小，阀门开度较大时则非常大。这些阀门适合微调。

与闸阀相比，调节阀具有更大的压力损失，它是由启闭元件的偏转和流体流经狭窄的开口引起的。

截止阀通常只有一个允许的流动方向。

锥形阀（conical seat valve）也称为直通阀，由一个球形壳体和内部水平阀座组成（**图 1-38**）。

阀座的内边缘是倒角的，这样阀锥的倾斜和磨削表面也可以密封地压在阀座上。通过一个阀盖关闭阀门壳体。通过手轮操作由填料函（第 171 页）密封并穿过阀杆的主轴。当阀杆拧紧时，阀锥减小了中心通道的开口。阀锥和阀座可以互换。这样，可以设置不同的体积流量和调节范围。

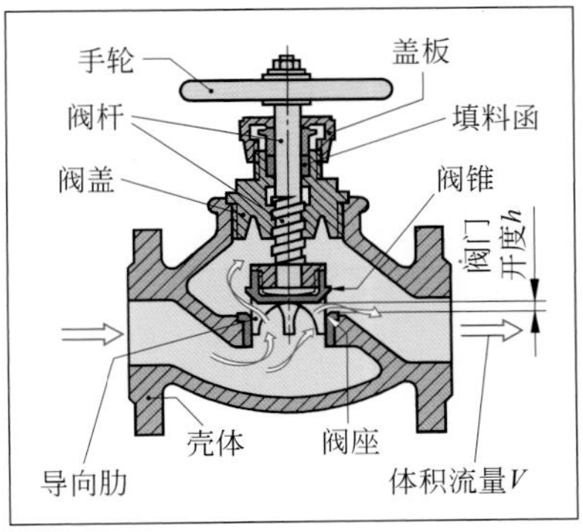

图 1-38：锥形阀（打开）

由于具有范围很广的线性调节特征曲线和可变性，锥形阀是典型的调节阀。

如果启闭元件设计为细长锥体或者针形，则这些阀称为**针阀**，可以精细地调节流量。

角阀（angle valve）也是一种调节阀，可以偏转流向方向 90°（**图 1-39**）。如果管道中需要调节阀和 90° 偏转时，则在限定的空间中使用角阀。流动阻力相对较大。

活塞阀（piston valve）有一个圆柱形活塞用作启闭元件（**图 1-40**），通过一个向下倾斜的活塞打开和关闭流动开口，活塞通过阀杆移入下阀环中。由于上阀环具有填料函的功能，并且还用作活塞的导向轴承，所以在外部密封阀室。松开弹性阀环后，拧紧阀门上部，以使上阀环压紧活塞并且在外部密封。

角座阀（angle seat valve）完全打开状态时为液体提供了几乎直线的流动路径（**图 1-41**）。因此流动阻力低，几乎等于某个完全打开的闸阀的流动阻力。当阀门部分关闭时，流动阻力大致等于锥形阀的流动阻力。因此，倾斜于轴的密封表面可以设计为圆环，阀座处的流动开口有一个椭圆形横截面。

在**隔膜阀**（engl diaphragm valve）中，通过牢固夹紧在壳体中的橡胶膜打开和截断流体，该橡胶膜通过一个环形位移部件压在壳体的密封表面上（**图 1-42**）。通过橡胶膜，在外部完全密封了流体空间。没有移动的阀门部件与流经的液体接触。因此，隔膜阀用于控制腐蚀性、含固体颗粒和有毒的液体。

闸阀、球阀和截止阀的特征见**表 1-7**。

表 1-7：闸阀、球阀和阀门的特征

项目	闸阀	球阀	截止阀
流动阻力	较小	较小	较高
适用于调节	适中至良好	适中	非常好
使用范围	最大 *DN* 中等 *PN*	较小至中等 *DN* 和 *PN*	中等 *DN* 较高 *PN*
打开和关闭持续时间	较长	较短	中等
阀座的耐磨特征	适中	较差	良好
适用于流动的方向变更	适合	适合	根据结构类型判断

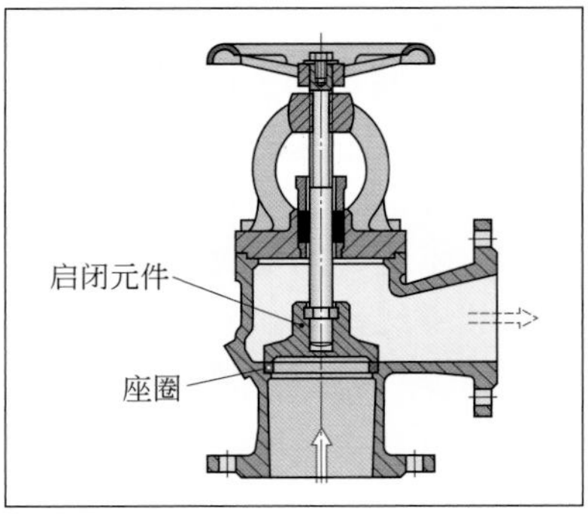

图 1-39：角阀（关闭）

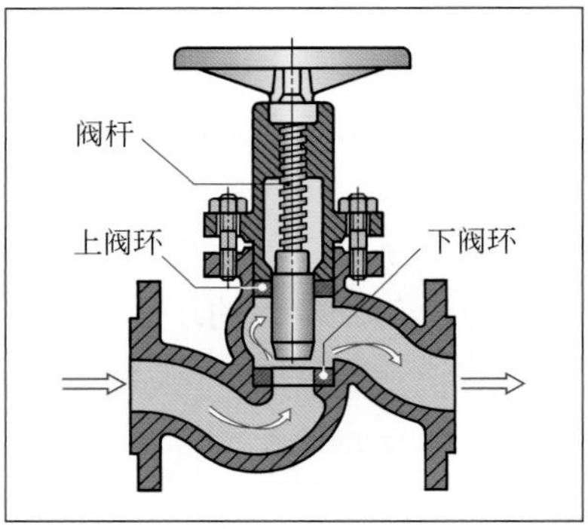

图 1-40：活塞阀（打开）

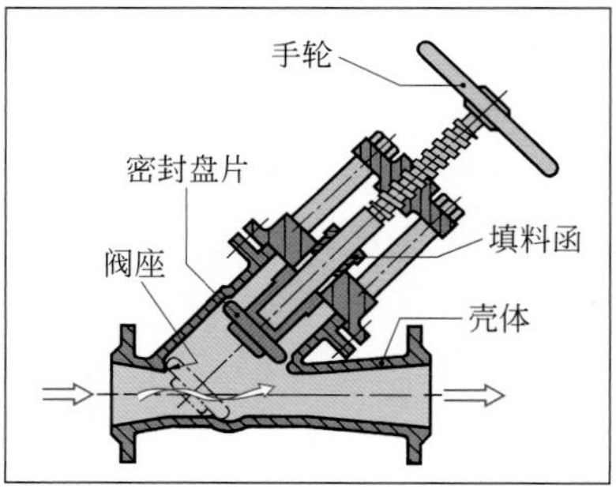

图 1-41：角座阀（打开）

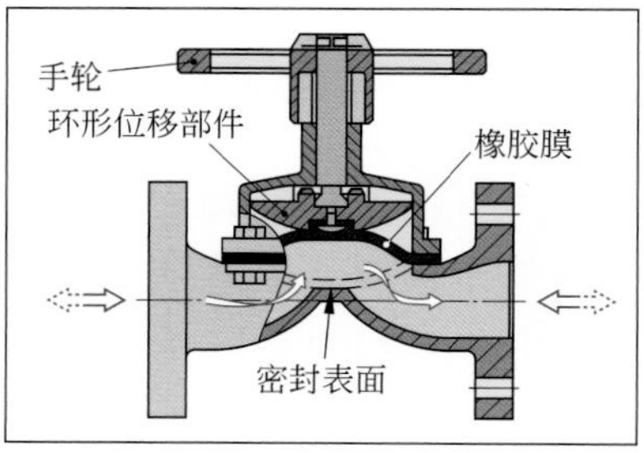

图 1-42：隔膜阀（打开）

2.2.2 阀门执行器

执行器（actuators）用于闸阀、球阀和截止阀的控制操作。在控制和调节的化工设备中，所有的闭锁和调节阀门都配有执行器。通过一个附加的手轮，可以在紧急情况下手动调节。执行器从调节器和控制器中获得指令，该指令是自动过程控制（第 523 页）的一部分。

闸阀和截止阀的执行器必须在阀门中产生上下运动。旋转阀和球阀的执行器必须旋转 90° 才可以打开或者关闭管道。

根据驱动执行器的辅助能源，可分为电动、气动和液动执行器。

在**电动执行器**中，电动机提供阀门中启闭元件所需的运动能量（**图 1-43**）。通过一个侧装电机，例如通过一个涡轮传动装置，将电机的旋转运动转换为阀杆的旋转或上下运动。也可以在距离调节器很远的地方操作电动执行器，因为可以长距离传输电动调节信号，可以产生较强的调节能力和较长的调节距离。缺点是防爆设计价格相对较高。

通过压缩空气驱动**气动执行器**（**图 1-44**），作用在膜密封的隔板上，从而推动推杆。复位弹簧可促使调节阀关闭。其结构很简单，但是与控制室的距离有限。气动执行器特别适用于完全开启 / 关闭的控制器。

原则上，**液动执行器**的构造类似于气动执行器（**图 1-45**）。压力油驱动的气缸产生阀杆的上下运动。其到控制室的距离有限，因为需要供应液压油并使其返回管线。液动执行器特别适用于负荷较大的场合。

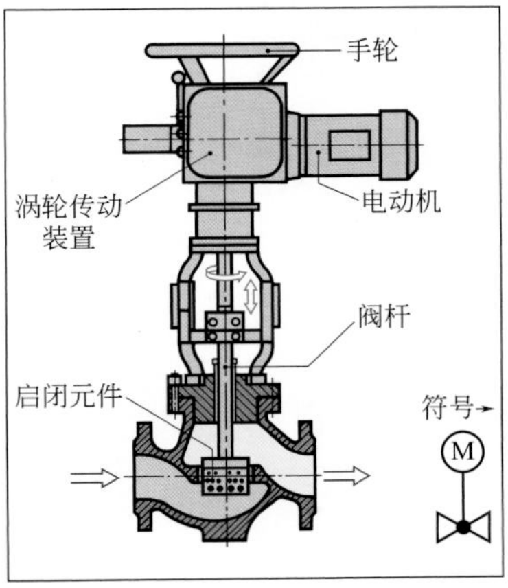

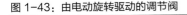

图 1-43：由电动旋转驱动的调节阀

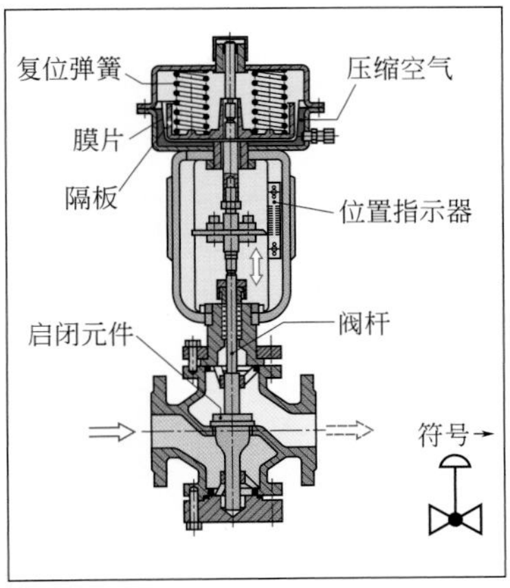

图 1-44：由气动推力驱动的调节阀

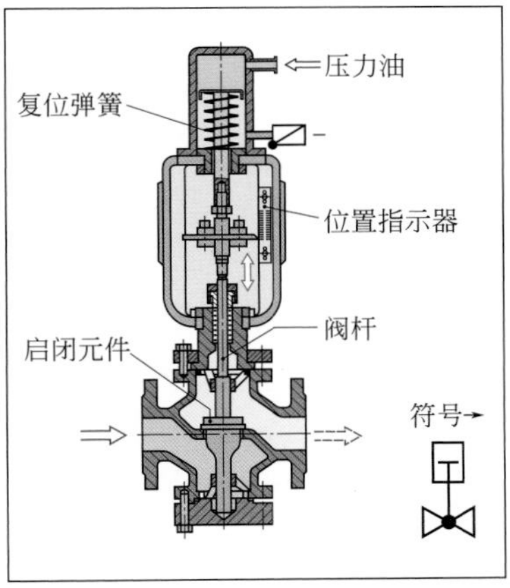

图 1-45：由液压推力驱动的调节阀

调节阀门的安全位置

必须配备一个调节阀门，使其在辅助能源出现故障时返回正确的安全位置（**图 1-46**）。

例如在搅拌釜的热蒸汽输送管路中，如果辅助能源发生故障，则调节阀门必须自动移动到关闭位置［安全位置关闭，图 1-46（a）］。

例如在冷却回路中，如果辅助能源发生故障，则调节阀门必须自动移动到打开位置［安全位置打开，图 1-46（b）］。

在阀门符号中，通过一个箭头标记安全位置。

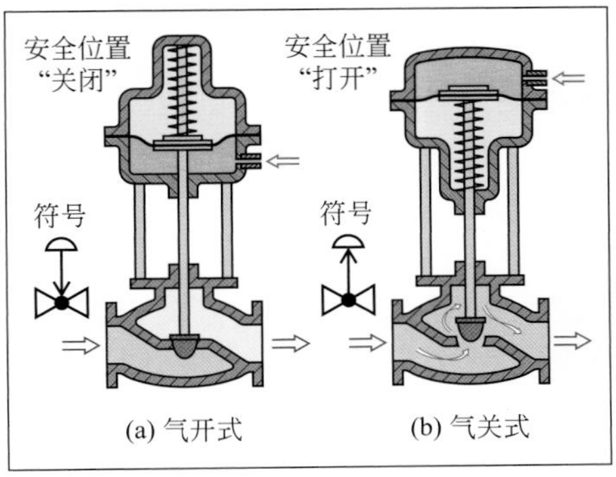

图 1-46：阀门的安全位置

2.2.3 受控阀门

每个阀门也可以配备自己的调节装置（**图 1-47**）。如果设备并非完全由中央控制室调节，则这种调节装置适用于较小的化工设备等（第 522 页）。

调节阀门（controlled valve）由配备电动执行器的阀门、一个测值传感器和一个调节器组成。在调节器上设置所需的流量值（设定值），然后执行器将阀门打开至一定的流速。通过测值传感器（流量计），测量体积流量（实际值）。如果偏离期望值（额定值），则调节器将通过执行器调节阀门，直至达到所需的体积流量。

也可以在调节器上设置阀门的开启时间，这样可以通过所选的体积流量，向搅拌釜中填充一定量的液体。

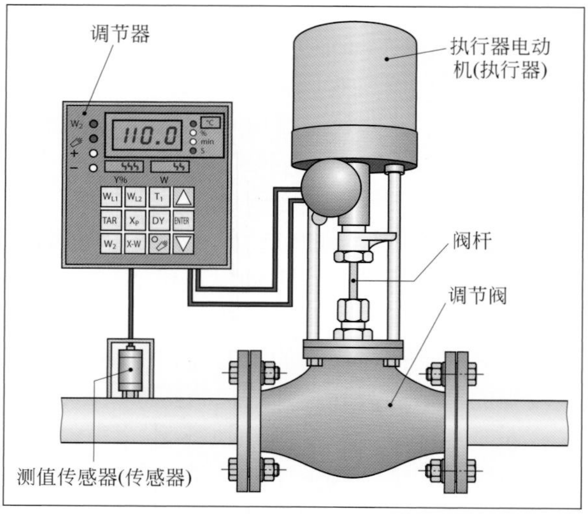
调节器
执行器电动机(执行器)
110.0
阀杆
调节阀
测值传感器(传感器)

图 1-47：配有流量调节器的阀门

2.2.4 P&ID 流程图中的阀门图例

在管道和仪表流程图（P&ID 流程图）中，以 DIN EN ISO 10628 中规定的简化图形符号表示阀门和管道部件（**图 1-48**）。在管道图中添加了这些部件（参见第 22 页）。分为三种阀门：启闭阀门、止回阀和有安全功能的阀门。每种都有一个通用的基本符号，每种结构类型有特殊的符号。甚至是管道部件，如通风设备或者疏水器也有其特殊的符号。

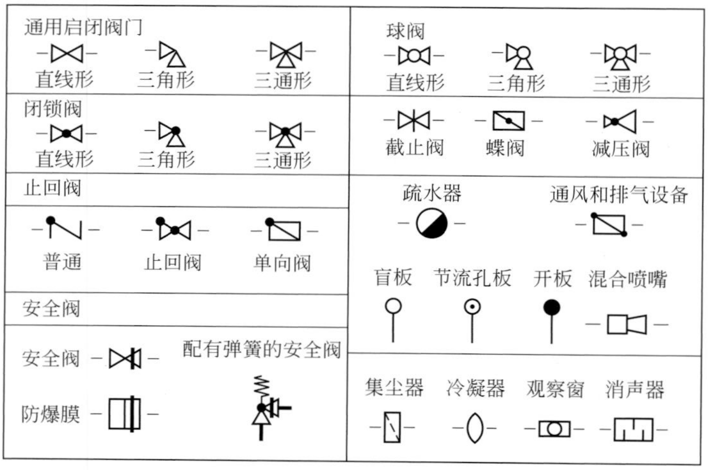
通用启闭阀门
直线形
三角形
三通形
闭锁阀
直线形
三角形
三通形
止回阀
普通
止回阀
单向阀
安全阀
安全阀
配有弹簧的安全阀
防爆膜
球阀
直线形
三角形
三通形
截止阀
蝶阀
减压阀
疏水器
通风和排气设备
盲板
节流孔板
开板
混合喷嘴
集尘器
冷凝器
观察窗
消声器

图 1-48：配件的图形符号

2.3 管道安装垫片

如果需要长时间关闭管道，并且要求完全避免意外打开阀门，则应使用**盲板**（挡板）。

盲板由金属片和两个密封件组成，这两个垫片拧入法兰连接中（**图 1-49**）。因此可以清楚地看到通过一个盲板关闭管道时，盲板有一个凸肩。此外，还有节流孔板和开板。**节流孔板**：用于减小流量开口；**开板**：用于打开管路。

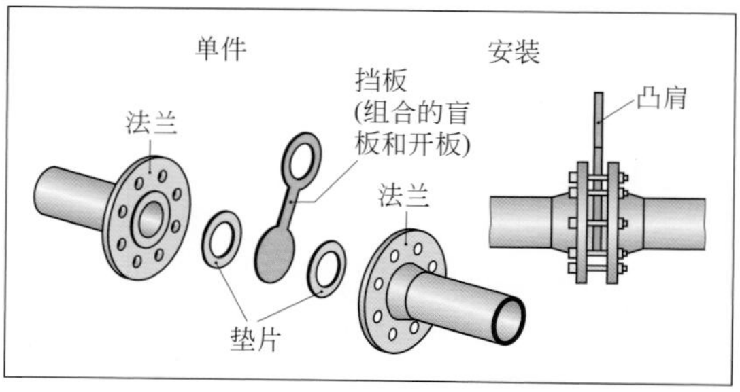
单件
安装
法兰
挡板
(组合的盲板和开板)
法兰
凸肩
垫片

图 1-49：组合的盲板 / 开板

2.4 防回流件

防回流件（backflow preventer）仅允许流体在一个方向上流动。当流体反向流动时，防回流件会自动关闭并且在允许的流动方向时自动打开。

由此可以避免停机期间高处管道和容器的排空，或者防止泵的回流和返回的压力波等。

有多种类型的防回流件。

作为启闭元件，**单向阀**（swing check valve）有一个可围绕偏心旋转轴旋转的阀板（**图 1-50**）。它在液体的流动方向上被液流推开，并且放置在朝向流动方向的狭窄一侧，这样它几乎可以打开整个管路横截面。当液体反向流动时，阀板关闭管路横截面。通过一个阀板密封表面上的软密封件，可提高密封性并且降低冲击噪声。当流动停止时，由于阀板重量，阀板将保持在关闭位置。

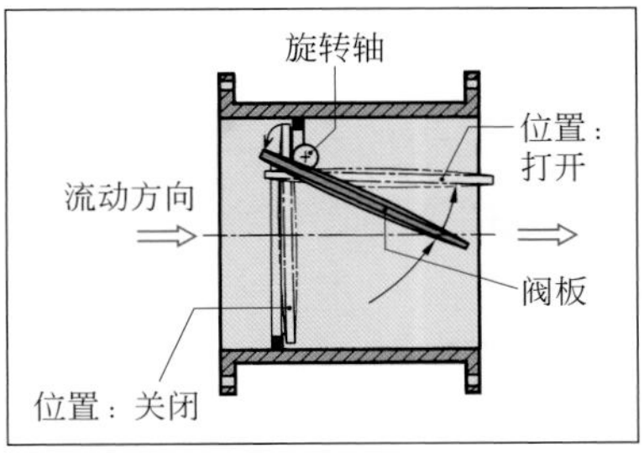

图 1-50：单向阀

单向阀可作为法兰配件（图 1-50）或者有环的阀板，安装在两个管路法兰之间。

如果仅在超过开启压力（止回阀上游和下游的压力差）时打开流体流动，则应使用弹簧**止回阀**（lift check valve）（**图 1-51**）。止回阀中的启闭元件（通常是有密封条的阀板）通过一个弹簧压在密封表面上。当流体顺流时，只有当阀板上的开启压力引起的力度大于要保持的弹簧力时，阀板才会抬起。通过渐进的弹簧特征曲线，可以实现阀门的软开启和关闭。这避免了泵和装置上的液体冲击。

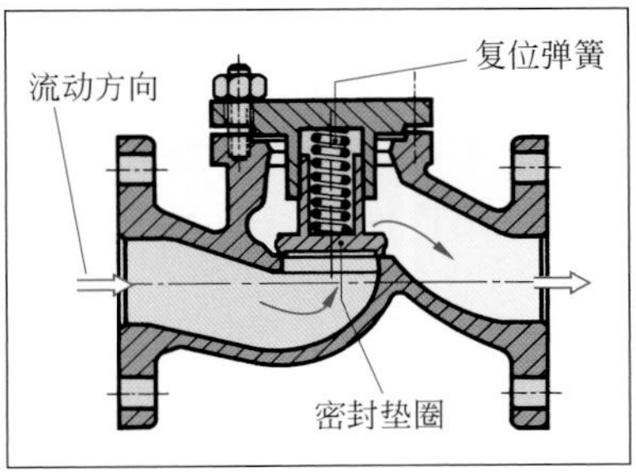

图 1-51：弹簧止回阀（有法兰）

流动停止或者逆流时，通过弹簧将密封垫圈压在密封面上并且密封。

止回阀也可以配备法兰壳体（图 1-50 和图 1-51）以及用作中间法兰配件（**图 1-52**）。通过两个法兰之间的长螺栓拧紧中间法兰配件。与法兰配件相比，其优点是对管道中的空间要求明显较小。

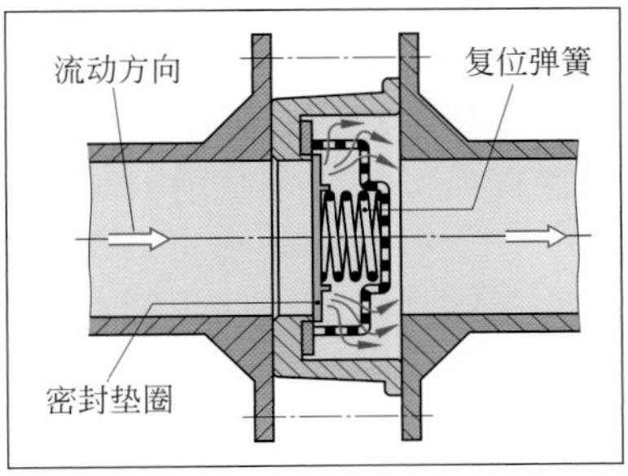

图 1-52：中间法兰止回阀

球形止回阀（ball check valve）适用于较小的流量和悬浮物质（**图 1-53**）。阀体是由钢制成的实心球，涂有弹性塑料。球的移动受到侧向导板的限制，并且通过障碍或者止动销限制其向上移动。如果液体顺流时，则球将抬起并且开始流动。当流体反向流动时，球被压入球座从而阻挡流动。

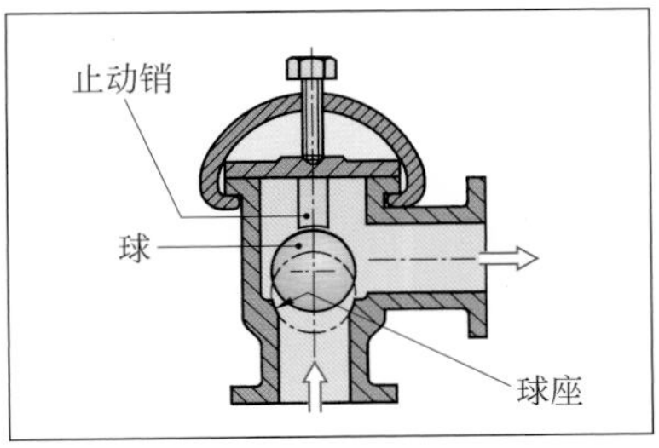

图 1-53：球形止回阀

蝶式止回阀（butterfly check valve）类似于球阀，拥有一个盘形阀体，例如一个由塑料或者金属制成的阀板，位于一个孔板上。在顺流时，阀板从孔板上抬起，让液体通过；反向回流时，液体流将阀板压在孔板上并且密封。

2.5 安全阀

安全阀（safety valves）也称为溢流阀，是用于保护管道和容器免受超压而造成配件损坏。

它能自动打开，可防止设备中超过预先规定的压力，然后在降压后自动恢复正常。

在有压力的设备中，必须安装安全阀。根据其功能的不同，可以分为直接作用式的安全阀和受控的安全阀。

直接作用式安全阀

在直接作用式安全阀中，依靠工作介质压力的直接作用下开启阀门。

最常用的结构类型是**弹簧式安全阀**（**图 1-54**）。通过一个压缩弹簧的力来平衡压力，并且可以通过弹簧轴上的锁紧螺母进行调节。超过之前在安全阀上设定的最大允许压力时，阀瓣抬起，这样大量处于高压下的物质经过一个大环形出口排出。阀门设计为气体或者液体在打开时不会流经阀门的内部，而是向下按压阀瓣并且可以通过出口横向溢出到一个收集容器中。

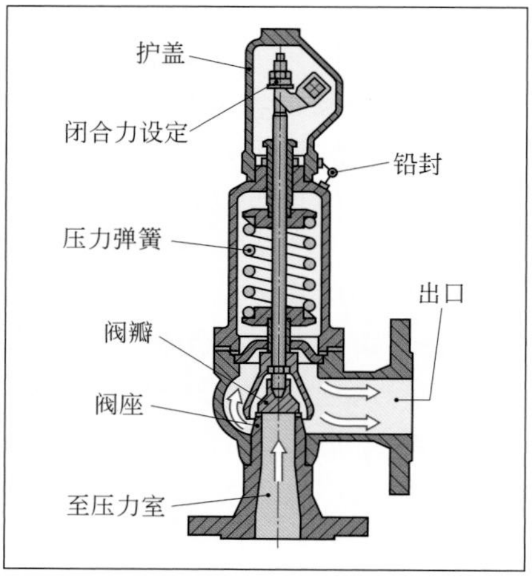

图 1-54：弹簧式安全阀

如果由于物质流出而压力下降，则安全阀自动关闭。

在**杠杆式安全阀**（**图 1-55**）中，通过一个可移动配重的单侧杠杆，产生阀盘上的反作用力。通过改变重锤的悬挂位置，设定阀门开关所需的压力。

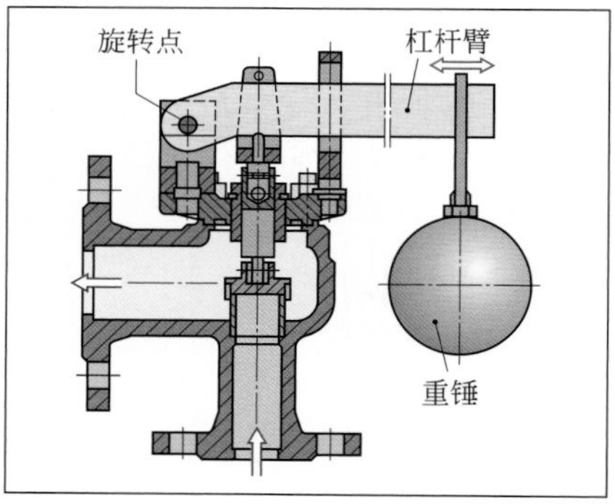

图 1-55：杠杆式安全阀

安全阀为员工和设备提供了安全保障，严禁未经授权的人员更改阀门设置或者停用安全阀。因此，应通过一个铅封锁定安全阀，以防止未经授权的调整。只允许由授权人员进行调整或者重新设置。

安全阀对污染物质敏感：特别是在多次响应和与维护有关的功能测试后，阀盘和阀座上的污染性沉积物将导致安全阀泄漏，并且不可避免地泄漏率随着时间的推移会越来越高。

受控的安全阀

受控的安全阀（controlled safety valve）由安全阀和一个控制装置组成（**图 1-56**）。安全阀通常是配备一个执行器的弹簧式安全阀（图 1-54）。

用测量传感器探测待保护管路中的压力，当超过开关压力时，通过脉冲发生器和控制器操作执行器，取消闭合力，这样可以通过压力介质打开安全阀。控制符号参见第 490 页。

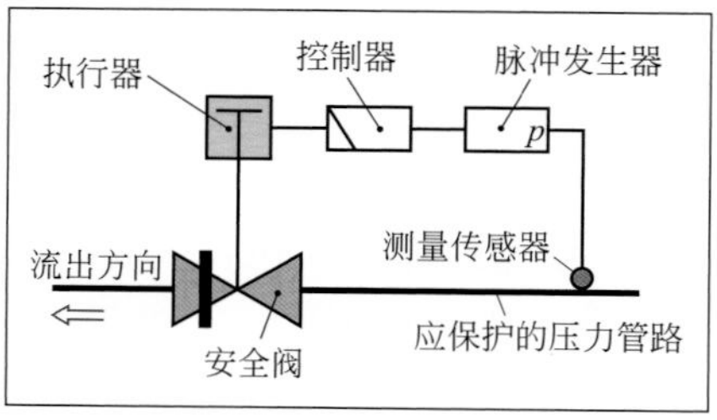

图 1-56：受控的安全阀流程图

2.6 爆破片

爆破片（rupture disc）也称为防爆膜，用于避免容器、储罐和管道系统的压力（爆炸性）快速增加以及由此造成的设备损坏。

防爆膜通常由多层弯曲的圆盘组成，它在预定断裂处拥有倒角（**图 1-57**）。在一个附加的铭牌（标记）上显示了断裂压力、公称直径和其他操作数据。防爆膜安装在管道或者容器颈部中，没有或者配有夹紧法兰。

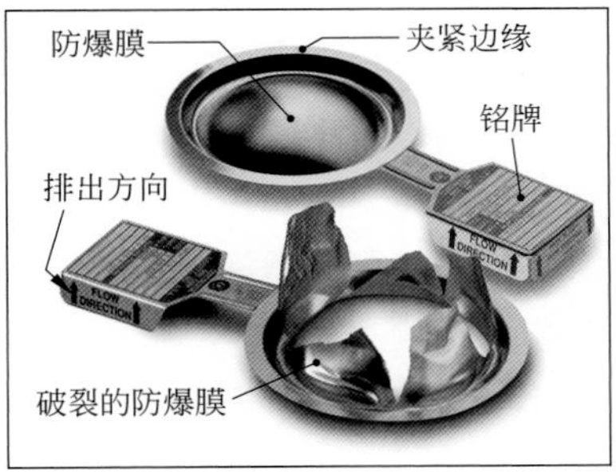

图 1-57：由不锈钢制成的爆破片

防爆膜能确保安全管道系统或者安全容器的绝对密封性。由于安全阀无法保证这一点，因此爆破片特别适用于腐蚀性和有毒的流程物质。

当超过断裂压力时，防爆膜撕裂并且几乎在瞬间打开较大的出口横截面以释放压力。这样，可排出容器中的气体和部分液体并将其收集在容器中，例如向环境中排出水蒸气。

防爆膜是纯粹的紧急保险装置。发生事故后，它不再恢复并且不可避免地导致设备停运。只有在更换新防爆膜后，设备才能重新投入运行。

防爆膜用于密封管道系统、容器和储罐套管（**图 1-58**）。

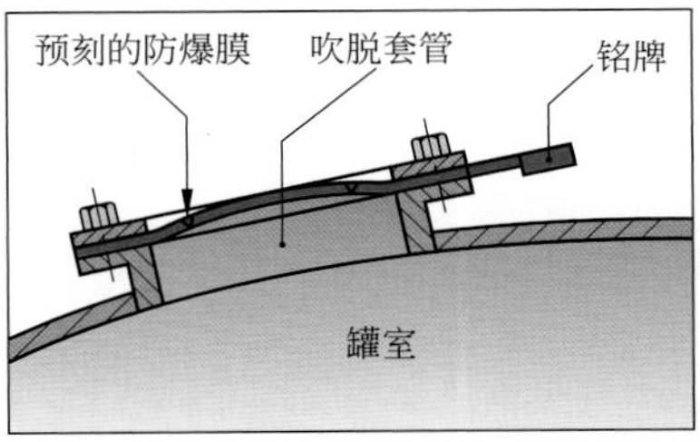

图 1-58：在容器套管中安装的防爆膜

安全阀前部的防爆膜

防爆膜和安全阀的组合，结合了两种安全系统的优点：防爆膜的绝对密封性和耐介质性，以及事故发生后可通过安全阀重新闭合卸压横截面（**图 1-59**）。

正常操作时，防爆膜防止安全阀直接接触流程介质，以及避免阀座区域中的沉积物。这样确保了设备的长期安全。

防爆膜破裂时，若无其他严重后果的事故发生，短期内设备仍可继续运行。这样可以在后期合适的时间更换破裂的防爆膜。

如果通过一个配有从动指针的控制压力计测量安全阀和防爆膜之间的空间压力，则在防爆膜断裂时，压力计显示压力突然增加以表示故障，安全阀再次关闭。通过摆动的从动指针可以看到这种压力增加，并且可以将其作为警报发送到控制室。

安全阀与防爆膜组合的另一个优点是，可以在设备运行期间检测安全阀的响应压力，无须拆卸安全阀。通过压力计套管施加检测压力。

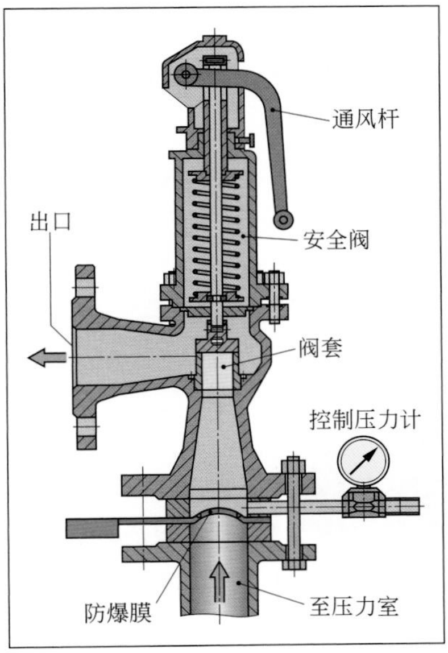

图 1-59：上游配备防爆膜和压力监控装置的安全阀

2.7 减压阀（减压器）

减压阀（pressure reduction valve）可降低介质（气体、蒸汽、液体）的高压至一个恒定的较小压力。

弹簧式减压阀（图 1-60）

高压介质进入减压阀的左侧，流经下部锥体和进气阀座之间的节流横截面时其压力降低，再以较低的压力从右侧排出。

通过旋转调节手轮来设定所需的低压。这样，可以改变低压膜上的弹簧力，从而改变喷嘴出口的大小。

当压力下降时，例如通过一个较大的流量或者较低的高压，低压隔膜和挡板向下移动。挡板大面积遮挡喷嘴，使流通量变少并且双膜上部空间中的压力增加。因此，有排气阀座的双膜被上部锥体封闭，通过下部锥体更大地打开排气阀座，于是节流阀横截面更大，流通量增加，低压上升，从而补偿了压力下降。

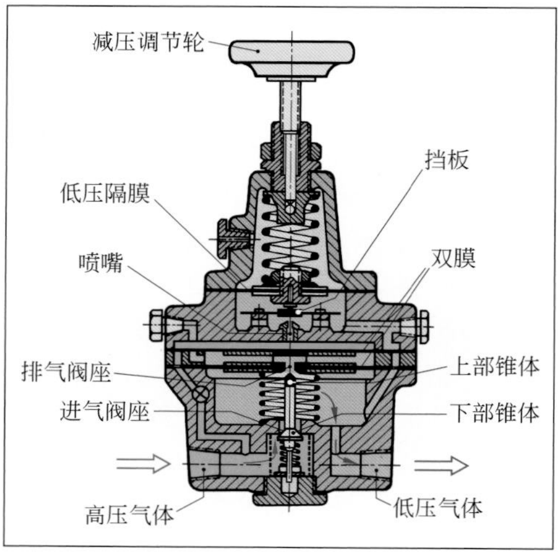

图 1-60：减压阀

当低压上升时，该过程反向进行，并且还会使压力自动返回到选定的低压。

压缩气瓶的减压阀（图 1-61）

压缩气瓶的减压阀是一种特殊类型的减压阀。通过它将 200bar 的压缩气瓶中的高压降低到几巴的工作压力。

高压气体流入孔中并且进入阀门锥座的预燃室中。在气瓶压力计上显示压力。阀锥可阻止气体继续流动，只有当阀塞通过调节螺栓和调节弹簧从阀座上抬起时，气体才会通过阀锥间隙流入减压室中，并且流入消耗器端口，从而将压力降低到工作压力。

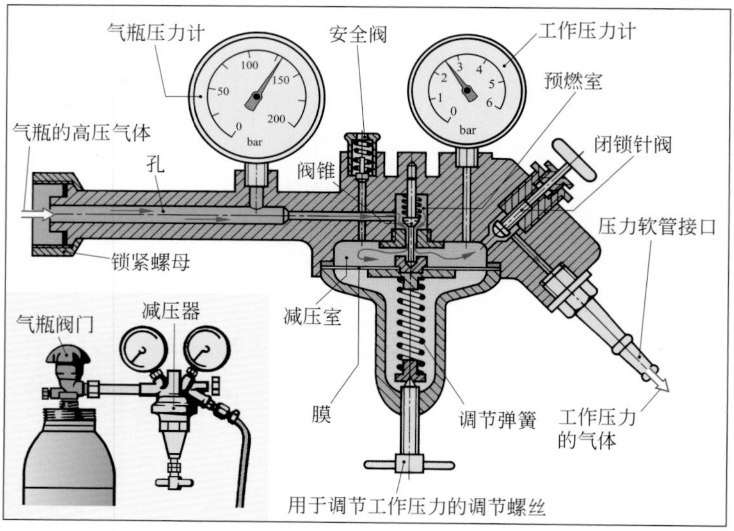

图 1-61：压缩气瓶的减压阀

如果减压室中的气体压力大于调节弹簧的反向压力，则它将弯曲，并且再次将阀锥设置在阀座上，从而阻碍随后的气体流动。只有当排气时减压室中的压力下降到低于操作压力，调节弹簧才再次有效，并且阀锥从阀座上抬起，从而使气体继续流动。

2.8 蒸汽疏水阀

蒸汽疏水阀（steam trap）是调节阀门，可自动排出蒸汽管路或者热交换器中的冷凝水和不凝性气体，而蒸汽不会从管路中逸出。它也称为自动排放疏水器。

如果在输送蒸汽或者气体的管道中有液体，则其会被快速流动的气体夹带，并且在撞击阀门时导致液体冲击，这可能会损坏阀门。因此蒸汽疏水阀必须安装在蒸汽输送管道中（**图 1-62**）。

由于液体冷凝水收集在管道系统的最低处，因此蒸汽疏水阀安装在该位置。

有多种结构类型的蒸汽疏水阀。

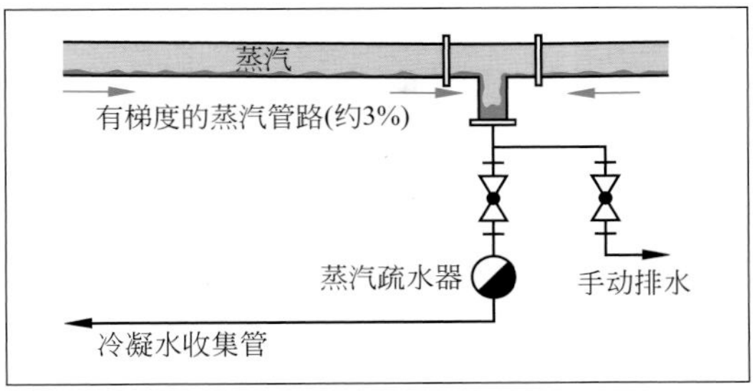

图 1-62：蒸汽管路中的冷凝水导出

浮球式蒸汽疏水阀

该机械作用的蒸汽疏水阀的原理是蒸汽和液体冷凝物的密度不同（**图 1-63**）。

冷凝水从蒸汽管路排出并且收集在壳体的底部，使浮球上升。当冷凝水达到一定液位时，浮球打开一个旋转阀，通过加压蒸汽将冷凝水排出蒸汽疏水阀。浮球随着冷凝水液位的下降而下降，然后再次关闭旋转阀。在蒸汽疏水阀的上部壳体中，集聚了被带入管道的外来空气，可通过自动排气系统排出。

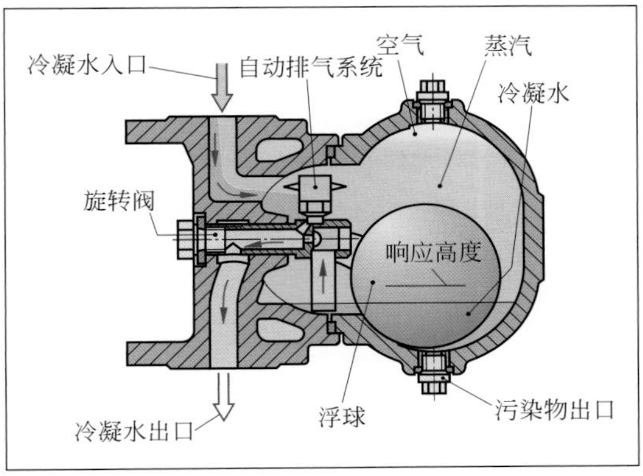

图 1-63：浮球式蒸汽疏水阀

热蒸汽疏水阀

热蒸汽疏水阀如波纹胶囊蒸汽疏水阀或者双金属蒸汽疏水阀，通过由于加热或者冷却而膨胀或者收缩的组件，从而打开或者关闭排出口，控制冷凝物从蒸汽管路中排出。

波纹胶囊蒸汽疏水阀

波纹胶囊蒸汽疏水阀（bellow sealed steam trap）在入口侧有一个用作控制组件的波纹胶囊，部分填充有可蒸发的液体，例如醇的混合物（**图 1-64**）。蒸发液体设计为，在蒸汽温度下蒸发并且在低几度的冷凝温度下冷凝。

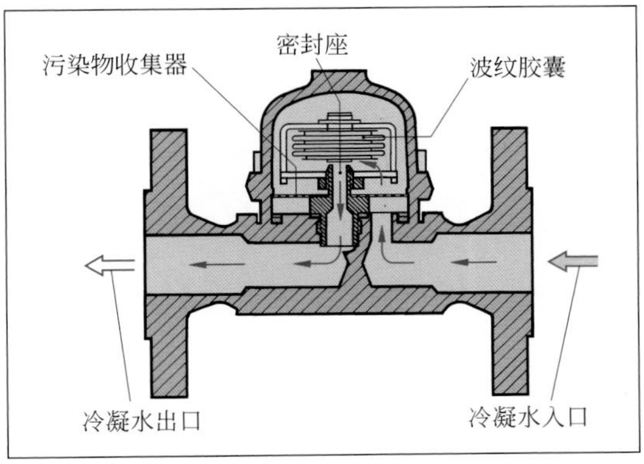

图 1-64：波纹胶囊蒸汽疏水阀

当较热的蒸汽围绕波纹胶囊流动时，乙醇混合物在胶囊中蒸发，胶囊膨胀，从而将密封板压在密封座上，蒸汽疏水阀关闭。

相反，如果低几度的冷凝物进入波纹胶囊，则胶囊中的乙醇混合物冷凝。然后，胶囊收缩并且将密封板从密封座上抬起，排出口打开，冷凝水流出。

如果排出了冷凝水并且有较热的蒸汽流动，则蒸汽疏水阀将再次关闭。

双金属蒸汽疏水阀

双金属蒸汽疏水阀（bimetal steam trap）有一个用作控制组件的略微弯曲的双金属圆盘（**图 1-65**）。

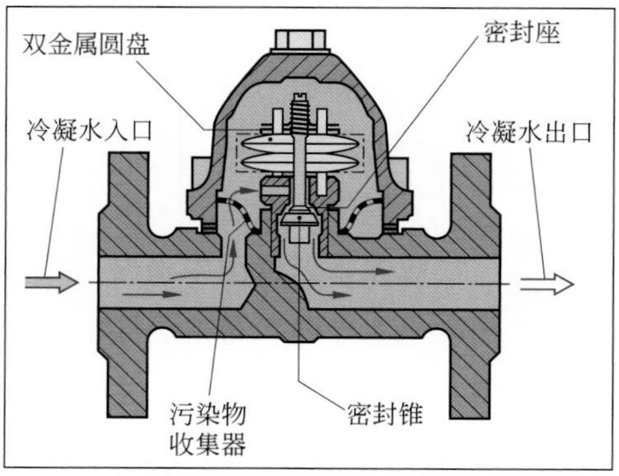

图 1-65：双金属蒸汽疏水阀

双金属圆盘是由两种具有不同热膨胀性质的金属轧制而成的金属板（也可以参考第 220 页）。随着温度的变化，两种金属以不同的方式膨胀，从而导致双金属圆盘弯曲或者膨胀，使密封锥抬起或者降低。在较高的蒸汽温度下，双金属圆盘弯曲并且将密封锥推入密封座中，关闭出口。如果冷凝水进入疏水阀，则蒸汽在壳体壁上冷却，在较低的温度下，双金属圆盘平滑并且将密封锥推出密封座，打开出口，然后将管路中的蒸汽排出。

热力学蒸汽疏水阀

热力学蒸汽疏水阀（ther modynamic steam trap）有一个阀盘作为功能部件，阀盘位于一个封闭空间中，液体从下方流向阀盘（**图 1-66、图 1-67**）。

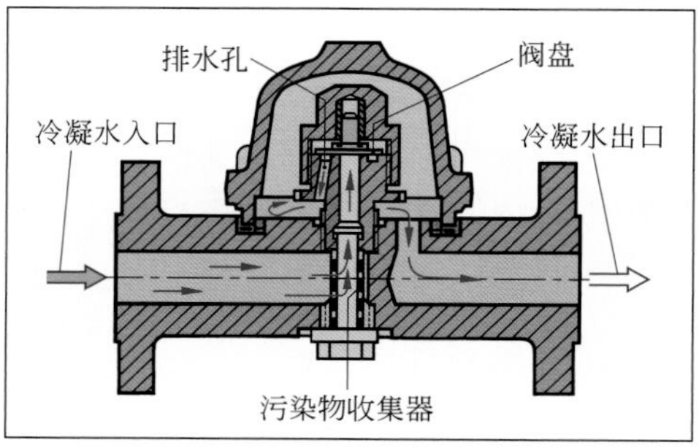

图 1-66：热力学蒸汽疏水阀

如果冷凝水流经中心入口孔，则会抬起阀盘并且通过环形通道和排水孔排出。如果流出了所有的冷凝水并且流入蒸汽，则也会抬起阀盘，由于水的低黏性，流出的速度要快很多。部分蒸汽到达阀盘后部，然后停止，其静态压力增加（关于静态压力请参考第 38 页）。阀盘向下按压阀板并且关闭出口，这样蒸汽不会继续逸出。在短时间内，阀板和壳盖之间的蒸汽冷却并且冷凝。因此，阀盘背面的压力下降，流入的冷凝水或者进入的蒸汽再次抬起阀盘，又开始一个新的流出或者关闭过程。热力学蒸汽疏水阀以周期性地流出和关闭的方式工作。

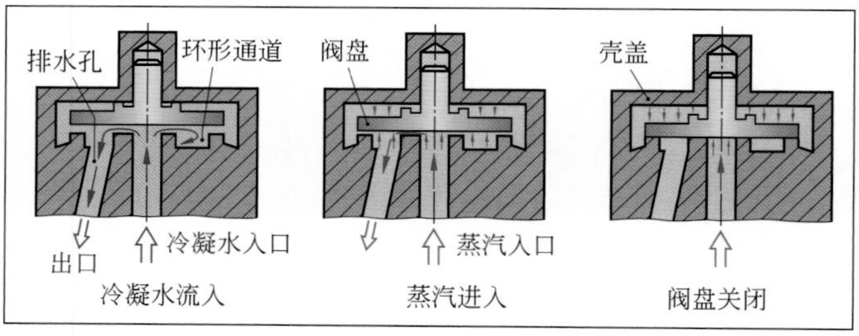

图 1-67：热力学蒸汽疏水阀的功能原理

蒸汽疏水阀的选择

蒸汽疏水阀的选择与使用条件有关。

右侧表格列出了最重要的评估和选择标准。

评估和选择标准		蒸汽疏水阀			
		浮子	波纹胶囊	双金属	热力学
冷凝水类型	水蒸气冷凝物	1	1	1	1
	化学品冷凝物	1	—	—	—
运行类型	连续	1	1	3	1
	分批	1	1	2	3
耐污染性		1	1	1	3
防冻性		3	1	1	1
水锤倾斜		3	1	1	1
使用寿命		1	2	1	1

注：1 为非常好，2 为良好，3 为有条件适用，“—” 为 不适合。

2.9 放空阀

放空阀（air bleeder 或者 deaerator）的作用是从液体和蒸汽输送系统中去除管道和容器中的气体，特别是空气。

填充待运行的系统时，必须将其完全充满液体。系统中的空气被液体从最低点向上排出，但是不能保证完全排尽。此外，由于泄漏和溶解在液体中的气体，运行时系统内会有气体和空气。这可能导致液体冲击和泵的损坏。在管道和容器中安装放空阀，可确保持续放空。

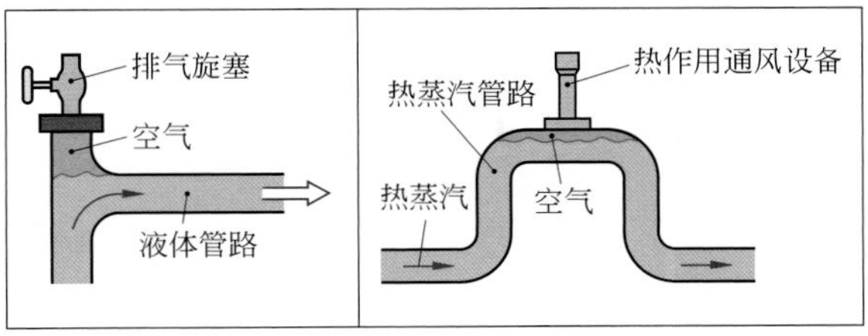

图 1-68：排气设备结构

通常气体聚集在设备的最高点。因此，在这里安装放空阀（**图 1-68**）。

在最简单的情况下，管道的排气设备会配备一个**排气旋塞**，使其保持打开状态，直到空气逸出和液体排出。

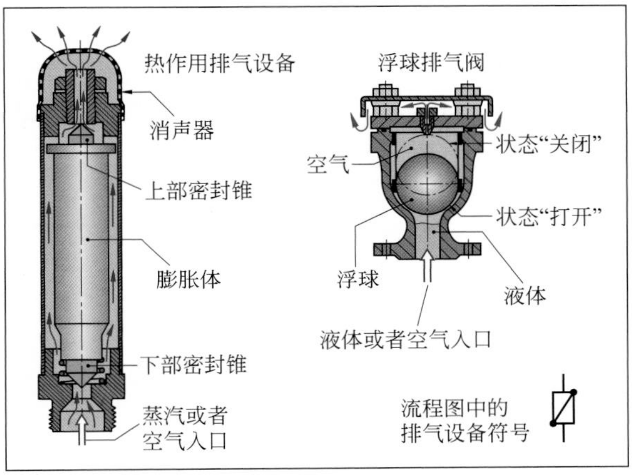

图 1-69：排气设备的结构类型

通过膨胀体，蒸汽输送管道的**热作用**放空阀（膨胀体放空阀）可自动工作，膨胀体充满膨胀液（**图 1-69**，左侧）。如果空气进入通风设备中，则膨胀体中的膨胀液加热速度小于热蒸汽进入时的加热速度，因为空气的热传导性能比热蒸汽差。因此，空气环流时，保持阀门的打开状态。如果空气完全流出并且热蒸汽进入，则强烈加热膨胀液，使膨胀体关闭阀门。放空阀冷却后再次打开，开始新的排气过程。

通过一个浮球，**浮球放空阀**自动进行机械工作，浮球关闭并且打开一个开口（图 1-69，右侧）。通过放空阀，对液体填充的设备和容器进行放空。

2.10 过滤器

在管道中流动的液体和气体可能含有污染物，这些污染物会污染管路，特别是污染阀门，并且随着时间的推移逐渐堵塞管道。因此，应在管道的入口处安装过滤器（dirt trap），用作可以挡住污染物的收集器。通常使用金属丝网或者细孔体作为过滤器，特别是对污垢敏感的设备，例如蒸汽疏水阀，应有自己的污垢过滤器。

复习题

1. 闸阀和截止阀有什么本质区别？
2. 调节阀的作用是什么？
3. 角座阀有什么特别的优点？
4. 有哪些类型的执行器？
5. 防回流件如何工作？
6. 防爆膜的用途是什么？
7. 安全阀有哪些作用？
8. 减压阀的用途是什么？
9. 双金属蒸汽疏水阀如何工作？
10. 请解释热力学蒸汽疏水阀的工作原理。
11. 管道的排气设备必须放在哪里？

3 管道中的流体力学

尽管液体和气体具有完全不同的特征，管道中的流动液体和气体也适用相同的流动定律。例如液体实际上是无法压缩的（不可压缩），但气体却能在压力作用下被压缩，是可压缩的。但是在流速远低于声速的流动气体中，几乎不发生压缩现象。

在流体流动中，流动的物料颗粒和管壁之间会发生摩擦。但是，在许多液体和气体流动过程中，摩擦力很小，可以忽略不计。基于此种假想的流动被称为无摩擦流动，借此可以推导出简单的体积流量、流速和压力的定律。

但计算压力损失时，不可忽略液体和气体中的摩擦（第 40 页）。

3.1 体积流量、质量流量、流速

单位时间内流过管道的液体体积称为体积流量（volumetric flow rate），用符号$\dot{V}$或者 Q_V 表示。

体积流量
$\dot{V}=\frac{V}{t}$

通过单位时间 t 内的流量 V，计算体积流量。

假设流过管道的流体体积如同一个塞子，体积为 $V=Al$（**图 1-70**）则得出：$\dot{V}=\frac{V}{t}=\frac{Al}{t}=vA$

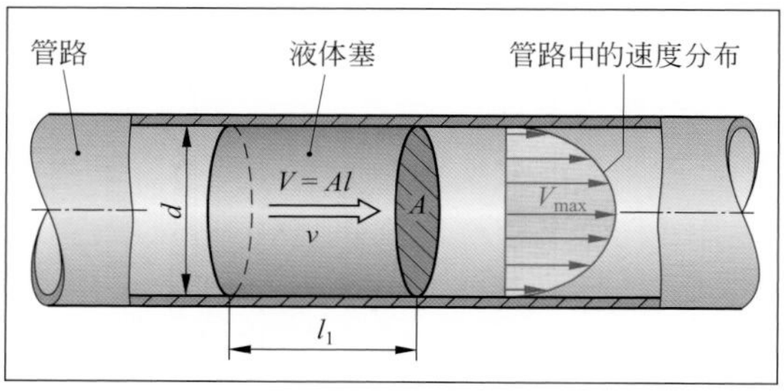

图 1-70：管路中的流动

转换为流速 v，得到流速的等式：$v=\dot{V}/A$。

这是数学上确定的**平均流速**（flow rate），也称为平均速度。

管路中的平均流速
$v=\frac{\dot{V}}{A}=\frac{4\dot{V}}{\pi d_i^2}$

在圆形管路中，管路横截面为$A=\frac{\pi}{4}d_i^2$，得出右边的等式。

在实际情况中，管路中间存在最大速度为 v_{max} 的速度分布（图 1-70）。

流体的质量
$m=\rho V=\rho\dot{V}t=\rho Avt$

通过流体体积 V 和密度 ρ，计算流经管路的质量 m（mass），得出$m=\rho V$。通过$V=Avt$，得出$m=\rho Avt$

练习题： 每小时流经公称直径 *DN* 80（d_i= 82.5mm）管路的水为 26.0m³。则管路中的平均流速是多少？

解： $v=\frac{\dot{V}}{A}$， 其中$A=\frac{\pi}{4}d_i^2=\frac{\pi}{4}\times(82.5\text{mm})^2=5346\text{mm}^2=0.005346\text{m}^2$

得出$v=\frac{26.0\text{m}^3/\text{h}}{0.005346\text{m}^2}=\frac{26.0\text{m}^3}{0.005346\text{m}^2\times3600\text{s}}\approx1.35\frac{\text{m}}{\text{s}}$

习题： 如果流经管路的液体平均速度为 0.40m/s，3h 内流经公称直径 *DN* 65 管路的流体质量是多少？

$(\rho=0.82\text{g}/\text{cm}^3, d_i=70.3\text{mm})$

3.2 不同管路横截面中的流动

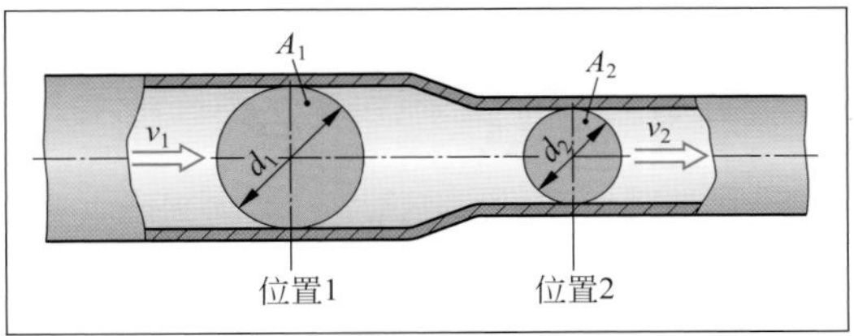

图 1-71：管路收缩

管道 A 中的开口横截面不同时，流速会发生变化（**图 1-71**）。

依据流经平面 A_1 的较大横截面的液体体积，与流经平面 A_2 的较小横截面的液体体积相同，计算变化的流速。

流经管路的质量为：

位置 1：$m_1 = \rho A_1 v_1 t$

位置 2：$m_2 = \rho A_2 v_2 t$

因为 $m_1 = m_2$，则$\rho A_1 v_1 t = \rho A_2 v_2 t$

可以删除 ρ 和 t，得到被称为**连续性方程**的关系式。

在圆形管路中$A=\frac{\pi}{4}d^2$，代入连续性方程中，得出圆形管路中的等式。

连续性方程
$\boldsymbol{A_1 v_1 = A_2 v_2}$ 或者 $\frac{\boldsymbol{v_1}}{\boldsymbol{v_2}} = \frac{\boldsymbol{A_2}}{\boldsymbol{A_1}}$ 圆形管路时：$\frac{\boldsymbol{v_1}}{\boldsymbol{v_2}} = \frac{\boldsymbol{d_2^2}}{\boldsymbol{d_1^2}}$

从连续性方程可看出，当横截面从 A_1 减小到 A_2 时，流动介质的速度以相同的比例从 v_1 增加到 v_2。

流速之比与横截面面积成反比，并且在圆形管路中，与直径的平方成反比。

练习题：在公称压力为 *PN* 10 的管网中，管道异径管从 *DN* 80 缩小到 *DN* 50。每秒将 12.0L 水输送至管路中。*DN* 80 管路和 *DN* 50 管路中的平均流速是多少？

已知：$\dot{V}$= 12.0L/s；求：v_1, v_2

解：通过表格得出：*DN* 80，$d_{i,1}$ = 82.5mm；*DN* 50，$d_{i,2}$ = 54.5mm

$A_1 = \frac{\pi}{4} d_{i,1}^2 = \frac{\pi}{4} \times 8.25^2 \text{cm}^2 = 53.5\text{cm}^2 \quad A_2 = \frac{\pi}{4} \times 5.45^2 \text{cm}^2 = 23.3\text{cm}^2$

DN 80 管路：$\boldsymbol{v_1} = \frac{\dot{V}}{A_1} = \frac{12.0\text{L/s}}{53.5\text{cm}^2} = \frac{12.0 \times 10^3 \text{cm}^3/\text{s}}{53.5\text{cm}^2} = 224.3\text{cm/s} \approx \mathbf{2.24m/s}$

DN 50 管路：$A_1 v_1 = A_2 v_2$，则 $\boldsymbol{v_2} = \frac{A_1 v_1}{A_2} = \frac{53.5\text{cm}^2 \times 2.24\text{m/s}}{23.3\text{cm}^2} \approx \mathbf{5.14m/s}$

习题：试问下列情况时管道中的流速如何变化：圆形管路的内直径①减小一半；②减小至三分之一。

3.3 不同管路横截面中流体的压力变化

假设前提条件为无摩擦流动，适用于管道中流动液体的**能量守恒定律**是：液体中的能量总和 $W_{总}$在任何位置都是恒定的。

在管道收缩前部和后部的两个位置使用能量守恒定律（例如图 1-71），则得出：

$$W_{总，位置1} = W_{总，位置2} = 定值$$

如果限制在一个水平管道（W_{pot} = 常量）中，则液体包含两种不同的能量形式：

– **静态压力能**。　有：$W_{静} = p_{静} V$
  这里的 $p_{静}$是静态压力
– **动能**。计算得出：$W_{动} = \frac{m}{2}v^2 = \frac{\rho V}{2}v^2$

如果将这两种能量形式用于管道的两个位置（**图 1-72**），则得出：

$$W_{静1}+W_{动1}=W_{静2}+W_{动2}=\text{定值}$$

适用的能量关系是：

$$p_{静1}V+\frac{\rho V}{2}v_1^2=p_{静2}V+\frac{\rho V}{2}v_2^2=\text{定值}$$

如果省略每项中的 V，则得出：

$$p_{静1}+\frac{\rho}{2}v_1^2=p_{静2}+\frac{\rho}{2}v_2^2=\text{定值}$$

$\frac{\rho}{2}u^2$ 在这里表示**动态压力** $p_{动}$（也称为背压）。

如果在表达式中，用动态压力 $p_{动}$ 代替 $\rho v^2/2$ 列入等式中，则得出**伯努利法则**。

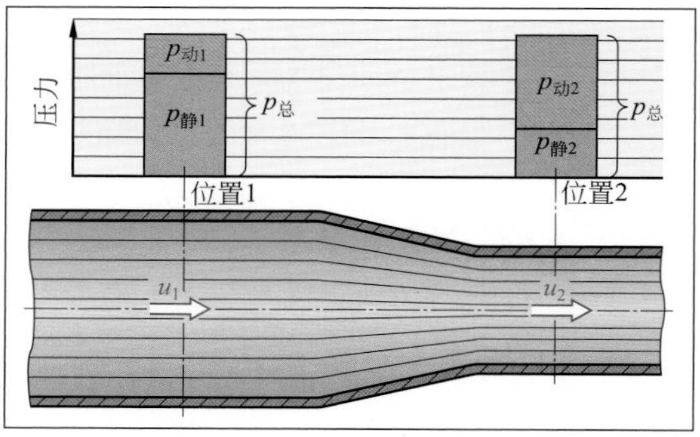

图 1-72：收缩管道中的压力分布

伯努利法则
$p_{总}=p_{静1}+p_{动1}=p_{静2}+p_{动2}=$ 定值

伯努利法则表示：在管道中，任何位置的总压力 $p_{总}$ 恒定，并且由静态压力 $p_{静}$ 和动态压力 $p_{动}$ 组成。

其含义是，在流体流经管路收缩处（**图 1-72**）时，由于较高的流速 $\left(p_{动2}=\frac{\rho}{2}v_2^2\right)$，动态压力 $p_{动2}$ 上升。因为总压力 $p_{总}$ 恒定，则静态压力 $p_{静2}$ 按相同比例降低。

练习题： *在管路收缩前部，总压力为 2.40bar。管路收缩后，测量的静态压力为 2.20bar。假设为无摩擦流动，则液体在收缩处的流速是多少？* $(\rho_F=0.850\text{g}/\text{cm}^3)$

解： $p_{总}=p_{静2}+p_{动2}=p_{静2}+\frac{\rho}{2}v_2^2\Rightarrow\frac{\rho}{2}v_2^2=p_{总}-p_{静2}\Rightarrow v_2=\sqrt{\frac{2}{\rho}\times(p_{总}-p_{静2})}$

$$v_2=\sqrt{\frac{2}{0.850\frac{\text{g}}{\text{cm}^3}}\times(2.40\text{bar}-2.20\text{bar})}=\sqrt{\frac{2\text{cm}^3}{0.850\text{g}}\times0.20\text{bar}}$$

又因 $1\ \text{bar}=100000\frac{\text{N}}{\text{m}^2}$，$1\text{kg}=1\frac{\text{N}\cdot\text{s}^2}{\text{m}}\ \Rightarrow\ 1\text{g}=10^{-3}\frac{\text{N}\cdot\text{s}^2}{\text{m}}$

得出 $\boldsymbol{v_2}=\sqrt{\frac{2\times10^{-6}\text{m}^3\cdot\text{m}}{0.850\times10^{-3}\text{N}\cdot\text{s}^2}\times0.20\times100000\frac{\text{N}}{\text{m}^2}}=\sqrt{\frac{2\times0.20}{0.850}\times100\frac{\text{m}^2}{\text{s}^2}}\approx\mathbf{6.9m/s}$

3.4 内摩擦和黏性

对于每种真实的液体，液体流动时都会发生流体摩擦，按其在管壁中的位置不同，流体摩擦可分为两种形式（**图 1-73**）：

- 液体内部：
  当液体层以不同的速度相互滑过时产生的摩擦，一般在管路流动时发生，称为内摩擦。
- 在管壁上：
  液体流过管壁时产生的摩擦，称为管壁摩擦。

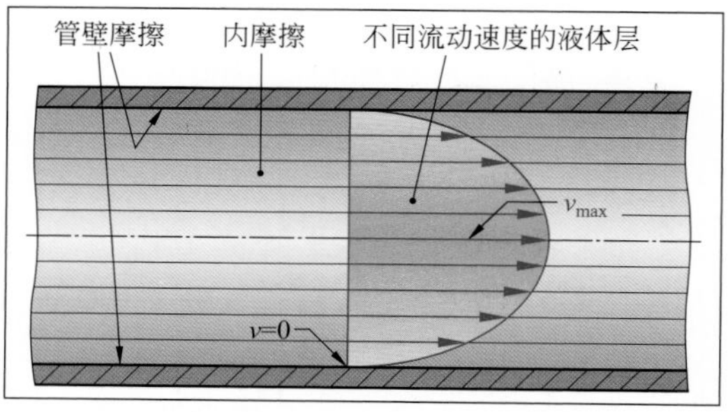

图 1-73：管路流动时的摩擦

例如身体进入液体中时，可明显感觉到液体中的摩擦。

在不同的液体中移动所需的力度是不同的。在容易流动的液体中移动，例如水，只需花费少量的力量，但是在黏稠的液体中，例如油，需要更大的力度才能使同一物体以相同的速度移动。这种易流动的液体或者黏性液体的特征称为**黏性**（viscosity），一般以黏度表示流体黏性的大小，黏度是描述流体流动特征的重要物性参数。

表 1-8：20℃时的动力黏度

物质	η/(Pa·s)	ρ/(kg/m^3)
空气	1.81×10^{-5}	1.293
水	1.001×10^{-3}	998.4
乙醇	1.20×10^{-3}	789
甘油	1.41	1261
机油	0.1 ～ 1.2	900 ～ 930

黏度有两种测量方法：

– **动力黏度 η**，单位是 Pa·s

– **运动黏度 ν**，单位是 m^2/s

两种黏度测量值与流体密度 ρ 有关。

动力黏度

$$\eta = \rho\nu$$

液体的黏性随着温度增加而降低。

因此，给出具体流体的黏度值时必须标注温度（**表 1-8**）。

习题： 变速器油在 40℃时的运动黏度为 32mm^2/s，其动力黏度是多少？($\rho_{油} = 910\text{kg}/\text{m}^3$)

3.5 流动类型

流体的流动类型分为层流和湍流（**图 1-74**）：

层流是指流体缓慢而安静地流动。每个液体层相互滑动而不混合。流体中的速度在管路中间最大（u_{max}），并且向管壁以抛物线的形式减小至零。

湍流表示较大的流速，液体层有横向偏转和混合，流动阻力远大于层流。核心流中的速度大致相同，并且在管壁处急剧下降至零。

在化工设备的管道中，主要存在湍流。

描述流动状态的参数是无量纲**雷诺系数 *Re***。

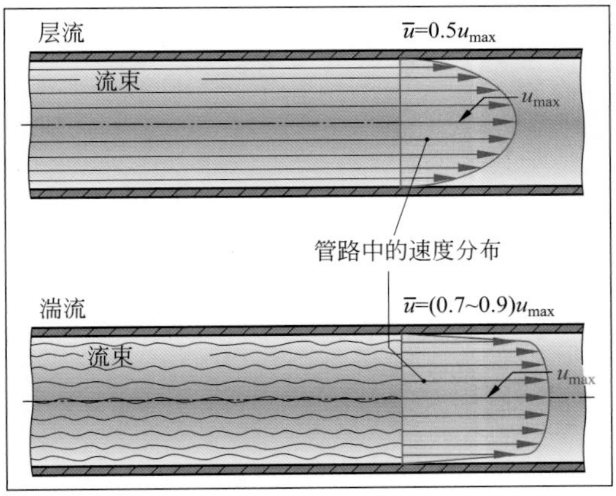

图 1-74：管路流动的类型

通过右面的等式计算。其中：

u 为平均流速，d 为管路流动时的管路内直径，ν 为流动流体的运动黏度。

雷诺系数

$$Re = \frac{ud}{\nu}$$

在层流流动中，$Re < 2300$；在湍流流动中，$Re \geqslant 10000$。在 Re 为 2300 ～ 10000 之间有一个过渡区域。

习题： 在一个内直径为 341.4mm 的管道中，矿物油的平均流速为 0.16m/s。矿物油的数据 $\eta = 895 \times 10^{-3}\text{Pa}\cdot\text{s}$，$\rho = 0.916\text{g}/\text{cm}^3$。

① 管道流动的雷诺系数是多少？

② 管道内的流动是层流还是湍流？

3.6　管道中的压力损失

如果液体流过一个管路，则液体内部之间和液体与管壁之间会产生摩擦，造成能量损失，体现为压力降低（压力损失）。

管路中压力损失 Δp 的大小与许多因素有关，例如管路内壁的粗糙度，管路长度 l，管路内直径 d_i，流体流动类型（层流或者湍流），流速 u，液体密度 ρ（**图 1-75**）等。

根据右面的公式计算管路中的压力损失。

系数 λ（Lambda）为**管路阻力系数**。它与管壁粗糙度和流动类型有关，即与 Re 系数有关。

已经通过实验确定管路阻力系数 λ，并且可以从图表中读取（**图 1-76**）。不同的流动状态有不同的曲线。当 Re 系数约为 2300 时，层流开始过渡到湍流。在湍流中，管路内壁的粗糙度对管路阻力也有影响。

练习题：Re = 2000 或者 Re = 30000 时，光滑管路的 λ 系数是多少？

解：通过图 1-76 得出：

Re = **2 000，λ = 0.029**

Re = **30 000，λ = 0.023**

即使流体在流经阀门和其他不同尺寸的管路时，例如弯头或者狭窄处，能量也会丧失，这会造成压力损失（**图 1-77**）。

阀门或者**不同管路**中的**压力损失**称为局部阻力 Z。

局部阻力的压力损失参数 ζ（zeta）与局部阻力的类型（弯头、阀、闸阀等）以及流动液体的密度 ρ 和速度 v 有关。

参数 ζ 表示**阻力系数**，与局部阻力的结构类型和样式有关（图 1-77）。在阀门中，ζ 与开口度有很大关系。

根据旁边的等式，管道的**总压力损失** $\Delta p_{总}$ 由直管件的压力损失 Δp 和局部阻力的总和 $Z_{总}$ 组成。

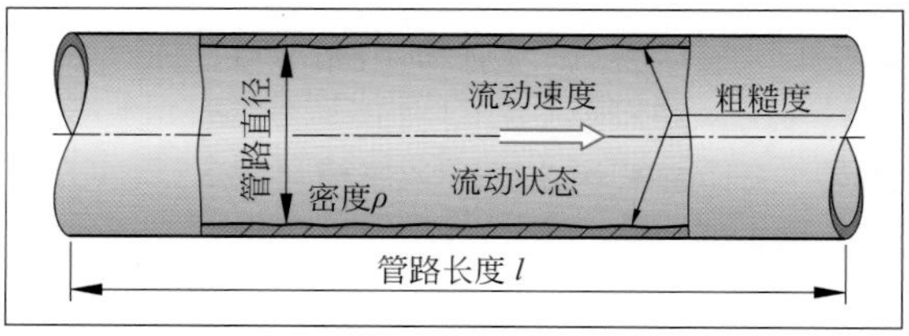

图 1-75：管路中对压力损失的影响

管路中的压力损失	$\Delta p = \lambda \dfrac{l}{d_i} \times \dfrac{\rho}{2} \times u^2$

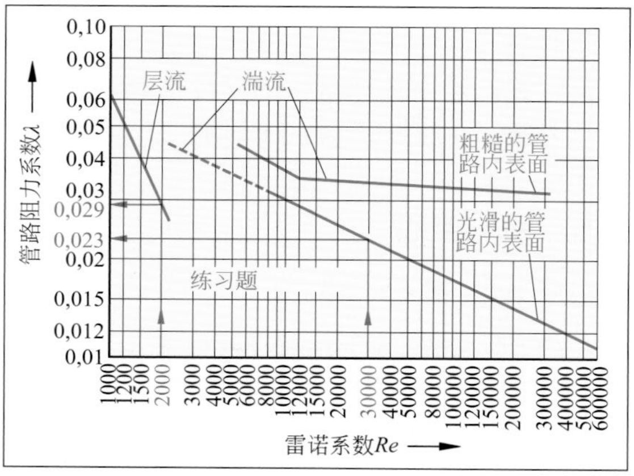

图 1-76：管路阻力参数图

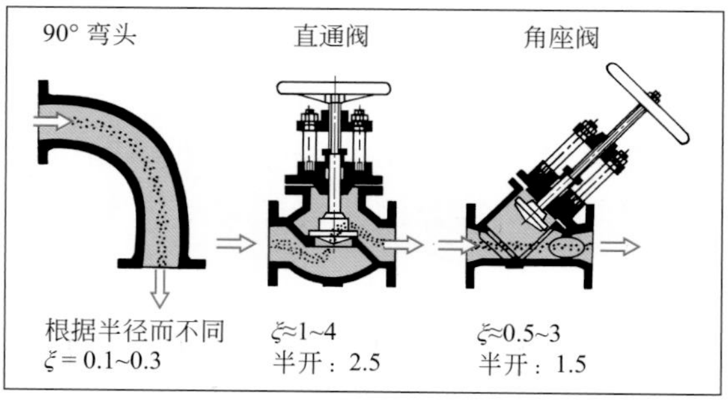

图 1-77：管道中的安装元件和其阻力系数

局部阻力中的压力损失	$Z = \zeta \dfrac{\rho}{2} v^2$

管道中的总压力损失
$\Delta p_{总} = \Delta p + Z_{总} = \left(\lambda \dfrac{l}{d_i} + \zeta_{总}\right) \times \dfrac{\rho v^2}{2}$

练习题： 如果阀门的阻力系数$\zeta = 0.83$，并且液体流速为 1.2m/s，阀门中的压力损失（单位：hPa）是多少？($\rho_F = 0.924 g/cm^3$)

解： $\boldsymbol{Z = \zeta \frac{\rho_F}{2} v^2}$

$$Z = 0.83 \times \frac{0.924g/cm^3}{2} \times 1.2^2 \frac{m^2}{s^2} = 0.5522 \times \frac{kg \times 1000000 \times m^2}{1000 \times m^3 \times s^2} = 552.2 \frac{kg}{m \cdot s^2}$$

通过$1kg = 1\frac{N \cdot s^2}{m}$　得出：$Z = 552.2 \frac{N \cdot s^2}{m} \times \frac{1}{m \cdot s^2} = 552.2 \frac{N}{m^2}$

通过$1\frac{N}{m^2} = 1Pa$　得出：$\boldsymbol{Z = 552.2Pa \approx 5.5hPa}$

作业： 在一个长度为 800m 的管道中，管道为 *DN* 50（$d_i = 54.5mm$）的管道中，水流速为 1.8m/s。管道中的液体压力损失是多少？（$\rho = 1.00 g/cm^3$；管路阻力系数$\lambda = 0.032$）

3.7　管道特征曲线

管道中的压力损失以及局部阻力中的压力损失随着流速 v 的增加而变大。因此，总压力损失（管道压力损失）随着流速 v 的增加而变大。在图 1-78 中显示了总压力损失的增加。

但是，通常不是根据流速 v 说明总压力损失，而是根据体积流量$\dot{V}$说明总压力损失。

因为体积流量$\dot{V}$与流速 v 成正比（$\dot{V} = Av$，第 36 页），所以这两种描述的表现形式相同。

总压力损失$\Delta p_{总}$曲线与体积流量$\dot{V}$有关，称为**管路特征曲线（图 1-78）**。它是一条抛物线曲线，因为管路中的压力损失以及局部阻力随着流量的增加呈二次方增加：$\boldsymbol{\Delta p_{总} \sim v^2 \sim \dot{V}^2}$。

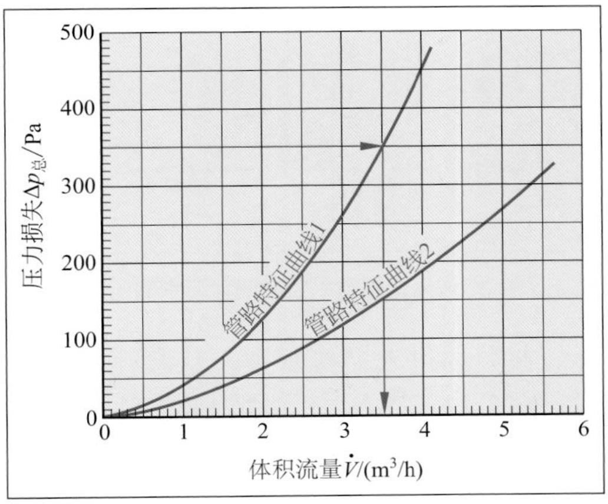

图 1-78：管路特征曲线图

管路特征曲线表示在任何体积流量下，某个管道的相应压力损失$\Delta p_{总}$。

练习题： 图 1-78 中的管道 1 在某个流速下的压力损失$\Delta p_{总}$为 350Pa，则体积流量是多少？

解： 通过管路特征曲线 1，得出$\Delta p_{总} = 350Pa$ 时，$\boldsymbol{\dot{V}_1 = 3.5m^3/h}$。

根据长度、公称直径、管件和安装阀门，每个管道都有一个特定结构类型的管路特征曲线。

较大压力损失的管道具有急剧上升的管路特征曲线，如图 1-78 中的特征曲线 1，较低压力损失的管道具有平缓上升的特征曲线（特征曲线 2）。

流过管道的体积流量Q_V越大，则管道阻力越大（图 1-78）。因此，在更大的体积流量时，必须用更大功率的泵，以克服呈平方增加的流动阻力（参考第 52 页）。

习题： 总压力损失为 220Pa 时，图 1-78 中管道 2 中的体积流量是多少？

3.8 管道中的压力变化

在管道中，所有位置的压力都不相同。**图 1-79** 显示了示例管道中的压力变化。

这里的压力是指流动液体中的**总压力**。它由静态压力和动态压力组成：$p_{总}=p_{静}+p_{动}$。（更多信息请参考第 38 页）

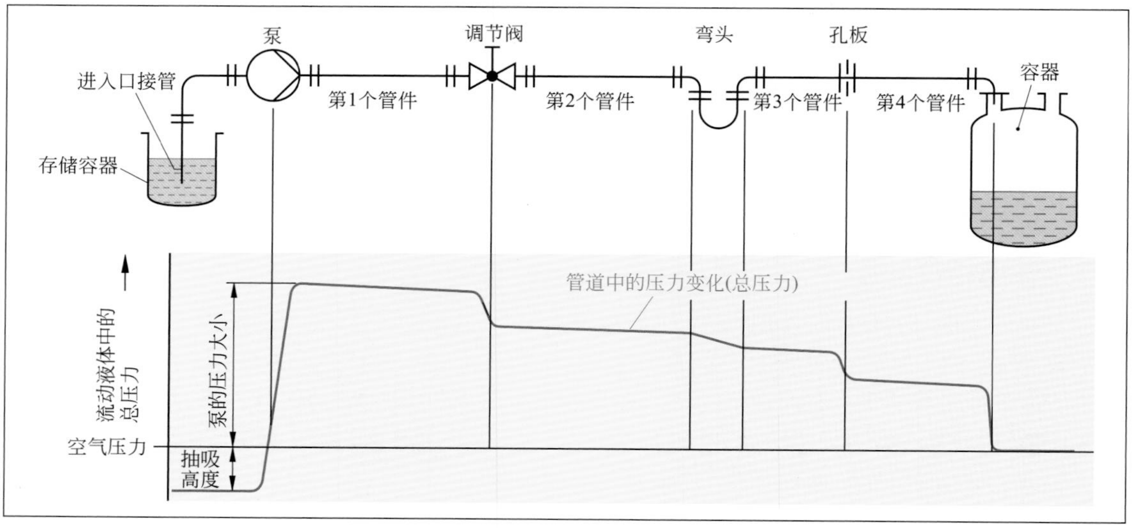

图 1-79：从进入口接管到容器的管道中的压力变化

在泵的进入口接管中，从敞开的储存容器中吸入液体。进气短管中存在真空（图 1-79）。

在泵中产生压力，压力通过管道驱动液体。压力在泵的出口具有重要作用。

在第一个直管件中，压力略微下降，因为液体由于管路内壁的流动阻力而产生压力损失。

然后液体流过调节阀；在这里产生了强烈的压降，因为液体偏转并且压出阀座的开口。

在第 2、第 3 和第 4 直管件以及第 1 管件中，出现轻微的压降，而在弯头和孔板中出现明显的压降。

在管道的末端，液体自由地流入容器中，这时液体中的压力等于容器中的环境压力（例如空气压力）。

测量总压力时，得出图 1-79 中所示的压力变化。如果仅测量静态压力，则会得出其他的压力分布（第 237 页）。

复习题

1. 通过什么公式计算管路中的流速？
2. 什么是连续性方程？
3. 管道中收缩处的静态压力如何变化？
4. 伯努利法则是什么？它是什么意思？
5. 流体的哪个特征是黏性的衡量标准？
6. 根据哪个等式计算雷诺系数 Re？
7. 直管件中的压力损失大小与什么有关？
8. 从管路特征曲线中可以看到什么？

4 液体输送

通过管道从一个容器或者装置将液体输送至下一个容器或者装置，是化工厂中常见的工作之一。

4.1 输送类型概述

管道中的压力差是克服管道中的流动阻力进行液体输送的驱动力。可以通过各种方式产生压力差，按压力差产生的方式可分为不同的输送方法。

通过重力输送

这种输送类型依据重力和液体在填充容器底部产生静水压力差。

因此，化工厂经常建造为多个楼层，通过上下布置化工设备可借助重力输送实现不同的工艺步骤（**图 1-80**）。

此时，只需要泵送一次液体至设备的最高处，然后在重力作用下从顶部的工艺步骤流到下面的工艺步骤。

这种输送类型的优点是整个设备只需要一个输送泵，并且只需要一次能源进行输送。这种输送类型对设备成本和能源运营成本非常有利。缺点是流出速率相对较慢，因此流动时间很长，且无法通过泵调整流速。

用压缩气体或者低压（真空）输送

通过压缩气体输送时，在待输送液体的容器中会产生超压（**图 1-81**）。可以通过压缩空气或者压缩氮气来实现，这些气体来自压缩气瓶或者由压缩机产生压力。超压通过一个潜管，将液体压入下一个容器中。待填充的容器必须配有用于排出空气的排气口。

通过低压（真空）输送时，在配有真空泵的待填充容器中产生真空（**图 1-82**），以从存储容器中抽吸液体。从物理角度来看，是大气压力将液体压入低压容器，而空气流入了待清空的容器中。由于只能产生 1bar 的最大低压，因此低压输送时水的输送高度被限制在 8m 左右。

通过泵输送

通过泵进行液体输送是化工厂中最常用的输送类型（**图 1-83**）。通过泵，可以根据相应的输送工作，在很大的范围内调整输送量和输送速度。

有多种结构类型的泵可用于泵送流体（第 44 页及以下）。

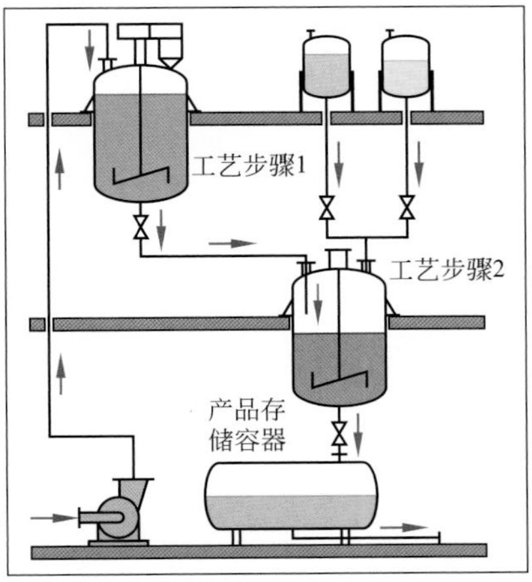

图 1-80：重力输送的化工设备

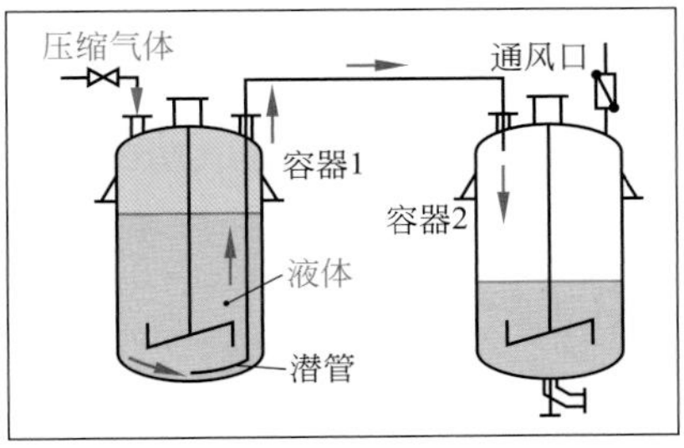

图 1-81：通过压缩气体输送

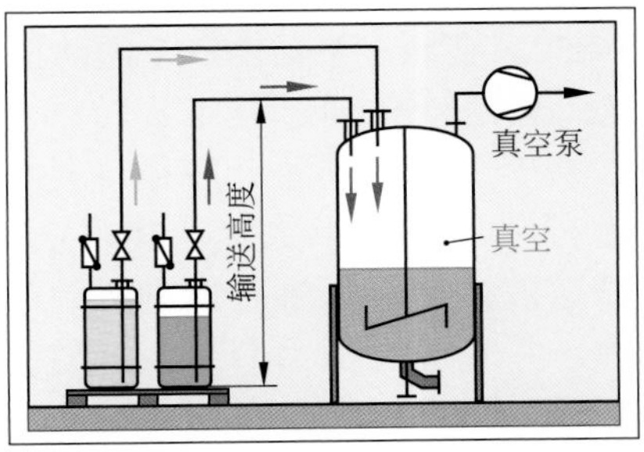

图 1-82：通过低压输送

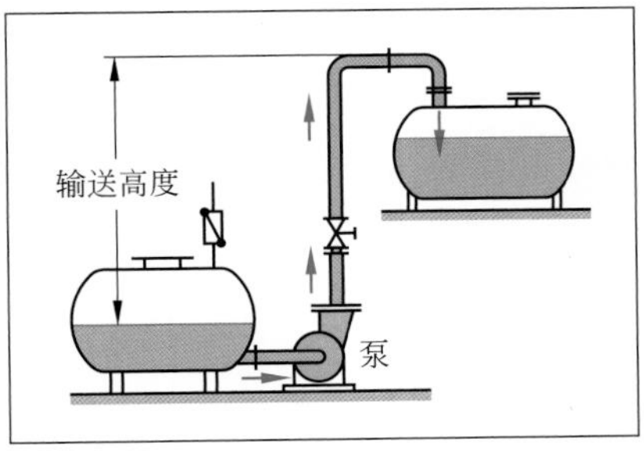

图 1-83：通过泵输送

4.2 通过泵输送

在化工厂中主要使用泵（pumps）输送液体。

除了泵以外，还有一个用作驱动装置的电动机，它通过联轴器驱动泵轴（**图 1-84**）。

输送时，泵必须使液体移动，以克服管道和阀门中的流动阻力，以及输送位置（例如容器）之间的高度和压力差。

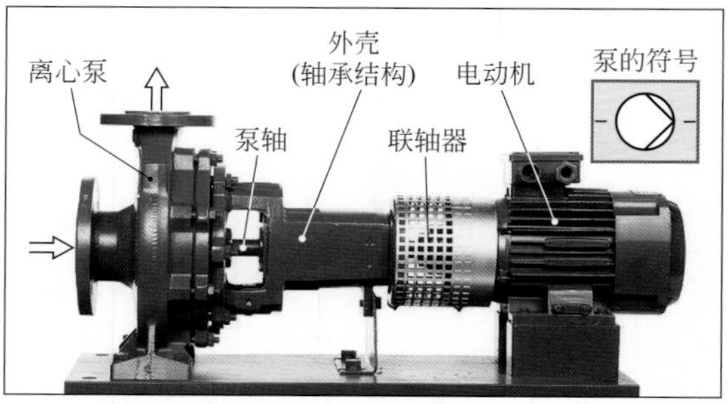

图 1-84：有驱动装置的化学泵

泵的结构类型

泵优先依据功能原理或者输送元件进行分类。

（1）离心泵
- 离心泵
- 螺旋桨式泵

（2）容积式泵
- 往复活塞泵
- 隔膜泵
- 螺杆泵

（3）喷射泵
- 齿轮泵
- 旋转活塞泵
- 叶轮泵

第一组和第三组是叶片泵，第二组是具有往复或者旋转输送元件的容积式泵。

此外，还可以根据用途命名，例如：输送泵、循环泵、计量泵；或者根据泵的材料命名，如：金属泵、塑料泵。

4.3 离心泵

4.3.1 结构和工作原理

离心泵（centrifugal pumps）有一个螺旋式泵壳体，其中有一个叶轮可高速旋转（**图 1-85**）。它通过泵轴由一个电动机驱动。

输送液体通过位于旋转轴中的进口管进入泵中，并且到达叶轮循环处。这里旋转叶轮在圆形路径上加速，提供离心力的作用，输送液体从旋转轴径向向外流入螺旋收集管中，并且通过压力套管流入输送管路中（第 45 页，**图 1-86**）。

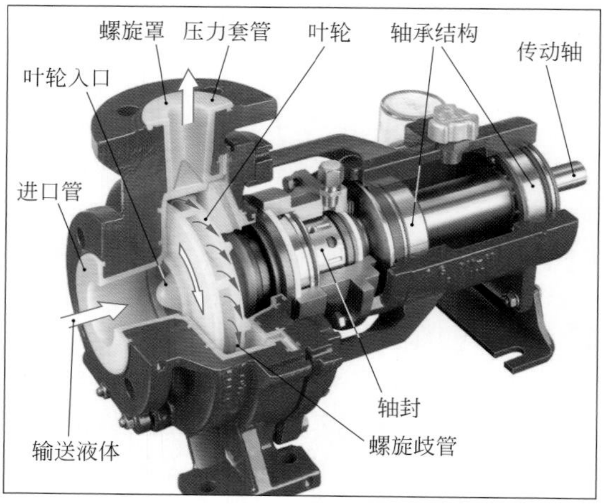

图 1-85：离心泵的概况

由于不同的流速，在泵的不同位置存在不同的压力。（关于流动液体中压力和压力分布的一般信息，请参考第 37 页）

在泵的进入口接管处，吸入液体。这里存在低压，它对应泵的吸入高度。在泵的叶轮中，液体被加速至很高的速度。液体的高动能对应高动态压力。

在螺旋收集管中，快速流动的液体中的大部分动能被转换为静态压力能，液体输送速度降低。

在压力套管处，泵的输送液体在超压下离开泵；它对应于泵的压力水平。

由于径向作用的离心力，离心泵也称为离心装置或者径向离心泵。

在流程图中，通过旁边的符号标记离心泵。

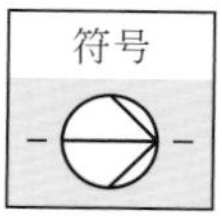

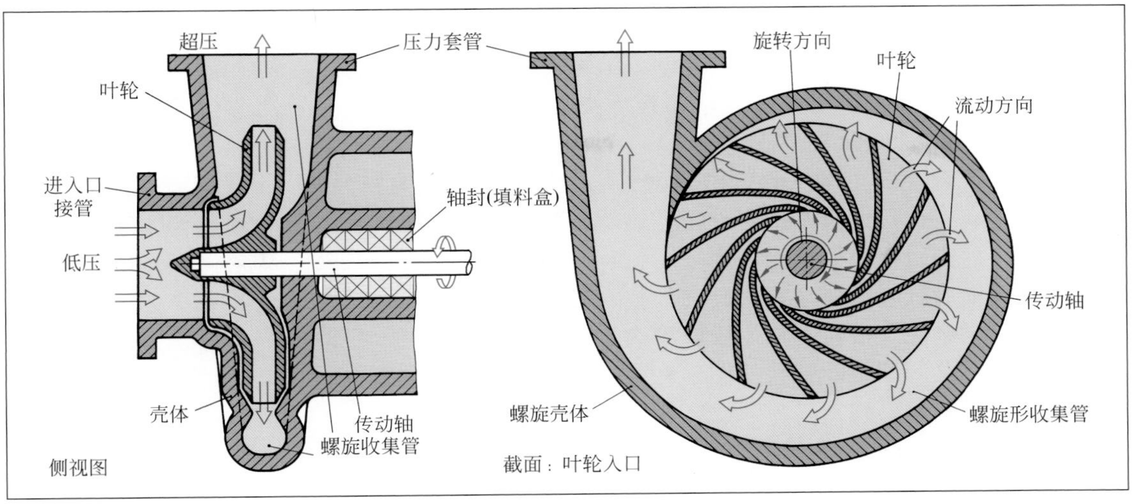

图 1-86：离心泵的原理结构

4.3.2 泵叶轮

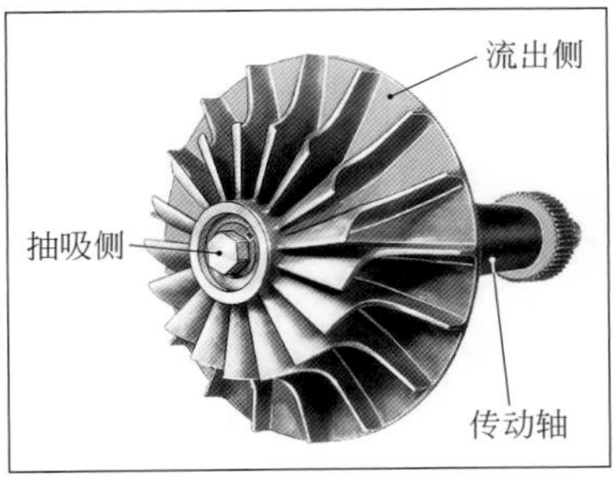

图 1-87：开式叶轮

离心泵的核心是叶轮（impeller）。

叶轮形状多种多样。**图 1-87** 所示为开式叶轮，吸入端叶片略微弯曲。

在封闭式叶轮中，叶片位于两个圆盘之间，前部圆盘拥有一个中心抽吸孔（第 44 页图 1-85 和本页图 1-86）。

根据输送液体的流出方向，分为径向叶轮、轴向叶轮和半轴叶轮（**图 1-88**，第一行）。

径向叶轮在低输送流量下产生相对较大的输送高度，轴向叶轮产生较大的流量和低输送高度。半轴叶轮的参数则在它们之间。

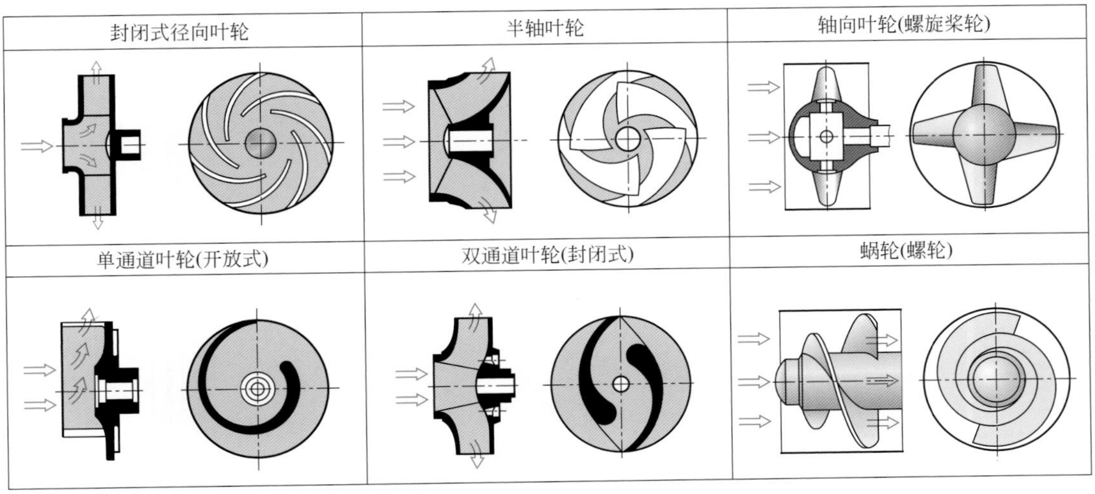

图 1-88：离心泵的叶轮类型（显示了没有盖板的轴向俯视图）

通道轮泵适用于输送高度污染或者含固体的液体。

它有一至三个叶片的叶轮，称为通道叶轮（图 1-88，第二行）。**蜗杆叶轮泵**也适用于输送高度污染或者含固体的液体。

4.3.3 离心泵的结构类型

离心泵有多种结构类型（**图 1-89**），相关机构针对最常用的离心泵制定了标准，这些标准对泵的额定功率、主要尺寸、结构尺寸类别、底板尺寸和泵的配件进行了标准化（DIN EN 733、734 和 22858）。

化工标准泵 [图 1-89（a）] 用于输送化工设备中常见的侵蚀性、污染或者有毒的液体。化工标准泵有三个尺寸类别的组件：螺旋罩、轴封和轴承结构。由于不同生产商均按同标准尺寸生产，这些组件可以组合使用。

将泵壳体通过联轴器与电机分离，称为**工艺结构**。

电机与泵刚性连接时，称为**模块结构** [图 1-89（b）]。

作为循环泵，**螺旋叶轮泵** [图 1-89（c）] 和通道叶轮泵适用于泡沫、含纤维和固体以及高黏性的液体输送。

化工管道泵 [图 1-89（b）] 安装在直管中，例如用于在管道中增加压力。

如果泵的吸入高度不足以抽吸液体，则化工**潜水泵** [图 1-89（d）] 用于从较深的容器中输送液体。

高压离心泵有多个连续的叶轮 [图 1-89（e）]。它们提供的输送高度（压力）是单级离心泵输送高度的几倍。

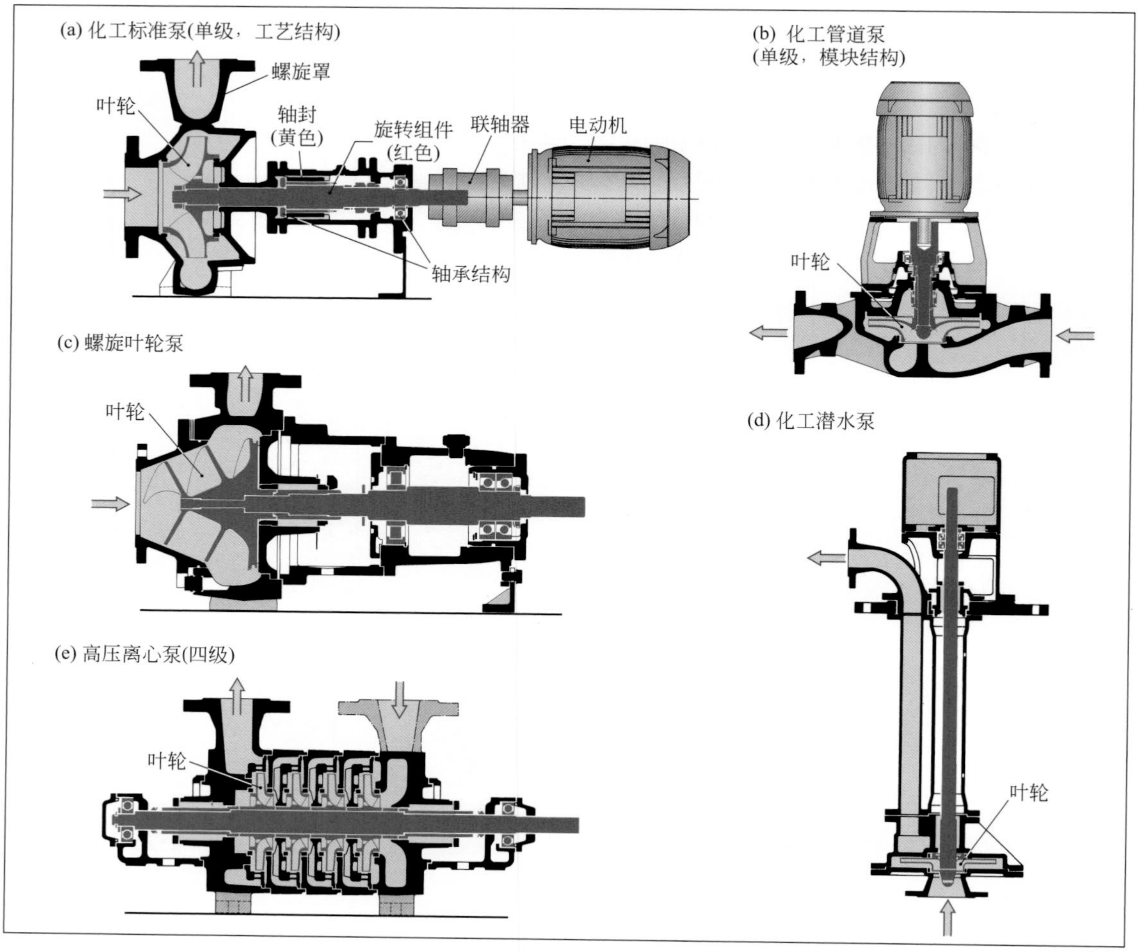

图 1-89：离心泵的结构类型（旋转），红色：旋转的泵部件

4.3.4 离心泵的轴封

对化工泵的主要要求是密封性，可通过轴封（shaft seals）来实现。轴封将旋转的泵轴密封在泵壳体上。有多种密封类型和许多样式规格。基本类型如下所述。

填料函密封

填料函密封（stuffing box seal）由一组方形横截面的密封填料组成，填料由填料函压盖压入旋转泵轴和固定壳体之间的环形间隙中（**图 1-90**）。充填材料是用润滑脂或者石墨粉等浸润过的 PTFE 塑料编织绳。弹簧垫圈要确保保持必要的压力。填料函密封用于较低的泵压，由于存在泄漏，通常仅用于水。

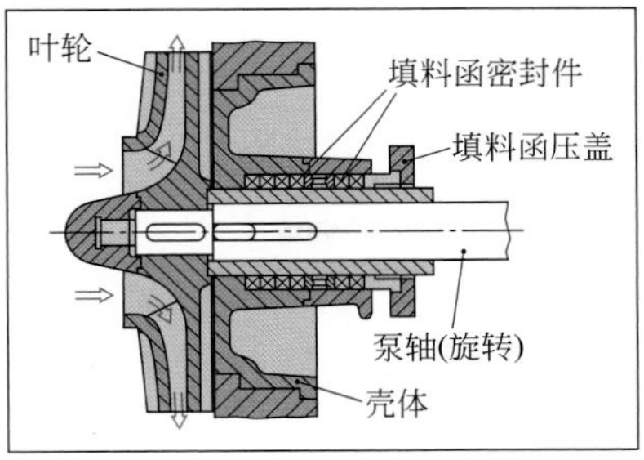

图 1-90：填料函密封

机械密封

机械密封（mechanical seal）由泵轴和壳体之间环形间隙中的两个滑环组成（**图 1-91**）。一个滑环固定并且与壳体密封相连，并且静止不动；另一个滑环与泵轴固定、密封地连接在一起，并且与其一起旋转。滑环通过弹簧垫圈相互压在一起并且密封在滑动表面上。滑环由耐磨并且光滑的材料对组成，例如碳化钨 - 石墨。滑环密封件适用于较高的轴转速和较高的泵压。有关的详细信息，请参考第 171 页。简单的机械密封拥有较低泄漏率。复杂的滑环密封件是绝对密闭的，通过将封闭液体压入滑环密封件中来避免输送液体的溢出。此外，也冷却了密封件。

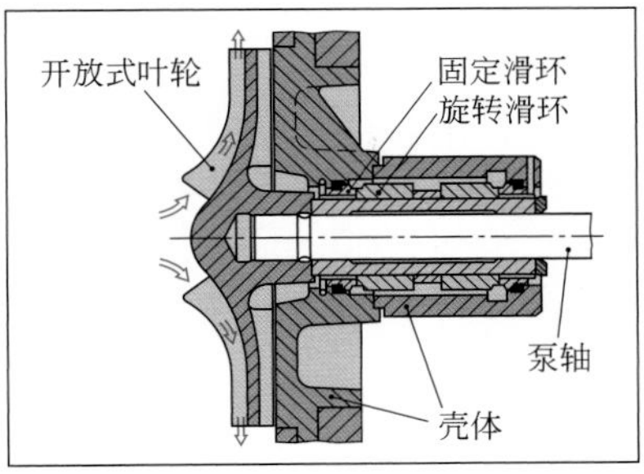

图 1-91：机械密封

水动力泄压

为此，叶轮泵在叶轮的背面有后叶片（**图 1-92**），可降低密封件上的泵压力，因此通常使用一个简单的填料函密封便足以实现密封。

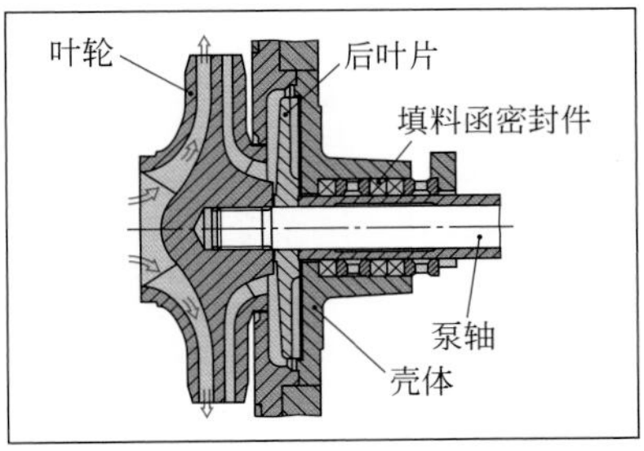

图 1-92：有水动力泄压的离心泵

4.3.5 离心泵设备

离心泵设备由配备驱动装置的泵和驱动泵所需的附加装置组成（**图 1-93**）。其中包括吸入侧的过滤器以及闸阀，这样在静止时不会空转。因为离心泵设备在没有液体时不能抽吸，所以如果已经空转，则必须在启动前从压力侧填满液体。在压力侧，配备了一个压力计、一个止回阀和一个闸阀。单项阀可防止液体在压力侧回流。

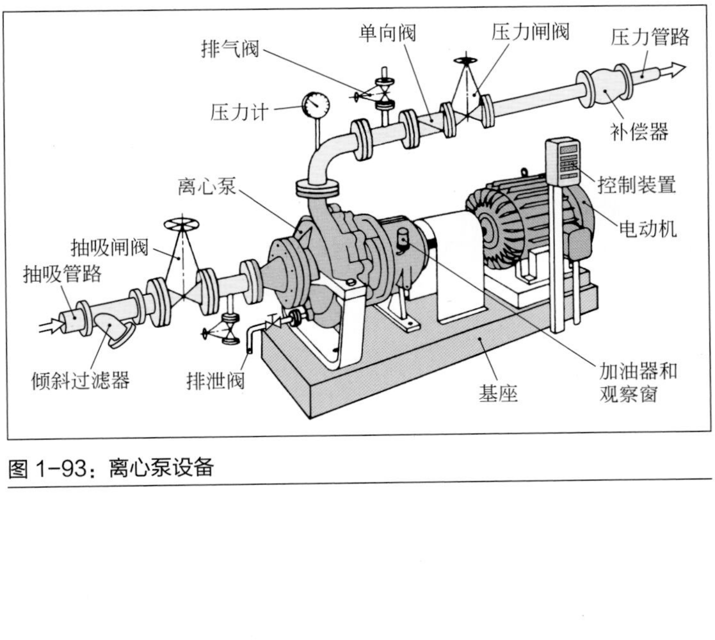

图 1-93：离心泵设备

4.3.6　特殊类型的离心泵

离心泵的一个重要问题是传动轴与输送液体的密封。通常通过填料函密封件或者轴机械密封件进行密封（第 47 页）。这里，密封必须完全，例如在输送有毒或者腐蚀性液体时，使用特殊结构类型的离心泵，其中液体的输送室和驱动空间在结构上是分开的。这些离心泵没有轴封，因此被称为**无轴封离心泵**。

磁耦合离心泵

在磁耦合离心泵（magnetic-coupling centrifugal pump, magdrive pump）中，涡轮由配备磁铁的内转子驱动，同时内转子由配备磁铁的外转子驱动（**图 1-94**）。内转子和外转子为磁耦合。内转子在一个分离罐中运行，它关闭至驱动室的泵腔，并且在外部绝对密封。该分离罐由不可磁化的铬镍钢、镍合金（哈氏合金）或者陶瓷组成。

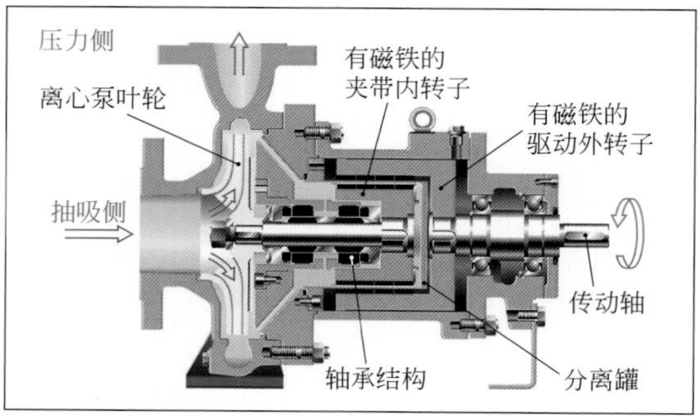

图 1-94：磁耦合离心泵

密封式电机离心泵

密封式电机离心泵（canned motor centrifugal pump）有一个电动机作为驱动器，它通过法兰连接到泵体上（**图 1-95**）。电动机的静止定子和旋转转子由一个管状内壳（称为转子管道或者分离管）绝对密封地分离。转子管道由不可磁化的铬镍钢或者镍合金制成。封装的转子在输送液体中运行。

定子绕组中的旋转磁场，在转子同步绕组中感应相反方向的磁场。它驱动前面的转子并且使其旋转。（有关电动机功能原理的更多信息，请参考第 151 页）

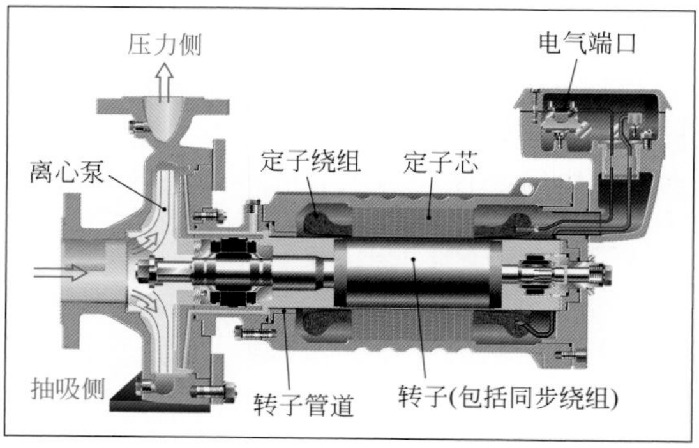

图 1-95：密封式电机离心泵

4.3.7　离心泵的应用

离心泵是化工设备中最常用的泵。它可以处理从低到中等输送高度（压力）下相对较大的输送流量，可以满足化工厂中一般的输送工作，例如尽可能快速地填充和清空容器，抽取废水等等。

由于离心泵有多种结构类型和结构尺寸，可以为几乎所有的输送工作提供合适的离心泵。此外，可根据运行条件选择合适的离心泵驱动装置：如在狭小空间中，采用模块驱动（第 46 页），或者需要绝对密封时采用磁耦合电机驱动装置。

离心泵结构紧凑，构造相对简单，没有往复运动部件，因此磨损点比其他类型的泵（例如活塞泵或者隔膜泵）少（第 58 页）。

由于离心泵没有诸如活塞泵的阀门的收缩处，所以也能输送黏性液体和含固体的输送介质，如悬浮液和稀泥。通过标准泵和尺寸系列的标准化可以实现低成本生产备用件和组件。因此，与其他类型的泵相比，它在采购、运营成本以及维护方面更有优势。

4.3.8 侧通道泵

侧通道泵（side-channel pump）由一个星形叶轮组成，可在两个紧密配合的壳体壁之间旋转（**图 1-96**）。输送流体通过右侧壳体壁的近轴端进气口进入泵中，被叶轮捕获并且旋转。液体进入与壳体壁相对的圆形侧通道中，并且在压力下通过侧通道末端的远轴端出口离开泵。左侧壳体中的侧通道大约占据了整个圆周的 80%，它在流动方向上变窄并且在出口处结束。在这里，旋转的输送液体减速，从而产生静态输送压力。

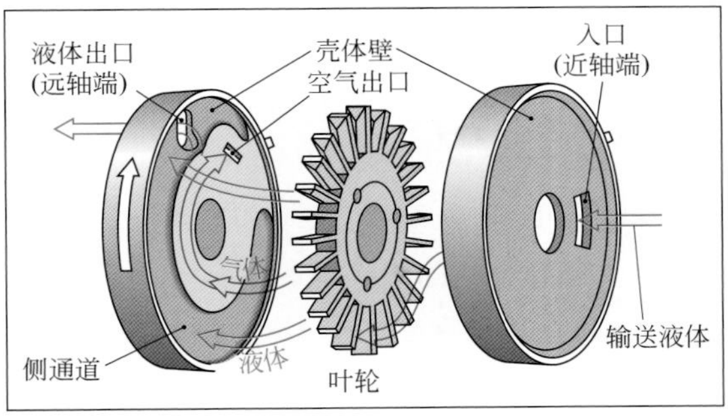

图 1-96：侧通道泵（外设泵）

侧通道泵在相对较小的输送流量下具有较高的扬程。

侧通道泵的特殊优点是**自吸能力**，易于输送液-气混合物以及沸腾的液体。

输送流中的气体通过一个单独的空气出口输送、压缩和排出。由于气体的体积减小，在泵中产生低压，从而形成自吸作用。

与离心泵相比，侧通道泵的缺点是效率较低以及对输送液体中的磨损成分的敏感性。

如果需要自吸或者输送含有气体的液体以及沸腾液体，侧通道泵适用。通过连接离心泵叶轮和侧通道泵的多个阶段（**图 1-97**），可以获得具有全方位特征的组合式侧通道离心泵。

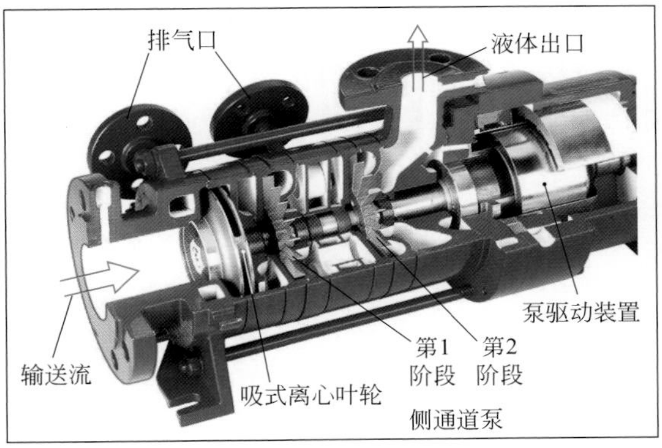

图 1-97：组合式侧通道离心泵

4.3.9 螺旋桨式泵

螺旋桨式泵（propeller pumps）有一个类似螺旋桨的叶轮，在一个较宽的管路中产生一个纯轴向流动（**图 1-98**）。

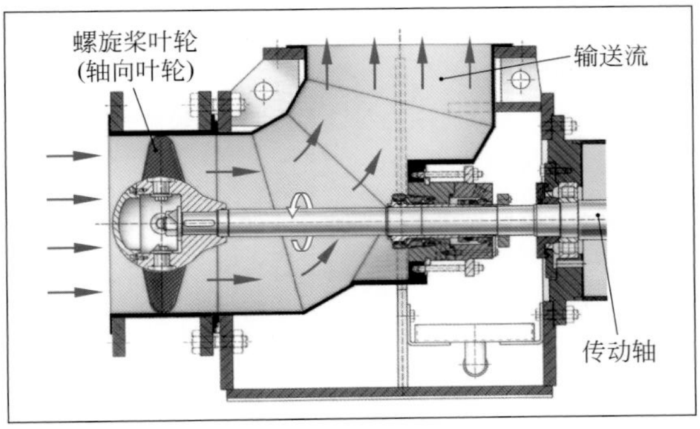

图 1-98：螺旋桨式泵（轴流泵）

它通常设计为歧管壳体泵，从而将传动轴直接引导至螺旋桨。螺旋桨式泵适用于最大 200000m³/h 的高输送流量和最高 15m 的输送高度，主要用作提水机或者循环泵，用于需要驱动较大液流的场合，例如发电厂、纸浆和造纸工业、蒸发装置等的冷却水供应。

复习题

1. 利用重力输送液体有哪些优点？
2. 离心泵的构造和它的功能方式是什么？
3. 在化工标准泵中标准化了哪些组件？
4. 首选哪种泵轴密封件？
5. 哪些配件和附加设备属于离心泵设备？
6. 侧通道泵有什么特殊能力？

4.4 离心泵的运行特征

4.4.1 泵的输送流量和输送高度

根据 DIN EN 12723 标准化的泵的参数为：

– **输送流量** $\dot{V}$ 在泵中称为 Q_V 或 $\dot{V}$，单位：**m³/h** 或者 L/s，表示可以通过泵输送的单位时间的液体体积。

– **泵的输送高度** H，也称扬程，单位：米（m）。

泵的输送高度是能量概念，表示根据所输送液体的重力 F_G，可传递给输送液体的泵的输送能量 W_Q，其单位是米（m），根据旁边的公式计算得出。

可以假设泵的输送高度为液柱的高度，泵可以在没有摩擦损失的情况下泵送液体至该高度，相当于该液柱的静水压力 $p_h = \rho g h$。

输送流量

$$Q_v = \dot{V} = \frac{V}{t}$$

泵的输送高度

$$H = \frac{W_Q}{F_G} = \frac{W_Q / t}{\rho \cdot g \cdot V / t} = \frac{P_u}{\rho \cdot g \cdot Q_V}$$

式中：

W_Q——输送能量；

P_u——泵的输送功率；

ρ——输送液体的密度；

g——重力加速度；

Q_V, $\dot{V}$——输送流量。

4.4.2 设备的输送高度

输送液体的设备，由一个低位的容器和高位的容器以及其中设置的泵组成（**图 1-99**）。

低位和高位容器液位之间的总高度差称为**测地输送高度** H_{geo}。

泵有一个将液体吸入泵中的进入口接管和将压力下的液体排出的压力套管。

进入口接管处于低压下。待实现的抽吸高度是**测地抽吸高度** z_I。

在一个敞开容器中输送时，泵和高液位之间的高度称为**测地压头** z_{II}。

这两个数值加在一起是设备的**测地输送高度**：

$$H_{geo} = z_I + z_{II}$$

输送液体时，必须通过管道中的流动阻力来克服压头**损失** ΣH_J。

容器密闭时，与低位的 p_E 相比，如果在高位容器中有一个较高的压力 p_A，则必须克服**压头差** ΔH_p。即：$\Delta H_p = \dfrac{p_A - p_E}{\rho g}$

设备的**总输送高度** H_A 由前面提到的三个部分组成（见右边的公式）。

在敞开容器之间或者在具有相同容器压力的容器之间输送时，压头差 $\Delta H_p = 0$。在这种情况下，设备的总输送高度减小。

为了使泵可以在规定设备中进行输送工作，泵的输送高度 H 必须大于设备的总输送高度 H_A。

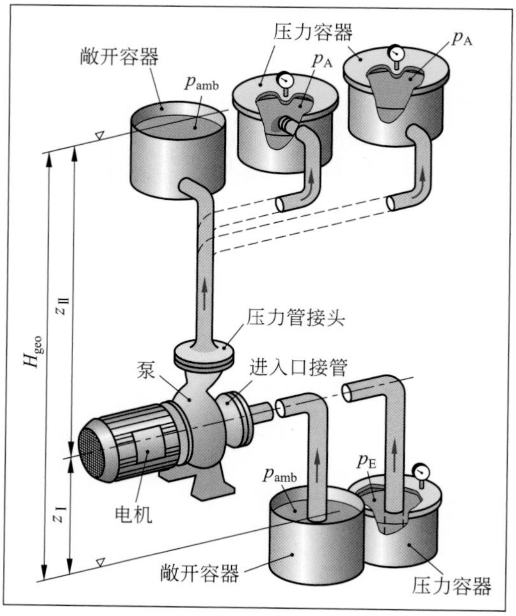

图 1-99：设备的输送高度

设备的总输送高度

$$H_A = H_{geo} + \Sigma H_J + \Delta H_p$$

或

$$H_A = H_{geo} + \Sigma H_J$$

输送条件

$$H > H_A$$

4.4.3 泵的功耗和效率

泵的功耗 P_W 是电动机在泵轴上使用的机械功率。

输送功率 P_u 是从泵传递到输送流量的功率，通过转换泵的输送高度 H 的公式（第 50 页）计算得出，并且得到右边的等式。

泵的**效率 η** 是泵的输送功率 P_u 与功耗 P_W 之比。

效率 η 与泵的类型、泵的尺寸和输送液体有关。

泵的输送功率

$$P_u = \rho \cdot g \cdot Q_V \cdot H$$

效率

$$\eta = \frac{P_u}{P_W} = \frac{\rho \cdot g \cdot Q_V \cdot H}{P_W}$$

例题： 离心泵的流速为 520L/min，输送液体的密度为 ρ= 0.920g/cm³。应克服的总输送高度为 16.4m，效率为 86.0%。泵的功耗是多少？

解： 其中 ρ= 0.920g/cm³ = 920kg/m³；Q_V = 520L/min = 0.520m³/min = 0.00867m³/s；

$$P_W = \frac{\rho \cdot g \cdot Q_V \cdot H}{\eta} = \frac{920\text{kg/m}^3 \times 9.81\text{N/kg} \times 0.00867\text{m}^3\text{/s} \times 16.4\text{m}}{0.860}$$

$$= 1492\frac{\text{N} \cdot \text{m}}{\text{s}} = 1492\text{W} \approx \mathbf{1.49kW}$$

4 4.4 离心泵的特征曲线

在以恒定速度驱动的离心泵中，输送高度 H、功率需求 P_W 和效率 η 与泵的输送流量 Q_V 有关。在图中以特征曲线的方式显示了这些参数与输送流量的关系。

作为泵的特征曲线，在图中绘制了泵的输送高度 H 与输送流量 Q_V 之间的关系。在恒定的泵转速下，离心泵提供一个随着输送流量 Q_V 增加而降低的输送高度 H（**图 1-100**）。

这意味着，通过压力管路中的闸阀对输送流量 Q_V 进行节流时，由泵产生的压力（输送高度）增加。

根据离心泵的结构类型（叶轮形状、叶轮直径、蜗壳），泵的特征曲线可以更平滑或者更陡峭。

功率特征曲线表示泵的功耗 P_W 与输送流量之间的关系。

效率特征曲线描述了离心泵在不同输送流量下的效率。

它有一个宽泛的最大值范围，应在该范围内驱动泵。

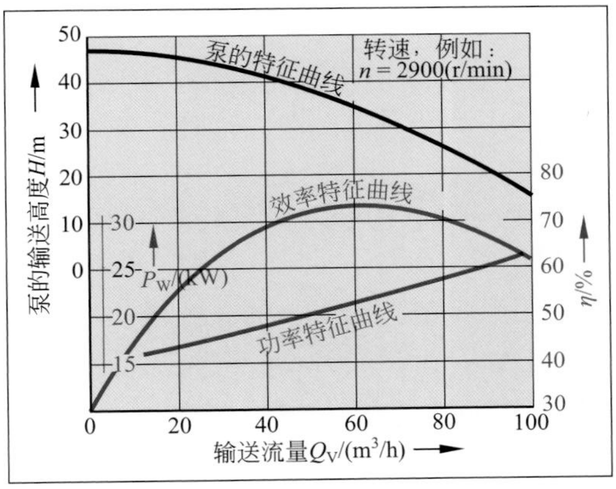

图 1-100：离心泵的特征曲线

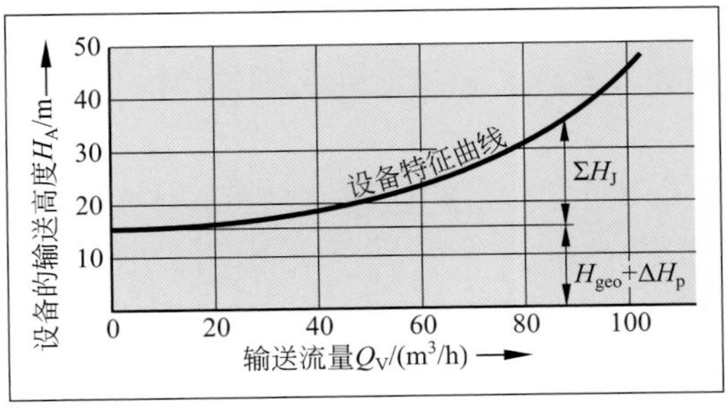

图 1-101：泵设备的特性曲线

4.4.5 设备的特征曲线

离心泵通过设备的管道输送液体（第 50 页），需要克服的输送高度 H_A 是设备的输送高度：$\boldsymbol{H_A = H_{geo} + \Sigma H_J + \Delta H_p}$。

它由恒定比例（$H_{geo} + \Sigma H_p$）和随着输送流量呈二次方增加的流动阻力ΣH_J组成。

如果在输送流量上描绘设备的输送高度 H_A，则获得设备特性曲线（**图 1-101**）。

4.4.6 离心泵的工作点

离心泵在实际操作中，设置为具有特定输送流量 Q_V 和特定输送高度 H 的运行状态。在该运行状态中，泵产生的输送高度 H（输送压力）与设备的输送高度 H_A 相同。该运行状态称为**工作点 *B***。

如果在图中绘制泵的特性曲线和设备的特性曲线，则它们在工作点相交（**图 1-102**），其对应输送高度和输送流量的数值，可以从图中的轴上读出。

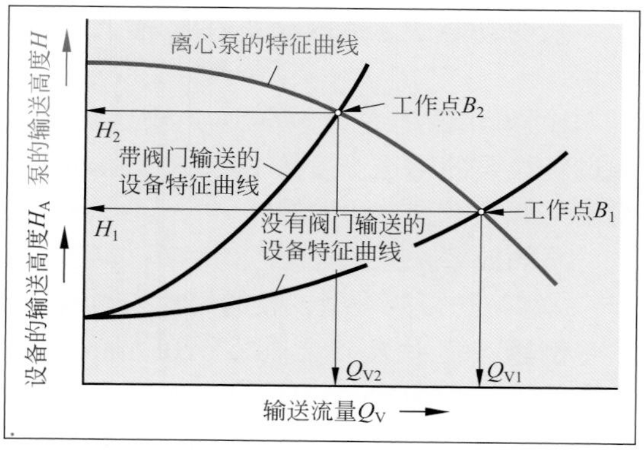

图 1-102：离心泵的工作点

通过改变设备特性曲线或者泵的特性曲线来**改变工作点的位置**。

例如，通过在压力管路中设置调节阀门，或者通过插入节流孔板，永久性改变**设备特征曲线**。通过节流（输送），图 1-102 中的工作点从 B_1 点移动到 B_2 点。在该工作点中，输送了较少的体积流量，泵的输送高度增加。在实际情况中，打开或者关闭压力闸阀是短期调节输送流量的最常用措施。在能量方面，这种输送流量调节是不利的，因为泵的能量被闸阀中的较高流动阻力消耗。

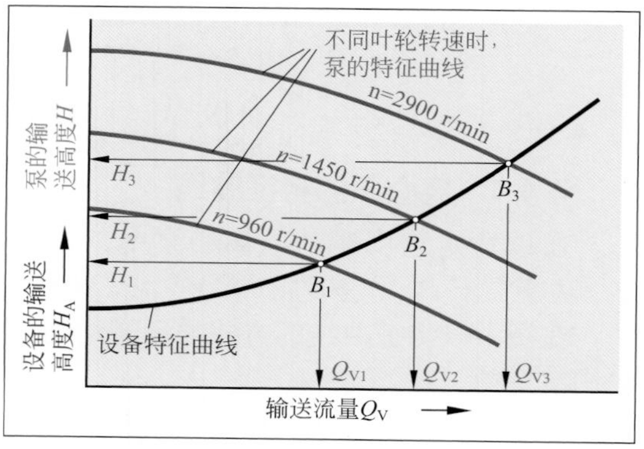

图 1-103：可调节离心泵转速等级的工作点

可以通过调整转速等方式来改变**泵的特征曲线**（**图 1-103**）。但是需要一种特殊的发动机设备，例如，在常用的配备鼠笼式转子的三相异步电动机中，需要换极（参见第 153 页）。其中，可以将固定增量的发动机转速从 2900（r/min）转换为 1450（r/min）或者 960（r/min）。有三个可能的工作点 B_1、B_2 和 B_3。

如果长时间内需要不同的输送流量时，则这种泵调节方式在能量方面是最有利的。

另一种永久改变泵特征曲线的方法是，更换叶轮或者将泵的叶轮转变为较小的直径。

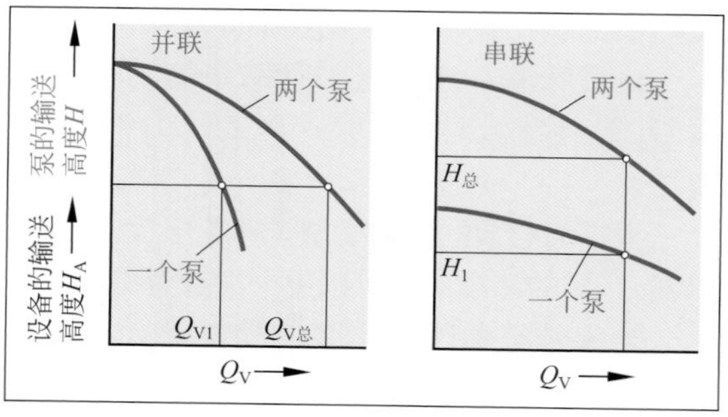

图 1-104：离心泵并联和串联时的特征曲线

4.4.7 泵的互联

如果用一台泵无法达到所需的运行参数如输送流量 Q_V 或者输送高度 H，则可以通过使用两台或者更多台泵来实现所要求的工作点。

两台泵**并联**（**图 1-104**）时，相同输送高度 H 时的输送流量（$Q_{V总} = Q_{V1} + Q_{V2}$）增加。

两台或者多台泵**串联**（串联连接）时，相同输送流量 Q_V 时的输送高度（$H_{总} = H_1 + H_2$）增加。

4.4.8 离心泵的综合特征曲线

泵的综合特征曲线表示泵可以运行的输送流量和输送高度。在 $H\text{-}Q_V$ 图中，综合特征曲线是一个区域，例如：代码为 40-160（**图 1-105**），在该代码中，第一个数字表示压力管接头的公称直径，第二个数字表示叶轮直径，单位是 mm（DIN EN 22858）。通过改变转速或者叶轮直径，泵可以在该区域内实现所有的工作点。

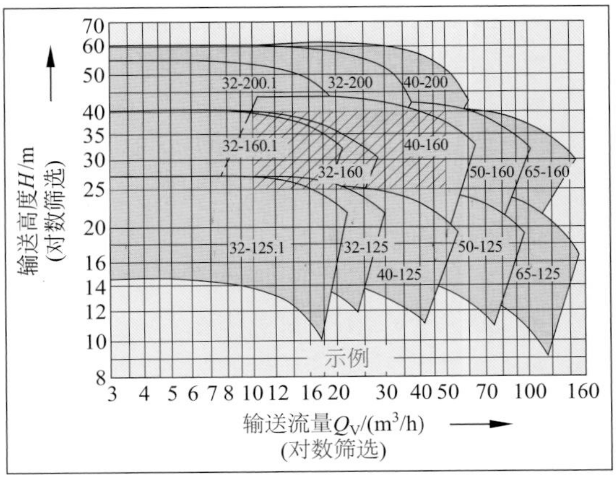

图 1-105：泵结构系列的综合特征曲线网格

由于泵的结构尺寸只能输送有限的流量，因此在标准泵中，有不同结构尺寸的系列泵。在综合特征曲线网格图中汇总了一个结构系列的泵特征曲线。从该网格中，可以选择适合于输送工作的泵结构尺寸。

例： 针对体积流量 Q_V 为 10 ～ 50m^3/h 和输送高度 H 为 25 ～ 40m，适用代码 40-160、32-160 和 32-160.1 的泵。

4.4.9 离心泵的汽蚀现象

汽蚀现象（cavitation）是指在流动的液体中形成蒸气填充的空腔（蒸气泡）以及蒸气泡的突然坍塌（内爆）。

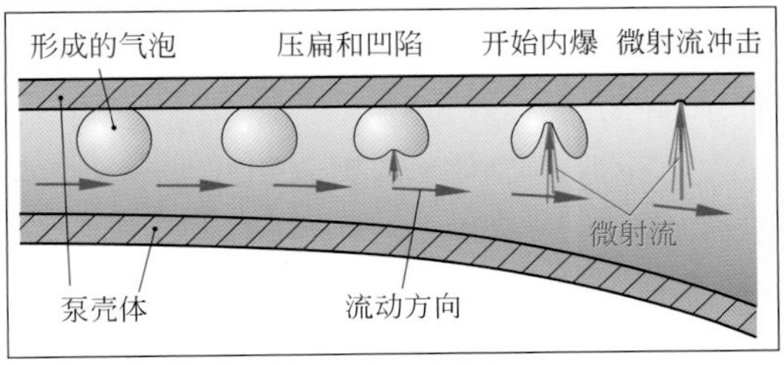

图 1-106：泵壳内壁上的汽蚀现象和气泡内爆

如果液体中的静态压力下降，并且小于液体的蒸气压时，则会在流动的液体中产生蒸气泡。静态压力在液体中的流动位置处减小，因为此处的流速非常高（参见第 37 页，伯努利定律），液体蒸发。低压的关键位置是离心泵的抽吸侧泵入口处，此处产生的气泡夹带在液体流中，并且在泵内部和出口嘴中由于流速降低，静态压力增加而发生气泡内爆。在内爆的气泡中，会产生一个液体微射流（微射流），它在局部最高的压力（最高可达 20000bar）下冲击周围的组件表面并且使其损坏（**图 1-106**）。

在外部，由于强烈的噼啪声和振动以及压力计的显示，表明泵中出现了汽蚀现象。

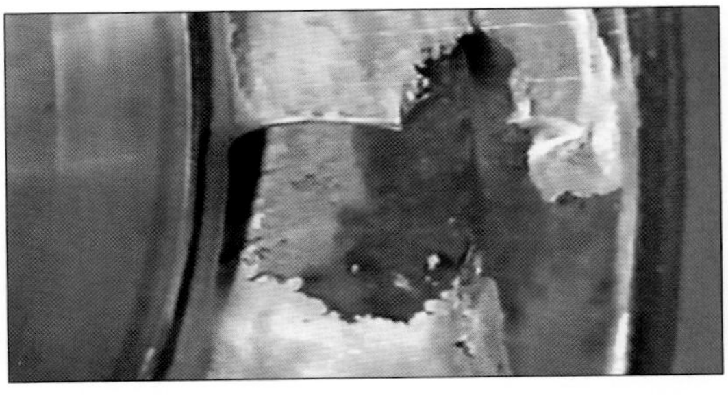

图 1-107：由于汽蚀现象被破坏的泵叶轮

因此，泵必须设计为在工作条件下，在其内部不会出现汽蚀现象（参见第 54 页）。泵中的汽蚀现象导致输送性能降低，极端情况下将完全中断输送流。在长时间发生汽蚀现象的运行中，泵的轴承和机械密封受到很大负荷，磨损很快。特别是叶轮和内部泵壳体将由于材料损坏而遭到破坏（**图 1-107**）。汽蚀现象的发生在很大程度上与泵入口的几何设计、输送液体的温度和蒸气压力以及吸入侧设备条件有关：抽吸高度或者入口高度、进料罐压力和抽吸管路的设计。

发生汽蚀现象时的**补救措施**包括：

在泵中：

- 降低转速（降低输送流量）。
- 安装更大的叶轮并且降低转速。
- 在泵叶轮前部安装一个导流轮（预螺旋桨）（**图 1-108**），增加叶轮入口的输入压力。
- 更换更大的泵或者多个泵。

在设备中：

- 完全打开抽吸闸阀。
- 去除吸入管中的沉积物。
- 使用更大公称直径的吸入管路。
- 抬高进料罐或者降低泵。

图 1-108：叶轮前部有导流轮的泵

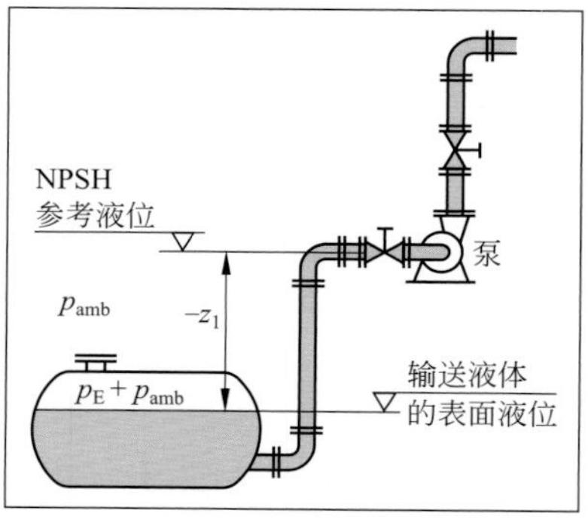

图 1-109：抽吸运行时的离心泵设备

4.4.10 计算汽蚀余量（NPSH）

只能在无汽蚀现象运行时实现离心泵的无故障运行。

为了确保在泵运行时不会发生汽蚀现象，使用了汽蚀余量 **NPSH 数值**。NPSH 是英文的缩写，意思是 **N**et **P**ositive **S**uction **H**ead，即**正净吸入高度**或者早期称为总保持压力高度。

为了计算无汽蚀现象运行，必须计算或者确定设备的 NPSH 数值，简称 NPSHA，以及泵所需的 NPSH 数值，简称 NPSHR。NPSHA 中的 A 表示可用（available），NPSHR 中的 R 表示需要（required）。

设备的 **NPSHA 数值**表示绝对压力高度（$p_E + p_{amb}$）减去泵入口中输送液体的蒸汽压力高度（p_D）。此外，NPSHA 数值还表示了输送液体泵的高度差和输入管路的压力损失高度（**图 1-109**）。

它的组成有：

$$\text{NPSHA} = \underbrace{\pm z_1}_{\text{高度差}} + \frac{\overbrace{p_E + p_{amb}}^{\text{绝对压力高度}} - \overbrace{p_D}^{\text{蒸气压力高度}}}{\rho_{Fl}\, g} - \underbrace{\Delta H_1}_{\text{压力损失高度}}$$

等式中的含义：

z_1——泵叶轮中心与输送液体表面之间的高度差，m。$-z_1$ 适用于抽吸操作，$+z_1$ 适用于入口操作；

p_E——抽吸容器或者进料罐中的超压，Pa；

p_{amb}——空气压力，Pa；

p_D——在当前泵入口处的温度下，输送液体的蒸气压力，Pa；

ρ_{Fl}——输送液体的密度，kg/m³；

g——重力加速度 9.81m/s² (9.81N/kg)；

ΔH_1——进料管的入口侧压力损失高度，m。

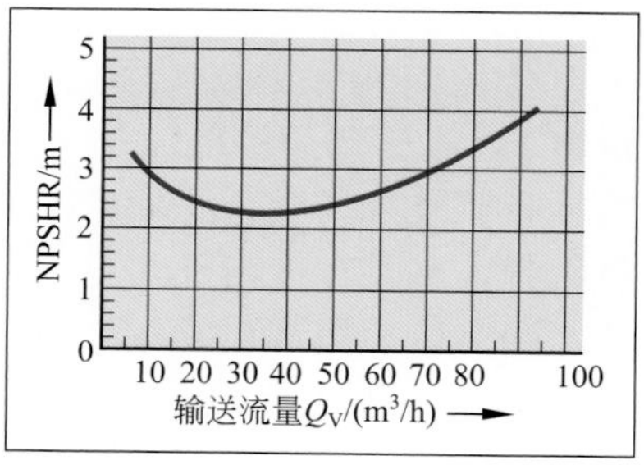

图 1-110：泵的 NPSHR 图

离心泵的 NPSHR 数值是泵入口处的特定的泵压力高度参数。它由泵生产商在试验台上进行系列测量，并且显示在图表中（**图 1-110**）。

由此可以通过读取图确定 NPSHR 数值。

只有当设备的 NPSHA 数值大于泵的 NPSHR 数值时，才不会形成气泡，并且泵在无汽蚀现象下运行。为安全起见，预留 0.5m 的压力高度。

保证泵无汽蚀现象运行的条件见右式。

泵无汽蚀现象运行的条件
NPSHA ≥ NPSHR + 0.5m

如果从敞开的低位容器中泵出，则 $p_E = 0$ 并且 z_1 为负值。

NPSHA 数值的等式如右侧公式所述。

针对从压力为 p_E 的低位容器中泵出的常见情况，最大可能的抽吸高度是一个需要注意的数值，根据 NPSHA 的等式转换即可获得该数值。

从敞开的容器中泵出

$$\mathbf{NPSHA} = -z_1 + \frac{p_{amb} - p_D}{\rho_{Fl} \cdot g} - \Delta H_1$$

最大可能的抽吸高度

$$z_1 = \frac{p_E + p_{amb} - p_D}{\rho_{Fl} \cdot g} - \Delta H_1 - \mathbf{NPSHA}$$

例 1： 从离心泵下部的密闭罐中向上泵出乙醚（第 54 页，图 1-109）。在罐中存在 325mbar 的超压和 20℃的温度。该温度下的密度 $\rho_{Fl} = 0.714\text{g/cm}^3$。当密闭罐几乎为空时，乙醚的液位在泵下部 2.65m 处。

泵和密闭罐之间管道压力损失高度为 0.68m。该泵具有第 54 页图 1-110 中泵的 NPSHR 特征曲线。

试检查泵以 $60\text{m}^3/\text{h}$ 进行输送时，是否在无汽蚀现象下输送。

解： 其中 $z_1 = 2.65\text{m}$；$p_E = 325\text{mbar} = 32.5\times10^3\text{Pa}$；$p_{amb} = 1.013\text{bar} = 101.3\times10^3\text{Pa}$；$p_D = 587\text{mbar} = 58.7\times10^3\text{Pa}$；（针对 20℃时的乙醚，参见手册）；$\rho_{Fl} = 0.714\text{g/cm}^3 = 714\text{kg/m}^3$；$\Delta H_1 = 0.68\text{m}$；

通过第 54 页图 1-110 读出 $Q_V = 60\text{m}^3/\text{h}$ 时的 NPSHR 数值为 2.6m。

$$\text{NPSHA} = -z_1 + \frac{p_E + p_{amb} - p_D}{\rho_{Fl} \cdot g} - \Delta H_1 = -2.65\text{m} + \frac{32.5\times10^3 + 101.3\times10^3 - 58.7\times10^3}{714\times9.81}\text{m} - 0.68\text{m}$$

$$\mathbf{NPSHA} = -2.65\text{m} + 10.72\text{m} - 0.68\text{m} = \mathbf{7.39m}$$

泵运行时无汽蚀现象的条件：NPSHA ≥ NPSHR + 0.5m 满足条件。

7.39m ≥ 2.6m + 0.5m 该泵运行时无汽蚀现象。

例 2： 通过离心泵将净化的废水从开放式沉淀池中泵出（**图 1-111**）。泵在净化池边缘上部 0.30m 处。夏季废水温度可升至最高 30℃。废水的密度为 1.056g/cm^3，包括过滤框在内的吸入管路中的压力损失为 $\Delta p_1 = 0.195\text{bar}$。额定转速时，泵输送 $85\text{m}^3/\text{h}$ 的废水。由生产商根据第 54 页图 1-110，针对泵给出了一个 NPSHR 图。

a）压力损失高度是多少米？

b）泵在没有汽蚀现象的情况下，从沉淀池中抽吸净化水的深度是多少？

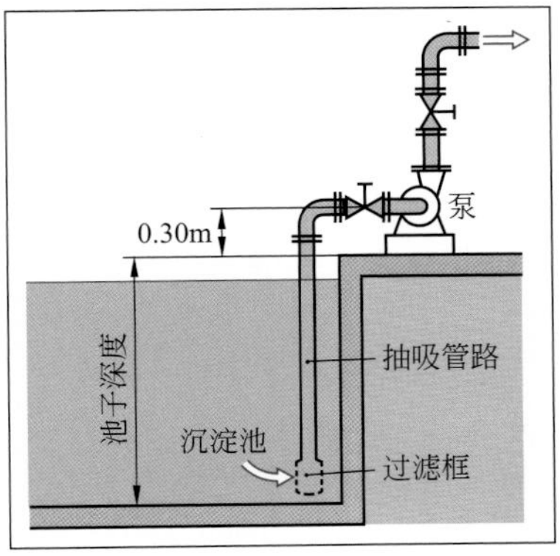

图 1-111：沉淀池的泵设备（例 2）

解： 其中 $p_E = 0$；$p_{amb} = 1.013\text{bar} = 101.3\times10^3\text{Pa}$；$p_D = 42\text{mbar} = 4.2\times10^3\text{Pa}$；（源自第 420 页图 11-63 或者手册）；$\Delta p_1 = 0.195\text{bar}$；$Q_V = 85\text{m}^3/\text{h}$。

a）通过静水压力的等式 $\Delta p_1 = g \cdot \rho_{Fl} \cdot \Delta H_1$ 得出：$\Delta H_1 = \dfrac{\Delta p_1}{g \cdot \rho_{Fl}}$

$$\Delta H_1 = \frac{0.195\text{bar}}{9.81\text{N/kg}\times1056\text{kg/m}^3} = \frac{0.195\times10^5\,\text{N/m}^2}{9.81\text{N/kg}\times1056\text{kg/m}^3} \approx 1.88\text{m}$$

b）$z_1 = \dfrac{p_E + p_{amb} - p_D}{\rho_{Fl} \cdot g} - \Delta H_1 - \text{NPSHA}$；通过第 54 页图 1-110，在 $Q_V = 85\text{m}^3/\text{h}$ 时读取：NPSHR = 3.5m；因此，针对无汽蚀现象泵运行时，NPSHA = NPSHR + 0.5m = 3.5m + 0.5m = 4.0m

$$z_1 = \frac{0 + 101.3\times10^3 - 4.2\times10^3}{1056\times9.81}\text{m} - 1.88\text{m} - 4.0\text{m} = 9.37\,\text{m} - 1.88\text{m} - 4.0\text{m} = \mathbf{3.49}\text{m}$$

泵在沉淀池边缘上部 0.30m 处。泵可以抽吸 3.49m − 0.30m = 3.19m 深度的沉淀池，并且不会产生汽蚀现象。

4.4.11 离心泵的启动和关闭

必须按照以下顺序**启动**离心泵（**图 1-112**）：

① 在泵中注入液体。

② 关闭压力闸阀。

③ 打开抽吸闸阀。

④ 启动电动机。

⑤ 慢慢打开压力闸阀，直到达到最大输送流量。

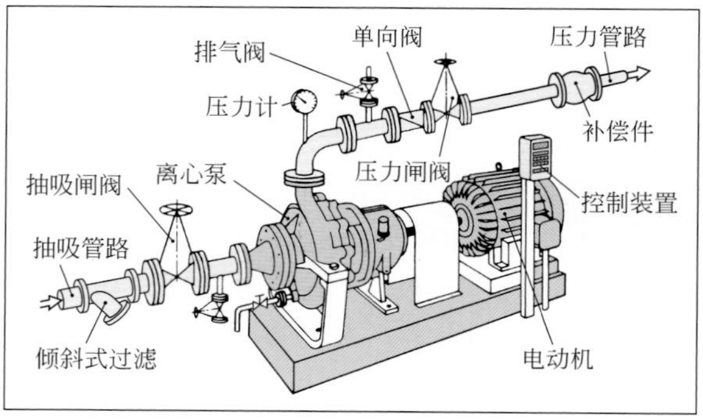

图 1-112：离心泵设备

在 $H\text{-}Q_V$ 图（图 1-113，图片上部）中，启动对应管路段 $0-A$ 的闭合压力闸阀，开启对应管路段 $A-B$ 的压力闸阀。在点 B 达到泵的工作点。

同样，应按照规定的顺序关闭离心泵：

① 慢慢关闭压力闸阀。

② 关闭电动机。

③ 关闭抽吸闸阀。

泵的不正确启动或者关闭会损坏泵和设备：

- 如果在抽吸闸阀闭合时或者运行时没有完全打开的情况下启动泵，则泵中可能会出现汽蚀现象。
- 如果在压力闸阀打开的情况下启动离心泵，则它将立即输送较大的输送流量并且需要高功耗（**图 1-113**，下部）。

  因此必须由电动机提供能量。启动时，电动机本身必须施加几倍的额定功率（第 152 页）。这增加了电动机和离心泵的功耗。因此，在电动机绕组中流过非常大的电流，这会使电动机过热和损坏。
- 如果过快地关闭压力闸阀，则管道中的输送液体将由于其惯性继续移动，并且在压力闸阀的后部产生一个增加的低压，它使液体停下，然后回溢。在此过程中，通过压力冲击压力闸阀，这可能导致阀门损坏和管道破裂。

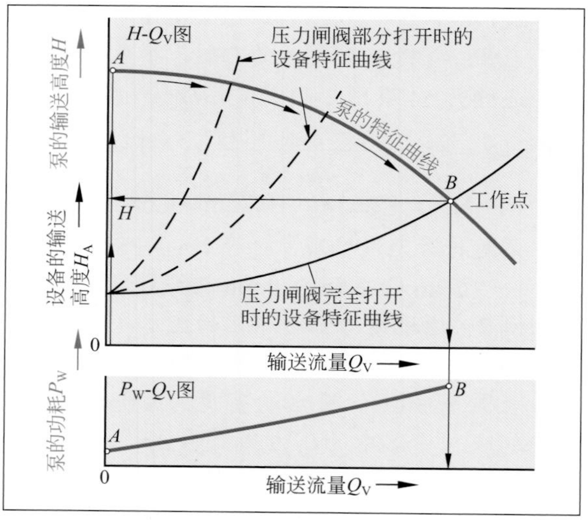

图 1-113：$H\text{-}Q_V$ 和 $P_W\text{-}Q_V$ 图中的离心泵

复习题

1. 输送流量和输送高度是什么意思？
2. 设备的输送高度由什么决定？
3. 泵的特征曲线是什么？
4. 综合特征曲线中泵的工作点在哪里？
5. 从离心泵系列的综合特征曲线网格中可以看出什么？
6. 汽蚀现象表示什么，它是如何引起的？
7. 有哪些方法可以避免泵中的汽蚀现象？
8. 如果泵中出现汽蚀现象，则有哪些后果？
9. 泵设备的 NSPHA 数值表示什么，如何确定？
10. 如何确定 NPSHR 数值？
11. 泵无汽蚀现象运行的条件是什么？
12. 离心泵启动或者关闭的工作步骤是什么？

4.5 往复活塞泵

往复活塞泵也称为活塞泵（piston pump），属于容积式泵。

在活塞泵中，通过一个往复（摆动）的活塞输送液体，它可以交替地增加和减少泵的工作空间，以此交替填充（抽吸）和清空（推出）泵。

在活塞泵中，有三种基本类型：柱塞式泵（也称柱塞泵）、盘式活塞泵和隔膜泵（**图1-114**）。

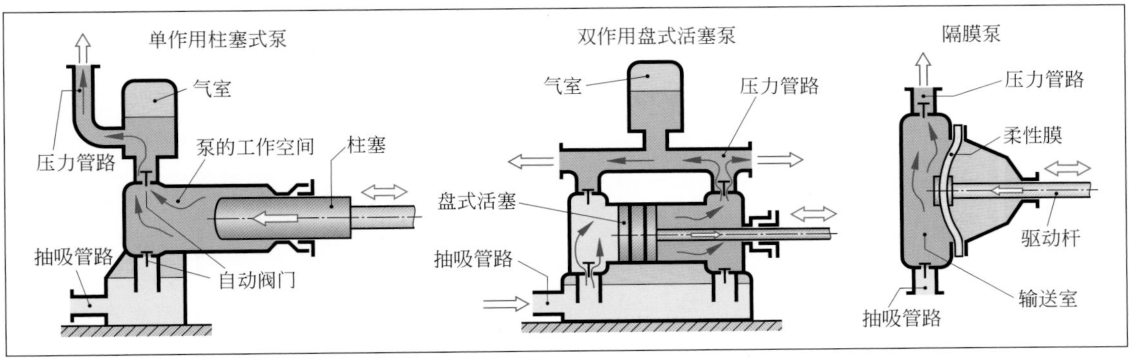

图 1-114：不同活塞泵的结构原理

4.5.1 往复活塞泵的结构和工作原理

往复活塞泵有一个活塞，可在泵的工作空间中往复运动（**图1-115**）。它与抽吸管路和压力管路连接在一起，每个管路都有一个自动打开式和关闭式阀门。在抽吸行程中，活塞（图 1-115）向右移动，在泵腔中产生低压，吸入管路的阀门打开，液体泵入泵室。在压力行程中，泵室中产生超压，然后压力侧的阀门打开，活塞将流体推入压力管路中。

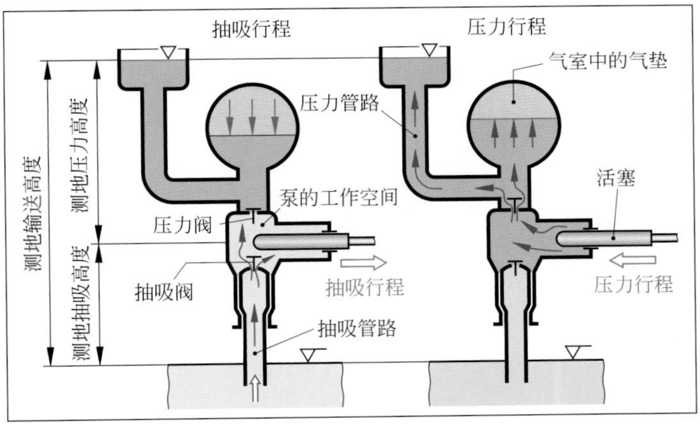

图 1-115：柱塞式泵的工作方式

为了补偿压力冲击，在气室中压力管路与一个气垫连接在一起。这样可以产生均匀的液体流。

往复活塞泵以右侧符号表示。

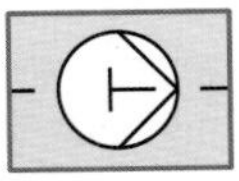

图 1-116 显示了水平布置的柱塞式泵的技术设计。柱塞由一个配有电动机的曲柄驱动器驱动。活塞密封件将输送室与活塞驱动室分开。

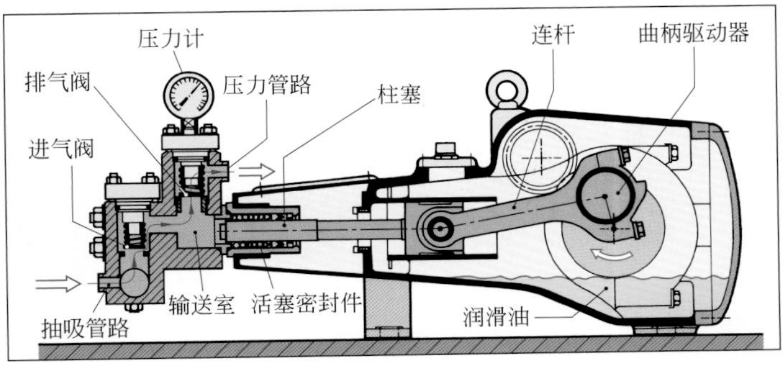

图 1-116：柱塞式泵（单作用水平结构）

4.5.2 特点和用途

恒定转速下，活塞泵的特性曲线几乎是一条垂直线（**图 1-117**）。驱动电动机的转速恒定时，活塞泵提供恒定的输送流量 Q_V。根据背压设置泵的输送压力。背压可以是压力阀（溢流阀）的断开应力，是可以调节的，并由此设置泵的公称压力。可以通过改变曲柄驱动器的转速，或者在配备相应泵的情况下，通过改变曲柄行程来调节输送流量 Q_V。

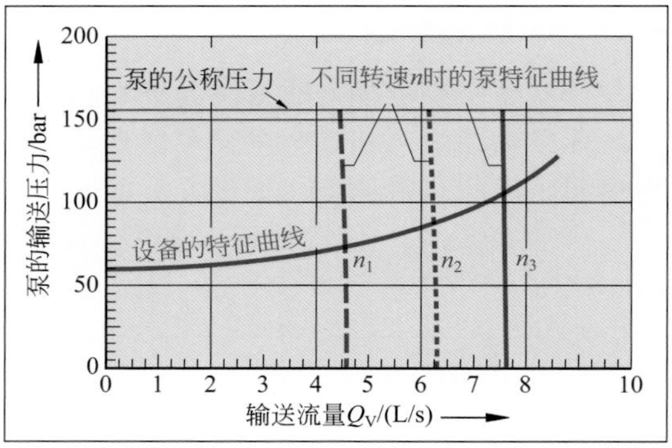

图 1-117：活塞泵的特征曲线

活塞泵是自吸式的。

由于产生的高压，不允许活塞泵向关闭的阀门方向输送，否则会损坏设备。为了避免这种损坏，活塞泵配备了带减压阀的旁路（平行管路）（**图 1-118**）。如果压力管路中出现不允许的高压，则减压阀打开，输送液体流回抽吸管路中。

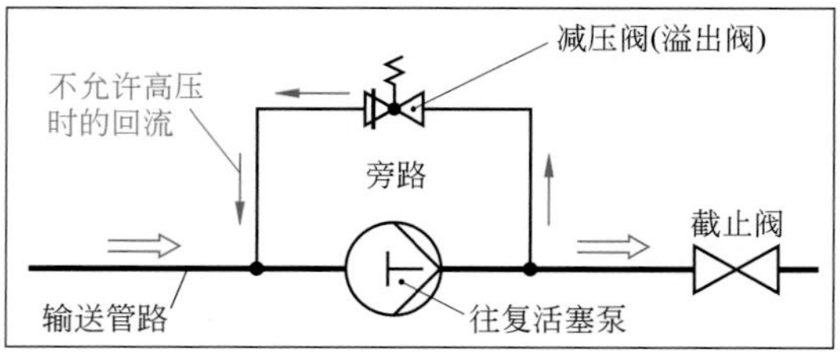

图 1-118：活塞泵通过有减压阀的旁路实现超压

活塞泵主要用于在非常高的输送压力下输送较小的流量。例如用在需要高压水和高压油的设备中，在液压设备中（第 178 页）。其中一种特殊的应用是用作计量泵，因为它提供了一个呈脉冲式却近乎恒定的输送流量（第 62 页）。活塞泵内置于水平或者垂直结构中，有单作用和双作用两种。

如果输送介质中有污染物或者固体颗粒物，则往复活塞泵容易出现故障。它导致活塞密封件泄漏，入口和出口阀门堵塞以及泵室中的固体物沉积。

4.6 活塞隔膜泵

活塞隔膜泵（piston diaphragm pump）是一种特殊类型的往复活塞泵。它具有由橡胶、增强 PTFE 或者弹性钢板制成的弹性膜，用作位移元件。隔膜通过一个驱动杆（第 57 页，图 1-114）直接进行往复运动，或者通过传递柱塞的位移压力间接进行往复运动（**图 1-119**）。

在吸入行程中，隔膜向右凸出，泵室扩大，液体通过抽吸阀从抽吸管路中吸入。

在压力行程中，隔膜向左弯曲并且输送液体被压力阀压入压力管路中。由于阀门主要使用球阀，所以坚固并且不易堵塞。多层膜将填充有油的传输室与有输送液体的泵室绝对密闭地分离。因此，隔膜泵适用于输送腐蚀性和含固体的液体，例如：酸、碱、毒素和悬浮液。它通常用于配料（第 52 页）。活塞隔膜泵以右侧符号表示。

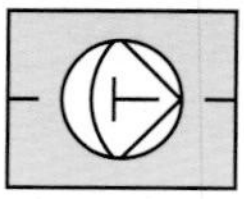

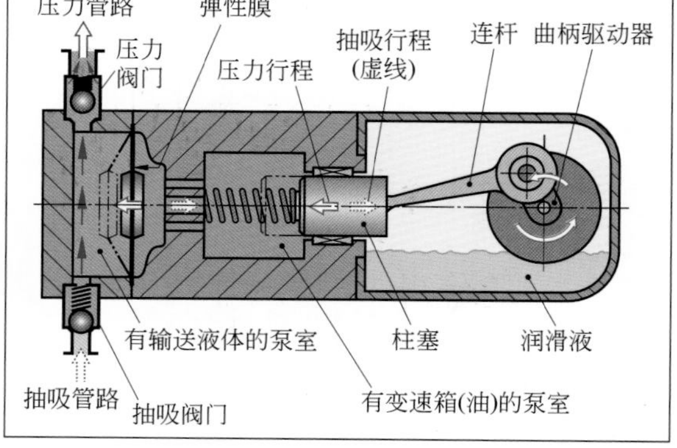

图 1-119：柱塞隔膜泵的工作原理

4.7 旋转活塞泵

旋转活塞泵（rotary pumps），也称为旋转容积式泵，具有旋转柱塞，它将泵工作室中的液体从吸入侧输送到压力侧。它根据位移原理工作并且是自吸式的。

循环活塞泵具有一个均匀的输送流量，没有脉动。

有几种结构类型，例如：螺杆泵、偏心螺杆泵等。

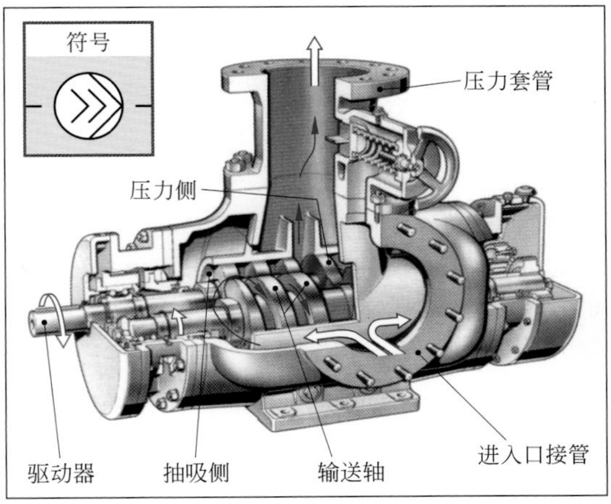

图 1-120：螺杆泵

4.7.1 螺杆泵

螺杆泵（srew pumps）有两个螺旋形、非接触式相互啮合的输送轴，它们以相反的方向在壳体中旋转（**图 1-120**）。

它们与壳体重新形成连续的、抽吸侧关闭的螺旋腔室。螺旋输送器在抽吸侧获得输送液体，封闭在螺旋腔室中并且从抽吸侧输送到压力侧。

产生最大约 400bar 的输送压力。螺杆泵用于在石化工业中输送汽油、矿物油和沥青，以及在食品工业中输送食用油、酸奶和其他液体食品。

4.7.2 偏心螺杆泵

在偏心螺杆泵（eccentric screw pump）中，单螺纹螺旋输送机（转子）在硬橡胶外壳插件（定子）中旋转，插件配备一个内部双螺纹螺杆腔（**图 1-121**）。偏心旋转螺杆将壳体插件的自由螺旋螺纹中的输送介质，从吸入侧以稳定的输送流量输送到压力侧。

偏心螺杆泵用于输送泥浆或者泥浆液体以及浆料。必须避免无润滑运转。

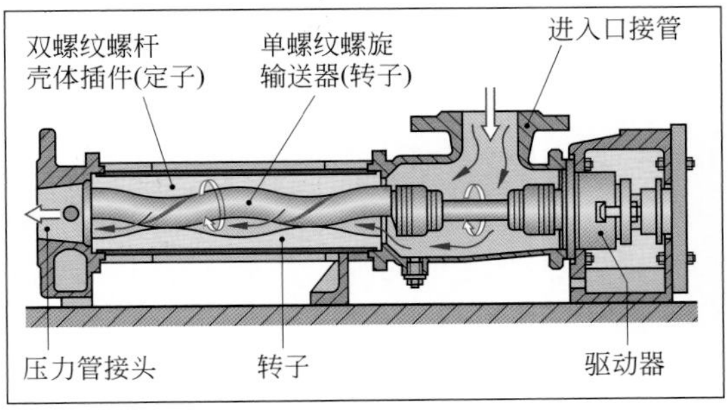

图 1-121：偏心螺杆泵

4.7.3 齿轮泵

齿轮泵（gear pumps）有一对齿轮辊用作位移体，它以相反的方向在壳体中运行（**图 1-122**）。齿轮的侧面在抽吸侧获得待输送的液体，将它们输送到压力侧的齿槽（输送室）中，并且将其压入压力管路中。产生的运行压力为 10 ～ 200bar。齿轮泵通常是小型泵，输送流量较低。

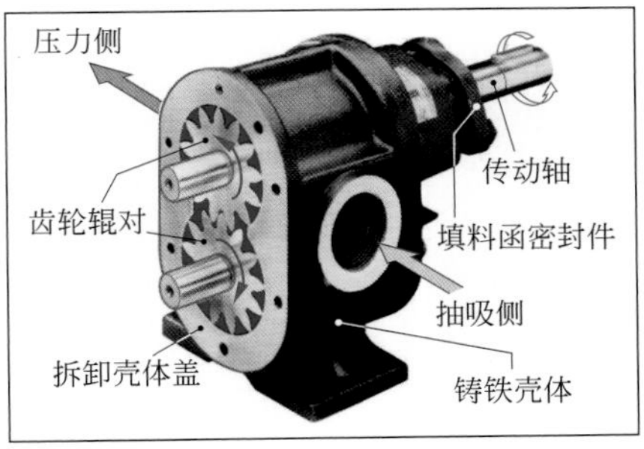

图 1-122：齿轮泵（壳体左侧打开）

它主要用于输送中等至高黏性液体，如油、油漆和黏合剂。齿轮泵是典型的液压油泵（第 178 页），它对输送液体中的硬固体颗粒敏感。

4.7.4 回转泵

该泵有两个互相啮合的旋转活塞，在旋转过程中封闭抽吸侧的液体，并且将其输送到压力侧（**图 1-123**）。

旋转活塞的形状设置为，其外轮廓彼此啮合并且在任何旋转位置均可将压力侧与吸力侧隔绝。钢表面的旋转活塞有一个“滑动间隙”并且因此具有较低的泵压力。橡胶旋转活塞紧密关闭（压力更高）。旋转活塞泵是自吸式的，可以在两个方向上运行。可通过转速调节输送流量，输送压力几乎恒定。回转泵广泛适用于高黏性和高浊度的液体。

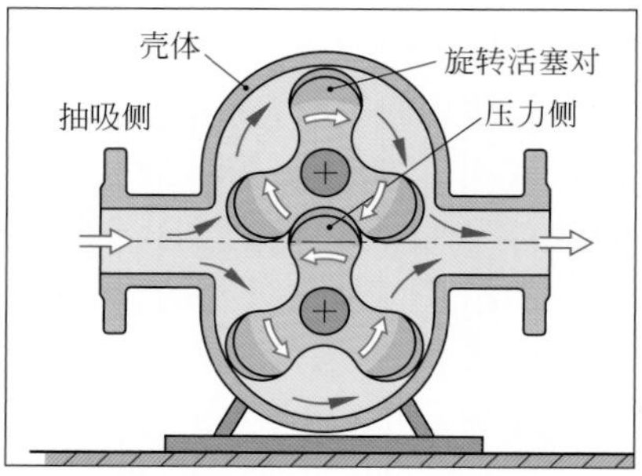

图 1-123：回转泵

4.7.5 蠕动泵

在蠕动泵（peristaltic pump）中，在旋转臂上固定两个或者三个旋转辊，按压泵壳中圆形的高弹性塑料软管（**图 1-124**）。通过挤压软管，包围一定体积的液体并且通过辊的旋转从抽吸侧输送到输送侧。输送的液体在软管中并且与移动的泵组件没有接触。因此，蠕动泵适用于腐蚀性和有毒液体，也适用于无菌液体。它在化学和制药工业中用作桶式排放泵或者计量泵，也用于输送流量较小的场合。

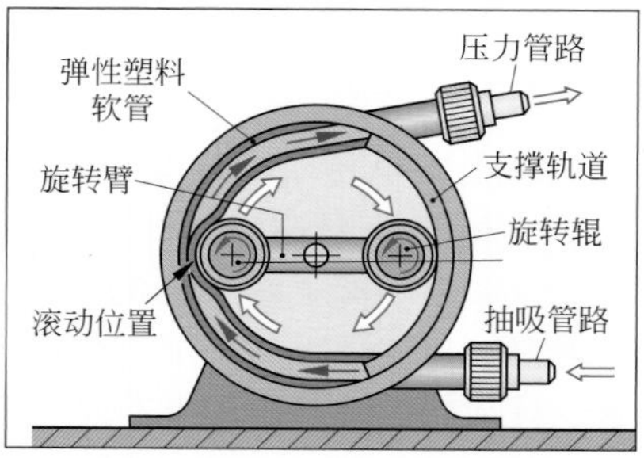

图 1-124：蠕动泵

4.8 喷射泵

液体喷射泵（liquid-jet pump），也称为推进剂泵，由带有内部喷嘴的扩散管组成（**图 1-125**）。在喷嘴中，按压推进物，例如水蒸气或空气，并且从膨胀扩散管中的内部喷嘴高速排出。它携带这里的输送液体并且将其输送至膨胀的扩散管中。

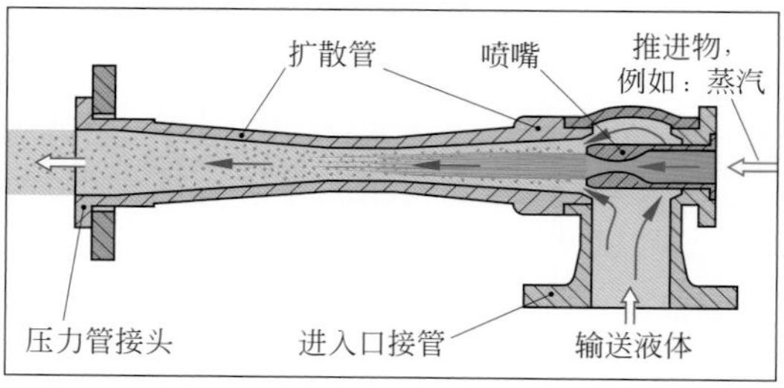

图 1-125：喷射泵的作用方式

在喷射泵的内部喷嘴出口处，由于高流速产生低压使泵从抽吸管路中抽吸输送液体。在扩散管的出口处，由于经过膨胀的管路，液体混合物速度降低。因此，在混合物中形成了一个静态压力。（关于流动介质压力的更多信息参见第 38 页）

如果应该或者允许用待输送的液体与水、空气或者水蒸气混合，则使用喷射泵。

例如锅炉给水就是这种情况，将热蒸汽用作推进物来供给，并且同时加热（**图 1-126**）。

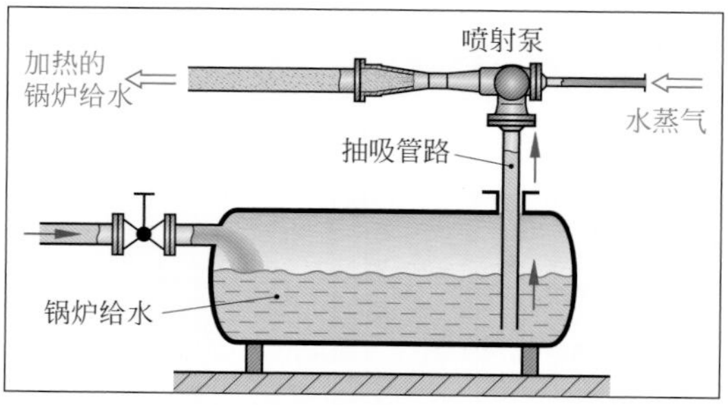

图 1-126：用喷射泵输送锅炉用水

4.9 泵的特征和使用范围概况

工作原理	离心式叶片泵		容积式泵（摆动位移元件）		容积式泵（旋转位移元件）			叶片泵
泵的类型	离心泵	侧通道泵	往复活塞泵	活塞隔膜泵	螺杆泵	齿轮泵	偏心螺杆泵	喷射泵
原理图		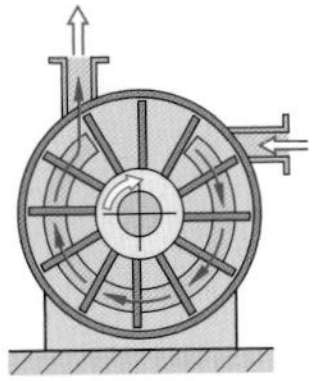	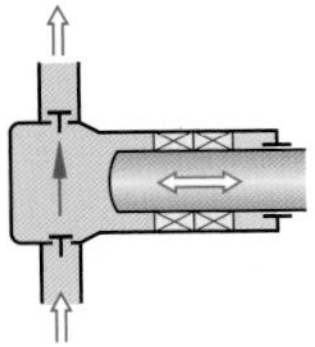	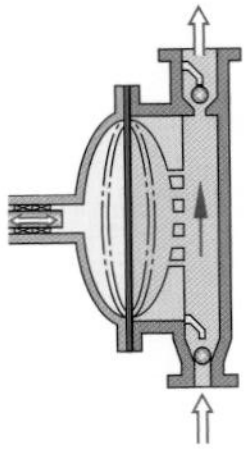	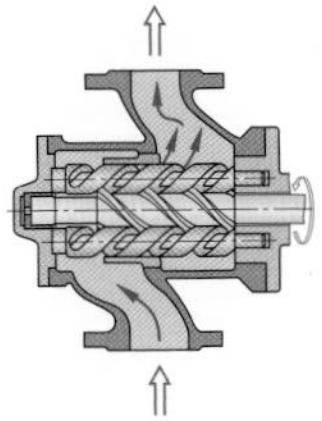	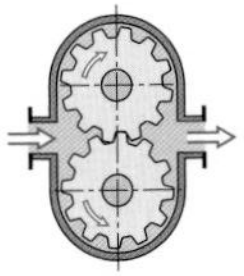	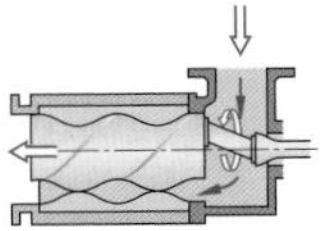	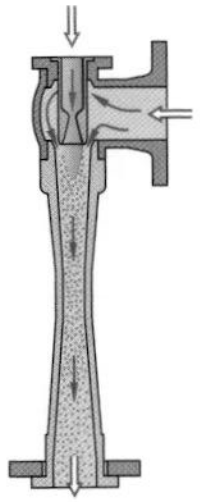
符号	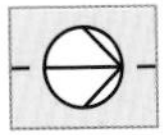		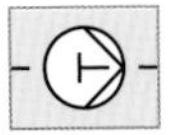	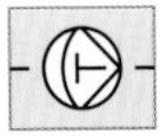	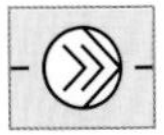		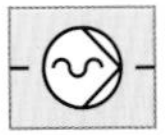	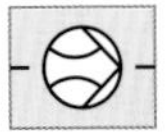
输送特征	均匀，非自吸式	均匀，自吸式	脉动，自吸式	脉动，自吸式	均匀，自吸式	均匀，自吸式	均匀，自吸式	均匀，自吸式
运行特征	随着输送流量 Q_V 的增加，输送高度 H 降低		输送高度 H 与输送流量 Q_V 没有关系。输送流量 Q_V 与传动转速 n 成正比					随着输送流量的增加，输送高度降低
H-Q_V 特征曲线	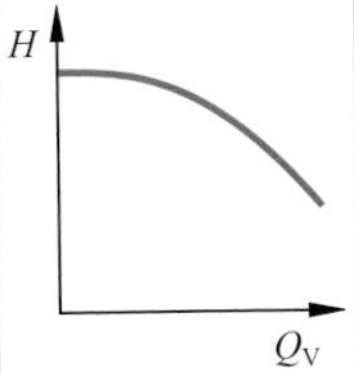	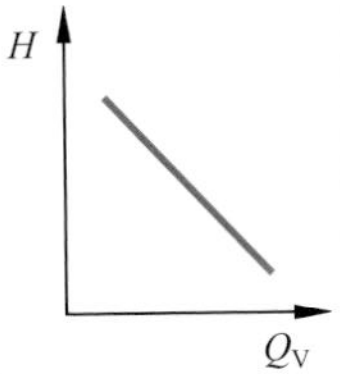	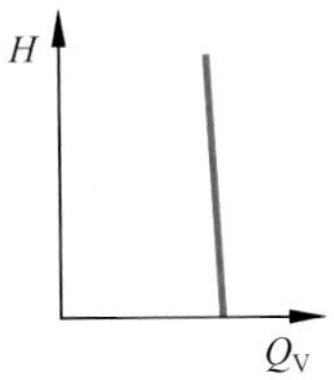	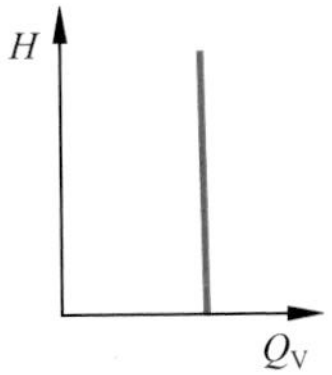	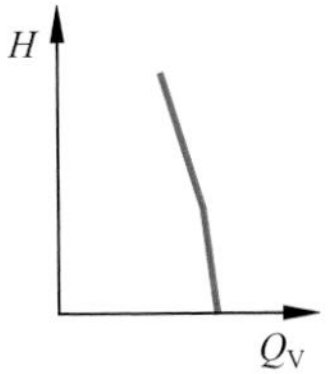	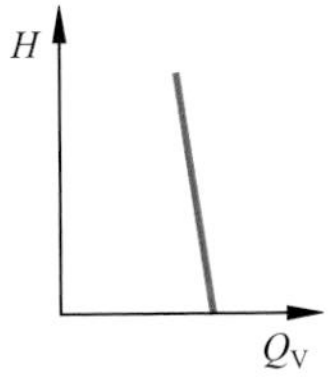	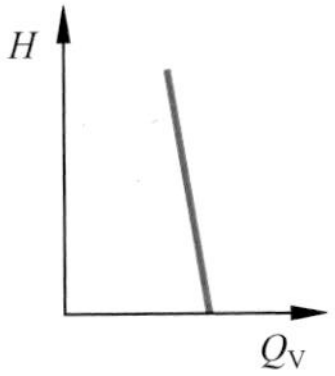	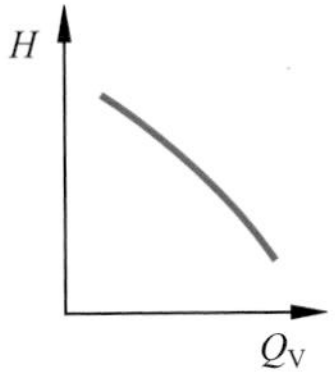
最大效率	50% ～ 90%	30% ～ 50%	60% ～ 95%	约 80%	约 80%	50% ～ 95%	50% ～ 70%	10% ～ 20%
优先应用范围	广泛适用于低黏度介质。广泛适用于大流量和高扬程的场合	较小输送流量和较高输送高度的自吸式泵。因为效率较低，所以使用受限	较小至中等输送流量以及至最高压力的泵。适合作为计量泵	输送腐蚀性、易燃和有毒的液体及悬浮液。适合作为计量泵	输送中到高黏性以及腐蚀性液体和悬浮液，也适用于敏感物质（食品）	适用于较小的输送流量和高压，也适用于高黏性液体。适合作为计量泵	输送泥状和糊状的介质。输送方向可转换	用于抽吸、抬起和混合液体及蒸汽。适合作为真空泵

4.10 液体的计量

计量过程在化学工程中具有重要应用，例如：加入反应混合物时，加入添加剂或者配制成品时。

由控制室中的调节器和设备中的阀门，粗略计量化学装置中的流量（第489页）。

在现场，通过配有特殊计量泵的设备进行精细计量。

计量装置基本由四个单独的元件组成（**图 1-127**）：

- 泵（输送元件）
- 用于输送流量测量的设备
- 执行器（调节阀）
- 调节器（它将额定值与测量值进行比较，必要时调整阀门或者泵的电动机）

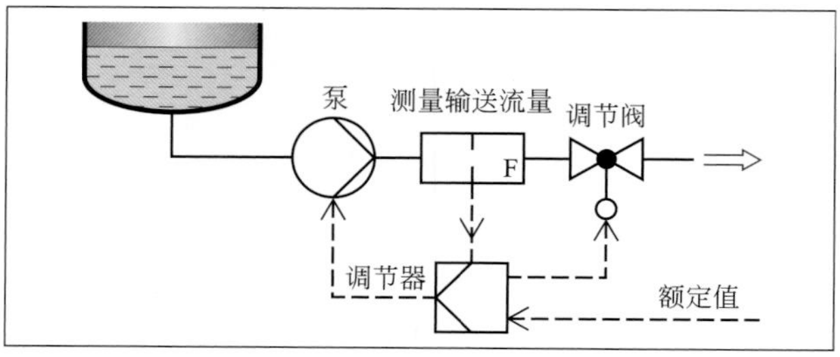

图 1-127：计量装置的元件

在计量泵系统中，泵的四个单独功能组合在一起。因此，计量泵主要用于不受中央控制的化工设备或者独立的小型设备。

由于绝对的密封性，经常使用的计量泵是活塞式隔膜泵（**图 1-128**）。它由电动机（驱动器）、变速箱以及有柱塞的泵头和有隔膜的泵室组成。

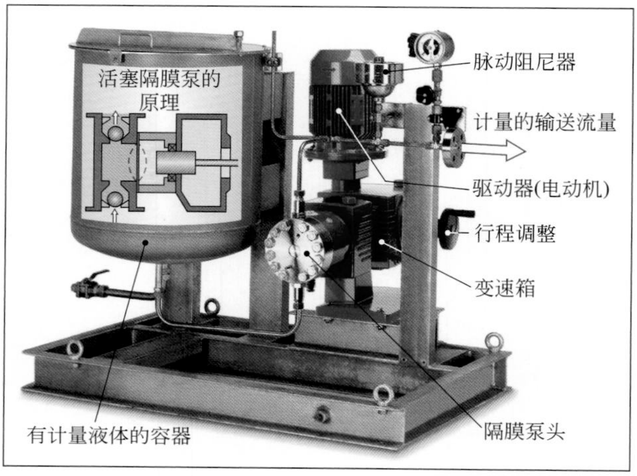

图 1-128：活塞隔膜计量泵设备

隔膜泵具有几乎垂直的 p-Q_V 特征曲线（**图 1-129**，左侧）。输送流量 Q_V 是恒定的，设置的泵压力 p_{max} 也是恒定的。由于膜的弹性引起特征曲线的轻微倾斜。

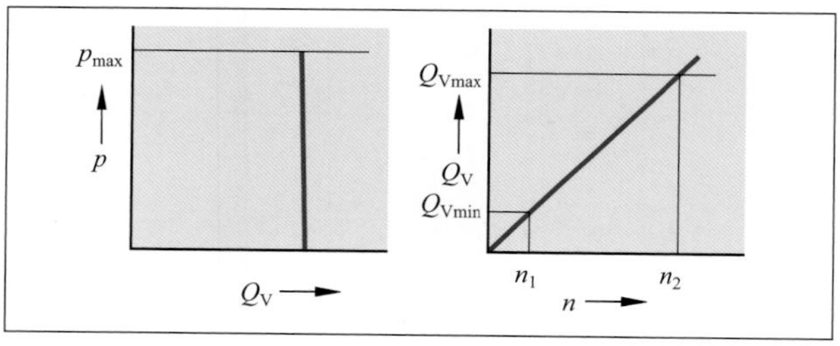

图 1-129：计量隔膜泵的特征曲线

在泵活塞的每次行程中，输送等份的液体，在恒定的驱动转速下，这会产生脉动。

输送流量 Q_V 与驱动转速成正比（图 1-129，右侧）。因此，可以通过很大范围内的转速（Q_{Vmin} ～ Q_{Vmax}）调节输送流量。

输送流量也与活塞的行程长度成正比。因此，也可以通过行程长度调节隔膜计量泵的输送流量。

隔膜计量泵的计量精度为输送流量额定值的 ±0.5%。

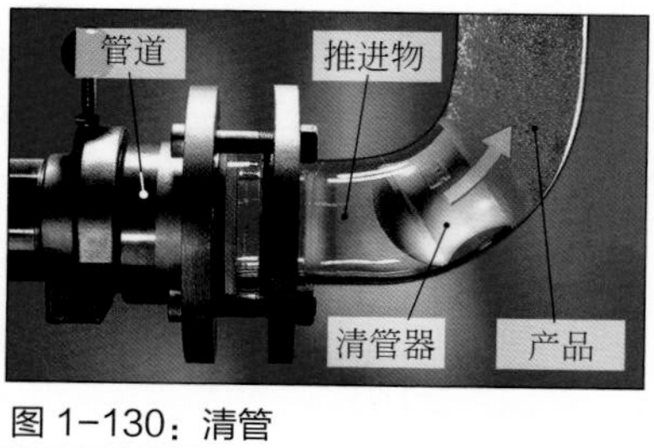

图 1-130：清管

4.11 清管器的计量和清洁

清管（pigging）通常是指液体从具有清管器的管道中流出（**图 1-130**）。清管器是一个可以在管道中移动和密封的塑料或者金属塞。清管器在设备中的重要应用是通过清管控制设备的计量和填充液体，以及清洁管路（关于清洁的详细信息，参见第 118 页）。

通过清管器计量和填充

有不同结构类型的位移清管器（**图 1-131**）。最常见的是不同结构类型的唇式清管器和密封边清管器，由弹性塑料制成，例如：聚氨酯或者 PTFE。

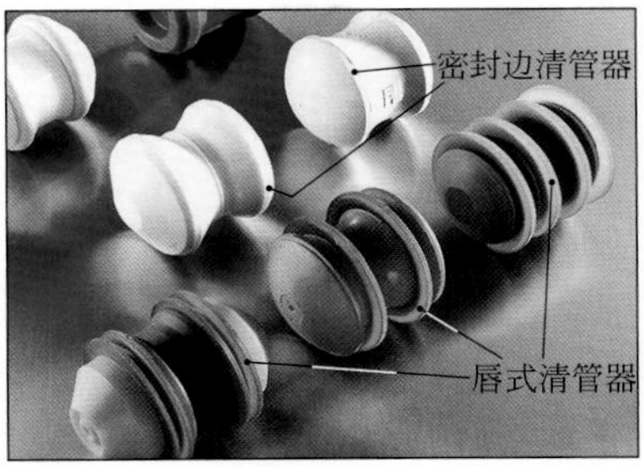

图 1-131：位移清管

通过产品流或者一个推进物（例如：水、溶剂或者空气）将清管器压入管道中。它定位在管道中，从而将产品流输送至所需的位置。

填充完成后，通过清管器将管道中的残余产物从管道中移出，从而清洁管道。然后可以用同一管道输送其他产品。

通过一个或者多个清管器，有针对性地封闭或者打开管道来实现加料和填充，以及传导和计量液体流。这样，可以通过清管器填充、计量和混合部分液体。为了完成这项工作，需要一个特殊的清管器控制填充设备。

图 1-132 显示了一个简单的**清管管道系统**，通过一个共用的清管器填充来自存储容器的两个产品。

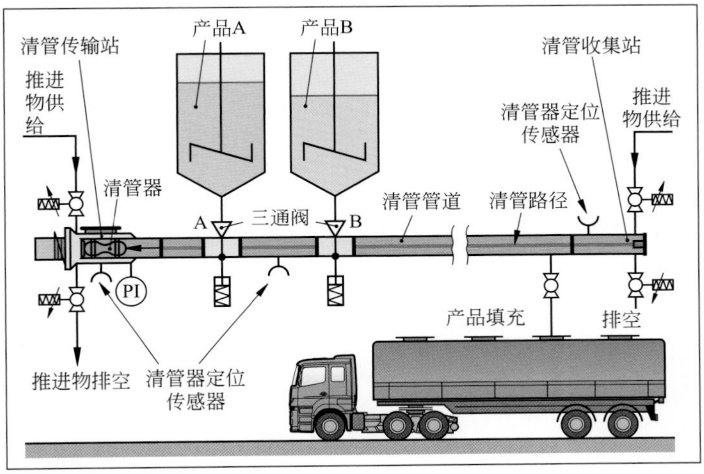

图 1-132：清管控制的单线路填充设备的流程图

清管管道的一端是传输站，另一端是收集站。可以通过推进物，在两个工作站之间的多个位置设置清管器定位传感器。这样，可以选择性地填充产品 A 和 B，并且在此期间清洁管道。

作用方式：填充产品 B 时，通过推进物将清管器放置在两个三通阀 A 和 B 之间，并且用锁定销固定。打开产品阀门 B，通过清管管道将产品 B 填充到罐车。

填充结束后，关闭产品阀门 B，并且将有推进物的清管推入收集站中，此时清空和清洁清管管道。然后通过推进物将清管反推至传输站中，再次清洁管道。移动的推进物被排放至排出管中。

关闭至 B 罐的产品阀门 B 后，打开产品阀门 A，并且通过清管管道将产品 A 装入罐车。填充产品 A 后，如上所述，通过清管器再清空和清洁管道。然后，可以再次填充产品 B。

双清管器系统：为了实现清管过程中特别有效地清洁管道，可以使用两个前后布置的清管器。在两个清管器之间的空间中，放入清洁液，冲洗管道。这样将后续产品的相互污染度限制在 0.5% 以下。

计量和填充黏性或者硬化产品时，例如：树脂、化妆品膏和液体食物（如液体酸奶和调味汁），通过定期清洁清管，可以避免长管道中的沉积物和堵塞，以及较低的产品流量。

清管管道配备有特殊的装置和阀门（**图 1-133**）。

在清管传输站中使用清管器，并将其与推进物一起送入清管管道中。在清管收集站固定清管，并且通过清管器可以关闭或者放行产品。在工作站中，送入并且推出推进物。调节阀门、弯管和支管是常见的清管结构。

如果混合不同比例的成分，或者从多种成分中生产多种类型的产品时，优选使用清管器控制的填充和计量设备。

通过清管器控制设备进行填充和计量的优点是，不同类型的产品可以使用一台设备。

清管器控制的管道系统可用于填充和计量颜料、药物和化妆品原料，特色化学品和液体食品等。

由于有多个部件和多个填充位置，清管器控制的填充计量设备非常复杂（**图 1-134** 和**图 1-135**）。

只能通过全自动控制装置来控制设备的清管工作站、泵和阀门（第 534 页）。

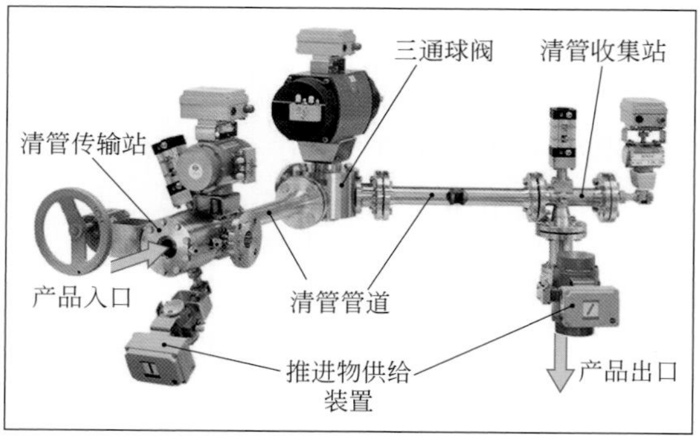

图 1-133：带阀门的清管管道

图 1-134：颜料的清管器控制填充设备

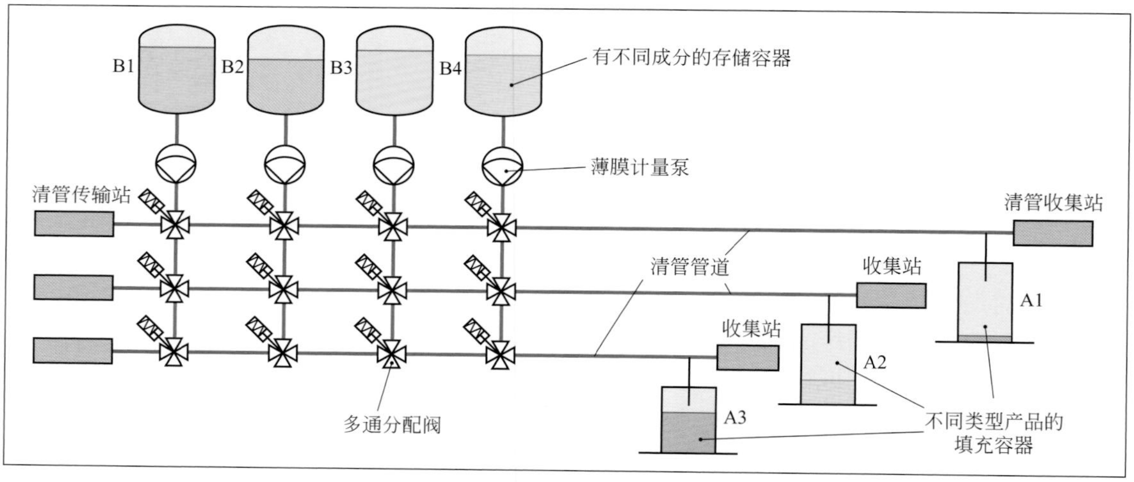

图 1-135：清管控制的乳胶漆 3 路混合设备的流程图

复习题

1. 隔膜泵与活塞泵相比有什么优势？
2. 在活塞泵中，输送流量 Q_V 与泵压力 p 之间的关系是什么？
3. 齿轮泵或者螺杆泵的应用范围是什么？
4. 请解释喷射泵的原理。
5. 在隔膜计量泵中，有哪些方法可以调节输送流量？
6. 请在图 1-135 中，通过流程路径、清管和阀门位置，说明如何从 B1 和 B4 取出物料，并且填充至 A3 容器中。

5 气体输送和压缩

一般通过压力差在化工设备的管道中输送气体。根据压力差的大小以及压力差是否高于或者低于大气压力，又区分为不同的输送类型和输送设备（**图 1-136**）。

- 通过低压抽吸（真空）进行输送
  在这种情况下，在真空泵的进口管处产生低压，可通过大气压力等将气体从一个空间中压出，并输送至另一个空间中。
- 通过鼓风机进行输送
  用于产生很大的气流使空间清空或者通风。压力差相对较小，并且略高于大气压。
- 通过超压进行输送
  压力差很大，并且以很高的速度将气体输送到设备的所需位置。一般用鼓风机和压缩机产生超压。

由于气体密度低，在实际情况下，化工设备中的高度差以及管道中的摩擦阻力通常忽略不计。

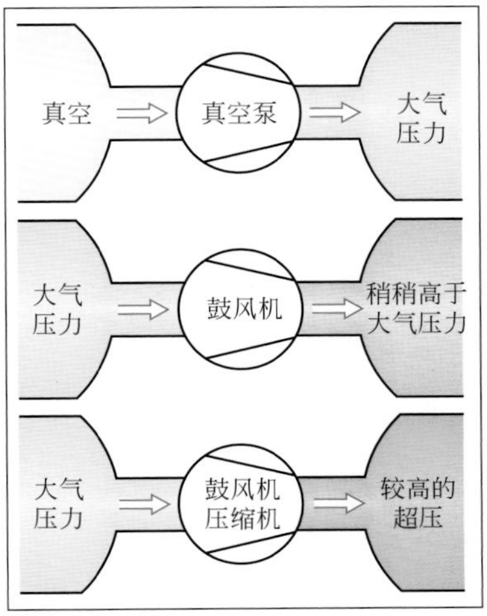

图 1-136：气体的输送方法

5.1 气体的物态变化规律

虽然液体在最高 1000bar 的压力下几乎不可压缩，但是气体可以根据压力改变其体积。温度变化也会导致气体有明显的体积变化。

用三个可变的状态参数**体积 *V***、**压力 *p*** 和**温度 *T*** 描述质量为 *m* 的气体的物理状态（**图 1-137**）。

如果气体的某个状态参数发生变化，则其他状态参数也会改变。

减小体积时，例如通过压缩气体部分，压力变大并且温度升高。压缩时，部分压缩功转换成热能，气体温度升高。通过旁边的**气体状态方程**，描述气体状态变化的定律。

在该等式中，p 是压力，V 是体积，m 是质量，M 是摩尔质量，R 是摩尔气体常数 $R = 8.314\text{J/(mol}\cdot\text{K)}$，$T$ 表示温度，单位：K。

该状态方程描述了单原子和双原子气体（例如：氦气、氩气、氢气、氮气、氧气）在最高约 20bar 的压力下的状态变化（偏差小于 1%）。大致符合上述状态方程要求的气体被称为**理想气体**。

例如二氧化碳 CO_2、甲烷 CH_4、氨 NH_3 等多原子气体和压力高于 20bar 的单原子或者双原子气体的特征与状态等式不同。这被称为**实际气体**的特征。

在实际气体的状态方程中（见右侧），通过一个实际气体系数 k 体现偏差。

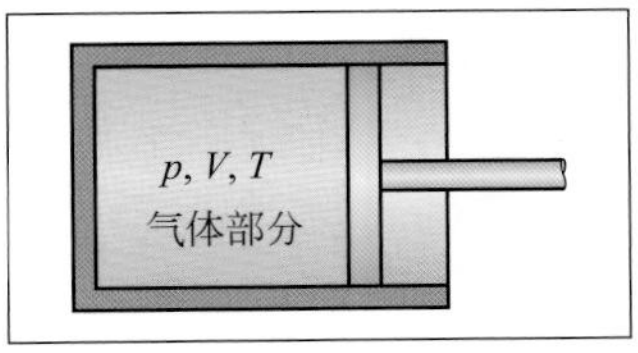

图 1-137：气体的状态参数

理想气体的状态方程

$$pV = \frac{m}{M} RT$$

实际气体的状态方程

$$pV = k\frac{m}{M} RT$$

如果保持状态参数恒定，并且观察其他两个状态变量之间的关系，则可以更容易地识别气体状态的变化。

在恒定的状态参数下描述状态变化：

- 温度恒定（T = 恒定） ⟶ **等温**状态变化
- 压力恒定（p = 恒定） ⟶ **等压**状态变化
- 体积恒定（V = 恒定） ⟶ **等容**状态变化

在该领域中，两个其他状态变化具有重要的意义：

- 与环境没有热交换（ΔQ = 恒定） ⟶ **绝热**状态变化
- 有温度变化和热交换的实际状态变化 ⟶ **多方**状态变化

在**等温压缩**（T = 恒定）中，压缩时释放的所有热量都释放到环境中，因此气体的温度保持恒定。在旁边显示的简单关系式中，说明了气体的压力和体积的关系，它称为**波意耳 - 马略特定律**。

波意耳 - 马略特定律
$p_1V_1 = p_2V_2$ = 恒定

通常，在 p-V 图中显示状态变化，**图 1-138** 概述了气体状态变化的流程。它用来说明活塞压缩机中气体压缩时的状态变化。

在 p-V 图中给出了一条等温压缩曲线，称为**等温线**（图 1-138），它有双曲线的几何形状。

在气体的**等压状态变化**（p = 常数）中，体积随着温度的升高而线性增加：$V \sim T$。

相关体积和温度数值之比始终相同：**V/T = 常数**。

通过两个气体状态 1 和 2，得出旁边显示的**盖 - 吕萨克定律**。

盖 - 吕萨克定律
$\dfrac{V_1}{T_1} = \dfrac{V_2}{T_2}$ = 恒定

在 p-V 图（图 1-138）中，**等压线**是一个水平直线。

等容状态变化（V = 常数）说明了压力和温度之间的比例关系：$p \sim T$。p/T 总是相同的：p/T = **常数**。

通过两个状态 1 和 2，得出旁边显示的**阿蒙顿定律**。

阿蒙顿定律
$\dfrac{p_1}{T_1} = \dfrac{p_2}{T_2}$ = 恒定

在 p-V 图中，**等容线**是一条垂直直线（**图 1-138**）。

在**绝热压缩**（$\Delta Q = 0$）中，压缩过程产生的所有热量都由于隔热而得以保留，大大提高了气体的温度。

绝热状态变化的曲线，即**绝热线**，在与等温线交叉点上方的 p-V 图中更快速地上升，并且在交叉点的下方更急剧地下降（图 1-138）。

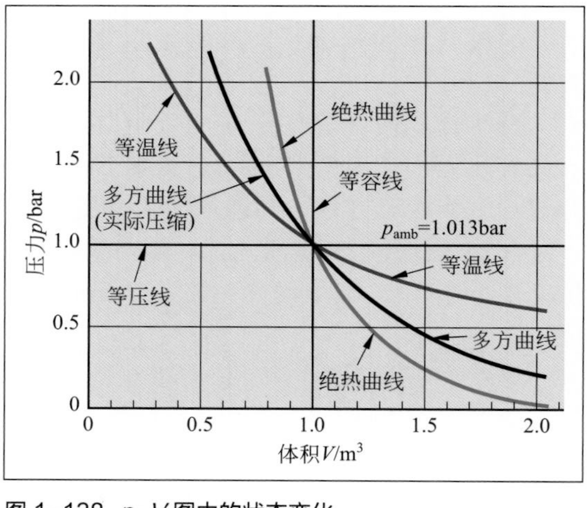

图 1-138：p-V 图中的状态变化

实际压缩过程，也称为**多方压缩**，位于总散热（等温线）和总隔热（绝热曲线）这两个极限情况之间。在 p-V 图中，**多方曲线**位于等温线和绝热曲线之间。

5.2 气体压缩时的过程

在压缩机中压缩气体至高压时，气体会剧烈升温。压缩机变热，因此必须进行冷却。

压缩机中达到一定压力时，如果气体低于某一温度，则气体可能液化（冷凝）。这对于气体输送是非常不利的，可能在压缩机和管道中发生液体冲击。

可能发生气体液化的温度称为**临界温度** $\boldsymbol{\Theta}$。如果在临界温度下超过某个压力（称为**临界压力** $\boldsymbol{\pi}$），则开始液化。每种气体都有其临界温度和临界压力（**表 1-9**）。

如果要避免压缩过程中的气体冷凝，则必须在气体临界温度以上压缩。这样即使在高压缩下也不会发生液化。

表 1-9：不同气体的临界温度 T 和临界压力 p

气体	化学符号	T/℃	p/bar
氨气	NH_3	132.1	112.6
丙烷	C_3H_8	96.9	40.6
二氧化碳	CO_2	31.0	72.3
氧气	O_2	–118.8	49.8
空气	N_2、O_2、惰性气体的混合物	–140.7	37.7
氮气	N_2	–147.1	33.9
氢气	H_2	–239.9	12.8

$$3H_2 + N_2 \xrightarrow[450℃]{300\text{bar}} 2NH_3$$

举例：

– 压缩空气时，如果温度高于 –140.7℃，就不会发生液化。
– 压缩二氧化碳 CO_2 时，如果压力超过 72.3bar，则在低于 31.0℃的温度下凝华。这时产生雪状的二氧化碳，通常称为干冰。

压缩气体的应用

将气体压缩至高压可作为**输送气体**。

利用储存在压缩空气中的能量驱动设备元件，例如：用于阀门（第 180 页）操作的气动执行器和气动工具。

在化工厂中，工艺气体的压缩尤为重要。这些气体大部分被压缩到极高的压力，是高压化学反应中的起始物质，例如：**合成氨**（见右上图）反应中的氢气和氮气。

使气体压缩并液化也是**获取纯气体**的基础，例如从空气中分离氧气、氮气和惰性气体。

在制冷机（第 330 页）中，压缩和液化气体（例如氨气）是产生低温的工作介质。

5.3 气体输送机和压缩机

气体输送机是产生低压或者超压的设备，它的特征数据是输送流量 Q_V 和产生的压力。

根据产生的压力大小对输送机进行分类：

- 压缩机，也称为**压气机**，可提供 3 ～ 1000bar 或者更高的压力。
- 鼓风机，产生 1.3 ～ 3bar 的压力。
- 风扇，也称为通风装置，可产生 1 ～ 1.3bar 的压力。
- 真空泵，产生低压。

压缩机的结构类型

压缩机有不同的结构类型和作用方式。

根据**位移原理**工作的压缩机是**活塞式压缩机和旋转活塞压缩机**，通过封闭部分气体并减小气体的空间来进行压缩。

根据**动态原理**工作的压缩机称为**涡轮压缩机**，气体在叶轮中被强烈加速，并且通过在下游扩散器中的制动而被压缩。

5.4 活塞式压缩机

活塞式压缩机（reciprocating piston compressor），通常称为往复式压缩机，用于产生高压和超高压。其基本技术结构如**图 1-139** 所示。

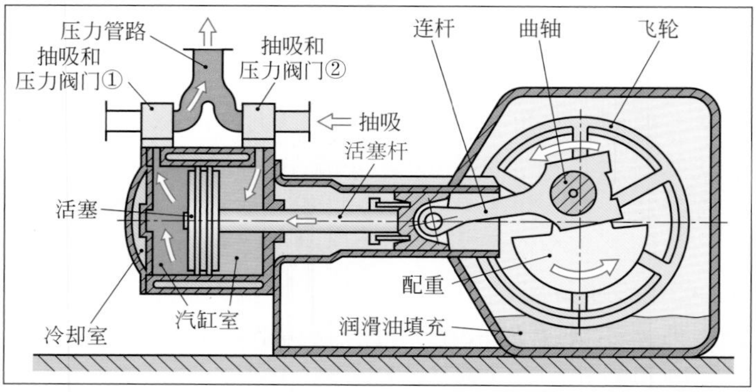

图 1-139：双作用往复式压缩机（水平结构类型）

活塞式压缩机配有带自动排气阀和进气阀的汽缸，活塞在该汽缸中往复运动。通过曲轴、连杆和活塞杆以及电动机共同驱动。

通过前导活塞，气体在缩小的汽缸室中被压缩至左侧。

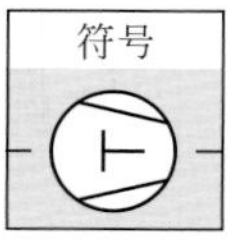

超过设定压力时，压力阀门打开，气体压入压力管路中。同时，活塞右侧的汽缸室增大。这里产生低压，通过吸入阀吸入新鲜空气。活塞返回时，压缩吸入的新鲜空气并且将其压入右侧压力管路中，同时在活塞左侧吸入。

压缩机的曲轴旋转半周时，活塞完成一次吸入和压缩，活塞的每侧都抽吸然后压缩一次，曲轴旋转一周则完成两次吸入和压缩。这就是往复式压缩机被称为双作用压缩机的原因。

由于压缩时强烈加热气体，必须用冷却水冷却往复式压缩机的壳体。

通过**图 1-140** 中的图示，可以解释往复式压缩机的**作用方式**和汽缸中的压力变换。

在图的下半部分中，显示了活塞的典型位置，在图的上半部分中，通过 p-V 图（指示图）显示了活塞位置的瞬时压力和气缸封闭气体的体积。

开始工作过程前，活塞处于左侧末端位置，即左止点（位置①）。它没有完全接近左缸壁，活塞和气缸盖之间的剩余体积，称为有损空间 V_S，填充有前一个活塞行程的压缩气体（p-V 图中的 d 点）。

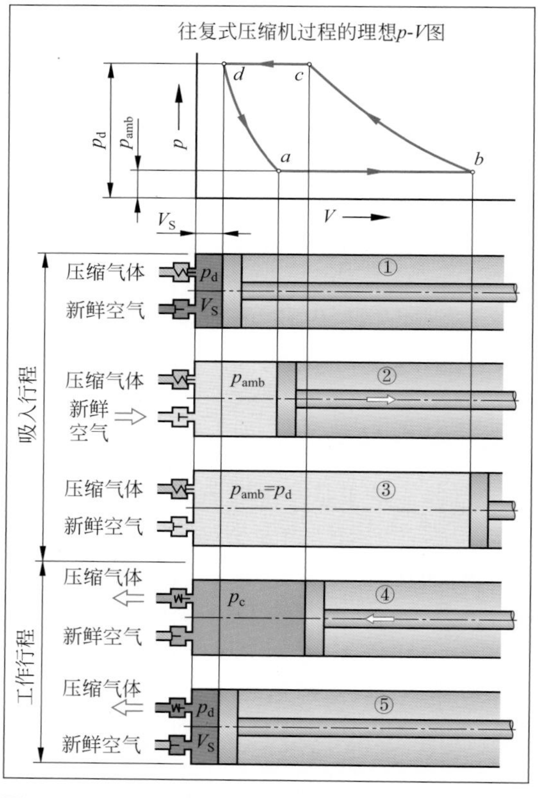

图 1-140：往复式压缩机中的过程

如果活塞向右移动，则压力 p_d 下的气体在有损空间 V_S 中多方膨胀，直至达到大气压力 p_{amb}（p-V 图中的位置②，点 a）。现在，打开新鲜空气阀门，等压吸入新鲜空气，直到活塞到达右侧的末端位置。活塞的末端位置称为右止点（p-V 图中的位置③，b 点）。

活塞返回时，新鲜空气阀门关闭，气体被多向压缩（p-V 图中的距离 b-c）。在位置④（c 点）中，达到气缸中的所需压力 p_d。压缩空气阀门打开，压力 p_d 下的气体等压压入压力管路中。在位置⑤（d 点）中，达到活塞的反转点，压缩气体阀门关闭。残留在有损空间中的压缩空气再次膨胀，再次开始压缩过程。

在压缩循环中，吸入的新鲜空气的压力压缩至原来的 4 ～ 6 倍。压缩气体和新鲜空气的压力之比称为压缩比 p_2/p_1，所以每个压力阶段的压缩比为 4 ～ 6。

多级压缩

如果需要达到更高的压力，则必须将多个压缩机先后连在一起。在压缩机之间，气体经过冷却器，在冷却器中冷却至初始温度。

例： 四级压缩机的各级压力变化（**图 1-141**）。

每个压力级的平均压缩比是 $p_2/p_1 = 4$，即每个压力级之间的压力乘以倍增系数 4。

第 1 级：新鲜空气 1bar ⟶ 4bar

第 2 级： 4bar ⟶ 16bar

第 3 级： 16bar ⟶ 64bar

第 4 级： 64bar ⟶ 256bar 的压缩空气

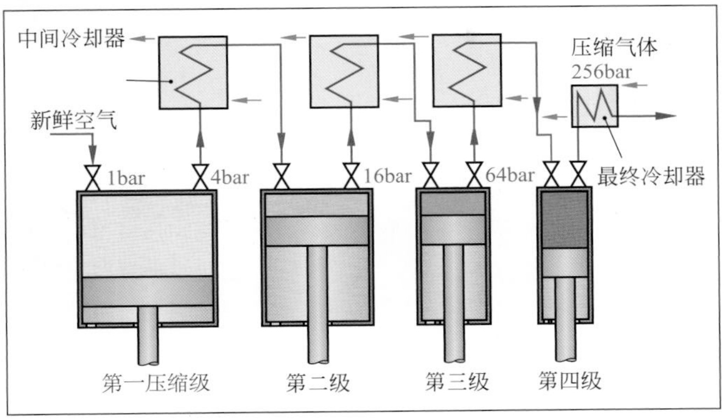

图 1-141：四级压缩

由于压缩气体的体积随着压力级和压力的增加而减小，汽缸的直径随着压力级的增加而变小。

如图 1-141 所示，多级压缩机可以设计为并排结构或者 V 形结构。

使用阶梯式活塞也可以实现两级压缩（**图 1-142**）。大型低压汽缸中的预压缩气体在中间冷却后流入较小的高压汽缸中，在这里压缩至最终压力。

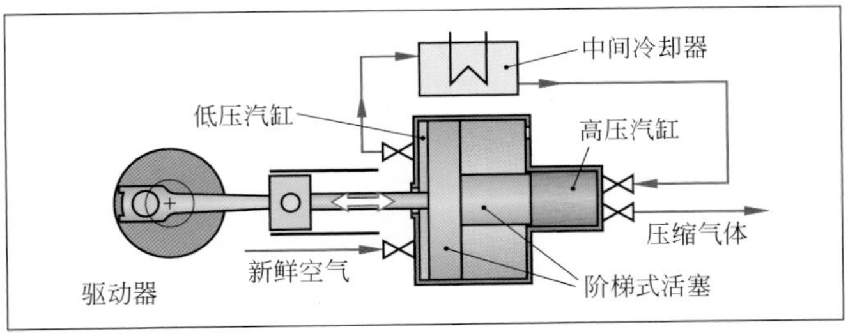

图 1-142：两级活塞式压缩机

往复式压缩设备

从往复式压缩机（第 68 页，图 1-139）中流出一个脉动的、被冷凝水和润滑油残留物污染的热气流。为了提供这种气流，压缩机设备应拥有许多辅助设备。

图 1-143 显示了一个两级压缩机设备的气流流程图。在一个过滤器中清洁吸入的新鲜空

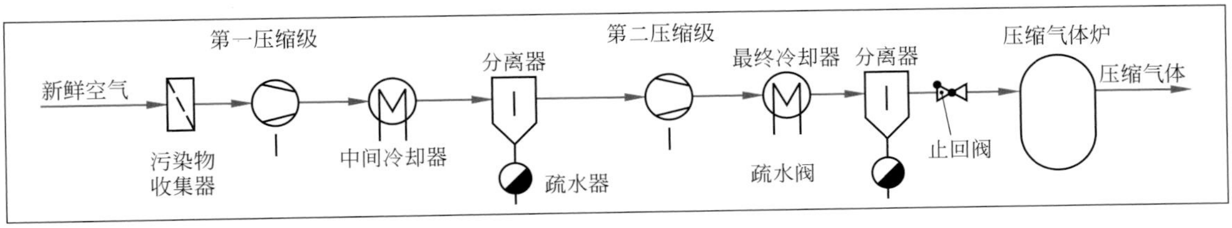

图 1-143：压缩机设备中的气流流程图

气，然后先后进入压缩机的两个压缩级中。压缩气体被冷却并且从压力管路中排出积聚的冷凝物。然后，压缩气体流入一个压缩空气炉中，该压缩空气炉用作脉动气流的缓冲器，同时是压缩气体贮存器。压缩机处于静止状态时，止回阀可防止压缩气体回流。

图 1-144 显示了一个两级压缩机设备。由于释放的噪声，将往复式压缩机放置在一个单独的空间中或者通过一个隔声罩遮挡。

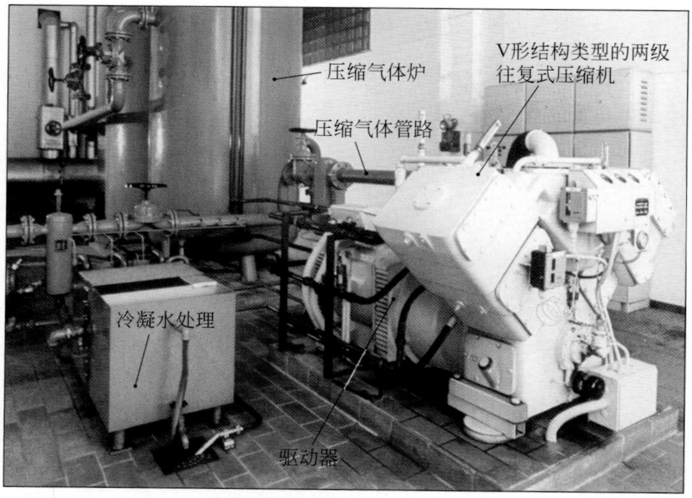

图 1-144：两级往复式压缩机的设备

5.5 旋转活塞式压缩机

旋转活塞式压缩机（rotary piston compressor）通过一个或者多个旋转移位体输送和压缩气体。由于没有往复式组件和阀门，结构类型简单并且紧凑。这种结构类型有螺杆压缩机和旋转单元压缩机。

螺杆压缩机

螺杆压缩机（screw compressor）有两个倾斜啮合的螺杆转子，它们在一个紧密封闭的壳体中一起旋转（**图 1-145** 和 **图 1-146**）。从动主转子有四个凸起的螺旋齿，从动件通过齿轮传动六个螺杆齿隙。

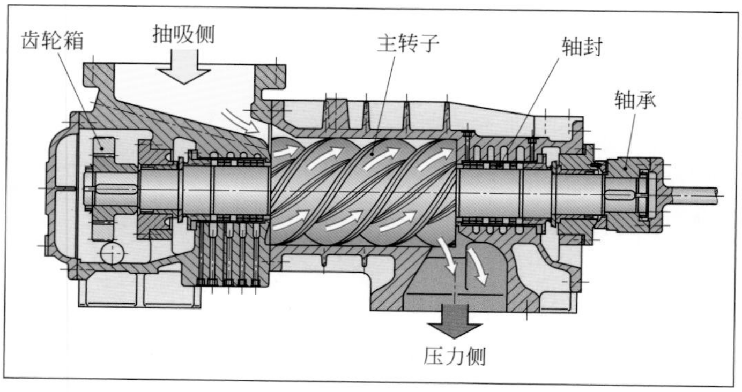

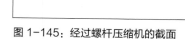

图 1-145：经过螺杆压缩机的截面

由于转子的旋转，在抽吸侧，主转子和从动转子螺杆齿间隙填充有待压缩的气体。继续旋转时，主转子的螺旋齿进入通过气体填充的配合螺杆齿隙中，在这里压缩封闭的气体并且将其输送到压力侧，然后压入压力管路中。单级螺杆压缩机的压缩比 p_2/p_1 约为4。

螺杆压缩机比往复式压缩机产生的噪声更小。

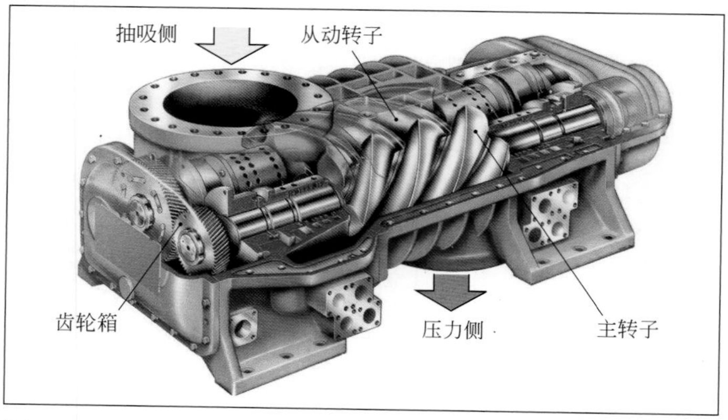

图 1-146：螺杆压缩机

旋叶式压缩机

旋叶式压缩机（rotary vane com pressor），也称为旋转单元压缩机，拥有一个偏心地布置在壳体中的旋转活塞。在其周围有槽，内嵌可移动密封条（**图 1-147**）。活塞旋转时，密封条被离心力压到壳体壁上，形成相互密封的单元。如果活塞旋转，则从进气口开始，两个密封条之间的单元容积减小（从 V_1 至 V_4），从而压缩所包围的气体。在压力侧排出气体。

单级旋叶式压缩机的压缩比为 3 ～ 5，用于较小的气体流量输送。

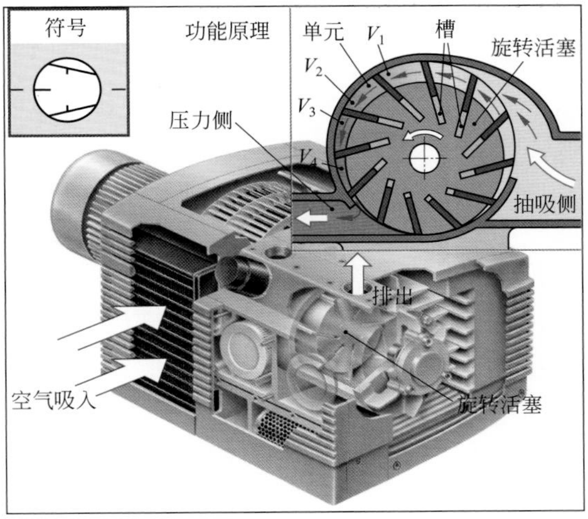

图 1-147：旋叶式压缩机

5.6 涡轮压缩机

涡轮压缩机（turbo compressor）也称为离心式压缩机，其工作原理与离心泵的动态原理相同，即通过将动能转换为静压能来产生静压（参见第 44 页）。它拥有高转速旋转的叶轮。根据叶轮的类型，分为离心式压缩机和轴流式压缩机。

有径向叶轮的涡轮压缩机适用于中等气体流量输送。其中在叶轮入口处获取气体，并且通过喷嘴类型的狭窄叶片空间中的离心力径向加速（**图 1-148**）。在叶轮周围，气体高速离开叶轮间隙并且流入膨胀的径向扩散器中，然后进入螺旋收集管中。在收集管中气体转向，并且剧烈减速，释放的动能转换为静压能，从而强烈地增加静压。压缩气流通过压力管接头离开压缩机。

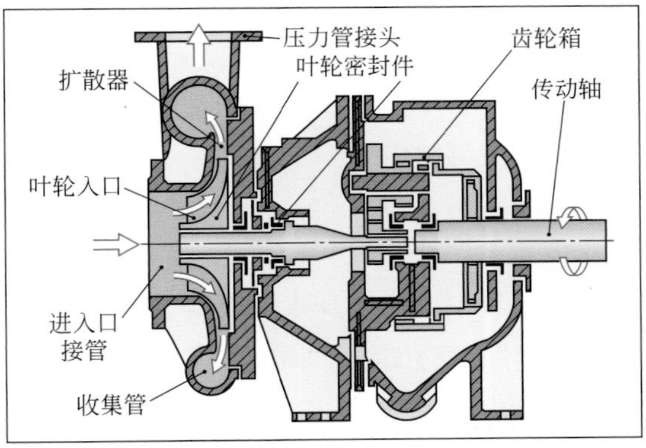

图 1-148：单级径向离心压缩机

单级离心式涡轮压缩机的压缩比 p_2/p_1 为 1.3 ～ 3，可提供均匀、无油的压缩气体流量。

通过在传动轴上连续地布置多个叶轮，也可以产生中等和非常高的压力。这里，经中间冷却后，通过一个收集管将第一叶轮中压缩的气体导入第二个叶轮中，然后进入第三个叶轮，以此类推。四级径向涡轮压缩机（**图 1-149**）有一个 8 ～ 10bar 的最终压力。在化工厂中，涡轮压缩机被用于压缩工艺气体等。

图 1-149：四级径向涡轮压缩机（壳体盖打开）

有轴向叶轮的涡轮压缩机可提供较大体积流量和中等压力，可用于天然气液化设备等。

5.7 鼓风机

鼓风机产生的输送压力为 1.3 ～ 3bar。鼓风机主要用于中等至小距离或者短管道和设备管线中的空气或者气体输送。

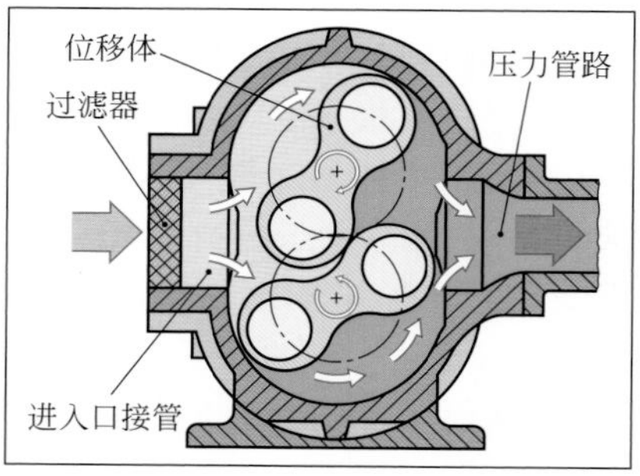
位移体
过滤器
压力管路
进入口接管

图 1-150：旋转活塞鼓风机（罗茨鼓风机）

用于少量至中等数量气体的鼓风机（blower, fan）有旋转活塞鼓风机和侧通道鼓风机。输送大量的气体时，通常使用涡轮鼓风机。

旋转活塞鼓风机（旋转活塞式压缩机）

符号

旋转活塞鼓风机，也称为罗茨鼓风机（roots blower），有两个旋转转子，其横截面的形状类似数字 8（**图 1-150**），它们沿着相反方向旋转而不相互接触，并且一侧密封至壳体壁上，另一侧通过第二个转子密封。在每个旋转位置中，压力侧通过转子与吸入侧隔离。当转子旋转时，气体被吸入侧封闭，在半圆形路径上加速并且喷射至压力管路中。从抽吸侧至压力侧时，封闭的气体体积不会减小，也不会压缩。通过制动压力管接头中的快速流动的气流，压缩至约 2bar。

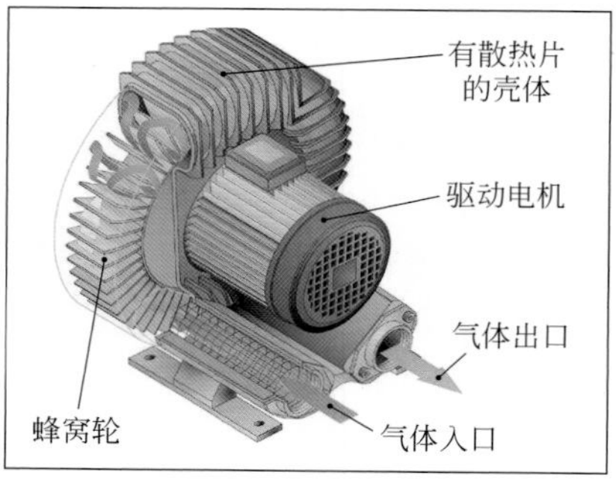
有散热片
的壳体
驱动电机
气体出口
蜂窝轮
气体入口

图 1-151：侧通道鼓风机

除了所示的旋转活塞鼓风机（罗茨鼓风机）之外，还有其他配备不同叶轮形状的鼓风机。

侧通道鼓风机

侧通道鼓风机（side channel fan）的工作原理与侧通道泵相同（第 49 页）。从一侧吸入气体，通过旋转的蜂窝轮加速并且推入泵的另一侧（**图 1-151**）。

出口
入口

图 1-152：径向涡轮鼓风机

径向涡轮鼓风机

针对中等输送压力下的较大气流，使用径向涡轮鼓风机（**图 1-152**）。其内部结构与单级径向涡轮压缩机的内部结构相同（第 71 页，图 1-148），同样也按照动态原理工作。

有轴向齿轮的轴流叶轮涡轮鼓风机（第 45 页，图 1-88）在低输送压力下输送大量气体，拥有多个先后排列的轴向叶轮。

5.8 通风机

通风机（fan blower）优先用于输送空气，例如用于工作室或者工厂建筑物的通风，抽吸气体或者含尘空气，反应容器的通风以及冷却塔的供给等。

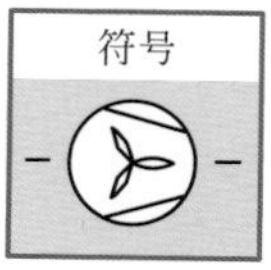
符号

通风机适用于在大气压力的空间中输送空气。其产生的输送压力从大约 10mbar（1000Pa）至最大 300mbar。

通风机有一个旋转叶轮，并且按照动力学原理工作。在叶轮中加速空气，通过在管路系统中制动产生输送压力。根据不同的叶轮，分为离心式通风机和轴流式通风机。

离心式通风机

离心式通风机，也称为径向通风机，其基本结构与径向涡轮鼓风机相同（第 72 页），有一个配备径向叶片的叶轮，其叶片可以是直的，或者按照运行方向或运行的反方向弯曲。在进气口吸入被污染的空气，由叶轮径向加速，在螺旋状的收集壳体中减速，再压入排气管道中（**图 1-153**）。排气管中产生的压力在低压离心式通风机中最高为 1000Pa，在中压通风机中最高为 1000 ～ 4000Pa，在高压通风机中最高为 4000 ～ 30000Pa。

如果需要吸入较大的气流，并且之后必须通过多个装置挤压，则使用离心式通风机，例如用于燃烧发电厂烟气净化中的烟气分离器（第 568 页，图 15-30），矿山和垃圾焚烧厂的大型空气供应装置等。

图 1–153：化工厂的通风机

叶轮直径：1.80m
体积流量：200000m^3/h

轴流式通风机

轴流式通风机，也称为螺旋桨式通风机，通过其螺旋桨以大约 1000Pa 的输送压力输送最大 45m^3/s 的气流（**图 1-154**）。轴流式通风机有一个叶轮，叶轮由一个轮毂和流动方向上设置的螺旋桨通风机组成（第 45 页，图 1-88）。旋转时，在叶轮轴线方向上向空气施加一个脉冲。这样加速了至排放侧的空气。

小型轴流式通风机安装在每个电动机上（第 152 页，图 2-38），通过气流移走电动机继续产生的热量。壁挂式轴流通风机用于小型工厂建筑物通风。

大型轴流式通风机用于大型建筑群的气候控制中心（图 1-154）或者发电厂的冷却塔（第 346 页，图 8-60）。

在化工厂中，通风机也有防爆设计（第 129 页）。

图 1–154：大型空调控制中心的轴流式通风机

复习题

1. 什么是气体状态方程？
2. 不与环境进行热交换的气体状态变化叫作什么？
3. 等温压缩中压力和体积之间的关系是什么？
4. 气体低于临界温度时是什么意思？
5. 化工厂的气体压缩有哪些应用范围？
6. 压缩机分为哪几种结构类型？其各自的作用原理是什么？
7. 压缩机中的压缩比是什么？
8. 活塞式压缩机设备由哪些结构元件和附加装置组成？
9. 螺杆压缩机与活塞式压缩机相比有哪些优势？
10. 请说明旋转单元压缩机的工作原理。
11. 涡轮压缩机的结构和作用方式是什么？
12. 旋转式鼓风机如何工作？
13. 通风机有哪些用途？

6 产生负压（真空技术）

在该领域中，术语真空（vacuum）用于绝对压力远低于大气压（p_{amb}=1013mbar）的空间。

从大气压 p_{amb} 的角度来看，真空是低压占主导地位的空间（第 232 页）。

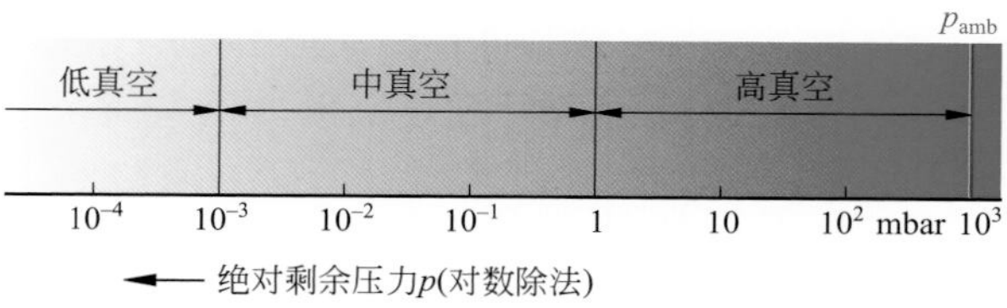

图 1-155：真空范围

在真空技术中分为三个真空范围（**图 1-155**）：

- **低真空**：绝对剩余压力为 1013mbar 至 1mbar。
- **中真空**：绝对剩余压力为 1mbar 至 10^{-3}mbar。
- **高真空**：绝对剩余压力为 10^{-3}mbar 至 10^{-6}mbar。

在化学工业中主要使用低真空和中真空。

真空泵用于产生真空。根据需要产生的真空要求不同，可使用不同的真空泵。

6.1 液环真空泵

液环真空泵（liquid ring vacuum pump）在圆柱形壳体中具有偏心安装的叶轮（**图 1-156**）。

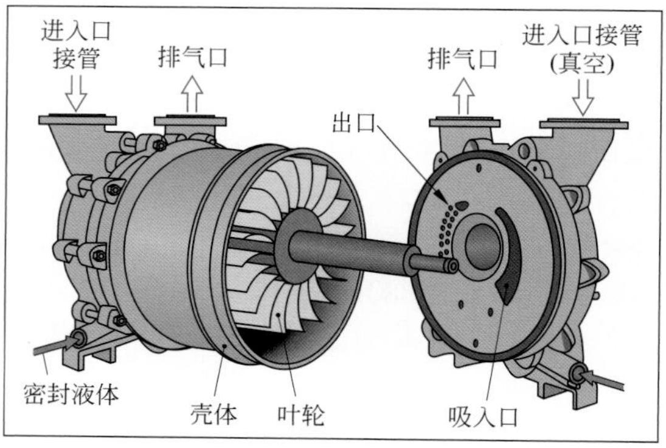

图 1-156：液环真空泵（已打开）

壳体的两个端壁都有一个新月形开口。一个开口与进入口接管连接在一起（真空端口），另一个开口与排气口连接在一起（**图 1-157**）。

泵静止时部分填充水。打开泵时，旋转的叶轮也会使水旋转，形成一个旋转的液环，在旋转中心有一个气室。液环将叶轮的间隙彼此分开。在真空侧旋转时，叶轮的每个叶片之间产生不断增加的单元间隙，并且在排出侧缩小单元间隙（图 1-157）。在增加的单元空间中产生低压，从进入口接管和相关的真空室中吸出气体。叶轮继续旋转时，单元间隙减小。由此产生的超压将气体压入排气口中。

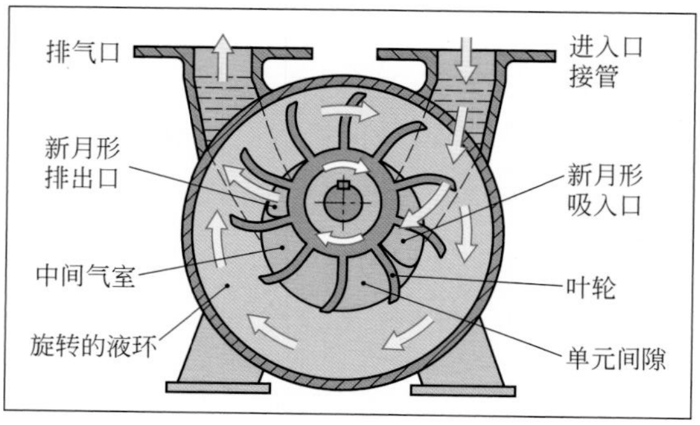

图 1-157：液环真空泵的内部结构和工作原理

该泵主要使用水作为密封液体，也称为水环真空泵。

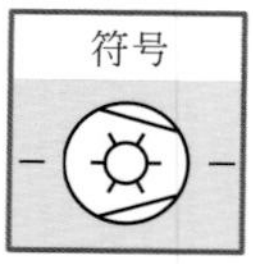

除用水作为密封液外，也可以使用适用于真空室中所用工艺的其他液体。

夹带的密封液体在分离器中分离并且返回泵中。若密封液体会大幅升温，可使其循环通过一个冷却器。

液环真空泵可实现约 40mbar 的最终真空，从而产生低真空。

6.2 推进剂真空泵

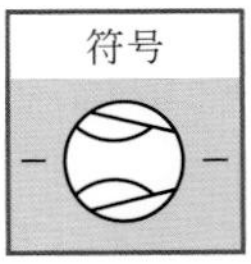

该泵也称为**喷射泵**，拥有一个有内部喷嘴的扩散管（**图 1-158**）。通过内部喷嘴挤压推进剂（空气、水、水蒸气），高速离开并且在扩散管中产生低压（说明：第 60 页），从真空室抽吸气体。

喷射泵没有移动部件，因此价格低廉，性能可靠并且使用寿命长。压缩空气用作推进剂时，可实现的真空约为 50mbar。

蒸汽喷射真空泵将水蒸气用作推进剂，在扩散管中混合抽吸的物料（空气、气体、蒸汽），然后在冷凝器中沉淀（**图 1-159**）。

通过单个蒸汽喷射真空泵，产生约 100mbar 的真空。由于单个真空泵产生的真空度通常不足，因此先后串联多个蒸汽喷射真空泵。如果允许待抽吸的物料与冷凝器冷却水混合，应使用混合冷凝器，或者使用管束冷凝器。

6.3 组合的喷射泵系统

通过将推进剂真空泵与液环真空泵组合在一起，可以结合这两种泵的优点。

例如将压缩空气驱动的喷射泵和水环真空泵进行组合，可以提高真空度（**图 1-160**）。从喷嘴中喷出的压缩空气流将空气从真空喷嘴中吸出。水环真空泵抽吸该气流，并且在其入口接管处产生约 50mbar 的预真空。总计在喷射泵的真空接管处产生约 5mbar 的最终真空。

通过两级蒸汽喷射真空泵和水环真空泵的组合，可以进一步提高真空度（**图 1-161**）。

两级蒸汽喷射真空泵从真空容器中抽吸工艺气体。动力水蒸气和真空工艺气体在两级混合冷凝器设备中沉淀，并且通过一个气压落水管进入废水池中。水环真空泵向冷凝器中提供预真空。在待抽真空的容器中，产生约 1mbar 的真空。

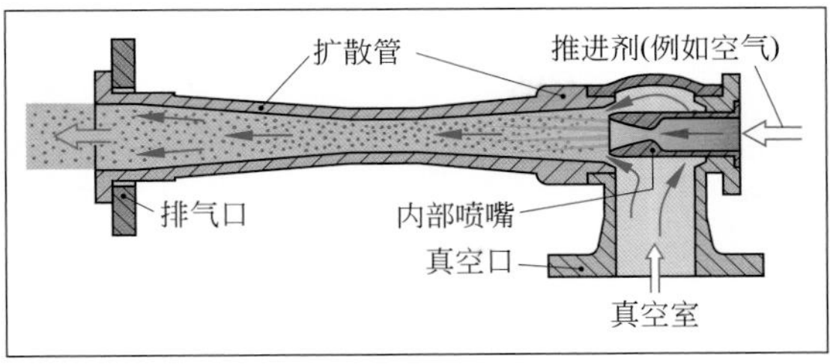

图 1-158：喷射泵的内部结构

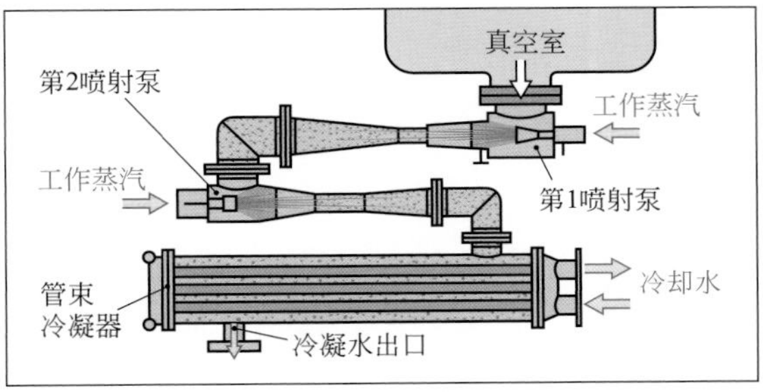

图 1-159：两级蒸汽喷射真空泵

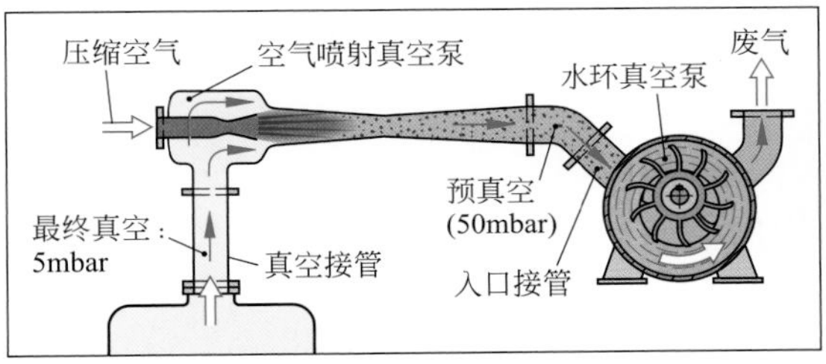

图 1-160：空气喷射真空泵和水环真空泵的组合

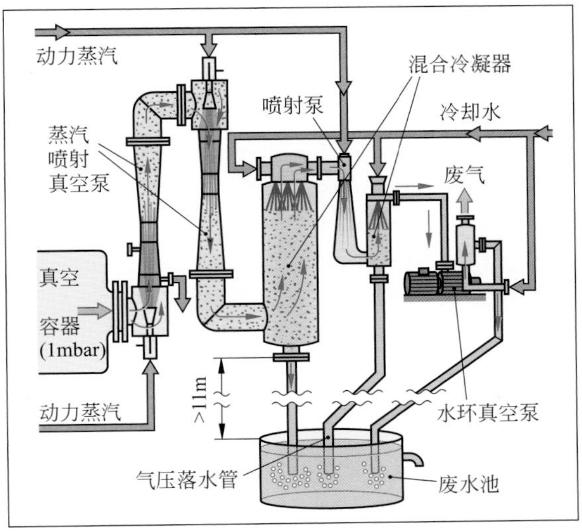

图 1-161：两级蒸汽喷射真空泵和水环真空泵的组合

6.4 旋转位移真空泵

旋转位移真空泵拥有旋转的位移体（转子），从待抽空的空间中抽出气体，通过转子移位气体，然后将其排出。其作用原理与相应的旋转位移压缩机相同（第 68 页及以下）。

旋片式真空泵

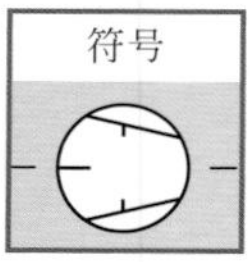

旋片式真空泵（rotary vane vacuum pumps）有一个转子及两个或三个嵌在槽中的可移动密封条（**图 1-162**）。转子在壳体中偏心地旋转，并且与密封条一起形成扩大和减小的镰状腔室。旋转时，待抽真空空间中的气体部分流入扩大的镰状腔室①，然后压缩②并且在压力侧从减小的镰状腔室中排出③。

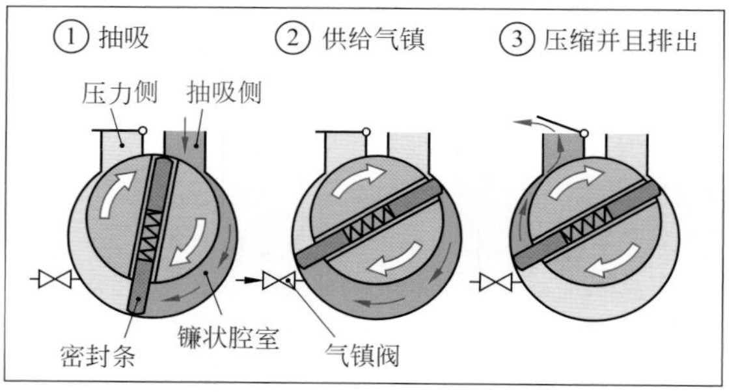

图 1-162：旋片式真空泵的原理

有润滑油的旋片式真空泵可实现 10^{-3} mbar 的真空剩余压力。

干式旋片式真空泵（无润滑油）可实现最大 100mbar 的真空剩余压力。如果需要无油真空，则使用该泵。

可通过抽吸能力 - 压力图（**图 1-163**）描述真空泵的**性能**。真空泵的抽吸能力与结构尺寸有关，真空剩余压力与泵的结构类型有关。

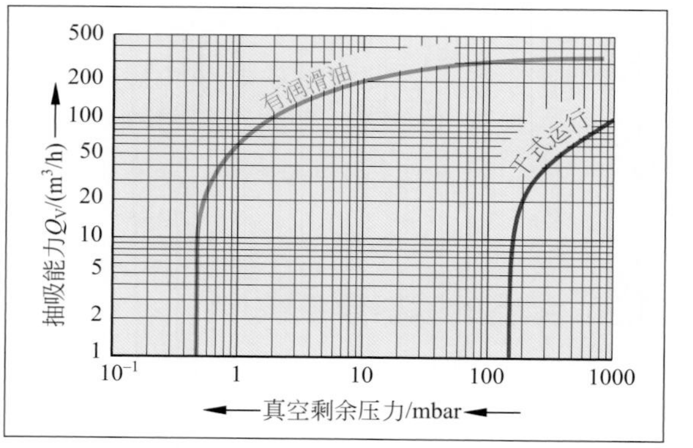

图 1-163：旋片式真空泵的性能

吸入蒸汽时，泵中的蒸汽可能会凝结。为了防止发生这种情况，旋片式真空泵有一个自动打开和关闭的气镇阀。抽吸阶段结束时，通过气镇阀将外部额外的气体（气镇）吸入泵室中。该气体与抽吸的蒸汽一起压缩并且通过压力阀排出。通过气镇，可以更早地达到打开压力管接头阀门所需的压力。较少地压缩含蒸汽的空气，因此蒸汽不会冷凝。

爪式真空泵（claw vacuum pump）

在爪式真空泵中，分别通过一个爪和匹配的凹槽，使两个转子在一个壳体中以相反的方向旋转（**图 1-164**）。转子在互相没有接触的情况下运行，彼此密封并且与壳体有一个非常窄的间隙。在壳体的侧壁上，泵有一个进气槽和排出槽。

工作循环开始时，右侧转子打开进气槽。在由于旋转而增大的下部抽吸室中吸入气体，直到空间达到其最大尺寸并且右侧转子关闭进气槽。继续旋转时，在上部的工作空间中压缩气体，直到通过左侧转子打开排出槽并且排出气体，在上部和下部壳体区域中交替吸入和排出气体。爪式真空泵的剩余真空压力约为 10mbar。

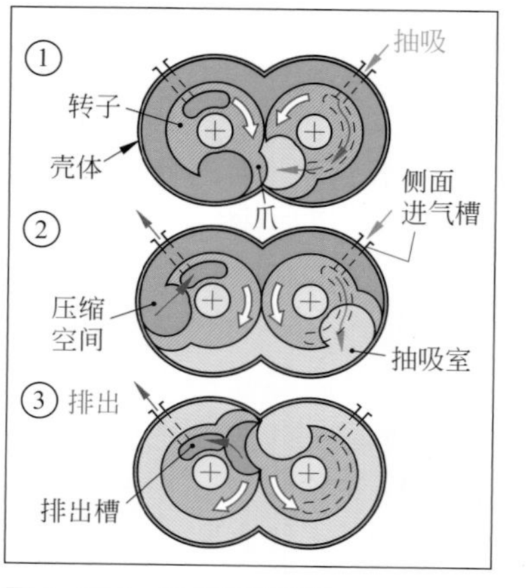

图 1-164：爪式泵的原理

螺杆真空泵

在螺杆真空泵（screw vacuum pump）中，行程变窄时，两个螺旋转子以非接触方式相互旋转，并且与壳体共同形成从真空侧至排出口的圆形腔室（**图 1-165**）。

每次旋转时，在真空端口处的螺纹凹槽中包围气体部分，并且从旋转的螺纹中推入排出口。螺杆真空泵的剩余真空压力约为 10^{-2}mbar。

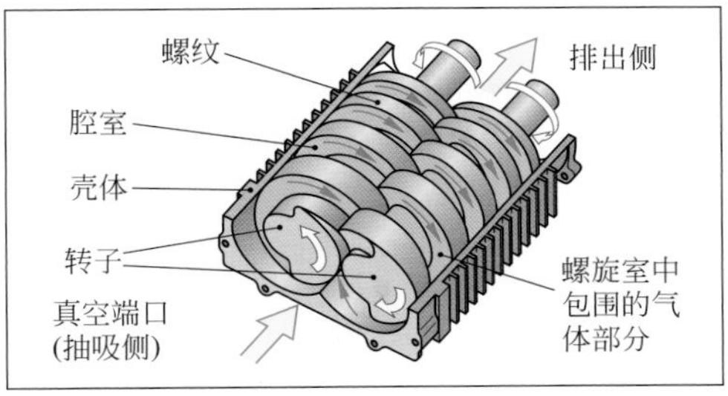

图 1-165：螺杆真空泵的原理

螺杆真空泵在没有润滑油的情况下运行，并且提供无油真空。该泵运行时无振动并且噪声低，其特点是可与水蒸气和冷凝物相容，适用于泵送大量气体和大型真空容器，是化工、制药和食品行业低真空和中真空范围内的常用真空泵（**图 1-166**）。在有许多单独的真空连接点的工厂中，中央真空站也是通过螺杆真空泵来运行的。

图 1-166：工业螺杆真空泵

罗茨真空泵

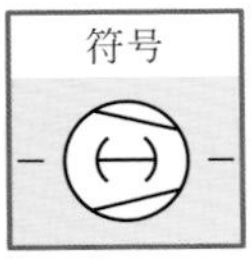

罗茨真空泵（roots vacuum pumps），也称为罗茨泵，有两个对称的转子，在形状配合的外壳中以相反的方向同步旋转，无需润滑油，不相互接触（**图 1-167**）。转子彼此与壳体通过狭窄的间隙密封，旋转时，包围吸入侧已连接真空室中的气体部分①，并且将其输送到排出侧②。这是一种无油真空泵。

在大气压下，罗茨真空泵不能抽真空，需要一个预真空泵，例如螺杆真空泵（见上）。

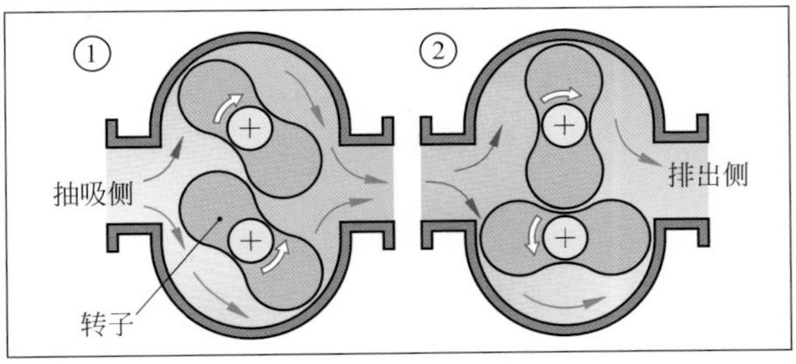

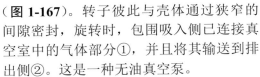

图 1-167：罗茨真空泵的原理

组合式真空泵设备

罗茨真空泵和预真空螺杆泵的组合是常用的真空泵设备，适用于大型真空容器和低至 10^{-4}mbar 的低剩余真空压力（**图 1-168**）。

罗茨真空泵和螺杆真空泵及其组合是最常用的真空泵，在化工、制药和食品工业中多用于抽吸大量气体并且产生无油真空。

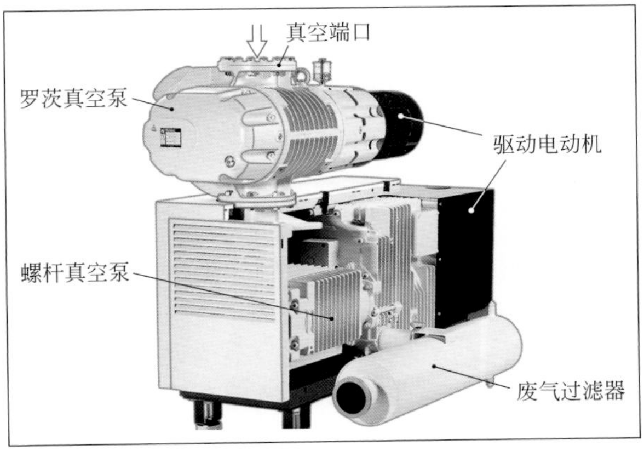

图 1-168：组合式真空泵设备

6.5 扩散真空泵

从作用原理来看，扩散真空泵（diffusion vacuum pumps）是推进剂泵。推进剂是一种特殊的油或者其油蒸气。扩散泵由水冷却管状壳体和蒸发器，以及屏蔽喷嘴体组成（**图 1-169**）。

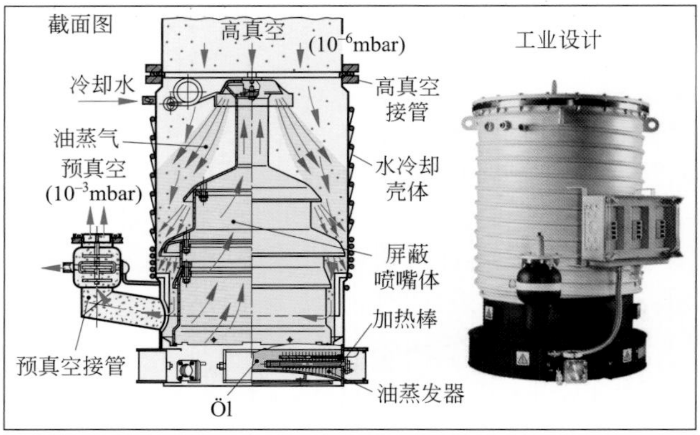

图 1-169：扩散真空泵

在蒸发器中通过加热使油蒸发，并且在屏蔽喷嘴体中向上流动。然后，油蒸气被偏转并且以超音速的速度，从四个圆形屏蔽喷嘴中向下喷出。通过较宽的进入口接管将气体分子吸出真空室，移动并且将其输送到预真空接管中。这里产生了一个四倍的低压。燃油蒸气凝结在水冷的壳体壁上，并且作为油膜流回蒸发器中。

扩散真空泵需要一个预真空泵，例如旋片式真空泵，可提供约 10^{-3}mbar 的预真空。在扩散真空泵的进入口接管处，高真空最大至 10^{-6}mbar。扩散真空泵用于制药工业中的高真空蒸馏和冷冻干燥。

6.6 涡轮分子泵

涡轮分子泵（turbo-molecular pump）是一种高速多级涡轮机，转速最大为 70000r/min（**图 1-170**），拥有配备多个转子叶片环的转子，以及在壳体上交替固定的导向叶片。旋转的涡轮叶片收集气体并且将其输送至出口侧。

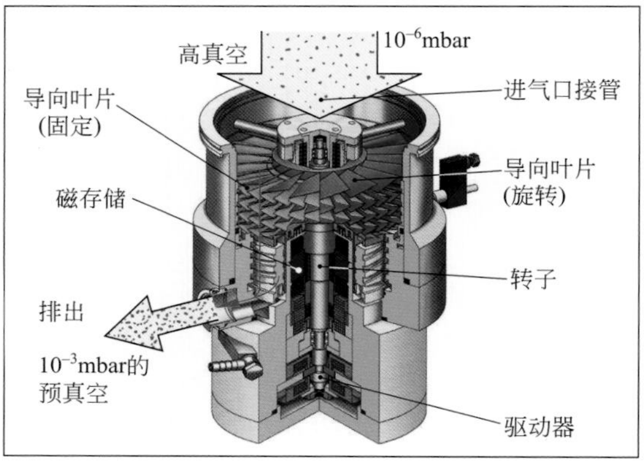

图 1-170：涡轮分子泵

涡轮分子泵需要一个预真空泵，产生大约 10^{-3}mbar 的预真空。在涡轮分子泵的进入口接管处，存在 10^{-6}mbar 的剩余真空压力。

如果必须产生绝对无油的高真空时，则使用涡轮分子泵，例如用于药物生产、研究和芯片生产等。

6.7 选择合适的真空泵

大量化工过程都需要真空条件（**图 1-171**）。每个过程需要不同的剩余真空压力，可通过不同的真空泵实现。选择泵时，所需的剩余真空压力和待抽吸的气体量是特征参数。

根据待抽吸的气体是否不含蒸气或者是否可冷凝蒸气，使用不同的真空产生方法。

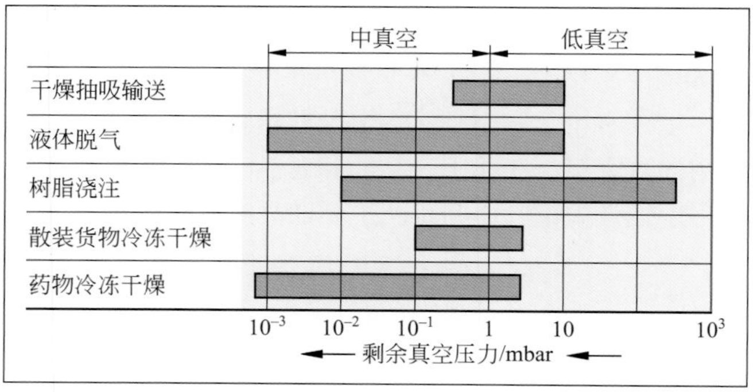

图 1-171：工业真空流程的压力范围

6.7.1 抽出干燥气体

在这些“干燥”的真空过程中，吸出非冷凝气体（例如空气），直到达到所需的真空工作范围，然后保持。

每种类型的真空泵都具有最佳的工作范围。因此，针对不同的真空条件，要使用不同的真空泵（**图 1-172**）。

- 在高于 80mbar（低真空）的真空工作范围中，液环泵和推进剂真空泵或者罗茨真空泵和爪式真空泵适用。
- 针对中真空范围（最高 10^{-3}mbar），单级容积式转子泵适用于最大至 10^{-1}mbar 的抽真空，双级容积式转子泵适用于最大至 10^{-3}mbar 的抽真空。
- 如果必须在真空工作过程中持续抽吸气体，用于保持真空，则罗茨真空泵与容积式转子前置泵，或者有容积式转子前置泵的蒸汽喷射真空泵的组合是最佳的解决方案。
- 针对高真空范围（最大 10^{-6}mbar），扩散真空泵或者涡轮分子泵和容积式转子前置泵的组合适用。

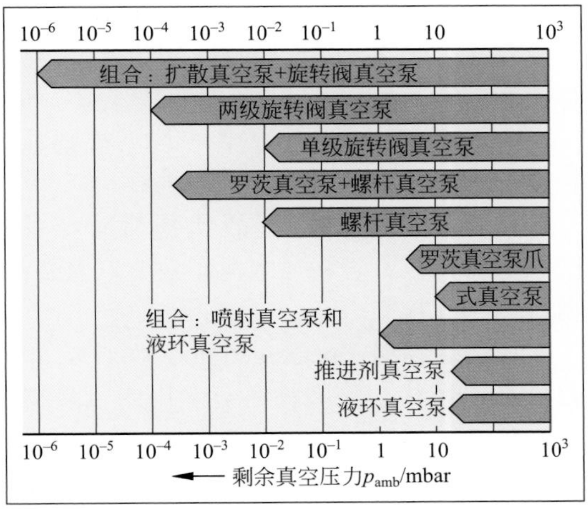

图 1-172：真空泵的应用范围

6.7.2 抽出含水蒸气的气体

从真空工作室中抽出含蒸汽的气体时，除了剩余真空压力和待抽出的气体量以外，蒸汽的分压是非常重要的。因此，例如在潮湿产品的真空干燥中，水蒸气分压的大小是决定性因素。

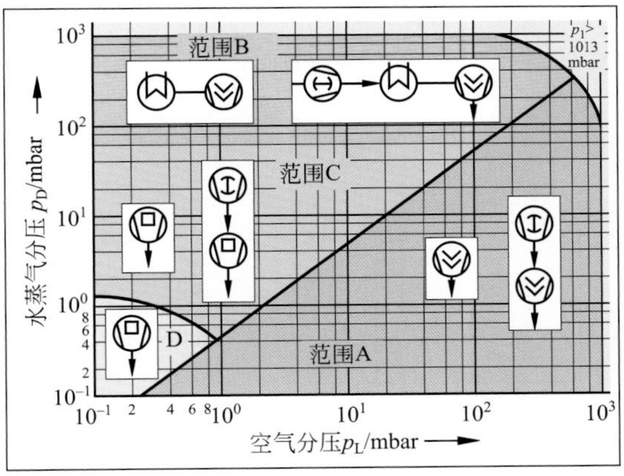

图 1-173：分压图中抽出含蒸汽的气体的应用范围

容积式转子泵适用于抽出水蒸气和其他可冷凝蒸气，例如螺杆泵和罗茨泵。高蒸汽含量时，设备拥有一个用于凝结蒸汽的冷凝器。

可从分压图读取合适的泵（**图 1-173**）。

针对低水蒸气分压的真空室（范围 A），螺杆真空泵或者配有螺杆真空前置泵的罗茨真空泵适用。针对高水蒸气分压的真空室（范围 B），冷凝器连接在螺杆泵的前部，或者冷凝器连接在罗茨泵和螺杆泵之间。

复习题

1. 真空范围分为哪几种？其绝对剩余压力分别是什么？
2. 液环真空泵如何工作？
3. 推进剂真空泵与叶轮式回转泵相比有哪些优点？
4. 蒸汽喷射真空泵设备有哪些结构元件？
5. 旋片式真空泵中气镇的用途是什么？
6. 为什么螺杆真空泵和罗茨泵在化工行业中是最常用的真空泵？
7. 扩散泵或者涡轮分子泵抽出的最大剩余压力是多少？

7 固体物料的输送

在化工设备中，固体材料以散状物料或者单件物料的形式存在。

将粉末状、颗粒状或者小块不规则几何形状的固体颗粒物称为**散状物料**（bulk material）。

化学工业中的典型散状物料有结晶、小颗粒肥料、盐、塑料颗粒、岩粉（水泥工业）以及食品工业中的谷物、糖、盐、面粉等。

在**包装物料**（packaged goods）中，单个物料比较大并且呈几何形状。包装物料有专用的包装物，例如：桶、麻袋、盒子以及货板和集装箱等。

图 1-174：固体物料输送设备

输送机用于**输送**设备和装置中的**固体物料**（**图 1-174**）。

其任务是将散状物料或者包装物料运输到生产设备中的所需位置。在管道和仪表图中，可以看到旁边显示的通用符号。

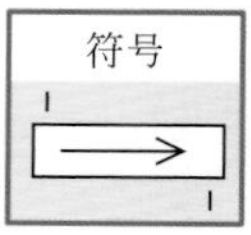

输送物料流量	$Q_m = \dot{m} = \dfrac{m}{t}$

根据工作方式，将输送设备分为连续输送机和间歇输送机。

连续输送机可持续运行，并且在规定的输送路径上输送连续流动或者脉动的物料流。在间歇输送机中，分批地运输输送物料并且期间会中断。

物料运输的特征参数是单位时间内输送的质量，称为质量流量$\dot{m}$或者输送物料流量 Q_m。输送物料流量的单位是 kg/s 或者 t/h。

7.1 散状物料

7.1.1 孔隙率和堆积密度

散状物料由颗粒物和颗粒物之间的空腔组成（**图 1-175**）。

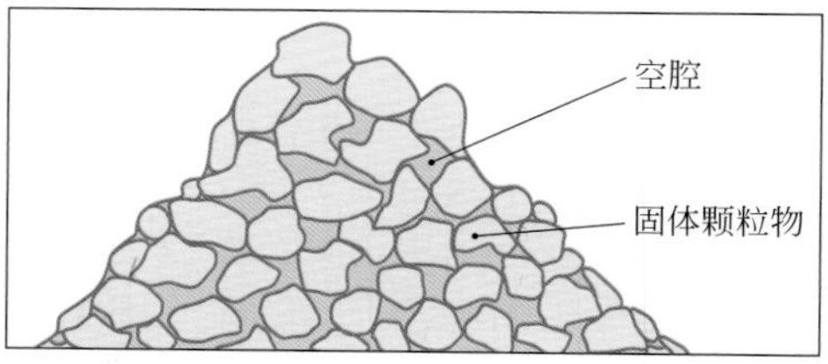

图 1-175：散状物料（截面）

固体物料比例φ是根据散状物料的总体积 $V_散$，以及固体物料体积 V_F 计算出来的。

通过空腔体积 V_H 除以散状物料的体积 $V_散$，得出空腔比例，通常称为孔隙率ε。

堆积密度ρ_S是散状物料的另外一个参数，是散状物料质量m_S和散状物料体积V_S之比。

堆积密度ρ_S和孔隙率ε的关系如旁边所示。ρ_P是颗粒物的密度。

固体物料比例	堆积密度
$\varphi = \dfrac{V_F}{V_S}$	$\rho_S = \dfrac{m_S}{V_S}$
孔隙率	**堆积密度**
$\varepsilon = \dfrac{V_H}{V_S}$	$\rho_S = \rho_P(1-\varepsilon)$

7.1.2 散状物料的特征和处理

在流动特征方面，散状物料处于固体和液体之间。虽然紧凑的固体物料具有固体形状，并且在重力的作用下不会改变，但是会朝着液体类型改变，在重力作用下流入所有的容器空间中并且填充容器，上部形成一个水平表面。当施加压力时，物料会改变形状以偏转力度。散状物料是流动的并且易于输送。

倾倒时，**松散堆积的散状物料**可形成任意形状的积聚。只有当超过一定倾斜度时，堆积物才会滑到边缘（**图 1-176**）。滑动开始的角度即为休止角 $\boldsymbol{\varphi_B}$，也称为料堆角。

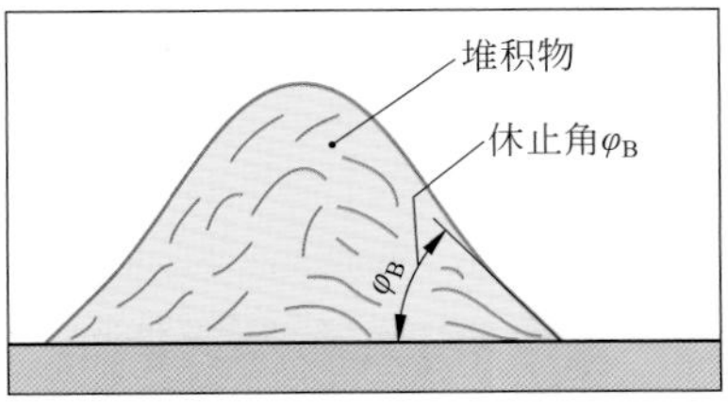

图 1-176：休止角

休止角 φ_B 是散状物料的特有参数，与材料、晶粒尺寸、分布和晶粒形状有关。通过水分（例如雨水）可以大大减小休止角，从而使之前稳定的堆积物滑动。因此，在较高的堆积物中，存在滑落危险（第 90 页）。

只有当**壁面摩擦角 $\boldsymbol{\varphi_W}$** 超过一定数值时，如滑坡等**倾斜平面上的散状物料**才会滑落（**图 1-177**）。

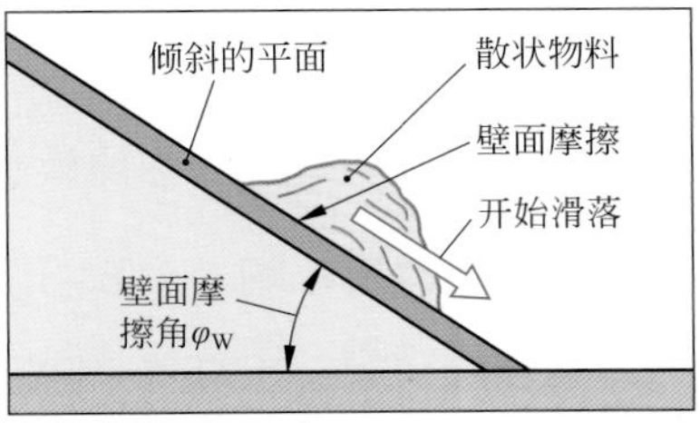

图 1-177：壁面摩擦角

壁面摩擦角的切线 φ_W 对应散状物料与壁之间的壁面摩擦值 μ_W。

壁面摩擦值

$$\boldsymbol{\mu_W = \tan\varphi_W}$$

料仓中的流出特征（第 91 页）

料仓散状物料的流出特征受多个因素的影响：

- 散状物料与料仓壁之间的壁面摩擦角 φ_W。
- 墙壁上的水平散状物料力度的大小，决定了散状物料和壁之间的摩擦力，从而使散状物料黏附到壁上。
- 散状物料中的内部摩擦角 φ_i，表示散状物料中颗粒物之间的移动性。
- 料仓卸料锥的锥角 φ_K。

7.2 机械散状物料输送机

在机械散状物料输送机中，通过输送机的移动组件运输散状物料。

皮带输送机（图 1-178）

皮带输送机（belt conveyor），通常也称为输送带，由于其结构简单，是散状物料和包装物料最常用的输送设备。它由一个由纺织品或者钢丝增强橡胶制成的环形输送带组成，该输送带在辊上运行。由电动机驱动的驱动辊使输送带移动。张紧辊保持输送带的张力，同时使转向辊运行。

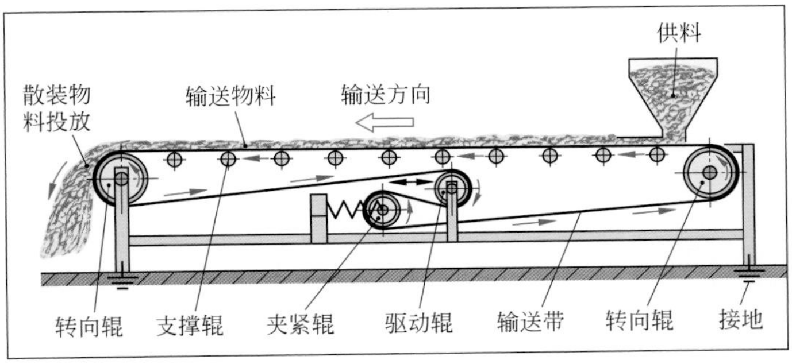

图 1-178：固定式皮带输送机设备

皮带由平辊或布置在槽中的辊支撑在输送机轨道上（**图 1-179**），由此可以实现更大的运输性能。

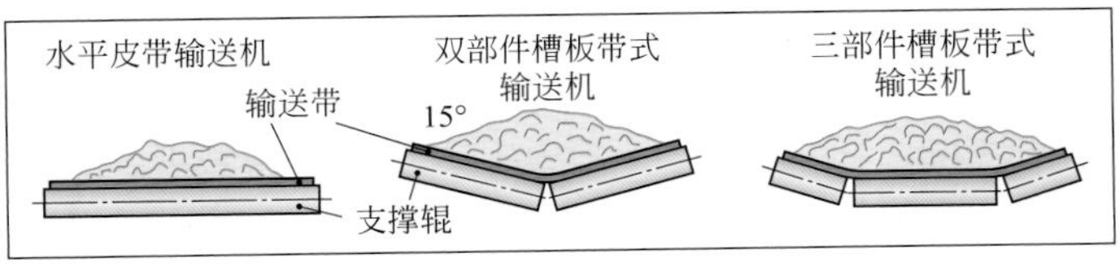

图 1-179：不同的皮带输送机（剖视图）

链带输送机（图 1-180）

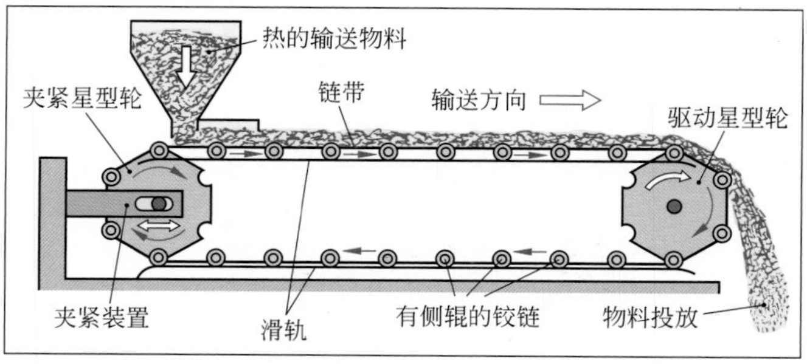

图 1-180：链带输送机（板带式运输机）

链带输送机（apron conveyor）也称板式输送机，它有一个钢制链带作为输送元件，在驱动星型轮和夹紧星型轮上进行圆周运行。链带由窄钢板组成，通过铰链连接在一个可移动的皮带上，在两个侧轨上滚动。

链带输送机特别适用于运输重型、粗糙、锋利边缘和热的散状物料（例如炉渣）。

刮板输送机（图 1-181）

刮板输送机（scraper conveyor），也称为槽链式输送机，由一个配备垂直同步叶片的双链刮板链组成。刮板链围绕两个旋转中心运动，并且沿着刮槽的底部刮擦。

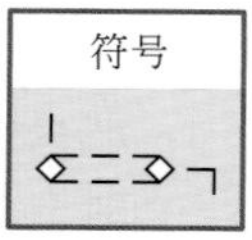

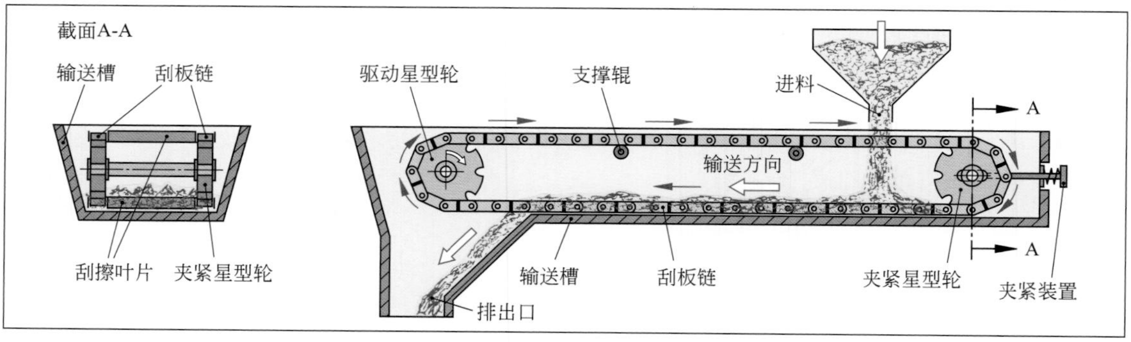

图 1-181：刮板输送机

在槽底部，通过刮板链的叶片输送从上部落入输送槽的散状物料，并且运输至卸料斗中。

刮板输送机用于输送不规则的散状物料、黏性和结块或者热和腐蚀性的侵蚀性散状物料。

螺旋输送机（图 1-182）

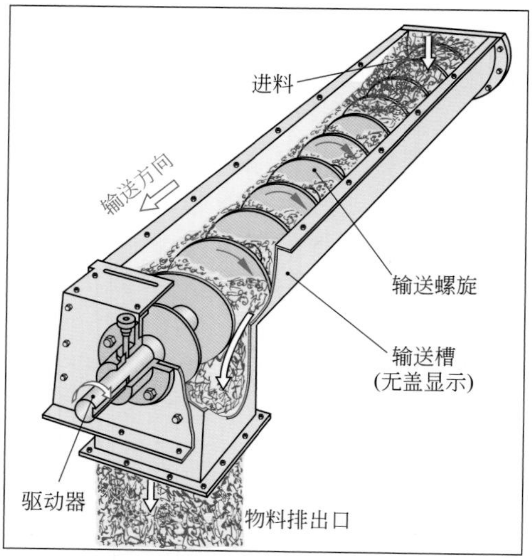

图 1-182：螺旋输送机

螺旋输送机（screw conveyor）由钢板制成的细长输送螺旋组成，输送螺旋在一个槽中旋转并且由电动机驱动。输送螺旋的钢板呈螺杆状盘绕在轴上，落入槽中的散状物料按螺旋旋转的反方向移动，被输送至排出口。倒转旋转方向，输送方向便反转。通过对输送螺旋进行适当设计，例如加上裂隙，还可以实现充分混合。单个槽片最长可达 6m，可以组合使用从而达到更长的长度。可以克服最大约 30° 的坡度。通过螺旋输送机可以输送粉状和粒状散状物料以及泥浆和糊状物料。槽可以设计为防雨水、防尘或者耐压。

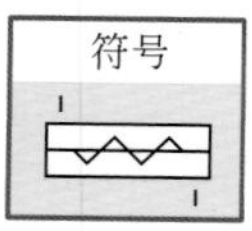

振动输送机（图 1-183）

振动输送机（vibrating conveyor）由一个安装在弹簧上的输送通道（振动槽）和一个配有不平衡重量的电动机组成，产生振动运动。输送槽通过振动前后移动。自由流动的散装颗粒只能向前移动，因此散状物料以脉动的方式向前移动。振动输送机也可以克服较小的坡度，沟槽长度限制为约 30m。

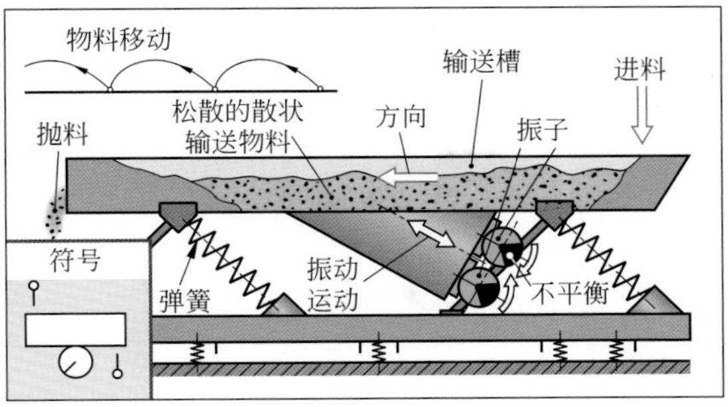

图 1-183：振动输送机（振动槽）

斗式输送机（图 1-184）

斗式输送机（bucket elevator）优先用于在垂直或者陡峭上升的输送方向上输送散状物料。现代斗式输送机还有一个水平进给路径和水平抛料路径，这样便可以进行垂直输送和有限的水平输送。

在斗式输送机中，实际的输送设备是一个由纺织增强橡胶制成的铰接式双皮带，配有由金属板或者塑料制成的可旋转铰接斗。该斗带在一个封闭的壳体中绕着导向辊运行。在进料站，向上打开的斗连续地填充散状物料并且通过倾翻在抛料站处排空。在输送路径上，有开口的斗向上，这样输送物料不会掉出来。通过斗式输送机周围的封闭式外壳可实现无尘输送。

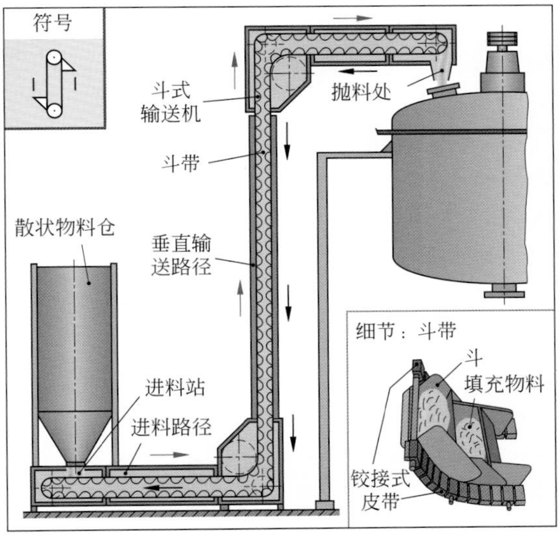

图 1-184：斗式输送机（提升机）

管式螺旋输送机（图 1-185）

管式螺旋输送机（tube conveyor）由半刚性塑料管组成，其中可弯曲（柔性）不锈钢输送机螺旋管通过驱动电机旋转。

散状物料在料斗底部侧向滑入输送管路中，由旋转的输送机螺旋管接收并且在输送管路中向上输送。由于输送管路的灵活性，可以垂直和以任何倾斜角度，以及围绕障碍物、经过侧壁和天花板中的小开口输送散状物料。

散状物料进料和排空关闭时，管式螺旋输送机在没有灰尘和污染物的情况下运行。散状物料本身不受外界的污染。

这种输送机也可以输送难以处理、非自由流动的散状物料。输送物料流量 Q_V 在中等大小的范围内。

图 1-185：管式螺旋输送机

7.3 气动散状物料输送机

在气动输送设备中，通过封闭管道中的压缩空气流或者抽吸空气流，输送粉末状和颗粒状散状物料。可以输送最大粒径为 40mm 的干燥散状物料。

在气动输送过程中，可以松散并轻柔地输送物料。因此，主要应用领域有输送小麦、玉米、面粉等颗粒状或者粉状食品。

可以根据不同的方法，通过抽吸空气或者压缩空气进行输送。

压缩空气输送设备

压缩空气输送设备（pneumatic conveyors）可以采用不同的技术。

在**配有送风装置的压缩空气输送设备**中，待输送的物料通过一个给料机如蜂窝轮，输送到气流中（**图 1-186**）。气流将输送的物料运送到存储位置，然后在旋风分离器中排出。

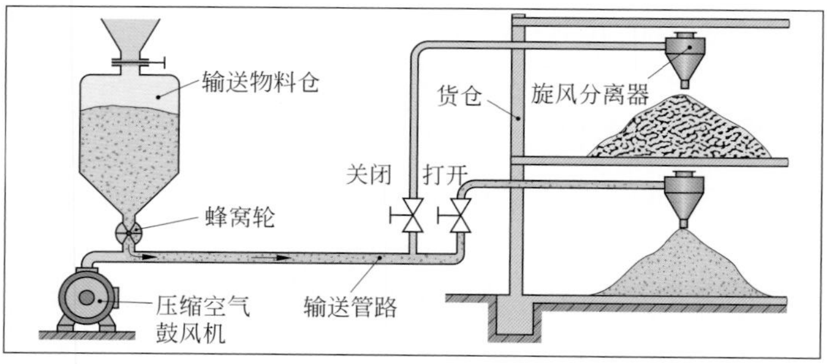

图 1-186：配有送风装置的压缩空气输送设备图

配有脉动推动输送装置的压缩空气输送设备有一个双压缩空气供应的压力输送容器（**图 1-187**）。主压缩空气将输送的物料压入输送管路中。脉动的二次压缩空气流使输送的材料松散并且使其可流动，这样可以以脉动的方式流过输送管路。

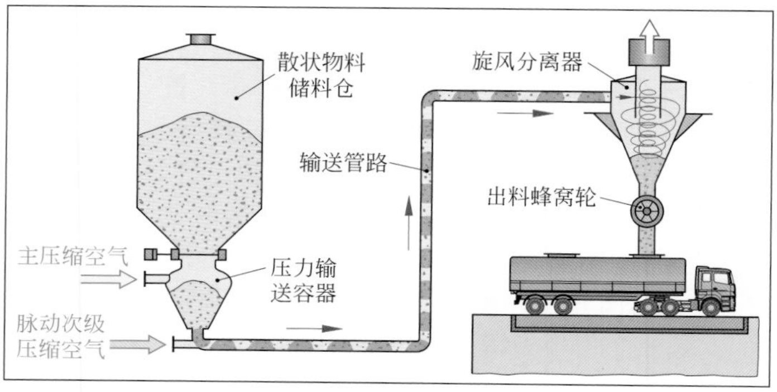

图 1-187：配有脉动推动输送装置的压缩空气输送设备

压缩空气输送设备不能无尘工作，在可燃散状物料中，存在粉尘爆炸的风险。

抽吸空气输送设备

在抽吸空气输送设备（suction conveyor）中，通过抽吸空气抽吸风口支管中的输送物料，并且经过输送管路到达输送物料分离器中，即旋风分离器（**图 1-188**）。在这里，输送物料分离出来并且通过一个螺旋输送机排出。在灰尘分离站（旋风分离器、过滤器）中分离空气中夹带的灰尘。由一个真空鼓风机产生抽吸空气流。抽吸空气输送设备可以在最大 0.8bar 的真空下工作，因此行程高度较低。

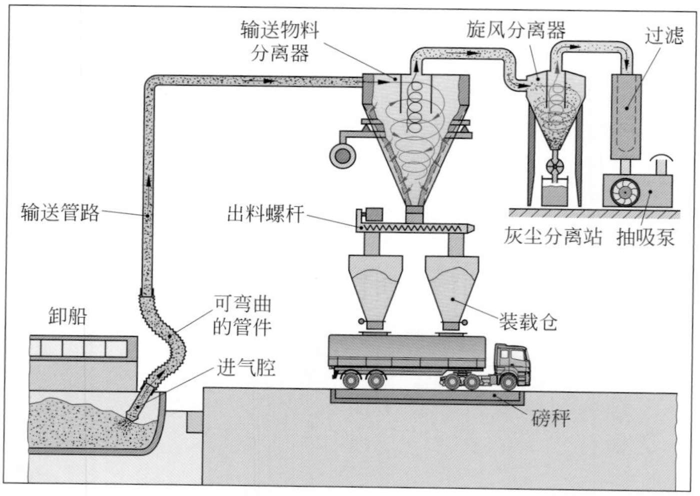

图 1-188：抽吸空气输送设备图

因为系统中的低压不会泄漏任何灰尘，所以抽吸空气输送设备可以无尘工作。

7.4 配料机

配料机（bulk material dispenser）的用途有：

- 在容器中填充一定量的固体（质量）或者将其送入批处理流程中（装料）；
- 从储料仓中取出恒定的散状物料流（质量流量）并且将其送入连续的反应过程中（计量）。

散状物料通常储存在化工设备的料仓中（第 90 页，图 1-202），并且通过连续输送的计量设备取出，计量设备设置在料仓的出口处，计量设备又分为没有或者配有质量流量测量装置。

没有质量流量测量装置的计量设备

如果不需要高精度或者通过下游连接的测量装置确定质量或者质量流量，则使用该计量设备（**图 1-189**）。计量精度为 ±2% ～ ±5%。

叶轮闸门是有槽形凹槽的旋转辊。物料滑入蜂窝轮的槽中，并且在继续旋转后从底部的槽中掉出。可以通过蜂窝轮转速设置计量的质量流量。通过特殊的叶轮闸门，也可以在压力或者真空空间中配料。

板式计量装置由一个位于料仓出口正下方的转盘加料器组成。料仓出口和转盘之间的距离应使得转盘静止时物料不会从转盘侧面滑出。如果转盘旋转，则向外抛出散状物料，从而清空转盘，散状物料连续滑落。

皮带计量装置基于相同的原理（图 1-189）。皮带处于静止状态时，阻塞出口；通过移动皮带，连续带走输出的散状物料，从而打开出口。

计量螺杆水平地与料仓法兰连接（图 1-189）。输送物料从料仓中滑入计量螺杆的通道中，并且被输送到出口处。

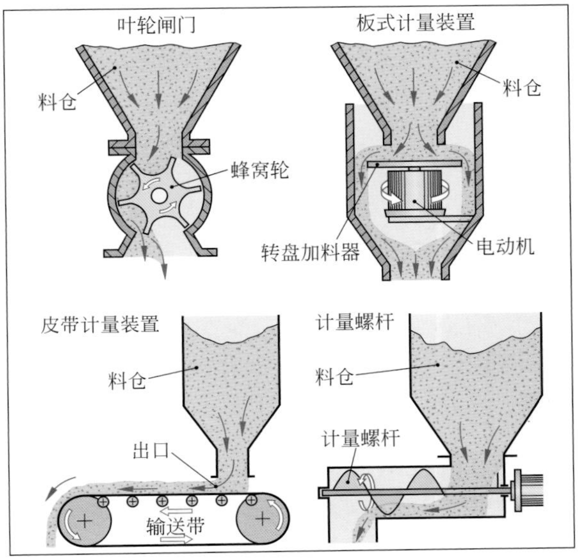

图 1-189：没有质量流量测量装置的计量设备

配有质量流量调节装置的计量设备

如果需要高计量精度，则使用通过一个称重装置控制的计量装置（**图 1-190**），其计量精度为 ±1% ～ ±2%。

在**带式配料秤**中，对输送带上的瞬时质量进行称重，并且通过一个计算机根据带速确定和调节质量流量 Q_m。

在**计量螺杆磅秤**中，力度传感器测量计量螺杆中输送物料的瞬时质量（图 1-190）。控制器根据质量和螺杆转速，计算质量流量 Q_m 并且对其进行调节。

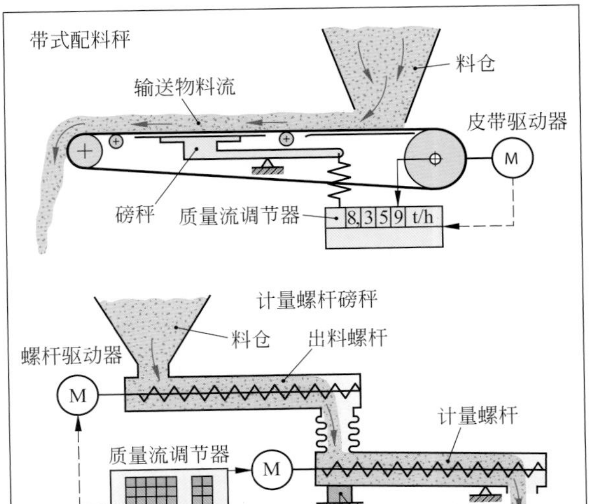

图 1-190：配有质量流量调节装置的计量设备

7.5 包装物料输送设备

散状物料必须装在易于处理的容器中，例如箱子、袋子或者运输容器等，以便发货或者销售。这样，可以更容易地运输和储存包装物料。最常见的容器填充方法是装袋。

装袋设备

装袋设备（bag filling station）由一台机器组成，可以自动拉紧空袋、填充散状物料、称重袋子、封闭袋子并且将其放在输送带上（**图 1-191**）。通常，在设备中同时填充三个或者更多的袋子。散状物料从储存料仓中流出。装袋机可以在辊子上移动，这样可以从料仓中填充不同类型的散状物料。

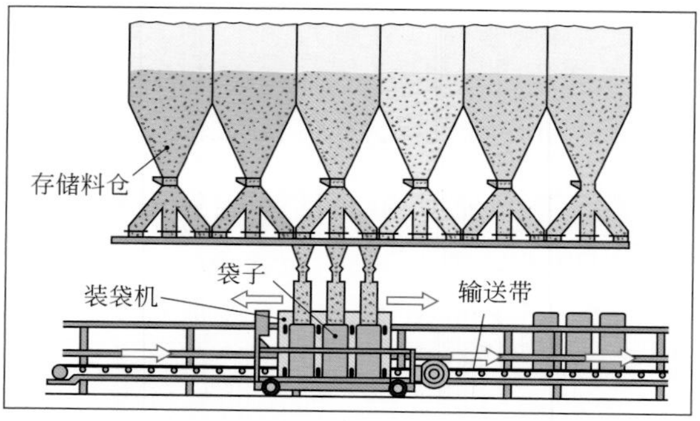

图 1-191：三袋装袋设备

使用皮带输送机或者滚筒输送机等可运走袋子。**滚筒输送机**（roller conveyor）由一系列密集的旋转单辊组成，形成一个辊道（**图 1-192**），有侧向导轨，这样输送的物料不会掉落。辊子安装在滚动轴承中，可确保轻松旋转。大约每 20 根辊子便有一根辊被驱动，使包装物料移动。而在驱动辊之间，物料则由于惯性作用继续移动至下一根驱动辊。

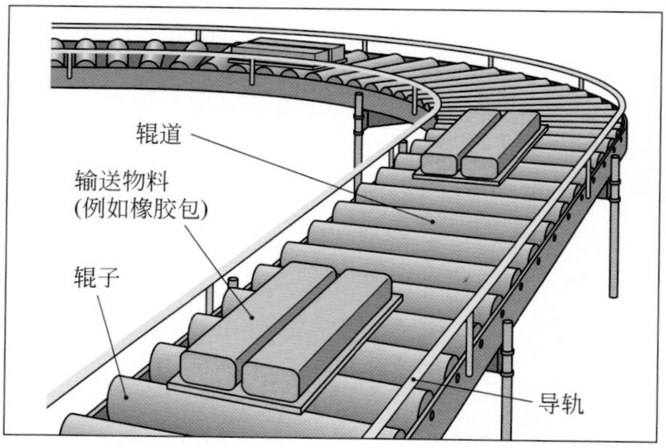

图 1-192：滚筒输送机

袋子的堆垛和卸垛设备

将袋子运输到仓库后，必须有序堆放，并且在销售后从仓库中取出、运输。

通过自动堆垛和卸垛设备，可以手动或者更有效地进行袋子的堆垛和卸垛（**图 1-193**）。这些袋子通过多个输送带进入仓库中，放置在堆垛桥上，并且由堆垛机悬臂存放在所需的位置。通过堆垛悬臂控制堆垛桥的移动，以便在堆叠袋子时产生规则的堆叠山或者货板堆垛。上下摆放，并且作为货架堆垛，可以更容易地取出袋子并且运输。堆垛设备由控制台控制。

用于仓库中袋子的卸垛，以及可移动和高度可调的配备装载夹具的输送带，将袋子引导入一个货板装载自动装置中（第 87 页，图 1-196）。然后通过一个叉车，将装载有袋子堆垛的货板装入卡车或者铁路货车中。

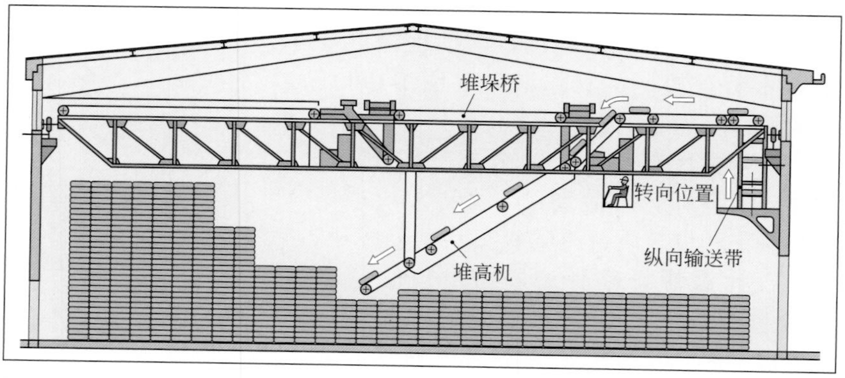

图 1-193：仓库中的袋子堆垛设备

7.6 非连续输送机

非连续（间歇）的输送机将输送物料一份一份地运输到所需的位置，每个输送过程在时间上是间断的。

使用的输送设备称为间歇输送机（non continuous conveyor）。分为两种设备类型：起重机和起重设备以及地面输送机。

起重设备和起重机

在化学工业和基础工业中，装载站用于散状物料的成批转运，例如从船舶到露天仓库或者仓库（**图 1-194**）。装载站设计为有悬臂端的钢栈桥，并且为了接收散状物料，配备了有抓具的**回转式起重机**（图 1-194）或者有抓具的移动式起重机（第 90 页，图 1-202）。通过可移动起重机或者移动式起重机，继续将物料送至存储位置，或者将已输送的物料移至皮带输送机上。装载站通常还配备有用于容器的装载装置。

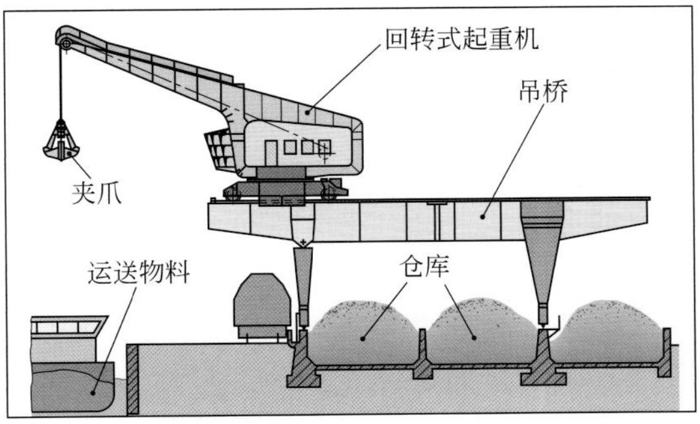

图 1–194：批量散状物料的船舶卸载站

化工生产车间的吊车系统和小型起重机用于运输生产设备，例如货架上的袋子容器或者桶，以及用于安装和维修重型化工设备及机器。配有滑轮和电动滑车的桥式起重机（高架起重机）通过三次升降、横向行程和起重移动，覆盖生产车间的整个区域，从而可以运输到车间的任意位置（**图 1-195**）。运输量固定的生产区域都配备独立的悬臂起重机。

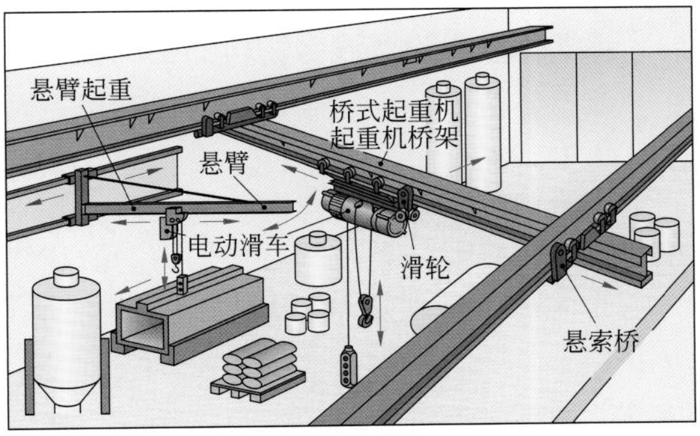

图 1–195：化学工业生产车间中的起重机

通过**货物升降机**，在生产厂房的不同楼层之间运输包装物料或者容器。

地面输送机

不定期短路径运输的散件、货板和化工厂中的散状物料由地面输送机处理（**图 1-196**）。

配有电动机或者内燃机的**叉车**，是化工厂中最常用的地面输送机，特别适合运输货板或者大袋中的物料（第 93 页）。通过各种额外的装载工具，例如自卸式铲斗或者侧夹具，叉车也可用于散状物料和桶的运输。

配有可升降托架的码垛车用于运输重达 2 吨的货板和装载架。

图 1–196：货板运输时的叉车

7.7 散状物料和包装物料的处理

散状物料（bulk materials）的处理与相应散状物料的流动性和处理特征有关（**图 1-197**）。

最容易处理的是自由流动、粉状至小粒状的散状物料。较难处理的是潮湿、糊状或者具有黏性的可能会黏结的散状物料。

此外，散状物料是否易磨损或破裂、纯度要求和输送物料量的大小，也都很重要。

必须根据这些特征选择合适的处理散状物料设备的部件。

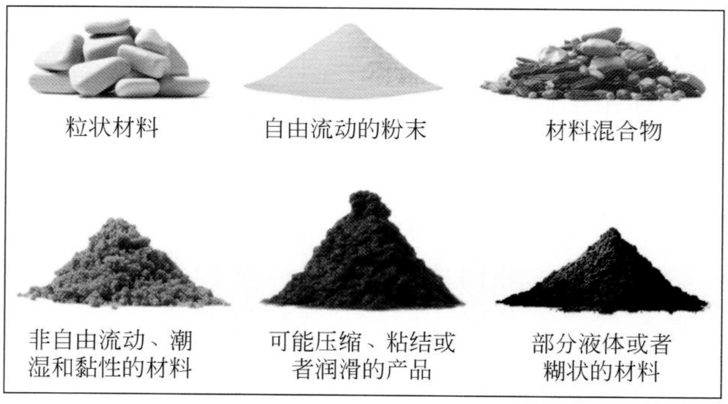
粒状材料
自由流动的粉末
材料混合物
非自由流动、潮湿和黏性的材料
可能压缩、粘结或者润滑的产品
部分液体或者糊状的材料

图 1-197：具有不同流动性和处理特征的散装物料

通常，很难对散状物料在处理设备中的流动状态做出可靠的预测。因此应通过试验选取合适的设备部件。

以下是散状物料处理的两个设备示例。

精细化学品粉状混合物料的空气调节设备

该设备由多个加工站以及取出和填充装置组成，通过管式螺旋输送机在其中运输散状物料（**图 1-198**）。

从储存料仓中取出含有不同粒度的基础原料并且送入碾磨机中，将其研磨成所需的粒度并且在筛选机中分类。然后将均匀的散状物料送入混合器中，在混合器中根据配方加入不同的添加剂，并且使混合料堆均匀化。然后根据需要，将散状物料成品装入袋子、桶或者盒子中。

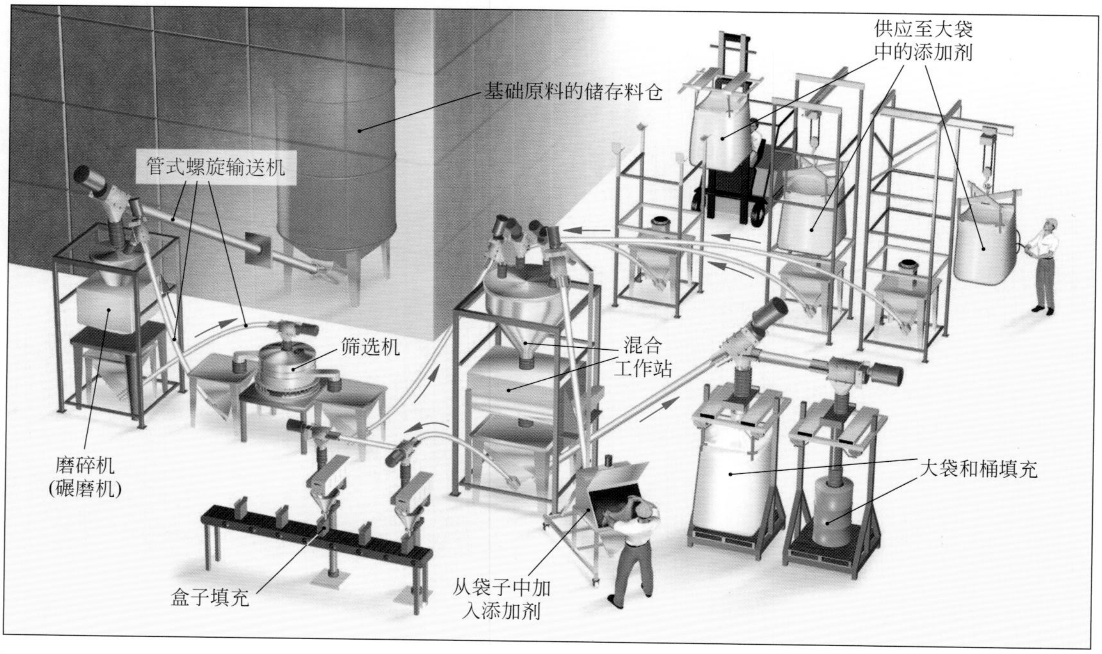
供应至大袋中的添加剂
基础原料的储存料仓
管式螺旋输送机
筛选机
混合工作站
磨碎机(碾磨机)
大袋和桶填充
盒子填充
从袋子中加入添加剂

图 1-198：散状物料混合和包装设备的示例

塑料挤出机的输送和给料设备

塑料颗粒物连续进入挤出机的输送设备，输送设备由大量单个设备部件组成，它们共同工作并且完成输送任务（**图 1-199**）。

颗粒物可装在货板上的袋子中送去加工，然后在袋子卸料机和袋子撕裂机中卸载（**图 1-200**）。通过进料槽、螺旋输送机和斗式输送机，颗粒物进入颗粒物清洁系统（图 1-199）。通过气动压缩空气输送机将清洁的塑料颗粒物输送至颗粒物料仓中。中央除尘设备将颗粒物粉尘与卸载装置分开。

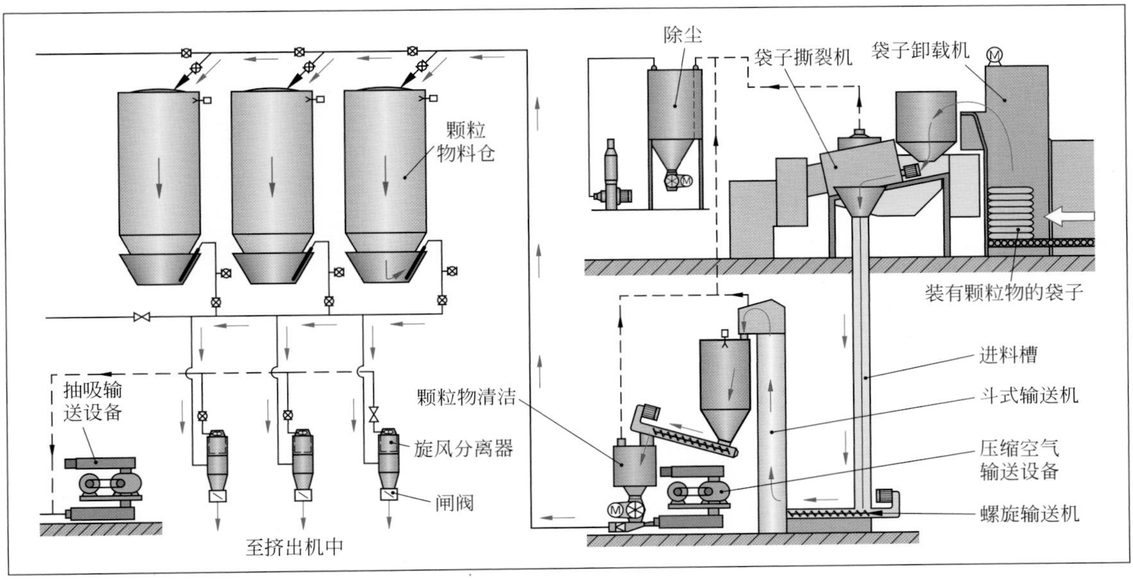

图 1-199：用于储存和供料塑料颗粒物挤出机的设备流程图

将颗粒物储存在料仓中，直至对其进行处理。料仓系统由多个料仓组成，因此可以保存不同类型的塑料颗粒物。

颗粒物分别通过一个倾斜螺旋输送机进入输送管路中，再被气动抽吸输送机输送至靠近挤出机处，颗粒物在旋风分离器中被分离出来，然后经由一个闸阀落入挤出机中。

整个设备由控制室集中控制。

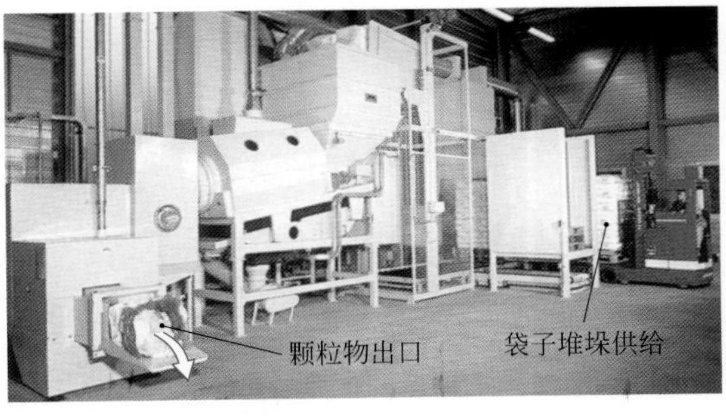

图 1-200：袋子卸载和撕裂机

复习题

1. 什么是散状物料？什么是包装物料？
2. 通过哪个公式计算输送流量？
3. 在螺旋输送机中，如何实现输送物料的额外混合？
4. 比较斗式输送机和管式螺旋输送机的优缺点。
5. 与通过压缩空气输送相比，通过抽吸空气进行气动输送有哪些优缺点？
6. 哪种计量装置具有要求的高计量精度？
7. 如何将散状物料装运为包装物料？
8. 哪些散状物料的特征对处理设备的选择起到决定性作用？

8　化工厂的储存设施

仓库用于接收、保存和储存物料。

在仓库中可以保护物料免受损坏或者影响。此外，还设立了储备区，保证化工厂能持续供应所需的原料。在化工厂中能否准时供应生产材料，始终与原料供应的风险有关。

大量的原材料通过船舶、铁路或者汽车运向化工厂，将这些原材料储存后可连续供应至生产中。

如果未使工厂各个部分的生产能力精确地相互协调配合，则必须在生产过程中临时存储半成品。

不能像生产过程那样，以连续的方式进行成品的销售和运输的，也必须有成品仓库。

图 1-201 显示了以原油炼油厂为例的储存装置。这里有原料仓库、半成品仓库和成品仓库。

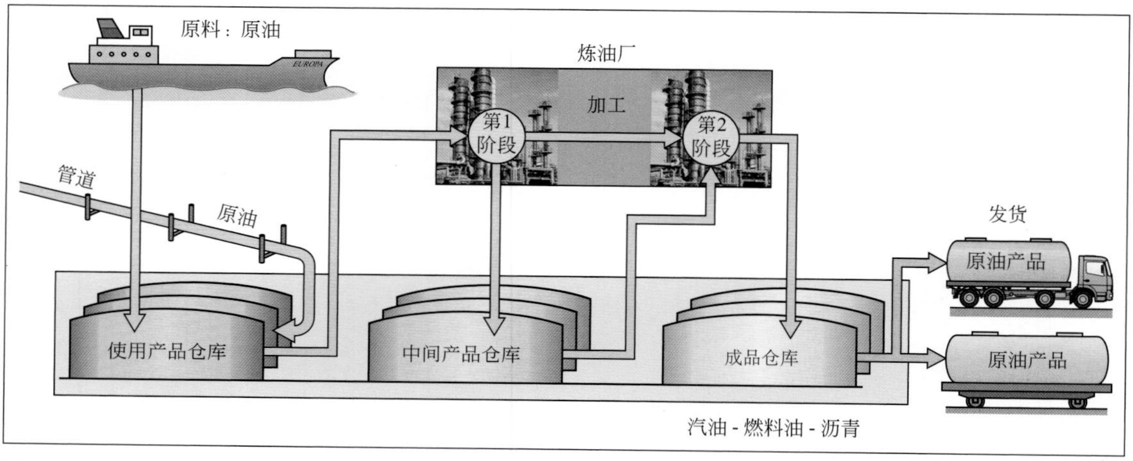

图 1-201：以原油炼油厂为例的储存装置

根据待储存物资的状态，可以分为：

固体物资仓库即散状物料和包装物料仓库、液体储罐区以及气体和液化气体储存容器。

8.1　散状物料的储存

露天仓库

最简单的露天仓库是**料堆**，即一个没有界线的室外材料堆。

但是，大多数室外存储区域都被混凝土地基和较矮的土墙包围，并且配有一个装卸装置（**图 1-202**）。

料堆的倾斜度由所谓的**倾斜角**决定。这个角度是由自由堆积的料堆产生。由于倾斜角可能由于降雨等发生变化，在陡峭料堆的底部有滑落的风险。

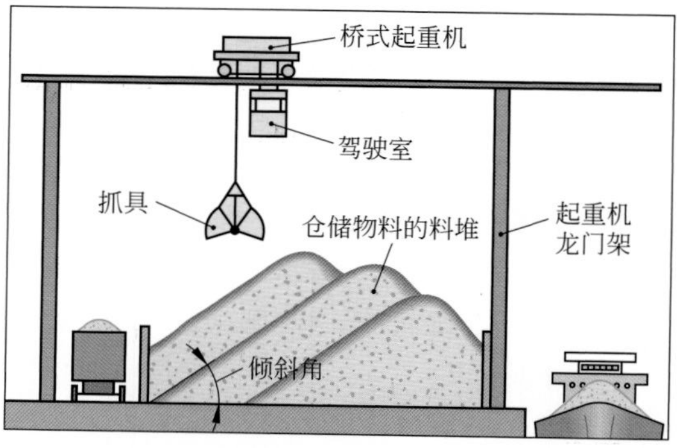

图 1-202：散状物料的露天仓库

在露天仓库中，只能存储不受天气影响的物质，例如矿石、煤炭或者砾石。

标准仓库

标准仓库是贮存仓库，储存其中的物料可免受风、雨、雪、霜和阳光照射的影响（**图 1-203**）。温度波动较小，因此可以存储敏感的散状物料，例如肥料或者盐。入库采用高架送料皮带输送机，通过皮带输送机和铲斗装载机进行出料。

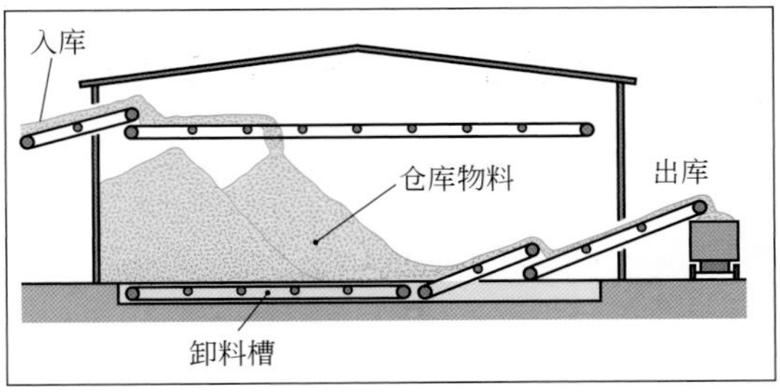

图 1-203：散状物料的贮存仓库

料仓、料斗

通常在料仓中进行自由流动的非结块散状物料的临时存储和最终存储（**图 1-204**）。料仓是直立的圆柱形储存容器，有向下的锥形出口。通过输送带从上面装料，并且在重力作用下向下卸料。出料装置是滑阀或者计量装置（第 85 页）。通过振动消除散状物料中的堵塞。料仓可以单独或者连排布置。

通过存储在料仓中，物料可以实现特别经济的装载和卸载。例如通过气动输送机或者斗式输送机和输送带进行装载，直接在运输车辆、容器或者输送带上进行卸载。

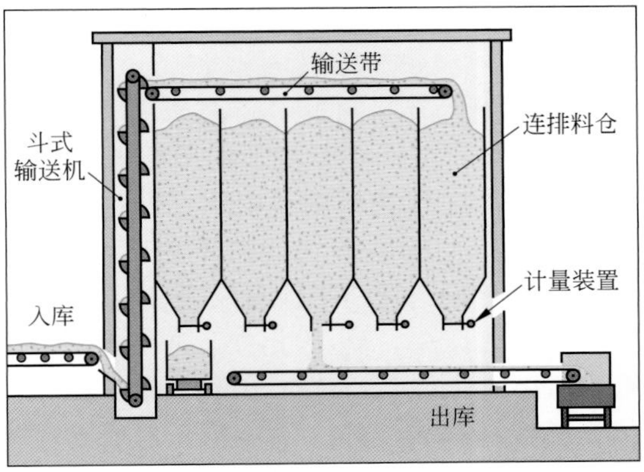

图 1-204：有料仓的存储建筑物

可以通过整体流动或者漏斗状流动从料仓中出料（**图 1-205**）。

在整体流动的料仓中，散状物料排出时，开始整体填料。散状物料在料仓中间有略微更大的滑动速度。物料大致按照填充的顺序清空。整体流中的所有区域都在移动。料仓中整体流动的前提条件是料仓锥体有足够大的倾斜锥角和足够小的侧壁摩擦值 μ_W。

如果侧壁摩擦值 μ_W 不够小并且锥角 φ_K 不够大，则称为漏斗状流动料仓（图 1-205）。取出散状物料时，仅有料仓核心区域中的散状物料移动。在锥体内部和上方，形成静止或者非常缓慢的滑动区域。如果是易腐烂的散状物料，则可导致料仓中发生腐烂应避免漏斗状流动。

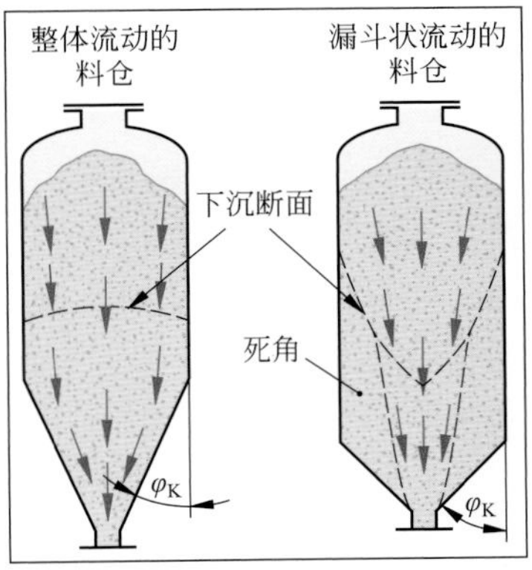

图 1-205：料仓中的流出类型

如果形成所谓的架桥，可能会堵塞料仓。在料仓填充物的重量下，散状物料的颗粒物之间的黏合力增加（例如卡住粗糙的颗粒物），这样在料仓锥形中形成拱形桥类型的稳定颗粒物排列（**图 1-206**）。

为了消除堵塞，可提供有足够大出料口（可以扩大出料口）和设置出料辅助设备的料仓。

出料辅助设备有设置在料仓上的振动器（门环）或者提供压缩空气冲击的料仓锥形喷嘴等。

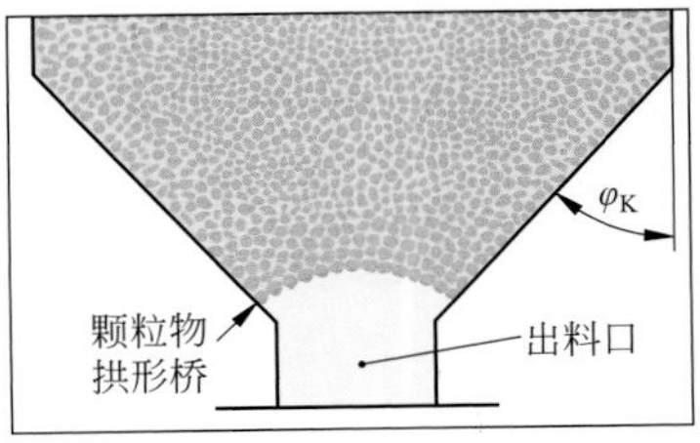

图 1-206：锥形料仓中的架桥

散状物料的流动特征

如果散状物料经受强烈的振动、强烈搅拌或者受到压缩空气的作用，则会消除颗粒物彼此之间的内摩擦力以及与装置侧壁的黏附力。此时散状物料具有类似中等黏稠液体的流动特征。

颗粒物的尺寸越小，流动性越好。这适用于许多装置。

振动**输送机**（振动槽）使散状物料受到强烈振动（**图 1-207**）。颗粒物不再彼此粘连，因此散状物料是可流动的。即使是略微倾斜的槽，也会使散状物料在倾斜方向上移动。

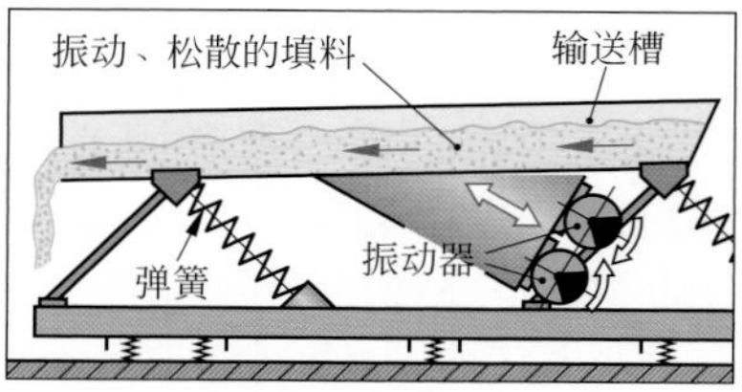

图 1-207：振动输送机

通过优选方向的不平衡振动，散状物料也在水平槽上流动，甚至可以在略微倾斜的角度下向上输送（第 83 页）。

在**气动散状物料输送机**中，通过注入的压缩空气或者吸入的空气使松散散状物料流动（**图 1-208**），类似液体，散状物料在输送管路中流至所需的位置。

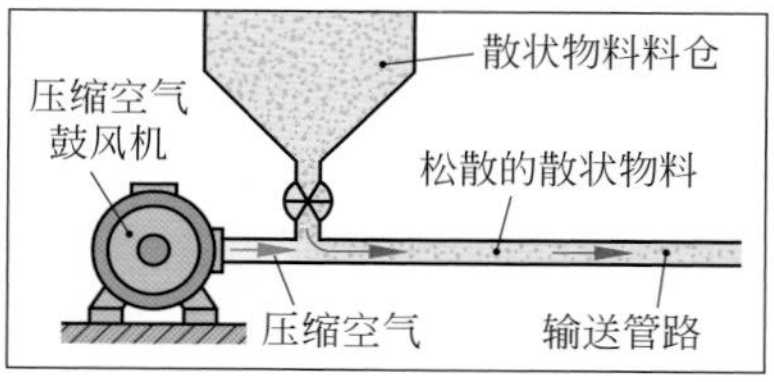

图 1-208：压缩空气输送

在流化床中，将散状物料放在一个炉篦上，并且用压缩空气从下面吹气（**图 1-209**）。在足够的空气速度下，散状物料如沸腾的液体。颗粒物在形成的流化床中移动并且剧烈混合，至锥形反应器的上部区域中结束流化。例如，在流化床造粒机（第 304 页）、流化床混合器（第 320 页）、流化床干燥器（第 405 页）或者流化床反应器（第 543 页）中使用流化层。

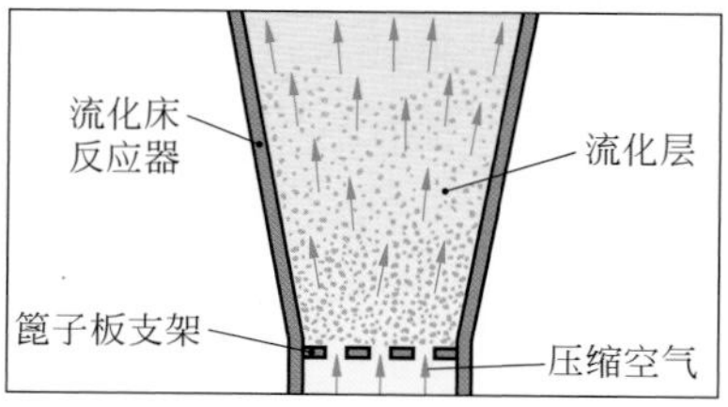

图 1-209：流化层

8.2 包装物料可存储

化工厂中的包装物料存储工具是指用于粉末和颗粒物状散状物料的纸袋或者箔袋（25 ～ 50kg），以及用于最多 100L 液体产品的桶。除了大桶直立存放或者堆叠摆放，还必须将较小的包装物料组成易于处理的存储单元。这些存储单元由装载辅助工具和包装物料构成。常用的装载辅助工具是袋子、纸箱以及桶（**图 1-210**）。

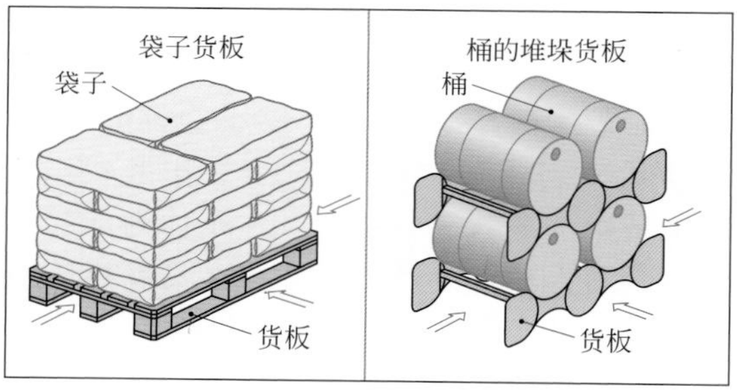

图 1-210：包装物料的装置辅助工具

中小批量的包装物料存放在贮存仓库（**图 1-211**）中。如果其中也存放有毒物质，则贮存仓库必须有一个收集池和一个与收集池相连的管道连接。

高架仓库可存放大量不危险的包装物料，具有较大的存储容量，占地面积相对较小，结构高度可达 30m。

通过叉车在贮存仓库中装卸物料，在高架仓库中，货架之间有移动式升降机。

仓库建筑物必须配备必要的消防设备。

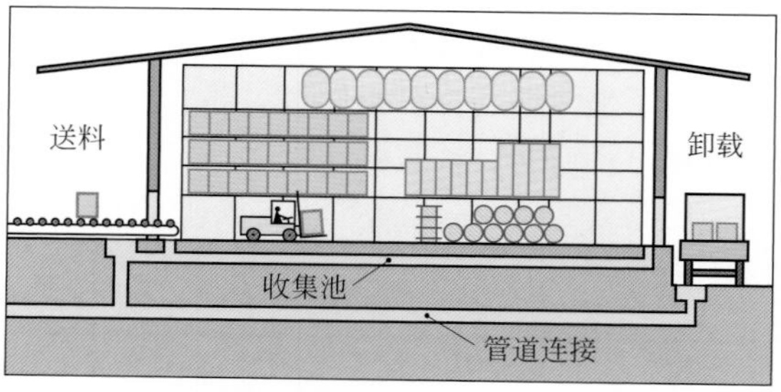

图 1-211：包装物料的贮存仓库

化工厂所用的中等包装物料越来越多，它们是用于粉状和粒状散状物料的大袋和小料仓容器。易于操作、可堆叠，可以通过叉车移动并且紧凑地堆叠在货车上运输。

大袋

大袋（big bag）是大的圆形袋或者方形袋，多由耐撕裂的纤维织物、聚乙烯塑料制成（**图 1-212**）。

有容量为 0.5 ～ 3m³ 的大袋，根据填充物的种类和散状物料的多少，其质量为 0.5 ～ 6t。

将大袋放在货架上，然后可以用叉车运输或者悬挂在移动架上。大袋有用于抬起和运输的提手环。大袋下部有一个系带封口或者一个可操作的出料装置；上部用袋绳封闭。

在使用地点，例如在反应器或者加工机器上方，由散状物料和大袋悬挂在高架中，散状物料在重力的作用下流入生产过程中，或者通过螺旋输送机给料（图 1-212）。通过有取料磅秤的大袋支架可以实现精确装料。

与小袋供货相比，大袋供给装置取代了费时的袋子卸载，以减少袋子装卸次数（第 89 页）。

小料仓容器

该容器由一个方形或者圆形小料仓组成，通常由不锈钢制成，容量为 0.5 ～ 3m³，安装在一个有支脚的可移动并且可堆叠的方形支架中（**图 1-213**）。

由于气密密封，料仓容器适用于制药工业和食品加工中的吸湿性或者无菌散状物料。

可以将小料仓容器放在有取料磅秤的可移动清空工作站上（图 1-213），并且在生产车间为多个小型反应器供应散状物料。

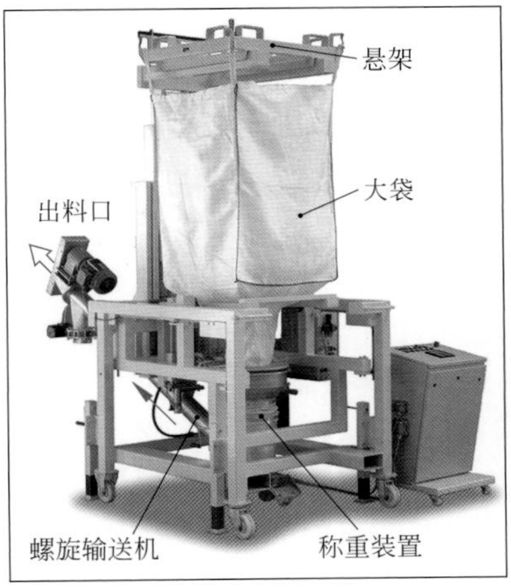

图 1-212：可移动清空和称重站上的大袋

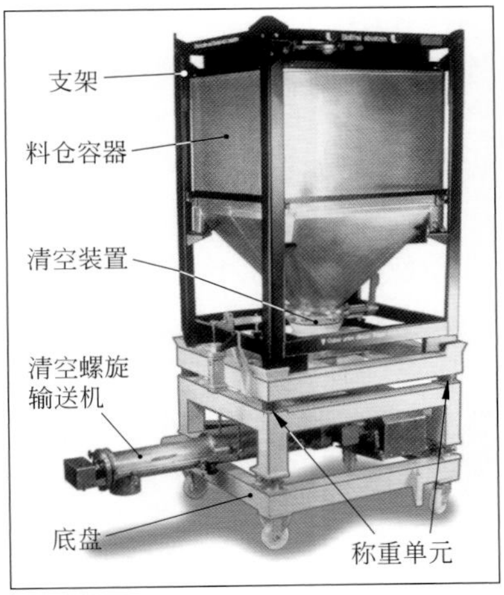

图 1-213：可移动清空和称量工作站上的料仓容器

8.3 存储的液体

液体储存在化工厂的封闭容器（storage tanks）中。液体存储过程中不允许容器材料受到液体的任何影响（腐蚀），同时也不允许液体污染容器。此外，必须考虑液体的可燃性、沸点和蒸气压力。

在塑料或者钢板制成的容器和桶中，可存储最多 100L 的少量液体。小容器可以通过手动倾倒清空，大容器例如桶可以通过有桶抓具的叉车清空，或者通过一个回转泵吸出。（**图 1-214**）

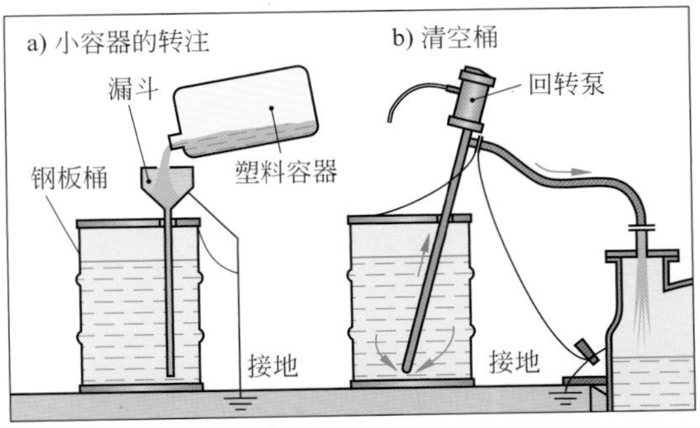

图 1-214：容器和桶的清空

清空可燃液体时，必须避免产生静电，以避免产生火花。火花可能点燃高度易燃的液体或者爆炸性液体空气混合物。因此，在吸入过程中，回转泵必须与待清空和待填充的容器连接并且接地（第 93 页，图 1-214）。使用的漏斗也必须接地。

填充管和漏斗应伸入容器底部以防止溅出。容器绝不能完全充满液体。留出大约 10% 的空间，保证液体的热膨胀并且留出蒸发气体的膨胀空间。

液体容器可储存、运输 500 ～ 3000L 的**中等液体量**（**图 1-215**）。

该容器采用不锈钢材料，可用作配有焊接式支架或者支脚的圆形容器，或者安装在有支脚的方形支架中（第 93 页，图 1-213）。此外，由挤出吹塑成型的聚乙烯制成的塑料容器，也用于有货板底座的钢架。

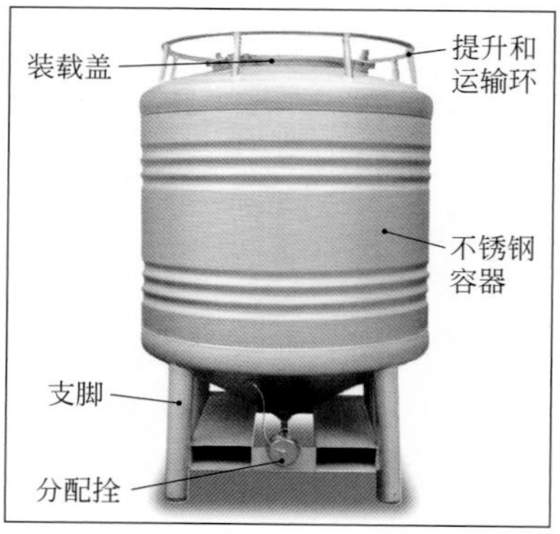

图 1-215：液体容器

液体容器的容量为 0.5 ～ $3m^3$。在不锈钢样式中，可以额外配备加热或者冷却蛇管、搅拌器和危险品装置，或者配备压力或者真空容器。通过适合的配件计量液体，用计量设备测量液体取出量。

液体容器易操作，可以堆叠，并能通过叉车或者起重机移动，然后紧凑地堆叠在卡车上运输，可直接停放在使用位置上。

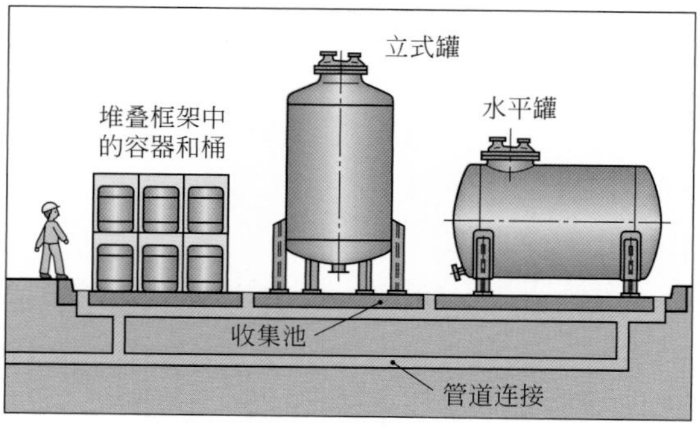

图 1-216：桶、容器和圆柱形罐

高达数万升的**大量液体**储存在由不锈钢或者玻璃纤维增强塑料制成的存储罐中。存储罐是圆柱形状的，底部圆形（上盖下底）并且可以竖立或者水平放置（**图 1-216**）。

存储罐放置于收集池中，用于在泄漏时收集液体。

对于**可燃液体的存储罐**，必须根据工作安全技术规定获得工商业管理法规定的资质许可，简称 TRBS。必须符合特殊的法律要求：

- 安装在室外时，必须与建筑物保持安全距离。
- 必须位于收集池中，并且容器和收集池必须具有溢流防护装置（**图 1-217**）。
- 排气管路必须有一个火焰止回阀。
- 罐和管道必须接地。
- 电气设备必须防爆。
- 本地必须配备火灾报警和消防装置。

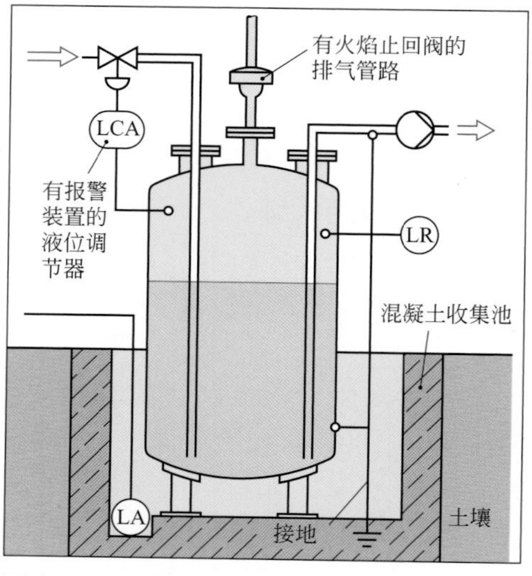

图 1-217：可燃液体的存储罐

通常，储存易燃、易爆或者有毒液体的存储罐拥有一个储罐气体处理设备（**图1-218**）。液体上部的空间充满惰性气体。通常，用氮气作为惰性保护气体。通过储罐加气可防止空气将水分带入储罐中，避免污染储存的液体或腐蚀罐壁。

从罐中排出液体时，自动补充氮气，加入液体时排放氮气。储罐加气和储罐排气控制器可确保罐中有较小的超压，约 10mbar。

在用于存储大量液体（高达数万立方米）的罐存储设备中，罐体一般为圆柱状或球状。其直径和高度范围为 5 ～ 30m，由钢板焊接在一起，分为固定顶罐和浮顶罐。

固定顶罐有一个略微拱形的顶，牢固地焊接在侧壁上（**图 1-219**）。液体表面和顶之间的空间填充有空气，如果是有爆炸危险的液体，则填充有惰性保护气体，例如氮气。

浮顶罐向上敞开（**图 1-220**），在液体处漂浮着一个圆盘形的盖子，上部用液体密封。这样，可保证蒸汽不从液体中逸出。

浮顶罐适用于储存低蒸气压的可燃液体，例如燃料油。在固定顶罐中，可以存储较高蒸气压力的液体，例如汽油。

球形容器（**图 1-221**）用于储存有较高蒸气压力的液体或者液化气体，例如丙烷。球形结构能很好地承受吸收气体的压力，其直径为 5 ～ 20m。

储罐的安全预防措施

所有容纳可燃液体的大容量容器，都单独存放在室外的混凝土罐坑中，这些罐坑足够大，以便在液体溢出时可收集所有的溢出液体。

在距离储罐的适当距离处设置有消防装置，例如消防栓、消防水管道和灭火泡沫端口，并用鲜艳的红色进行标记。

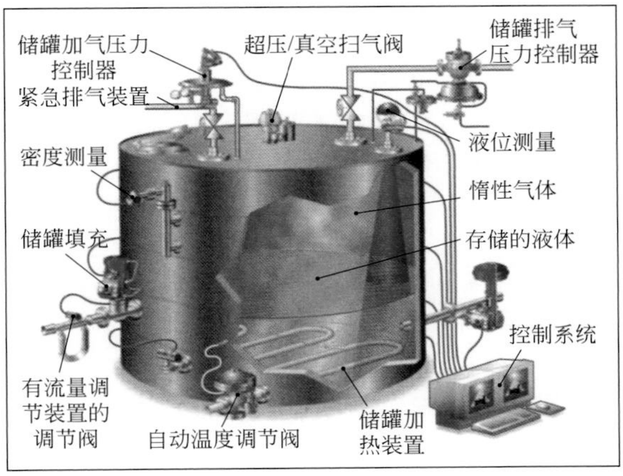

图 1-218：配有加气设备的储罐

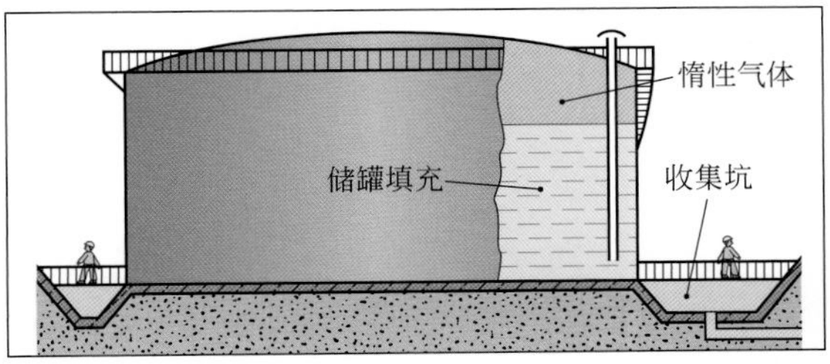

图 1-219：固定顶罐

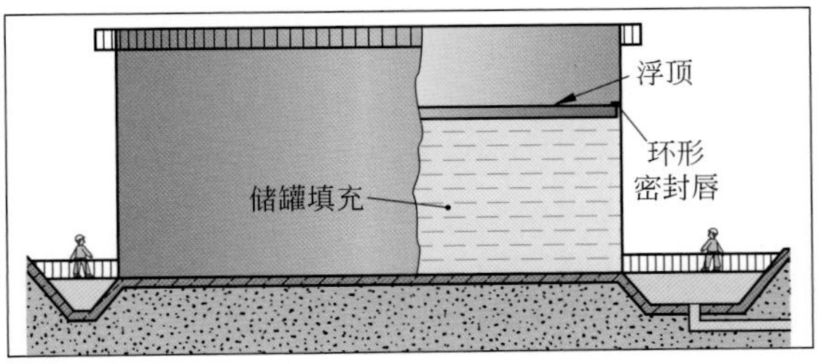

图 1-220：浮顶罐

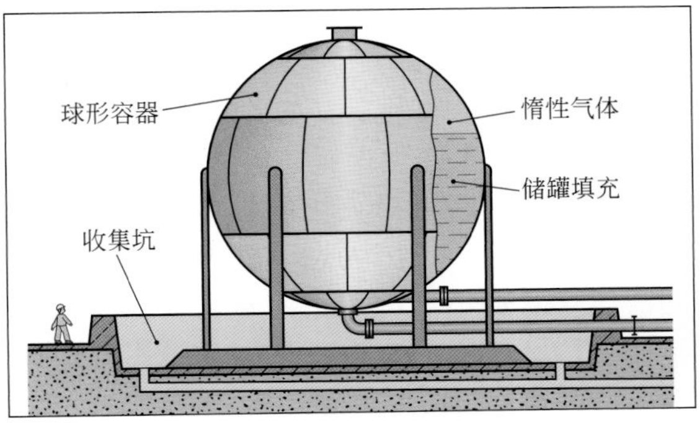

图 1-221：储存高蒸气压力的液体球形容器

8.4 处理和运输可燃及有毒液体

如果储存、填充和运输大量可燃液体，则必须采取措施防止火灾和爆炸的发生及蔓延。

在“**工作安全技术规定**”中，简称 **TRBS**，对需要监控的设备指定了相关参数，它们符合最新的技术标准。

之前适用的**可燃液体条例**（简称：TRbF）中的部分**可燃液体技术规定（TRbF）**仍然适用。

为了评估可燃液体的潜在危险，根据液体的闪点和沸点将其分为“高度易燃”“易燃”和“可燃”三类（**表 1-10**）。

闪点是正常压力下可燃液体的最低温度，在该温度下液体表面上产生许多的蒸气，接近点火源时将会点燃，例如火焰或者火花。

最危险的是分类为高度易燃 F + 和易燃 F 的可燃液体。夏季，室外温度可能超过这些液体的闪点。

表 1-10：根据工作安全条例分类液体

分类	高度易燃	易燃	可燃
危险符号	F+	F	没有危险符号
	闪点 < 0℃ 沸点 < 35℃ 例如：乙醚	闪点 <21℃ 例如：环己烷	闪点位于 21℃和 55℃之间 例如：煤油
根据可燃液体条例（VbF），对应早期的危险物类别			
	危险物类别 A Ⅰ或者 B		A Ⅱ

注释：没有对应早期的危险物类别 A Ⅲ的分类

储存容量超过 10000L 的存储设备，高度易燃和易燃物质的处理能力超过 1000L/h 的储油站，以及燃料加油站需要经过授权。

即使是较少量的可燃液体，也只允许储存在合适的容器中。工作所需的短期存放的少量液体不视为存储。

禁止在不适合的位置摆放和存放可燃液体，例如通道、走廊、阁楼和储藏室。

在封闭的区域中，允许未获批准时在适合的容器中存储少量有限的可燃液体。

在储罐或者贮油库附近，禁止使用明火（禁止吸烟，禁止焊接）以及任何可能导致产生火花或者热量（禁止钻孔、锯切、切割）的工作。

可燃液体附近的电气设备，如开关、工具和电机，必须使用防爆设计。必须标记一个批准标志（**图 1-222**）。

应通过符号Ex标记防爆设计。

由于可能会产生火花，也禁止穿带钉鞋。

液体的水溶性对灭火能力至关重要。不能用水熄灭非水溶性液体，因为通常非水溶性液体较轻，可燃的液体漂浮在消防用水上，从而大面积加宽火势。此时应使用泡沫灭火进行灭火。可以用水熄灭可与水混溶的易燃液体，例如乙醇。

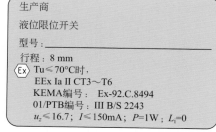

生产商
液位限位开关
型号：
行程：8 mm
Ex Tu≤70°C时，
EEx Ia II CT3～T6
KEMA编号： Ex-92.C.8494
01/PTB编号：III B/S 2243
u_z≤16.7；I≤150mA；P=1W；L_i=0

图 1-222：批准标志（示例）

在清晰可见的地方设立警告标志和禁止标志（第 2 页）。储罐应标记有液体说明、填充量和危险类别。

可燃液体不仅易燃，而且对健康有害。直接处理这些物质时，必须穿戴规定的防护服。

必须避免物质与皮肤接触和吸入蒸气。不允许污染环境的液体渗入地下，因为这会污染地下水并且毒化土壤。应通过清除污染的土壤并且将其转移到特殊的垃圾填埋场，来处理溢出的有害物质。

必须使用合适的、批准和标记的危险货物运输装置，通过道路或者铁路网（危险品运输）运输可燃和有毒液体（图 **1-223**）。通过有危险编号和物质编号的橙色警告标志进行标记（见右图）。

图 1-223：化学品的装料运输罐

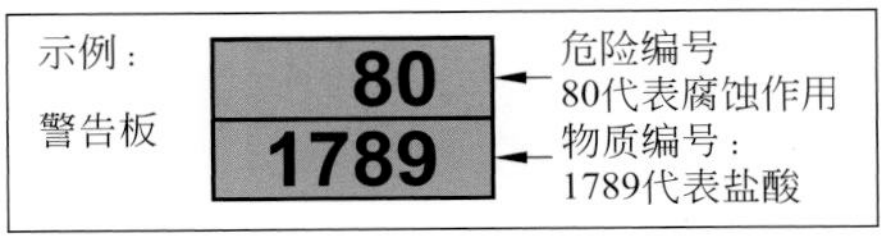

8.5 气体的储存

气体的储存类型和储存容器取决于气体类型、气体量和气体压力。

由于气体在大气压力（约 1.013bar）下体积很大，需要大型存储容器才能储存，因此通常利用高压压缩气体后再储存。

大致根据玻意耳马里奥特定律转换为 V_{amb}，计算减压至大气压力 p_{amb} 后，压力容器中压力 p_D 下的气体部分所占的体积：$p_{amb}V_{amb} = p_DV_D$。

例：在体积为 50.0L 的压力气瓶中，氮气的压力为 150bar。大气压力时，气瓶中的氮气部分的体积是多少？（p_{amb}= 1.013bar）

解：$$V_{amb} = \frac{p_DV_D}{p_{amb}} = \frac{150\text{bar}\times 50.0\text{L}}{1.013\text{bar}} = 7281.55\text{L} \approx \mathbf{7.28m^3}$$

大气压力时的气体体积

$$V_{amb} = \frac{p_DV_D}{p_{amb}}$$

在容器中的液化气体，不能根据容器压力计上显示的压力推断出储存的气体量。应通过取出液体前和后的重量来确定。

存储少量至中等数量的气体

在容量为 50L 的圆柱形压缩气体钢瓶中存储少量气体（图 **1-224**）。其填充压力为 200bar，在标准状态下（0℃，1bar）含有约 10m³ 的气体。

压力气瓶易于操作，便于运输，因此可在任何地方使用。

可以在货板上一起运输 12 个压力气瓶。

压力气瓶有一个瓶压压力计和工作压力计。取出气体时，设置减压阀（第 32 页）的工作压力。

为了避免由于错误连接压力气瓶而导致事故发生，根据气体的类型，气瓶拥有不同的螺纹直径。例如：氧气压力气瓶的管螺纹为 R3/4，氢气气瓶的惠氏螺纹为 W21,80×1/14。

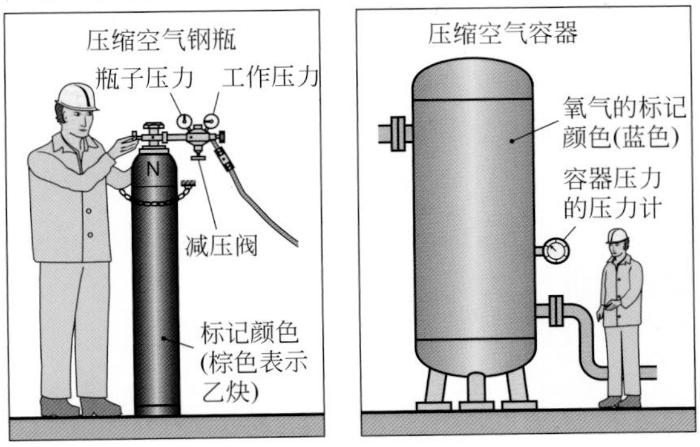

图 1-224：少量至中等数量的气体的存储

通过涂色以及印章和 / 或者危险品标签，标记压缩空气钢瓶中的气体（**图 1-225** 和**图 1-226**）。

涂色（DIN EN 1089—3）的依据是气体特征的普通颜色编码，或者是部分常用气体的颜色编码。

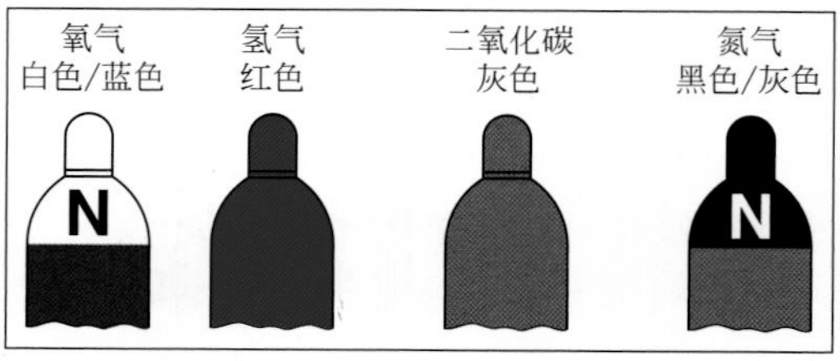

图 1-225：部分气体的气瓶标记

根据气体特征编码颜色：

黄色：有毒和 / 或者腐蚀性；

红色：可燃；

浅蓝色：氧化；

绿色：惰性（非氧化）。

部分气体的颜色编码：

氧气：白色 / 蓝色；

氮气：黑色 / 灰色；

二氧化碳：灰色；

氩气：深绿色 / 灰色；

压缩气体：亮绿色 / 灰色；

氢气：红色；

乙炔：栗褐色；

氯气：黄色；

氨气：紫色。

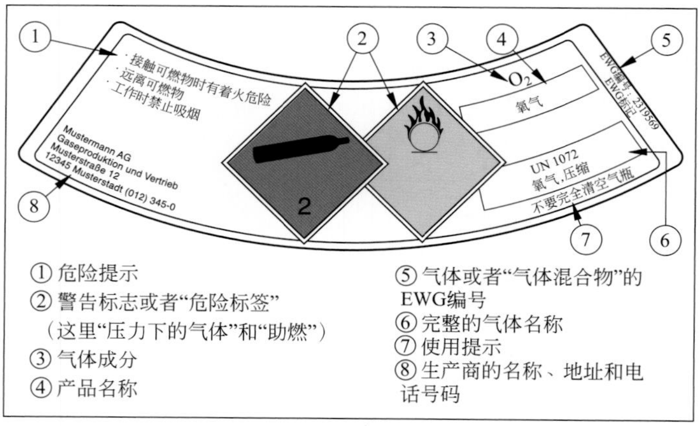

图 1-226：符合 DIN EN ISO 7225 标准的危险物标签（针对氧气）

用大写的 N（新版）表示根据最近改变的颜色代码而转换的颜色编码。

在立式或者水平布置的圆柱形钢制压缩气体容器中，存储**中等数量的气体**（第 95 页，图 1-219）。这种容器可用作生产设备中的储备容器或者平衡缓冲容器。

储存大量气体

大量气体储存在由焊接钢板制成的球形压缩气体罐中（**图 1-227**）。

为了承受由压缩气体产生的压力，**球形压缩气体罐**拥有最有利的形状。因此，在相同的最大压力下，其壁厚仅为圆柱形压力容器壁厚的一半。大型球形压缩气体罐的最大压力可达约 25bar。

压缩气体容器标记有一个铭牌，其中包含以下信息：

生产商、生产年份、生产编号、允许的工作超压、工作温度和体积。

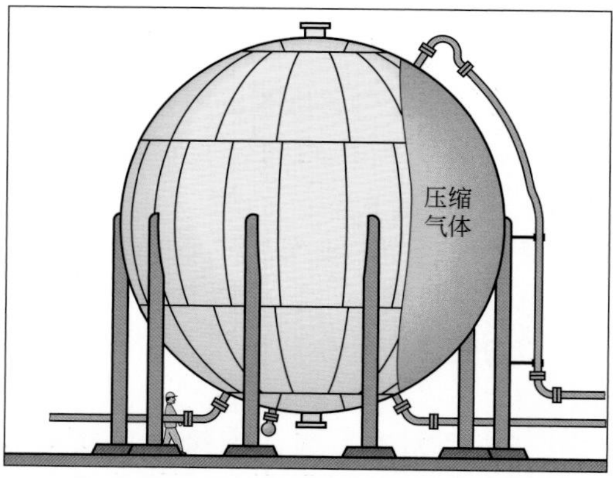

图 1-227：压缩气体或者液化气体的球形压缩气体罐

每个压力容器都配有一个压力表，用于显示工作压力，并且在允许的工作超压下显示红色标志。此外，压力容器必须配备一个安全阀和 / 或者爆破片（第 30 页）。

含有可燃气体的压缩气体容器必须设立一个保护区域，即与其他设备部件的最小距离。

在保护区域内，不允许有点火源，例如发热的设备和管道或者炉子。应在压力容器附近准备适当的灭火装置，例如灭火泡沫端口。

低压储气罐

为了向市政供应天然气，必须有足够大的存储容量，这样可以协调峰值消耗。这里使用了盘形气罐和钟形气罐，其中只有很小的超压。

盘形气罐是一个立式的钢瓶，高度为 20 ～ 30m（**图 1-228**）。该容器中有可垂直移动的圆盘，该圆盘将容器分成两个空间。圆盘由辊子引导并且用低黏度沥青气密地密封在容器壁上，沥青在密封槽中封闭圆盘和容器壁之间的间隙。沥青放置在内壁顶部的周边，在密封槽中收集，直至液体截止阀前部，然后向下滴落，并且重新泵送至容器顶部。

圆盘通过其重量压在储存的气体上，并且产生输送气体所需的压力。清空后圆盘降下，如果将气体泵入容器中，则圆盘升起。

钟形气罐由一个 20m 高，向下开口的圆柱形钢制容器组成，该容器位于水池中（**图 1-229**）。用水密封气体空间的下方。气体被泵入容器时，气罐会从水池底部升起。气罐通过自身的重量压在储存的气体上并且产生一个气压。容器可以最高抬起至水池的水位附近，由此扩大的气体空间对应于额外的存储容量。

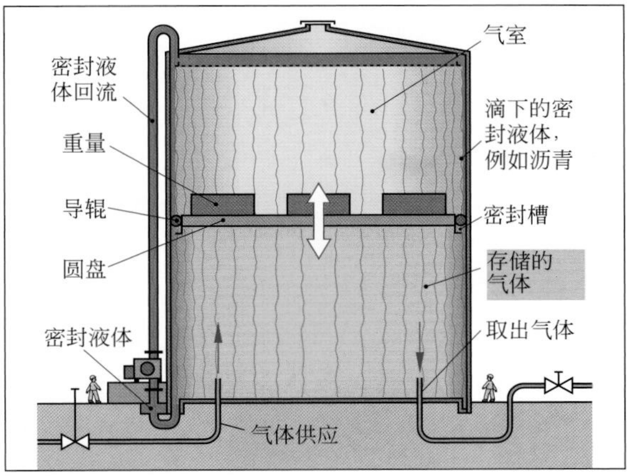

图 1-228：盘形气罐

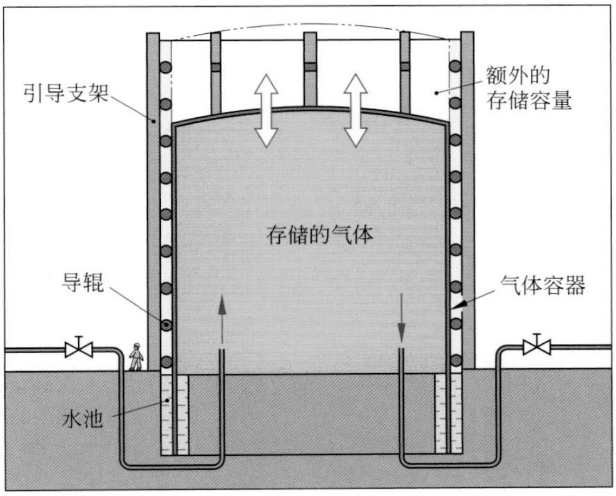

图 1-229：钟形气罐

储存液化气体

临界温度θ高于环境温度的气体，在高于临界压力 Π 的压力下是液体（关于临界压力和临界温度的更多信息，参见第 67 页）。因此，例如丙烷在室温和高于 40.6bar 的压力下是液体，而氨气仅在高于 112.6bar 的压力下是液体。

液化气体储存在压缩气体罐中（第 98 页，图 1-227）。在压缩气体罐中，液化气体以液体形式存在，上面有压力气垫。由于液态时气体占据的体积很小，因此可以在压缩气体罐中存储大量的气体。

复习题

1. 货板的用途是什么？
2. 大袋作为储存和运输容器，与袋子相比有哪些优点？
3. 填充易燃液体时，为了防止静电电荷必须采取哪些措施？
4. 哪些液体优先储存在球形压缩气体罐中？
5. 可燃液体分为哪些类别，分别是哪些符号？
6. 氧气或者氮气压缩气瓶有哪种涂色？

9 机器和设备概述

化工设备最重要的组成是机器和设备。在下面几页中，介绍了化工设备的部分典型的机器和设备，并且通过截面图说明了其内部结构和功能。

概念

机器（machines）称为动设备，提供机械力，例如：电动机、液压驱动器、变速器等。

化学工业中称之为设备（equipment 或者 apparatus）的通常是指内容构件相对静止或者部分内部构件相对可移动的封闭容器。在设备中输送、收集、储存和混合物料，改变其物理状态或者进行化学转化（**图 1-230**）。

图 1-230：化工设备的机器和设备

设备可进一步分为：

- **工艺技术设备**。在工艺技术设备中物质的物理状态发生变化，例如通过加热升高其温度，进行混合和分离，浓缩和稀释，或者蒸发和蒸馏等。
  经常使用的工艺技术设备有热交换设备、蒸发设备、蒸馏设备、过滤设备、离心机等。
- **反应设备**（也称为反应器），是进行化学转化（反应）的化学生产场所的一部分。依据反应过程的类型、操作条件和经济角度，反应设备或者反应器有多种结构样式。最常用的反应设备是釜式反应器，也称为反应釜（图 1-230）。其他反应设备有管式反应器、环管反应器、流化床反应器、高温反应器（炉子）、高压反应器（高压釜）等（第 540 页及以下）。

9.1 电动机和变速器

在化工厂的许多设备上都可以看到有前置变速器的电动机（electric motors）（**图 1-231**）。

电动机提供驱动能量，通过该驱动能量输送物料、产生压力或者真空，并且驱动可移动的设备部件。

在电动机中，电能转换成动能。

连接在发动机上的变速器，将电机提供的速度和扭矩，转换为适合工作条件的适当速度和扭矩。

根据所需的驱动特征，可配备适当变速器（第 156 页）的电动机（第 151 页）。

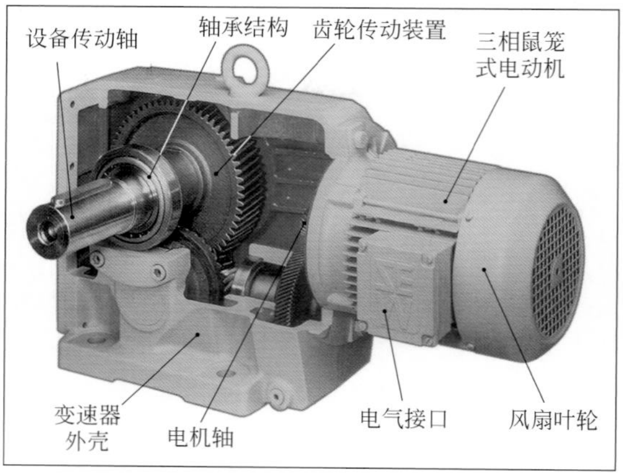

图 1-231：配有磨床变速器的电动机

9.2 釜式反应器（反应釜）

釜式反应器（stirrer vessel）是化学工业中用于与液体进行化学反应以及生产液体混合物的标准设备（**图 1-232**）。在釜式反应器中，分批进行化学反应和混合过程。

釜式反应器的主要部分是具有椭圆形上下封头的筒体，以及搅拌装置和搅拌器。盖子中的接管用于在容器中填充各种物料，以及插入测量传感器和挡板。

在容器中存储物料。

通过人孔可以进入容器中进行清洁或者维修。通过人孔法兰盖中的视孔，可以观察容器中正在进行的反应过程。可以通过底部的排水阀清空容器。

通过容器周围的加热夹套（双夹套）可以加热或冷却容器内的物料，例如通过热蒸汽加热或者通过冷却盐水冷却。

搅拌器可以使不同组分充分混合。在设计时，应尽可能缩短不同物料（低黏性至高黏性）的混合时间。这需要一个功率强大的驱动电机，以驱动变速器和离合器的搅拌轴。

反应釜有多种样式，这些样式依据工作条件和容器中的物料而不同。釜式反应器的材料有非合金结构钢、压力容器钢和不锈钢（耐腐蚀）。针对具有特别侵蚀性物质的反应，在内部使用搪瓷容器。

有低压容器、配备特殊密封件的真空容器，以及有特别坚固侧壁和法兰的超压容器。

发生化学反应的釜式反应器，配备了先进的测量技术和高性能的进料及出料泵。由此可以控制搅拌过程。

关于釜式反应器结构类型和功能的更多详细信息及说明，参见第 308 页。

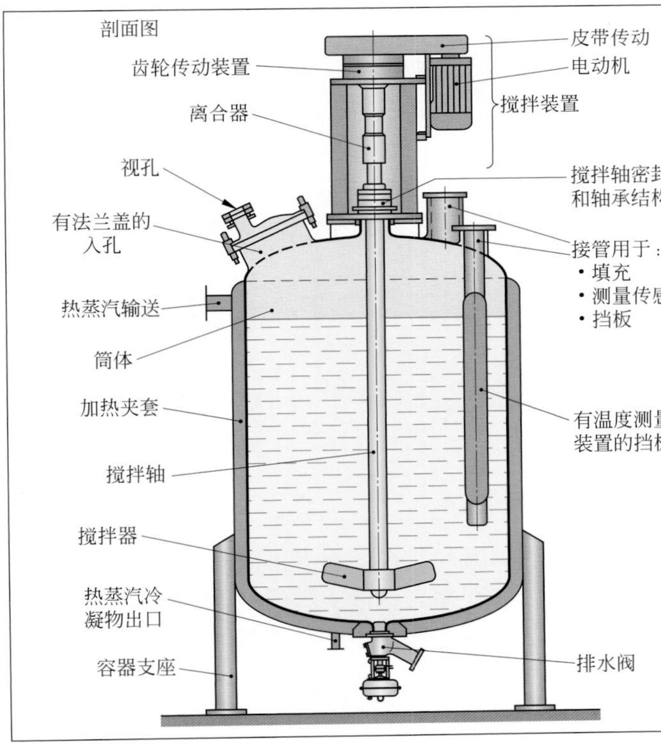

图 1-232：釜式反应器

9.3 破碎机

在加工或者化学反应过程之前，通常必须粉碎固体物质，增加其表面积，从而使其在溶剂中的溶解速度更快或者化学反应更快。

根据固体的尺寸和机械特征，可使用不同的切碎机（crushing machine）。

破碎机用于磨碎大块物质。较小固体颗粒物的切碎机称为磨碎机。

盘磨机适用于切碎粒度为1～10mm的脆性至中等硬度的物质（**图1-233**）。

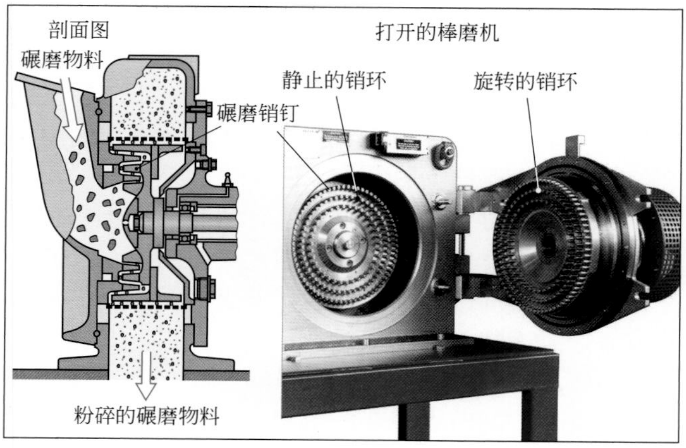

图1–233：盘磨机

盘磨机由一个高速旋转的圆盘组成，配备成排的同心销钉和有销钉的静止圆盘。

其中一个圆盘的成排销钉在另一个圆盘的成排销钉之间运行。粉碎物从漏斗进入磨碎机旋转轴的区域中。粉碎物通过旋转盘旋转，并且通过离心力向外侧和成排销钉上甩出。然后，进入成排销钉之间并且通过冲击和剪切进行粉碎。

9.4 过滤装置

过滤装置（filter device），也简称过滤器，其用途是将含固体的液体（悬浮液）分离成透明液体和细碎的固体物质。

分离方法是，通过多孔过滤层（过滤介质）引导待分离的悬浮液，液体（滤液）经过过滤层，并且保留固体颗粒物从而形成滤饼。

用于分批过滤的过滤装置是**加压过滤器**（**图1-234**），由一个耐压的槽形容器和铰接的下封头组成。过滤介质（通常是滤布）放置在一个水平支撑网格上。

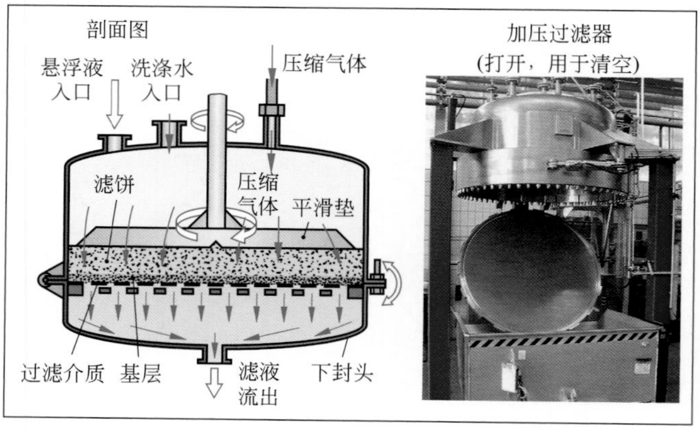

图1–234：加压过滤器

分批填充待过滤的悬浮液。然后关闭供应管路并且施加压力。将液体压过滤饼基层和过滤介质，滤液向下流动。固体颗粒物在滤布上形成一个滤饼，在过滤过程中变厚，并且还必须渗透滤液，用作额外的过滤介质。缓慢旋转的平滑垫能确保滤饼在任何位置的厚度均匀，并且不会形成可以渗过未过滤悬浮液的裂缝。所有的滤液排出后，则将清洗液导入滤饼，清洗滤饼，直到没有黏附的残余滤液。清洗液排出后，释放压力并且打开加压过滤器，滤饼滑入一个容器中。过滤介质上只剩下一个基层。关闭加压过滤器后，开始新的过滤循环。

9.5 换热器

换热器（heat exchanger）用于将热量从一种液体或者气体传递到另一种液体或者气体，即加热一种流体的同时，冷却另一种流体。根据哪个过程或者哪个流动物质更重要，将其称为**加热器**或者**冷却器**。

最常见的换热器结构类型是**管式换热器**（**图 1-235**），由一束细管组成，细管由管状壳体（护套）包围。一个流体流过管束中的管子内部，另一个流体垂直流过外部的壳体。通过导向板，多次偏转管路周围流动的流体，使其垂直于管束方向交替流动。

热交换器安装在化工设备的许多位置上，例如，在进入反应器前加热化学工艺的原材料，或者冷却反应器中的反应热量，使反应维持在适宜的温度。

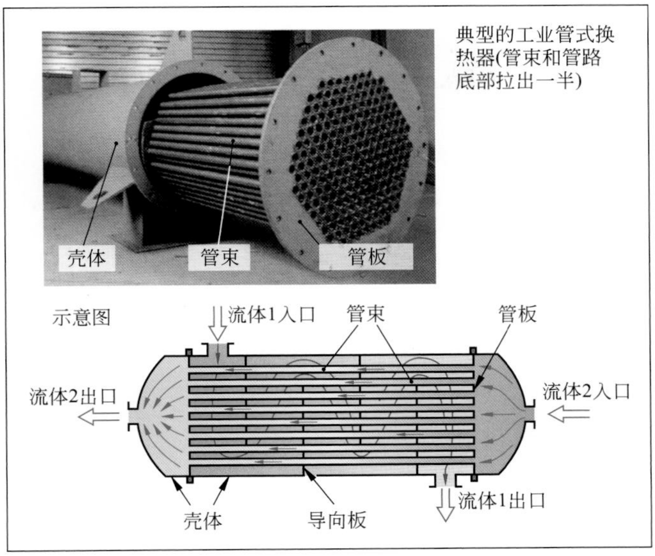

图 1-235：管式换热器

9.6 精馏塔

在精馏塔（destillation columns）中，可将液体混合物中各组分分离（**图 1-236**）。

例：将石油的多燃料混合物分离为各种石油产品，如汽油、煤油、燃料油、柴油、沥青。

为了分离，将液体混合物加热至沸点，并且送入精馏塔的中心区域中。在精馏塔中蒸气向上流动，而液体向下流动。

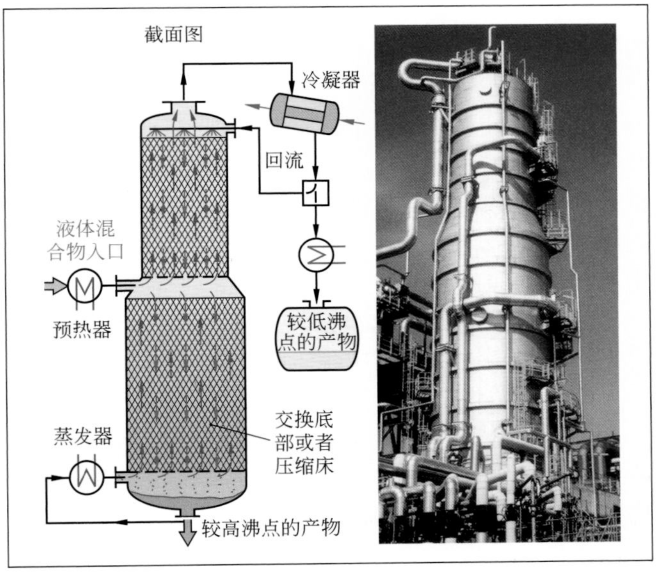

图 1-236：精馏塔

向上流动的蒸气与滴流的沸腾液体进行物质交换。向下流动的热液体与从下部升起的蒸气进行物质交换。在蒸气和液体流之间进行物质交换。液体混合物分离为从上部流出的较低沸点成分，以及向下流出的较高沸点成分。

复习题

1. 设备和机器在化学工程中是什么意思？
2. 釜式反应器中人孔的用途是什么？
3. 什么是加压过滤器？
4. 请解释换热器的功能。
5. 精馏塔有哪些用途？

10 化工设备设计

化工设计，即化工设备的设计，在许多情况下是基于实验室或中试技术中心获得的试验结果来完成的（第 7 页）。实验室容器或者技术中心设备是工业用大型技术设备的模型。

化工设备的规划设计一方面是要放大规模，简称“放大”；另一方面是要实现设备物理条件的“相似性”。

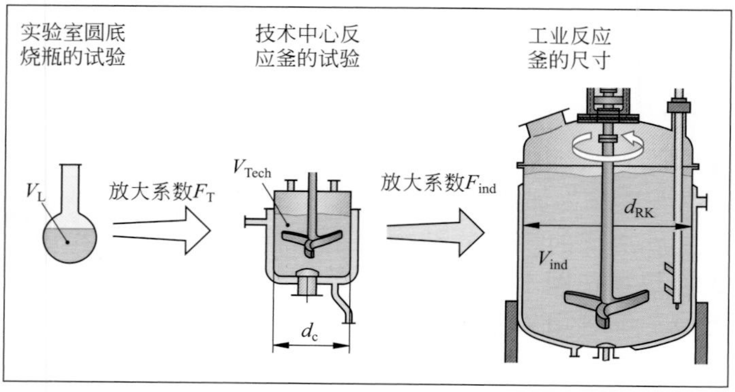

图 1-237：釜式反应器的放大规模设计（示意图）

放大规模

放大规模（scale up），指的是将工艺技术过程的实验室结果转移到工业规模上（**图 1-237**）。

放大规模计算的出发点是实验室或者中试技术中心开发的化学过程，要将该过程转化为工业生产过程。

例如将实验室设备（烧瓶或者烧杯）中的容器尺寸和已知的实验体积或者质量，换算为化工生产设备中的容器和设备的质量及体积（图 1-237）。

为了获得有效的结果，将放大规模分为两个阶段：

实验室产品的数量从克或者立方厘米的数量级，增加到中试技术中心的千克或者升的数量级，然后增加到实际生产设备的吨或者立方米的数量级，分别以 10 ～ 1000 倍系数的数量级增加（**表 1-11**）。

表 1-11：流程的放大规模

设备类型	产品数量
实验室设备	克，毫升
技术中心设备	千克，升
生产设备	吨，立方米

该**放大系数** F 的大小依据工业设计的尺寸或体积，以及实验室或者中试设备的尺寸或体积计算得出。

放大系数仅适用于某些物理参数，例如直径或者体积。

放大系数

$$F_T = \frac{中试技术中心规模}{实验室规模}$$

$$F_{Ind} = \frac{工业规模}{中试技术中心规模}$$

例：在中试技术中心的试验系列中，开发了一种新的化学品生产工艺。在一次配制中，通过中试技术中心的微型反应釜中得到 8.52L 的反应混合物，化学品的体积比为 68%。在工业分批操作的反应釜中，应该每次获得 2500L 的化学品。

a）尺寸转移的放大系数是多少？

b）所需混合容器的体积是多少？

c）应选择哪种标准反应釜？

解：a）8.52L 的技术反应釜物料包含 $V_1 = 8.52 \times 68\% = \mathbf{5.79L}$ 的化学品

$$F_V = \frac{V_{Ind}(化学品)}{V_{Tech}(化学品)} = \frac{2500L}{5.79L} \approx \mathbf{431.5}$$

b）所需的容器填充体积：$V_{RB} = \frac{V_{Ind}(化学品)}{体积比} = \frac{2500L}{0.68} \approx \mathbf{3676L}$

c）选择较大的标准化反应釜的额定体积 $V_N = \mathbf{4000L}$。

物理状态的相似性

如果两个设备中存在“相似”的物理条件，则在中试技术中心反应釜和工业反应釜中也发生“类似的”化学过程（**图 1-238**）。

– 模型和工业设备中的温度，必须在相同（同部位）的设备位置拥有相同的数值：$T'=T$。
– 模型中的化学成分（浓度 c）和工业设计在同部位处是相同的：$c'=c$。

其他的物理参数不相同，但是彼此相关联，例如反应釜中的搅拌器尖端处的流动速度 v，或者所需的搅拌器驱动扭矩 M_R。

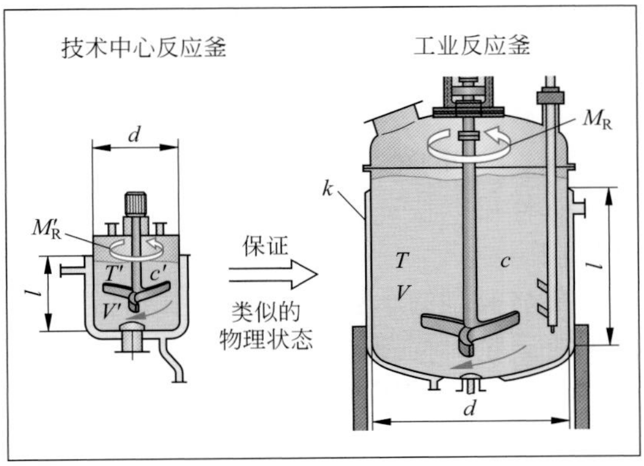

图 1-238：中试技术中心反应釜和工业反应釜中的类似物理参数

通过无量纲参数，也称为**无量纲数**，将这些物理参数从中试技术中心模型合理地转换为工业设计。

化学工程中重要的无量纲数有：

– 雷诺数$\boldsymbol{Re}=\dfrac{v \cdot d \cdot \rho}{\eta}$，表示管路中的流动状态
– 雷诺数$\boldsymbol{Re}=\dfrac{v \cdot d^2 \cdot \rho}{\eta}$，表示搅拌槽中的流动状态
– 努塞尔数$\boldsymbol{Nu}=\dfrac{\alpha \cdot l}{\lambda}$，表示传热状态
– 普朗特数$\boldsymbol{Pr}=\dfrac{\eta \cdot c_p}{\lambda}$，表示传热状态。

无量纲数中的符号

v	速度
d	直径
ρ	密度
η	动态黏性
n	搅拌器旋转频率
α	传热系数
l	长度
λ	导热系数
c_p	特殊的热容量
ν	运动黏度 = η / ρ

其中：

以根据努塞尔数在搅拌罐中传热为例，使用无量纲数，将中试技术中心模型转换为工业设计规模。

例：在中试技术中心反应釜的传热中（图 1-238），通过垂直加热面的冷凝饱和蒸汽加热反应釜时，努塞尔数为 $Nu=470$。工业反应釜中的传热系数为$\alpha=12500\text{W}/(\text{m}\cdot\text{K})$，热导率为$\lambda=48\text{W}/(\text{m}\cdot\text{K})$。

为了获得与技术中心反应釜相似的传热比（k 值），工业反应釜加热套中的垂直冷凝路径 l 必须为多长？

解：相同的 Nu 数时，拥有类似的传热比。

$$Nu=\frac{\alpha \cdot l}{\lambda};\quad \Rightarrow \quad \boldsymbol{l}=\frac{Nu \cdot \lambda}{\alpha}=\frac{470 \times 48\text{W}/(\text{m}^2 \cdot \text{K})}{12500\text{W}/(\text{m} \cdot \text{K})} \approx \mathbf{1.80m}$$

加热装置外套中的垂直冷凝路径的长度必须为 1.80m。

复习题

1. 通过哪个公式计算反应釜体积的放大系数？
2. 18cm 直径的中试技术中心反应釜和 2.24m 直径的工业反应釜的放大系数是多少？
3. 反应釜放大规模时，为什么物理参数相似？
4. 反应釜中的无量纲雷诺数 Re 以及努塞尔数 Nu 表示什么？

11 化工设备的示意图

在化学工程中，以示意图的方式描述化工设备（流程图），可使化工设备或者工艺的原理及结构一目了然、便于记忆。

这样可以快速了解化工过程及其设备。此外，应通过示意图看出设备由哪些装置、机器和阀门组成。

单一类型的示意图不能满足所有这些要求，因为其一般过于复杂而且不清晰。因此，采用以下三个流程图（流程图类型）：

- **方块流程图**，也称为基本流程示意图。
- **工艺流程图**，也称为工艺流程示意图。
- **管道和仪表流程图（P&ID 流程图）**也称为 P&ID 流程示意图。

每种类型的流程图都包含有流程的基本信息。此外，还可以说明其他信息（额外信息）。

在标准 DIN 28000-3（2014）和 DIN EN ISO 10628-1（2013）中对流程图进行了标准化。

在 DIN EN ISO 10628-2（2013）和 DIN 28000-3 和 DIN 2800-4（2014）中确定了应使用的流线、图形符号和标记字母（参见第 112 ～ 115 页）。

11.1 方块流程图

方块流程图（block flow diagram）以简单的示意图形式显示主要工艺步骤以及某个工艺或者化工设备的主要物料流，并注明原料和生料名称（**图 1-239**）。

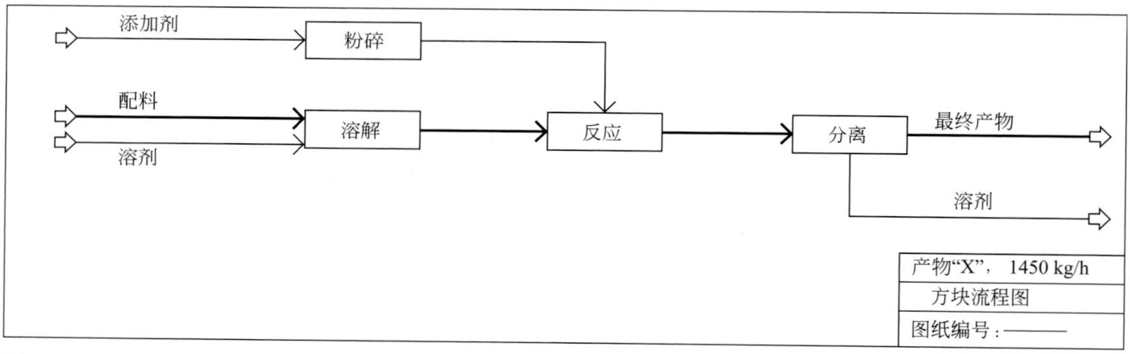

图 1-239：包含基本信息的方块流程图

方块流程图的结构是，原材料从流程图的左侧流入，中间是流程步骤，右侧是最终产物。用向右和向下的箭头标注液体和固体废物，向上的箭头标注废气。

线条表示管路，使用 1mm（0.5mm）宽的线条表示主物料管路，使用 0.5mm（0.25mm）宽的线条表示辅助物料管路（第 112 页）。

通过箭头表示物料流的方向。使用 0.5mm（0.25mm）线宽的长方形，表示工艺步骤或者设备，其中注明工艺步骤的术语。

包含基本信息的方块流程图包括主要工艺步骤（矩形框中的术语）、原料和生料的名称以及主要物料的流动路径。

图 1-239 所示的包含基本信息的方块流程图，举例显示了一个化学过程，其中配料溶解在溶剂中，然后与粉碎的添加剂反应。反应后，从反应混合物中分离最终产物和溶剂。

在包含基本信息的方块流程图中，还说明了流经物料的数量和使用的能源载体，以及典型的工作条件（**图 1-240**）。

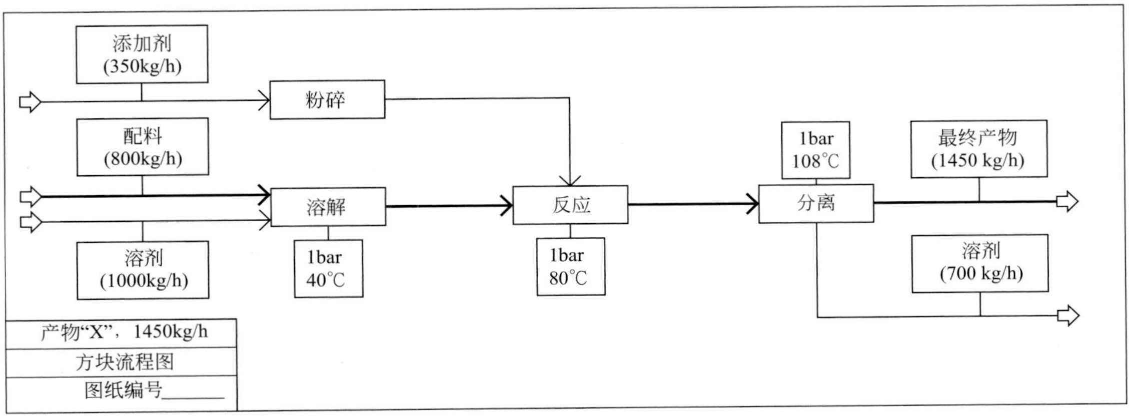

图 1-240：包含额外信息的方块流程图

练习题：请设计化学过程的方块流程图（包含基本信息），其中一种主要物料和两种添加剂必须在反应前溶解在溶剂中，并且相互反应。必须从反应液体中，通过废液结晶分离出液体反应产物。

11.2 工艺流程图

工艺流程图（process flow diagram）是根据 DIN EN ISO 10628-2 和 DIN 28000-5，采用图形符号表示设备和机器的工艺图示。这些符号通过表示物料流和能源流的线条连接起来（第 108 页，图 1-241）。

工艺流程图包含的**基本信息**有：

- 通过图形符号以及名称缩写描述的所需工艺设备和机器的类型（没有绘制驱动机）。
- 工艺中的原料和生料、物料和能源或者能源载体的流程图，包括其名称和数量说明。
- 典型的工作条件。

工艺流程图可以包含的**附加信息**有：

- 物料的名称和数量，以及工艺中的能源或者能源载体。
- 主要管件的布置。
- 重要设备位置的测量、控制和调节设备的工作分配。
- 附加的工作条件。
- 设备和机器的特征参数和数据（驱动机除外）。
- 主要设备和机器的海拔高度。
- 必要时，在单独列表中说明驱动装置的特征数据。

工艺流程图与方块流程图的一般结构相同。原材料从左侧流入，有时也从上部流入。在中间显示设备和机器，最终产品在中间右侧流出，副产品在下部和上部流出。

管道和物料流的方向如方块流程图所示。采用图形符号示意性地表现设备和机器并且附上字母代号。在 DIN EN ISO 10628-2 中列出了最常用设备和机器的图标（参见第 112 ～ 115 页）。

设备和机器的字母代号由一个或者两个字母（例如容器为 BE，搅拌器为 RW）以及一个编号组成（例如容器 2 为 BE2）。

图 **1-241** 所示的工艺流程图显示的化工流程与第 104 页图 1-237 和第 106 页图 1-239 中方块流程图所显示的化工流程相同：在容器 BE1 中溶解配料，在容器 BE2 中进行反应。通过泵 PL1 和 PL2 输送液体。在破碎机 ZM1 中粉碎添加剂。物料在换热器 WT1 中加热后于精馏塔 KO1 中分离反应产物。

在附加的列表中，可以额外说明设备的主要尺寸和驱动机的数据。

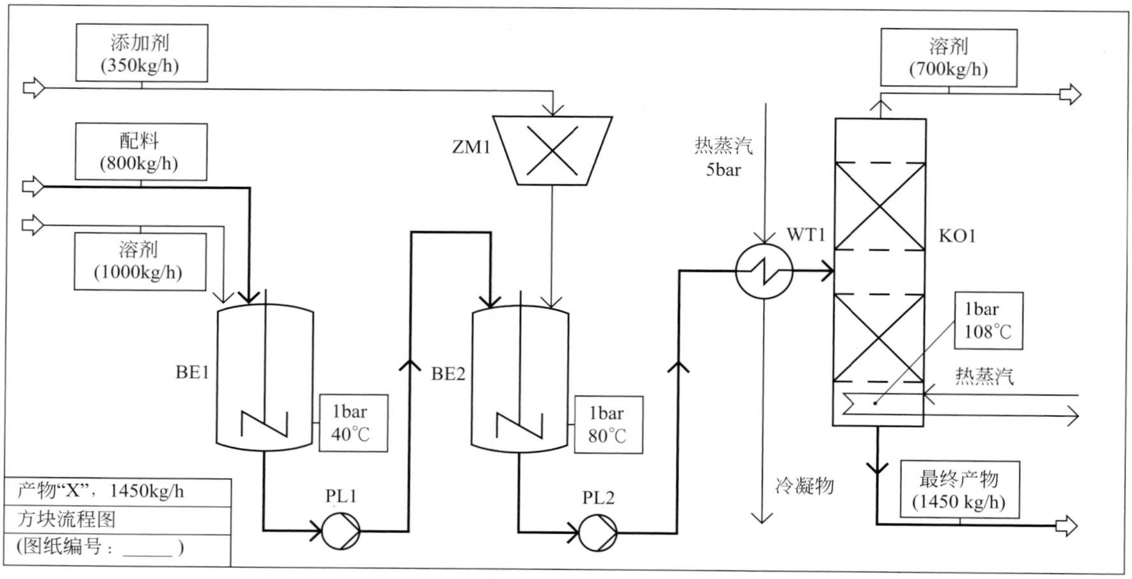

图 1-241：包含化学过程基本信息的工艺流程图

练习题 1：针对方块流程图练习题（第 107 页）中所述的化学过程，绘制工艺流程图（包含基本信息）。主要物料的物料量为 520kg/h，添加剂为 280kg/h 和 240kg/h，反应产物为 735kg/h，废液为 305kg/h。

练习题 2：请解释图 **1-242** 中所示的用于生产氨气的设备工艺流程图。

请详细说明 - 该工艺所使用的设备和机器

- 物料的流动路径和工艺步骤

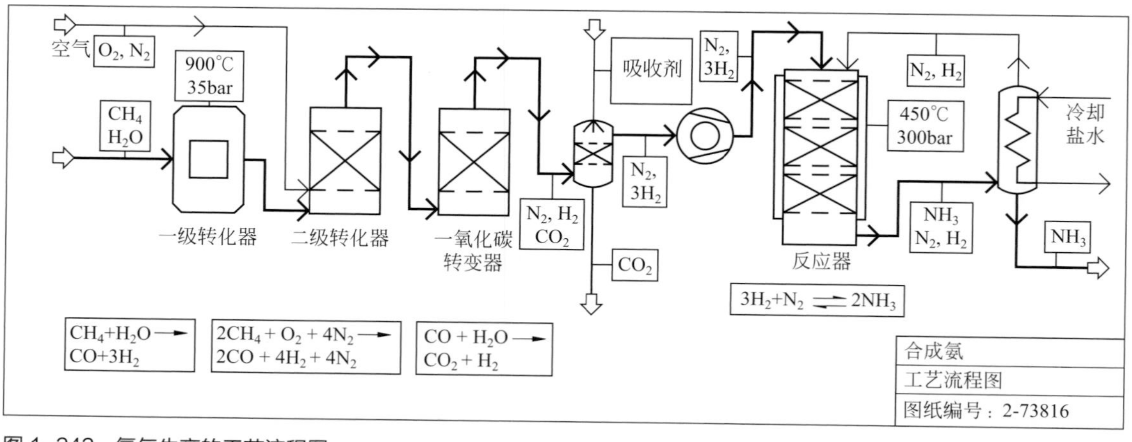

图 1-242：氨气生产的工艺流程图

11.3 管道和仪表流程图（P&ID 流程图）

管道及仪表流程图，简称 P&ID 流程图（piping and instrumentation flow diagram），是化工设备的符号描述，包括配有阀门和管道的装置，以及测量、控制和调节装置（第 110 和第 111 页图）。

表示物料、能源和信号路径的线条将设备的图形符号（第 112 ～ 115 页）连接起来即为 P&ID 流程图。

P&ID 流程图包含以下基本信息：

- 设备和机械的类型，包括驱动机、管道和阀门以及安装的储备容器。
- 设备和机器的名称及其特征参数（部分在单独的列表中）。
- 公称直径、压力等级、材料和管道设计的说明。
- 设备部件隔热的信息。
- 测量、控制和调节装置的用途（显示类型，参见第 484 页）。

P&ID 流程图中还可以包含其他信息：

- 能源载体的流动路径、名称和数量说明。
- 阀门和重要测量、控制和调节设备的名称（第 484 页）。
- 设备和机器的高度。
- 设备和机器的主要材料（在单独的零件列表中）。

管道以及设备和机器的图示，与工艺流程图中的图示相同。此外，P&ID 流程图中还有阀门。通过标准化的图标表示（第 112 页），线宽为 0.25 mm。

阀门的描述和布置

阀门的图标由执行器和执行机构的符号组成。

图 1-243 显示了部分示例。其他的阀门图标参见第 112 页之后的内容。

阀门的安装位置和结构依据相关规定。

阀门的标记字母有：VC 表示调节阀，VV 表示截止阀、滑阀、阀板和旋塞，VY 表示有安全功能的阀门（第 112 页）。

例如，容易出故障的调节阀和设备在入口前部和出口后部都设置有闸阀（**图 1-244**）。这样不需要在整个系统空转时拆除配件或者设备，或者管道系统超压时中断整个系统压力。

例如，应尽可能在管道网络中安装特别重要的阀门，例如自动控制阀，这样如果控制阀出现故障，则不需要在整个设备停止时拆卸配件（**图 1-245**）。

其中，所谓的有手动阀 VC2 的**旁路**与调节的截止阀 VC1 并联，并且在控制阀前部和后部的主要管路中分别设置一个手动操作的闸阀 VV1 和 VV2。发生故障时，可以关闭闸阀 VV1 和 VV2，并且可以通过阀门 VC2 手动控制物料流，直到拆卸并且更换损坏的阀门 VC1。

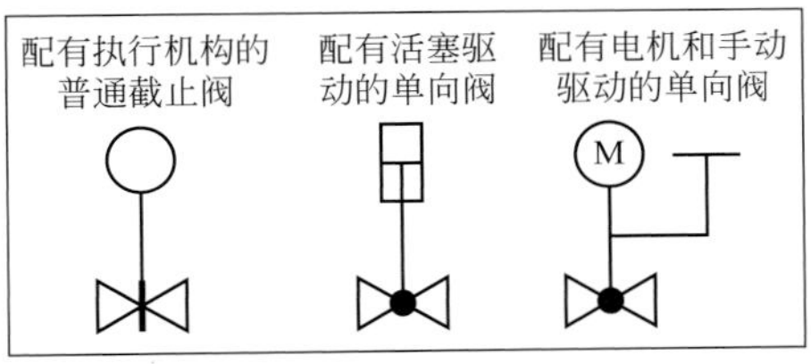

图 1-243：配有执行机构的阀门

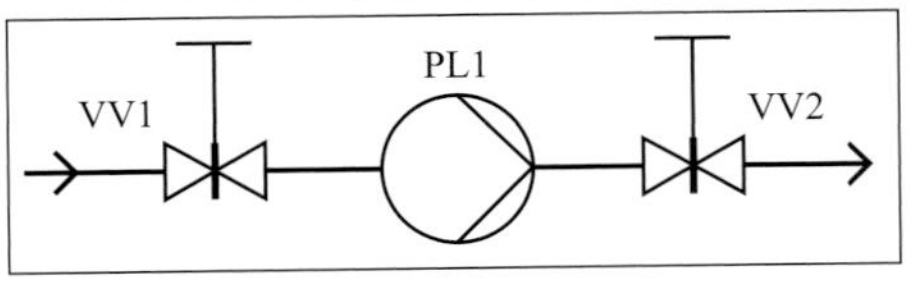

图 1-244：可拆卸泵

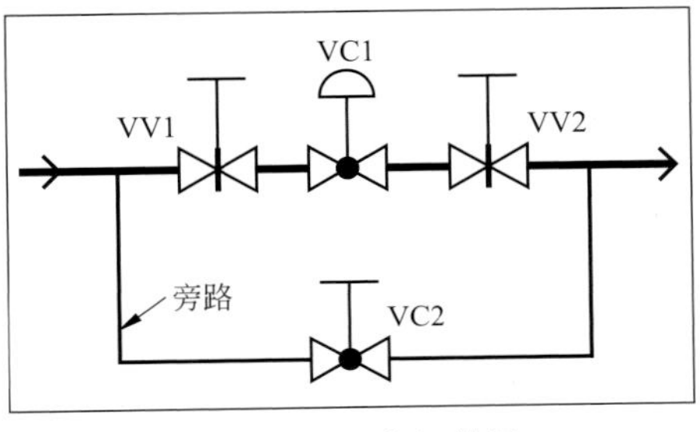

图 1-245：有旁路的可拆卸调节阀

11.4 技术设备 P&ID 流程图示例

用于泵送液体的设备

图 1-246 中所示的设备用于将液体从容器 **BE1** 泵送到容器 **BE2** 中。待泵送的物料流由隔膜驱动的控制阀 VC101 计量，如果流经旁路时发生故障，也可以通过手动阀门 VC102 控制。闸阀安装在容器和泵的前部及后部，这样可以在不清空整个管道网络的情况下拆除设备。

可以在 P&ID 流程图中通过一个简称命名阀门。如果该阀门是截止阀，则其代号由字母 VV、一个管道编号以及一个两位数的编号组成。

例： VV305 表示 3 号管道中的截止阀，编号为 05。

测量和调节设备标有字母缩写和编号，用椭圆形表示。有关详细信息，参见第 485 页。

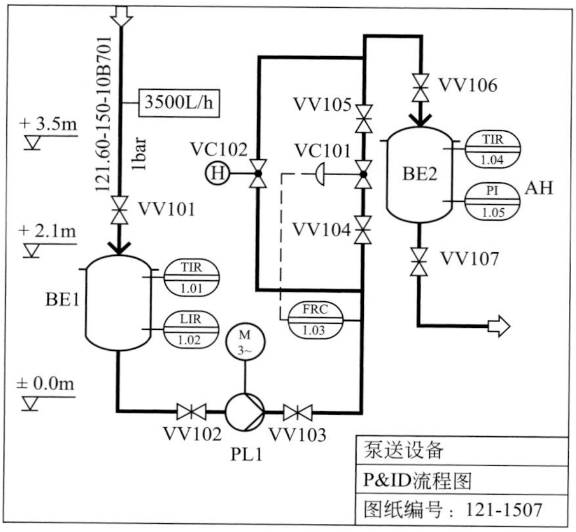

图 1-246：泵送设备 P&ID 流程图

用于制备溶液的设备

图 1-247 显示了用于在溶液中溶解主要物料的设备 P&ID 流程图。

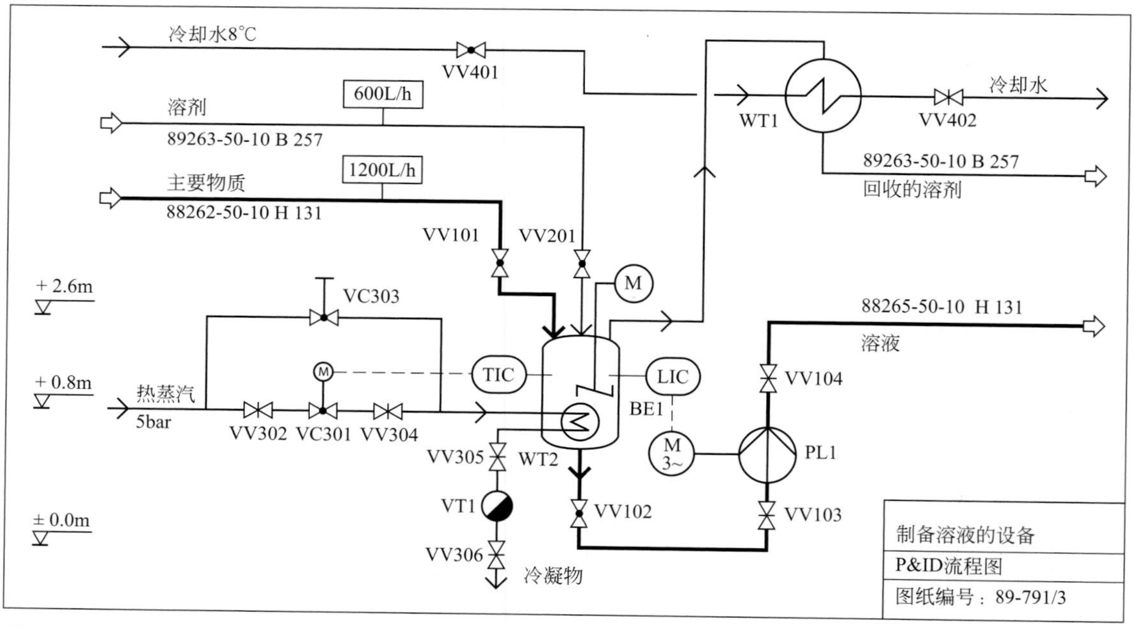

图 1-247：用于制备溶液的设备 P&ID 流程图

为了提高溶解度，通过蒸汽加热的换热器 **WT2**，加热溶解容器 **BE1** 中的混合物。由一个电机驱动的控制阀 VC301 计量加热蒸汽供给量，可以通过一个旁路手动控制。冷凝物通过一个疏水器 VT1 排出。通过加热，在溶解容器 **BE1** 中蒸发一部分溶剂，然后在换热器 **WT1** 中冷凝并且回收。通过离心泵 **PL1** 将制备的溶液输送出容器。

配有反应容器和分离设备的化工设备

图 1-248 显示了第 107 图 1-240 和 108 页图 1-241 中所示化学过程的 P&ID 流程图。

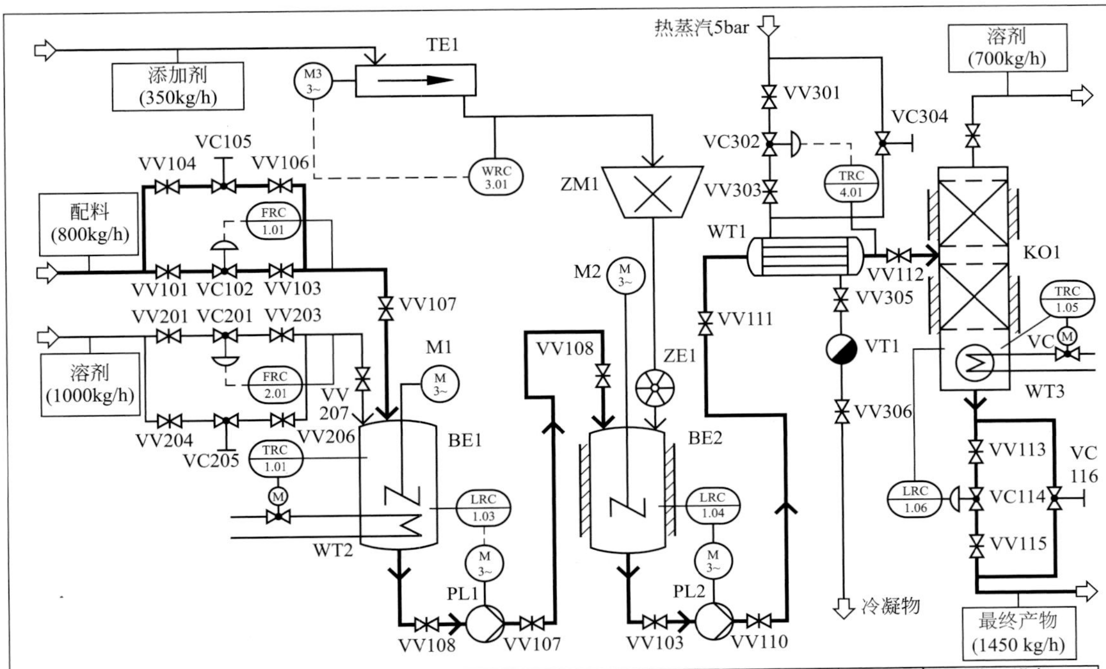

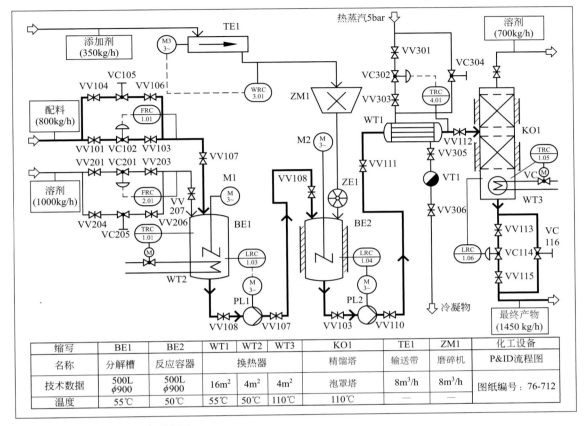

缩写	BE1	BE2	WT1	WT2	WT3	KO1	TE1	ZM1	化工设备
名称	分解槽	反应容器	换热器			精馏塔	输送带	磨碎机	P&ID流程图
技术数据	500L ϕ900	500L ϕ900	16m^2	4m^2	4m^2	泡罩塔	8m^3/h	8m^3/h	图纸编号：76-712
温度	55℃	50℃	55℃	50℃	110℃	110℃	—	—	

图 1-248：化工设备的 P&ID 流程图

分别通过一个隔膜驱动的控制阀 VC，将配料和溶剂计量充入分解槽 BE1 中。每个隔膜阀都有一个用于手动控制的旁路。通过泵 PL1 将溶液加入反应容器 BE2 中。通过一个输送带 TE1 将固体添加剂输送到破碎机 ZM1 中，然后通过星形配料机 ZE1 输送到容器 BE2 中，在这里开始化学反应。通过泵 PL2 抽出反应产物，使其在换热器 WT1 中达到沸点，产物分离前流入精馏塔 KO1 中。通过热蒸汽驱动换热器，通过一个有旁路的控制阀 VC 计量加热蒸汽。在精馏塔 KO1 中，将反应产物分离为最终产物和溶剂。通过调节器保持塔底温度和液位恒定。通过一个换热器 WT 加热分解槽 BE1 和塔底。

练习题：请绘制电加热反应釜的 P&ID 流程图，其中分别通过一个电机驱动的控制阀计量加入的两种液体。应通过活塞驱动的排泄阀设置搅拌罐中的液位。

复习题

1. 有哪些类型的流程图？
2. 方块流程图显示了什么？
3. 工艺流程图与方块流程图相比有哪些额外信息？
4. 旁路的功能是什么？
5. 如何在整套化工设备不空转的情况下，更换填充有液体的化工设备中的某个仪器设备？
6. 从管道及仪器流程图中可以看出什么？

11.5 流程图中的图形符号

［摘自 DIN EN ISO 10628-3（2013-07）和 DIN 2800-4，DIN 2800-5（2014-07），括号内：标记字母］

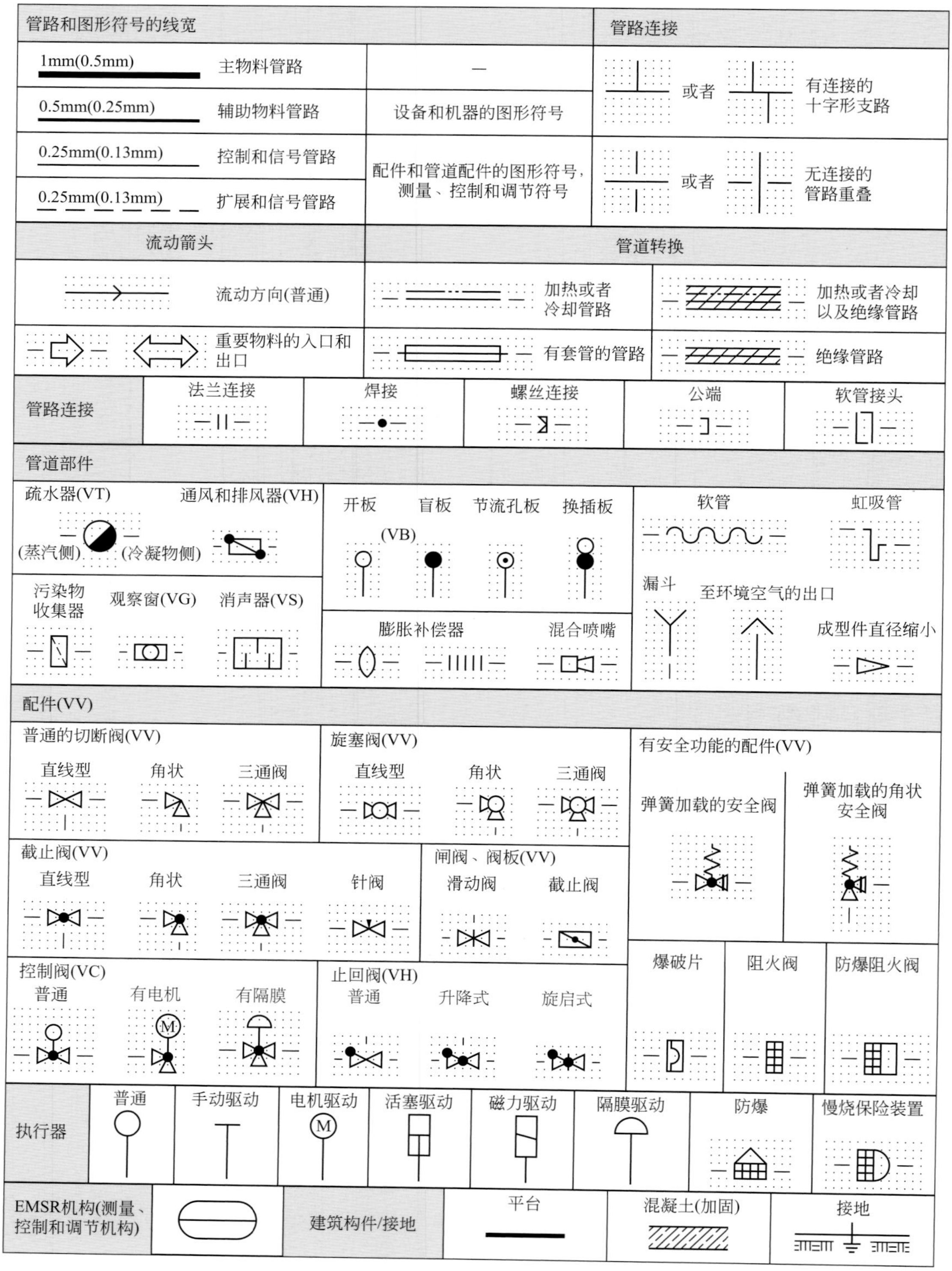
管路和图形符号的线宽
1mm(0.5mm)
主物料管路
—
0.5mm(0.25mm)
辅助物料管路
设备和机器的图形符号
0.25mm(0.13mm)
控制和信号管路
配件和管道配件的图形符号，测量、控制和调节符号
0.25mm(0.13mm)
扩展和信号管路
管路连接
或者
有连接的十字形支路
或者
无连接的管路重叠
流动箭头
流动方向(普通)
重要物料的入口和出口
管道转换
加热或者冷却管路
加热或者冷却以及绝缘管路
有套管的管路
绝缘管路
管路连接
法兰连接
焊接
螺丝连接
公端
软管接头
管道部件
疏水器(VT)
(蒸汽侧)
(冷凝物侧)
通风和排风器(VH)
开板
盲板
(VB)
节流孔板
换插板
软管
虹吸管
污染物收集器
观察窗(VG)
消声器(VS)
膨胀补偿器
混合喷嘴
漏斗
至环境空气的出口
成型件直径缩小
配件(VV)
普通的切断阀(VV)
直线型
角状
三通阀
旋塞阀(VV)
直线型
角状
三通阀
有安全功能的配件(VV)
弹簧加载的安全阀
弹簧加载的角状安全阀
截止阀(VV)
直线型
角状
三通阀
针阀
闸阀、阀板(VV)
滑动阀
截止阀
控制阀(VC)
普通
有电机
有隔膜
止回阀(VH)
普通
升降式
旋启式
爆破片
阻火阀
防爆阻火阀
执行器
普通
手动驱动
电机驱动
活塞驱动
磁力驱动
隔膜驱动
防爆
慢烧保险装置
EMSR机构(测量、控制和调节机构)
建筑构件/接地
平台
混凝土(加固)
接地

流程图中的图形符号

（摘自 DIN EN ISO 10628-2 和 DIN 28000-5，括号内：标记字母）

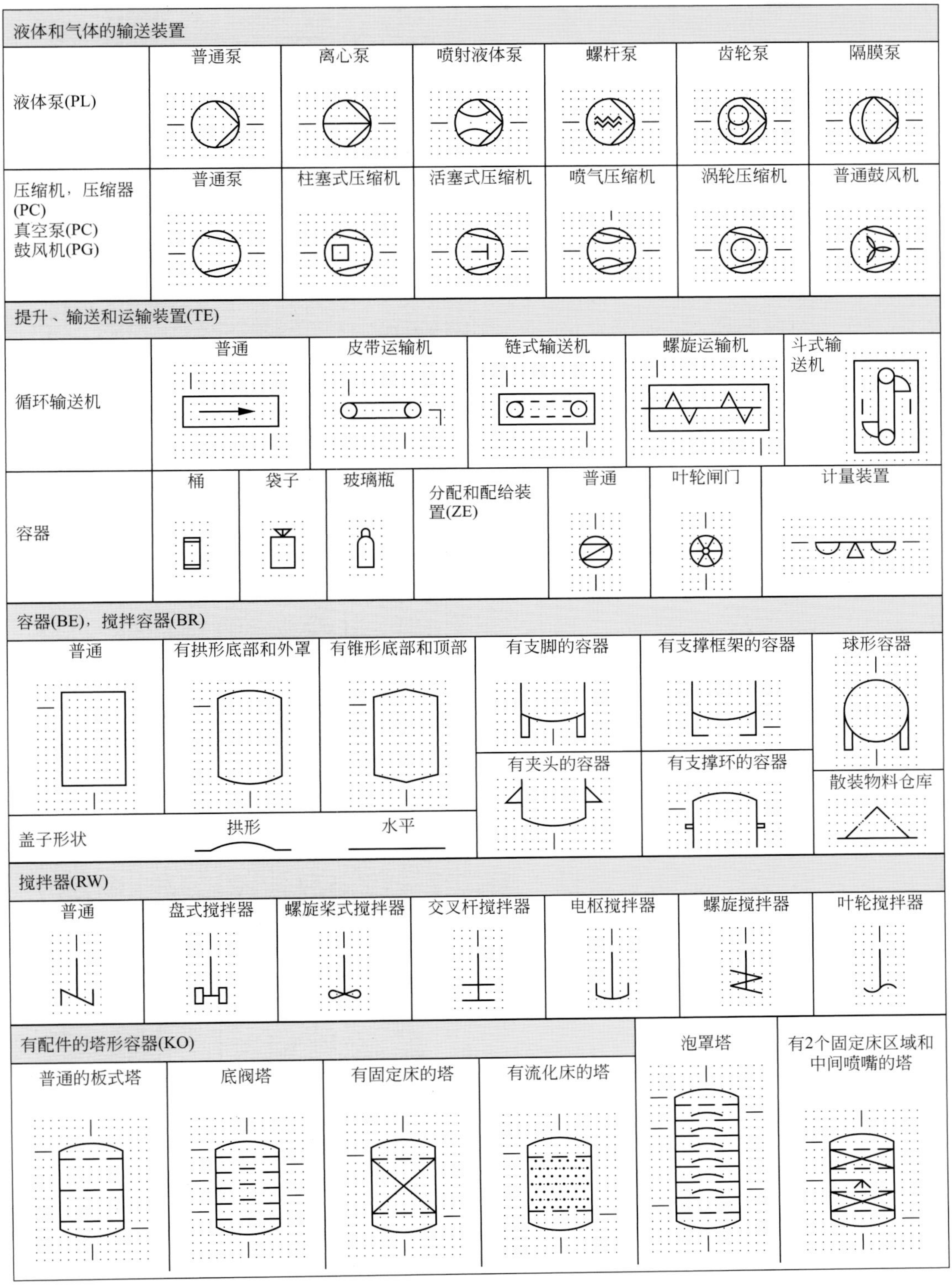
液体和气体的输送装置
液体泵(PL)
普通泵
离心泵
喷射液体泵
螺杆泵
齿轮泵
隔膜泵
压缩机，压缩器(PC)
真空泵(PC)
鼓风机(PG)
普通泵
柱塞式压缩机
活塞式压缩机
喷气压缩机
涡轮压缩机
普通鼓风机
提升、输送和运输装置(TE)
循环输送机
普通
皮带运输机
链式输送机
螺旋运输机
斗式输送机
容器
桶
袋子
玻璃瓶
分配和配给装置(ZE)
普通
叶轮闸门
计量装置
容器(BE)，搅拌容器(BR)
普通
有拱形底部和外罩
有锥形底部和顶部
有支脚的容器
有支撑框架的容器
球形容器
有夹头的容器
有支撑环的容器
散装物料仓库
盖子形状
拱形
水平
搅拌器(RW)
普通
盘式搅拌器
螺旋桨式搅拌器
交叉杆搅拌器
电枢搅拌器
螺旋搅拌器
叶轮搅拌器
有配件的塔形容器(KO)
普通的板式塔
底阀塔
有固定床的塔
有流化床的塔
泡罩塔
有2个固定床区域和中间喷嘴的塔

流程图中的图形符号

（摘自 DIN EN ISO 10628-2 和 DIN 28000-5，括号内：标记字母）

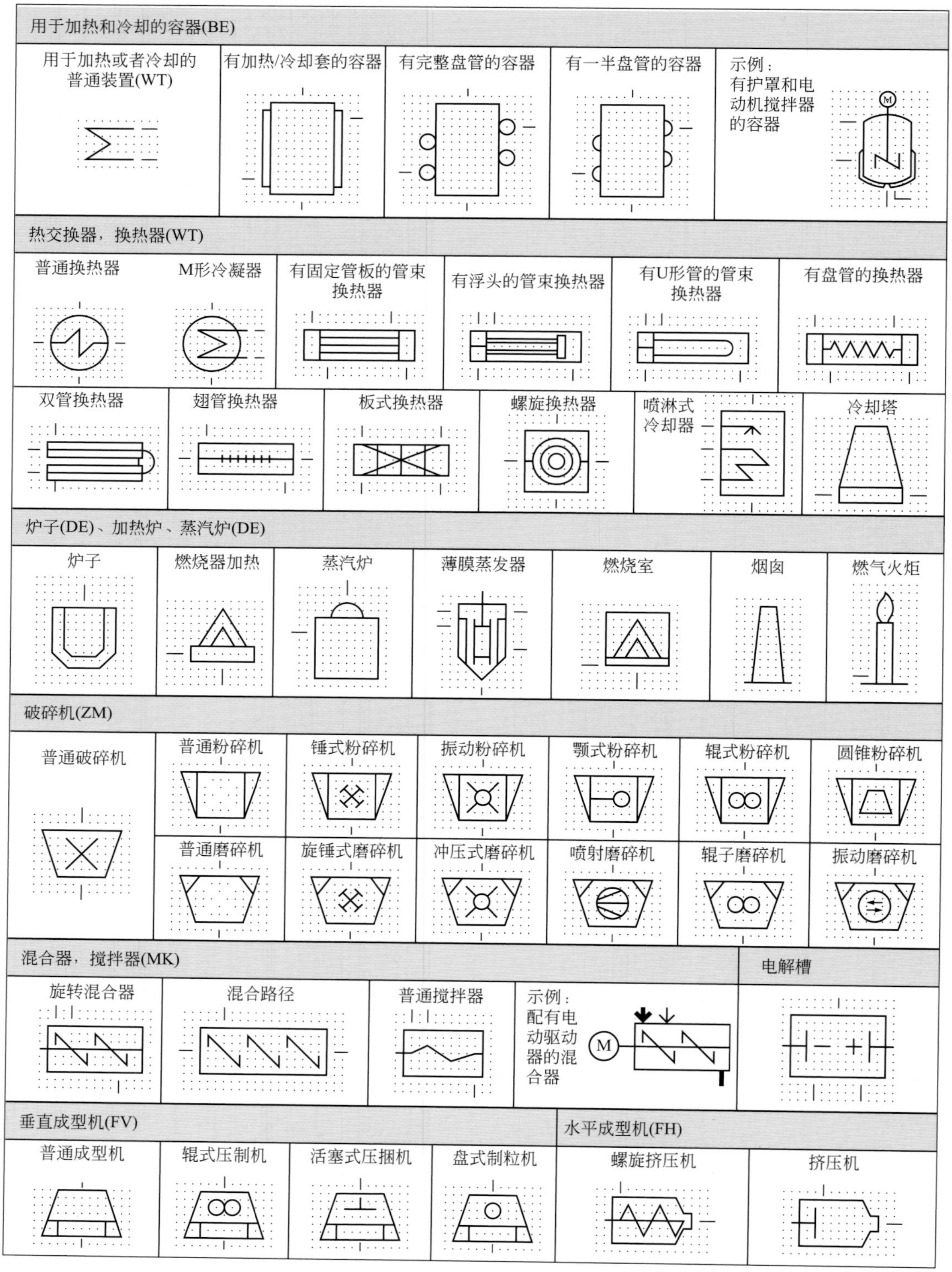

流程图中的图形符号

（摘自 DIN EN ISO 10628-2 和 DIN 28000-5，括号内：标记字母）

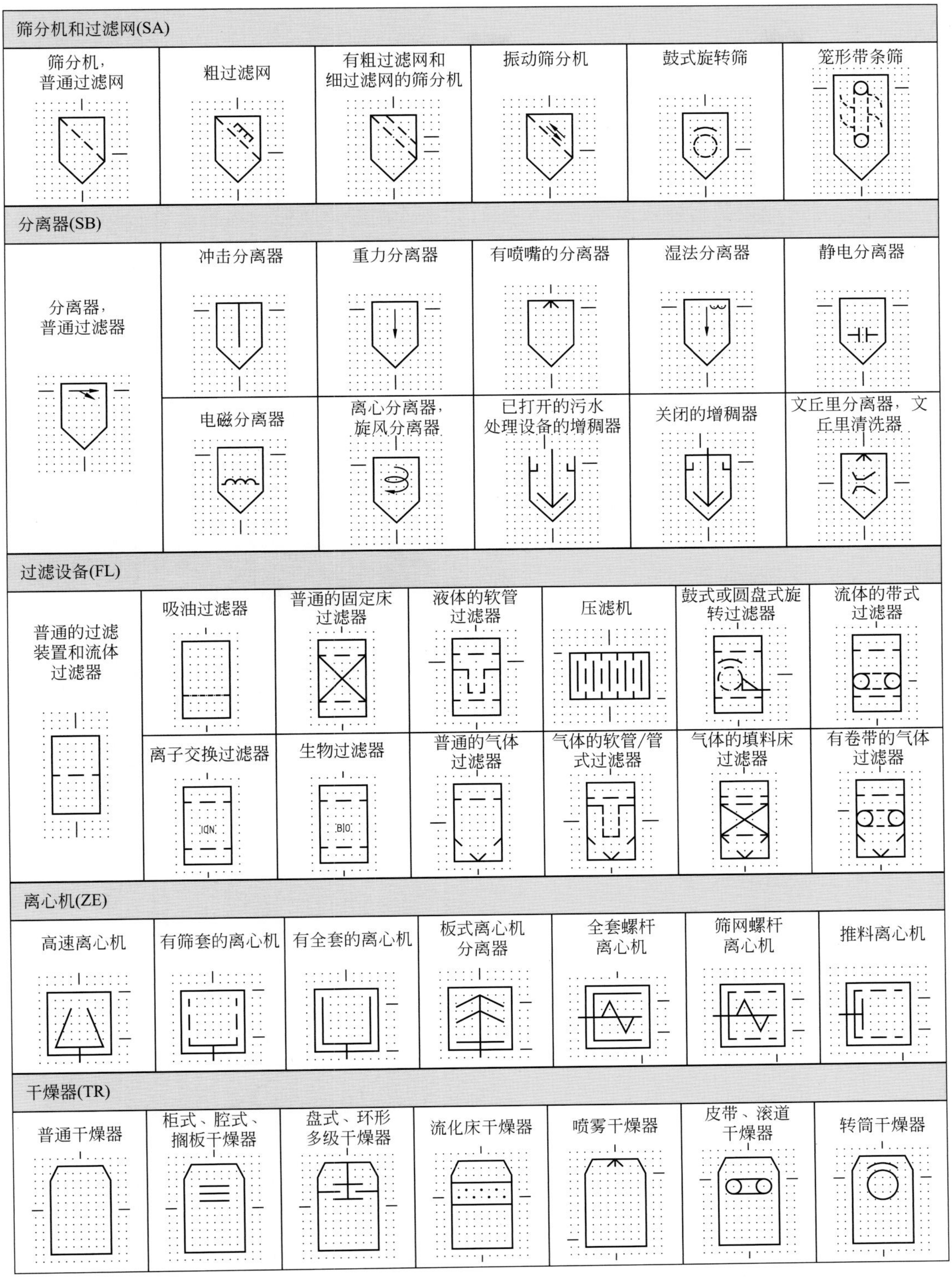
筛分机和过滤网(SA)
筛分机，普通过滤网
粗过滤网
有粗过滤网和细过滤网的筛分机
振动筛分机
鼓式旋转筛
笼形带条筛
分离器(SB)
分离器，普通过滤器
冲击分离器
重力分离器
有喷嘴的分离器
湿法分离器
静电分离器
电磁分离器
离心分离器，旋风分离器
已打开的污水处理设备的增稠器
关闭的增稠器
文丘里分离器，文丘里清洗器
过滤设备(FL)
普通的过滤装置和流体过滤器
吸油过滤器
普通的固定床过滤器
液体的软管过滤器
压滤机
鼓式或圆盘式旋转过滤器
流体的带式过滤器
离子交换过滤器
ION
生物过滤器
BIO
普通的气体过滤器
气体的软管/管式过滤器
气体的填料床过滤器
有卷带的气体过滤器
离心机(ZE)
高速离心机
有筛套的离心机
有全套的离心机
板式离心机分离器
全套螺杆离心机
筛网螺杆离心机
推料离心机
干燥器(TR)
普通干燥器
柜式、腔式、搁板干燥器
盘式、环形多级干燥器
流化床干燥器
喷雾干燥器
皮带、滚道干燥器
转筒干燥器

12　化工设备的运行和维护

化工设备无故障和安全运行的前提条件是化工设备的正确“运行”，并且保持其正常的状态。

12.1　化工设备的运行

根据运行规范（使用说明书，批次数据表）控制和调节设备中的化学过程，以便在要求的运行条件下运行。

其中，通过测量装置**连续监控**过程的运行状态（温度、压力、物料流量），并且在现代设备中通过一个过程控制系统对其进行控制或者调节。

为了保证质量，输入原材料必须经过进货检验。

通过快速记录故障以及确定故障原因和应急对策，来找出过程中出现的故障。

通常由设备生产商的工作人员或者在生产商的指导下，在试运行中对化工设备进行**首次调试**。记录获得的运行数据，并且用作设备生产运行的参考。

在控制台可显示和记录测量值，对化工设备进行监控（**图 1-249**）。所有测量值都汇总到控制台，显示在过程控制系统的显示面板或者显示器上。

图 1–249：化工设备的控制室

分批处理时，可存储已编程的控制器（PLC）控制流程（第 519 页）。在连续的生产过程中，过程控制系统控制运行条件，并且在所需的条件下进行流程（第 534 页）。

在设备间走动巡视，旨在检查机器和设备是否出现难以测量或无法测量的运行状态，例如换热器中的沉积物，泵中的异常噪声等。

过程控制系统包含诊断和维护程序（第 537 页），显示设备何时出现故障以及何时需要定期维护。

12.2　化工设备的检修

维持或者恢复化工设备的正常状态，需要化工设备每个组件完美发挥其功能，并且按照其功能相互协作。

检修（maintenance）包括定期维护、检查和检修工作（**图 1-250**）。由经过培训的人员执行。

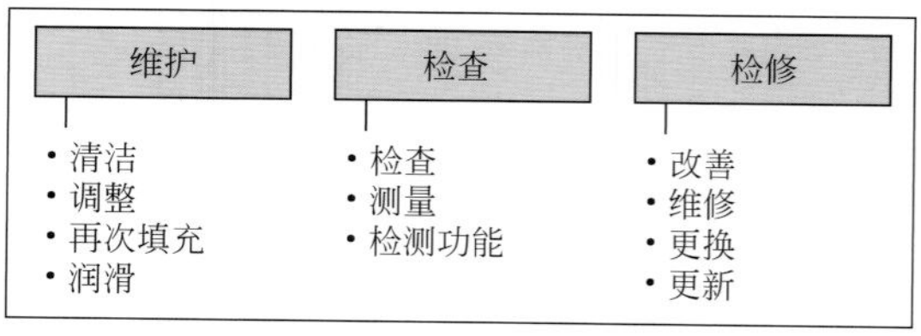

图 1–250：检修的工作范围

检修计划包括所有应执行的工作和检测任务，也称为**维护和保养计划**（第 117 页的表 1-12）。

12.2.1　维护

维护（servicing）包括保持设备每个部件的正常状态所需的所有措施。这些措施包括清洁、观察以及必要时的调整、再次填充和润滑。

在每个工作班次中，由设备负责人或者其授权人，根据规定的时间表对设备部件进行定期维护。

在设备连续运行时，通常的维护和检修周期有每个工作班次一次，一周、一个月、一个季度至半年一次或者一年至三年一次等（**表 1-12**）。

这表示，每个工作班次必须按照维护和保养计划开展规定的维护工作。一周后，必须按照每周维护工作的要求进行额外维护；一个月后，必须按照每月维护工作的要求进行额外维护等。

对于工厂的每台仪器、机器和设备，例如泵、搅拌器、阀门、输送设备、计量仪表等，均有机器生产商规定的维护和保养计划。在化工设备的总体检修计划中，汇总了所有的维护和保养计划。

表 1-12：连续运行的化工设备的整体检修计划（示例）

以下时间后维护	应进行的工作
1 个工作班次	– 检查有旋转部件的所有机器和设备，例如：检查驱动机、泵、填料箱和机械密封的运转平稳性和温度。 – 根据需要清洁设备部件，例如：污染的显示设备，观察窗。 – 检查泵和其他机器的油位
1 周	– 彻底清洁所有的显示设备、观察窗、检查窗。 – 清洁导轨、盖子、可移动部件；必要时润滑。 – 检查电气触点和开关
1 个月	– 机械部件等，例如：检查疏水器和安全阀的功能。 – 检查泵和变速器的润滑剂质量，必要时重新注油。 – 检查所有移动部件上的润滑位置并且润滑
3 ～ 6 个月	– 检查设备内部是否有损坏，是否有沉积物。 – 检查法兰连接和软管连接的密封性。 – 检查电气触点和保险丝的功能。 – 检查碳刷和电动机的集电器；必要时清洁或者更换
1 ～ 4 年	整个设备停止和维护： – 拆卸和检查设备，消除损坏和沉积物。 – 预防性更换磨损件，例如：泵的轴承和密封件，阀门的阀座密封件，电动机的碳刷等。 – 根据规定的更换计划，更换测量设备和传感器。检查过程控制技术设备的功能，必要时更换

对于 1 ～ 4 年的维护工作，需要具备特殊的电气工程和设备技术资格，由于工作量较大，通常无法由设备操作人员独自完成。因此，要由工厂的内部维护团队和器具、机器、设备生产商的售后服务人员为设备工作人员提供帮助。

具有安全功能的设施，例如安全阀或者废气火炬的安全功能，必须定期检查。

应在特定的维护表上记录进行的维护工作，特别是与安全性有关的装置，其中包括日期、工作类型和工作执行人员。

间歇操作时，维护工作依据批次的工作流程进行。通常，在每个批次结束后进行较小的维护工作，例如清洁。根据时间表，例如在 10、50、100 或者 500 个批次后进行较大的维护工作。

4 年后，必须由经过认证的检测公司（例如德国技术监督协会 TÜV）进行管道、阀门、泵、容器、设备等的**检查验收**。

该次**德国技术监督协会的验收**应在设备停机和整体维护的过程中完成。

化工设备维护工作的示例

（1）对管道进行清管

随着时间的推移，管道内壁上会积聚沉积物和结垢，必须定期加以清除，为此可使用清管器进行清洁（**图 1-251**）。通过压入或者拉出管道清管器（pig）穿过管道完成清洁过程。

清管器有多种类型（**图 1-252**）。

钢刷清管器有一个刷环。利用弹性密封圈清管器被压力介质推入管道，通过其上的刷子可去除松散的黏附物。

多节切割清管器由与旋转切割爪和切割轮悬挂在一起的模块组成。拉动清管器通过管道。切割清管器也可以清除供水管路或油气管道中牢固黏附的结垢或者石灰沉积物。

在未拆卸的管道（在线）部分或者在拆卸的管道部分中进行清洁。只能清洁没有收缩构件（例如阀门）的管道部分或者有可清洁配件的管道。

图 1-251：输油管道的清管器

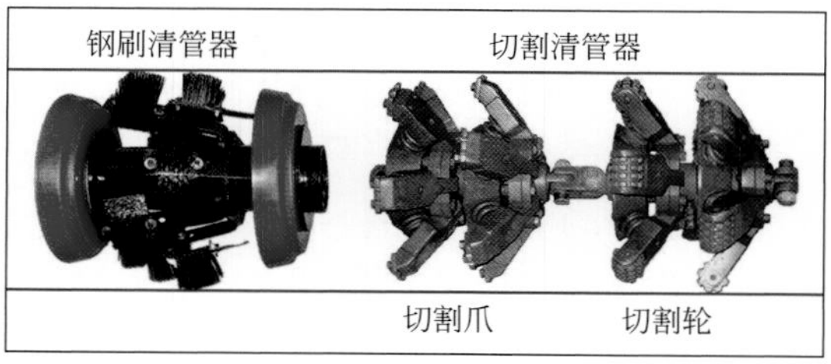

图 1-252：清管器的样式

（2）更换机械密封

机械密封用于密封轴的通道，例如在离心泵（第 44 页图 1-85）或者搅拌釜器（第 308 页图 7-45）中。

机械密封包含滑环和 O 形密封圈，用作磨损件（第 171 页图 3-24）。

要更换机械密封，必须将其拆下。由于机械密封的重量等原因，这是一项复杂的工作，需要借助装配工具（**图 1-253**）。

以相反的顺序安装新的机械密封。

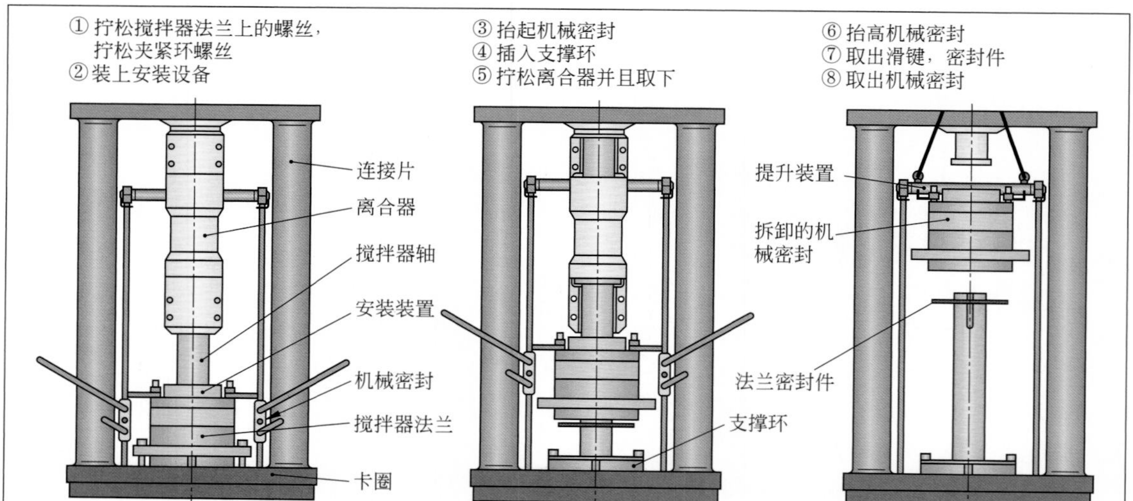

图 1-253：更换釜式反应器机械密封时的工作步骤

12.2.2 检查

检查（inspections）用于持续监控设备的正常状态，并且在必要时确定损坏或者运行故障。

定期进行检查：

观察：设备工作人员在控制室中观察过程参数。记录与额定状态的偏差以及通过过程控制系统进行的调整。

尝试为重复出现的系统偏差找出原因，例如设备部件中的故障。

视察：巡检可疑故障位置和机器或者设备的现场，确定故障的可能原因。

例如，如果泵的输送功率降低，并且不能通过调节过程控制系统弥补降低的输送流量，则必须通过拆卸泵后的现场视察来确定故障原因，并且排除例如泵叶轮或者止回阀堵塞等情况。

找出故障原因

如果在巡检时没有立即找出故障原因，则通过系统化的方法可以帮助找到故障原因：

- 机械方面的目视检查，例如由于掉落和夹紧的物体卡住泵轴。
- 对异常噪声的听觉检测，例如电动机中磨损的碳刷，或者泵中损坏的轴承或者气蚀作用。
- 通过手动检查温度来检查过热的传感器，例如轴承。
- 检查电源供给或者触点和插座连接。

这些简单检测的目的是尽可能地缩小故障范围和故障原因，例如电气安装中的故障、设备组件或者特定机器中的损坏位置。

如果发现损坏的位置或者故障，应立即解决问题，当损坏严重时，在专业人员的帮助下解决问题。必须由电气专业人员排除电气安装中的故障和损坏。

如果不能直接识别故障原因，并且在设备运行状态中继续存在偏差，则难以查找故障位置。这需要设备负责人的丰富经验、化工设备的准确知识，以及必要时设备生产商或者机器生产商专业人员的帮助。

表 1-13：泵生产商故障位置查找帮助的摘录

故障类型	可能的原因	解决办法
⋮	⋮	⋮
泵不输送	– 没有充分填充泵 – 泵抽吸了错误的空气	再次填充泵； 检查抽吸管路、底阀和轴封
输送流量过小	– 抽吸管路或者叶轮堵塞 – 过高的抽吸高度	清洁管路，必要时拆卸和清洁叶轮；清洁抽吸管路，必要时扩大抽吸管路的横截面，降低泵
轴承温度过高	– 离合器不对齐 – 缺少润滑	对其离合器重新填充润滑油，必要时更换

针对某些机器，例如泵、机械密封或者电动机等，生产商提供故障查找帮助，并且通过系统的指导来缩小和查找故障位置（**表 1-13**）。通常在这些帮助下，可以确定并且通过指定的措施排除故障。

现代过程控制系统的程序中包含了**故障位置诊断系统**：出现系统故障时，在设备的工艺流程图监控图像中显示故障，例如通过红框标出。通过程序中的辅助功能“故障排除”可以确定故障原因，并且显示消除措施，以便现场消除故障。

12.2.3　检修

检修（repair service）包括了使化工设备或者机器重新正常工作的所有措施。

检修工作包括维护、维修或者必要时更换设备部件或者机器。

根据拆卸指南和分解图，如泵生产商的分解图，拆除损坏的组件并安装备用件（**图 1-254**）。为了获得保修，应只使用生产商提供的原装备用件。

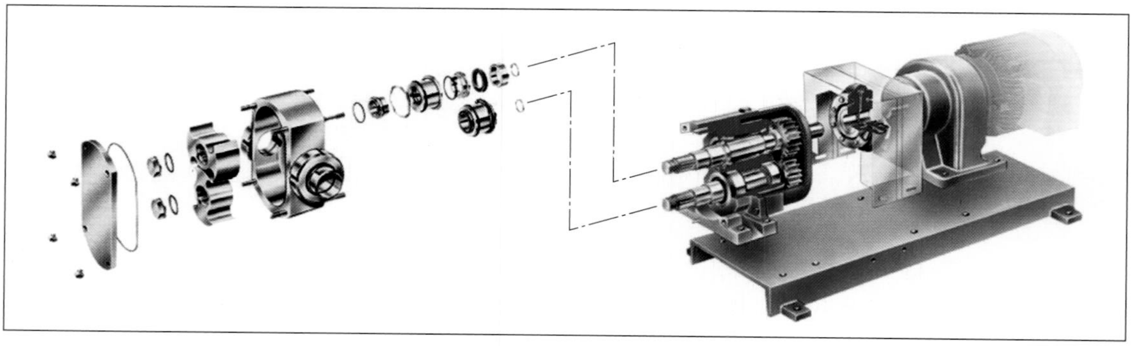

图 1-254：旋转活塞泵的拆卸和装配图

12.2.4　检修方案

检修的目的是，在尽可能低的成本下并符合所有的安全标准时，尽可能保持较高的设备可用性。其中有不同的检修方案：

在**故障相关维修**的情况下，维修措施在故障发生后进行。这会影响设备运行或者导致设备停运。例如泵中的密封件损坏，需要停泵拆卸并且更换损坏的组件。

在某些情况下，应委托生产商的服务部门进行大修，或者将泵发送给泵生产商进行例行检修。

设备组件的大量损坏将导致设备停运，从而造成生产损失。这将导致企业的经济损失。为了避免这些问题，应针对许多设备组件进行预防性检修或者根据状态进行检修。

应在定期进行的维护工作中进行**预防性检修**（第 117 页）。根据经验，磨损件如轴承、密封件和油过滤器应具有预期的使用寿命。在使用寿命到期前，应在每 3 ～ 6 个月或者 1 ～ 3 年的维护中更换一次磨损件。

设备在**运行状态进行检修**时，通过测量或者视察来监控组件或者辅助材料的磨损，并且在超过耐磨损度后的下一个维护周期内进行更换。例如，多次重新调整后更换不再能完全密封的填料箱密封件。

化工设备的**最佳检修**是从该设备的检修中获得预防性维护和运行状态检修的经验。这样，可以使设备停运的时间最小化，更换组件的成本也被限制在必要范围内。

复习题

1. 化工设备的检修职责是什么？
2. 通过设备的整体检修计划可以看出什么？
3. 检查的目的是什么？
4. 系统化故障查找的方法是什么？
5. 有哪些检修方案？
6. 预防性检修有哪些优点和缺点？

13 化工设备的安全性

根据法规、准则和技术规定，从法律上规定了化工设备的安全运行和设备的安全工作（**图 1-255**）。

重要的是 2002 年通过的“关于提供工作设备及其在工作中使用时的安全和健康保护、关于需监控设备运行时的安全性，以及职业安全的组织规定”。

简称为操作安全规定（缩写：BetrSichV）。工作设备包括工具、设备、机器、装置和由其组成的设备。

BetrSichV 是已经生效的法律，如设备和产品安全法（GPSG）、职业安全法（ArbSchutzG）等纳入了整体操作安全规定中。

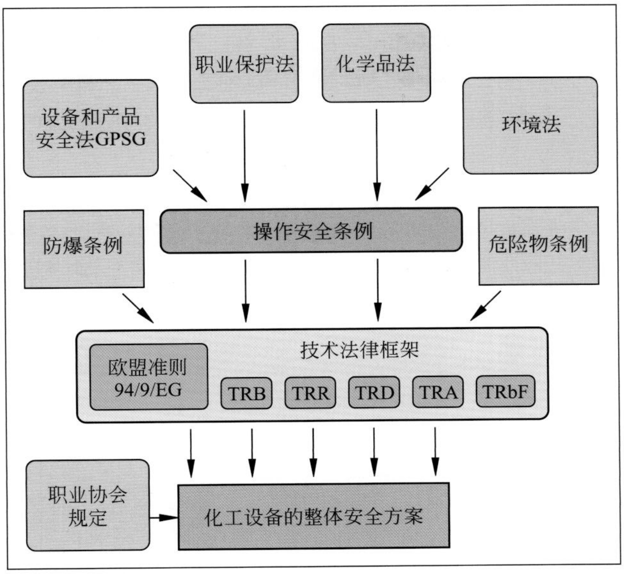

图 1-255：为确保化工设备安全性的法律、条例和技术规定的概况

在此基础上，根据欧盟准则 94/9/EG，也称为 ATEX 95a（法国大气层爆炸物的 ATEX）等，为各种工作设备制定了“技术规定”，例如容器的技术规定（TRB）、管道设备技术规定（TRR）、可燃液体技术规定（TRbF）、易爆设备和工作设备技术规定。所有法律、条例和技术规定，必须由运营商编辑并且整合到其化工设备的整体安全方案中。员工在日常工作中执行包括工作和操作指南的安全方案。

13.1 操作安全条例

根据操作安全条例，为了实现安全方案，化工设备的运营商必须履行以下各项工作并且满足要求：

- 必须评估化工设备造成的危害，并且采取适当措施，确保设备按照规定使用时的安全性。
- 必须将设备的易爆区域划分为分级安全预防措施适用的区域（第 125 页）。必须根据防爆文件，确定危险区域并且采取适当的预防措施。
- 必须保证工作设备（机器、装置、设备）的安全性特征，并且进行定期检查。应记录检测报告。
- 必须确保员工接受安全技术指导。

特殊规定适用于需要监控的设备（ÜA 设备）。其中包括：

- 蒸汽锅炉设备
- 压力容器系统
- 管道设备
- 填充设备
- 仓储设施
- 填充和清空站
- 电梯设备
- 易爆设备
- 加油设备

必须根据现有技术，安装、装配和操作这些设备。针对某些设备，必须获得相应政府部门的许可。

调试前，必须由授权的监督机构（例如技术监督协会，简称 TÜV）进行检测和批准。必须定期重复这些检测。必须向主管部门报告导致损失的事故和故障。

13.2　化工设备的安全方案

根据“操作安全规定”（BetrSichV），为了符合德国联邦污染物排放保护法（BImSchG）和故障条例（StörfallV）的要求，每家公司都有义务制定化工设备运行的安全方案。

其中在公司**安全管理**的范围内，员工根据**工作和操作指南**，安全运行化工设备。

安全考虑的重点是：化工设备中使用和生产的物质，以及这些物质的毒性和对环境存在的危害。

- 所有安全措施的首要目标是，防止释放对健康有害和 / 或者对环境有害的物质。
- 如果采取了所有安全措施，还发生涉及物质释放的事故，则必须尽可能防止或者至少限制释放物质的扩散。在**故障条例**中规定了发生故障时的行为方式。
- 发生故障后，必须清除释放的物质。

在任何情况下均须避免对人类和环境造成危害。

通过多个工作领域的措施实现化工设备的安全运行：

了解并掌握物质变化过程

对于化工设备中使用和产生的所有物质，都必须了解安全方面的数据：

- 物理和化学特性，例如燃点和危险符号。
- 可能的有毒、有害、致癌和对环境有害的特性。
- 过程中发生的主要反应的能量变化（放热，吸热）。
- 故障条件下可能的放热副作用，例如聚合或者热不稳定性。

可以在手册中找到这些物质的安全数据（**图 1-256**）。

化学化合物的安全数据			
化合物	闪点/°C	燃点/°C	危险符号依据 BetrSichV(以前的危险物类别)
乙醛(乙醛)	–27	140	F+ (B)
丙酮(二甲基酮、丙酮)	–20	400	F(B)
乙腈(甲基氰)	5	525	F(B)
乙酰氯	5	390	F(AI)
乙炔		305	F+
丙烯醛	–29	305	F(AI)
丙烯腈(乙烯基氰化物)	–5	480	F(AI)
丙烯酸(丙酸)	54	374	–
乙酸烯丙酯	–11	374	F(AI)
烯丙醇(2-丙烯-1-醇)	21	375	可燃(B)
烯丙基氯(3-氯-1-丙烯)	–29	390	F(AI)

图 1–256：手册中的安全性数据摘录

为了确保设备的材料流程，通过进货检查保证原材料和辅助材料的质量。

必须通过供应商的质量保证体系（参见第 282 页），避免受污染的物质进入生产流程中。

同样，改原材料容器必须清楚标记，防止物质混装。

设备的工艺技术

根据设备中流程所需的化学条件，确定运行条件（工艺参数），例如温度、压力、液位和设备等（**图 1-257**）。

图 1–257：确定工艺条件

化工设备的设计以设备装备应能够在毫无安全技术问题的状态下按计划运行为目标。

在实际生产操作前，必须在试运行（TÜV 验收）中证明设备的安全性，并且必须检测安全装置的功能。

为了限制故障的影响，设备应设计为在化学和工艺技术的范围内，使设备中的物质数量尽可能地少，并且其工作条件（温度、压力）尽可能低。

设备尺寸

容器壁、设备、管道和阀门、密封件的设计以及其制作材料，必须能确保所含物质在化工设备封闭系统中的安全性，并且可以承受来自预期用途的所有负荷（**图 1-258**）。

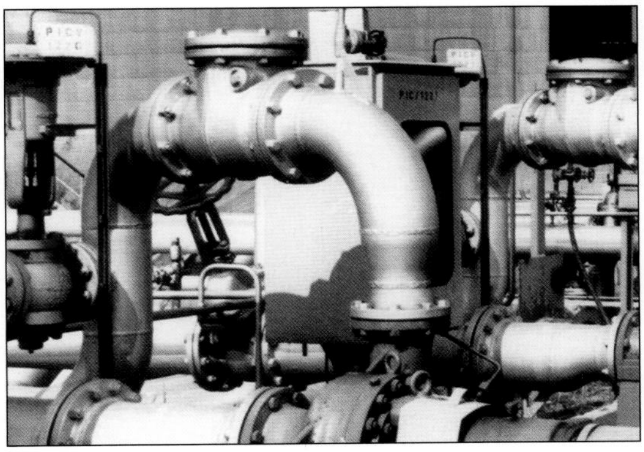

图 1-258：足够的设备尺寸

管路安全阀门必须可以承受出现故障情况下的额外负荷，例如对封闭管路进行泵吸产生的超压，冷却设备故障时的温度升高等等。

此外，必须针对设计时的设备使用寿命，采取一定措施，防止老化造成的腐蚀、磨损和材料脆化，对容器、设备和管道的长期影响。

安全技术设备

化工设备必须具备所需的安全技术设备。其中包括：

- 泄压装置、安全阀（第 30 页）、爆破片、收集容器。
- 防止泵对容器或者管道造成冲击的碰撞保护装置。
- 可能发生过热的设备的紧急冷却系统。
- 设备中有毒或者爆炸性气体的测量设备，配有报警触发装置（**图 1-259**）。

图 1-259：H_2S 气体的测量设备，配有报警触发装置

必须安装监控和安全装置，并且定期检查功能是否正常。

出现物质能量意外释放时，必须采取安全措施限制能量释放，并且尽可能在溢出处收集物质或者进行无害化处理。因此必须使用安全阀和收集容器，或者带有可燃气体应急排出口、阻火阀的火炬燃烧器和自动灭火装置等。

对于有危险源的地方，必须配备合适的消防器材和灭火剂。

此外，为了防止安全事故发生，应该有应急救援预案、应急救援组织或者应急救援人员，配备必要的应急救援器材、设备。

必须在公司多处显眼位置清晰可见地设置报警电话机，并附有故障通报部门的电话号码，例如工厂消防部门、抢险救灾服务处等的电话号码。

EMSR 和 PLT 系统

电气测量、控制和调节装置（EMSR）以及过程控制系统（PLT），必须确保在发生地点识别出正确反应过程中的故障，并且通过PCT系统的调节措施返回至预期的运行状态（**图 1-260**）。

过程控制系统的警告和报警系统，会提示化工设备操作人员设备的临界状态，并且在这些情况下报警（第 536 页）。

紧急情况下，设备可以切换到手动控制并且进入预期的设备状态。

图 1-260：通过过程控制系统进行设备监控

工厂维护

必须严格遵守工厂的维护计划（**图 1-261**），确保化工设备长期处于监控状态和保证其正常运行，特别是安全设备的功能。

根据泄漏物质的毒性，必须立即排除出现的小故障，例如较小的泄漏和密封性变差，并且通过适当的维修措施立即避免物质的进一步泄漏。这样，可以避免更大的事故发生。

组件	维护工作	维护周期					
		根据日历			运行小时数		
		1周	6个月	1年	150小时	4000小时	8000小时
搅拌器和轴	检查是否弯曲			●			●
搅拌器和轴	检查是否有侵蚀和腐蚀		●	●		●	●
螺丝	检查扭矩			●			●
端面密封件	检查密封性和运转平稳性	●			●		

图 1-261：搅拌器的维护计划（摘录）

与员工有关的措施

必须由具备相应资质的员工运行和操作化工设备。必须针对紧急情况安排人员储备。

必须定期指导员工操作化工设备，以及与化工设备安全性有关的问题。

应排除人为错误：

- 不遵守操作规程而导致事故发生。
- 操作不当导致事故发生，例如在清空或者取样处。

工厂必须与应急管理部门等共同演习安全技术方面的重要流程和措施，特别是在企业应急和管理方面，其中包括报警演练、设备关闭、灭火演习。

13.3 化工设备中的防爆保护措施

爆炸时可能造成的破坏以及对员工健康和生命的危害非常大。

化工厂爆炸危险的危险源可能是不同的物质：

- 可燃气体。
- 从易挥发可燃液体中逸出的气体烟雾。
- 细尘可燃物质的尘雾，例如面粉或者煤炭。

具有爆炸危险的设备区域划分

根据欧盟准则 1999/92/EG（ATEX 137），将存在或者可能产生易爆气体的化工厂，划分为具有不同爆炸危险的区域（**图 1-262**）。

区域 0 是长时间或者经常存在危险的易爆气体的区域，这种气体可以是空气、可燃气体、蒸汽和雾气的混合物，例如在不经常填充并且含有可燃气体或者液体的储罐、搅拌釜和管道内部。

图 1-262：化工设备的区域划分

区域 1 是正常运行时，偶尔可能形成危险的易爆气体的区域，这种气体可以是空气和可燃气体的混合物，例如在有可燃气体烟雾的空间中，在蒸馏设备或者易燃液体的填充站附近。

区域 2 是正常运行时，通常不会或者仅会在短时间内出现危险的易爆气体的区域，例如在偶尔使用可燃液体的生产空间中。

图 1-263：区域标记

相应的区域也适用于易爆尘雾，其数字是 20、21 和 22。

应在设备的防爆文件中规定区域类别。运行时，区域必须标有适当的标志（**图 1-263**）。

根据闪点，将工厂流程中所使用的物质，分为不同危险物质类别：高度易燃 F+；易燃 F；可燃（第 96 页）。

根据表面温度，将电气设备划分为不同的温度类别（**表 1-14**）。

表 1-14：温度类别

温度类别	工作设备的表面温度	流程物质的燃点
T1	450℃	≥ 150℃
T2	300℃	≥ 300℃
T3	200℃	≥ 200℃
T4	135℃	≥ 135℃
T5	100℃	≥ 100℃
T6	85℃	≥ 85℃

根据防爆区域不同，使用特定的防爆电器和设备（例如电机、测量和调节设备），必须具有不会导致爆炸的特性。必须为之配备铭牌，说明其所适用的区域（第 96 页）。

设备流程中使用的物质的燃点，必须比所用工作设备的允许表面温度高 40℃。

在区域 0 和 1（或者区域 20 和 21）中，只允许使用防爆工作设备（Ex）。其构造使其不会在易爆环境中引起爆炸，例如具有耐压外壳。这种设备以符号⟨Ex⟩标记。

在区域 2（或者 22）中，允许使用防烟雾设备。其构造应至少可以在两小时内防止易爆气体泄漏，因此短时间内不会在易爆环境中导致爆炸。

复习题

1. 请列出化工设备中需要监控的五种设备范围。
2. 为什么需要知道化工设备中反应的能量变化？
3. 请举例说明化工设备的安全技术装置有哪些。
4. 警报和危险防御计划必须包含哪些内容？
5. 设备的过程控制系统在安全技术方面有哪些职责？
6. 存在易爆环境的工作区可分为哪几种区域？

14 事故预防和职业安全

员工在化工厂中安全工作的前提条件是要有良好的专业知识和安全意识。了解物质的物理和化学特性以及化工设备的过程，可以识别危险并且通过适当的措施加以预防。

对安全性的最大危险是缺乏专业知识、疏忽和粗心大意。

每个员工都必须有安全意识：

- 注意并且遵守安全标记（亦参见第 2 和第 3 页）。
- 注意上级领导的指示。
- 提前或者在生产过程中识别并且消除可能的危险源。
- 认真维护、检修和监控化工设备。
- 在设备中工作时，始终佩戴防护头盔，必要时应穿上防护装备。

职业协会的安全规定适用于任何化学工业。

佩戴防护头盔

14.1 危险工作区域

梯子、脚手架、建筑工地

只允许使用正常、合适的工作设备进行工作。

符合规定的梯子在底部有防滑垫板或者芯轴。

工作脚手架必须由适当的材料制成，并且拥有防坠落保护装置，应确保障碍物不坠落入建筑工地和敞开的坑道中。应清除不直接需要的工具。

注意危险位置的警告

运输和交通

在运输工作中，需要佩戴防护头盔、安全鞋和防护手套。只允许由有资格操作这些机器的员工操作叉车、起重机等等。必须检查员工的资格证明（例如叉车驾驶证）。

特别危险的操作是通过起重机装载。必须妥善固定重物，在起重机的摆动范围内应禁止通行。严禁在挂钩悬挂的重物下停留。

注意悬荡重物的警告

易燃和有毒液体只应在合适的容器中和安全预防措施下运输（第 94 页）。

存储和堆垛

只允许在固定平坦的地面上堆垛桶、袋子或者货板。在建筑物中堆垛时，应检查有效的额定负荷，堆垛重量不得超过该负荷。通过楔子固定桶的堆垛，袋子和箱子应复合式堆垛。堆垛拆除只允许从上部向下部进行。

注意地面
运输车辆的警告

只允许在合适的容器和指定区域中存储可燃液体（从第 94 页开始）。

有移动部件的机器

机器的移动部件，例如轴、传动带以及高速辊子和滚筒等，必须由盖板和格栅覆盖，这样可防止人意外接触或进入。操作机器的工人必须穿紧身的衣服，留短发或者戴发网。必须有紧急停止开关。

禁止标志

清洁或者维修时，必须关闭机器并且防止意外启动，例如通过拧下保险丝和/或者通过机械锁定装置进行锁定。

压缩气瓶

注意易爆压缩气瓶的警告

应防止填充的压缩气瓶（第 97 页）经受强烈的温度变化，例如长时间暴露在阳光下或者靠近炉子存放。应用链条拴住气瓶防止掉落，必须防止冲击和撞击，气瓶应通过专用运输车运输，并拧上保护帽。只允许通过减压阀使用气体。

不得用油脂或者油润滑氧气压缩气瓶的阀门，因为有爆炸危险。

导流装置、机器和线缆

注意危险电压的警告

应特别小心地处理机器和设备的电源线以及导电组件。

必须立即关闭损坏的线缆和设备。

必须立即向上级领导汇报电动机器和设备的任何故障，并且只在由电气专业人员维修后才可重新投入使用。

带电的线缆、设备和机器的特殊保护措施均不得停止使用（第 150 页）。不得随意修复损坏的线缆或者保险丝。

压力下的仪器和容器

只允许对铭牌指定的压力容器加压，压力不得超过铭牌上规定的最大压力。

每个压力容器必须有一个安全阀和一个配有现场显示仪表的压力测量设备。安全阀是铅封的，不得调整。必须根据规定的螺栓数量和螺栓类型，拧紧压力容器以及压力管路的法兰连接。

打开前，例如清洁或者检查时，应对压力容器减压。

进入容器和坑道中

在容器和坑道中工作特别危险。只允许由企业负责人签发“进入许可”后才可以工作。

进入前，需要进行一系列的准备工作：

- 应完全清空容器，并且尽量在清洁时不进入容器内。
- 所有的连接管路应与容器分离：用无孔法兰或者插板。
- 应停止搅拌器驱动装置：取下保险丝，挂锁，用指示牌表明停机。
- 应通过锁定装置锁定移动部件，如搅拌器或者搅拌钩。
- 应进行容器空气的气体分析，并且选择合适的呼吸保护装置：氧气呼吸器。
- 提供鼓风机，以便持续通风。

只有完成上述准备工作后才允许进入容器或者坑道中。进入的员工应佩戴气体检测仪和氧气自救器，并且系上安全绳（**图 1-264**）。绳索必须由一位在容器外部站立的、有力量和可靠的员工拉紧，并且在容器外部牢固地固定。应连续观察容器中的工人，观察者必须可以在不离开观察位置的情况下呼叫帮助。如果容器中发生事故，前来救援的人员必须佩戴呼吸保护装置并且用绳子系住。

清洁容器后，必须立即关闭容器中的所有入口。

图 1-264：进入坑道

吸入化学品

吸入或者填充腐蚀性和危害健康的液体时，必须佩戴规定的防护设备：护目镜或者全面罩、防护手套或者橡胶防护服和橡胶防护靴，如果液体释放有毒蒸汽，须佩戴呼吸保护装置（第 132 页）。液体数量较少时，可手动吸入，如使用回转泵将化学品从桶中取出（第 93 页）。要将大量液体物质从储罐中灌入其他容器时，可以使用有抽气装置和防滴装置的专用灌注管。

注意腐蚀性物质的警告

14.2 防火和防爆

化工厂中加工的大多数气体、液体和固体都是可燃的。混合气体、蒸发的液体或者细碎的可燃固体与空气混合，存在爆炸的危险。

14.2.1 易燃和易爆物质

针对液体和气体的火灾及爆炸危险，除了沸点温度外，还有以下几种性质起到决定性作用（**表 1-15**）：

闪点：在该温度下，液体产生大量蒸汽，从而可以通过点火源点燃。

爆炸极限：表示物质和空气混合物，在一定浓度范围内，遇火源才发生爆炸。

燃点：超过该温度，可燃物质 / 空气混合物会发生燃烧。

可燃液体：可能引起火灾、爆燃甚至爆炸的液体。根据不同的危险性，将可燃液体划分为不同**危险类别**（第 96 页）。

特别危险的是危险类别“高度易燃 F +”的液体，例如乙醚，以及危险类别“易燃 F”的液体，例如乙醇。

泡沫或者干粉灭火剂适用于熄灭可燃液体。

注意火灾危险物质的警告

注意爆炸危险物质的警告

可燃气体：比可燃液体更危险的是可燃气体，因为它可以快速地与空气混合，并且形成可爆炸混合物。如果气体比例在爆炸极限内，则在有点火源的情况下会发生爆炸（表 1-15）。特别危险的气体或者蒸气，拥有较大的爆炸范围和较低的燃点，例如硫化氢 H_2S。

自燃物质：超过燃点时会发生自燃的物质。低温自燃的液体有二硫化碳（102℃）和乙醛（140℃）等。

有一种固体会在室温下自燃，即白磷，因此要保存在水中。

可爆炸粉尘：可燃固体，例如面粉或者塑料，在达到一定的分布浓度并与空气混合后形成可爆炸粉尘。例如在精细材料的研磨、筛分、气动输送、混合或者干燥的时候便会出现这种情况。

表 1-15：有火灾和爆炸危险的物质的参数

物质	分类	沸点 /℃	闪点 /℃	爆炸下限	爆炸上限	燃点 /℃
				空气中的体积分数 /%		
液体						
苯	F	80.1	–11	1.2	8.0	555
乙醇	F	78.0	12	3.5	15.0	425
二硫化碳	F	46.3	–30	0.6	60.0	102
乙醚	+	35	–40	1.7	36	170
气体						
氢气		–252.8	–	4.0	75.6	560
硫化氢	F+	–60.7	–	4.3	45.5	270
甲烷	F+	–164	–	4.4	16.5	595

分类说明：F+—高度易燃；F—易燃。

与气体一样，粉尘有爆炸下限和上限。爆炸下限为 30 ～ 50g/m³。通过气流或者人的走动等，会扬起沉积的粉尘，使得局部范围内迅速超过该极限。粉尘爆炸与气体爆炸一样剧烈。

14.2.2 避免火灾和爆炸

加工或者储存易燃易爆物质的场所，如化工厂的许多区域，尤其会发生火灾和爆炸。

避免可燃物质溢出

必须防止可燃气体、蒸汽、液体和粉尘从设备及容器中溢出。应特别注意设备和管路的密封性。地面应保持清洁，以免积聚可燃液体和可燃粉尘。设备部件如出现泄漏点必须立即向上级领导报告，并且尽可能加以密封。如果无法找到或者消除泄漏，则必须关闭泄漏设备或者管路上的主阀门。场所应保持良好的通风。溢出有毒物质时，应佩戴呼吸防护装置。在正确修复泄漏之前，必须特别小心。

避免爆炸

可能发生爆炸的场所可分为具有不同爆炸危险的区域，并且进行相应的标记（第 125 页）。在此类危险区域有特别严格的安全规定：

- 禁止吸烟和明火。
- 不得携带打火机和火柴。
- 应使用无火花工具（由 Cu、Be 合金制成）。
- 地板和工作鞋不得产生火花，并且必须导电。不要穿带钉的鞋。
- 设备的所有部件，特别是填充设备必须进行电气接地，以防止产生静电。
- 只有在特殊情况下并且根据企业负责人的书面安排，才允许进行明火工作（焊接、钎焊、磨削）。应通过特殊措施，例如关闭设备，确保不会产生有爆炸危险的物质。
- 不得在该区域中运行任何用燃气或者燃油加热的炉子或者内燃机，例如车辆内燃机。
- 应注意避免出现热表面，例如在管道或者加热夹套中。
- 只允许使用明确许可在易爆区域中运行的电气工作设备：防爆电动机、测量和控制设备、开关、照明灯具等。

爆炸危险区域的标记

禁止吸烟

禁止火焰、明火

14.2.3 消防和防火

化工厂员工应接受一般消防措施以及在其工作区域中灭火的具体情况的培训。

工厂必须提供合适的灭火设备，如灭火器、消防水带、消火栓和火警电话等（**图 1-265**）。

图 1-265：消防安全标志

必须标记逃生和救援路线（**图 1-266**）并且使其长期保持通畅。

必须有事故淋浴器等紧急灭火装置，以及急救箱和洗眼器等急救装置。

建筑结构条件要能够延迟火势蔓延，并且可使消防车等畅通无阻地进行灭火。

不得堵住或者在消防通道停车。

必须遵守与贮油库安全距离的要求。

在防火墙中，不得有任何裂隙。

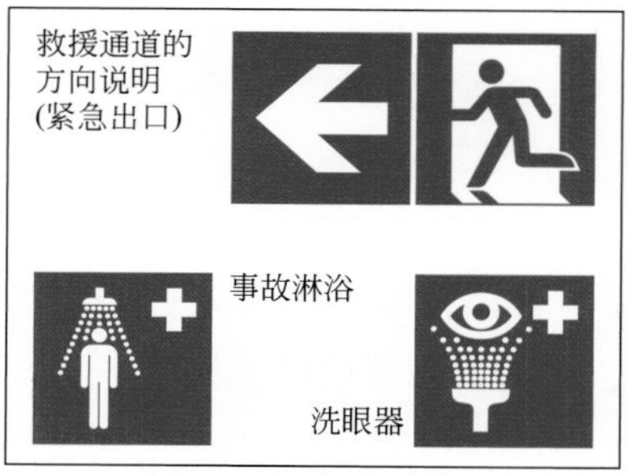
救援通道的
方向说明
(紧急出口)
事故淋浴
洗眼器
图 1-266：救援符号

14.3 有害物质的使用

除了由机械作用和电流造成的伤害危险外，化工厂中还会在有毒和有害健康的化学物质的作用下，产生损害健康的风险。

安全使用有害物质的前提条件是了解有毒、有害物质及其防护措施。

生产商必须为每种有害物质提供一份安全数据表。

加工公司必须针对公司中现有和加工的所有物质 / 有害物质制定一份物质 / 有害物质目录。其中列出了物质的危害特征、数量和用途。

此外，工厂必须为员工制定工作和操作指南，确保员工在使用有害物质时不会危害他们的健康。

14.4 有害物质的标记

自 2010 年以来，根据化学品分类与标记全球协调制度（简称 GSH），对有害物质进行了标记。

在有标签的化学品容器或者包装上标明类别（**图 1-267**）。

必须说明：

- 产品名称、化学名称、EU 物质编号、数量
- 危险象形图以及“危险”或“注意”这样的信号词
- H 语句的危险提示
- P 语句的安全提示
- 生产商的完整地址

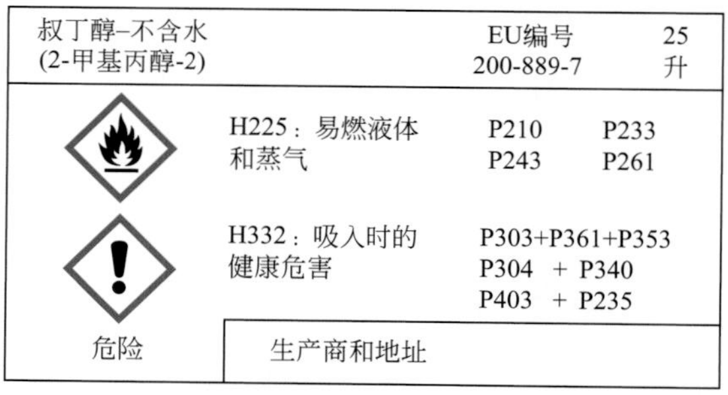
叔丁醇–不含水
(2-甲基丙醇-2)
EU编号
200-889-7
25
升
H225：易燃液体
和蒸气
P210
P243
P233
P261
H332：吸入时的
健康危害
P303+P361+P353
P304 + P340
P403 + P235
危险
生产商和地址
图 1-267：GHS 规定的用于标记有害物质的标签示例

14.4.1 GHS 规定的有害物质象形图

有 9 种有害物质象形图（**图 1-268**），分别由红色边框菱形和白色背景上的黑色符号组成。符号有明确的含义。

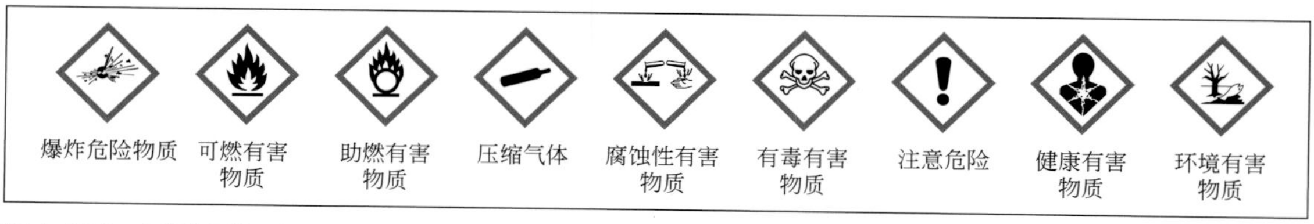
爆炸危险物质
可燃有害物质
助燃有害物质
压缩气体
腐蚀性有害物质
有毒有害物质
注意危险
健康有害物质
环境有害物质
图 1-268：有害物质象形图和其含义

14.4.2 H 语句和 P 语句

所谓的 H 语句和 P 语句给出了危险的详细说明，以及有害物质处理的提示。应在包装标签上以数字或者完整文字的形式标记有害物质象形图（第 130 页图 1-267）。

H 语句（Hazard Classes）表示**危险提示**，由一个 3 位数字和字母 H 以及危险提示组成。H 语句的示例：

H202	爆炸物：由于碎片、爆炸和抛掷的碎片造成很大危险
H203	爆炸物：由于火灾、气压或者碎片、爆炸和抛掷的碎片造成危险
H221	可燃气体
H225	高度易燃的液体和蒸气
H272	可能会加剧火势；氧化剂

H300	吞咽时会导致生命危险
H314	造成严重的皮肤灼伤和眼睛重伤
H332	吸入时损害健康
H350	可能会导致癌症
H411	对水生生物有毒并且具有长期的影响

P 语句（Precaucionary Statements）表示**安全提示**，提供有关危害预防、对策和安全保存（存储）方面的信息，由一个 3 位数字和字母 P 以及安全提示组成。P 语句的示例：

P102	不得放在儿童可以接触的地方
P210	远离热源 / 火花 / 明火 / 热表面；禁止吸烟
P232	防潮
P233	保持容器密闭
P234	只保存在原始容器中
P243	采取防止静电电荷的预防措施
P270	使用时禁止进食、饮水或者吸烟
P284	佩戴呼吸保护装置

P314	如果感觉不适，请寻求医疗建议 / 医生的帮助
P341	如果呼吸困难，请转移至新鲜空气处并且保持呼吸舒畅的姿势
P363	重新穿戴前清洗污染的衣物
P372	发生火灾时有爆炸危险
P391	记录洒落的数量
P403	保存在通风良好的地方
P410	避免阳光照射
P284	佩戴呼吸保护装置

在化学工程手册或者互联网上均可找到 H 和 P 语句的完整列表。

14.4.3 旧的有害物质标记

针对制剂和物质混合物，在 2015 年之前的过渡期内，允许使用符合有害物质条例的旧标记。在化工厂的许多原有器皿和容器上存在这些标记。

图 1-269 显示了旧标记的示例。

该标记由物质名称、有害物质符号以及风险和危险提示组成，即所谓的 R 和 S 语句，在很大程度上与新的 H 和 P 语句相对应（见上文）。

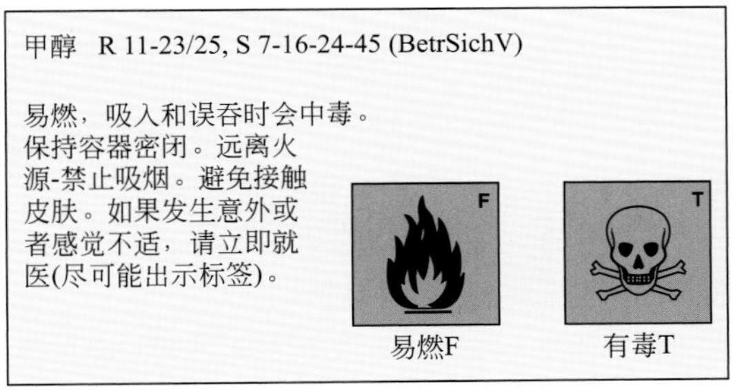
甲醇 R 11-23/25, S 7-16-24-45 (BetrSichV)
易燃，吸入和误吞时会中毒。保持容器密闭。远离火源-禁止吸烟。避免接触皮肤。如果发生意外或者感觉不适，请立即就医(尽可能出示标签)。
F
T
易燃F
有毒T

图 1-269：有害物质旧标记的示例

可以在手册或者互联网上查找 R 和 S 语句。

有害物质的旧符号是在橙色的方形区域上显示黑色的危险符号。有 7 种有害物质符号（**图 1-270**），右上角有一个字母表明含义。

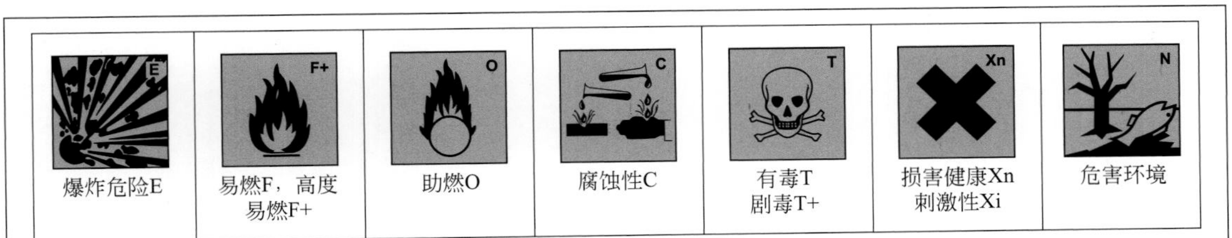
E
爆炸危险E
F+
易燃F，高度易燃F+
O
助燃O
C
腐蚀性C
T
有毒T
剧毒T+
Xn
损害健康Xn
刺激性Xi
N
危害环境

图 1-270：有害物质旧符号和其含义

14.5 有害物质的种类

有害物质可以以不同的方式作用于人体，或者渗入体内并且引发其有害作用。

吸入**气体和挥发性液体**，并且通过呼吸系统（肺）进入血液中，然后进入整个生物体内。由于部分气体没有气味，“未注意”或者“慢慢”中毒的风险非常大。

腐蚀性和渗入皮肤的液体（吸收剂）会破坏皮肤或者通过皮肤渗入体内，并且引发其毒性作用。

误吞有毒的**液体和固体毒素**，通过口腔和胃肠道进入体内。这类物质中毒是最容易避免的。

也应根据有害物质的影响和发生健康损害之间的时间段，区分有害物质。

立即发生作用的有害物质在产生作用后的数秒至数天内，将会产生健康损害。会造成皮肤发红、皮肤起水泡、干咳、不适、恶心、昏厥等。

长期有害物质只有在长期的作用时间后，才会产生健康损害，通常是几年，而且经常是在极低浓度下发生。

14.5.1 腐蚀性物质

浓缩的酸和碱，例如**硝酸 HNO_3、硫酸 H_2SO_4、盐酸 HCl、氢氟酸 HF、甲酸 HCOOH、苛性钠 NaOH、氢氧化钾 KOH**，与其接触时将会腐蚀皮肤和黏膜。

当酸碱蒸汽或者气雾溅入眼部、吸入呼吸系统时，对人体很危险。

处理腐蚀性物质时，必须佩戴护目镜，甚至佩戴面罩和橡胶防护手套。如果存在飞溅的危险，应使用靴子和橡胶防护服。

如果有产生腐蚀性气体、蒸气或者雾气的物质，则必须使用全身防护服和自给式呼吸器（**图 1-271**）。

清空或者维修含有腐蚀性物质的管道和设备时需要特别小心，必须佩戴护目镜和防护服。

工作方法如下：清空管路和容器时，最好用水冲洗。然后通过无孔法兰为腐蚀性物质供给线路装上凸缘，或者用挡板中断。然后小心地松开背对侧的法兰螺栓，以免被逸出的液体接触。只有这样才可以松开剩余的法兰螺栓。

如果已采取了所有的预防措施，皮肤或者黏膜仍接触了腐蚀性物质，则应立即用大量清水冲洗相关的身体部位。

应立即脱下被腐蚀性液体浸透的衣物。

眼部灼伤时，应用大量水冲洗几分钟（第 133 页**图 1-272**）。其中，因为烧伤会导致眼睛痉挛性闭合，应为受伤人员提供帮助。紧急治疗灼伤后，应立即就医。

图 1-271：转注腐蚀性液体时的防护服和呼吸保护装置

14.5.2 腐蚀性和刺激性气体

这些气体刺激并且损害皮肤，特别是呼吸道黏膜和眼睛。

在低浓度的作用下，导致鼻子和眼睛的刺痛及灼热，伴有流泪和强烈的咳嗽。高浓度会导致窒息和死亡。

有腐蚀和刺激性作用的气体有**氨气 NH_3**、**二氧化硫 SO_2**、**氮氧化物气体 NO_x**、**氯化氢 HCl**、**氟化氢 HF**、**甲醛 HCHO**、**环氧乙烷 H_2COCH_2** 以及**氯 Cl_2** 蒸气和**溴 Br_2** 蒸气，以及许多有机氯和溴化合物，例如氯丙酮 $ClCH_2COCH_3$ 或者光气 $COCl_2$。

腐蚀和刺激性气体会使黏膜的刺激更加明显。少量逸出时，应保持空间通风良好，直到排出有害气体。较大数量时或者从不密封的设备中溢出时，还必须佩戴呼吸保护装置，如配有过滤器的呼吸保护装置或者自给式呼吸保护装置（**图 1-273**）。

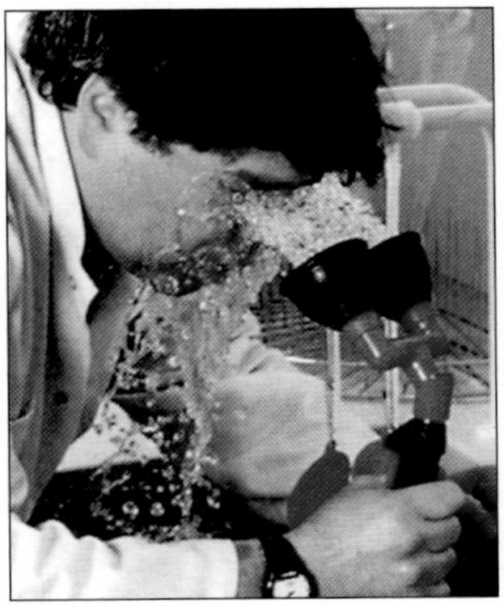

图 1-272：眼部冲洗

14.5.3 吸入性毒气

即使是吸入少量的吸入性毒气，也会导致体内的强烈的中毒反应。这种毒气特别危险，因为有部分是无色无味的，因此没有任何警告信息。此外，吸入时还会导致意识迅速丧失。吸入性毒气有：

一氧化碳 CO：无色无味，除了用作合成气之外，在不完全燃烧过程和内燃机（发动机废气）中也会产生。

硫化氢 H_2S：无色气体，低浓度时有臭鸡蛋气味，浓度较高时无味。会刺激呼吸器官，并且在长时间作用下使人瘫痪。

氰化氢 HCN，也称为**氢氰酸**，是一种无色、苦杏仁味、剧毒的气体。

砷化三氢 AsH_3，也称为胂，是一种无色、有大蒜味的有毒气体。

磷化氢 PH_3，也称为**膦**，是一种无色、有碳化物味（类似臭鱼）的气体。

在含有有毒气体的设备的工作区域中，应持续保持良好的通风，并且定期通过气体检测设备进行监控。在危险区域中工作时，应携带气体检测仪（**图 1-274**）。释放有毒气体后，应立即戴上呼吸保护装置（图 1-273）。必须在有毒气体场所提供这些装置，员工必须熟练使用。

如果发生中毒，应将中毒人员带到新鲜空气处，并且告知急救医生。

图 1-273：配有过滤器和自供气端口的呼吸保护装置

图 1-274：佩戴气体检测仪工作

14.5.4 窒息性气体

这些无色无味的气体本身无毒，但是在空气中的浓度较高时，由于缺氧会导致窒息。其中包括**二氧化碳 CO_2**、**氮气 N_2** 和**氩气 Ar**。使用这些气体的空间应保持良好的通风。

14.5.5 溶剂和有毒液体

溶剂和有毒液体大多具有较高的蒸气压力。通常通过吸入蒸气或者皮肤接触、吸收进入体内。意外饮用而摄入有毒液体比较少见，但却一再发生。

所有装有有毒物质的容器必须标有危险符号。禁止在饮料瓶中盛装有毒液体。不得在使用或者加工有毒物质的场所进食和饮水。应在规定的房间中进食，且进食前应彻底清洗手部。工作结束后，应通过淋浴清洁整个身体。

使用可以经过皮肤进入体内的有毒物质时，例如各种氯化烃、醇类、酯类、苯等，必须注意避免皮肤接触。使用这些物质时，应戴上防护手套，必要时还需要全身保护。

使用易挥发有毒液体时，必须在通风设备下或者呼吸保护装置中工作。有这些液体的空间应保持良好的通风。

注意：易燃物质

注意：有毒物质

佩戴呼吸保护装置

佩戴防护手套

溶剂

最常见的溶剂主要有氯代烃，是一种无色的液体，具有典型的气味：

二氯甲烷 CH_2Cl_2；

三氯甲烷 $CHCl_3$，也称为氯仿；

四氯化碳 CCl_4，也称为四氯甲烷；

三氯乙烯 $CHClCCl_2$；

二氯乙烷 $C_2H_4Cl_2$；

丙酮 CH_3COCH_3，也称为2-丙酮或者二甲基酮。

短时间内少量吸入时，有麻痹至麻醉作用，高浓度时可能导致死亡。长期低浓度吸入，以及长期皮肤接触，例如用作清洗剂时，会导致严重的慢性器官疾病。

大多数的涂料、浸渍剂、黏合剂和许多清洁剂中均含有溶剂。使用这些材料时，应保持良好的通风。

有毒液体

在生产塑料、颜料和药品等时用作原料和半成品。常见剧毒有机液体有：

苯胺 $C_6H_5NH_2$，一种油性、无色至微黄色的液体，具有典型的气味；

丙烯腈 CH_2CHCN，一种无色的液体，具有类似苦杏仁的气味；

苯酚 C_6H_5OH，一种白色固体，通常用作水溶液（碳酸）；

肼 N_2H_4，一种无色的液体，加热时会爆炸；

硫酸二甲酯 $(CH_3)_2SO_4$，一种无色、微油状的液体，有微弱的气味；

氢氰酸 HCN，一种挥发性液体（沸点为25.7℃），具有苦杏仁的气味。

14.5.6 固体有毒物质

此类物质可作为粉尘吸入或者由于意外误吞进入体内，其标记和处理的预防措施与液体有毒物质相同。

固体有毒物质有**氰化物**，如用作硬化盐的KCN、$Ca(CN)_2$、$Hg(CN)_2$；**铬酸盐**，如用于酸洗和漂白的K_2CrO_4；铅Pb、镉Cd、铜Cu、锌Zn、砷As及其许多水溶性化合物的**粉尘**。

14.5.7 长期有害物质

注意：损害健康的有害物质

长期有害物质经过长时间的持续作用后，会损害健康，通常在几年后才会发生。长期有害物质由于不能及时被人体器官感知，并且在最小浓度时就会损害健康，因此特别危险。

针对这些有毒物质的最佳保护是，避免使用或者用无毒物质替代。如果无法做到这一点，则必须采用下列技术手段，以避免与这些物质接触：

- 必须在封闭的设备系统中进行反应以及填充和清空。
- 必须通过定期检查工作场所浓度，来检测和消除泄漏问题（参见第 136 页，OEL 数值）。
- 污染设备发生故障和维修时，应穿戴全身防护服和有独立空气供给的呼吸保护装置。

有长期中毒作用的物质可能是低浓度的短期有毒物质，也可能是短期作用时不会发生中毒现象的物质。

特殊的长期有害物质是致癌物质，也称致癌物。某些长期有害物质有中毒作用，也具有致癌性。

有长期毒性作用的液体

此类液体可通过吸入气体或者蒸气以及皮肤接触液体进入体内，并且对肝脏、肾脏和血液系统造成长期不可逆的损害。

苯 C_6H_6，一种无色有典型甜味的液体，作为添加剂包含在汽油燃料中，是许多有机合成物的原料。

芳香族化合物，如甲苯 $C_6H_5CH_3$、二甲苯 $C_6H_5(CH_3)_2$、苯胺 $C_6H_5NH_2$、苯酚 C_6H_5OH，是无色液体或者白色物质，具有特殊的典型气味。

氯代烃，简称 **CKW**，如氯仿、四氯化碳或者三氯乙烯（参见第 134 页），是无色液体，具有较高的蒸气压力和清新气味。

二硫化碳 CS_2，一种无色、微挥发性（沸点为 46.3℃）和易燃的液体，有轻微的腐烂气味。

汞 Hg，室温下唯一的液态金属，如果蒸发并且长时间吸入会很危险。加热且分布均匀时有很大危险。

有毒的粉尘

通过吸入肺部进入体内，并且长期作用会导致严重的呼吸道和肺部疾病，例如硅肺病（尘肺病）、慢性支气管炎和肺炎。

加工含石棉材料时会产生**石棉粉尘**，如磨料切割清除石棉涂层或者密封时，因此禁止使用含石棉的材料。清除旧石棉涂层时，必须佩戴呼吸保护装置。

在铅的生产和加工过程中，以及在去除旧的含铅涂层材料（如四氧化三铅，铅白）过程中，产生**含铅的粉尘**，应佩戴细粉尘口罩。

长期吸入含无毒粉尘颗粒物的空气时，如气相二氧化硅、岩粉、矿石粉尘、香烟烟雾等，会导致呼吸系统的减弱，最终导致严重疾病。

如果可以，应避免产生任何粉尘。产生粉尘的过程应在封闭的设备中进行，例如粉碎或者筛分等。对于在装填细粉物料等时溢出的残余粉尘，应进行抽吸并且收集在粉尘过滤器中。

致癌物质（致癌物）

注意：损害健康的有害物

致癌物质通常具有较长的潜伏期，即在疾病发生前有长期接触。可能是几年，有时甚至是 10 ～ 20 年。

近年来，已确定为致癌物质的数量急剧增加，并且不断更新。

氯化烃溶剂、芳烃和呋喃等是典型的致癌物，此外还有以下列出的物质（**表 1-16**）。

表 1-16：致癌物（部分）

丙烯腈	沥青蒸气	二甲基亚硝胺	镍粉
4- 氨基联苯	铬酸盐	甲醛	硝基萘
砷化合物	铬酸	肼	煤焦油蒸气
石棉粉尘	二氯二甲醚	钴粉尘	三氯丁烯
苯	二甲基肼	萘胺	氯乙烯

14.5.8 职业接触限值

有毒或者致病工作物质是否对工作场所的员工有健康危害，取决于工作场所空气中的物质浓度，以及员工的工作持续时间。

为了避免损害健康，有害物质条例和有害物质技术规定（简称 TRGS）规定了不得超过的有害物质浓度限值称为**职业接触限值**，简称 **OEL 数值**（**表 1-17**）。

该数值大致对应之前的有效 **MAK 数值**（最大的工作场所浓度值）。

OEL 数值是工作场所空气中的气体、蒸气或者悬浮物质的最大允许浓度，即使在长期（通常为每天 8 小时）的影响下，也不会损害健康。

OEL 数值适用于纯物质。其中没有考虑工作物质中的污染物，以及混合物中多种物质的有害相互作用。

致癌、致突变和生育有害物质（简称 **KMR 物质**或者 **CMR 物质**）已经确定对健康有害。

字母表示损害健康的类型，数字表示损害的严重程度（**表 1-18**）。例如，苯胺有健康损害影响：K3 和 M3。

在工作场所处理 CMR 物质始终会带来健康危险。如果可以，应避免使用这些物质。如果化工不能避免，则应使用绝对密封的设备进行处理，并且应使用提供的所有安全保护设备。

应定期对员工进行医疗体检。

表 1-17：TRGS 900 规定的工作物质 OEL 数值（部分）

工作物质	OEL 数值 /(mg/m^3)	工作物质	OEL 数值 /(mg/m^3)
乙醛	91	一氧化碳	35
苯胺	7.7	甲醇	270
氯	1.5	苯酚	7.8
氯乙酸	4	硝酸	5.2
环己烷	700	苯乙烯	86
乙酸酐	21	甲苯	190

表 1-18：TRGS 905 和 906 规定的 KMR 物质的健康危害（部分）

有害物质	K	M	R	有害物质	K	M	R
丙烯腈	2	—	—	镉	2	3	3
苯胺	3	3	—	铬酸钠	2	2	2
石棉粉尘	1	—	—	多氯联苯	3	—	2
苯	1	2	—	三氯甲烷	2	3	3

说明：K 致癌，M 致突变，R 对生育或者生育能力有害；
损害类别：1 严重，2 中度，3 怀疑。

14.6 避免由于物理影响导致的健康损害

化工厂的员工还会遭受可能对健康造成不利影响的物理作用，主要是噪声以及特殊情况下的高能辐射。

14.6.1 防噪声

噪声是由化工厂中的许多机器发出的，例如泵、离心机、燃烧器等。连续的噪声不仅令人不舒适，而且会降低注意力和机能，甚至对健康有害。造成的影响包括头痛、心律失常、听力恶化和丧失。

佩戴听力保护装置

通过声音强度分贝（dB）来判断音量。最高至约 60dB 的音量视为不会产生影响（例如正常通话），从 90dB（例如繁忙的交通）开始令人不舒适，从 120dB（喷气式飞机启动时）开始会引起疼痛。

在员工长期停留的工作室中，应通过隔声措施，如机器周围的隔声罩，保持低于 90dB 的音量。如果技术上不可行或者仅在短时间内进入噪声水平较高的工作区域中，则必须佩戴听力保护装置，可以降低 5 ～ 40dB。

14.6.2 防辐射

注意：放射性物质和辐射

化工厂中使用的有害健康辐射包括 X 射线、γ 射线和紫外线。个别情况下，也使用激光束。

X 射线和 γ 射线用于检查焊缝和厚容器壁是否存在材料缺陷（第 214 页），以及材料厚度和容器内液位的测量技术（第 244 页）。

处理这些高能辐射时，应注意辐射防护条例的规定。应通过铅板屏蔽辐射源，以免员工受到辐射。使用 X 射线和 γ 射线的区域必须设立有警告标志，未经授权的人员不得进入。应通过铅围裙保护特别容易受到伤害的身体部位，如生殖器。

使用激光束的区域也必须标有警告标志，不得随意进入。

电弧焊等会产生紫外光。直视电弧存在健康危害，会“耀眼”，即刺激眼睛，长期接触会导致暂时性失明。为了保护眼睛，应使用焊工面罩或者便携式焊接面罩。

复习题

1. 在清洁泵内部之前应采取哪些措施？
2. 进入容器中时应采取哪些准备工作和安全措施？
3. 通过哪些灭火剂熄灭可燃液体？
4. 哪些安全预防措施适用于有爆炸性物质的公司？
5. 健康有害物质通过哪些方式进入人体？
6. 下列哪些物质是吸入性有毒物质：CO_2、H_2S、H_2、HCN、Ar、N_2、PH_3？
7. 处理氯代烃时应该注意什么？
8. 长期有害物质具体含义是什么？
9. 什么是 OEL 数值？
10. 列出五种致癌物质。

Ⅱ. 化学工业中的电气工程

每个化工厂中都有电气工程，广泛分布的电力网络可实现在工厂的任何位置都可使用电力，并且不间断供电，以满足工厂的各种生产需要。

1 电气工程基础

1.1 电力的应用

电是最通用的能源，在生产现场可产生动能、超压和低压、热和冷、反应能量和光。

提供动能

从技术上讲，可以利用电流磁力的机器是电动机（**图 2-1**），它以旋转能量的形式提供动能。这种动能可以直接使用，例如，用于驱动搅拌器（第 99 页）。在后续机器中，可以将旋转能量转化成其他形式的能量，例如通过泵的压力和流体能量或者通过传动装置，产生线性运动的移动能量。

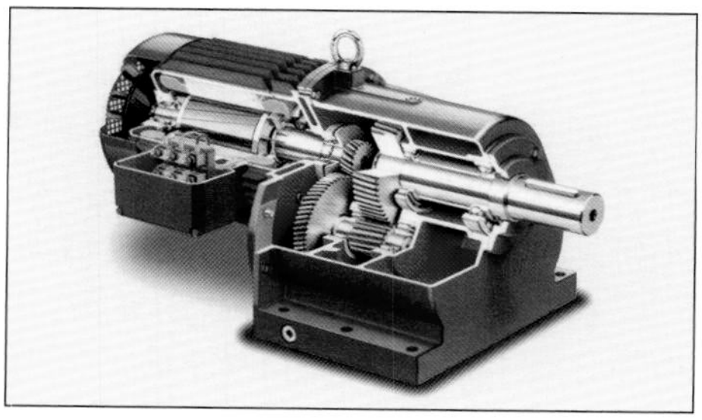

图 2-1：电动机驱动单元

热效应

电流流过导电材料时会产生热量，例如热空气鼓风机的加热丝或者退火炉的加热元件（**图 2-2**）。

电流通过焊接电极和熔化材料之间的电弧会产生热量（第 176 页图 3-41），电弧可以产生非常高的温度（最高为 3000℃）。

电流的热效应是不可避免的，例如在电动机中，电流流过电动机绕组时会产生热量。

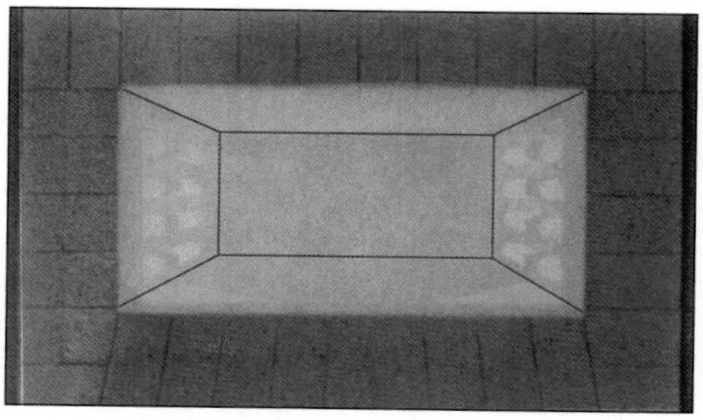

图 2-2：退火炉加热

化学效应

例如提炼铝时，会利用电流的化学还原作用，通过电解熔融氧化铝（Al_2O_3）获得轻金属铝。

还用于电解 NaCl 盐水生成氯、氢和苛性钠（**图 2-3**）或者用于生产电解铜（高纯度铜），以及利用电流的化学作用进行电镀。

图 2-3：电解生产氯、氢和苛性钠

光效应（图 2-4）

在白炽灯中，通过流动的电流将细的炽热灯丝加热到大约 2500℃，并且发出光线。在荧光灯中，电流通过放电过程使气体发光，气体升温较低。荧光灯的发光效率明显较高。

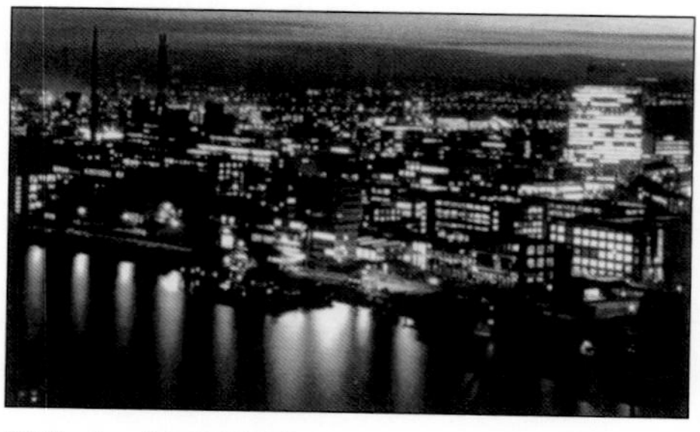

图 2-4：化工厂照明

1.2 电气工程的基本概念

电荷。电荷是物质和电流形成的基础。物质的每个原子由原子核及其周围围绕的电子组成（**图 2-5**）。

在金属中，如铜或者铁，电子已与金属结构中的各个原子分开。它们围绕并且穿透导体中的原子结构（图 2-5），与气体类似。

如果从外部某个位置向导体输送电子，则导体的可移动电子会移动，并且从导体向其他位置流动的电子与输送的电子数量相同：即电流流动。

电流是电子通过金属导体的流动。

通过术语“流动”或者习惯用语“电流流动”，将电流与管道系统中的水流进行类比。该类比适用于解释电流中看不见的过程。

电路。与封闭管道系统中的液体一样，电流只能在一个闭合的电路中流动。电路至少由三个元件组成：电流源，也称为电压源（例如电池）；负载（例如白炽灯）；以及电缆，例如铜线（**图 2-6**）。此外，还可以有其他元件，例如开关、电阻、测量设备等。

在简化的电路图中，电气元件可以表示为电路符号（**图 2-7**）。

在此可以绘制一个**电路图**（**图 2-8**）。其中，电路符号的连接方式与电路中的元件连接方式相同。使用水平和垂直线表示电缆。

具有简单电路的技术设备较常见，例如手电筒（**图 2-9**）。开路时①电流没有流动，白炽灯不会发光。闭路时②电流流过白炽灯，使其发热并且发光。

电线。电流只能通过导电材料流动，例如电线的铜线或者灯泡的灯丝。这些物质称为**导体**。

不能传导电流的物质称为**非导体**或者**绝缘材料**，例如空气、玻璃、陶瓷或者塑料。

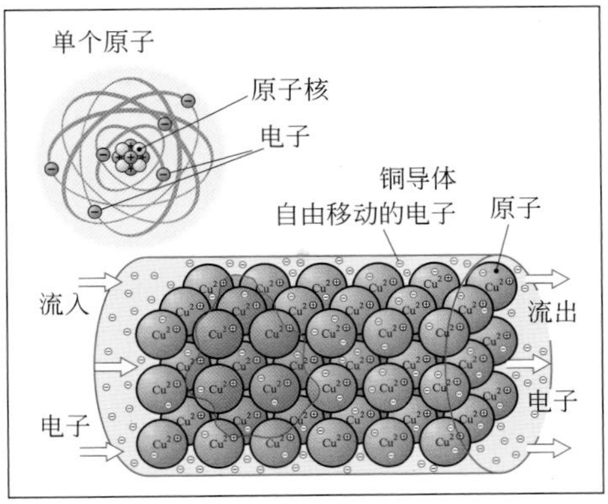

图 2-5：导体中电流流动时的原子过程

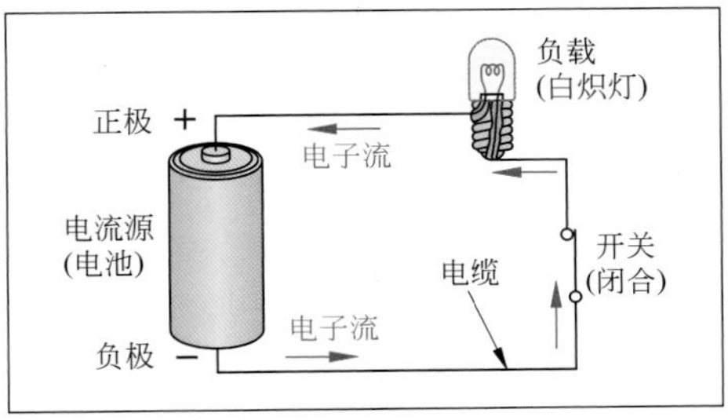

图 2-6：电路

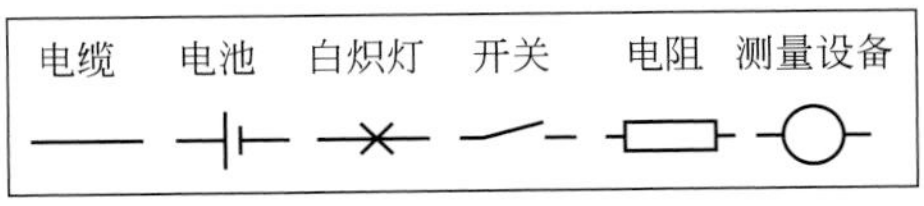

图 2-7：电气元件的电路符号

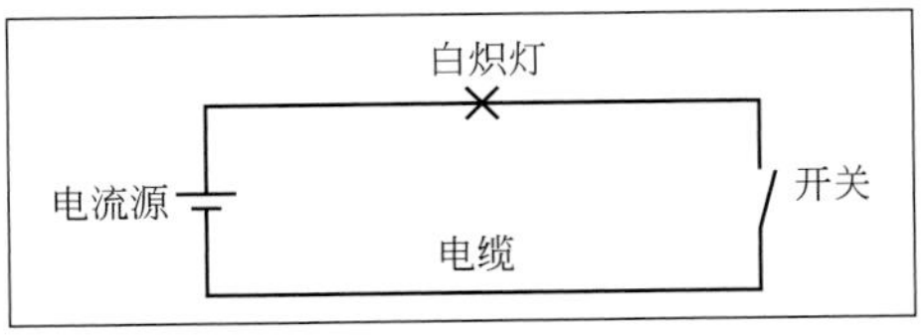

图 2-8：电路图

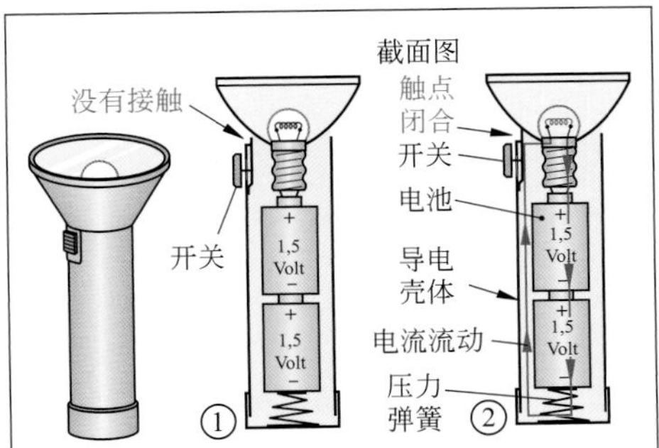

图 2-9：手电筒的内部结构

1.3 电气基本参数

描述电路中的电缆和负载的电流有三个电气基本参数：电压、电流和电阻。

电压

如果将电路与充满液体的管道系统进行类比，则电路中的电源对应管道系统中的泵。泵在管道系统中产生驱动液体流过管道的压力。

电路中的电源（电池）产生“电子压力”，即导致电子流过导体的电压。

通过分离电荷产生电压，例如在电池中通过化学反应（**图 2-10**）产生电压。在一端产生过量的电子（负极），在另一端缺少相等的电子（正极）。电压越大，分离电荷的数量越大，分离距离越大。

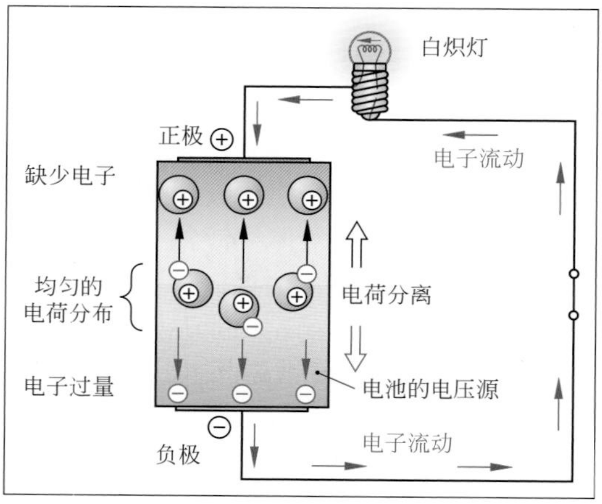

图 2-10：电池中通过电荷分离产生电压

电压 *U* 的单位是伏特❶（单位符号 **V**），通过电压表（符号Ⓥ）测量。

不同的电源产生不同大小的电压（**表 2-1**）。

表 2-1：电流源上的电压			
电流源	**施加电压**	**电流源**	**施加电压**
单室电解槽电池	1.5V	汽车电池	6V, 12V
普通电池	4.5V	插座	230V, 400V

必须使用合适的电压，即**额定电压**，驱动电气设备或者机器，否则会损坏设备（电压过高）或者无法工作（电压过低）。

电流

电流 ***I*** 为单位时间 t 内流过导体的电荷量 Q（**图 2-11**）。

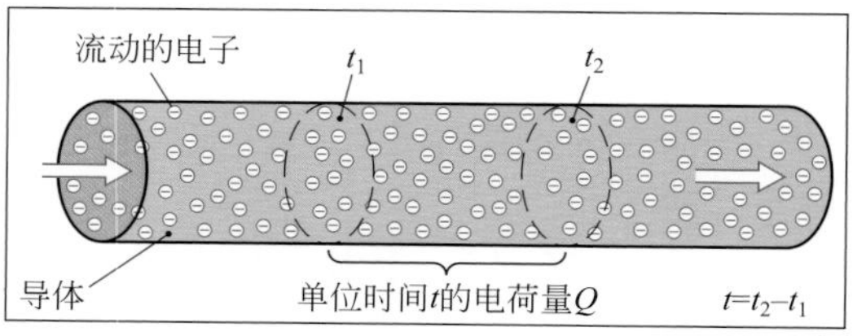

图 2-11：导体中的电流强度

电流

$$I=\frac{Q}{t}$$

电流的单位是安培❷（单位符号 A），通过电流表（符号Ⓐ）测量。

电荷量 Q（简称电荷）的单位是安培秒（单位符号 A • s）。

如果导体中的电流过大，则导体会升温甚至可能熔化。这会损坏导体，例如在过载的电动机绕组中便可能发生这种情况。

电流方向

电子在电路中从电源的负极流向正极（图 2-10）。人们先对电流方向做出了规定，然后才发现了该规律。电流方向的规定是，电路中的电流从正极流向负极。

> 技术上规定的电流方向和电压方向是电路中从正极到负极的方向（第 141 页图 2-13）。

由于这种定律关系与电子流动方向无关，因此在工程技术方面仍保留了电流方向。

❶ 以意大利物理学家亚历山德罗 • 伏特命名，1745 ～ 1827 年。
❷ 以法国物理学家 M.A. 安培命名，1775 ～ 1836 年。

电阻

如果电流流过金属导体，则自由电子在导体材料的原子之间移动（**图 2-12**）。

由于热运动，原子围绕其静止位置振荡移动（蓝色），因此电子在其流动中受阻。其中，每个导体必须克服由于施加电压而产生的电流电阻。

电阻 R 的单位是欧姆❶（单位符号 **Ω**）。

导体的横截面 A 越小，且其长度 l 越长，其电阻 R 越大。此外，电阻与材料种类有关，在电阻计算公式中引入一个参数电阻率ρ（见右图）。

电阻 R 的倒数被称为电导率 $\boldsymbol{G = 1/R}$，其单位是**西门子**❷每米（单位符号 S/m）。

不同的**导体材料**具有不同的电阻率ρ（**表 2-2**）。

最常见的导体材料是铜。

习题：如果线圈电阻丝的电阻为 100Ω，则 0.5mm 粗的电阻丝应该是多长？（$\rho = 0.16\Omega\cdot mm^2/m$）

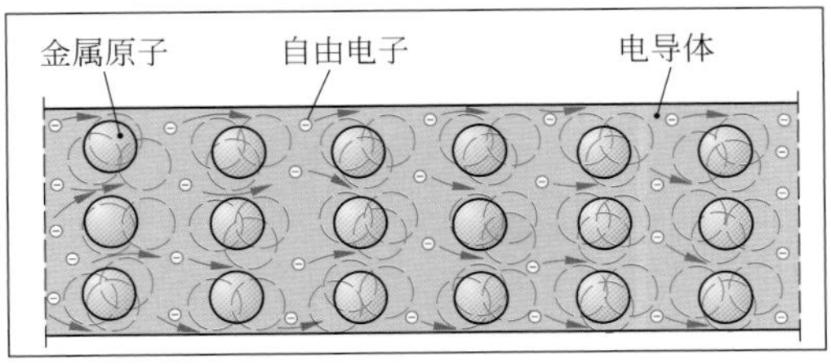

图 2-12：导体中的电子流

导体的电阻和电导率

电阻	$R = \dfrac{\rho l}{A}$	$[R] = \Omega = \dfrac{V}{A}$
电导率	$G = \dfrac{1}{R}$	$[G] = S = \dfrac{A}{V}$

表 2-2：导体材料的电阻率 ρ，单位：$\Omega\cdot mm^2/m$（20℃时）

银	0.015	非合金钢	0.16
铜	0.017	不锈钢	0.69
铝	0.028	煤，石墨	65

1.4　欧姆定律

如果电路中存在参数可调的电阻，则可以在给定的恒定电压 U 下，通过调节电阻 R 的大小来改变电流强度 $\boldsymbol{I}$（**图 2-13**）。研究发现，电流强度 $\boldsymbol{I}$ 与电阻 R 成反比：$I \sim \dfrac{1}{R}$。

电阻 R 恒定时，电流强度 $\boldsymbol{I}$ 与所选电压 $\boldsymbol{U}$ 的大小成正比：$I \sim U$。

将这两个比例汇总在一个定律中，并且根据发现者的名字命名为欧姆定律❷。

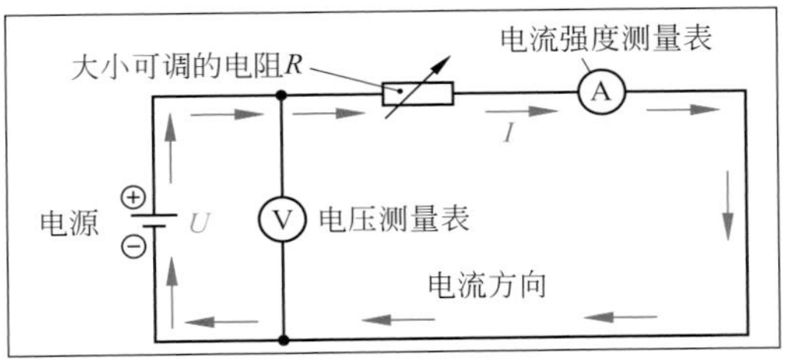

图 2-13：欧姆定律的测量规定

欧姆定律	$I = \dfrac{U}{R}$	***I*** 电流强度 ***U*** 电压 ***R*** 电阻

例题：在有电源（3.00V）和白炽灯的电路中，白炽灯、电缆和开关（第 139 页图 2-6）的电阻均为 2.40Ω。电路中流经的电流是多少？

解：$I = \dfrac{U}{R} = \dfrac{3.00V}{2.40\Omega} = 1.25\dfrac{V}{\Omega}$，$\Omega = \dfrac{V}{A}$

$$I = 1.25\frac{V\cdot A}{V} = \mathbf{1.25A}$$

习题：一个白炽灯连接 230V 的电源，流经电缆的电流强度为 0.20A，与电缆、灯丝和电流相对应的电阻是多少？

---

❶ 以德国物理学家 G.S. 欧姆（1787 ～ 1854）命名。

❷ 以德国工程师维尔纳 • 冯 • 西门子命名，1816 至 1892 年。

1.5 电功率、电功、效率

电功率

通过施加的电压 $\boldsymbol{U}$ 和流经设备的电流强度 $\boldsymbol{I}$，计算设备的电功率 $\boldsymbol{P}$。

通过将欧姆定律（$U = IR$ 或者 $I = U/R$）代入等式 $\boldsymbol{P = U \cdot I}$ 中，可以获得功率和设备电阻的计算公式。

电功率 P 的单位是瓦特❶（单位符号 **W**）。

$$1\text{W} = 1\text{V} \cdot \text{A}$$

在每个电气设备的铭牌上标明了设备的可消耗电功率，即**额定功率**（**图 2-14**）。

另一方面，在电动机的铭牌上标明了电动机可输出的最大额定功率。

电功率

$$P = U \cdot I;\ P = I^2 \cdot R;\ P = \frac{U^2}{R}$$

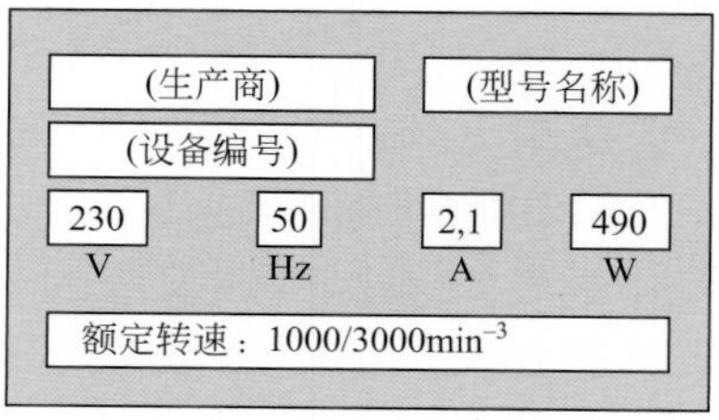
(生产商)
(型号名称)
(设备编号)
230 V
50 Hz
2,1 A
490 W
额定转速：1000/3000min^{-3}

图 2-14：手动钻孔机的铭牌

例题：连接电压为 230V 时，电阻为 50.0Ω 的工业吸尘器的功率是多少？

解：$\boldsymbol{P} = \dfrac{U^2}{R} = \dfrac{(230\text{V})^2}{50.0\Omega} = \dfrac{1058\text{V}^2}{\text{V/A}} = 1058\text{V} \cdot \text{A} \approx \mathbf{1.06kW}$

电功（能量）

通过设备的功率消耗 P 和消耗功率的时间 t，计算设备消耗的电功 $\boldsymbol{W}$。

从电力网获得的电功通过一个计数器测量，单位：**千瓦·时**（**kW·h**）。

电功是计算**电费**的基础，电功乘以电力价格后即为电费（见右图）。

电能在电加热装置中转换为热能（第 138 页图 2-2）。

通过换算系数，将电能（kW·h）换算为热能（kJ）。

习题：电阻为 45Ω 的加热炉在 230V 下运行 8.0h。

① 转换了多少电能？

② 电力价格为 0.085 欧元 /（千瓦·时），电费是多少？

电功

$$W = P \cdot t = U \cdot I \cdot t$$

$$W = I^2 \cdot R \cdot t;\quad W = \frac{U^2 \cdot t}{R}$$

电费 = W × 电力价格

换算电能为热能

$$1\text{kW} \cdot \text{h} = 3600\text{kJ}$$

效率

在每台机器中，一部分供应的电能 W_{zu} 损失，机器输出的能量减少为 W_{ab}。

输出（可用）能量 W_{ab} 与供应能量 W_{zu} 的比率称为效率 $\boldsymbol{\eta}$。通过功率比，也能得出相同的效率 η。

效率可以用小数或者百分比表示，其始终小于 1 或者小于 100%。

例题：泵的电动机从电网中消耗 25kW·h 的电功率，并且向待输送液体输出 16kW·h 作为压力和流动的能量。泵设备的效率是多少？

解：$\boldsymbol{\eta} = \dfrac{P_{ab}}{P_{zu}} = \dfrac{16\text{kW}}{25\text{kW}} = 0.64 = \mathbf{64\%}$

效率

$$\eta = \frac{W_{ab}}{W_{zu}} \cdot 100\%$$

$$\eta = \frac{P_{ab}}{P_{zu}} \cdot 100\%$$

---

❶ 以英国工程师詹姆斯·瓦特（1736 ～ 1819 年）命名。

1.6 负载电路

基本电路的两种形式是串联和并联。

串联

在串联中，负载如电阻，被先后连接在电路中（**图 2-15**），相同的电流先后流经其中。

$$I_1 = I_2 = I_3 = \cdots$$

串联时所有位置的电流强度相同。

$$U = U_1 + U_2 + U_3 + \cdots$$

如果测量每个负载的电压分量，则可以得出分电压的总和与电源 U 的总电压相同。

$$R = R_1 + R_2 + R_3 + \cdots$$

在串联的电阻器中，也可以通过测量或者通过欧姆定律，得出总电阻 R 等于每个电阻的总和。

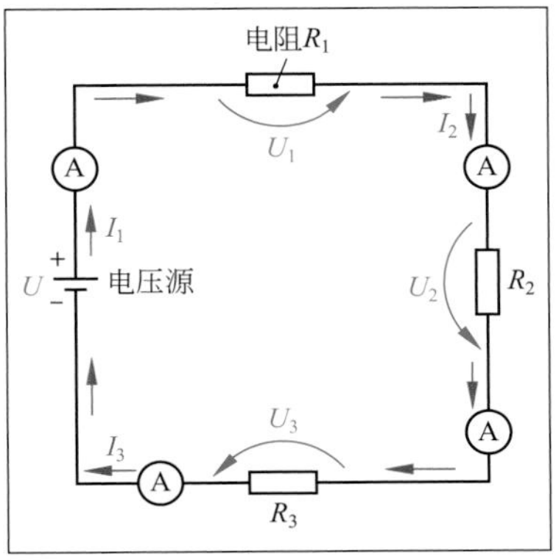

图 2-15：电阻器的串联

例题： 两个电阻器 $R_1 = 20\Omega$，$R_2 = 30\Omega$ 串联在 12V 电路中。请计算电阻器的总电阻、电流强度和分电压。

解： $R = R_1 + R_2 = 20\Omega + 30\Omega = \mathbf{50\Omega}$

通过欧姆定律得出 $I = \dfrac{U}{R} = \dfrac{12V}{50\Omega} = \mathbf{0.24A} \Rightarrow \begin{aligned} U_1 &= I \cdot R_1 = 0.24A \cdot 20\Omega = \mathbf{4.7V} \\ U_2 &= I \cdot R_2 = 0.24A \cdot 30\Omega = \mathbf{7.2V} \end{aligned}$

串联的应用

例如对手电筒中的多个电池采用串联连接（第 139 页图 2-9），这样通过累加电池的每个电压（如 1.5V）来获得更高的总电压（如 3V）。一般很少使用串联负载，因为如果一个负载出现故障，整个电路就会中断。

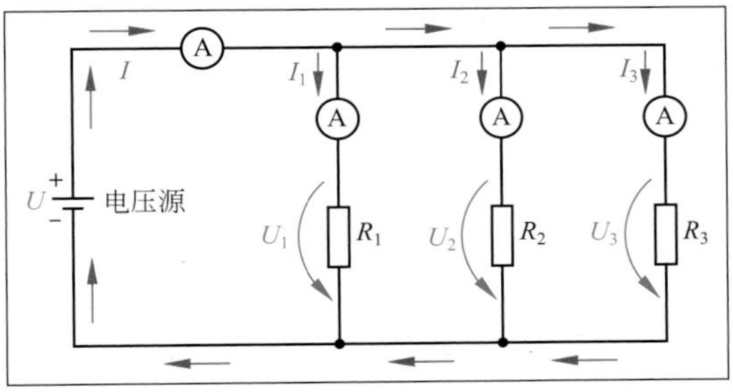

图 2-16：电阻器的并联

并联

$$U = U_1 = U_2 = U_3 = \cdots$$

在并联电路中，负载如电阻的连接是所有的电流输入端和所有的电流输出端都分别连接在电源的一个极点上（**图 2-16**）。

因此，每个电阻的电压 U_1、U_2、U_3 与电源的电压相同。

$$I = I_1 + I_2 + I_3 + \cdots$$

通过并联可以将多个负载与相同的电源连接在一起。如果一个负载故障，则其他负载不会受到影响。

$$\frac{1}{R} = \frac{1}{R_1} + \frac{1}{R_2} + \frac{1}{R_3} + \cdots$$

电源线（馈电线）中的电流分支供给每个并联的负载。整个电源线中的**总电流** I 等于并联电缆中的每个电流的总和。

将欧姆定律代入每个子电流的电流关系式中$I = I_1 + I_2 + I_3 + \cdots$，得出$U/R = U_1/R_1 + U_2/R_2 + U_3/R_3 + \cdots$。由于每个电阻器上有相同的电压 U（图 2-16），因此同时除 U 并且得出电阻的右侧关系式。

例题： 在有 12V 电源电压的电路中，并联两个 20Ω 和 30Ω 的电阻器。请计算分电流、总电流和总电阻。

解： $I_1 = \dfrac{U}{R_1} = \dfrac{12V}{20\Omega} = \mathbf{0.60A}$； $I_2 = \dfrac{U}{R_2} = \dfrac{12V}{30\Omega} = \mathbf{0.40A}$； $I = I_1 + I_2 = 0.6A + 0.4A = \mathbf{1.0A}$

$$\frac{1}{R} = \frac{1}{R_1} + \frac{1}{R_2} = \frac{1}{20\Omega} + \frac{1}{30\Omega} = \frac{3+2}{60\Omega} = \frac{5}{60} \times \frac{1}{\Omega} = \frac{1}{12} \times \frac{1}{\Omega} \Rightarrow \mathbf{R = 12\Omega}$$

并联的应用

白炽灯、电气设备和小型机器的设计标准电源电压为230V。家用或者工厂中最常用的电源和电源插座连接电压为230V（**图 2-17**）。每个插座都有230V的电压，如果多个负载连接一个多头插座，则与插座中的线并联并且获得230V的电压。

但是，连接多个负载时，应注意并联时的分电流。因为馈电线路中的电流强度可能超过电力网（保险丝）的负载。

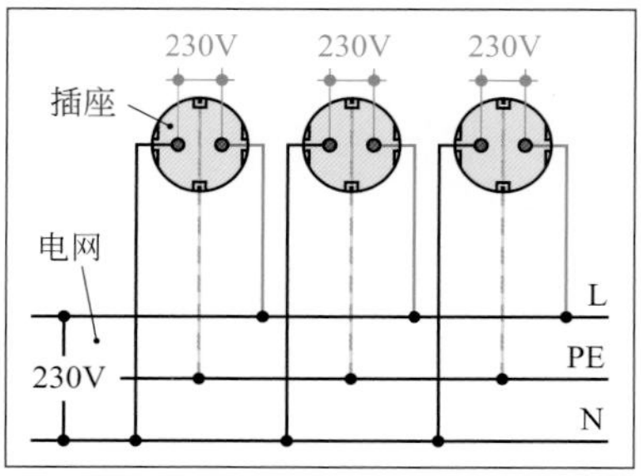

图 2-17：电网上的并联插座

1.7 测量电气参数

通常使用**万用表**，也称为多功能测量装置，测量如电压、电流和电阻等电气参数（**图 2-18**）。

通过将选择开关设置为所需的测量参数（电压、电流、电阻）和合适的测量范围，可以实现使用一台设备进行多种测量。

测量不同的电气参数时，必须正确设置测量设备的测量端口，以便进行正确的测量。

测量电压时，电压测量设备（符号Ⓥ），也称为电压表，始终与负载或者电压发生器并联连接（**图 2-19**）。

电压测量设备的正极端应始终连接到电路中靠近电源正极的点。

将电气设备与未知的电源连接之前，测量电压特别重要，因为电压过高会损坏设备。

还可通过将测量设备与待测电阻器并联，来测量**电阻**的大小。

测量电流强度时，测量设备（符号Ⓐ），也称为电流表，与负载串联在电路中（**图 2-20**）。串联时必须断开线路。在直流电中应注意，测量设备与电源的电极要正确连接在一起。

开始测量电压和电流强度时，先将万用表的测量范围开关设置为最高测量范围，然后再根据实际情况，降至合适的测量范围。

在只检查电缆或者元件是否有电的简单检测中，使用试电笔（第145页图2-21）检测。双极试电笔有两个配有连接电线的检测端口。如果有电压，则辉光灯亮起并且显示大概的电压数值。

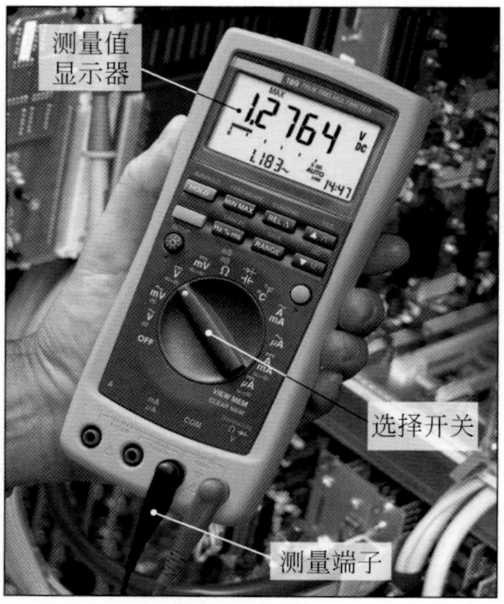

图 2-18：万用表

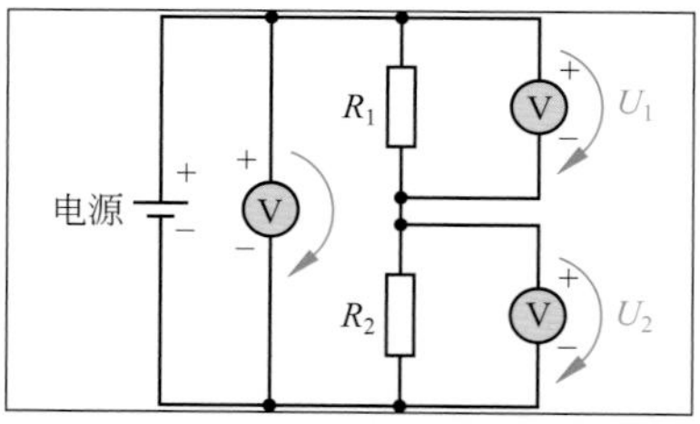

图 2-19：电压测量时的电压表电路

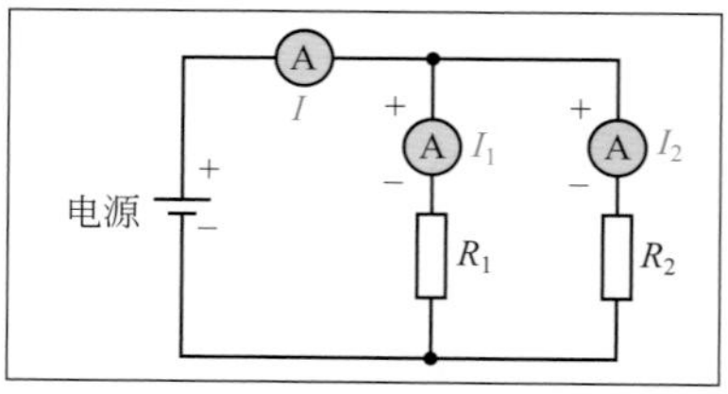

图 2-20：电流测量时的电流表电路

单极试电笔，也称为**极性试验器**，是一种小型电动螺丝刀，在透明手柄中有一个辉光灯（**图 2-21**）。如果使用极性试验器触碰带电电缆，则辉光灯会亮起。

可以根据功率的定义等式$P = U \cdot I$，同时测量负载电路中的电压和电流强度，来确定负载的电功率。

电能消耗通过一个电表测量。在每个负载电力网中固定安装电表，以便确定电能消耗。

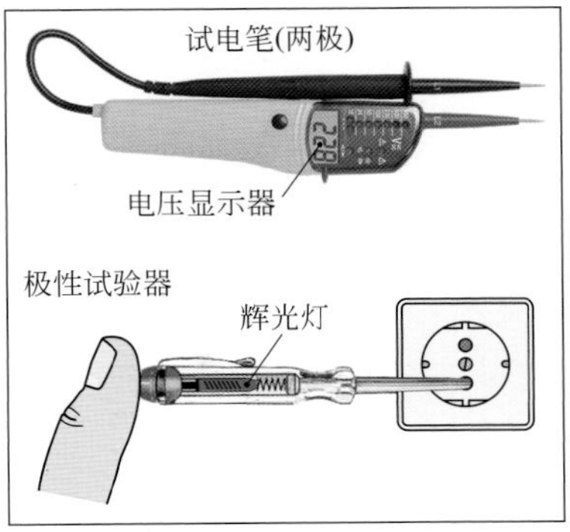
试电笔(两极)
电压显示器
极性试验器
辉光灯

图 2-21：试电笔

1.8　电流类型

不同的电源提供不同类型的电流（**图 2-22**）。

直流电（符号 –，缩写 **DC**，direct current）由各种电池提供，或者由交流电整流器产生。其电流总是沿一个方向流动并且具有恒定的电流强度。

在化学工业中，直流电用于驱动小型直流电机（第 154 页）或者进行电解。

交流电（符号～，缩写 AC，alternating current），电流在快速的周期性变化中以正弦波浪线的节奏改变其大小和方向。

每秒的电流方向变化次数称为**频率** f，其单位是**赫兹**❶（单位符号 **Hz**）。

1 Hz = 每秒振荡 1 次。

在德国，交流频率 f = 50Hz。交流电源中的电压为 230V。交流电用于运行低功率的电气设备和灯具。

电流类型	电力网	电流变化
直流电 DC	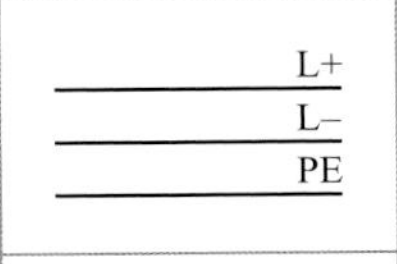L+ L– PE	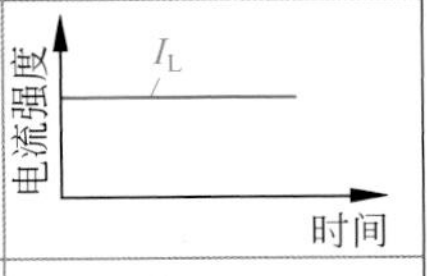I_L 电流强度 时间
交流电 ～AC	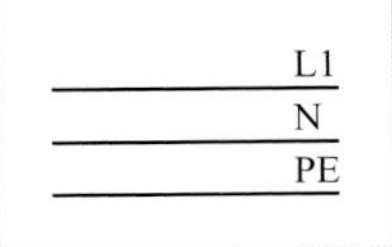L1 N PE	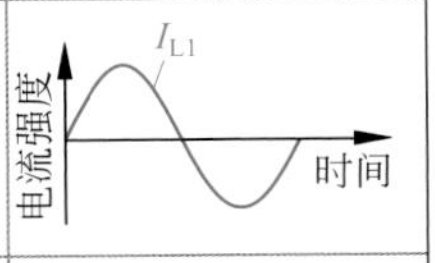I_{L1} 电流强度 时间
三相交流电 3～AC	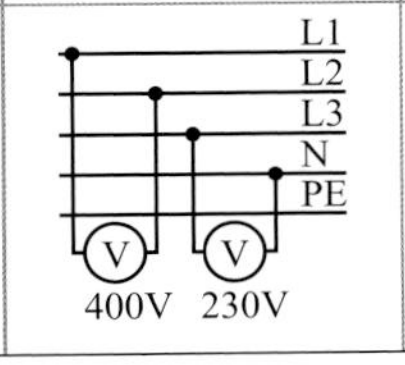L1 L2 L3 N PE V V 400V 230V	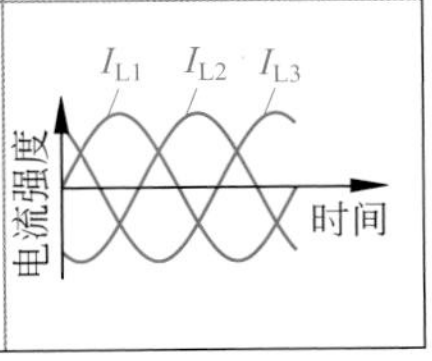I_{L1} I_{L2} I_{L3} 电流强度 时间

图 2-22：电流类型

三相交流电（符号 3～，缩写 **AC**），也称为三相电流或者动力电流，拥有一个五极的电力网（图 2-22）。在三个载流电缆（L1、L2、L3）中，频率为 50Hz 的电流以正弦的节律连续改变其大小和方向。两个载流电缆之间的电压为 400V，载流电缆和零线之间的电压为 230V（图 2-22）。三相交流电用于运行三相电动机，以及大功率的设备和机器。

交流电和三相电流（三相交流电）在发电厂的发电机中产生，并输送到电力网的用户终端上。

复习题

1. 电路由哪些元件组成？
2. 电流和电压表示什么，其单位是什么？
3. 什么是欧姆定律？
4. 如何计算电气设备的消耗电功？
5. 串联或者并联时，电流和电压有什么关系？
6. 如何将电流或者电压测量表连接在电路中？
7. 可以使用哪种类型的电流，以及用于哪些设备和应用？

❶ 以德国物理学家海因里希·赫兹（1867～1894 年）命名。

2 电力供应和安全用电

2.1 电网和电气连接

企业建筑物和化工设备连接到电网中（**图 2-23**），电网的连接从发电厂开始，在企业的耗电端结束。

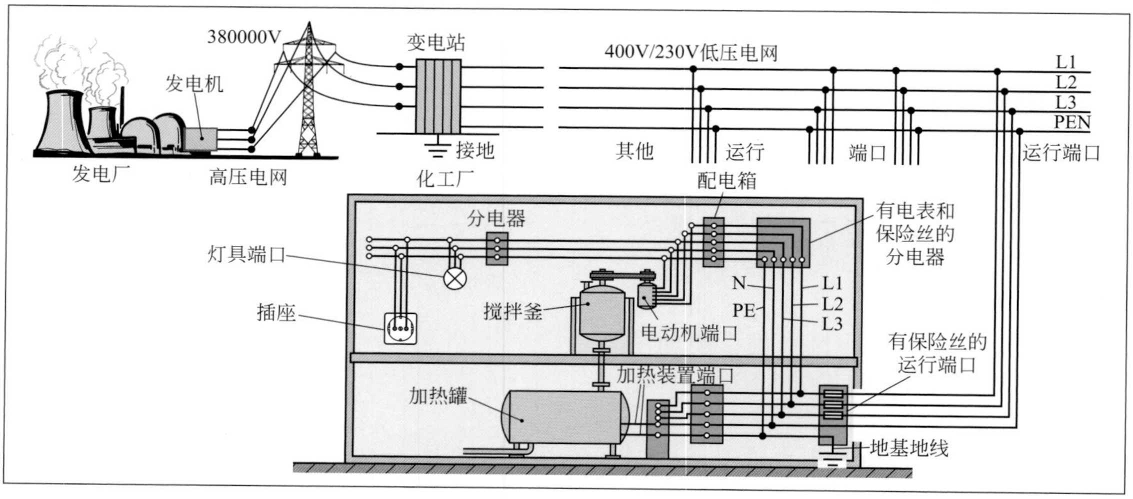

图 2-23：发电厂和化工厂的电网连接

在发电厂，发电机产生电压，并且向三芯高压电力网中供应电流。在远程输电线中，输送有很高电压的电流，例如 380000V。在这种高电压下，电线的电损耗明显比低电压时低很多。在地区变电站中，高电压首先转换为 30000V，然后降至用电器的电源电压 400V 或者 230V。在德国存在四线电力网，企业和房屋并联连接到该网络。

通过工作接线盒连接运行端口（图 2-23）。载流导体 L1、L2、L3 通过有保险丝的运行端口引出（第 148 页），当超过某个电流强度时，保险丝会中断电流保护电缆不过载。电流通过零线 N 流回电网中。运行中的电力网还有一个接地的地线 PE（黄绿色），用于在身体接触时，通过企业建筑物的地基接地线导出故障电流（第 148 页图 2-29）。

从运行端口开始，向每个运行区域的配电箱中输送电流（图 2-23）。这里，负载与电力网连接在一起。

高功耗的负载如搅拌釜的驱动电机或者罐内加热装置等，分别拥有独立配备电表和保险丝的配电箱，连接到五芯（L1、L2、L3、N、PE）电力网中（**图 2-24**），以三相交流电（强电流）供电。

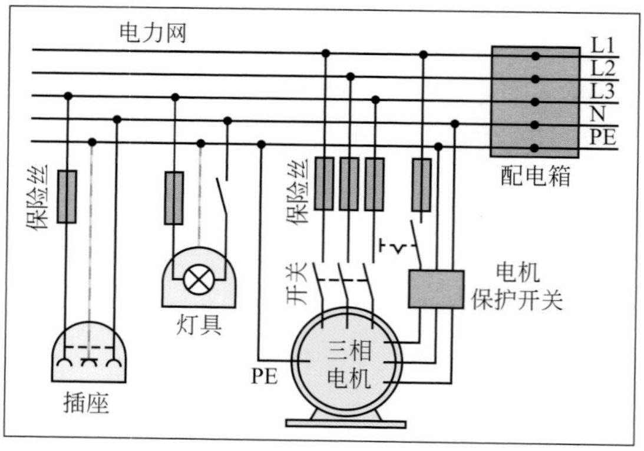

图 2-24：不同负载的线路连接

电表测量从电力网中获取的电功，用于计算电费（第 142 页）。

低功耗的负载如灯具和电器等，通过安装在天花板上的端口和供电插座（图 2-24）连接到有 230V 交流电的三芯电缆（L1、N、PE）。

2.2 电气安装和连接

企业中的电气连接开始于配电箱，通过绝缘电缆引导至机器的端口、插座和开关柜中。

电缆由 1、2、3 或者 5 根铜线组成，并且绝缘。在多根电缆中，用塑料绝缘材料包裹每根电线，然后再用一个 PVC 护套包围（**图 2-25**）。载流导体 L1、L2、L3 的绝缘材料是黑色或者棕色的，零线 N 是浅蓝色的，地线 PE 是黄绿色的。

连接设备时，除去约 1cm 长的绝缘材料，并且将露出的导体夹在端子中或者拧入插头或开关中。

在诸如回转泵、小型炉或者移动式混合器等**可移动式工作设备的电气连接**，使用插头连接（**图 2-26**）。

在低功耗设备中，使用有坚固保险插头（安全插头）的三芯连接电缆，将其接入保险插座中。

大功率的机器通过三相电流运行，并且通过一个五脚插头与五孔插座连接在一起。

固定的电缆既可以敷设在墙上的固定安装管中，如果是生产空间中可自由摆放的机器也可以敷设在悬挂于天花板上的电缆桥架上（**图 2-27**）。这里，塑料保护管中的电缆被引导至机器的开关柜中。

在机器的开关柜中，布置了机器供电和运行所需的所有电气元件及设备（**图 2-28**），例如有确保恒定电压的电源、用于开关的继电器和接触器、用于自动运行操作流程的控制器、确保符合工艺条件的调节器、用于控制电动机和电动机保护开关的变频器、螺栓保险丝和自动保险装置等。

继电器、接触器、保险丝和保护开关安装在开关柜中的安装导轨上。电缆在布线通道中延伸至电气元件。

> 只允许由公司的电气专业人员，进行机器和设备的电气安装工作及故障排除。

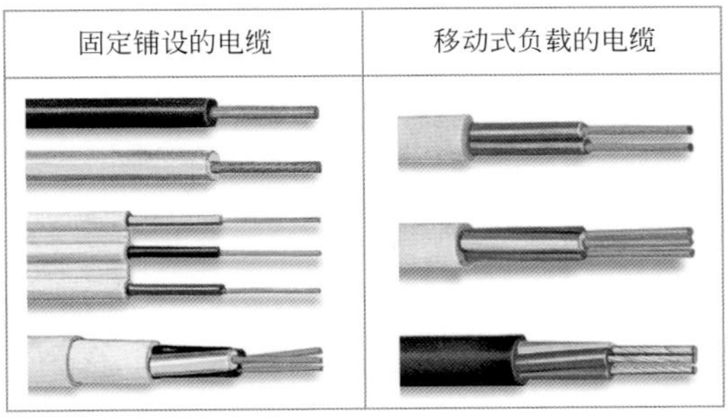

图 2-25：绝缘电缆

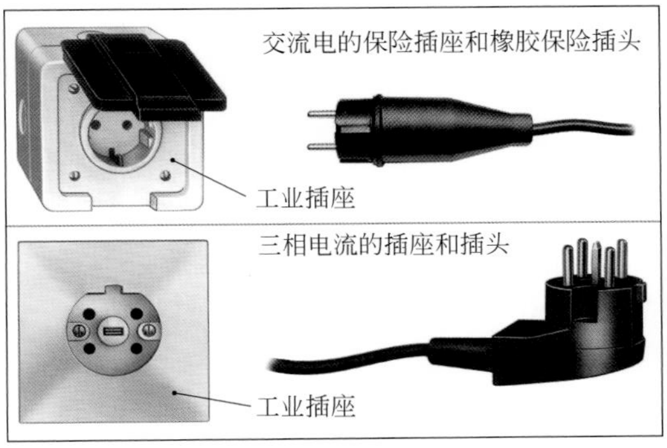

图 2-26：插头连接

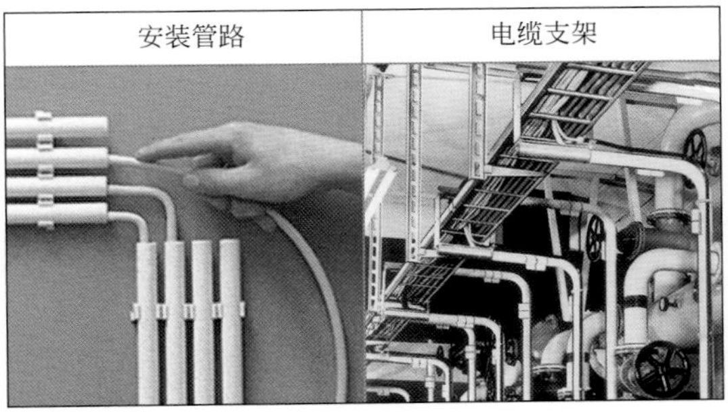

图 2-27：电缆铺设

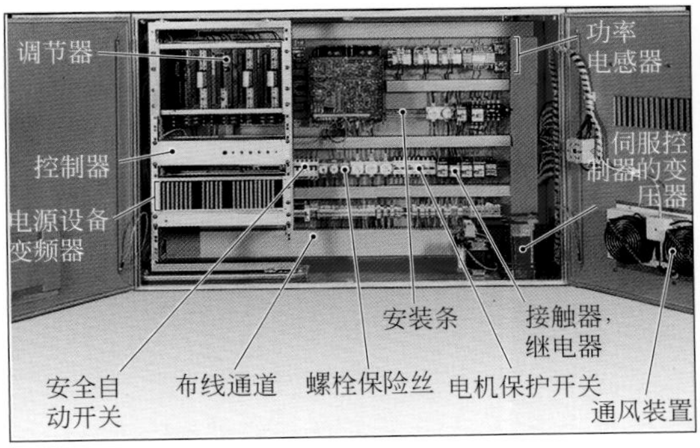

图 2-28：离心机的开关柜

2.3 电气生产设备的保护措施

为了避免绝缘损坏的电缆或者设备造成人员伤害或者火灾事故，在供电线路和设备中安装了保护装置。

除了电缆的正常绝缘，还在手动钻孔机等手持使用的设备中使用**绝缘保护**。此类设备有一个由塑料等绝缘材料制成的壳体，其电气部件又会通过注入合成树脂等方式与外壳完全隔离。

在实际应用中，几乎所有的电气设备都有用于在人体触电时导出故障电流的**地线 PE**。地线可通过黄绿色识别，与导电设备壳体相连（**图 2-29**），通过设备保护接触插头和安全插座，与电网的地线 **PE** 连接在一起。在由于绝缘故障而导致的身体接触中，故障电流直接通过地线 PE，从设备壳体和插头的地线中导出。串联在保护导线中的保护开关还可以中断电流。

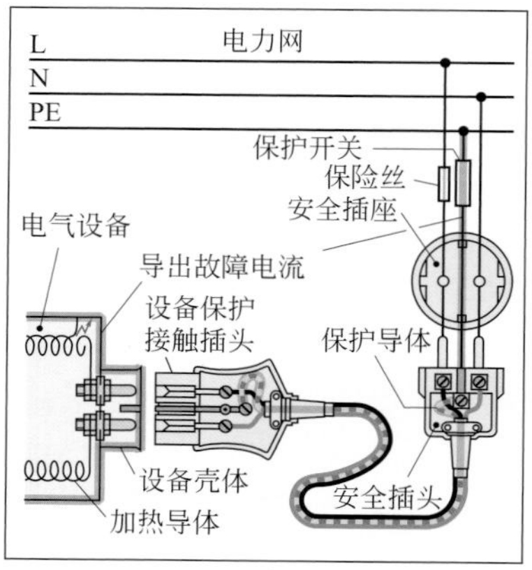

图 2-29：通过保护导体保护

保险丝和保护开关安装在电源线中，在超过最大允许电流强度时中断供电。

保险丝由一个陶瓷壳体组成，并且包含一根流过电流的金属丝（**图 2-30**）。如果电流过大，则细线熔断，电流中断。根据最大允许电流的大小，即**额定电流**（例如 20A），保险丝标有识别颜色并且有一定尺寸的匹配头。如果保险丝烧断，则只允许更换具有相同额定电流的新保险丝。不得修复或者桥接烧断的保险丝。

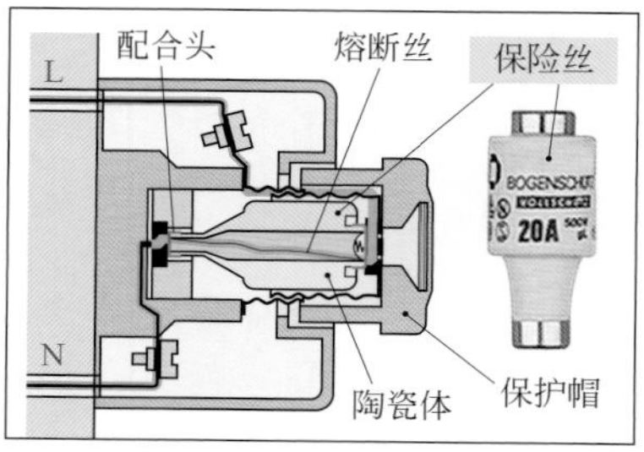

图 2-30：保险丝

线路保护开关，也称为**安全自动开关**，通过热力或者磁力触发器，在超过最大允许电流时会中断供电（**图 2-31**）。可以通过“咔哒”声和保护开关上的操作杆状态来区分电流是否中断。与保险丝相比，线路保护开关的优点是，排除故障后通过向上推动操作杆就可以恢复运行。

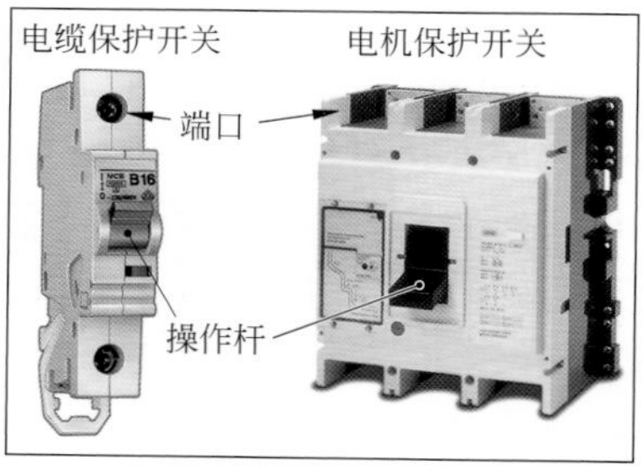

图 2-31：保护开关

电机保护开关是三相交流电动机的保护装置。其工作原理与线路保护开关相同，并且可同时关闭 3 条线路。

故障电流保护开关，也称为 **FI 保护开关**，提供特殊的防电击保护（**图 2-32**），通过测量受保护电路的供电线和回路中的电流发挥作用。通常两个电流的大小相同。绝缘损坏时，部分身体接触的电流通过地线导出。保护开关记录流入和回流电流的差异，并且在 25ms 内中断供电。因此，不会产生有害的电流影响（第 149 页图 2-35）。规定潮湿空间和工厂车间必须使用 FI 保护开关。

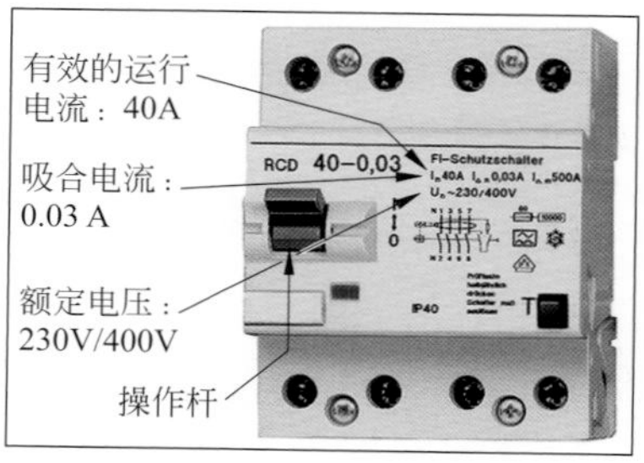

图 2-32：FI 保护开关

2.4 电气设备可能出现的故障

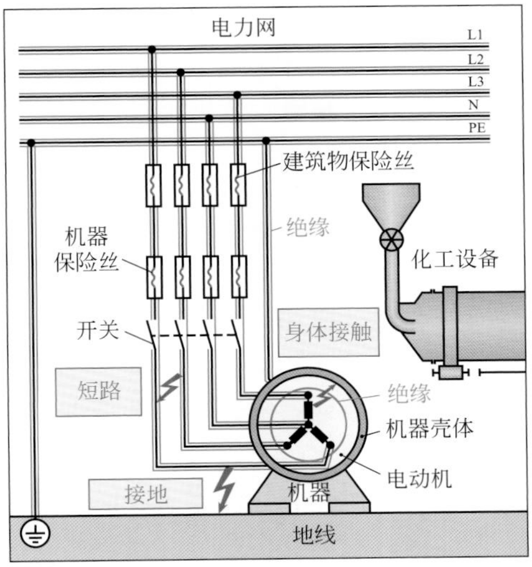

图 2-33：电缆和机器的可能故障类型

由生产商为电气设备和机器中的载流部件以及电缆配备的绝缘材料，可能会由于破损、老化或者磨损而损坏绝缘，从而可能出现故障电流（**图 2-33**）。

接地是指带电导体与地线或者接地物体之间的直接连接。

两根带电导体彼此接触并且没有绝缘时，会发生短路。由于该处的电阻非常小，会产生非常大的电流，通常伴有电弧或者火花现象。

身体接触是机器的带电组件与机器壳体之间的导电连接错误，从而导致的人体触电。

触摸带电壳体时，电流会流经人体。根据施加电压的大小、壳体的接地以及鞋或者地板的导电性，可能产生危及生命的电流。

2.5 电流引起的危险

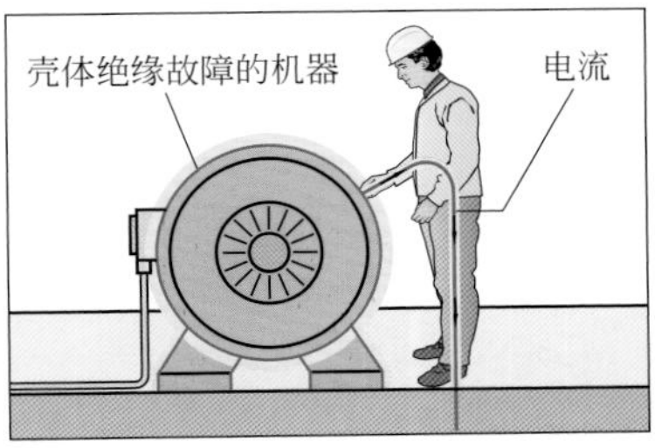

图 2-34：由带电壳体造成的电击

电流对人体的危害取决于电流流过人体时触发的过程，即所谓的**生理效应**，也将其称为“电击”。如果触摸带电的机器外壳，则会受到伤害（**图 2-34**）。

人体的许多功能都是由身体自身的电脉冲控制的，例如心率、呼吸频率、肌肉运动和大脑功能。如果触摸带电电缆或者外壳，并且外部电流流过身体，则会叠加身体自身的电流。其结果是身体的功能被干扰或者出现故障：肌肉痉挛和瘫痪（不能放松）、呼吸停止、心律失常和心脏骤停。此外，在接触位置可能发生烧伤（电痕）。

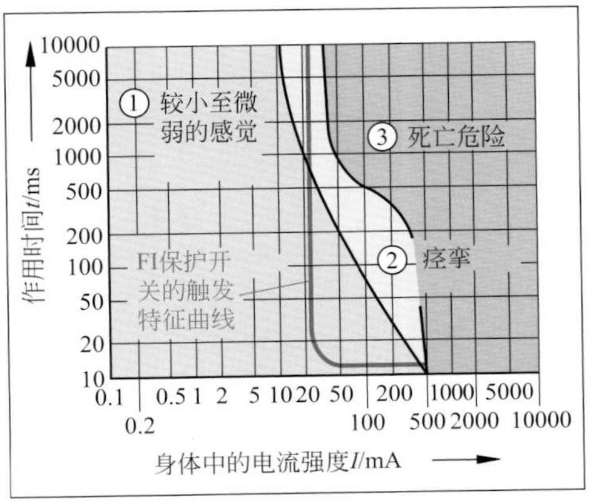

图 2-35：电流强度 - 作用时间表，以及电流导致的人员危险范围

电击对人体造成的伤害程度不仅取决于流经人体的电流强度，还与作用持续的时间有关。**图 2-35** 显示了电流导致人员危险范围的图表。危险范围是②和③。

例如，作用持续时间为 100ms 时，200mA 的体内电流会导致痉挛（范围②），超过 500ms 时有生命危险（范围③）。

通过一个大约在 25ms 内中断电流的 FI 保护开关（用作电源保护）（第 146 页），可以避免电击死亡的危险。

2.6 安全使用带电电缆和电气设备

带电电缆和电驱动的机器和设备是员工健康和工厂安全运行的危险源。

在电气设备中和在设备附近工作时，为了避免发生电气事故，必须遵守 DIN VDE 0105-100 中所述的**五项安全规定**：

（1）开启：例如关闭主开关、专业拆除保险丝或者拔掉插座连接后再开启设备。

（2）防止重启：例如通过锁定开关柜或者保险丝盒防止重启。在工作期间，必须设立一个防止重新启动的禁止牌。

（3）确定无电压：只允许由电气专业人员或者经过电气培训的人员（EuP）确定，例如用有辉光灯的试电笔确认。

（4）接地和短路：将导体和接地设备与地线连接在一起。

（5）遮挡或者隔开相邻的带电部件。

2.7 电气设备和机器上的图形符号

通过电气设备铭牌上的符号，说明有关设备许可及其设备保护的重要信息（**表 2-3**）。

表 2-3：电气工作设备的缩写符号

GS	“经过检测的安全性”机器保护法的安全标志		设备的高压部件	Ex	机器：防爆		机器：防滴水（IP 21）
CE	符合欧盟准则的生产商证书		地线的连接端子（保护等级Ⅰ）		防尘保护		防水
DVE ÖVE S	设备许可国家： 德国 奥地利 瑞士		有保护绝缘的设备（保护等级Ⅱ）		完全隔尘		防喷溅水（IP 54）
			用于保护 50V 低电压的设备（保护等级Ⅲ）	VDE	火花抑制（N = 正常）		防喷射水（IP 55）

通过一个 IP 编号（IP= International Protection）和符号说明电气工作设备的防护等级，例如电动机（**表 2-4**）。

表 2-4：工装设备的 IP 防护等级

IP 21		IP 33		IP 54		IP 55		IP 65	
防止		防止		防止		防止		防止	
接触手指（开口直径 ≤ 12.5mm）	垂直滴水	接触工具（开口直径 ≤ 2.5mm）	倾斜度至 60° 的喷溅水，防雨淋	完全的接触保护，防尘	所有方向的喷溅水	完全的接触保护，防尘	所有方向的喷射水	完全的接触保护，完全隔尘	所有方向的喷射水

复习题

1. 用什么缩写符号表示五芯电力网的电缆？
2. 地线 PE 是什么颜色？
3. 哪些组件安装在机器的开关柜中？
4. 保险丝和保护开关的用途是什么？
5. 通过哪个保护开关可以避免电击危险？
6. 什么是身体接触？
7. 如何分离损坏的电机和电力网？
8. 机器带符号 Ex 是什么意思？

3 化工设备中的电驱动机

化工设备中的驱动机是电动机（**图 2-36**）。

其他驱动机（例如内燃机或蒸汽轮机）仅在特殊情况下使用，例如没有可用的供电网络，或者发生电源故障时用于驱动应急发电机。

电动机提供运行工作机器（例如搅拌器、泵、离心机）所需的旋转运动能量。通常由前置的传动装置传输这种能量，并且将电动机的高转速转换为一个较低的工作机器转速。

图 2-36：不同尺寸的电动机和配备的控制器

通过电子控制装置，可以在很大的范围控制转速和运行特征。

广泛使用电动机的原因有：采购价格低、结构方式紧凑、效率高、运行成本低、坚固性和低维护性、可适应任何驱动工作的能力和环保性（没有废气、低噪声）。

此外，在每个企业建筑物中都有电网（第 144 页），电动机可以与其连接在一起。

3.1 电动机

电动机利用转子绕组产生的电磁场和定子绕组产生的电磁场之间的磁力驱动设备。

根据电动机运行的电流类型，分为直流电动机和三相电动机（也称为交流电动机）。

结构类型、电气连接和电子控制装置是其他的区别特征。由于种类繁多，电动机型式多种多样。

化工厂中最常用的电动机是：

- 有或者没有电子转速调节器的三相鼠笼式电动机。
- 有三相整流器的直流电动机。

3.1.1 三相鼠笼式电动机

结构。三相鼠笼式电动机的主要部件是壳体中固定安装的电动机绕组、定子和旋转工作轮、转子（**图 2-37**）。

定子由三个偏移 120° 的配有叠片铁芯的铜绕组即所谓的极靴组成。极靴同轴地安放在转子周围（参见截面图）。

转子位于电机轴上，由一个有凹槽的圆柱形叠片铁芯组成，其中嵌有由铝或者铜制成的导体棒，在两个转子端部与短路环连接在一起。导体棒和短路环共同形成一个笼子形状。因此，转子称为鼠笼式工作轮或者鼠笼式转子，在电动机中称为鼠笼式电动机或者鼠笼式异步电动机。

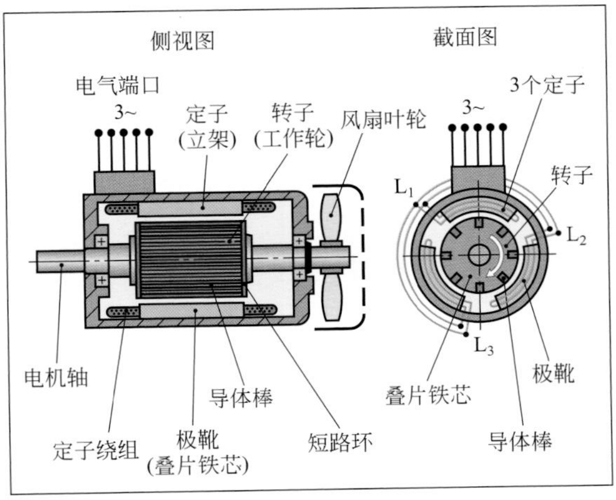

图 2-37：三相鼠笼式电动机的结构

作用方式。电机的定子绕组与一个三相电网连接在一起，通过该电网可以按照三相电流的频率，增加和减少三个绕组中的电流（第 143 页），在极靴上产生一个旋转磁场，该磁场通过三相电流的频率旋转。由于磁感应，极靴的磁场在转子的导体棒中引起大电流，这又导致了导体棒周围的强烈反向磁场。

定子中的旋转磁场和转子中导体棒的感应磁场相互排斥，从而使转子旋转。与三相磁场相比，其“转差率”降低了 3% ～ 8%。这种不同的旋转频率称为**异步**和三相鼠笼式电动机，也称为**有鼠笼式转子的三相异步电动机**。

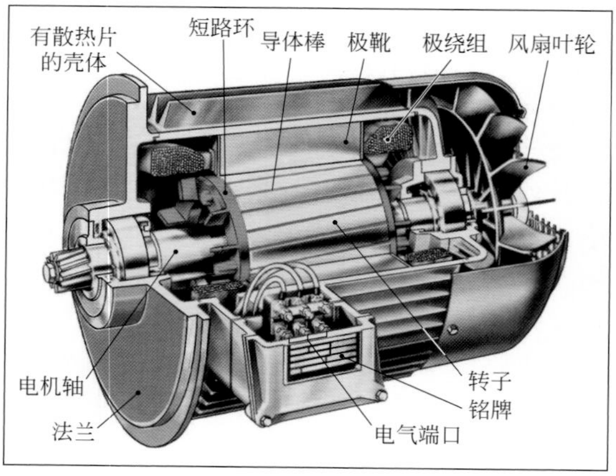

图 2-38：三相鼠笼式电动机（移除壳体）

三相鼠笼式电动机（**图 2-38**）通常没有 3 个围绕 120° 偏移的定子线圈（1 极），而是有 6 个围绕 60°（2 极）或者 12 个围绕 30°（4 极）偏移的定子线圈。根据极数，电机有不同的旋转频率（转速）。根据转差率，两极电机的旋转频率为 2700 ～ 3000min^{-1}，四极电机的旋转频率为 1350 ～ 1500min^{-1}。

在三相鼠笼式电动机中，转子不需要任何供电，因为导体棒中的电流是由感应引起的。由于简单的结构方式，三相鼠笼式电动机的价格低廉、耐用、低维护并且不容易出故障，因此是化工设备中最常用的电动机（**图 2-39**）。

图 2-39：用作泵驱动器的三相电动机

扭矩转速特征曲线

可以通过扭矩转速特征曲线，看出电动机的势能（称为扭矩）及其运行特性。每种类型的电动机都有其典型的特征曲线。

静止状态下的三相鼠笼式电动机拥有较大的起动力矩，随着速度的增加力矩首先略有下降，然后略微上升，并且在接近同步转速时和超过倾斜力矩后迅速下降（**图 2-40**）。

每次开启电机时，都会通过特性曲线到达其工作点。

这里，电机特性曲线和驱动机器的负载特征曲线相交。根据工作扭矩和工作转速，电动机在该工作点工作。其转速低于三相电流的同步转速 n_S，幅度为转差率 s。（$n_S = f = 50Hz = 3000min^{-1}$）

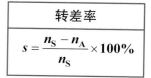

转差率
$s = \dfrac{n_S - n_A}{n_S} \times 100\%$

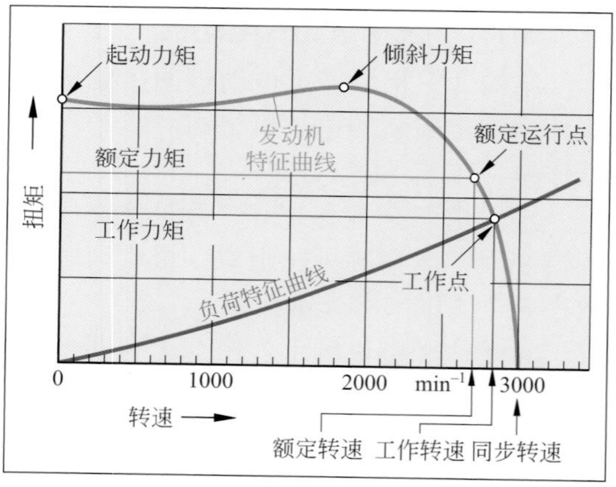

图 2-40：三相鼠笼式电动机的扭矩转速特征曲线

每个三相电动机都有制造商指定的额定转速和额定扭矩。电动机的工作点应接近其额定工作点（第 152 页图 2-40）。

如果电动机额外加载运行，则会减速并且使扭矩增加，所以电动机的负载应合适。这种三相鼠笼式电动机的**自动调节特征**使其适用于驱动泵、搅拌器、离心机等。如果负载超过倾斜力矩，则电动机停止。在电机铭牌上标明了电动机的额定数据，及其防护等级和绝缘等级（**图 2-41**）。

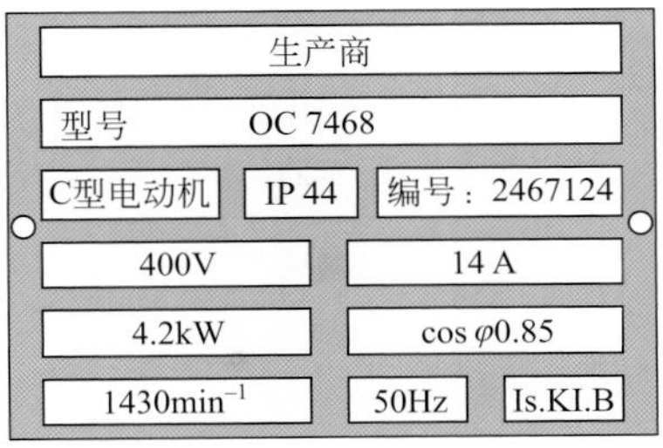
生产商
型号 OC 7468
C型电动机
IP 44
编号：2467124
400V
14 A
4.2kW
cos φ0.85
1430min⁻¹
50Hz
Is.KI.B

图 2-41：电动机的铭牌

转速调节装置

简单的三相鼠笼式电动机拥有固定的速度，根据极数，比同步转速低约 5%：2880min^{-1}（2 极）、1400min^{-1}（4 极）、950min^{-1}（6 极）、720min^{-1}（8 极）、475min^{-1}（12 极）或者 364min^{-1}（16 极）。

可以通过两种或者三种转速时的转换，来驱动变极三相电动机，例如约 2850min^{-1}、约 700min^{-1} 和约 364min^{-1}。

通过设置一个机械传动装置，可以改变设定范围最大至 1：50 的转速（第 156 页）。

在最大至 1：20 的调节范围内，**可以通过变频器进行电子速度调节**（**图 2-42**）。通过改变三相电流的频率来实现这种无级转速调节。三相电动机的变频器使驱动单元更加昂贵，但是可以在负载变化时进行省电运行。

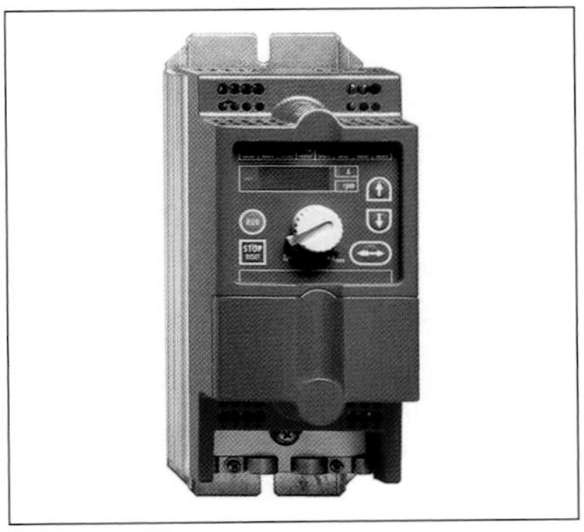

图 2-42：变频器

例题：转差率为 5% 的 2 极三相电机的工作转速是多少？

解：$s = \dfrac{n_S - n_A}{n_S} \times 100\% \Rightarrow n_S - n_A = \dfrac{s \times n_S}{100\%} \Rightarrow n_A = n_S - \dfrac{n_S \times s}{100\%}$

$$\boldsymbol{n_A} = 3000\text{min}^{-1} - \frac{3000\,\text{min}^{-1} \times 5\%}{100\%} = 3000\text{min}^{-1} - 150\text{min}^{-1} = \mathbf{2850min^{-1}}$$

性能和效率

通过右边公式确定三相电动机的输出功率。

效率 η 考虑了电机定子绕组中的热量损失和轴承中的摩擦损失。

系数 $\sqrt{3}$ 表示，在三条电源线中使用三相电流时，不会始终出现最大电流强度（第 145 页）。

功率系数 $\boldsymbol{\cos\varphi}$ 考虑了电动机绕组中仅将部分电功率（有效功率）转换为机械功率。

电动机铭牌上注明的功率系数 $\cos\varphi$ 和效率 η 仅适用于额定运行时，在部分负荷运行（例如 1/2 负载）或者过载运行（例如 5/4 负载）时，数值明显下降（**表 2-5**）。

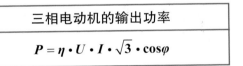

三相电动机的输出功率
$\boldsymbol{P = \eta \cdot U \cdot I \cdot \sqrt{3} \cdot \cos\varphi}$

表 2-5　额定负荷运行和部分负荷运行时，中等功率三相电动机的功率系数 $\cos\varphi$ 和效率 η

额定负荷		5/4 负荷		3/4 负荷		1/2 负荷		1/4 负荷	
$\cos\varphi$	η	$\cos\varphi$	η	$\cos\varphi$	η	$\cos\varphi$	η	$\cos\varphi$	η
0.85	0.85	0.87	0.82	0.79	0.86	0.67	0.84	0.44	0.79

例题：在 400V 的电力网中，额定输出功率为 12kW 的三相鼠笼式电动机的定子绕组中有多少电流？

解：通过表格得出：$\cos\varphi = 0.85; \eta = 0.85$

$$\boldsymbol{P} = \eta \cdot U \cdot I \cdot \sqrt{3} \cdot \cos\varphi \Rightarrow \boldsymbol{I} = \frac{P}{\eta \cdot U \cdot \sqrt{3} \cdot \cos\varphi} = \frac{12000\text{W}}{0.85 \cdot 400\text{V} \cdot \sqrt{3} \cdot 0.85} \approx \mathbf{24A}$$

起动控制装置

三相鼠笼式电动机在启动时消耗非常高的电流，最高可达 100A。这可能导致电网中的电压中断。为了避免这种情况，电动机必须拥有一个起动控制装置。

简单的起动控制装置是所谓的**星形三角电路**（Y△电路）。在这里，电动机的连接方式是在启动时，首先将电动机绕组以星形连接来提供 230V 的电压。此时，电流仅为整个数值的 1/3。启动电动机后，升挡至 400V 电压的三角电路。

现代三相电动机拥有一个电子**软启动控制装置**，也称为软启动器，在启动时监控电源电压，并且从电网中获取足够的电力，这样电源电压不会中断。

3.1.2 直流电动机

结构和作用方式。在基本结构中，直流电动机由配有一对电磁铁（极对）的定子和装有导电导体回路的转子组成（**图 2-43**）。

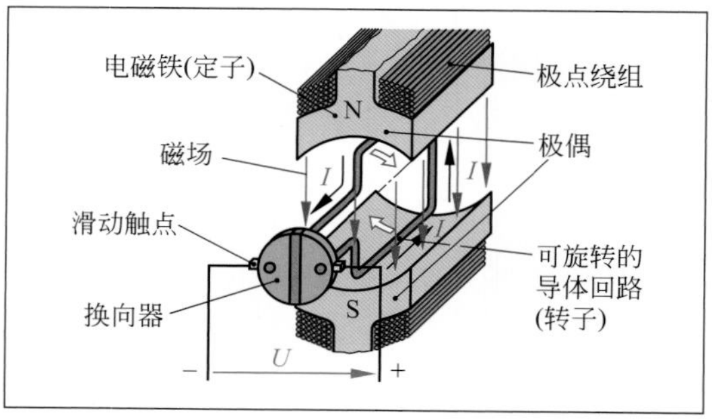

图 2-43：直流电动机的原理

导体回路与一个分为数段的一同旋转的换向器相连，通过换向器提供直流电。

如果直流电经过极绕组，则在它们之间产生一个有北极 N 和南极 S 的固定磁场。在该激励磁场中，同样也有流经直流电的转子导体回路，在导体周围拥有一个圆形磁场。

极点的固定磁场和导体回路的磁场重叠，并且产生垂直于导体回路的作用力。

这样，可旋转设置的导体回路突然旋转，直到处于水平状态。然后，通过换向器转变导体回路路中的电流方向，并且使其磁场转换极性。这样，再次在导体回路上出现一个旋转方向的磁力，并且使其突然旋转 180°。然后再次转换极性，导体回路再次旋转 180°等等。连续的转换极性是由换向器引起的，也称为**整流器**，换向器围绕导体回路（转子）旋转。

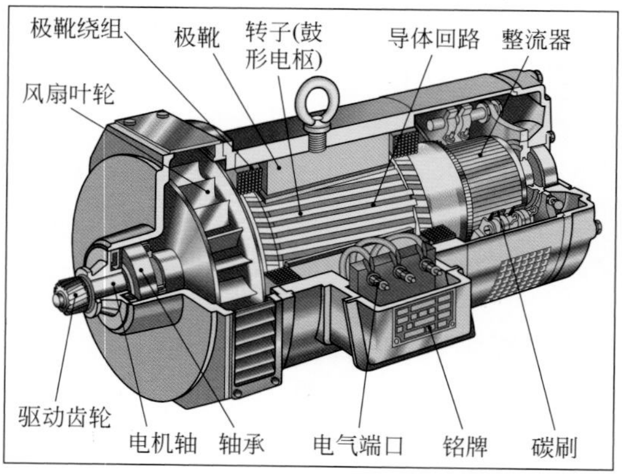

图 2-44：直流电动机

在工业直流电动机中，不仅有一个导体回路，而是有数十个导体回路，角度偏移地缠绕在凹槽中的转子体上（**图 2-44**）。它们与相同数量的整流器连接在一起。由于转子的圆形形状，也称为鼓形电枢。每个导体回路分别与一个整流器部分连接在一起，并且位于直流电网的石墨滑动触点（称为碳刷）上。

定子通常由三对或者四对磁极组成，它们在壳体周围紧凑布置，并且在转子周围产生一个同轴均匀的磁场。

定子和转子的磁场叠加。导体回路上产生的电磁力使转子旋转。由于均匀的定子磁场和大量的转子绕组，及其略微倾斜的结构，可以使电动机平稳地圆周运动。

随着时间的推移，整流器上的碳刷会磨损。因此，必须定期维护直流电动机。连续运行时，必须在大约 2 ～ 3 个月后更换碳刷，并且研磨整流器。

从碳刷到整流器的电流流动中会产生火花，即所谓的电刷火花。因此，直流电动机必须设计为，在有爆炸危险的环境中运行能够防爆（第 125 页）。

每个直流电动机都需要一个可控的**三相整流器**为其提供直流电，通过电力网中提供的三相电流，产生直流电压可调的直流电。可变的直流电压用于调节转速，生成不同的扭矩特征曲线（见下文）。整流器通常与其他电气元件，共同设置在机器电气开关柜中（第 145 页）。整流器增加了直流电动机的驱动成本，因此仅在需要其特殊性能时，才在化工厂中使用直流电动机。

根据直流电动机中的电流连接方式，分为串联（串联电路）、并联（并联电路）或者外部励磁的直流电动机，它们拥有不同的扭矩转速特征曲线。

扭矩转速特征曲线

由于不同类型的连接和整流器控制，直流电动机可以拥有完全不同的特征曲线。

最常用的配有电子控制装置的**直流并联电动机**拥有恒定起动力矩的特征曲线，较高转速时拥有略微降低的扭矩（**图 2-45**）。

在下降的转速范围内，与三相电动机相同，直流电动机拥有自我调节的特征（第 152 页）。随着负载降低，转速增加。空转时，即没有负荷时，电动机持续增加其转速，直到损坏，这时称为“电动机打滑”。可以通过一个电子空转断路来防止这种情况。

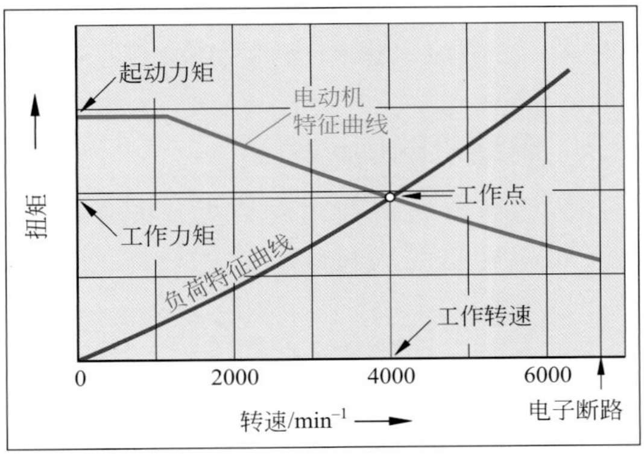

图 2-45：电子控制的直流电并联电动机的扭矩转速特征曲线

转速调整装置

直流电动机本身并不像三相鼠笼式电动机那样具有额定转速。直流电动机的转速调整是在被驱动机负载时通过设定直流电压实现的。

通过调节整流器的直流电压，可以在恒定负荷下改变电动机的转速。

现代三相整流器拥有可以调节所需转速的调整装置。通过 PLC 控制装置，可以根据规定的电动机转速和时间，对流程程序进行编程。

直流电动机是适用于诸如离心机等高转速工作机器的电动机（**图 2-46**）。

它也适用于驱动需要频繁更换和连续调节转速的机器。

但是需要定期维护其磨损件（碳刷）。

图 2-46：配有直流电动机的离心机驱动器

3.1.3　电动机防护等级

在化工厂中，操作条件大多是苛刻的，有时甚至是危险的，因此需要保护电动机。

为了保护电动机免受**过大电流强度**（过电流）的影响，应配备一个电动机保护开关（第148页）。超过最大允许的电流和超电压时，会中断供电。

为了防止电动机绕组过热，电动机拥有一个**绕组保护装置**，该保护装置可测量绕组的温度，并且在超过最大允许温度时关闭电动机。

绝缘等级表示电动机中绝缘材料的耐温性。例如在绝缘等级 B 中，允许绕组温度升至最高 120℃，在绝缘等级 F 中最高温度为 145℃。

防爆。在有火灾和爆炸危险的企业中，由于会产生火花，电动机可能对企业构成风险。这些企业中的电动机配有一个防爆外壳，从而不会点燃可燃气体混合物。有关防爆的更多信息见第 124 页。

防爆电动机在铭牌和壳体上标有⟨Ex⟩，防护等级为 IP55 或者 IP65，符合 DIN EN 50014 ～ 50019 和欧盟准则 94/9/EG（Atex 95a）的要求。

3.2　电动机的传动装置

传动装置后置在电动机上（**图 2-47**），用于将三相电动机的高转速转换为较低的使用转速，进行有级或无级调速。

有各种类型的传动装置。

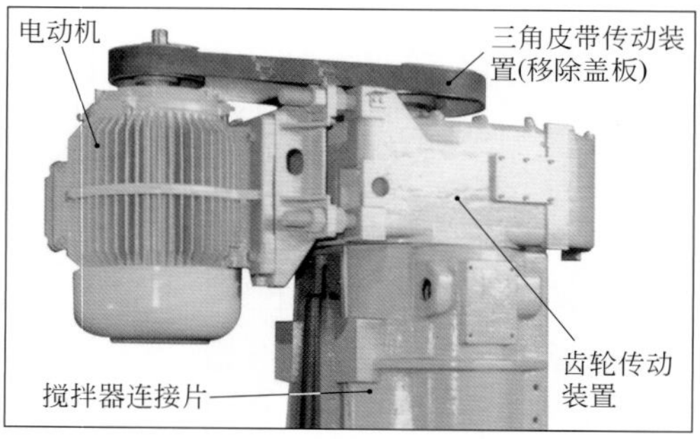

图 2-47：有电动机和传动装置的搅拌器驱动器

3.2.1　三角皮带传动装置

三角皮带传动装置有一个小的和一个大的皮带轮，在其上面可以运行一根或者多根三角皮带（**图 2-48**）。

通过梯形皮带的侧面和皮带轮槽侧面之间的摩擦（动力啮合）传递扭矩。超载时，三角皮带打滑，为三角皮带传动装置提供**过载保护**。

传动比 *i* 是指驱动转速 $n_{驱}$ 与传动转速 $n_{传}$ 的比值。

通过传动皮带轮有效直径 $d_{传}$ 与驱动皮带轮 $d_{驱}$ 之比，计算三角皮带传动装置的传动比 i。

传动比
$i=\dfrac{n_{驱}}{n_{传}}$ $i=\dfrac{d_{驱}}{d_{传}}$

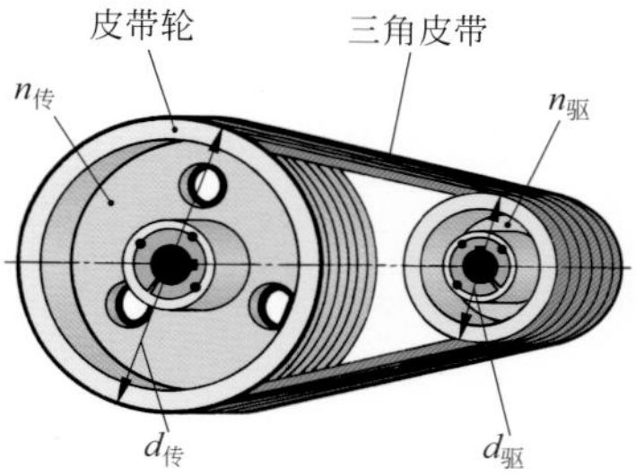

图 2-48：多个三角皮带传动装置

例：额定转速为 1400min^{-1} 的电动机，驱动转速为 373.3min^{-1} 的搅拌器。在电机轴上，中间连接的三角皮带传动装置的皮带轮有效直径为 80.0mm，则搅拌器轴上的皮带轮有效直径为多少？

解：所需的传动比是：$\boldsymbol{i}=\dfrac{n_{驱}}{n_{传}}=\dfrac{1400\text{min}^{-1}}{373.3\text{min}^{-1}}=3.7503\approx\mathbf{3.75}$

搅拌器轴上的有效皮带轮直径的计算如下：

$$i=\frac{d_{传}}{d_{驱}}\Rightarrow \boldsymbol{d}_{传}=i\cdot d_{驱}=3.75\times 80.0\text{mm}\approx\mathbf{300mm}$$

3.2.2 齿轮传动装置

齿轮传动装置是最常用的传动装置，其通过联轴器连接到电动机上，并且与之形成一个结构单元，即**变速箱**（**图 2-49**）。

齿轮传动装置由不同尺寸的齿轮对组成，转速从小齿轮到大齿轮逐渐降低。

通过形状配合、无滑动地传递扭矩。

齿轮传动装置的类型

根据齿轮轴的位置，可以分为不同的齿轮传动装置（**图 2-50**）。如果电动机和驱动机器的轴是平行的，则使用一个**圆柱齿轮传动装置**或者由一个小齿轮（主动轮）和一个**内齿圈**组成的传动装置。

如果工作机器的轴垂直于电动机轴，则使用一个**锥齿轮传动装置**或者**蜗轮蜗杆传动装置**。

在锥齿轮传动装置中，轴线通常以 90° 的角度相交，但是也可能有其他相交角度。

在蜗轮蜗杆传动装置中，轴心线彼此成 90° 角，但不相交。在特别大的传动比时使用蜗轮传动装置，因为蜗轮在蜗杆的一次旋转中仅持续转动一个齿轮。

传动比

圆柱齿轮、内啮合和锥齿轮的齿轮传动装置的传动比，以齿轮对的齿数之比计算。其中：1 为主动，2 为从动。

$$i = \frac{n_1}{n_2} = \frac{z_2}{z_1}$$

最大传动比为 $i_{max} \approx 10$。

在蜗轮蜗杆传动装置中（单程），传动比拥有与蜗轮齿数相同的数值，$i_{max} \approx 50$。

$$i = z_2$$

多个传动比

传动比较大时，先后布置多对齿轮（**图 2-49** 和**图 2-51**）。

每个齿轮对的传动比相乘，得出总传动比 $\boldsymbol{i_{ges}}$。

$$i_{ges} = i_1 \cdot i_2 = \frac{n_1}{n_4} = \frac{z_2 \cdot z_4}{z_1 \cdot z_3}$$

其中，$i_1 = \frac{n_1}{n_2} = \frac{z_2}{z_1}$，$i_2 = \frac{n_2}{n_4} = \frac{n_3}{n_4} = \frac{z_4}{z_3}$

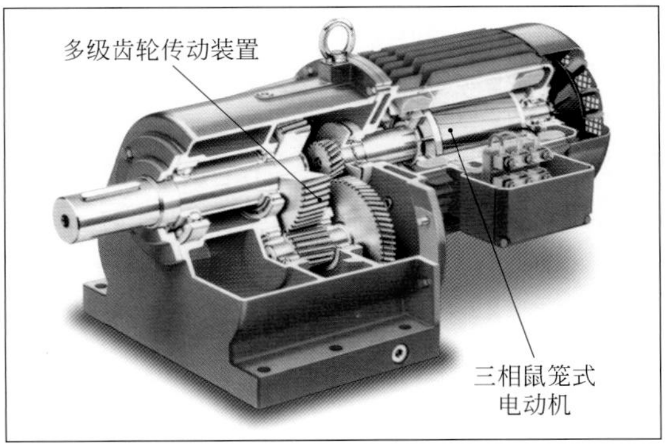

图 2-49：变速电动机

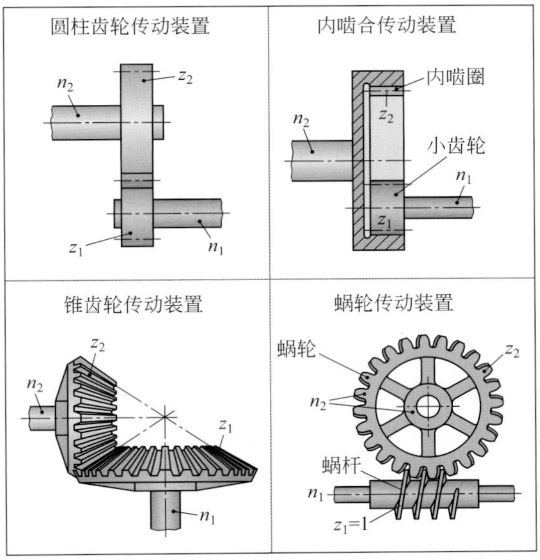

图 2-50：齿轮蜗杆传动装置的类型

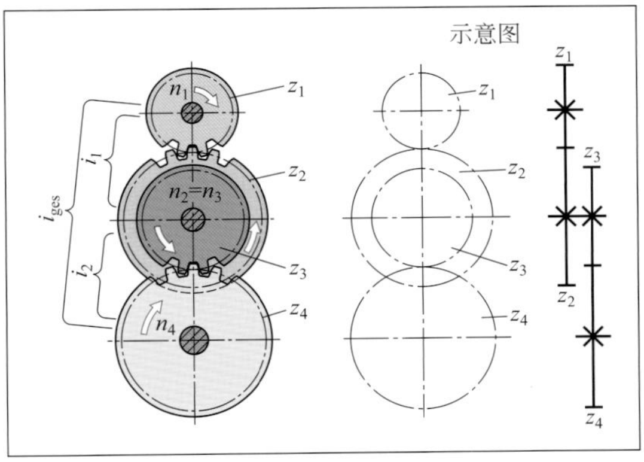

图 2-51：两倍传动比

3.2.3 凸轮传动装置

凸轮传动装置（摆线传动装置）多以商标名 Cyclo 传动装置而为人所知，用于将电动机的高转速降低为 1 至约 100r/min 的正常使用转速。

其内部结构非常简单，功能相对复杂，因此通过几个步骤进行解释（**图 2-52**）。

结构和作用方式

在驱动轴上有一个偏心轮，与驱动轴一起旋转（参见系统图）。通过其旋转，使凸轮在驱动轴旋转时抬起和下降一次。

凸轮拥有一个波浪形的圆周轮廓，并且滚轧外部滚子（示意图）。上下一次时（驱动轴旋转一圈）围绕着圆周上的波谷转动凸轮。驱动轴必须旋转多次，因为凸轮在圆周上有轴，使凸轮旋转一圈。通过啮合凸轮孔的驱动销，将凸轮的缓慢旋转运动传递到输出轴，旋转方向与驱动轴相反。

传动装置的所有部件都围绕着驱动轴和输出轴对称，因此减速的旋转运动同轴传递，但是旋转方向相反（见图 2-52，工程剖面图）。

特征和使用

传动装置的移动部件在辊子上滚轧，也就是说，只有较小的滚动摩擦。因此，摆线传动装置低噪声，并且耐磨，具有较高的效率。与其他传动装置相比，在相同的传动功率时，其结构尺寸明显较小（**图 2-53**）。

单级结构的摆线传动装置的顶部传动比最大为 1∶87，两结构中最大为 1∶6035。其中还可以有许多分级。

摆线传动装置直接通过联轴器连接到电动机上，或者后置在一个三角皮带传动装置上（**图 2-54**）。这样，通过更换皮带轮也可以将转速改变为多级。此外，通过三角皮带传动，可为整个传动系统提供过载保护，因为三角皮带在过载时会打滑。

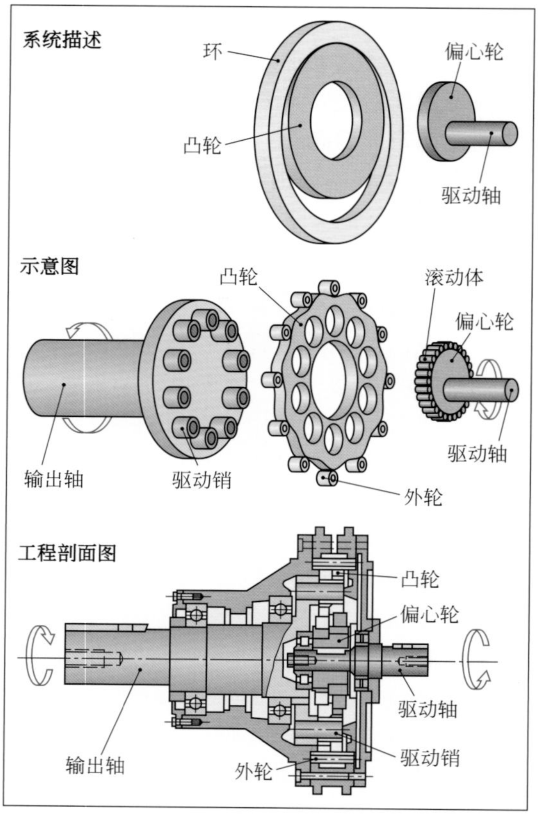

图 2-52：摆线传动装置

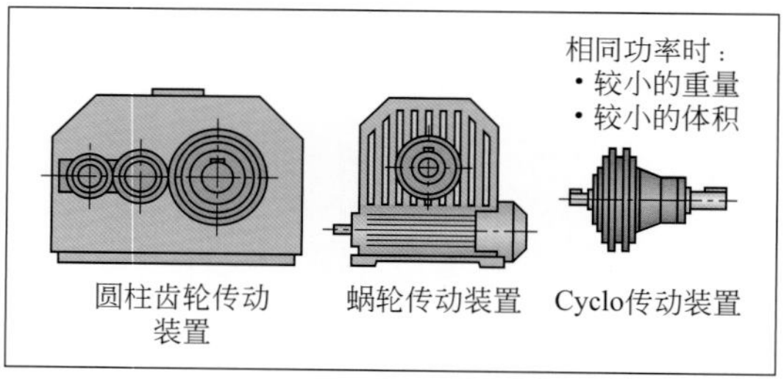

图 2-53：相同传动功率的不同类型传动装置的尺寸比较

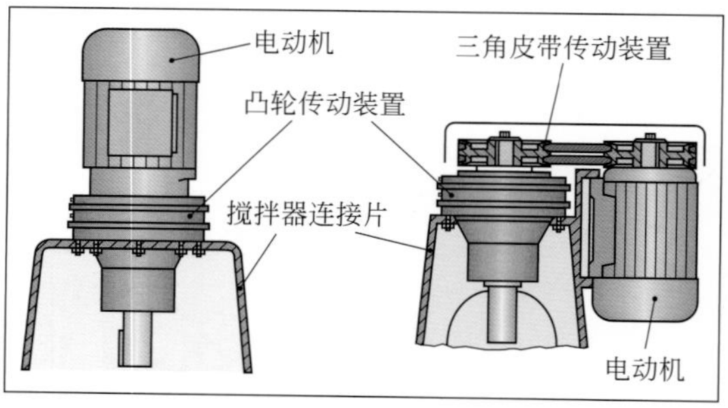

图 2-54：搅拌器中的传动装置结构

3.2.4　塔轮传动装置

塔轮传动装置分别由两个多三角皮带轮组成，皮带轮在电动机和工作机器上拥有不同的直径（**图 2-55**）。速度的变化可以分为多级，通过转移三角皮带完成。通过选择的皮带轮直径，可以将较大的转速范围分为几级。分级设计为，在每个传动比下可以充分拉伸三角皮带。通过一个压紧辊，可以额外调整皮带张力，这样就可以在任何时间进行完整的动力传递。在传动装置壳体上或者驱动机器上露出的皮带传动装置中，标明了转移计划和转速等级。

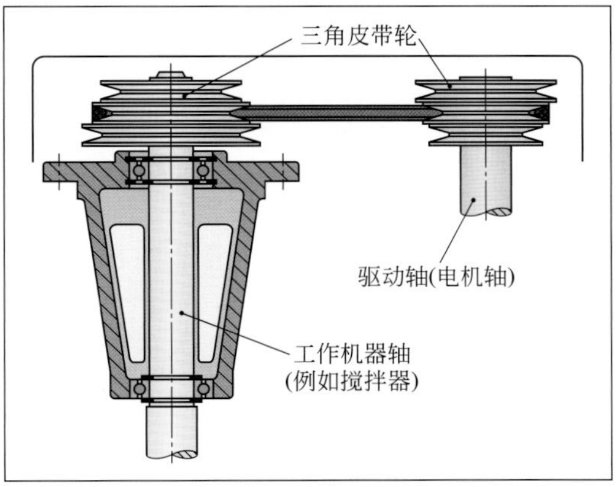

图 2–55：塔轮传动装置

3.2.5　齿带传动装置

无级变速的齿带传动装置，也称为宽三角皮带变速器，具有可连续设定任何所需转速的速度范围（大约最高为 1∶10）。装置由两对塔轮组成，可以轴向调节其塔轮间距（**图 2-56**）。这种调节会改变三角皮带的运行直径，从而可以实现输出轴的不同转速。宽三角皮带为牵引装置，在作用力较大时，采用带油浴润滑的滚子链或板式链牵引。只能在运行时调整转速。

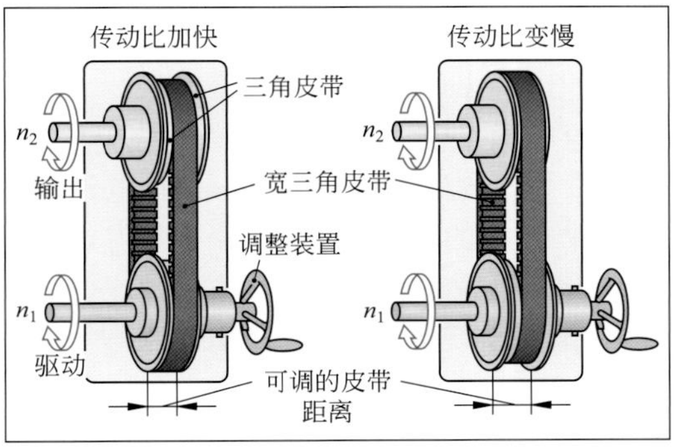

图 2–56：宽三角皮带变速器

机械变速器，如塔轮传动装置，仅用在老式设备中。现代电驱动装置主要通过电子转速控制（第 151，第 153 页）。

关于传动装置的作业

（1）有某电动机驱动泵，电动机的额定转速为 1450min^{-1}，泵的转速应为 1000min^{-1}。在电机轴上有一个直径为 20cm 的皮带轮，则泵上的皮带轮的直径是多少？

（2）电动机（转速 1450min^{-1}）通过一个双齿轮传动装置驱动搅拌器（第 157 页图 2-51）。从电动机开始，齿轮的齿数为 $z_1 = 12$，$z_2 = 33$，$z_3 = 12$，$z_4 = 36$。搅拌器的转速是多少，传动装置的传动比是多少？

复习题

1. 三相电动机有哪些特殊优点？
2. 通过电动机的扭矩转速特征曲线可以看出什么？
3. 三相鼠笼式电动机的自我调节特征是什么意思？
4. 三相电动机的转速调节有哪些方法？
5. 有哪些类型的齿轮传动装置？
6. 为什么三相电动机有一个起动控制装置？
7. 如何调整直流电动机的转速？
8. 标记〈Ex〉在电动机上表示什么？
9. 请解释三角皮带传动装置的过载保护作用。
10. Cyclo 传动装置有哪些优点？

4 电化学基础

电化学研究由电流引起或者产生电流的化学反应中的关系和过程。

在日常生活和工作中，可以看到电流和化学反应之间相互作用的实例：

- 在原电池等特殊反应装置中，某些化学反应过程会产生电流。例如，工业原电池有蓄电池（电池）或者铅酸蓄电池，可用作小型设备和车辆的电源。
- 如果通过导电液体（电解质）输送电流，则可以从电解质溶液中沉积出物质。这种方法用于大规模生产大量化学品，如氯气、氢气和苛性钠。

4.1 原电池

原电池由两个浸入电解液中的电极组成（**图 2-57**）。原电池的两个电极由两种不同的导电材料制成，例如不同的金属或者一种金属和一种碳成分物质。使用的电解质是盐溶液。

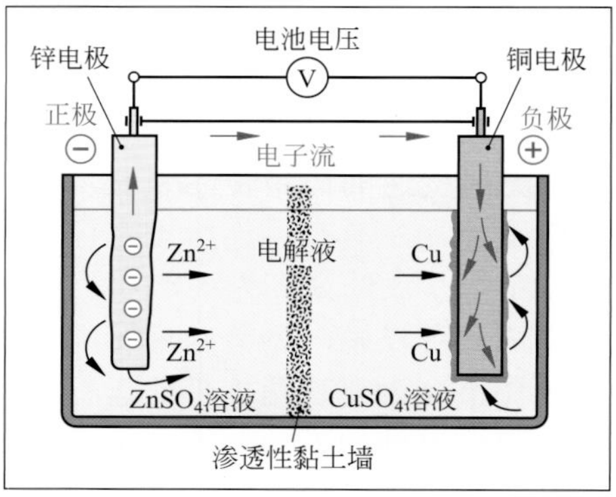

图 2-57：原电池（Daniell 电池）

原电池示例：锌电极和铜电极分别置于硫酸盐溶液中（图 2-57），也称为 **Daniell 电池**。电极之间存在一个较小的电压，称为端子或者电池电压，可以通过一个电压表（电压表Ⓥ）测量。

通过导线将电极连接在一起，这样电流可以流动。

该电流是由原电池中的电化学过程引起的：

从锌电极开始，锌以 Zn^{2+} 的形式进入溶液中，并且在锌电极上留下电子：$Zn \longrightarrow Zn^{2+} + 2e^-$。锌原子释放电子，然后被氧化。锌电极处多余的电子流向外部，即负电荷（⊖）。在电子元件中，负极是**阳极**。

在铜电极上，Cu^{2+} 以铜 Cu 的形式从硫酸铜溶液中析出：$Cu^{2+} + 2e^- \longrightarrow Cu$。铜离子吸收电子，然后被还原。从铜电极上获取所需的电子，这样铜电极缺少电子，即产生正电荷（⊕）。正极是**阴极**。

锌电极处的电子过量和铜电极处的电子不足代表了不同的电荷，即对应电压。当存在导电连接时，为了实现平衡，电流从锌电极（正极）流向铜电极（负极）。

原电池电极处电池电压的大小，与电极材料有关，并且在某些材料对中是恒定的。可以通过**金属电化序**来确定（**图 2-58**）。

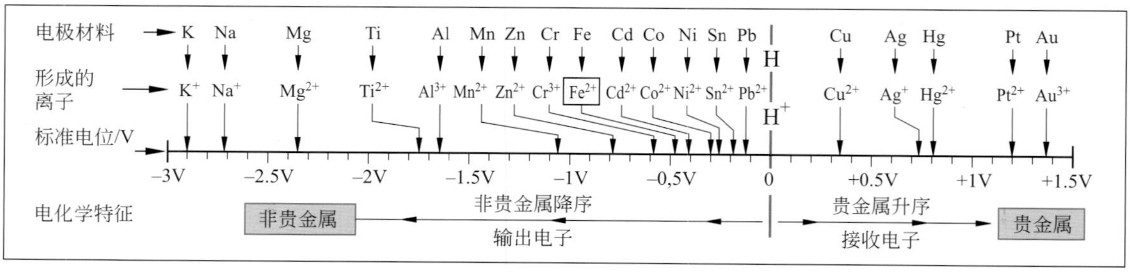

图 2-58：金属电化序（标准温度为 25℃时）

在金属电化序中，使用了电极材料及其标准电位，即与标准氢电极相对的电压。根据定义，标准氢电极（H）与氢的标准电位 0 形成电化序的零点。

氢的左侧是电化序中有负标准电位的材料，被称为**电化学非贵金属**，容易被氧化。氢的右侧是有正标准电位的材料，称为**电化学贵金属**，其原子难以被氧化。

在原电池中溶解电化序中靠左侧的电极材料，即负电位，形成正极并被氧化。

在锌 - 铜原电池中（第 160 页图 2-57）正极是锌，因为其标准电位值为 –0.76V，与铜的 + 0.34V 相比更靠左侧（负值更大）。

通过电极材料的标准电位的差，计算原电池的电池电压的大小（电位差 U）。

电位差
$U = U_{正} - U_{负}$

例：锌 - 铜原电池（第 160 页图 2-57）。

铜的标准电位为 +0.34V，锌的标准电位为 –0.76V。因此，在原电池中，存在电池电压 $U = +0.34\text{V} - (-0.76\text{V}) =$ **1.10V**。

在实际应用中，有单独开发的原电池，可以在有限的时间内提供直流电，用于小型电气设备的供电，例如相机、计算器、手表和测量设备等。

锌 – 碳原电池（图 2–59）

锌 - 碳原电池由锌电极和碳电极以及氯化铵电解质（NH_4Cl）组成。

碳电极覆盖有多孔二氧化锰（MnO_2）。

在锌电极上锌进入溶液中：$Zn \longrightarrow Zn^{2+} + 2e^-$。

留在锌电极上的电子通过外部连接流到碳电极中，从而减少了电解质中的水合氢离子 H_3O^+：

$$2H_3O^+ + 2e^- \longrightarrow 2H + 2H_2O$$

产生的原子氢（H）与周围碳电极的多孔二氧化锰结合，反应持续进行直至电解质用完。

该反应是不可逆的，即：使用过的锌 - 碳原电池不可再生。锌 - 碳原电池的电压约为 1.5V。

在**技术设计**中，作为电极的锌 - 碳元件被放在尽可能小的锌杯空间中（**图 2-60**），形成负极。作为第二电极包裹着二氧化锰的碳棒是正极。通过淀粉糊增稠氯化铵电解质，从而避免在锌杯泄漏时溢出侵蚀性 NH_4Cl。

由一个电极对组成的原电池称为**单体电池**。

由于在许多电气设备中，需要高于电池电压 1.5V 的电压，因此将多个原电池串联，形成**电池**（**图 2-61**）。其电压是电池电压的总和，例如三个串联的单体电池 3×1.5V = 4.5V 或者六个串联的单体电池 6×1.5V = 9V。

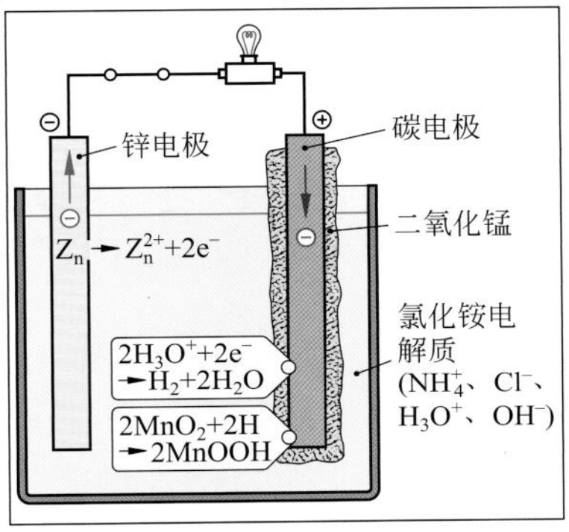

图 2–59：锌 – 碳原电池的原理

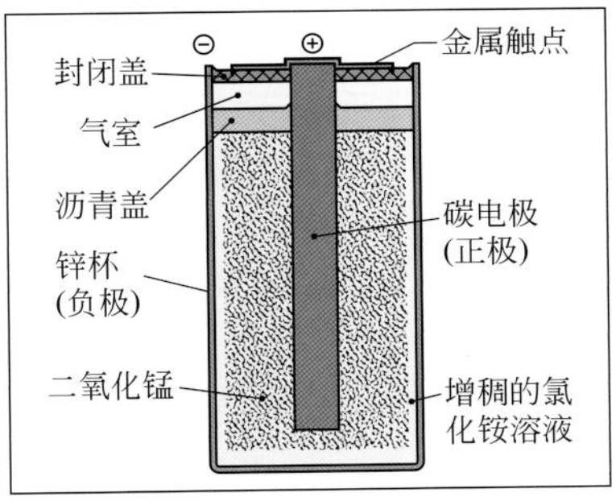

图 2–60：锌 – 碳元件

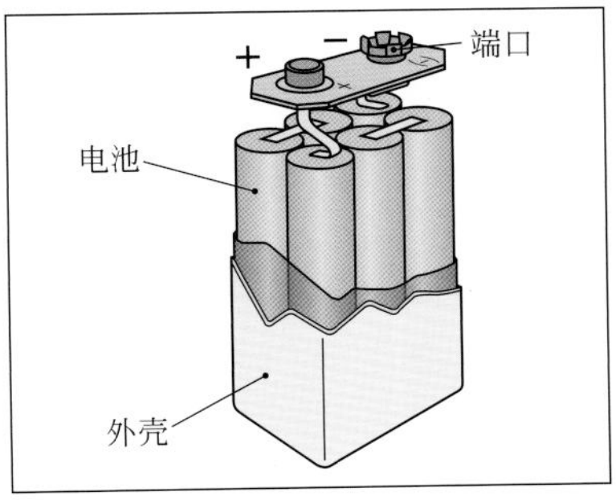

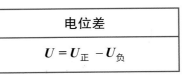

图 2–61：有 6 个单体电池的 9V 电池

4.2　电解

电解是指在电流的作用下，在导电液体（电解质）中发生的化学过程（反应）。其中物质从电解质中释放或者析出。

在所有电解中，电解槽的原理结构都是相同的（图 2-62）。

连接到直流电源的两个电极，浸没在盛有电解质的容器中。电极材料应选择为，使其在电解时不溶解。电解质是导电溶液或者熔盐。

例如氯化锌溶液的电解（图 2-62）。

通过向电极施加足够大的直流电压，使化学反应发生。

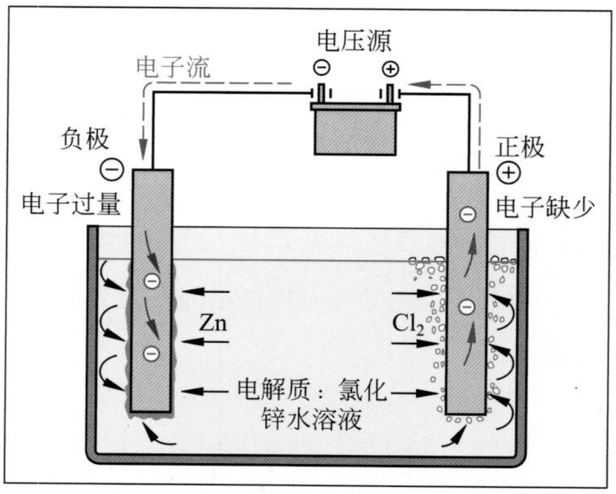

图 2-62：氯化锌溶液电解的装置

在负极（阴极）上，从电解质中取出 Zn^{2+}，并且通过吸收存在于其中的电子，沉积（还原）为金属锌：$Zn^{2+} + 2e^- \longrightarrow Zn$。

在正极（阳极）处，从电解质中获取 Cl^-，并且通过去除带正电的电子（电子不足），放电（氧化）为氯气 Cl_2：$2Cl^- \longrightarrow Cl_2\uparrow + 2e^-$。

4.2.1　水溶液的电解

在盐水溶液的电解中，除了盐离子以外，电解质中还有微量水解的 H_3O^+ 和 OH^-。水总是含有一定比例的这些离子。它们通过水分子的分解（解离）形成：$2H_2O \longrightarrow H_3O^+ + OH^-$。

因此，在某些情况下，水的成分代替盐的组分，析出氢气 H_2 或者氧气 O_2。当盐由非贵金属和含氧酸根组成时，会发生这种情况。

对这种情况的解释是，电解时每个离子与电解质分离，需要最低的放电电压。这些是**表 2-6** 中最右侧的离子。

表 2-6　放电性序表

阳离子	K^+	Ca^{2+}	Na^+	Mg^{2+}	Al^{3+}	H_3O^+	Zn^{2+}	Fe^{2+}	Cd^{2+}	Ni^{2+}	Sn^{2+}	Pb^{2+}	Cu^{2+}	Ag^+	Hg^{2+}	Pt^{2+}	Au^{3+}
	↓	↓	↓	↓	↓	↓	↓	↓	↓	↓	↓	↓	↓	↓	↓	↓	↓
析出的物质	K	Ca	Na	Mg	Al	H_2	Zn	Fe	Cd	Ni	Sn	Pb	Cu	Ag	Hg	Pt	Au
阴离子	SO_4^{2-}	NO_3^-	CO_3^{2-}	F^-	OH^-	Cl^-	Br^-	I^-									
				↓	↓	↓	↓	↓									
析出的物质				F_2	O_2	Cl_2	Br_2	I_2									
	不可从水溶液中析出					可以通过电解质从水溶液中析出											

例：$ZnCl_2$ 溶液的电解（图 2-62）。在负极上，从 Zn^{2+} 析出锌 Zn，在正极上，从 Cl^- 析出氯气 Cl_2。

如果存在不可分离的盐离子，例如在 Na_2SO_4 溶液中（$2Na^+ + SO_4^{2-}$），则将沉积放电性序表中靠右侧的水离子（$H_3O^+ + OH^-$）。

在负极产生氢气：$4H_3O^+ + 4e^- \longrightarrow 2H_2\uparrow + 4H_2O$

在正极产生氧气：$4OH^- \longrightarrow O_2\uparrow + 2H_2O + 4e^-$

例：$ZnSO_4$ 水溶液的电解。在电解质中存在：阳离子，Zn^{2+}、H_3O^+；阴离子，SO_4^{2-}、OH^-。在负极处析出金属锌 Zn（在放电性序表中 H_3O^+ 的右侧），在正极处析出氧气 O_2，因为 OH^- 比 SO_4^{2-} 更靠右侧。

练习题：在 NaCl 水溶液的电解中析出哪些物质？

4.2.2 法拉第定律

在电解时析出的物质量与流过电解质的电荷量之间存在一定的规律，它的发现者是英国物理学家迈克尔 • 法拉第，将其称为**法拉第第一定律**。

电解时，析出的物质量 n 与流过电解质的电荷量 Q 成比例：$n \sim Q$。

如果确定析出 1mol 电荷数为 1 的离子时所需的电荷量，则电荷量 $Q = 96485\text{A}\cdot\text{s}$。

每 1mol 一价离子的电荷量 $\boldsymbol{F = 96485\text{A}\cdot\text{s/mol}}$，$F$ 称为**法拉第常数**。

如果将电解时析出的各种元素的物质量与电荷量 $Q = 96485\text{A}\cdot\text{s}$ 进行比较，则可以从电荷数为 $z = 2$ 的电解质（例如含有 Cu^{2+}）中析出 1/2mol，从电荷数为 $z = 3$ 的电解质（例如含有 Al^{3+}）中析出 1/3mol。

该发现称为**法拉第第二定律**。

从各种电解质中，电荷量 $Q = 96485\text{A}\cdot\text{s}$ 将析出 $\frac{1}{z}$ mol 电荷数为 z 的物质。

针对析出 $n$mol 的物质 X，需要电荷量 $Q = nFz$。通过代入 $n(\text{X}) = m(\text{X})/M(\text{X})$ 和 $Q = It$，在转换后得出右面的析出物质量 $m(\text{X})$ 的等式。$M(\text{X})$ 是析出物质 X 的摩尔质量，η 是析出过程的效率。

析出的物质量
$\boldsymbol{m(\text{X}) = \frac{M(\text{X})It}{z(\text{X})F}\eta}$

4.2.3 工业电解过程

在化学工业中，电解起着重要作用，例如通过大型技术电解过程生产许多重要的原料。下面描述了两个典型的电解过程。

氯碱电解（氯化碱金属电解）

在氯碱电解中，通过 NaCl 水溶液的电解，生产化学基本物质氯气 Cl_2、氢气 H_2 和氢氧化钠 NaOH。通过以下反应方程式概括描述了电解过程中发生的化学物质转化：

$$\underbrace{\mathbf{2\,(Na^+ + Cl^-)}}_{\text{氯化钠}} + \underbrace{\mathbf{2\,H_2O}}_{\text{水}} \longrightarrow \underbrace{\mathbf{2\,(Na^+ + OH^-)}}_{\text{苛性钠}} + \underbrace{\mathbf{Cl_2\uparrow}}_{\text{氯气}} + \underbrace{\mathbf{H_2\uparrow}}_{\text{氢气}}$$

现代的氯碱电解过程就是所谓的**膜法**（**图 2-63**）。

电解槽与筛选膜分离成阳极和阴极空间。膜仅允许 Na^+ 和水分子通过，阴离子（Cl^-、OH^-）是不可通过的。在膜两侧的空间中，设置了阳极和阴极，与强直流电源的极点相连。在阳极室中，导入富含 NaCl 盐水的循环盐水。在阴极室中，加入稀释的氢氧化钠循环溶液。

在阳极处，Cl^- 被氧化为氯气：$2Cl^- \longrightarrow Cl_2\uparrow + 2e^-$。

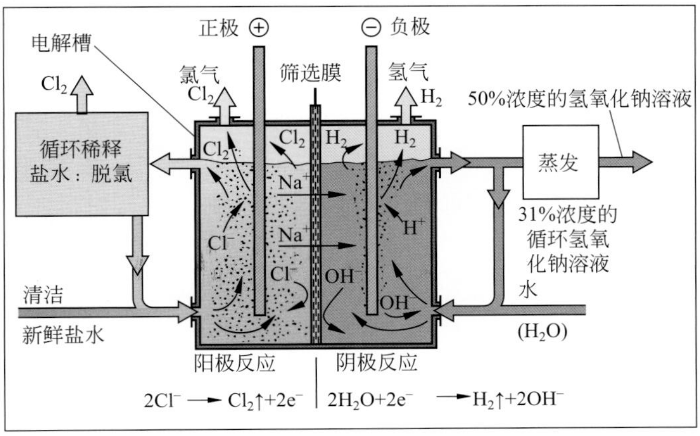

图 2-63：氯碱电解槽中的物质流和过程（膜法）

剩余的 Na^+ 穿透膜并且进入阴极室中。这里水分子还原形成氢气：$2H_2O + 2e^- \longrightarrow H_2\uparrow + 2OH^-$。

OH^- 留在阴极室中。

OH^- 不能通过膜进入阳极室，而是与 Na^+ 一起形成苛性钠。将 NaOH 从阴极室中取出并且蒸发至 50%，这便是氯碱电解的一种产物，另一种产物是从阴极室流出的氢气。

NaCl 电解最重要的产物是氯气。Cl_2 部分作为气体，离开阳极室并且向上移动，然后溶解在稀的盐水中，盐水从侧面流出。然后将氯分离和添加新鲜盐水后，将稀盐水返回至电解槽中。

在采用膜技术的工业氯碱电解设备中，料架中安装了最多 100 个扁平电解槽（**图 2-64**）。电源以及物质的供应和排放管路都设置在电池下部。

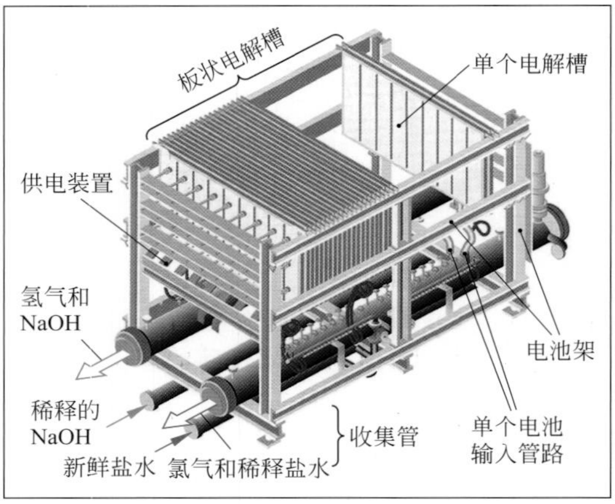

图 2-64：工业氯碱电解设备（膜法）

熔盐电解

不能通过电解，从水溶液中分离制备放电性序表（第 162 页的表）中位于水合氢离子 H_3O^+ 左侧的非贵金属钾、钠、镁和铝，应使用熔盐电解进行制备，该过程称为熔盐电解。

通过熔体流电解，从氧化铝 Al_2O_3 中获得铝（**图 2-65**）。为了降低熔化温度，将 Al_2O_3 溶解在冰晶石 $Na_3(AlF_6)$ 中。

作为阳极，碳电极从上部突出到熔体中。阴极是熔化槽的导电碳底。

在碳阳极处，施加约 5V 的直流电压，电流强度约为 100000A。由于高电流强度，氧化铝冰晶石熔体加热至约 950℃。

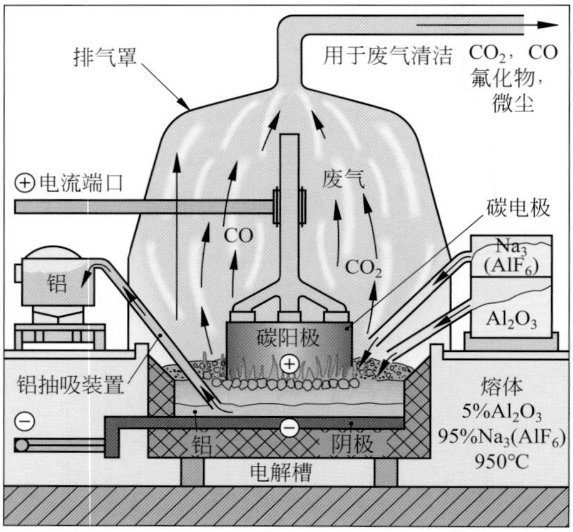

图 2-65：用于获取铝的 Al_2O_3 熔融盐电解方法

在电池底部（阴极），形成金属铝：$2Al^{3+} + 6e^- \longrightarrow 2Al$。

铝在电池底部聚集并且被分批抽出。

在碳阳极处，通过释放电子产生氧，并与阳极碳反应为 CO 和 CO_2。通过排气罩收集和排出废气。

复习题

1. 原电池的基本组成部分是什么？
2. 从电化学金属电化序表中可以看到什么？
3. 原电池的用途是什么？
4. 什么是电池？
5. 电解时发生了哪些过程？
6. 法拉第第一定律说明了什么？
7. 氯碱电解时能获得哪些基本化学物质？
8. 在获得铝盐的熔盐电解过程中发生了哪些过程？

Ⅲ. 机器和设备中的构件

化工设备中的机器和设备主要由预制构件组成，即**机械零件**。

每个机械零件都可以实现特定的功能，其基本类型相同或者相似，并且生产为不同的尺寸类别。

具有相互协调尺寸的机械零件称为**标准件**。损坏的具有标准尺寸的机械零件可以用库存中的标准件进行更换。

可以大批量低成本地生产机械零件标准件，并且保存在仓库中，以便在必要时可以立即使用。

1 旋转移动的机械零件

机械和设备的大部分运动都是旋转移动。通过这种移动，将动能从驱动机，例如电动机，传输到工作机器上，例如泵（**图 3-1**）。

驱动机的性能大小用其**功率** $\boldsymbol{P}$ 表示，通过转速 n 和扭矩 M_d 计算。

扭矩 $\boldsymbol{M_d}$ 是作用到驱动轴上的长度为 r 的操作杆的力 F_r。

驱动机的功率

$$P = 2\pi \cdot n \cdot M_d$$

扭矩

$$M_d = F_r \cdot r$$

有许多机械零件，例如传动轴、联轴器、连接元件等，用于记录和传输机器和设备中的旋转运动。下面介绍几种常用的机械零件。

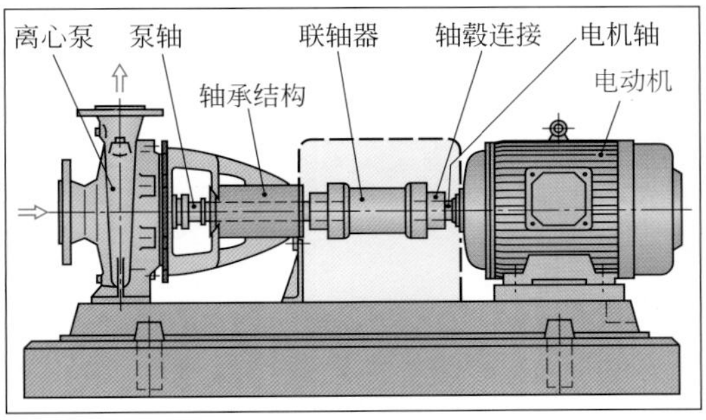

图 3-1：配有电动机的泵机械零件，用于传输旋转运动

1.1 轴、轴心、螺栓

传动轴将旋转运动和扭矩从一台机器传输到另一台机器。

例（图 3-1）：电机轴通过联轴器和泵轴，将扭矩传输给离心泵的叶轮。

机轴上有轴肩、轴身、轴环、轴颈和键槽（**图 3-2**），用于容纳和固定齿轮、皮带轮、轴承、联轴器、叶轮等。

轴肩用于挡住轴承或者共同旋转的构件。**轴环**采用卡环，例如将轴承固定在传动轴上（第 167 页图 3-9）。**轴颈**是由轴承包围的传动轴部分。

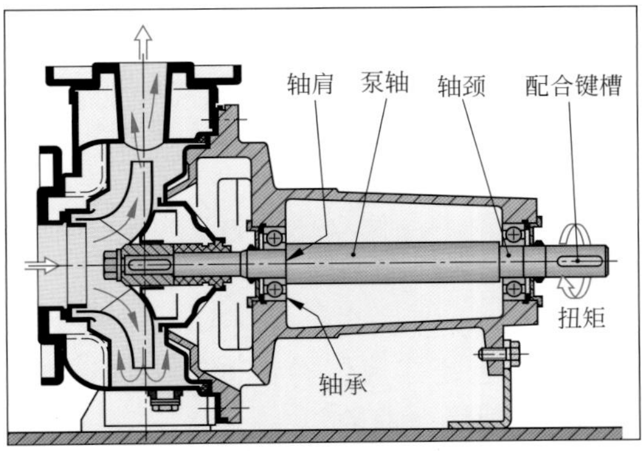

图 3-2：离心泵的泵轴和其他零件

配合键槽用于实现轴上零件的周向固定，即键槽连接（第 167 页图 3-7）。

传动轴主要受到扭力（扭转），弯曲程度较小，由高强度和坚固的调质钢制成（第 190 页）。

有运动螺纹的传动轴，例如阀门，称为主轴（第 24 页图 1-34）。

芯轴

芯轴用于支撑固定或者旋转的机器部件，例如车身结构、滚轮或者滚筒。芯轴分为旋转芯轴，例如轨道车辆的轮轴（**图 3-3**），或者固定芯轴，例如自行车的轴。

芯轴因支撑力而受到弯曲和剪切的作用，但不用于传递扭矩，因此不会扭曲（扭转）。

与传动轴一样，芯轴有轴肩、轴环和销，芯轴没有键槽。芯轴由高强度调质钢制成。

芯轴和传动轴的形状没有区别，只是功能不同。

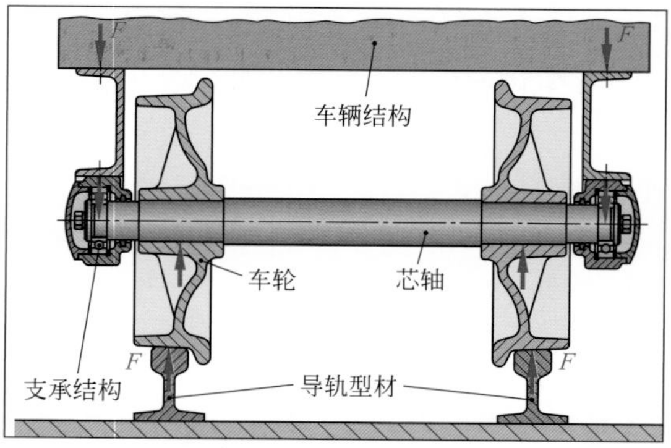

图 3-3：轨道车辆的芯轴

螺栓

螺栓是短的固定轴，与其连接的机械零件可活动，例如联杆的链节（**图 3-4**）。通过垫圈和销钉，或者卡环，防止螺栓移动或者脱落（第 167 页图 3-9）。螺栓将力从一个运动构件传递到另一个运动构件，大多数情况下受到剪切应力。

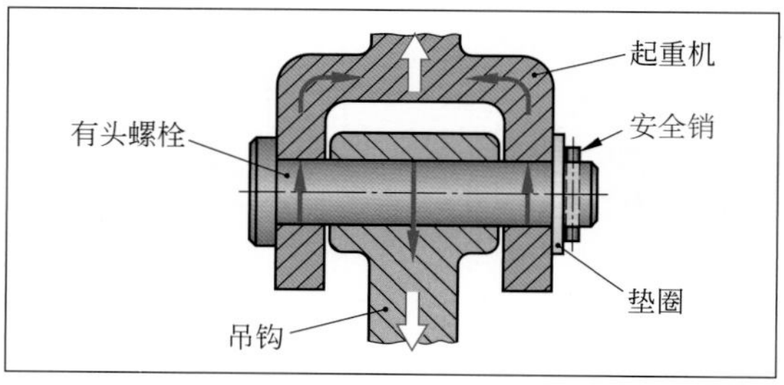

图 3-4：升降装置上的活节螺栓

1.2 齿轮

齿轮以形状配合且无滑移的方式将旋转运动和扭矩，从一个传动轴传递到另一个传动轴（**图 3-5**）。

通过两个相互配合的齿轮的啮合和持续旋转，来传递旋转运动。啮合的齿在其侧面滚轧，并且相互之间的打滑很小，从而传递扭矩。从动齿轮具有与主动齿轮相反的旋转方向。两个相互啮合的齿轮拥有不同数量的齿，因此从动齿轮及其轴的转速会发生变化。转速比称为**传动比 *i***。

在齿轮中，传动比通过齿轮数的比例计算得出（第 157 页）。

有不同类型的齿轮（**图 3-6**）：

圆柱齿轮在周围有齿部，齿部可以是直线、倾斜或者弯曲的。

锥齿轮包含锥体侧面上的齿部，锥齿轮也有直齿、斜齿或者弯曲齿。

在蜗轮蜗杆的齿轮对中，蜗杆仅有一个或者两个螺旋缠绕的齿部。

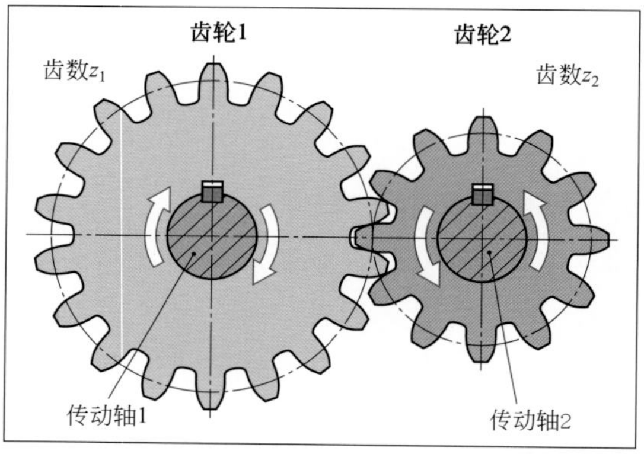

图 3-5：齿轮传动（两个圆柱齿轮）

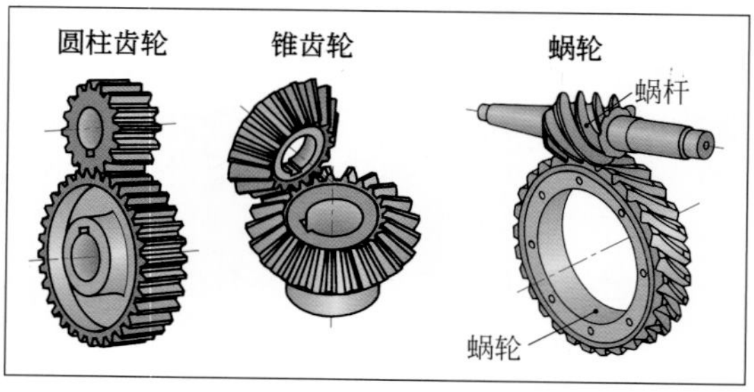

图 3-6：齿轮类型

1.3 轴毂连接

有许多种连接方式可用于在传动轴和轴毂之间传输扭矩，例如齿轮、皮带轮和联轴器等。最常用的是有键槽和花键轴的配合连接，以及通过锥形座连接的动力啮合连接。

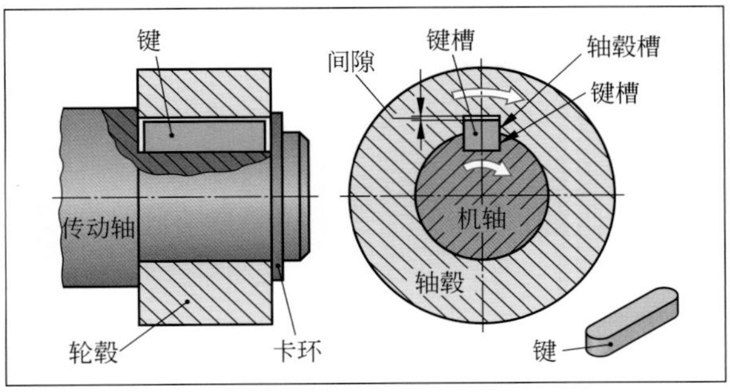

图 3–7：键槽连接

键槽连接

键槽连接由一个长圆形的键、键槽组成（**图 3-7**），其下部插入键槽中，其上部伸入轴毂槽中。

键槽与传动轴一起旋转，包括轴毂，用作传动轴和轴毂之间的携带件。键槽在槽中配合，并且拥有较小的间隙。轮毂和传动轴可以在轻微压力下移动。为了使键槽连接不松动，通过一个轴固定环固定。

通过键槽连接，可以在中等转速时传输中等大小的扭矩。因径向摆动灵活，安装简单，键槽是传动轴和轴毂之间的常见连接类型。

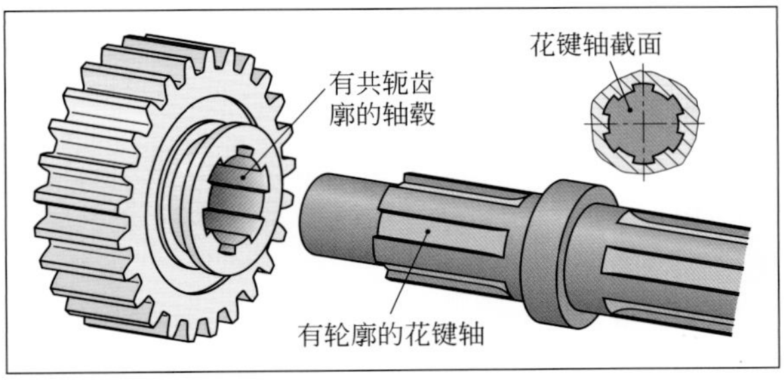

图 3–8：花键轴连接

花键轴连接

在轴的整个圆周上，花键轴沿轴颈上有多个凹槽和凸起（**图 3-8**）。花键轴形状配合至轴毂的钻孔轮廓中，并且可以轴向移动。旋转轴时，通过相互推动的轮廓带动轴毂，将整个圆周上的扭矩分配到轴毂上。

花键轴适用于传输较大的扭矩和高转速。

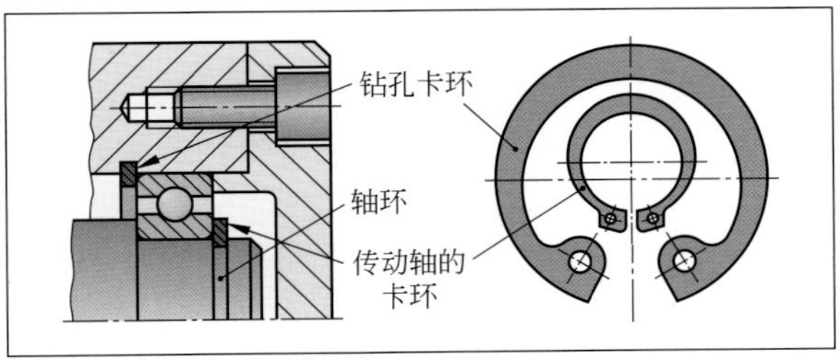

图 3–9：卡环

传动轴和带孔的卡环

轴毂连接和其他在传动轴上可移动的组件，例如滚动轴承，必须轴向固定，以防位移。最常见的轴环是卡环，有不同的形状（**图 3-9**）。安装时，弹性轴卡环用专用的钳子张开，推过轴颈并且卡入轴环槽中。拆卸时，将其弯曲并取出。

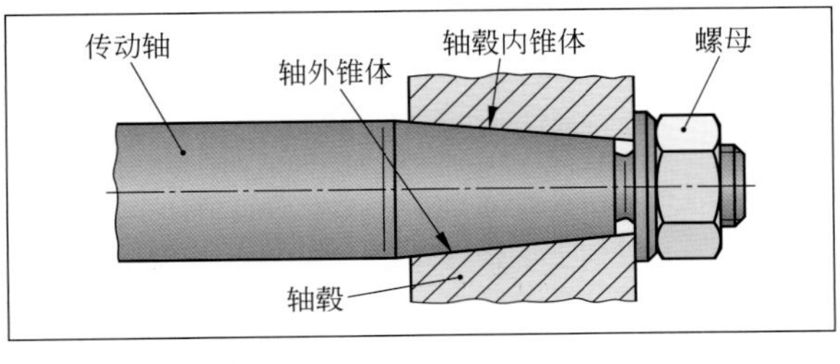

图 3–10：锥形座连接

锥形座连接

锥形座连接由一个轴外锥体组成，该锥体压入轴毂内锥体中（**图 3-10**）。轴端有一个螺纹，通过螺母，将内锥和外锥压在一起。通过锥形表面上的较大摩擦力，可以传输较大的扭矩。锥体连接用于夹紧需要经常更换的工具等。

1.4　联轴器

联轴器连接两个轴，并且将扭矩从一个轴传输到另一个轴，通常是从发动机将扭矩传输给工作机器，例如从电动机到泵（第 165 页图 3-1）。

通过选择适当的联轴器，也可以补偿轴在工作时可能产生的位移。

联轴器拥有以下基本结构（**图 3-11**）。

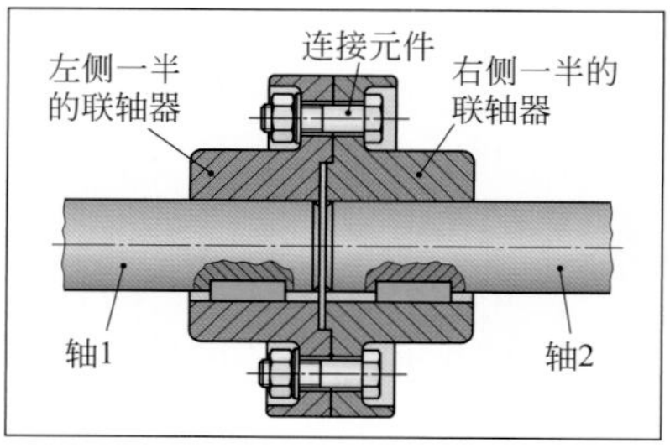

图 3-11：圆盘联轴器

可以通过螺钉、螺栓、卡爪、滑块、环或者摩擦表面，实现上下两半联轴器之间的动力啮合。

联轴器分为可换挡和不可换挡的联轴器，以及刚性和弹性联轴器。

不可换挡的联轴器

不能在运行时拧松不可换挡的联轴器。

圆盘联轴器（法兰联轴器）是一种刚性、不可换挡的联轴器（图 3-11），由两个法兰组成，在其轴端安装有键槽。半联轴器之间的连接元件是螺栓。

弹性联轴器有一个弹性构件作为弹性连接元件，例如有橡胶护套的螺钉、螺栓、卡爪或者圆盘状橡胶珠圈，连接联轴器的左半部分和右半部分（**图 3-12**）。

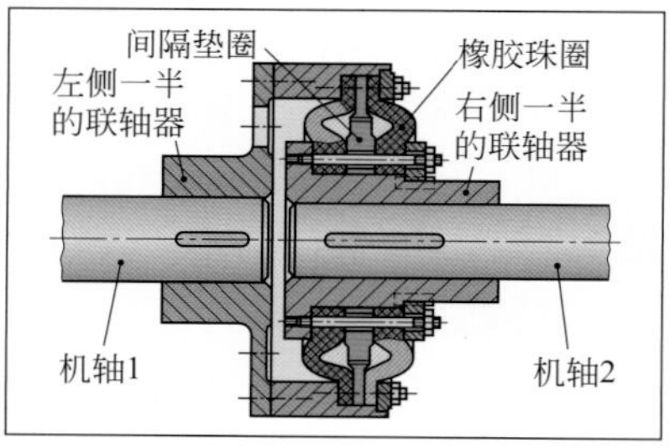

图 3-12：橡胶珠联轴器

弹性联轴器的作用是弹簧启动和减速。缓冲工作机器的振动和冲击，并且传输到驱动机上。

可换挡的联轴器

运行时可以拧松或者开动可换挡的联轴器。

一种简单可换挡的联轴器是**爪式联轴器**（**图 3-13**），它由一个与轴固定相连的卡爪和一个可在另一个轴上移动的卡爪组成。爪式联轴器只能在静止或者低速运行时换挡。

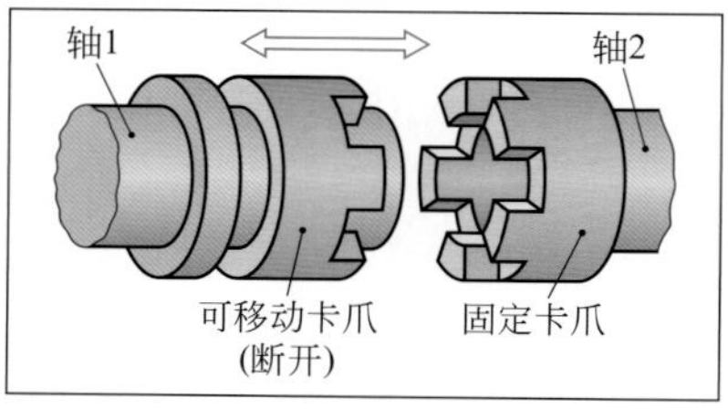

图 3-13：爪式联轴器

在满负荷运行中，可以打开和关闭力**摩擦衬片联轴器**（**图 3-14**）。通过盘形摩擦衬片传输扭矩，摩擦衬片通过一个分离杆，压向通过驱动轴旋转的联轴器从动盘上。为了传输非常大的扭矩，联轴器拥有多个摩擦衬片，它们设置为薄片状。因此，这些联轴器也称为多片式联轴器。

通过摩擦衬片联轴器，可以在未负载状态下启动驱动机，然后满负荷运行工作机器（启动联轴器）。此外，还可以避免机器和扭矩传输组件过载，因为过载时会打滑，可用作安全联轴器。

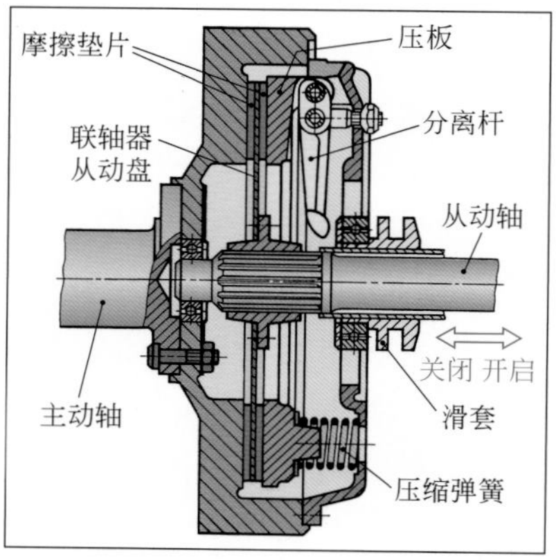

图 3-14：摩擦衬片联轴器

2 轴承

轴承将传动轴和轴固定在其安装位置中，并且确保其在低摩擦下旋转。轴承接收作用在轴和传动轴上的力，并且将其保持在规定的位置中。

轴承安装在机器壳体中，将力传导至壳体上（第 165 页图 3-2）。在传动轴或轴上，轴承固定安装在轴肩或者销子上。

轴承依据其接触面的摩擦性质，分为滑动轴承（滑动摩擦）和滚动轴承（主要是滚动摩擦）。根据轴承接收的力的方向，细分为向心轴承（径向轴承），其中力垂直于轴承轴线，以及推力轴承（轴向轴承），其中负荷作用于轴承轴线的方向。此外还可根据滚动体的类型对滚动轴承进行命名，例如滚珠轴承、滚子轴承或者滚针轴承。

2.1 滑动轴承

在高负荷滑动轴承中，由轴瓦包围的轴颈在轴承壳体中运行（**图 3-15**）。轴瓦由一种轴承金属制成，例如铜合金 CuZn31Si1。通过润滑通道，向轴承的滑动表面连续供应润滑剂，使其在润滑剂膜上滑动。滑动轴承可以承受非常大的力，但是比滚动轴承拥有更大的摩擦力（滑动摩擦力）。

小型滑动轴承有一个压入的轴瓦，轴颈在轴瓦中旋转，由润滑剂浸渍的烧结金属或者塑料 PTFE 组成，无须维护。

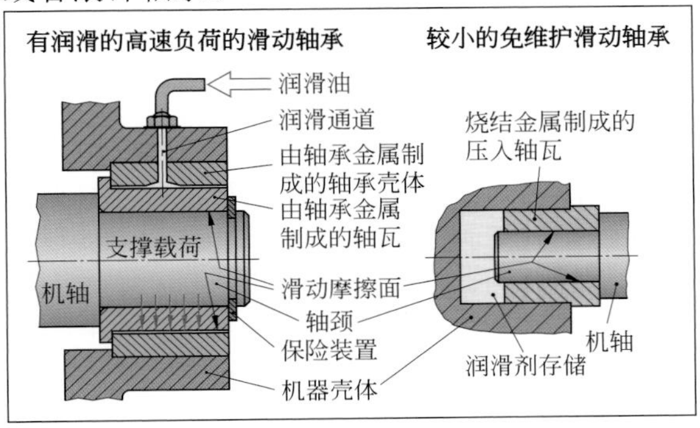

图 3-15：滑动轴承

2.2 滚动轴承

在滚动轴承中，力通过在滚动轴承的内圈和外圈之间的滚动体，从轴颈传递到机器壳体（**图 3-16**）。滚动体有滚珠、圆柱滚子、滚筒滚子、圆锥滚子和滚针。在滚动体和滚动圈之间主要存在滚动摩擦，用来克服比滑动摩擦中低得多的动力消耗。为了使滚动体保持在其位置上，将其设置在一个调整垫片和轴承保持架中。

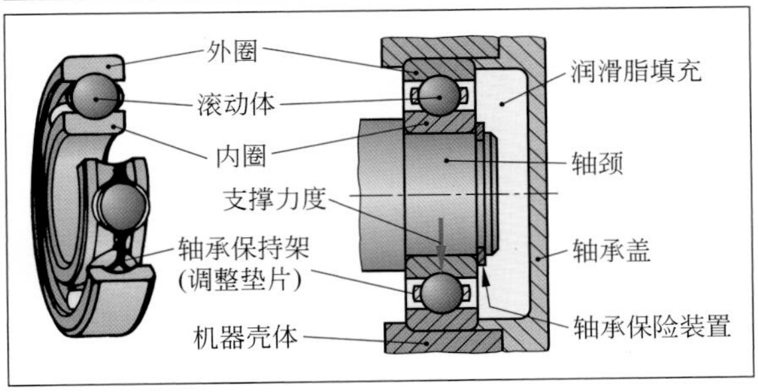

图 3-16：径向滚动轴承（有滚珠）

滚动轴承可以设计为**径向轴承**，也称为**向心轴承**（图 3-16）；或者轴向轴承，也称为推力轴承（**图 3-17**）。

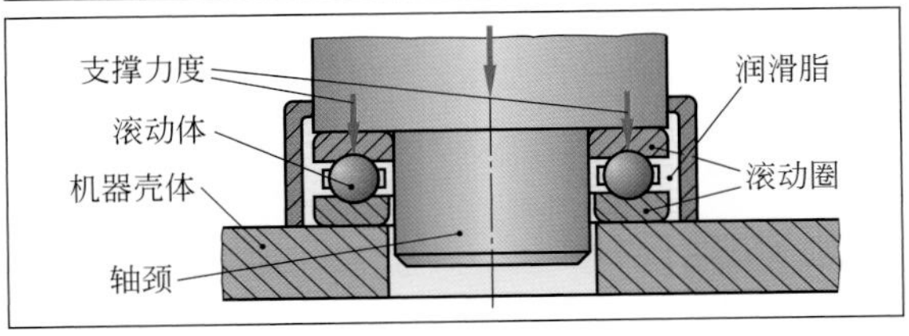

图 3-17：轴向滚动轴承

根据滚动体的形状和结构区分（**图 3-18**），滚动轴承有很多结构类型。根据样式，可分为受纯轴向或者纯径向负荷，或者同时受轴向和径向负荷。

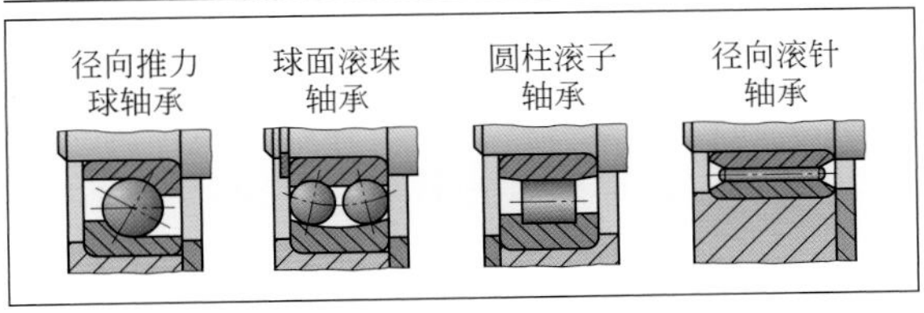

图 3-18：滚动轴承类型

滚动轴承安装在外部密封的机器壳体中，并且拥有一个润滑剂储存器，必须定期重新润滑（润滑计划）。滚动轴承的使用寿命有限，到期须更换，是低成本的标准件。

3 密封件

密封件的用途是，在两个可拆卸或者移动组件的连接处，密封具有不同压力的空间。

通常分为相对静止密封表面上的密封件（静态密封），以及将旋转轴密封在静止壳体上的轴密封件（动态密封）。

3.1 相对静止表面上的密封件

静态密封件的原理是：在待密封表面之间按压可变形的密封件（**图 3-19**）。

这样，弹性密封件压入密封表面的不平整处，从而形成密封状态的配合连接。

常用密封件有圆形、矩形和菱形横截面的平面垫片或者成型垫圈。

在两个平坦表面之间按压**垫片**，并且通过螺栓的压力将其固定。因此，这种密封件仅适用于中等压力，因为在高压下会横向移动。

还有适用于法兰和外壳盖以及所有其他所需密封表面形状的环形垫片（**图 3-20**）。

密封材料是一种所谓的模压塑料，由橡胶或者 PTFE 塑料和矿物填料（岩粉）制成。

成型垫圈插入一个密封面的圆形凹槽中，并且通过另一个密封面的圆环挤压在凹槽壁上（**图 3-21**）。由于凹槽 - 环形系统，垫圈有侧向支撑，可用于高压。

典型的成型密封件是 O 形圈。还有许多其他形状（第 15 页图 1-14）。

由全氟橡胶（FFKM）、聚四氟乙烯（PTFE）或者聚氨酯橡胶（PUR）制成的弹性体用作密封材料。

此外，钢垫片可以加固密封件（第 15 页图 1-13）。

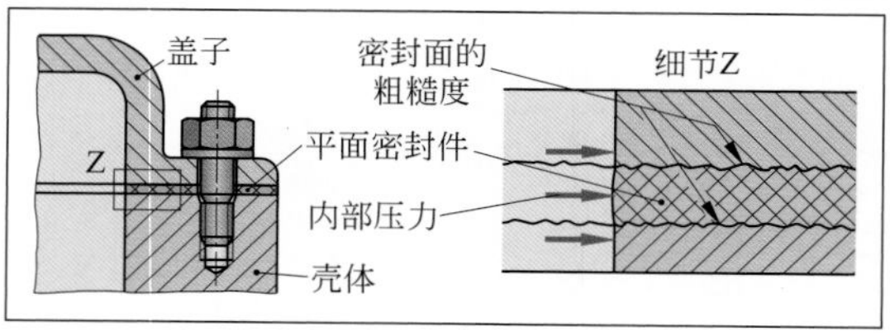

图 3-19：壳体盖上的平面密封件

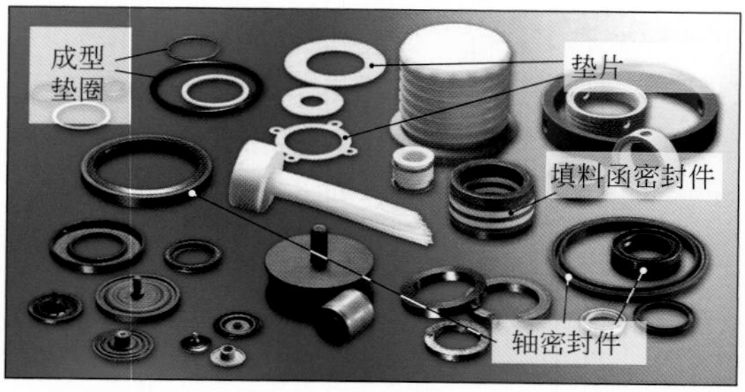

图 3-20：密封件

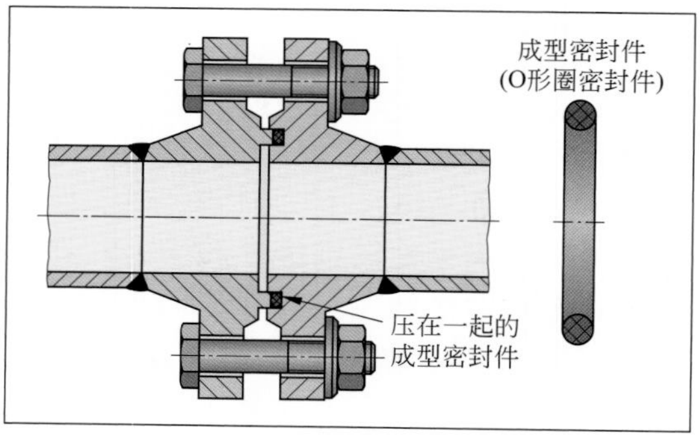

图 3-21：有 O 形圈密封件的法兰连接

3.2 轴密封件

轴密封件用于在出口处，密封旋转轴和静止的机器或者容器壳体，例如搅拌轴、泵轴、传动轴或者阀轴。

密封效果取决于旋转和静止组件之间的尽可能狭窄和较长的间隙中的节流作用。密封的结构元件是可弹性变形的密封圈或者彼此挤压的密封组件。通常不能完全密封间隙，因此部分轴密封件会有一定的泄漏。

径向轴密封圈，是弹性密封圈，配有一个密封唇和一个保护唇以及支撑垫片（**图3-22**）。为了加固，这种密封圈拥有由弹性钢板制成的嵌入式加固环，可确保其固定在壳体凹槽中。由一个略微预拉紧的金属螺旋弹簧环，在旋转轴上施加密封唇的按压力。径向轴密封圈（RWD）用于密封传动轴，例如在变速器壳体出口处的传动轴中，可以防止变速箱油的泄漏。RWD 不能密封有较大压差的空间。密封件的弹性体由 PTFE 或者氟橡胶（FPM）制成。

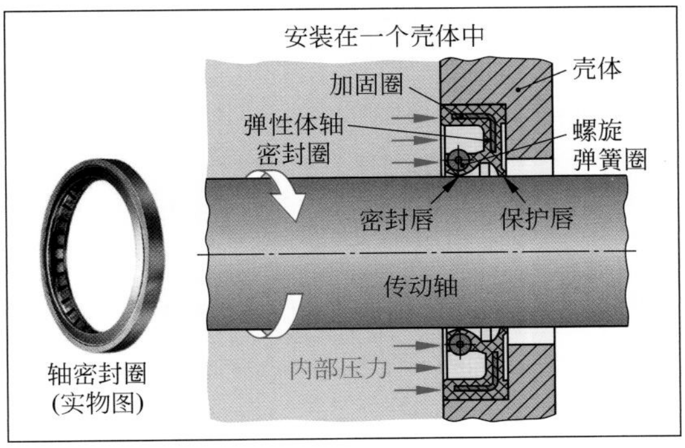

图 3-22：径向轴密封圈（西墨尔环）

填料函密封件（**图 3-23**）是低成本的密封件，用于密封缓慢往复运动或者缓慢至快速旋转的传动轴，例如阀轴或者搅拌轴。填料函密封件是一个由具有方形横截面的多个堆叠的圆形芯子组成的填料。其中填充有由硬质油脂与石墨和 PTFE 粉末混合制成的密封剂。通过密封压盖，将密封填料挤压在固定的设备盖上，并且径向抵靠旋转轴，以实现密封，但是会产生较大的摩擦力。由于密封剂的磨损，密封填料随着时间的推移而变形，这减少了填料上的压力。密封压盖中的弹簧自动拉紧填料一段时间。然后必须拧紧密封压盖的螺栓。如果待密封的系统中存在压力，则填料函密封件会有一定的泄漏，因此仅适用于非危险物质。

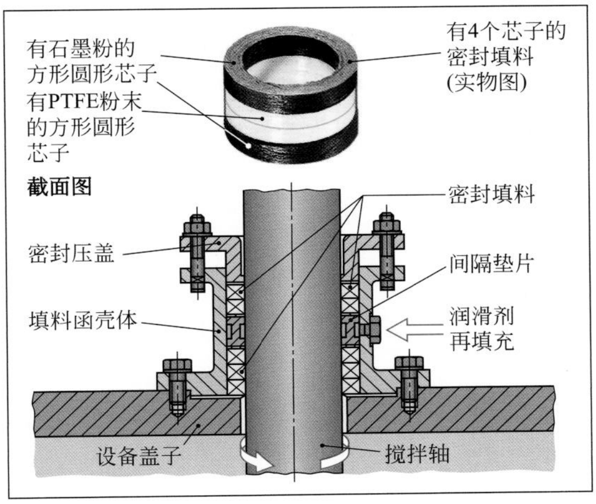

图 3-23：搅拌轴中的填料函密封件

机械密封适用于密封可承受较大压力和较大转速的传动轴，例如离心泵轴或者伸入容器中快速旋转的螺旋桨搅拌轴（**图 3-24**）。机械密封中的密封表面是两个磨平的低磨损的环，由一对可滑动的材料制成，例如两个 PTFE 塑料环或者碳化钨环和石墨环。一个滑环与壳体牢固地连接在一起（静止的滑环），另一个滑环与传动轴一起旋转（旋转的滑环）。通过一个弹簧，两个滑环挤压在一起并且在滑动表面上彼此密封。通过弹簧调整滑动表面上的磨损误差。通过按压隔离液和冲洗液体（例如水）进入环形腔室中，排出滑动表面上产生的热量和泄漏物并且收集。这避免了将侵蚀性物质释放到环境中。

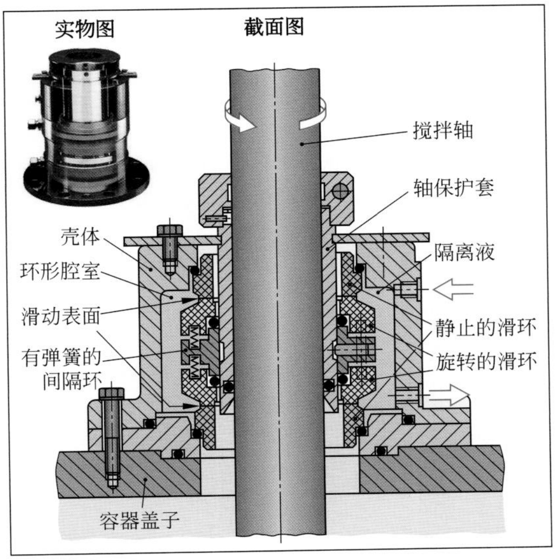

图 3-24：双作用机械密封

4 机器和设备的接合元件

通过接合过程或者接合元件，将机器或者设备的每个组件组装为整个设备。可以通过动力啮合、形状配合连接或者材料连接来实现组装。

在**动力啮合连接**中，通过按压和摩擦力进行连接。

例如：螺栓、锥形座连接。

形状配合连接具有相互咬合形状的组件。

例如：销钉、开口销、滑键。

通过材料的聚结以及由此作用在材料中的黏附力和内聚力，来实现材料连接。

例如：钎焊、焊接、黏合。

动力啮合连接和形状配合连接是可拆卸的（例如螺栓或者销钉），而材料连接是不可拆卸的（例如焊缝）。

4.1 螺纹连接

螺纹连接是最常见的可拆卸连接类型。螺纹连接由**螺栓、螺母**和**垫圈**或者**螺栓防松装置**组成（**图 3-25**）。

通过拧紧螺母，在螺栓上产生一个拉力，该拉力将待连接的部件挤压在一起，确保其连接。

垫圈补偿了组件的不平整性，并且可以在不损坏组件的情况下，低摩擦拧紧螺母。螺栓防松装置还可防止螺母松动（第 174 页）。

螺栓是有外螺纹的构件（**图 3-26**），拧入有内螺纹的部件中。当螺栓拧入螺纹中时，围绕着螺杆的螺栓外螺纹的螺旋形倾斜平面，在螺母内螺纹的螺旋倾斜平面上滑动。拧紧螺栓时，螺纹相互卡住。

螺纹是围绕着一个圆柱形杆的螺旋倾斜平面，有一个斜率 h。这是旋转时围绕着螺旋线上升的高度。螺纹中截面的形状称为螺纹断面形状。

作为螺纹断面形状，**螺栓**拥有一个完全特定尺寸的尖形锥体。大多数情况下使用**公制 ISO 螺纹**。在某些螺纹额定直径中，通过标准化确定**螺栓**的所有其他尺寸（**图 3-27**）。因此，在订购时，只需要说明一个简短的名称。

例：六角螺栓 M12×45 表示这是一种有公制 ISO 螺纹的螺栓，额定直径（对应外直径）为 12mm，杆长为 45mm。

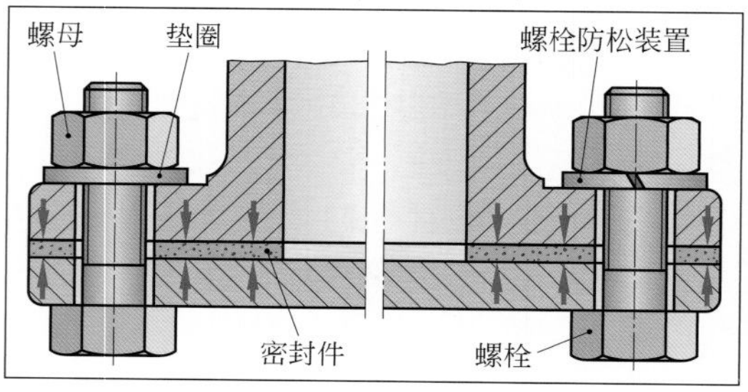

图 3-25：螺纹连接

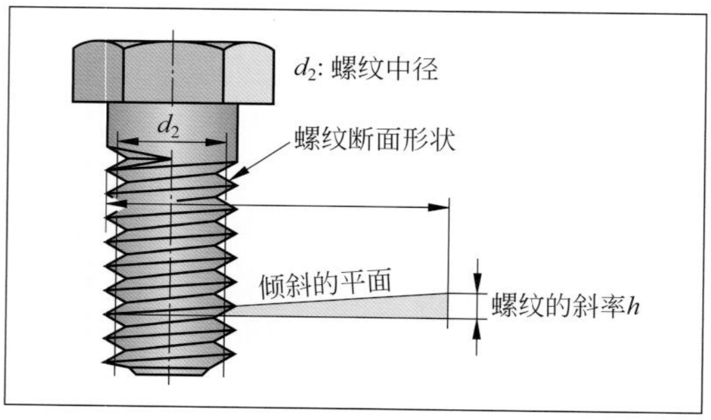

图 3-26：有螺纹的螺栓

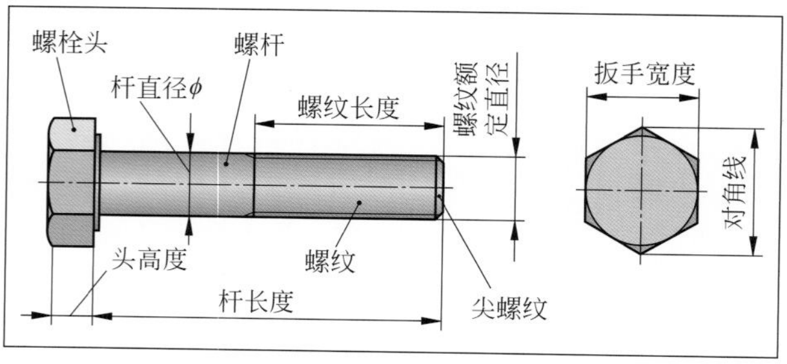

图 3-27：螺栓上的名称

有公制 ISO 螺纹的螺栓适合所有相同外直径的公制内螺纹。

仅在特殊用途下，使用偏离标准 ISO 尺寸的螺栓。

通常，螺栓为右旋螺纹（**图 3-28**）。仅在特殊用途下，使用左旋螺纹。订购左旋螺纹时，必须补充字母 LH（英文：Left Hand），例如：M 12×45 LH。

右旋螺纹不需要单独标记。

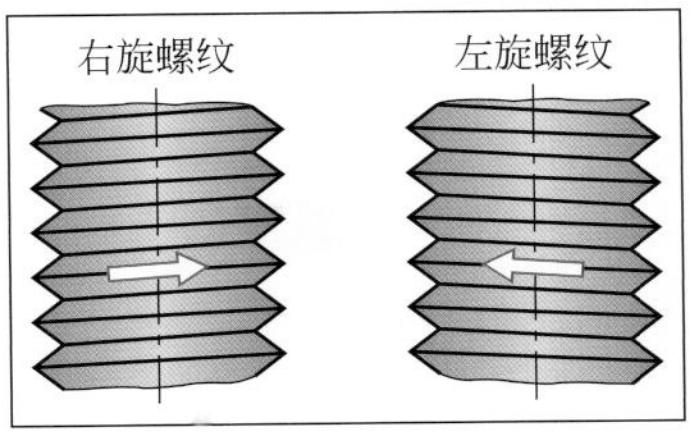

图 3-28：右旋螺纹和左旋螺纹

4.2 螺栓类型

螺栓有各种大小、形状和尺寸的标准化类型，其形状和尺寸可以参见相关手册。

螺栓连接可以设计为贯穿螺栓连接、夹紧螺钉连接或者双头螺柱连接（**图 3-29**）。

对于贯穿螺栓和夹紧螺钉连接，松开连接要从构件中取出螺栓。松开双头螺柱连接时，螺柱保留在构件中，例如在固定容器盖法兰中。

图 3-30 显示了最常见的螺栓类型。

六角螺栓有一个六角形螺栓头，扳手可以很好地卡住，获得很大的拉紧力。六角螺栓可以有或者没有头部边缘。螺纹可以一直延伸到靠近头部或者仅覆盖螺杆的一部分。

如果需要较小的螺距和没有突出螺栓头的表面时，可以使用有内六角的**圆柱头**螺栓（称为内六角螺栓）。圆柱形螺栓头可嵌入头孔。

六角螺栓和内六角螺栓是机器和设备中最常用的螺栓。

有内六角的**沉头螺栓**，用于壁厚较小的组件。

如果精确指定连接组件的位置时，并且必须固定在该位置中，则必须使用铰制**孔螺栓**，在构件中没有间隙。

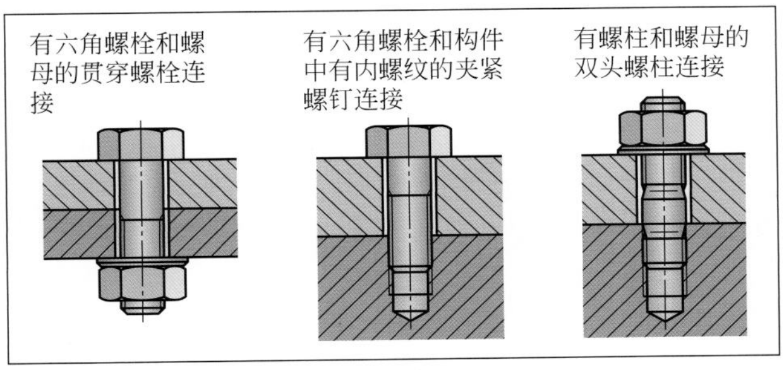

图 3-29：螺栓连接类型

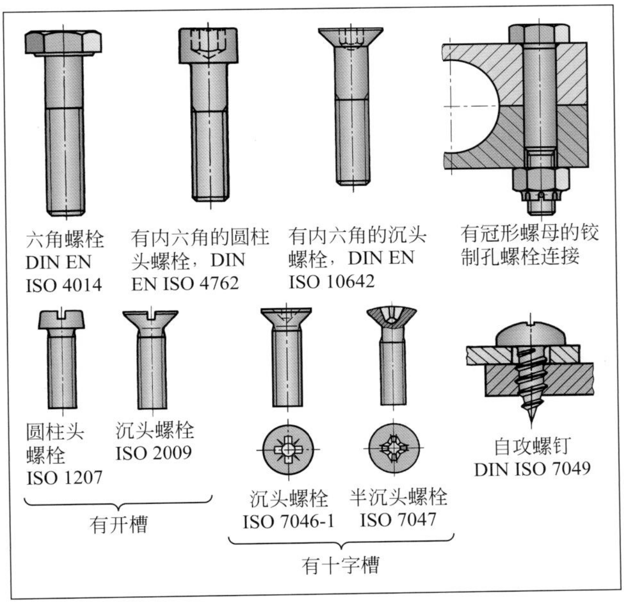

图 3-30：螺栓类型（部分）

通过电动螺丝刀可以快速松开**开槽**螺栓。可达到的夹紧力远低于六角形或者圆柱形螺栓。有不同头部形状的**开槽**螺栓，最常用的是十字槽螺栓。

自攻螺钉用于连接钣金部件，它们被硬化并且在板材中切出自己的螺纹。

4.3 螺母

螺栓的配合件是有内螺纹的芯孔（第 173 页图 3-29，夹紧螺钉）或者螺纹中固定螺栓的螺母（贯穿螺栓）。

螺母也有各种形状和多种尺寸（**图 3-31**）。

最常用的螺母是六角螺母。但是也可以使用其他类型的螺母，例如冠形螺母、盖形螺母、翼形螺母和卡箍式螺母等。

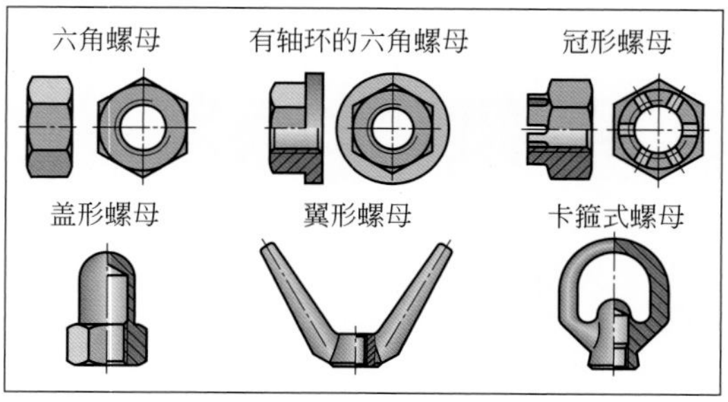

图 3-31：螺母类型

4.4 螺栓防松装置

螺栓和螺母有一个自锁螺纹，即在静态应力下不会松开。但是在运行中，出现的振动和交变负荷可能会使螺栓松动。因此，必须防止螺栓连接松动。常用的螺栓防松装置是弹簧垫圈和齿形垫圈（**图 3-32**）。将其放在螺母或者螺栓头的下部，并且夹紧螺栓，使其不会松动。

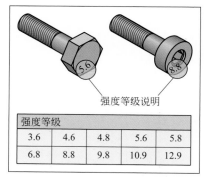

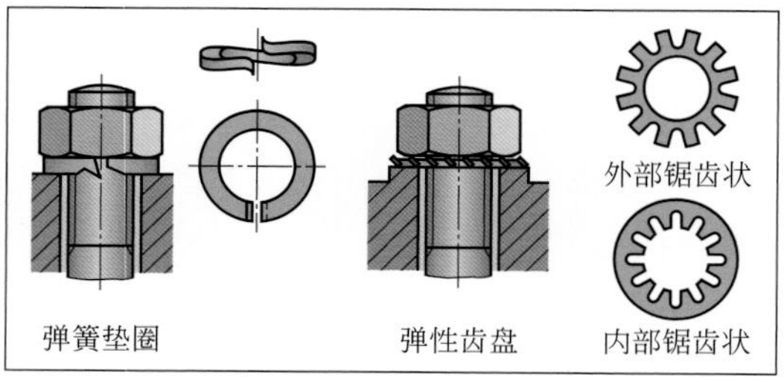

图 3-32：螺栓防松装置

4.5 螺栓和螺母的强度等级

根据用途和负荷，使用不同强度的螺栓和螺母。为了确保选择合适的螺栓，螺栓的头部印有强度等级（**图 3-33**）。

它由两个数字组成，中间有一个点，例如 9.8（即九点八）。第一个数乘以 100，得出抗拉强度 R_m，单位：N/mm²。第二个数字的 10 倍数值乘以第一个数字，是最小屈服强度 R_e，单位：N/mm²（关于机械参数 R_m 和 R_e 的定义参见第 184 页）。

例： 强度等级 9.8 的螺栓拥有以下机械参数：

抗拉强度 $\boldsymbol{R_m} = 9 \times 100\text{N}/\text{mm}^2 = \mathbf{900N/mm^2}$；

屈服强度 $\boldsymbol{R_e} = 10 \times 8 \times 9\text{N}/\text{mm}^2 = \mathbf{720N/mm^2}$

在螺母中，通过螺母上压印的数字表示强度等级，例如 8。它乘以 100 得出抗拉强度 R_m，单位：N/mm²。

螺栓 / 螺母组合应具有相同的强度等级。

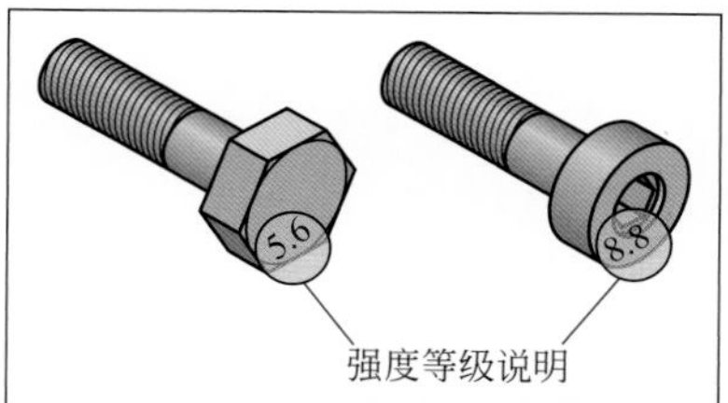

强度等级				
3.6	4.6	4.8	5.6	5.8
6.8	8.8	9.8	10.9	12.9

图 3-33：螺栓的强度等级

4.6 销钉

销钉是可松开的连接元件，用于固定两个机器部件（**图 3-34**），确保两个部件固定在预定位置中。

销钉是压入销孔的圆柱形金属部件。为了使其夹紧，销钉拥有一个拔销（锥形销）、纵向槽口（圆柱销）或者被磨成压配合件（定位销）。

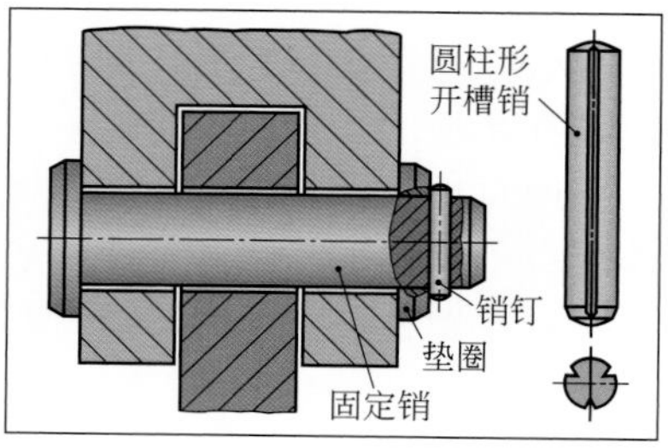

图 3-34：销钉连接

5 密封盖

很少打开的反应釜和容器的外壳盖及套管盖用六角螺栓和螺母拧紧（**图 3-35**）。拧紧和松开时，需要使用扭矩扳手或者有扭矩调节的气动扳手。

打开和关闭拧紧的盖子是一个费时的过程。

需要经常打开的盖子，通过可快速松开的紧固件固定。

卡箍连接可用于在没有超压的容器上固定套口盖（**图 3-36**）：侧向推到法兰和盖子上，并且通过 U 形螺栓手动夹紧。

可以通过铰接螺栓和卡箍式螺母，快速打开和关闭套口上的**铰接法兰**（图 3-36）。铰接法兰拥有围绕圆周分布的槽。铰接螺栓通过可旋转活节固定在套口上，并且接合在盖子的槽中。打开盖子时，松开卡箍式螺母，使铰接螺栓侧向折叠。然后打开盖子。通过铰接螺栓封闭的铰接法兰可承受中等的压力。

有加注口、观察窗和灯具的人孔盖拥有多种功能：可以进入反应釜中，添加少量反应物质、取样以及观察反应釜中的情况（**图 3-37**）。通过夹紧螺栓密闭人孔盖，还可以在几分钟内打开盖子。通过手动旋钮螺栓拧紧加注口上的盖子，只需几个手动操作即可打开。

通常还用夹紧螺栓封闭反应釜的盖子或者盖板和设备的底部（**图 3-38**）。

夹紧螺栓由一个顶部件和底部件组成，通过旋转螺母减小其夹紧开口。这样可以通过容器夹紧盖子。夹紧螺栓均匀分布在容器的周围，通过金属扣固定，松开后悬挂在下部。固定盖子时，将其放在盖子和套口边缘上，并且拧紧螺母，直到两个部件夹紧。使用夹紧螺栓的优点是，容器的封头和筒体不需要孔或者槽。

图 3-35：带螺栓的密封盖

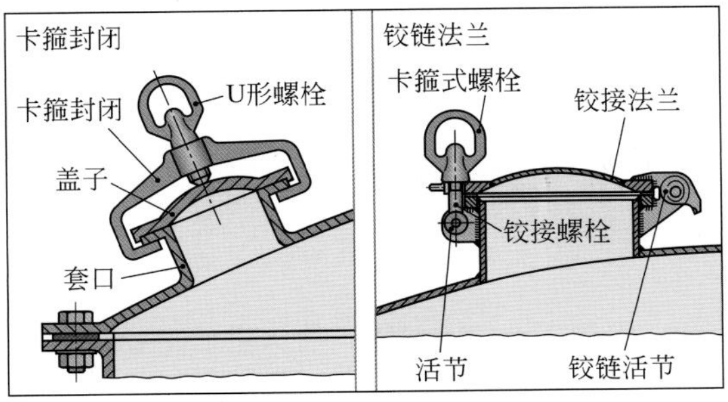

图 3-36：简单的密封盖

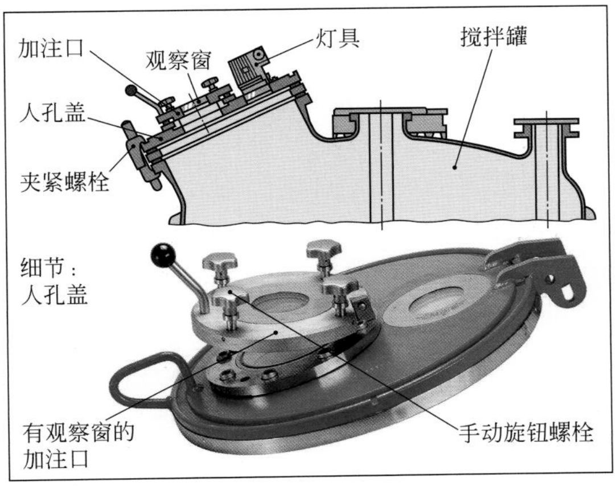

图 3-37：人孔盖封闭

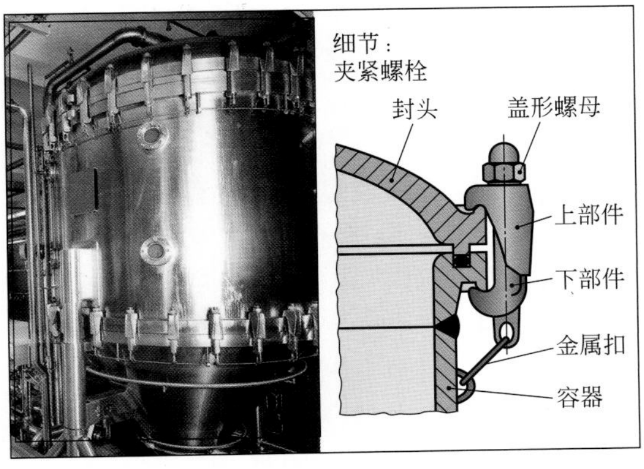

图 3-38：有夹紧螺栓的密封盖

6 焊接连接

目前，用于连接由相同金属材料制成的组件的最常用连接技术是**焊接**。

除了焊接以外，在特殊用途下还使用**钎焊**和**粘接**。

通过焊接连接大多数容器和由各个部件组装而成的设备，例如反应釜和换热器（**图 3-39**）。

图 3-39：管接头的 WIG 焊接

通过在焊缝边缘处强烈加热待连接的部件，使其熔化并且流动来实现焊接连接。通常同时熔化焊接填料（焊条），来填充接缝。

根据不同的材料，使用不同的焊接方法（**图 3-40**）。

图 3-40：焊接方法一览

6.1 手动电弧焊接

手动电弧焊接（电焊）时，在一个手动引导的熔化棒电极和焊接金属之间，电弧提供熔化热量（**图 3-41**）。从熔化焊条涂层中逸出的气体，可保护液体焊池免受空气中氧气的氧化作用。熔渣漂浮在焊池中并且在这里凝固。

可以通过低压的直流和交流电焊接。由焊接电源供电。

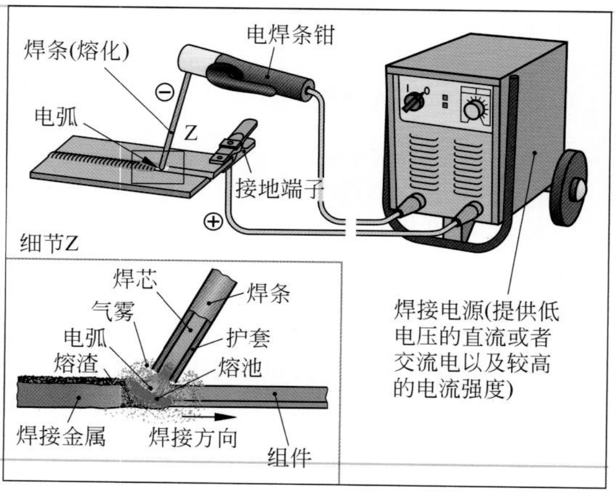

图 3-41：手动电弧焊接（电焊）

6.2 惰性气体焊接

在惰性气体焊接方法（SG 焊接方法）中，由电弧熔化的焊池存在于保护气体环流中，避免与空气中的氧气反应。使用的保护气体有氩气（Ar）、氦气（He）、二氧化碳（CO_2）、氢气（H_2）和氮气（N_2），以及这些气体的混合物。根据电极类型和惰性气体，分为不同的惰性气体焊接方法。

在**熔化极活性气体保护电弧焊**（简称 MAG 焊接）中，通过供应软管和焊枪，连续推动焊丝设备的电焊条至焊接位置（**图 3-42**）。在焊条的尖端处，电弧燃烧并且将电极和组件边缘熔化在一起。氩气、二氧化碳和氧气的混合惰性气体在焊池周围流动。

手动电弧焊接和 MAG 焊接主要用于焊接由非合金钢制成的厚壁组件。

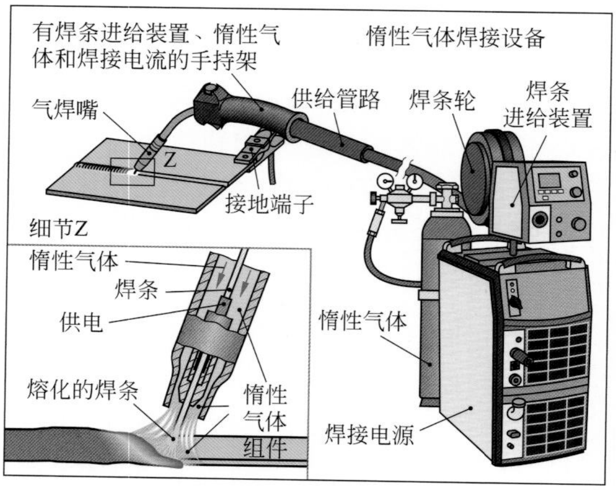

图 3-42：MAG 焊接

在**钨极惰性气体焊接**（简称 WIG 焊接）中，电弧在非熔化钨电极和熔池之间燃烧（**图 3-43**），加热连接边缘并使其熔化。焊接填料以焊条形式手动加入。通过惰性气帘防止焊接位置受到环境空气的影响。

在 WIG 焊接中，更适用于焊接由不锈钢以及铝材和铜材制成的薄板及组件。

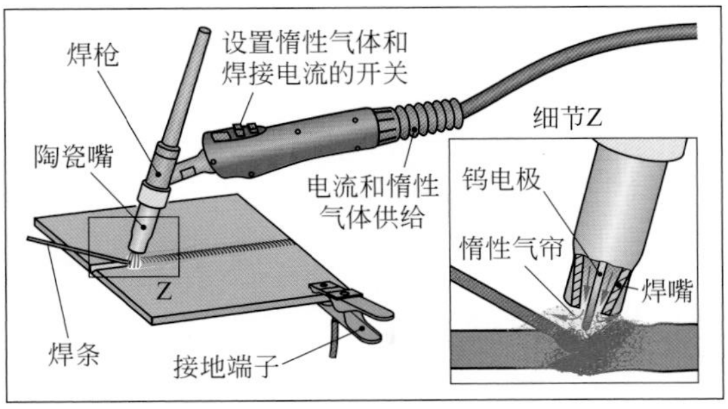

图 3-43：WIG 焊接

6.3 气焊

在气焊（自生焊接）中，焊枪的火焰将组件边缘和焊接填料熔化在焊接金属上（**图 3-44**），凝固后连接焊缝上的两个部件，彼此不可拆卸。气焊的燃料气体是乙炔，其在焊枪中与纯氧气混合并且燃烧。

为了正确焊接组件，必须选择合适的焊枪（根据组件厚度）、正确的焊接气体混合比（中性火焰）和合适的焊接填料（根据材料）。气焊通常用于非合金钢制成的组件的小修工作。

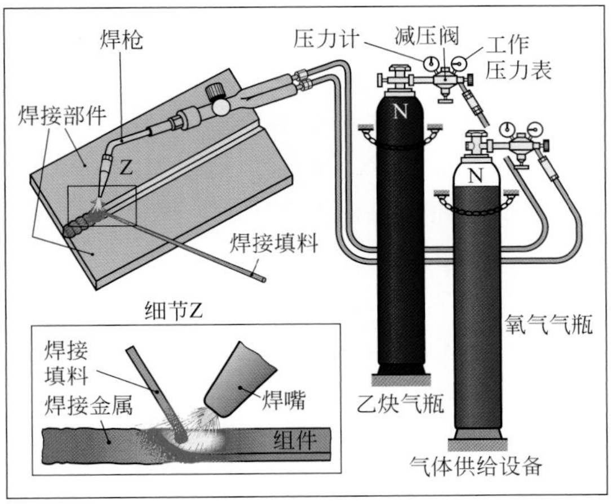

图 3-44：气焊（自生焊接）

6.4 钎焊

如果连接位置没有较大的机械负荷和没有高温影响，则使用钎焊，例如在薄壁管道或者钣金组件中（**图 3-45**）。

首先通过焊枪（图 3-44）加热焊接位置，然后加热低熔点焊料（例如 S-Pb60Sn40），并且使其在两个紧密相邻的金属部件（也包括其他金属）之间流动，从而完成钎焊。熔化的焊料凝固，提供牢固并且紧密的连接，但是不耐高温。

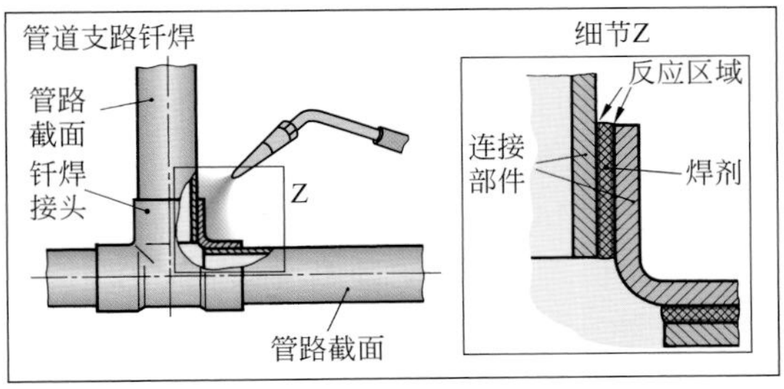

图 3-45：钎焊连接

复习题

1. 机器的扭矩表示什么？
2. 请说明花键连接。
3. 联轴器的用途是什么？
4. 与滚动轴承相比，滑动轴承有哪些优点或者缺点？
5. 平面密封件适用于什么？
6. 填料函密封件由什么组成？
7. 请根据第 171 页图 3-24，解释机械密封的密封效果。
8. 螺纹连接由哪些结构元件组成？
9. M10 × 35 螺栓的简称是什么意思？
10. 螺栓防松装置的用途是什么？
11. 哪些类型的螺栓用于经常打开的容器盖？
12. 通过哪种方法焊接高合金铬镍钢？

7 机器中的液压系统

液压系统（hydraulics）是由压力油控制和驱动的装置，用于需通过较大的力使组件移动的机器，例如压滤机或者离心机。

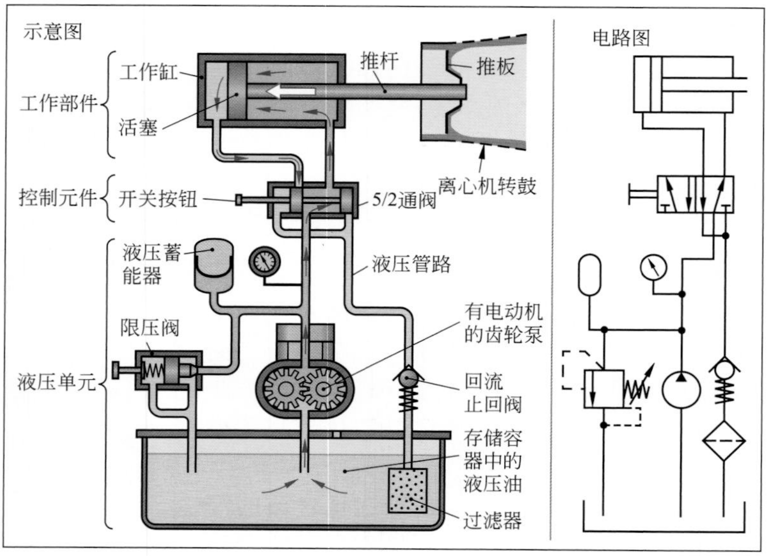

图 3-46：液压系统（示意图和电路图）

机器的液压系统由几个模块组成（**图 3-46**）。

- 液压单元。其中产生压力油流。
- 液压管路。将压力油引导至控制阀和工作缸中。
- 控制元件。控制压力油流量。
- 工作缸。在工作缸中压力油作用在活塞上，并且通过一个推杆移动推杆和其上连接的机器部件。例如，在推料离心机中，推板推动离心机转筒的滤饼。

除了液压设备的示意图（图 3-46 左侧部分），液压设备还描述为电路图，包括每个结构元件的线路符号（图 3-46 的右侧部分）。这样，技术人员可以了解液压设备的功能。

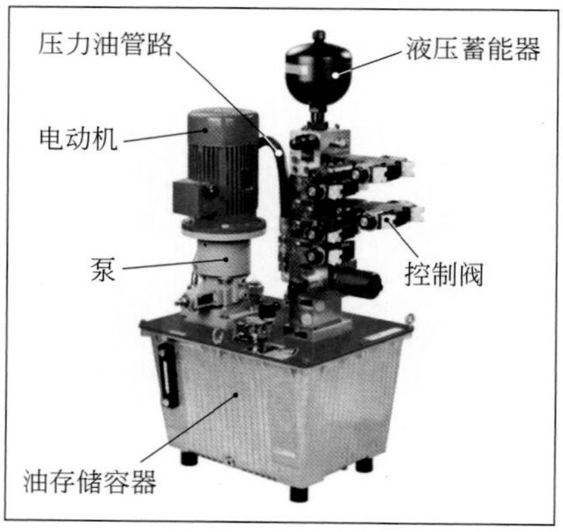

图 3-47：液压单元

液压单元由一个有液压油的油箱、配有驱动电机的压力油泵、限压阀、液压蓄能器、回流止回阀和压力表组成（图 3-46）。组件安装在油箱盖上（**图 3-47**）。

泵（例如齿轮泵）产生一个 100 ～ 200bar（1bar=10^5Pa）超压的压力油流。限压阀和液压蓄能器确保压力油流稳定并且压力恒定。工作缸通过止回阀固定在每个支撑位置中。

矿物油、合成油或者生物油可用作液压油。

液压管路由外直径 10 ～ 20mm 的较薄、高强度、可弯曲的钢管组成，承受高油压并且通过螺纹与端口连接在一起。

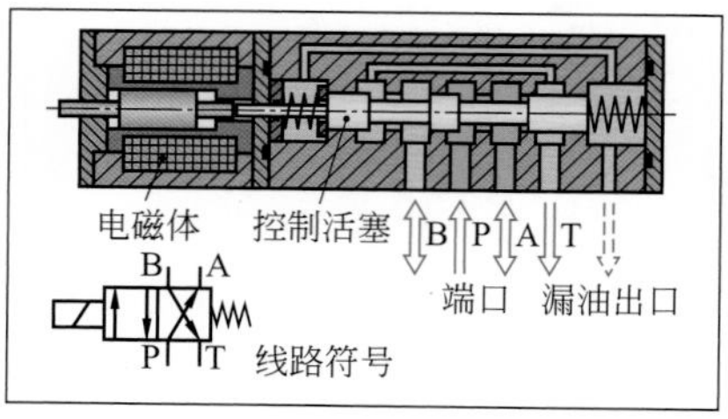

图 3-48：4/2 通阀

换向阀（也称为控制阀）通过一个控制活塞的纵向位移，闭锁或者打开压力油的流动路径（图 3-46 和**图 3-48**），由此便可控制工作缸的移动。

换向阀用两个数字标记。第一个数字表示端口数，第二个数字表示可能的开关位置数。图 3-48 所示 4/2 通阀有 4 个端口和 2 个开关位置。可以通过一个开关旋钮，或者通过一个内置的电磁体电动操作换向阀。

工作缸（**图 3-49**）也称为液压缸，在工作缸中油压作用在活塞上并且产生移动力。活塞运动通过活塞杆传递到机器组件中，然后执行所需的运动。

通过液压工作缸，可以在很小的空间中产生非常大的力。

通过计算例题可以说明这点：在液压系统中，压力为 150bar，直径为 30cm 的工作缸的有效活塞面积约为 700cm²。通过等式 $F = pA$ 计算由活塞产生的力，得出：F=150bar×700cm²=150×10N/cm² ×700cm² = **1050000N**。

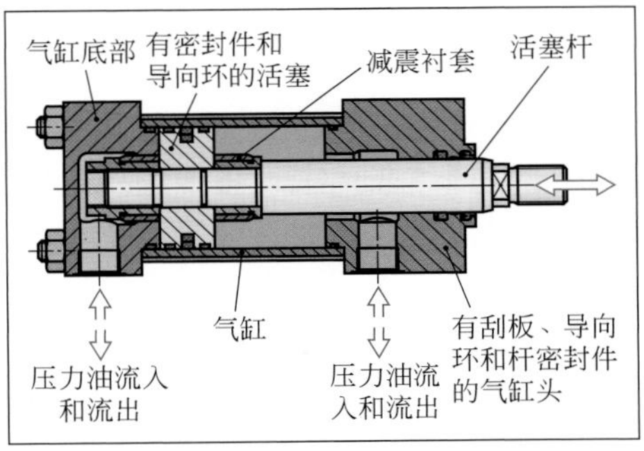

图 3-49：双作用工作缸

液压系统在化工生产机器中的使用

液压系统在许多用于化学产品的制备和处理的机器中使用：推料离心机、剥离式离心机、压滤机、注塑机、升降平台、压力机等。

在推料离心机中，由离心机转鼓液压驱动推板向前和向后移动，排出滤饼（**图 3-50**）。关于推料离心机功能原理的更多信息，参见第 364 页。

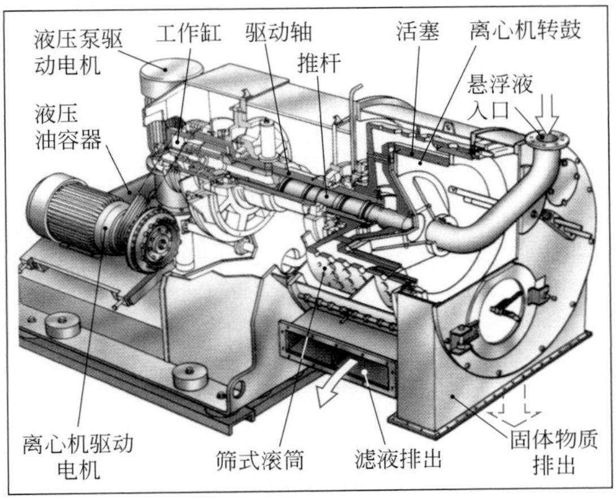

图 3-50：排出液压滤饼的推料离心机

液压单元安装在离心机的壳体中。其中还有控制阀和工作缸的液压油管路，位于推杆的一端，产生推杆运动（**图 3-51**）。推杆在离心机的驱动轴（用作空心轴）内部运行。推板固定在推杆的一端。

推杆向前推动推板，并且将滤饼推入略呈锥形的离心机转筒中，然后从这里向下滤饼被推到离心机转筒的开口端移出。

通过切换控制阀为回流，推板移回其原始位置。

离心机的控制系统将滤饼的排出作为部分控制步骤进行控制。如果传感器发出滤饼厚度足够的信号时，控制系统会发出清除的控制指令。

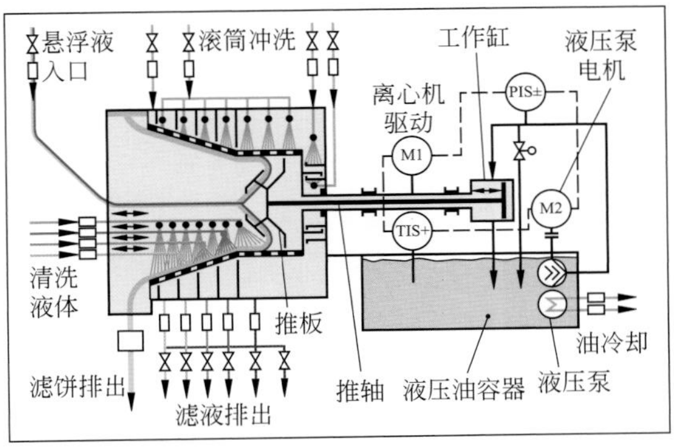

图 3-51：排出滤饼的液压驱动器

在**剥离式离心机**中，通过液压完成剥离刀的运动（第 369 页）。

其控制装置是整个离心机控制的一部分（第 517 页）。

液压系统的另一个应用是用润滑油润滑重载轴承（第 169 页），例如用于润滑破碎机轴或者离心机轴的轴承。压力润滑油在机器的轴承中被压入机轴和轴承壳体之间的润滑间隙中，并且确保“浮动”，即低摩擦的机轴结构。此外，润滑油流带走由此产生的摩擦热量和磨损碎末。

8 化学工业中的气动装置

气动装置（pneumatic）涉及的是压缩气体的技术应用。

压缩气体在化工设备中的用途广泛：用于输送粉状和颗粒状的固体填料（第 84 页）；驱动手持机，如气动扳手（第 181 页）或者气动锤；吹出灰尘过滤袋（第 382 页）和滤布（第 364 页）；打开和关闭阀门（第 27 页图 1-44）；驱动机器部件，如升降平台和平台等。

在多处使用压缩气体的化工厂，都有一个固定的气动系统。在移动式气动机器中，由移动式压缩机提供压缩气体。

气动系统是一个包括整个化工厂和管道网络的系统，可分为三个部分或者组件（**图 3-52**）：

（1）配有压缩机（压气机）、电动机、散热器和压缩气体储罐的压缩气体产生器，也称为储气罐。

（2）压缩气体分配网络，由配有分支的圆形管路组成。

（3）压缩空气准备装置，包括过滤器、控制阀和可能的空气加油器。

（4）气动控制装置，由各种控制阀（换向阀）组成，控制气动工作单元，如隔膜板、工作缸、涡轮机。

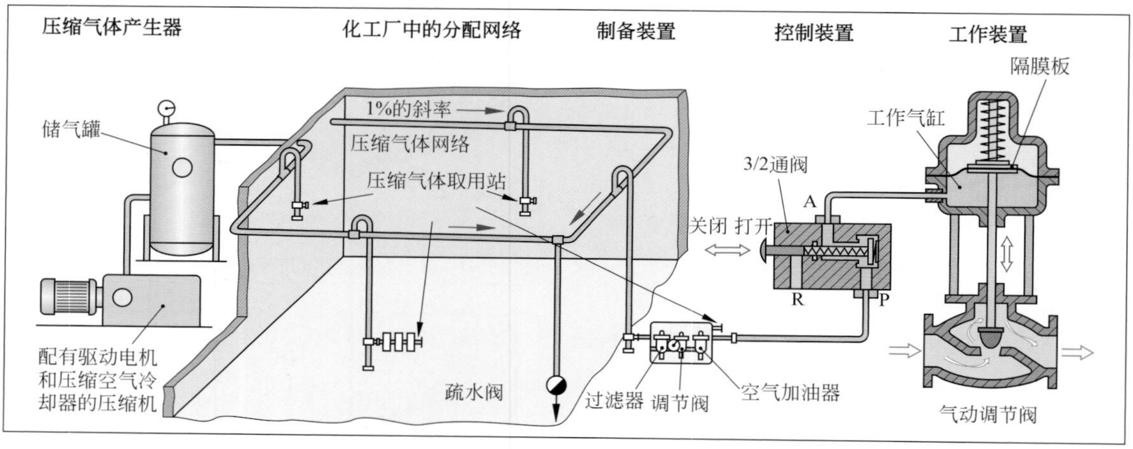

图 3-52：配有控制和工作装置的固定气动系统的区域及组件

在压缩气体产生装置中，压缩气体由压缩机产生，并且在压缩气体罐（储气罐）中保持足够的数量（压缩气体设备，亦参见第 70 页）。

压缩气体被送入化工厂中带有分流点的管路分配网络中。

取用时，压缩气体流过压缩气体制备装置。在这里清洁气体，并且调节至工作压力（5 ～ 10bar），必要时通过细油雾润滑。

气动控制装置借助控制阀来控制气动工作单元压缩气体的供应及停止。

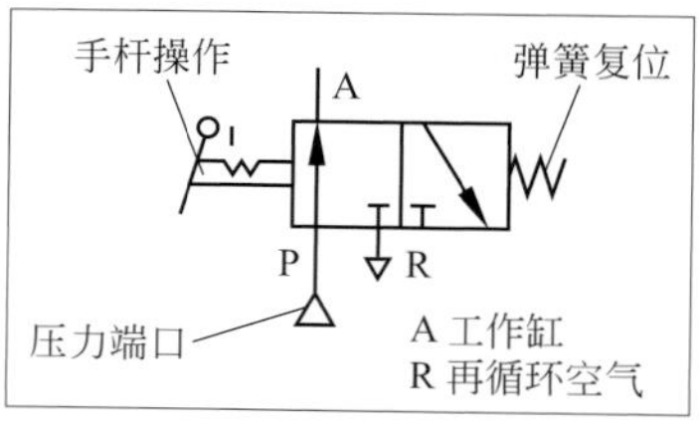

图 3-53：3/2 通阀的符号

气动工作装置，例如工作缸或者气动电动机，执行工作步骤，可以是向前和向后运动或者旋转运动。

用线路符号（符号）表示气动组件。图 3-52 和**图 3-53** 所示的控制阀是一个 3/2 通阀，有 3 个端口（P、A、R）和 2 个开关位置。通过 2 个小盒和其中标明的压缩气体路径表示。在所示的 3/2 通阀的工作位置中，压缩气体升高控制阀的隔膜板，并且打开调节阀：流体可以流过管道。在关闭位置中，工作缸上没有压力；回位弹簧保持调节阀的关闭状态。

其他控制阀有 5/2 通阀、止回阀和换向阀（**图 3-54**）。通过各种控制阀的组合，可以实现各种各样的控制。

隔膜板气缸、活塞气缸、叶片电机和涡轮机均可视为工作装置。

气动控制阀和工作装置仅需要一条压缩空气供给管路。与液压组件一样，不需要导回废气。空气释放到室外。这会产生嘶嘶声，这是气动系统的典型特征。

切换：可以以不同方式切换控制阀，例如在简单机器中配有手杆和复位弹簧（第 180 页图 3-53）。

通常使用一个电磁驱动器，操作化工设备中的气动控制阀（第 178 页图 3-48）。通过化工设备的电子控制器（PLC）和电气信号进行切换。

通常，气动控制阀与调节阀形成一个结构单元（**图 3-55**）。

气动扳手是一个配有气动控制装置的气动驱动器（**图 3-56**）。通过它可快速并且省力地打开和关闭人孔及反应器盖的螺栓。气动扳手由一个 3/2 通阀控制，该阀设置在扳手的手柄中。按下按钮时，控制阀开启并且打开压缩气体的路径。它驱动压缩气体涡轮机作为工作装置，使螺栓头旋转。松开按钮后，复位弹簧关闭控制阀，然后涡轮机没有压缩气体，螺栓头停止。

通过安装可调节的节流阀，可以改变压缩气体流量，从而调节气动扳手所需的拧紧扭矩。通过气动扳手，可以根据规定的扭矩拧紧螺栓。

气动驱动机器的**优点**是可以实现较高的转速和调节速度，以及环保的压缩气体介质。**缺点**是活塞的力有限，并且只能通过止动器接近固定位置（例如阀门仅能打开 / 关闭）。

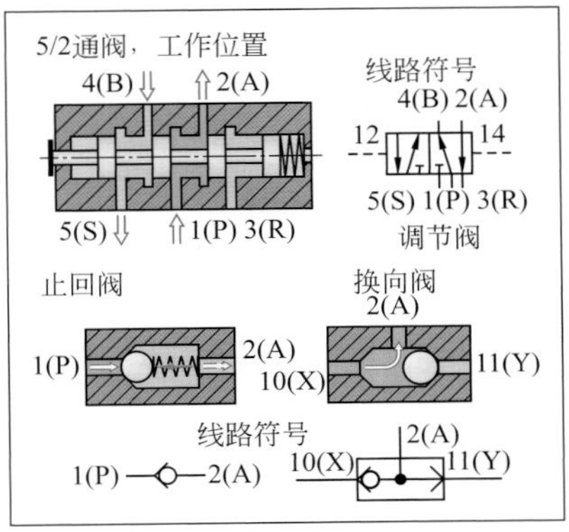

图 3-54：不同的控制阀

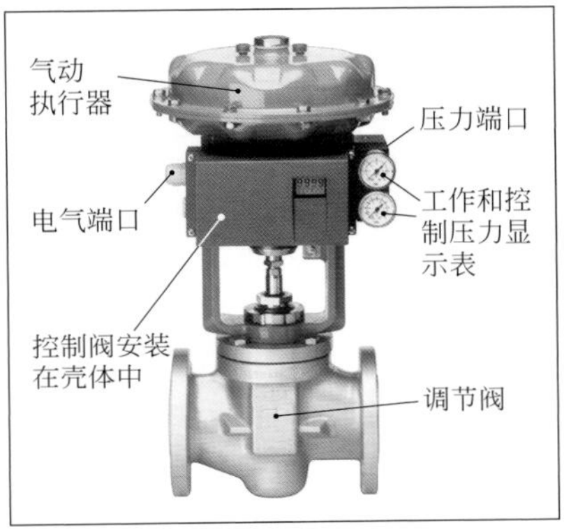

图 3-55：气动调节阀

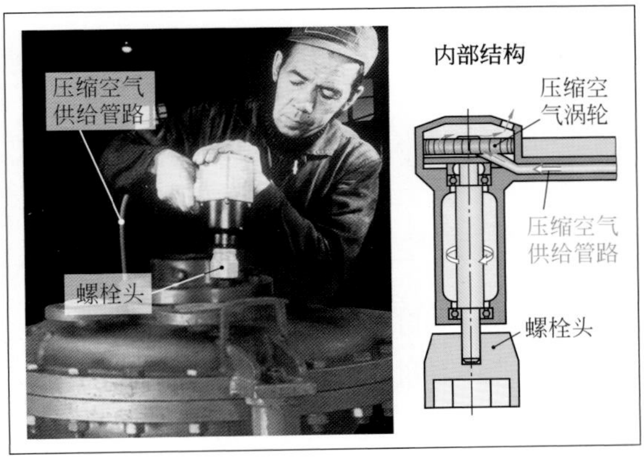

图 3-56：气动扳手

复习题

1. 哪些组件由液压装置组成？
2. 从 4/2 通阀的名称可以读取哪些信息？
3. 液压装置的剥离式离心机有哪些运动？
4. 储气罐的功能是什么？
5. 换向阀的用途是什么？
6. 哪个液压工作装置有调节阀？哪个液压工作装置有气动扳手？
7. 在气动扳手中，如何打开和关闭压缩气体流？
8. 与液压驱动器相比，气动驱动器有哪些优点？

Ⅳ. 化工设备中的材料技术

化工设备的所有组成部分，例如管道、容器、反应器、热交换器和其中使用的仪表，如工具、测量仪器或者机器等，均由材料制成。

现代材料技术提供了各种可用的材料：如钢、铸铁材料、铝、铜、塑料、陶瓷、切削材料等。

不同材料具有完全不同的特性，针对某个构件，应选择与其使用方式最匹配的材料。

例如用耐腐蚀钢制成搅拌釜，用导热性好的铜制成钎焊烙铁头，用弹性塑料制成密封件，用高强度调质钢制成压力管道，用减振铸铁制成电动机壳体等。

只有全面了解材料，才能正确选择适用于化工设备的合适材料，以及材料的正确加工方法。

1 生产和辅助材料的分类

为了概括材料的多样性，根据其成分或者共同的特性对材料进行分组（**图 4-1**）。

金属、非金属和复合材料是三种主要材料。然后可以继续划分为子类别，例如钢铁材料和铸铁材料，或者有色金属材料中的重金属和轻金属材料等。

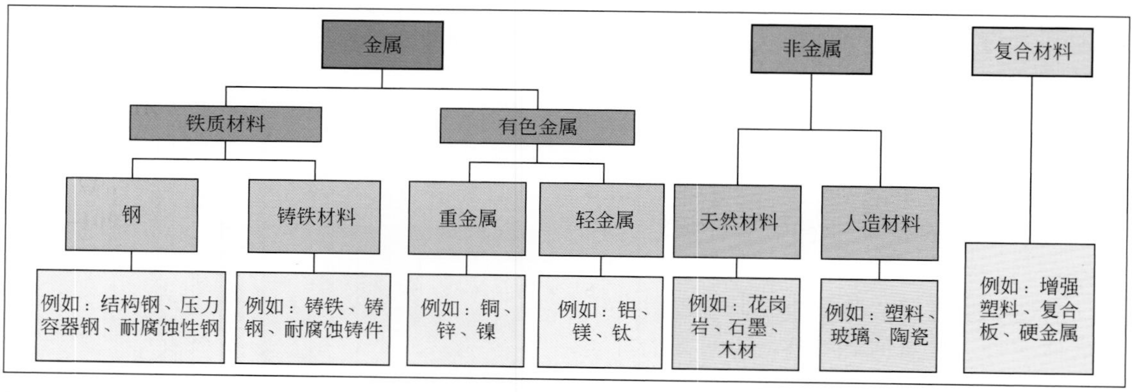

图 4-1：材料组别的分类

辅助材料和能源

化工设备和机器的运行和维护，以及加工设备组件，都需要额外的辅助材料和能源（**图 4-2**）。

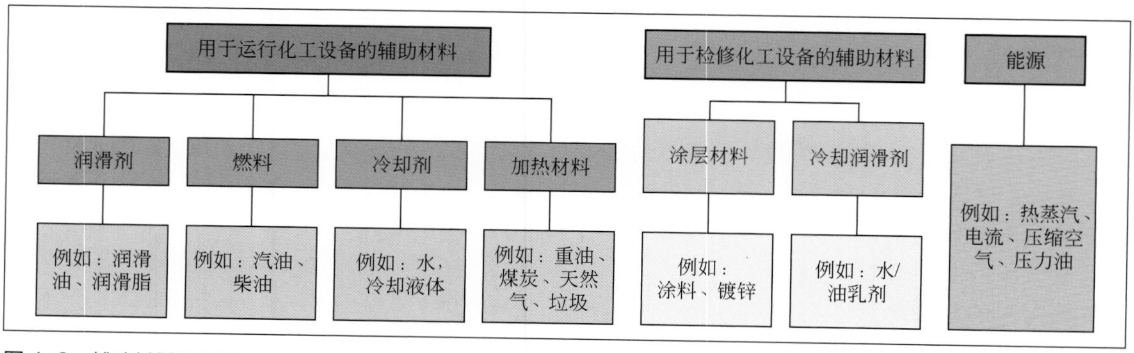

图 4-2：辅助材料和能源

材料组的典型特征及其用途

每种类别的材料拥有部分共同的、部分特定的典型特性，这决定了每种材料的用途。

钢

钢是铁基材料，拥有高强度和高硬度，可生产设备、管道、阀门、机器部件和支撑结构（**图 4-3**）。

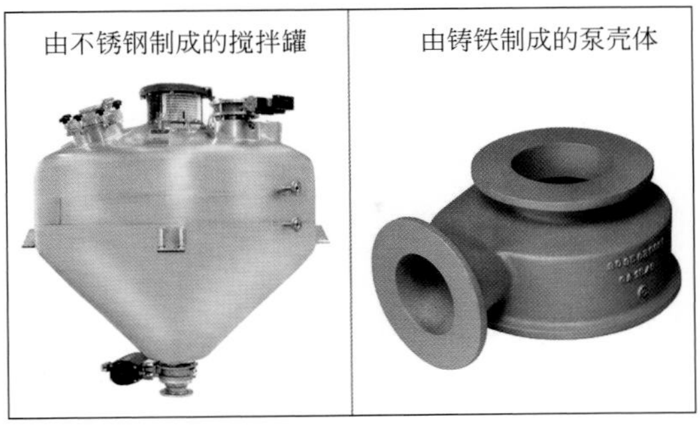
由不锈钢制成的搅拌罐
由铸铁制成的泵壳体

图 4-3：由钢和铸铁制成的组件

铸铁材料

铸铁材料是具有良好的可浇注性、重质和硬质的材料，具有减振作用，用于通过铸造生产出难以成形的组件，例如管路弯头、阀门和泵壳（图 4-3）。

重金属（密度 > 5kg/dm³）

重金属有铜、锌、铬、镍。通常由于其典型的材料特性而被使用（**图 4-4**）：

- 由于良好的导电性，将铜加工为绕组线和电源线。
- 由于耐腐蚀性，铬和镍用作钢中的合金元素。

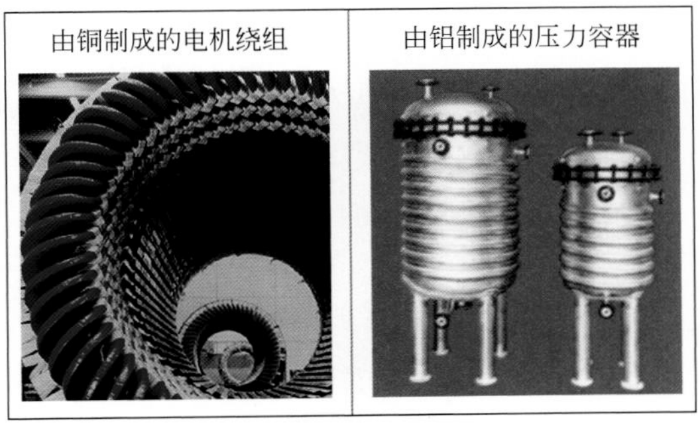
由铜制成的电机绕组
由铝制成的压力容器

图 4-4：有色金属制成的部件

轻金属（密度 <5kg/dm³）

轻金属有铝、镁和钛。这些轻金属拥有良好的强度和导热性，主要应用领域是轻质组件和运输容器。

天然材料

天然材料是天然存在的物质，如硬质岩石（例如花岗岩）或者木材，可用于特殊用途，例如花岗岩用作试验台的板材（**图 4-5**）或者木材用作重型机械安装时的底板。

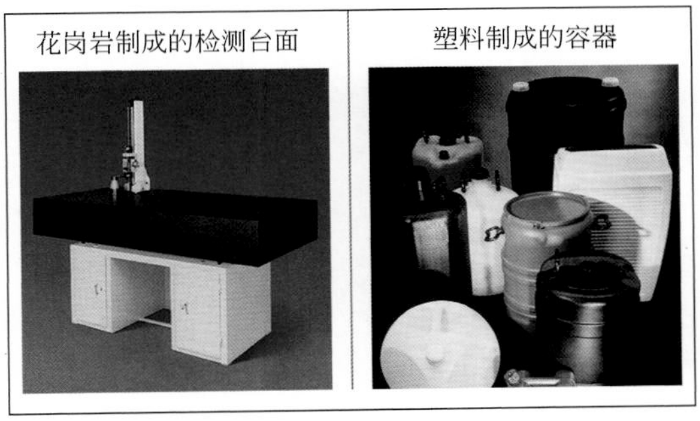
花岗岩制成的检测台面
塑料制成的容器

图 4-5：非金属材料

人造材料

人造材料包括多种类别的塑料以及玻璃和陶瓷。塑料的质量轻、电绝缘，可提供类似橡胶的硬度和稳定性。其用途非常广泛，使用范围从液体容器到齿轮箱组件（图 4-5）。

复合材料

复合材料由多种材料组合而成，并且将各种材料的优良特性结合在一种新材料中（**图 4-6**）。

例如玻璃纤维增强塑料（GFRP）强度高、质量轻，与其成分玻璃纤维（强度高）和塑料（质量轻）相对应。

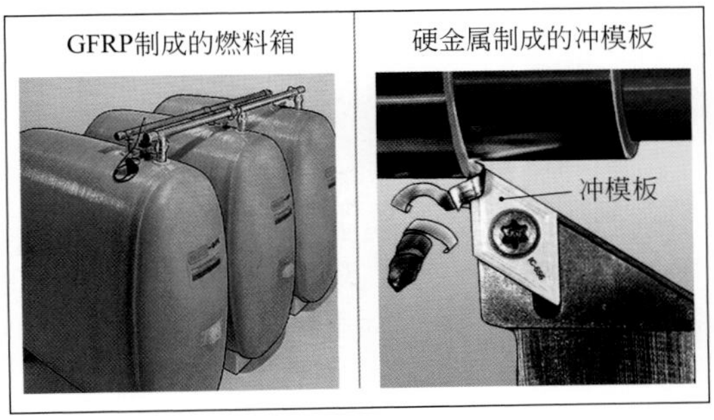
GFRP制成的燃料箱
硬金属制成的冲模板
冲模板

图 4-6：复合材料

另一种复合材料——硬质金属——拥有硬质颗粒的硬度和金属钴的韧性。

2 工业材料的特性

组件材料的选用取决于其性质和价格。

2.1 物理性质

无论材料的形状如何，同一种材料的特性可由其物理性质描述，通常用材料的物理量表示。

密度

材料的密度 ρ 是由该物质制成的物体质量 m 和体积 V 的商。

密度

$$\rho = \frac{m}{V}$$

可以将密度值可视化为边缘长度为 1dm 的立方体的质量（单位：kg）（见右图）。

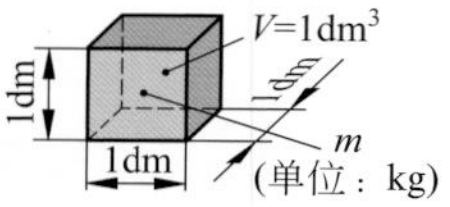

固体和液体的密度单位为 kg/dm³、g/cm³ 或者 t/m³，气体的密度单位为 kg/m³（**表 4-1**）。

表 4-1：材料的密度（20℃）

材料	密度 /(kg/dm³)	材料	密度 /(kg/dm³)
水	1.0	铜	8.9
铝	2.7	铅	11.3
钢	7.8	钨	19.3

ρ_{Luft} = 1.293kg/m³（0℃，1.013bar）

熔点（熔化温度）

熔点 t_m 是材料开始熔化时的温度，单位为 ℃（**表 4-2**）。只有纯金属才有精确的熔点，金属混合物（合金），例如钢以及塑料则为熔化范围。

表 4-2：熔化温度

材料	熔点	材料	熔点
锌	232℃	铜	1083℃
铅	327℃	铁	1536℃
铝	658℃	钨	3387℃

导电性

导电性 γ 描述了物质传导电流的能力。良好的导电体有银、铜和铝，用作导体材料。其他金属如钢也导电，但是导电性比导体材料差（**表 4-3**）。

不导电的物质称为绝缘材料，包括塑料、玻璃、陶瓷和空气等。

表 4-3：电导率与铜电导率的百分比
$\gamma_{Cu} = 58.8\Omega \cdot mm$

铜	100%	锌	29%
银	106%	结构钢	17%
铝	62%	铅	8%

热导率

热导率 λ 是材料本身传导热量的能力数值。良好的导热体也是良好的导电体，具有良好导热性的材料可用于换热器中，例如铜（**表 4-4**）。

表 4-4：工作材料的热导率（与铜为基准）
$\lambda_{Cu} = 394W/(m \cdot K)$

铜	100%	结构钢	17%
银	108%	镍	15%
铝	56%	钛	4%

热线性膨胀

热线性膨胀描述了温度变化时材料长度的变化 Δl 规律（**图 4-7**）。热线性膨胀系数 α 是材料的参数。运行时会大幅升温的管道需要考虑热膨胀（第 20 页）。

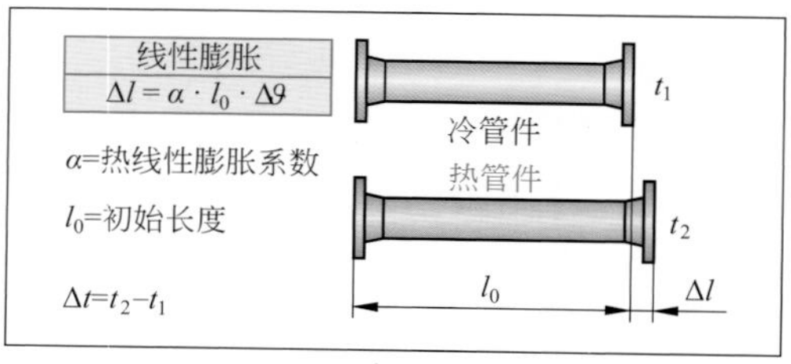

图 4-7：热线性膨胀

黏性

黏性 η，也称为黏度，描述了液体的流动特征。其单位是 Pa • s。例如：水在 20℃时的黏性为 $\eta_w = 0.001Pa \cdot s$，润滑油为 0.3～3Pa • s。

2.2 机械性能

变形特征（图 4-8）

由硬化工具钢制成的锯条在力的作用下可以弯曲，并且在取消力后再次恢复到原来的直线形状。这种性能称为**弹性变形**或者**弹性**。

相反，铅棒在弯曲后保持弯曲的状态，铅是**塑性**变形。

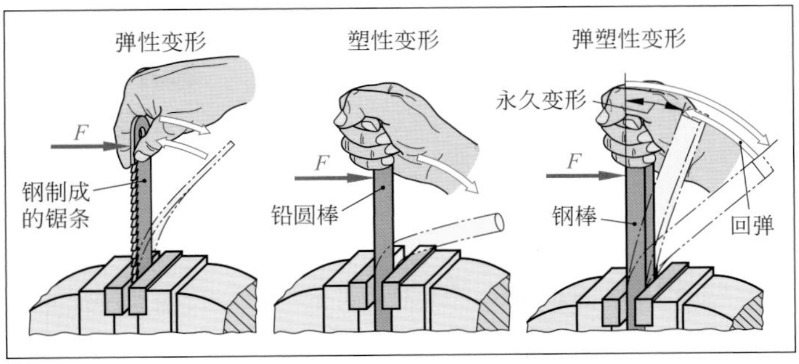

图 4-8：不同材料的变形类型

由非合金结构钢制成的方钢在弯曲时（图 4-8，右图）既拥有弹性变形，也拥有塑性变形：轻微弯曲时，方钢完全弹回初始的直线形状。该材料在低负荷下具有纯弹性变形特性。强烈弯曲时，方钢仅部分回弹，剩下的是永久的塑性变形。这表明该材料在强烈负荷时具有弹塑性变形。大多数工程材料拥有弹塑性变形特征。

韧性、脆性、硬度

韧性材料是一种可以塑性变形的材料，但是具有很强的抗变形能力。锻钢或者不锈钢属于韧性材料。

脆性材料是不会变形的材料，并且在打击负荷下会破碎成许多碎片。陶瓷材料和玻璃属于脆性材料。

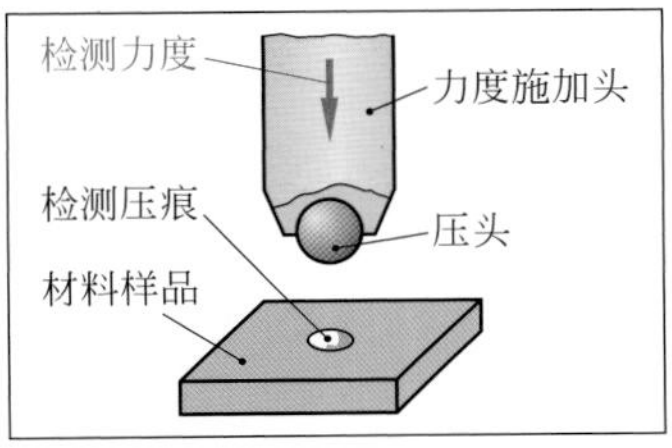

图 4-9：确定硬度

硬质材料是需要很大的力才能使表面变形的材料。通过在材料中压印试样，并且测量所得印模的直径来确定硬度（**图 4-9**）。硬质材料有硬化钢和硬质金属。切削工具必须具有很高的硬度，如钻头和凿子。

应力、强度、延伸率

组件中的拉伸负荷大小是**拉伸应力** $\boldsymbol{\sigma}$。通过拉力 F 和组件横截面 S_0 计算得出。

拉伸应力

$$\sigma_z = \frac{F}{S_0}$$

材料在外力作用下延伸的能力称为延伸率 ε。通过延长量 ΔL 和初始长度 L_0 计算得出。

延伸率

$$\varepsilon = \frac{\Delta L}{L_0} \cdot 100\%$$

通过**拉伸试验**确定材料的机械性能（**图 4-10**）。其中，向拉伸机中安装由待检测材料制成的标准测横梁试棒，缓慢施加并且连续增加拉力 F。测试棒首先在较小的拉力下纯弹性延伸，在较大的拉力时，产生塑性变形。测量各种特征应变下的拉力，并且通过拉伸应力的公式，确定材料参数。

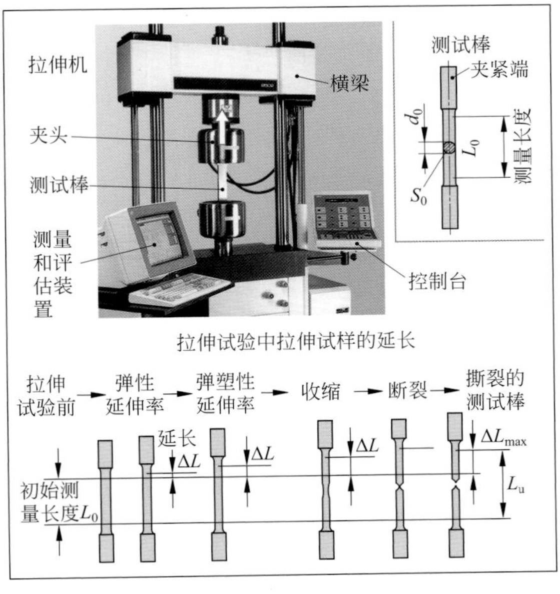

图 4-10：拉伸机和拉伸试验

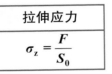

屈服极限 R_e 是材料纯弹性变形的最大应力。通过最大弹性拉力 F_{el} 和横截面 S_0 计算得出。

0.2% 蠕变极限 $R_{p0.2}$ 是材料中的残余延伸率为 0.2% 的应力。

抗拉强度 R_m 是材料在断裂前存在的最大应力。通过拉伸试验中测量的最大力 F_{max} 计算得出。

屈服极限 R_e 和抗拉强度 R_m 的应力单位是：N/mm²。

例如：钢 S235JR（St 37-2）的屈服极限约为 370N/mm²，抗拉强度约为 450N/mm²。

撕裂后，测试棒的永久延伸率为**ΔL_{max}**（第 185 页，图 4-10）。根据初始长度 L_0，得到**断裂延伸率 A**，这是材料变形性和韧性的计量单位。

机械材料参数

屈服极限	$R_e=\frac{F_{el}}{S_0}$
0.2% 蠕变极限	$R_e=\frac{F_{el}}{S_0}$
抗拉强度	$R_m=\frac{F_{max}}{S_0}$
断裂延伸率	$A=\frac{\Delta L_{max}}{L_0}\times 100\%$

2.3 化学工艺特性

化学工艺特性涉及的是由环境条件和侵蚀性物质（作用媒介）对材料造成的影响和破坏。

耐腐蚀性是材料抵抗侵蚀性介质（如潮湿空气、水或者酸）破坏作用的特性。

非合金钢在工业环境中不稳定，即会生锈（**图 4-11**），可以通过防腐蚀涂层或者金属涂层（例如镀锌）防止环境腐蚀（第 210 页）。

图 4-11：螺栓腐蚀

对工业环境和许多化学品耐腐蚀的材料是特殊的高合金钢：不锈钢和耐腐蚀的铬镍钢（第 188 页）。许多管道、容器和化工设备采用这些特殊的高合金钢制成。

耐热性对于暴露在高温下的组件、管路和设备是非常重要的。例如：非合金钢在最高约 400℃时有耐热性，如果高于该温度，则会与空气中的氧气发生氧化反应（**图 4-12**）。耐氧化（耐热）钢可以加热到大约 1100℃而不会氧化。

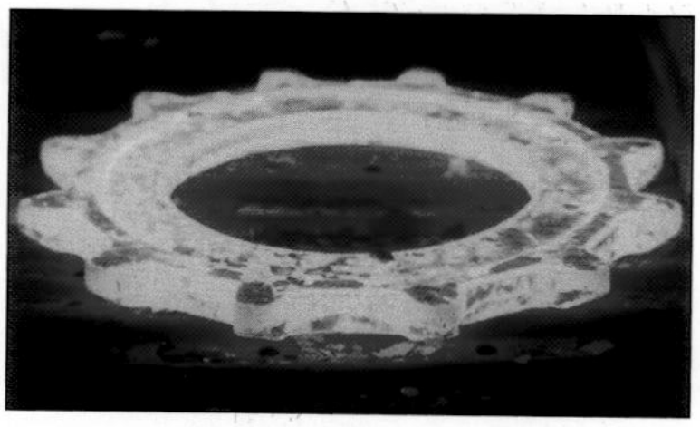

图 4-12：氧化的锻件

大多数塑料不耐热，它们几乎不能加热到高于 100℃，在高于 250℃的温度时，便会失去其强度并且分解。

可燃性在金属材料中没有意义，因为金属材料在正常条件下不可燃。一个例外：粉末形式的镁可燃。

使用塑料时，应注意其可燃性，因为大多数塑料是可燃的（**图 4-13**）。

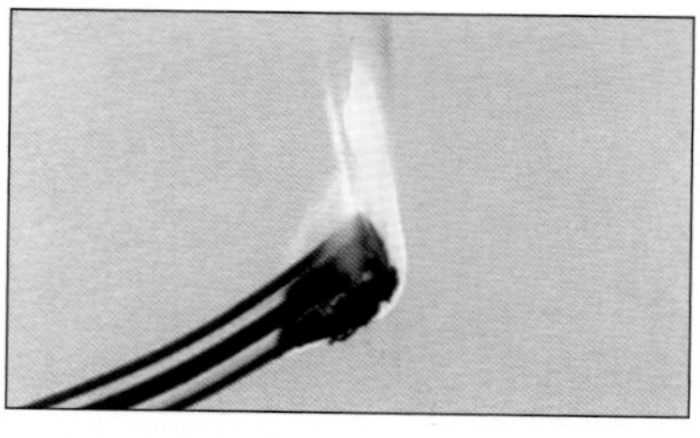

图 4-13：燃烧的塑料

材料加工以及与食品接触时应注意其毒性。铅和铅化合物有毒，因此不能用于食品技术。加工有毒物质时应注意采取特殊的预防措施（职业协会准则）。

设备中化学反应的影响

化学反应设备中的部分材料对化学过程有影响。这种影响可能是积极的，也可能是消极的。许多重金属通过充当催化剂对化学反应产生积极影响，其他元素也可能阻碍化学反应进行（活性毒物）。

2.4 生产工艺特性

材料的生产工艺特性描述了材料适应各种加工方法的性能（**图 4-14**）。

材料的可加工性是指材料可切削加工的特性，如车削、铣削、磨削等。大多数金属材料和大多数塑料可以使用机器加工，但玻璃和陶瓷材料不合适用机器加工。

材料的**可焊性**表示可通过焊接将每个组件牢固地连接到设备或者支撑结构中。大多数结构钢（前提条件：低碳含量）以及高合金钢和铝合金都可以良好地焊接。可以使用各种焊接方法（第 176 页）。

材料的**可铸性**是指材料能形成完全填充模具并且不形成空腔（空隙）的稀薄熔液。可铸性的材料有铸铁。

成形性是指材料塑性成形的能力。热成型工艺包括热轧和锻造，冷成型工艺包括冷轧和弯曲。

可成形的材料有低碳钢，以及铝和铜的塑性合金。

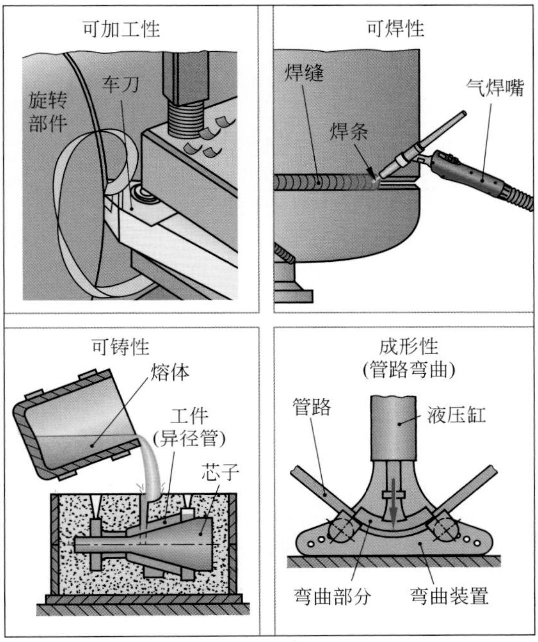

图 4-14：生产技术特征

2.5 环境兼容性

选择材料时，必须考虑其环境兼容性。材料的生产、加工和正确使用不应产生任何有害影响。使用后，材料应尽可能重新加工（回收），或者在废物回收工厂中进行材料或者热能的回收。

化学工程中最常用的材料，例如钢材以及铝和铜材料都非常环保、无毒，可在使用后通过熔化和再成型（再循环）重复使用。针对某些有色金属，例如铅，应在加工时采取预防措施。

从环保的角度来看，部分塑料，如 PVC、聚氨酯、环氧树脂、聚四氟乙烯的问题较多。使用后的不适当燃烧，可能会释放出有毒物质。此外，许多塑料直到今天也无法回收。从环境保护的角度出发，不再允许使用对健康有害的物质，例如石棉或者冷清洁剂（第 134 页）。

复习题

1. 材料分为哪三个主要类别？
2. 请列出三种轻金属和三种重金属，以及两种复合材料。
3. 抗拉强度和屈服极限说明了什么？
4. 请说明锯片的硬度、弹性、塑性、脆性。
5. 哪些钢用于生产耐腐蚀的管道和设备？
6. 哪些钢具有良好的可焊性？

3 钢

钢是拥有低含量碳和部分合金元素的铁基材料。有各种类型的钢。

根据以下几个方面可以进行细分：

- 根据成分，分为非合金钢和合金钢。
  非合金钢是除了基础材料铁，在很大程度上仅含有碳、锰和硅元素的钢。
  含有较大比例的其他元素的钢称为**合金钢**。
- 根据用途，细分为机械和设备结构钢、特种钢和工具钢。
- 在化学领域中，通常根据钢的负荷能力进行分类，例如机械、热或者化学承受能力。

3.1 用于机械应力的结构钢

这些钢主要用作结构件，其主要任务是承受力或者传递力，并且不能在特殊化学品或者热负荷下暴露。这些钢的最重要特征是屈服极限 R_e 和抗拉强度 R_m。

非合金结构钢

非合金结构钢（以前称为普通结构钢）不含任何特殊的合金元素。这种钢不适用于热处理。

表 4-5 显示了最常用的非合金结构钢，通过一个简称或者材料编号命名。

根据 DIN EN 10025-2 标准，非合金结构钢的**简称**包括代码字母 **S**（特种钢）或者 **E**（机器结构钢）和最小屈服极限，单位：N/mm²。后面的字母表示特征或者使用提示（见右图）。

表 4-5：根据 DIN EN 10025-2，由非合金结构钢制成的热轧产品的特性

DIN EN 10025 规定的简称	材料编号	旧简称	碳含量/%	抗拉强度 R_m/(N/mm²)	屈服极限 R_e/(N/mm²)	断裂延伸率 A/%
S185	1.0035	St 33	（任意）	≈290	≈175	10 ～ 18
S235JR	1.0037	St 37-2	0.17	340 ～ 470	195 ～ 235	17 ～ 24
S275JR	1.0044	St 44-2	0.21	410 ～ 560	235 ～ 275	14 ～ 22
E295	1.0060	St 50-2	≈0.40	470 ～ 610	255 ～ 295	8 ～ 16
E360	1.0070	St 70-2	≈0.50	670 ～ 830	325 ～ 360	4 ～ 11

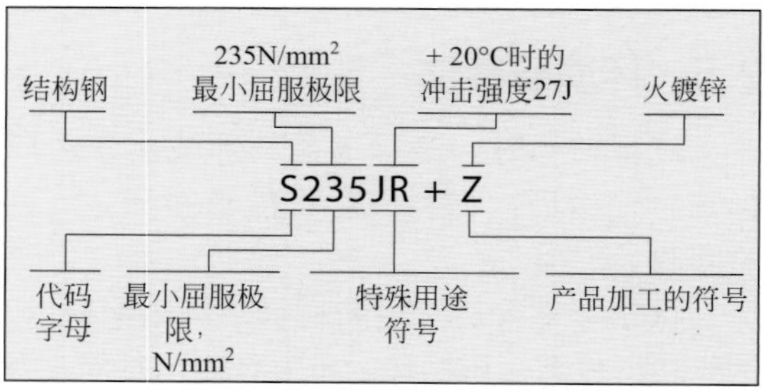

这些钢**原来的简称**拥有符号 St 和一个数字，表示约 1/10 的最小抗拉强度；附上的是一个质量指标，例如 St 37-2。因为原来的简称仍然偶尔使用，因此在本书中用括号表示。

非合金结构钢的**强度**主要取决于其碳含量，约 0.17%（S235JR）至 0.5%（E360）。

作为热轧产品，可以获得支架、型材、管路、棒材、板材和线材类型的非合金结构钢，并且在切割后，通过焊接或者螺纹连接与建筑物和组件连接在一起（**图 4-15**）。

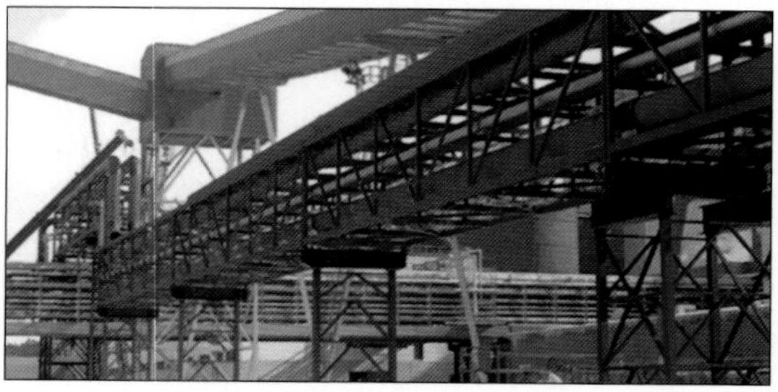

图 4-15：S235JR 制成的管桥（St 37-2）

最常用的标准负荷组件的非合金结构钢是 **S235JR**（St 37-2）和 **S235J2**（St 37-3 N）。它们广泛用于化工设备的建造，如用于建造支撑结构、脚手架、生产车间、运输装置和简单的容器。

针对更高负载的组件，例如支撑结构、桥梁、支撑结构的钢骨架、焊接组件和容器，优选 **S355J2**（St 52-3 N）钢（**图 4-16**）。通过添加少量铝并提高锰含量，以及在轧制时控制温度，可获得很高的屈服极限和抗拉强度。

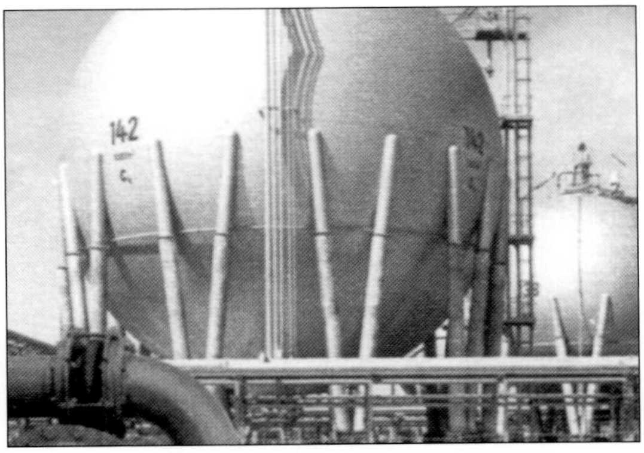

图 4-16：由 S355J2 制成的液化气罐（St 52-3）

用于工业管道的非合金钢

在环境温度下使用的管路，由非合金压力容器钢 P195TR2、P235TR2 和 P265TR2 制成。在右侧的示例中，说明了简称中字母和数字的含义。

在高温应用中，管路由细晶粒钢 P275NH 和 P355NH 制成。

N 表示正火，H 表示高温。

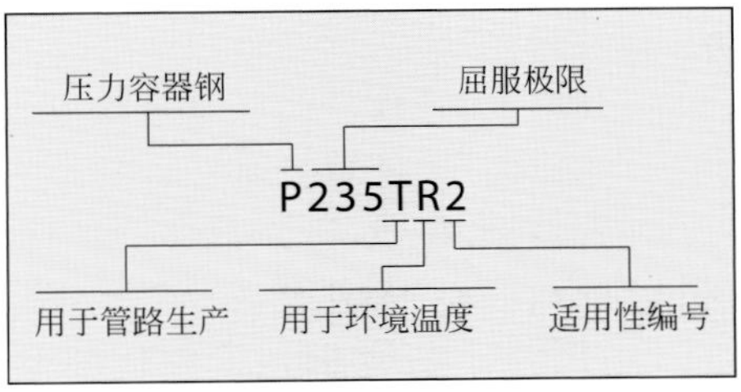
压力容器钢
屈服极限
P235TR2
用于管路生产
用于环境温度
适用性编号

非合金结构钢的可焊性

碳含量低于 0.20% 的非合金结构钢，非常适合焊接。例如非合金结构钢 S235JR（St 37-3N）和 S355J2（St 52-3N），以及 P235TR2 或者 P355NH 等非合金压力容器钢，均拥有良好的可焊性。焊接得当时，其焊缝强度与母材的强度相同。

不适合焊接的是碳含量高于 0.25% 的钢，例如 S185（St33）或者 E360（St 70-2），这类钢应该通过螺纹连接。

适合焊接的细晶粒结构钢

适合焊接的细晶粒结构钢是非合金钢（碳含量约 0.15%），具有保证最小屈服极限和良好的可焊性（**表 4-6**）。由于其细晶粒结构，这种钢强度高，而该结构则是通过低含量的锰、镍、铬和钒合金以及轧制（热机械轧制）时的温度控制而获得的。

这种钢可以加工成高机械负荷的焊接组件，例如制成装置、支撑结构，并且也越来越多地加工成化学装置中的压力容器。

表 4-6：细晶粒结构钢

简称依据 DIN EN 10 113	原来的简称	抗拉强度 R_m /（N/mm²）	最小屈服极限 R_e/（N/mm²）
S275N	StE 285	370 ～ 510	≈ 265
S355N	StE 355	470 ～ 630	≈ 345
S420N	StE 420	520 ～ 680	≈ 400
S460N	StE 460	550 ～ 720	≈ 440

说明：N 表示普通退火。

这些钢也有热机械轧制的：其代码字母是 M，例如 S275M。

耐候钢

耐候钢是合金结构钢，通过添加少量的铬、铜和镍，在表面形成钝化防腐蚀覆盖层（第 207 页），这样可保护钢免受环境空气的侵蚀。通过额外的保护涂层，可以保护耐候钢制成的组件多年免受腐蚀的影响。耐候钢的简称与非合金结构钢相同，并且后面用字母 **W** 补充。例如：S235J2W。

调质钢

调质钢是非合金钢或者合金钢，碳含量为 0.2% ～ 0.6%，有时含有少量的锰、铬、镍、钼或者钒（**表 4-7**）。通过回火成型后，获得其使用特征（高抗拉强度和高屈服极限下同时具有韧性）。这是一种热处理过程，包括硬化和之后的退火（第 194 页）。

非合金调质钢的简称由标记 C、碳代码和特定内容或者用途的附加符号组成。

例：C35E *是一种调质钢，碳含量（C）为 35∶100，表示 0.35%；字母 E 表示规定的最大硫含量（见右图）。*

低合金调质钢的简称由碳代码、主要合金元素的化学符号以及合金元素代码组成（见旁边的示例）。

与碳代码一样，可以通过除以合金元素的代码和系数，来计算合金元素的含量。

例：铬（Cr） *的代码系数为 4。Cr 代码为 6 表示 6∶4，即 1.5%Cr。*

适用于某些合金元素的**代码系数 4、10、100** 的情况如下。

代码系数 4	Cr	Ni	Mn	Co	Si	W
代码系数 10	Al	Cu	Mo	Ta	Ti	V
代码系数 100	C	S	P	N		

化学设备结构中调质钢的主要应用领域是力和扭矩传导的组件，例如驱动和搅拌轴、螺栓、齿轮（**图 4-17**）。高温和低温管道也由调质钢制成（第 16 页）。

特殊负荷的钢

机器中的特殊部件需要具有特殊性能的钢材。部分示例：

- **弹簧钢**具有弹性和耐用性，例如：C70S 或者 50CrV4 钢。
- **滚动轴承钢**坚硬耐磨，例如：100Cr6 钢（**图 4-18**）。
- **易切钢**的硫含量较高，易于切削，例如：35S20 或者 11SMn30 钢。

表 4-7：调质钢

简称	屈服极限 /（N/mm²）	抗拉强度 /（N/mm²）	断裂延伸率 /%
C35E	365	580 ～ 730	19
C45E	410	660 ～ 810	16
34Cr4	590	780 ～ 930	14
34CrNiMo6	885	1080 ～ 1280	10

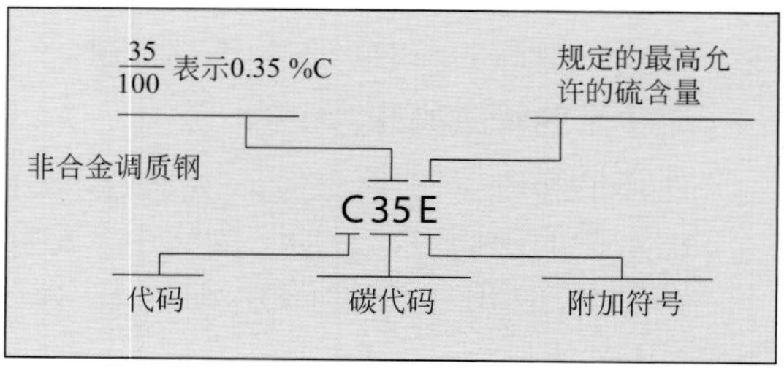

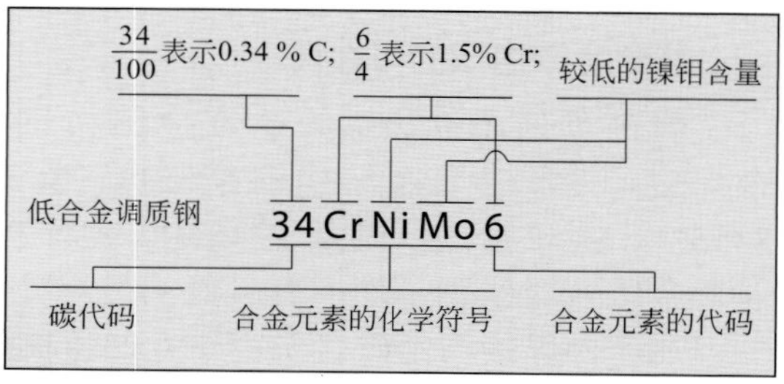

图 4-17：调质钢制成的机器组件

图 4-18：由滚动轴承钢制成的滚动轴承

3.2　用于机械和热负荷的结构钢

在高于 250℃的连续工作温度下或者高压操作的组件和设备，必须由合适的钢制成。

压力容器钢

压力容器钢用于生产各种厚度的平板产品（板材），因此早期称为锅炉板。化工设备（**图 4-19**）和管件是通过压力容器钢板的成型和焊接制成的。

有非合金钢（例如 P235GH）和合金压力容器钢，例如：16Mo3（**表 4-8**）。

非合金压力容器钢的**简称**有一个符号 **P**，还有最小屈服极限（单位：N/mm²）和一个附加符号，例如：**P235GH**。

合金压力容器钢的简称与调质钢的结构相同（第 190 页），例如：12CrMo4-5。

根据类别，压力容器钢拥有中等至高强度值，即使在高温下仍然保留部分强度（表 4-8）。特别是当需要在高温下具有高强度时，使用具有较高合金含量的压力容器钢。这些钢的应用温度极限是不大于 550℃。

在化工设备制造中，用这些钢生产热压力容器、容器、压力管、管式炉、蒸发器、蒸汽锅炉、热蒸汽管道、裂化设备等。压力容器钢具有耐脆性、易于焊接的优点。焊接时，某些类型的钢需要预热。

耐高温钢

耐高温钢是具有较高铬或者铬镍含量的高合金钢（**表 4-9**），可以加工成耐热和机械高负荷的压力容器和压力管路。

高合金钢的**简称**由一个前置的 **X**、碳代码、主要合金元素的化学符号以及相同顺序的合金元素的百分比组成。参见右侧的示例。

耐热钢

耐热钢是耐高温气体的高合金钢，含有高比例的铬镍，此外还含有铝、硅或者钛（表 4-9）。例如：X15CrNiSi25-20。

耐热钢用于生产回转窑、烟气换热器、多层炉和类似的化工设备。

图 4-19：由压力容器钢 P265GH 制成的容器，有 PTFE 衬里

表 4-8：压力容器钢

简称	抗拉强度 R_m/（N/mm²）	较高温度时，最小屈服极限 R_e 或 0.2% 蠕变极限 $R_{p0.2}$/（N/mm²）				
		20℃	200℃	300℃	400℃	500℃
P235GH	350 ～ 480	215	175	135	110	—
P256GH	410 ～ 530	247	197	166	145	—
P295GH	440 ～ 580	280	245	205	155	—
16Mo3	420 ～ 590	260	210	170	150	20
12CrMo4-5	430 ～ 590	295	230	205	180	165

表 4-9：耐高温和耐热钢

钢类型的简称	特殊特征	屈服极限 (20℃)/(N/mm²)	最大的应用温度 /℃
X19CrMo12-1	高耐热	490	600
X6CrNiWNb16-16		255	800
X10CrAl24	耐热	290	1150
X15CrNiSi25-20		230	1150

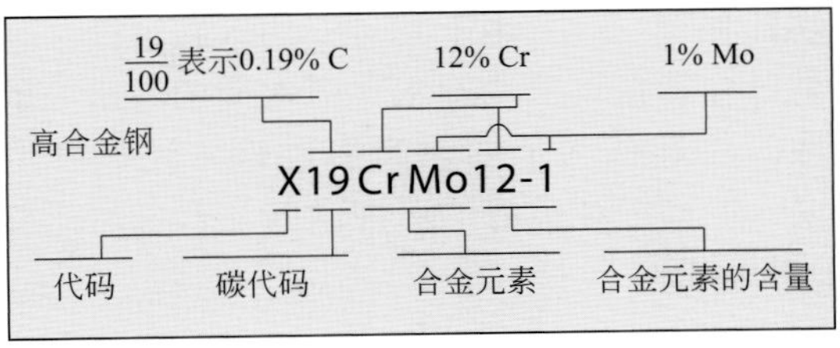

3.3 用于化学负荷的结构钢：不锈钢

不锈钢（DIN EN 10088-3）是暴露于严重化学侵蚀中的组件和化工设备最常用的材料。不锈钢是一种钢，其特征是对化学侵蚀物质的特殊耐腐蚀性。不锈钢是高合金钢，铬含量至少为 12%。铬成分通过原子氧沉积在所述材料上形成耐腐蚀表面，即所谓的钝化层。它赋予不锈钢类似贵金属的特性。

除了铬以外，大多数类别的不锈钢含有大量的镍，并且还含有少量的钼、铌、钛、硅和铜，如此可以改善耐腐蚀性或者实现所需的机械和技术性能。例如，通过镍大大提高韧性，或者通过钼和铌实现高耐热性。根据合金成分和含量，不锈钢具有不同的材料结构，将其分成三个组别：铁素体、奥氏体和马氏体。

铁素体不锈钢	奥氏体不锈钢	马氏体不锈钢
Cr ≥ 12%, C ≤ 0.1% 部分其他的合金元素	**Cr ≥ 12%, Ni ≥ 7%, C ≤ 0.1%** 部分其他的合金元素	**Cr ≥ 12%, C ≥ 0.1%** 部分其他的合金元素

铁素体不锈钢

标准类别的铁素体不锈钢含有 12% ～ 18% 的铬作为主要合金元素，在某些情况下含有低含量的铝和钛，碳含量低于 0.1%（**表 4-10**）。

这种钢具有铁素体结构，可变形性差并且仅具有中等的韧性，加热时倾向于形成粗大的颗粒，有时难以焊接。其优点是耐腐蚀性强，部分还有耐晶间腐蚀性。

这种钢不允许在高于 300℃的温度下使用，因为会形成粗粒并且变脆。因此，在焊接区域会发生脆化危险。由于这些限制原因，标准类型的铁素体铬钢很少用于化工设备制造。

因此**进一步开发了更适用的铁素体不锈钢**，除了至少含有 17% 的铬外，还含有钼、钛、镍和铌（**表 4-11**）。其碳含量特别低，最高为 0.02%。与合金元素结合，显著减少了粗晶粒的形成（晶粒稳定性），使钢具有更好的韧性和可焊性。由于其良好的耐腐蚀性，特别是对含氯化物的冷却水（河水或者海水）的耐性，使其在除了要求耐腐蚀性，还需要高强度、冷韧性和良好的可焊性的场合被广泛使用（**图 4-20**）。

表 4-10：铁素体不锈钢的标准类型（部分）

钢种类简称	材料编号	屈服极限 R_e /(N/mm²)	断裂延伸率 A/%	晶间腐蚀
X6Cr13	1.4000	250 ～ 400	>19	否
X6CrAl13	1.4002	250 ～ 400	>17	否

表 4-11：进一步开发的铁素体不锈钢（部分）

钢种类简称	材料编号或者名称	成分
X2CrMoTi18-2	1.4521	0.02% C; 18% Cr; 2% Mo; Ti
X1CrMo28-2	Remantit 4133	0.01% C; 28% Cr; 2% Mo
X1CrNiMoNb28-4-2	Remantit 4575	0.01% C; 28% Cr; 4% Ni; 2% Mo, Nb

图 4-20：由铁素体不锈钢制成的挤出机混合蜗杆

铁素体 - 奥氏体钢

通过将镍含量增加到 5% 以上，在材料的铁氧体基本结构中沉淀出一定比例的奥氏体，这种钢拥有铁素体 - 奥氏体混合结构（**表 4-12**）。它拥有良好的强度和耐磨性，以及出色的耐点蚀、开裂和应力间隙腐蚀性（第 205 页）。

表 4-12：铁素体 - 奥氏体钢

钢种类简称	材料编号	成分
X2CrNiMoN22-5	1.4462	22% Cr; 5% Ni; Mo; N
X5CrNiMoCu21-8	—	21% Cr; 8% Ni; Mo; Cu

奥氏体不锈钢

奥氏体铬镍钢是化工设备制造中最常用的不锈钢。其铬含量至少为 17%，镍含量超过 9%，并且根据种类，还有少量的钼、铌、钛合金，有时也含有少量氮和硫，碳含量低于 0.1%（**表 4-13**），具有奥氏体结构。

例：X5CrNiTi18-10；C：0.05%，Cr：18%，Ni：10%，少量的钛。

奥氏体铬镍钢具有出色的耐腐蚀性，特别是耐晶间腐蚀性；耐热，易于成型并且具有最佳的韧性。断裂延伸率约为 40%。

这种钢对脆性断裂不敏感，即使在非常低的温度下也可以使用。可以在惰性气体下很好地焊接。通过手工电弧焊或者 WIG 焊接（第 176 页）进行专业焊接时，只会略微改变焊接区域的材料特性。

奥氏体不锈钢是化工设备，制药和食品工业中设备、容器、管道和阀门的首选材料（**图 4-21**）。

奥氏体不锈钢没有明显的屈服极限（第 186 页）。为了描述其强度，使用 **0.2% 蠕变极限 $R_{p0.2}$** 作为机械技术参数。这是材料在减少负荷后，拥有 0.2% 剩余延伸率时的应力。

表 4-13：奥氏体不锈钢

钢种类简称	材料编号	0.2% 蠕变极限 $R_{p0.2}$/(N/mm²)	抗拉强度 R_m/(N/mm²)
X2CrNiN18-10	1.4311	>270	550 ~ 750
X6CrNiTi18-10	1.4541	>200	520 ~ 720
X6CrNiNb18-10	1.4550	>205	520 ~ 720
X5CrNiMo17-12-2	1.4401	>220	530 ~ 680
X2CrNiMoN17-13-5	1.4439	>270	580 ~ 780
X1NiCrMoCu25-20-7	1.4539	>270	520 ~ 720

图 4-21：由奥氏体不锈钢制成的化学容器和阀门

普通奥氏体不锈钢的机械负荷强度不是很高，一般是 0.2% 的蠕变极限和抗拉强度的平均值（表 4-13）。

对于高机械负荷的组件，如高压设备等，使用氮合金奥氏体不锈钢，例如 **X2CrNiN18-10**。与非氮合金种类相比，此类钢拥有更高的机械参数（表 4-13）。

奥氏体不锈特种钢。钼含量等于或者大于 5% 的奥氏体不锈钢，可以提供更好的耐腐蚀性，例如 **X2CrNiMoN17-13-5**（WSt 编号 1.4439）或者 **X1NiCrMoCu25-20-7**（WSt 编号 1.4539）。

其耐腐蚀性的决定性因素是铬含量和 3.3 倍钼含量的整体效果。例：针对 **X2CrNiMoN17-13-5**，整体效果为 17 + 3.3×5 = 33.5。有关不锈特种钢耐腐蚀性的更多信息，参见第 207 和 208 页。

马氏体不锈钢

马氏体不锈钢除了含有 0.17% ～ 0.50% 的碳外，还含有 13% 以上的铬，在某些情况下还含有少量其他合金元素（**表 4-14**）。由于较高的碳含量，马氏体不锈钢拥有马氏体结构。

因为这种钢是可热处理的（见下文），所以具有很高的强度，可用于特别高机械负荷的组件，例如揉钩。但是，其耐腐蚀性明显低于奥氏体不锈钢。

表 4-14：马氏体不锈钢

钢种类简称	材料编号	处理状态	抗拉强度 R_m/(N/mm²)	断裂延伸率 A/%
X20Cr13	1.4021	调质处理	最大 700	15
X30Cr13	1.4028	调质处理	最大 740	11
X17CrNi16-2	1.4057	调质处理	最大 740	14
X50CrMoV15	1.4116	调质处理	最大 850	12

耐压耐氢钢

在非合金钢制成的压缩气瓶和压力容器中，以及在室温和高达 200bar 的压力下，可以保存干燥的氢气，例如 S355J2 钢，必须在氢气没有损坏钢的情况下储存。

在高于 200℃的温度和高于 200bar 的压力下，容器中的许多化学合成物（例如氨合成物）中的氢会扩散到材料中，导致非合金钢脆化，使材料失效。此时，应使用特殊的耐压耐氢钢、耐热钢（**表 4-15**）。

表 4-15：耐压耐氢钢（根据 VdTÜV 材料表）

钢种类简称	材料编号	合金成分
12CrMo19-5G	1.7362	0.12% C; 4.75% Cr; 0,5% Mo
17CrMoV10	1.7766	0.17% C; 2.5% Cr; Mo, 少量的 V
X12CrMoV9-1	1.7386	0.12% C; 9% Cr; 1% Mo
X20CrMoV12-1	1.4922	0.20% C; 12% Cr, 1% Mo, 少量的 V

3.4 工具钢

工具钢用于生产加工材料的工具。

在使用状态下，工具钢具有适合于预期用途的硬度和强度，同时仍然具有足够的韧性。

工具钢的碳含量至少为 0.35%，但通常为 0.5% 或者更高，这是淬火的前提条件。

钢生产商以棒材的形式提供退火状态的工具钢。通过淬火后可以获得硬度和强度。

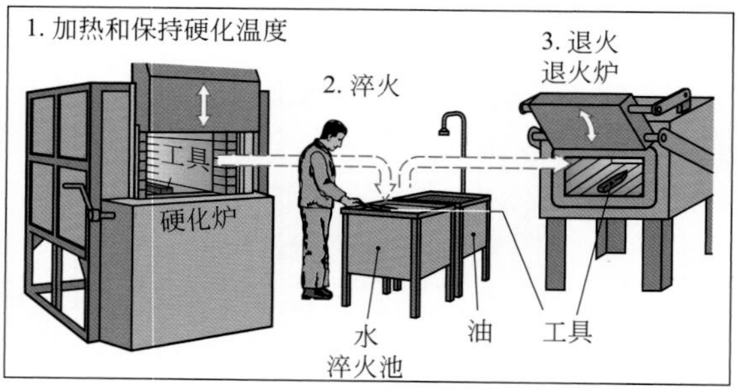

图 4-22：淬火时的工作步骤

淬火分为三个步骤（**图 4-22** 和**图 4-23**）：

（1）在淬火炉中加热并且保持工具坯料的淬火温度。

（2）然后在有水或者油的淬火池中立即淬火。

（3）在 150 ～ 350℃的退火炉中退火。

（4）在空气中冷却坯件。

淬火的工具非常坚硬，只能通过磨削重新加工。

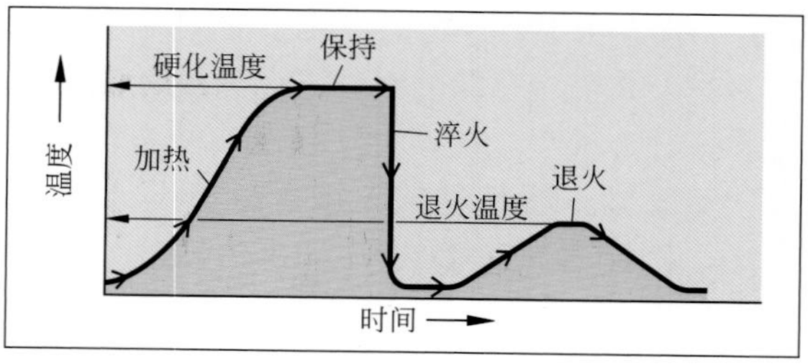

图 4-23：淬火时的温度变化

调质处理与热处理类似。由调质钢制成的组件（第 190 页），先加热、淬火，然后在约 500℃下退火。这样可以获得拥有高强度和高韧性的组件。

根据其使用时的温度负荷能力，工具钢细分为冷作工具钢、耐热工具钢和高速钢（旁边的**表 4-16**）。

表 4-16：工具钢			
钢种类的简称	淬火剂	硬度 HRC（硬化）	用途示例
非合金冷作工具钢			
C80U	水	58	木材的圆锯片
C105U	水	61	手持式工具
合金冷作工具钢			
102Cr6	油	60	校具、心轴
55NiCrMoV7	油	42	冲模
X153CrMoV12	空气	61	拉刀
耐热工具钢			
X40CrMoV5-1	油	51	锻模
X30WCrV9-3	油	51	模具
高速钢			
HS6-5-2	空气、盐浴	64	钻孔机、铣刀
HS10-4-3-10	空气、盐浴	66	车刀

冷作工具钢

冷作工具钢是非合金和合金工具钢，用于工具表面温度低于 200℃的场合。

非合金冷作工具钢可以加工成不承受特别高负荷的工具，例如凿子、划线针、钳子、锤子（**图 4-24**）。

非合金冷作工具钢的特性基本上取决于碳含量，碳含量在 0.45% ～ 1.2% 之间。随着碳含量的增加，工具钢在淬火过程中获得更高的硬度和耐磨性。

通常在水中进行非合金冷作工具钢的淬火。因此，非合金冷作工具钢被称为**水淬火钢**。硬化层的厚度约为 5mm。

合金冷作工具钢除了含有大量的铬、镍、钨、钼、锰或者钒之外，还含有碳。例如，55NiCrMoV7 钢。

合金元素提高了钢的强度、韧性、耐磨性和耐腐蚀性。

合金冷作工具钢制成的工具拥有不锈钢外观，坚固、防锈，例如钳子（图 4-24）。

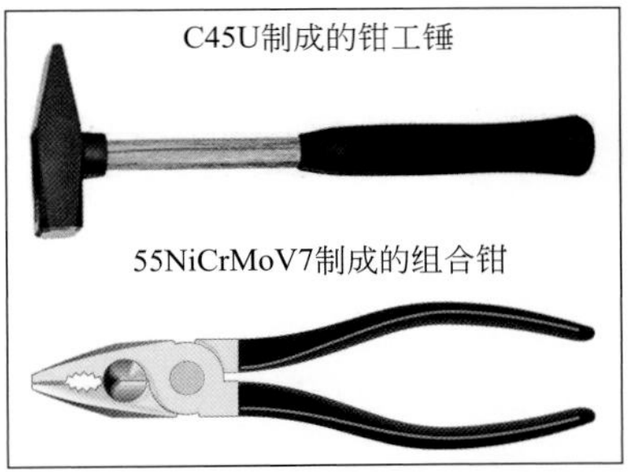
C45U制成的钳工锤
55NiCrMoV7制成的组合钳

图 4-24：冷作工具钢制成的工具

耐热工具钢

耐热工具钢是用于制造工具表面温度可高达 400℃的合金工具钢。除了碳以外，其中还可含有合金元素铬、钨、硅、镍、钼、锰、钒和钴。

例：X40CrMoV5-1。

合金元素相互协调，使耐热工具钢具有足够的硬度、强度、高耐热性、热硬度和高温下的耐磨性。

耐热工具钢淬火时，在油池中淬火。

耐热工具钢用于加工如注塑机的锻模或者模具（**图 4-25**）。

图 4-25：热作工具钢 X30WCrV4-1 制成的压模，用于塑料的注塑成型

高速钢

高速钢是高合金工具钢，可在表面温度高达 600℃时使用。

由于其化学成分，这种钢拥有最高的热硬度和回火稳定性。

高速钢含有高达 1.4% 的碳以及不同含量的百分比范围为个位数的钨、钼、钒、钴，主要用于加工成机械切削和热成型工具：钻头、丝锥、小型车削刀具和小型刀具（**图 4-26**）。

高速钢的**简称**由符号 **HS** 和按照顺序排列的钨、钼、钒和钴合金含量组成。

例：HS6-5-2 *高速钢含有 6% 的钨、5% 的钼和 2% 的钒。*

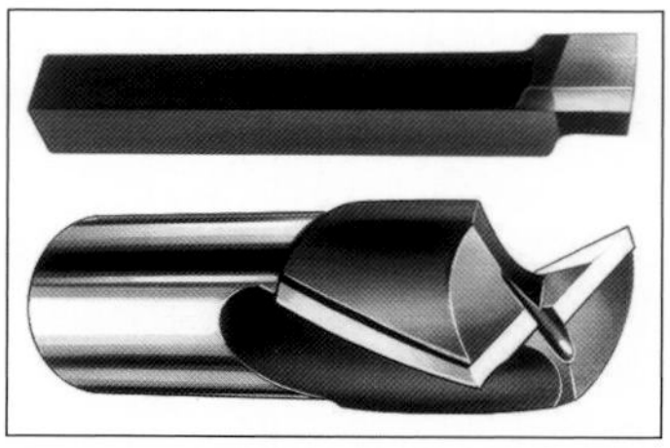

图 4-26：由高速钢 HS9-1-2 制成的切削工具

4 铸铁和铸钢

铸铁和铸钢用于制造复杂几何形状的组件，最经济的生产方式是铸造。根据碳含量大致分为：铸钢类型，碳含量小于 2%；铸铁类型，含碳量超过 2%。

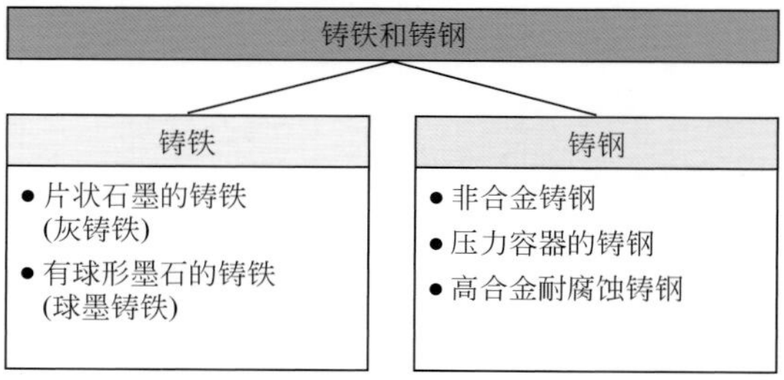

4.1 铸铁

铸铁是碳含量为 2.6% ～ 4.0% 的铁基材料，含有部分其他合金成分。碳元素的存在使铁液具有流动性，使铸铁材料具有良好可铸性。

碳在凝固的铸铁中沉淀的形状，决定了铸铁类型的特性和可能的用途。

片状石墨的铸铁（以前称为灰铸铁）含有 2.6% ～ 3.7% 的碳，柔软的黑色石墨在铸造材料中以薄片的形式存在（**图 4-27**）。石墨薄片通过细小的针状分支穿过铸造材料，并且实现减震特性。石墨薄片也是灰铸铁相对强度低和具有脆性的原因。

片状石墨的铸铁可以加工成厚壁机器和泵壳（图 4-27）。

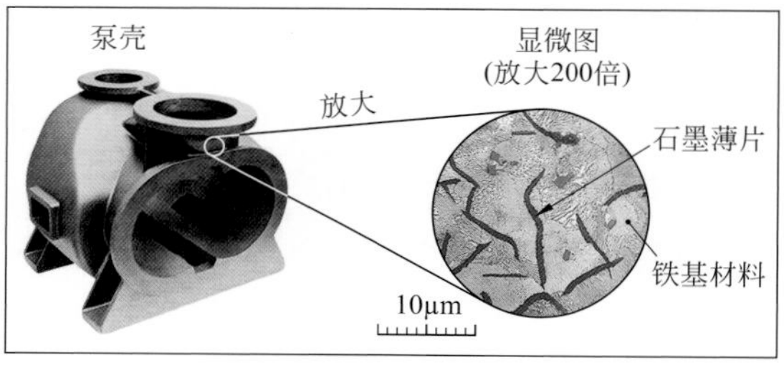

图 4-27：片状石墨铸铁 EN-GJL-200 制成的泵壳体

铸铁材料的**简称**包括字母 EN-GJ 和另一个石墨形式的字母，以及最小抗拉强度，单位：N/mm^2。还可能会有另一个数字，表示断裂延伸率（石墨代码字母：**L** 片状石墨，**S** 球形石墨）。

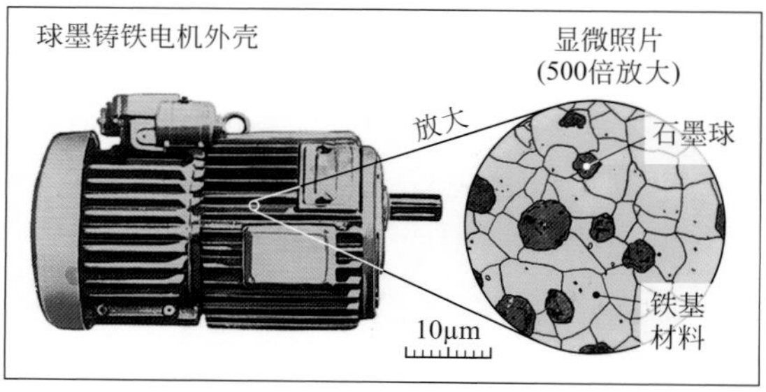

图 4-28：由球形石墨铸铁 EN-GJS-500-7 制成的电机壳体

例：EN-GJL-200 *是有片状石墨的铸铁，抗拉强度为* $200N/mm^2$。

球形石墨的铸铁（以前称为球墨铸铁）是材料结构中有球形石墨沉淀物的铸铁（**图 4-28**）。此种铸铁拥有类似钢的特性，用于发动机壳体、齿轮、曲轴等的加工。

4.2 铸钢

在模具中浇铸而成的钢被称为铸钢，具有高强度、可调质性或者耐腐蚀性。

普通用途的铸钢是非合金的，用于机械和中等负荷的组件，例如搅拌器机架（**图 4-29**）。

非合金铸钢的简称由字母 GS 和对应最小强度的 1/10（单位：N/mm^2）的代码组成。

例如：GS-38、GS-45、GS-60。

压力容器用铸钢的成分、特性、热处理（调质处理）与压力容器钢（第 191 页）相似，可加工成承受压力的容器、管道和压缩机壳体。

例如：GP280GH、G20Mo5、GX4CrNi13-4。

硅铸钢是拥有最佳铸造特性的铸造材料，因此适用于复杂和小型铸造组件，例如泵的壳体和叶轮（**图 4-30**）。

这种铸钢耐腐蚀，并且拥有良好的耐磨性，尤其是耐受任何含量的硫酸。

例如：GX90SiCr15-5。

各类高合金铸钢的成分、材料结构、机械特性和耐腐蚀性与不锈钢（第 192 页）相当，可耐酸、碱和腐蚀性气体。

例如：GX5CrNi19-10，GX2NiCrMo28-20-2。

每种高合金铸钢都有其特殊的应用领域，可参见相关手册。在化工设备制造中，可以用其生产泵和配件的壳体，以及反应器和管道等（**图 4-31**）。

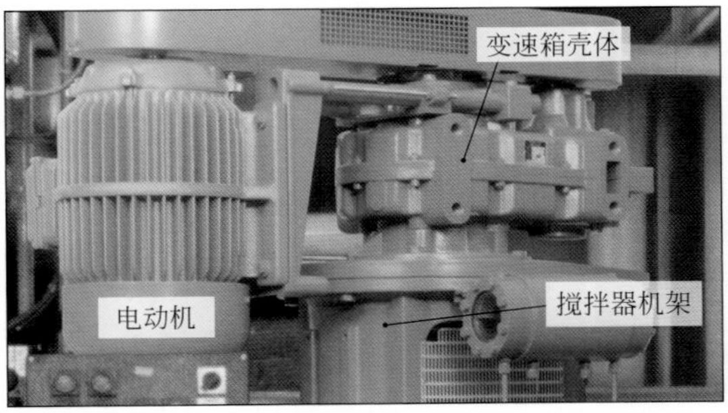

图 4-29：由钢铸件制成的搅拌器机架和变速箱壳体（涂漆）

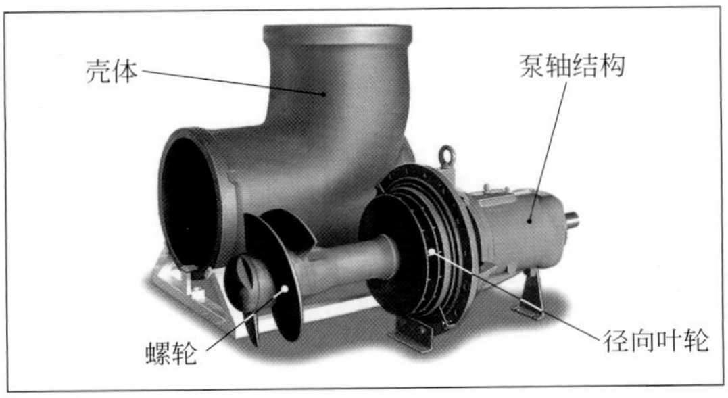

图 4-30：由硅铸钢制成的循环泵壳体和叶轮

图 4-31：由耐腐蚀性钢铸件 GX2CrNiMoCuN25-20-6 制成的泵壳

复习题

1. 为什么优选加工非合金结构钢？
2. 什么类型的钢是 S275JR 钢，通过简称可以获得哪些信息？
3. 防风、防雨钢的特点是什么？
4. 从 30CrMoV9 调质钢的简称中可以看出什么？
5. 奥氏体不锈钢有哪些主要合金成分？
6. 通过钢的简称 X5CrNi18-10，可以看出哪些合金元素和含量？
7. 工具钢如何实现其硬度？
8. 哪些组件由高速钢制成？
9. 哪些组件由铸造材料制成？
10. 哪种材料的简称是 EN-GJL-200？
11. 可以通过简称 GX7CrNiNb18-9 看出哪些成分？

5 有色金属（NE 金属）

根据定义，有色金属（简称 NE 金属）包括：

- 除铁外的所有纯金属。
- 铁含量不占最大比例的所有合金。

根据其密度，有色金属分为重金属和轻金属。

轻金属（密度$\rho < 5g/cm^3$）	
例如	
铝（Al）	$\rho = 2.7g/cm^3$
镁（Mg）	$\rho = 1.7g/cm^3$
钛（Ti）	$\rho = 4.5g/cm^3$

重金属（密度$\rho > 5g/cm^3$）			
例如			
铜（Cu）	$\rho = 8.9g/cm^3$	铅（Pb）	$\rho = 11.3g/cm^3$
镍（Ni）	$\rho = 8.9g/cm^3$	钨（W）	$\rho = 19.3g/cm^3$
锌（Cu）	$\rho = 7.1g/cm^3$	铂（Pt）	$\rho = 21.4g/cm^3$

在化工设备制造中，密度仅在特殊情况下对材料的选择有意义，材料选择的关键主要是耐腐蚀性和强度。

5.1 铝和铝合金

纯铝

纯铝
密度：2.7g/cm³
熔化温度：658℃

特性：铝是一种银色的亮金属，随着时间的推移呈现无光泽的外观。

其密度仅为钢密度的 1/3，即 2.7g/cm³。

结构相同时，铝构件的质量仅为钢构件的 1/3。因此，如果需要低重量的构件时，主要使用铝。

铝的熔化温度为 658℃，是一种相对低熔点的金属。因此，对于工作温度超过 200℃时，铝材料不适用。

纯铝的强度远低于钢的强度。因此，纯铝不能用于承重构件。

铝具有良好的导电性和导热性，其电导率约为铜电导率的 60%，可以很好地成型，例如轧制、压制、拉伸、焊接和铸造。

在铝表面上可自然形成一层薄的、牢固黏附的透明氧化物层，该层仅有几个原子层厚度，并且在一般环境下具有很强的耐腐蚀性。通过阳极氧化，强化了天然氧化物层，从而大大提高了铝的耐腐蚀性。阳极氧化的铝构件对环境影响以及许多弱酸性化学品有耐性，特别是浓硝酸。铝会被碱或者碱性物质腐蚀，例如砂浆。

铝对健康无害，但生产铝要消耗大量能源，因此铝是一种昂贵的材料。

用途：铝材料因为在环境中具有耐腐蚀性，并且可耐设备和容器结构中的酸性介质，以及其低密度和健康安全性，被用于制造食品和精细化学品的储存及运输容器。

由于具有良好的导热性，铝也用于换热器中（**图 4-32**）。

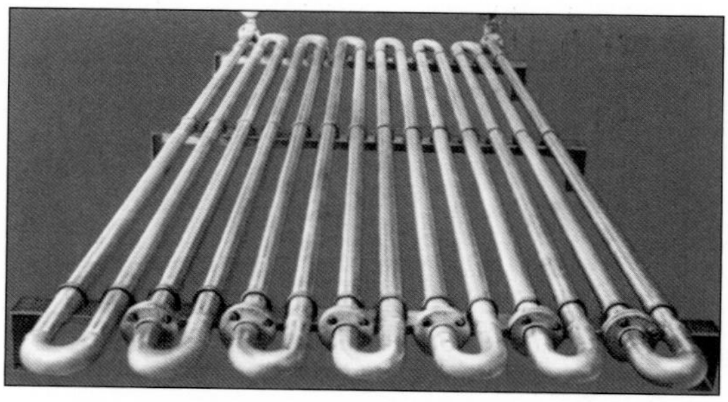

图 4-32：由纯铝 EN AW-Al 99.8 制成的盘管换热器

在电气工程中，由于铝具有良好的电导率，所以被加工成电线和母线。

由于其良好的可成形性，铝箔在实验室和工厂中被广泛使用。

铝材料可用**简称**表示，简称由字母组合 EN AW-Al（针对锻造合金）或者 EN AC-Al（针对铸造合金）以及材料编号或者合金元素的化学符号组成，部分还有百分比组成。**材料简称示例：EN AW-7020** 或者 **EN AW-Al Zn4,5Mg1**。

铝合金

抗拉强度：150 ～ 600N/mm^2

断裂延伸率：3% ～ 15%

铝合金

铝合金比纯铝材料具有更好的机械特性。高强度铝合金具有与非合金钢相似的强度值（最高 600N/mm^2）。

可固时效硬化的**锻造铝合金**，例如 EN AW-Al MgSi 或者 EN AW-Al Zn4.5Mg1，用于在轻质结构和建筑工程中加工成窗框、脚手架、支撑结构和机器部件。

改善铝合金中镁、锰和硅的含量，可提高其耐腐蚀性，特别是对海水和海洋环境的耐腐蚀性。耐海水铝合金示例：EN AW-Al Mg3。这种合金主要用于船舶制造。

铸造铝合金 EN AC-Al Mg3 和 EN AC-Al Si12 用于如制造船和沿海设备建造中的电机、泵和配件的壳体。

5.2 铜和铜合金

纯铜

密度：8.93g/cm^3

熔化温度：1083℃

抗拉强度：

软退火：200 ～ 360N/mm^2

冷作硬化：最大至 600N/mm^2

纯铜

铜是一种半贵金属，新鲜的铜表面具有金属光泽的橙红色。随着时间的推移，经过空气环境的影响，首先出现红棕色表面层，多年后形成绿色表面层，即铜绿，可以保护金属免受进一步的空气腐蚀，并且使室外铜构件具有典型的装饰外观。

铜的密度为 8.93g/cm^3，在 1083℃下熔化，是一种柔软、易变形的金属。通过冷成型，可以明显提高其强度和硬度。

铜易于成形、可机械加工、易于焊接，并且可在惰性气体下焊接，可铸性适中。

铜的显著特性是良好的导热性和导电性，装饰性外观以及对水、空气和弱酸的耐腐蚀性。

根据其特殊性能，不同类型的铜其用途不同：

标准铜。由于其良好的电导率，这种类型的铜加工为线圈、电力电缆和导电轨以及电气触点（**图 4-33**）。**例：Cu-ETP**（以前称为 E-Cu58）。

图 4-33：Cu-ETP 制成的电动机铜线圈

设备建造用铜。这种类型的铜不仅有良好的导热性，而且还有良好的可熔焊性和可钎焊性。**例如：Cu-DLP**（以前称为 SW-Cu）。

铜合金

低合金铜材料仅含有百分之几的合金元素，在不明显降低导热性的情况下，极大提高了铜的强度等特殊性能。

例如：合金 CuSi2Mn 具有与纯铜大致相同的高导热性，同时额外具有高强度、良好的焊接性和耐腐蚀性，是换热器和冷凝器中的管路及构件（**图 4-34**）的优选材料。

图 4-34：低合金铜材料 CuSi2Mn 制成的换热器管路

铜锌合金（黄铜）

含有 5% ～ 43% 锌（Zn）的铜锌合金是具有装饰性金黄色的材料，通常称为黄铜。

低锌铜锌合金具有良好的可变形性，但不太坚固。较高含量的锌（最高约 43%）使铜锌的强度增加，但也降低了延伸性。

CuZn 合金对空气和水具有与纯铜相似的良好耐腐蚀性。但是，其导热性和电导率远低于纯铜。

铜锌合金易于铸造。如合金 **G-CuZn40Mn2** 用于铸造水管配件和设备部件。

图 4-35：阀壳、泵叶轮和 CuSn 合金制成的配件

铜锡合金（锡青铜）

铜锡合金含有 2% ～ 15% 的锡（Sn），部分额外含有少量的锌、镍和铅。**例：G-CuSn12**。

这种合金具有良好的可铸性，耐海水和淡水。由于其表面光滑，被用于制造化工设备中的泵壳、叶轮和阀体（**图 4-35**）。

铜铝和铜镍合金

CuAl 合金：含有 5% ～ 11% 的铝，部分含有少量的镍。**例：G-CuAl10Ni**。

Cu-Ni 合金：含有 9% ～ 45% 的镍，部分含有少量的其他合金金属。

材料示例：CuNi30Fe1Mn。

这两种合金的突出特点是对海水的耐腐蚀性。用于海水淡化设备和化工设备的换热器及管路（**图 4-36**）。

图 4-36：由 CuNi30Fe1Mn 制成的海水管道系统

5.3 镍材料

镍是一种有哑光银色光泽的重金属，具有非常好的耐腐蚀性和耐热性。由于材料成本高，镍材料仅用于制造具有高腐蚀性载荷的化工设备。

镍特别耐碱性和中性溶液的腐蚀，可用于盛装氢氧化钠和有机溶液的较小容器和设备的电镀。

作为**合金元素**，镍提高了合金的耐腐蚀性，例如高合金钢（第 192 页）或者铜镍合金（见上文）的耐腐蚀性较好。

镍

密度：8.9kg/dm^3

熔化温度：1453℃

抗拉强度：370 ～ 700N/mm^2

断裂延伸率：2% ～ 60%

镍基合金

镍基合金对于承受特别强烈的湿腐蚀载荷设备非常重要。有各种镍合金，可以分为三组（**图 4-37**）。

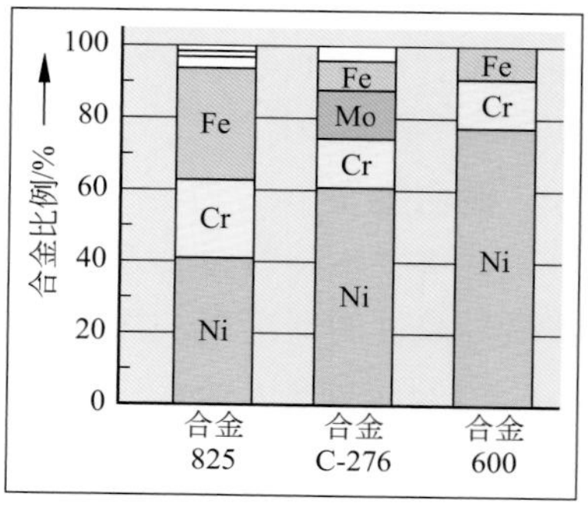

图 4-37：镍基合金组别

镍 - 铁 - 铬 - 钼 - 铜合金：合金 825 系列

该组别的典型合金是合金 825/NICROFER4221®（材料编号 2.4858），含 40%Ni、33%Fe、21%Cr、2.7%Mo、2.2%Cu、0.8%Ti，对硫酸和磷酸溶液具有较高的耐腐蚀性。

镍 - 铬 - 钼合金：合金 C-276 系列

该组别中最常用的合金是合金材料 C-276/NICROFER®5716（NiCrMoFeW57-16-16-6-3，材料编号 2.4819），含 57%Ni、16%Cr、16%Mo、6%Fe 和 3.5%W。

该合金系列的材料特性是对酸溶液有较高耐腐蚀性，特别是对任何含量的盐酸和乙酸的耐腐蚀性。

镍 - 铬 - 铁合金：合金 600 系列

该材料组的代表是合金 600L/NICROFER®7216 LC（材料编号 2.4817），含有 73%Ni、16%Cr、9%Fe。它对热碱性溶液和热压水具有特别高的耐腐蚀性。

纯镍以及镍合金和奥氏体铬镍钢，越来越多地用作化工设备制造中的耐腐蚀材料（**图 4-38**）。关于合金的适用情况可参见表 4-7（第 208 页）。

图 4-38：镍基合金制成的化工设备

耐热和耐高温镍合金

这些特殊合金含有 40% ～ 80% 的镍，15% ～ 25% 的铬，并且根据材料类型的不同，含有少量的铁、钼、钛或者铝。**材料示例：NiCr20TiAl**。它用于制造发电厂和化工管式炉中的加热管及锅炉装置，并且可以在燃烧气体的环境中长时间承受高达 1100℃的温度。

5.4 钛（Ti）

钛是一种亮银色、高光泽、高强度的轻金属，具有良好的耐热性（最高 500℃）和优异的耐腐蚀性，在其表面会形成防腐蚀的氧化钝化层。

钛
密度：4.5kg/dm^3
熔点：1670℃
抗拉强度：290 ～ 740N/mm^2
断裂延伸率：15% ～ 30%

通过与铝、钒、锡、钼、铜和铁**形成合金**，主要可改善其强度值以及某些耐腐蚀性。

在化工设备制造中，使用非合金钛和钛合金。但是，由于钛材料的价格较高，只有当没有其他更便宜的合适材料时才使用，所以仅将其用于特殊用途。

非合金钛的优选应用范围是用于含氯和氯化物的溶液设备，以及海水处理设备。含 0.2% 钯的钛合金对硫酸、盐酸、甲酸和草酸的耐腐蚀性更强。

钛的加工和成型很难，特别是焊接。

5.5 铅（Pb）

铅是一种暗灰色的金属，只能在短时间内在刚刚切割的表面上发出光泽。铅非常柔软，可以用指甲刻刮，耐腐蚀性好，特别是对于硫酸等强酸的耐受性非常好。

铅
密度：11.3kg/dm^3
熔点：327℃
抗拉强度：15 ～ 20N/mm^2
断裂延伸率：30% ～ 50%

由于其低强度、低熔化温度和高密度，不被用作建筑材料，而是用作设备和容器的衬板，主要用于涉及硫酸的设备。

铅和铅化合物是有毒的。因此，应避免使用铅。使用铅时，必须注意职业协会的安全规定。

铅的一个特点是对 X 射线和 γ 射线具有屏蔽效果。在使用 X 射线或者 γ 射线进行构件检测时（第 214 页），用铅制成的板材和砖进行屏蔽。

5.6 特殊金属锆（Zr）和钽（Ta）

锆和钽是特别耐腐蚀的抗酸材料。由于其材料成本高，仅用于在腐蚀性特别强的条件下作为酸流通设备板材上的薄镀层（第 220 页）。

锆通常在工业中与 2% 的铪制成合金，对酸具有优异的耐腐蚀性，特别是盐酸、硫酸和磷酸以及海水和许多碱类。

钽。钽对有机和无机酸，特别是任何浓度和温度的盐酸和硝酸具有特殊的耐腐蚀性。

锆
密度：6.5kg/dm^3
熔点：1842℃

钽
密度：16.6kg/dm^3
熔点：2996℃

5.7 锌（Zn）

锌是一种低熔点的重金属（$t_m = 420℃$），具有低强度、良好的可铸性和耐空气腐蚀性。

在刚刚切割的表面上，锌略带蓝色金属光泽。经过与空气接触几周时间后，表面形成一层薄薄的灰色覆盖层，可以在几年至十年内使其免受空气的腐蚀。酸、碱和盐溶液可以快速侵蚀锌。

锌材料因其良好的空气防腐蚀性被广泛使用。

大约一半的锌作为锌涂层用于室外钢构件的防腐蚀（**图 4-39**）。

由于其熔化温度较低，锌铸造合金可以在压铸机，如注塑机中加工成精密的、尺寸精确的构件，如测量设备壳体。

锌
密度：7.14kg/dm^3
熔点：420℃

图 4-39：镀锌钢组件

5.8 锡（Sn）

锡是一种有银色光亮、非常柔软的金属，熔点特别低。对空气、水和微酸性和碱性物质（如食物）有耐性。强酸和碱会侵蚀它。

锡的主要应用范围是与其他材料组合：

- 用作**软焊料**的基础或者合金元素（**图 4-40**）。软焊料是锡铅合金，其熔点比两种纯金属低，可以浸润到其他材料中并且与之连接。
- 用作薄钢板涂层。将板材加工成罐子，对食品有耐腐蚀性，也称为**白铁皮**。

锡
密度：7.3kg/dm^3
熔点：232℃

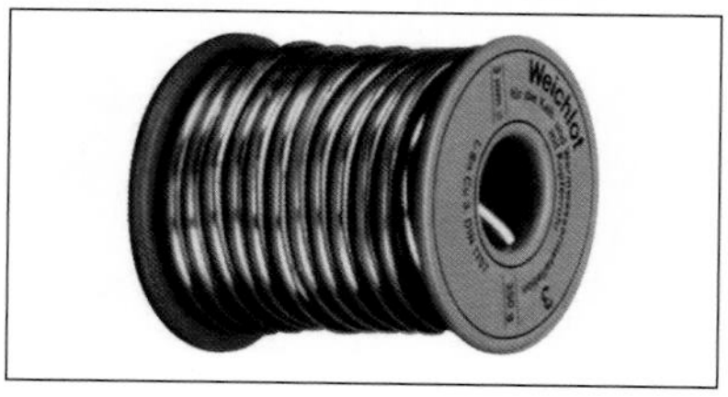

图 4-40：锡铅软焊丝

复习题

1. 请列举六种重金属。
2. 在化工领域中常使用哪些由 Al 材料制成的构件？
3. 铜具有哪些特殊性能？
4. Cu-Ni 合金的用途是什么？
5. 镍合金用于哪些设备？
6. 为什么许多特殊材料用作金属复合板的覆盖层？
7. 锌主要用于加工什么？

6 腐蚀和腐蚀防护

腐蚀是材料与环境中的腐蚀性物质发生化学或者电化学反应而被侵蚀和破坏的过程。

腐蚀剂（活性物质）是包围构件的物质，作用于材料并且导致腐蚀，例如：室内空气、工业大气、海洋大气、气体、水、土壤、水溶液、酸、碱、熔盐。由于腐蚀造成化工设备的损坏非常严重，可以通过采取适当的防腐蚀措施避免部分损坏（**图 4-41**）。

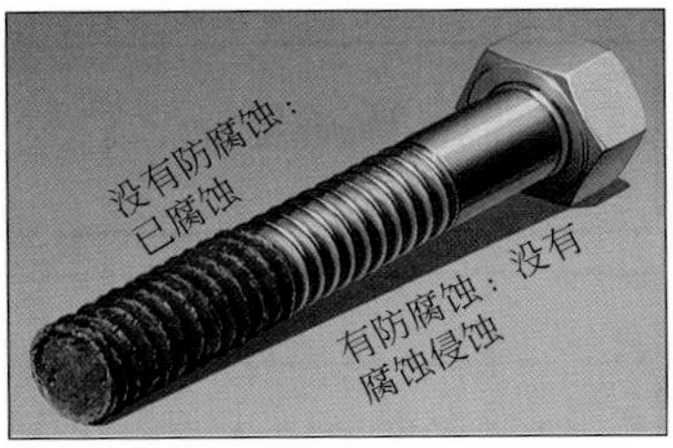

图 4-41：防腐蚀措施的作用

根据不同的情况和不同的作用机理，腐蚀过程有**化学腐蚀**和**电化学腐蚀**。

6.1 化学腐蚀

化学腐蚀是指材料与作用物质直接发生化学反应，没有水分的参与。

在钢构件与热氧化气体接触时发生化学腐蚀，例如与热空气、热氯气、热二氧化硫和燃烧气体的反应。因此，这种腐蚀也称为高温腐蚀。

通常，这种金属与气体的反应称为氧化，由此得到的反应层称为氧化皮（**图 4-42**）。由于构件氧化使材料损坏，它决定了构件如管式炉、热气管和高温反应器的使用寿命。

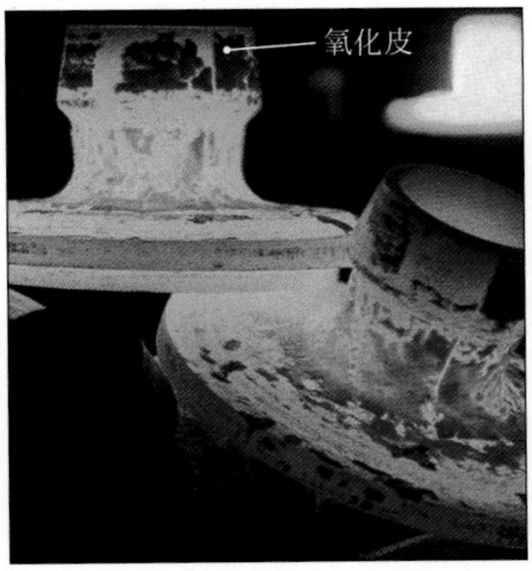

图 4-42：通过高温腐蚀的氧化锻件

例如与热空气接触（> 500℃）时，非合金钢形成多孔 Fe_2O_3 氧化皮层，它快速生成、剥落并且使材料快速损坏。

耐氧化钢，例如钢 X15CrNiSi25-20，可形成薄的、不透气的二氧化硅保护层，这大大减缓了氧化。

6.2 电化学腐蚀

对于电化学腐蚀，腐蚀过程是在与水或者湿气有关的金属表面上发生的。从化学观点来看，水分是导电液体，即**电解质**。

大部分的腐蚀属于电化学腐蚀。

这种类型的腐蚀反应与在原电池中的反应过程相同（第 160 页）。原电池由两种不同金属制成的电极组成，这些电极浸入电解液中（**图 4-43**）。在这种结构中，由于电解液溶解压较大，两种金属中较不贵重的金属溶解：被氧化（腐蚀）。

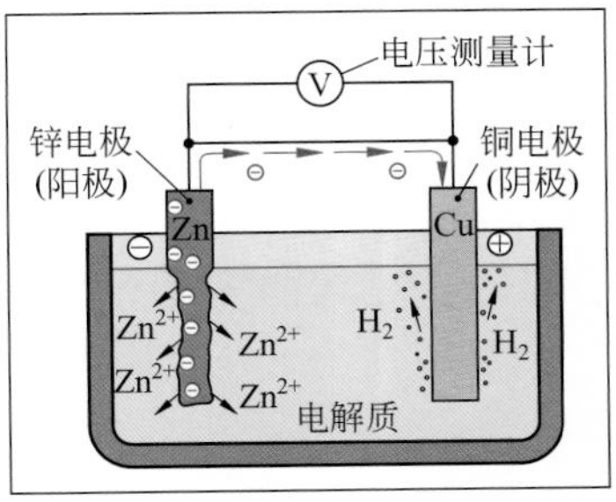

图 4-43：原电池

在锌 - 铜原电池中，锌电极的 Zn^{2+} 进入溶液中：$\mathbf{Zn \longrightarrow Zn^{2+} + 2e^-}$。

释放的电子（e^-）通过外部连接流到铜电极（阴极）中，在这里将电解质中存在的 H^+ 还原成氢：$\mathbf{2H^+ + 2e^- \longrightarrow H_2}$。

在原电池中，两种电极金属中较不贵重的金属溶解，例如在 Zn/Cu 电池中锌溶解。可以在金属电化序表（第 160 页）中查看金属对中较不贵重的金属。

腐蚀中存在两种典型的电化学作用机理：电化学氢腐蚀和电化学氧腐蚀。

电化学氢腐蚀

电化学氢腐蚀发生在具有较高 H^+ 浓度（pH>5）的强酸性电解质中，因此也被称为酸腐蚀。

可以在金属表面上看到氢腐蚀过程（**图 4-44**）。

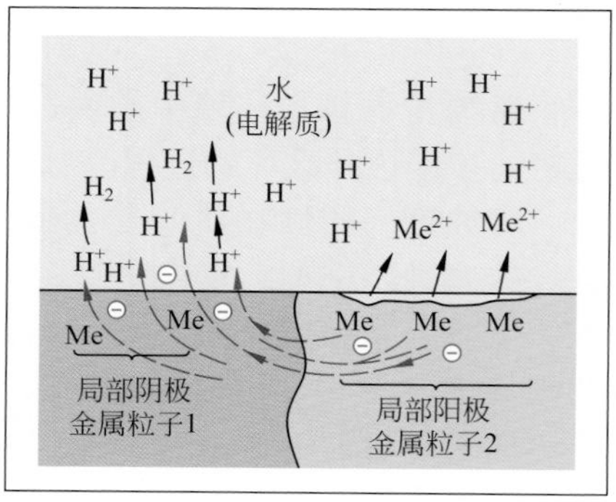

图 4-44：金属表面上电化学氢腐蚀的机制

由于金属的颗粒状结构（第 206 页图 4-53），其由电化学较贵重和不太贵重的微粒组成。遇到水，可以形成一个微原电池。

在电化学上不太贵重的金属颗粒 2 中，由于溶解压较大，金属原子（Me）进入溶液中，被氧化成金属离子（Me^{2+}）并且溶解在电解质中（图片的右半部分）：$Me \longrightarrow Me^{2+} + 2e^-$ 。

材料的这个小区域称为局部阳极。

金属原子从材料结合处中部分溶解，导致材料表面的腐蚀性破坏。

在局部阳极处释放的电子（e^-），流入较贵重的材料区域（金属颗粒 1）中，并且在这里将电解质的 H^+ 还原成氢：$2H^+ + 2e^- \longrightarrow 2H_2 \uparrow$。

材料的这个小区域称为局部阴极。

通过降低 H^+ 浓度（pH 值增加），可以在很大程度上防止氢腐蚀。

电化学氧腐蚀

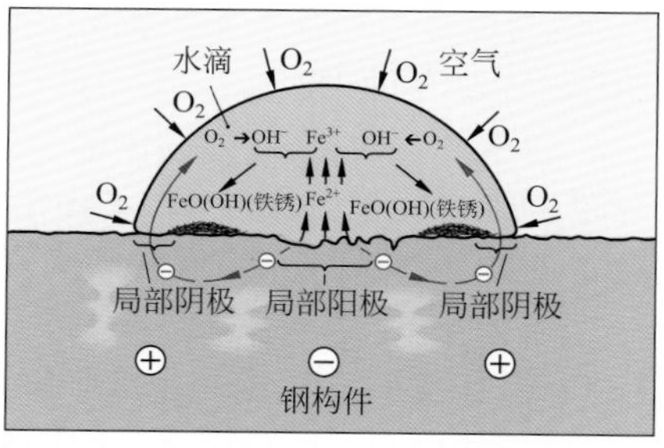

图 4-45：钢上水滴中电化学氧腐蚀的过程

电化学氧腐蚀在弱酸性、中性或者碱性水溶液中，以及在有少量水的环境中发生。氧腐蚀的前提条件是水（电解质）中普遍存在溶解氧。

可以通过钢表面上的水滴（电解质），来举例说明氧腐蚀的过程（**图 4-45**）。

由于与空气直接接触，水滴的边缘区域的氧气浓度高于液滴中心的氧气浓度。这样，铁在液滴的边缘区域中与氧气形成薄的氧化层。在液滴中心，由于缺氧，表面仍然很大程度上是金属。

由于电化序表中的氧化铁比铁贵重，因此氧化铁的外环形成较贵重的局部阴极，而液滴中心的裸金属形成较不贵重的局部阳极。局部阳极和局部阴极与水形成原电池。

较不贵重的铁原子 Fe 在水的液滴中心溶解为 Fe^{2+}，并且进一步氧化成 Fe^{3+}：$Fe \Rightarrow Fe^{2+} + 2e^- \Rightarrow Fe^{3+} + 3e^-$ 。

这会破坏该区域的材料表面。

释放的电子在金属中从中心局部阳极，流向液滴边缘的局部阴极，在这里与水中的溶解氧形成 OH^- 离子：$O_2 + 2H_2O + 4e^- \longrightarrow 4OH^-$。

在水滴的边缘区域，Fe^{3+} 遇到 OH^-，并且形成难溶的氢氧化铁 FeO(OH)，**铁锈**：$4Fe^{3+} + 12OH^- \longrightarrow 4FeO(OH) \downarrow + 4H_2O$。

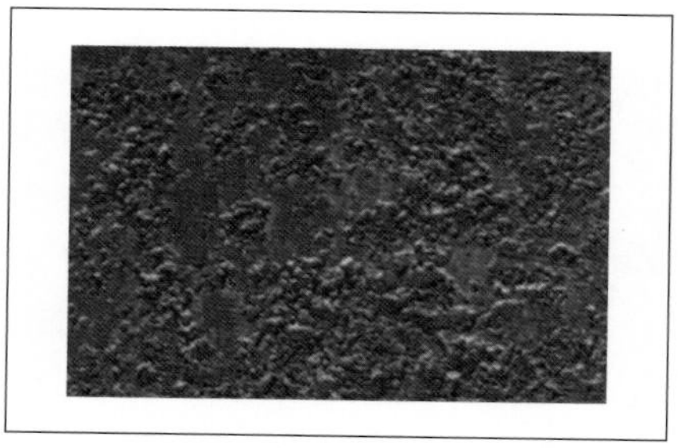

图 4-46：钢上由于电化学腐蚀产生的锈疱

铁锈在液滴内边缘上环状地分离出来。在腐蚀的钢表面上可以观察到这种脓疱形铁锈（**图 4-46**）。

通过将氧与化学添加剂结合，或者从电解质中去除氧，可以防止电化学氧腐蚀。

6.3 腐蚀的类型和外观

根据材料、腐蚀剂以及局部结构情况的不同，会产生不同的电化学腐蚀外观。

均匀的表面腐蚀

在此类腐蚀中，材料表面几乎均匀地受到腐蚀剂的侵蚀（**图 4-47**）。这种腐蚀发生在户外建筑等的钢材中。在不会因表面腐蚀而损坏的构件中，均匀的表面腐蚀并不危险，通过增加壁厚即可解决。

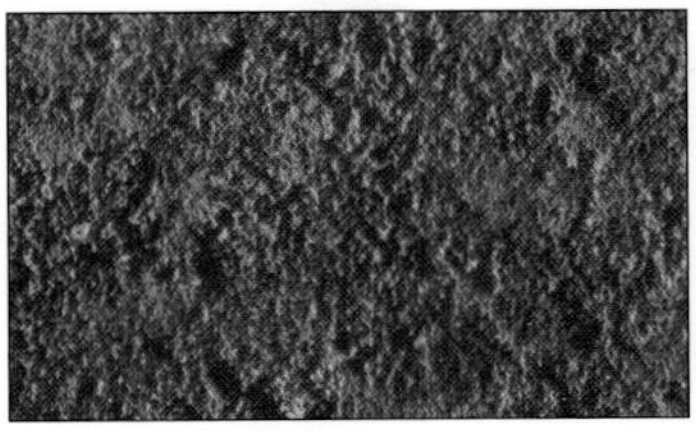

图 4-47：表面腐蚀

槽蚀

其特点是形成使材料表面起皱的平面腐蚀槽（图 4-47）。

接触腐蚀

当由不同材料制成的两个构件彼此直接相邻接触，并且存在水（电解质）时，发生接触腐蚀。此处存在着原电池，也被称为**腐蚀电池**或者**电偶腐蚀**。

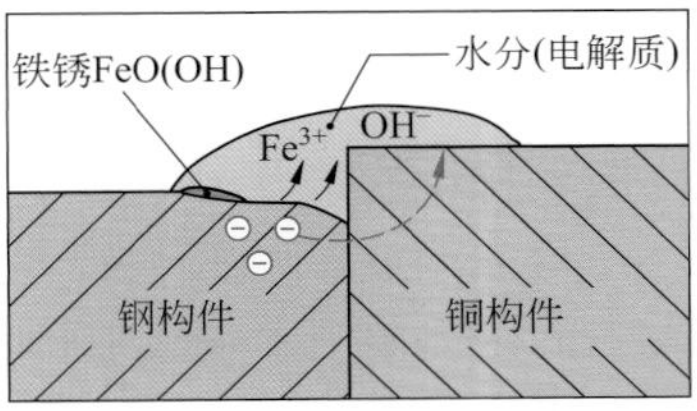

图 4-48：两个构件接触位置的腐蚀电池

在构件、机器和设备的许多位置上都存在形成腐蚀电池的条件。

典型的腐蚀电池是由不同材料制成的两个构件之间的接触点（**图 4-48**）。较不贵重的金属——此处是铁（Fe）——溶解，形成 Fe^{3+}。

铁离子与水中存在的 OH^- 发生反应（第 204 页，下方），生成红褐色的铁锈料层析出。

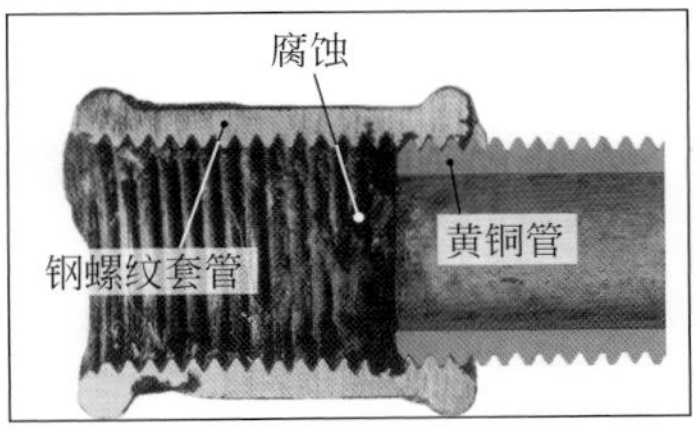

图 4-49：螺纹上的接触腐蚀

其他电偶腐蚀和相关的接触腐蚀，发生在如管道配件（**图 4-49**）、容器中的焊接保护管路中，以及不带中间层的管卡固定管路时，或者使用与连接件不同材料制成的连接螺栓时。

点腐蚀

这种类型的腐蚀是在未损坏的材料表面上发生点状腐蚀（**图 4-50**），从裂缝、凹口和小孔下部延伸到构件深处。

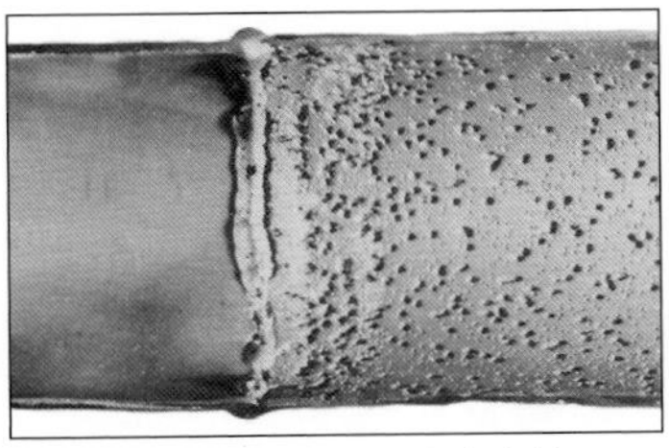

图 4-50：焊接管件上的点腐蚀

与含氯化物的液体和蒸汽接触的不锈钢（CrNi 钢），例如海水设备、游泳池和化工设备的管道和设备中，会发生点腐蚀。点腐蚀的原因是氯离子对不锈钢钝化层的点状破坏。这时存在腐蚀元素，其中 Fe 成分溶解在材料中。

缝隙腐蚀

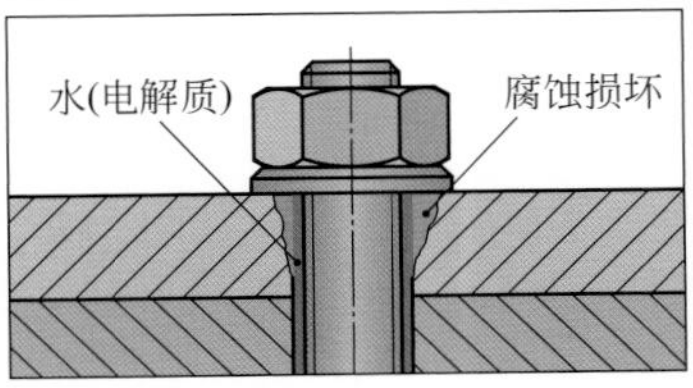

图 4-51：缝隙腐蚀

缝隙腐蚀发生在狭窄间隙中的相同材料的钢构件之间，以及未通风或者未冲洗的间隙中，例如在板材的重叠部分，螺栓头、垫圈和密封件下部（**图 4-51**）、机轴和衬套之间的螺纹中。缝隙腐蚀的原因是在狭窄的间隙中缺少均匀的电解质。这导致电解质中的氧耗尽，从而使 OH^- 浓度的降低。在间隙中，存在具有局部阳极的浓差元件。这里，金属溶解并且转化为铁锈。

自然风腐蚀

在部分充满水或者含水物质的容器中会发生自然风腐蚀（**图 4-52**），腐蚀侵蚀发生在液体表面下部的内部容器壁上。原因是表面的氧浓度较高，而较深的液体氧浓度较低。该浓差元件直接在液体表面下部形成局部阳极。铁原子从钢壁中析出并且转化为铁锈。

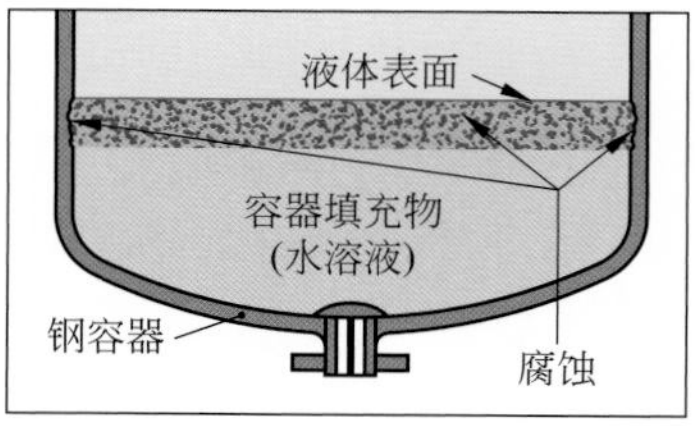

图 4-52：自然风腐蚀

晶间和穿晶腐蚀（选择性腐蚀）

金属材料由微观结构晶粒组成（**图 4-53**）。在合金钢中，晶粒边界处的合金原子浓度高于晶粒中心的合金原子浓度。存在电解质时，晶粒上的腐蚀导致选择性腐蚀。

在**晶间腐蚀**中，较少的贵金属原子（局部阳极）在晶粒边界处溶解。其结果是，每个微观颗粒之间存在很小的间隙，降低了材料的强度。

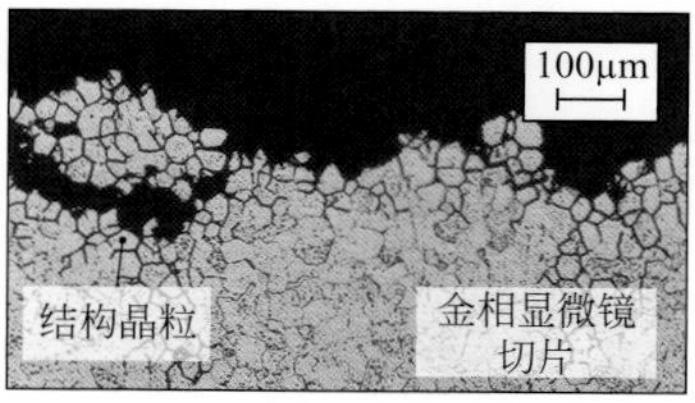

图 4-53：晶间腐蚀（显微照片）

与晶间腐蚀相反，**穿晶腐蚀**（**图 4-54**）是穿过晶粒结构发生的，主要沿着颗粒结构中的滑移面出现。

由于晶间和穿晶的腐蚀发生在晶粒尺寸范围内，因此在初始阶段肉眼不可见。只有在负荷时，因选择性腐蚀而被削弱的构件才会损坏。

选择性腐蚀特别涉及的是 CrNi 钢。

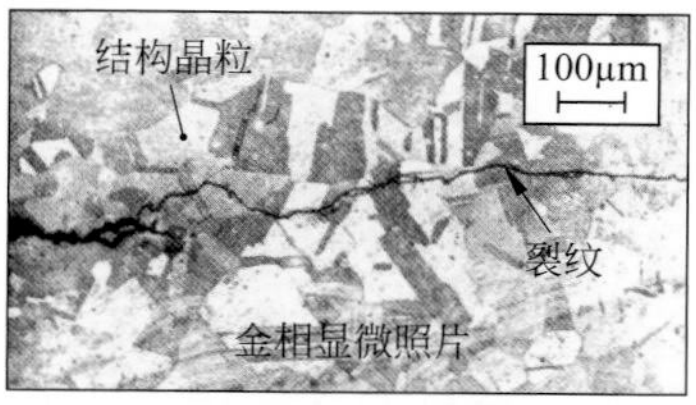

图 4-54：穿晶腐蚀（显微照片）

应力裂纹和振动裂纹腐蚀

这种类型的腐蚀是电化学腐蚀（例如在工业环境或者含氯化物的水溶液中）与构件的机械拉伸或者振动负荷相互作用的结果。

由于构件中的应力，在腐蚀点处发生微观的小初始裂纹，当腐蚀继续发生，裂缝继续增加（**图 4-55**）。应力裂纹腐蚀或者振动裂纹腐蚀取决于材料和作用于晶间或者晶体的介质，并且通常仅在构件故障后才会注意到。

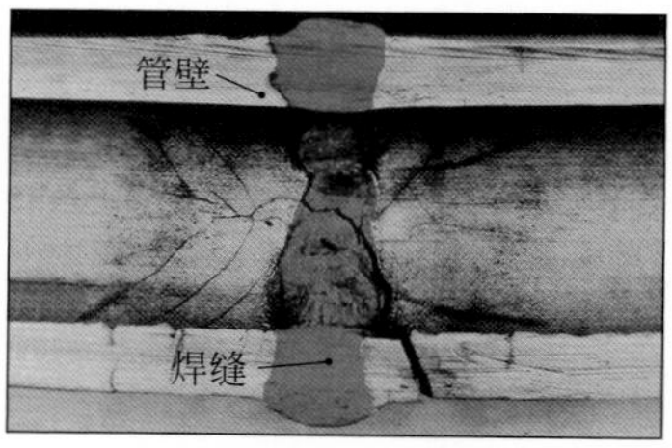

图 4-55：管路焊缝上的应力裂纹腐蚀

侵蚀腐蚀和气蚀腐蚀

由于腐蚀或者汽蚀和腐蚀的相互作用，对组件造成损坏。

侵蚀腐蚀是流动的液体或者气体对材料表面的侵蚀。如果液体中包含固体颗粒，则侵蚀作用更强。

汽蚀是快速流动的液体中形成的蒸汽泡，随后的突然破裂（内爆）产生（第 53 页）。

固体颗粒（侵蚀时）或者内爆的气泡（汽蚀时），能破坏材料表面上的保护性钝化层或者表面层。这些金属裸露区域形成阳极，然后开始通过电化学腐蚀破坏材料。

侵蚀腐蚀和汽蚀腐蚀发生在弯管和离心泵的叶轮和壳体上（**图 4-56**）。

图 4-56：泵壳体中的汽蚀腐蚀

6.4 金属材料的耐腐蚀性

非合金钢和低合金钢（第188页）的耐腐蚀性小，在室外（露天），特别是在工业环境中，会被强烈腐蚀。只有当它有合适的防腐蚀保护，才能在这种环境中使用（第210页）。非合金钢不适合用作有腐蚀性液体的设备或者容器的材料。

耐腐蚀钢（第192页）对化学侵蚀物质具有特殊的抗性，这是因为其较高的铬含量（> 12%）。

耐腐蚀钢具有耐腐蚀性是因为在材料表面上形成钝化层。该钝化层由钢表面上非常薄的金属氧化物层组成，其中与铁基金属相比，合金元素铬集聚明显。通过添加钼来改善钝性。

钝化过程只能在与空气或者水溶液接触时进行。在足够长的时间之后，所得的钝化层与周围介质处于平衡状态。腐蚀损坏可以忽略不计。

如果不能形成足够的钝化层，或者现有的钝化层局部破裂或者完全损坏，则耐腐蚀钢也会被腐蚀。

标准品种的耐腐蚀钢，例如 **X5CrNi18-10**，可在户外纯净空气区域使用而不会被腐蚀。对于有城市、工业和海洋空气区域，只有含额外钼或者钛含量的钢才有耐腐蚀性，例如 **X5CrNiMo17-12-2**。

但由于腐蚀性介质的存在，如含氯化物的水和水蒸气，这种钢可能会因晶间腐蚀或者点蚀而长时间受到侵蚀。

耐腐蚀的特种钢，例如 **X1NiCrMoCu25-20-5**，进一步提高了钢的耐腐蚀性，特别是对氯离子、硫酸和磷酸的耐腐蚀性。

高合金**镍基合金**（第200页）比耐腐蚀特种钢更耐腐蚀。每种合金都有特殊的应用领域，例如，**合金 C-276** 用于硫酸、盐酸、硝酸和乙酸设备。

特殊材料钛、锆、钽（第201页、202页）针对特定的应用，具有比耐腐蚀钢和镍基合金更好的耐腐蚀性：

钛和**钛合金**对海水和含氯化物的溶液以及有机酸有耐腐蚀性。

锆对盐酸、硫酸和磷酸、尿素、碱、海水有耐腐蚀性。

钽对盐酸和硝酸有耐腐蚀性。

6.5 选择合适的材料

为化工设备、管道或者容器选择合适的材料，是工厂规划和为有缺陷设备采购备用件的重要工作。设备正常运行时，系统组件应可以抵抗系统中物质的腐蚀性侵蚀。

通常在实践中测试材料的腐蚀特性。已经在 **DECHEMA 耐腐蚀性材料表（表 4-17）**中总结了这些经验结果。**第 208 页和 209 页**显示了这些材料表的摘录内容。

为设备选择材料时，首先需要查阅材料表，并且获取有关合适材料的信息。由于具体情况下的腐蚀侵蚀与其他参数有关，例如有效成分的含量、主要温度等，因此必须根据表格预选，然后通过腐蚀性试验更准确地选定材料。在腐蚀性试验时，预选材料必须暴露在与后期实际工作环境相同的腐蚀条件下。

如果可以，应额外参考具有相同或者类似腐蚀条件的设备运行经验。

在支撑结构或者机器构件和壳体中，通常出于技术原因，例如由于所需的强度特性，或者出于成本原因，不能从腐蚀的角度选择最有利的材料。因此，必须通过防腐蚀措施，保护选定的材料（参见第210页）。

表 4-17：材料的防腐蚀性（DECHEMA

	大气 纯净空气～工业 气体	饮用水	海水	水蒸气 （100℃）	盐酸 弱～强
钢和铸铁					
非合金钢	⊕至⊖	+ 至 –	⊕至 –	+	–
非合金铸铁	⊕至⊖	⊖	⊕至⊖	+	–
不锈钢（Cr > 12%） 例如：X5CrNi18-10	+ 至⊕	⊕	+ 至 –	+	–
不锈钢铸铁 例如：G-X6CrNi18-9	+	+	+	+ 至 –	+ 至 –
不锈特种钢 例如：X2NiCrMoCu25-20-5	+	+	+	+	⊖至 –
有色金属（NE 金属）					
铝（非合金）	+ 至⊕	+	⊕	+ 至 –	–
铝合金	+	+	+ 至 ⊖	+ 至 –	–
铜（非合金）	+	⊕	+ 至 ⊖	+	⊖至 –
铜合金	+ 至 ⊕	+	+ 至 ⊕	+	⊕至 –
镍（非合金）	+	+	⊖至 –	+	⊖至 –
镍基合金 例如：NiCrMoFeW57-16-16-6-3	+	+	+ 至 ⊖	+	+ 至 ⊕
钛和钛合金	+	+	+	+	+ 至 ⊖
铅和铅合金	+	⊕至⊖	+	⊕	⊖至 –
锆、钽、铌及其合金	+	+	+	⊕	+ 至⊖
铬和铬合金	+	+	+	+	–
铂和铂合金	+	+	+	+	+
锌和锌合金	+	⊖	+ 至 ⊖	–	–
锡和锡合金	+ 至 ⊖	+	+	+	–
塑料					
聚氯乙烯 PVC	+ 至⊕	+	+	+	+ 至⊖
聚四氟乙烯 PTFE	+	+ 至⊕	+ 至⊕	+ 至⊕	+ 至⊕
聚丙烯 PP、聚乙烯 PE	⊕ 至 ⊖	+	+	⊕至⊖	+ 至⊕
酚醛树脂 PF	+ 至 ⊕	–	+	–	⊕至 –
不饱和聚酯树脂 UP	+ 至 ⊕	⊕	+	–	⊕至 –
环氧树脂 EP	+	+ 至⊖	+	–	+ 至⊕
聚氨酯 PUR	+ 至 ⊕	+	+	–	⊕至 –
苯乙烯 - 丁二烯橡胶 SBR	⊕	+	+	+ 至 –	+ 至⊖
硅橡胶 SIR	+	+	+	⊕至 –	⊕至 –
非金属无机材料					
硼硅酸盐玻璃（仪器玻璃）	+ 至⊕	+ 至⊕	+	+ 至 –	+
化工搪瓷	+	+	–	⊕至 –	+
瓷器和炻器	+	+	+	+ 至⊖	+
石墨和煤	+	+	+	+	+

符号说明：+ 耐性；⊕通常可用；⊖很少使用；– 不可用。

材料表的摘录内容）

硫酸 弱～强	硝酸 弱～强	乙酸 弱～强	苛性钠 弱～强	氨或者氨水	三氯乙烯 纯净～污染	汽油
+ 至 –	⊕至 –	–	+ 至 –	+	+	+ 至 –
+ 至 –	⊕至 –	–	+ 至 –	+	+	+ 至 –
⊖至 –	+ 至 –	+ 至 –	+ 至 –	+	+	+
+	+ 至	⊖	+ 至⊖	+	+	+
+ 至⊕	+ 至 –	+ 至 –	+ 至 –	+	+	+
+ < 20%	+ 至 –	+ 至 –	+ 至 –	+ 至 –	+ 至 –	+ 至 –
⊕至 –	+ 至 –	+ 至 –	⊕至 –	+ 至 –	+ 至 –	+ 至 –
⊕至 –	–	⊕至 –	+ 至 –	+ 至 –	+	+ 至 –
+ 至 –	–	+ 至 –	+ 至 –	+ 至 –	+	+
⊕	–	–	⊖至 –	+	⊖至 –	+
+ 至⊕	+ 至⊕	+ 至⊕	+ 至⊕	+ 至⊕	+	+
+ 至 –	+ 至 –	+ 至⊖	+ 至 –	+ 至⊖	⊕	+
+ 至 80%	–	⊕至 –	+ 至 –	+ 至 –	+	+ 至 –
+	+	+	+ 至 –	⊕至 –	+	+
+ 至 –	+ 至 –	+ 至 –	+ 至 –	+		+
+	+	+	+ 至 –	+	+	+
–	–	–	+ 至 –	⊕至 –	⊕	+ 至 –
⊖至 –	–	+ 至 –	⊕至 –	+ 至 –	+	+
+ 至⊕	+ 至 –	+ 至 –	+ 至⊕	+ 至 –	+ 至 –	+
+	+	+ 至 –	+	+	+ 至⊕	+
⊕至 –	+ 至 –	+ 至 –	+	+ 至 –	⊖	⊖
⊕至 –	⊕至 –	⊕至 –	⊕至 –	⊕至 –	+	⊕
⊕至 –	⊕至 –	⊕至 –	+ 至⊕	⊕至 –	+	+
+ 至 –	⊕至 –	+ 至 –	+ 至 –	+ 至 –	+	+
⊕至 –	–	+ 至 –	+ 至 –	–	⊕	+
+ 至 –	+ 至 –	+ 至 –	+ 至⊕	+ 至⊕	–	⊕至 –
⊖至 –	⊕至 –	+ 至⊖	+ 至⊖	⊕至⊖	–	–
+	+	+ 至 –	+ 至 –	+	+	+
+	+ 至 –	+ 至 –	+ 至 –	+ 至 –	+	+
+ 至⊕	+	+	+ 至⊕	+ 至 –	+	+
+	+	+	+ 至⊕	+	+	+

6.6 防腐蚀措施

6.6.1 防腐蚀涂料

在由非合金结构钢和耐候钢制成的容器、管道、设备和支撑结构的表面上，涂有防腐蚀涂层（**图 4-57**），其连贯地覆盖在构件上，保护构件免受环境影响。

防腐蚀涂层的耐久性取决于表面的预处理和涂料的选择。表面必须完全没有油脂，没有污垢和铁锈。通过喷砂或者打磨去除组件的铁锈。通过碱性洗涤溶液使其脱脂。通过磷化（浸入磷酸盐溶液）或者用有底漆的涂料（铬酸盐和含磷酸盐的溶液），可获得特别好的附着底漆以防止底层生锈。

只有通过**腐蚀防护系统**，才能实现持久的防腐蚀保护。它由磷酸盐附着底漆以及匹配的底漆和面漆（GB 和 DB）组成的多层涂料构成（图 4-57）。

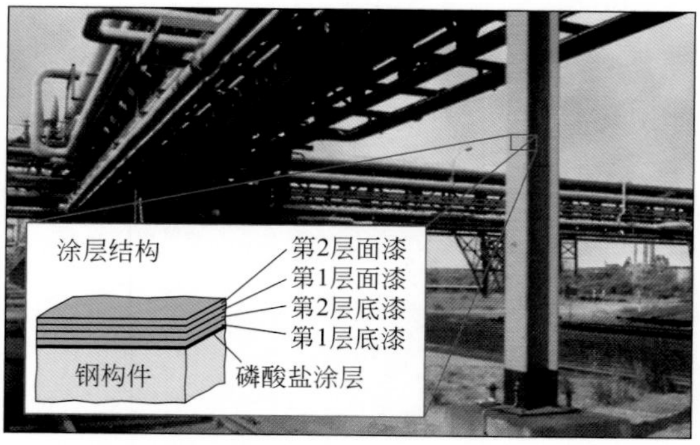

图 4-57：有防腐蚀涂层的管桥

涂料由黏合剂和细粒颜料组成（见右图）。一般环境中使用的黏合剂主要是合成树脂，针对水和土壤时使用沥青涂料。

涂层材料的成分	
黏合剂	颜料
醇酸树脂、丙烯酸树脂、聚氨酯树脂、环氧树脂、聚酯树脂、焦油、沥青	用于底层：铬酸锌、磷酸锌、锌粉 用于面层：铝和锌粉、二氧化钛、有色颜料

根据 DIN EN ISO 12944-5 对腐蚀防护系统进行标准化，并且带有识别号。

例：S5.16 是一种在腐蚀性工业环境中实现长期（15 年）保护的腐蚀防护系统，由 PUR 黏合剂制成的底漆和面漆组成，含有混合锌粉颜料，单层厚度为 500μm。

由于风化，防腐层的厚度随着时间的推移而减小。通过测量涂层厚度，来检测剩余防腐层的厚度（**图 4-58**）。层厚至少应为 150μm，否则应涂上新的涂层。

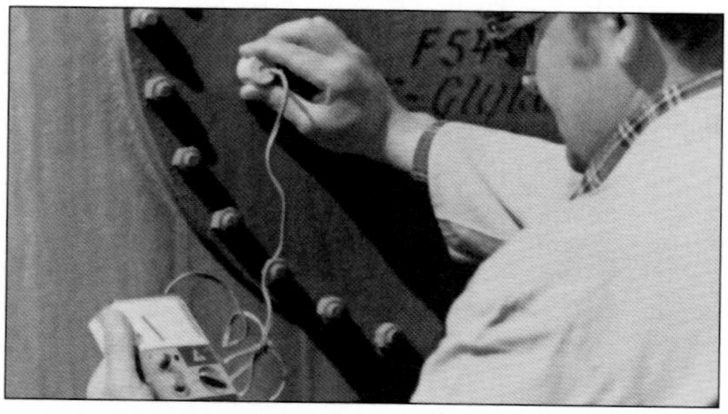
图 4-58：涂层层厚测量

6.6.2 锌涂层

热浸镀锌即通过浸入锌熔液中或者通过电镀锌涂上锌涂层。它是一种廉价耐用的防腐蚀保护层，适用于钢制组件。通过 Zn/Fe 反应层与钢组件的反应，形成冰花状或者灰色锌层（**图 4-59**）。

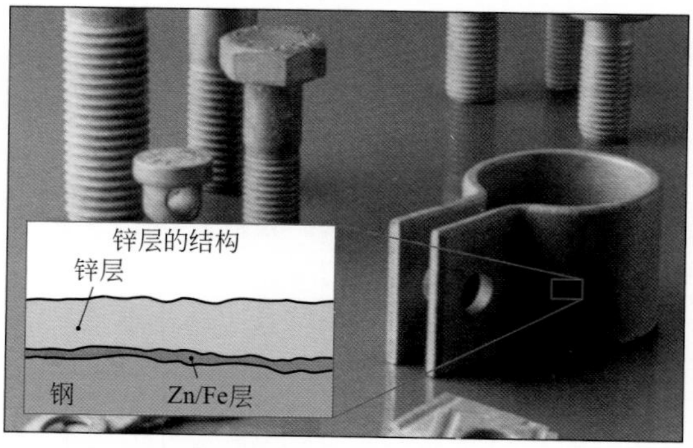

图 4-59：有锌涂层的组件

标准锌涂层厚约 85μm。在侵蚀性工业环境中，可持续防腐蚀至少 12 年，中度工业环境中为 30 年。

当由于焊接或者钻孔对锌涂层造成损坏时，必须立即通过涂覆锌粉糊等方式修复。

6.6.3 不锈钢设备的防腐蚀

不锈钢，如 X5CrNiMo17-12-2，拥有附着在富铬表面上的由附着氧原子组成的钝化层。如果钝化层破裂，则会引起点状腐蚀（**图 4-60**）。

因此，不允许损坏钝化层，如果已经损坏必须修复损坏处。

如果由于加工（钻孔、切割）等在设备上造成划痕或者出现锋利的边缘，则必须通过精细研磨和抛光去除（**图 4-61**）。

即使在焊接时，焊缝周围的高温也会破坏钝化层，使其表面变色（回火色）。必须对这些区域进行精细研磨和抛光，然后，在抛光的组件区域涂上 20% 的硝酸或者酸洗膏。这样形成了一个新的稳定的钝化层。然后，用水洗掉酸洗残留物。

应避免在设备缝隙和死角处形成结疤，否则易积聚液体，并且可能出现接触腐蚀和缝隙腐蚀。

由不锈钢制成的设备应保持表面干净有光泽。

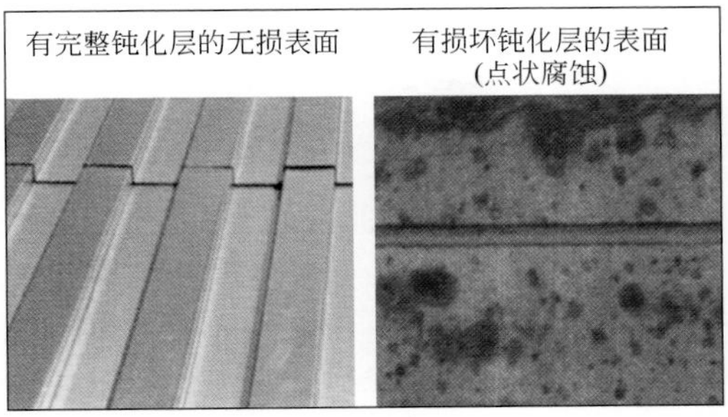

图 4-60：有完整和破裂钝化层的不锈钢

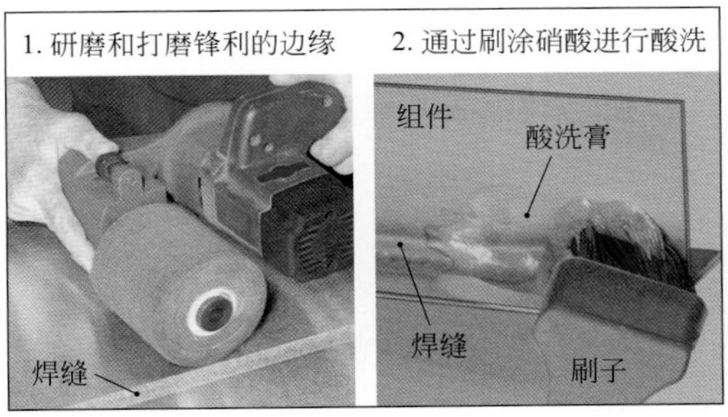

图 4-61：在由不锈钢制成的设备中，翻新钝化层

6.6.4 降低作用物质的侵蚀性

在许多情况下，作用物质不是整体都具有腐蚀性，而是个别成分具有腐蚀性，例如空气中的水分或者冷却水中的氯离子等。

通过从作用介质中去除腐蚀性成分，可以明显降低或者完全消除腐蚀性。可以通过简单的方式实现。

在封闭的冷却水回路中，可向冷却水中加入抑制剂，如钝化油或者盐。抑制剂与冷却系统中的侵蚀性成分结合，如 H^+ 和溶解氧，这样可以防止氢腐蚀或者氧腐蚀（第 204 页）。此外，在冷却系统的内表面上涂上几纳米厚的钝化保护层，或通过隔离层，也可保护组件免受腐蚀的影响。

6.6.5 避免腐蚀部位

防止腐蚀的重要措施是避免出现腐蚀部位。

- 应排除接触腐蚀部位：在组件中使用相同的材料，以及使用隔离中间层（**图 4-62**）。
- 应避免间隙：用无间隙焊接连接代替螺纹连接（图 4-62）。
- 应实现尽可能光滑的表面：精细研磨和抛光表面，或者使用光滑、封闭的型材。

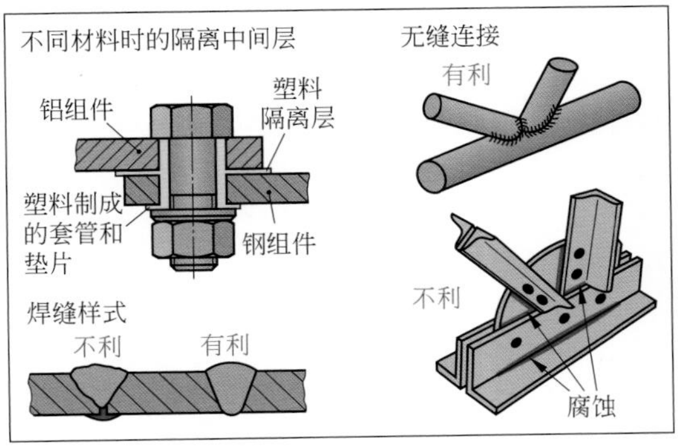

图 4-62：避免腐蚀斑点

6.6.6 钢组件的阴极防腐蚀

阴极防腐蚀（KKS）用于埋地管路和储罐、钢制水力结构（例如港口板桩墙）的防腐，如船体的外部保护和容器内表面的保护。有两种保护方法：

有牺牲性阳极的阴极防腐蚀

在该方法中，用非贵金属板（例如镁）连接待保护的埋地钢组件，金属板围绕在组件周围（**图 4-63**）。以土壤水分作为电解质，钢组件和镁板形成原电池。在金属板的表面上，较不贵重的镁溶解。释放的电子使镁板带负电：形成阳极⊖，称为牺牲性阳极或者电偶阳极。钢制组件为较贵重的阴极⊕，可免受腐蚀。

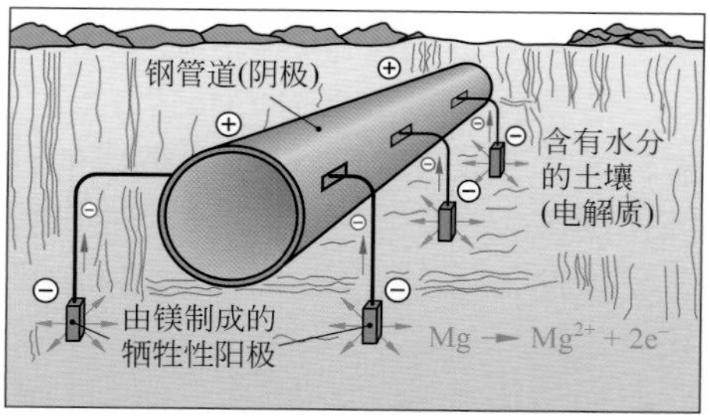

图 4-63：有牺牲性阳极的阴极防腐蚀

有外加电流阳极的阴极防腐蚀

在该方法中，待保护的钢组件，例如一个地下油罐［**图 4-64(a)**］，连接到直流电压源的负（–）极。土壤中钢组件周围设置的钛或者 FeSi 合金制成惰性阳极，位于电压源的正（+）极。电流源的电极名称（⊕，⊖）与电流的方向有关，电流方向与电子流动的方向相反。然后，出现在 – 极缺少电子和 + 极电子增加的情况。此处，钢罐是负极，外部电流阳极是正极。电子流从外部电流阳极，经过潮湿的土壤进入钢罐（阴极）并且保护其免受腐蚀。

带有外部电流阳极的阴极腐蚀保护也用于保护容器、设备和水处理设备的内表面［**图 4-64（b）**］。铂涂层阳极连接到 + 极。

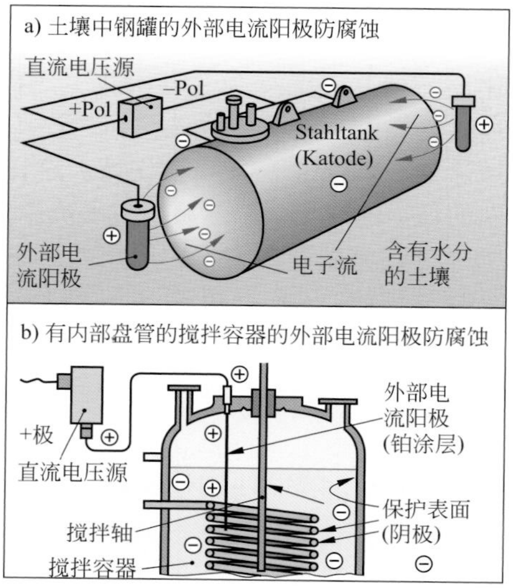

图 4-64：有外部电流阳极的阴极防腐蚀

6.6.7 铝组件的防腐蚀保护

在铝组件中，通过阳极氧化后进一步提高铝的自然耐腐蚀性。

其中，铝组件作为阳极，连接在电解槽中（第 162 页）。在铝组件上，形成半透明、坚硬、耐腐蚀、牢固黏附的 Al_2O_3 氧化物层（**图 4-65**）。这使铝组件对环境影响和食物（微酸性）有特殊的耐性。

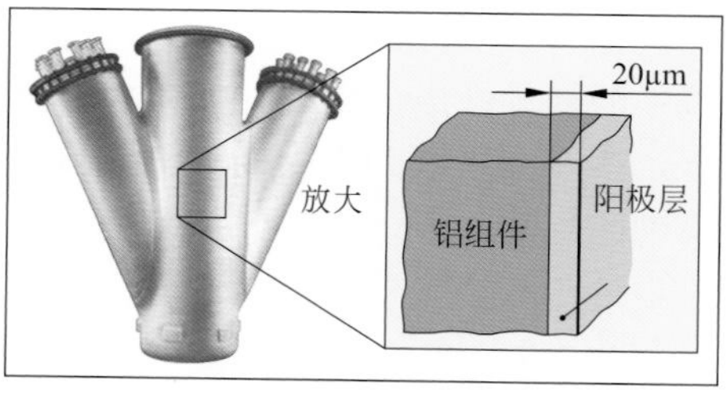

图 4-65：阳极氧化的铝组件

复习题

1. 请说明电偶腐蚀接触元件上的电化学腐蚀过程。
2. 什么是点状腐蚀，什么是晶间腐蚀？
3. 在哪里发生汽蚀腐蚀？
4. 什么是腐蚀防护系统？
5. 如何在耐腐蚀钢上修复受损的钝化层？
6. 请解释有外加电流阳极的组件阴极防腐蚀的原理。

7 运行时材料和组件的监控

运行时，必须不断监控化工装置及管道，以确保设备的安全运行。此外，通过持续的监控，可以及时发现材料腐蚀等变化和损坏，避免运行中断。化工设备中的关键位置通常是焊缝，特别是受到应力作用的设备组件的焊缝。其检查流程有相关规定。

7.1 化工设备中的故障定位

目视检查是一种运行时简单可行的监控方式，可以发现化工设备外部的较大裂缝、泄漏和锈痕。可以通过柔性光纤电缆（内窥镜）直接观察或者用电视摄像机观察静止设备的管道及设备的内部。

超声波检查

超声波方法可用于检查组件，特别是焊缝，可以检查材料内部的裂缝和缺陷。超声波检查可以在运行时进行。

超声波检查的物理原理是，超声波穿过固体在遇到材料缺陷和组件后壁时返回。

检查时，发送器 / 接收器的变频器向待检查的材料区域发送超声波（**图 4-66**）。它穿过材料，在遇到缺陷和组件后壁时反射，并且被变频器再次接收。

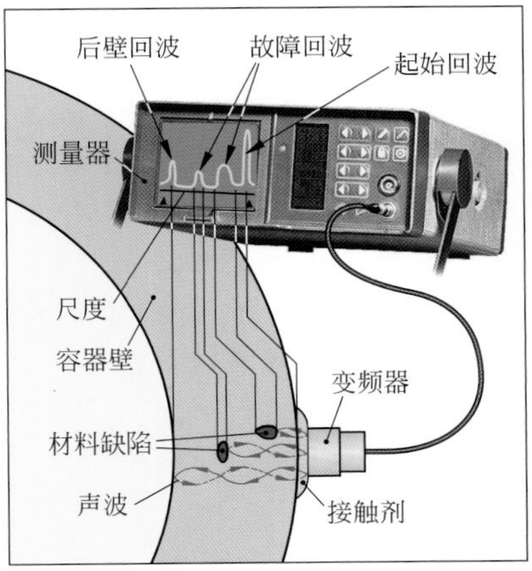

图 4-66：容器壁的超声波检查

变频器将超声波转换成电信号，在便携式设备屏幕上显示为振幅（峰值）。从显示器上的振幅形状和位置，可以确定材料缺陷的位置和大小。

焊缝检查是超声波检查的重要应用领域（**图 4-67**）。这里使用角度变频器，因为焊缝的不平坦表面会使直线发射的变频器检查出现误差。

角度变频器以一定角度将超声波发射到组件中，然后在组件的后壁上反射，并且从侧面经过焊缝。为了确保检查整个焊缝，在平行于焊缝的条带内以 Z 字形路径引导变频器，并且进行轻微的旋转运动。通过这种方式，可以看到焊缝中的不同类型的缺陷。为了确定焊缝缺陷的准确位置，使用有定位杆的角度变频器（**图 4-68**），它能显示缺陷的准确位置，以便进行修复。超声波检查的一大优点是健康安全。

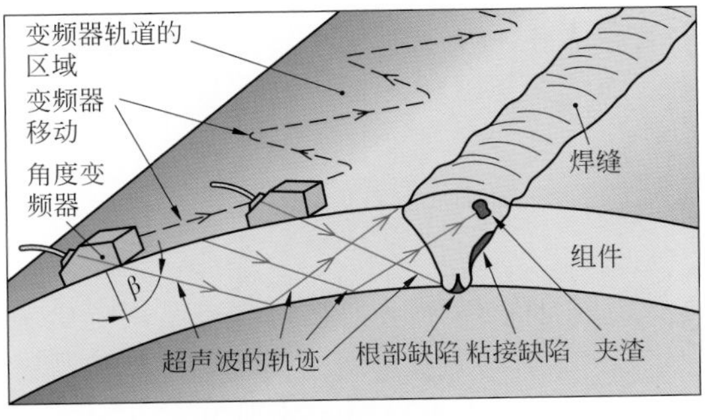

图 4-67：焊缝的超声波检查（示意图）

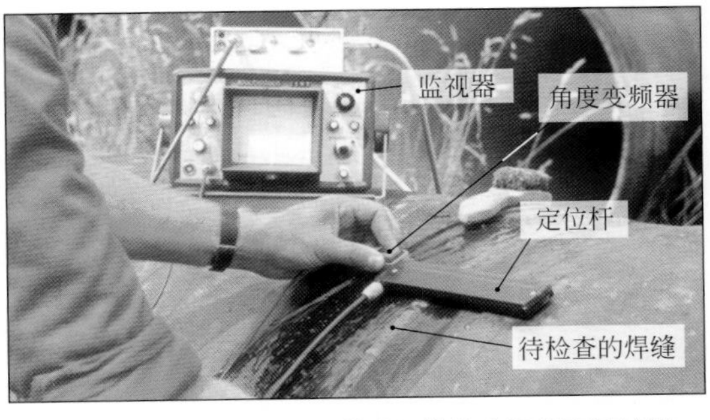

图 4-68：通过定位杆进行管路焊缝的实际超声波检查

用 X 射线和 γ 射线进行透视检查

透视检查主要用于检查铸件和锻件，以及焊缝的内部材料缺陷。X 射线能量高，可以穿透厚度达 300mm 的材料。γ 射线发射器通常使用放射性 ^{60}Co，可以穿透厚度达 200mm 的材料。

穿过组件时，射线随着材料厚度的增加而衰减，并且在安装于组件后部的薄膜底片上显示该组件的 X 光片。组件中的缺陷在 X 光片中显示为暗点（阴影）。

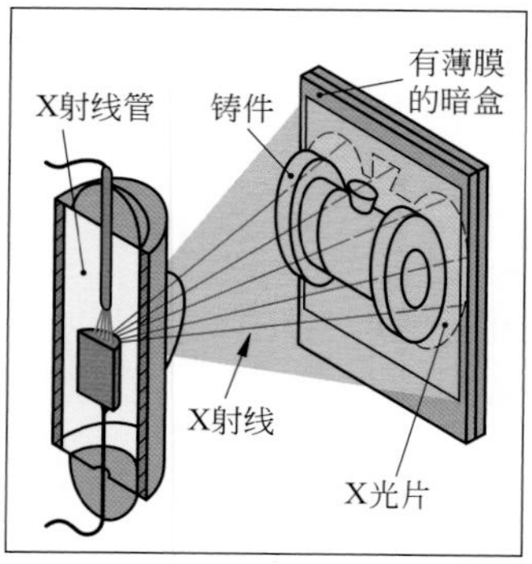

图 4-69：压力管路的 X 射线检查

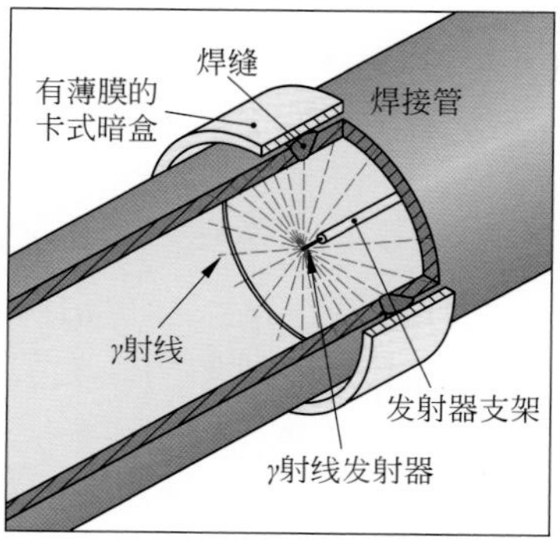

图 4-70：焊缝的 γ 射线检查

使用 **X 射线**进行透射时，将待检查组件放在 X 射线管路光束路径中的胶卷暗盒前部（**图 4-69**）。显影后，可以看到胶卷暗盒上的射线图像。由于 X 射线设备的结构尺寸是固定的，因此它主要用于检查中小型组件。

使用 γ 射线进行检查时，放射性发射器定位到检查位置，使 X 光片可以到达胶卷暗盒上（**图 4-70**）。

由于成本较高和危害健康，只有在超声检查无法检测的情况下，才进行 X 射线和 γ 射线检查。

注意： X 射线和 γ 射线会对健康造成严重伤害。应由专业人员进行 X 射线和 γ 射线的射线检查。

泄漏检查

通过泄漏检查，可以找到组件中的连续缺陷或者设备中的泄漏处。泄漏检查有多种方法。

调试前，可以通过**加压气体**在水下检查每个装置或者容器的泄漏位置，如有气泡上升则表示泄漏。

可以通过压力试验来测试整个设备系统，即通过压缩气体向设备施加应力，然后关闭压缩气体的供给。用压力计测量设备中的压力，无泄漏时压力保持恒定，泄漏时压力连续下降。通过用肥皂水涂抹重要的设备组件，可以锁定泄漏位置。

氦检适用于检测非常小的泄漏。调试设备前，借助一个氦气检测器，检测设备中是否有加压氦气。通过检测器显示泄漏的氦气。

运行时，氦气检测器可以与动力燃料的灵敏检测器一起使用。

声发射分析

声发射分析用于预防性检测临界变形状态的变化，特别是用于识别高负荷设备组件中的渐进裂缝，例如压力容器或者高压管路。

该方法的物理依据是在金属的变形和流动过程开始时，会发射高频声音脉冲。通过在关键点为设备配备灵敏的声音接收器，可以尽早发现变形的开始和裂缝的形成，以采取对策。

声发射检测装置适用于高风险设备，例如高压系统、含有毒介质的带压设备或者核技术设备等。

7.2 腐蚀监控

可以通过目视检查，观测组件的**外部腐蚀状态**或者其防腐蚀状况。

防腐蚀涂层。如果防腐蚀涂层上出现锈痕，则必须通过划痕试验确定是否仅在局部发生损坏或者保护涂层已经大面积生锈。根据检查结果，进行局部翻修，或者喷涂损坏的涂层和锈痕，然后更新涂层系统上的涂料（第 210 页）。

均匀的表面腐蚀。可以通过定期测量厚度或者直径损失，来监控组件表面上的腐蚀情况，例如由于环境影响，受到均匀的可刮除的表面腐蚀。

更难的是监控在运行的化工设备内表面上的腐蚀过程。为了保证运行安全性，在有强烈腐蚀性介质的设备和管道中，该监控非常重要。

剩余壁厚测量

根据与超声波检查材料缺陷相同的测量原理，使用超声波测厚仪进行剩余壁厚测量（第 213 页图 4-66）。为了检测设备中的腐蚀情况，在设备的重要位置测量剩余壁厚，例如在受到强烈腐蚀作用的弯管中，或者腐蚀和侵蚀影响同时发生的位置（**图 4-71**）。测厚仪经过数字化处理，可以直接显示壁厚。

图 4-71：剩余壁厚测量

间接检查腐蚀过程

通过评估材料样品进行对比试验，可以间接确定化工设备内表面上的腐蚀过程（**图 4-72**）。其中，调试设备时，将设备材料的样品放入设备中，并且暴露于运行条件下。经过一定的使用时间后，将样品从设备中取出。通过分析样品上的腐蚀情况，可以确定设备内壁的腐蚀状态。

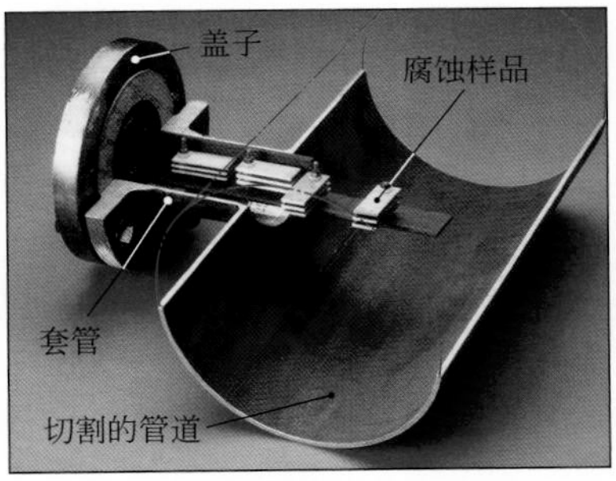

图 4-72：用于间接确定腐蚀的装置

在均匀的表面腐蚀中，通过称量样品并且将其与初始质量进行比较，来确定腐蚀侵蚀速率［单位：克 /（厘米 ^{2} • 年）或者毫米 / 年］。

在有裂纹的腐蚀类型中，例如点状腐蚀和应力间隙腐蚀（第 206 页），确定腐蚀类型和材料损坏。针对较大的裂缝，直接通过深度计测量裂缝深度并且确定裂缝的多少。

细微裂缝无法用肉眼看出，可以通过**渗透检测法**等方法使其可见。

对于材料损坏的深度，可以通过制备一个样品并将其抛光检测加以确定（**图 4-73**）。

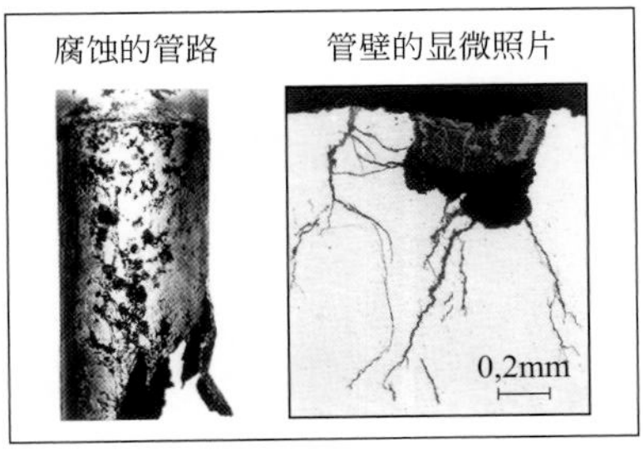

图 4-73：CrNi 钢管上的应力间隙腐蚀损坏

复习题

1. 哪种方法可用于查找材料内部的材料缺陷？
2. 如何通过超声波检查焊缝缺陷？
3. 哪些方法可用于发现化工设备的泄漏？
4. 如何确定化工设备内表面的腐蚀过程？

8　塑料

塑料是合成的有机材料。

它主要由有机原料如原油或者天然气以及其他原料，通过化学转化（合成）生产而成。它被称为有机材料，因为大多数塑料是由有机碳化合物单体连接而成的长链状大分子（高分子）。

8.1　特性和用途

塑料在化学工业的容器、管道和设备制造中占有重要地位。塑料有如下优点：

- 许多塑料对恶劣环境和一系列酸性和碱性水溶液，具有良好的耐性（第208、209页）。
- 塑料组件质量轻（密度主要在0.9～1.4g/cm³）。
- 机械技术特性（从坚硬到富有弹性）适合各种用途。
- 简单而廉价的成型，例如挤出、压塑、吹塑、压延、深拉。
- 良好的可加工性，例如切削和切割，可通过焊接或者黏合连接。
- 隔热、隔冷和电绝缘性能。
- 材料价格相对低廉。

但是，塑料在化学工程中使用时也有其缺点：

- 耐热性低。在大约150℃时软化，大多数最高仅在100℃下可以使用。
- 部分品种可燃。
- 强度不高，特别是在加热时，尺寸稳定性低。
- 部分塑料对溶剂没有耐性。

化学工程中塑料优选应用于暴露在酸性或者碱性溶液和其他腐蚀性液体的组件。此外，它还用于污水和废水净化设备、水处理设备和钢容器的内衬。由于塑料缺乏尺寸稳定性，它通常用作内衬板或者涂层，以及通过玻璃纤维增强为GFRP（玻璃纤维增强的塑料）。

在工程中的应用是基于其特殊性能，例如基于其绝缘能力，用作电动工具手柄、管路和绝缘容器、小机器壳体、电气绝缘组件和更多类似的应用。

由于橡胶状塑料（弹性体）具有橡胶弹性，可以加工成密封圈、轴环和容器涂胶。

8.2　工艺分类

塑料工艺分类是基于加热时塑料的机械特性进行的，其对应塑料的加工过程。

热塑性塑料

热塑性塑料由非交联的线性大分子组成（**图4-74**）。室温时它坚固、坚硬（玻璃态），加热到超过100℃时，变得柔软并且易于变形（高弹态），继续加热时变成糊状，最后成为黏流态。冷却后，又变得坚固、坚硬。

热塑性塑料是可热成型和可焊接的。热塑性塑料包括聚乙烯、聚丙烯、聚氯乙烯、聚苯乙烯、聚四氟乙烯等。

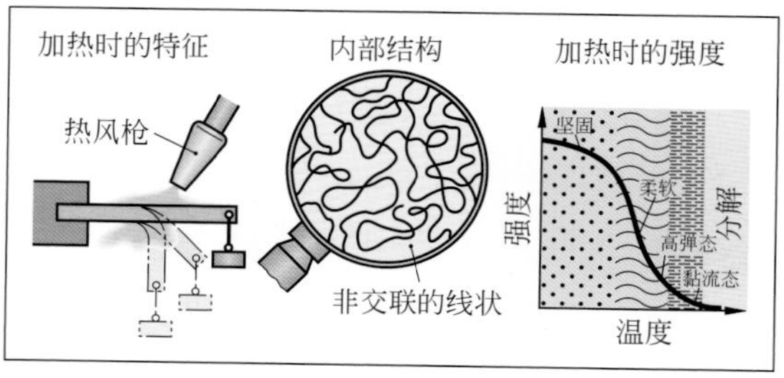

图4-74：热塑性塑料

热固性塑料

热固性塑料由紧密交联的大分子组成（**图 4-75**）。它在室温下是坚固、坚硬的，并且加热至约 150℃时仅略微改变其机械特性。它不会软化，也不会液化。因此，热固性塑料不可热成型并且不可焊接。高温（高于 250℃）加热会导致分解。热固性塑料有聚酯树脂、环氧树脂、聚氨酯等。

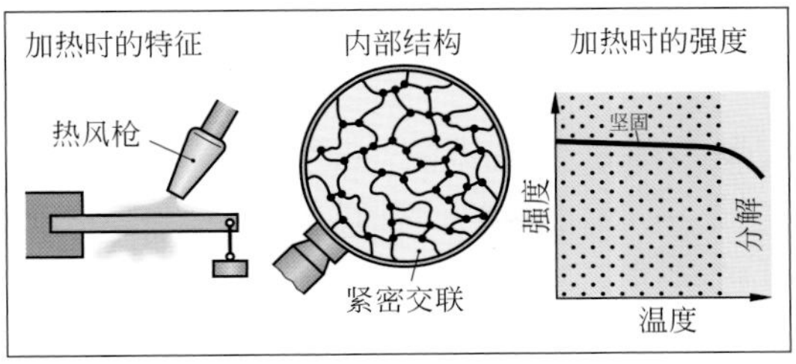

图 4-75：热固性塑料

弹性体

弹性体具有广泛交联的大分子（**图 4-76**）。在力的作用下，它可以延伸几倍，并且在松弛后恢复其原始形状：它是**橡胶弹性**的。通过加热弹性体会变得稍软，但不会流动。因此，它只具有有限的热成型性并且不可焊接。

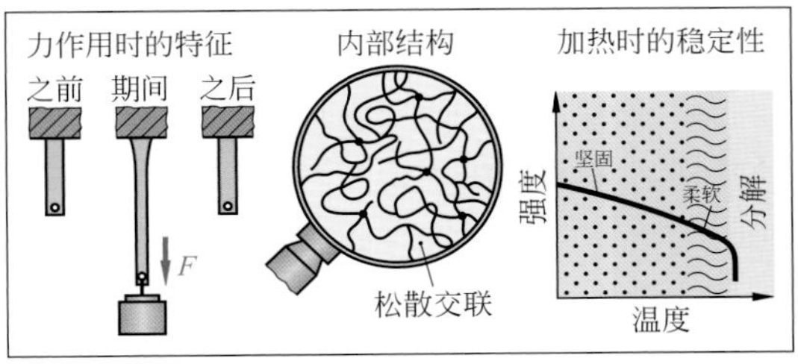

图 4-76：弹性体

塑料用化学全名、缩写或者商标名表示。一般应使用全名或者缩写。

例：塑料聚四氟乙烯的简称为 PTFE，在德国的商品名为特氟龙（Teflon）或者 Hostaflon。

8.3 热塑性塑料

热塑性塑料可在加工中直接成型，也可制成板材、管路、薄膜等半成品后再加工使用。

聚氯乙烯 PVC

PVC 对自来水、污水、碱、汽油、油和弱酸性液体具有良好的耐腐蚀性（第 206 页）。浓酸和许多其他溶剂会侵蚀 PVC。加热至约 60℃时的尺寸稳定性较低。

聚氯乙烯有**硬质 PVC**（硬质，坚韧）、**软质 PVC**（柔软，柔韧）和**弹性 PVC**（橡胶状）。

在化学工业中，硬质 PVC 加工成污水管道（**图 4-77**）、泵壳、容器，软质 PVC 加工成软管和钢制容器内衬层。PVC 的一个特殊优点是具有良好的可加工性，可通过焊接和粘接进行加工。

图 4-77：由 PVC 制成的排水管

聚四氟乙烯 PTFE

含氟塑料 PTFE 是迄今为止最耐腐蚀的塑料（第 208 页）。除此之外，其尺寸的耐热温度高达 260℃，韧性低至 –200℃，具有防黏表面。其缺点是价格高，加工困难；它几乎不可粘接，很难焊接。

PTFE 被松散插入设备制成全衬里，由 4mm 厚的薄膜制成，用于腐蚀性液体的管道和容器（**图 4-78**），以及阀座和密封件。

图 4-78：由 PTFE 制成的蒸馏塔衬里

聚丙烯 PP

聚丙烯具有与 PVC 类似的耐腐蚀性。聚丙烯的特殊优点包括：高达 100℃时的尺寸稳定性（耐沸水）、低温时的韧性（–50℃）和抗黏表面（无结壳）。PP 用于管道、容器、压滤机板和蒸馏塔组件（**图 4-79**）。

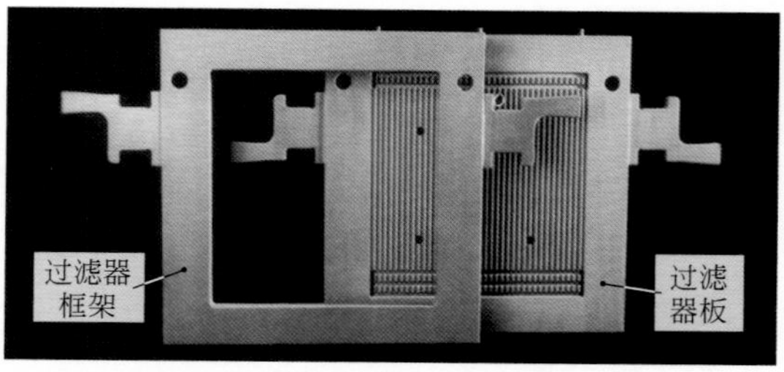

图 4-79：框架压滤机的聚丙烯过滤组件（第 377 页）

由于尺寸稳定性较低（仅约 80℃）以及在化学工业中存在老化脆化现象，普通塑料**聚乙烯**（**PE**）的用途有限。

聚苯乙烯 PS、聚甲基丙烯酸甲酯 PMMA、聚碳酸酯 PC

这些塑料像窗玻璃一样透明、光泽，具有耐候性。它用作防护玻璃、设备模型以及面部和眼睛保护用具（**图 4-80**）。PS 硬且脆，PMMA 和 PC 硬且坚韧，而且防碎。

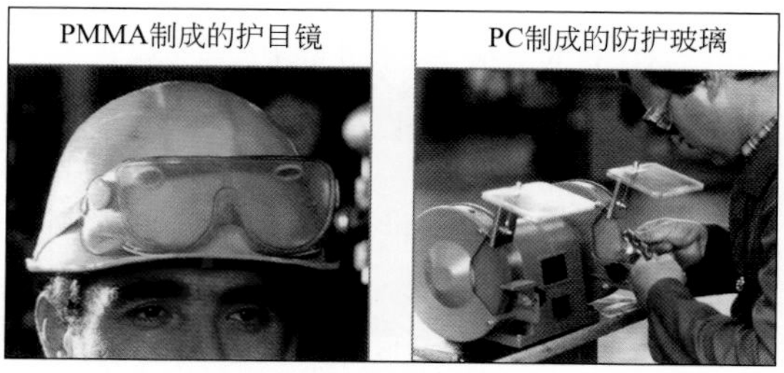

图 4-80：玻璃塑料制成的防护玻璃

聚苯乙烯可以发泡成硬质泡沫（商品名 Styrofoam、Styrodur），具有最佳的隔热性能。

8.4 热固性塑料

热固性塑料以液态或者粉末状半成品的形式提供给下一工序的生产商。通过添加硬化剂或者在高温和压力的作用下，热固性组件获得其最终的形状以及硬度和强度。该过程称为固化，因此热固性塑料也称为可固化塑料。

固化后，热固性塑料对许多腐蚀性液体有耐性。特别是当使用填料或者玻璃纤维增强时，它的热稳定性优于大多数热塑性塑料。热固性材料在加热时不会软化，因此不可焊接，可以通过胶合连接。

不饱和聚酯树脂 UP

UP 对废水、盐溶液、弱碱、强碱以及汽油和油有耐性。它广泛用于防腐蚀涂层的**涂料树脂**、金属黏合剂的**黏合树脂**和纤维增强塑料的**黏合剂树脂**。通过玻璃纤维束增强，获得高强度和耐腐蚀材料（简称 GF-UP），用于生产管道、容器和设备部件（**图 4-81**）。

图 4-81：玻璃纤维增强的 UP 制成的管路

环氧树脂 EP

环氧树脂具有与不饱和聚酯树脂相似的耐化学性。一个特别的优点是液体 EP 半成品能够填充最细小的裂缝和间隙，并且具有良好的黏附性。

环氧树脂用于耐化学腐蚀的防腐蚀涂层、金属黏合剂和玻璃纤维增强组件（GF-EP）。

聚氨酯 PUR

聚氨酯对弱酸、碱、盐溶液和一些溶剂具有良好的耐性。它可以制成坚硬、有韧性至橡胶弹性的产品。

硬 PUR 加工成轴瓦、齿轮、联轴器组件和辊子（**图 4-82**）。**中等硬度的 PUR** 可生产齿轮皮带、缓冲器、保险杠。

软 PUR 通过挤压成型为密封件、电缆护套、保险杠。

PUR 也可以加工成泡沫，由于其热导率低，可以用作管路绝缘材料。

聚氨酯也可以加工成液体形式的清漆（DD 清漆）、浇铸树脂和黏合剂。

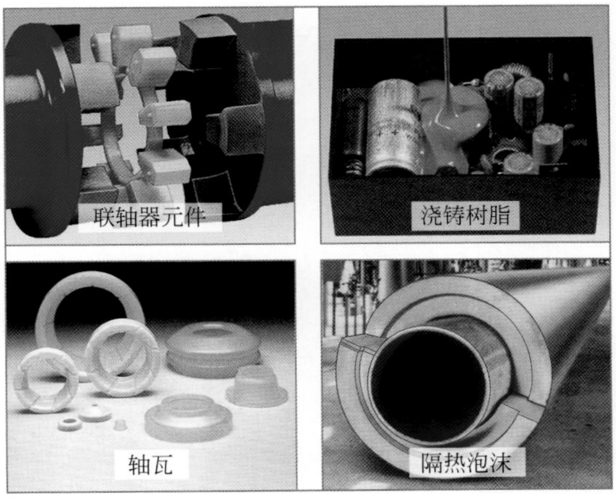
联轴器元件
浇铸树脂
轴瓦
隔热泡沫
图 4-82：聚氨酯的应用

8.5 弹性体

弹性体是松散网状交联的聚合物，根据交联程度，分硬的或者软的橡胶状（软橡胶或者硬橡胶）。它在化学工业中优选用于制成密封元件、柔性软管和用作钢管及容器的防腐蚀衬里（橡胶涂层）。弹性体也称为生胶或者橡胶材料。弹性体的简称包含原材料的缩写和字母 R（rubber，橡胶）。

苯乙烯 - 丁二烯橡胶 SBR

SBR 对稀酸、盐溶液、废水、稀释和浓缩的碱有耐性，并且作为硬橡胶，也对许多溶剂有耐性。在化工设备制造中最常见的应用是腐蚀性液体和气体的容器橡胶衬里（**图 4-83**）。橡胶涂层粘在容器内壁约 3mm 厚的腹板上，并且形成非常牢固的连接。

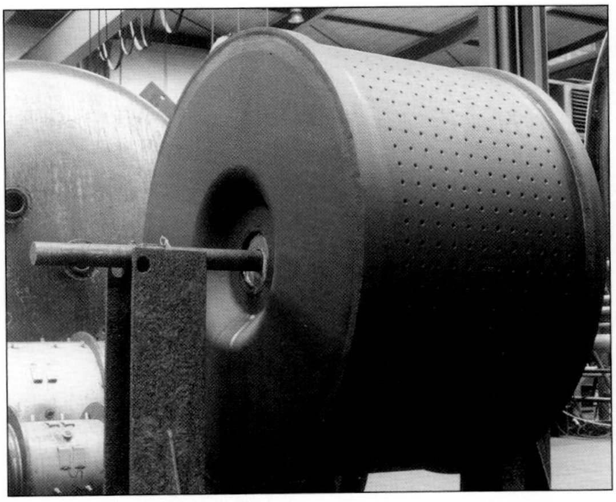
图 4-83：硬橡胶涂层离心篮

氯丁橡胶 CR

CR 具有与 SBR 相似的耐化学性，并具有更好的抗紫外线辐射和耐臭氧老化性。这样，橡胶弹性特性可以保持更长时间。

全氟弹性体 FFKM

FFKM 对大多数酸、碱和液态烃具有耐性，主要用作法兰密封件。

硅橡胶 SIR

SIR 对低浓度的酸和碱、盐溶液和醇类有耐受性，但会受到强酸、碱和液态烃的侵蚀。在 −100 ～ 200 ℃时，SIR 橡胶具有疏水性、非黏性和橡胶弹性。它主要用作密封件（**图 4-84**）。

图 4-84：硅橡胶制成的密封件

8.6 稳定性和老化

通常，塑料被认为具有良好的耐候性和耐化学品性，但也不尽然。大多数塑料会在环境影响的作用下，随着时间的推移特性发生改变。因此，对塑料而言通常不使用腐蚀一词，而是使用**稳定性**和**老化**。

太阳辐射和环境影响

太阳辐射和环境影响会引起塑料的所谓“环境老化”。最初会导致塑料表面的光泽丧失和变色，并且在接下来的过程中导致机械特性的恶化，直至完全脆化。为了避免这种情况，在许多塑料中，如 **PE**、**PP** 和 **PVC**，添加了稳定剂。耐环境老化的是热塑性 **PTFE** 和 **PMMA** 以及玻璃纤维增强的热固性塑料 GF-EP、GF-UP 和 GF-PF 等塑料。

化学物质造成的损坏

接触不同的化学品，会出现不同的作用结果：

膨胀。当活性介质扩散到塑料中并且扩展至分子结构时，就会发生这种情况。这种纯粹的物理影响会使塑料的特性轻微恶化，也会使其不可用。溶剂、烃类和水蒸气会对许多塑料造成膨胀。

收缩。从塑料中析出成分时会发生收缩现象。

化学侵蚀。一般发生在塑料表面上。暴露于强氧化性酸，如硫酸、硝酸、铬酸，并且与卤素氯气和氟气以及臭氧接触时，会发生强烈的化学侵蚀。

应力开裂

同时存在机械应力和膨胀或者化学侵蚀物质的作用时，会造成 PE 或者硬质 PVC 等部分塑料出现应力开裂。

热分解

塑料对温度的耐性稍差。例如某些 PE 在 140℃时就开始热分解，大部分在约 180℃时开始热分解。只有 PTFE 的耐受温度可高达 260℃。

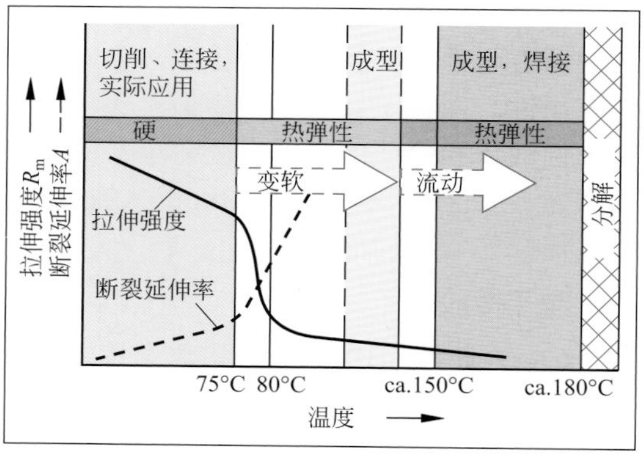

图 4-85：硬质 PVC 的加工范围

8.7 塑料加工

塑料的加工方法取决于塑料的类型，在热塑性塑料中塑料的加工与温度有关。

例：硬质 PVC（图 4-85）。

在坚硬的状态下完成切削加工和粘接。

在热弹性状态下完成成型。这种情况仅发生在热塑性塑料以及未交联的弹性体中，只有它们才能这样成型。热固性塑料和交联弹性体不可热成型。

在热塑性状态下完成热塑性塑料的成型和焊接。

热固性塑料和弹性体是不可焊接的。

复习题

1. 塑料的典型特性是什么？
2. 哪些特性限制了塑料的应用范围？
3. 塑料分为哪些类别？
4. 哪些塑料可焊接？
5. PTFE 有哪些特殊特性？
6. PUR 塑料的各种应用范围依据什么？
7. 化工设备的哪些组件是由弹性体制成的？

9 复合材料

复合材料是由两种或者多种单一材料组成的新材料。重要的复合材料有玻璃纤维增强塑料、复合板、硬质合金、磨具、夹层组件和钢筋混凝土。

在复合材料中，各种相互匹配的单一材料组合起来，使获得的复合材料具有单一材料的优良性能，同时掩盖有缺陷的性能。

根据合成材料的形状将复合材料分为（**图 4-86**）：

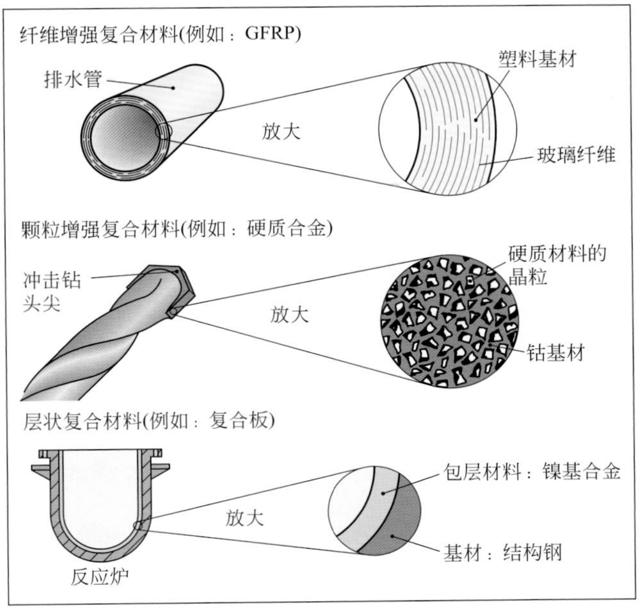

图 4-86：复合材料的类型

纤维增强复合材料：由嵌入高强度纤维的坚韧基材组成。

例如：玻璃纤维增强塑料。

颗粒增强复合材料：具有韧性的基本材料中嵌入不规则形状的、通常为粉末状的颗粒。

例如：硬质合金、塑料模塑料、SiC 矿物铸件。

层状复合材料：分层拼接为两层或者更多的不同材料层。

例：复合钢板、双金属材料。

部分复合材料已在化学工程中得到广泛应用。

玻璃纤维增强塑料

玻璃纤维增强塑料，简称 GFRP，由塑料作为基材，加入连续纤维、定长纤维和玻璃棉等玻璃纤维制成。不饱和聚酯树脂（UP）、环氧树脂（EP）或者热塑性塑料通常用作塑料基材。所用的玻璃纤维是高强度玻璃纤维（玻璃丝）。

图 4-87：GF-UP 排水管

玻璃纤维增强塑料可用简称表示，例如 UP-GF 25。其含义为：UP，玻璃纤维增强，玻璃纤维含量为 25%（质量分数）。

玻璃纤维增强塑料具有相应塑料的稳定性和非合金钢的抗拉强度（高达 300MPa）。密度仅为约 $1.7g/cm^3$，约为钢密度的 1/5。

在化学工业中，将 GFRP 加工成排水和压力管路、大型储罐和容器（**图 4-87**）。

硬质合金

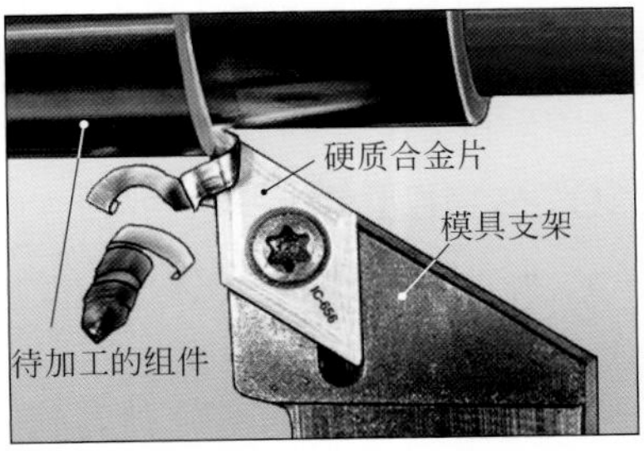

图 4-88：装配硬质合金的车刀

硬质金属由坚韧的钴金属基体组成，其中嵌入了硬脆的碳化物颗粒（碳化钨和碳化钛）（图 4-86，中间）。硬质合金具有非常好的硬度和耐磨性（通过碳化物）以及足够的强度和韧性（金属黏结剂钴）。

硬质含金的主要应用领域是用作装配在切屑工具和钻头上的切削刀片（**图 4-88**）。

SiC 矿物铸件

SiC 矿物铸件是由环氧树脂基材制成的复合材料，其中掺入粉状碳化硅硬质材料颗粒。生产时，将 SiC 粉末在真空下与液体环氧树脂混合，倒入模具中或者涂在组件上使其固化。

矿物铸件具有耐磨、抗破裂和耐化学腐蚀性，可以制成耐汽蚀的泵叶轮和入口连接管，或者有耐磨 SiC 矿物涂层的钢轮（**图 4-89**）等。也可以将钢筋或者连接部件浇铸到部件中，然后用金刚石工具加工为一定尺寸。

图 4-89：SiC 矿物铸件制成的泵叶轮

复合板

复合板由低成本的基础材料组成，通常是高强度非合金钢（例如 S355），在其上用碾压或喷涂的方法敷设一层薄的耐腐蚀材料（例如镍基合金）（**图 4-90**）。高强度基础材料提供承受机械负荷所需的强度，复合材料可防止容器被液体腐蚀。

图 4-90：复合钢板制成的油 / 水分离器

10 非金属无机物

非金属无机物包括化工玻璃、化工搪瓷、陶瓷材料、石墨和碳以及工艺技术设备中的耐化学衬里。

10.1 化工玻璃

在化学工业中，主要使用硼硅酸盐玻璃，也简称为化学玻璃。它含有约 78% 的 SiO_2、13% 的 B_2O_3，剩余为 Al_2O_3、Na_2O、K_2O。

硼硅酸盐玻璃对几乎所有腐蚀性化学物质（氢氟酸 HF、磷酸 H_3PO_4 和热碱除外）具有良好的耐性。它对温度变化和冲击负荷的灵敏度相对较低，可在最高 500℃时保持机械稳定。

除了所需的耐化学性外，还可利用其透明性。这对试验室和中试基地的设备是很必要的，对一些特殊的生产设备也是如此。

化学玻璃用于生产管路、设备部件、热交换器、蒸馏塔、填料和泵壳（**图 4-91**）。它们可按不同尺寸加工，装配弹性 PTFE 密封件和钢制夹紧元件，组装成一套模块化系统。

图 4-91：硼硅酸盐玻璃组件制成的中试基地设备

10.2 化工搪瓷

化工搪瓷材料是专为化工设备生产而开发的搪瓷产品，具有特别好的耐腐蚀性以及抗热冲击性和耐磨性。

它对大多数的酸、盐溶液和溶剂有耐性，但会受到热碱、热磷酸和氢氟酸的侵蚀。搪瓷在容器和设备的内表面上熔化成约 1.5mm 的薄层（**图 4-92**），搅拌器也可经过搪

图 4-92：搪瓷反应罐

瓷处理。这样，容器中的物质不会与钢直接接触。

搪瓷容器主要用于制药领域和食品加工。

10.3 陶瓷材料

陶瓷材料通过烧结黏土 - 石英 - 长石混合物制成。根据混合物和烧制温度，获得多孔或者致密的材料。

炻器拥有致密的微孔，通常涂有釉料。致密的釉面炻器在室温下耐酸和碱（氢氟酸除外）（第 208 页）。炻器易受到热硫酸和热碱液的侵蚀。

硬瓷是白色的，拥有气密性和液密性。其耐腐蚀性优于炻器，并且拥有更好的耐性。

炻器和硬瓷可以制成管路、阀门和实验室泵壳、填料（**图 4-93**）和板材。它们也用于盛放酸性物质的化工设备。

图 4-93：陶瓷填料

10.4 耐化学腐蚀的衬里

如果单一涂层材料如橡胶涂层的耐腐蚀性不足时，并且设备需经受特别的侵蚀性化学物质、高温、机械负荷时，则应使用配有耐化学腐蚀衬里的容器和设备。例如在热酸和热碱的储存容器及反应容器中，或者潮湿氯气或者氯化氢的吸收塔及气体冷却器中，均配置了耐化学腐蚀的衬里。衬里用于钢或者钢筋混凝土容器的内部，由多层组成（**图 4-94**）。在钢上粘上一层厚橡胶涂层，然后铺上一层油灰，通常为硅酸钠或者合成树脂油灰，在其上部铺设由陶瓷板和成型件制成的衬里，并且通过填缝油灰固定。陶瓷板和油灰层承受机械负荷，例如冲击或者磨损，借助其隔热效果降低作用于橡胶涂层的温度。此外，耐化学腐蚀衬里还可用作化学屏障。

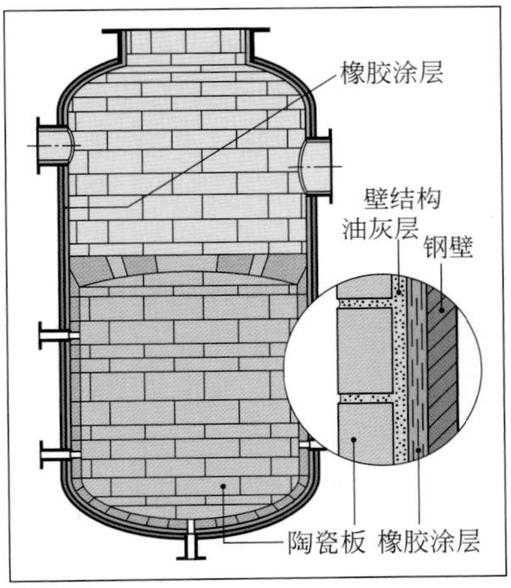

图 4-94：有衬里的氯气干燥塔

10.5 石墨和碳材料

石墨和碳材料是由碳制成的类似陶瓷的材料。它们由预成型的焦炭 / 沥青，在排除空气的情况下通过烧制过程制成。

设备制造中使用的**设备石墨**在约 2800℃下烧制，它具有类似陶瓷的特性。特别是对气态和液态化学物质的耐腐蚀性可达 400℃左右。只有强氧化性酸，如硝酸和铬酸，以及 400℃以上的氧气和卤素气体，能侵蚀设备石墨。设备石墨材料拥有良好的导热性。

设备石墨材料的应用实例是管件、换热器管束、用于生产盐酸和磷酸的塔、换热器内部构件（**图 4-95**）以及用于熔化金属和盐的坩埚。

电极石墨和**电极碳**的导电性良好，并且具有良好的滑动特性，可用作电动机中的电流滑动触点（第 154 页）和电极，例如用在铝熔盐电解中（第 164 页）。

图 4-95：由设备石墨制成的换热器管束

11 润滑剂

润滑剂的用途是减少相互运动的部件之间的摩擦和磨损。它可以确保机器平稳运行，减少磨损并延长机器的使用寿命。此外，它还可以保护滑动表面免受腐蚀。

根据其物理状态，润滑剂细分为润滑油（液态）、润滑脂（膏状）和固体润滑剂（粉末状）。

11.1 润滑油

润滑油用于润滑密闭壳体中的机器部件和轴承（**图 4-96**）。润滑油通过机器部件引导至润滑位置，并且从润滑位置带走摩擦热量。

图 4-96：润滑油

润滑油的重要技术特性如下：

- 温度变化时尽可能保持相同的黏性。
- 高温高压下良好的氧化稳定性，也称抗老化性。
- 足够的防腐蚀作用。
- 应保证低温流动性。

矿物润滑油（矿物油）是最常用的润滑油，通过精馏和纯化从石油中获得。从成分来看，矿物油是某些烃的一部分，分子的大小决定了矿物油的黏性。

为了改善润滑油的其他特性（氧化稳定性、防锈等等），在润滑油中加入某些物质，其专业术语称为**添加剂**。

矿物油是用于正常润滑的润滑油。

合成润滑油（合成油）是以化学方式生产的具有润滑特性的液体合成物。合成油有聚 α 烯烃、聚乙二醇、酯油和硅油。合成油价格较高，用于特殊应用领域，例如矿物油不足以承受负荷（高温和低温、极端的磨损负荷）或者不能满足特殊要求（如低可燃性）时。

润滑油的分类首先根据矿物油和合成油中的成分进行，然后根据用途再细分。可用代码字母表示润滑油的类型（**表 4-18**）。

在每个润滑位置上，必须使用设备生产商推荐的润滑油。

通常用一个标签说明润滑油的代码，并将标签永久地固定在润滑剂容器和润滑位置上。

表 4-18：依据 DIN 51 502 分类的润滑油（旋转）

润滑油的组别符号	润滑油的类型应用	代码字母	名称示例
矿物油	**普通润滑油**，没有特殊用途的添加剂 没有特殊的要求	N	B 150 (ISO VG = 150)
	沥青润滑油，优选用于开放的润滑位置	B	
	有添加剂的润滑油，用于机床的循环润滑等	CL	CL 68 (ISO VG = 68)
合成油	有良好黏性温度特性的**酯类油**	E	E 100
	有良好黏性温度特性和化学稳定性的**聚乙二醇油**	PG	PG 220

代码由一串符号组成，其中有润滑油的代码字母和 ISO 黏性等级（ISO VG）。

11.2 润滑脂

润滑脂是润滑油和肥皂的糊状混合物（**图 4-97**）。用稠度指数（NLGI 等级）表示润滑脂的稠度，范围从 000（非常柔软）到 00、0、1、2、3 和 6（硬膏）。

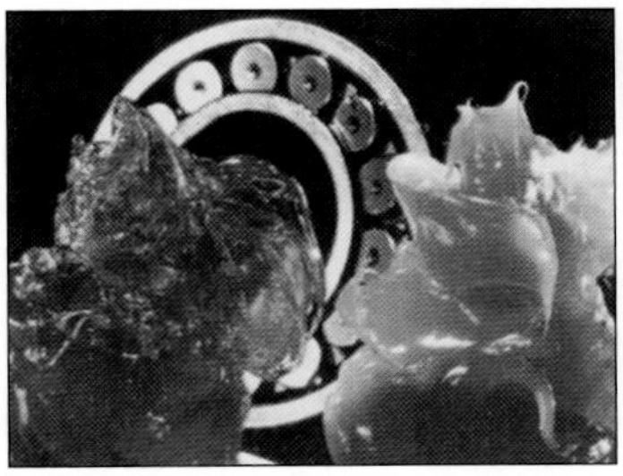

图 4-97：润滑脂

润滑脂主要用于润滑不借助润滑管路系统提供润滑的滑动轴承和滚子轴承，以及简单的轴承位置。

在滑动轴承和滚动轴承中，轴承壳体设计为可通过一个注油嘴向整个润滑区域和润滑脂储存器填充润滑脂。运行时，轴承位置处的润滑脂被加热，润滑油从润滑脂中流出，保持润滑。

通过润滑脂填充，可以保持较长的运行时间。长时间运行后必须更换润滑脂。

在整个轴承使用寿命期间注满润滑脂的轴承称为免维护轴承。

润滑脂的标记由一个符号（三角形或者菱形）组成，其中代码字母表示润滑脂的类型以及使用温度范围，数字表示稠度指数（见右图）。

润滑脂标志的示例	
△ K 2 N	基于矿物油的润滑脂 润滑脂类型……K 稠度指数……2 使用温度范围……N
◇ OG PG 3 R	基于合成油的润滑脂（聚乙二醇）PG 润滑脂类型……OG 稠度指数……3 使用温度范围……R

11.3 固体润滑剂

主要的固体润滑剂有石墨（化学碳 C）、硫化钼（MoS_2）或者由塑料制成的聚四氟乙烯（PTFE）的粉末。

固体润滑剂既可以以粉末形式使用，也可以掺入润滑脂中成糊膏状使用。

固体润滑剂在显微镜下呈小滑片状。它在润滑间隙中滑动，从而使部件轻松移动（**图 4-98**）。

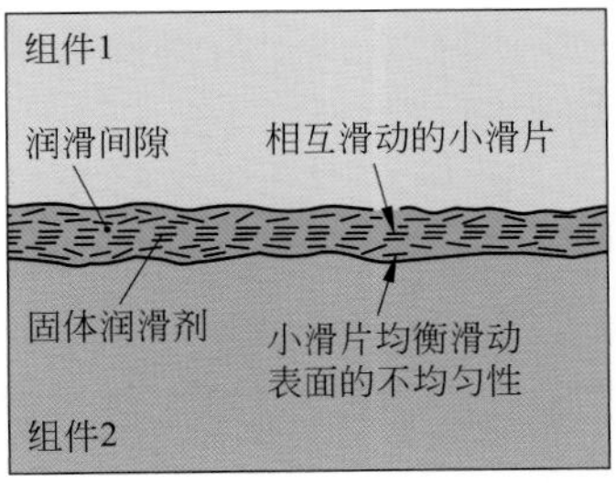
组件1
润滑间隙
相互滑动的小滑片
固体润滑剂
小滑片均衡滑动表面的不均匀性
组件2

图 4-98：通过固体润滑剂润滑的原理

固体润滑剂用于极端的运行条件，例如在极低温或者高温（高达 400℃）以及润滑位置受到酸和其他腐蚀性物质的影响时。即使在这些极端条件下，固体润滑剂也能确保至少一次紧急润滑。

此外，在一些润滑油和润滑脂中，也添加了少量的固体润滑剂（例如 MoS_2），用于在液体润滑不足（紧急运行）的情况下提供紧急润滑，并且不直接接触组件。

复习题

1. 复合材料根据内部结构，分为哪些类型？
2. GFRP、GF-UP 和 GF-EP 这些简称是什么意思？
3. 与非合金钢板相比，复合板有哪些优点？
4. 化工玻璃的特性是什么，它用于哪些特殊情况？
5. 化工搪瓷在化学工厂建设中的用途是什么？
6. 有耐化学衬里的容器具有哪种壁结构？
7. 在哪些情况下使用石墨化工设备？
8. 良好的润滑油应具备哪些特性？
9. 与矿物润滑油相比，合成润滑油有哪些优点和缺点？
10. 固体润滑剂有哪些？

V. 化工设备中的测量技术

图 5-1：测量管道中的密度、温度和流量

确保化工设备中发生的化学和物理过程在最佳运行条件下进行，是电气测量、控制和调节技术的主要工作，简称 EMSR 技术。

测量是为了获取物理参数。在设备运行中，测量变量是设备中的运行状态变量。

通过**测量工具**进行测量，测量工具可连接在管路上（**图 5-1**）。

通过测量过程得出一个**测量值**，由一个数值和一个单位组成，例如：压力测量值 p = 2.43bar。

由控制设备，根据规定的时间表，**控制**工艺步骤。

调节器的用途是通过检查和重新调整消除外部干扰，保持设备最佳的运行条件。

如果设备部件或者整个设备与测量、控制和调节器连接在一起，并且通过计算机控制，则称为自动化技术或者过程控制技术。

现代化工设备的测量、控制和调节技术，以及自动化和过程控制技术的成本，占设备价值的 10% ～ 20%。这显示出 EMSR 技术以及自动化和过程控制技术的重要性。

测量参数

化工设备中最重要的测量参数是**运行状态变量**，例如温度、压力、体积流量、质量流量和液位。

此外，还会测量**材料和产品的特性**，如密度、湿度，以及物质组成成分。

下面列出了一些重要的测量参数。

运行状态参数

温度	（temperature）	公式符号	***t***（摄氏温标） ***T***（开氏温标）	*t* *T* 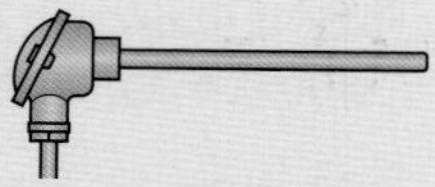
压力 **压力差**	（pressure）	公式符号 公式符号	***p*** **Δ*p***	*p* 
体积，质量 **体积** **质量**	 （volume） （mass）	 公式符号 公式符号	 ***V*** ***m***	*m* 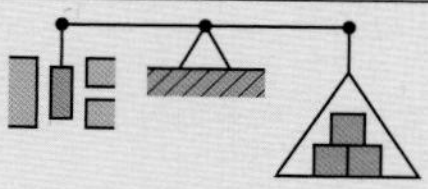
流量测量 **体积流量** **质量流量**	 （flow） （mass flow）	 公式符号 公式符号	 $F, \dot{V}$ $\dot{m}$, F_m	*F* 
液位	（liquid level）	公式符号	***L***	*L* 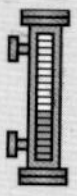

材料和产品特性

密度 黏度	(density) (viscosity)	公式符号 ρ 公式符号η或者 ν	
液体的特性和成分 **pH 值**(H_3O^+ 离子浓度) **电导率**(溶解离子的含量)		公式符号 **pH** 公式符号 α	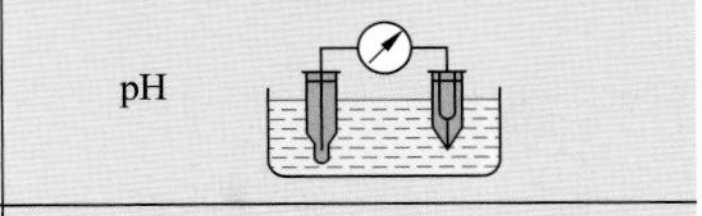
液体**浑浊度**		公式符号 ε	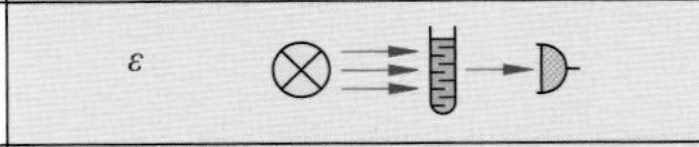
水中**溶解的氧气** 气体**成分**		公式符号 $\beta(O_2)$ 公式符号 $\beta(CO_2)$	

测量设备

测量设备的测量原理由多个步骤组成(**图 5-2**):根据某个测量原理,通过测量传感器测量待测参数。参数可以直接在测量设备的刻度上显示出来,也可以经信号转换器转换后,在显示器上显示,电传输后,也可以显示在控制室的监视器上。在设备测量过程中,部分基本概念很重要:

模拟测量值显示:通过指针在刻度表上显示测量值,并且随着测量值的变化不断改变其显示值(**图 5-3**)。

数字测量值显示:通过数字显示测量值,数字可每秒更新一次。数字显示较少出现读数错误。

显示范围表示可从测量设备读取的测量值范围(**图 5-4**)。

设备的**测量范围**是显示范围的一部分,设备在该范围内可提供有保证的测量值。

测量精度是测量设备的精确度参数,表示测量参数的真实值所在的数值范围,用误差极限或者精度等级说明测量精度(**图 5-5**)。

检定:由政府部门(检定部门)检查测量设备的测量精度。检定用于确定测量设备的成本,例如数量计量表。

校准:可理解为通过一个更精确(已检定)的测量设备或者关联图,校准测量设备。

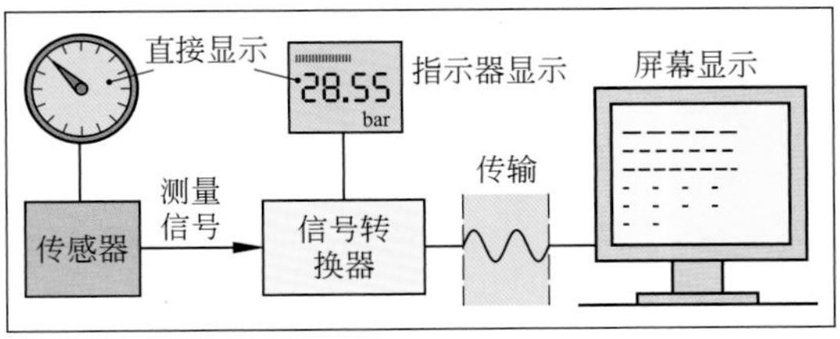

图 5-2:测量设备中的过程原理

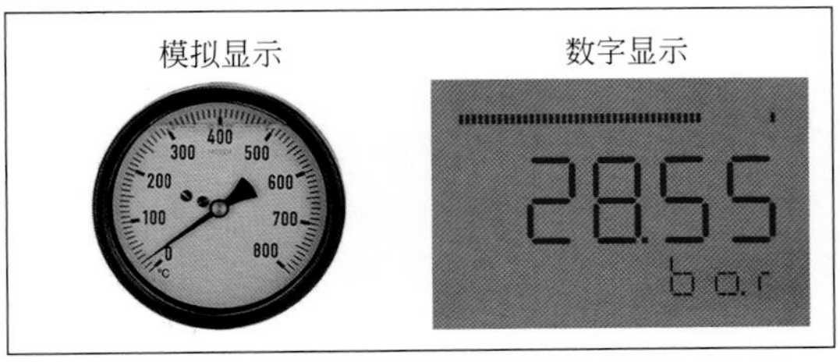

图 5-3:测量值显示

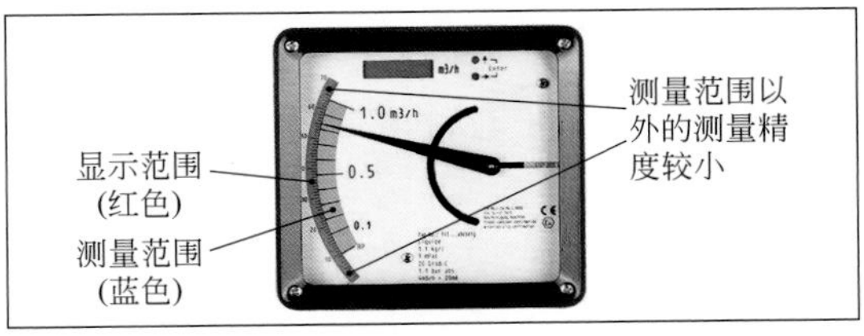

图 5-4:显示范围和测量范围

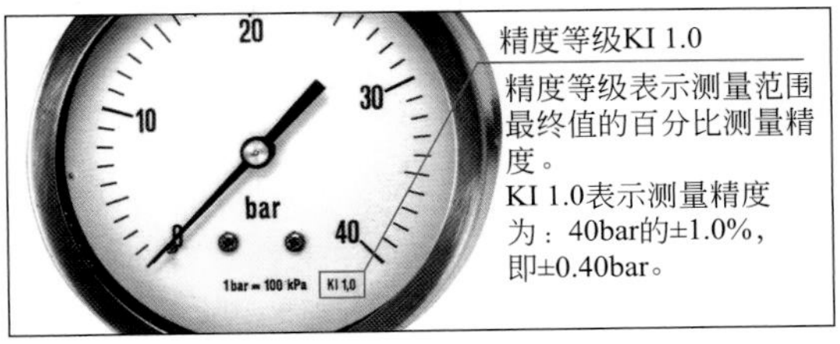

图 5-5:压力计的精度等级

1　温度的测量

温度反应材料的热状态，是化学反应的决定性状态参数。测量温度是化学工程中常见的测量工作。

1.1　温标

工业上最常用的温标是**摄氏温标（图 5-6）**。

在摄氏温标中，将水的冰点与沸点（正常气压 1013bar）之间的温度差分为 100 等分，作为温度单位，称为**1 摄氏度**（简写方式 1℃）。水的冰点为 0℃（零摄氏度），沸点为 100℃。最低温度，即所谓的绝对零度为 –273.15℃。摄氏温标无上限。单位为℃的温度公式符号为 $\boldsymbol{t}$。

开氏温标从最低可能的温度开始，即以绝对零点为 0K（零开尔文）。水的冰点为 273.15K，沸点为 373.15K（均在正常气压 1013bar 时）。

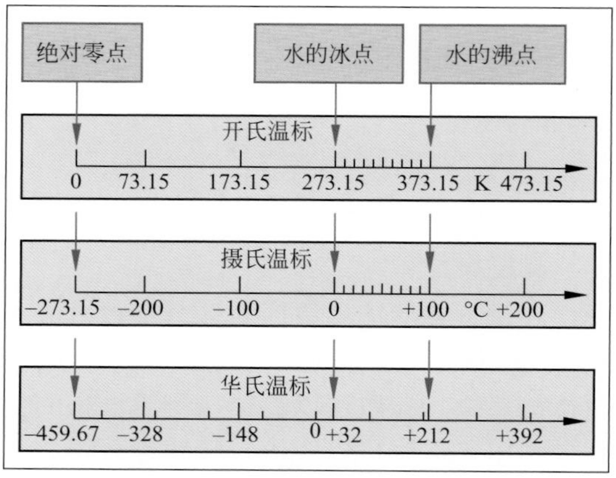

图 5-6：温标的对比

冰点和沸点之间的距离为 100K。开氏温标也无上限。

单位为 K 的温度公式符号是 $\boldsymbol{T}$。例如：$T = 345\text{K}$。

开氏温标优选用于自然科学和物理计算，特别是用于气体的计算。

规定的温度标准为：标准温度 $\boldsymbol{t_n = 0℃}$ 或者 $\boldsymbol{T_n = 273.15\text{K}}$。

摄氏温标时，水的冰点与沸点之间的距离为 100 个单位，与开尔文刻度相同。因此，1℃的温度单位的大小对应 1K 的温度单位大小。单位为℃和 K 两个温度之间的差值相同。

例： $\Delta T = 378\text{K} - 283\text{K} = 95\text{K}$；$\Delta t = 105℃ - 10℃ = 95℃$

从不同的输出数值开始计数摄氏度和开尔文刻度。因此，摄氏度（℃）和开尔文（K）的温度拥有不同的数值。

通过旁边的换算公式，将温度℃转换为 K，或者反之亦然。

为了方便计算，在转换公式中使用整数温度零点 –273℃。

换算摄氏度为开尔文温度
$T = (273.15 + t/℃) \cdot \text{K}$
$t = (T/\text{K} - 273.15) \cdot ℃$

练习题： 多少摄氏度对应 326K？

解： $\boldsymbol{t} = (326\text{K}/\text{K} - 273) \cdot ℃ = (326 - 273) \cdot ℃ = \mathbf{53℃}$

作业： –32℃是多少开尔文？

华氏温标用于北美大陆的国家。水的冰点为 + 32℉，沸点为 212℉。冰点和沸点之间的距离是 180℉。根据右边的等式换算℃（t_C）为℉（t_F），反之亦然。

换算摄氏度为华氏度	
$t_C = \dfrac{5}{9}(t_F/℉ - 32) \cdot ℃$；	$t_F = \left(\dfrac{9}{5}t_C/℃ + 32\right) \cdot ℉$

例： 液体的温度为 93℃。对应的℉温度值是多少？

解： $t_F = \left(\dfrac{9}{5}t_C/℃ + 32\right) \cdot ℉ = \left(\dfrac{9}{5} \times 93℃/℃ + 32\right) \cdot ℉ = (167.4 + 32) \cdot ℉ = 199.4℉$

温度的测量是通过测量材料的物理性质间接测量的，该性质随温度的改变而连续变化且易于测量，例如测量液体和气体的体积膨胀、金属的纵向膨胀，以及某些金属和合金的电阻。根据测量原理，温度测量设备称为温度计、热电偶或者高温计。

1.2 机械式温度测量设备

在**液体膨胀温度计**中，测量温度变化时的液体体积的变化（**图 5-7**）。液体装在小玻璃储存容器中，该容器向上有一个变细的细管。液体受热时，会在细管中膨胀并且上升。使用的膨胀液体是汞或者乙醇。汞填充温度计的测量范围为 –35 ～ 600℃。乙醇填充温度计的测量范围为 –70 ～ 70℃。为了防止温度计破损，配有一个金属护套管。

液体膨胀温度计的优点是其简单性和可靠性。其缺点是易碎性和只能近距离读出。

在**膨胀管状弹簧温度计**中，液体（汞）或者气体（氮气）封闭在一个探管中，并且通过金属细管与指示器中的管状弹簧连接在一起（**图 5-8**）。温度的升高导致测量传感器中的压力增加，增加的压力传到弯曲的管状弹簧中并且改变其曲率，从而改变指针位置，并且在刻度上显示为温度变化。

管状弹簧温度计的测量范围为 –200 ～ 800℃。

双金属温度计的测温原理是基于相同温度下两种不同金属的热膨胀系数不同。将薄的铜片和锌片卷在一起形成双金属带（**图 5-9**），因为金属以不同方式膨胀，加热或者冷却时，双金属带向不同的方向弯曲。

双金属温度计拥有由双金属制成的螺旋片或者螺旋线（**图 5-10**），其一端被牢牢地拧紧。在双金属片的自由端，温度变化时发生旋转冲击，然后通过一个轴传递到有指针的显示器上。双金属温度计可用作扁平仪器，并且配有潜管，可安装在容器中。其测量范围为 –50 ～ 500℃。

双金属温度计的优点是低成本和坚固性。

双金属带也用作温度监控器中的开启 / 关闭开关和两点调节器（第 495 页图 13-27）。

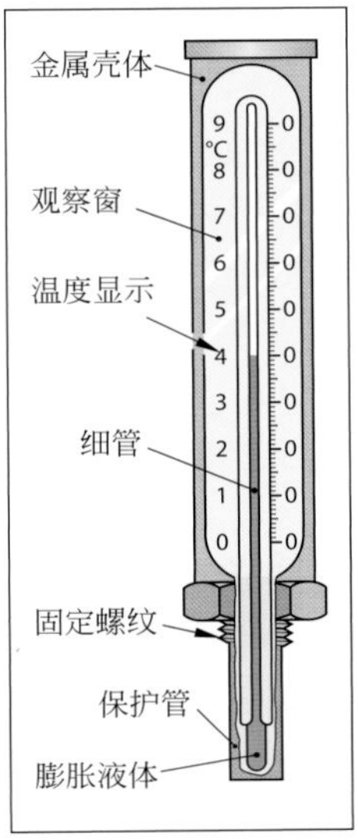

图 5-7：液体膨胀温度计

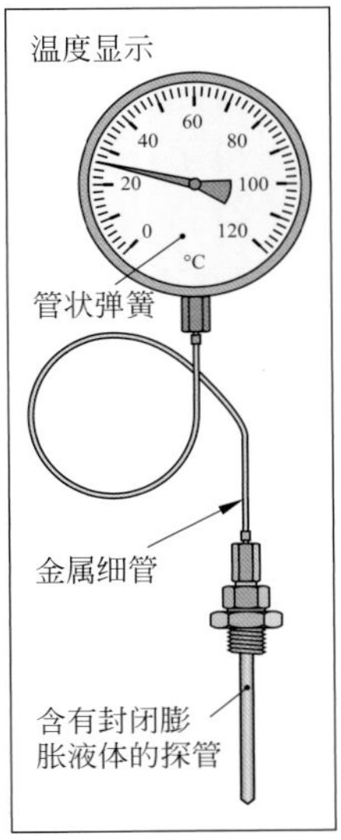

图 5-8：膨胀管状弹簧温度计

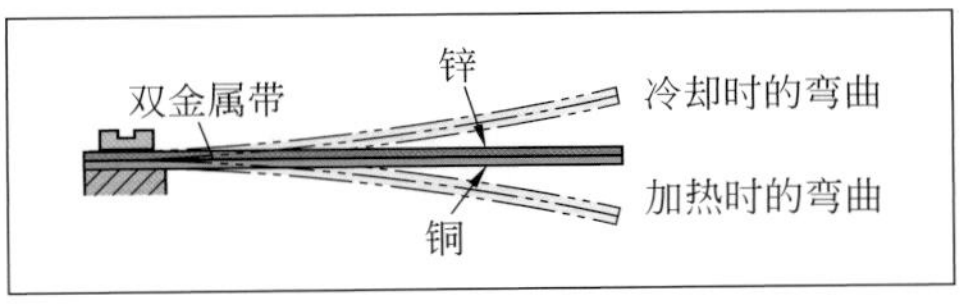

图 5-9：双金属带的结构

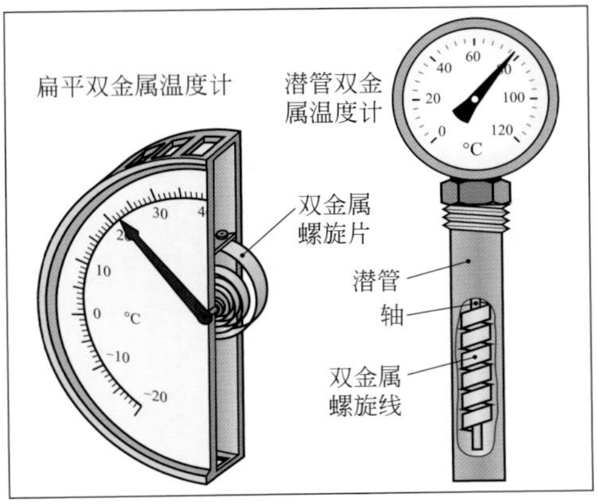

图 5-10：双金属温度计

有电输出信号的温度测量设备

这种温度测量设备提供与温度有关的电输出信号。

通常在测量位置进行信号转换，然后在控制室中显示测量值。此外，该信号可用作进一步处理和调节的参数。

这种测量设备在化学工程中非常重要。

1.3 电阻温度计

电阻温度计的测量原理是，特殊金属线绕组的电阻与温度的变化成比例（**图 5-11**）。

最常用的测量电阻是铂线电阻，在 0℃时额定电阻为 100Ω，称为 **Pt 100**，并且根据 DIN EN 60751 进行了标准化。

此外，还使用由镍和镍 - 铬合金制成的电阻绕组。

电阻温度计的测量结构包括测量位置的电阻和显示位置的显示器（**图 5-12**）。

测得的电阻值 *R* 在**变送器**中变换为**标准化电流信号** *E*，也称为**标准电流信号**。标准化电流信号与测量信号（这里为电阻值）呈线性比例。

变送器（也称为发射机）产生 4 ～ 20mA 范围内的标准化电流信号，控制数字温度显示器（Display）。

通过使用变送器，可以在显示器上显示各种测量信号（电压、电阻值、电流等）（参见第 255 页）。

电阻温度计的测量范围为 –200 ～ 850℃。

电阻温度计的精度等级分为 AA、A、B 和 C。

最常见的 Pt 100 电阻温度计应用范围是：

精度等级 A：–100 ～ 450℃

精度等级 B：–196 ～ 600℃

根据标准，电阻温度计有一个简称（**图 5-13**）。

因为准确性和低廉的价格，电阻温度计是化学工程中用于温度测量的标准设备。

在技术设计中，电阻温度计由本身的测量插件组成，该插件安装在保护壳体中（**图 5-14 和图 5-15**）。

在测量插件中，以电绝缘的方式将测

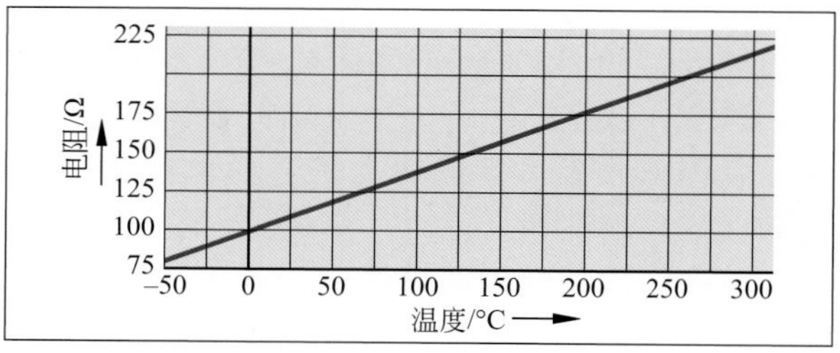

图 5-11：Pt 100 电阻的电阻值随着温度的变化

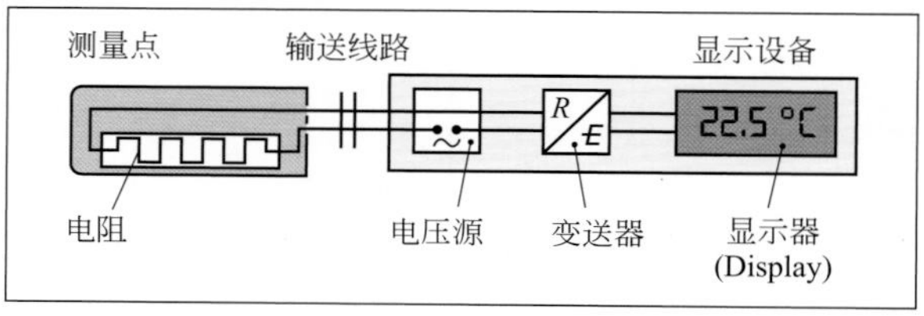

图 5-12：电阻温度计的结构示意图

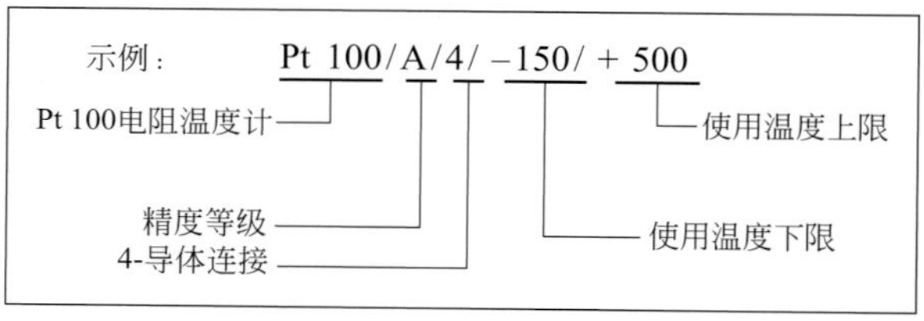

图 5-13：电阻温度计的名称

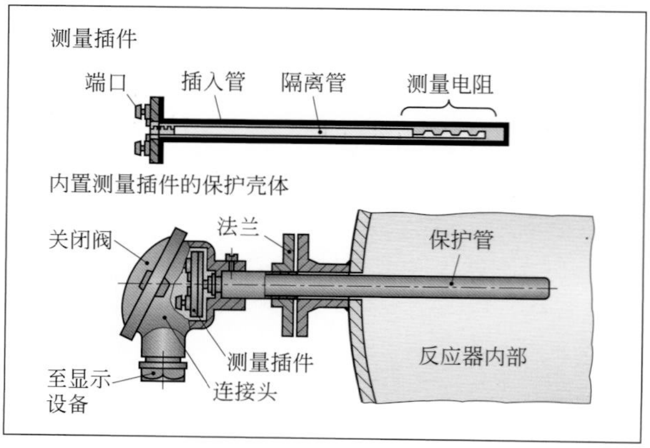

图 5-14：电阻温度计的结构

量电阻设置在薄金属管的尖端中。

将测量插件推入保护管中，布线后用一个关闭阀封闭，以保护壳体的连接头。

在测量插件损坏或者温度测量范围发生变化的情况下，可以更换测量插件。抗压保护壳体牢固地拧紧在测量位置，例如在反应器中，这样不会影响设备运行。

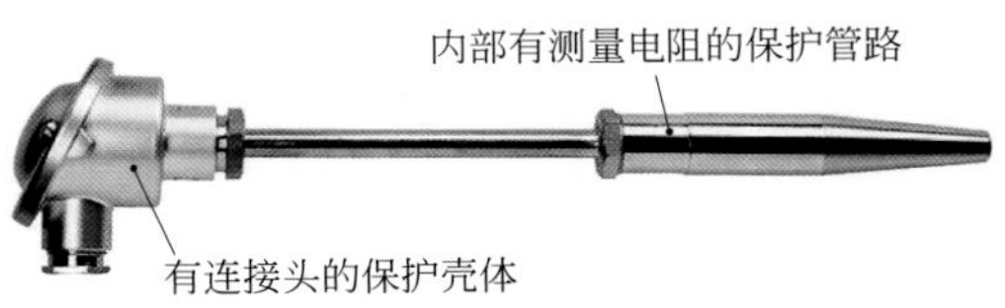

图 5-15：电阻温度计的测量插件

还有一些电阻温度计在连接头中有一个变送器，并且在连接头的显示器上显示温度。

1.4 热电偶

热电偶由两种不同的金属组成，两细线在末端焊接连接（**图 5-16**）。

用两种金属如铁和康铜（CuNi 合金）作为金属对。在热电偶的自由线末端，如果焊缝位置和自由线末端（参考端）存在不同的温度，则存在较小的电压 U（热电电压）。测量位置和参考端之间的温差越大($t_{测量}-t_0$)，热电电压越大。

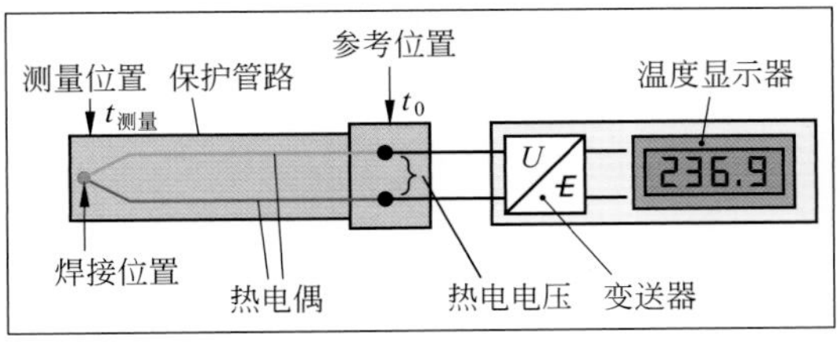

图 5-16：通过热电偶进行温度测量

最常用的金属对是：

- J 型：铁 / 康铜（CuNi 合金）
- K 型：镍 - 铬 / 镍
- R 型：铂 - 铑 / 铂

热电偶的热电电压曲线与温度的关系如**图 5-17** 所示。

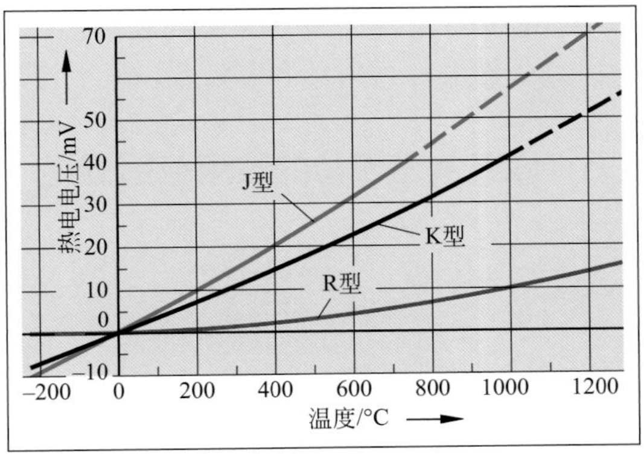

图 5-17：不同热电偶热电电压的温度相关性

根据 DIN EN 60584-1 对热电偶进行标准化。规定了热电电压、应用领域和允许的偏差。**表格 5-1** 显示了热电偶的选择范围。

有三种精度等级的热电偶：1、2 和 3。

热电偶上的电压为几毫伏（mV），在变送器中转换为控制数字温度显示器的标准电流信号（图 5-16）。

铁 / 康铜热电偶（J 型）每 1℃都拥有最高的热电电压。但是只能在最高约 750℃时使用。

表 5-1：热电偶的应用范围和有效偏差

热电偶	应用范围 /℃	有效偏差 /℃
J 型	−40 ～ 750	Kl. 1: ± 1.5; Kl. 2: ± 2.5
K 型	−40 ～ 1000	Kl. 1: ± 1.5; Kl. 2: ± 2.5
R 型	0 ～ 1600	Kl. 1: ± 1.0; Kl. 2: ± 1.5

在技术设计中，热电偶安装在一个测量插件中（**图 5-18**）。

与电阻温度计一样，测量插件安装在有连接头的保护管中（第 230 页，图 5-14）。

参考端位于测量插件上的连接头中。通过电子设备或者测量设备的软件，补偿参考端的非恒定温度。

当测量范围太高（最高 850℃），无法使用电阻温度计时，则使用热电偶。热电偶的测量范围为 −180 ～ 1800℃。

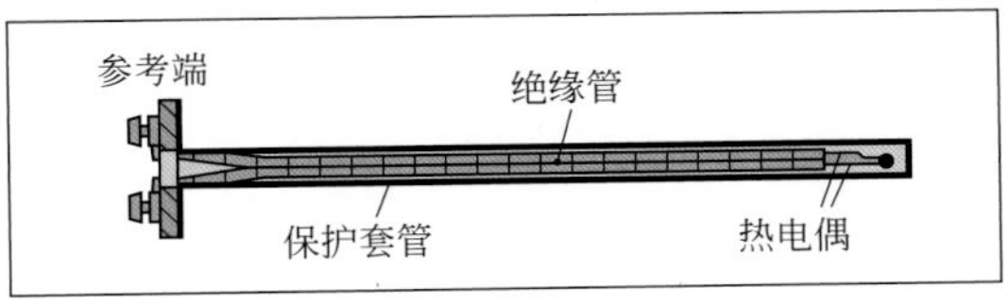

图 5-18：热电偶测量插件

1.5 辐射高温计

通过热辐射非接触地测量表面温度的温度测量设备，称为辐射高温计。

辐射高温计中，利用随着温度的升高，物体会发出更高强度的热辐射这一物理现象进行测温。

在化学工业中，主要使用红外辐射（波长 0.7 ～ 18μm）的辐射高温计，称为红外或者光谱高温计。

在红外高温计中，从测试对象发出的红外辐射，通过凸透镜落到光电二极管上（**图 5-19**）。这样，在光电二极管中触发一个电流，其尺寸与测量对象的表面温度成正比。电流转换为标准电流信号并且显示为温度。

通过在测量设备上输入发射系数，以适应测量表面的不同辐射（发射性能）。红外温度计可在 100 ～ 3000℃的测量范围内使用，测量精度约为测量值的 1%。

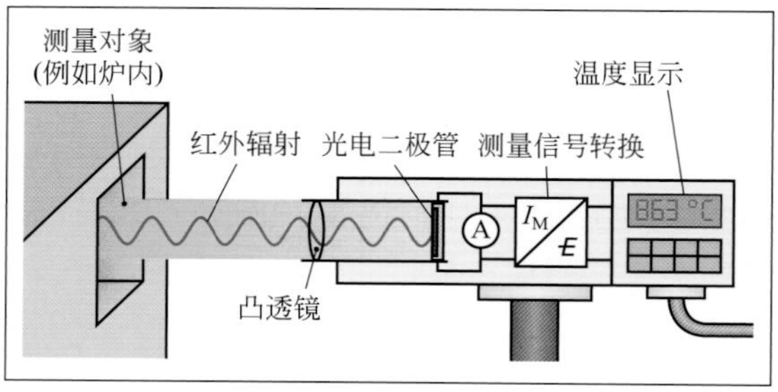

图 5-19：红外测温仪的原理

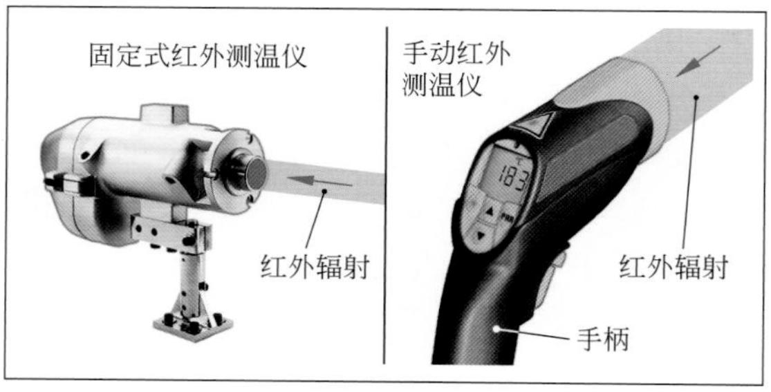

图 5-20：技术红外测温仪

主要用于测量高于 500℃的表面温度，或者用于测量位置不允许放置测量传感器的情况。红外温度计可用作固定设备以及手持设备（**图 5-20**）。

1.6 温度测量设备的应用范围概述

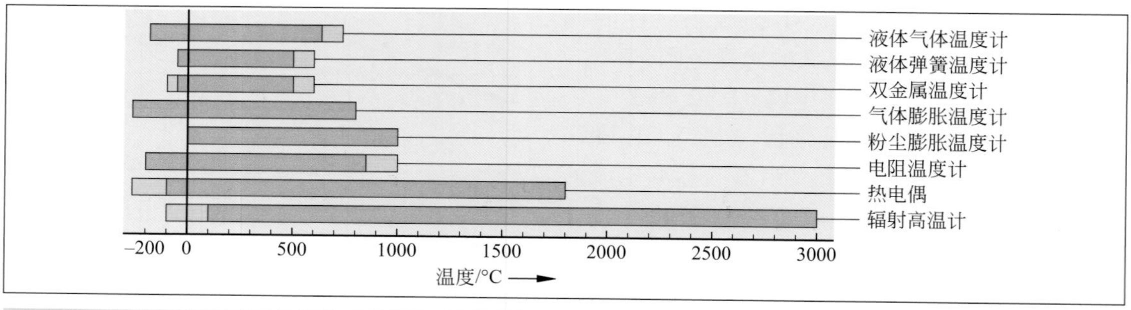

复习题

1. 哪些是化学设备运行状态的重要参数？
2. 模拟或者数字测量值是什么意思？
3. 通过哪个公式将温度数据从℃转换为 K？
4. 请解释膨胀管状弹簧温度计的测量原理。
5. 有电输出信号的温度测量设备有哪些优点？
6. 变送器的用途是什么？
7. 请说明电阻温度计的测量原理。
8. 电阻温度计的以下标准名称是什么意思？
   Pt 100/B/4/–200/+600
9. 在哪些温度下使用如下温度计？
   （1）热电偶；
   （2）辐射高温计。
10. 请列举适用于测量高于 500℃温度的温度测量设备。

2 压力的测量

2.1 定义、单位、换算

物理参数压力 p 是受力面积 A 与力 F 的比值。

如果面积 A 中的力 F 通过活塞向封闭的气体部分施压，则其中存在压力 p(**图 5-21**)。

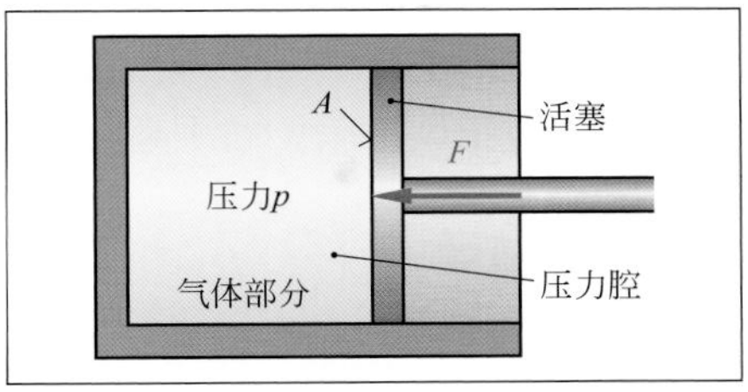

图 5-21：气体部分中的压力

由于力的单位是牛顿（N），面积单位为 m^2，因此压力单位为 N/m^2，称为**帕斯卡**（单位符号 **Pa**）。

压力定义

$$p = \frac{F}{A}$$

有时还使用更大的压力单位，**百帕（hPa）**或者**巴（bar）**。针对较小的压力，使用毫巴（mbar）。

英语 / 美语国家中最常用的压力单位是**磅 / 平方英寸（psi），1psi = 0.0689bar**。

换算

$$1\frac{N}{m^2} = 1Pa; 100000Pa = 1bar$$

$$1hPa = 100Pa = \frac{1}{1000}bar = 1mbar$$

2.2 压力类型

绝对的压力或者**绝对压力 p_{abs}** 是与真空中零压力相比的压力。

（绝对）大气压力称为 $\boldsymbol{p_{amb}}$（来自拉丁语：ambiens，即周围）。

大气压力标准定义为：

标准压力 p_n = 1013mbar。

两个压力 p_1 和 p_2 之间的差值称为压力差 $\Delta p = p_1 - p_2$ 或者压差 $p_{1,2}$。

绝对压力 p_{abs} 和相应的（绝对）大气压力 p_{amb} 之间的差异称为**超压 p_e**。

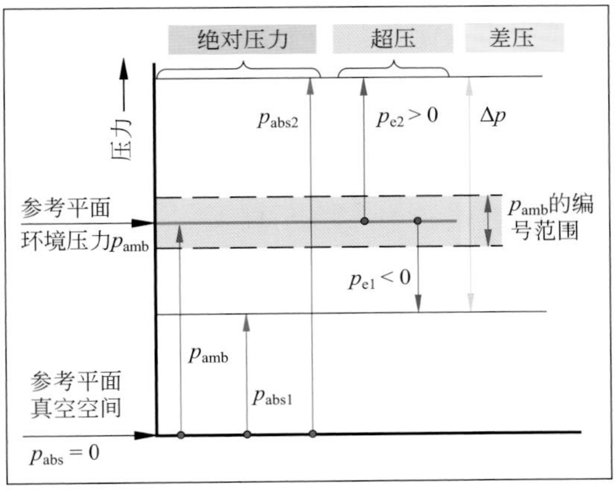

图 5-22：压力类型

当绝对压力大于大气压力 P_{amb} 时，超压 p_e 是正值（**图 5-22**）。当绝对压力小于大气压力时，是负值。负超压也称为低压或者真空。

例：将绝对压力转换为超压

$p_{amb} = 1013mbar; p_{abs1} = 500mbar; p_{abs2} = 2.800bar = 2800mbar$

$p_{abs1} = 500mbar \Rightarrow p_{e1} = -(p_{amb} - p_{abs1}) = -(1013mbar - 500mbar) = -513mbar$

$p_{abs2} = 2800mbar \Rightarrow p_{e2} = p_{abs2} - p_{amb} = 2800mbar - 1013mbar = 1787mbar$

2.3 U 形管压力计

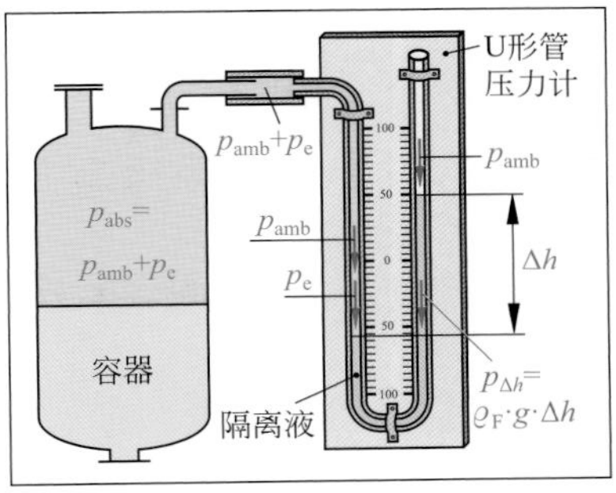

图 5-23：U 形管压力计

U 形管压力计是一个 U 形玻璃管，两侧开口，部分填充隔离液（水银或者水）(**图 5-23**)。从容器一侧，向隔离液施加容器中的绝对压力 p_{abs}，从开口侧施加空气压力 p_{amb}。阻隔液在 U 形管的一个弯管中上升，使超压 p_e 的力的作用和液柱的重量相同。双弯管中的液柱高度差 Δh 是

容器中超压 p_e 的计量单位。

以下关系式适用于将液柱的高度 Δh（以厘米水柱为单位）换算成压力单位 Pa 或者 mbar，该关系适用：$1cm\ H_2O = 98.1Pa = 0.981mbar$。

U 形管压力计只用于在实验室设备和技术中心设备中，测量较小的压力和压力差。它不适合用于工业设备。

2.4 弹簧压力计

弹簧压力计在化工厂中大量存在（**图 5-24**），它可以测量超压 P_e 或者压力差 Δp。

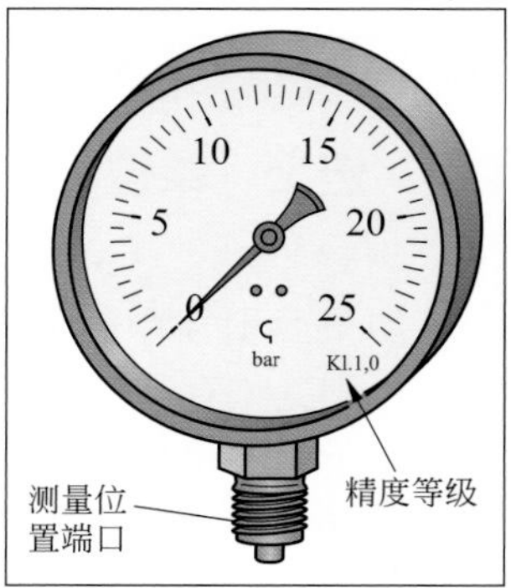

图 5-24：管式弹簧压力计（化学压力计）

其测量范围为 60mbar ～ 1000bar 以上，用于读取测量位置的压力，不需要电源连接。这种由耐腐蚀材料制成的压力计称为**化学压力计**。壳体填充有甘油或者硅油作为额外的防腐蚀保护，并且可避免指针的晃动。

弹簧压力计有不同的测量元件：

管式弹簧压力计（也称为波登管压力计）包含一个弯曲的弹性金属管，有椭圆形的横截面，其腔体与压力测量位置连接在一起（**图 5-25**，左侧）。管式弹簧在施加压力时延伸，压力降低时弹回。通过一个传动机构，将管式弹簧的延伸传递给指针。测量范围高达 1600bar。

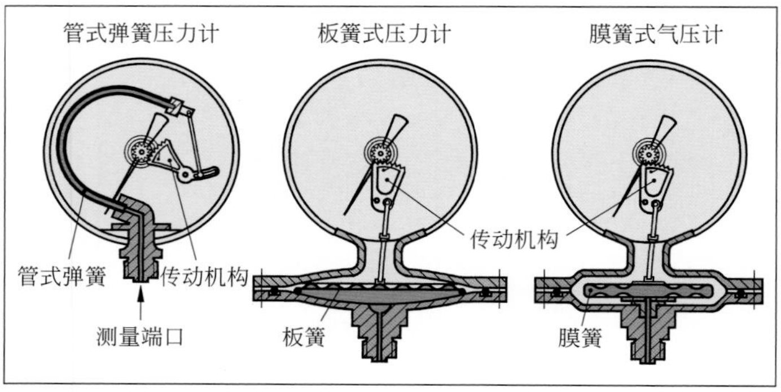

图 5-25：有不同弹簧弹性测量元件的弹簧压力计

管式弹簧通常填充有工艺物料。如果是腐蚀性物料，则填充有硅油并且通过隔膜（压力介质）隔开（第 236 页）。

在**板簧式压力计**中，卷曲的金属板用作测量元件（图 5-25，中心）。通过一个连杆将其弹性变形传递给指针。

测量范围：低压至 0.5bar，高压至 40bar。

膜簧式气压计有一个由卷曲的板材制成的膜簧（图 5-25，右侧），在施加压力时凸出，将凸起传递给指针，压力降低时弹回。

测量范围：低压至 0.5bar，高压至 40bar。

根据公称压力等级（第 10 页），将超压弹簧压力计的**测量范围**分为：0.6bar、1bar、1.6bar、2.5bar、4bar、6bar、10bar、16bar、25bar、60bar、100bar 等。

压力计的**精度等级**分为：0.1、0.2、0.3、0.6、1、1.6、2.5、4。

这些数值表示测量误差极限，以测量范围的百分比表示。

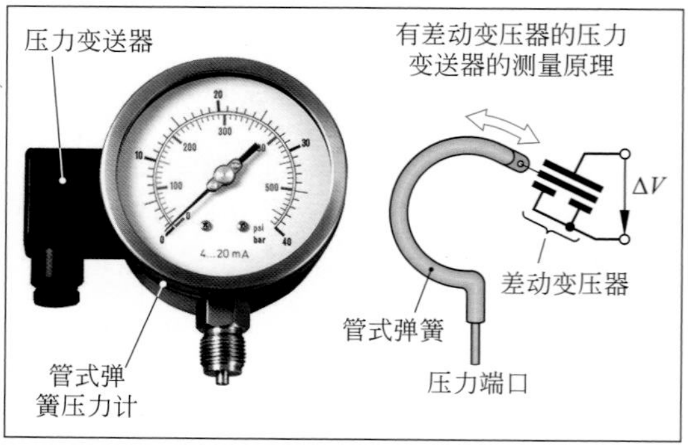

图 5-26：有变送器的管式弹簧压力计

例： 测量范围为 25bar、精度等级为 0.2 级的压力计的测量误差为测量范围 25bar 的 ± 0.2%，即 $\pm 0.2\% \times 25bar = \pm 0.05bar$，相当于 ± 50mbar。

压力变送器可以通过弹簧式测量元件，与压力计连接在一起（**图 5-26**），将压力的运行参数转换为与测量参数成正比的标准电流信号。其中，变送器包含一个差动变压器，其核心与管式弹簧连接在一起（图 5-26，右侧）。

管式弹簧偏转时，核心移动。这改变了初级线圈与两个次级线圈的磁耦合，并且产生压力差。压力差通过电子转换成一个标准电流信号。它可用于在控制室中操作测量设备，或者用于过程控制中的继续加工。

2.5 压力传感器

压力传感器（**图 5-27**）将压力转换为电子信号，并且将其发送到控制室或者过程控制系统中的显示设备。通常在测量位置没有任何显示。

作为测量元件，压力传感器在测量单元中包含一个传感元件（**图 5-28**）。这是一个小弹性薄膜板，可以限制空间压力，并且在加压时稍微变形，然后由一个机电系统将变形转换成电信号。

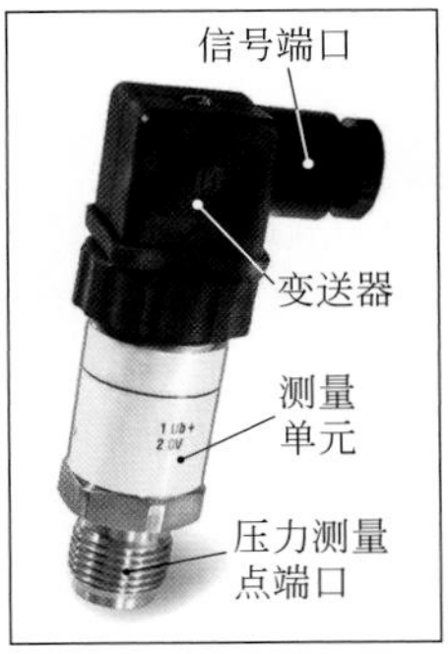

图 5-27：压力传感器（用于拧紧）

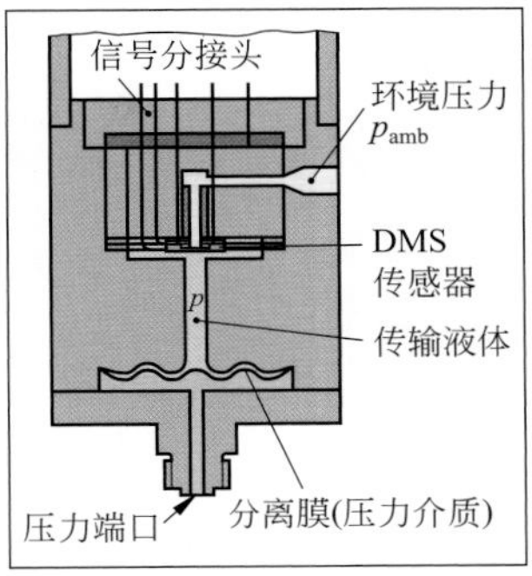

图 5-28：DMS 测量单元的结构

应变**计式传感器**，简称：**DMS 传感器**，可以将薄膜变形转换为电子信号（**图 5-29**）。施加压力时，薄膜稍微凸出，薄膜中产生膨胀和压缩区。在薄膜的表面上印有电阻轨迹线。轨迹设置为，中间的两个电阻受到压应力，薄膜边缘的两个电阻器受到拉应力。这样，电阻在施加压力时改变其电阻值。电阻与惠斯通电桥连接在一起（**图 5-30**），可以测量电阻的最小变化。与施加的压力呈正比例的较小电压将被精确检测，然后转换器将该电压信号转换为一个标准电流信号，并且将其发送到控制室中的压力指示器上。

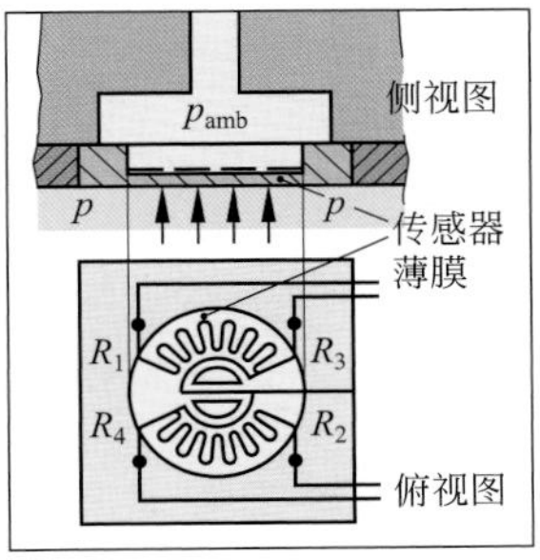

图 5-29：DMS 传感器的结构

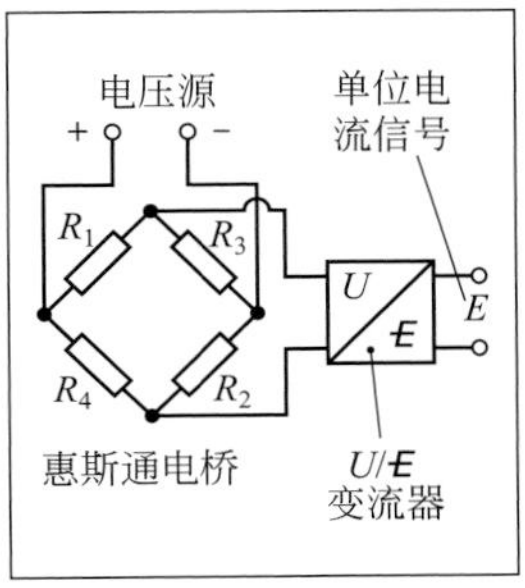

图 5-30：电阻的惠斯通互连

还有配备了压阻式、电容式或者电感式信号发生器的压力传感器（第 236 页）。

压力传感器用于化工设备的压力测量和压力控制，配有过程控制系统，流量计中配有压力差测量装置（第 248 页）。

2.6 压力计的测量范围概况

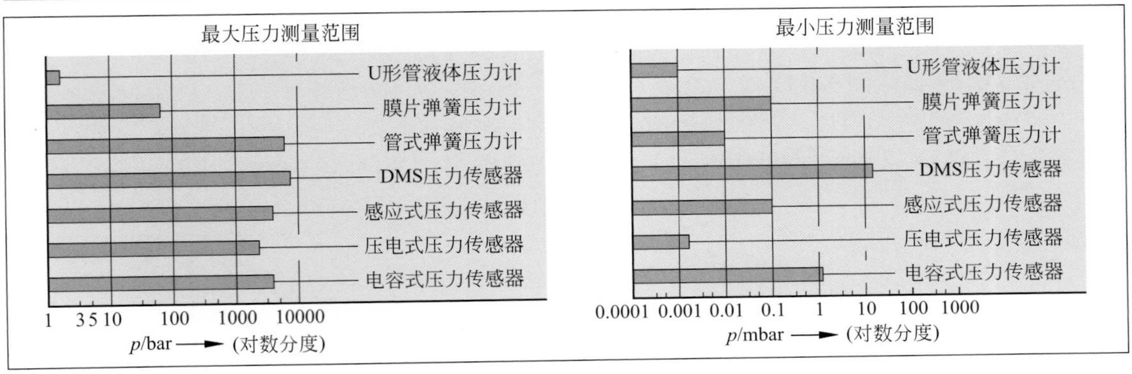

2.7 压差测量

压力差（压差）的测量有重要的应用范围：

- 测量孔板上的压力差，并且由此确定体积流量（第248页）。
- 过滤器或者精馏塔等中的压力差，可给出关于设备功能的结论。

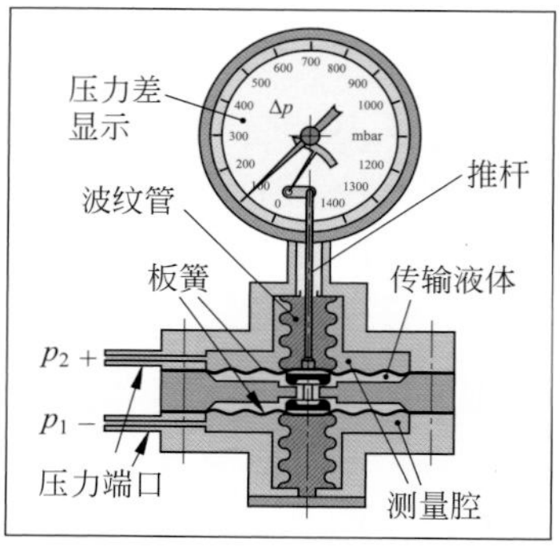

图 5-31：压力差测量的板簧压力计

压差弹簧压力计

通常，压差弹簧压力计有与相应压力计相同的功能（第234页图 5-26）。

作为测量元件，压差板簧式压力计拥有两个板簧，板簧间充满压力传导液体（**图 5-31**）。两个测量腔拥有来自空间的供应管线，并且测量其压力差。板簧在力平衡时由两个波纹管固定，压力不同将引起板簧的变形。通过推杆和杠杆，将板簧的变形位移传递到有圆形刻度的指针上，指针显示压力差。

该设备有一个表示较高压力 p_2 的标记为 + 的套管，一个表示较低压力 p_1 的标记为 − 的端口。

有感应式测量元件的压差表

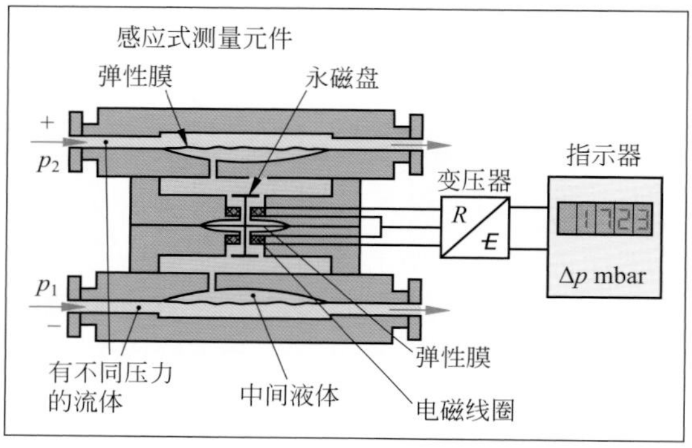

图 5-32：有感应式测量元件的压差表

该测量设备将机械压力变形转换为电子信号（**图 5-32**）。拥有不同压力的流体被输送至测量单元，并且通过弹性膜将其压力传递给中间液体。

通过弹性测量膜隔开两个压力侧的中间液体。弹性测量膜在与压力差大小呈正比例的压力差处凸出。两个永磁盘（铁氧体盘）连接测量膜并且随之移动。在测量膜的一侧有两个磁性线圈，每个磁性线圈流过相同大小的交流电流。磁盘移位时，磁耦合以及线圈的电流电阻 *R* 发生变化。通过电流电阻，可以确定转换为附加的标准电流信号 *E*，并且显示压力差 Δp 为测量参数。

2.8 压力计、压力监控器

隔膜密封件称为压力计，不与被测量压力的物质直接接触，例如用于强烈腐蚀性、高黏性或者结晶物质，这些物质会破坏或者堵塞压力计并且使其不可用。

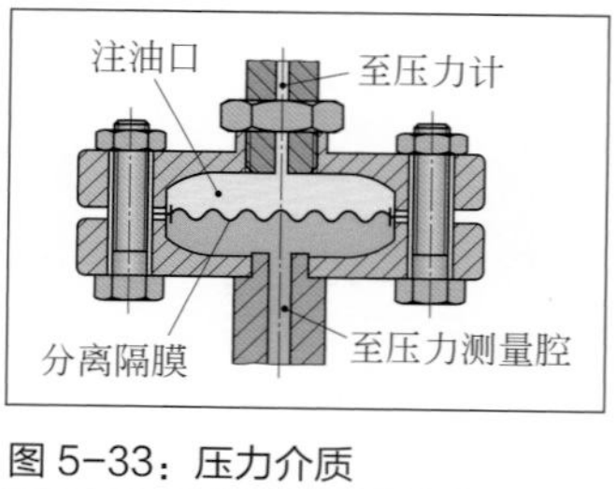

图 5-33：压力介质

隔膜密封件通过弹性分离隔膜，将待测物质的压力传递给压力表中的注油口（**图 5-33**）。

压力监控器是压力计，其中设置有极限压力下限和极限压力上限。测压时，当压力小于或者大于极限压力时输出一个电气开关信号（开 / 关）或者一个报警信号。压力监测器用于监测锅炉设备中的压力等。

2.9 压力测量的特点

在锅炉设备或者管道的不同位置测量压力时，必须了解其内部测量过程，这样可以正确解读测量结果。

锅炉设备中的压力测量

在密闭的容器中，所有液体位置上部的气室都存在作用于容器中的液体的**系统压力** p_{System}。通常，通过盖子压力计读取该压力（**图 5-34**）。

静压力
$p_{hydr} = g \cdot \rho_{Fl} \cdot \Delta h$

除了系统压力外，液体中还有 h 流体静压力。它是由液体的重量引起的，并且随着液体深度 Δh 的增加而增加。液体所受静压力可根据旁边的公式计算得出：

重力加速度 g 的数值为$g = 9.81\dfrac{m}{s^2} = 9.81\dfrac{N}{kg}$

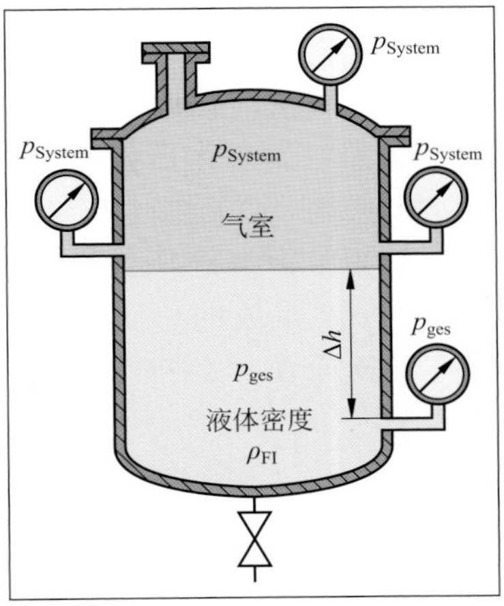

图 5-34：容器不同位置的压力

容器中液体的总压力 p_{ges} 由系统压力和静压力组成。

总压力
$p_{ges} = p_{System} + p_{hydr}$

如果在容器的气室中仅存在大气压力 p_{amb}（无超压），则液体中存在静压力和大气压力。

在气体填充的容器中，由于气体密度较低，所以静压力较小，因此通常可以忽略不计。无论所处位置的高度如何，气体容器中的压力都是相同的。

练习题： 如果锅炉的超压为 3.5bar，则有效面积为 0.40m² 的锅炉盖上受到的力是多少？

解： $p = \dfrac{F}{A} \Rightarrow F = p \cdot A \quad F = 3.5\text{bar} \times 0.40\text{m}^2;\quad 1\text{bar} = 100000\text{N/m}^2$

$$F = 3.5 \times 100000\frac{N}{m^2} \times 0.40m^2 = \mathbf{140000N \approx 140kN}$$

作业： 如果罐中的液体高度为 8.5m ($\rho_{Fl} = 0.87\text{g/cm}^3$)，则液体罐底部的静压力是多少？

流动介质中的压力测量

在流动介质，例如流动的液体中，存在两种类型的压力：

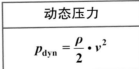

静态压力
$p_{stat} = \dfrac{F}{A}$

（1）**静态压力** p_{stat}。由作用在液体上的挤压力产生，并且作用于液体的所有方向（**图 5-35**）。

（2）**动态压力** p_{dyn}。由液体的流动力引起，并且仅作用于流动方向，也称为背压、速度压力或者流动压力。

动态压力
$p_{dyn} = \dfrac{\rho}{2} \cdot v^2$

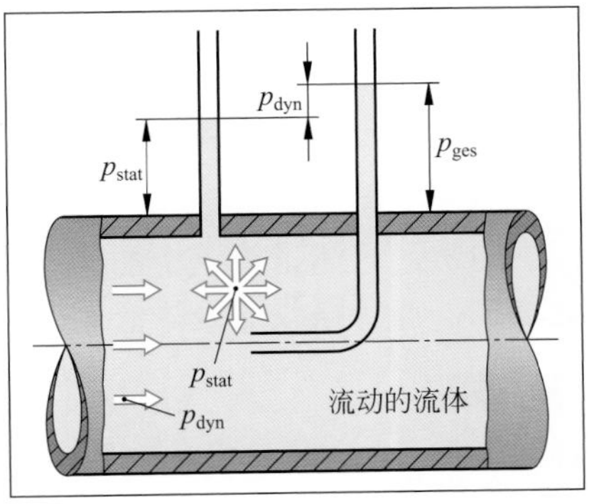

图 5-35：流动流体中的静态和动态压力

可以根据旁边的公式计算得出。

其中，ρ表示流体密度，v 表示速度。

液体静止时，流动速度和动态压力为零。这里只存在静态压力。

在流动方向上流动的液体的**总压力** p_{ges} 是静态压力和动态压力的总和。

总压力
$p_{ges} = p_{stat} + p_{dyn}$

因此，测量流动介质中的压力时，可以根据测量位置的分布，测量三种类型的压力：静态压力、动态压力和总压力（**图 5-36**）。

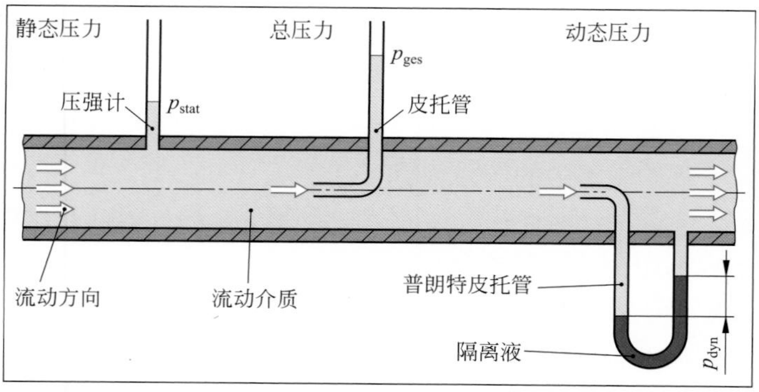

图 5-36：流动介质中的压力测量类型

如果测量位置垂直于流动方向，则只测量液体中的静态压力 p_{stat}。测量装置称为**压强计**。

如果测量位置在流动方向上，则测量由静态压力 p_{stat} 和动态压力 p_{dyn} 组成的总压力。测量管称为**皮托管**。它伸入管路中并且有 90° 的弯曲，使测量位置的开口与流动方向相反。

只通过一个压力差测量装置，如普朗特皮托管，测量动态压力 p_{dyn}。它是皮托管和压强计的组合。

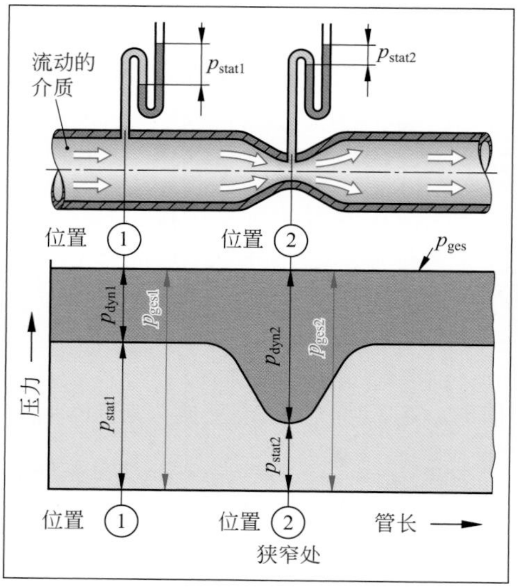

图 5-37：有狭窄处的管道中的压力变化

管道中的压力变化

总压力表示流动液体中包含的总能量。在水平管道中，并且可以忽略流量损失时，管道中的所有位置的总压力均相同（**图 5-37**）。

因此，较大宽度的某个位置的总压力①，与狭窄处的总压力相同②：$\boldsymbol{p_{ges1}=p_{ges2}}$。

在狭窄处②，管横截面减小。由于这里的流量和较宽位置①的流量相同，②处的流动速度更大。由于②处较高的流动速度，动态压力增加 $[p_{dyn}=(\rho/2)\cdot v^2]$。因为各处的总压力相同，所以必须通过降低静态压力来补偿增加的动态压力（图 5-37，图的下半部分）。

> 在管路收缩处，动态压力增加，静态压力降低。
> 在管路扩展处，动态压力降低，静态压力增加。

通常，只测量管道中的静态压力。如果在管道的不同位置测量压力，则压力在管路扩展处增加，在管路收缩处降低。

复习题

1. 绝对压力和超压有什么区别？
2. 哪个超压对应 2.132bar 的绝对压力？
3. 请说明管式弹簧压力计的测量原理。
4. 压力计的精度等级表示什么？
5. 压力传感器如何工作？
6. 压力介质的用途是什么？
7. 流动的液体中存在哪些类型的压力？

3 液位的测量

容器的液位测量（level measuring）有两个主要目的：

（1）必须测量容器（罐、存储容器、反应釜、料仓）中物料的体积或者质量，以确保保留足够的原料用于生产，或者以正确的质量比例，在反应容器中混合反应原料。

（2）必须防止过量填充或者空置容器，以免发生故障。

液位计和极限值开关，可以完成上述两个目的。

液位计（level meter）用于**测量容器中的物质**。它测量容器中的液体或者散装固体的垂直高度（**图 5-38**）。通过测量的垂直高度 h 和容器的几何尺寸，计算容器中存在的体积 V 或者设备内部的质量 m，并且将其显示为体积或者质量数值。

极限值开关用于确定最高和最低高度（最大 / 最小高度）（**图 5-39**）。超过或者低于极限值时，它向泵或者排空阀发出控制信号，同时触发声音信号或者警报。

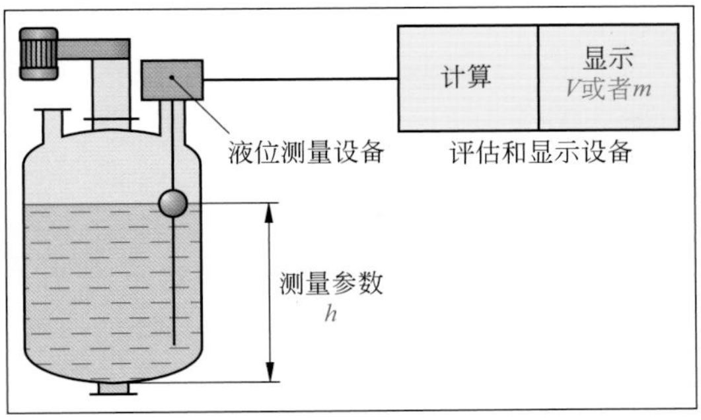

图 5-38：液位测量装置的原理

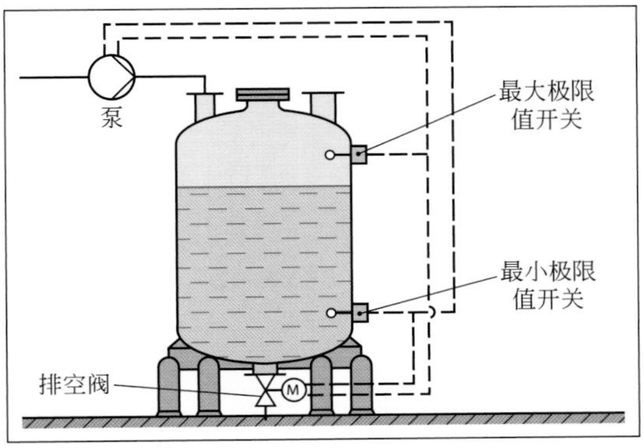

图 5-39：确定最高和最低高度

3.1 液位测量设备

有各种不同的液位测量设备，可根据运行条件以及精度要求和成本进行选择。

3.1.1 机械液位测量设备

机械液位测量设备（**图 5-40**）直接测量液位的垂直高度。它性能可靠，精度高，但不适合测量高黏度介质的流量。部分还能产生用于中央显示和控制的电信号。最重要的机械液位测量设备描述如下。

通过一个**观察窗**可以直接观察液位，并且在刻度上读取液位高度或者容器体积。

量尺或者**测量杆**可用于调试期间对容器进行校准等：在测量液位高度的同时，用已知体积的液位填充容器，将液位高度和液体体积数值记录在校准表中。

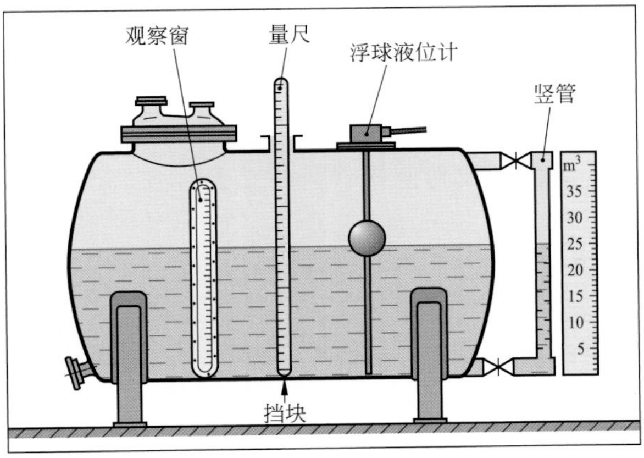

图 5-40：机械液位测量设备

运行时，读取量尺湿度极限的垂直高度，并且根据校准表确定容器体积。量尺也可以有体积刻度。

浮球液位计由一个空心球组成，它位于一个滑动杆上，根据液体的垂直高度在容器中有一定的浮动高度（图 5-40）。浮球中有一个环形磁铁，滑动杆上有一个电子簧片电阻链（**图 5-41**）。它由一个狭窄的小电阻带组成，在非磁化状态下打开。在环形磁铁围绕电阻链的位置处，它通过磁场而非滑动杆，无接触地关闭其高度上的**簧片电阻器**。电阻链的测量电阻值与容器中的液位高度成正比。电阻值转换为一个标准电流信号，并且在控制室中显示为液位高度。电流信号也可用于限制电路。

竖管或者**旁通管**是一个在顶部和底部连接容器的玻璃管（图 5-40）。根据连通管的原理，管中的液体与容器中的液体一样高。通过液体线的刻度，可以读取容器中液体的含量。

旁路液位指示器有一个由不锈钢（不可磁化）制成的竖管（**图 5-42**）。在管中有一个与液体一样高的浮子，其中有一个内置磁铁。在测量管外部，附有磁性指示条，它由一系列有两个颜色侧面的小旋转磁板组成。通过磁性浮子，将磁板旋转 180° 并且通过颜色变化指示液位。测量管可另外配备磁性限位接触器。它会生成一个远程信号，用于在控制室中指示液位。

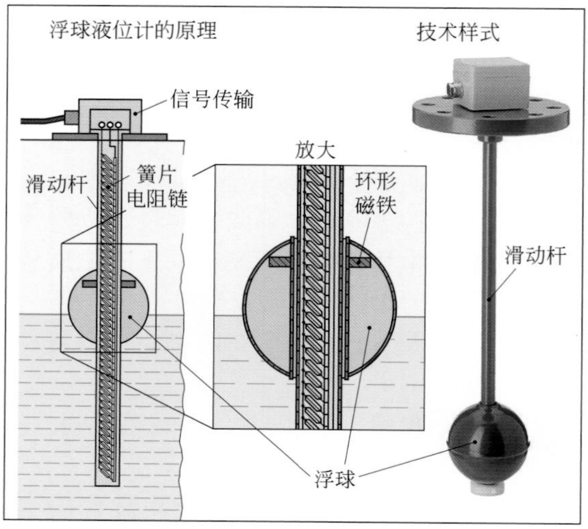

图 5-41：浮球液位计

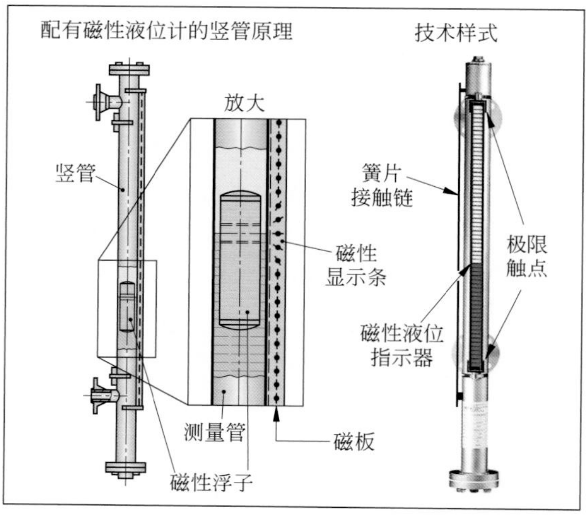

图 5-42：有磁性浮子和磁板显示的竖管

3.1.2 静压液位测量设备

测量原理是液体底部的静水压力与液体高度呈比例增加：$p_{液} = \rho_{Fl} \cdot g \cdot h$。

有几种静压测量方法。

静压液位传感器作为探头悬挂在容器顶部，或者在侧面法兰连接 2 个压力传感器（**图 5-43**）。

如果在液体上方的气室中存在压力 $p_{系统}$，则压力差 $p_{地面} - p_{系统} = p_{液}$是液位高度 L 的量度。压力差测量信号转换成标准电流信号，传递到控制室中指示液位。

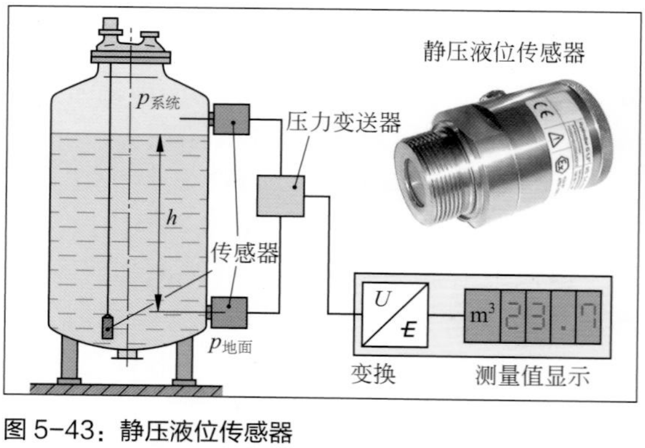

图 5-43：静压液位传感器

另外一种静压液位测量方法是**鼓泡法**。

其测量装置包括一根短管和一根长管，它们通过盖子套管伸入容器中（**图 5-44**）。两个管路（*DN* 25）都有吹扫气体（氮气）流经，并且连接到压力差测量设备上。在短管中，气室中的压力为 $p_{系统}$。在长管中，吹扫气体必须额外克服静压，使其从管的开口端吹扫到液体中。这里存在总压力 p_{ges}，它大于 $p_{系统}$ 的数值为 Δp。压力差是：$\Delta p = g \cdot \rho_{FI} \cdot \Delta h$。

压力差 Δp 是液位高度 Δh 的量度。它通过传感器转换为标准电流信号，可用于显示和过程控制。

鼓泡法对测量管开口处的污染物敏感。

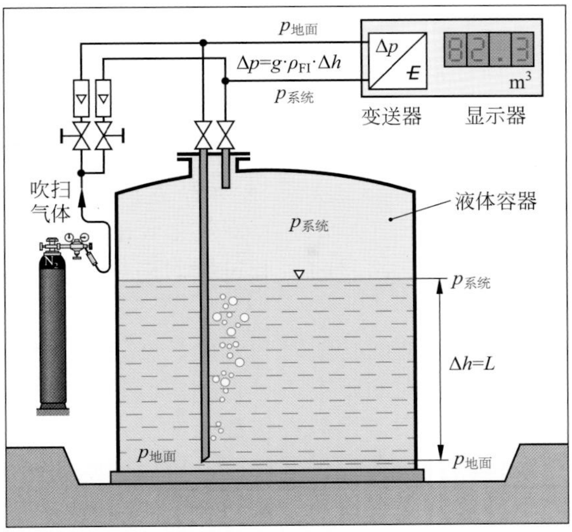

图 5-44：通过鼓泡法进行的液位测量

3.1.3 超声波液位测量设备

超声波液位计用于非接触测量液位。它根据声波发射和接收的时间差来计算传感器至被测液体表面的距离，以此确定液位高度。

测量设备由一个测量头、一个评估和显示装置组成（**图 5-45**）。

发射器 / 接收器头安装在容器盖上。在液体表面反射由发射器发射的超声波信号，并且由接收器再次接收。测量波信号的传播时间，然后通过波速来计算测量头与设备内部液体表面的距离。通过容器尺寸，确定并且在显示器上显示液体的填充体积。

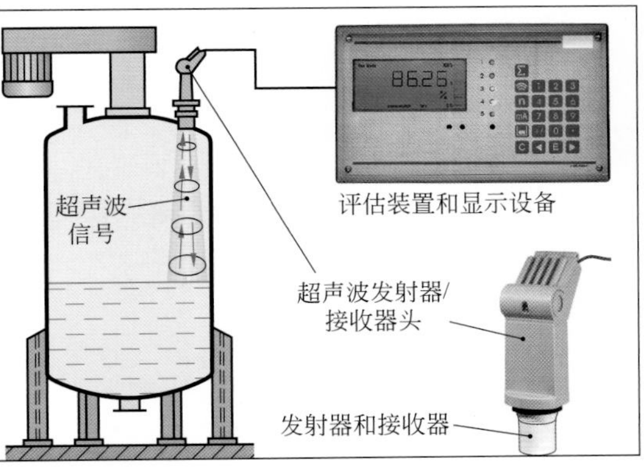

图 5-45：超声波液位测量

3.1.4 电容液位测量设备

电容探头从靠近侧壁的顶部，伸入容器中直到底部，并且与容器壁形成一个电容器系统（**图 5-46**）。

如果向探头施加一个较小的交流电压作为测量值，可以测量电容器系统的电容电阻。在固定的测量结构中，该系统的电容电阻仅与探头和容器壁之间的物质（电介质），以及液体的高度有关。如果容器中的液位发生变化，则电容电阻会随之变化。测量信号与液位呈比例。它用于显示和控制或者限制电路。该设备适用于腐蚀性物质液位的测量。

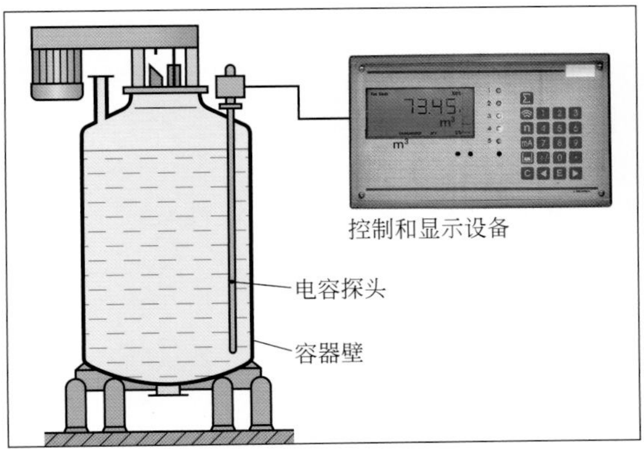

图 5-46：电容液位测量

3.1.5 雷达液位测量设备

雷达液位测量与超声波液位测量相似，通过雷达波的传输时间确定液位高度。

容器盖上的雷达发射器 / 接收器测量头，通过天线将雷达波发送到容器的底部（**图 5-47**），然后在液体表面和容器底部反射，并且由测量头再次接收。此过程对应一个雷达信号回波图。

从雷达波的传输时间开始，在设备内部计算至液体表面的距离，并且确定液体垂直高度或者容器体积，然后直接显示在显示器上。雷达液位测量设备的评估程序，可以消除由于搅拌器或者泡沫引起的误差回波。

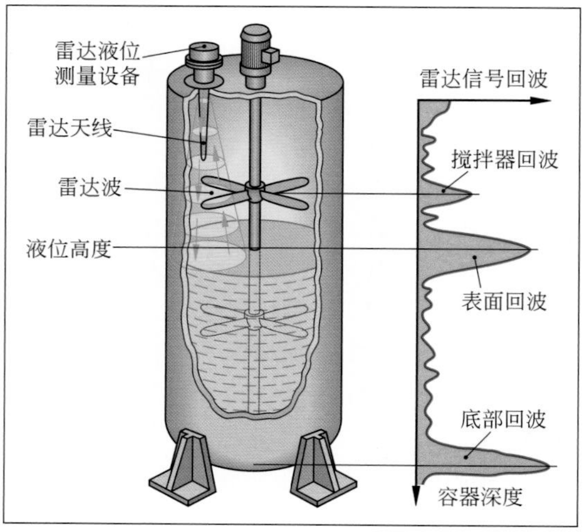

图 5-47：雷达液位测量

雷达测量方法有两种：

在**非接触式雷达液位测量装置**中，通过一根天线将雷达信号自由发射到容器中（图 5-47）。在**导向雷达测量方法**中，雷达信号沿着一个从容器盖到容器底部的绳索探头或者杆探头传播。

3.2 液位限位开关

液位限位开关用于确定容器中允许的最大液位或者最小液位，并提供切换泵或者阀门的切换信号（第 239 页图 5-39）。此外，可以在限位开关的安装处设置一个闪光和 / 或者声音信号。

通常，如果配备了极限值信号传感器，则第 239 ～第 242 页中所述的液位测量设备可以用作限位开关。

如果只需要控制极限值，则使用仅用作液位极限值传感器的特殊设备。它比液位测量设备更便宜、更坚固。

其中包括各种机械 / 电气**浮球限位开关**。它们有不同的样式，可以垂直或者水平安装（**图 5-48**）。

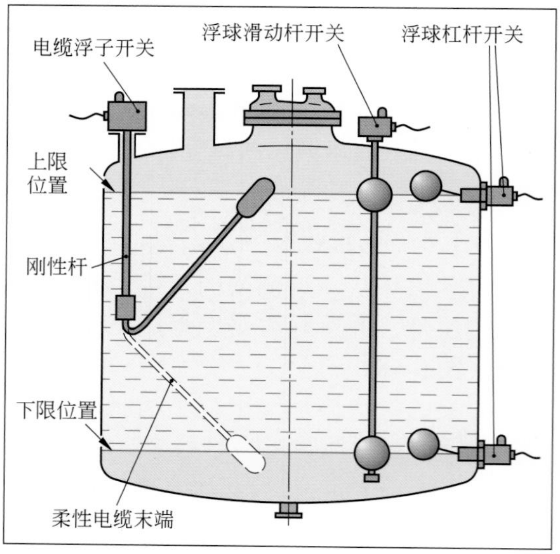

图 5-48：不同的浮子开关

悬挂式内置的电缆浮子开关由一个浮体组成，其末端悬挂在容器中的柔性电缆上。如果液位上升，则它会升高，液位下降时它也会下降。在浮子为一定倾斜度时，电子水银接触开关在其内部闭合，触发一个开关信号。

水平安装在容器壁中的**浮球杠杆**开关在杠杆上有一个浮子（图 5-48），在经过水平位置时产生一个切换信号。它安装在上限和下限位置。

限位开关也可以是滑动杆上的**浮球**（图 5-48）或者有限位开关的**竖管**（第 240 页图 5-42）。

此外，还有依据其他物理原理的限位开关。

光电传感器有一个石英玻璃锥尖（**图 5-49**）。它包含一个发射红外光的发光二极管和一个红外光接收器。如果传感器处于空气中，则红外光会被石英玻璃的**全反射器**反射，并且进入接收器中。如果容器中的液体上升，并且覆盖了传感器，则由于另外一种介质没有全反射，红外光进入液体中。接收器确定光亮消减并且给出一个切换信号。

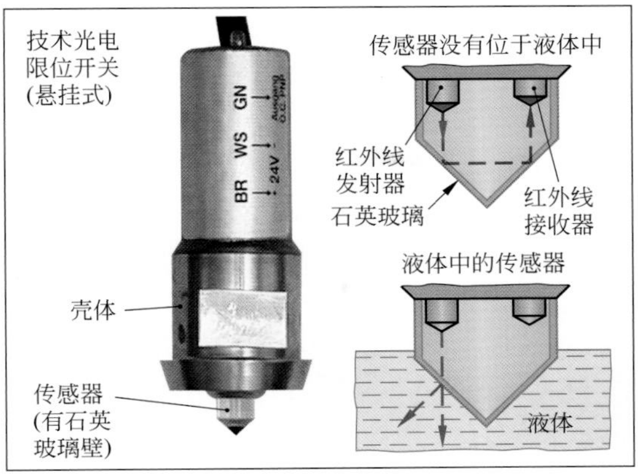

图 5-49：光电限位开关

音叉限位开关有一个双臂音叉（**图 5-50**）。通过一个振动发生器和其共振频率，使音叉振动。共振频率与音叉所在的介质有关。如果介质变化，例如达到液位上限或者下限，则共振频率发生变化。集成在设备中的电子设备检测到变化频率，然后给出一个切换信号。

导电限位开关用于导电液体的液位检测。它有两个或者多个不同长度的电极。向其中一个电极施加一个较小的交流电压（例如 2V）（**图 5-50**），如果电极之间没有液体，则电路断电。如果两个电极浸没在液体中，则电流流动，并且触发切换信号。

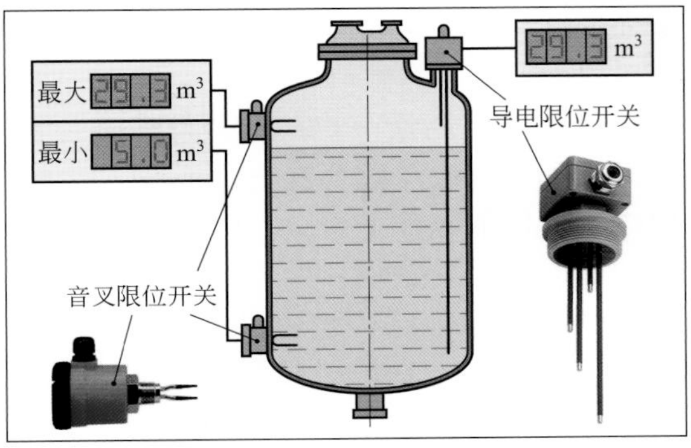

图 5-50：音叉限位开关和导电限位开关

3.3 散状物料的填充高度测量设备和限位开关

机械装置和设备是用于测量料仓中散状物料填充高度的简单但是行之有效的方法（**图 5-51**）。

通过观察窗肉眼查看安装在料仓相对内壁上的刻度，大概估算填充高度。

更有效的是量尺（测杆），可以一直降到料仓中直至接触物料停止。同样可以简单使用的是**铅坠**。它悬挂在一个带尺上并且逐渐下降，直到位于散状物料上，然后通过刻度读取填充高度。

与料仓盖法兰连接的**旋转叶片填充高度指示器**，用作填充高度检测器（图 5-51）。如果填充物上升，并且旋转叶片被散状物料覆盖，则其旋转运动受到抑制，电动机的功耗增加。通过一个测量设备检测这种情况，并且转换为限制信号。**倾翻限位开关**悬挂在料仓中的电缆上。如果散状物料达到极限开关，则开关翻转至倾斜或者水平位置，内置的水银开关触发切换信号。

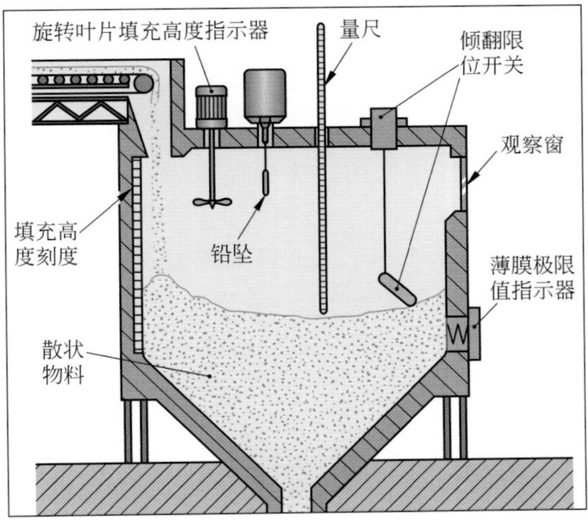

图 5-51：料仓中的机械填充高度测量

薄膜极限值指示器安装在料仓的侧面（图5-51）。其弹性薄膜在一定的散状物料填充高度下弯曲并且产生一个限位信号。

通过超声波、雷达或者γ射线的液位测量设备，可以提供更准确的测量值。

超声波散装高度测量器（图 5-52）的工作原理与液位测量相同（第241页图5-45）。在超声波限位信号传感器中，一对发射器 / 接收器安装在料仓的两侧（图5-52）。发射器发射超声波，并且由接收器记录。如果散状物料中断传声路径，则接收器触发切换信号。

此外，在料仓中也可以**使用雷达波测量散装高度**（参见第242页图5-47），即使存在大量灰尘时也可以提供可靠的测量值。

射电液位测量，也称为γ射线液位测量，与γ辐射体和γ射线计数管链一起工作（**图 5-53**）。γ辐射经过透射的物体而减弱。测量计数管链每个部分中的辐射量，它是液位的度量，并且在设备内部换算为液位数值。

注意：γ射线对健康有害。

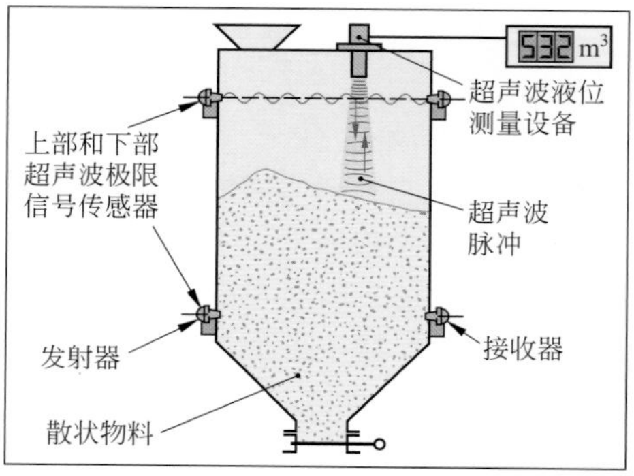

图 5-52：通过超声波测量散装高度和限位开关

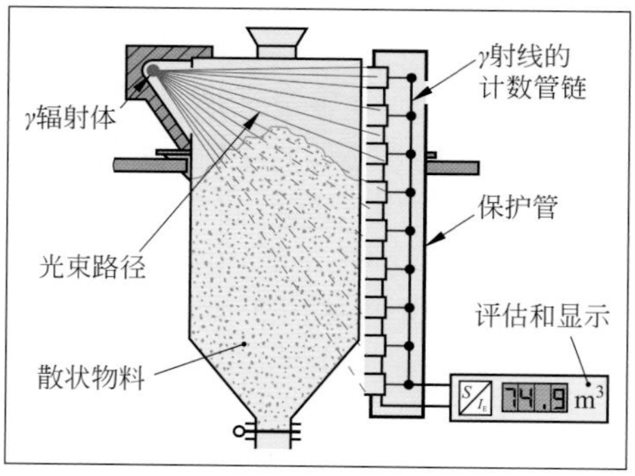

图 5-53：γ射线液位测量

液位测量设备的选择和适用性

液位测量设备（FSt-MG）	适用于对象	特殊特性
机械 FSt-MG	液体和散状物料	结构简单、直接读取，仅部分有电子信号，易受结壳影响
静压 FSt-MG	液体	结构简单，也适用于压力容器，易受污染物和结壳影响
超声波 FSt-MG	液体和散状物料	非接触式，有各种应用方案，用于腐蚀性和有毒介质，设备价格低廉
电容 FSt-MG	导电液体	功能可靠，用于腐蚀性和有毒液体，仅用于导电液体
雷达 FSt-MG	液体和散状物料	非接触式，用于腐蚀性和有毒介质，即使是严重的粉尘和泡沫也适用
γ射线 FSt-MG（射电 FSt-MG）	散状物料（液体）	非接触式，用于强烈腐蚀性和有毒介质，需要较高的安全费用

复习题

1. 为什么竖管中的液体与容器中的液体一样高？
2. 请解释有簧片阻力链的浮球式液位测量设备的原理。
3. 如何通过超声波和雷达波进行液位测量？
4. 限位开关的用途是什么？
5. 请说明电容液位测量的工作原理。
6. 请解释音叉限位开关的功能原理。
7. 旋转叶片限位开关如何工作？
8. 请解释通过γ射线如何进行液位测量？

3.4 容器的容积

测量容器内的容积时，通常测量容器中液体或者散状物料的高度 h，然后根据容器的几何形状和液位高度确定体积 V，并且通过旁边的等式和材料密度 ρ，确定填充物的质量：$m = \rho \cdot V$

主要使用的液体存储容器有三种类型：有圆形底部的直立圆柱体、球形容器和有水平及圆形侧面的水平圆柱体。

散状物料的料仓由一个圆柱体组成，圆柱体在底部通向倒置的截锥漏斗。

通过面积 A 或者直径 d 和高度 h，计算有圆形横截面和水平端面的**直立圆柱体**的体积（**图 5-54**）：$V = A \cdot h = \frac{\pi}{4} d^2 \cdot h$。

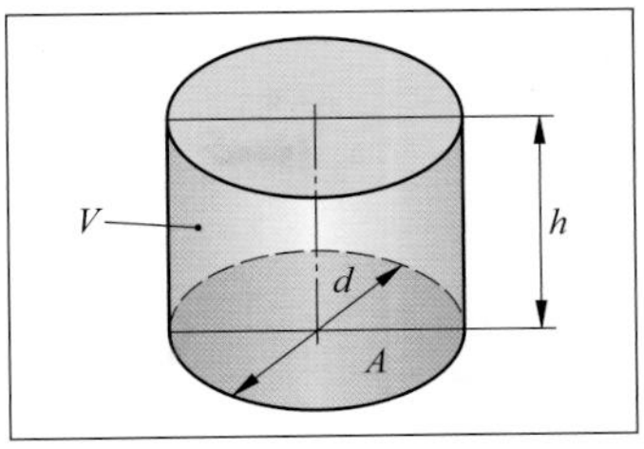

图 5-54：直立圆柱体

注意：等式中出现的容器的所有尺寸，如 h、d 或者 r，是容器的内部尺寸。

工业容器通常具有圆底（**图 5-55**）。

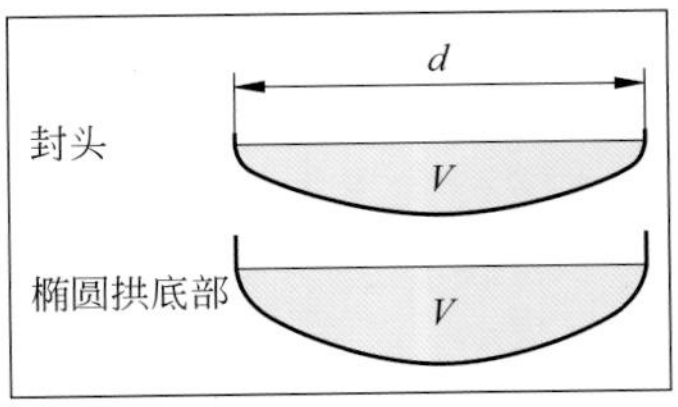

图 5-55：容器底部

其体积是 – **封头**时：$V \approx 0.10d^3$

– **椭圆拱底部**时：$V \approx 0.13d^3$

通过较大（d_1）和较小（d_2）的内直径以及高度 h，计算料仓的**截锥体**的体积（**图 5-56**），其关系为：

$$V = \frac{\pi}{12} \cdot h \cdot (d_1^2 + d_1 \cdot d_2 + d_2^2)$$

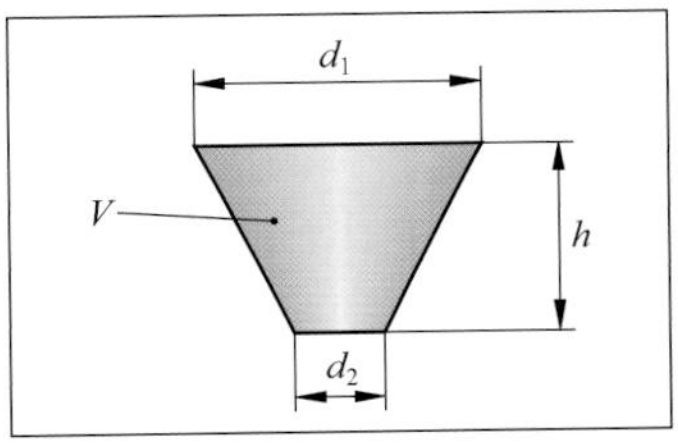

图 5-56：截锥体

球形容器的总体积（**图 5-57**）是：$V_{ges} = \frac{4}{3}\pi r^3$

如果球形容器填充了一半以上，例如直到高度 H，则体积计算为：$V_H = \frac{\pi}{3}[4r^3 - (2r - H)^2(r + H)]$

填充不到一半时，例如至高度 h，球冠的体积为：

$$V_h = \frac{\pi}{3} h^2 (3r - h)$$

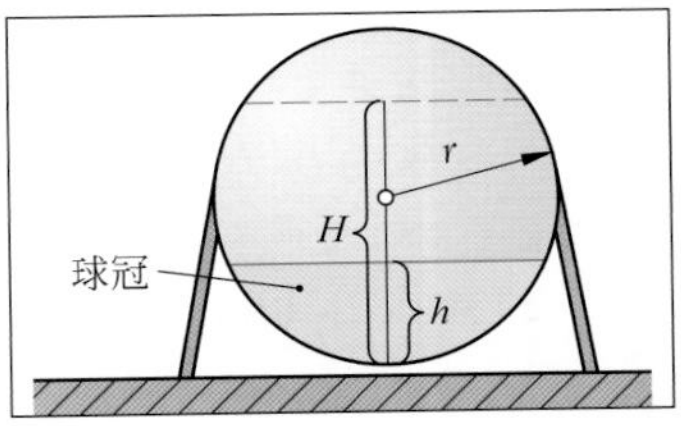

图 5-57：球形容器

有平坦侧面的完全填充的**水平圆柱体**的总体积为：

$$V_{ges} = \pi r^2 l$$

如果水平圆柱体有球面的圆形侧面（**图 5-58**），则通过等式计算其总体积：

$$V_{ges} = \pi r^2 l + 2\left[\frac{\pi s}{6}(3r^2 + s^2)\right]$$

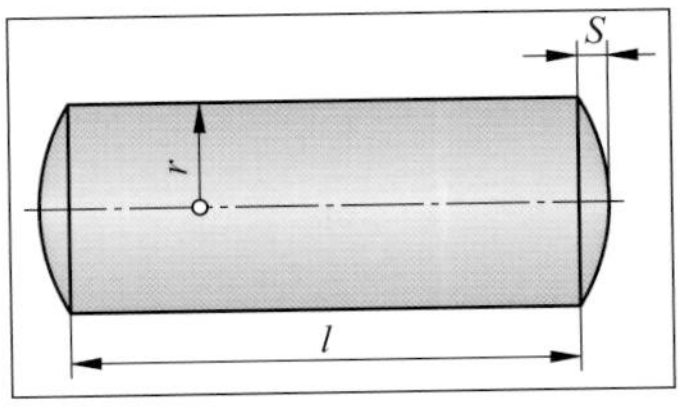

图 5-58：有圆形侧面的水平圆柱体

练习题：内直径为 9.00m 的球形罐高 6.50m，充满液体。罐中的液体体积是多少？

解：

$$V_H = \frac{\pi}{3}[4r^3 - (2r - H)^2 \times (r + H)]$$

$$= \frac{\pi}{3}[4 \times 4.50^3 \text{m}^3 - (9.00\text{m} - 6.50\text{m})^2 \times (4.50\text{m} + 6.50\text{m})]$$

$$= 309.71\text{m}^3 \approx 3.10 \times 10^2 \text{m}^3$$

作业：有圆形侧面的半满水平圆柱形液体罐，包含多少立方米的液体？其总长度为 8.25m，直径为 3.42m，横向倒圆为 0.25m（均为内部尺寸）。

3.5 容器中的气体量测定

为了确定容器中的气体量，需要确定多个参数。

其中包括气体容器的体积 V，以及容器中气体的状态条件温度 T 和压力 p（**图 5-59**），由此计算出气体量。气体是可压缩的。这表示在一定体积的容器中，可以包含或多或少的气体，这取决于气体的压力。此外，气体体积随着温度变化而改变。

为了可以相互比较气体量，通常将其体积换算为标准状态。该标准态状的气体体积称为**标准气体体积 V_n**。

根据 DIN 1343 定义标准状态（标准条件，standard conditions）：
标准温度 $T_n = 273K$（对应于 0℃），**标准压力 $p_n = 1.013bar$**。

在气体压力不大于 10bar 时，可通过**气体的一般状态方程**，将气体体积换算为标准条件下的体积。

标准气体体积

$$V_n = \frac{T_n}{p_n}\frac{pV}{T}$$

通过右边的方程计算标准气体体积 V_n。

其中：p 表示容器中的压力，T 表示容器中的温度（单位：K），V 表示容器的容积。

压缩气罐（图 5-59）

在压力气罐中，容器体积 V 是恒定的，可以根据容器几何形状及其尺寸来计算。在球形压缩气体容器中，容器体积为：$V = \frac{4}{3}\pi r^3$。

为了确定标准气体体积，测量容器中气体的状态条件 p 和 T，并且将其代入计算公式中（见右上图）。

例：在体积为 800m³ 的球形压缩气体容器中，气体的压力为 2.40bar，温度为 18.0℃（291 K）。标准气体体积为

$$V_n = \frac{273K \times 2.40bar \times 800m^3}{1.013bar \times 291K} \approx 1.78 \times 10^3 m^3$$

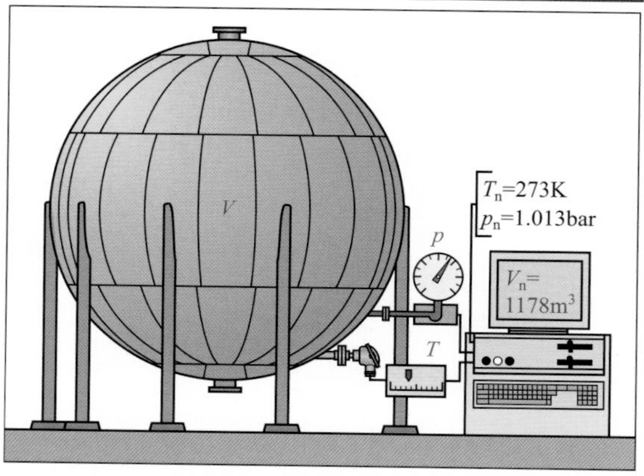

图 5-59：球形压缩气体容器中的标准气体体积的测定

用液体封闭的气体容器和盘形气体容器

用液体封闭的气体容器和盘形气体容器有一个随着容器盖高度 h 增加的容积 V（**图 5-60**）。为了确定标准气体体积 V_n，必须测量容器盖高度，例如可以使用一个固定安装在盖子上的摄像机，将摄像机对准固定在容器壁上的高度刻度以确定容器盖高度。这样，可以通过容器的几何形状测定容积，从而计算出标准气体体积。

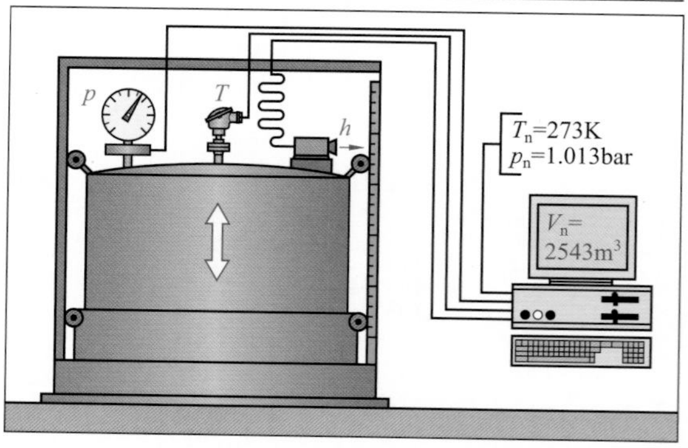

图 5-60：用液体封闭的气体容器中的标准气体体积的测定

在自动化测量装置中，定期（例如每分钟）测定气体的状态值，并且由过程计算机计算标准气体体积。

复习题

1. 计算球形容器体积的公式是什么？

2. 通过哪个关系式将气体体积换算为标准状态？

4 流量的测量

在化学工程中，流量、体积和质量的测量（数量测量）是至关重要的。

这些测量方法的典型应用范围是：

- 将一定质量比的工艺物料加入连续运行的反应器中。
- 加入热蒸汽，用于能源供给。
- 在分批反应中加入特定质量或者体积的物质。

根据连续或者分批测量值测定的要求，分为两种测量类型：

- 测量瞬时流经管道的体积流量$\dot{V}$或者瞬时流动的质量流量$\dot{m}$。测量设备称为**流量计**。
- 测量某个时间段内流经的体积 V 或者流经的质量 m。用于数量测量的测量设备称为**计量表**。

此外，还有只显示是否存在流量，或者流量是否高于或者低于预设流量值的测量设备。该测量设备称为**流量指示器**或者**流量监视器**。

物理基础

在化工设备中的流体（液体和气体），常用管道进行输送。

流体流量计算的理论模型是，流体像活塞一样流过管路，并且在整个管路横截面 A 上具有相同的流速 v（**图 5-61**）。但实际情况并非如此，管路中心的流速 v 大于管路边缘的流速（第 36 页图 1-70）。但是，为了简化流速和物质量的计算，用算术平均速度 v 来计算。

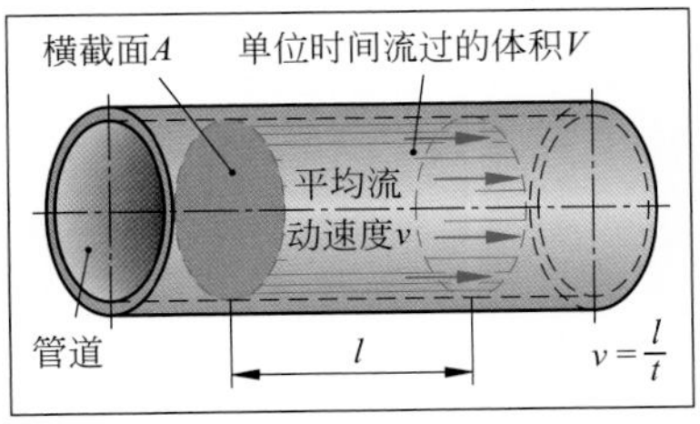

图 5-61：流体流动的模型

流量测量

体积流量$\dot{V}$（flow rate）定义为单位时间 t 内流动的体积 V，定义等式如右侧所示。

可以通过平均流速 v 和管路横截面积 A，计算流过管路的体积流量$\dot{V}$。

针对$\dot{V}$，也使用公式符号 q 和 F。

体积流量的常用单位是 L/s、L/min、m^3/h 等。

质量流量$\dot{m}$（mass flow）的定义类似于体积流量，定义等式如右侧所示。可以通过密度 ρ，由体积流量计算得出。

针对质量流量，也使用符号 q_m 和 F_m。质量流量的常用单位是 kg/s、t/h 或者 t/a（吨 / 年）。

体积流量
$\dot{V} = \frac{V}{t}$ $\dot{V} = Av$

质量流量
$\dot{m} = \frac{m}{t}$ $\dot{m} = \rho\dot{V}$

体积和质量的测量（数量测量）

根据旁边的公式，通过测量的体积流量$\dot{V}$，计算在时间段 t 内流过管路的体积 V。

常用的体积单位是升（L）和立方米（m^3）。

通过质量流量$\dot{m}$或者流体的密度和体积流量$\dot{V}$，以及旁边的等式，计算在时间段 t 内流过管路的质量 m。质量单位是千克（kg）和吨（t）。

流过的体积
$V = \dot{V}t = Avt$

流过的质量
$m = \dot{m}t = \rho\dot{V}t$

4.1 流量计

4.1.1 转子流量计

转子流量计（也称为浮子流量计）由垂直向上扩展的玻璃管组成，待测流体从下部流过玻璃管（**图 5-62**），液流提升管路中的浮子。浮子提升越高，则流体的自由流动横截面越大。

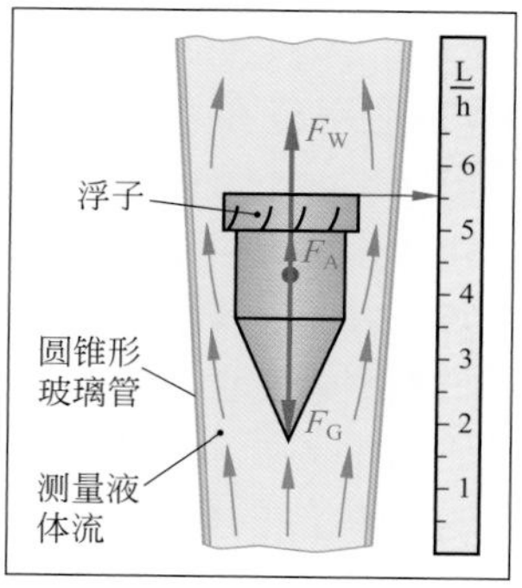

图 5-62：浮子流量计的原理

如果浮子的重力 F_G 与向上的浮力 F_A 加上流动力 F_W 之间存在力平衡时，则浮子保持在其高度上悬浮。浮子上的倾斜槽口使其缓慢旋转并且防止被卡住。在浮子上边缘的高度处，可以通过外部设置的刻度读取体积流量 $\dot{V}$。测量范围宽度为 1∶10。

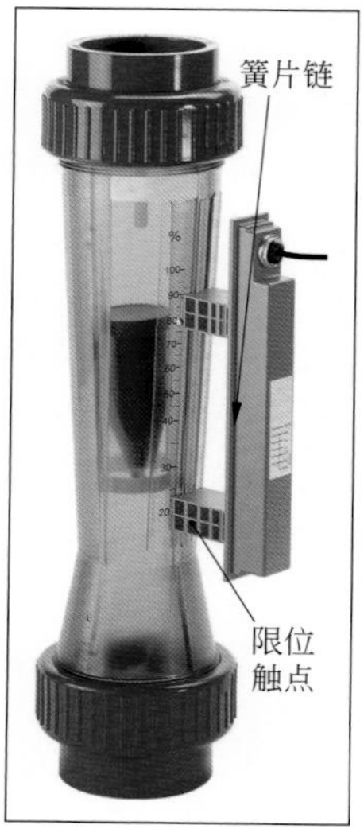

图 5-63：浮子流量计

在工业设计中，浮子流量计由一个塑料管或者一个玻璃管组成（**图 5-63**），它们可以额外安装在金属外壳中。通过使用有嵌入式磁铁的浮体，可以操作安装的簧片链测量值传感器（第 240 页）或者限位触点，使浮子流量计可用于调节流量。

还有一些浮子流量计的浮子压在弹性螺旋弹簧上，它可以安装在水平位置中。

浮子流量计的使用，仅限于测量低黏度液体较小至中等体积的流量，并且液体中不含固体颗粒或者低压气流。最佳情况下，其精度是测量范围最终值的 2.5%。

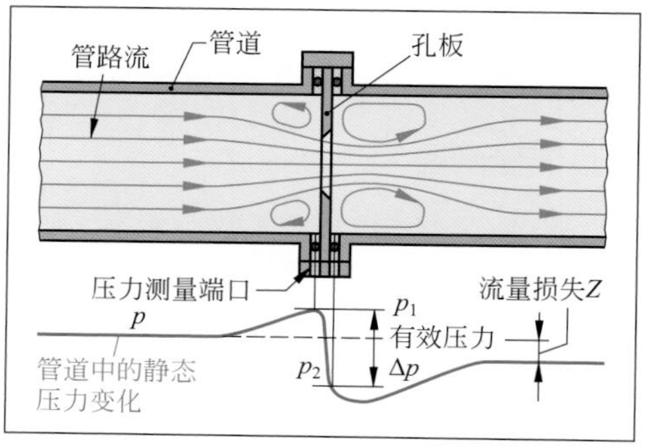

图 5-64：孔板上的压力变化

4.1.2 孔板流量计

有孔板的流量计由一个流动障碍物，例如安装在管道中的孔板或者喷嘴，以及一个压力差测量设备组成（**图 5-64**）。流体流过孔板时，孔板前部压力升高，在孔板后部压力则下降。造成这种情况的原因是流体中的能量转化过程（参见第 37 页）。在孔板的正前方和正后方的管壁中的孔，它们与压力差测量设备连接在一起。压力差，也称为**有效压力 Δp**，与体积流量 $\dot{V}$ 成正比。

针对某个孔板，可以通过生产商的表格和校准曲线中的流体材料数据，或者通过校准测量来确定有效压力 Δp 和体积流量 $\dot{V}$ 之间的关系。

在测量中小流量的孔板流量计中，孔板安装在管路插件中（**图 5-65**）。孔将压力传导至压差测量装置。

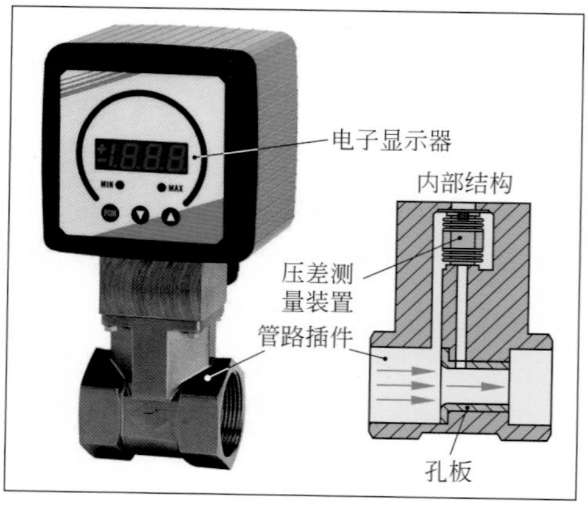

图 5-65：测量中小流量的孔板流量计

在机械式显示中，压力差传递给一个指针。在电子显示器中，压力差（有效压力）转换成电子信号，然后转换成标准电流信号。孔板流量计可用于显示和调节。

如果是较大的流量，则孔板安装在管道中的法兰之间，并且配备有测量单元和转换器。它产生电子信号并且将其发送到控制室，用于显示和调节。

有不同结构类型的孔板（**图 5-66**）。它们的尺寸类别适用于多种管路尺寸、公称压力和流量（DIN EN ISO 5167-1 ～ 4）。

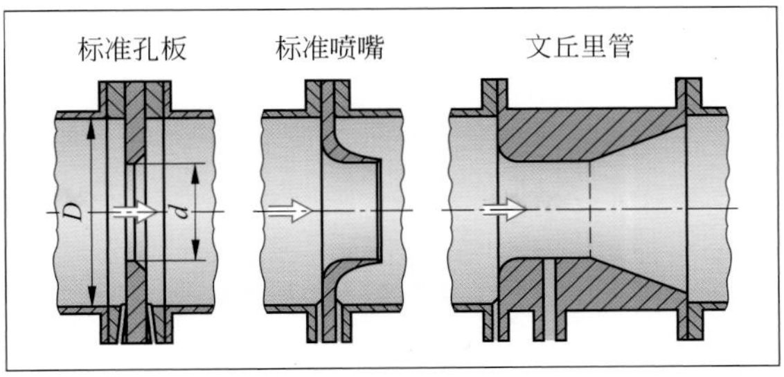

图 5-66：较大流量的测量孔板

在孔板前部和后部，不允许管道有任何横截面或者方向的变化，以确保精确测量。未受干扰的入口路径不应小于管道直径的$\frac{1}{10}$，出口路径不应小于管道直径的$\frac{1}{5}$。

不同的孔板导致不同的流动压力损失 Z。标准孔板和标准喷嘴的压力损失相对较高，文丘里管的压力损失较小。

此外，通过装配一个数量计量表，可以测定并且显示在某一时间段内流过的体积 V 或者质量 m。

有孔板的流量计没有移动部件，实际生产中不需要维护。标准孔板适用于气体、蒸汽和纯液体。标准喷嘴和文丘里管也可用于悬浮液和污染的液体。

4.1.3 旋涡流量计

旋涡流量计由一个三角形或者梯形的阻流体组成，阻流体安装在管道中（**图 5-67**）。在阻流体中集成了一个力度传感器。通过绕流，在阻流体上形成了相互分离的涡流，涡流由流体带动。涡流分离的频率与流量 $\dot{V}$ 的大小呈比例。

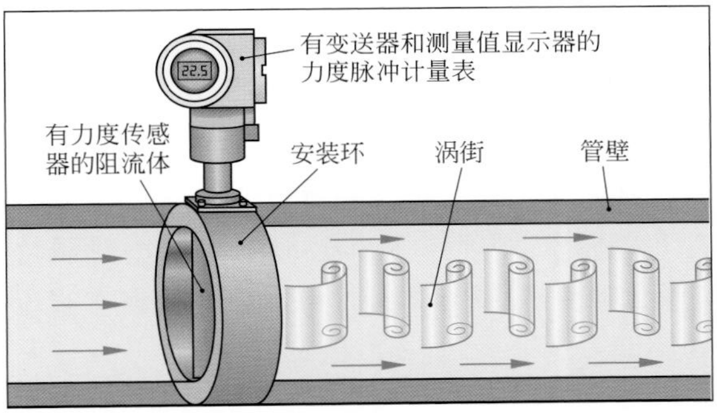

图 5-67：旋涡流量计（涡街流量计）

当涡流分离频率变化时，会对阻流体施加一个较小的力度脉冲。通过力度传感器测量脉冲频率、转换成标准电流信号并且发送给显示器和调节装置。

4.1.4 振动流量计

待测量气流流过有孔板的测量管（**图 5-68**）。在孔板前部和后部有旁通孔。通过孔板前部的背压，一定比例的气流经过旁通管线进入一个附腔室中。这里有一个配备横向排列的振荡器的测量单元（见俯视图）。它使测量单元与流动的液体一起振动。

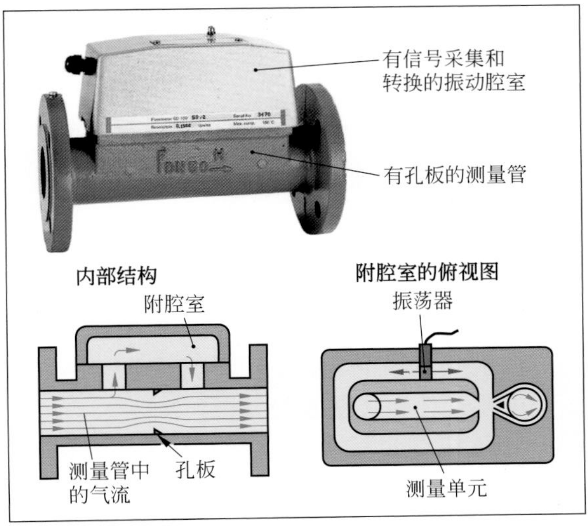

图 5-68：气体的振动流量计

该振动系统的共振频率与测量单元中的部分气流的流速呈比例，因此与测量管中的总体积流量$\dot{V}$成比例。通过一个频率传感器，采集共振频率。频率信号在后置电子设备中转换成标准电流信号，用于显示和调节气体体积流量。

4.1.5 超声波流量计

超声波流量计根据超声波传播时间差的原理进行工作。

两个超声波发射器 / 接收器头在测量管上沿流体流动方向倾斜安装（**图 5-69**）。一个发射器头在流动方向上发射超声波信号，该信号由相对的接收器头接收。另一个发射器头逆着流动方向发射超声波信号，该信号同样也被接收器头接收。与流动方向相反的超声信号的传播时间比流动方向上的更长。测量传播时间差，它与流速 v 成正比。

这样，通过 $\dot{V} = A \cdot v$ 关系式计算体积流量，通过密度 ρ 计算设备内部的质量流量 $\dot{m} = \rho \cdot \dot{V}$。最后直接在显示设备上显示。

在工业设计中，超声波头彼此倾斜并相对地设置在安装管中，评估和显示设备设置在一个有法兰的壳体中（**图 5-70**）。

超声波流量计在测量管中没有内部构件。它不会造成流动损失，也不会受到沉积的干扰。

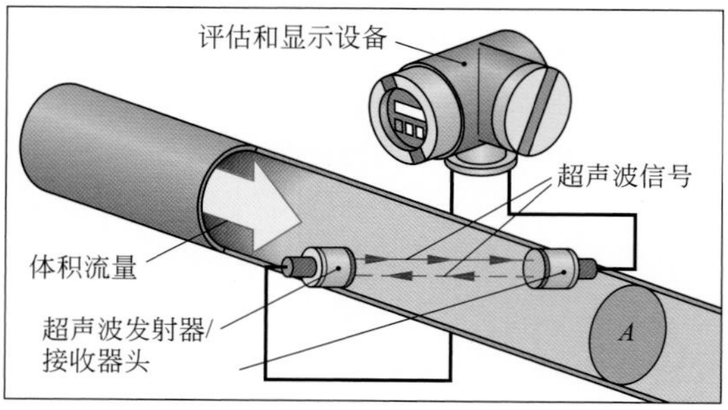

图 5-69：超声波流量测量的原理

图 5-70：工业用超声波流量计

4.1.6 磁感应流量计

磁感应流量计（简称 MID）依据磁感应进行测量：如果导体经过磁场，则将在垂直于导体的方向感应出一个电压。

在 MID 中，导体是在管路中流动的导电液体。电荷载体是导电液体中的离子或者其他带电粒子（**图 5-71**）。

因此，磁感应方法仅适用于有最小电导率的液体，例如饮用水、污水、酸、碱、啤酒、葡萄酒等。

最小电导率为 $\varkappa \geq 1\mu S/cm$。

通过在管壁中横向布置的两个电极，测量感应电压 U。电压 U 与液体的流速呈比例，与体积流量呈比例。测量信号转换为标准信号，用于显示和过程控制。

在工业设计中，电磁铁和测量电极安装在一个内置管件中（**图 5-72**）。

MID 在测量管中没有构件。它不会造成流动损失，也不会受到沉积的干扰。测量结果与**流体**的温度、压力和**黏度**没有关系。

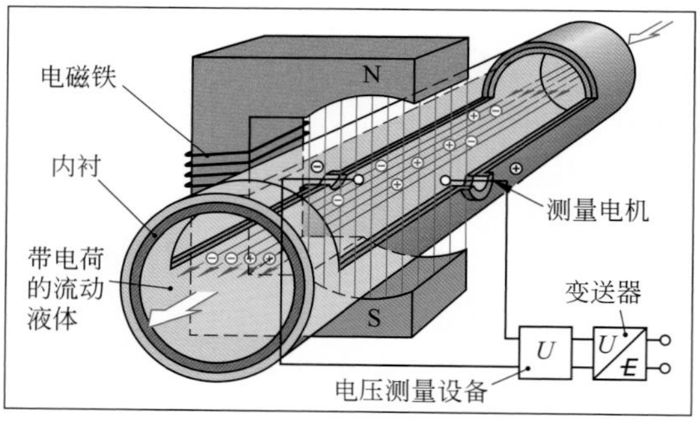

图 5-71：MID 的原理

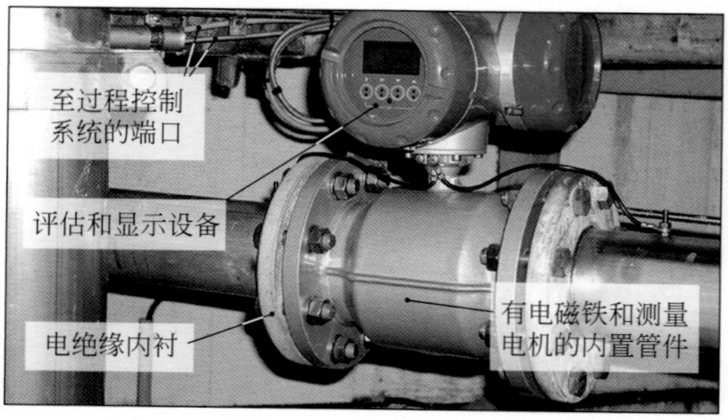

图 5-72：工业用 MID

4.1.7 科里奥利质量流量计

科里奥利质量流量计利用其发现者所述的科里奥利力的作用进行测量。当质量流直线移动并且同时叠加旋转或者振荡运动时，就会发生这种情况。科里奥利力导致质量流的偏转。

在科里奥利质量流量计中，待测量的液体流经过两个测量管（**图 5-73**，上半部分）。可控振荡器使其共振。

如果没有质量流经过管路，则两个管路以相反的方向振荡并且不受干扰。存在质量流时，通过入口侧的科里奥利力使管路振荡减速，在出口侧则被加速（图 5-73，下半部分）。这导致管路入口和管路出口处产生相位差。

相位差的大小与管路中的质量流量$\dot{m}$成比例。相位差通过两个电感式传感器检测，并且转换为标准电流信号，用于质量流显示和过程控制。

科里奥利质量流量计（**图 5-74**）适用于所有类型的液体。测量在很大程度上与流体的温度、压力和黏性，以及流体中的颗粒物没有关系。

除了测量质量流量$\dot{m}$，还可以使用科里奥利质量流量计测定并且显示密度ρ、流体成分的质量比X和流体的黏性η。

密度测定是其对于振荡测量管以及管中流体的共振频率的测量。共振频率与流体的密度有关，并且由设备的示波器自动调节，它是密度的度量。质量比X或者黏度η的测量原理与密度测定相似。

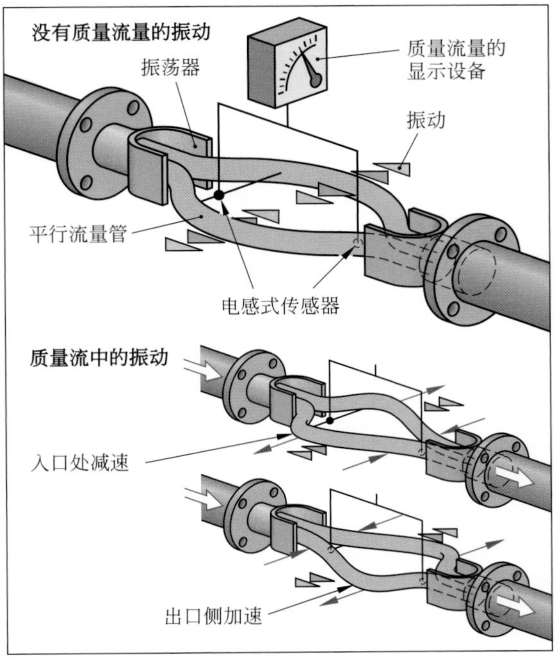

图 5-73：科里奥利质量流量计的原理

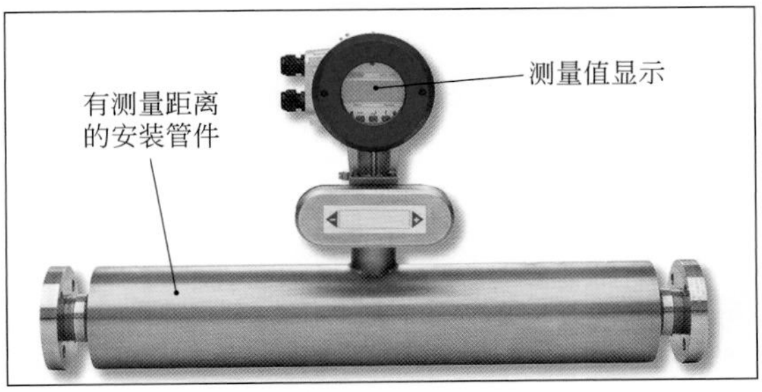

图 5-74：工业用科里奥利质量流量计

4.1.8 热式质量流量计

热式流量计有一个配有两个 Pt100 电阻温度计的测量头，以及一个评估和显示设备（**图 5-75**），特别适用于测量气体。

其中一个电阻温度计仅用作温度传感器，另一个电阻温度计额外通过一个电加热电阻加热。热量被流过该电阻温度计的流体吸收。若冷却效果越大，则管道中的质量流量越大。通过控制电加热电阻的热流，在两个电阻温度计之间保持恒定的温度差。加热电流的大小与管道中的质量流量成正比。加热电流被

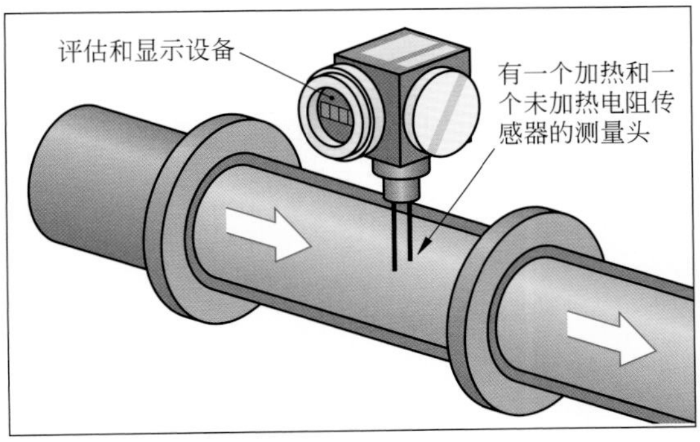

图 5-75：热式质量流量计

转换为标准信号，并且显示为质量流量。

流量计的适用性

由于各种流量计测量方法所依据的物理原理的有效性有限，所以不是每种流量计都适用于所有流体。旁边的表格（**表 5-2**）概述了不同流量计的使用范围。标记正符号（+）的流量计表示适用于相应的物质。

表 5-2：流量计（DM）的适用性

测量设备	导电液体	非导电液体	气体	蒸汽
孔板 DM	+	+	+	+
旋涡 DM	+	+	+	+
振动 DM			+	
超声波 DM	+	+		
磁感应 DM	+			
科里奥利 MDM	+	+	+	
热式 MDM			+	

4.1.9 涡轮流量计

该设备适合用作流量计和计量表。作为测量元件，它在管路安装件中有一个轴流式涡轮（**图 5-76**）。涡轮以与流速成正比的速度旋转，通过感应或者霍尔传感器，无接触地检测涡轮的转速或者旋转周数。通过转速，确定流量$\dot{V}$。根据某段时间内的旋转周数，确定流过的体积 V。

涡轮流量计适用于低黏性和大流量流体。

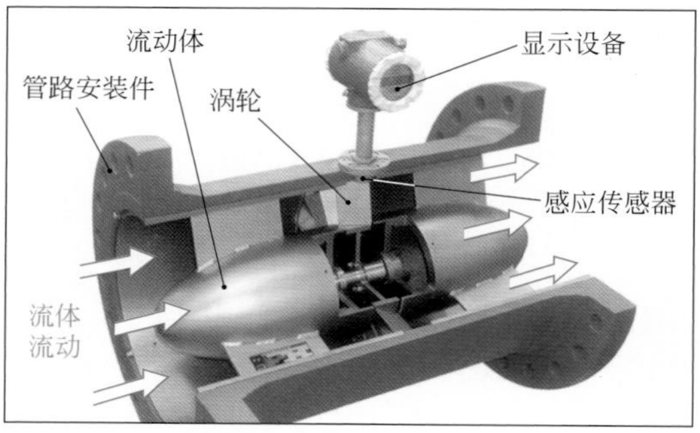

图 5-76：涡轮流量计 / 计量表

4.1.10 叶轮流量计

叶轮流量计适合用作流量计和计量表。

它有一个叶轮测量元件，该叶轮受到流入壳体腔内液体的切向作用而旋转（**图 5-77**）。叶轮的转速与液体流的流速成正比。流量的测定与涡轮流量计类似。

叶轮流量计优选用于测量中等流量。

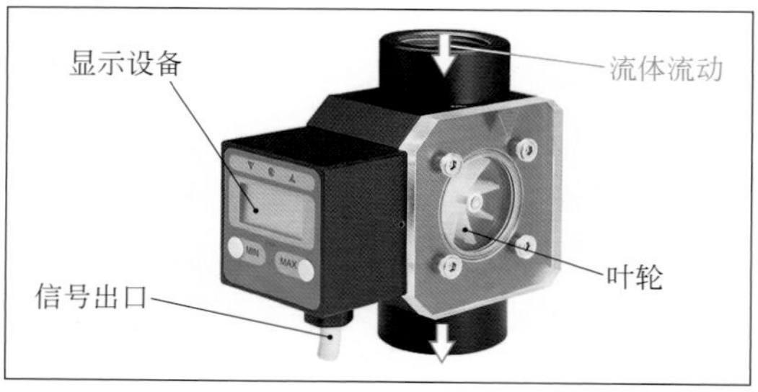

图 5-77：叶轮流量计 / 计量表

4.2 流体流量计

主要使用有旋转测量元件的测量设备。测量在某个时间段内流过管线的体积 V 或者质量 m（数量测量），它也被称为**计量表**，测量原理：

- 体积流量计（体积计量表）检测流体的部分体积，并且通过计数，将其加入总体积中。
- 流体传动的流量计（速度计）有一个测量元件，通过流动的流体使其旋转。旋转次数是流过体积 V 的量度。

质量或者体积是化学工业计算的依据。此外，在间歇生产（批量过程）时，它还用于估算批次。因此，数量测量设备所需的精度很高。

由于流动横截面较窄，必须在流量计前部安装过滤器，以过滤流体中的固体颗粒物。

流量驱动的计量表包括涡轮计量表、叶轮计量表（第252页）以及沃尔特曼计量表。

沃尔特曼计量表是用于测量中等数量和大量水的特殊涡轮计量表，例如用于工业厂房或者自来水厂。涡轮具有圆柱形螺旋桨的形状，并且在壳体中是垂直的（**图5-78**）。这样计量表可以安装在管道上。流过的水使涡轮旋转，涡轮通过一个电感耦合器驱动计量表。在现场显示消耗量，并且可以额外转换成电子信号，然后发送到过程控制系统中，便于显示和控制。

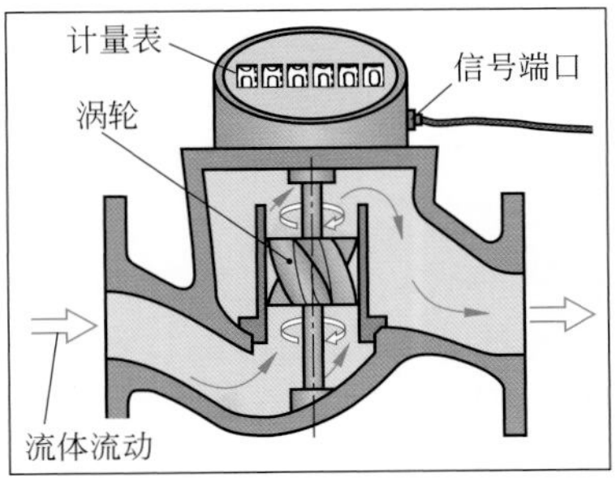

图5-78：沃尔特曼计量表的原理

以下所述的设备是**体积计量表**。

椭圆齿轮计量表有两个相互啮合的椭圆齿轮体，由液体流驱动（**图5-79**）。通过齿轮体的旋转，包围了新月形的液体量，并且将其从流入侧输送到流出侧。椭圆轮的转数乘以每转输送的体积 $2(V_1 + V_2)$，得出总体积，并在显示设备上显示。椭圆齿轮计量表适用于中等黏度的液体，例如水、汽油或者柴油。常用的家用水量计量表（水表）大多是椭圆齿轮计量表。

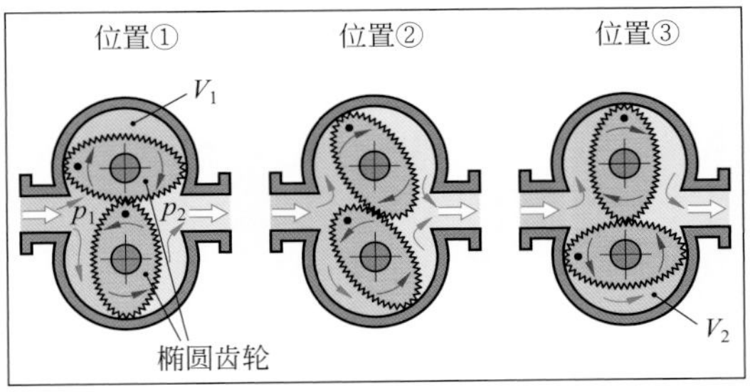

图5-79：椭圆计量表的原理

在**旋转活塞气体计量表**中，两个肾形、互相咬合和密封的旋转活塞，通过气流在壳体中旋转（**图5-80**）。在测量室外部，旋转活塞轴通过齿轮连接，这样可以引起旋转活塞的均匀反向旋转运动。旋转活塞将其包围的体积（V_1、V_2）从流入侧输送到流出侧。旋转活塞的转数与流过的体积成正比。转速通过感应方式传输到测量装置中，并且在显示屏上显示为体积（例如单位 m^3）。

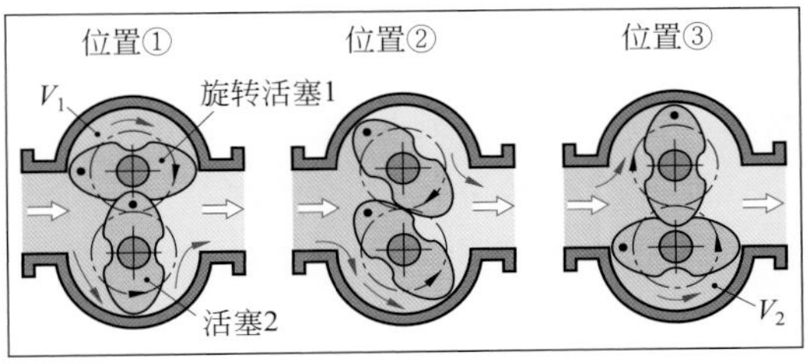

图5-80：旋转活塞气体计量表的原理

反向的旋转活塞用于输送液体，因此称为旋转活塞泵（第60页）。

根据压出器和流体流动的驱动原理，还有其他的体积测量设备。旋转压出器在这些设备中拥有其他形状，例如根据齿轮泵的反向原理运行的齿轮计量表、根据螺杆压缩机反向原理工作的螺杆主轴计量表（双螺旋计量表）（第70页）或者基于旋转叶片泵反向原理的旋转叶片计量表（第71页）。

环形活塞计量表有一个开槽的环形活塞，配有一个销，用作测量元件（**图5-81**）。一个隔板将入口侧和出口侧分开。

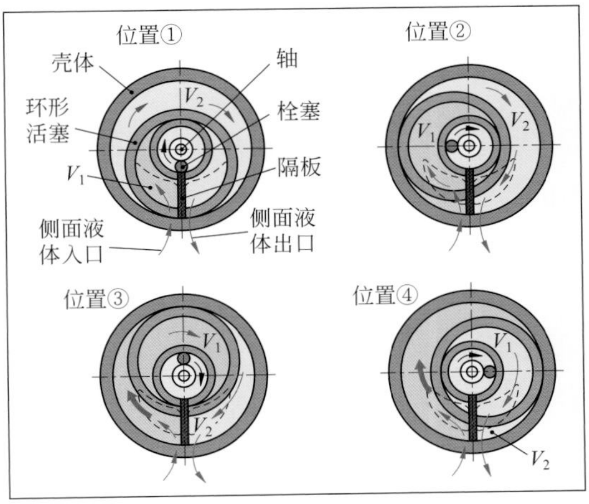

图5-81：环形活塞计量表的原理

通过侧壁进入的流体填充环形活塞侧①的腔室体积 V_1，并且将环形活塞向左侧挤压，使外腔体积 V_2 向右侧缩小②。然后流入外腔室的流体③向右侧挤压环形活塞④。其中，栓塞围绕着轴旋转一次，流过的体积为 $V_1 + V_2$。栓塞旋转的次数与流过的体积呈比例，用计量表检测（**图 5-82**）。流动时旋转的小轮用作流量指示器。

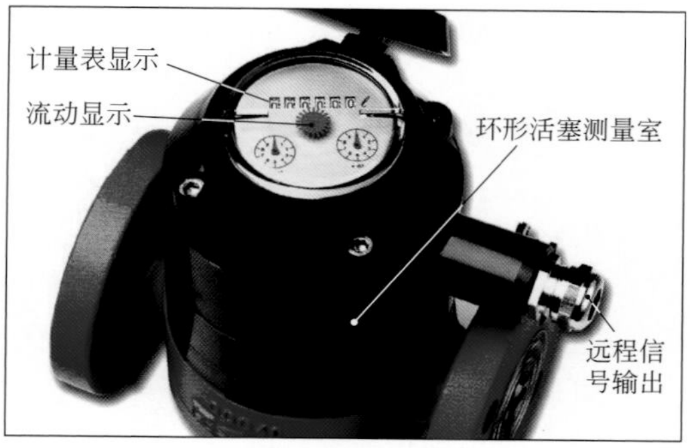

图 5-82：工业用环形活塞计量表

4.3 流量指示器和流量监控器

流量指示器（流动指示器）用于显示物质是否在管道中流动。它不提供或者只提供大致的测量值。

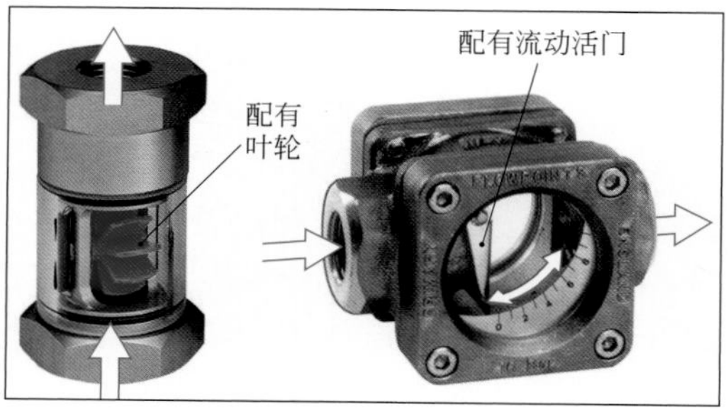

图 5-83：流量指示器

流量指示器

配有叶轮的流量指示器有一个玻璃插件，通过它可以直接观察流体，并且通过旋转叶轮使流动可见（**图 5-83**，左侧）。通过转动玻璃插件，内部擦拭器可清洁观察区。

配有**流动活门的流量指示器**两侧有两个观察窗（图 5-83，右侧）。流体流动时将提升不锈钢活门，并且在刻度上显示大概的流量值。

流量监控器

流量监控器的用途是，确保管道中的流量不小于最小值，或者不超过最大值。它有一个最小和一个最大限位开关，如果低于或者超过极限值，则会向控制器发送信号，从而增加或者减少体积流量。

如果额外配备了最小值 / 最大值限位开关，则大多数流量计可用作流量监控器。此外，还有专门用作流量监视器的流量控制器。

管道中安装了桨叶或者挡板形状**分隔板的流量监控器**（**图 5-84**）。

分隔板由于流体流动发生偏转，抵在安装壳体中的弹簧上，通过最小或者最大弹簧行程操作两个限位开关。

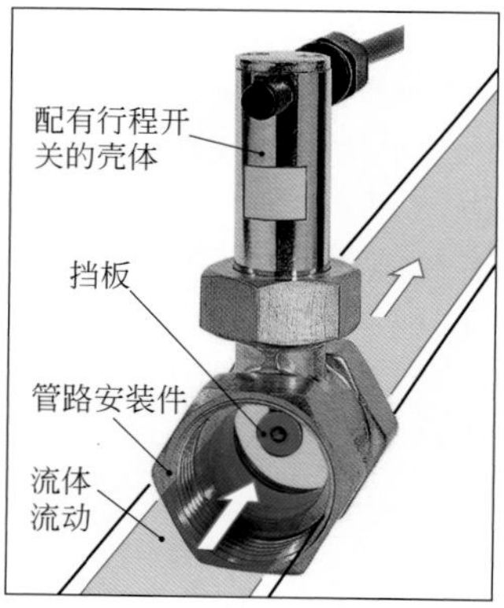

图 5-84：配有挡板的流量监控器

复习题

1. 请说明有孔板流量计的流量测量原理。
2. 旋涡流量计如何工作？
3. 请说明磁感应流量测量的工作原理。
4. 涡轮流量计适合测量哪个大小范围的流量？
5. 椭圆齿轮计量表如何通过转速确定流过的体积？
6. 沃尔特曼计量表如何工作？

5 测量值的获取、处理和显示

测量值的获取

仅在较旧的化工设备或者单独操作的化工设备中，用直接显示的测量设备在测量位置显示测量结果，然后手动设置设备中的能量和物质流。

在现代化化工设备中，通过调节或者自动化操作和一个传感器，从测量位置的测量信号中获取测量值（测量值获取），并且转换成标准化的电气信号（**图 5-85**）。

然后，整个设备区域的数字化电测量信号，通过信号线，即所谓的**数据总线**，先后传输到中心位置、**控制室**或者**测量和控制室**（测量信号传输）。测量信号在屏幕上的流程图和表格中显示为测量值。

通常，整个设备或者重要设备区域的最重要的操作测量值，也会额外显示在一个带有化工设备流程图的显示器上。

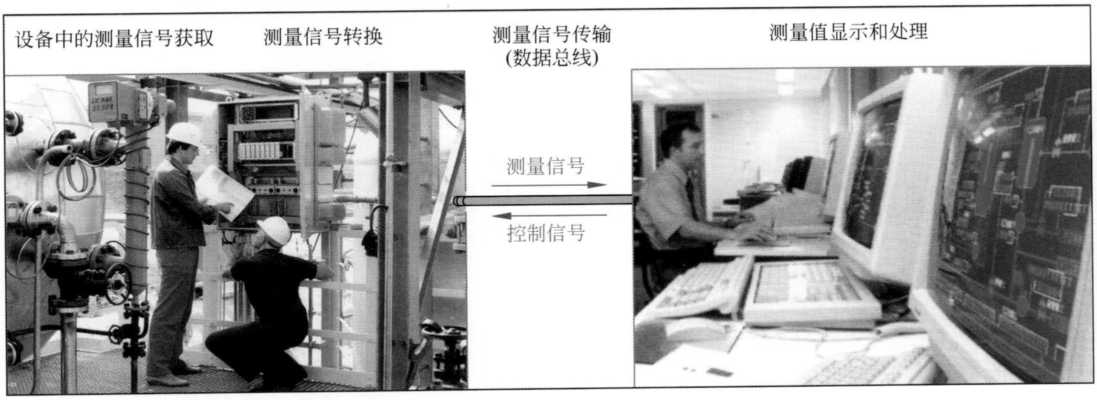

图 5-85：化工厂中电测量信号的测量值获取和传输

在控制室中，可以方便地监控、比较、记录、评估所有的测量值，并且将其发送到调节器和过程控制系统中继续处理。

测量值处理和传输

在**图 5-86** 中，显示了测量值获取的结构、测量信号到标准化信号（应用信号）的转换，以及信号传输、处理和显示过程。

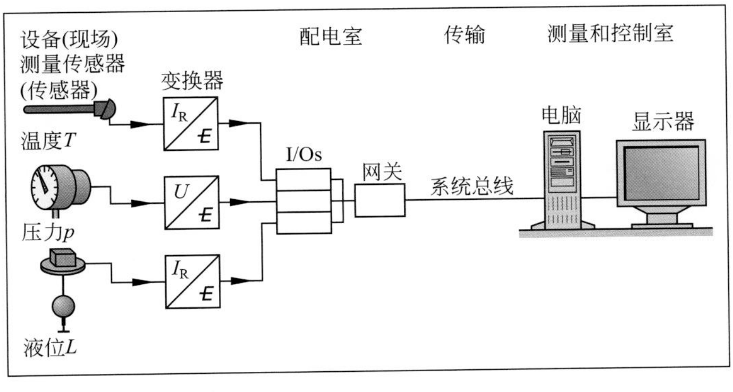

图 5-86：测量值处理结构

测量传感器（传感器）提供一个测量信号，例如：在电阻温度计中为电流强度值 I_R，在弹簧压力计中为长度偏移，在浮球液位计中为高度。必须首先将非电测量信号转换为测量设备中的电信号。

例：

弹簧压力计（第 235 页图 5-27）的长度偏移转换为电压 U。

液位计（第 240 页图 5-41）中的浮球高度转换为电流 I_R。

然后，这些测量设备的特殊电气测量信号，在**变送器**（传输器）中转换为标准化电流信号 Ɛ（第 483 页）。

通常，这些电流信号位于 4 ～ 20mA 的范围内，也称为标准电流信号。

标准化的 4 ～ 20mA 信号范围拥有所谓的“活零点”，即 4mA 时为零点。这样，可以将故障时的测量信号 0（相当于 4mA 的标准信号）与缺失信号（相当于 0mA 的标准信号）进行区分。

将各种测量信号转换成标准电流信号的优点是下游测量设备，如计算机、显示设备（监视器）、调节器和制动器，具有统一性。因为通过标准电流信号进行工作，它可以普遍用于所有的被测对象，在测量设备的生产、存储和维护中节省了大量成本。

来自设备的测量信号通常是模拟信号，它必须转换成数字信号。因为处理测量信号的调节器和计算机使用数字信号。信号转换在模数转换器（简称 A/D 转换器）中进行，也称为输入 / 输出单元（简称 E/A 单元）。这些是电子组件（卡式壳体中的电路板），英文名也称为 Input/Output-Board 或者 **I/O**。每个测量位置都需要一个 I/O（**图 5-87**）（有时还有 A/D 转换器，用作测量设备中的电子组件）。

通过**网关**，也称为**总线耦合器**或者**网卡**，将数字化测量信号送到传输电缆，即所谓的**系统总线**（第 252 页图 5-77）。在网关中存储信号并且快速将其送到总线中。

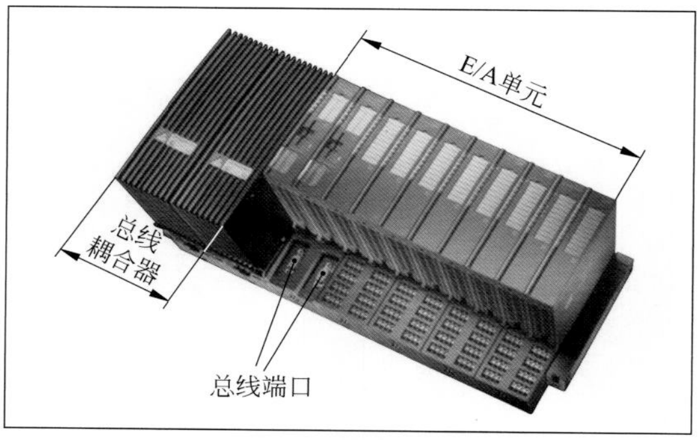

图 5-87：总线耦合器和 E/A 单元（I/O）

设备所有测量装置的数字测量信号依次或者称为**串行**馈入总线电缆中进行传输。所有测量设备发送和处理一次测量信号，并将所得到的控制信号发送到设备中的时间约为 1s。此时间称为**循环时间**。

测量值显示

测量值通常显示在监视器的屏幕上（**图 5-88**）。

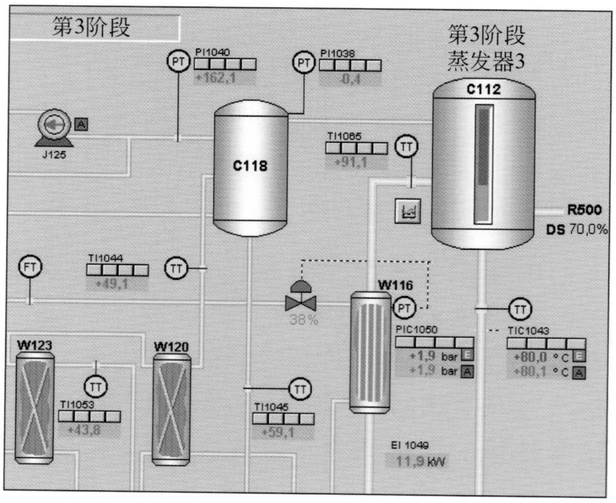

图 5-88：屏幕中的测量值

监视器图像通常包含一个化工设备的工艺技术流程图，其中用多种颜色标明相应位置的测量值。

除了显示单个的测量值，还可以以这种方式清楚地显示整组测量值。可以显示为数字，也可以显示为柱形图、曲线图或者表格。

这样可以根据需要，快速获取测量值或者进行趋势评估。测量值通过屏幕输出，可以不再使用控制室中的其他显示设备。

测量值存储和文件汇编

在有过程控制系统和监视器测量值显示的化工设备中，测量值以电子方式存储在过程计算机的数据存储器中。可以随时从存储器中调出并且显示在屏幕上，或者作为数字或者曲线用打印机打印出来。

传统的测量值输出设备

为了清晰展示控制室中化工设备的重要运行参数，采用独立的显示和记录设备输出测量值。该设备通过现场测量装置的标准信号驱动。其中分为显示、报告和记录设备。

模拟指示器

模拟指示器既可以是带有水平指针的扁平矩形设备，也可以是指针可 90° 偏转的设备（**图 5-89**）。它们安装在设备衬板和控制室柜中。

模拟指示器将当前测量值映射为刻度前部的指针位置。这样可以快速获取测量值，并且与极限值或者刻度终值进行比较。在模拟指示器上也可清楚地看到测量值变化的趋势。

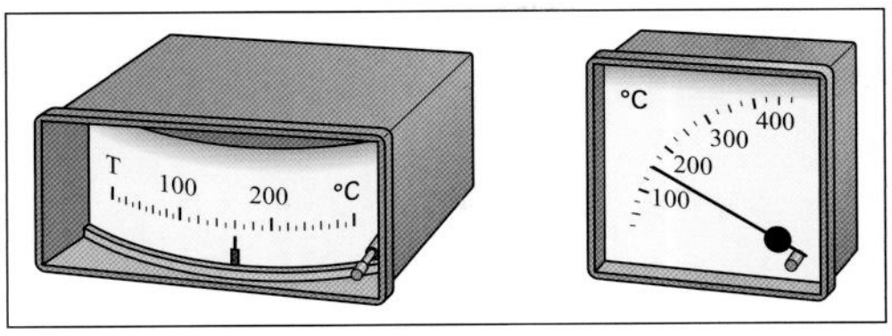

图 5-89：模拟显示的设备

数字显示器

数字显示器以数字的形式表示工艺流程技术参数（**图 5-90**）。通过数字显示，可以快速准确地读取当前测量值。但是，测量值与极限值的比较需要靠经验判断。

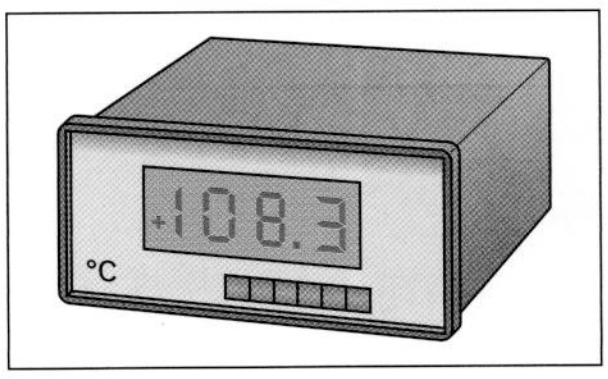

图 5-90：数字显示器

极限信号指示器

极限信号指示器，也称为极限值检测器，是用于控制设备或者提高设备运行安全性的指示器。它通常集成在模拟显示器中，用于显示重要的流程技术参数（**图 5-91**）。

显示设备与极限信号指示器组合在一起，可以显示测量值，并且额外监控参数是否低于或者超过设定的极限值。如果低于或者超过极限值，则触发光信号（灯）或者声信号（喇叭）。在特殊的情况下，限制信号也可以用于立即关闭设备，例如加热装置。

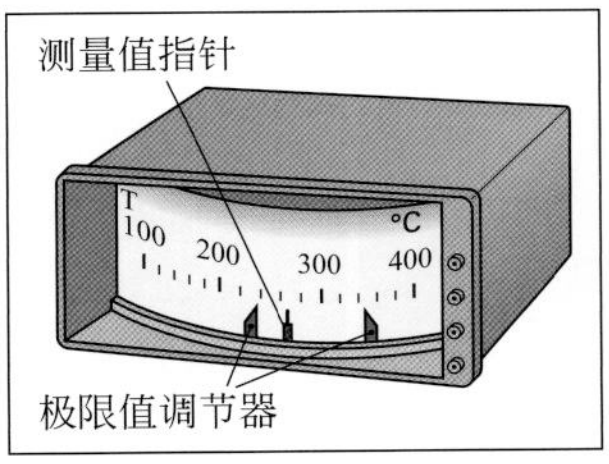

图 5-91：有极限值指针的模拟显示器

记录器

记录器将测量值记录在一卷纸上，从而生成一个文档，从中可以读取测量变量的数值（**图 5-92**）。通常，在一个多线点记录器上会记录多个重要的测量参数，例如，每 5s 以不同的颜色绘制一个不同的测量参数作为测量点。随着时间的推移，各个测量点会创建反映各测量变量随时间变化的曲线。为了将不同单位的参数分配给每个测量变量，记录器有一个配有多个测量参数单元的端部压紧条或者 100% 的端部压紧条，其中可以导出各种测量值的参数。

通过记录器的记录内容（测量记录纸带），可以在后期评估运行过程。与模拟指示器或者数字显示器相比，记录器能更好地识别测量值变化的趋势。

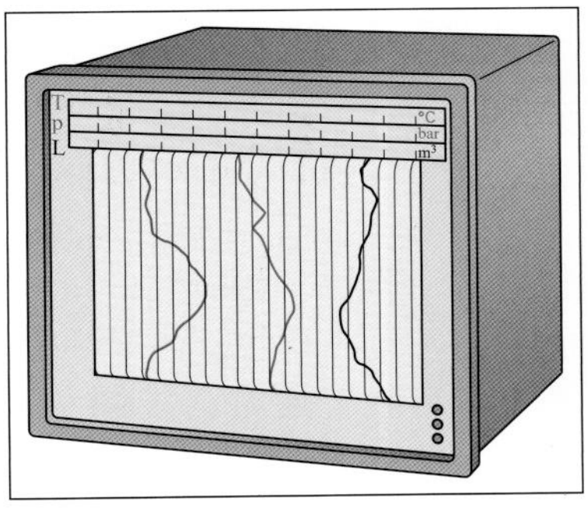

图 5-92：多线点记录器

6 测量点的表示和命名

使用有简称的图形符号在工艺和 P&ID 流程图中标记测量装置（第 110 页），从中可以读取测量装置的类型。在 DIN EN 62 424 中给出了标准化说明。

测量装置的说明包括测量位置、信号流路径和椭圆形的 EMSR 调节点（**图 5-93**）。

测量位置位于信号流路径的开始处。如果需要特别强调测量位置，则会显示一个小圆圈（直径 2mm）。

将从测量位置到 EMSR 调节点的**信号流路径**绘制为细长的实线（过程连接线）。

EMSR 调节点呈长圆形，高度最好为 10mm，并带有一个测量装置类型的记录简称和测量位置编号。

（EMSR 调节点是电气工程测量、控制和调节装置的统称。）

EMSR 点的**简称**由字母组合而成。第一个字母表示测量变量，后面的字母表示测量参数的处理和显示类型（**表 5-3**）。

例：FIC 表示有实际值显示（I）和控制（C）的流量（F）测量位置。

没有水平分界线的 EMSR 调节点，表示在设备中直接进行现场显示（**图 5-94**）。

如果在测量位置未显示测量变量，而是显示在中央控制室中，则在椭圆形的 EMSR 调节点符号中用单线表示。双线表示在现场控制台中显示。

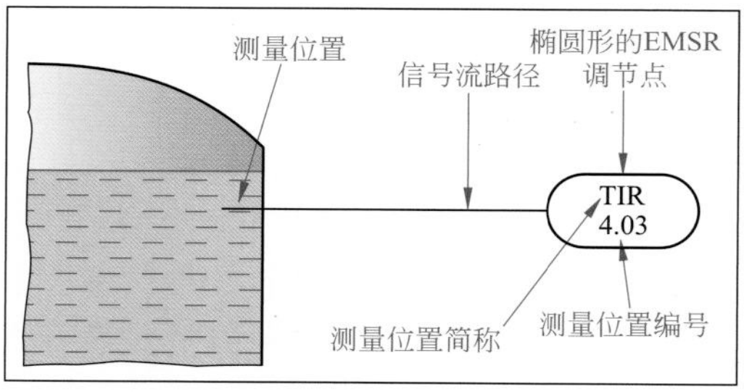

图 5-93：测量位置的描述（用红色说明）

表 5-3：测量点简称的标记字母（部分）

首字母（测量参数）	后续字母（测量值处理）
A 分析参数	**A** 警报、报警
D 密度	**C** 调节器，控制装置
F 流量	**S** 开 / 关电路
L 垂直高度	**I** 实际值显示
M 潮湿度	**L** 极限值下限
P 压力	**O** 光学开 / 关信号
T 温度	**R** 记录
Y 控制阀（例如阀门）	**H** 极限值上限

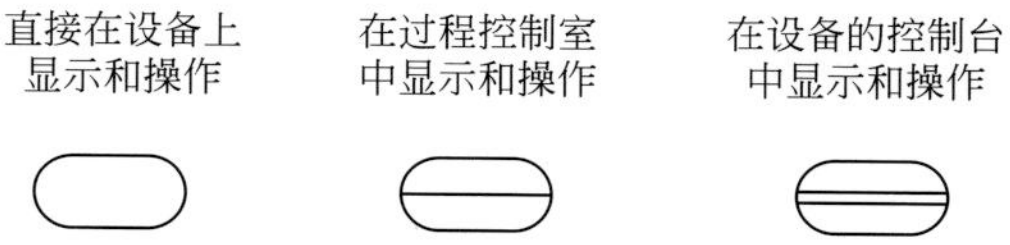

图 5-94：EMSR 调节点椭圆形的描述

EMSR 调节点的示例：

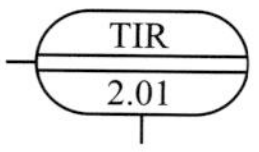

有实际值显示和记录的温度测量；
在现场控制台中显示。
EMSR 调节点编号：2.01

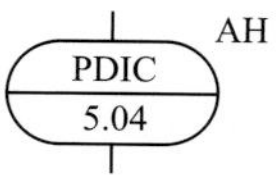

有实际值显示和调节的压力差控制。
超出极限值时，在控制室中发出警报。
EMSR 调节点编号：5.04

测量装置通常与控制和调节设备组合在一起，第 484 页整体介绍了 EMSR 装置的通用表示形式。

复习题

1. 请说明现代化工厂的测量值处理。
2. 测量值变换器有哪些功能？
3. 什么是标准电流信号？
4. E/A 单元的用途是什么？
5. 如何显示测量位置？
6. EMSR 调节点缩写 PIR 和 TOC 是什么意思？

Ⅵ. 物质、产品和环境特性的测定

对物料、产品和环境进行测定，可以确定化工生产中原料、半成品和最终产品的特性，以及生产设备的运行条件。

这些测量和测定的目的是，提供最佳的过程控制，从而生产高质量的产品。

产品质量最重要的指标是所要求的成分和质量要求，例如不得超过污染物的极限值。在多成分产品中，各成分以及污染物的含量必须遵守规定的极限（范围）。

测定物质和产品的成分时，通常有两种不同的方法：

- **典型的分析方法**。在化学实验室中进行，例如：滴定、称重、密度测量或者色谱测定。
- **间接分析方法**。通过测量物质的物理特性，间接测量物质的成分或者含量。例如可以通过测量产品的密度或者水溶液的电导率来推断其成分。

一些通过间接分析方法测定的特性可以连续测量，例如，使用音叉振动原理（第 243 页）或者液体 pH 值（第 273 页）测定液体产品的密度。

其他一些分析方法，例如色谱法，其实是非连续的、自动化的，在较短的周期时间间隔内提供测量值。这样便有了一个接近连续的测量值序列。

针对化学工程，最合适的测量方法是，在设备（**在线、过程中**）中提供一个连续的电测量信号或者一个几乎连续的电测量信号序列（**图 6-1**）。它用于生产流程的调节和自动化操作，以及半成品和最终产品的质量控制。

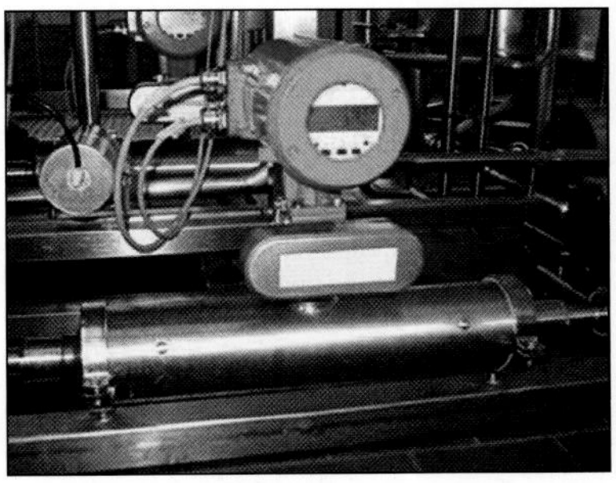

图 6–1：在管道中对产品流的产品特性进行在线测量

在许多应用情况下，无法在线测量物质特性。那么就必须从设备的物料流中或者从容器中随机抽取样品，在工厂的实验室或者自动化测量装置中进行测量。

1 取样

应通过取样（sampling），尽可能获得能代表全部材料的样品。然后便可假设样品的特性对于全部材料都具有代表性。

对于大堆粒状材料（料堆），例如散状物料料堆的取样，必须在料堆的不同区域和深度提取多个样品，然后将其合并为整体样品。如果质量过大，无法进行相应的检测或者测量时，则必须适当划分（第 265 页）。

生产正在进行时，好的做法是尽可能接近生产地取样，例如直接从反应器或者出口接管取样。这样可以尽可能快速地对产品特性出现异常的情况做出应对。

有许多取样方法和设备，根据材料的聚集状态和特性以及操作条件而各有不同。

1.1 液体取样

用虹吸管从小容器中取出液体样品，例如有**虹吸管**的桶或者小容器，也称为汲桶（**图 6-2**）。

它由一个 U 形金属槽组成，金属槽分成几个部分并且通过一个滑动条封闭。取样时，将虹吸管浸入液体中，拉出滑动条，然后将其推回。从液体中取出虹吸管后，将其水平保存并且通过吸管从每个部分中取出样品液体。

为了从大容器或者较深的净化池中取出样品，使用一个设置在测量杆上的浸瓶（图 6-2，右图）。将浸瓶浸没在容器中指定的深度后，用一根牵引链打开样品瓶的塞子，使得样品瓶充满液体。

通过特殊的**取样器**，从封闭设备中取出液体样品。只有这样才能避免物质泄漏的风险。

通过**取样阀**，从容器的管道或者出口接管中取出流体样品（**图 6-3**）。

从有管道取样阀的管道中取样时，通过翻转手柄，从流动的产品流中取出液体样品，并且收集在样品瓶中。

在**底部接管取样阀**中，取样管伸入容器中，并且通过一个活塞封闭（图 6-3，右图）。要取样时，通过手轮向下移动活塞，直到液体流入样品瓶中，然后再次升起活塞。由于活塞填充接管，底部接管阀没有任何必须首先进行冲洗的死区。

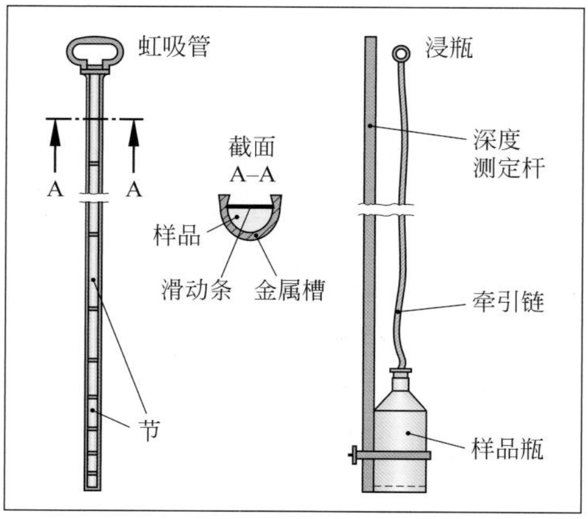

图 6-2：液体取样设备

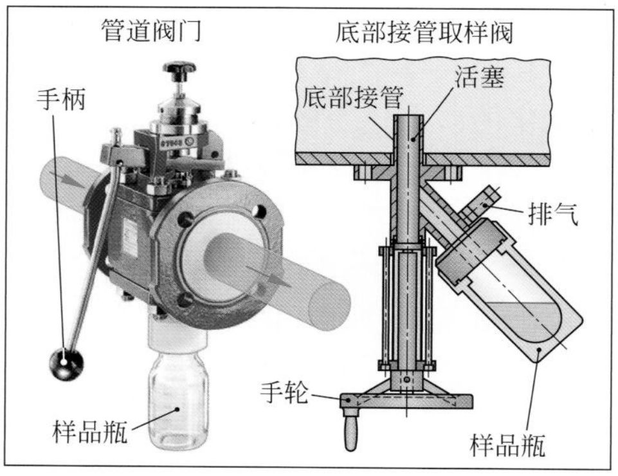

图 6-3：取样阀

1.2 固体取样

通过一个大约拇指厚度的金属中空管，即所谓的**取样枪**（**图 6-4**），从容器（例如袋子、大袋和小容器）或者堆积物中取出固体样品。

取样枪推入纸袋或者料堆中，并且充入物料。从料堆中取出后，将样品从取样枪的中空管排放至一个样品容器中。

其他取样枪在末端有一个样品瓶，其中通过保持倾斜在取样时收集样品。

从纸袋中取样时，用贴纸封闭穿刺位置。

频繁取样时，使用一个带内部螺旋式输送机和样品收集袋的**电动取样枪取样**（**图 6-5**）。

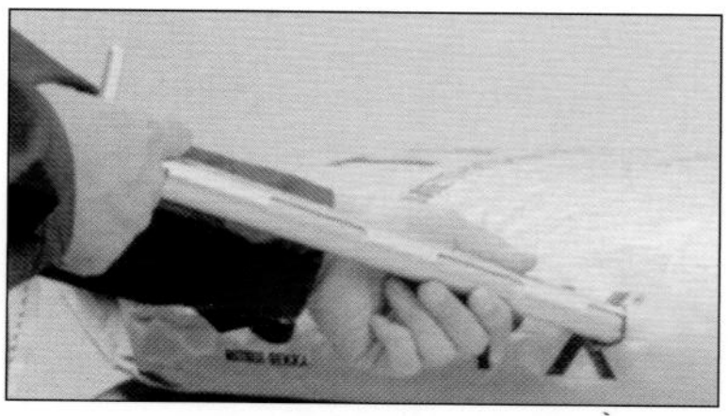

图 6-4：通过取样枪取样

图 6-5：电动取样枪

从管道或者料仓中对粉末至细粒状固体在线取样时，必须在管路或者料仓中安装特殊的**取样装置**。

取样装置有多种结构形式。采用何种取样装置要依据固体散状物的特性，特别是其可自由流动性。

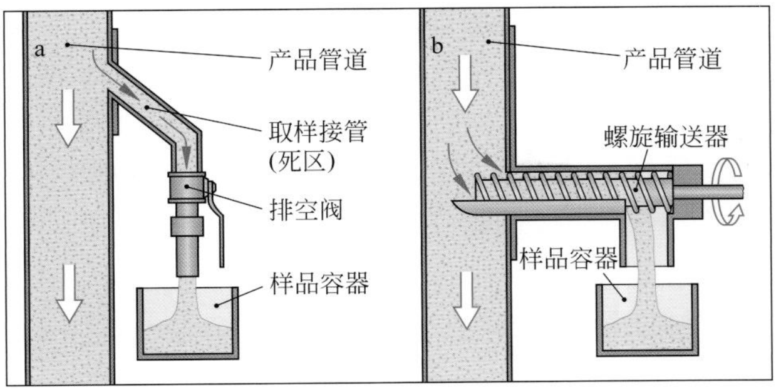

图 6-6：固体物质管路的取样装置

图 6-6a 中所示为简单的管道或者料仓取样装置，仅可用于自由流动的物料。此外，由于排水管中的死区，取样前必须排空死区体积的物料并丢弃。

图 6-6b 中所示为有法兰连接的螺旋输送器的取样装置，适用于自由流动性较差的固体物料。它也有死区体积（蜗杆进程中），在取样前应排空。

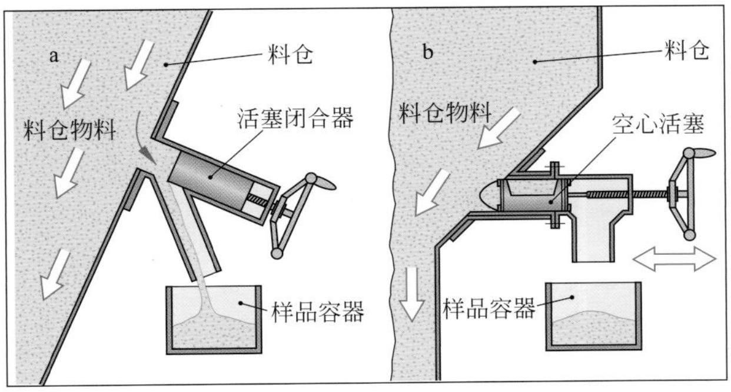

图 6-7：料仓的取样装置

图 6-7 中所示的取样装置没有死区。在图 6-7a 中，活塞在关闭状态下会一直抵靠料仓壁。取样时，活塞后退，然后再次向前推到料仓壁处进行取样。样品从贴近料仓壁的区域中获得。

图 6-7b 中的取样装置拥有一个具备装样品空腔的活塞。将其向前推入料仓进行取样，样品从料仓内部的物料流中取出。

2 固体物质特性的测定

固体产品的重要特性是材料（例如容器或者容器物料）自身的属性。如物质的密度和水分含量以及散装货物时的颗粒尺寸和其粒径分布。

2.1 质量的测定

用于测定物质质量的测量设备称为秤或者称重系统。根据结构类型或者用途命名，例如：地板秤、灌装秤、容器秤、皮带秤、称重平台等。

重量的决定因素是**质量 *m***，单位为千克（kg）、克（g）或者吨（t）。

1t = 1000kg; 1kg = 1000g

秤可以根据不同的作用原理进行工作，可以分为机械秤和电气 / 电子秤。

以前的**天平杆秤**通过与校准质量进行比较来测定质量（**图 6-8**）。

在**机械倾斜或者杠杆秤**（**图 6-9**）中，称重平台悬挂在杠杆系统力臂上，而平衡锤则悬挂在平衡臂上。平衡质量的偏转被传递到指针上。摆锤式天平只偶尔使用。

图 6-8：天平杆秤

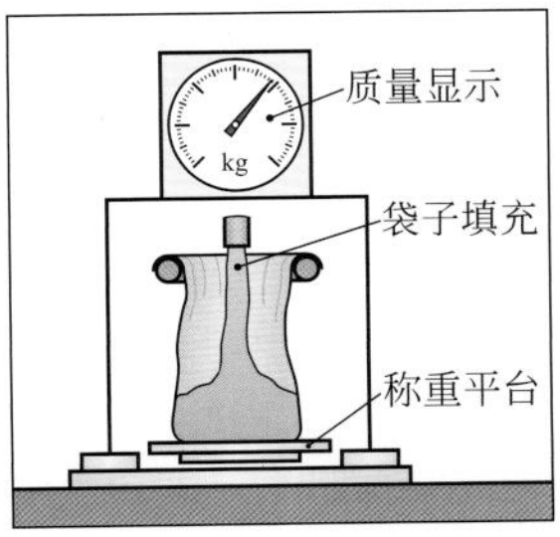

图 6-9：摆锤式天平

有力度测量传感器的秤

在现代秤中，通过测量在电子测量传感器（力度测量传感器）上施加给称重样品的重量，来测量质量。在最大约 500kg 的秤中，支撑点的测量传感器设置在称重平台下部（**图 6-10**）。

有称重传感器的称重系统

称重传感器，也称为测力传感器，是用于称量大质量的力度测量传感器。其形状和尺寸如同扁平的罐头（**图 6-11**）。力度测量传感器和称重传感器含有一个**应变计**（简称 DMS）。应变计具有曲折的测量导线，会由于上面受到的力度而变形，由此改变其电阻。电阻与力度成正比，用作测量信号。

称重平台是标准化称重系统，其测量部件是多个称重传感器，例如，在有称重传感器的车辆秤上，测定卡车运输的货物质量（**图 6-12**）。称重站的设备通常包括秤上的显示终端、获取和处理收集数据的控制室中的过程计算机，以及用于记录称重过程的打印机。

称重传感器也可以安装在叉车和码垛车中，并且在装载时显示承受的重量。

同样通过力度测量传感器和**容器秤**，称量容器物料（**图 6-13**）。其中，容器和其支架放在称重传感器上。在其内部，通过填充物料容器的重量改变产生一个电信号。电信号传输到测量设备中并且显示。可以通过校准，将显示刻度设置在特定的容器上，并且直接显示容器物料的质量。

根据关系式 $V = m/\rho$，可以通过质量 m 和液体密度 ρ，计算容器物料的体积，并且可以通过容器尺寸计算容器液位。这称为**重量液位测量**。

在**传送带秤**中（**图 6-14**），称重传感器测量当前施加到皮带上的重力。通过传送带速度，评估单元计算质量流量 $\dot{m}$。这样，可以测定在时间段内运输的质量 m：$m = \dot{m} \cdot t$。

传送带秤也可用于定量给料。设置传送带速度，以便获得预定的质量流量。

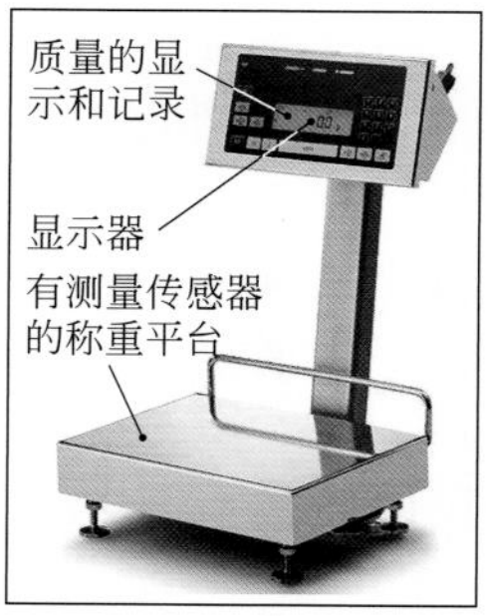

图 6-10：电子秤

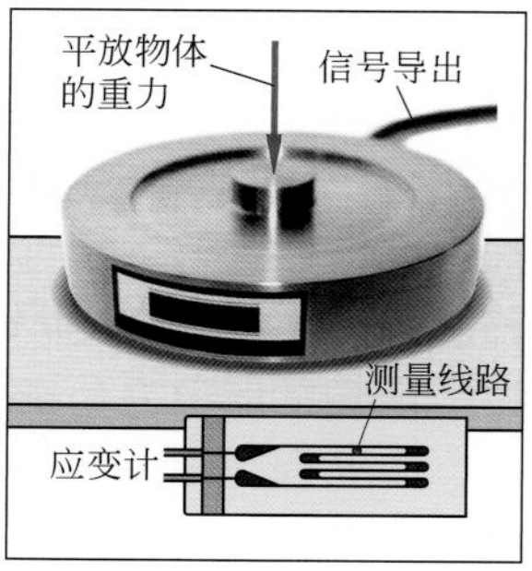

图 6-11：有应变计（DMS）的称重传感器

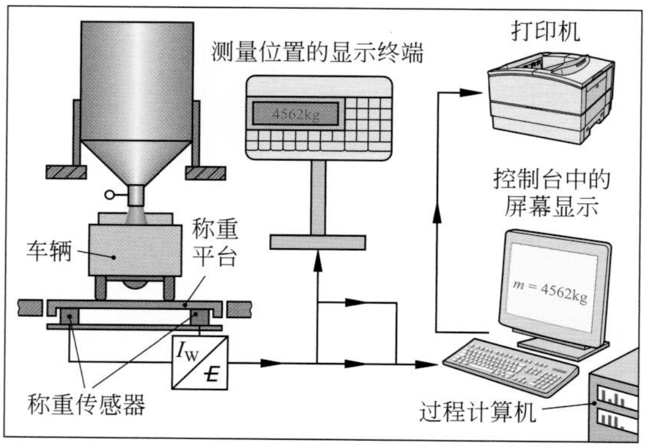

图 6-12：车辆秤

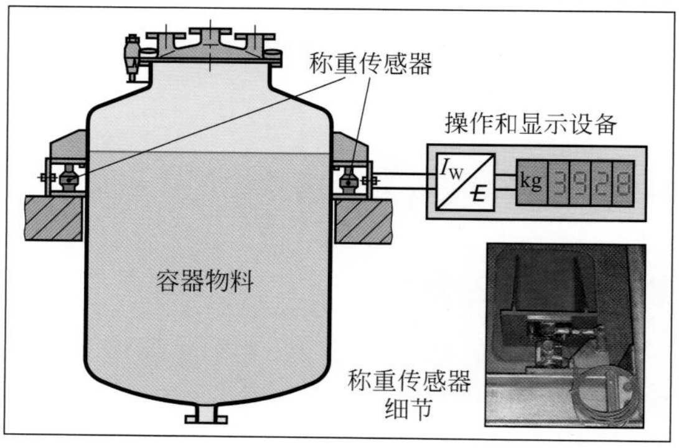

图 6-13：有称重传感器的容器秤

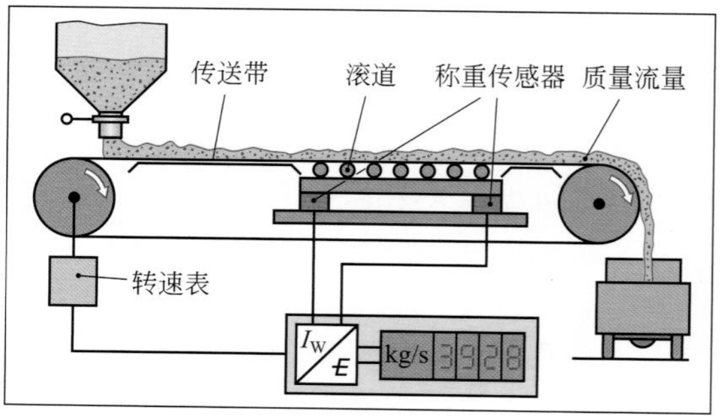

图 6-14：传送带秤

有电磁力补偿的秤

电磁秤通过电磁反作用力补偿称重物的重力。一个通电的活动线圈用作测量元件，活动线圈将软铁芯拉入线圈中（**图6-15**）。一定的线圈电流强度，使秤无负载时的软铁芯保持在零点位置。通过一个差动变压器检测秤杆的位置。如果移走称重物，则秤杆和变压器中线圈的位置会发生变化。变压器中产生的电压变化控制活动线圈的电流，这样软铁芯上的电磁力使秤杆再次保持在平衡位置。活动线圈电流的大小是称重质量的量度。测量电流，并且将其转换为标准电流信号，显示为称重质量。

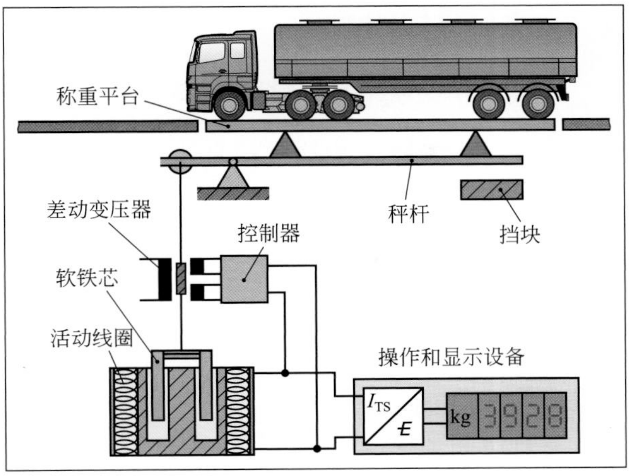

图 6-15：电磁秤的原理

2.2 密度的测定

根据关系式$\boldsymbol{\rho = m / V}$，密度$\rho$与物质的质量和体积有关。密度的测定方法依据物质的质量和体积测定，通过上述公式进行密度ρ的计算。

密度的测定方法主要是实验室方法，对待测定物质的随机样品进行测定。

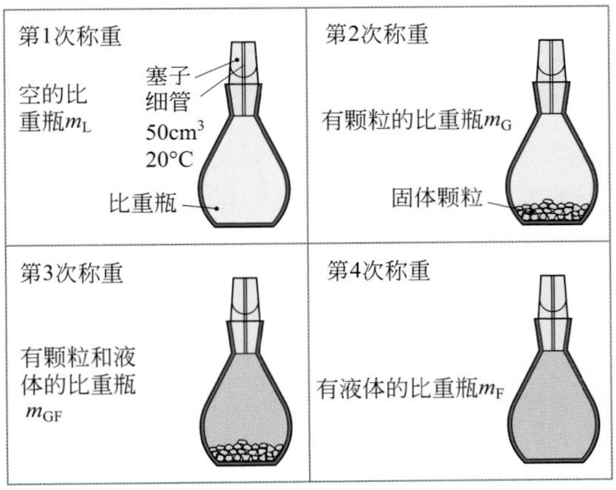

图 6-16：通过比重瓶确定密度

通过比重瓶测定密度

比重瓶是一个小玻璃容器，有一个含有细管的磨口玻璃塞（**图 6-16**）。通过细管溢出多余的液体，这样可以准确填充比重瓶。

通过几克固体就可以测定密度（DIN ISO 3507），应先后进行四次称重。

通过称重时获得的质量（图 6-16）和液体（通常为水）的已知密度，根据旁边的公式计算固体物质的密度ρ。

固体物质密度

$$\rho = \frac{(m_G - m_L)\rho_{Fl}}{m_F - m_L - m_{GF} + m_G}$$

测定的密度ρ是物质颗粒之间没有空隙的物质密度。

测定堆积密度和紧密密度（DIN 1237）

散状物料包含物质颗粒之间空隙的实际密度，称为堆积密度ρ_S。为了测定堆积密度，在 1L 量筒中填满散状物料的随机样品，并且通过称重测定其质量。然后通过公式$\rho_S = m/V_S$计算**堆积密度**。

为了测定**紧密密度ρ_R**，在量筒上设置一个轴环，并且填满散状物料。在振动机（图 6-17）中摇动 10min，然后去除多余的散状物料。通过等式$\rho_R = m/V_R$计算ρ_R。

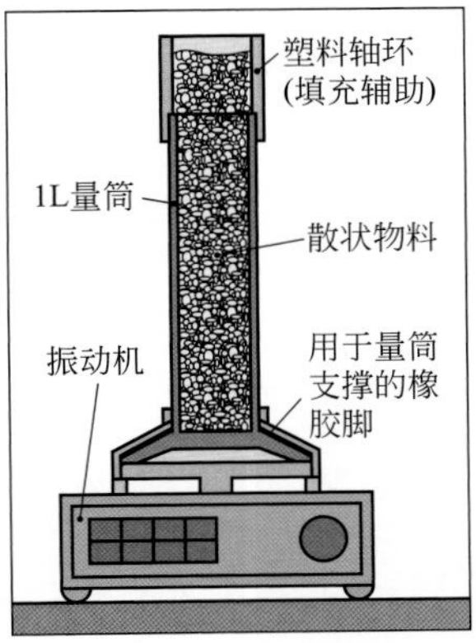

图 6-17：用于确定紧密密度的装置

2.3 水分含量的测定

固体物质的水分含量或者含水量（humidity）表示物质的液体含量。

通常，水分由水组成。但是，其他液体或者混合物可构成液体含量。

液体可以以不同方式结合到固体物质上：它可以包围固体颗粒，也可以被包围在颗粒的毛孔或者孔道中（**图 6-18**）。

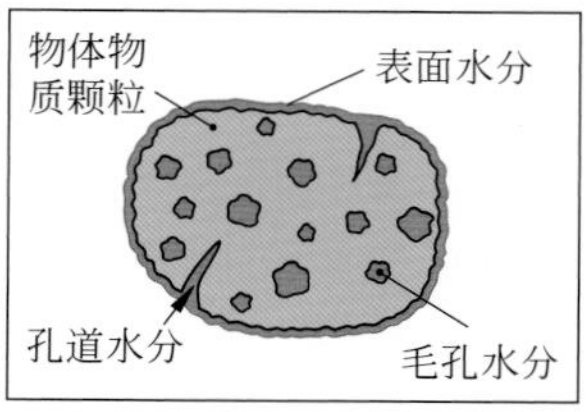

图 6-18：水分类型

水分含量影响固体的许多特性，例如质量、密度、自由流动性、电导率、有机物质的耐久性等。因此，其测定，对固体物质的加工以及半成品或者最终产品的特性是非常重要的。

有许多测定固体物质水分含量的方法。

重量法测水分含量

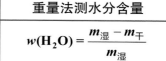

$$w(H_2O) = \frac{m_{湿} - m_{干}}{m_{湿}}$$

热重分析法测定水分含量

在这种方法中，将称重的样品烘干至质量恒定。

根据干燥前后的质量差，通过旁边的等式计算水分含量。

通常，在实验室中通过称重分析天平，并且在干燥箱中烘干，来进行热重分析法水分含量的测定。在干燥箱（105℃）中烘干需要几个小时。通过使用一个在干燥物料上配备折叠红外辐射罩（**图 6-19**）的特殊分析天平，可以缩短水分的测定时间至约 5min。该方法可以在生产运行中采用，并且适用于过程控制。

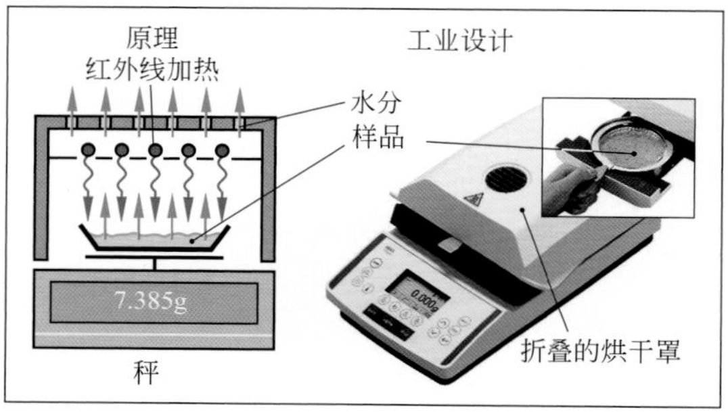

图 6-19：配有用于烘干的红外线加热装置的热重量水分测量设备

光谱法测定水分含量

在该测定方法中，用特殊光照射待测物质，并且测量反射光的强度和波长（**图 6-20**）。根据测量值，可以通过之前校准测量的参考物质，来测定测量物质的水分。光谱法不需要取样，可以直接对传送带上的产品进行测量。

所测量的是物料表面的水分含量。只有测量的物料表面是新鲜的，才能推断出总水分含量。

光谱水分含量测定通常用于运行中产品流，并可立即提供结果。因此，它特别适用于过程控制。

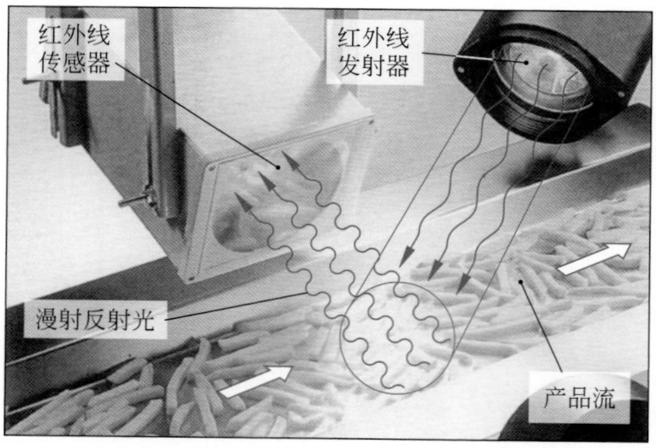

图 6-20：法式炸薯条的光谱水分和脂肪含量测定

复习题

1. 如何通过称重传感器测定容器物料的质量？
2. 传送带秤的称重系统如何测定质量流量？
3. 如何通过比重瓶测定固体物质的密度？
4. 哪种水分含量测定方法最适合过程控制？

2.4 散状物料粒度的测定

在化学工业中，原始材料或者产品通常是所谓的料堆或者散状物料：矿石粉和岩粉、沙子、肥料、染料、盐等。它们由不同尺寸的颗粒（晶粒、微粒）组成，颗粒有不同的质量比。

通常，需要知道散状物料中的粒度（颗粒大小）及其质量比，以便能够确定继续加工散状物料的最有利方法。然后，进行**粒度分布（颗粒大小分布）**的测量，它也称为**粒度分析**（partical size analysis）。

如果通过筛子进行粒度分析，则称为**筛析**。

粒度测定的测量方法

粒度分析的测量方法有多种（**图 6-21**）。

如何选择适合散状物料的测量方法，主要取决于散状物料的细度。

沉降分析通过液体中不同的下降速度测定粒度。

在**光学分析方法**（也称为计数方法）中，根据激光阴影图像检测颗粒，并以电子方式测定其尺寸以及数量。

在**气流筛分**中，粒度大小是在气流的重力场或者离心场中确定的。

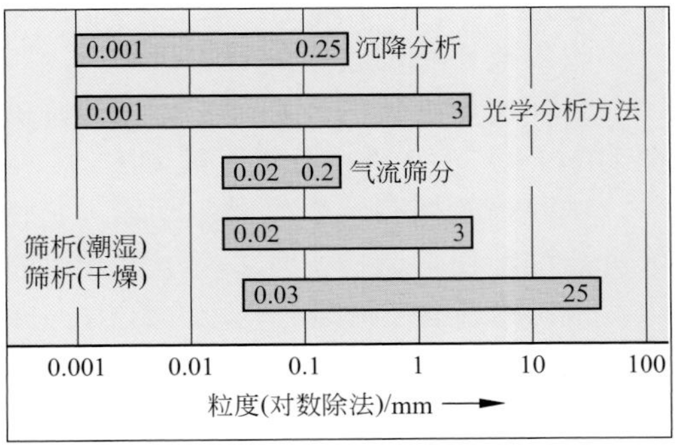

图 6-21：用于粒度分析的测量方法和其应用范围

筛析是细粒度至中等粒度散状物料的最常用和最简单的粒度分析方法。下面进行详细说明。

粒度分析包括四个步骤：取样、样品制备、实际分析和评估。

2.4.1 筛析取样

一般使用待检测散状物料的代表性样品进行粒度分析，该样品的成分必须与整体散状物料一样。

其中，如果是存储的散状物料，则从散状物料堆的几个典型位置处取出一铲物料（单个样品），例如在散状物料堆的边缘处、中间处和顶部处。

在连续输送的散状物料中，可通过皮带输送机，每隔一段时间从物料流中取出几铲物料。在封闭的料仓中，通过附加的取样器取样（第 261 页）。

通常，收集的单个样品的质量对于粒度分析来说太大。因此，通过一个样品分配器或者手动将样品分成 50 ～ 300g（分析样品）。

一个简单的样品分配方法是**“四分法”**（**图 6-22**）。其中，将收集的所有单个样品倒入一个锥体中，并且分成四等份。丢弃两个相对的部分，剩下的两个部分再次堆成一个锥体，再分成四等份并且丢弃两个相对的部分。重复该过程直至达到所需的样品质量。

通过一个**旋转样品分配器**，可以更快、更安全地实现样品分配。总样品均匀分布在 8 个样品瓶中，从而减少了样品量。

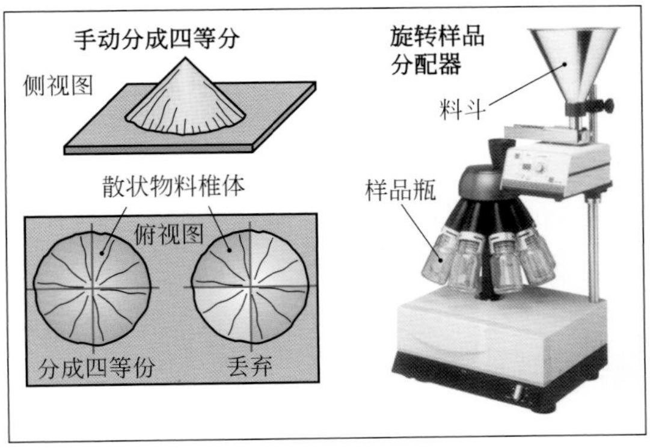

图 6-22：通过样品分类获得样品

2.4.2 筛析

用试验筛机进行样品筛析（DIN 66 165-1 和 DIN 66 165-2），其中绷紧了试验筛组，筛孔尺寸由上到下逐渐减小（**图 6-23**）。

筛组由依次叠加卡紧的试验筛组成（**图 6-24**），筛底由不锈钢筛网制成，筛孔尺寸相同，是颗粒物下落的开口。

将筛子组合在一起，以覆盖待检测料堆的整个粒度范围。通常，5 ～ 8 个筛子组成一个筛组。

收集盘在底部收集最后的筛分物。

只使用标准化的校准筛子。试验筛的筛孔净尺寸应根据 DIN ISO 3310 进行分类（**表 6-1**）。

试验筛机拥有一个电磁驱动器，它使筛组振荡、振动或者摇动，使筛选物在有多个下落开口的筛面上移动。

根据筛选物在筛面上移动的类型，分为不同类型的筛选（**图 6-25**）。在**振动筛**中，筛选物进行三维的上 / 下 / 侧向移动，并且均匀地分布在筛面上。在**平面筛**选中，筛子在其平面内水平振动，主要用于有细长和片状颗粒的筛选物。

在筛孔处，每个颗粒与开口尺寸进行多次比较。比开口大的颗粒保留在筛底上，并且形成**残留物**。小于筛孔的其他颗粒落在下面一个筛子上，这部分称为**筛分物**。

下面一个筛子拥有较小的筛孔尺寸。然后，在其上面再次分离残留物和筛分物，以此类推。最后，在一个收集盘中收集筛选完毕的筛分物。收集盘相当于筛孔尺寸为 0 的筛组。

在每个筛子上保留的残留物，其颗粒尺寸大于所在筛网的筛孔尺寸，并且小于上一层筛子的筛孔尺寸。这两种筛孔尺寸之间的差异，称为**粒度类别**或者**粒度类别宽度** Δd，以及料堆的相应部分**馏出物**。在筛析中，一种残留物对应于一个粒度类别或者一种馏出物。

为了使所有颗粒都可以通过筛孔，筛分机的振动必须足够强，筛分过程需要足够长的时间。

针对粗粒物料，筛分时间约为 10min，细粒物料需要约 20min。筛选时间和振动强度在试验筛机上设置。

如果筛子被筛选物黏住时，则将较大的耐磨橡胶球或者金属线作为筛选助剂添加到筛选物中。对于精细筛选及有静电的筛选，可通过湿式筛选进行筛分。

2.4.3 筛析的评估

为了便于评估，应在一个准备好的表格中，记录粒度分析和评估的测量数据，如**图 6-26** 所示。

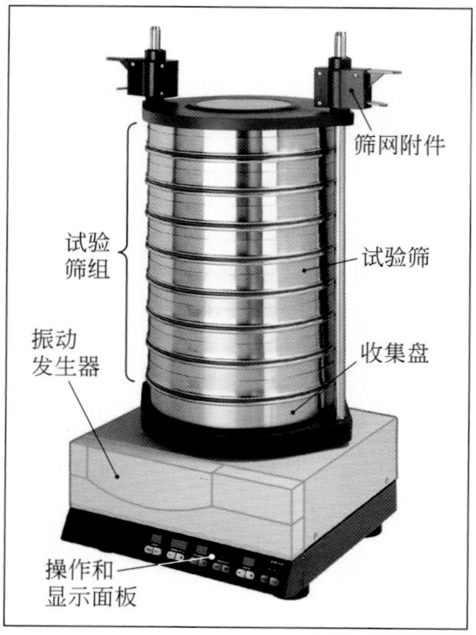

图 6-23：试验筛机

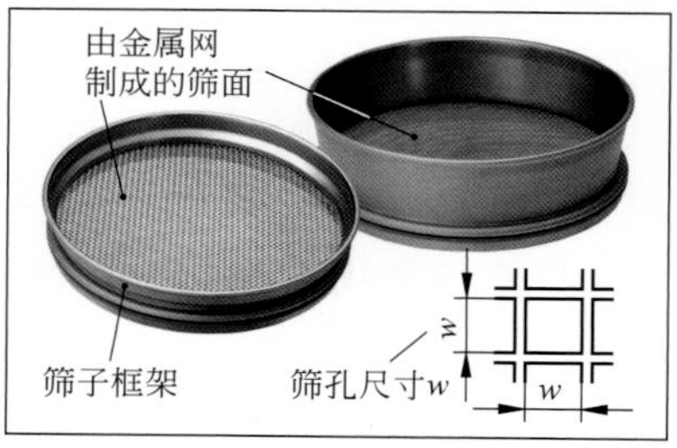

图 6-24：各种筛底

表 6-1：DIN ISO 3310 标准的实验筛机筛孔尺寸，主系列（额定筛孔尺寸 /mm）

0.045	0.355	2.80	22.40
0.063	0.500	4.00	31.50
0.090	0.710	5.60	45.00
0.125	1.00	8.00	63.00
0.180	1.40	11.20	90.60
0.250	2.00	16.00	125.60

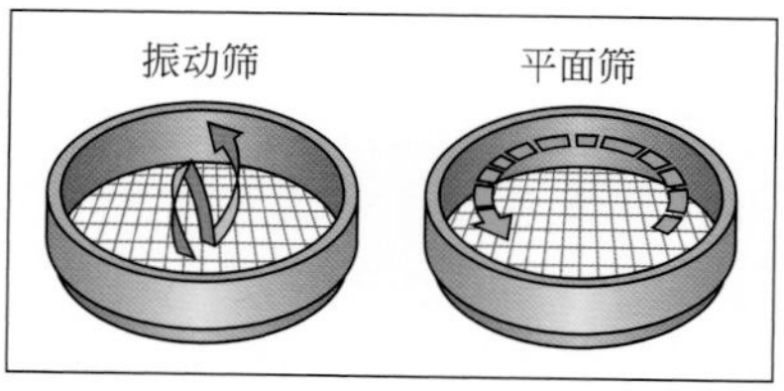

图 6-25：筛分时的移动

筛分前，通过称重测定并且记录分析样品的质量（图 6-26）。在第 1 列记录选定试验筛组的粒度等级。

材料：XYZ　　分析样品编号：123　　样品质量：97.8g

		1	2	3	4	5	6
筛孔尺寸 w/μm	试验筛组	粒度等级宽度Δd/μm	残留物编号	残留物质量R/g	残留物质量分数w_R/%	残留物总计R_S/%	筛分物总计D_S/%
400	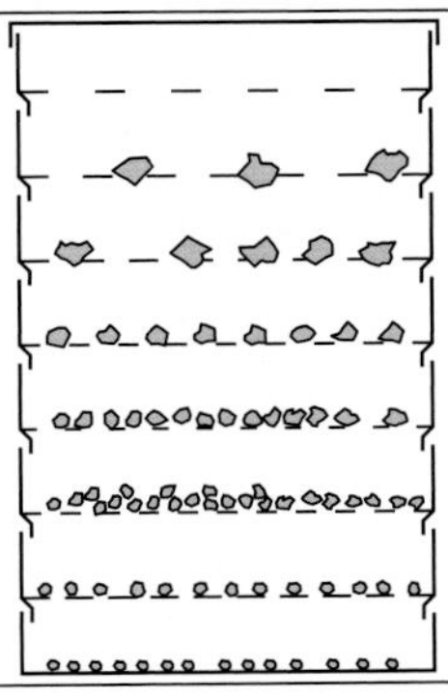	＞400	R_8	0	0	0	100
315		315～400	R_7	8.1	8.3	8.3	91.7
250		250～315	R_6	12.1	12.4	20.7	79.3
200		200～250	R_5	15.6	15.9	36.6	63.4
160		160～200	R_4	17.2	17.6	54.2	45.8
100		100～160	R_3	22.9	23.4	77.6	22.4
40		40～100	R_2	17.1	17.5	95.1	4.9
0		0～40	R_1	4.8	4.9	100	0
				$R_{ges}=97.8$	$\sum=100$		

图 6-26：筛分及评估示例

然后进行筛分并评估：其中，称量每个试验筛上的残留物，并且将数据记录在表格中（第 3 列）。从收集盘开始，残留物的编号向上依次增加（第 2 列）。将每种残留物的质量（单位：g）（第 3 列）换算为质量分数（单位：%）。

即将每种残留物的质量除以样品的总质量，并且乘以 100（100%）。

例： $w_R=\frac{R_i}{R_{ges}}\times100\%$；$w_{R1}=\frac{4.8g}{97.8g}\times100\%=4.9\%$

获得的每种残留物的质量百分比记入第 4 列，其总和是 100%。

从第 4 列可以看出，粒度较大和较小时，残留物的质量分数较小，而在中等粒度时，残留物的质量分数较大。

可以通过表格中的数值，制定粒度图表。粒度分布的描述和命名由 DIN ISO 9276-1 规定。有不同类型的图表。

分布密度的直方图

如果在图表中，通过相应的粒度等级宽度Δd（第 1 列）绘制残留物的质量分数 w_R（第 4 列），则获得分布密度的直方图（**图 6-27**）。从直方图中可以直观地看到散状物料的粒度类别Δd对应的质量分数 w_R。

图 6-27 中的**读数示例：**

200 ～ 250μm 的粒度等级占总散状物料的 15.9%。

最常见的颗粒尺寸为 100 ～ 160μm，占 23.4%。

因为粒度等级宽度Δd的尺寸不同，直方图还给出了质量分数 w_R 在粒度等级 d 上的扭曲分布。

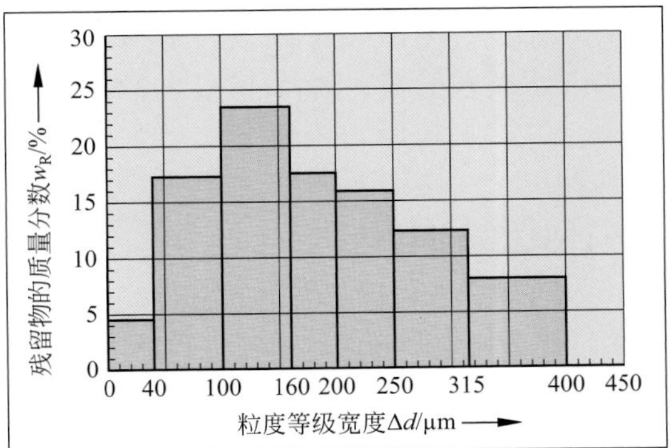

图 6-27：分布密度的直方图

累积分布曲线

如果在图 6-26 第 6 列上绘制粒度 d 的筛分物总和 D_S，也称为 Q，则获得累积分布的点

（图 **6-28**）。

如果将累积分布的点与拟合曲线连接在一起，则得到**累积分布曲线**，也称为筛分物总和曲线。它拥有水平 S 的形状。累积分布曲线的每个点表示小于相应粒度的颗粒物质量分数。

图 6-28 的**示例**：粒度小于 d=250μm 的颗粒物的质量分数约为 80%。

从累积分布图中，可以测定散状物料的常用参数：$\boldsymbol{d_{50}}$ **数值**，也称为**中值**。它定义为粒度分布百分数达到 50% 时所对应的散状物料的颗粒直径。为了测定 d_{50} 数值，从纵坐标的水平累积分布值为 50% 处画一横线与累积分布曲线交于一点，从该点读取横坐标上的相应粒度，作为 d_{50} 数值。

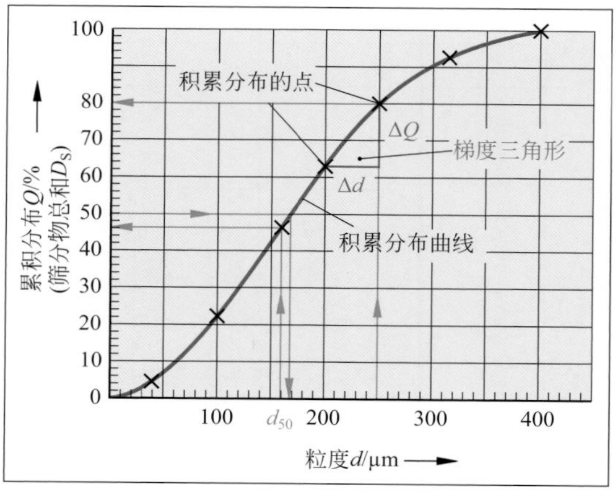

图 6-28：散状物料的累积分布曲线

例：图 6-28 中散状物料的 d_{50} 数值为：d_{50} =168μm。

分布密度曲线

分布密度 q 对应累积分布曲线上各点的斜率（图 6-28）。

在数学上，它是累积分布ΔQ的变化与相应粒度间隔Δd之比。

在实践中，通过图 6-28 中相同的粒度间隔，例如：Δd = 50μm、一个梯度三角形和相应的ΔQ数值，获得分布密度曲线。

获得以下数值：

Δd /μm	0 ～ 50	50 ～ 100	100 ～ 150	150 ～ 200	200 ～ 250	250 ～ 300	300 ～ 350	350 ～ 400
q/[% /(50μm)]	7	15	20	21	17	11	7	3

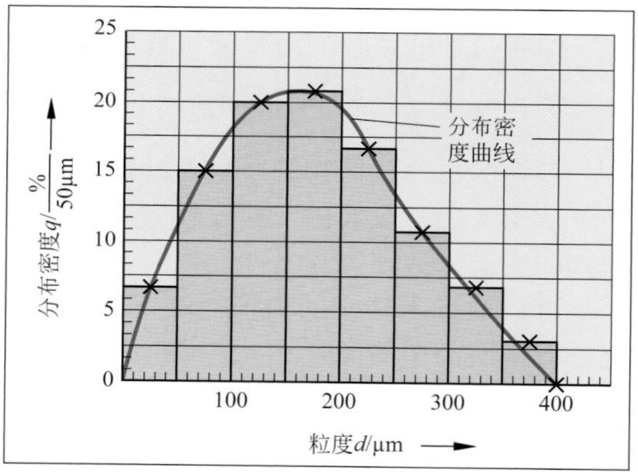

图 6-29：散状物料的分布密度曲线

通过Δd数值，在图表中以柱形的形式绘制获得的 q 值（**图 6-29**）。柱上线的中心点标记为点。通过这些点绘制拟合曲线，即**分布密度曲线**，也称为颗粒分布曲线。

从分布密度曲线可以很容易地看出散状物料的结构，即**颗粒分布**：较小和较大颗粒所占的百分比较小；中等颗粒所占的百分比较大。曲线存在一个最大值。

计算机辅助评估

Excel 等计算机程序简化了筛析的评估。特别简单的是通过筛分机生产商的筛析特殊程序进行评估，可以通过点击鼠标快速确定各种图表和参数（**图 6-30**），计算机辅助评估可用于研磨过程等的过程控制和质量控制。

图 6-30：通过计算机进行筛析评估

2.4.4 RRSB 粒度分布网格

大多数工程散状物料是通过粉碎得到的，具备基于粉碎过程的特性粒度分布（第 294 页）。

第296页图7-14举例显示了细粉碎物的典型颗粒分布（细粉过程）。如果在一个特殊的图表中，即**RRSB粒度分布网格**（以科学家Rosin、Rammler、Sperling和Bennet的名字命名）中绘制这种散状物料的筛分物总和，则可以通过这个图表确定散状物料的参数（第270页的图）。

为此，要在特殊的图纸，即RRSB粒度分布网格中，绘制粒度（颗粒直径）的筛分物总和（例如第267页图6-26第6列的数值）。

例：从图6-26中可读出粒度为160μm时的筛分物总和为45.8%（≙0.458）。以点的形式将该组数值记录到RRSB网格中。以同样方式绘出其他各组数值。

这些点可连接成一条补偿直线，即RRSB直线（第267页）。

RRSB粒度分布网格中的参数

从**RRSB粒度分布网格**中，可以获得分析散状物料的参数。

通过RRSB直线与$D = 0.632(63.2\%)$时水平线的交点，得出所谓的**粒度平均值d'**，也称为**$d_{63.2}$数值**。

与$D = 0.50(≙ 50\%)$时的水平线相交时，获得**d_{50}数值**，也称为**中值**。**例：**在第270页的图中：d'=200μm，d_{50} =170μm。

描述颗粒分布均匀性（图6-29）的参数是**均匀性参数n**。通过**RRSB粒度分布网格**以图形的方式确定该数值（第270页）。其中，通过**RRSB粒度分布网格**左下角标记为极点，绘制与确定的RRSB直线平行的线。在延长的平行线与边缘标尺n的交叉点处（在图的顶部和右侧边缘处），读出**均匀性参数**n。

在第270页的示例中，$n = 1.94$。

用d'和n这两个特征值表征分析的料堆。这两个数值足以描述料堆的粒度分布。其中，首先通过d'确定与0.632水平线的交点。然后，通过n边缘标尺和极点上的n值，确定RRSB直线的斜率。通过由d'获得的交叉点的平行线，得到RRSB直线。这样，可以在图表轴上读取所有所需的筛分物总和数值和相应的颗粒直径。

散状物料比表面积的测定

通过表面边缘标尺$RM = S_v \cdot d'/f$，可以确定所分析散状物料中**与体积有关的比表面积S_v**。这是散状物料的重要参数，表示每单位体积的所有颗粒表面积的总和。该参数越大，则散状物料的粒度越小。S_v的常用单位是cm^2/cm^3。

要确定与体积有关的比表面积S_v，在RRSB网格中的边缘标尺RM上，读取与平行线交点的数值。第270页图中示例得出：RM = 10.6。

将RM数值代入根据S_v转换的等式中（见右图）。f表示形状系数，在球形颗粒中为1。

根据等式$S_m = S_v/\rho$，通过除以散状物料的密度，得到**与质量有关的比表面积S_m**：

本示例（第270页**图6-31**）：$d' = 200\mu m = 0.0200cm$, $f = 1$（已选），$\rho = 2.50g/cm^3$（已选）

得到：$$S_v = \frac{f}{d'} \cdot RM = \frac{1}{0.0200cm} \times 10.6\frac{cm^2}{cm^2} = \mathbf{530\frac{cm^2}{cm^3}}$$

$$S_m = \frac{S_v}{\rho} = \frac{530cm^2/cm^3}{2.50g/cm^3} = \mathbf{212\frac{cm^2}{g}}$$

作业：在散状物料的筛析中，确定旁边所示的筛子上的残留物。

与体积有关的散状物料表面
$S_v = \frac{f}{d'} \cdot RM$

筛析的测量值（针对旁边的作业）

筛孔宽度 /mm	残留物 /g
16	0
10	1.25
5	15.25
2	22.0
1	7.0
0.5	2.5
收集盘	2.0

① 请绘制累积分布图和分布密度图。

② 请在 RRSB 粒度分布网格中确定参数 d'、d_{50} 和 n，以及散状物料的比表面积 S_v。

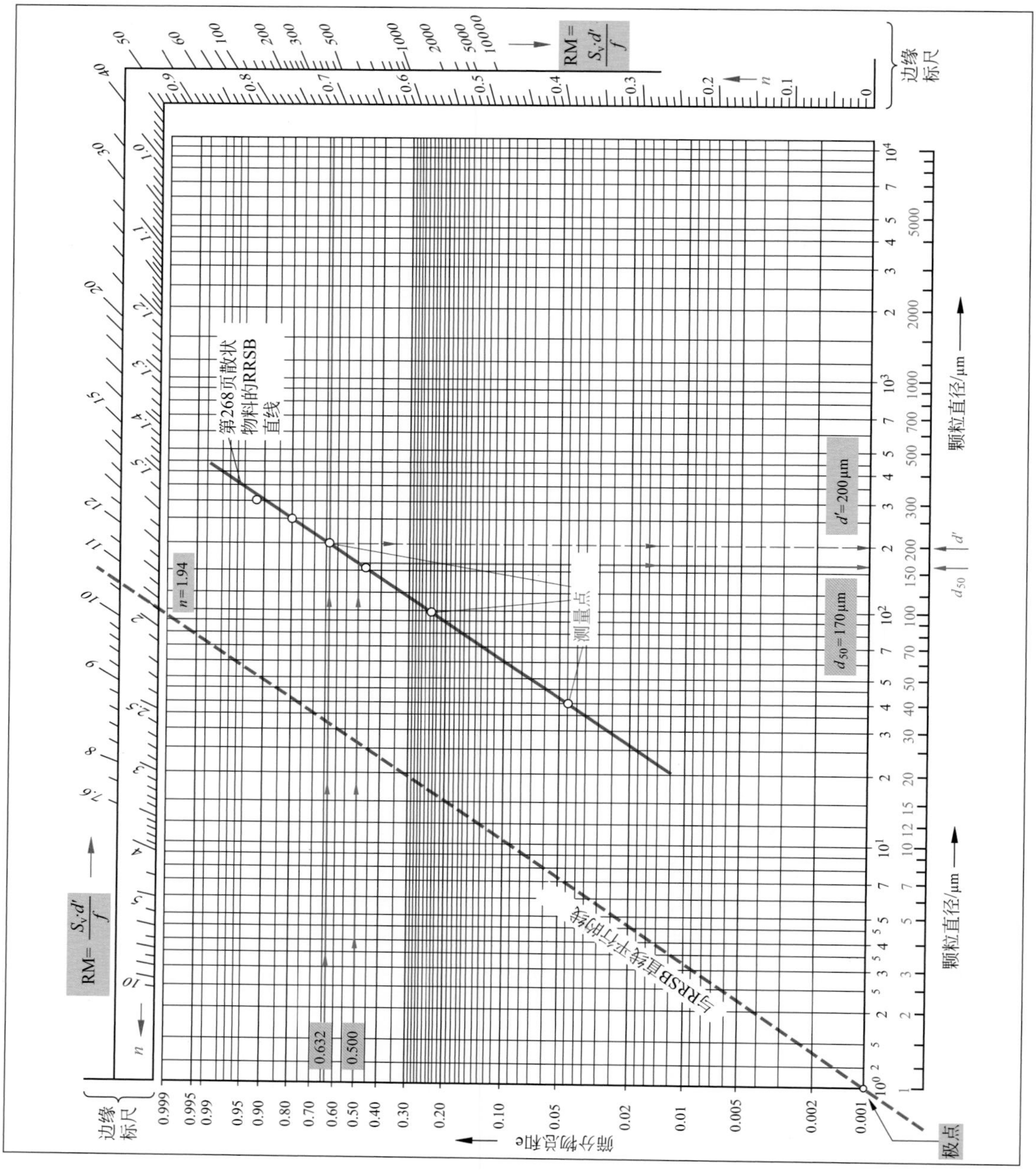

图 6-31：符合 DIN 66145 标准的 RRSB 粒度分布网格和绘制示例

复习题

1. 如何通过“四分法”进行样品划分？
2. 筛析时的颗粒等级和馏出物是什么意思？
3. 从分布密度图中可以读取什么？
4. 料堆的 d_{50} 数值或者粒度平均值 d' 表示什么？
5. 通过 RRSB 粒度分布网格可以测定哪些参数？
6. 如何通过 RRSB 粒度分布网格测定与体积有关的表面积？

3　液体物性和组成的测定

液体的重要物性是密度、黏度、电导率、pH 值、氧化还原电位（电极电势）、氧含量（含氧量）和浑浊度。

它用于生产过程的监控和控制以及质量保证。

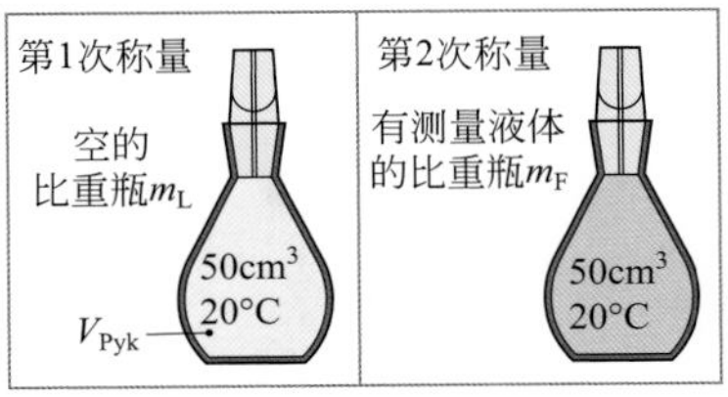

图 6-32：比重瓶方法

3.1　液体密度的测量

可以通过以下方法测量液体密度：

- 在实验室中取样后测量（例如通过比重瓶、密度计、韦氏比重秤测定）。
- 或者连续在线测量［使用挠曲石英晶体振荡器（石英晶体振荡器）、音叉（音叉密度计）、科里奥利测量设备（科里奥利质量流量计）］。

通过比重瓶测定液体密度

比重瓶测定与固体密度的测定类似（第 263 页）。这里只称重两次（**图 6-32**）。通过右侧的等式计算液体密度。

液体密度
$\rho_{Fl} = \dfrac{m_F - m_L}{V_{Pyk}}$

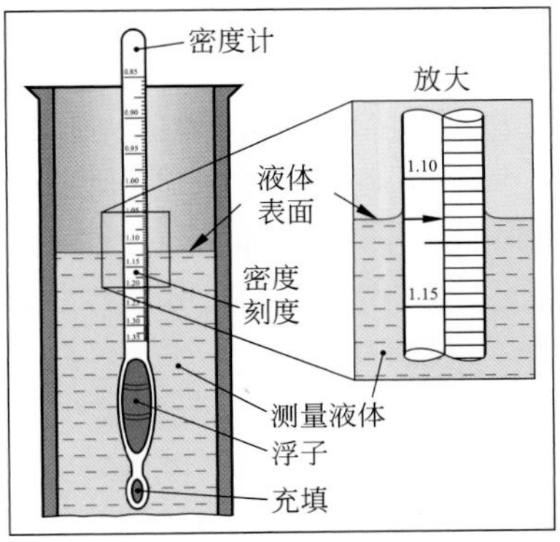

图 6-33：密度计测定

通过密度计测定液体密度

通过一个棒状浸入体进行测定，称为比密度（**图 6-33**）。测量时，将密度计垂直放置在待测液体中。它潜入越深，则液体密度越低。在密度计的密度刻度上，通过液位的高度读取密度值。密度刻度是非线性的。

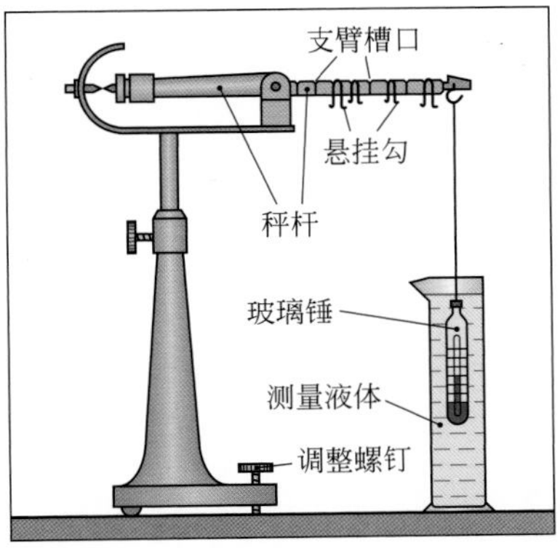

图 6-34：韦氏比重秤

通过韦氏比重秤进行密度测定

该方法是基于浸入体在空气和待测液体中具有不同重量进行测量的（**图 6-34**）。测量时，抬起浸入体，将填充有测量液体的量筒放置在下面，并且将浸入体放入液体中。然后通过不同质量的滑块（附加重量）等重砝码，将不平衡状态下的秤杆调整为平衡状态（调节秤臂上的游码至平衡状态）。从秤杆上的数字和支臂槽口（刀口），直接读取液体密度，（精确到小数点后四位）。

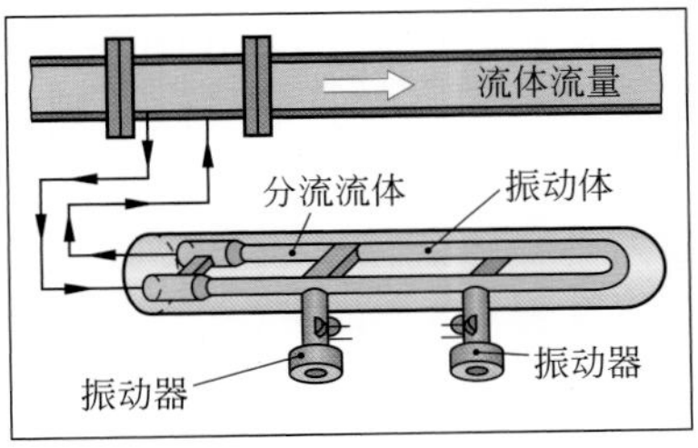

图 6-35：用弯曲振动器测量密度

通过石英晶体振荡器进行在线密度测量

这种测量方法，也称为振动方法或者石英晶体振荡器测量法，通过一个由玻璃制成的 U 形振动体传导待测流体（**图 6-35**）。电磁振动发送器使振动体共振。共振频率与流过的液体密度有关。振动传感器测量共振频率，并且通过一个振动体常数测定液体密度。

通过音叉传感器进行在线密度测量

依据音叉振动原理（第 243 页），音叉的共振频率是密度的度量。传感器安装在管道中。

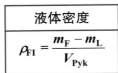

通过石英晶体振荡器、振动音叉传感器或者科里奥利测量设备（科里奥利质量流量计），“在线”进行密度测定，它适用于自动过程控制。

3.2 黏度的测量

黏度（viscosity）是液体流动性的量度。稀液状液体拥有低黏度，而黏稠液体拥有高黏度。

黏度
$\eta=\rho_{Fl}\cdot\nu$

有两种黏度测量方法：

动力黏度 $\boldsymbol{\eta}$ 的单位是 Pa·s，**运动黏度** $\boldsymbol{\nu}$ 的单位是 m^2/s。

它们的关系如旁边的等式所示。

下面描述了重要的黏度计。

贺普勒落球黏度计

贺普勒落球黏度计在玻璃回火管中有一个由玻璃制成的样品管（**图 6-36**）。该设备部件可旋转地安装在一个三脚架上，并且通过调节水温达到测量温度。测量时，将测量液体填充到样品管中并且加入落球。在测量液体达到测量温度后，将测量装置倾斜 180°。然后样品管中的球滚下管壁，经过两个限制测量距离的测量标记。通过一个秒表测量小球经过测量距离的时间。

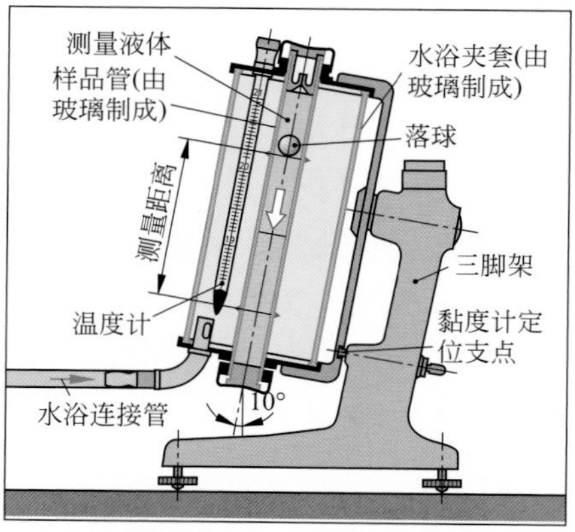

图 6-36：贺普勒黏度计

通过落下时间 t 和设备方面的参数 K_H，计算动力黏度：$\eta=K_H\cdot(\rho_K-\rho_{Fl})\cdot t$

贺普勒落球黏度计用于实验室和运行中的测量。只能测量透明液体。测量一次需要几分钟。

旋转黏度计

旋转黏度计由一个测量单元组成，其中旋转体在测量液体中旋转（**图 6-37**）。旋转体由小型电动机驱动，这里测量旋转所需的扭矩。这样，在设备内部计算动力黏度并且显示在显示器上。

旋转黏度计用于实验室中的样品测量，以及管道或者容器中的连续黏度测量。

在**连续旋转黏度计**中，测量液体的少量分流流过测量单元（图 6-37）。

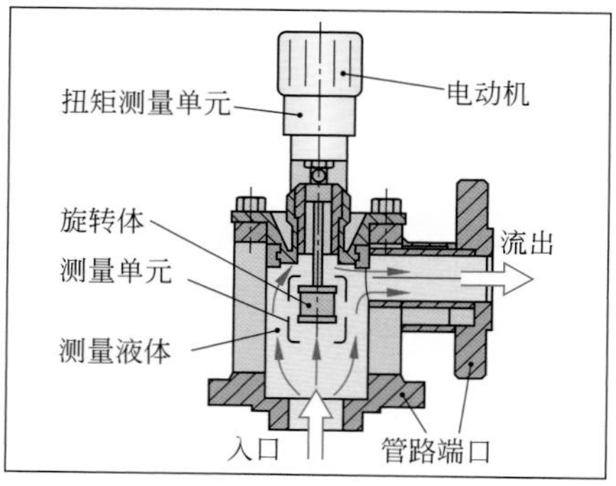

图 6-37：旋转黏度计

毛细管黏度计

在毛细管黏度计，如**乌氏黏度计**中，一部分测量液体流过毛细管部分（**图 6-38**）。测量液体流过毛细管所需的时间，并且通过尺寸等式计算黏度。

在自动化乌氏黏度计中，由设备进行测量过程，在内部计算黏度并且直接显示。

在**连续毛细管黏度计**中，定距抽取测量液体的样品并且将其送入黏度计中。这里，计量泵将一部分测量液体压入毛细管中。所需压力是液体黏度的量度。压力传感器测量压力，测量设备的评估单元测定动力黏度。

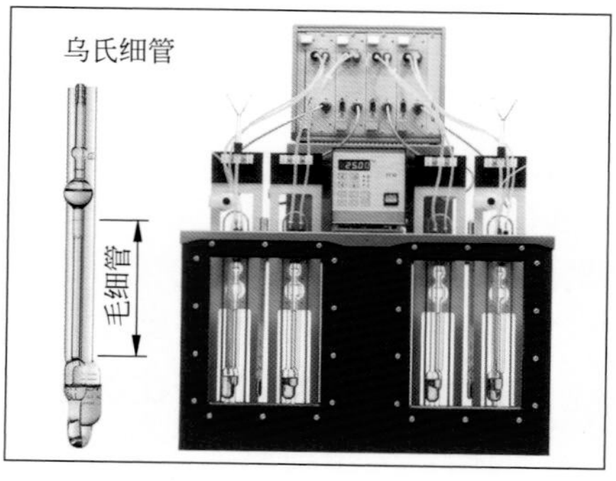

图 6-38：自动乌氏黏度计

连续测量黏度计可用于过程控制和质量控制。

液体中组分的测定

液体中所选成分的测定，可用于如设备的过程控制、半成品和最终产品的监控，以及废水的控制。

在化工厂中，优选间接通过物理特性测量成分的测量方法，这样可以推导出物质成分。这些方法拥有快速测量的优点。它还提供可用于显示和过程控制的电气测量信号。

相比之下，取样后在实验室进行分析的纯化学分析，是一个需要几分钟至几小时并且不提供测量信号的过程。

3.3 电导率的测量

水溶液的电导率$\varkappa$（也称为电解质电导率）定义为溶液电阻率ρ_{el}的倒数（参见旁边的等式）。

电导率

$$\varkappa = \frac{1}{\rho_{el}} = \frac{l}{R \cdot A} = K \cdot \frac{1}{R}$$

其单位是西门子 / 米（单位缩写 S/m）。

它与水溶液中离子的含量呈正比例。

通过测量电导率，可以测定水溶液中的离子浓度。电导率测量用于如锅炉给水、饮用水和废水的成分测定，用于测定酸、碱、电解槽和电镀槽的成分，以及用于监控离子交换设备。

低浓度和中浓度的**电导率测量设备**根据双电极法进行工作（**图 6-39**）。

测量单元有两个环形的同心设置的电极，并且浸入测量液体中，或者由测量液体包围。向电极施加恒定的电压。在测量电路中流动的电流，与两个电极之间的测量液体的电阻有关，并且是其电导率的量度。测量电流转换为标准电流信号，并且作为电导率直接显示在测量设备上。必须通过校准溶液校准测量设备。测量传感器与管道或者容器法兰连接在一起。

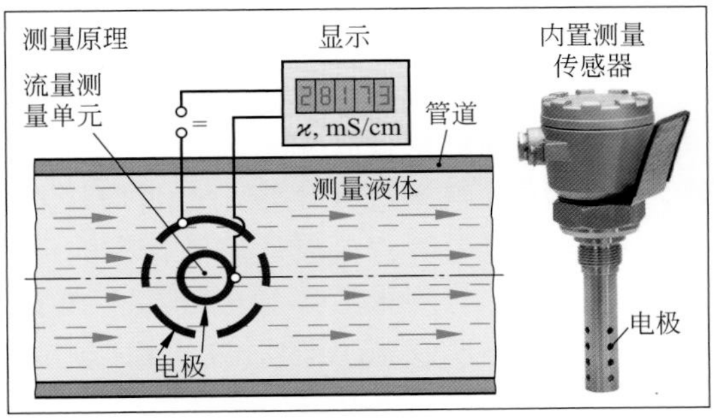

图 6-39：通过流量测量单元测量电导率

3.4 pH 值的测量

pH 值（pH-value）是水溶液的酸性或者碱性特征的量度。

根据其定义，pH 值是溶液中 H_3O^+ 浓度 $c(H_3O)^+$ 的负对数。

pH 值

$$pH = -\lg c\,(H_3O^+)$$

例： *在溶液中，*H_3O^+ *浓度为* $c(H_3O^+)=10^{-4}mol/L$

因此：$\mathbf{pH}=-\lg 10^{-4}=\mathbf{4}$

pH 值可以为 0 ～ 14（**图 6-40**）。

强酸性溶液，如盐酸或者硫酸，pH 为 0 ～ 1。

强碱性溶液如氢氧化钠和氢氧化钾的 pH 为 13 ～ 14。

20℃时的纯水 pH 为 7，为中性。

在许多化学反应中需要测量 pH 值，因为其在水溶液中的过程受 pH 值的影响。此外，

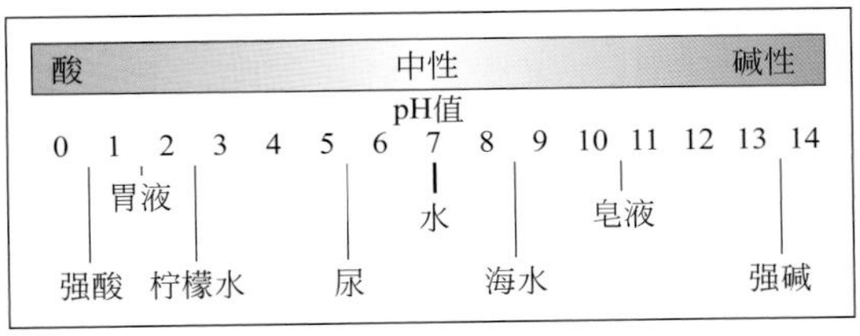

图 6-40：pH 值刻度示例

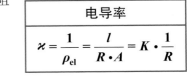

测定废水的 pH 值是环境保护的重要工作。

通过试纸测量 pH 值

通过试纸测定 pH 值是简单的测量方法（**图 6-41**）。这是一种吸收纸，曾被浸在指示剂溶液中并经过干燥。如果将试纸浸入待测量的液体中，试纸会变色。可以通过试纸包装上的参考颜色看出 pH 值。

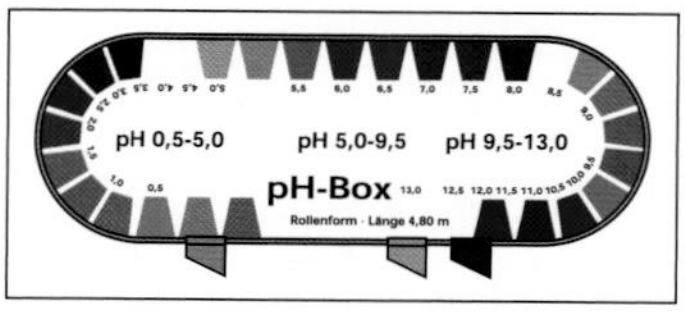

图 6-41：通用 pH 试纸

通过测量电极测量 pH 值

该 pH 测量方法基于电压 U 的测量。当电极浸入水溶液中时，设置测量电极和参考电极之间的电压（**图 6-42**，图片的左侧部分）。测量的电压 U 也称为电位差。

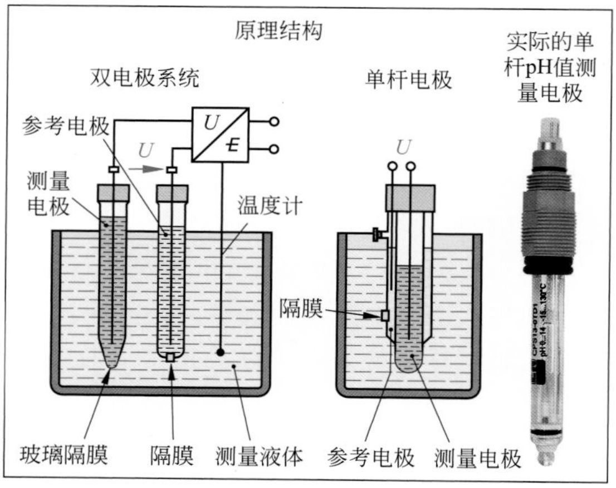

图 6-42：pH 值测量电极结构

测量电极由玻璃管中的铂丝组成，其中填充有恒定 pH 值的盐酸缓冲溶液。其玻璃壁下端拉出至非常薄的壁厚，并且用作对 pH 值敏感的玻璃膜。在玻璃膜 / 测量液体的边界层上，存在一个与测量液体 pH 值有关的电势差（电压），它通过缓冲液、铂丝和导线传输到测量设备中。这里，将其与参考电极的恒定电压进行比较，参考电极也位于测量液体中。参考电极是玻璃管中的银线。其中含有 KCl/AgCl 溶液，并且在下部通过隔膜（半透膜）与测量液体导电连接。在测量电极和参考电极的尖端之间，存在一个较小的电压 U，它与 H_3O^+ 浓度的对数和 pH 值成正比。通过电极引线分接电压（每个 pH 值单位为 59mV），放大此电压并且在变送器中转换为标准信号，在校准显示设备中显示 pH 值。

由于 pH 值与温度有关，所以用电阻温度计测量温度，用 pH 值测量设备的评估电子元件补偿温度影响。

在工业应用中，两个电极通常设置在一个单杆电极中（图 6-42，中间）。其中，参考电极设置在围绕测量电极的外管中。

在运行时使用的 pH 值测量电极中（图 6-42，右图），通过一个穿孔塑料保护管防止玻璃破裂。它牢固地安装在设备或者管道中，并且提供连续的测量值。

3.5　氧化还原电位的测量

氧化还原电位（redox-potential）是水溶液中离子的氧化或者还原能力的量度。它由溶液中离子的类型和数量决定。氧化还原电位的测量，与 pH 值测量相似，都是两个电极之间的电压测量；但这里测量的是氧化还原电极和参考电极之间的电压。

用于测量氧化还原电位的技术电极主要是单杆电极（**图 6-43**）。通常，该电极拥有与 pH 值测量电极中类似的结构。不同的是，氧化还原测量电极拥有一个铂销，它伸入测量液体中。电压滑动端和测量信号处理与 pH 值测量电极中的相同。

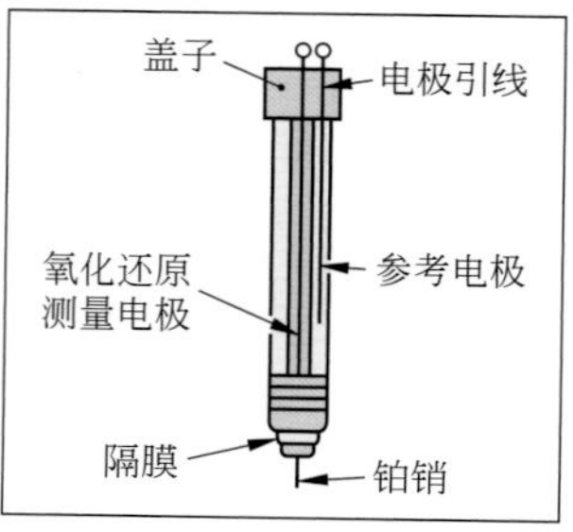

图 6-43：用于测量氧化还原电位的单杆电极

氧化还原电位的测量对于监测和控制离子反应是非常重要的。

3.6 电导率和 pH 值测量的应用

防止错误填充容器

曾经，由于向储罐或者油罐卡车填充了错误的溶液，造成了严重的人身伤害，以及重大的物品和环境损害。

为了确保向化工厂供应化学品时，能在对应的储罐中填充正确的化学品，通常使用编码的连接管路。

由于化工厂中存在多种物质，难免会错误填充，因此可以通过电导率测量，采取额外的保护措施防止错误装料（**图 6-44**）。

在储罐以及油罐卡车中，开始泵送前测量物料的电导率。监控测量值的差异，如果测量值偏差过大（不同物质），则会触发报警并且关闭进料泵。

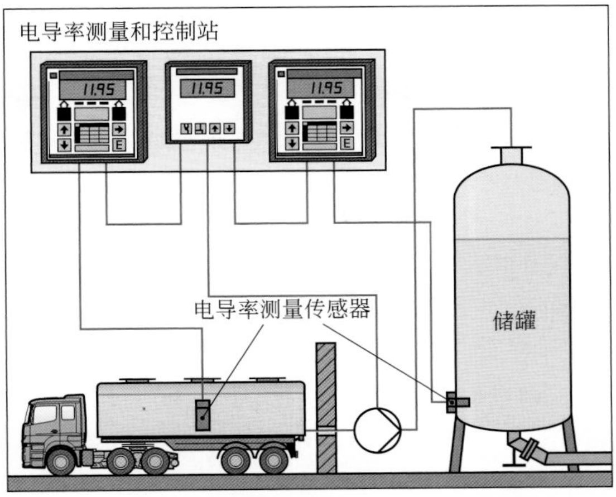

图 6-44：通过电解液电导率测量，防止错误填充储罐

洗涤剂生产时中和反应的监控和控制

在洗涤剂的生产中，烷基 - 苯磺酸 $CH_3—(CH_2)_{15}—SO_3H$ 与氢氧化钠 NaOH 和水在反应釜中分批混合（**图 6-45**）。通过中和反应产生表面活性剂烷基苯磺酸盐 $CH_3—(CH_2)_{15}—SO_3Na$。磺酸盐与水溶胀并且形成高黏性液体。

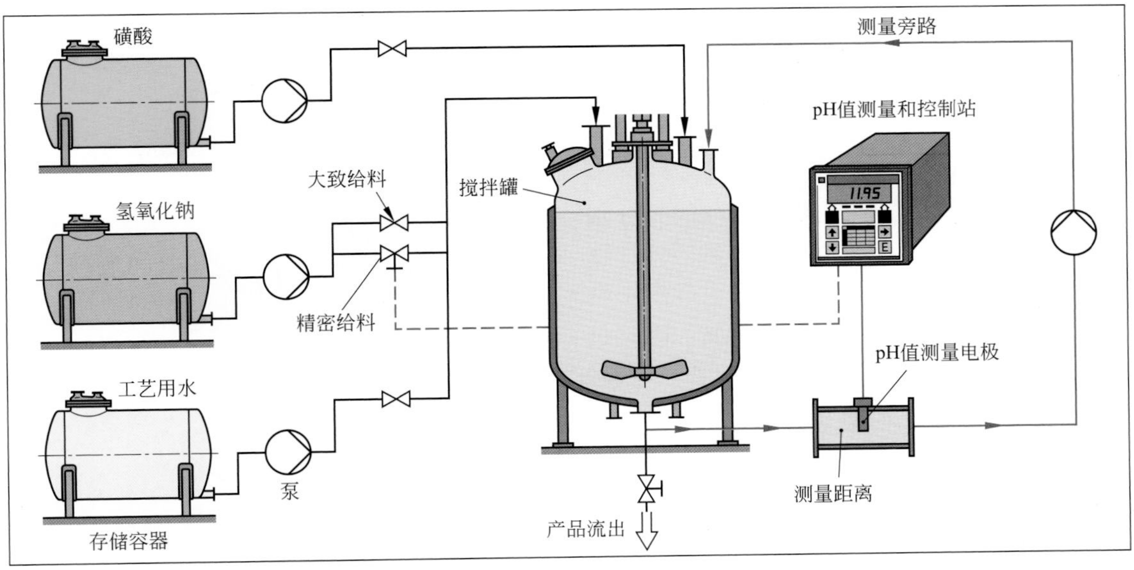

图 6-45：在洗涤剂生产中，通过测量 pH 值控制产品质量

反应过程与反应混合物中的pH值有很大关系，因此通过监控pH值可以最有效地控制该过程。

首先根据大致配方进行定量给料，例如 2500kg 磺酸、640kg 氢氧化钠溶液（50% 浓度）和 7000kg 工艺用水。在测量旁路中用测量电极测量 pH 值，并且以此控制氢氧化钠的精密计量阀来进行反应过程的精细给料。旁路测量用于产品取样和快速分析（在检测实验室中）。达到所需的产品质量后，打开产品排空阀排出物料。

3.7 水中溶解氧的测量

溶解氧含量是水中生物质量的重要指标。因此，测量水的氧浓度是环境保护和废水处理的重要工作内容。

根据**膜极化法**，用于测定氧浓度的测量装置与两个电极一起工作（**图 6-46**）。传感器包括一个银阳极和一个金阴极，它们通过透氧 PTFE 薄膜与测量液体分离。通过薄膜扩散到金阴极的氧气量，与测量液体（mg/L）中的氧气质量浓度$\beta(O_2)$成正比。

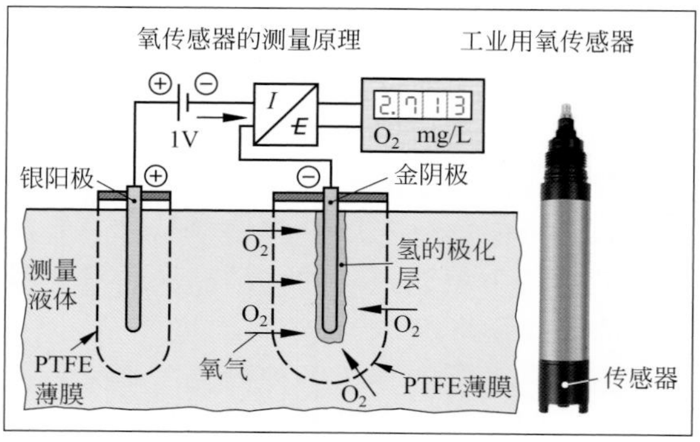

图 6-46：氧气浓度测量

测量时，向电极施加约 1V 的直流电压，这样首先有一个电流流过测量单元。通过电解，在金阴极上形成电流不可穿透的、附着的氢极化层：$2H_3O^+ + 2e^- \longrightarrow H_2 + 2H_2O$。这样，电流迅速下降至零。在阴极上通过 PTFE 薄膜扩散的氧气，将氢气氧化成水：$O_2 + 2H_2 \longrightarrow 2H_2O$，从而再次引起电流。这里存在一个去极化电流，其大小是氧浓度的量度。测量该电流，将其转换为标准信号并且在显示器上显示。

在工业设计中，氧传感器安装在浸入式传感器中（图 6-46，右图）。可测量的氧气浓度在 0 ～ 15mg/L 的范围内。

3.8 液体浊度的测量

测量液体的浊度（clouding）可测定悬浮液的固体含量和监控污染物，例如用于废水清洁过程。

测量原理是光经过有分散固体颗粒的液体时会衰减（吸收）（**图 6-47**）。固体含量越大，则吸收光的比例越大。

在测量装置中，两束相同强度的光分别穿过无固体物质的标准液体和测量液体。连续的光线撞击光电管，并且在这里产生一个光电压，其电压差异是浊度的量度，因此也是固体含量的量度。

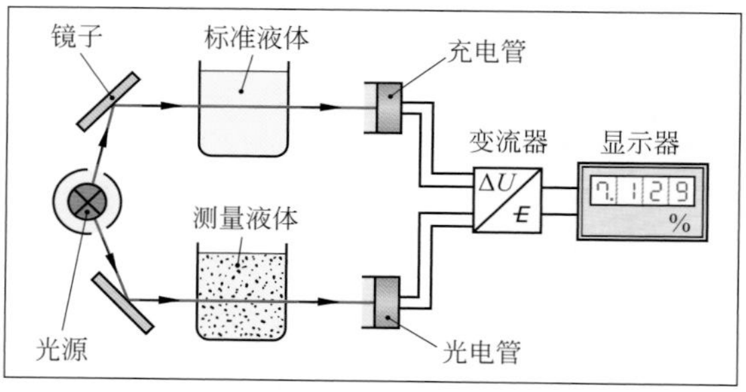

图 6-47：浊度测量的原理

复习题

1. 如何通过密度计测定液体密度？
2. 哪种密度测量方法适用于连续在线测量？
3. 为什么贺普勒落球黏度计仅适用于透明液体？
4. 电解质电导率的测量有哪些应用领域？
5. H_3O^+ 浓度为 $10^{-1.6}$mol/L 的溶液的 pH 值是多少？
6. 请描述 pH 值测量电极的测量装置。
7. 液体的氧化还原电位如何产生？
8. 请说明测量水溶液中溶解氧的原理。
9. 测量液体中氧含量的目的是什么？
10. 浊度测量原理的依据是什么？

4　气体和液体的分析方法

4.1　色谱分析

色谱法（chromatography）是分析气体、气体混合物和可蒸发液体的方法。它主要用于实验室分析，也用于过程监控和过程控制。

色谱法的测量原理是利用流经填充有细粒吸附剂的分离管的每个成分流速不同，分离待分析样品混合物（**图 6-48**）。

其中，通过分离管中的冲洗剂分离物质样品。样品流过吸附剂时，不同分子（●，▲）的流动运动减速强度不同，这样在分离管的端部分离成分，并且先后离开分离管，随后进行分子鉴定并且量化。

样品成分被分离的原因是每个成分在流过吸附剂（例如硅胶颗粒）时具有不同吸附特性（黏附）。

有多种色谱测量方法：

薄层或者纸层色谱法 DC、气相色谱法 GC、柱层色谱法 SC、液相色谱法 FC 等。

用于运行测量的常用方法是**高压液相色谱法**，也称为高效液相色谱法或者 **HPLC 色谱法**（high performance liquid chromatography）。

HPLC 色谱仪有一个微型高压泵，该泵将洗脱液压入紧密堆积的分离管、样品添加装置、实际分离柱和成分检测器（**图 6-49**）。其中还有配备计算机和显示器的评估单元。

测量时，使用自动进样器从产品管路中取出待分析物质的少量样品。连续的洗脱液流将分析物质带入分离管中，分离物质的成分。在分离管后部，成分先后到达检测器并且分别记录一个电信号。信号的强度与成分的含量成正比。导热性测量单元或者光吸收测量单元用作探测器。记录随着时间推移的检测器信号，由此得出**色谱图**（**图 6-50**）。

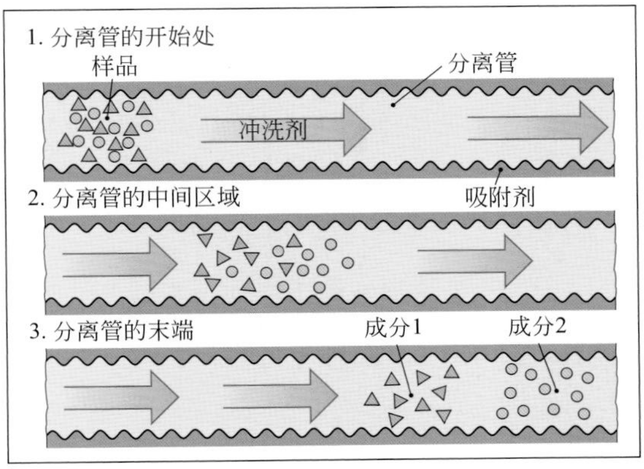

图 6-48：柱层色谱法的作用原理

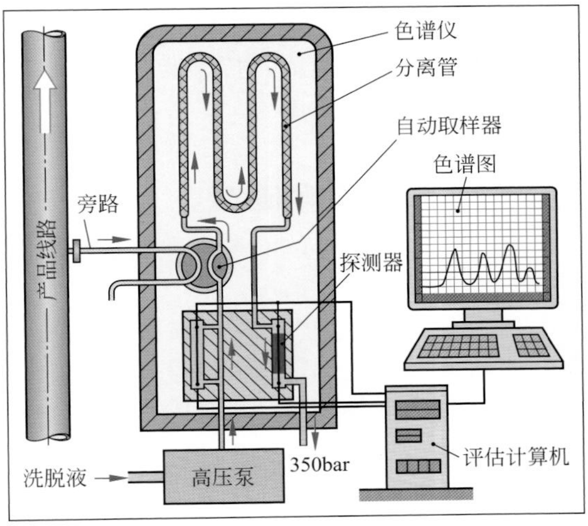

图 6-49：HPLC 色谱仪的结构

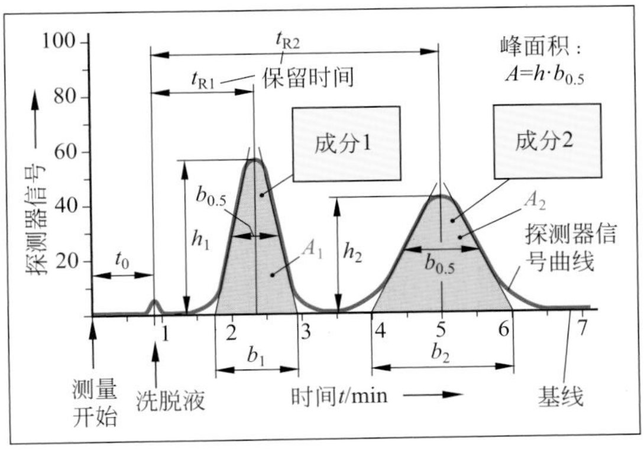

图 6-50：色谱图的参数

色谱图有一个基线，峰值从该基线上升（第 277 页图 6-50），每个峰代表混合物的一种成分。

通过色谱图，可以确定混合物成分及其含量。鉴定成分时，将假定的混合物成分的标准样品加入色谱仪中。如果参考物质和未知物质的保留时间 t_R 一致，则完成鉴定。

根据旁边的等式，通过峰面积的大小计算物质比例。

现代色谱仪通过与数据库进行比较来鉴定成分，并且根据探测器信号的大小在内部计算含量。然后在计算机显示器上直接显示鉴定出的物质及其含量。

物质比例

$$\chi = \frac{A_i}{A_{ges}}$$

运行中使用的过程色谱仪坚固耐用（**图 6-51**）。它每分钟自动向控制室提供一份分析报告。

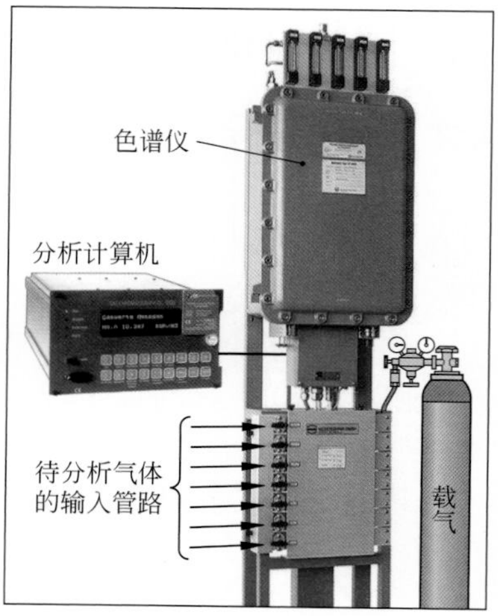

图 6-51：过程色谱仪

4.2 传感器分析

用于分析气体和可蒸发液体的设备有不同的类型。它们的分析组件由不同作用原理的传感器（测量单元）组成，传感器产生一个信号，该信号转换成直流电标准电流信号，并且在显示器上显示出提示内容。

4.2.1 红外吸收传感器

红外吸收传感器的测量原理是当红外光经过待分析气体时，每种气体对不同波长红外光存在部分的独特吸收情况。

吸收的红外光波长表明该种气体的特征，吸收辐射的比例是气体浓度的量度。

通过气体红外吸收传感器解释了作用原理（**图 6-52**）：红外光束经过测量室和待分析的气体，其中，红外光的某些波长范围被测量气体吸收。红外光线分别经过滤光器，并且到达探测器。标准过滤器可让所有的红外光通过，到达参考探测器并且在这里产生一个标准信号（比较信号）。另外两束红外光穿过样品气体过滤器 1 和 2。在测量气体过滤器 1 中，仅透射对应测量气体 1（例如 SO_2）的吸收的红外光，它到达测量气体 1 探测器，并且在这里产生一个与测量气体 1 浓度成正比的信号。在测量气体过滤器 2 中，仅透射对应测量气体 2（例如 CO_2）吸收的红外光，它到达测量气体 2 检测器并且产生与测量气体 2 浓度成正比的信号。来自各种探测器的信号被转换成直流电标准电流信号，并且在测量设备上显示为含量。有用于一种、两种和更多气体成分的红外吸收传感器。针对待分析的每种气体成分，在测量设备中都有气体检测器。

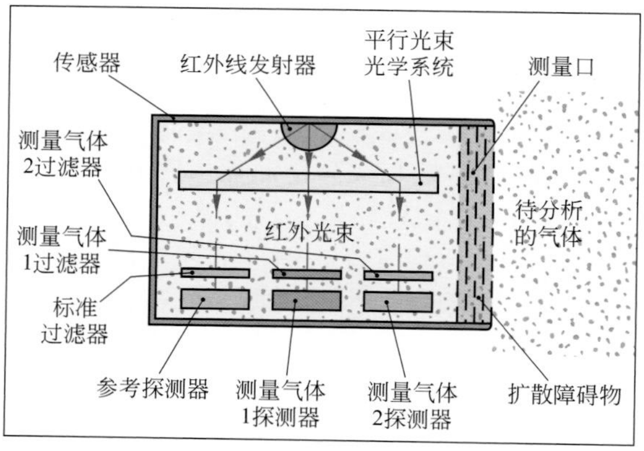

图 6-52：红外吸收传感器的原理

可以分析：气体 SO_2、CO_2、NO_x、NH_3、挥发性烃 C_nH_m 和许多其他有机气体及蒸气。

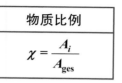

4.2.2 热导式传感器

热导式传感器包括四个铂加热导体，它们穿过两个有参考气体的腔室和两个有测量气体的腔室（**图 6-53**）。由于不同的气体以不同的方式散热，因此测量气体室中的热导体有着与参考气室中的加热导体不同的温度。由于温度不同，加热导体的电阻不同。通过测量电桥电路检测为差分电压。它是待测量气体成分浓度的量度。

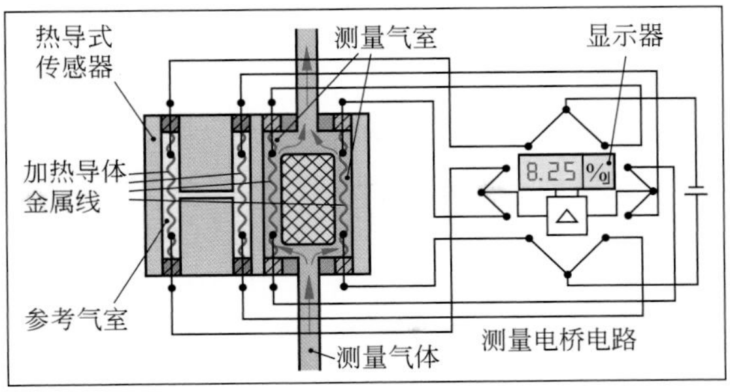

图 6-53：通过热导式传感器分析气体的原理

通过这些设备，可以分析 CH_4、CO_2、H_2、SO_2、N_2 和 Ar 气体。

4.2.3 催化热效应传感器

催化热效应传感器由有源和无源催化器组成，它们连接形成惠斯通电桥（**图 6-54**）。催化器是含有铂丝加热线圈的多孔陶瓷珠。

有源催化器在其多孔表面上具有一层薄的铂催化剂。两个催化器都通过加热线圈加热至约 450℃。通过一个多孔烧结盘封闭传感器的测量开口，待分析的气体可以通过该多孔烧结盘扩散。当可氧化的气体分子进入传感器时，在有源催化器的催化剂层与氧气发生反应，并且释放反应热。这样，有源催化器的温度升高几摄氏度。因此，其电热丝的电阻增加。差分电流在已平衡的惠斯通电桥电路中流动，它与可氧化气体的浓度成正比。在气体分析测量设备中转换为标准信号后，显示该电流信号。

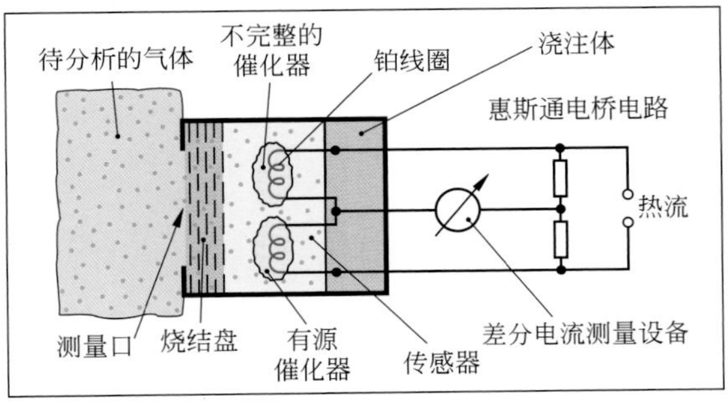

图 6-54：催化热效应传感器的原理

催化热效应传感器适用于分析可氧化气体和可蒸发液体，例如碳氢化合物和许多其他挥发性有机液体。

4.2.4 电化学传感器

电化学传感器是一种小型电镀元件（电池），由电解液中的测量电极和反电极组成（**图 6-55**）（有关电镀元件功能的基本信息，参见第 160 页。）通过一个透气但是液密的扩散障碍物，封闭传感器的测量口。随着待分析气体（例如空气）中的测量气体的含量上升，更多的分子流到达测量电极。在测量电极处氧化可氧化的测量气体，例如 CO：$2CO + 2H_2O \longrightarrow 2CO_2 + 4H^+ + 4e^-$。在测量电极处释放的电子流到反电极，并且在这里减少氧气：$O_2 + 4H^+ + 4e^- \longrightarrow 2H_2O$。测量在外部电路中流动的电流，它与测量气体的含量成正比。电化学传感器可用于分析可氧化气体，如 H_2S、CO、SO_2、NO_2、H_2 等。

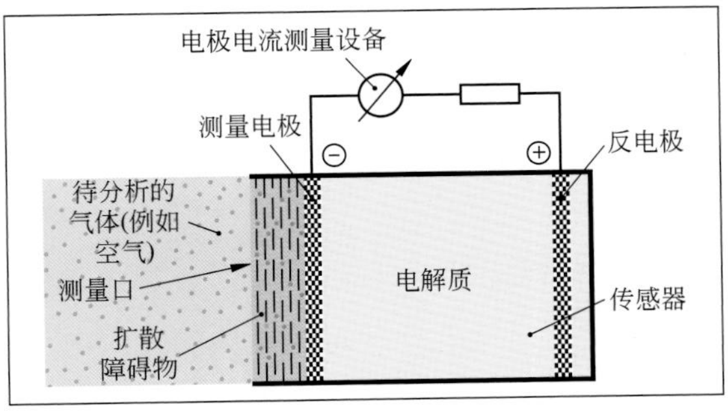

图 6-55：电化学传感器的原理

4.2.5 气体分析仪

气体分析仪包括一个适用于分析待测气体的传感器。可以从手册或者传感器生产商的数据库中，确定合适的传感器。数据库在互联网上可免费获得。

传感器安装在一个壳体中（**图 6-56**）。壳体上部印有待分析的气体。

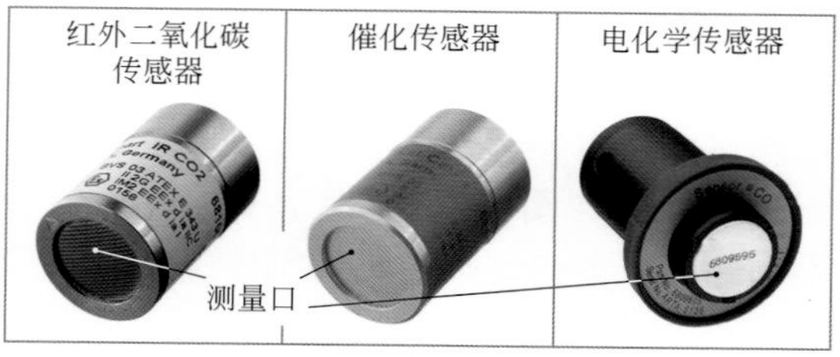

图 6-56：气体分析传感器

测量时将传感器插入测量设备中。它包含一个有传感器特定数据的数据芯片，可测量气体、灵敏度、校准参数等。

调试前，必须校准气体测量设备。在有准确成分的校准气体的特殊装置中完成校准。

固定式气体测量设备通过一个适配器与管道法兰连接在一起，还有一种便携式气体探测器，这种探测器安装在工作场所或者佩戴在工作人员的身上（**图 6-57**）。

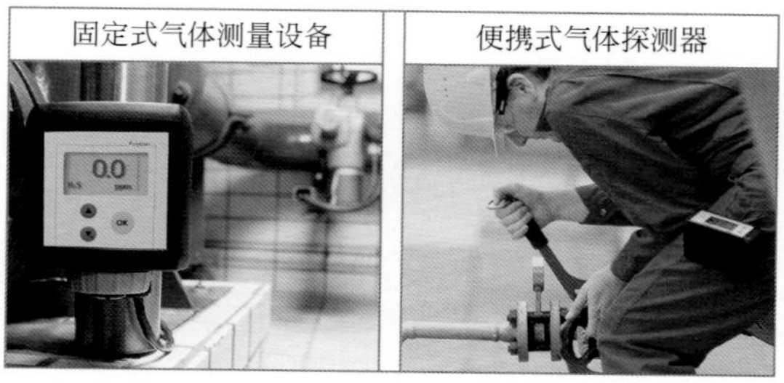

图 6-57：气体分析仪

5 空气成分的测量

空气中除了天然成分如氮气 N_2、氧气 O_2、二氧化碳 CO_2、惰性气体外，还含有气态水（水分）以及空气污染物的气态杂质和烟尘中的细小固体颗粒物。

5.1 氧含量和空气污染物

在许多工业区域以及竖井和管道中，可能会由于逸出或者形成 CO_2、N_2 等气体，降低空气中的天然氧含量（体积分数 20.95%）。氧气体积分数低于 17% 就会使人失去知觉，从而导致严重的工伤事故。此外，化学工业中存在含毒气体设备。在这些危险的设备区域中，气体探测器必须连续检查空气中是否有泄漏的有毒气体。

通过单气体测量设备（图 6-57）或者多气体分析仪（**图 6-58**），使用电化学传感器测量氧气或者污染物含量。

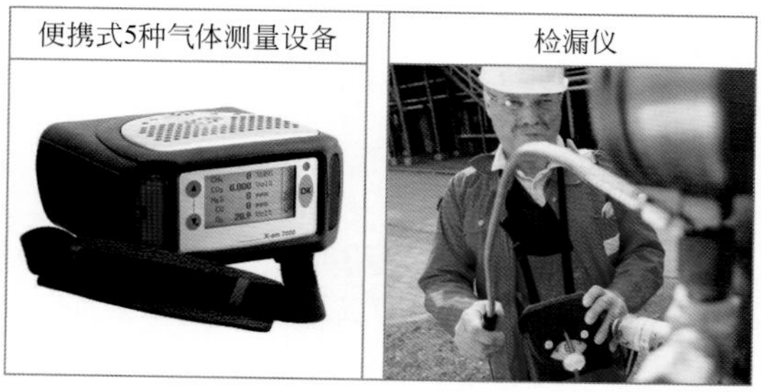

图 6-58：空气监控设备

5.2 爆炸极限

在存在可燃气体和可燃液体的工厂中，不得超过空气中物质的爆炸下限（**表 6-2**）。亦可参见第 128 页。

测量时，使用装有催化热效应传感器的防爆警告设备。超过警告浓度下限时，设备显示气体含量并且发出声信号和闪烁信号。

表 6-2：选定气体和蒸气的爆炸下限（UEG）

气体	UEG，体积分数 /%	气体	UEG，体积分数 /%
甲烷	4.4	壬烷	0.7
乙烷	2.7	乙醇	3.5
丙烷	1.7	乙烯	2.3
正丁烷	1.4	苯	1.2

5.3 湿度的测量

自然空气中含有一定量的气态水，即**空气湿度**。空气中的水蒸气含量有一个最大值，称为饱和水蒸气浓度$\beta(H_2O)_{max}$。如果超过饱和水蒸气浓度，则过量水蒸气以细小液滴（雾）的形式落下。

饱和水蒸气浓度$\beta(H_2O)_{max}$与温度有很大的关系（**图 6-59**）。暖空气比冷空气含有更多的水蒸气。

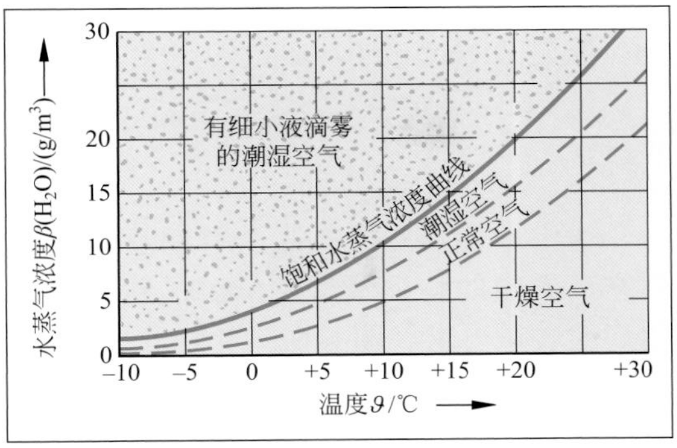

图 6-59：不同潮湿空气的水蒸气浓度曲线

通常，**相对空气湿度φ**，用于描述空气中的水蒸气含量。

相对空气湿度
$\varphi = \dfrac{\beta(H_2O)}{\beta(H_2O)_{max}}$

相对空气湿度是空气中存在的水蒸气含量$\beta(H_2O)$与饱和水蒸气含量$\beta(H_2O)_{max}$之比，单位：g/m³。

通常用百分比表示相对空气湿度**φ**。

最常用的水分仪是**介电湿度计**，也称为电容式湿度计（**图 6-60**）。探头由一小块吸湿塑料薄膜（电介质）组成，它粘在用作电容器板的两个透湿金属箔之间。电容器的电容随着塑料薄膜的含水量而变化，它与周围空气的相对空气湿度成正比。通过测量电气测量传感器的电容，并且在设备内部根据温度换算成相对空气湿度。

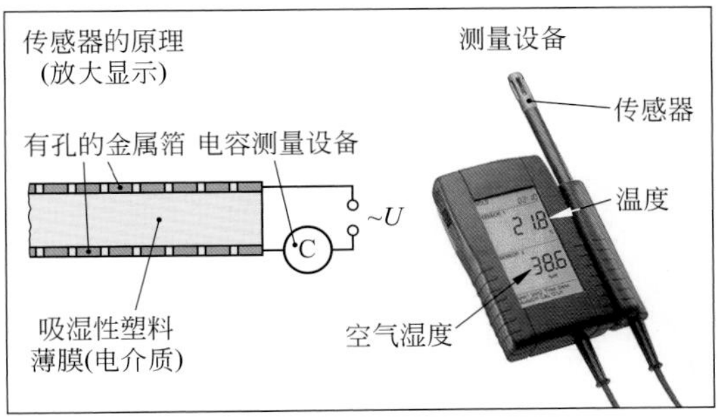

图 6-60：介电湿度计

5.4 烟尘浓度的测量

测量原理是光束通过烟尘或者灰尘颗粒时光强度会衰减（**图 6-61**）。测量元件为光电池，它将测量的光强度转换为电信号。光衰减的量是灰尘浓度的量度。

通常，烟尘密度和灰尘浓度测量设备与极限值检测器连接在一起，当浓度超过警告下限时将触发声信号和闪烁信号。火灾和烟雾探测器的工作原理与此相同。

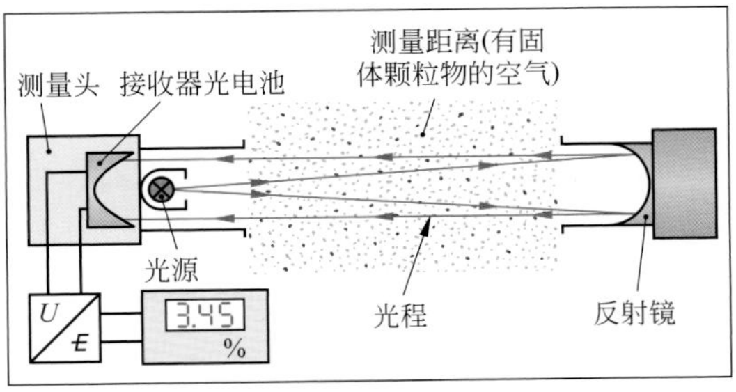

图 6-61：灰尘浓度测量的原理

复习题

1. 如何通过色谱图识别每个成分？
2. 如何通过色谱图确定成分的比例？
3. 红外吸收分析仪的作用原理是什么？
4. 请说明催化热效应传感器的气体分析原理。
5. 如何定义相对湿度，以及其计算公式是什么？
6. 如何安装介电湿度计的传感器？

6　化学工业中的质量保证

根据 DIN 55 350，质量的定义如下：

> 质量是产品特征（特性）和特征值的总体，其中涉及是否满足适用性、规定和预先设定的要求。

通俗地说，如果产品的特性及客户要求跟与生产商约定的特征及特性一致，则表示产品符合用户的质量要求（**图 6-62**）。

例：黏合剂生产商从溶剂生产商处订购 7500L 环己烷。

对黏合剂生产商来说，如果满足以下条件，则表示产品质量合格：

- 环己烷质量分数大于 99.5%。
- 所供应的环己烷的沸点温度为 80.0℃ ± 1.0℃。
- 没有明显可见的着色。
- 在商定的交货日期以商定的价格交付约定的数量。

产品质量要素包括：

- 符合商定的成分和偏差或者污染物的误差。
- 实现了所需的化学和物理特征。
- 交付商定的数量。
- 符合交货日期的要求。
- 商定的价格适用。
- 客户对产品满意。

图 6-62：产品的质量要素

6.1　质量管理

产品质量不是偶然实现的，它必须经过规划、生产、反复检测和改进等多种措施。所有质量生产措施的整体称为质量管理，简称 QM。它可以细分为不同的领域（**图 6-63**）。

- **质量规划**包括生产开始前的所有计划任务。其中有生产设备的选择、设备尺寸和实施过程的确定，以及所需的测量、控制和自动化技术。规定了待生产的产品的成分和特性，设计质量检测的流程。
- **质量管理**的任务是伴随管理和监控生产过程，以便生产出所需质量的产品。为此，必须解决、处理和纠正各种干扰因素的影响，例如：材料缺陷、设备部件故障、操作错误、环境不利因素等。
- **质量检测**（质量控制）是为了确保产品质量满足客户的要求。为此，必须对半成品以及最终产品，根据规定的时间表进行分析、测量并记录产品的成分、化学和物理特性等。

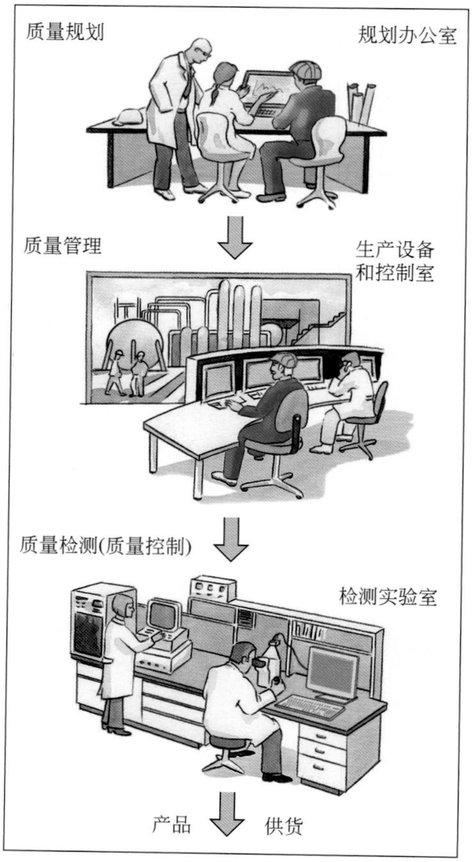

图 6-63：质量管理的范围

6.2 质量管理体系

为了确保质量，有不同的质量管理体系（简称QM体系），也称为质量保证体系（QS体系）。

如果工厂的质量管理体系由质量检测机构审核，并且证明符合DIN EN ISO 9001：2000的要求，则称为**认证的质量管理体系**。

认证公司质量体系的机构是独立的，例如德国技术监督协会或者德国质量保证体系认证协会DQS。

通过**认证**，公司向其供应商和客户宣布其拥有经过合法机构审核的有效质量体系，有权生产相关产品。所有的说明、产品和公司简介都体现在公司的质量证书中（**图6-64**）。

TÜV CERT
ZERTIFIKAT
Die TÜV-Zertifizierungsgemeinschaft e.V.
– TÜV CERT –
bescheinigt hiermit, dass das Unternehmen
Chemicus GmbH, Ludwigshafen
für den Geltungsbereich
Acetylen-Produktion
ein Qualitätssicherungssystem eingeführt hat und anwendet.
Durch ein Audit am 12.10.2010, Bericht-Nr. QS-M-78/911 wurde der Nachweis erbracht, dass die Forderungen der
DIN EN ISO 9001 : 2000
erfüllt sind.
Dieses Zertifikat ist gültig bis 31. Dezember 2014
Zertifikat-Register-Nr. 70 100 23
Bonn, am 20.10.2010 — Ludwigshafen, 20.10.2010
TÜV SÜDWEST
TÜV CERT Präsidium — Zertifizierungsstelle

图6-64：德国某公司的质量证书

大多数工业客户要求其供应商提供经认证的质量保证体系证书作为产品质量的证明。

化工生产部门最重要的质量保证体系是标准DIN EN ISO 9000和DIN EN ISO 9004，以及欧洲共同体的GMP和GLP准则（GMP即Good Manufacturing Practice，GLP即Good Labor Practice）、制药业的GVP准则（GVP即Good Validation Practice）。

标准DIN EN ISO 9000、DIN EN ISO 9001和DIN EN ISO 9004是通用的，而GMP、GLP和GVP准则部分详细描述了流程、工作步骤、避免混淆和污染的措施、质量控制、储存、记录生产和质量控制。

这些系统规范的目的是，确保产品质量符合生产和检测流程的要求，同时能可靠、可重复地生产产品。

生产过程的具体适用性、规定和检查称为**验证**。制定质量保证体系时，必须准备一些文件和指南：

- **质量管理手册**：描述质量相关文件之间的关系，即设备和过程描述、工作指南等。
- **生产设备**每个零件的**描述**。
- 确定应用**流程**和**生产流程**。
- 汇总必须注意或者遵守的法律、法规、安全规定、安全数据表、标准和指南。
- **工作指南**。它描述了每个工作场所需执行的工作步骤。
- 制定**分析和测量计划**。其中说明了每项分析和测量。同样，必须确定统计评估方法（第280页及以下）。
- 生产和质量保证**文件**的描述。

员工在工作实践中必须使用和执行工作指南。这需要公司对员工进行指导性和连续性的工作培训。

必须通过内部和外部质量审核（报告和调查），来确保质量管理体系的有效性。根据调查结果，得出排除质量缺陷和制定新目标的建议。

依据DIN EN 45001标准的**认证**，视为检测实验室的质量证明。它证明测量设备符合最新的技术标准，并且员工拥有检测资质。

6.3 质量保证工具

为了满足质量要求，或者实现和监控质量改进，使用各种统计方法，它们也称为质量保证工具（tools）。在实际生产中使用哪些质量保证工具，取决于待解决的质量问题和运行条件。

6.3.1 校对清单

校对清单列出了进行各种标准化工作所需的步骤。通过校对清单中指定的子步骤，可以排除日常工作中的个别错误和偏差。

工作人员通过签名确认执行情况并对工作负责。

右边的检查表是离心泵的启动示例（**图 6-65**）。

这样，可以避免许多运行故障和间接损失。

启动728号离心泵所需的工作步骤		
1	用液体填充泵。	✓
2	关闭压力滑阀。	✓
3	打开吸气阀。	✓
4	开启泵电机。	✓
5	慢慢打开压力滑阀，直到达到输送流量。	✓
执行员工：________ 日期：________		

图 6-65：启动离心泵的检查表

6.3.2 故障 / 缺陷采集卡和数据采集卡

计数表是一种记录、描述和监控事件的简单表格，既可以用作诸如故障或者错误次数等可数事件的错误采集卡（属性 / 性质特征），也可以用作测量结果（数量特征）的数据采集卡。

在**错误采集卡**中，可以定义预期错误或者错误类型，并且将其依次列在表格中（**图 6-66**）。

按照类别，通过一个垂直线（计数条纹）记录发生的每个错误事件。

为了更快地采集，条纹分为 5 个模块。

预先确定采集错误的观察期，例如一个月。

然后，针对每个错误事件，通过计算条纹来确定绝对数。

通过**数据采集卡**，记录和评估分散测量值的频率。

例：在自动填充设备中，将 80kg 化学品填充至桶容器中。应达到称重质量，但是尽可能稍稍超过该重量。由于系统对填充设备的大量干扰影响，每次填充的质量不完全相同。为了检测填充精度，通过天平检查填充物累计一小时的质量。按照 0.2kg 等级分类称重物，并且记录在计数表中（**表 6-3**）。记录完成后，计算每个类别范围的总数。然后计算每个类别范围的频率，并且单独记录在一列中。例：类别范围 80.8 ～ 81.0kg 为 19 : 172 = 11.0%。

一个月内泵故障的错误采集卡(根据故障原因分类)			
编号	故障原因	故障次数	次数
1	轴封未密封	卌 卌 卌 卌 卌 卌 ||||	34
2	叶轮腐蚀	卌 卌 |	11
3	轴承结构损坏	卌 卌 卌 卌 ||	22
4	壳体未密封	||	2
5	电动机故障	卌	5
6	联轴器损坏	卌 |	6

图 6-66：用于评估泵故障情况的错误采集卡

表 6-3：填充设备的称重质量

质量 /kg		每个类别范围的称重数（计数条纹）	次数	所占百分比 %
从	到			
79.8	80.0		0	0
80.0	80.2	|	1	0.6
80.2	80.4	|||	3	1.7
80.4	80.6	卌 ||	7	4.1
80.6	80.8	卌 卌 |||	13	7.6
80.8	81.0	卌 卌 卌 ||||	19	11.0
81.0	81.2	卌 卌 卌 卌 卌 卌 |||	33	19.2
81.2	81.4	卌 卌 卌 卌 卌 卌 卌 卌 ||	42	24.4
81.4	81.6	卌 卌 卌 卌 ||||	24	14.0
81.6	81.8	卌 卌 卌 ||	17	9.9
81.8	82.0	卌 |||	8	4.6
82.0	82.2	|||	3	1.7
82.2	82.4	||	2	1.2
82.4	82.6		0	0
		总数	172	100.0

6.3.3 直方图

直方图（也称为条形图）用于以图形的形式表示大量测量值和分散测量值的频率。

如果在图中绘制每个类别范围的频率比例（频率），即得到一个直方图（**图 6-67**）。

它清晰地展示了测量值（这里是填充质量）是如何分布的。

在本示例中，可以看到在所有填充过程中，都满足所需的 80.0kg 称重质量的要求。最频繁出现的称重质量为 81.2 ～ 81.4kg。最大填充质量为 82.2 ～ 82.4kg。

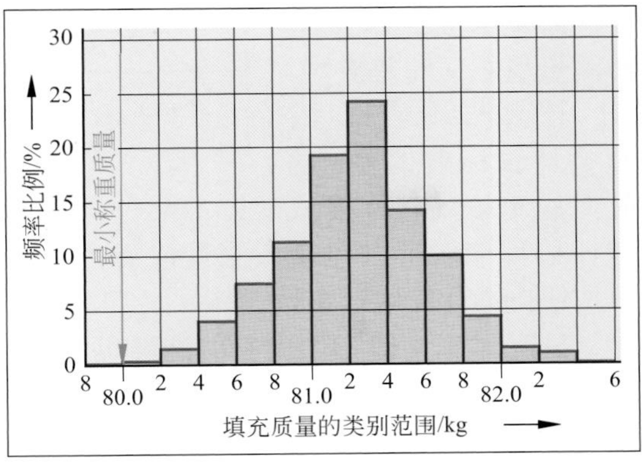

图 6-67：设备的质量填充直方图

填充过程的改进可以缩小填充质量的分散范围，这将在条形图中通过更细长的条形分布显示。

6.3.4 分布密度曲线和统计参数

如果将直方图中的条形图中心连接在一起，则获得频率的分布密度曲线（**图 6-68**）。它从零开始上升，有最大值，然后下降至零。**图 6-68** 中的分布密度曲线的形状不均匀。

在理想情况下，评估有大量测量值和大量纯随机影响的一系列测量值时，将获得对称的分布密度曲线（**图 6-69**）。根据其发明者的名字进行命名，该曲线称为**高斯正态分布曲线**。

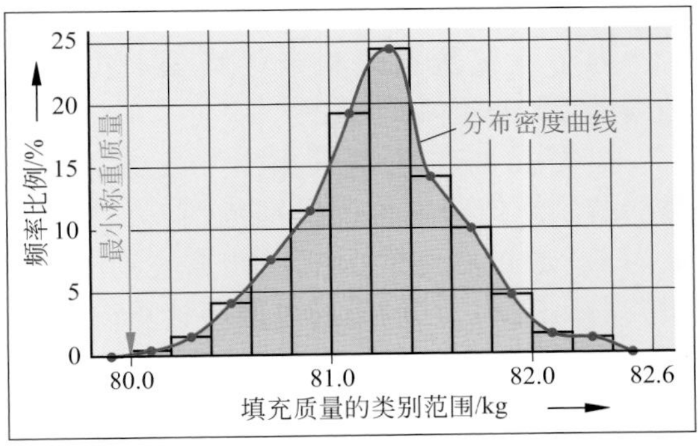

图 6-68：设备填充质量的分布密度曲线（第 284 页的示例）

如果一系列测量值近似正态分布曲线，则可以由此定义和计算统计参数。

平均值 $\bar{x}$ 是正态分布曲线最大值时的测量值。

它是根据所有测量值的总和及其数量 n 计算得出的。

中值 $\tilde{x}$ 是中心值，是根据大小分类的测量值。

平均值
$\bar{x} = \dfrac{x_1 + x_2 + \cdots x_n}{n}$

标准偏差 s 是从正态分布曲线的平均值到其转折点的距离。根据旁边的等式，通过每个数值的偏差 $f_1 = (x_1 - \bar{x})$ 计算得出。

标准偏差是每个数值在平均值 $\bar{x}$ 附近的分散量度。

标准偏差
$s = \pm\sqrt{\dfrac{f_1^2 + f_2^2 + \cdots + f_n^2}{n-1}}$

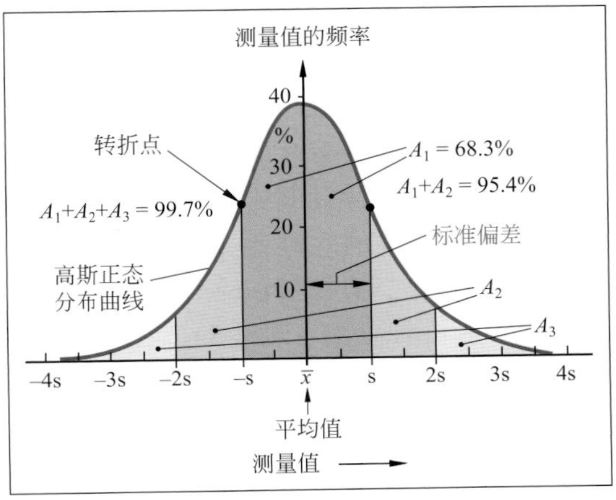

图 6-69：高斯正态分布曲线

跨度 R 是最大和最小测量值之间的差值。

跨度
$R = x_{max} - x_{min}$

计算平均值$\bar{x}$，特别是计算标准偏差 s 的时间成本较高。许多测量设备都包含计算或者评估程序，可以在输入测量值后，通过按下按钮自动计算统计参数。

只有对测量值产生大量的纯随机影响时，才能获得测量值的正态分布曲线。如果对测量值的影响不是随机的，而是倾向于一个方向（称为系统影响），则测量值的频率不是正态分布的（**图 6-70**）。

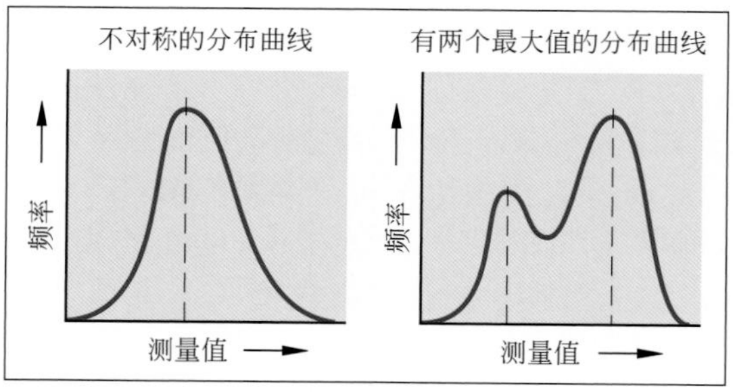

图 6-70：非正态分布曲线

作业：请根据旁边列表（**表 6-4**）中的测量值，确定：

a）平均值$\bar{x}$　　b）标准偏差 s

c）中值$\tilde{x}$　　d）跨度 R

表 6-4：称重系列检查的测量值 /kg

$x_1 = 79.90$;	$x_2 = 80.15$;	$x_3 = 80.20$;	$x_4 = 80.35$;
$x_5 = 80.62$;	$x_6 = 80.78$;	$x_7 = 80.95$;	$x_8 = 81.44$;
$x_9 = 81.31$;	$x_{10} = 81.46$;	$x_{11} = 81.63$;	$x_{12} = 81.86$;
$x_{13} = 81.98$;	$x_{14} = 82.17$;	$x_{15} = 82.33$;	$x_{16} = 82.42$;
$x_{17} = 82.52$			

6.3.5 数据采集卡的预先计算

为了设置数据采集卡（第 284 页的表），必须进行一些预先计算：

根据类别在数据采集卡中记录测量值。类别的测量值跨度称为类别范围 b，类别的数量为 k。通过右侧的公式，计算类别的数量 k 和类别范围 b。它们是通过概率计算得出的。

计算 k 的公式是近似公式；k 四舍五入为整数。

类别数量 k 应在 5 ～ 15 之间，当数据量非常大时，k 最大为 20。

通过右侧的公式计算每个类别的比例 x_w。

数据采集卡的预先计算

类别范围

$$b = \frac{R}{k}$$

类别数量

$$k = \sqrt{n}$$

其中 R 为跨度：$R = x_{max} - x_{min}$

n 为测量值的数量

类别范围的比例

$$x_W = \frac{\text{单个类别测量值的数量}}{\text{所有测量值的总和}}$$

6.3.6 帕累托分析（ABC 分析）

根据其发明人命名的帕累托分析是一种决策辅助，它首先排除错误或者故障原因，因为这些是干扰的主要因素。其中，根据错误采集卡（第 284 页图 6-66）和发生的频率对故障原因进行分类（**表 6-5**）。

然后将其记录在一个条形图中，称为帕累托图（下页**图 6-71**）。

它包含各个原因的频率（例如红色）和干扰的累积频率（例如蓝色）。

表 6-5：泵故障情况的帕累托分析

故障原因	数量	比例 /%	
		单个原因	累计
轴封未密封	34	42.50	42.50
轴承结构损坏	22	27.50	70.00
叶轮腐蚀	11	13.75	83.75
联轴器损坏	6	7.50	91.50
电动机故障	5	6.25	97.50
壳体未密封	2	2.50	100.00
总计	80	100.00	

该泵故障情况示例的帕累托图（图 6-71）显示，超过 80% 的故障是由三个主要原因造成的（轴封、轴承结构、叶轮）。

这表示如果消除这三种故障原因，可以大大减少泵的故障（80% 以上）。

确定故障原因（石川分析，见下文）和加权（帕累托分析）后，必须制定并且采取改进措施。

为了检查这些措施是否能达到预期效果，将其与采取措施前获得的结果进行比较。之后再次进行故障计数。

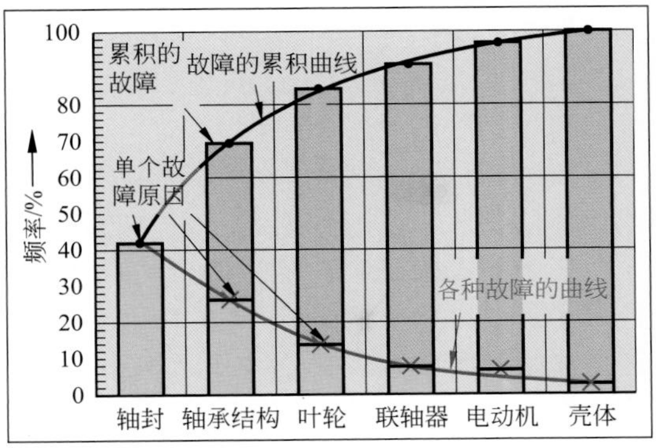

图 6-71：泵故障的帕累托图

6.3.7 石川图

如果一个设备部件，例如输送泵，在生产运行中经常出现故障，则必须确定故障原因（见旁边的**示例**）。

通常，导致故障的原因有多个。但是，操作工仅调查设备的部分，因此只能指出和评估其中存在的故障原因。

然后参与生产过程的所有人必须共同努力找出故障的全部原因。

示例： 在一家大型化工厂安装的多个输送泵（离心泵）中，有许多都发生故障，需要停机维修。质量保证的第一步是要找出频繁故障的原因。

为了解决这个广泛而复杂的问题，使用了根据其发明者日本人石川命名的**石川图**，也被称为**人字形图**（**图 6-72**）。

这种图用于系统地确定问题的原因及其相互作用，并且在负责人的指导下，由参与问题的所有员工共同制订方案。这样可以确保尽可能确定所有的故障原因。

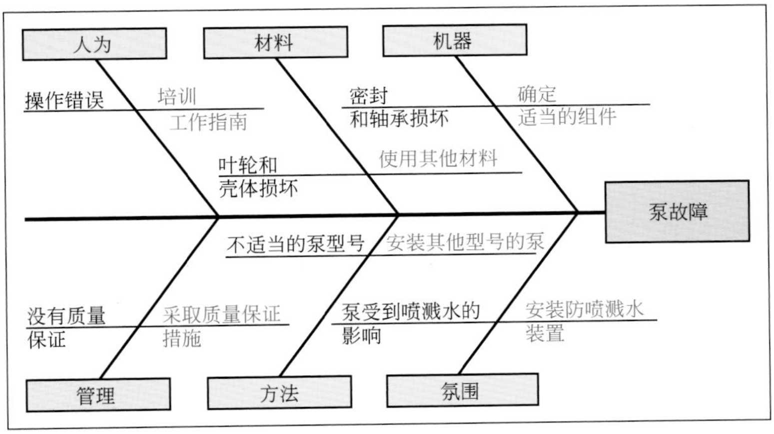

图 6-72：用于解决泵故障问题的石川图

在人字形（鱼头）的左侧，写下待解决的问题。鱼体有六个主骨，代表潜在的主要影响区域：人为—材料—机器—管理—方法—氛围（环境）。

将员工所提出的故障原因划归至主要影响区域，可用黑色字迹写在相应主骨左侧的横线上。在主骨的右侧，还可用红色字迹记录各个故障原因可能的解决方案。

在图 6-72 中，上面针对每个主要影响区域所述的泵故障的示例，列出了故障的原因和问题的解决方案。在实际的石川图中，通常有许多故障原因，这可能会使图表非常大。

6.3.8 用质量控制图表进行过程控制

通过质量控制图统计的过程控制（statistical process controll，SPC），简称 QRK，用于监视和控制制造及生产过程。

在生产过程的控制中，通常会出现大量（通常上千）的测量值。必须使用统计方法，处理和评估如此大量的数据。首先，必须确定待收集的测量值的数量。

在 **100% 检测**中，测量生产的每个产品并且用于评估。在产品量非常大和手动检测中，这是非常耗时的，如第 284 页示例中所述的手动称量填充的桶容器。但是，如果在称重平台上进行填充并且自动记录质量，则 100% 检测非常有用。

在**抽样检测**中，从总产品中取出一部分数量进行检测。采样必须以样品能代表总量的方式进行。这通常经过特殊采样来实现，如筛分分析（第 265 页）。

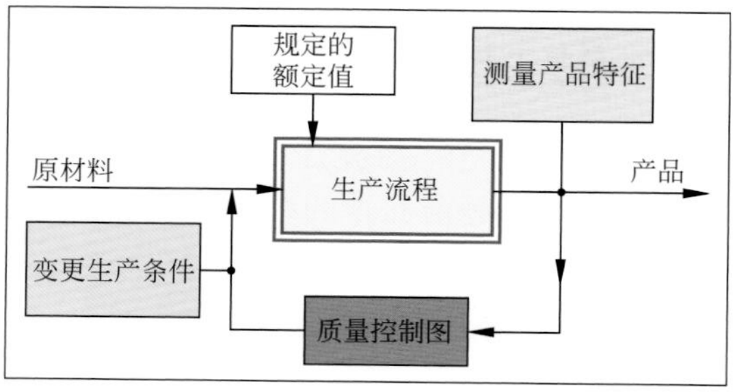

图 6-73：通过质量控制图的过程控制

通过**统计过程控制（SPC）**，控制当前的生产过程，必要时在生产过程中进行校准，使其恢复到最佳状态。为此要测量成品的重要质量特征，例如成分。如果测量值与额定值存在偏差，则会影响控制过程，以便再次恢复到额定值（**图 6-73**）。

QRK 质量控制图是用于评估测量结果和过程控制的工具。

质量控制图（QRK）是其中记录当前生产制造的产品或者过程数据的典型特性测量值的图表。横坐标是时间轴，在纵坐标上将特性测量值显示为测量点。

图 6-74 显示了填充设备的质量控制图，如第 284 页的示例所述。

记录大约一个小时内的称重质量。通过将测量点与线连接在一起，能直观地观察其变化和分散情况。测量值围绕着中心线分组，而这条中心线可以是额定值。

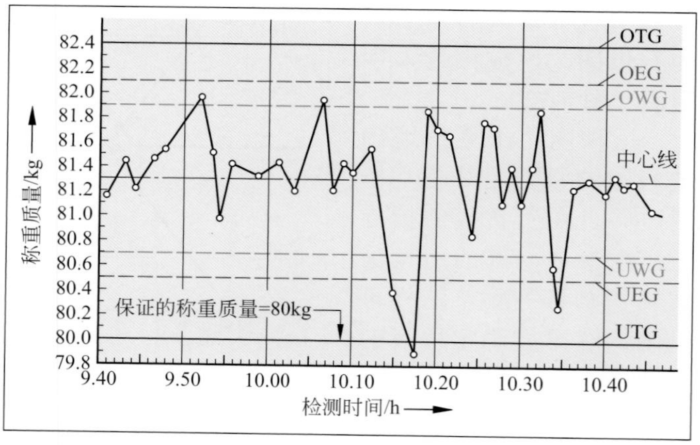

图 6-74：填充设备的质量控制图（单轨）

质量控制图表包括作为限制线的**报警上限和下限**（OWG、UWG）、**控制上限和下限**（OEG、UEG）、**容许上限和下限**（UTG、OTG）。如果超过报警上限和下限，则应额外关注，并且在必要时校正填充过程。校正的目的是，填充质量再次处于报警限值的范围内。

因此在图 6-74 中，在 9 时 52 分处称重并且进行校正后，称重质量再次返回到允许的范围内。10 时 07 分时也是这种情况。

如果超出控制上限或低于控制下限，则必须立即采取措施，使过程再次靠近中心线。

例如在 10 时 15 分处未能成功做到这一点，使得一个称重质量低于保证的质量 80.0 kg（容许下限）。然后在填充机上采取强有力的纠正措施，因此该过程转向另一个方向，几乎达到了报警上限。

容许下限或者上限规定了测量值的范围，这意味着必须添加或者丢弃部分样品。

注意：10 时 15 分填充的桶，必须手动添加至 80.0kg。

在图 6-74 中，直接在 QRK 中记录称重质量。这种情况称为**原始值质量控制图**。

如果首先根据测量值计算统计参数，例如平均值$\bar{x}$或者标准偏差 s，并且记录在 QRK 中，则将其称为平均值 QRK（简称 **$\bar{x}$-QRK**）或者标准偏差 QRK（简称 **s-QKK**）。

如果在 QRK 中仅记录了一个测量参数，如图 6-74 所示，则将其称为单轨 QRK。相反，如果记录了两个测量参数或者两个统计参数，则称为双轨 QRK。

常用的双轨 QRK 包含上轨线的测量参数平均值$\bar{x}$ 和下轨线的标准偏差 s（**图 6-75**）。

通过平均值可以监控测量值相对于额定值（中心线）的位置，标准偏差表示测量值在平均值附近的分布。

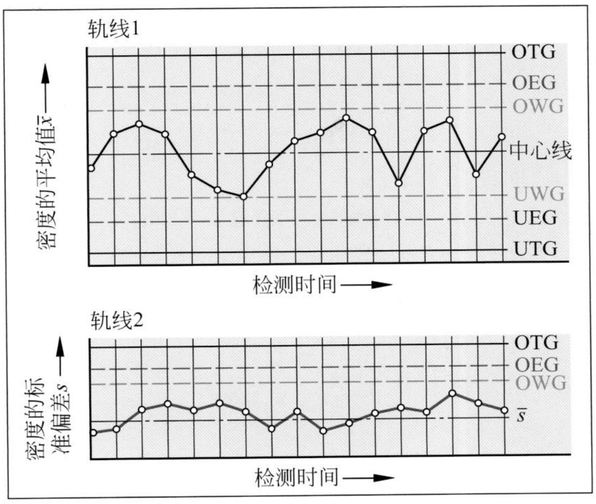

图 6-75：双轨$\bar{x}$-s-质量控制图

除了原始值 QRK，质量控制图的管理需要较高的计算成本：必须计算平均值$\bar{x}$和标准偏差 s。在许多测量值中也是如此。因此，质量控制图通常是由计算机辅助管理的。

设备或者机器的控制装置，配有一个带 QRK 软件和显示器的计算机。自动输入原始值，或者由系统操作员通过键盘在显示器屏幕上的记录区域中输入。该软件计算统计参数。只需按一下按钮，就可以在显示器上调出各种质量控制图（**图 6-76**）。

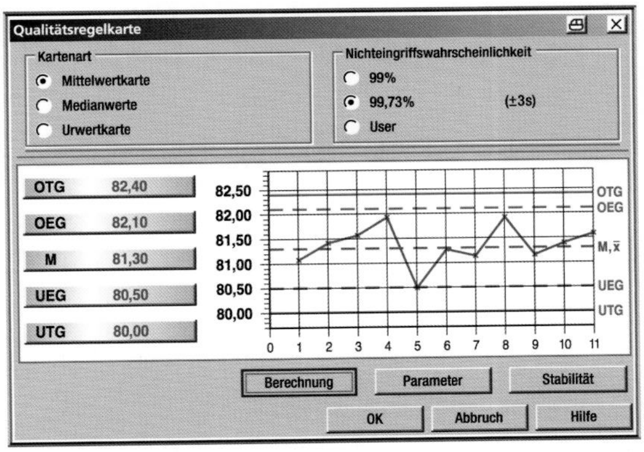

图 6-76：计算机控制的质量控制图

使用质量控制图进行过程监控，需要**有效**且**受控**的生产过程。是否存在这些条件，通过大约 25 个随机样品，在过程控制的初步研究中进行检测。如果消除了所有的系统误差原因（例如错误校准的测量设备），并且记录的过程数据仅仅由于随机影响而散布在平均值附近，则表示过程**受控**（**图 6-77**）。如果获取的过程数据在容许限值内，则表示该过程**有效**。

如果过程数据不是均匀分布在平均值附近，则表示该过程不受控。如果超过了容许限值，则表示该过程**无效**（**图 6-78**）。

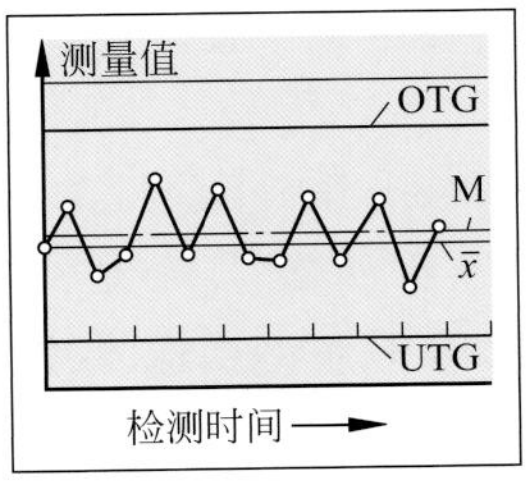

图 6-77：受控和有效的过程

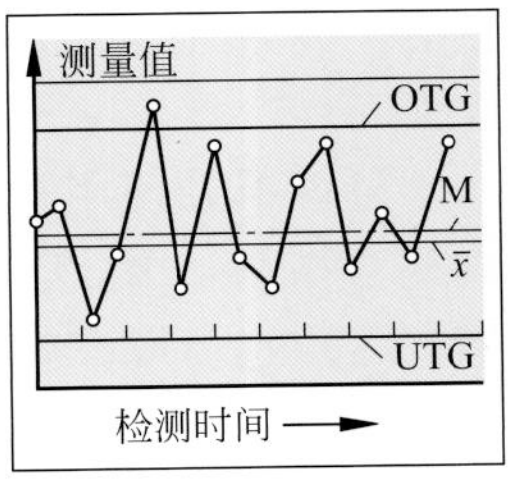

图 6-78：不受控和无效的过程

经验丰富的员工可以通过质量控制图精准地管理生产设备，做到生产毫无瑕疵。他们能够根据质量控制图中测量值的典型特征，确定所发生故障的原因（**图 6-79**）。

“趋势”（**Trend**）可能是由密封件磨损造成的。

而“曲线”（**Run**）则可能是由于给料座阀磨损而引起的。

“三分”（**Middle Third**）的原因可能是组件松动，如夹持装置或者导向销松动。

如果发生典型的测量值变化，则操作工可以消除原因或者破坏性影响。然后，生产过程返回至干涉极限之内。

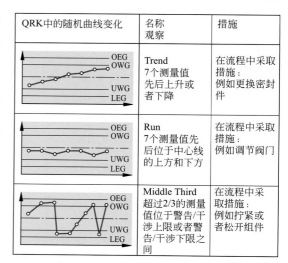

QRK中的随机曲线变化	名称 观察	措施
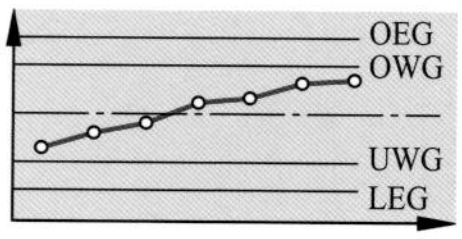	Trend 7个测量值先后上升或者下降	在流程中采取措施： 例如更换密封件
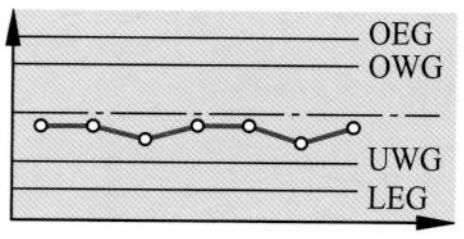	Run 7个测量值先后位于中心线的上方和下方	在流程中采取措施： 例如调节阀门
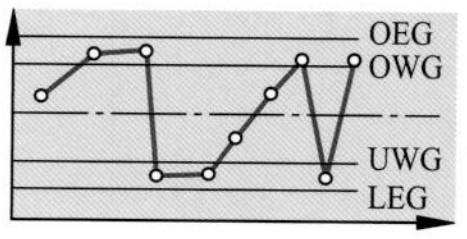	Middle Third 超过2/3的测量值位于警告/干涉上限或者警告/干涉下限之间	在流程中采取措施： 例如拧紧或者松开组件

图 6-79：QRK 中的典型曲线变化

6.3.9 质量工具概述

各种质量工具用于质量保证的相应阶段，用于实现和保证产品质量（**图 6-80**）。

在**错误查找阶段**，所有相关的员工都在“头脑风暴”（brainstorming）过程中参与错误原因查找。收集查找结果并且用石川图表表示。

在**错误检测阶段**，使用的技术手段有错误采集列表和数据采集卡，以及直方图和质量控制图。

通过这些工具，可以获得有关错误类型和错误频率的信息，并且以图形的方式显示。

在**误差分析阶段**，通过一个相关图来确定每个参数之间的相互作用，及其对误差类型的影响，并且通过帕累托图确定每个错误类型的含义。

可以单独使用每种质量工具。因为它们之间相互关联，所以使用多种质量工具更有优势。这样也可以在帕累托图中显示错误采集卡中的错误。

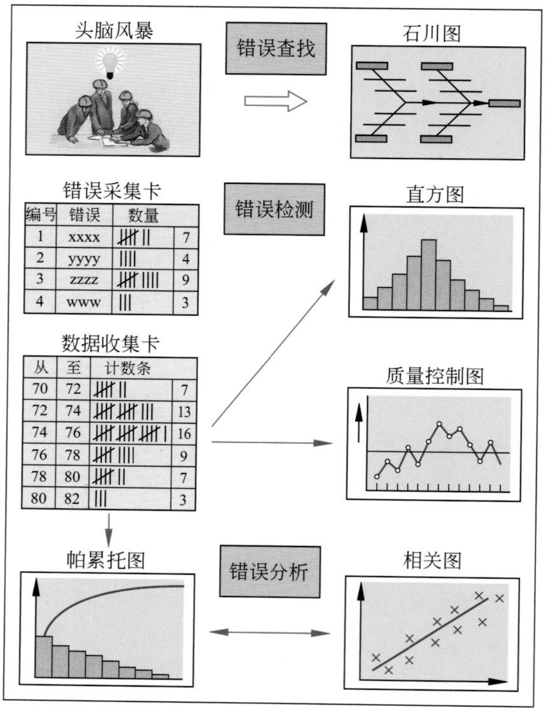

图 6-80：质量工具的相互作用

复习题

1. 产品质量的含义是什么？
2. 公司的质量管理手册包含和描述了什么？
3. 数据采集卡的用途是什么？
4. 标准偏差说明了什么？
5. 为什么要使用帕累托分析？
6. 石川图的外观是什么，它的用途是什么？
7. 质量控制图的用途是什么？
8. 设备操作工如何通过质量控制图控制生产过程？

Ⅶ. 加工技术

在物质进入加工过程或者化学反应过程之前，通常必须对其进行处理，即改变物质的形状和质地，以使其在不同阶段以最佳方式通过该过程，并且以尽可能高的产量进行化学反应。

化学工业所有的化学和物理过程中最重要的影响因素之一是物质表面积的大小。它会影响化学反应的速度。因此要使物质达到进行化学反应的最佳粒度。对此有多种方法。

分割

分割是将材料分解成较小的部分，从而增加表面积（**图 7-1**）。

固体通过**粉碎**来完成分割。通常在破碎机中进行。

通过**喷洒**和**喷雾**（雾化）可以大大增加液体表面积。

表面积的扩大可以用于不同用途：

- 加快反应速率并且更快速溶解。
- 可以更好地处理物料。
- 用于产品的最终设计（调节）。

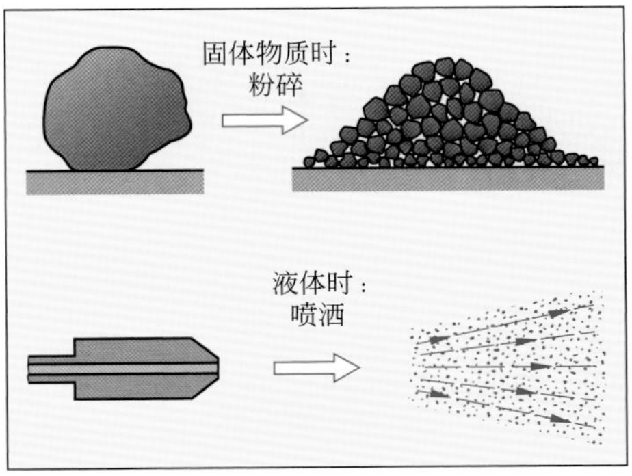

图 7-1：分割

接合（凝聚）

可能需要将细碎材料接合到附聚物上，以增加固体散料透气性，或者可以处理非常精细的粉状物料（**图 7-2**）。凝聚方法包括**造粒**、**压缩成型**和**颗粒物化**。

在液体中，接合通常用于将细碎的雾液滴凝聚成黏附的液体。

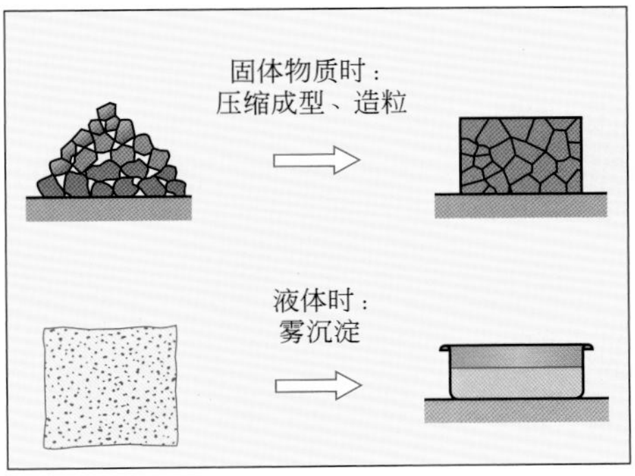

图 7-2：接合

结合、合并

反应物接触表面积的大小对化学反应过程也有很大的影响。反应物接触面积增加会使更多的颗粒物发生碰撞，从而实现更大的物质转化率和更高的化学反应速率。

对于液体物质，通常在搅拌釜中通过搅拌和混合，使两种液体均匀分布（**图 7-3**）。

也在搅拌釜中使固体在液体中**溶解**，并且均匀分散。

糊状物质通过**捏合**结合。通过**混合**将粉末状固体尽可能均匀地结合在一起。

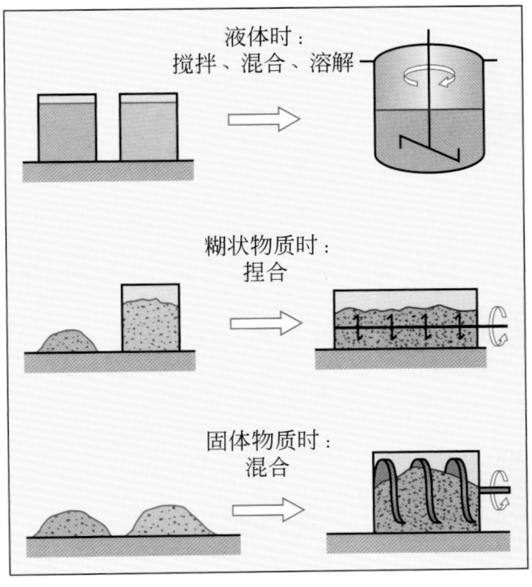

图 7-3：物质结合

1　散状物料的描述

1.1　散状物料中的颗粒物尺寸

散状物料由颗粒物和颗粒物之间的空隙组成（**图 7-4**）。

散状物料的单个颗粒物通常拥有不同的尺寸（大小）和形状。

由于单个颗粒物的形状不同，颗粒物的“尺寸”也被称为细度并且不易描述（**图 7-5**）。

只有球形颗粒物拥有“准确”的直径。

非球形颗粒物通过一个**等效直径**描述。

等效直径是指与非球形颗粒物体积相等的球形颗粒物的直径 d_V 或者相同投影球形颗粒物的直径 d_p。

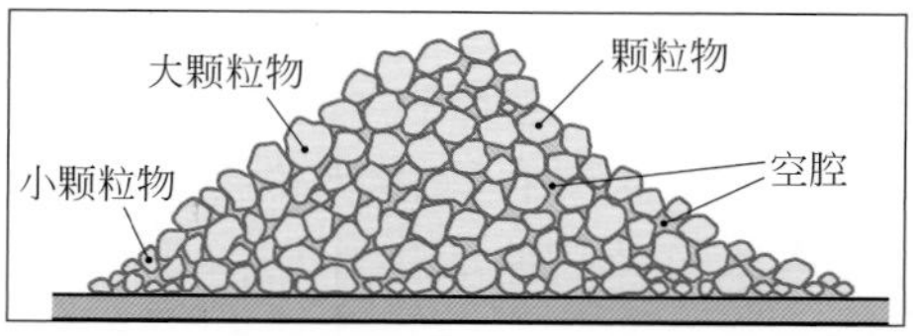
大颗粒物
颗粒物
小颗粒物
空腔

图 7-4：散状物料颗粒

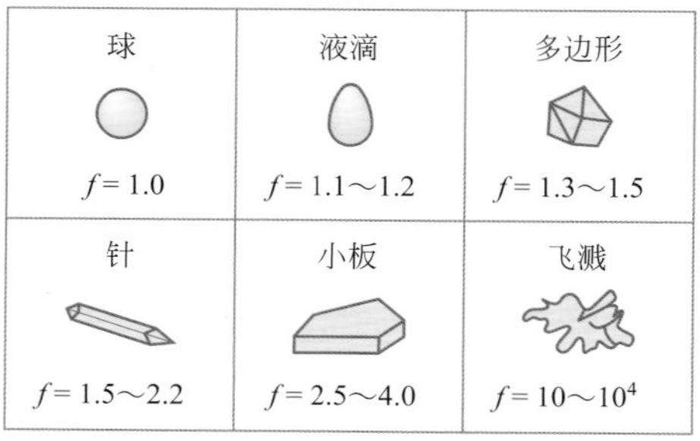
球
f = 1.0
液滴
f = 1.1～1.2
多边形
f = 1.3～1.5
针
f = 1.5～2.2
小板
f = 2.5～4.0
飞溅
f = 10～10^4

图 7-5：颗粒物形状和形状系数 f

1.2　散状物料的表面积

散状物料的一个重要参数是其表面积的尺寸，其与物料的反应能力或者吸收能力有关。

散状物料的表面积是散状物料的每个颗粒物的表面积的总和。

可以通过旁边的等式，计算直径为 d 的球形颗粒物的**体积比表面积 S_V**。体积比表面积 S_V 的单位是 cm^2/cm^3 或者 m^2/m^3。

作业：*有两堆球形颗粒物，颗粒物直径分别为 2.4mm 及 2.4μm，其体积比表面积分别是多少？*

解：$S_{V1} = \frac{6}{d_1} = \frac{6}{2.4\text{mm}} = \frac{2.5\times1}{0.1\text{cm}} = \mathbf{25}\frac{\mathbf{cm^2}}{\mathbf{cm^3}}$

$S_{V2} = \frac{6}{d_2} = \frac{6}{2.4\mu\text{m}} = \frac{2.5\times1}{10^{-4}\text{cm}} = \mathbf{25\times10^3}\frac{\mathbf{cm^2}}{\mathbf{cm^3}}$

通过体积比表面积 S_V 和散堆体积 V_{Sch}，计算散状物料的总表面积 O_{Sch}。

通过体积比表面积 S_V 中的颗粒物密度 ρ，计算散状物料的**质量比表面积 S_m**。

通过与球形颗粒物类似的等式，计算由不规则形状颗粒物（非球形）组成的散状物料的表面积（见右侧）。

设计非球形颗粒物时，使用**形状系数 f**。

其定义是不规则形状颗粒物的表面积 O_S 与等体积球的表面积 O_V 之比。

根据颗粒物形状，形状系数可以拥有非常不同的数值（图 7-5）。

球形颗粒物的散状物料体积比表面积

$$S_V = \frac{\text{球体表面积}}{\text{球体体积}} = \frac{\pi d^2}{\pi/6\times d^3} = \frac{6}{d}$$

球形颗粒物的散状物料总表面积

$$O_{Sch} = S_V V_{Sch};\ O_{Sch} = S_m m_{Sch}$$

球形颗粒物的散状物料质量比表面积	$S_m = \frac{S_V}{\rho} = \frac{6}{d\rho}$
形状系数	$f = \frac{O_S}{O_V} = \frac{O_S}{\pi d_V^2}$
不规则形状颗粒物的散状物料体积比表面	$S_V = \frac{6}{d} f$

不规则形状颗粒物的散状物料总表面积

$$O_{Sch} = S_V V_{Sch};\quad O_{Sch} = S_m m_{Sch}$$

1.3 不同尺寸散状物料的特征

通过粉碎过程等产生的散状物料，包含不同粒径的颗粒物。这里的粒径是等效直径，例如相同体积的球体直径 d_V。

通过所谓的**分布图**，描述反应床中不同直径的颗粒物的比例。其中分为累积分布和密度分布。

筛分分析的结果清楚地显示了粒径分布（第 267 页）。

残留物总和 R_S 是直径大于规定直径 d_V 的散状物料的质量分数。

筛分时（第 267 页），残留物总和 R_S 对应网孔 d_V 筛子上残留的质量分数。

在粒度类别Δd_V上记录残留物总和 R_S，则得到一个**残留物总和条形图（图 7-6）**。通过连接条形的起始角，可以绘制一条**残留物总和曲线**。

筛分物总和 D_S 是直径小于规定直径 d_V 的散状物料的质量比。

在筛析中，筛分物总和 D_S 对应经过网孔 d_V 筛子的质量分数。

如果在图中的粒度类别Δd_V上记录筛分物总和 D_S，则会得到一个**筛分物总和条形图（图 7-7）**。通过连接起始角，可以绘制一条筛分物总和曲线。

对于每个直径 d_V，筛分物总和 D_S 和残留物总和 R_S 相加始终为 1 或者 100%: $\boldsymbol{D_S + R_S = 1}$

分布密度 q 对应于每个点的筛分物总和曲线的斜率：$q = \Delta D_S / \Delta d_V$。

通过筛分物总和曲线上的等尺寸晶粒尺寸间隔Δd_V的ΔD_S数值，可以确定分布密度（图 7-7）。如果在Δd_V上记录$\Delta D_S/\Delta d_V$数值，则会得到**分布密度条形图（图 7-8）**。

在第 268 页的图 6-28 和图 6-29 中，定量进行筛析。

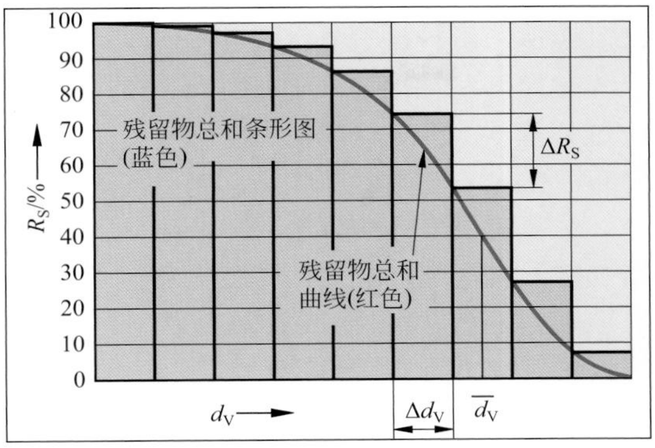

图 7-6：残留物总和条形图和残留物总和曲线

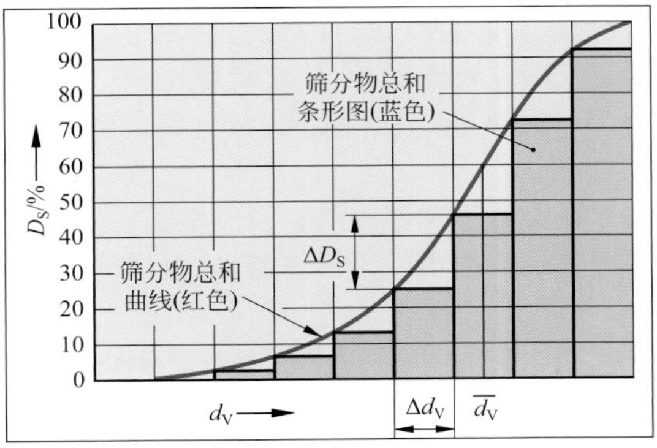

图 7-7：筛分物总和条形图和筛分物总和曲线

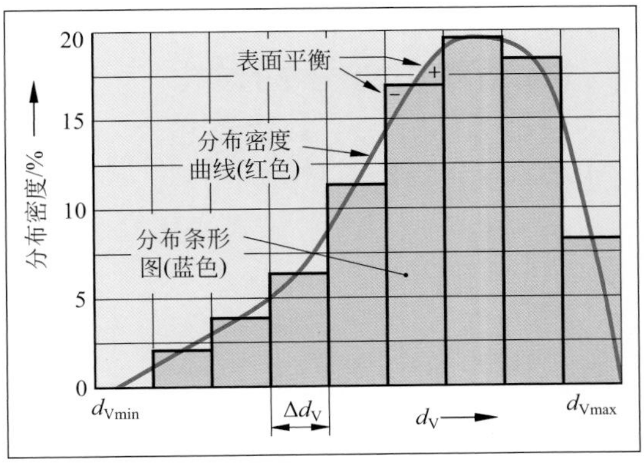

图 7-8：分布密度条形图和分布密度曲线

如果假设粒度类别Δd_V越来越小，则条形图越来越窄，最终得到一条曲线，即**分布密度曲线**。

可以近似地通过分布条形图绘制分布密度曲线。其中，分布密度曲线经过每个条形的水平部分，使上部和下部的区域保持平衡。

1.4 散状物料的分布密度曲线

分布密度曲线清楚地说明了散状物料的粒度分布（图 7-8），有经验的员工通过该曲线可以快速了解粒度分布。

在粒度和粒度分布方面，不同的散状物料拥有不同的粒度分布。这主要与散状物料的形成过程有关。有三种典型的粒度分布：

呈**高斯正态分布**的，例如在结晶过程中产生的晶体，以及来自造粒过程的颗粒物或者颗粒状植物种子（例如玉米粒或豆类）。高斯正态分布也简称为**正态分布**。

高斯正态分布的特征是分布密度曲线以曲线最大值为中心呈对称状（**图 7-9**），可用最大值中的 d_{50} 数值和曲线形态以及标准偏差 s 来描述（标准偏差参见第 285 页）。

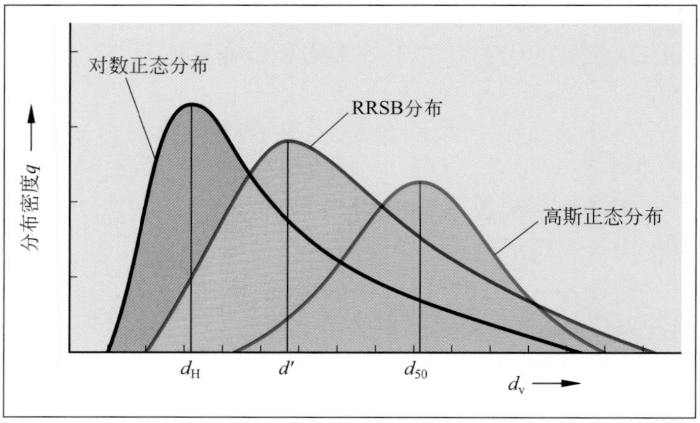

图 7-9：不同散状物料的分布密度曲线

在小粒径和膨胀的粗粒度范围内，**对数正态分布**拥有一个最大值（图 7-9）。在对数分布曲线的最大值中，用**模态值 d_H** 表示粒径。

呈现这种分布的有由粗碎过程产生的散状物料，例如破碎的矿石、块煤或者石灰石。

在小粒径和粗粒度范围内，**RRSB 分布**也拥有最大值（图 7-9）。但是，该最大值并不像对数正态分布那样明显。通过颗粒尺寸平均值 d'（也称为 $d_{63.2}$）和均匀性数值 n 来描述 RRSB 分布。可以用一个特殊图表，即粒度分布网格来确定分布参数（第 270 页）。

呈 RRSB 分布的有由精细研磨和超细研磨流程产生的散状物料，例如水泥粉或者彩色粉末。

粉碎过程中粒度分布的变化

如果为了浮选分离矿石堆，将粗矿石散状物料进行精细研磨，则粒度分布曲线以两种方式变化（**图 7-10**）：

- 分布密度曲线整体转移到较小的粒径范围：从厘米范围到微米范围。
- 初始散状物料的粒度分布为对数正态分布曲线，通过精细研磨成研磨物后，得到 RRSB 分布曲线。

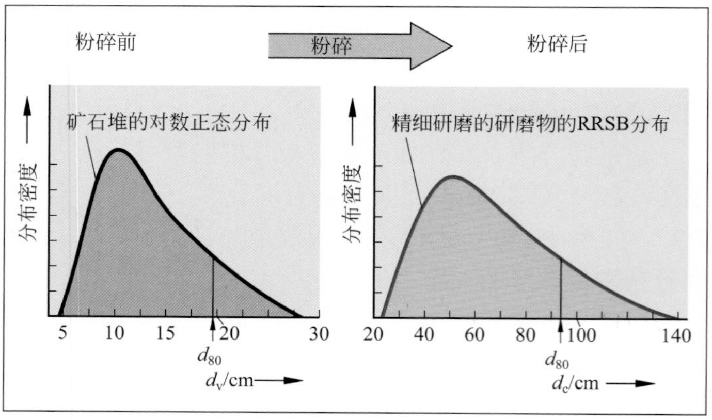

图 7-10：粉碎过程前和后的散状物料的粒度分布密度曲线

2 固体物质的粉碎

粉碎是指在机械力的作用下，将固体颗粒物分成较小的碎片，可通过破碎机和磨碎机实现（**图 7-11**）。

通过粉碎（crushing, milling），获得较小尺寸的颗粒物。每单位体积的粉碎固体物质的表面积远大于同体积原料的表面积。

固体物质的粉碎可以用于不同的用途：

（1）增加两种物质之间的化学反应速率。物质彼此反应的表面积越大，化学反应越快、越强烈。**示例：**较大的煤块燃烧缓慢（化学上是氧化反应），但是磨细的煤尘会爆炸性的快速燃烧。

（2）从固体混合物中分离成分。**示例：**矿石经常是一种岩石块，由矿石和无用的脉状岩石组成。将岩石块粉碎为小颗粒，之后通过磁分离或者浮选分离出矿石。

图 7-11：工业破碎机（磨碎机）

（3）增加物料的自由流动性和可加工性，设计便于处理的半成品。通常，如果固体物质拥有一定的粒度，可以被更好、更快地处理。示例：约豌豆大小的热塑性塑料颗粒半成品，可以更好、更快地熔化和成型。

（4）产品的最终设计（温度、湿度调节）。

2.1 物理原理

粉碎时的应力类型

固体物质用机械力粉碎，通常通过机器上移动的机器部件，对待粉碎的颗粒物施加机械力。根据物质的特征、硬度、脆性等，用不同的力将其粉碎（**图 7-12**）。

通过相反方向的力度，在两个组件之间产生**压力**并且将颗粒物破碎。

利用冲击工具的**冲击力**粉碎颗粒。

撞击时，颗粒物以高速撞击墙壁然后破裂成更小的颗粒。

两个相邻移动组件之间产生的**摩擦力**也可使颗粒破裂。

通过**剪切**，颗粒被钝的楔形工具分离。**切割**时，用细长的刀刃将颗粒切碎。

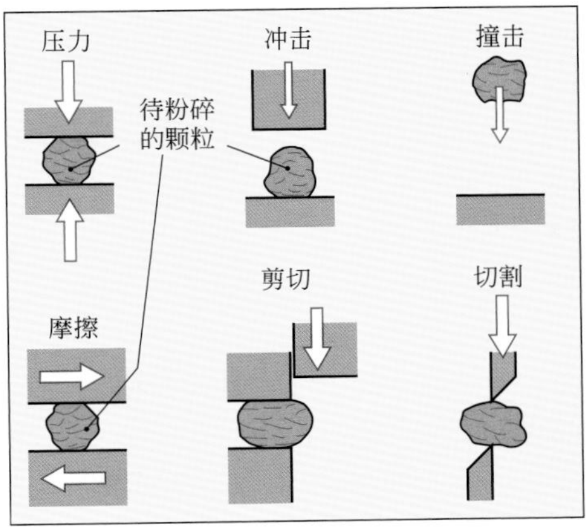

图 7-12：应力类型

硬质和脆性物质通过压力、冲击或者摩擦粉碎。软质物质通过压力、摩擦和剪切或者切割粉碎，纤维物质通过切割和剪切粉碎。在破碎机中破碎时，通常会同时产生几种类型的应力，例如压力、冲击力和摩擦力。

硬脆物质的破碎过程

通过压力、冲击和撞击破碎硬脆物质时，颗粒会分解成不同大小的碎片（**图 7-13**）。在施力处产生一个或者两个锥形区域，颗粒在此区域分解成非常小的碎片（细物料锥体）。剩余的颗粒分解成较大的碎片。

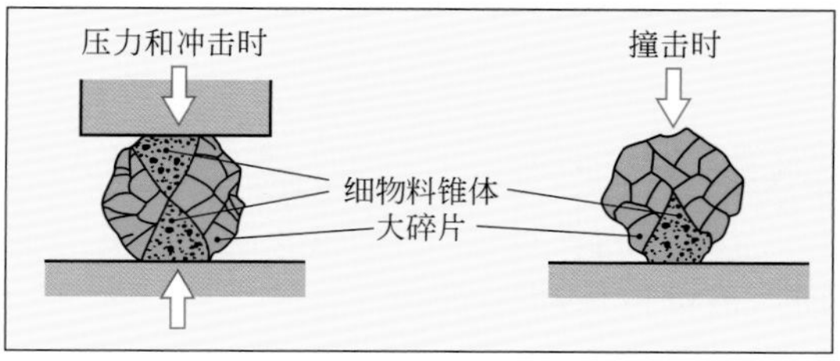

图 7-13：脆物料的破碎过程

由压力或者冲击产生的料堆，存在特定的粒度分布，通过分布密度曲线表示（**图 7-14**）。它显示了粉碎物料中颗粒类别的质量分数。有关粒度分布的详细信息，参见第 294 页。

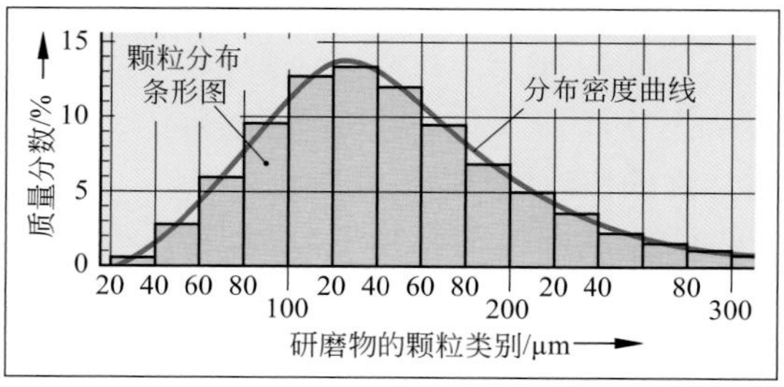

图 7-14：研磨物的分布密度曲线

通过剪切或者切割粉碎软质和弹性材料时，还存在其他破碎粒度分布。

如果只需要继续加工很小一部分类别的颗粒，则必须在粉碎一种或者多种颗粒类别后进行筛分或者分类。

粉碎的描述

用**粉碎程度 Z** 表示在粉碎过程中达到的粉碎量度。它定义为粉碎前的典型粒度（D）和粉碎过程后的典型粒度（d）之比。

粉碎程度

$$Z=\frac{D}{d},\ 如\ Z=\frac{D_{80}}{d_{80}}$$

典型粒度是颗粒分布的尺寸参数，例如粉碎之前或者之后的散状物料的 D_{80} 数值。D_{80} 数值或者 d_{80} 数值表示 80% 的散状物料拥有的较小粒径。

粉碎越细，粉碎程度 Z 越大。粗粉碎时 Z 为 3 ～ 10，在超细粉碎中可以假定该数值为 50 或者更高。

示例：在粗粉碎中，粉碎 D_{80} 数值为 80mm 的物料，粉碎物料的 d_{80} 数值为 15mm。

因此，粉碎程度$\boldsymbol{Z}=\frac{D_{80}}{d_{80}}=\frac{80\text{mm}}{15\text{mm}}=\mathbf{5.33}$

2.2 粉碎方法

不同的粉碎过程需要不同的粉碎方法和粉碎机（**表 7-1**）。根据粉碎材料的硬度，分为硬粉碎、中硬粉碎和软粉碎。

根据待粉碎物料的平均粒度，分为破碎和碾磨，其中又细分为粗、细和超细类别。

用于破碎的机器称为**破碎机**；用于碾磨的机器称为**磨机**。

表 7-1：粉碎方法和粉碎机

粉碎方法	产品的粒度，颗粒类型	硬粉碎机	中硬和软粉碎机
粗碎	>50mm 碎块	颚式破碎机 圆锥破碎机	锤式破碎机
细碎	5 ～ 50mm 碎片，碎石	圆锥破碎机 辊式破碎机 锤式破碎机	辊式破碎机
粗研磨	0.5 ～ 5mm 粗粒小麦粉	冲击式磨机 辊子研磨机	滚筒碾粉机 盘磨机
细研磨 超细研磨	0.05 ～ 0.5mm 0.005 ～ 0.5mm 面粉，粉末	滚筒碾粉机 盘磨机 球磨机	滚筒碾粉机 切碎机 振动磨
胶体研磨	<0.005mm 胶体粉	球磨机 喷射碾机	球磨机（湿式） 振动磨（湿式）

2.3 破碎机

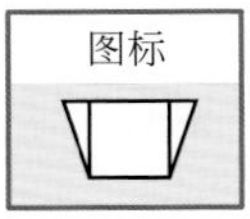

破碎机（breaker）是用于粗切大块物料的粉碎机，如在采石场或者矿石中获得的物料，可粉碎至最大粒度 5mm。

颚式破碎机

颚式破碎机有一个固定的和一个往复式的钳口，钳口之间的间隙可以交替地扩大和缩小（**图 7-15**）。

间隙缩小时，钳口之间的块料受到挤压而粉碎。往复式钳口返回时，粉碎的物料落下，大块料从上部滑落至钳口之间，待下一次钳口移动时被压碎。通过调节钳口的开口间隙宽度和频率，可以改变颗粒大小和产量。

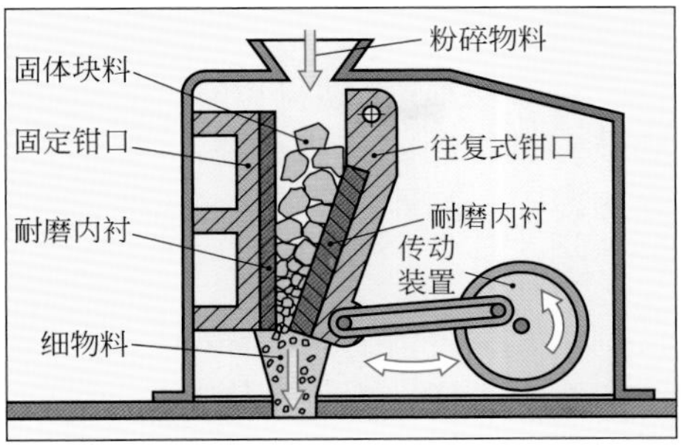

图 7-15：颚式破碎机

圆锥破碎机

圆锥破碎机有一个刚性壳体，破碎机锥体在其中旋转（**图 7-16**）。通过偏心凸轮驱动破碎机锥体进行摆动运动，从而不断改变破碎机锥体和破碎机壳体之间的间隙。物料落入破碎机锥体和破碎机壳体之间的空间中。间隙缩小时，通过压力和剪切力粉碎粗物料。间隙增大时，细物料掉落，粗物料滑入间隙中，进行下一次破碎。

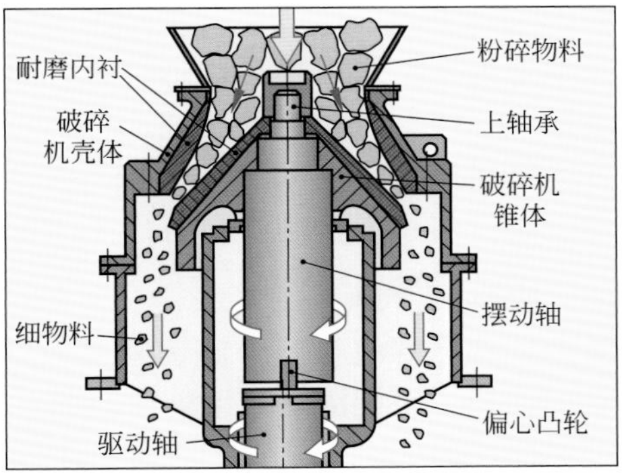

图 7-16：圆锥破碎机

辊式破碎机

辊式破碎机由两个反向旋转的辊子组成，这些辊子配有破碎机凸轮或者齿轮（**图 7-17**）。从上部加入大块料，凸轮卡住物料并将其压碎。当转速较低时，主要通过压力和摩擦进行粉碎，而在较高转速下，主要使用冲击应力。

可滑动地安装其中一个辊，这样可以调节辊之间的间隙宽度，从而调节颗粒粒度。辊式破碎机也称为辊子研磨机。

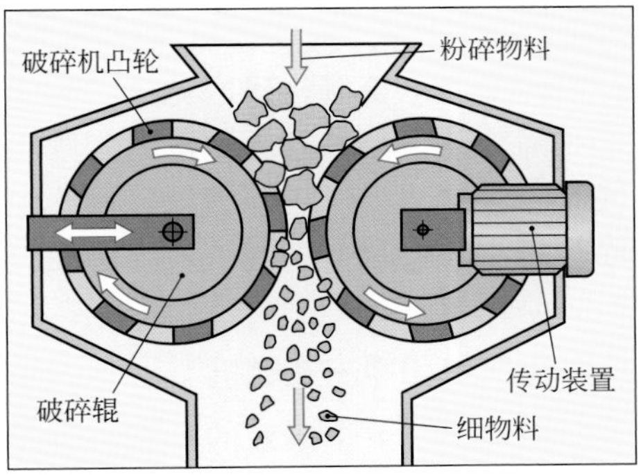

图 7-17：辊式破碎机

锤式破碎机（冲击式磨机）

锤式破碎机有一个圆柱形转子，其上部固定有铰接式冲击锤（**图 7-18**）。转子高速转动。

通过快速旋转的锤子粉碎物料，并且将碎片抛向撞击板和研磨轨道，通过撞击和冲击进一步压碎物料。

这种破碎机还可与出料筛一起组成用于粗磨的冲击式磨机。

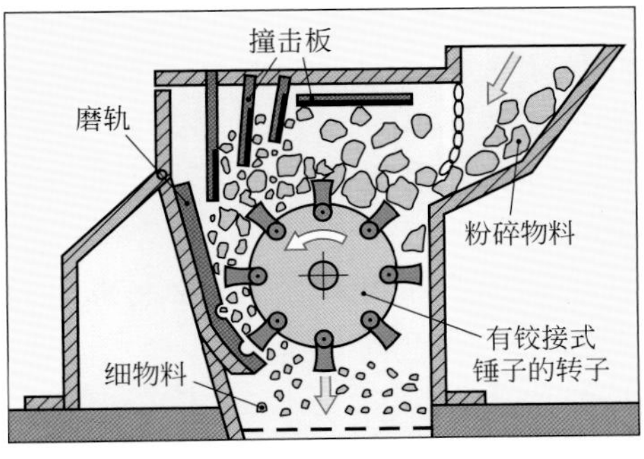

图 7-18：锤式破碎机

2.4 研磨机

研磨机（mills）用于粉碎粒度小于 10mm 的物料。

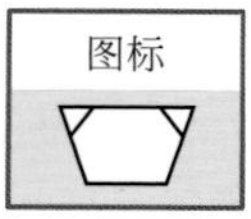

粗磨使用的辊磨机和冲击式磨机，其原理与破碎相同。这些磨机拥有与相应破碎机相同的结构类型，其中在间隙宽度的狭窄处，实现对脆性物料非常精细的粉碎。此外，还有多种结构类型的磨碎机，特别是针对精细和超精细研磨。

碾碎机

碾碎机是最老式的破碎机之一，与滚筒碾粉机的工作原理类似，由一个固定式磨台组成，其中两块重型磨石缓慢转动（**图 7-19**）。

在旋转过程中，磨石粉碎并且研磨填充在磨台中的物料。此时研磨物料被移动到中间，并且在移动到磨石下部后，离开磨台。通过一同转动的刮刀，将研磨物料反复铲入磨台的中间，使材料离开碾碎机之前多次经过磨石。

碾碎机用于食品和制药行业，用于压碎软物料。

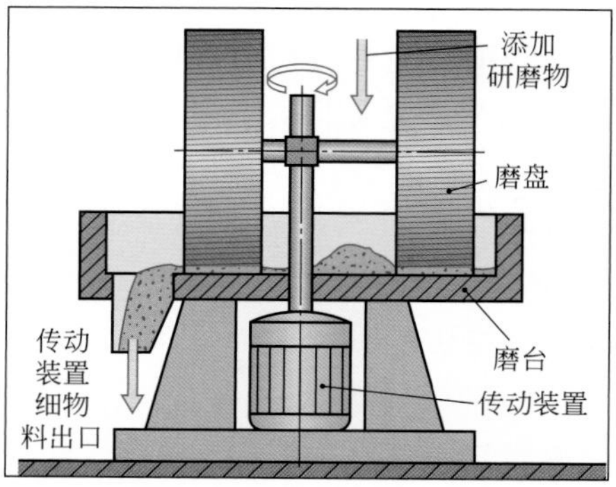

图 7-19：碾碎机

辊式磨碎机

辊式磨碎机有一个旋转磨台，其上部有两个或者多个在压力下能滚动的滚动体（**图 7-20**）。

滚动体受到磨轨上的强弹簧的挤压，并且通过压力和摩擦力压碎物料。研磨物料被移到磨台中间，然后经过滚动体下部移到磨台边缘。通过刮刀和换向器，将研磨物料重新移到滚动体下部。在研台边缘处，提供向上气流将研磨完成的物料吹走。粗颗粒保留在筛分器中，并且再次落回到磨轨上。细物料通过气流离开磨碎机，送入旋风分离器中进一步分离。碾碎机适用于粗磨和细磨中等硬度至硬质物料，例如：水泥原料和矿石。

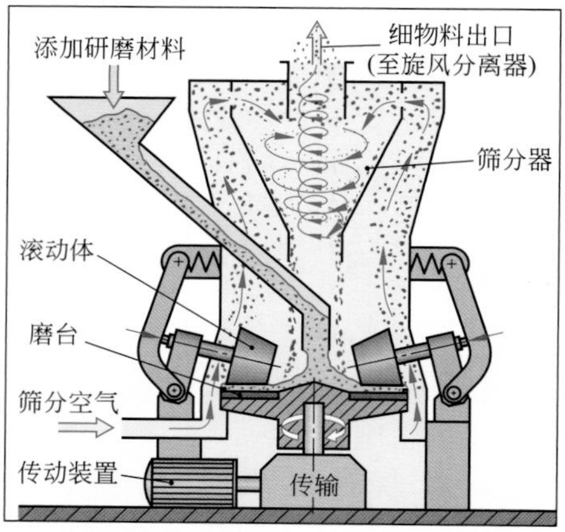

图 7-20：辊式磨碎机

盘磨机和冲击式磨机

盘磨机有一个固定的和一个旋转的圆盘，圆盘上有由许多销钉组成的同心圆（第 102 页图 1-233）。研磨物料通过漏斗进入固定盘的中心开口，并且当到达旋转盘的销钉处时，通过离心力和销钉向外抛出。物料位于销钉之间，经过冲击、剪切和撞击被粉碎。粉碎物是被甩出的。

冲击式磨机拥有可以高速旋转的固定式或者移动式撞锤，通过冲击和撞击打碎颗粒。

组合的冲击式磨机 / 盘磨机在销钉之间，通过撞锤粉碎物料（**图 7-21**）。

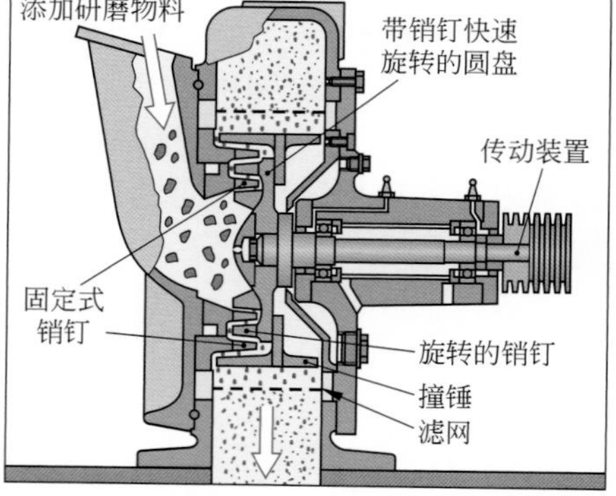

图 7-21：冲击式磨机 / 盘磨机

球磨机

球磨机是最常用的粉碎机，用于硬到中等硬度物料（例如石灰石）的干式或者湿式粗磨、精细磨和超精细磨。它由一个略微倾斜的旋转空心圆柱体组成，也称为滚筒或者管路，其中填充了约 20% ～ 30% 的耐磨研磨体，这些耐磨研磨体由钢或者硬瓷和研磨材料制成（**图 7-22**）。

管壁内部设置有耐磨衬里。管路通过开槽隔板，分隔成带不同尺寸研磨球的研磨室。研磨物依次经过研磨室，最后呈细物料离开磨碎机。

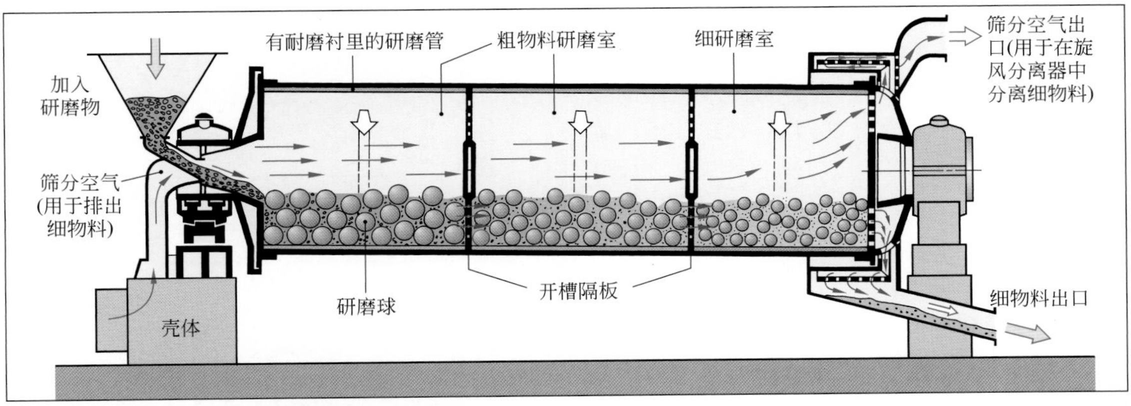

图 7-22：有三个隔离研磨室的管式球磨机

滚筒旋转时，在到达滚筒顶部之前抬起并分离研磨球和筒壁上的研磨物，使研磨球落到滚筒底座的填充物上（**图 7-23**）。通过下落的研磨球的冲击（粗粉碎）以及球和管内衬之间的研磨（精细研磨），粉碎研磨物。

球磨机的速度必须与管路直径相匹配。不允许速度过高，否则球会受到离心力的作用，强烈挤压管壁，并且不会掉落。如果速度太低，则球向上的冲力不足只会稍稍滚动。速度过高或者过低时，粉碎效率急剧下降。

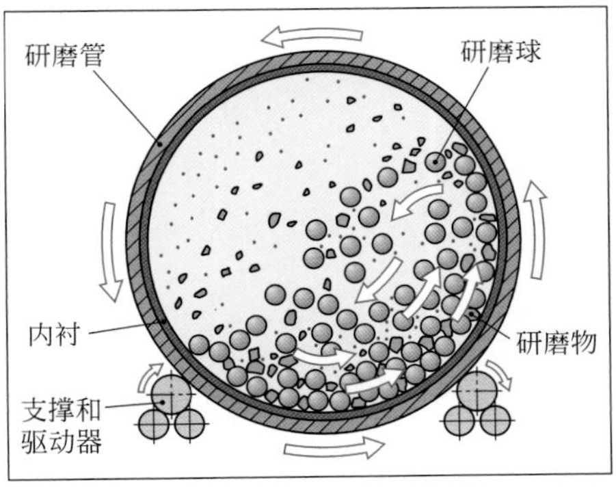

图 7-23：球磨机中填充物的移动

根据球磨机的结构类型，又细分为**滚筒球磨机**（短管）、**管式球磨碎机**（长管）、**筛式球磨机**（通过筛子圆周网排出细粉）和**棒管磨碎机**。在后者中，研磨元件是长钢棒，其占据整个管路长度并且彼此滚动。

振动球磨机也称为振动磨碎机，滚球和研磨滚筒不旋转，而是通过不平衡驱动器产生强烈振动。

螺旋喷射碾机

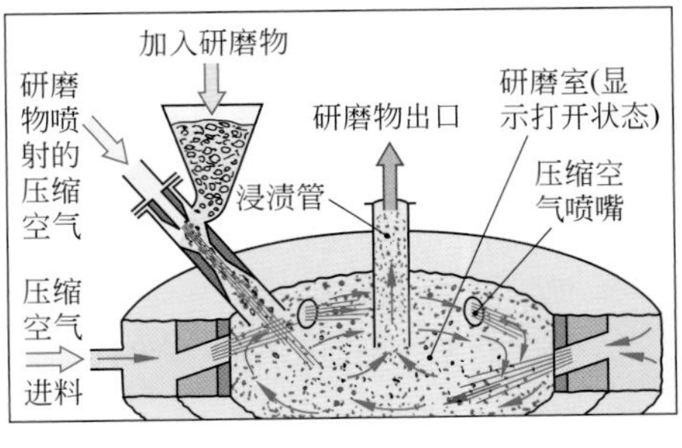

图 7-24：螺旋喷射碾机

在螺旋喷射碾机中，压缩空气从周围的几个喷嘴，以高速（最大 60m/s）喷射到半切向的扁平圆柱形研磨室中（**图 7-24**），产生快速旋转的环形流。从上部倾斜地向研磨物供给压缩空气，并且以相对较高的速度到达环形流中的颗粒物或者侧壁上，然后通过冲击和剪切将其切碎（微粉化）。细物料通过同向旋转的浸渍管，与压缩空气一起排出。

2.5　制粒机、造粒机

制粒机和造粒机用于分割线束状块料或者较大不规则形状的块料，使其成为毫米级的颗粒，以便更好地处理物料，例如装袋、铲装、流动输送等。

切割和剪切研磨机

切割和剪切研磨机，也称为切割造粒机，用于粉碎较软的弹性材料和坚韧的材料，例如用于刨花板生产的木材废料、废纸、纺织品、塑料废料和废旧轮胎。它有不同的结构类型。

转子切割研磨机有一个配有刀轮辋的转子，它围绕着壳体中的固定刀具（**图 7-25**）旋转。在固定刀和旋转刀之间切割粉碎物。粉碎的物料（颗粒物）通过一个筛子从研磨机中落下，而较粗的块料被刀轮辋带走，直到它们被压碎并且通过筛子落下。

线料造粒机用于粉碎热塑性塑料线束（**图 7-26**），它拥有两个导向辊和一个有斜切割齿的切割辊。导向辊带动线束，切割辊在切割边缘将其切断。塑料线束是用生产过程中形成的大团塑料在挤出机中挤出成型的。通过紧邻的线料造粒机将它们切成 2 ～ 6mm 的颗粒。这种塑料颗粒易于处理，如装入大袋中，可以用于热塑性材料的最终成型，因为颗粒的导热性良好，在挤出机中很容易再加热成型。

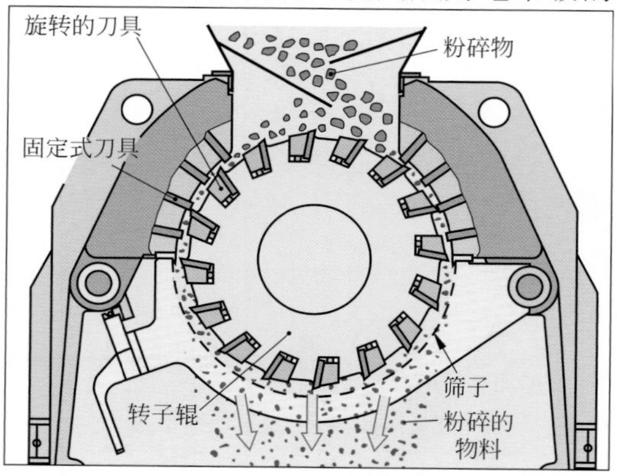

图 7-25：转子切割研磨机（切割造粒机）

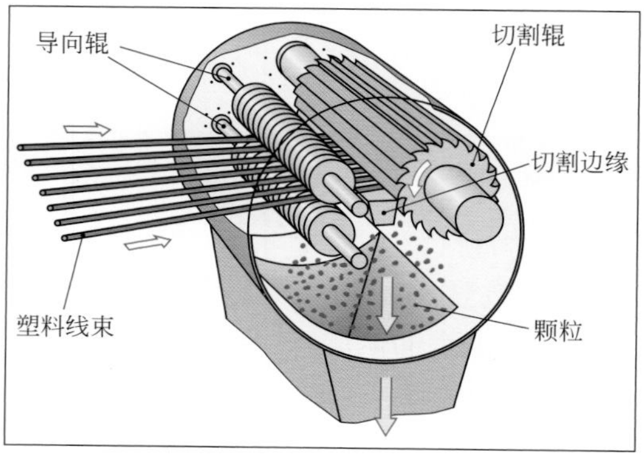

图 7-26：线料造粒机

2.6　粉碎设备

在一次破碎过程中，不能将大块料粉碎至超细的粉末。为此，必须将多台粉碎机，例如颚式破碎机和辊子研磨机，组合成一个设备（**图 7-27**）。

在颚式破碎机中完成粗压碎，然后将部分压碎的块料送入辊子研磨机中进一步粉碎，得到粗颗粒和细颗粒的研磨物。再次将粗颗粒送入辊子研磨机磨碎。

破碎机和输送装置是封闭式的设计，以防止释放研磨粉尘。

一般须在中试工厂实验时确定用于粉碎物的相应破碎机。

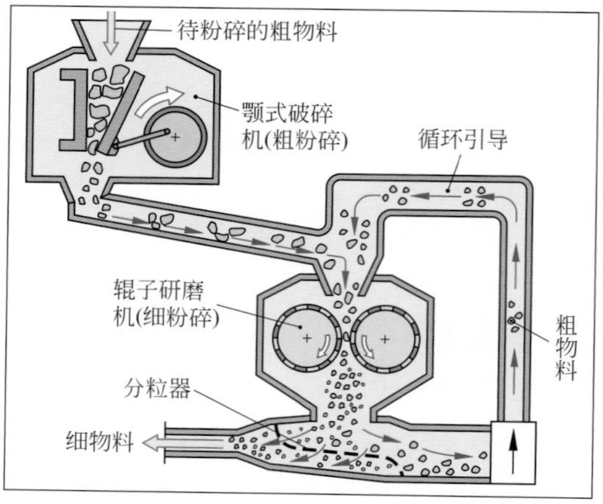

图 7-27：两级粉碎设备

破碎过程会产生超细的颗粒物，这些颗粒以粉尘的形式充满粉碎机的研磨室。为了避免粉尘进入环境，在粉碎设备中，机器和输送路径设计为封闭系统（**图 7-28**）。

待切碎的物料从顶部进入系统，最终以袋装的细粒研磨物从运输容器中离开填充站。

系统内的粉尘通过一个鼓风机抽吸设备在过滤器中分离。空气或者氮气（破碎可燃研磨物时）在系统中循环。过滤后的废气被送至废气净化系统中。

鼓风机的抽吸使设备中存在轻微的低压，因此系统中没有灰尘逸出。

研磨物落入料仓中，经叶轮闸门排出至灌装机，然后进行无尘灌装。

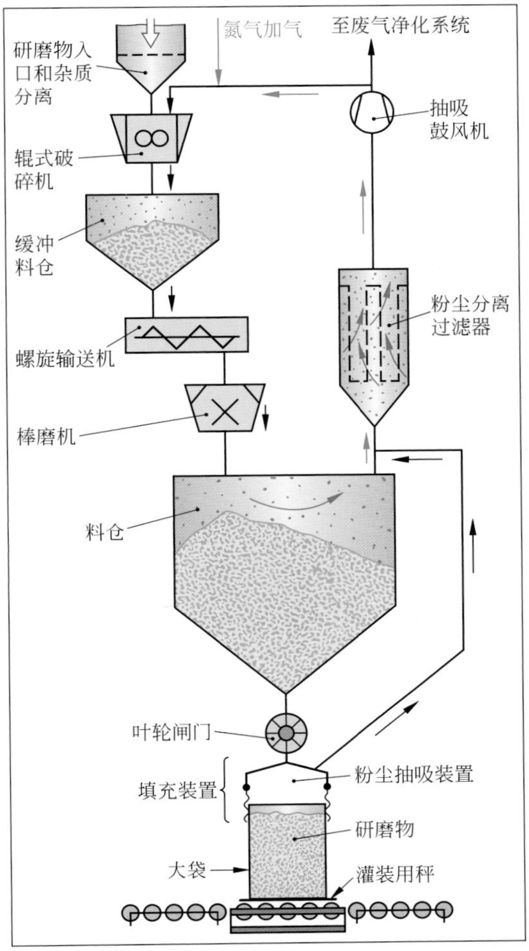

图 7-28：**配有研磨物存储装置和罐装设备的粉碎设备**

研磨过程中的安全性

为了保证研磨过程的安全性，禁止危险物质进入磨碎设备中，例如可燃物质可能会由于过度加热而被点燃。

须采取必要的措施排除研磨过程的事故风险。其中包括：

- 惰性气体供气（氮气、二氧化碳）；
- 同时研磨干冰（冷冻的二氧化碳），用于冷却；
- 用水湿磨；
- 监控温度和压力；
- 安装止回阀、过压安全装置和灭火装置。

3 液体分离

通过将液体分离成射束、片状、液滴或者细小的液滴雾，液体的表面积将大大增加。

这会得到更大的接触和反应表面积，使化学反应和状态变化更快。

在蒸馏塔和萃取塔中分离液体混合物（第 435 页、466 页）、通过吸收分离气体混合物（386 页）、湿式除尘（381 页）、冷却塔（第 346 页）和烘干机（406 页）中都需要进行液体分离。

为了分离液体，必须克服其内部的结合力（内聚力）。这些结合力在液体中明显比在固体物质中小得多。

一般通过重力，液体就可以分离为射束、片状或者大液滴，例如**喷淋**。

喷雾和**雾化**时，主要通过压力释放力和离心力将液体分成小液滴。

3.1　喷洒、喷射

如果仅需要对液体进行粗略分离和喷洒，例如在气体洗涤塔中，则可以通过**分配盘**来实现（**图 7-29**）。分配盘可作为水平底板安装在设备中。添加的液体在重力作用下通过孔或者溢流管排出直径为 3 ～ 10mm 的液体束。另请参阅第 435 页的图。

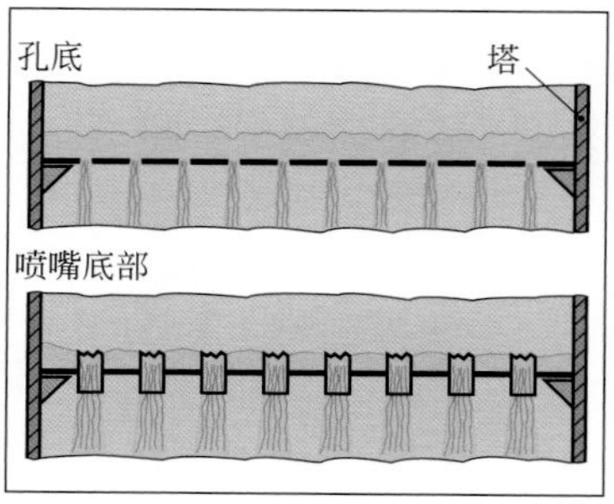

图 7-29：分配盘

喷头可分离出直径为 1 ～ 3mm 的细小射束或者液滴。喷头由带许多细孔的分配头组成，在液体压力的作用下，液体从喷头中喷出液体束，分成小液滴。

3.2　喷雾、雾化

液体被分成细小的液滴雾，称为喷雾或者雾化。根据不同的作用原理，分为不同的雾化喷嘴（**图 7-30**）。

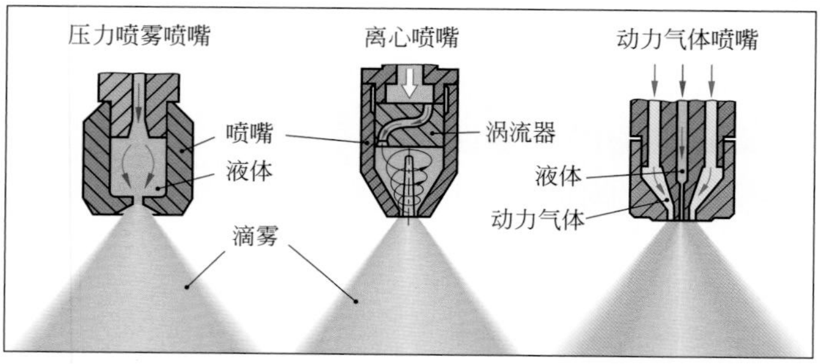

图 7-30：不同的雾化喷嘴

在**压力喷雾喷嘴**中，通过 2 ～ 30bar 的超压，将液体压入狭窄的喷嘴开口中。离开喷嘴时，液体突然松弛并且以完整锥形的形式雾化，压力越大，产生的液滴越细。

在**离心喷嘴**中，加压液体通过切向进入并被强烈旋转。液体离开喷嘴开口后，由于释放的压力和离心力而被破坏，形成一个液滴锥。

在**动力气体喷嘴**中，通过动力气体分离液体，动力气体通过液体射流周围的环形间隙高速喷出。高度湍流的动力气体夹带着液体并且将其雾化。

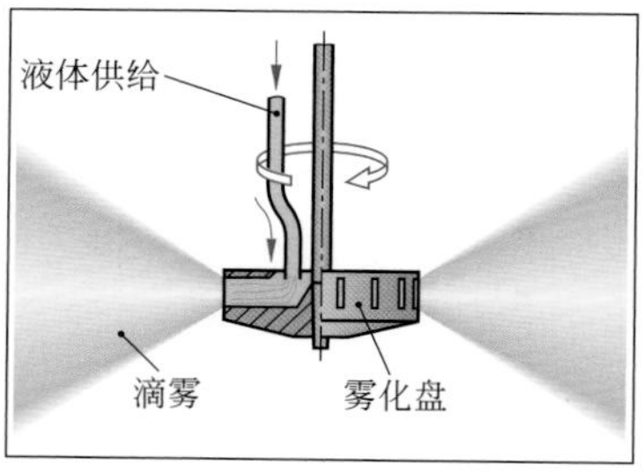

图 7-31：离心式雾化器头

离心式雾化器拥有高速旋转的雾化盘。待雾化的液体导入雾化盘中心（**图 7-31**），被强烈加速并以细小的雾滴甩出。离心式雾化器用于可能会堵塞喷嘴的雾化乳液和悬浮液，例如在喷雾干燥器中使用。

复习题

1. 为什么要粉碎固体？
2. 通过哪些类型的应力可以粉碎固体物质？
3. 通过哪个参数描述粉碎过程？
4. 哪种粉碎机适用于硬质物料的精细研磨？
5. 哪种粉碎机适用于粗粉碎？
6. 在辊磨机中粉碎时，有哪些类型的应力？
7. 球磨机的粉碎过程是如何进行的？
8. 通过什么设备粉碎废纸？
9. 造粒机的用途是什么？
10. 粉碎设备的加氮气的用途是什么？
11. 如何产生细小的液雾？

4 团聚（接合）

团聚（agglomerating），也称为压实或者接合，是与粉碎相反的工艺步骤。

团聚是粉末状细物料组合成为粗粒至小块材料的过程，例如聚集物、颗粒物和压块。

粉状细物料有时难以处理：会产生灰尘，暴露于潮湿、压力或者静电荷的环境下，会不受控制地黏合，并且堆积密度低。在可燃物质的粉末中，还存在粉尘爆炸的危险。

通过团聚，可以使部分物料可以更容易地处理和加工，以及部分地改进产品特征。具体方法是：

- 减少粉尘形成
- 改善定量性能
- 改善可自由流动性
- 增加堆积密度
- 通过聚集物料堆实现更好的透气性，即：更好的反应能力
- 更好的即时性，即：更快溶解在液体中
- 更方便的使用形式，例如作为片剂

聚集物的重要**特征**是（**图 7-32**）：

- 聚集物粒度
- 孔隙率或者固体物质的百分比

这两个特征决定了聚集物料堆的透气性及其堆积密度，以及决定了反应表面积的尺寸，例如：催化剂。

- 抗压强度和耐磨性

对聚集物的储存和输送以及磨损产生的粉尘至关重要。

有几种生产聚集物的方法。

在下面说明和描述了最重要的方法。

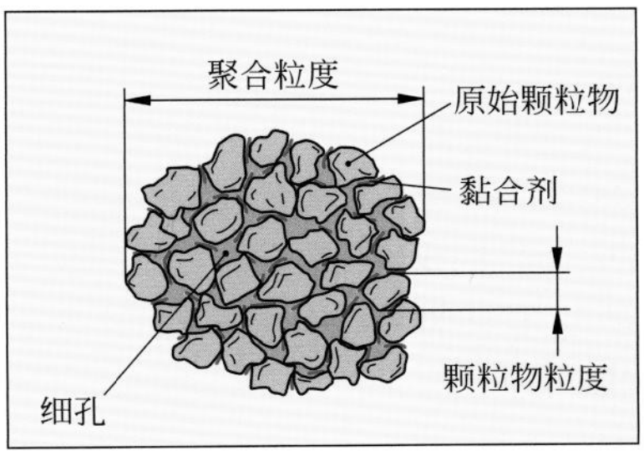

图 7-32：聚合物的结构

4.1 结构性制粒（造粒）

在结构造粒（graining）中，滚动运动时，细粒固体颗粒物通过将液体添加到多孔的圆形颗粒物中而聚集。它也被称为粒料。

结构造粒分两步进行：

首先，通过滚雪球效应产生松散黏附的颗粒物（**图 7-33**）。其中，使粉状原料沿斜坡滚下，同时喷洒水和黏合剂。首先，形成小球状的胶合粉末颗粒物，随着滚动变得越来越大。通过正确选择斜面的长度和倾斜度，可以调节所需的颗粒物尺寸，为 2 ～ 30mm。

然后，颗粒物经过干燥器，蒸发水分并且使黏合剂固化。

颗粒物首先在颗粒物室中通过液体的毛细作用力、干燥后则通过黏合剂的附着力而黏合成型。

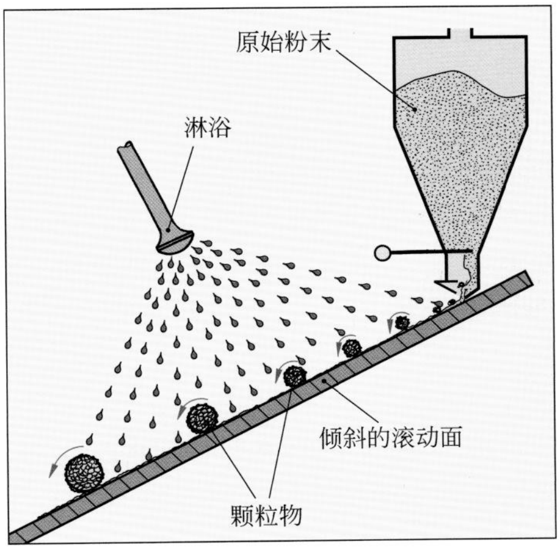

图 7-33：通过滚雪球效应形成颗粒

干燥后，由于颗粒物的耐压和耐磨性，使得颗粒物可以松散地洒落，而不会破碎和碎裂。

如果颗粒物在以后的使用过程中将受到较高的应力，例如由于较高的堆积高度、滚动输送或者快速气流，则要将其烧结（第 306 页）。

造粒机

造粒机拥有一个倾斜的造粒板，以及有平坦或者弯曲的底部，它以低速旋转（**图 7-34**）。

液滴喷头将液体喷射到粉末表面和造粒板底部。通过造粒板在侧壁和圆盘底部上的旋转运动抬起粉末状原始物料，并且在重力作用下以滴液类型开始滚动。其中通过滚雪球效应产生颗粒物。通过造粒板多次向上携带颗粒物。颗粒物积聚在粉末状原料上，最大的颗粒物在造粒板顶部，最终在造粒板的下边缘上连续滚出。通过造粒板转速和倾斜度，可以调节颗粒物的大小。

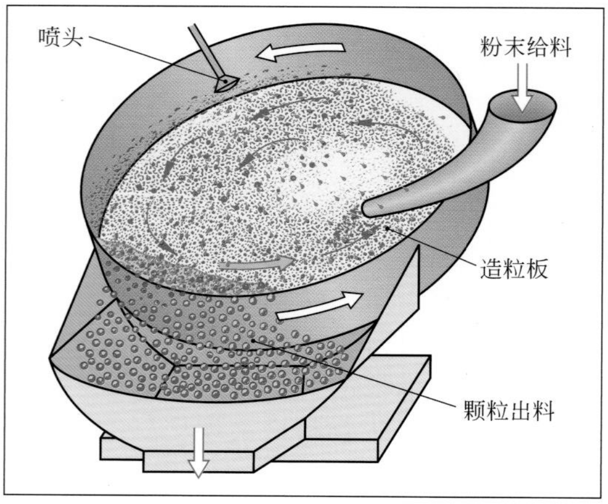

图 7-34：造粒机

粒化器筒由水平或者略微倾斜、缓慢旋转的滚筒组成，直径最大 3.5m（**图 7-35**）。通过滚筒壁上的旋转，抬起粉末状原始物料，并且从喷射水滴开始向后滚动。通过滚雪球效应形成颗粒物。通过导向板，可以向上携带滚筒壁上的颗粒物，并且在从进料侧至排出侧的长滚动距离内引导颗粒物的正确流向。最终，颗粒物通过滚筒圆周上的槽，离开滚筒的末端。

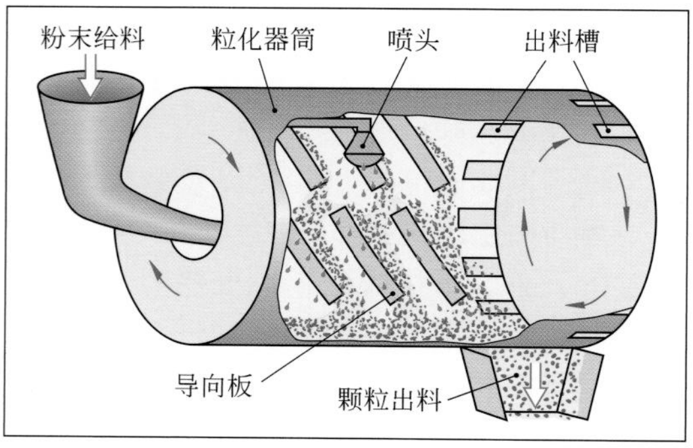

图 7-35：粒化器筒

通过造粒机和粒化器筒，可以对肥料或者矿粉等进行造粒。

流化床造粒机拥有一个向上扩展的锥形流化床室，待造粒的粉末位于其中（**图 7-36**）。空气从下面通过喷嘴吹入粉末中。它将粉末旋转到松散的流化床中，它与沸腾液体的流动性相似。从上面，将液滴类型的黏合剂液体喷射到粉末旋流层上。它将粉末颗粒物接合到松散黏附的小团块上。通过关闭喷洒液体并且切换到热空气，干燥湿颗粒物然后排出。然后开始新的循环。

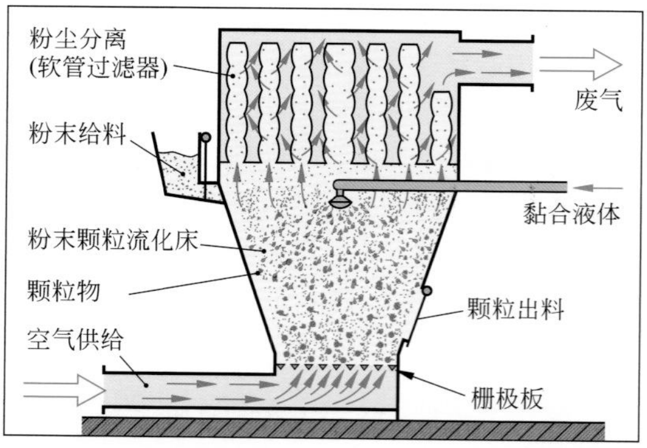

图 7-36：流化床造粒机

流化床造粒机适用于速溶咖啡或者药粉的造粒。

4.2 模压

在模压（compression moulding）中，粉末状、细粒状和纤维状物料通过压力机中的机械压缩形成小块。

模压的其他名称是：压缩聚合和压实，在特殊的成型体形式中，也称为压片或者压块。

模压时，粉末颗粒物在模具中压在一起（**图 7-37**）。其中，颗粒物在接触点处变形并且使表面粗糙，从而实现粉末颗粒的微观缠结。根据物料类型，所得到的模制品拥有松散至牢固的内聚力。

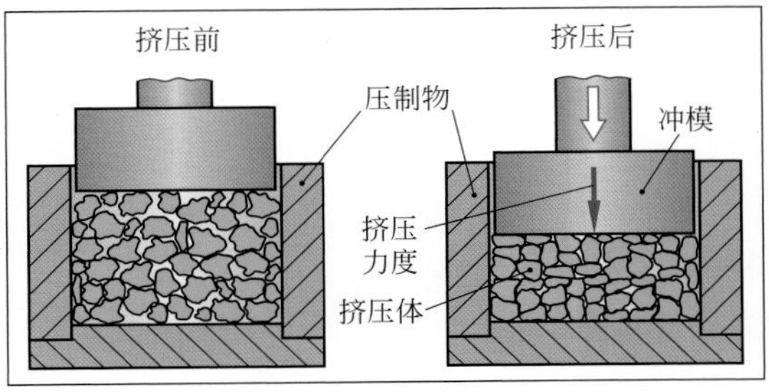

图 7-37：模压（示意图）

在潮湿和团状的块料中，通过模压来减少空腔，并且充满水分。除了机械夹紧之外，液体的毛细力度以内聚方式起作用。

有各种各样的机器用于成型。化学工程中使用的压塑机主要是连续工作的机器。

用于模压的机器

通过各种结构类型的辊压机，可以从粉状物料生产出块料、片剂、蛋状物、团块或者颗粒物（**图 7-38**）。

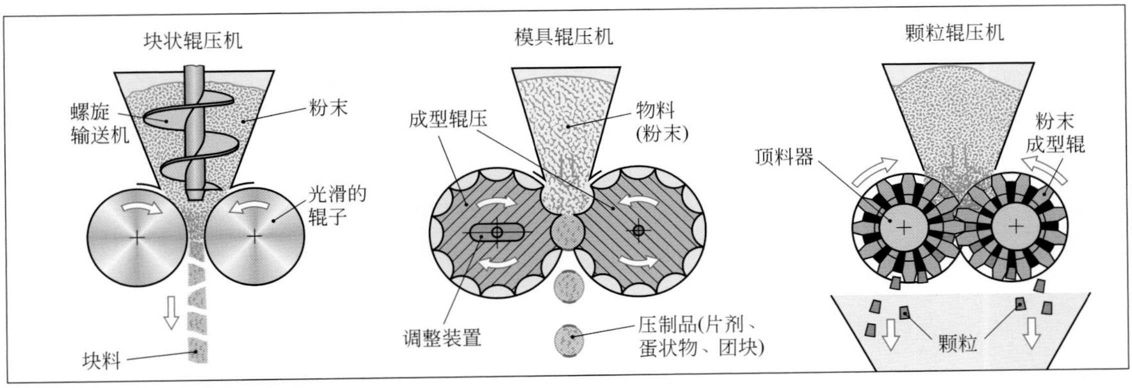

图 7-38：辊压机

环形模压机通过潮湿或者糊状的细粒物质，生产颗粒物或者链式颗粒（**图 7-39**）。

它由一个缓慢旋转的圆柱形环形模具和孔组成。在环模的内部有两个压辊，它们在环模的内圈上滚动。从环模中取出可模塑的物料，并且通过压力辊下的叶片引导。在压力辊和环模之间的狭窄间隙中，物料被挤压穿过模孔，并且作为小线束导出。剪切刀片切断导出的线束，得到颗粒物。

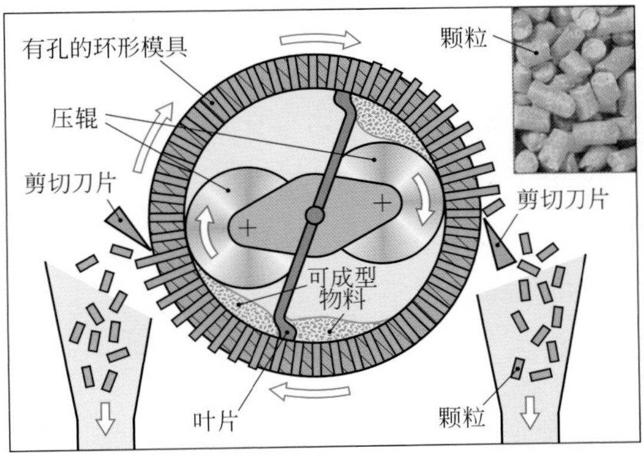

图 7-39：环形模压机

螺杆挤出机由一个管状壳体组成，螺杆在其中旋转（**图7-40**）。

待挤压的物料被螺钉夹紧，并且沿着出料方向被挤压。由于螺杆螺纹变窄，挤压物的空间变小，从而压缩物料。包含在挤压物中的液体和气体，通过挤出机壳体中的排出孔挤出。螺杆挤出机用作陶瓷模塑料和生产塑料管的挤出机。

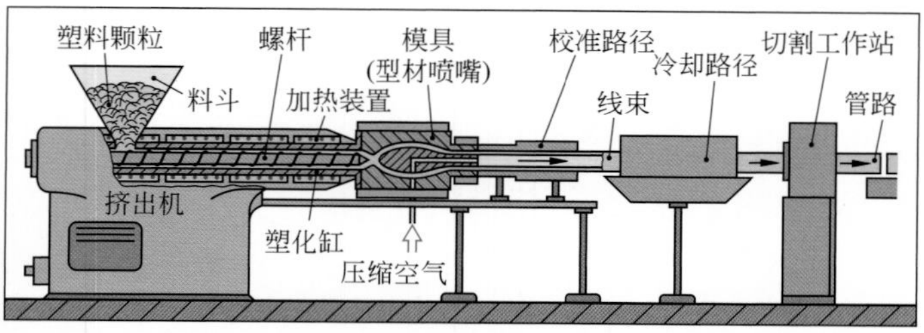

图 7-40：塑料管的螺杆挤出机

通过自动冲压机，以多步骤的工作方式生产粉末压制品（**图7-41**）。其中，将粉末填充到模具中①，通过冲模压缩②、抬起③并且抛出④。根据压力机的驱动类型，分为机械或者液压冲模。通过冲压机可以产生非常高的压缩力。这种压制物的剩余孔隙率非常低，并且特别精确。因此，冲压机用于生产金属粉末制成的压制物和由烧结金属制成的结构模件等。然后烧结压制物，可以进一步增加其强度。

热成型塑料也在冲压机上加工成模制件。

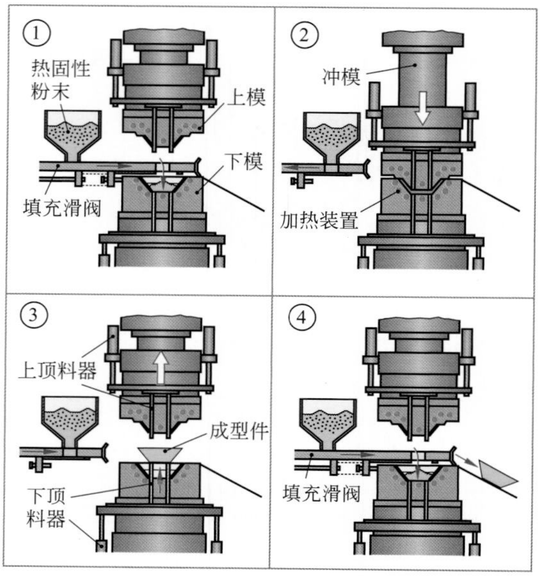

图 7-41：自动冲压机

4.3 烧结

烧结是根据温度和时间控制预压粉末成型件或者颗粒物的热处理，目的是增加部件的强度。

其中，压制物经过烧结隧道式炉（**图7-42**）。烧结温度比烧结材料的熔化温度低约20%。

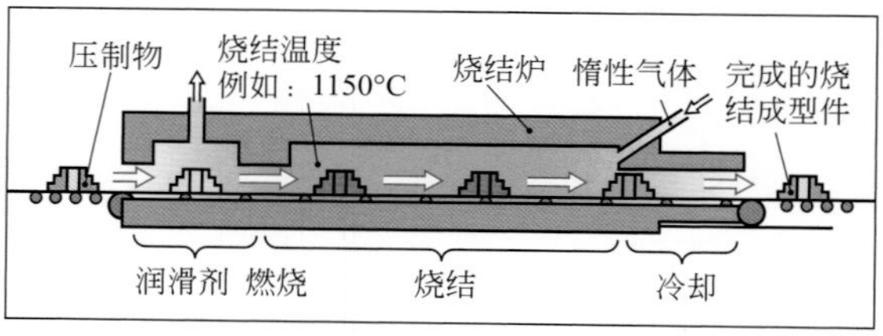

图 7-42：隧道式炉中的烧结

在这个温度的影响下，压制物中发生了改变微观结构的过程。通过扩散，粉末颗粒物之间形成固体桥，这显著增加了成型件的强度。该过程称为烧结。

例如烧结矿石或者催化剂颗粒物，以及铁粉制成的结构成型件。

复习题

1. 为什么将细物料接合成更大的颗粒物？
2. 造粒时使用了什么效果？
3. 说明（部分）造粒机的工作方式。
4. 哪些黏合力作用于成型件？
5. 说明（部分）蛋形压制物成型辊压机的工作方式。
6. 什么原因导致烧结时压制物的强度明显增加？

5 混合（物质结合）

通过混合（mixing），将两种或者多种不同的物质混合在一起，从而形成拥有尽可能均匀的物质分布的混合物，称为**均质化**。在混合物中，物质交错分布，但不是以化学方式结合在一起。

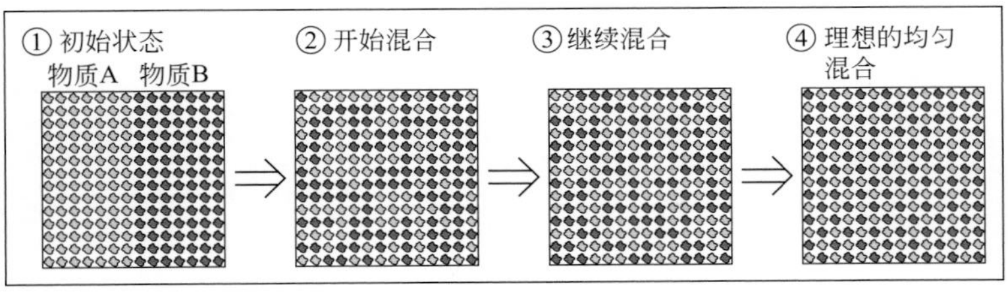
① 初始状态
物质A 物质B
② 开始混合
③ 继续混合
④ 理想的均匀混合

图 7-43：混合过程（固体物质颗粒物的示意图）

混合过程开始时，待混合的物质是分开或者大致混合的。在混合过程中，这些物质彼此交错在一起（**图 7-43**）。

如果混合持续时间足够长，则存在**均匀分布**。如果在混合物的所有子区域中，实现了不同成分的均匀分布，则表示物质已混合均匀。

通过混合过程可以产生不同类型的混合物。分为均相混合物和非均相混合物。

在**均相混合物**（液体混合物和气体混合物）中，理想状态下成分分布为最小成分，即原子和分子均匀分布，混合物以一个整体呈现，看不出单个成分。均相混合物有盐溶液、液体混合物、气体混合物（如空气）等。混合液体时，混合过程会形成条痕（**图 7-44**）。当条痕不再可见时，表示混合过程完成。

图 7-44：混合两种液体

在**非均相混合物**中，可以看出每个成分的粒径，例如粉末颗粒或者液滴，各成分在颗粒程度上交错分布。非均相混合物有粉末混合物（配料）、悬浮液、乳液或者烟雾（气溶胶）等。

在化学工程中混合有各种用途：

- 可以用于生产有两种或者多种成分的半成品或者最终产品，例如：肥料混合物、有色颜料混合物、饲料混合物。
- 可以用于生产化学反应的原始混合物。
- 通过混合，可以加速混合物中的反应过程。

根据聚合状态，分为不同的混合方法：

搅拌 搅拌时，液体通过可移动的搅拌元件或者通过压力彼此混合，液体和固体颗粒物分散或者溶解在液体中。

流动混合 这里通过混合管、喷嘴或者泵中的固定构件，混合液体。

捏合 捏合是混合物的混合过程，其中待混合的物质或者所得的混合物成团状。

干混 干混理解为粉末状物质在干燥或者略微湿润状态下的混合。

喷雾、雾化 通过喷雾或雾化，细碎的液体（液滴）或者细碎的固体（粉末）分布在空气中。这样可以得到雾气或者粉尘。

加气、液化 加气、液化用于液体或者固体粉末中气体的精细气泡分布。

5.1 液体的机械搅拌

通过机械搅拌（stirring），可以进行多个工艺技术操作：

- 加热和混合液体；
- 将固体溶解在液体中；
- 将细粒固体颗粒物分散在液体中（悬浮）；
- 液体在另一种液体中以细小液滴分布（乳化）；
- 在液体中分布细小的气泡（分散）。

在有旋转搅拌器的搅拌釜中进行搅拌过程。

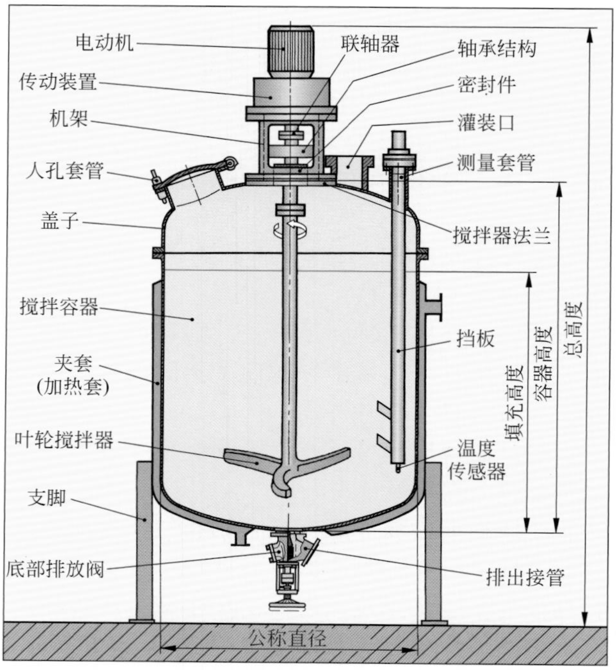

图 7-45：配有搅拌器的搅拌釜（示意图）

5.1.1 搅拌釜

搅拌釜（stirrer vessel, stirrer tank）（**图 7-45**）是化学工业中用于混合操作和进行分批液相化学反应的标准装置。在搅拌釜中混合过程和化学反应分批进行，一般在环境条件下或者最高约150℃的温度下进行。

根据操作要求，搅拌釜由非合金或者合金钢制成（第 196 页及以下），经过搪瓷、包覆或者涂胶处理。

由于它的通用性，搅拌釜和许多内置部件和阀门是标准化的（DIN 28136 ~ DIN 28157）。

搅拌釜的基本部件，也称为搅拌釜，是配有套管以及阀门和附件的圆柱形容器，搅拌装置配有搅拌器（图 7-45）。此外，还安装或者内置了温度计、压力表和液位计等测量设备。

容器是一个有弯曲底部和圆顶盖的圆柱形容器，通过焊接或者法兰连接拧紧。

在 DIN 28136-1 中规定了容器的结构类型和主要尺寸。

用于加热的搅拌釜有双层护套（图 7-45）或者焊接的半管（第 343 页图 8-51）。

盖子中有几个开口，焊接了管接头（称为套管）。它设置有用于连接管道或者搅拌器的法兰，或者通过一个盖子封闭（**图 7-46**）。

图 7-46：化工厂中的搅拌釜

中间搅拌器法兰支撑机架和搅拌器（第 308 页图 7-45）。通过搅拌器套管，搅拌器轴伸入容器中。它通过轴封件密封。

其他套管分布在盖子的周围，并且拥有不同的用途（**图 7-47**）。它们可以垂直或者倾斜排列。

通过灌装口，将液体和细粒固体放入容器中。通过截止阀打开或者关闭套管。用流量计测量质量或者体积流量。

人孔套管是容器中的检修孔，用于安装、维修和清洁工作。有圆形或者椭圆形的套管。它必须有某个最小尺寸（直径 50cm），允许一个人进入。它也用于填充块状物料。为了可以快速打开和关闭，应设计为有弓形夹螺栓（**图 7-48**）或者有夹紧螺栓的铰链盖（第 175 页图 3-36）。此外，还可以设置一个有灯具的观察窗（第 175 页图 3-37）。

挡板通过套管伸入容器中（图 7-45），也称为扰流器，与搅拌器一起促使容器填充物的强烈混合。它防止容器中的所有物质随着搅拌器一起旋转。通常有 2 ～ 4 个挡板。其设计取决于容器填充物的浓度，并且通常配有传感器。

在容器底部，配有**底部出口阀**的底部法兰（**图 7-49**）。它通过一个阀板封闭容器，阀板密封阀座中的出口。打开时，它抬起并且露出一个环形出口。

如果必须加热或者冷却容器，则须配有夹套（第 308 页图 7-45）或者焊接伴管。加热或者冷却介质在夹套和容器壁之间流动，并且确保搅拌过程中的最佳温度。通过热蒸汽加热时，蒸汽向上流动，冷凝水通过蒸汽疏水阀向下流出。在液体加热或者冷却介质中，它从下部流入，从上部流出。

搅拌器位于支脚上，或者位于挂架或支撑环上（**图 7-50**）。大型搅拌器通过支撑环支撑在楼层地面上（第 308 页图 7-46），以便操作搅拌釜。

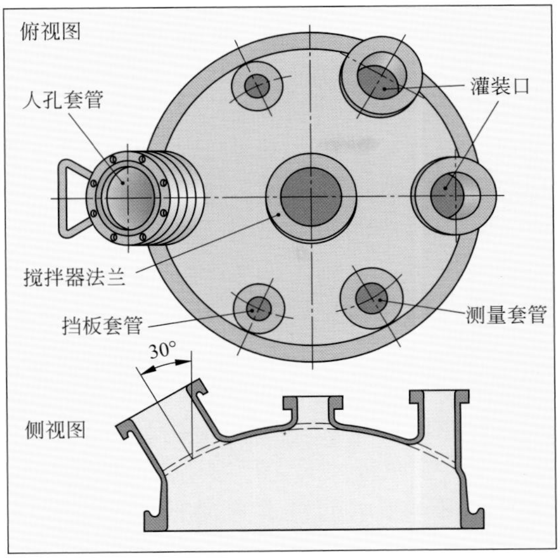

图 7-47：容器盖上的套管结构

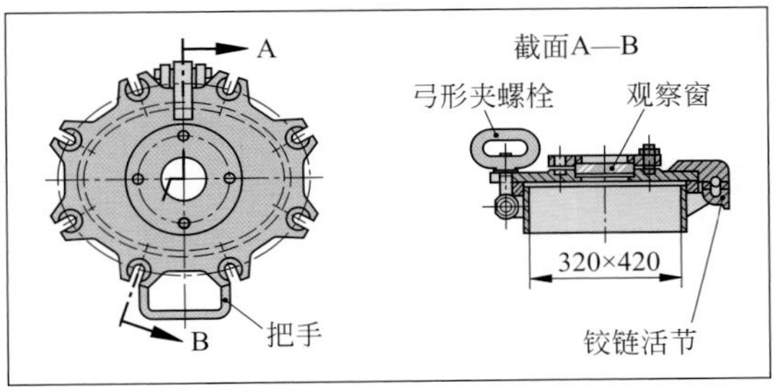

图 7-48：人孔盖

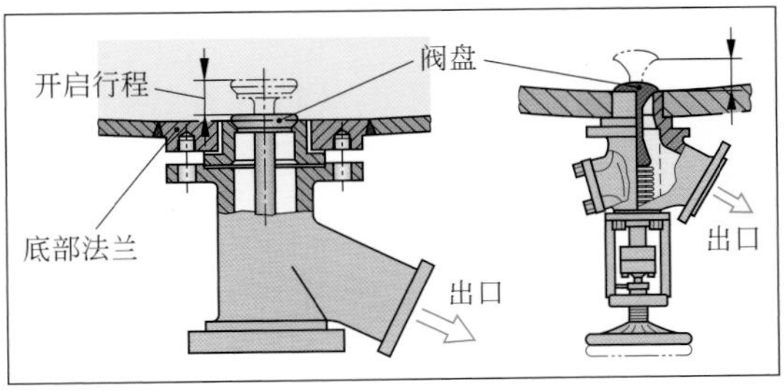

图 7-49：底部排放阀

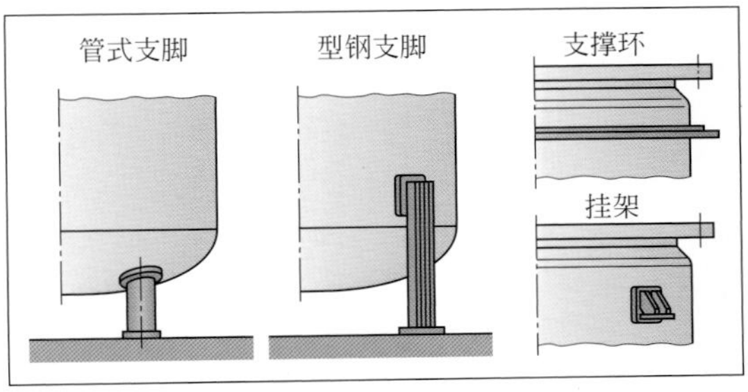

图 7-50：容器的支撑元件

5.1.2 搅拌驱动装置

搅拌装置（agitator, stirring unit）由配有电动机和传动装置的搅拌装置驱动模块，以及机架中的轴承结构、联轴器和密封件组成（**图 7-51**）。

驱动模块的核心部件是电动机。大多数情况下，使用配有笼式或者鼠笼式转子的**三相异步电动机**（有关电动机的更多信息，参见第 151 页）。优选这种类型的电动机，因为它满足负载要求，并且拥有非常简单和坚固的结构。在实际情况中，它在较长的运行周期内免维护。

三相异步电动机本身拥有一个固定转速。通过换极，它可以以较大的幅度切换到其他转速。通过电子频率控制装置，可以实现无级转速控制（第 153 页）。

通过电动机与驱动模块的组合，形成一个齿轮传动装置、三角形皮带传动装置或者两者的组合。

驱动模块的设计取决于所需的搅拌器转速和可能的结构高度（**图 7-52**）。

通过将电动机设置在传动装置上部，形成较高的结构高度。如果电动机横向设置在传动装置下部，则驱动模块拥有较低的结构高度。

齿轮传动装置在电动机和搅拌器轴之间形成刚性连接。为了减轻启动振动，需要在齿轮轴和搅拌器轴之间使用弹性联轴器。

在三角形皮带传动装置中，弹性三角形皮带用作弹性联轴器。齿轮轴和搅拌器轴可以通过刚性联轴器连接。过载时，三角形皮带会打滑并且用作过载保险装置。

机架用作驱动模块的支撑架，通过法兰拧紧在搅拌装置上（**图 7-53**）。它通常包含一个用作驱动轴浮动轴承的轴承。下齿轮轴用作固定轴承。

通常，通过机械密封密封搅拌釜的搅拌器轴（第 170 页）。

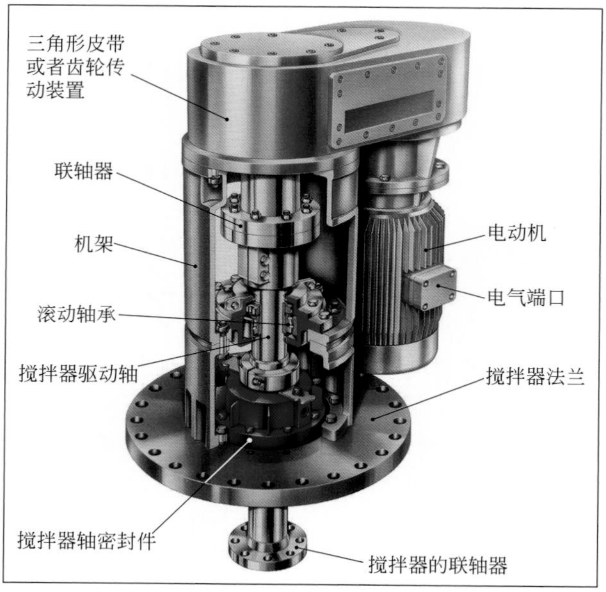

图 7-51：搅拌装置的驱动模块

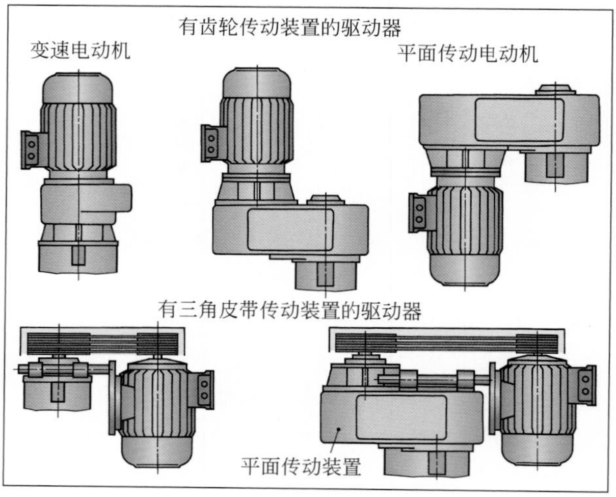

图 7-52：驱动模块样式

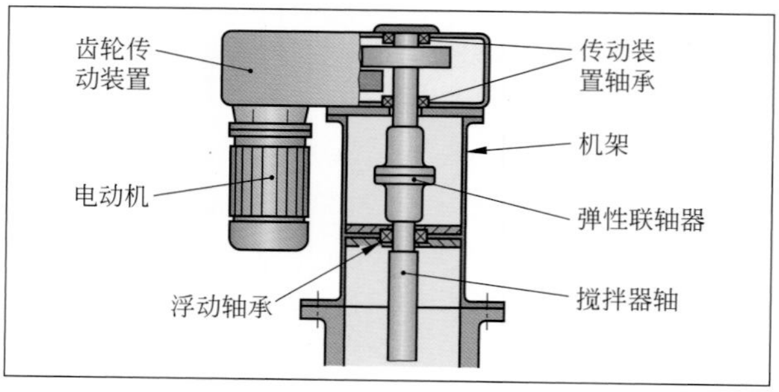

图 7-53：有驱动轴轴承结构的机架

5.1.3 搅拌器

通过搅拌器（stirrer, agitator）混合搅拌釜内的填充物。根据容器填充物的黏性以及所需的搅拌时间和混合工作的类型，搅拌器生产商提供不同类型的搅拌器。参见**表 7-2** 中所示的搅拌器类型。

旋桨式搅拌器、斜叶搅拌器和平直叶圆盘搅拌器，适用于流质容器填充物。它们导致容器中的湍流混合流动。

通过缓慢至中等搅拌速度，搅拌中等黏性的容器填充物。合适的搅拌器有锚式搅拌器、框式搅拌器、桨式搅拌器、叶轮搅拌器、平直叶圆盘搅拌器和逆流搅拌器。这些搅拌器的混合流动是层流到轻微湍流。

针对高黏性的容器填充物，使用缓慢旋转的螺带式搅拌器或者锚式搅拌器或者中速叶轮搅拌器。这些搅拌器的混合流动是层流的。

表 7-2：搅拌器的类型、参数、应用范围

锚式搅拌器 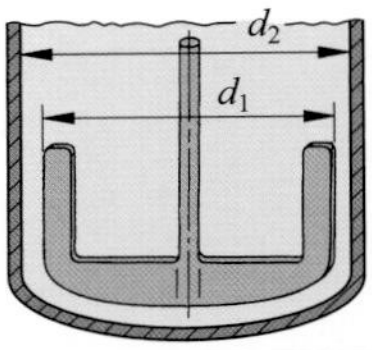	缓慢旋转的近壁搅拌器，拥有容器的内部轮廓。搅拌器和容器壁之间间隙狭窄，传热良好。 $d_1/d_2$①＝0.9～0.95 v①＝0.5～5m/s 通过加热或者冷却混合	平直叶圆盘搅拌器 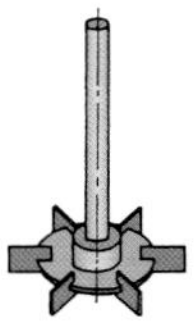	搅拌器拥有强烈的径向流出和循环效果。 d_1/d_2＝0.2～0.35 v＝3～6m/s 混合、悬浮、加气
框式搅拌器 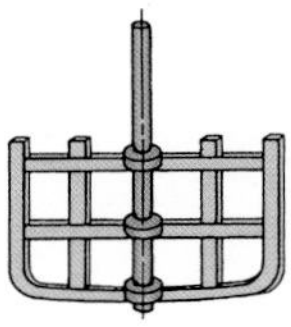	有网格的特殊形式的锚式搅拌器。改进了容器内部的搅拌效果。 慢慢搅拌，近壁。 层流混合流动。 d_1/d_2＝0.9 v＝0.5～5m/s 通过加热或者冷却混合	斜叶搅拌器 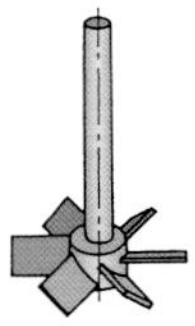	搅拌器拥有径向和轴向流出，循环效果强。 d_1/d_2＝0.2～0.5 v＝3～10m/s 混合、悬浮、均质
螺带式搅拌器 	缓慢旋转的搅拌器，适用于高黏性液体，良好的轴向循环。 d_1/d_2＝0.9～0.95 v＝0.5～1m/s 混合高黏性介质	多级脉冲逆流搅拌器（MIG 搅拌器） 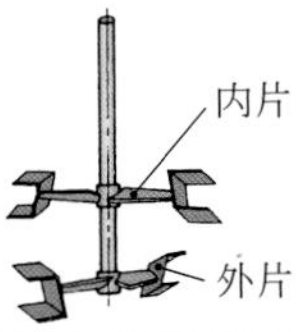	配有多个搅拌元件的搅拌器。它由一个内片和外片组成，叶片位置相反（上下方向的轴向流动）。 d_1/d_2＝0.5～0.7 v＝1.5～8m/s 通过加热或者冷却混合、悬浮、均质
桨式搅拌器 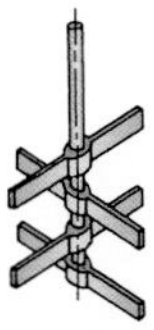	简单、缓慢旋转的搅拌器，拥有低至中等搅拌效果，适用于中等至高黏性液体。 d_1/d_2＝0.6～0.8 v＝最大至 8m/s 混合	旋桨式搅拌器 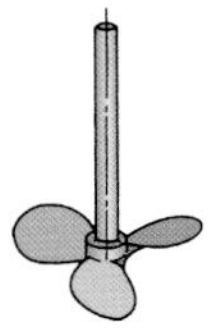	高速搅拌器，轴向流出效果强，循环效果强。 d_1/d_2＝0.1～0.5 v＝2～15m/s 均质、悬浮
叶轮搅拌器 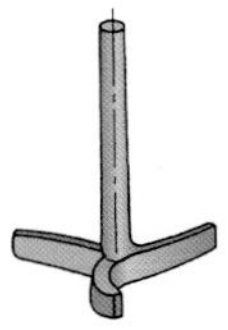	高速搅拌器，配有向后弯曲的叶片，适用于中低黏性的流体。 d_1/d_2＝0.4～0.7 v＝4～12m/s 混合、悬浮	齿形圆盘搅拌器 	主要为轴向流出的高速搅拌器。 d_1/d_2＝0.2～0.5 v＝10～30m/s 有粉碎（分散）作用的均质、加气、悬浮

① d_1= 搅拌器直径；d_2= 容器直径；v＝搅拌器圆周速度。

5.1.4 搅拌釜中的流动过程

在搅拌釜中，存在径向和轴向的重叠流动效果。

所有类型的搅拌器均会在搅拌器轴周围产生不同强度的**径向流动**。这是由搅拌器的旋转引起的。

在搅拌器轴附近，由于搅拌器的旋转，部分液体被带动共同旋转，并且通过离心力送到外部（**图 7-54**）。围绕搅拌器轴，液体在螺旋路径上从旋转中心移动到容器壁，在搅拌器末端和挡板上产生液体漩涡。在搅拌釜的外部区域中，通过轴向流动将液体向上或者向下引导。

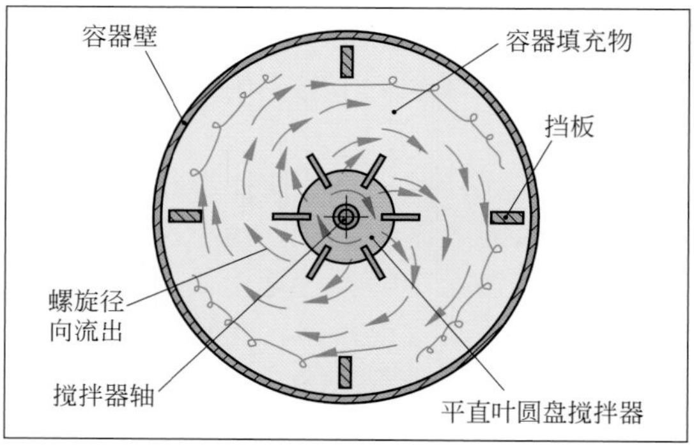

图 7-54：围绕着搅拌器轴的搅拌釜中的径向流动

轴向流动与搅拌器的类型有很大关系。

在**径向搅拌器**，例如锚式搅拌器、框式搅拌器或者平直叶圆盘搅拌器中，液体径向地从搅拌器流到容器壁（**图 7-55**）。在挡板之间的容器壁处，液流分开并且部分地向上或者向下偏转。在搅拌器轴附近，液体通过径向流动产生低压，从而从上方和下方抽吸液体。通过这种方式，在搅拌釜中形成轴向循环。通过容器填充物与搅拌器的部分共同旋转，以及挡板和搅拌器盘处的湍流叠加轴向循环。

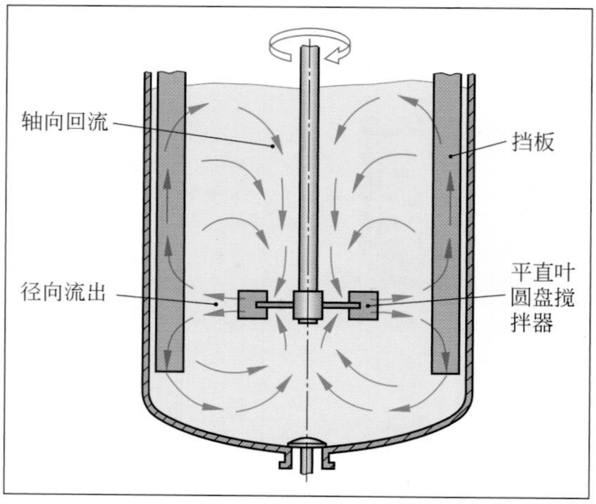

图 7-55：径向搅拌器（平直叶圆盘搅拌器）的搅拌釜中的轴向流动

轴向搅拌器，例如旋桨式搅拌器和螺带式搅拌器在轴向产生强烈的流动（**图 7-56**）。在搅拌器轴处，液体向下流动并且在表面上形成凹陷，称为**“打漩”**。

在螺旋桨宽度约为容器直径 30% 的旋桨式搅拌器中，在搅拌器轴处向下抽吸灌装物，在底部偏转并且在容器圆周处再次上升。

螺带式搅拌器的直径约为容器直径的 90%。其中，在螺旋带的周围升高容器填充物并且沿搅拌器轴向下流动。

在轴向搅拌器中，围绕搅拌器轴的旋转流明显小于径向搅拌器中的旋转流。主要通过轴向循环进行混合。

部分搅拌器，例如斜叶搅拌器、叶轮搅拌器和逆流搅拌器，会产生径向、轴向混合流效果。

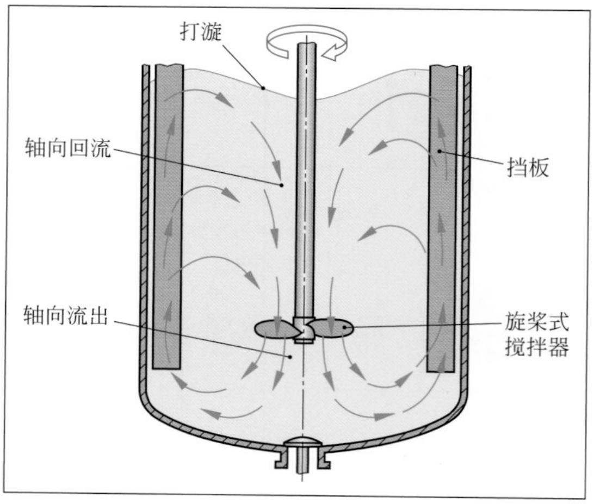

图 7-56：轴向搅拌器（旋桨式搅拌器）的搅拌釜中的轴向流动

5.1.5 使用搅拌的过程操作

下面详细描述了可以通过机械搅拌进行的过程操作。

混合

搅拌混合液体，是最常见的过程操作之一。混合过程在容器填充物的不同尺寸范围内同时进行。通过围绕搅拌器轴的螺旋循环流以及整个容器填充物的垂直循环流动，完成搅拌釜中物质的大规模重新分布（第 312 页图）。

在旋转搅拌器端部和挡板处，存在由于条纹和涡流形成的湍流状态（第 307 页图 7-44），使涡旋范围内的成分混合。涡流内部和条纹之间的混合，是通过分子大小范围内的扩散和湍流的横向运动实现的（第 39 页图 1-74）。

使用参数**混合程度 *M*** 评估混合过程。它表示混合达到理想均匀分布的比例，其数值在 0 和 1 之间（第 307 页图 7-43）。物料没有混合时的混合程度为 0，理想均匀分布的混合程度为 1。

在混合过程中，从 0 开始的混合程度 ***M*** 首先迅速增加，然后缓慢接近理想的均匀分布，$M = 1$（**图 7-57**）。通常，尽量使混合程度达到 0.90 ～ 0.95。

可以使用混合物的颜色，作为混合程度 M 的测量参数。原始成分的颜色表示混合程度 $M = 0$，均匀分布的混合物的颜色表示混合程度 $M = 1$。

达到所需混合程度的**搅拌时间**，与容器填充物的黏性、使用的搅拌器类型和搅拌器转速有关。可以通过特征曲线图看出。

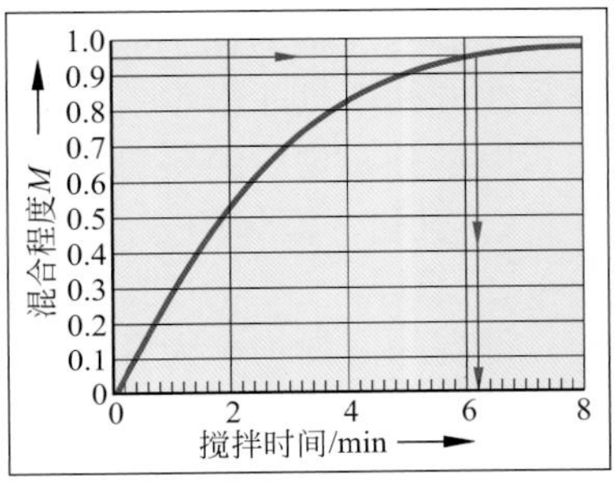

图 7-57：搅拌时的混合程度（示例）

示例（图 7-57）：在所需的混合程度 $M = 0.95$ 中，搅拌时间 $t = 6.1\text{min}$。

根据实用规则：容器填充物的黏性越低，则搅拌时间越短，搅拌器循环翻转容器填充物的速度越快。

在流质容器填充物中，搅拌时间较短的搅拌器是快速旋转的旋桨式搅拌器、斜叶搅拌器和平直叶圆盘搅拌器，在黏性介质中则是螺带式搅拌器。

溶解

溶解的目的是在液体中分配固体。固体分解成最小的结构单元，即原子、离子或者分子。溶解的前提条件是固体在液体中的**溶解度**，这与溶质和溶剂的性质有关。

溶解度

$$L^*(X) = \frac{m_{max}(X)}{m(Lm)}$$

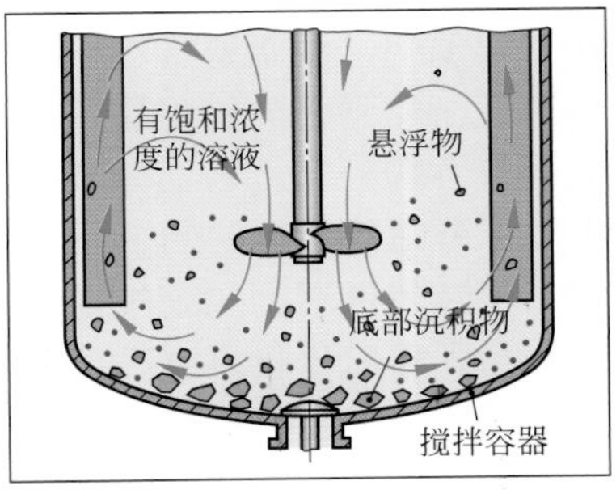

图 7-58：有悬浮和底部沉积物的饱和溶液

溶解过程的特点是有一个溶解极限：

添加少量固体物质时，它会完全溶解在液体中。继续添加固体物质时，溶解越来越慢，直到固体不再溶解。此时在溶液中溶解了最大量的物质，即**饱和溶液**（**图 7-58**）。

饱和溶液中溶解物质 $m_{max}(X)$ 和溶剂 $m(Lm)$ 的质量比称为溶解度 ***L**(X)**。

以每 100g 溶液的溶解物质（X）质量，说明溶解度 L^*。

可以在表格或者图表中找到溶剂中物质的溶解度 L^*（第 417 页）。

如果在饱和溶液中继续添加固体物质，则固体物质不再溶解并且在液体中保持悬浮或者漂浮。

通常，在较高温度下溶解的固体比在较低温度下溶解的固体多。溶解度 L^* 和温度之间的这种关系，在**饱和溶解曲线**中表现为上升（**图 7-59**）（有些物质表现出其他特征）。

饱和溶解曲线上的所有点是饱和浓度：存在溶解平衡。在曲线的右边，溶液是不饱和的，曲线的左边是不稳定的过饱和溶液，或者有悬浮和底部沉积物的饱和溶液。

通过搅拌，不能增加溶解度 L^*（饱和浓度），但可以提高到达溶解平衡的速度，因为许多位置的混合过程同时存在密集的物质接触。

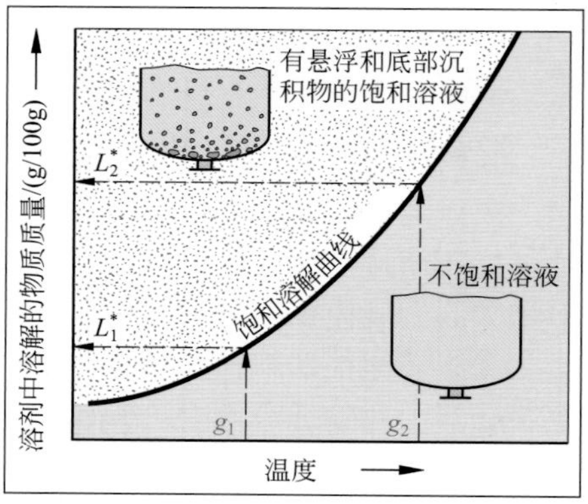

图 7-59：溶解度 / 温度图

分散、乳化、悬浮、均质化

分散应理解为在不能与物质溶解的液体中分布和混合固体、液体或者气体物质。分布的物质在液体中以非常小的颗粒物（μm 级）的形式存在，得到的混合物称为分散体。

根据分布物质的聚集状态，在分散中分为：

– **乳化**，液体中分布物质为液体，即：非溶解液体以最小微滴分布在另一种液体中。
– **悬浮**，液体中的分布物质是非溶解性固体。

得到的混合物称为**乳液**或者**悬浮液**。

乳液或者悬浮液在配有特殊分散搅拌器的搅拌釜中制备（**图 7-60**），最常用的是**定子转子分散器**。

在分散头中，转子齿环在两个固定的定子齿环之间的间隙中高速旋转。通过转子齿环抽吸待分散的混合物。在转子和定子齿环之间的狭窄间隙中，液滴或者颗粒物通过齿环的高相对速度，受到强烈的剪切负荷，分裂成最小的微滴或者颗粒物。它们分布在基液中。从宏观上看，分散体与均匀的液体相似。

乳液包括切削加工技术的冷却润滑剂或者化妆品乳霜和化妆水等。

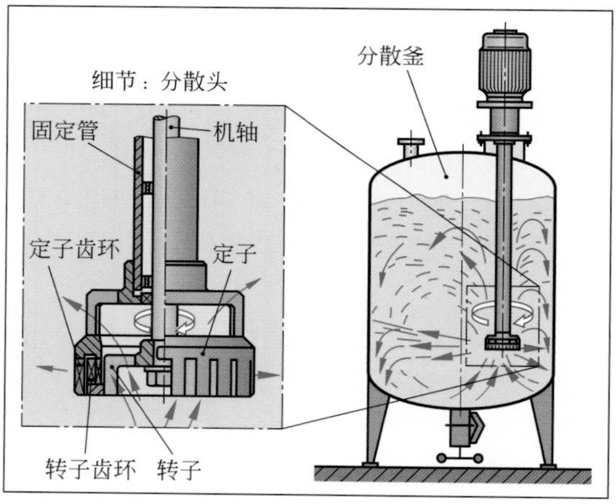

图 7-60：配有分散搅拌器的搅拌釜

为了使乳液保持稳定，必须在乳化前向混合物中加入**乳化剂**，以降低待分裂液体的表面张力。表面活性剂属于乳化剂，可以防止液滴聚集到一起使乳液分离。

悬浮液有石灰［水中的细 $Ca(OH)_2$ 颗粒物］或者油漆（树脂溶液中的细彩色颜料）等。固体颗粒物随着时间而沉降，悬浮液逐渐分离。可以通过分散剂避免这种情况发生。只有在粒径小于 1μm 时才会生成分离非常缓慢或者不会分离的稳定悬浮液，称为**胶体**。

通过搅拌、乳化或者悬浮等方式，形成拥有统一物质外观的均匀分布的混合物，这一过程被统称为**均质化**。

5.2 气动搅拌

也可以在搅拌釜中注入空气、蒸汽或者待溶解的气体，实现搅拌或者循环运动，称为气动混合或者气动搅拌。

如果混合时同时加气，或者吹入热蒸汽时同时加热，则气动搅拌适用。

此外，气动搅拌还用于发酵罐（生物反应器），因为它可以产生低温、强烈的混合，并且使混合物拥有均匀的温度。

气动搅拌只能用于低黏性液体（η<0.1Pa・s），因为在更黏稠的液体中，不会产生自然循环运动。

用于气动搅拌的容器，在容器底部安装有喷嘴、喷射器、多孔板或者鼓泡头，通过它们供应气体（**图 7-61**）。

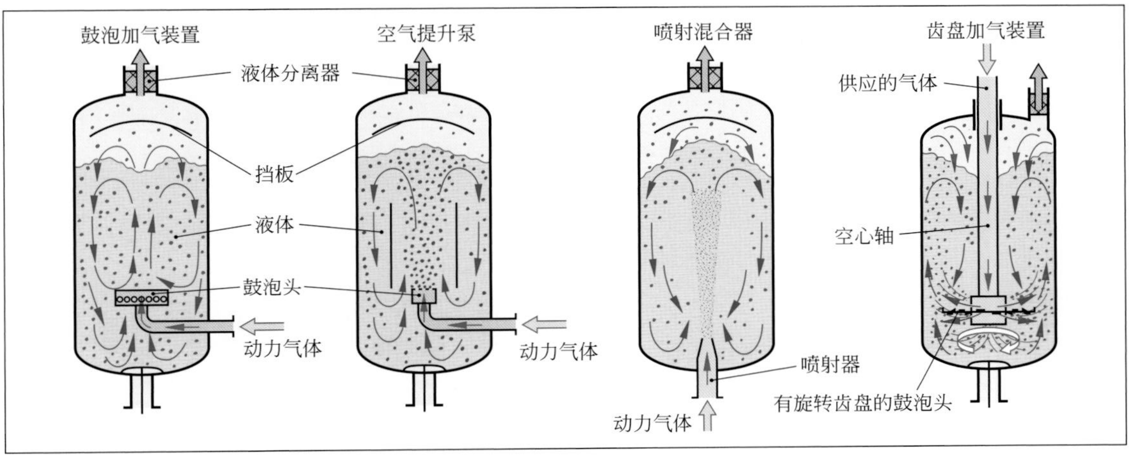

图 7-61：气动搅拌设备

在**空气提升泵**和有鼓泡头的加气装置中，仅通过气泡的浮力来实现循环运动。在**喷射混合器**中，通过压力供给的动力气体喷射强化了混合。在**齿盘加气装置**中，空气通过齿形圆盘搅拌器的空心轴注入，并且与卷起的液体充分混合。

5.3 流体混合器

在流动混合中，液体通过偏转、分布和湍流产生流动动能，在有固定内部构件的管路中或者在混合装置中完成混合过程。这些设备也称为**静态混合器**。

最常用的流动混合器是混合室、混合管和喷射混合器。

混合室

将体积较大的混合成分（主要成分），切向导入混合室中（**图 7-62**）。产生涡旋后，在混合室中以螺旋路径向上扩展流动，形成一个旋风流。下部的混合成分被带到旋风流的中间。混合成分被主流带走，并且在旋转流动路径上，与主要成分向上湍流混合。在溢流边缘上，引导流体至环状室中，并且作为均匀混合物离开混合室。

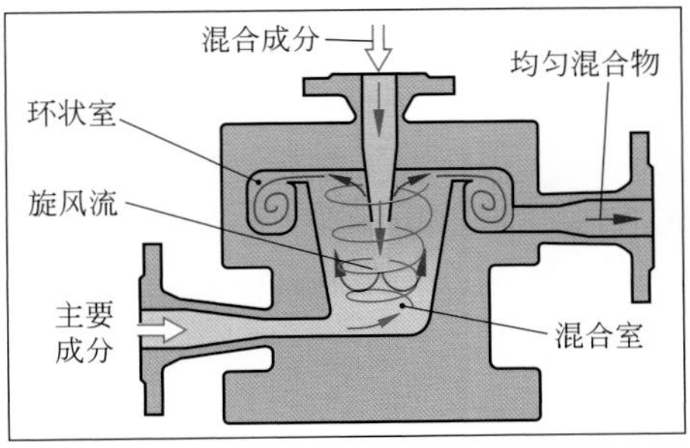

图 7-62：混合室

混合管

混合管是一个管件，配有一个由薄片或者网状物制成的内置固定混合元件（**图 7-63**）。它们在混合元件中以不同的倾斜角度和扭曲角度交替排列。

待混合的液体从入口侧流入，在薄片之间或者网状物内流动，在薄片部分的过渡处，待混合的液体分成分流，然后偏转并且在一个其他直径的管路中回流（**图 7-64**）。通常在湍流区域中操作混合管，因为这里的混合非常强烈。

混合管也适用于在其他液体中乳化不可溶解的液体，或者用于液体中气体的细泡分布。

此外，较短的混合管直接安装在换热器管路入口前，以增加流动中的湍流，从而改善换热性。

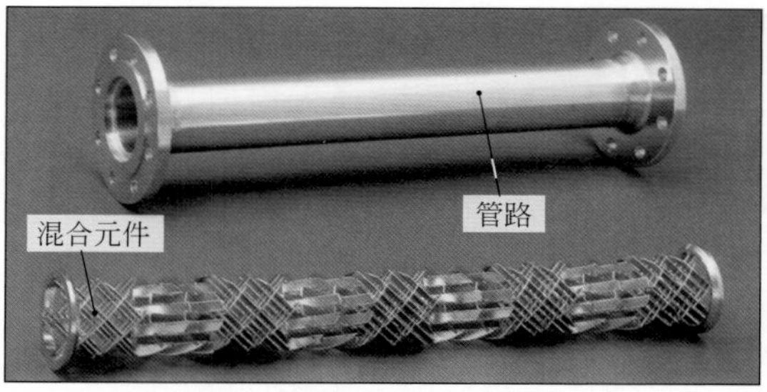

图 7-63：混合管和拆卸的混合元件

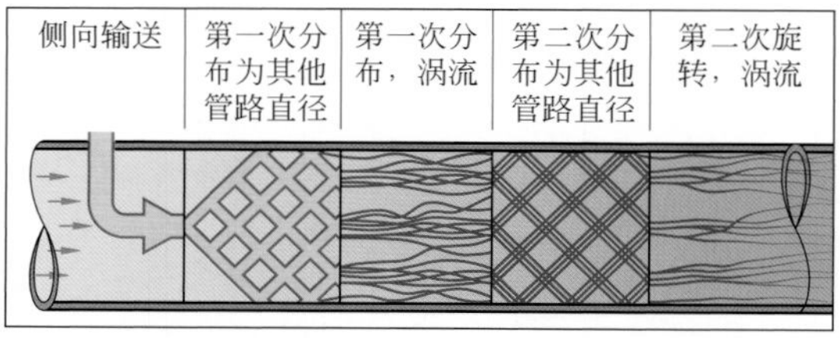

图 7-64：混合管中的流动变化（示意图）

与机械和气动混合装置相比，混合室和混合管的优点是省略了单独的混合容器，并且没有移动部件及其维护。缺点是与空管相比压力损失更高，需要更大的泵功率。

喷射混合器

在喷射混合器中，主要成分在压力下流入，并且经喷嘴的狭窄横截面加速到较高速度（**图 7-65**）。此时，静态压力急剧下降，产生低压吸入混合液体。在混合扩散器和后面的管道中存在强烈的湍流，使两种液体强烈混合。相关内容亦参见第 60 页。

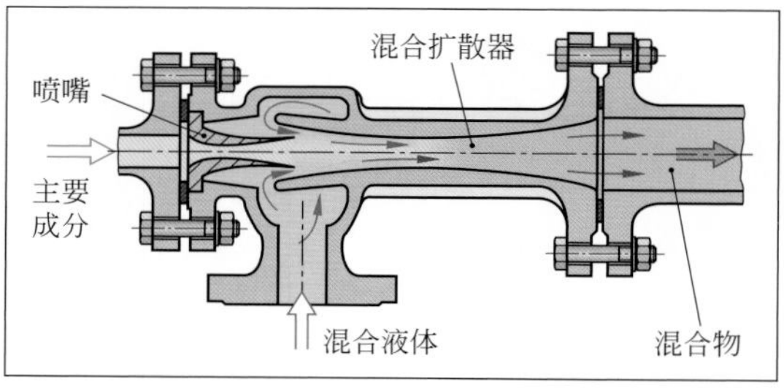

图 7-65：喷射混合器

其他静态混合元件

即使是空管也可用作湍流中的混合元件。但是，完全混合所需的管路长度是管路直径长度的几百倍。

管路收缩处和弯头以及管道中的阀门，也可以改善混合效果。这同样适用于泵，特别是离心泵。它与连续式搅拌机类似。

复习题

1. 在化学工程中，混合的用途是什么？
2. 什么是均相或者非均相混合物？
3. 在搅拌釜中可以进行哪些过程操作？
4. 搅拌釜中的人孔套管的用途是什么？
5. 搅拌装置由哪些组件组成？
6. 请列举三个快速旋转的搅拌器。
7. 哪些搅拌器适用于黏性液体？
8. 请列举两个主要是轴向流出的搅拌器。
9. 固体物质溶解在液体中的最大浓度是多少？
10. 什么是乳化或者悬浮？
11. 混合管有哪些优点和缺点？

5.4 捏合、成糊

捏合（kneading）即用机械方法混合糊状或黏度物料。

通过反复挤压、分开、剪切、分裂和转移捏合物至其他位置来进行混合过程。

在**成糊**中，通过添加连续捏合的液体，将粉末状的固体物质制备成团状或者糊状物质。液体分布在粉末中，并且润湿每个颗粒物。通过毛细作用力，潮湿物质首先会获得松散的内聚力。在有机物质中，因溶胀和溶解得到黏性液体，最终导致物质拥有团状稠度。

捏合和成糊时，由于捏合物中的较大剪切力，部分捏合物粉碎为粉末颗粒，甚至粉碎为粉末微粒。

分批揉合和成糊时，最常用的是行星式混合机、叶片捏合机和内部混合器。

行星式混合机

行星式混合机用于混合和捏合轻质、软膏和糊状物质（**图 7-66**）。

在行星式混合机的移动式混合容器中，一个、两个或者三个垂直布置的混合轴与混合元件一起旋转。它们围绕自己的轴旋转，也围绕混合容器的中心轴线进行周转运动，能彻底混合物质，并且剥离黏附在侧壁上的物质。

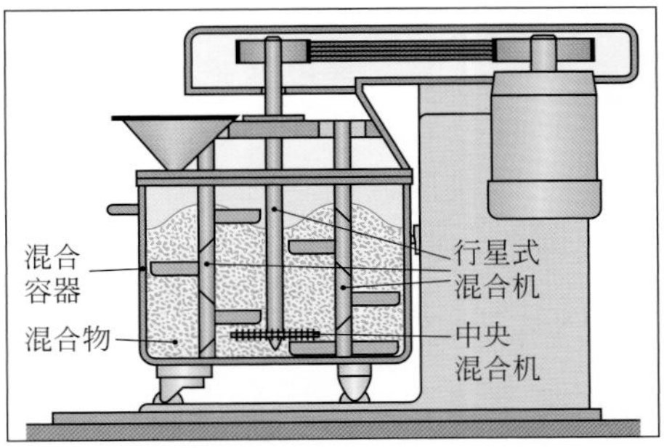

图 7-66：行星式混合机

叶片捏合机

叶片捏合机，也称为槽式捏合机，捏合槽中有两个反向旋转的捏合叶片（**图 7-67**）。

叶片形状取决于待混合物的稠度，通常为 Z 形或者钩状形状，可以相互夹紧并且沿着捏合槽密封。捏合叶片将捏合物挤压在槽鞍上，将其分开并且引导至其他位置，然后再次聚集。由于叶片轮廓多次缠绕，捏合槽中的捏合物在不同区域之间存在强烈的交换。捏合时间取决于捏合物的稠度，通常一批为 3 ～ 15min。通过倾斜捏合槽或者铰接的槽底完成排空。

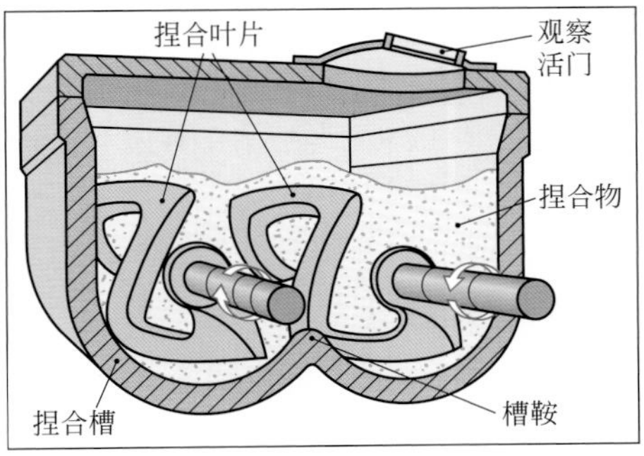

图 7-67：叶片捏合机（截面图）

内部混合器

针对高黏性物质的捏合和混合，例如：橡胶混合物，使用所谓的内部混合器，也称为内部捏合机（**图 7-68**）。它由一个封闭的、温度可控的混合和捏合室组成，混合和捏合室由壳体壁、封闭凸模以及底部鞍座组成。从上方分批填充混合物，然后通过凸模封闭填充开口。

通过两个反向旋转的捏合叶片（转子）进行捏合和混合工作。它们持续分开黏稠的捏合物，并且在其他位置再次聚集，从而实现强烈混合。

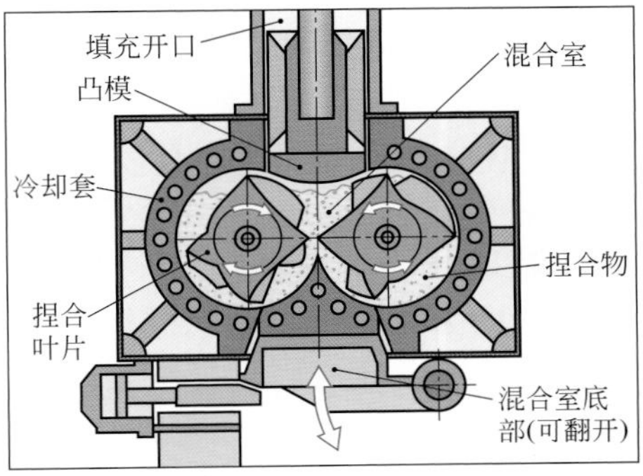

图 7-68：橡胶的内部混合器

通过横向折叠混合室底部，清空完成的混合物。然后加入热的捏合物，例如：送入辊式或者螺杆捏合机中，进一步均质化和预成型。

在轮胎工业中，使用开放式辊式捏合机。它用于橡胶配料，生产出 10 ～ 20mm 厚的橡胶条，然后再加工成轮胎。

在捏合高韧性物质时，必须克服较大的力度。针对 $1m^3$ 的捏合物，需要约 100kW 的电动机功率。捏合叶片和机轴应牢固设计。

辊式捏合机

辊式捏合机由两个水平排列的可回火钢辊组成（**图 7-69**）。它们以不同的转速向相反方向运行，后辊旋转速度稍快。

将预热的、难以变形的混合物部分送入辊子上部，并且拉入辊隙中。辊子的反向旋转和不同的圆周速度导致形成混合凸起，然后转速较快的后辊将凸起展开，并且挤压到辊隙中。其中会出现强烈的剪切，称为摩擦。物料形成薄的黏附在工作辊上的辊带，称为橡胶板。操作员从辊子前部切割橡胶板，将其卷成带状，然后沿着侧面将其返回到辊隙中。重复该过程数次，直至达到所需的混合程度。

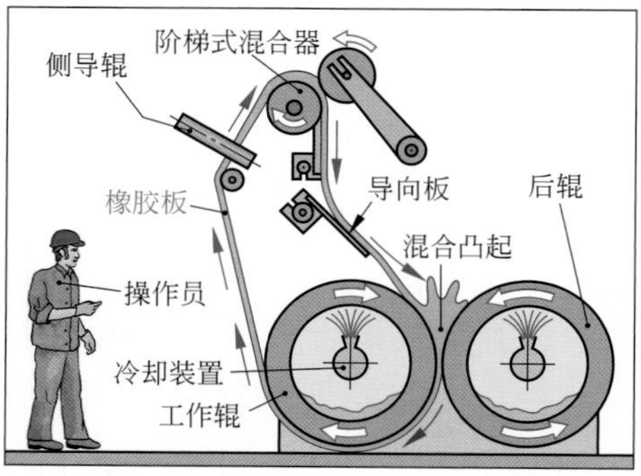

图 7-69：**橡胶配料的辊式捏合机**

通过所谓的**阶梯式混合器**可简化和改进混合过程。该混合器由一对高于操作员头部高度的辊子组成（图 7-69），在工作辊上形成黏附的混合橡胶板时使用。此时，操作员切断并且拉起橡胶板，在原料搅拌器的辊子之间引导并且拉伸。侧滑轮和导向轮不停地来回移动并且折叠混合橡胶板，然后阶梯式混合器将其挤压在一起。通过一个导向板，再次在捏合机的辊子之间引导橡胶板叠层。

辊式捏合机是生产橡胶板的典型生产机器。此外，它还用于在试运行中生产小附件。

螺杆捏合机

螺杆捏合机（挤出机）用于坚韧物质的连续混合，例如：橡胶或者热塑性模塑化合物。它有一个或者两个螺杆和各种结构设计。

单轴螺杆捏合机有一个螺杆，配有以螺旋方式缠绕的螺纹，它在一个光滑的顶部呈锥形的壳体中缓慢旋转（**图 7-70**）。

通过缓慢旋转的螺杆获取连续供应的混合物，并且在螺旋路径上的螺杆螺纹之间将物料输送到排出侧。流动分配条将捏合物挤入相邻的螺杆螺纹中，未被螺杆获取的捏合物进入螺杆和壳体之间的间隙，并且以缓慢的阻曳流向排出侧移动。在间隙中缓慢流动的捏合物和在螺杆螺纹之间输送的物料之间，通过流动分配条进行物料交换。物料在特殊的捏合区域中进行强烈混合，该区域由一包捏合盘组成，其横截面为扁平三角形。

在壳体中安装加热线圈，可以实现在加热、塑化和均质化时捏合物料，例如：热塑性材料。

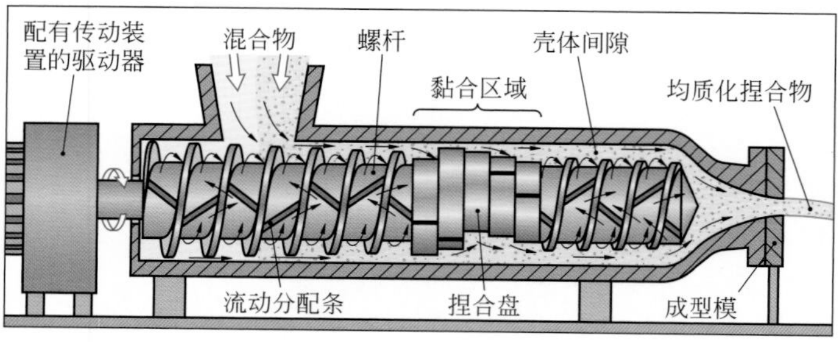

图 7-70：**螺杆捏合机**

5.5 固体散料的混合

固体散料的混合，也称为干混或者混合，即将颗粒物与粉末状固体混合，得到均匀分布的混合物。

所有混合设备的混合过程原理相同：从待混合散料区域中取出混合物，然后将其放置在散状物料的另一个区域中，多次重复该过程，直至获得均匀混合物（第 307 页）。

混合设备分为滚筒混合器、桨式混合器和气动混合器。

滚筒混合器

滚筒混合器拥有一个安装在旋转装置中的混合容器（**图 7-71**）。混合时，容器内部的构件旋转，将混合物推高然后再次落下，以实现混合。内部构件在混合过程中起辅助作用。根据混合容器的形状的不同，分为鼓式、双锥和容器混合器。

鼓式混合器有一个配有内部构件的水平圆柱形混合容器（图 7-71）。

旋转时，水平、倾斜或者螺旋形导向板混合物料，并且缓慢地将其输送到排出侧。

滚筒混合器可分批和连续操作。

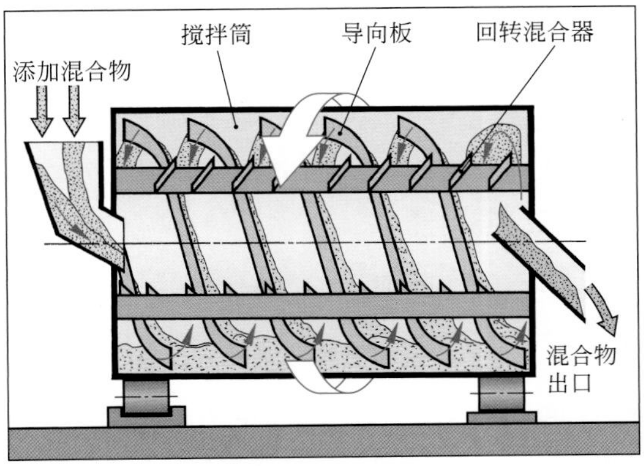

图 7-71：连续式滚筒混合器

桨式混合器

桨式混合器拥有旋转的混合工具。

带式螺杆混合器有一个固定的混合槽，双螺旋带式螺杆在其中缓慢旋转（**图 7-72**），将粒状混合物翻转并且抬起。外螺杆弯头将混合物从进料侧移动到排出侧，而内螺杆弯头使物料反向移动。总体来说，混合物移动至排出侧占多数，因此在多次连续翻转后可排空混合槽。

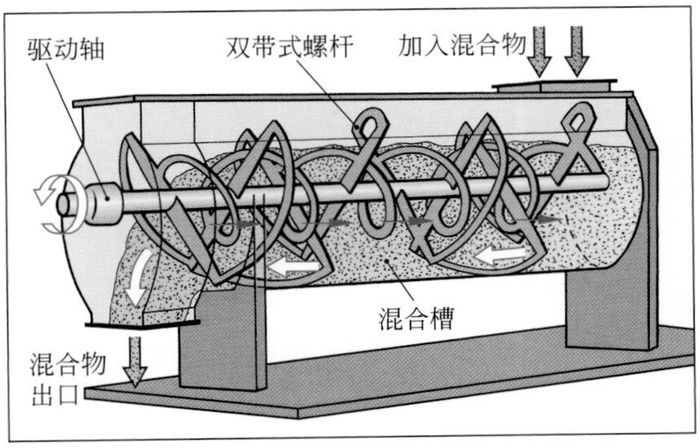

图 7-72：双带式螺杆混合器

犁头混合器的工作原理也类似，它拥有安装在机轴上并且转动的混合元件犁头。

离心式混合器，也称为离心式、涡轮式或者流体混合机，以快速旋转的转子、叶片或者螺旋桨作为混合工具（**图 7-73**）。混合工具将混合物向上抛出，然后再落入混合器内部，并且在下部再次被抽吸。这样，产生一个有强烈湍流的松散混合物的环流，使物料强烈混合。离心式混合器可以混合颗粒物状和湿润的散状物料。但是，物料必须对磨损不敏感，否则会发生局部磨削。

通常，分批操作离心式混合器的混合时间较短（少于 1min）。

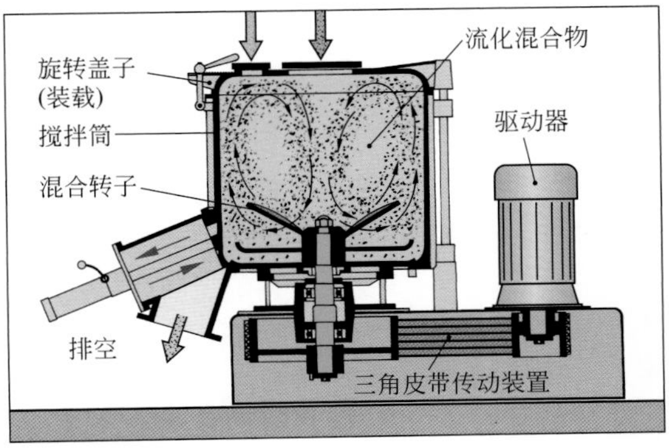

图 7-73：离心式混合器

在**料仓螺旋混合器**（锥形螺杆混合器）中，混合容器为倒置的锥形料仓（**图 7-74**）。在料仓壁上，有一做圆周运动的旋转臂，旋转臂上连接了倾斜螺杆，当旋转臂转动时倾斜螺杆围绕锥体的圆周缓慢转动。然后将混合物从底部和料仓壁向上提升，并且将其分布在锥体顶部。在锥形料仓的中间区域，混合物会向下滑动并且被底部的螺杆获取，从而实现料仓物料的连续循环和混合。干燥倾斜的物料时，通过循环保持自由流动。最后，散状物料通过料仓底部的滑阀排出。

例如：在批处理过程中，批次之间出现组成不同的散状物料时，需使用料仓螺旋混合器进行混合，并且需要储存容器和混合器。

从料仓螺旋混合器中，可获得成分均匀的散状物料。

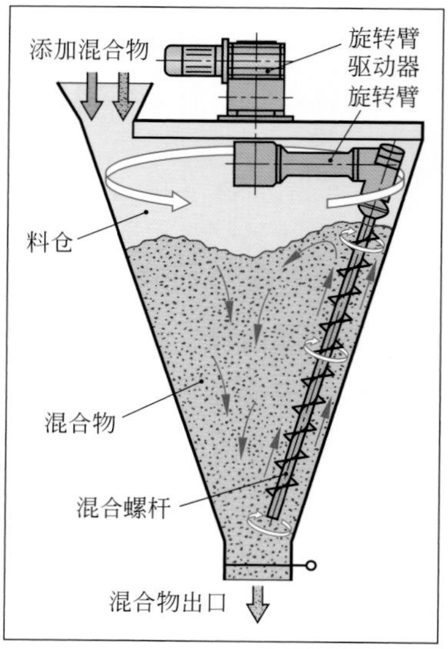

图 7-74：料仓螺旋混合器

气动混合器

在气动混合器中，通过流动空气进行混合。它也被称为流体混合器。

混合设备通常拥有立式圆柱形状（**图 7-75**）。在容器的底部，有一个孔底或者喷嘴，空气经过孔底或者喷嘴吹入散状物料中，使散状物料处于松散的流化状态。

流化床混合器拥有一个多孔底部，空气通过该底部以 1 ～ 2bar 的压力压入料堆中。这导致物料松动，拥有液体的流动特征。

通过循环、逐段关闭和打开的孔底气流，在散状物料中产生强烈的循环运动，如沸腾的液体。

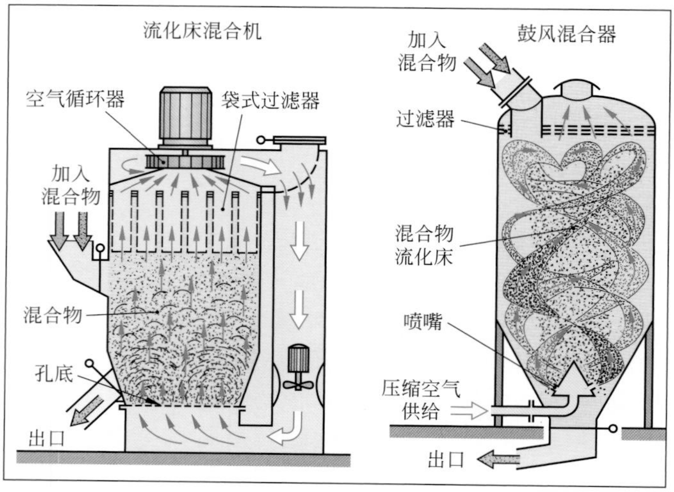

图 7-75：气动混合器

在**鼓风混合器**中，设置在锥形部分上的喷嘴，以短暂冲击的方式将 10 ～ 40bar 的压缩空气吹入物料中。这样形成一个脉动的、叠加有螺旋旋转运动的散状物料混合运动。

复习题

1. 如何进行捏合时的混合过程？
2. 成糊时，颗粒物之间的哪些作用力会使物质达到均匀的稠度？
3. 行星式混合机或者叶片捏合机适用于哪些物质？
4. 如何实现螺杆捏合机的混合效果？
5. 螺杆捏合机中捏合盘的功能是什么？
6. 鼓式混合器如何实现从加料侧到排出侧的连续物料输送？
7. 如何进行带式螺杆混合器的混合过程？
8. 离心式混合器的特殊优点是什么？
9. 如何在气动混合器中实现类似流体的固体物料状态？

Ⅷ. 制热和制冷技术

在化工生产过程中的许多地方都必须输入或散发热量，目的可能各不相同，例如：

- 为了调节或者保持规定的温度，从而获得最佳的反应条件，比如反应釜中的反应或者催化气-气反应。
- 为了产生用于加热的热水和热蒸汽（右侧**图 8-1** 和第 325 页图 8-5）。
- 为了改变物态从而进行蒸发、冷凝、熔化等。
- 改变物态从而通过蒸馏、结晶分离混合物质。

图 8-1：热水锅炉

1 热：一种能量形式

1.1 热量单位

热是一种能量形式。热的单位是**焦耳**（简写为 J）或者**瓦秒**（简写为 W·s）。

对于较大的热量，可使用单位**千焦耳**（简写为 **kJ**）或者**千瓦小时**（简写为 **kW·h**）。

$1J = 1Ws \quad 1kJ = 1000J$

$1kJ = 2.78\times10^{-4}kW\cdot h$

$1kW\cdot h = 3600000W\cdot s$

这些单位可以使用换算系数或者借助换算表相互换算（**表 8-1**）。换算时，从给出的热量单位的竖列向下找到 1，然后在同一行的水平方向上找到所需热量单位的竖列，该数字即为换算系数。

例：将 5kW·h 换算为 kJ。

解：表 8-1：在 kW·h 的竖列中垂直向下找到 1。在第 3 行水平向左找到 kJ 竖列。在这里看到换算系数：3600。

然后换算：$5kW\cdot h = 5\times3600kJ = 90000kJ$

表 8-1：热量单位的换算

kJ	J 或者 W·s	kW·h	kcal①
1	1000	2.78×10^{-4}	0.2397
10^{-3}	1	3×10^{-7}	2.387×10^{-4}
3600	3.6×10^{6}	1	860
4.19	4190	1.16×10^{-3}	1

① 以前常使用的热量单位为“卡路里”（简写为 cal）或者其千倍单位“千卡”（简写为 kcal），如今已经不再允许使用。换算公式：1kcal = 4.19kJ。

1.2 热量

热量 Q 是指一种物质在加热时必须吸收的或者在冷却时必须释放的热，按照旁边的方程式进行计算。

一份物质的热焓

$$Q = c\cdot m\cdot(t_2 - t_1)$$

在方程式中：

m——物质的质量；

$(t_2 - t_1)$——加热或冷却前（t_1）和后（t_2）的温差；

c——比热容。该值说明了将 1kg 物质加热 1K 所需的热量。比热容 c 的单位为 kJ/(kg·K)。

表 8-2 为常见物质的 c 值。

比热容会随着温度略有变化。所给出的数值是 0 ～ 100℃的平均值。

表 8-2：不同物质的比热容 c

物质	c/[kJ/(kg·K)]	物质	c/[kJ/(kg·K)]
水	4.19	重油	≈2.07
冰	2.1	铁	0.46
汽油	≈2.02	铜	0.38
空气	1.010	混凝土	0.88

1.3 相变热

一种物质基本上可能有三种物态：固态、液态、气态（**图 8-2**）。

从一种物态向另一种物态的转变过程有专门的名称。例如，从液体变为气体称为蒸发，从气体变为液体的反向过程称为冷凝等。

为了改变一种物质的物态，必须给其输入或者吸走相变热。蒸发和熔化需要输入相变热，例如加热。要让一种物质冷凝（液化）和凝固，必须让其释放相变热，也就是必须对物质进行冷却。

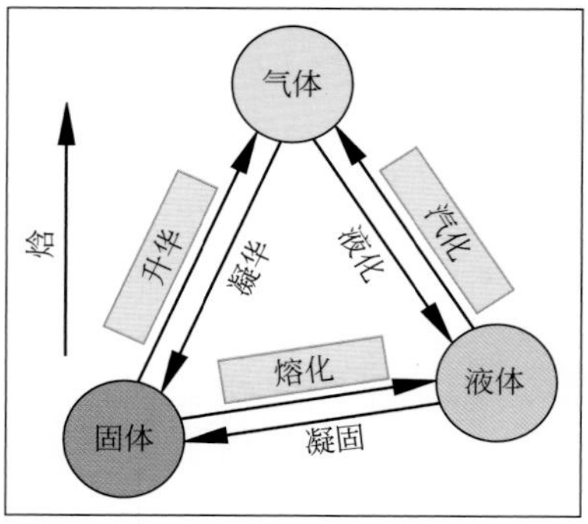

图 8-2：物态

蒸发

在蒸发一种液体时，首先必须将其加热到沸点 t_b（boiling point），之后再输入蒸发热 $Q_{蒸发}$。蒸发热的计算参见旁边的方程式。

蒸发热
$Q_{蒸发} = r \cdot m$

r 为**汽化热**，也称为比蒸发焓 Δh_V，是指在沸点下将 1kg 液体转换为相同温度蒸气所需的热量。r 的单位为 kJ/kg。m 是物质蒸发部分的质量。

汽化热 r 是物质的特定参数。**表 8-3** 显示了几种物质的数值。

表 8-3：物质的汽化热 r（在 1.013bar 的压力和沸点下）

物质	r/(kJ/kg)	沸点 t_b/℃
水	2257	100
乙醇	846	78.5
乙酸	406	118
正庚烷	317	98.4

该参数与压力有关，因此，在给出某种物质汽化热的数值时也必须给出压力。

蒸发时物质的温度保持不变，例如在标准压力 p_n = 1.013bar 下，水的蒸发温度始终为 100℃，但水由液态变为气态的过程中一直在消耗输入的热量。

冷凝

要冷凝（液化）蒸气，必须将蒸气冷却到冷凝温度并吸走蒸气的冷凝热 $Q_{冷凝}$。冷凝热与等量液体蒸发时所需的蒸发热 $Q_{蒸发}$相等。

冷凝热
$Q_{冷凝} = Q_{蒸发} = r \cdot m$

熔化热
$Q_{熔化} = q \cdot m$

熔化

在熔化一种固体时，必须先将固体加热到熔点 t_m（melting point），然后再输入熔化热 $Q_{熔化}$。熔化热的计算参见旁边的方程式。

q 为**比熔化热**，也称为比熔化焓 Δh_m，单位为 kJ/kg，是指将 1kg 处于熔点下的固体转化为液体所需的热量（**表 8-4**）。在熔化时，温度保持不变，例如水的熔点为 0℃（在 p_n = 1.013 mbar 的标准压力下）。但水由固体变为液体时要消耗输入的热量。

表 8-4：物质的比熔化热 q

物质	q/(kJ/kg)	熔点 t_m/℃
水	335	0
乙酸	195.2	16.6
铁	270	1535

凝固

要凝固一种液体，必须吸走其凝固热 $Q_{凝固}$。凝固热与等量物质熔化时所需的熔化热 $Q_{熔化}$相等。

凝固热
$Q_{凝固} = Q_{熔化} = q \cdot m$

1.4 物态改变时的总热量

如果一种固体首先被加热，然后熔化，接着继续加热直至沸腾，然后蒸发，再继续加热蒸气，则所需的总热量 $Q_{总}$ 由各部分热量组成。

总热量	=	加热固体的热量	+	熔化热	+	加热液体的热量	+	蒸发热	+	加热蒸气的热量
$Q_{总}$	=	$c_f \cdot m \cdot (t_m - t_1)$	+	$q \cdot m$	+	$c_{液} \cdot m \cdot (t_b - t_m)$	+	$r \cdot m$	+	$c_{Gas} \cdot m \cdot (t_2 - t_b)$

热量输入时温度的变化过程可用示意图（**图 8-3**）表示。

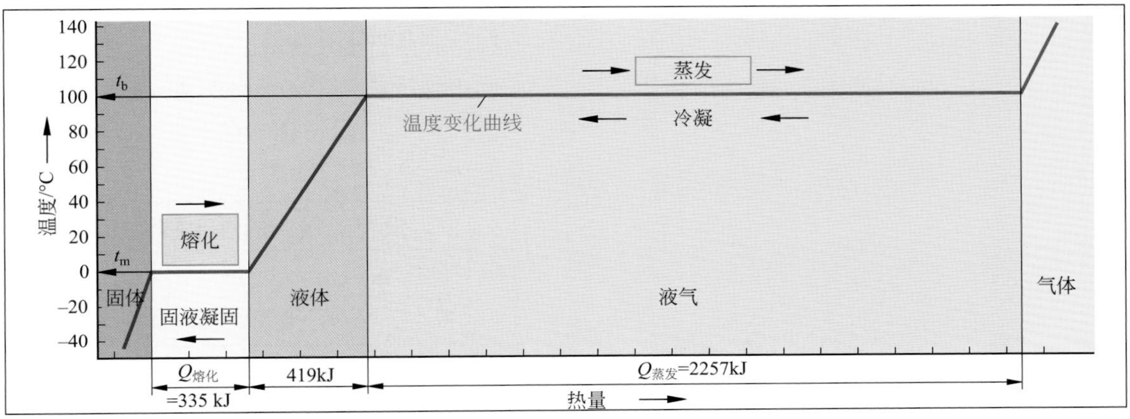

图 8-3：加热 1kg 水的温度曲线和所需热量

水平线段为恒定温度下的物态变化情况。倾斜的线段显示的是物质的加热和冷却过程。

如果过程相反，则冷却时导出的热量等于加热时所消耗的总热量。

大多数的加热或冷却只是整个加热或冷却过程的一部分，请参阅上述方程式和图 8-3 中的内容。例：将一种液体加热到沸点，然后蒸发。此时要消耗的总热量为将液体加热到沸点的热量与蒸发热之和。

练习题：将 500kg 汽油从 8℃加热到 40℃需要多少热量？ $c_{汽油} = 2.02\ \text{kJ/(kg·K)}$

$Q_{总} = c_{汽油} \cdot m \cdot (t_2 - t_1) = 2.02\text{kJ/(kg·K)} \times 500\text{kg} \times (40℃ - 8℃) = 32320\text{kJ} \approx \mathbf{32.3MJ}$

练习题：将 350kg 温度为 23℃的水冰冻为 −20℃的冰。为此必须从水中吸走多少热量？

$$Q_{总} = c_{水} \cdot m \cdot (t_2 - t_m) + q \cdot m + c_f \cdot m \cdot (t_m - t_1) = 4.19\frac{\text{kJ}}{\text{kg}\cdot\text{K}} \times 350\text{kg} \times (23℃ - 0℃) +$$

$$335\frac{\text{kJ}}{\text{kg}} \times 350\text{kg} + 2.1\frac{\text{kJ}}{\text{kg}\cdot\text{K}} \times 350\text{kg} \times [0℃ - (-20℃)] = 33729.5\text{kJ} + 117250\text{kJ} + 15700\text{kJ}$$

$$= 165679.5\text{kJ} \approx \mathbf{166MJ}$$

复习题

1. 蒸发 250kg 温度为 22℃的水需要多少热量？
2. 如果凝固 1.2t 的液态铜必须释放 246000kJ 的热量，则铜的比凝固热是多少？
3. 在加热一个容器时需要 2000000kJ 的热量。为此需要使用多少千克的高温蒸汽（饱和蒸汽）？

1.5 混合物的温度

如果将两份不同质量 m_1 或 m_2 和不同温度 t_1 或 t_2 的液体混合到一起（**图 8-4**），则在短时间内混合物会达到一个共同的混合温度 t_M（mixing temperature）。

较热的一部分液体释放热能，直至从 t_1 冷却到混合物温度 t_M。较冷的一部分液体吸收释放出的热能，直至从 t_2 加热到混合物温度 t_M。

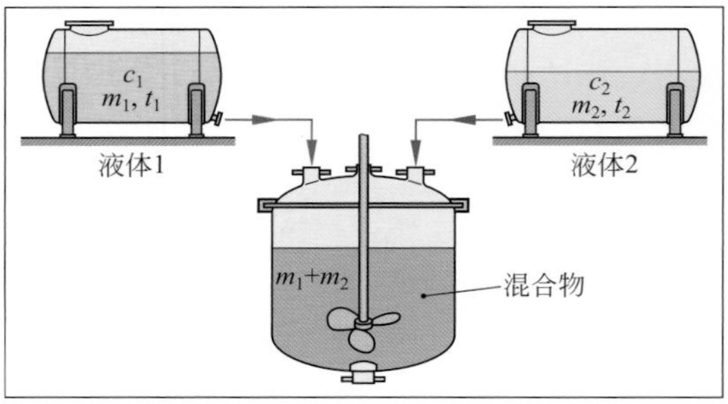

图 8-4：混合液体时的温度

没有热损失的混合物温度

假设在混合过程中通过理想的隔热不产生热量损失，则得到旁边的热平衡方程：

较热物质放热量 Q_1 = 较冷物质吸热量 Q_2

$$\boldsymbol{Q_1 = Q_2}$$

$$m_1 \cdot c_1 \cdot (t_1 - t_M) = m_2 \cdot c_2 \cdot (t_M - t_2)$$

如果根据混合温度 t_M 分解该热平衡方程，则得到旁边的条件等式。

该公式用于混合时不发生物态的改变或者没有反应热效应的混合物。

没有热损失的混合物温度
$t_M = \dfrac{m_1 \cdot c_1 \cdot t_1 + m_2 \cdot c_2 \cdot t_2}{m_1 \cdot c_1 + m_2 \cdot c_2}$

有热损失的混合温度

如果在混合过程中热散失到周围的环境中，则必须在公式中考虑损耗热量 $Q_{损耗}$。

有热损失时的混合物温度
$t_M = \dfrac{m_1 \cdot c_1 \cdot t_1 + m_2 \cdot c_2 \cdot t_2 - Q_{Verl.}}{m_1 \cdot c_1 + m_2 \cdot c_2}$

物态变化时的混合温度

在直接加热一种液体时因水蒸气（饱和蒸汽）进入到液体中，水蒸气发生冷凝并同时将冷凝热 $Q_{冷凝} = m \cdot r$ 释放到混合物中（第343页）。

这种混合过程的混合温度用旁边的方程式进行计算。

$$\boldsymbol{Q_1 + Q_{Kond.} = Q_2}$$

$$m_1 \cdot c_1 \cdot (t_b - t_M) + m_1 \cdot r = m_2 \cdot c_2 \cdot (t_M - t_2)$$

物态改变时的混合物温度
$t_M = \dfrac{m_1 \cdot (c_1 \cdot t_b + r) + m_2 \cdot c_2 \cdot t_2}{m_1 \cdot c_1 + m_2 \cdot c_2}$

练习题：假设混合过程无热损失，如果200kg 温度为 80℃的水和 235kg 温度为 16℃的乙醇进行混合，其混合物温度是多少？$c_{乙醇}$ = 2.332kJ/(kg • K)

解：$t_M = \dfrac{m_1 \cdot c_1 \cdot t_1 + m_2 \cdot c_2 \cdot t_2}{m_1 \cdot c_1 + m_2 \cdot c_2}$；$c_{水}$ = 4.19kJ/(kg • K)

$$t_M = \frac{1200\text{kg} \times 4.19\text{kJ}/(\text{kg}\cdot\text{K}) \times 80℃ + 235\text{kg} \times 2.332\text{kJ}/(\text{kg}\cdot\text{K}) \times 16℃}{1200\text{kg} \times 4.19\text{kJ}/(\text{kg}\cdot\text{K}) + 235\text{kg} \times 2.332\text{kJ}/(\text{kg}\cdot\text{K})} \approx 73.7℃ \approx \mathbf{74}℃$$

习题：将盛有 12℃的 840kg 液罐直接加热到 74℃需要使用多少千克的饱和蒸汽？$c_{罐液}$ = 3.165kJ/(kg • K)

复习题

1. 为什么虽然明显地输入热量但在沸腾时水的温度保持不变？
2. 水的汽化热是多少？
3. 没有热损失的混合物温度方程式是怎样的？
4. 将零下 20℃的冰转化为饱和蒸汽必须消耗哪几部分热量？
5. 为什么一种物质的蒸发热等于其冷凝热？

2　化工厂中的能源载体

能量，特别是热量，在化工厂中具有突出的地位。可用不同形式的能源提供能量：燃料、电、高温蒸汽等。

2.1　燃料

在化工厂中主要使用燃气、燃料油和煤作为燃料（fuels）。人们称其为**一次能源**。此外也可使用废料和垃圾获得能源。

燃气主要使用的是天然气，也少量使用液化石油气。天然气的优点是燃烧无残留，有害物质比例较低。缺点是天然气仓储能力有限（在气罐中）以及管网的价格昂贵。

最常用的**燃料油**是从石油中提炼出来的轻重两种燃料油（第 448 页）。它们可以大量地存储在使用地点附近，因此可避免像燃气那样要建设长距离的输送管道。

燃气和燃料油在热水锅炉或者热蒸汽锅炉中燃烧（**图 8-5**）。

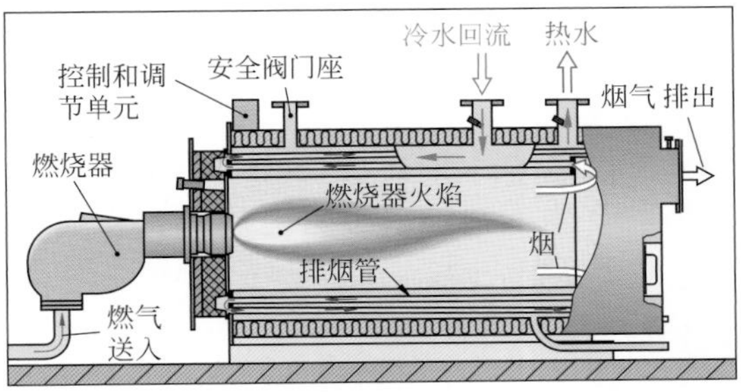

图 8-5：热水锅炉的内部结构

作为产生蒸汽、热水和发电的能源，也可以使用**褐煤**和**无烟煤**这两种煤炭。煤炭燃烧后的气体中含有大量的有害物质（SO_2、NO_x、灰尘），因而必须使用烟气净化设备。

如今，通过来自化学生产过程和生活的废料（垃圾）、来自化工厂和垃圾填埋场的可燃废气（填埋气）或者来自废水处理厂的脱水淤渣获取能量起着越来越重要的作用（第 560 页、567 页）。

化工厂中的应用

如果需要高温，则将燃料在化工焚烧炉中燃烧并直接利用释放出的热能。

例如，在**化工管式炉**中，需要加热的液体（产品）通过盘管流入炉室内（**图 8-6**）。燃料火焰在炉子的辐射区内燃烧并加热管道以及将管道内流动的 300℃的液体加热到 500℃。化工管式炉应用于石油化工行业等。

在直接加热时，例如在回转炉内直接燃烧气体或者粉尘状的燃料（第 546 页，图 14-17），同时提供加热炉内材料的所需热能以及化学过程的反应能。此外，烟气还可能与炉内材料发生反应，例如可作为还原剂。

在化工厂，很大一部分一次能源被用于在蒸汽设备中制备热蒸汽（第 328 页，图 8-13）或者在工厂发电厂中用于发电和生产热蒸汽（“热电联产”原理）。存储在燃料中的能量通过这种转化变为热能或者电能。

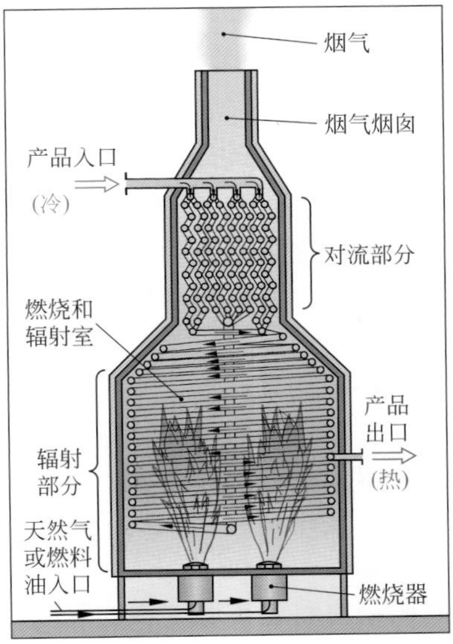

图 8-6：化工管式炉

焙烧燃烧设备的效率接近 70%，燃烧器燃烧能达到 90% 左右。

可产生的热能

一种燃料可提供的热能常用两个参数来说明。

热值 $\boldsymbol{H_u}$（caloric value）说明了每千克或者每立方米（$H_{u,n}$）燃料的最大可利用热能。其中，燃烧反应中所产生的水以水蒸气的形式存在于燃烧后气体中，未经利用便被排出。

总热值 $\boldsymbol{H_o}$（gross caloric value）是当燃烧后气体被冷却到 25℃，生成的反应水凝聚成冷凝水时，每千克或者每立方米（$H_{o,n}$）燃料的最大可利用热能。

燃料的热值差异巨大（**图 8-7**）。垃圾的热值大多数仅够确保加热垃圾，从而保持其燃烧。在某些情况下必须使用燃料油或者天然气辅助燃烧。

燃烧热
$Q_B = \eta \cdot H_u \cdot m$

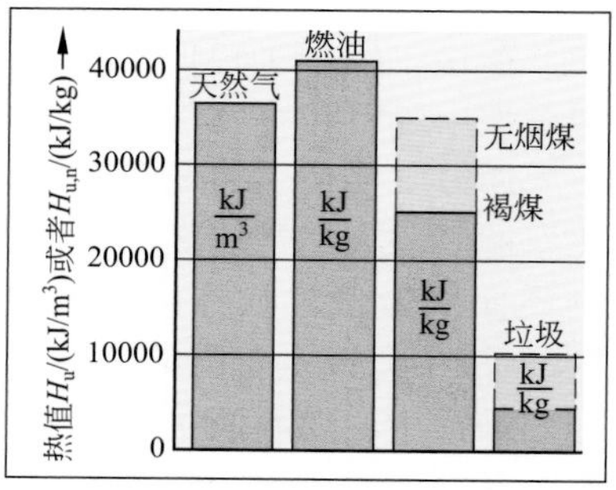

图 8-7：燃料的热值

燃烧热 $\boldsymbol{Q_B}$（heat of combustion）是指一定质量的燃料 m 所能产生的热能。根据旁边的方程式用比热值 H_u 或者 $H_{u,n}$ 可计算燃烧热。

η 是燃烧设备的效率。

习题：一个使用燃料油的化工炉效率是 88.5%，使用 1.2t 的燃料油能产生多少热量？

2.2 电

用电网中的电加热电阻所获得的**电功** $\boldsymbol{W_{el}}$ 可以用电压 U、电流强度 I、电阻 R 和时间 t 进行计算。请参阅旁边的方程式。

电功
$W_{el} = U \cdot I \cdot t = P \cdot t$ $W_{el} = \frac{1}{R} \cdot U^2 \cdot t = R \cdot I^2 \cdot t$

乘以效率 η 可得到电阻加热所提供的**热量** $\boldsymbol{Q_W}$。电阻加热的效率在 95% 左右。

可用热量
$Q_W = \eta \cdot W_{el}$

对于从电网中获取的电能 W_{el}，测量单位是 kW • h（电表）。用旁边的换算系数可换算为热能 Q_W。

换算公式：**1kW • h=3600kJ**

化工厂中的应用

用电获得热量一般比用燃烧设备更加昂贵。

与较高电费相对的是电能“比较清洁”，用途广泛。如果电的优点足够弥补较高的价格，便会使用电力。

用电供热可以通过不同的设备实现：

在**电阻加热**时，电流会加热炉室内的热导体（**图 8-8**）并通过辐射和对流将热量传递到需加热的材料上。

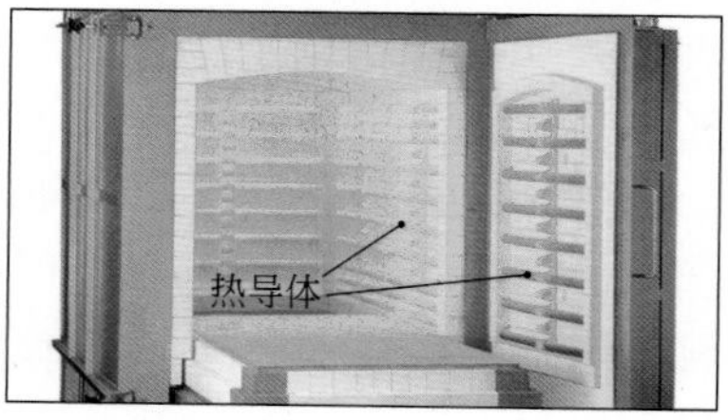

图 8-8：电阻加热

电弧会在极小的空间内释放大量的热量，例如在熔炉中或者使用焊接电极时（**图 8-9**）。由此可在电弧中获得极高的温度（3000 ～ 10000℃），例如在熔化高熔点金属或者矿物质时就需要这样的温度。

图 8-9：焊接电弧

2.3 水蒸气

水蒸气（steam）是化工厂用于加热罐体和热交换器最重要的载能体，也可以用于驱动喷射泵或者用作生产过程蒸汽。

水蒸气作为热能载体时，其特殊优点是储热量较大并可在冷凝时释放出来（**图 8-10**）。例如，其所蕴含的热量能达到热水储热量的数倍。此外，水蒸气冷凝时传递到加热面上的热量极高，从而可用很小的加热面积传递很大的热量。

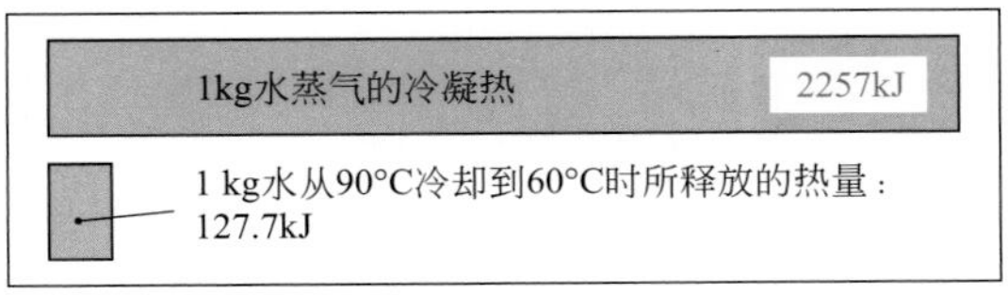

图 8-10：储存热量的比较

蒸发的过程

水蒸气是蒸发的气体状的水，在蒸发时必须将热水加热至沸点（**图 8-11**）。如果蒸发空气中的绝对压力达到 1.013bar（标准压力），则产生水蒸气的温度为 100℃。

如果沸腾的水上方的蒸发空间是密闭的，在持续不断输入热量时，便会产生一个蒸汽正压。

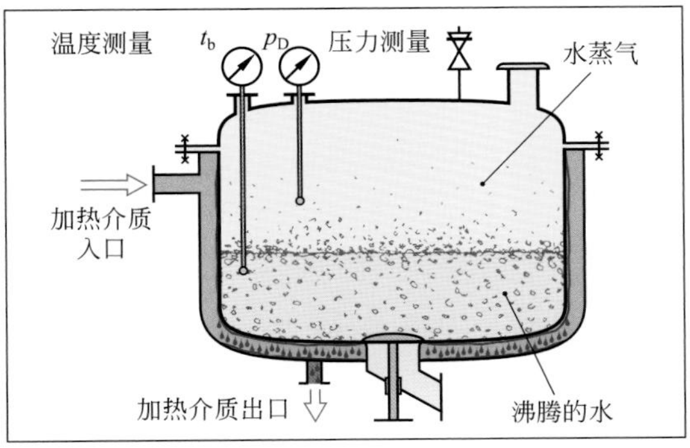

图 8-11：蒸发（示意图）

随着蒸发空间中的压力不断升高会使后续的蒸发变得困难，从而提高水的沸腾温度。

在沸腾温度 t_b 和蒸汽压力 p_D 之间会出现一个平衡：如果蒸汽压力低，则沸腾温度也低，蒸汽压力高，则沸腾压力也高。

蒸汽压力曲线（vapor pressure curve）反映了沸腾温度 t_b 和蒸汽压力 p_D 之间的关系（**图 8-12**）。

蒸汽有多种类型。

饱和蒸汽

从沸腾的水中升腾起来的处于平衡状态的水蒸气被称为饱和蒸汽（saturated steam）。饱和蒸汽是干燥的，即不包含雾滴一样的液态水并且是不可见的（不是白色的）。饱和蒸汽有一个温度和一个压力，与蒸汽压力曲线上的某个点相符（图 8-12）。

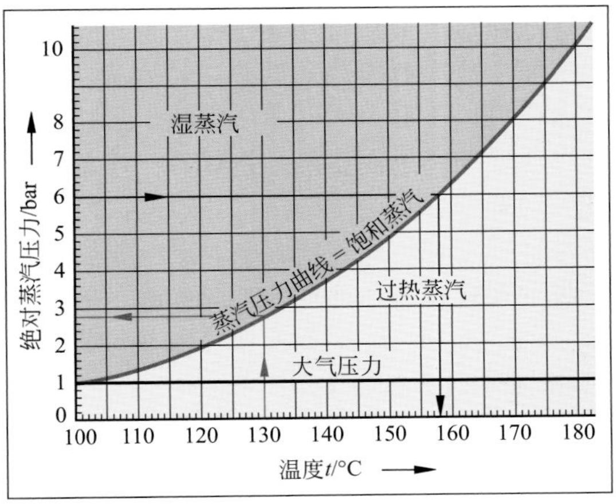

图 8-12：水的蒸汽压力图

例：130℃的饱和蒸汽的绝对蒸汽压力为 2.8bar。

饱和蒸汽状态是一种极限状态，吸走热量会导致一部分蒸汽发生冷凝（湿蒸汽），而输入热量会使饱和蒸汽过热。

湿蒸汽

当饱和蒸汽冷却时便会生成湿蒸汽（wet steam），例如在蒸汽发生器至蒸汽设备之间的输送管路中常含有湿蒸汽。通过冷却，一部分气体状的水会变为液态水并以小雾滴的形式显现。湿蒸汽是可见的白色蒸汽。要说明湿蒸汽的饱和蒸汽含量，可使用质量百分比形式的蒸汽含量比 x。

例：$x = 0.80$ 的湿蒸汽代表湿蒸汽含有 80% 的饱和蒸汽和 20% 的液体。

过热蒸汽（热蒸汽）

如果将饱和蒸汽加热到超过其沸腾温度，便会产生过热蒸汽（superheated steam）。过热蒸汽在冷却时不会形成小水滴。

水蒸气的制造

在化工厂的中央蒸汽发生器中制造水蒸气并用隔热蒸汽管道输送到工厂的各个使用地点。蒸汽发生器是一种锅炉，其加热室中燃烧燃气或燃油，周围环绕着管道（**图 8-13**）。

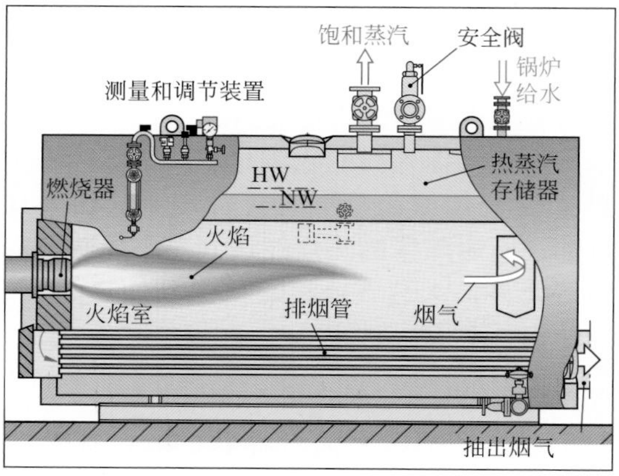

图 8-13：饱和蒸汽的蒸汽发生器

在管道中导入除去矿物质和脱气的锅炉给水，水的流动方向与热的燃烧气体相反。水被加热，然后蒸发并以饱和蒸汽的形式离开蒸汽发生器。制造过热蒸汽（热蒸汽）时，蒸汽发生器产生的饱和蒸汽会通过一段过热的管道，由此加热为过热蒸汽。

用水蒸气加热

在化工设备里用于加热的大多数蒸汽是一种处于 2 ～ 3bar 过压下的略微过热的过热蒸汽，也被称为低压蒸汽，温度约为 130 ～ 150℃。2 ～ 3bar 的蒸汽压力足够在不需要使用厚壁管道的情况下进行中等距离的输送。蒸汽略微过热可防止其在管道内形成冷凝水并确保在使用地点接近于饱和蒸汽。

饱和蒸汽最适合用于加热，原因是蒸汽在加热面上冷凝时所释放的热量特别大，因此加热面积可以不必太大（第 334 页）。在加热时，蒸汽与要加热的面接触，例如在一个罐夹套中（**图 8-14**），蒸汽在加热面上冷却并发生冷凝，同时将其冷凝热释放到罐壁上。冷凝热 $Q_{冷凝}$应按照下列公式进行计算：$\boldsymbol{Q_{冷凝} = m_D \cdot r}$。其中，$m_D$ 为蒸汽的质量，r 为其比冷凝热。例如，在饱和蒸汽为 100℃（1.013bar）时，冷凝热为 2257kJ/kg，在饱和蒸汽为 120℃（约 2bar）时，约为 2200kJ/kg。

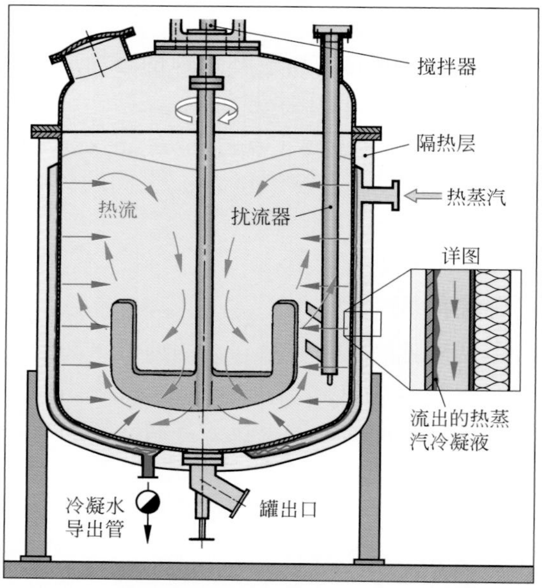

图 8-14：用热蒸汽加热搅拌釜

热蒸汽冷凝成为水滴并大面积地从加热面上流下，同时继续冷却并通过一条冷凝水导出管从蒸汽空间下方流出。

对于特殊的加热用途必须使用高压饱和蒸汽，比如要将物品加热到高温时。出于热技术上的原因，加热蒸汽要高于最高产品温度 20 ～ 40℃。例如，如果产品最高温度为 140℃，温差为 40℃，则需要的热蒸汽温度为 180℃。这对应的饱和蒸汽绝对压力约为 10bar（第 327 图 8-12）。

热蒸汽温度高，因而热蒸汽压力也高，其缺点是需要使用厚壁的加热装置，这不仅导致设备的材料成本提高，也使得热传导能力变差（第 332 页）。

小心：逸出的水蒸气可能造成严重的烫伤。

2.4 加热液

加热液（heating liquids）主要有水和矿物油，在高温下，则是由硝酸钠和硝酸钾组成的熔融盐（HTS）。加热液体将存储的热量通过热交换器传导给要加热的物品。

加热液的选择主要看其是否适合于相应的加热用途，而这取决于物质的物理特性（**表 8-5**）。通常物质特性限制了其使用范围。

此外还必须考虑环境兼容性、毒性、对于热交换器材料的腐蚀性和载热体的价格等因素。

表 8-5：加热液

特性	水	矿物油	HTS
凝固点 /℃	0 号	–20	142
蒸发温度 /℃	100	约 250	—
稳定极限 /℃	—	约 300	约 480
使用范围 /℃	0 ～ 180	–20 ～ 300	220 ～ 480
比热容 /[kJ/(kg • K)]	约 4.2	约 2.2	约 1.6

2.5 气体和固体载热体

气体载热体（gaseous heat source）是指在燃烧设备中燃烧过程产生的热烟气等。其中包含燃烧所产生的燃烧热，然后在蒸汽发生器锅炉等设备中将热传输给热蒸汽（第 328 页，图 8-13）。从这方面来说，气态的加热蒸汽是加热搅拌釜和热交换器的热能载体。另外也使用加热的空气作为载热体，例如循环空气干燥器或者空调中的热空气。

固体载热体有带气体通道的耐火成型陶瓷砖以及可流通气体的陶瓷散料等。例如在热交换器（**图 8-15**）的两个罐中，热的烟气和待加热介质（如空气）交替流过这类固体载热体。热的烟气将其热量释放到固体载热体上，在切换模式后，冷空气流过存储热量的陶瓷并被加热。当载热体冷却后，会再次切换模式让热烟气通过。

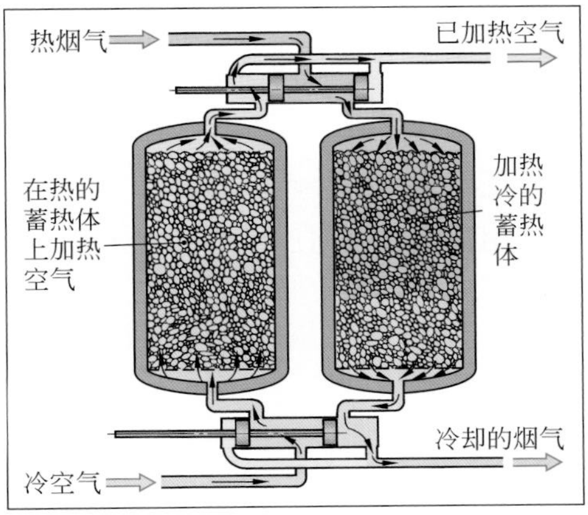

图 8-15：热交换器

热交换器主要用于高温或者侵蚀性烟气会使热交换器中的热传导出现问题的情况，例如在金属加工业和陶瓷工业中。

2.6 冷却剂和制冷剂

冷却剂和制冷剂（refrigerant）的任务是从一种高温物质中吸走热量，从而冷却物质。它们用途广泛：

- 冷却过程材料
- 冷凝蒸汽
- 在放热反应时用于散热
- 在结晶时用于冷却溶液
- 冷冻干燥

可使用不同物质作为冷却剂和制冷剂：

例如空气冷却器和冷却塔（第 341 页）使用**环境空气**可将热液体冷却到最低约 40℃。

从自然界获取并经过制备的**冷却水**是最常用的冷却剂，用于将物品冷却到环境温度。

如果需要冷却到环境温度以下，则必须用制冷设备事先将冷却剂和制冷剂冷却到低温（第 330 页，图 8-16）。

使用在制冷机中冷却到 0℃左右的**冷水**可以将物品冷却到 5℃左右。

用**冷冻盐水**（例如 30% 的 NaCl 水溶液或者 $CaCl_2$ 溶液）可以将产品最多冷却到 −40℃。冷冻盐水需使用制冷机（refrigerator）冷却到其使用温度（**图 8-16**）。

冰粒常常用于直接将水溶液冷却到 0℃或者略高于 0℃。

干冰（冷冻的 CO_2）可以在碾磨时直接加入，从而使磨料最低可达 −78.5℃。

将干冰添加到乙醇中可以制成最低 −50℃的**混合制冷剂**。

用**液态空气**可以使物质冷却到最低 −194℃。

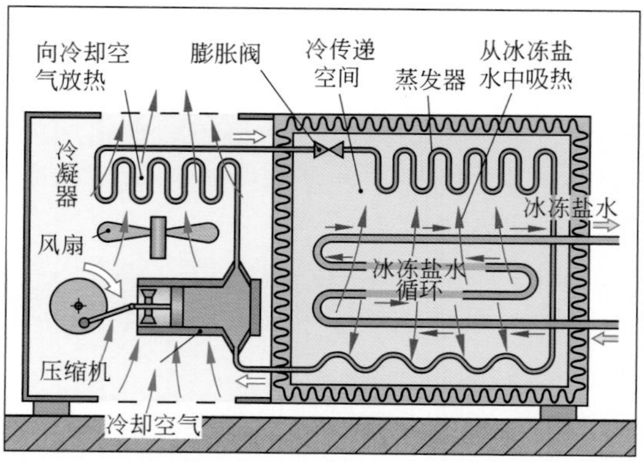

图 8-16：制冷机（示意图）

2.7 压缩空气和真空

在许多化工厂，因压缩空气和真空具有作为载能体的特殊优点被广泛而使用。例如，在有爆炸危险的化工厂内用压缩空气驱动设备可避免产生电火花，或者用真空输送设备无尘输送散装货物。

压缩空气

用压缩机制造压缩空气（compressed air），然后送到作为存储器的压缩空气罐中（**图 8-17**）。从这里将压缩空气送到输送管网中并在相应的取用点使用。移动式压缩机也可以在任意一个使用地点供应压缩空气。

在化工厂内，压缩空气的用途广泛：用于驱动风镐和气动扳手、调节阀门、疏松流化床上的固体散料、运输小麦等敏感的固体等等。使用压缩空气为载能体的方式被称为**气动**（第 180 页）。

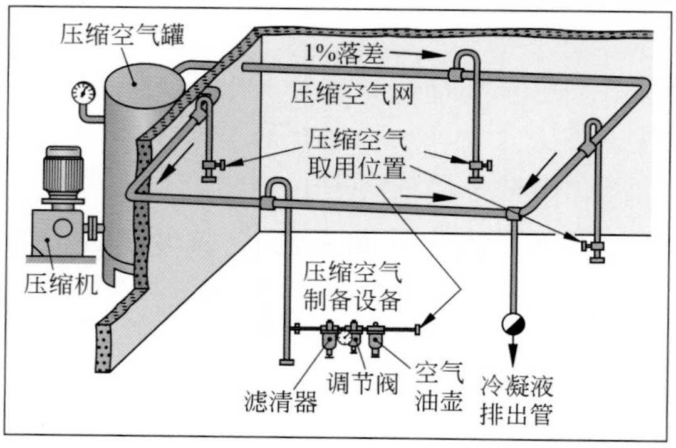

图 8-17：化工厂内的压缩空气网

真空

压力显著小于大气压力的气体空间被称为真空（vacuum）。真空中产生的力来自于真空和大气之间的压差，这个压差最大为 1bar，大多数情况下较低。用真空泵（第 74 页）制造真空。真空泵经常直接连接在要抽真空的设备上。真空的用途广泛：

- 用气动真空输送设备可无尘输送和灌装散状颗粒和粉末材料，例如颜料粉末、水泥或者粉末（第 83 页，图 1-183）。
- 吸取和吸干真空鼓式蜂窝滤清器中的滤渣（第 366 页，图 9-44）。
- 在真空下蒸发、结晶和蒸馏（第 416 页、418 页、447 页）。
- 利用真空冷冻干燥对食品进行温和的处理（第 408 页）。

复习题

1. 请举例说明化工厂中使用的燃料。
2. 比热容是什么？
3. 在进行电阻加热时，使用哪个公式计算提供的热量？
4. 有哪些蒸汽类型，其都有哪些特征？
5. 湿蒸汽 $x = 0.6$ 代表什么？
6. 用哪些加热液可将反应室加热到 210℃？

3 热传递

3.1 物理原理

如果两个物体的温度不同，则它们之间会发生传热（heat transfer），也称为热传递（**图 8-18**）。

这可以理解为热量从温度较高的物体传递到温度较低的物体上，即热量Q总是从较热的物体传递给较冷的物体，无外力作用时绝不会反过来。

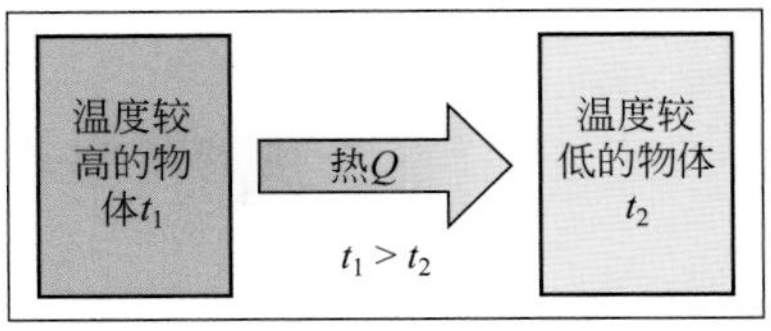

图 8-18：热传递

传热方式

热量的传递方式有三种：

热传导（heat conduction），热量在固体（如设备部件）或者液体内传导。热传导的原理是微粒的分子发生热振动并传导到相邻的微粒上。

例：在翅片管上，热量首先传输到芯管上，然后由管内侧面通过热传导传输到每个翅片上，最后到达翅片顶部（**图 8-19**）。

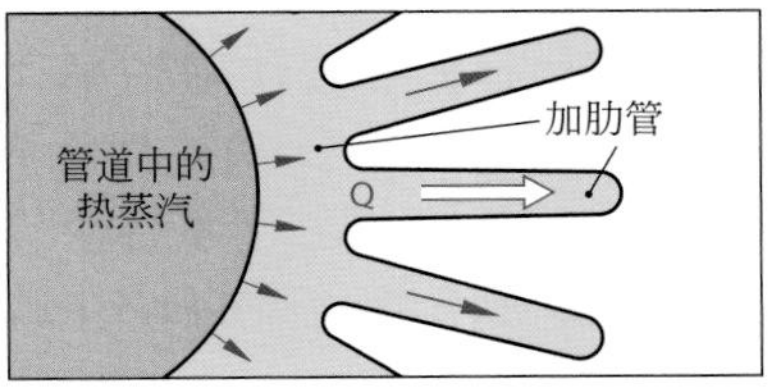

图 8-19：一个部件中的热传导

热对流（convection），也称为热流，借助固体（设备部件）或者材料之间的传输液体来传输热量。

例：在罗伯特蒸发器中，溶液中的热量通过传输液体传输到热蒸汽上（**图 8-20**）。蒸发器管中的加热溶液上升，以沸腾的状态喷出、落下并通过中间的回流管向下流，然后从这里再次向上穿过蒸发器罐。

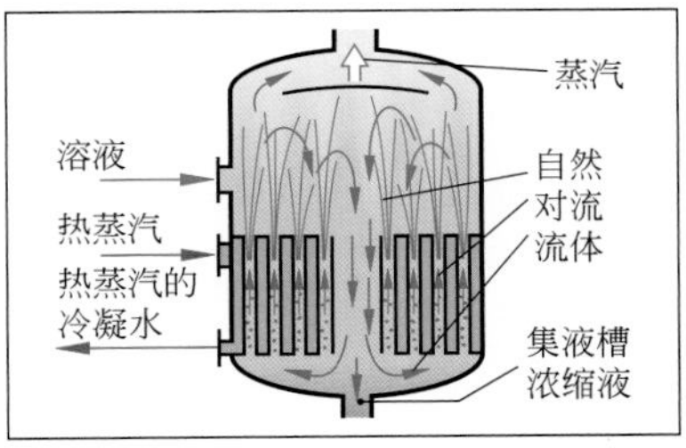

图 8-20：罗伯特蒸发器中的自由对流

在罗伯特蒸发器中，溶液的环形流动受到不同位置不同温度的影响从而产生密度差。液体在较高温度（较低密度）范围内升高，在较低温度（较高密度）范围内下降。这会产生一种天然的环形流动。

人们称之为自由对流或者自然对流。

在实际的生产装备中，经常用一个泵抽吸热传输液体或者用一个搅拌器搅动液体（**图 8-21**）。人们称之为强制对流。在强制对流时，加大流速可改善热传递效率。

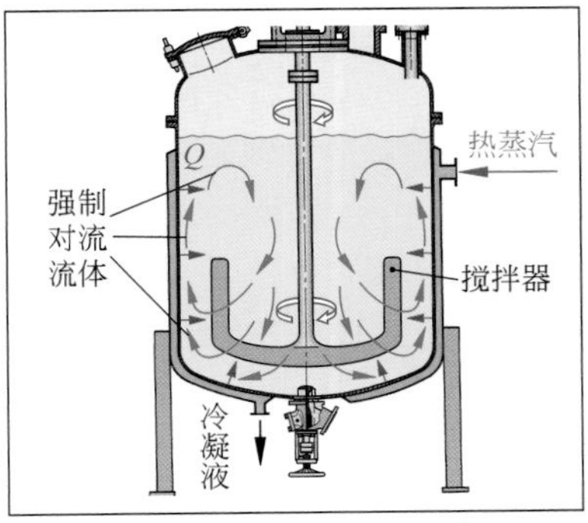

图 8-21：反应釜中的强制对流

热辐射（heat radiation）：在两个不接触或者不通过传输液体发生接触的两个部件之间传输辐射热。

热辐射在超过 500℃的温度的生产设备（如锅炉）中十分重要。

例：气体火焰在化工管式炉中的辐射区域中燃烧并将燃烧后的气体加热到 1200℃左右（**图 8-22**）。大部分热量通过辐射将燃烧后的烟气热量传递给围绕着炉室的管道上的输送产品。

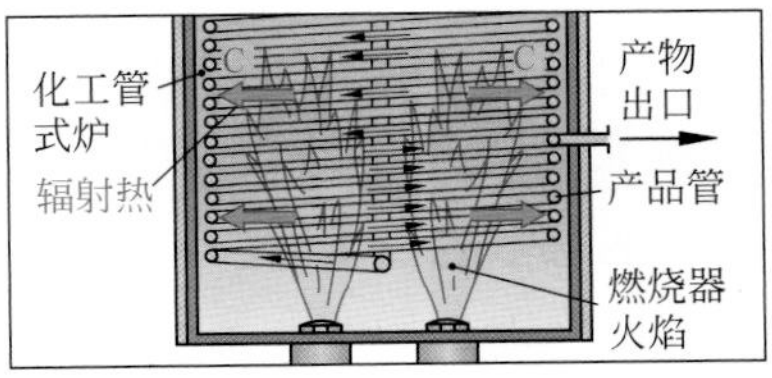

图 8-22：炉内借助热辐射的热传导方式

3.2 化学工程中的传热

在大多数的化工设备中，热量通常从一种载热液体透过一层管壁传递给另一种液体（接收液）。

例如：

- 冷却热交换器管道中的液体。
- 用热蒸汽加热罐中液体（**图 8-23**）。

这种传热方式被称为**热传递**。

此时，热量依次从流体①传导到管壁上（热对流），然后穿过管壁（热传导），接着从管壁传递给流体②（热对流）。

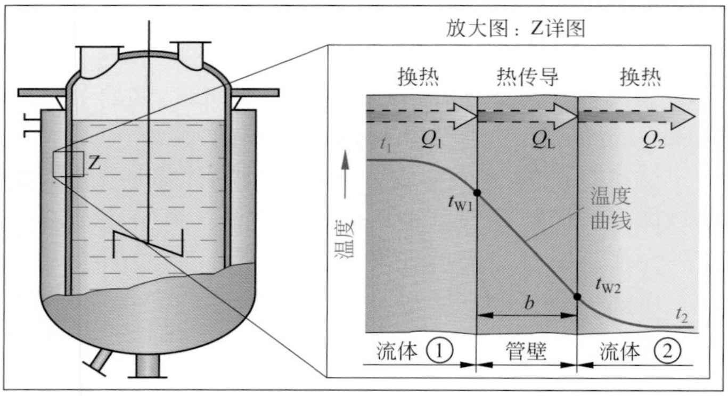

图 8-23：热传递时的过程

下面进一步说明各种不同的传热方式。

3.3 热传导

单层平壁的热传导

单位时间内通过热传导（heat conduction）透过平壁传输的**热流** $\dot{Q}_L$（**图 8-24**）应按照旁边的方程式进行计算。

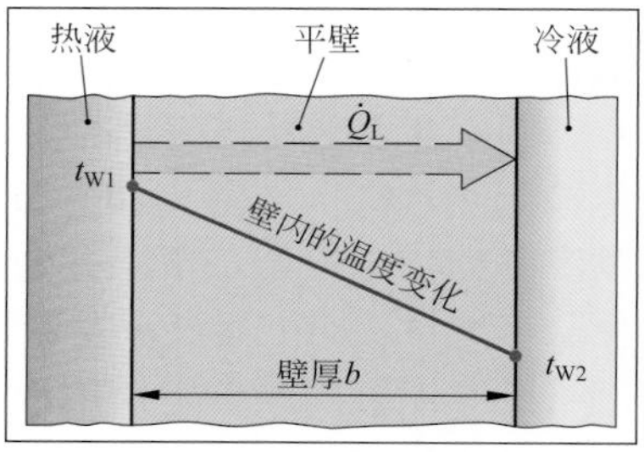

图 8-24：透过平壁的热传导

通过热传导传输的热量

$$\dot{Q}_L = \frac{\lambda}{b} \cdot A \cdot (t_{W1} - t_{W2})$$

其中：

b——壁厚；

A——换热面积；

λ——热导率，单位可以是 W/(m • K)；

$t_{W1}-t_{W2}$——平壁表面之间的温差。

这个方程式有效的前提是热交换面的两侧经过一定时间后能够相应达到稳定均一的温度。

热导率是材料特有的参数，说明了在温差为 1K 时，在一个边长为 1m 的立方体中，有多少热量穿过了两个相对的面。

热导率的单位是 W/(m • K)。

热交换设备主要用金属制造。

金属有很高的热导率，其中铜的数值最高（**表 8-6**）。

能够尽量阻止热交换的材料，称为绝热或者隔热材料（表 8-6），其热导率是金属的百分之一甚至千分之一。

沉淀的锅炉水垢、气垫或者蒸汽泡起着如同隔热层的作用，应尽量加以避免。

表 8-6：生产材料和隔热材料的热导率（在≈ 20℃下）

设备材料	λ /[W/(m • K)]	绝热或者隔热材料	λ /[W/(m • K)]
铜 Cu-DLP	约 370	玻璃	约 0.8
铝合金 EN AW-Al Zn4, 5Mg1	约 150	玻璃棉	约 0.05
		空气	约 0.025
非合金结构钢 S235JR	约 50	聚苯乙烯泡沫	约 0.025
不锈钢 X5CrNi18-10	约 20	锅炉水垢	1.1 ～ 3.5

多层壁的热传导

许多设备的壁（第 222 页）用多层材料（例如电镀钢板）制成。如果附着锅炉水垢可能还要加上额外的一层（**图 8-25**）。

通过多层壁热传导传输的热流 $\dot{Q}_L$ 使用旁边的方程式计算。

多壁层的热量传导

$$\dot{Q}_L = \frac{1}{\frac{b_1}{\lambda_1}+\frac{b_2}{\lambda_2}+\frac{b_3}{\lambda_3}} \cdot A \cdot (t_{W1} - t_{W2})$$

式中 b_1, b_2, b_3——各个壁层的厚度；

$\lambda_1, \lambda_2, \lambda_3$——各层的热导率。

假设热交换面两侧能够相应地达到均一的温度。

例： 双层电镀钢板壁大小为 1.50m²，由 5.40mm 厚的非合金结构钢和 2.40mm 厚的 X5CrNi18-10 钢制成，计算当壁表面温差 $t_{W1}-t_{W2}$ 为 25℃时通过热传导传输的热流。

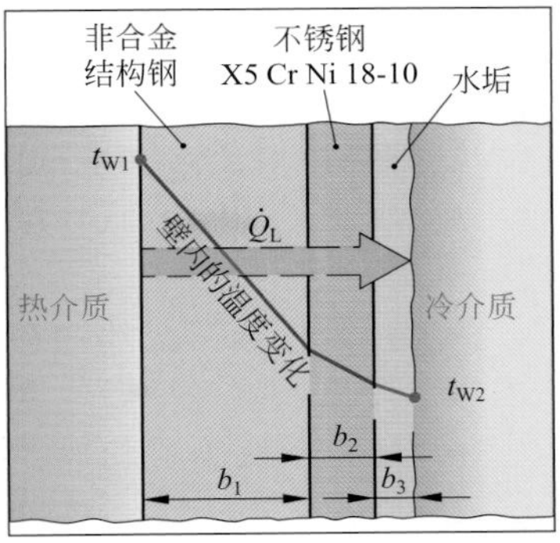

图 8-25：多层壁的热传导

解： $$\dot{Q}_L = \frac{1}{\frac{b_1}{\lambda_1}+\frac{b_2}{\lambda_2}} \cdot A \cdot (t_{W1} - t_{W2}) = \frac{1}{\frac{0.00540\text{m}}{50.0\text{W/(m}\cdot\text{K)}}+\frac{0.00240\text{m}}{20.0\text{W/(m}\cdot\text{K)}}} \times 1.50\text{m}^2 \times 25\text{K}$$

$$= 164473.68\text{W} \approx \mathbf{164kW}$$

透过管壁的热传导

在化工中，一种很常见的情况是将热量传输到管道中的产品上（**图 8-26**），例如在热交换器中。用下面方程式计算通过导热穿过管壁进行传输的热流：

$$\dot{Q}_L = \frac{\lambda}{b} \cdot A \cdot (t_{W1} - t_{W2}) = \frac{\lambda}{b} \cdot 2\pi \cdot r_m \cdot l \cdot (t_{W1} - t_{W2})$$

其中，l 为管长，r_m 为管径。

管壁厚度较薄和中等时，r_m 为算数平均值：

$$r_m = \frac{r_a + r_i}{2}$$

习题： 如果壁表面外侧为 117℃，内侧为 86℃，当热交换管长度为 8.5m，内径为 70.3mm，壁厚为 2.9mm 时，通过热传导传输的热流有多大？

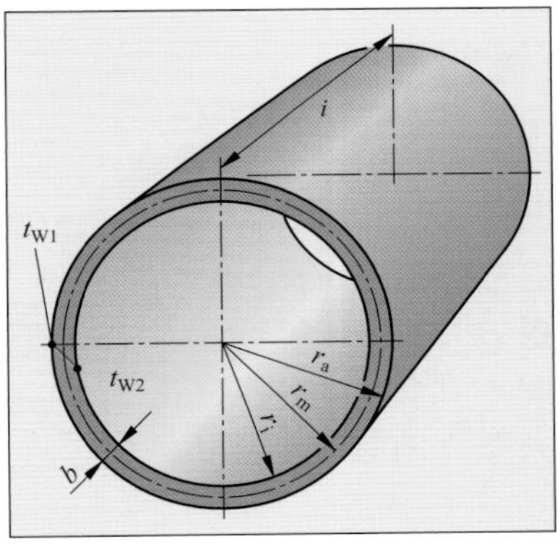

图 8-26：透过管壁的热传导

3.4 热传递

热量从一种流体（气体或者液体）传输到一个固体（例如热交换器壁）上，被称为热传递（heat transition）。

模型假设热量在一个接近管壁的换热层中传输（**图 8-27**）。

通过换热传递的热量

$$\dot{Q}_{Ü} = \alpha_1 \cdot A \cdot (t_1 - t_{W1})$$

热传递也可以反过来从固体向流体进行。

使用旁边的方程式计算换热传递的热流 $\dot{Q}_{Ü}$。

式中 α_1——传热系数，W/(m²·K)；

A——换热面积，单位可以是 m²；

$(t_1 - t_{W1})$——流体主体和壁面之间的温差。

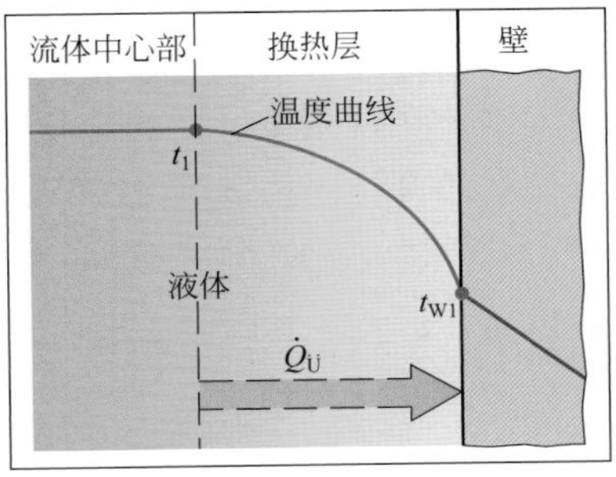

图 8-27：换热

传热系数 α 是指在温差为 1K 时每平方米换热面积传输的热量。

传热系数 α 的大小取决于一系列因素：

- 流体的流动方式（层流、紊流）
- 流速
- 热交换器壁上的物态变化情况（冷凝、蒸发）
- 流体的物理性质（密度、黏度、热导率）
- 壁面（光滑、粗糙、平整）

传热系数可以用一系列方程式或者软件确定，对于工程上经常出现的应用可参阅表格（**表 8-7**）。

在计算换热和热传导的热流时需要知道壁面温度（t_{W1}、t_{W2}）。由于该温度很难测量，因此换热热量的计算结果往往不可靠。

表 8-7：传热系数 α 的参考值

换热条件	α /[W/(m² • K)]
在平壁上流动的空气或者气体	10 ～ 100
在管道中以层状流动的水	250 ～ 350
以紊流形式	
– 在管道中流动的水	1000 ～ 15000
– 在管束外侧上	1000 ～ 5000
– 横向于管道的外侧	2000 ～ 7000
在垂直壁上冷凝的水蒸气	5000 ～ 25000
在壁或者管道上沸腾的水	1000 ～ 40000
已搅拌的容器内容物	1000 ～ 5000

3.5　总传热

总传热（overall heat transfer）包括从一种流体透过壁传热给另一种流体的多个分过程（**图 8-28**）：

- 从流体①到壁面一侧的热传递
- 透过壁的热传导
- 从壁面另一侧到流体②的热传递

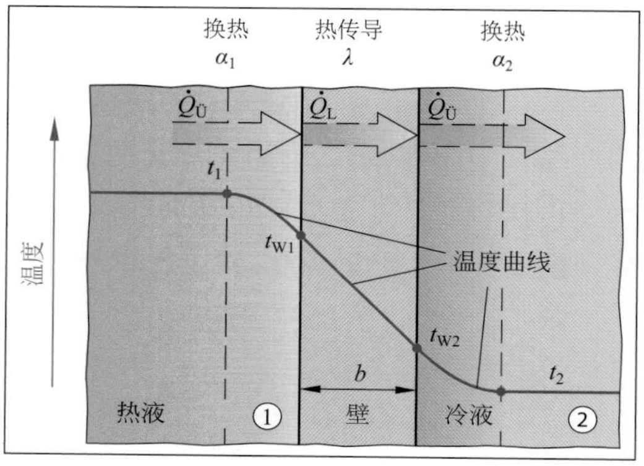

图 8-28：透过一层壁的总传热

此时传输的热量 Q_D 与各个过程有关并在使用总传热系数 k 的计算方程式中考虑了上述所有过程。

通过热传递传输的热量

$$\dot{Q}_D = k \cdot A \cdot (t_1 - t_2)$$

式中　A——换热面积，单位可以是 m²；

k——总传热系数，单位可以是 W/(m² • K)；

t_1-t_2——流体芯部区域之间的温差。

总传热系数 k（overall heat transfer coefficient）说明在温差为 1K 时每平方米传热面积上传输的热流（单位 W）。

总传热系数

$$k = \frac{1}{\frac{1}{\alpha_1} + \Sigma \frac{b}{\lambda} + \frac{1}{\alpha_2}}$$

在旁边的方程式中，总传热系数涵盖了各个传输过程。

使用这个方程式可以根据传热系数 α_1 和 α_2 以及热导率计算总传热系数 k。

例：在热传递时，热交换器壁一侧的传热系数为 α_1 = 24000W/(m² • K)（冷凝的水蒸气），在管壁的另一侧为 α_2 = 4200W/(m² • K)（流动的水），热交换器壁的厚度为 4.00mm，热导率为 180W/(m • K)（铝合金），则总传热系数是多少？

解：$$k = \frac{1}{\frac{1}{\alpha_1} + \frac{b}{\lambda} + \frac{1}{\alpha_2}} = \frac{1}{\frac{1}{24000\text{W}/(\text{m}^2 \cdot \text{K})} + \frac{0.00400\text{m}}{140\text{W}/(\text{m} \cdot \text{K})} + \frac{1}{4200\text{W}/(\text{m}^2 \cdot \text{K})}}$$

$$\approx \mathbf{3.31kW / (m^2 \cdot K)}$$

总传热系数 k 的大小取决于热交换设备、管壁两侧的换热方式以及热交换器壁的材料和厚度。

对于工程上经常出现的热传递情况，可以参阅表格中大致的总传热系数数值（**表 8-8**）。设备更准确的总传热系数 k 可用第 334 页上的方程式进行计算。

习题：在板式换热器上，蒸发侧的传热系数为 $\alpha_1 = 18000\text{W/(m}^2 \cdot \text{K)}$，液体侧的为 $\alpha_1 = 2150\text{W/(m}^2 \cdot \text{K)}$。

钢 X5CrNi18-10 制成的换热器壁厚为 5.00mm 并且附着有 1.5mm 厚的锅炉水垢。总传热系数是多少？

表 8-8：总传热系数 k（大致参考值）

设备	流体 1—管壁—流体 2		k W/(m² • K)
管壳式换热器（第 338 页，图 8-37）	气体—气体		5 ～ 30
	气体—液体		10 ～ 100
	液体—液体		100 ～ 1000
管束蒸发器（第 413 页，图 11-47）	热蒸汽	黏稠液体	100 ～ 1000
	热蒸汽	稀薄液体	1000 ～ 1500
蒸汽发生器（第 328 页，图 8-13）	热烟气—沸腾的水		10 ～ 50
搅拌釜（第 328 页，图 8-14）	冷凝的蒸汽—已搅拌的液体		400 ～ 1500

3.6 热辐射

从约 300℃的高温开始，热辐射（heat radiation）在传热中的比例越来越多。

这主要发生在锅炉中，例如在化工管式炉（第 325 页，图 8-6）或者蒸汽发生器（第 328 页，图 8-13）的辐射区内。在这里，热燃烧后的气体和炉壁会与热交换器管中流动的流体进行辐射换热（**图 8-29**）。

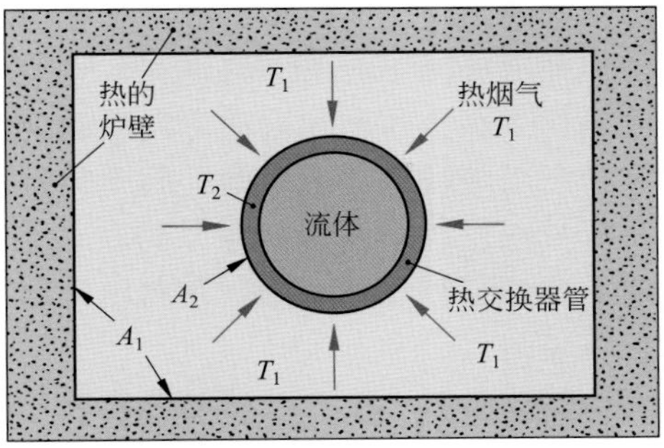

图 8-29：通过辐射传热

从热环境（T_1）向管表面（T_2）传输的辐射热，用旁边的方程式进行计算。

辐射热流

$$\dot{Q}_s = \alpha_s \cdot A_2 \cdot (T_1 - T_2)$$

式中

α_s——辐射传热系数；

A_2——辐射吸收面积；

T_1, T_2——辐射面和辐射吸收面的温度。

辐射传热系数 α_s 取决于材料的辐射能力和炉内的几何形状。

例：在化工管式炉的辐射区内，炉内壁的温度为 827℃，输送产品的钢管表面温度为 427℃，钢管表面总面积为 42.8m²，辐射传热系数 α_s 为 99.3W/(m² • K)。传热的热流有多大？

解：$\dot{Q}_s = \alpha_s \cdot A_2 \cdot (T_1 - T_2) = 99.3\ \text{W/(m}^2 \cdot \text{K)} \times 42.8\text{m}^2 \times (827℃ - 427℃) = 1700016\text{W} \approx$ **1.70MW**

复习题

1. 如何理解对流？
2. 请描述螺旋板式换热器中的强制对流（第 336 页 图 8-31）。
3. 热传递的过程分别由哪些换热过程组成？
4. 热导率说明了什么？
5. 哪些因素会影响换热？
6. 用哪个方程式计算总传热系数 k？

3.7 热交换器中的物料流向

热交换器壁两侧的**温差**$\boldsymbol{\Delta t = t_1 - t_2}$在热传递中起着决定性的作用（第 332 页，图 8-23）。温差取决于热交换器中的介质输送情况。

各处温差相同的热交换

仅在特殊情况下才会在整个换热面上有一个大小相同的温差（t_1–t_2），例如在蒸发器中（第 412 页，图 11-45）使用需冷凝的水蒸气作为放热流体，使用要沸腾的液体作为吸热流体（**图 8-30**），此时，在放热面的所有位置上温度均为 t_1，在吸热面的所有位置上温度均为 t_2。在热交换器的整个面上，温差相同$\Delta t = t_1 - t_2$。

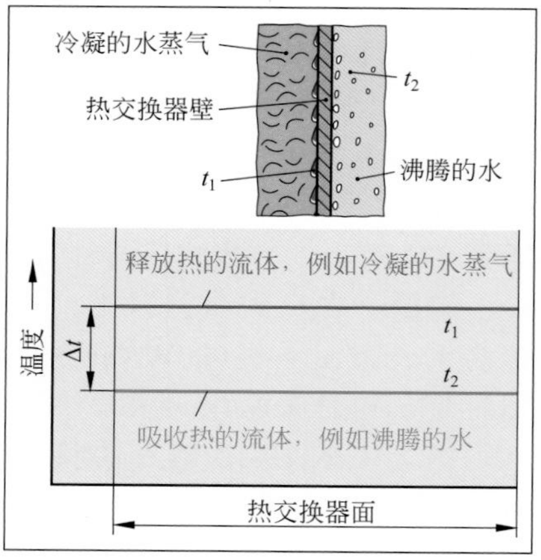

图 8-30：各处温差相同的热交换

在大多数热交换器中，两种交换热的流体沿着热交换器面移动，并且热交换器中，液流入口与液流出口的温度不一致。因此沿着热交换器面也有一个不同的温差。

并流

并流（co-current flow）时，位于热交换器壁两侧的放热和吸热流体朝相同的方向流动（**图 8-31**）。

在热交换器的入口处，液流的温差是最大的：Δt_{max}。在流过热交换器时，热量从较热的流体传输到较冷的流体上并且温差逐渐下降。在出口处温差是最低的：Δt_{min}。

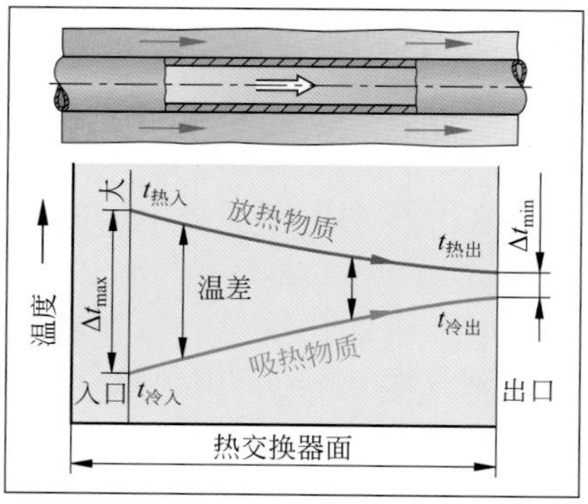

图 8-31：并流原理

逆流

逆流（countercurrent flow）时，位于热交换器壁两侧的放热和吸热流体朝相反的方向流动（**图 8-32**）。放热的流体流入热交换器中并在这里碰到流出的已经加热的吸热流体，这里的温差最小（Δt_{min}）。在流过热交换器时，已经冷却的放热流体与流入的吸热流体相对而行。在冷介质入口的位置，温差最大Δt_{max}。

根据入口和出口处的温差计算并流和逆流的**对数平均温差**$\boldsymbol{\Delta t_m}$。

右边的方程式用于计算交换的热量$\dot{Q}_D$。

平均温差
$\boldsymbol{\Delta t_m = \dfrac{\Delta t_{max} - \Delta t_{min}}{\ln(\Delta t_{max} / \Delta t_{min})}}$

交换的热流
$\boldsymbol{\dot{Q}_D = k \cdot A \cdot \Delta t_m}$

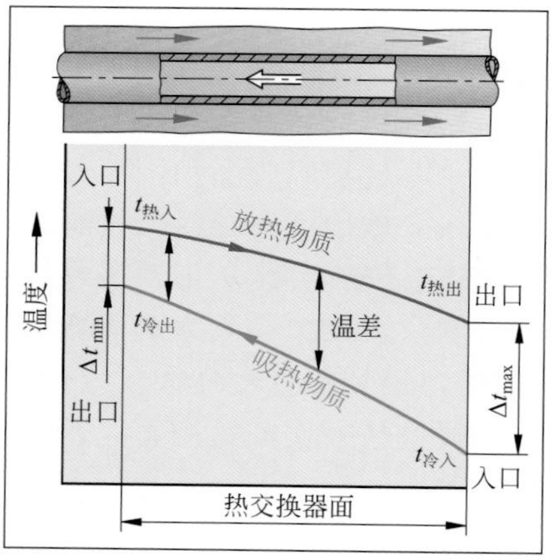

图 8-32：逆流原理

例：在采用逆流模式的热交换器中，入口和出口处温差分别为$\Delta t_{max} = 42.8℃$和$\Delta t_{min} = 20.7℃$。总传热系数 k 为 $1200W/(m^2 \cdot K)$，换热面积为 $4.00m^2$。交换热量有多大？

解：$$\boldsymbol{\Delta t_m} = \frac{\Delta t_{max} - \Delta t_{min}}{\ln(\Delta t_{max} / \Delta t_{min})} = \frac{42.8℃ - 20.7℃}{\ln(42.8℃ / 20.7℃)} = \frac{22.1℃}{\ln 2.068} \approx \mathbf{30.4}℃;$$

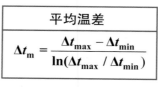

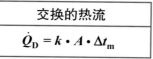

$$\boldsymbol{\dot{Q}_D} = k \cdot A \cdot \Delta t_m \approx \mathbf{146kW}$$

错流

错流（cross flow）时，被热交换器壁分开的两种流体垂直交叉流动。

例如，一种流体在管道中流动，另一种流体在管道外围垂直于管道流动（**图 8-33**）。

在热交换器中，单纯的错流极少见。常见的是将错流和逆流结合起来的方式，比如管壳式换热器中的**错逆流**（**图 8-34**）。

计算错流和错逆流的平均温差非常复杂，且通常不可靠，所以工作中主要使用经验值。

习题： 在一个采用并流模式的热交换器中，用 118℃的饱和蒸汽将盐水从 40℃加热到 62℃。总传热系数为 4500W/(m² • K)。

a) 平均温差有多大？

b) 如果每小时要传输 1500MJ 的热量，则热交换器的交换面积需要多大？

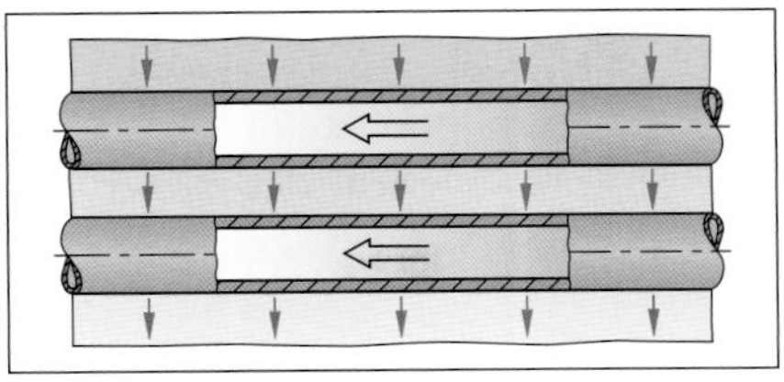

图 8-33：错流原理

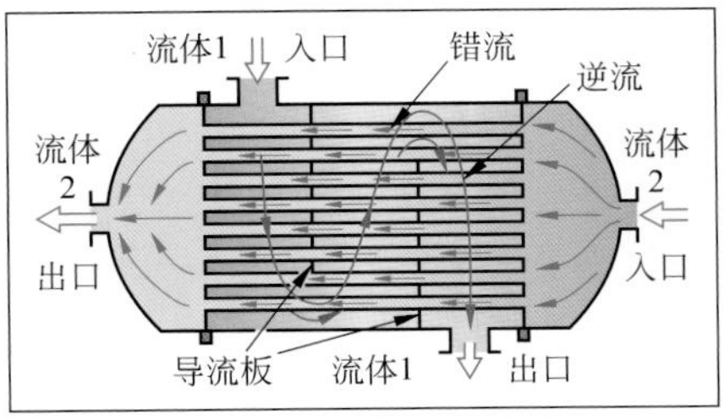

图 8-34：管壳式换热器中的错逆流

比较不同的介质输送方式

如果人们比较两种热交换器的温度曲线，其中一种热交换器以并流的方式运行，另一种以逆流的方式运行（**图 8-35**），则人们会发现，当流体入口温度一致，导热系数一致并且热交换器面积大小一致时，逆流的吸热流体的温度（$t^*_{冷出}$）比并流（$t_{冷出}$）的更高：$\Delta T^* > \Delta T$。

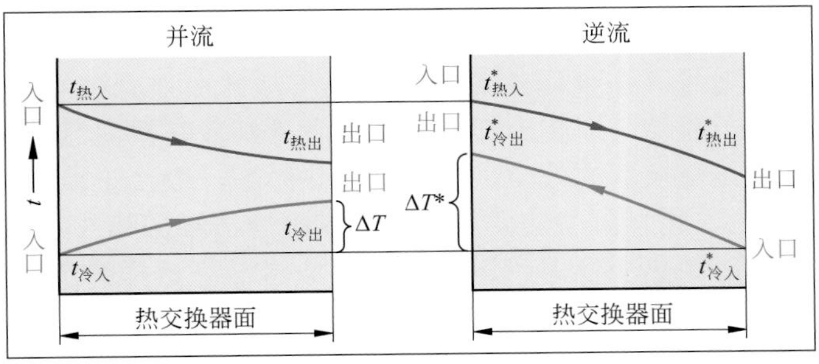

图 8-35：并流和逆流模式的温度曲线对比

逆流模式与并流模式相比，逆流模式较热的流体 W 释放更多的热量给较冷的液体 K。在逆流模式下，吸热流体 K 的出口温度（$t^*_{冷出}$）比放热流体 W 的出口温度（$t^*_{热出}$）更高。

这是在并流模式下无法达到的。

传输热量一定时，逆流模式的热交换器可以更小、成本更低廉。在相同的热交换器中，逆流模式所需的冷却水较少，但是加热温度更高。

逆流模式在实现最大传热的同时，热交换器的连接成本更低廉。介于逆流和并流之间的错流的导热密度略低，并流最低。

即便如此，出于介质自身的原因，错流或者并流也都是不可或缺的模式。

复习题

1. 请描述并流、逆流和错流的原理。

2. 请比较并流和逆流所传输的热量。

4 换热器

热交换器（heat exchanger），简称换热器或传热器，是一种用于把一种液体的或气体的热量通过中间的管壁传输给另一种流体的装置，也称为间接热传递。

4.1 管壳式换热器

管壳式换热器（tube heat exchanger）的结构简单，所需的空间小，传热效率高，价格低廉，是化工设备中最常用的热交换器。

管壳式换热器主要由一个圆柱状的壳体（外壳）组成，壳体内装有管束（**图 8-36**）。管束是由平行排列的管子所组成的一个组件，被焊接在带孔的圆形平板即所谓的**管板**上。

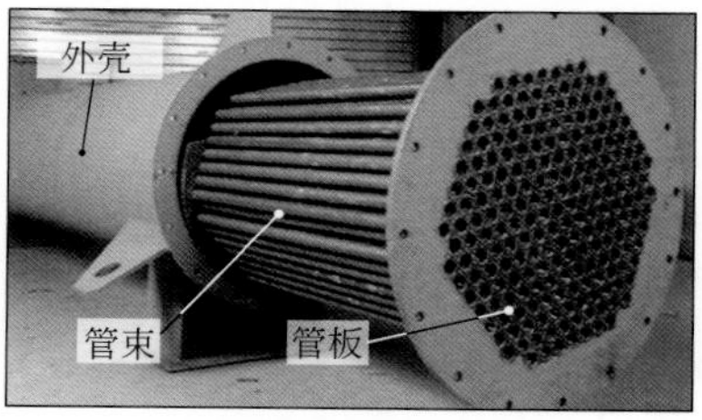

图 8-36：管壳式换热器（拉出管束）

传热效率
$\dot{Q} = k \cdot A \cdot \Delta t_m$

管壳式换热器有两个相互独立的空间：管内空间和外壳空间（**图 8-37**）。一种流体在管束中流动（管内部空间），另一种流体在管子之间的外壳空间中流动。

折流挡板控制着外壳空间中的流体方向，从而改善热交换效果。在使用热蒸汽时，蒸汽常常在外壳空间中围绕着管子流动，而要冷却的液体或者冷却液在管内流动。

热交换器的效率，也就是传热效率，取决于换热面积 A 的大小、总传热系数 k 和平均温差 Δt_m，请参阅旁边的公式。详细内容请参阅第 336 页的内容。

诸如热交换器管道上的水垢或者盐壳这样的沉淀物对热交换器的热导率有不利的影响。因此应避免形成沉淀物或者随时予以清除，例如通过酸洗或者通过高压蒸汽喷射，也称为冲洗。

管壳式换热器有不同的结构规格：

在**带两个固定管板的管壳式换热器**（符合标准 DIN 28 184）上，管道是热轧或焊接在两个固定的管板上（图 8-36）。管板与套管用螺栓牢固地旋接在一起。两种流体的流向可选择错逆流模式或者错并流模式。为了提高导热效率（例如外壳空间中是气体时），可在外部使用加翅片的管。

这种结构方式的优点是在取下侧面的密封罩后可通过掘钻或者高压吹洗等方式对内部进行机械清洁。

缺点是两种热交换介质的温差受到限制。这是因为管道固定夹紧在管板中，管道的热膨有限。

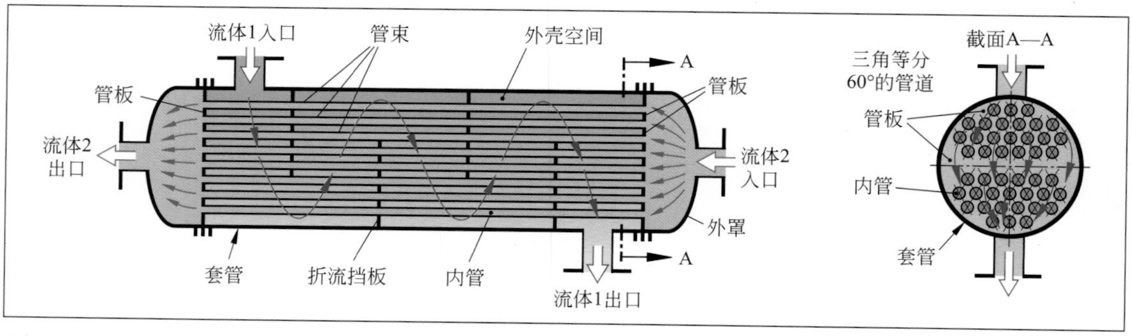

图 8-37：带两个固定管板的管壳式换热器及其断面图

带 U 形管的管壳式换热器（tube heat exchanger with U-tubes），也称为发卡式热交换器，其只有一个固定管板，管板上焊接着 U 形管（**图 8-38**）。管板上带有一个隔板，用于分开入水和出水。管束弯曲的末端随意伸入外壳空间中，仅用折流挡板支撑住。

这种结构热交换器的优点是不限制管束的热膨胀。因此进行热交换的流体的温差可以更大。在清洁管道外面时可以将整个管束从外壳中取出。缺点是只能机械清洁管子平直的部分，弯管部分不易清洗。

浮头式管壳式换热器（tube heat exchanger with floating head）将固定管板热交换器和 U 形管热交换器的优点结合起来。浮头式管壳式换热器由一个较小的热交换器组成，该热交换器自由地伸入壳体中，仅由挡板支撑（**图 8-39**）。这种结构不阻碍热膨胀。（浮动的）管板不以螺栓旋接，有一个密封壳和折流帽罩。设备的这部分叫作浮头。可以对直管的内部进行机械清洁。但是管束和外壳间隙较大会造成空间损失。

扁管或叠片式换热器（flat-tube heat exchanger）是一种带扁管、散热片或者六角管的管壳式换热器（**图 8-40**）。

一种流体在扁管内流动，另一种流体在外壳空间中流动。管束可固定安装在两个管板之间或者用一个浮头补偿热膨胀。借助扁管的角度形状让外壳空间中的流体产生明显的涡流。从而，相对于圆管式热交换器，扁管式换热器的换热效率更大。

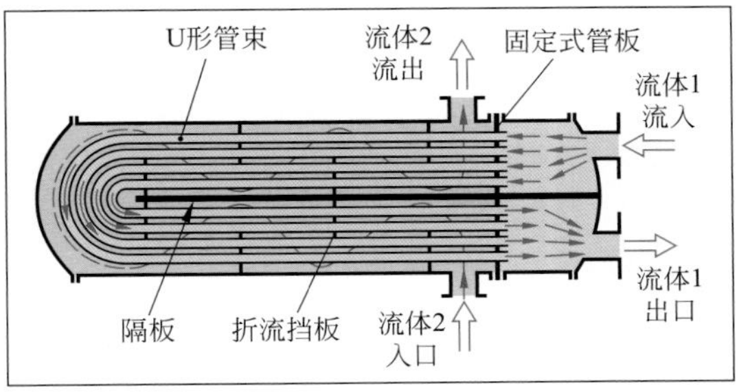

图 8-38：带 U 形管的管壳式换热器

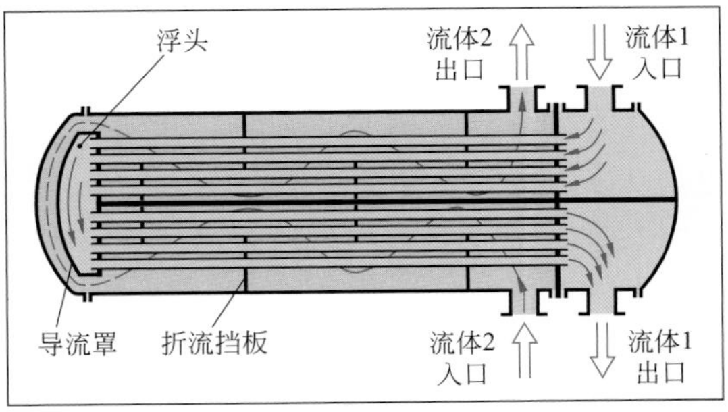

图 8-39：浮头式管壳式换热器

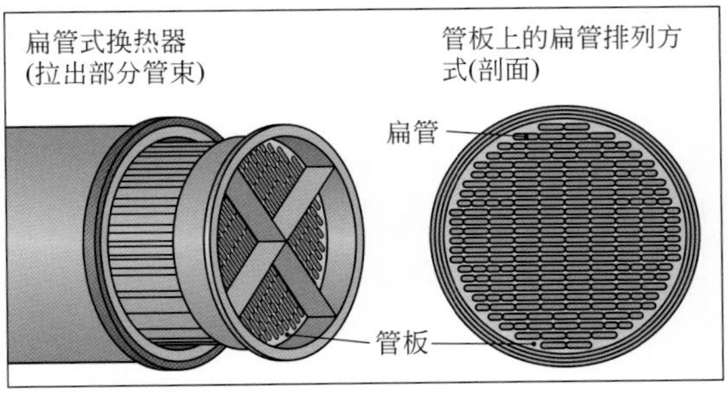

图 8-40：扁管式换热器

4.2 盘管式换热器

在盘管式换热器（tube coil heat exchanger）中，热交换管被制作成一种螺旋状的盘管组，其螺旋有数个不同的直径（**图 8-41**）。除了中间的空间，盘管组填满整个外壳空间。盘管中流动着一种流体，另一种流体在热交换器的外壳空间中围绕着盘管流动。盘管式换热器具有很高的换热效率，但很难进行清洗。

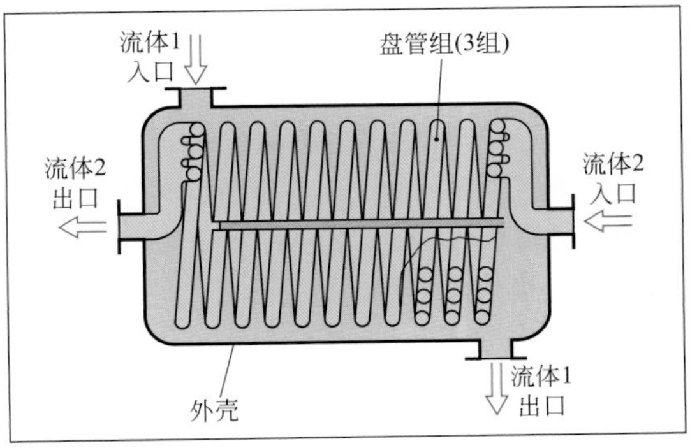

图 8-41：盘管式换热器

4.3 套管式换热器

套管式换热器（double pipe heat exchanger）由一些套管组成，这些套管在一个支架中依次并排排列成为一体（**图 8-42**）。

进行热交换的流体以逆流的方式相对流动。

在用热蒸汽加热时，冷流体从下方流入并在内管中向上流动。外套空间中的热蒸汽从上方送入，然后向下流至冷凝水排水管的最下端。

套管式换热器用于冷却时，冷却液也是从下方流入外壳空间中。

套管式换热器的热交换面只能在内部以机械方式清洁平直的部分，外壳空间一侧很难清洗。

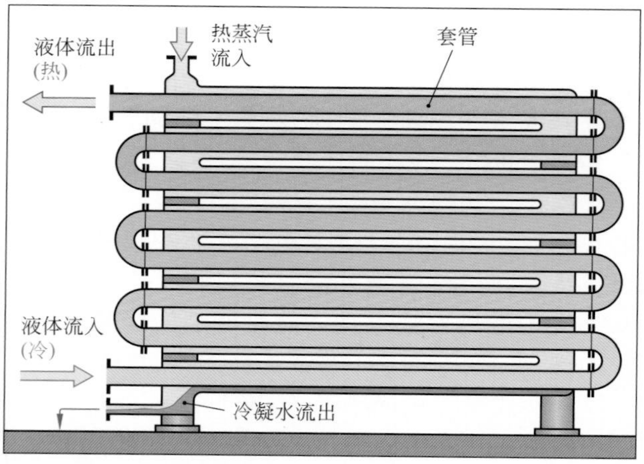

图 8-42：套管式换热器

4.4 螺旋板式换热器

螺旋板式换热器（spiral heat exchanger）有两个扁平的螺旋状液流管，其由两块以相等间距缠绕成螺旋形的金属板构成（**图 8-43**）。螺旋板的两侧由侧盖密封住，某些型号在清洁时，可以将侧盖取下。在螺旋板式换热器中一种流体从中央流入，从四周流出，另一种流体则相反。

螺旋板式换热器的结构紧凑，主要用于液体之间的热交换。

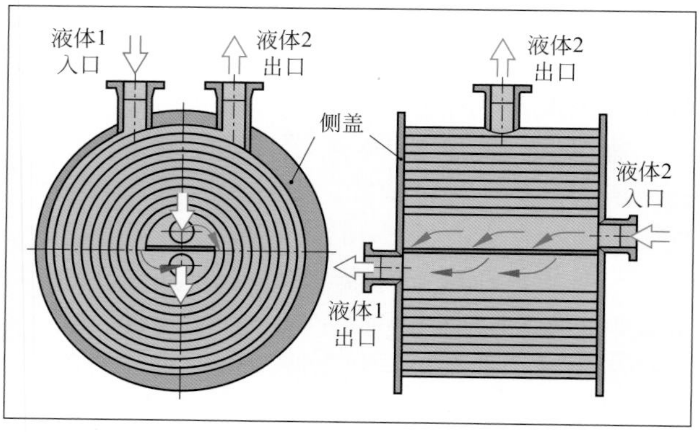

图 8-43：螺旋板式换热器

4.5 板式换热器

板式换热器（plate heat exchanger）由一套带凹槽的直角平板组成，热交换流体在其中流动（**图 8-44**）。将平板安装在一个连杆架当中并通过拧紧顶板进行密封。各个平板之间用通孔彼此连接，使热流体在两个输送冷流体的空腔之间流动。可以将平板依次拉出进行清洗，因此也用于不太干净的流体。板式换热器结构紧凑，占地较小，同时具有较高的传热效率。

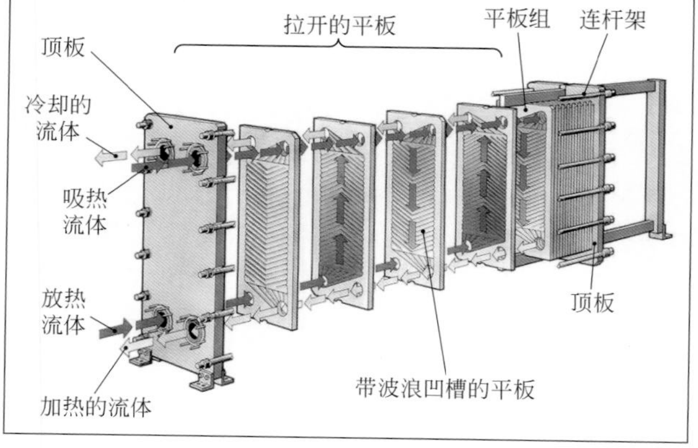

图 8-44：板式换热器（及拉开的平板）

5 冷凝器

冷凝器（condenser）是一种专门的热交换器，用于通过冷却（冷凝）使气状（气态）物（也称为蒸气）液化。

冷凝器被用于化学工业的许多工艺：对工艺气体进行压缩（第 67 页），制造真空（第 74 页），从气体混合物中离析气体杂质（第 385 页），蒸馏和精馏（第 428 页）等。

物理基础知识：在冷凝器中，蒸气因为冷凝从气态变为液态。此时从蒸气中抽取冷凝热，为此要使用一种冷却液。从一种物质的沸点图中可以看出这种物质各个物态的存在范围以及从一种物态过渡到另一种物态的条件（**图 8-45**）。

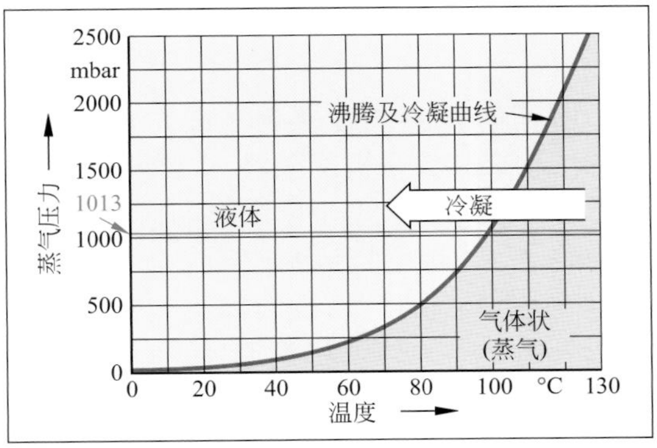

图 8-45：水的沸点图

在图 8-45 中的红色区域，物质是气态的，在蓝色区域是液态的。沸腾及冷凝曲线将这两个区域分开，在冷却时蒸气便会越过这条线，从而冷凝为液体。每种物质都有自己独特的沸点图。

根据功能和结构冷凝器基本上分为两种：表面冷凝器和混合冷凝器。

5.1 表面冷凝器

在表面冷凝器中，热蒸气在热交换器壁的外表面上冷凝（**图 8-46**）。热蒸气和产生的冷凝液在换热器的外侧，冷却液在换热器的内侧，两者分别在相互隔开的空间中流动，通过换热器的间壁间接进行热交换。

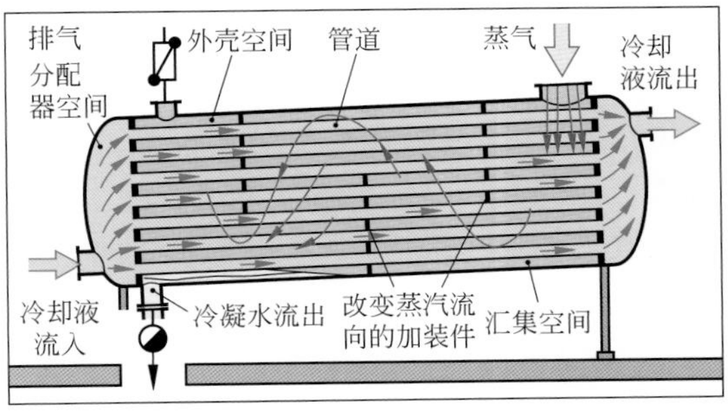

图 8-46：管束式冷凝器的示意图

当冷凝液不得与冷却液混合时（比如有毒物质、烃或者溶剂），要使用表面冷凝器。

最常使用的表面冷凝器是**管束式冷凝器**（**图 8-46**）。其结构跟管壳式换热器一样（第 338 页）。管束式冷凝器大多以平躺并略微倾斜的方式进行安装。冷却液流从最下端流入并在加热后从冷凝器高处的出口流出。

在外壳空间中，蒸气围绕着管道流动并且在管道的外表面发生冷凝。折流挡板控制着蒸气的涡流，从而改善热传递效果。在管道上形成的冷凝液向下滴落并汇集在外壳空间的最下方，在这里用一个冷凝液管排出（第 33 页）。带入的外部气体（例如空气）用一个风扇排出。

当所需的蒸气流较大时，管束式冷凝器的尺寸可能会十分庞大（**图 8-47**）。

图 8-47：工业中使用的典型管束式冷凝器

也使用其他结构形式的冷凝器。与相应的热交换器相比，其管套的排列方式以及过流断面有时会有所不同。比如，**平板式冷凝器**拥有比板式换热器更大的蒸气过流断面（**图 8-48**）。冷却液入口大多位于下方，出口位于上方。蒸气从上方送入，形成的冷凝液因重力的原因从下方流出。

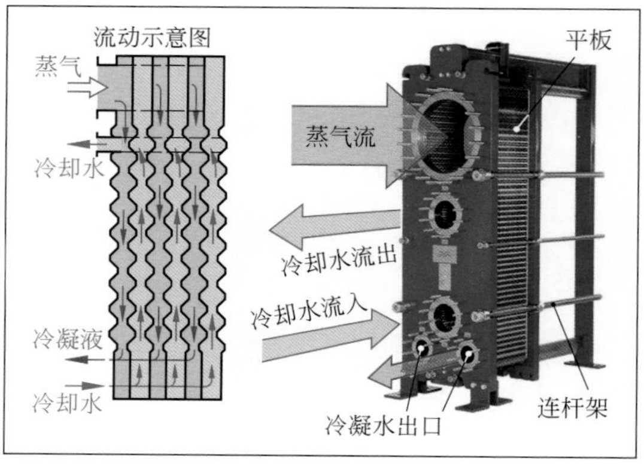

图 8-48：平板冷凝器

所谓的**紧凑式冷凝器**（**图 8-49**）是一种特殊结构样式的平板冷凝器。这种冷凝器由许多平行排列的波浪形平板组成，相应地在一侧上方送入蒸汽，另一侧则有冷却剂围绕流动。隔板的波浪形表面使得流体产生涡流，从而改善热传递效果。因此每个单位体积能产生极大的冷凝效率。在相同的冷凝效率下，紧凑型冷凝器使用的单位体积约为管束式冷凝器的 1/10。

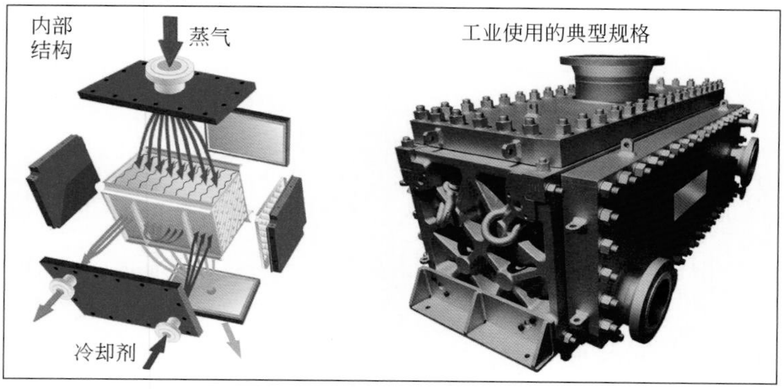

图 8-49：紧凑式冷凝器

5.2 混合冷凝器

在混合冷凝器中，需冷凝的蒸气以逆流的方式被送入有雾化冷却水的设备空间（**图 8-50**）。通过导流板和分配装置控制液流，使蒸气和冷却水雾混合在一起。这样，物质能进行深度的直接热交换。

冷却水吸收蒸气冷凝所释放的冷凝热，从而被加热。蒸气因释放冷凝热而冷凝为冷凝液。冷凝液 / 冷却水的混合液一并离开冷凝器。

介质直接进行热交换的方式使得每个单元体积上产生很大的冷凝效率。因此，较小的混合冷凝器可冷凝较大的蒸气流。

只有蒸气冷凝液和冷却液允许混合时才能使用混合冷凝器。这可以用于冷凝未净化的水蒸气。例如，在借助水蒸气射流驱动的真空泵制造真空的情况下可以使用此冷凝器（第 75 页）。

对于其他的蒸气（例如烃，石油馏出物或者有机溶剂等），如果在混合冷凝器中产生了冷凝液 / 冷却液混合物，则必须用复杂的工艺进行分离。

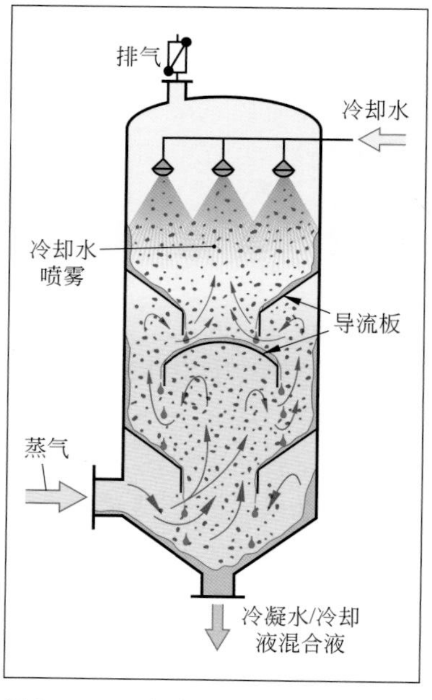

图 8-50：混合冷凝器

6 搅拌釜的加热和冷却系统

6.1 间接传热

在大多数情况下，通过罐壁**间接传热**对罐内的产品进行加热或者冷却。这种间接传热的设备和装置有很多类型（**图 8-51**）。

搅拌釜外的双层夹套是最常用的间接加热或冷却装置。加热时使用最高 6bar 的饱和蒸汽以及不同的加热液。冷却时则使用冷却液或者冷冻盐水。

焊接的全盘管或者半盘管可以送入最高 50bar 的水蒸气。因此可将待加热物质加热到最高约 250℃。水蒸气从双层夹套和焊接管道的上部送入，冷凝液从下部流出。加热液或者冷却液从下部送入并从上部流出。一般来说釜体都带有隔热层以防止热损失。

加热装置或者冷却装置外置的优点是不改变釜的内部空间。这确保釜内能够不受干扰地进行搅拌并且容易清洁。

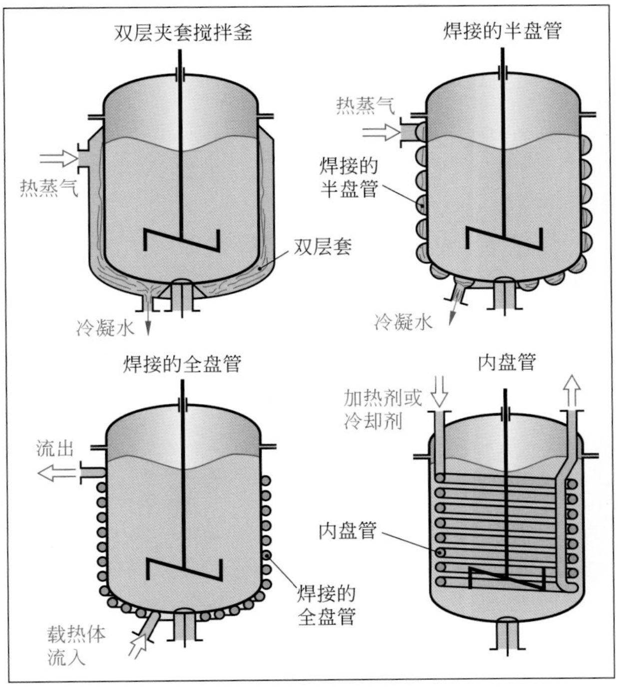

图 8-51：用于间接加热和冷却搅拌釜的装置

缺点是当釜体较大时，无法快速加热或者冷却釜内的产品，原因是可传输的热流受到釜体内表面积大小的限制。通过大力搅拌可加大热传递的效率。

内盘管浸没在釜的内容物中，能够提高加热或冷却的速度，既可以单独使用，也可充当外部加热之余的附加加热方式。内盘管的缺点是在调整生产时必须另外费时费力地清洁盘管以及在发生泄漏时会污染产品。

6.2 直接传热

在直接传热时，直接送入蒸气或者溶剂，把包含的热量送入釜的内容物中。只有加入的载热体不影响釜内容物的成分和浓度，才能使用这种加热或冷却工艺。

例如将热蒸气（水蒸气）吹入釜中进行迅速加热（**图 8-52**）。加热蒸气冷凝为液体并释放其冷凝热给釜的内容物。

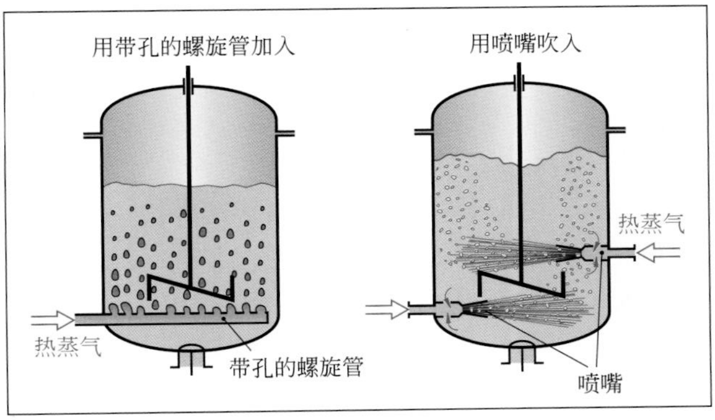

图 8-52：用热蒸气直接加热

6.3　加热和冷却系统

为了对搅拌釜内的物料进行加热或者冷却，可使用不同的加热/冷却组合系统。加热剂可以是热水、水蒸气或者载热介质油。冷却剂是冷水、冰冻盐水或者乙醇/水的混合物。

选择加热剂和冷却剂，关键性的因素是搅拌釜的内容物所需的温度以及要送入和排出的热量。

借助管道连接将加热和冷却系统组合起来。

例：采用水蒸气和冷却水的加热冷却系统（图 8-53）

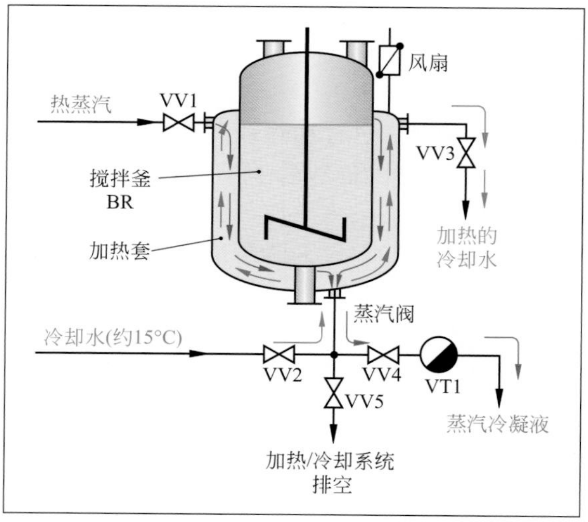

图 8-53：使用水蒸气或者冷却水的加热/冷却系统

加热：例如，以 4bar 的压力从上部将水蒸气送入搅拌釜的双层夹套中。水蒸气在这里发生冷凝，将冷凝热传递给釜内的产品。热蒸汽冷凝液在下方用一个冷凝液排出管（VT1）排出。

加热时的阀门位置：VV1 和 VV4 打开；VV2、VV3 和 VV5 关闭。

冷却：冷却水在双层夹套下方送入并从上部排出（图 8-53）。应调节冷却水的水量，从而让冷却水的回流温度不超过 45℃。在这个温度下一方面不会形成水碱，另一方面也能尽量少地消耗冷却水。

冷却时的阀门位置：VV1、VV4 和 VV5 关闭；VV2 和 VV3 打开。

在下次加热前必须首先通过阀门 VV5 将冷却水排出，否则可能会造成蒸汽冲击。

例：使用热水和冷却水或者冰冻盐水的加热/冷却系统（图 8-54）

加热：热水从下方进入热管套中并在通过盘管后向上流出。用混合喷嘴（蒸汽喷射加热器）送入热蒸汽持续将热水加热到所需的温度。热水在膨胀罐中静置后，用循环泵将其送入热水循环中。

用无压力的热水可以将釜内的产品加热到最高 90℃。用高压热水（VV8）可以达到更高的热水温度，例如在压力为 9bar 时，可以加热到最高 170℃，而不会发生蒸发。

在加热时，阀门 VV1 打开，另一个阀门关闭。通过 VV7 溢流热水，排空则通过 VV2。

冷却：在用冷却水或者冰冻盐水冷却时（VV4 或者 VV5 打开，VV1 关闭），将冷却液送入冷却盘管中，然后通过膨胀罐以及阀门 VV6 排出。被加热的冷却水或者回流的盐水会在一个热交换器中再次冷却，然后通过 VV4 或者 VV5 被再次送回到冷却盘管中循环使用。

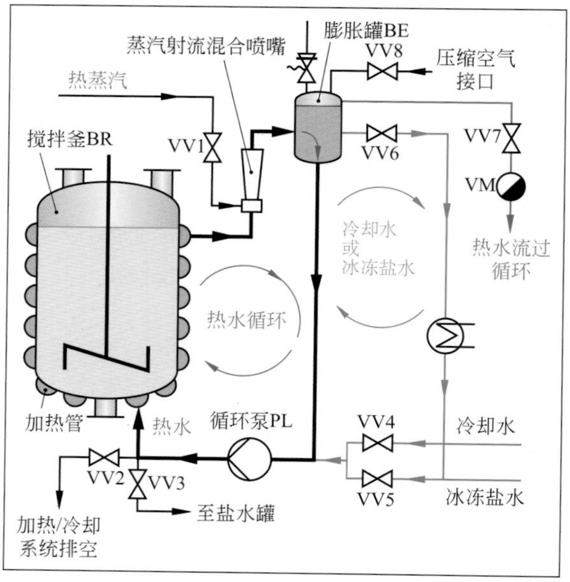

图 8-54：热水/冰冻盐水加热/冷却系统

7 热交换过程中的节能

在使用热交换器时有多种方法可以高效地传递能量并最大化利用能量，由此可节约成本，节省能源，并且不会因不必要的能源损失而给环境造成负担。

下面介绍在热交换器中几种重要的节能方法。

冷却水循环温度调节（图 8-55）

在不限制冷却水流量时，足够的冷却水不断流过热交换器，这样即使在最大的热交换效率下冷却水的回流温度也不会被加热到超过 45℃（不超过这个温度不会形成水垢）。如果所需的热交换效率较低，则同样多的冷却水流过热交换器，其加热冷却水的温度也远远低于 45℃。

为了尽量降低冷却水的消耗，应根据回流温度用一个温度调节器将冷却水流量调节到最小。通过调节冷却水的流量，使其回流温度保持在 45℃左右。由此避免形成水垢，并且能使用最大的加热温度范围（45℃ $-t_{回流}$）。

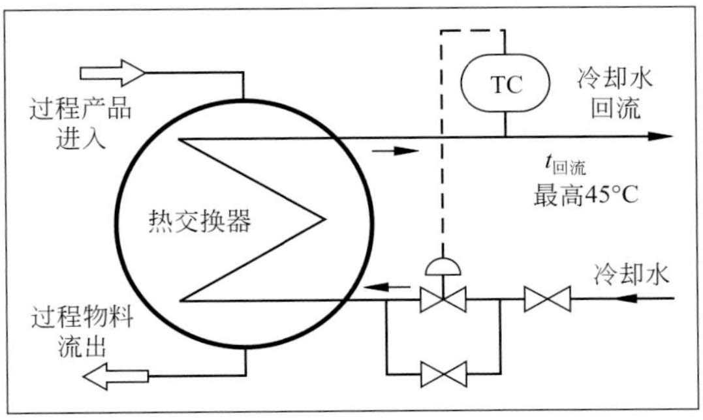

图 8-55：回流冷却水的温度控制

循环中的冷却水控制（图 8-56）

一家工厂使用的冷却水必须按照多个步骤从井水或者泉水制得（第 477 页）。为了将所需的冷却水的水量保持最少从而降低费用，因而循环利用冷却水，例如用一个空气冷却器再次将其冷却后循环使用。由此将加注设备所需的冷却水量降到最少。

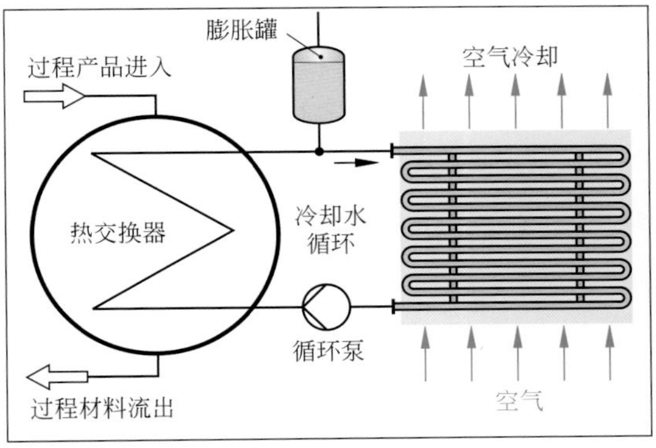

图 8-56：冷却水再冷却

从冷却水中回收热量

可以通过一个热交换器回收被加热的冷却水中的热量并在工厂内合理利用，例如用于预热物料。

从冷凝液中回收热量（图 8-57）

来自用热蒸汽加热的搅拌釜和其他加热设备的热蒸汽冷凝液可收集起来并作为锅炉供应水直接送入循环中用于制造热蒸汽，借此可以利用热蒸汽冷凝液中包含的热量。前提是冷凝液必须干净（例如水蒸气冷凝水），并通过分析检测予以确保。如果冷凝液已经脏污，则不能作为锅炉供应水送入蒸汽发生器中，但可用一个预热换热器将冷凝热用于预热锅炉供应水。

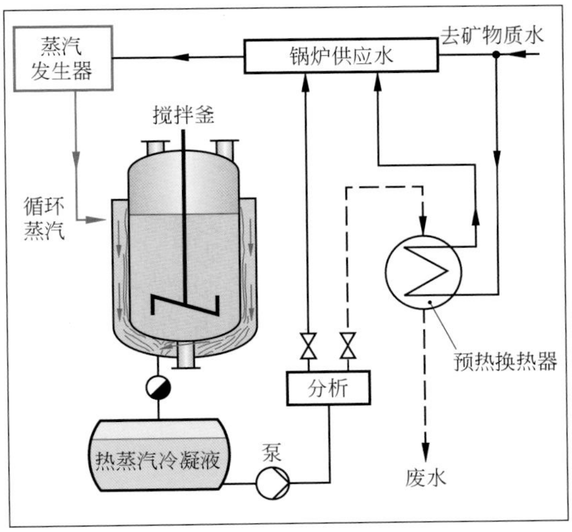

图 8-57：从蒸汽冷凝液中回收热量

8 用空气和喷淋水冷却

在许多化工设备中，大量的热量处于低温状态，因而不能在热交换器中予以回收并送回到生产过程中。这些废热必须在没有明显危害环境的条件下释放到空气或者河水中。

翅片管空气冷却器

翅片管空气冷却器（finned tube cooler）由一排翅片管组成，管子里流动着要冷却的液体（**图 8-58**）。冷却介质为空气，用鼓风机吹拂这些管道，因管子上有翅片，因而明显加大了其表面的传热面积。如果化工厂所在地没有可用于冷却的水，而必须使用空气作为冷却介质时，则使用这种翅片管空气冷却器。

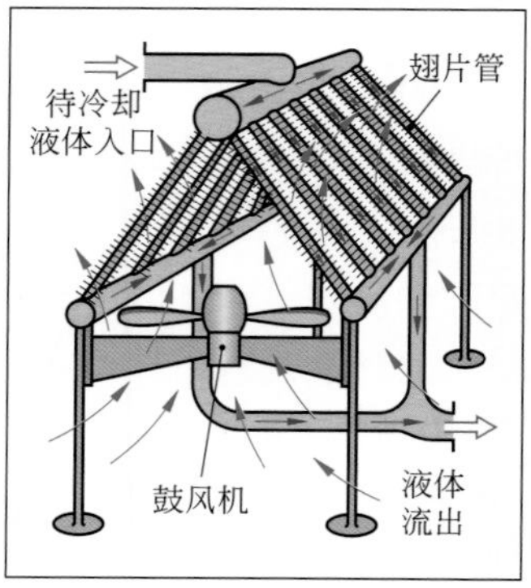

图 8-58：翅片管空气冷却器

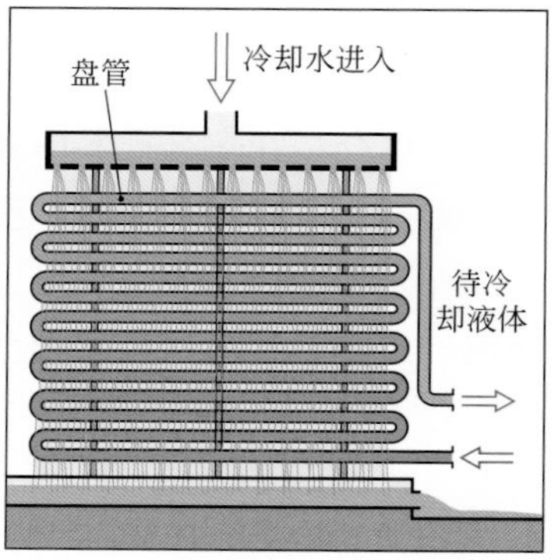

图 8-59：薄膜冷却器

薄膜冷却器

薄膜冷却器（film-type cooling tower）由多列盘管组成，管中流动着要冷却的液体（**图 8-59**），在盘管上持续不断地流动着冷却水。待冷却的液体通过加热下流的冷却水并使其部分蒸发来达到冷却的目的。

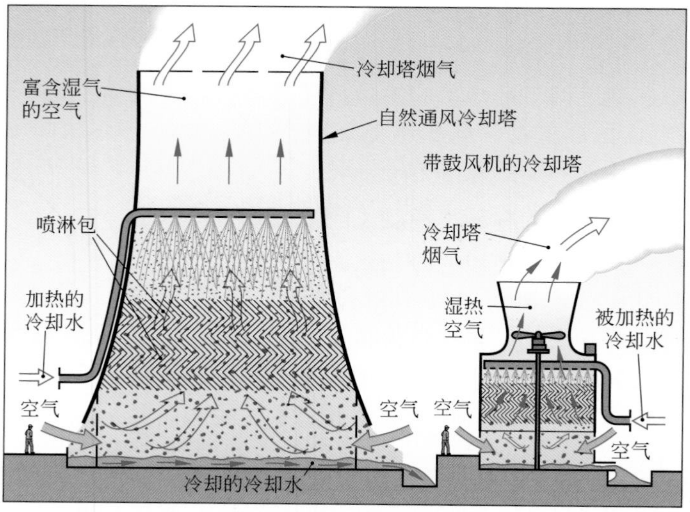

图 8-60：自然通风冷却塔和带鼓风机的冷却塔

冷却塔

在**自然通风的冷却塔**（cooling tower）中，被加热的水从上喷入并经过具有大表面的喷淋包往下流（**图 8-60**，左侧）。由于具有天然的冷却效应，冷却塔从下方吸入空气并使其流经下流热水的侧面从而带走一部分水的热量。部分水在往下流时会发生蒸发，剩下一部分水中的热量因蒸发被抽走，因而热水被冷却下来。

自然通风冷却塔的缺点是结构尺寸较大（最高可达 100m），会形成云雾和增加空气湿度从而损害环境。其优点是运行时不需要使用辅助能源。

带鼓风机的冷却塔的冷却原理与自然通风的冷却塔相同。风扇抽取空气并使其以较大的速度流过喷淋包，从而使冷却塔在结构尺寸小得多的情况下仍可达到较大的冷却效率。

复习题

1. 管壳式换热器有哪些结构类型并且有哪些优缺点？
2. 套管式或者螺旋板式换热器主要使用在哪里？
3. 平板式冷凝器的结构是什么样的？
4. 用水蒸气直接加热罐内的产品有哪些优点？
5. 请说明自然通风冷却塔的工作方式。

分离过程概述

从混合物中分离出单个成分是化工生产过程中一个重要的单元操作（unit operations）。

大部分的天然原材料以及通过化学反应所制造的产品都是混合物，在进行后续加工或者最后使用时都需要将其分离成单个成分。

分离过程（separation process）和相应所需的机器设备大多是化工厂的核心部分。在整个化工厂中，分离设备所占的成本经常是最大的。

分离工艺的任务是从一种混合物（物质系统）中分离出一种或者多种成分。

混合物成分的物态以及各个成分的物理化学特性是选择使用何种分离方法的关键因素。

因此，在系统性考虑分离方法时，会按照物态将混合物分成几类（**图 8-61**）。

混合物被分为固体混合物、固液混合物、溶液、气体混合物、带固体或者液体颗粒的不纯净气体以及液体混合物。

根据不同物质的**物理**或者**化学特性**按照不同的**分离机制**分离混合物。

最常使用的两种分离机制是机械分离或者热分离方法。

在**机械分离方法**中，由于物理特性不同，通过施加机械力来进行分离。

例：在**分级**时，不同大小的固体物料颗粒会借助重力的作用分离出大小相同的颗粒。

在用**离心机分离**时，带有固体颗粒的液体会在离心力的作用下分离为液体和固体颗粒。

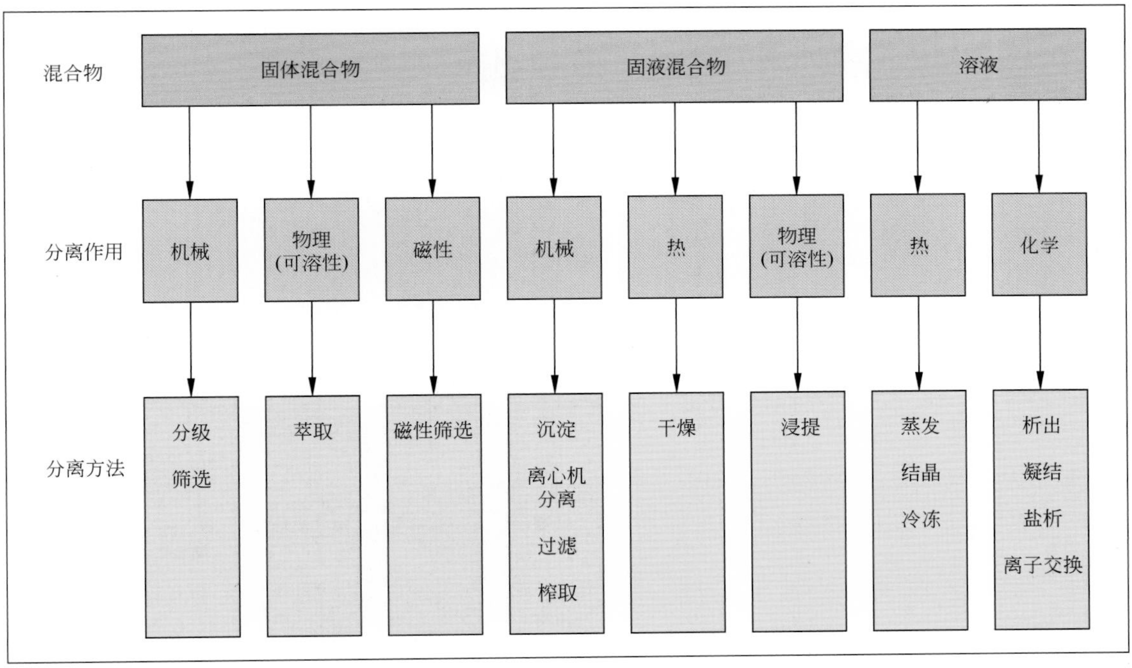

图 8-61：分离方法一览表（后接第 348 页）

在**热分离方法**中，主要根据不同物质的物理特性（大多为物态变化）不同，通过加热或者冷却进行分离。

例：在蒸馏液体混合物时，用蒸汽加热混合物，然后再冷凝沸点较低的成分，使其从混合液中分离。

同样也使用基于特殊的**物理**、**化学**或者**理化**性质的分离方法。

特殊的**物理特性**如二元体系的组分在溶剂中的溶解性不同等，此特性可在萃取时应用。

而与特定物质的选择性反应则属于**化学作用**，例如在表面活性剂中应用这种选择性反应能力，对气体成分进行选择性**化学吸附**。

物理分离机制使用在**液体-液体萃取**等过程中。此时，混合物的一种液体在溶剂中溶解和分离，而另一种液体无法溶解便留在混合物中。

在某些分离过程中也使用**电**和**磁性**作用。

例：在**磁性筛选**时，由不同金属颗粒组成的混合物可分离为带磁性的和不带磁性的金属。在对含灰尘的废气进行**电子除尘**时，灰尘微粒被电吸附，随后因静电力的作用而分离出去。

一个分离任务大多要用多个分离方法来完成。在带固体成分的混合物上主要使用机械和热分离方法。液体混合物主要用热和理化分离机制进行分离。气体混合物只能以理化方法分离，而不干净的气体可以用机械或者电的方法分离。

具体的分离任务究竟选择哪种分离方法，取决于混合物、单个成分以及工厂的情况等因素。优先选择能达到待分离成分所需的洁净度且成本最低廉的分离方法。

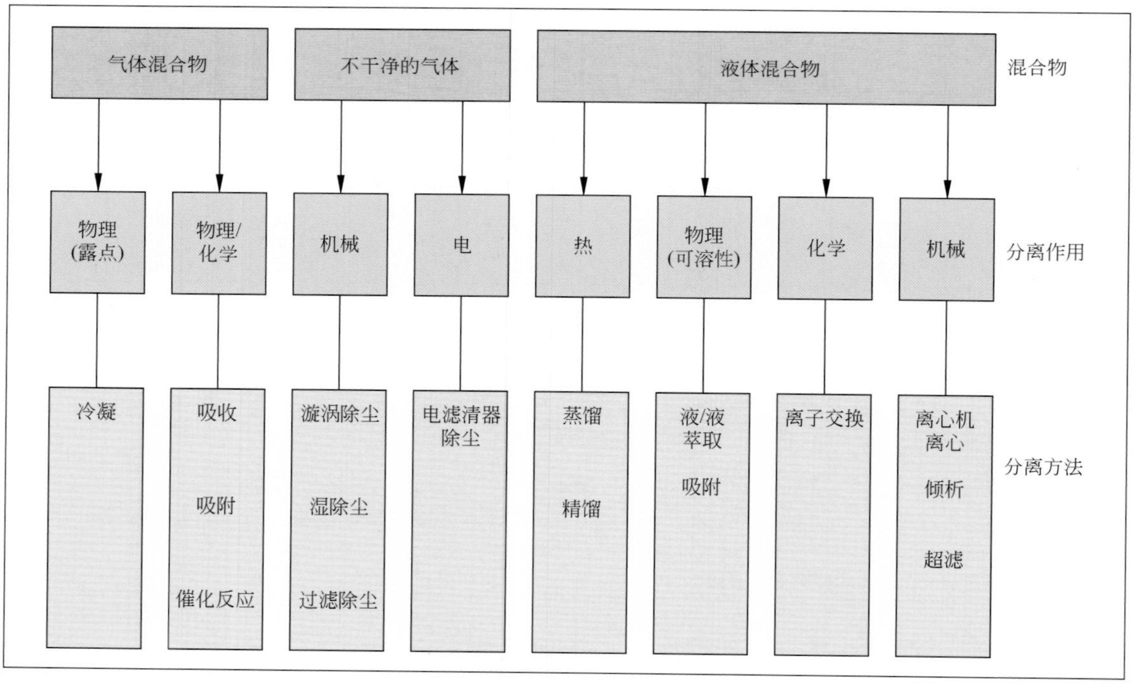

图8-61：分离方法一览表（续接第347页）

Ⅸ. 机械分离方法

机械分离方法是根据各个成分的物理特性不同，借助机械力的作用对混合物进行分离的方法。

机械分离方法用于分离固体混合物、固液混合物、含尘气体以及以弥散方式混合的液体。

1 固体混合物的机械分离方法

要将黏着在一起的固体混合物以机械方式分离开来，需要一系列步骤。**图 9-1** 显示了物质分离的一个例子。

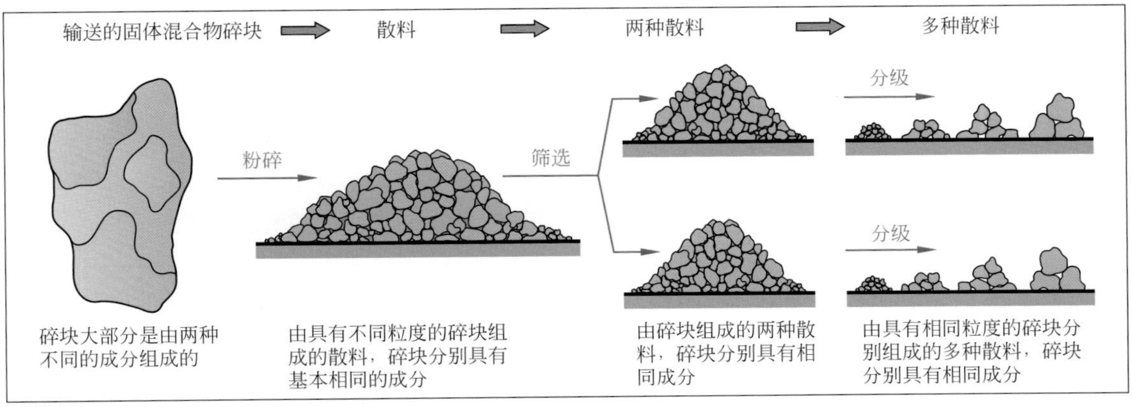

图 9-1：机械分离固体混合物示例（示意图）

首先必须将矿山或矿井里采出的固体混合物大块粉碎成为中小碎片的颗粒矿料堆。这是为了使得到的颗粒分别仅含有混合物中的一种成分。破碎大块固体混合物时，主要在不同成分的分界线处发生碎裂。在破碎后还包含两种混合物成分的颗粒相对较少，在接下来的分离过程中，把其中所需成分含量比较高的颗粒碎块划归到相应的料堆中。携带的其他成分是杂质，如果需要的话必须在后面的过程中除去这些杂质。

在**粉碎**（comminution）后，固体混合物成为大小不同的颗粒状固体散料（料堆），也就是说这些碎块具有不同的粒度，且主要由一种成分构成。

将一堆混合矿料分为两堆各自有单一成分的矿料，称为**筛选**（sorting）。通过筛选所得的两堆矿料各自由成分相同但大小不同的颗粒组成，可使用机械分离方法筛选，例如沉淀、浮选和磁性筛选。在沉淀时，利用矿料不同的密度进行分离；在浮选时，根据不同粒度颗粒的可浸润性不同和因此造成的气泡吸附性不同分离混合矿料；在磁性筛选时，颗粒通过是否发生磁吸产生分离效果。

为了进一步加工的需要，将两个矿料堆相应地分为具有多个粒度大小的多个矿料堆。这种过程步骤被称为**分级**（screening）。分级常见的方法有过筛、吹风法分级以及分流。过筛在筛分机中进行，吹风法分级或者分流在气流或者水流中进行，在分离过程中流体带走矿料的小颗粒并沉淀下大颗粒。

分离方法也可按照其他的顺序进行，如可能需要先进行分级，然后再进行筛选。

筛选和分级的分离方法的特征

散料的颗粒大小分布请参阅分布密度曲线（第 293 页），它是分级和筛选的基础。

在混合颗粒分级为两部分时，例如在过筛时，矿料筛分出百分比为 g 的粗料和百分比为 f 的细料（**图 9-2**，上图）。

这两个数值加起来总是为 1：$g+f=1$。

在每个颗粒直径 d 上，粗料和细料的分布密度曲线相加形成原矿料的分布密度曲线。按照公式表达为：$m_A = m_G + m_F$

在**理想的分离**情况下，分布密度曲线不会重叠。在这种情况下，一个垂直的断面将原矿料分为粗料和细料（**图 9-3**，左图）。

在**理想的分布**情况下，例如在分离散料或者筛选时可能出现的理想情况中，所得的子集具有较小、但类似的分布密度曲线（**图 9-3**，图右侧部分），合起来就成为原矿料曲线。

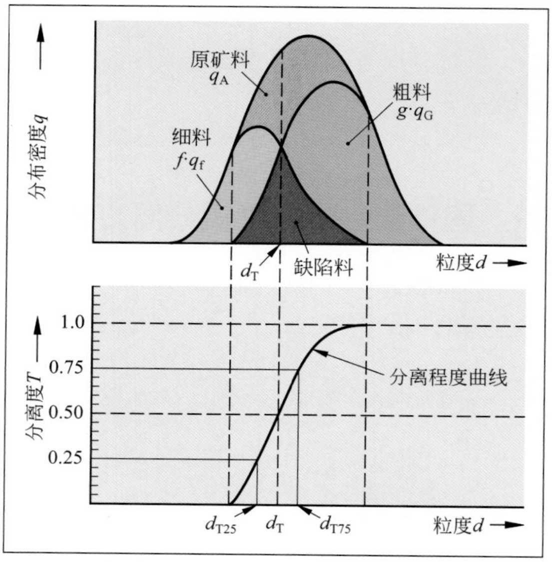

图 9-2：分离方法的分布密度曲线（上图）和分离度曲线（下图）

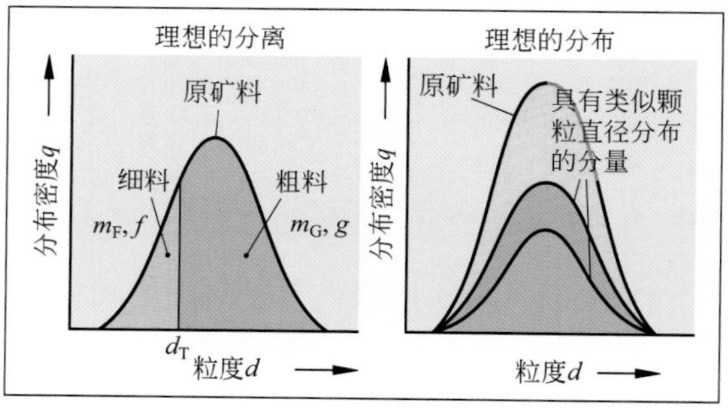

图 9-3：理想分离和理想分布情况下的分布密度曲线

在**实际的分离**中，粗料和细料的分布密度曲线会重叠（图 9-2，上图）。根据分离过程的效果优劣，重叠部分大小不同。

粗料和细料的分布密度曲线在颗粒直径 d_T 处相交。人们将 d_T 称为**分界粒径**。

可以用**分离度** T 来描述粗料曲线和细料曲线相交区域的分离程度。

分离度
$$T(d)=\frac{g\cdot q_G(d)}{q_A(d)}$$

这是在相应颗粒直径 d 上，粗料比例 $g \cdot q_G$ 和整个原矿料 q_A 相除所得的商。

分离度曲线是一种 S 形的曲线（图 9-2，下图）。

根据分离过程的效果优劣，曲线的斜度有所不同（**图 9-4**）。

分离精度
$$\beta=\frac{d_{25}}{d_{75}}$$

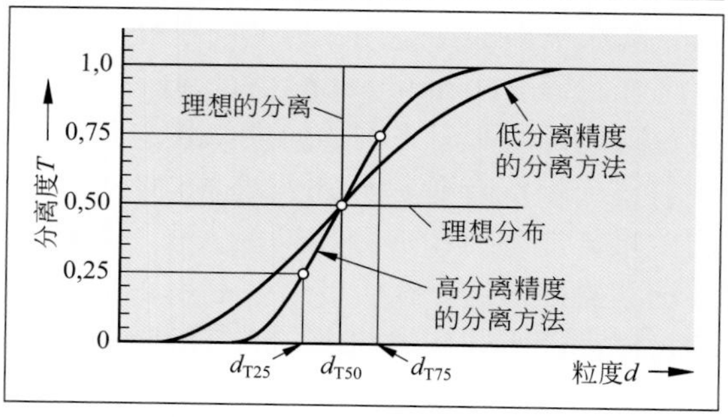

图 9-4：两种分离方法的分离精度

我们把分离程度曲线的斜度看作是首次分级的**分离精度** $\boldsymbol{\beta}$ 的量度。用颗粒直径 d_{25} 和 d_{75} 的比值表示。颗粒直径 d_{25} 和 d_{75} 的分离度分别为 $T=0.25$ 或者 $T=0.75$。分离精度 β 的数值在 0 ～ 1 之间。在理想化的分离情况下，β 为 1，在理想化的分布情况下，β 为 0。

例：在分级过程中，直径 $d_{25}=0.74\text{mm}$，$d_{75}=1.83\text{mm}$。

根据上述公式计算分离精度：$\boldsymbol{\beta}=\frac{0.74\text{mm}}{1.83\text{mm}}=0.4044\approx\mathbf{0.40}$

1.1 筛选

筛选是把一种包含多个不同成分颗粒的散料（矿料堆）筛分成多个具有相同成分的矿料堆（第 349 页，图 9-1）。

在筛选时按照颗粒的特性进行分离，例如颗粒密度的不同。

在筛选时可借助各个成分不同的物理特性，例如密度、可浸润性或者磁化性。

1.1.1 密度筛选

利用混合散料不同成分的密度不同这一特性进行密度筛选（density sorting）。

密度筛选主要用于分离矿石 / 矸石混合物。最常用的密度分离方法是**簸选、摇床分选**和**重液分离**。

簸选

持续不断地松动和晃动两种成分的矿料从而对其进行分离，这种方法被称为簸选（jigging）。较低密度的颗粒汇集在上部，较大密度的颗粒在下部。

簸选在**簸选设备**中进行，用空气或者水作为松动介质。成功进行筛选的前提是要分离的物质之间有足够大的密度差异。

湿式振动簸选机由一个容器（水箱）组成，里面盛有水，用一个振动电机通过橡胶膜大力上下移动水箱中的水（**图 9-5**）。在每个振动行程中，水会流过倾斜的多孔簸选床，使得床上的分离料浮起，将其松动，朝簸选床下方流动，然后按照密度筛分矿料颗粒。用一个横向于运输装置的溢流槽排出上面的较轻矿料。下面的较重物料借助底部的水流离开簸选箱。浮起的矿料和簸选矿料在筛选滑动过程中进行脱水。

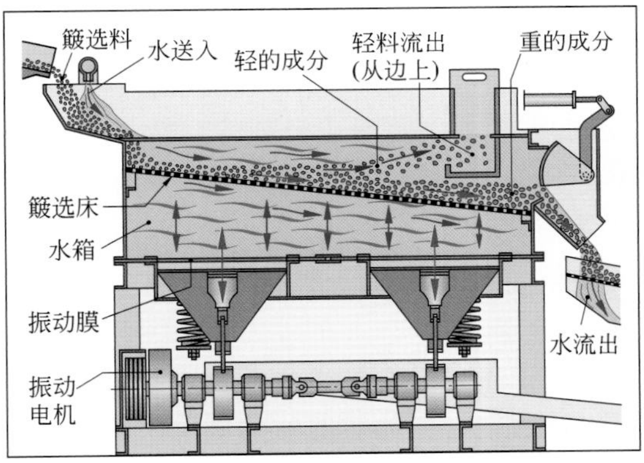

图 9-5：湿式振动簸选机

摇床分选

摇床分选适合用于粒度低于 1mm 的细粒固体。

摇床分选机由一个带沟槽的平板组成，其向前或侧面略微倾斜（**图 9-6**）。从上方用水喷淋矿料，设备横向于水流的方向持续不断地进行摇动。

从摇床筛的边角处倒入带水的泥浆固体混合物，然后在带沟槽的平板上形成薄薄的一层。在该矿料层中进行簸选。用波浪沟槽上的水流冲洗浮在上面的轻颗粒，颗粒被水流带走，流到左侧区域中。位于下方较重的颗粒借助晃动在沟槽中向右移动并且进入右侧的排出区域。在振动筛的末端流出两种带有不同混合物成分的悬浮液。

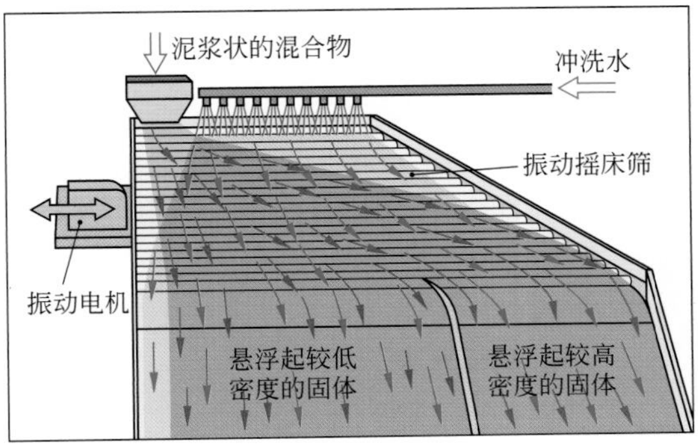

图 9-6：振动摇床分选机

重液分离

在进行重液分离时，由两种固体颗粒组成的细粒混合物中较轻的混合物颗粒在重介质中浮起，较重的颗粒下沉而被分开（**图 9-7**）。为此，人们将混合矿料加入到一种重介质中，而重介质的密度 ρ_S 介于待分离成分的密度 ρ_1 和 ρ_2 之间，然后将它们一起送入沉淀罐中。由于存在密度差，在沉淀罐中较低或者较高密度的颗粒会浮起或者下沉。**沉淀罐**用于对粒度为 1mm 以上的矿料进行重液分离。

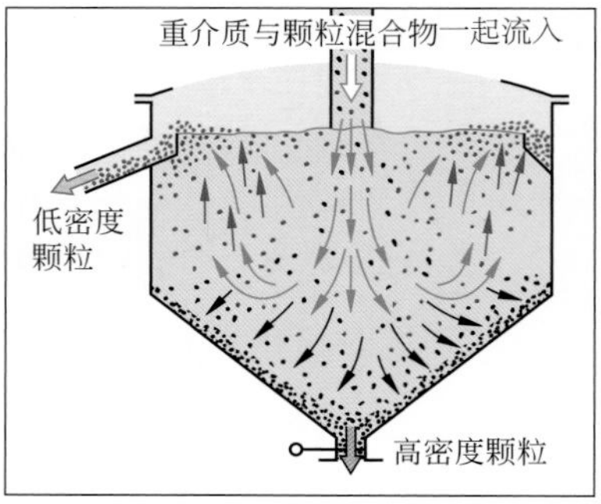

图 9-7：沉淀罐

重介质（也称为重悬浮液）通常为精细研磨磁铁矿、重晶石或者硅铁细粉的水悬浮液。可以将悬浮液的密度调节到 1.3 ～ 3.5g/cm³。

为使分离充分，各个矿料成分之间的密度差应大于 1g/cm³。

水力旋流器可以对最大粒度为 2mm 的矿料进行重介质筛分（**图 9-8**）。将重介质从顶上沿着漩涡的切线倒入并形成一个朝向下方旋转的螺旋轨迹。离心力将较大密度的颗粒携带到桶边上，在这里颗粒下沉并从下方排出。重介质液流携带着较低密度的颗粒，然后通过一个潜管离开外旋涡（旋涡作用方式的详细说明请参阅第 379 页）。

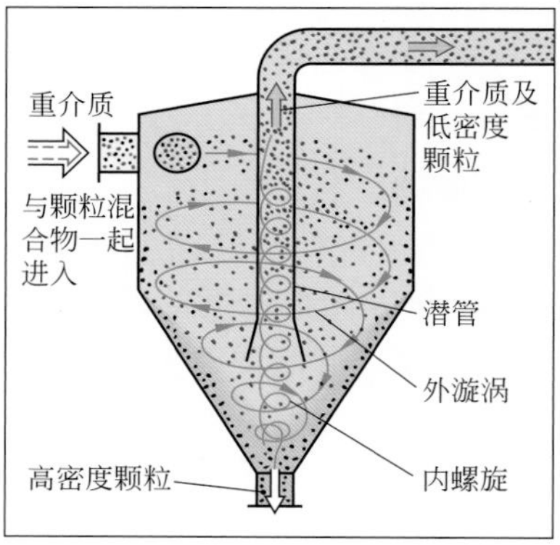

图 9-8：水力旋流器

1.1.2 浮选

在进行浮选时，将不同物质颗粒组成的细粒固体混合物送入添加有浮选化学物质的水池中，不同的物质颗粒因上浮或下沉而被分离开。浮起 / 下沉分离的原因是化学物质使小气泡在不同的物质颗粒上产生的吸附能力不同。浮选（flotation）在浮选机里进行（**图 9-9**）。浮选机里添加了水和两种活性成分（起泡剂和捕收剂）组成的浮选液。

起泡剂是一种表面活性液体（表面活性剂），其将气泡固定在液体中。因此，在用桨叶搅拌浮选液时会形成稳定的小气泡。

捕收剂（例如黄原酸盐）用一层薄膜将悬浮的含矿料成分的颗粒包裹起来并使其不会被水湿润（第 353 页，**图 9-10**），而其他成分的颗粒不会被捕收剂分子包裹住，从而被水浸润，下沉到底部。

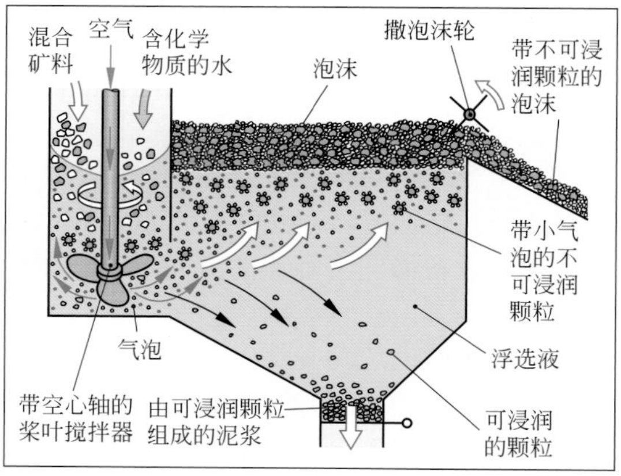

图 9-9：浮选机结构示意图

在进行浮选时，将混合矿料细粉和浮选化学物质一起在浮选液中搅动，同时将空气打入水中。含矿料成分的颗粒因其表面吸附有小气泡而不被水浸润，这些颗粒借助小气泡的浮力被携带到液体表面并在这里与小气泡一起形成含固体的泡沫，然后可将这层泡沫撇走（图 9-9）再进一步分离。

被水浸润的颗粒则下沉到容器底部，在这里汇集成为泥浆并随时被排走。

浮选机以不间断的方式进行作业（第352页，图9-7）。将混合矿料和浮选液一起加入浮选机中，并用桨叶搅拌器持续搅拌。将浮起的带有一种成分颗粒的泡沫撇走并把位于容器底部的带有其他成分颗粒的泥浆抽出。带有待分离成分的固体颗粒的泡沫和带有其他成分的湿泥浆要用离心机分别进行分离，把浮选液与分离完成的固体颗粒分开。

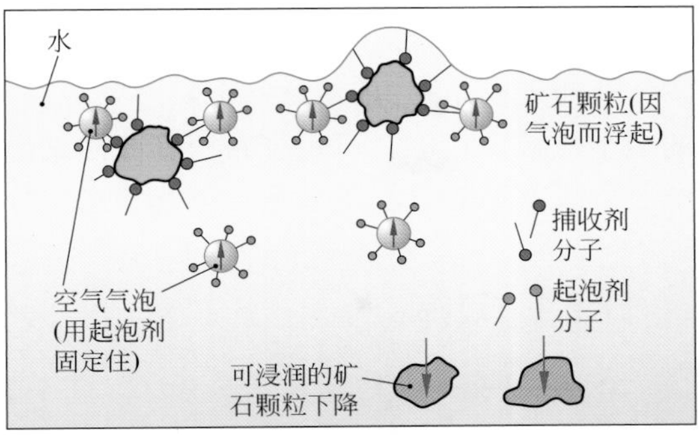

图9–10：在浮选时浮起 / 下沉分离的原理

随后将脱水的固体散料送入到后续的加工过程中，例如进行冶炼。给分离出的浮选液补充上新液后再送回浮选箱中。

由于在一个浮选机内无法完全分离，因此经常依次连接多个浮选机（也称为单元）。

使用另一种液体浮选辅助剂（也称为**调节剂**）也可以改变捕收剂有效成分的作用，也就是增大或者减小捕收剂的效果。借此可以依次从一个矿料堆中浮选出不同的物质。

例如，通过浮选可以将矿砂与矸石分开或者将矿砂混合物分离为多个单一的成分。通过浮选也可以将悬浮物从废水中分离出来（第554页）。

1.1.3 磁选

在进行磁性筛选（磁选）（magnetic separation）时，借助磁力可将混合矿料堆中带磁性和不带磁性的颗粒分开。

磁力分选机有多种规格，常用的分离设备是磁鼓分离机（**图9-11**）。

待分离的固体混合物通过料斗输送到振动溜槽上，借助该设备将矿料均匀地散开。随后，矿料滑到分离鼓上。分离鼓中有一个固定的电磁铁，仅在鼓的部分区域产生磁性作用。不可磁化的颗粒不会受到电磁铁的磁力作用，分离鼓像输送带一样将其抛出。而可磁化的颗粒（例如铁）会被电磁铁吸附在旋转辊子的磁性区域。在辊子的下侧，磁铁的吸附力下降，带磁性的颗粒在其重力的作用下从辊子上掉下落到集料箱中。

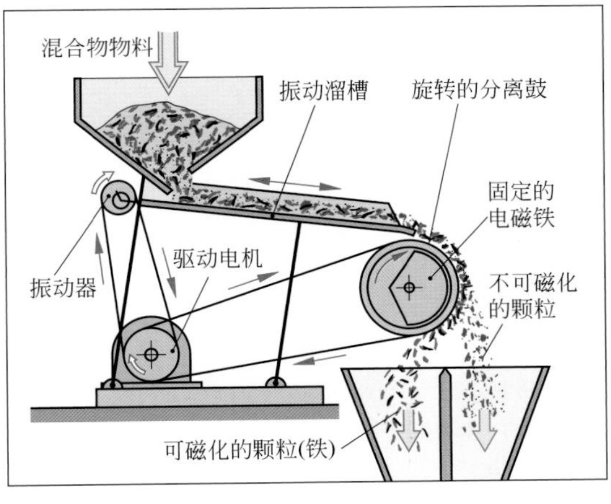

图9–11：磁鼓分离机

复习题

1. 机械式分离方法基于哪些原理？
2. 什么是分级或筛选？
3. 请说明在簸选时如何进行分离。
4. 在重液分离时，在哪些力的作用下会使得矿料混合物分离？
5. 在浮选时需要使用哪些辅助剂？
6. 请说明浮选的过程。

1.2 分级

分级（sizing）是指将一个粒度差异较大的颗粒矿料堆分离为粒度大致相同的多个颗粒矿料堆，可用分布密度曲线来说明分级的过程（第 350 页）。

分级常见的过程是过筛、风选和水力分级。

1.2.1 过筛

过筛（sieving）是指在筛分机（**图 9-12**）上根据颗粒大小的不同将一个矿料堆分离为多个矿料堆的过程。

筛分机使用一个振动电机进行振动或者摇晃。借此使得筛料散开并在筛子上进行圆周运动。

筛分机的核心部件是筛子（sieves）。它有一个筛网面，由一个金属丝网或者带孔的金属板组成（**图 9-13**）。

筛网面上有很多大小一样的小孔，其典型尺寸称为筛目。筛网面安装在筛子框架上，不同的目数有规定的行距（参阅第 266 页表格）。金属丝网筛子的落料孔是正方形或者矩形的，带孔金属板筛子的落料孔是圆形或者椭圆形的（**图 9-14**）。

借助筛网的振动将颗粒的粒度与筛网的网眼宽度进行多次比较，将大矿料堆分为两个小矿料堆，分别位于筛网上和筛网下。筛网上的矿料粒度大于筛分机的网眼宽度，掉落下去的矿料粒度小于筛分机的网眼宽度。筛网上留下的矿料称为**余料**或者粗料，落下的矿料叫**过眼料**或者细料。

如果要将一堆矿料分离为两堆以上，则使用筛网从上往下依次排列的筛分机，越往下筛眼的宽度越小（**图 9-15**）。第一个筛网的余料是第 1 筛出物，其过眼料穿过筛子下落到第 2 个筛网上。在第 2 层筛子中分离出**余料**（第 2 筛出物）和第 2 过眼料，以此类推。

每层筛子余料的粒度大小都在上一层筛网的筛眼宽度和所在筛网的筛眼宽度之间。两个筛眼宽度的差异称为**颗粒等级**或者**颗粒等级宽度** Δd，筛出的矿料称为**筛出料**。如果在图中绘出颗粒等级的质量比例，就得到了粒度分布情况（第 267 页）。

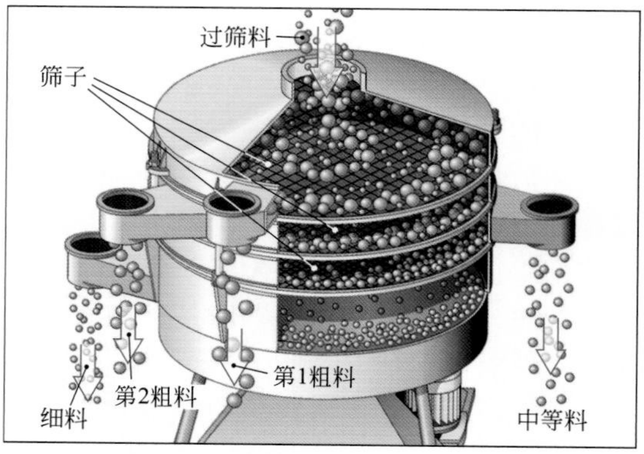

图 9-12：在旋振筛上筛分

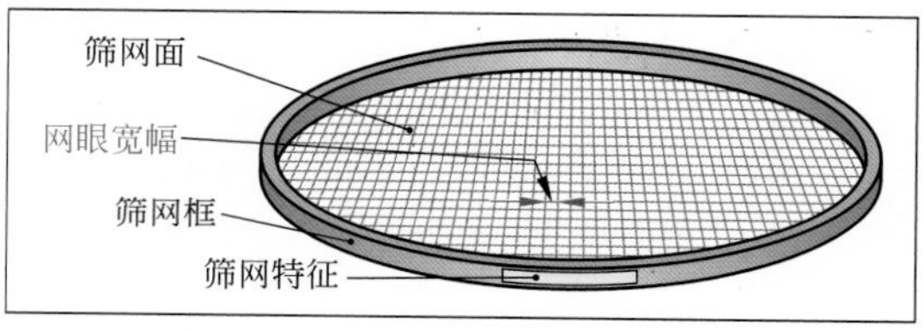

图 9-13：筛子

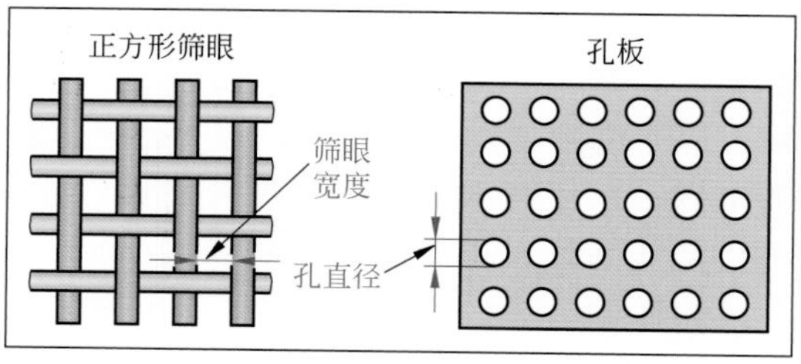

图 9-14：筛网面

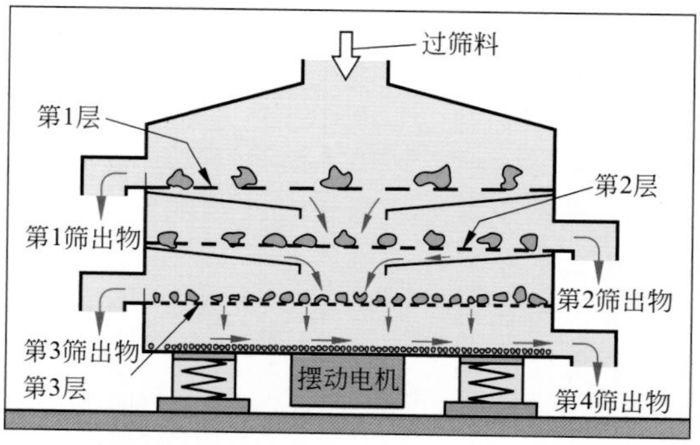

图 9-15：用旋振筛分级

筛分机

在将矿料分级为工业尺寸时，要使用不同的筛分装置。可以细分为固定式筛分机（筛栅）、移动式筛分机和通过水力移动矿料的水力筛分机。

栅式筛分级机由多级固定的篦条组成，每级的间距相同，均为斜置（**图 9-16**）。篦条借助振动电机进行振动，从而让矿料落下。这种分级机仅有一个粗略的筛分效果，常用于预筛过大的矿料，例如可在粉碎机之前使用。间隙宽度：20 ～ 200mm。

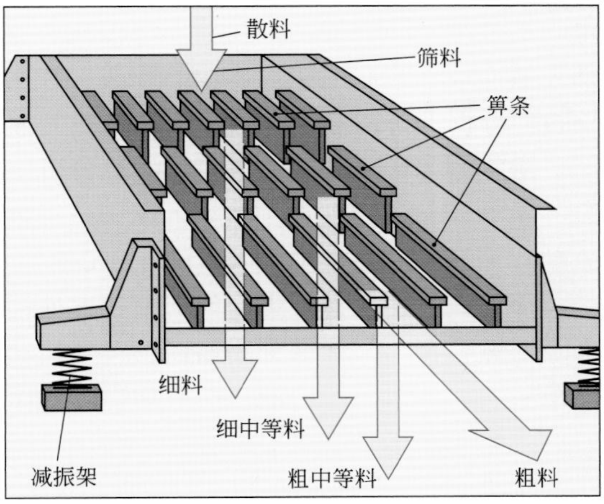

图 9-16：栅式筛分机

振动式筛板筛分机，也称为自由振动筛分机，带有一个由筛板组成的斜面，筛眼宽度从上往下依次增大（**图 9-17**）。用一个振动电机对筛分机进行振动。过筛通道带有外罩（防尘）。矿料从上部加入，由于筛分通道略微倾斜，矿料会自行移动，并且筛分通道缓慢的振动也会使矿料向下移动。

首先，矿料进入到最小筛眼宽度的筛分区。在这里，小颗粒掉落并形成第 1 筛出物。剩余的矿料继续移动到下一个较大筛眼宽度的筛分区，在这里较大粒度的颗粒落下并形成第 2 筛出物。在每个筛分区都重复这一过程。最终，大颗粒作为最后的筛出物被分离出来。

用振动筛分机可以分级 1 ～ 100mm 粒度范围的矿料。

此外，振动筛分机还可用于脱水和去除散料的污泥。

摇摆式或者振动式筛分机是精细筛分时最常用的筛分设备。

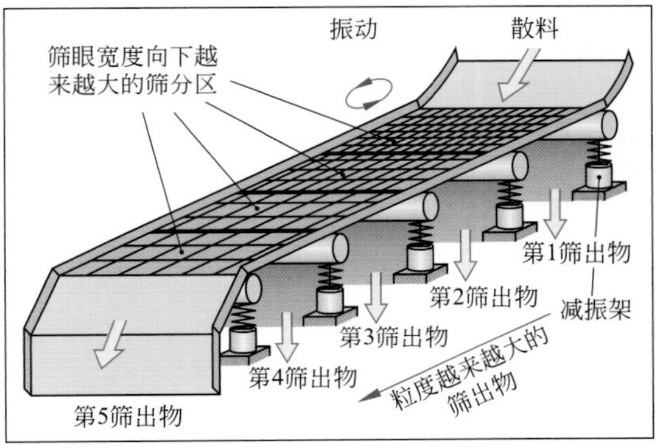

图 9-17：振动式筛板筛分机（打开后的视图）

旋振筛由多个依次排列的圆形筛分面组成，用一台电机进行振动、摇摆或者颤动运动（**图 9-18** 和第 354 页，图 9-12)。根据动力情况，筛底可以进行前后、圆周或者摇摆运动。筛分面处于水平状态，筛眼宽度在 0.2 ～ 100mm 之间。

筛子的筛眼宽度从上往下依次变小。在筛分机中可将筛分料分级为多个筛出物（参阅第 354 页）。

特别细的筛子容易堵住筛眼。为了能够确保持续进行筛分作业，设备都带有筛分辅助装置或者**筛眼清洁系统**。例如：

- 在筛网下孔板上有橡胶球；
- 每个筛子下都有圆形滚动的刷子；
- 压缩空气或超声波清洁器。

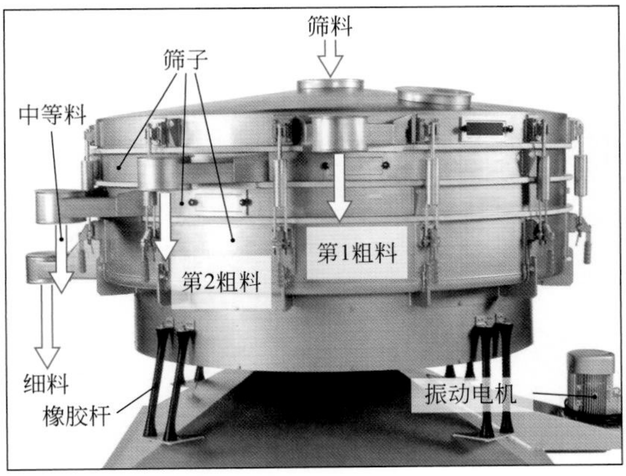

图 9-18：旋振筛

鼓筛机由一个倾斜的转鼓组成，分为多段，各段的筛孔大小不同（**图 9-19**）。在转鼓的最上端，筛孔的尺寸最小，每段筛孔依次加大。筛孔尺寸：10 ～ 100mm。

用一台电机通过齿轮传动机构让筛鼓缓慢转动。将要分级的筛料从上部加入到转鼓中。由于转鼓倾斜并且转动，筛料以螺旋轨迹移动到筛鼓的最下端。同时，相应的颗粒会分别穿过转鼓各段的网眼落下变为筛出物。

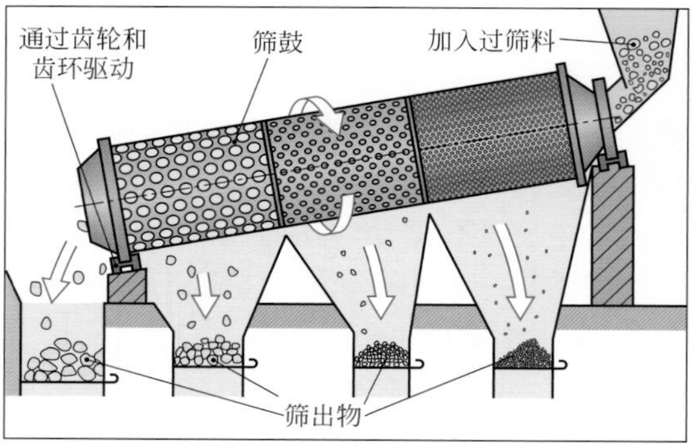

图 9-19：鼓筛机

带旋振筛和气动筛输送装置的筛分机

在进行细料筛分时，筛分机是防尘过筛设备的核心组件（**图 9-20**）。气动式筛分设备（例如配有一个旋振筛）用于对粒度在 30μm ～ 1mm 范围内的很难筛分的筛料进行分级。

筛分面的中间有一束空气流吹过，使筛料流动起来，细料便会随着气流从筛网四周穿过筛眼。然后在一个旋风分离器以及一个袋式过滤器中将细料分离。留在筛网上的粗料会借助摇摆运动从侧面倒出。最终细料和粗料通过回转卸料阀离开封闭的设备。

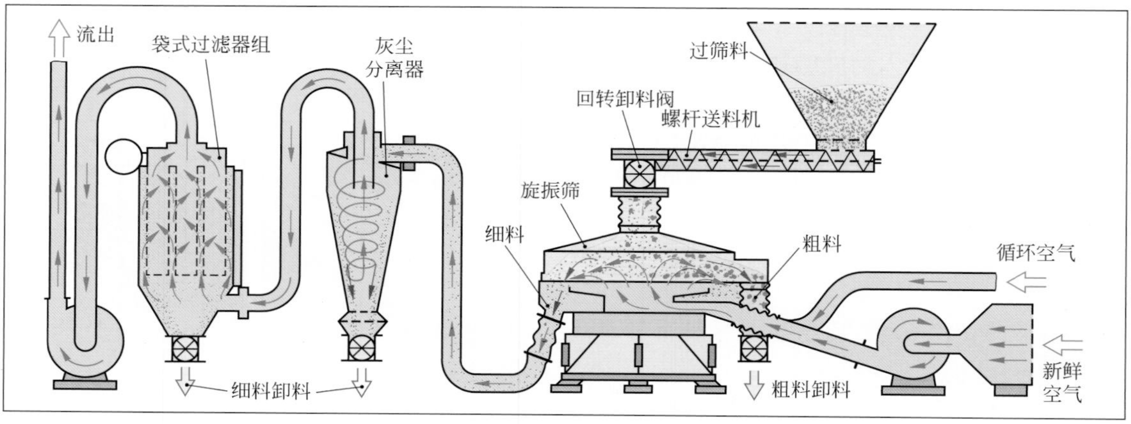

图 9-20：带旋振筛的气动筛分设备

1.2.2　风选

风选（classifying）可以理解为借助气流对矿料进行分级。

对于粒度低于 100μm 的细粒材料，通过筛选进行分级很困难，原因是细粒之间都黏在一起，会不断地堵塞筛分机。

因此首选用风选法分离细料。

风选用于分离粒度在 3μm ～ 5mm 的干燥细粒矿料。

风选分级的原理是不同大小的颗粒在气流中的风阻大小不同（**图 9-21**）。

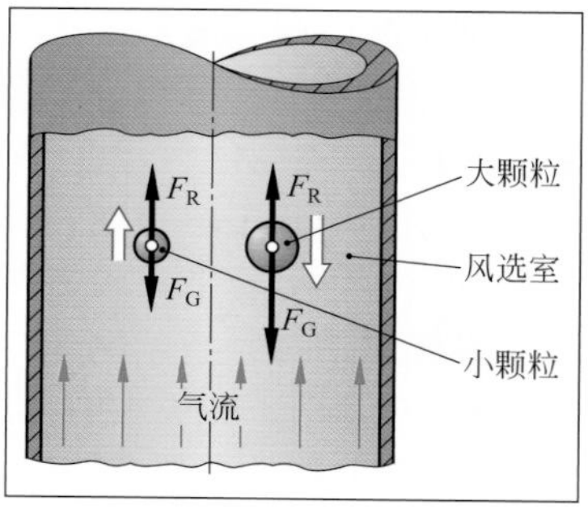

图 9-21：风选分级时作用在颗粒上的力

在一股垂直气流中，颗粒受两种力：将颗粒向下拉的重力 F_G 和把颗粒往上带的空气阻力 F_R。小颗粒的重力小，从而抵抗不住空气阻力，因而被向上携带。大颗粒因重力大于空气阻力而下落。

通过风选将矿料分为粗料和细料。粗料由某个特定粒度以上的颗粒组成，细料由低于某个特定粒度的颗粒组成。可以通过改变风速来调节**分离粒度**。

用于风选的设备人们称为风选机。基本上按照分离粒度以及分离精度来划分各种规格样式的风选机。

Z 型风选机（图 9-22）

Z 型风选机的风选室里面依次排列着 Z 字形的金属板。用一个鼓风机制造风并从下往上吹过 Z 字形通道，并在通道转弯处形成涡流。在中间的位置加入风选物料，物料随后经过每个通道转弯处的风选涡流。通过这种方式对风选物料依次进行多次风选。小于分离粒度的颗粒会被空气往上携带，较大的颗粒会落到 Z 形通道下端的一个倾斜的筛子上并从侧面倒出。

Z 型风选机的分离粒度可以在 0.1 ～ 10mm 之间调节。

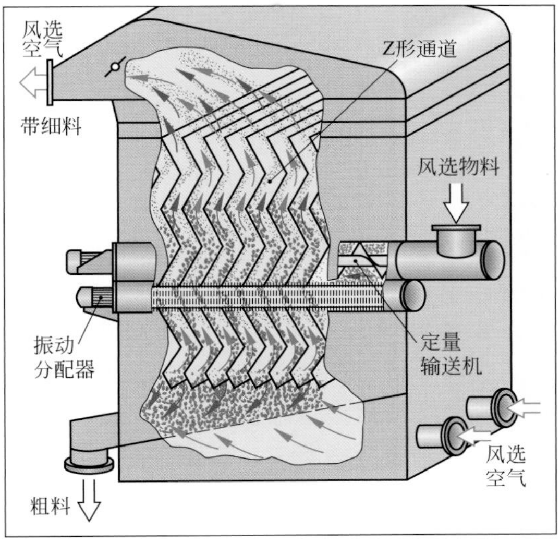

图 9-22：Z 型风选机

撒料盘风选机（图 9-23）

撒料盘风选机有一个圆柱形的，越往下越细的壳体。

其按照回风风选的原理进行分离。从上部在轴线附近加入要分离的矿料并落到旋转的撒料盘上。撒料盘将风选物料松散地分布到风选室中。在风选室中，风选气流从下向上吹。细料会被携带，吹过上部的主风扇并与风选气流一起向下落到外套中。细料汇集在风选机的外锥体中并从下方倒出。粗料在风选室内穿过风选气流并逆着气流的方向下落。其汇集在风选机中并从侧面倒出。

风选气流由上部的主鼓风机和下部的精密调节鼓风机产生。由于精密调节鼓风机可以调节高度，因此可改变分离粒度。

撒料盘风选机的分离粒度可以在 30 ～ 500μm 的范围内调节。

旋风分离器适合在一定条件下进行风选（第 379 页），通过旋转气流对物料进行大致的分级。但是，其分离精度要比风选机略差。

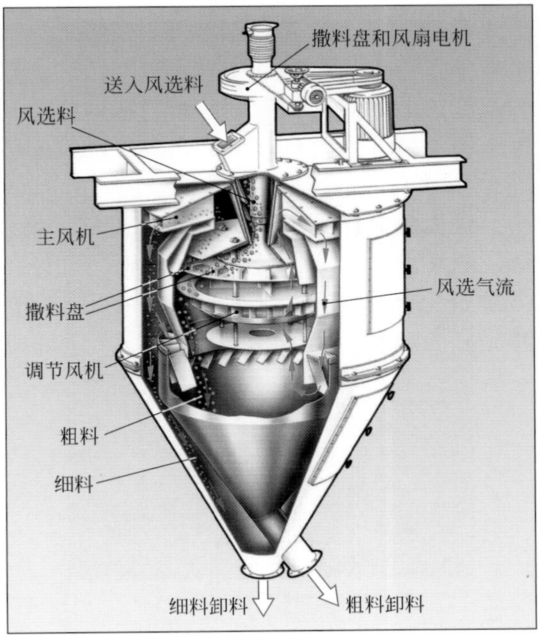

图 9-23：撒料盘风选机

1.2.3 水力分级

水力分级（liquid classification, wet classification）借助流动的水将颗粒矿料分为多个具有相同下沉速度的料堆。

水力分级主要用于从悬浊物、悬浮物或者废水中分离出较大的颗粒或者异物。不同大小的流动阻力 F_S 和重力 F_G 对不同大小的颗粒产生不同的分级作用（**图 9-24**）。由此，在液流中颗粒有不同的下沉轨迹。根据作用力，水力分级设备细分为重力分级机和离心力分级机。

沉淀分级机和上升流分级机属于**重力分级机**。

在**沉淀分级机**（也称为**锥形分选机**）中，水平水流流过沉淀通道上的矿料（**图 9-25**）。大颗粒快速下降并落到前部的漏斗中，而较小的颗粒下沉慢一些并由水流带到后部的漏斗中，或者细料被携带出设备。

在**上升流分级机**中，水流穿过分离室底板上的孔板向上（垂直）流将物料分为多个料堆（**图 9-26**）。水流卷起物料并将小颗粒一起携带往上移动，而粗颗粒会留在孔板上成为流化层，最终汇集在中央的排出桶中。带着细料的上流水通过一个溢流堰流到下一个分级室内，重新进行分级。从第一个分级室开始，上流水的速度逐渐降低，从而在后面的室中总是在底板上留下较细的物料。上流式分级机的分级范围为 0.1 ～ 3mm。

水力旋流器被用于离心力分级机（第 352 页，图 9-8）。在该设备内，除了重力之外，更大的离心力作用在颗粒上，可以分级 20 ～ 200μm 的颗粒。

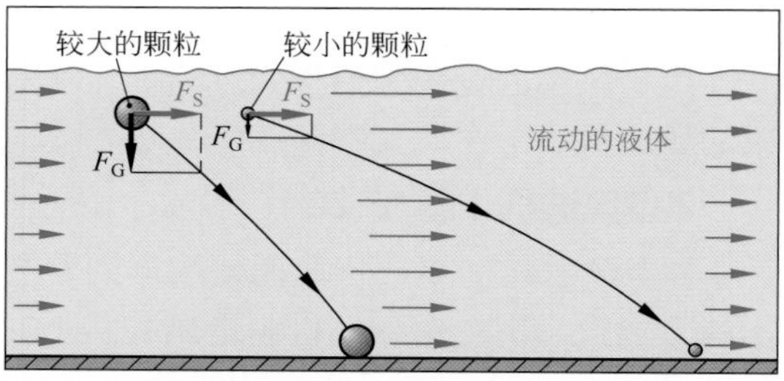

图 9-24：在一个水流中不同大小颗粒的下沉轨迹

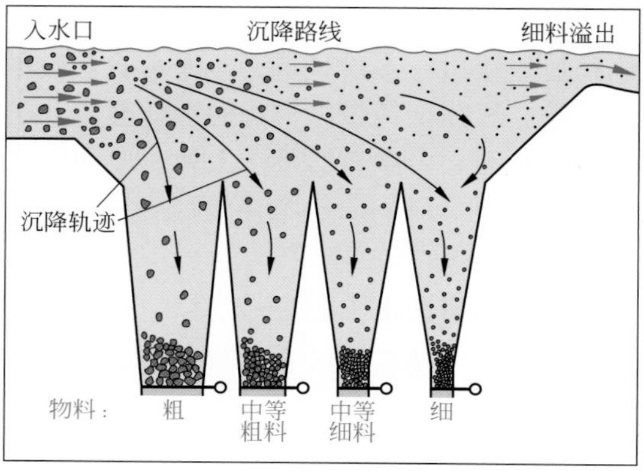

图 9-25：沉淀分级机

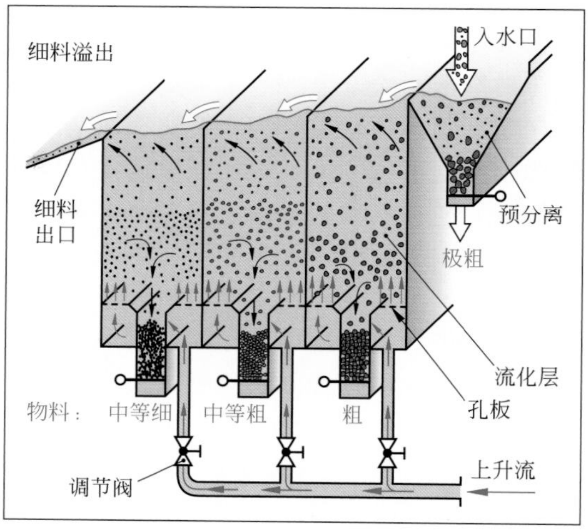

图 9-26：上升流分级机

复习题

1. 如何理解筛分时的残留物和通过物？
2. 请说明如何用摆动式筛分机进行分级。
3. 风选或者分流的分离基于什么原理？
4. 沉淀分级机和上升流分级机如何进行工作？

2 固液混合物的机械分离方法

水性溶液中的化学反应常常会产生固体反应产物，以悬浮颗粒或者以沉淀物等形式细密地分布在液体中。

根据分散质（固体颗粒）的粒径，此类固液混合物又被称为**悬浮液**（suspension）或者**胶体分散溶液**（colloid solution）。

粗悬浮液包含粒度大于 100μm 的固体颗粒，**细悬浮液**的粒度为 0.5 ～ 100μm 之间。含有粒度小于 0.5μm 颗粒的混合物被称为胶状分散体。

如果细悬浮液中所含的固体很少（少于 300g/L），则称之为**悬浮液**（pulp）或者稀浆。清洁后的悬浮液称为**清液**（clear solution），沉淀的固体颗粒称为**沉淀物**（sediment）。

固体含量高的悬浮物（多于 300g/L）称为**厚浆**（slurry）。如果固液混合物含有过多的固体，从而不再能够流动散开，则称之为**致密浆**。

粗细悬浮液可以通过单纯的机械方法分离，胶体分散溶液则必须事先絮凝（第 360 页）。

悬浮液的机械分离方法可分为四种类别：

- **沉淀，沉降**（也称为重力沉降）：借助不同密度的颗粒所受到的重力作用不同进行分离。
- **离心分离**（也称为离心力沉淀）：物质分离的动力是离心力对不同密度颗粒的作用不同。
- **过滤**：根据不同的粒度，固体颗粒不能通过多孔的过滤介质而液体能流过，借助这种原理进行分离。
- **榨取**：借助挤压力将液体从混合物中挤出。

2.1 沉淀、沉降和絮凝

沉淀、沉降

沉降（sedimentation）可以理解为借助重力将悬浮液分离为固体颗粒和液体。

发生沉降的原因是固体颗粒和液体的密度不同，这使得固体颗粒承受的重力比液体大（**图 9-27**）。

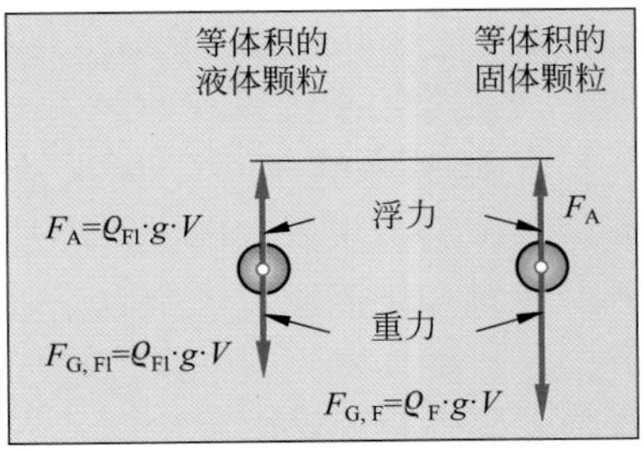

图 9-27：作用在悬浮液颗粒上的力

根据悬浮液中固体含量的多少和固体颗粒的大小会发生不同的沉降。

含有较少固体的悬浮液（稀浆）在发生沉降时，颗粒大小不同，下沉的速度也不同：大颗粒比小颗粒下沉的速度快。在沉淀容器的底部沉积着沉淀物，下方为大颗粒，越往上颗粒越小。沉积物上方是带有最细物料颗粒的**清液**（粒度小于 0.5μm）。

低于 0.5μm 的固体颗粒的**极细悬浮液**不会发生沉降，原因是细颗粒会因为分子运动而保持悬浮。

固体含量高的悬浮液（厚浆）常常表现出一种综合的沉淀性能：较大的颗粒快速沉淀后，剩余的各种细颗粒会缓慢地一起沉淀（**图 9-28**）。此种形式的沉降拥有絮状悬浮液。在清液、各种细颗粒共存区、压缩区和大颗粒沉降区之间有明显的分界线，称为**区域沉降**。

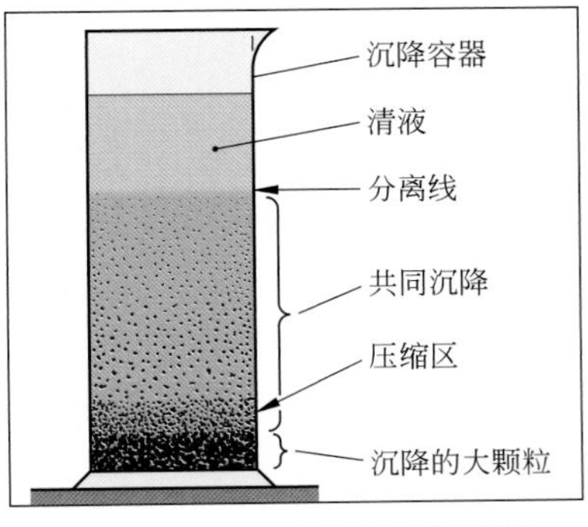

图 9-28：固体含量高的悬浮液所发生的沉降

絮凝

悬浮液中的胶体颗粒因为过小只能极缓慢地下沉，或者根本不会下沉，这是经常出现的情况。这种情况的原因是胶体颗粒带负电荷，这会使得颗粒之间发生静电排斥从而使颗粒保持悬浮（**图 9-29**）。通过絮凝（flocculation），小颗粒聚集成为较大的颗粒（絮体），从而加速沉降，而且常常只有通过絮凝胶体颗粒才能发生沉降。絮凝过程分一步或者两步：

（1）添加**絮凝剂**（Fe^{3+} 或者 Al^{3+} 盐），从而抵消或者屏蔽胶体颗粒的电荷。向悬浮液中添加 $Ca(OH)_2$ 调节 pH 到 6.5 之后，盐会形成不溶解的絮状氢氧化物，即凝结物，这个过程称为**凝结**。氢氧化物会包裹胶体颗粒并使其发生沉降。借助絮凝剂，许多悬浮液仅能形成小的凝结物。

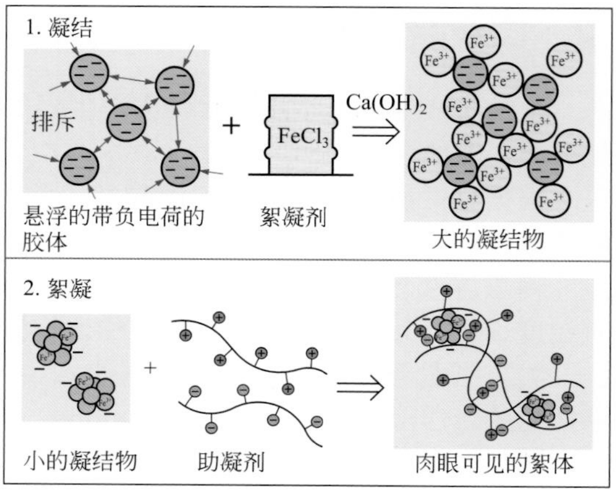

图 9-29：絮凝的过程（示意图）

（2）通过额外加入**助凝剂**，许多小微粒抱团成为大团块（图 9-29），这个过程称为**絮凝**。助凝剂是水性的长链聚合物（例如聚丙烯酸酯），带正电荷或负电荷，可将带负电荷的小凝结物结合在一起形成大团絮状物。

沉降设备

净化池

净化池是一种矩形或者圆形（直径可达 100m 或者更大）的大池子，主要用于清洁废水。

在**矩形净化池**中，废水从一侧流入，沿着水平方向缓慢流过池子并经过净化后通过一个溢流堰离开池子（**图 9-30**）。在缓慢流动时，弥散的固体悬浮物发生沉降。下沉的颗粒在底部汇集成为淤泥，然后用一个刮泥机推到收集漏斗中，再通过一条管道将淤泥抽出。

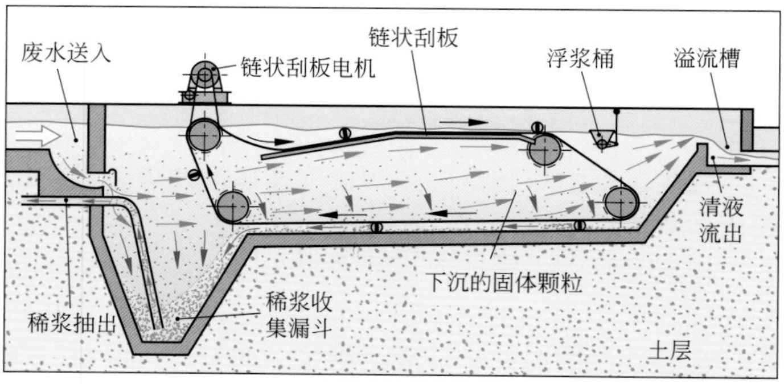

图 9-30：矩形净化池

如果是**圆形净化池**，则废水从中央送入（**图 9-31**）。从中央开始水流径向朝池子四周最上边的环形溢流槽缓慢流动，最终清液从齿形溢流堰流出。在流动过程中，固体颗粒会下沉。沉淀物会被一个转动极慢的回转机构（每小时约 6 圈）推到中央的淤泥收集漏斗中再被抽出，然后将淤泥脱水。

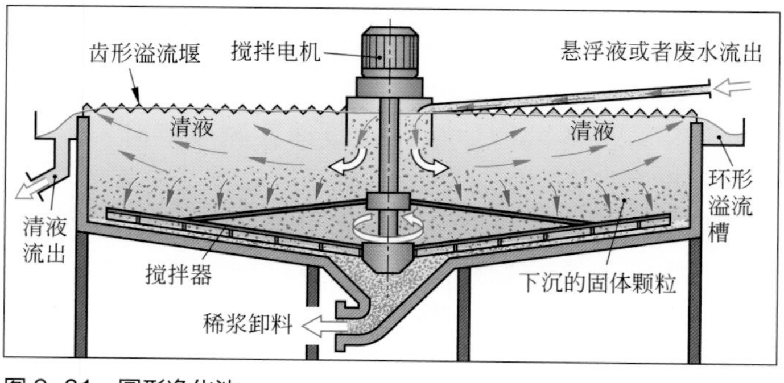

图 9-31：圆形净化池

沉砂池，螺旋分离机

沉砂池（sand collector），也称为螺旋分离机，用于从细的悬浮液或者废水中分离砂质成分（**图 9-32**）。其由一个斜置的半圆形槽组成，其中缓慢转动着一个螺栓输料机。从中央送入悬浮液，重的颗粒下沉，然后螺栓输料机会沿着坡度向上推并通过边缘将沉淀物推出，而清液和细料则从另一端一起流出。

耙式分离机的工作原理与螺旋分离机相同，其利用一个来回行走的耙子，将沉淀物沿着斜坡推出。

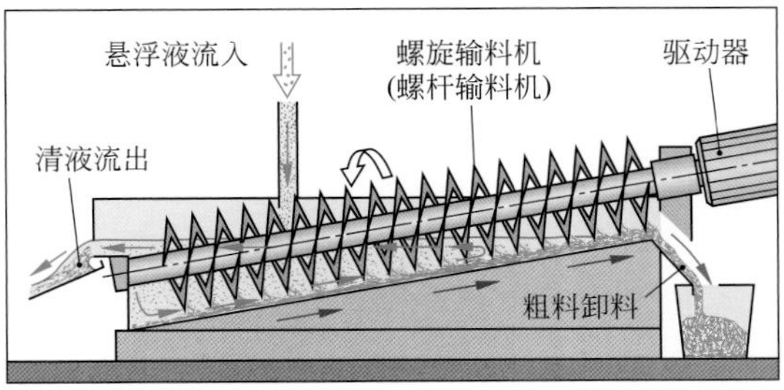

图 9-32：沉砂池，螺旋分离机

浮沉分离器

在分离除了沉淀物之外还含有悬浮的物质（例如油）的废水或者不干净的悬浮液时，使用浮沉分离器（**图 9-33**）。

浮沉分离器由一个圆柱形的向下呈圆锥形的容器及内装配件组成。悬浮液从中间的沉淀管送入并先缓慢向下流动，然后改变方向缓慢向上升起。在缓慢流动过程中，比悬浮液密度大的固体颗粒会下沉。比悬浮液密度小的颗粒会浮起，通过溢流堰流出。固体淤泥从下部抽出，清液用抽吸装置从侧面抽出。

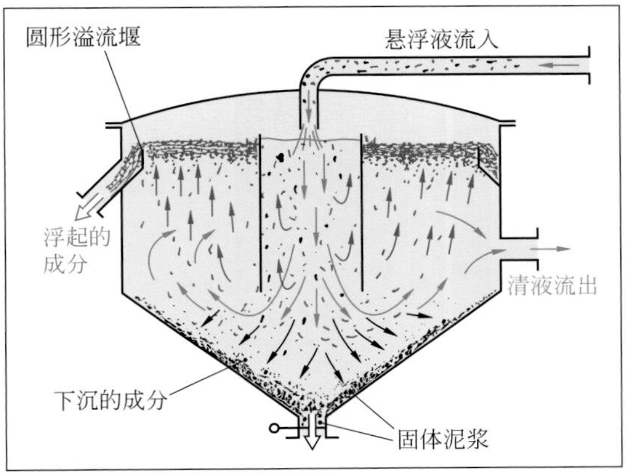

图 9-33：浮沉分离器

叠片式净化器 / 片式增稠器

使用叠片式净化器可以在一个较小的设备中澄清大量的悬浮液（**图 9-34**）。悬浮液从左上方流入并流过整个矩形设备的横截面，然后水流分开并在斜置的薄片之间向下流。在悬浮液缓慢下流的过程中，固体颗粒沉淀到倾斜的薄片底部并作为淤泥层向下滑动。在薄片的下端，悬浮液分为在薄片上滑动的淤泥和其上方往下流动的清液。淤泥会下落到一个收集漏斗中并从下方被抽离设备抽出。清液盛在薄片末端的水槽中，由于其密度较低以及受到上流通道中流动的悬浮液的水流压力，清液会向上流到收集室中，然后离开叠片式净化器。

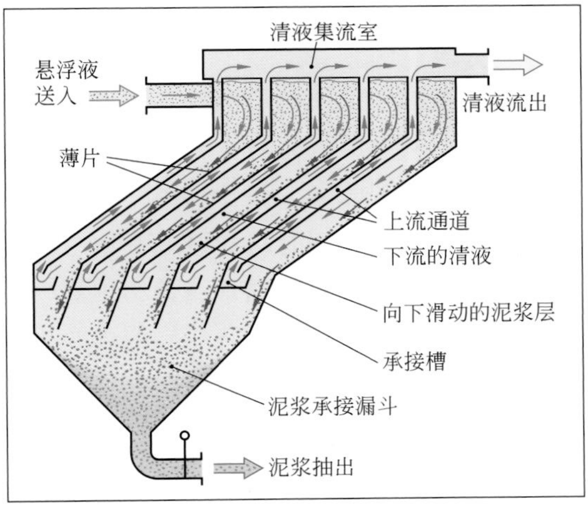

图 9-34：叠片式净化器

在沉淀器中仅将悬浮液初步分离为固体和液体，即减少清液中的固体，增加淤泥中的固体含量。

如果需要将固体和液体完全分离，则必须在沉淀后用其他分离方法进一步分离，例如离心分离、过滤和干燥。

2.2　过滤

过滤（filtering）是借助一个能流过液体的过滤介质将悬浮液机械分离为液体和固体颗粒的分离过程。

2.2.1　工作原理

过滤介质尽量让固体之外的液体，即**滤液**（filtrate）通过并留住固体颗粒成为**滤饼**（filter cake）。

根据固体颗粒的分离原理，可将过滤分为三种：筛滤、深滤、滤饼过滤（**图 9-35**）。

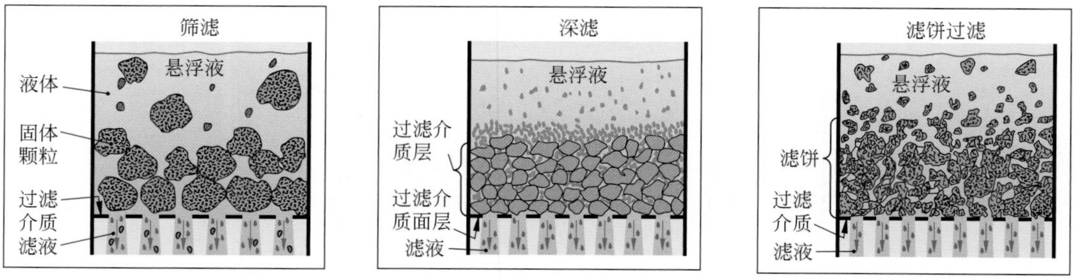

过滤介质（例如金属丝布或者薄膜）留住大于筛眼的所有固体颗粒。
例如：超滤

固体颗粒留在过滤介质层的空隙中，例如砾石层。
例如：砂滤

通过一个在过滤过程中借助过滤的固体颗粒所构成的过滤块分离固体颗粒。

图 9-35：根据工作原理划分过滤方法（示意图）

就过滤的目的而言，如果要获得滤液，则称之为**澄清**，如果要对滤液或者滤饼进行进一步加工，则称为**分离过滤**。

化工技术中使用的过滤设备主要以滤饼过滤的原理工作。滤饼常常是要获得的产品。

滤饼过滤的过程（图 9-36）

在进行滤饼过滤时，在过滤介质上，过滤过程是一个自主进行的动态过程。使用金属丝网、针织毡或者尼龙网作为**过滤介质**。过滤介质位于一个作为支撑件的孔板或者网状格栅上。

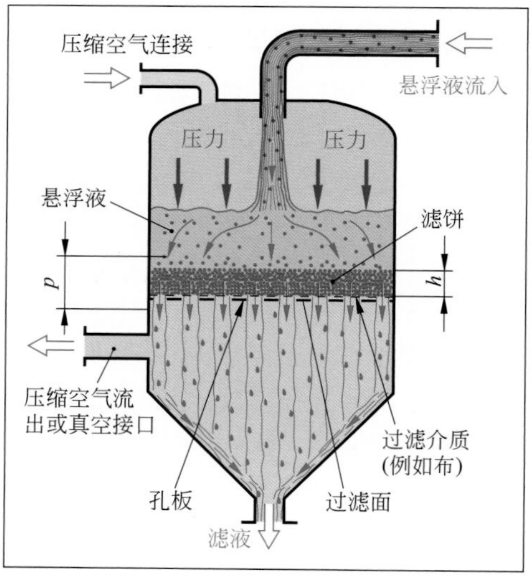

图 9-36：滤饼过滤示意图

倒在干净过滤介质上的悬浮液首先快速完全流过过滤介质。只有最大的固体颗粒不能通过过滤介质。渐渐地在过滤介质上沉淀越来越多地固体颗粒并变成了越来越厚的多孔而能通过液体的滤饼。滤饼也会留住细的固体颗粒并让经过澄清的液体——**滤液**通过。

只有形成了一层足够厚的滤饼，才能进行完全过滤。浑浊的初始滤液会再次抽回到悬浮液容器中并再次进行过滤。

为了让悬浮液受到滤饼和过滤介质的挤压，在过滤侧和滤液流出侧之间必须有一个压差 Δp。压差可以仅靠悬浮液的压力产生或者通过在悬浮液侧施加一个更为有效的高压（高压过滤）或者在滤液侧产生一个低压（真空），即真空过滤。

随着滤饼越来越厚，悬浮液越来越难通过滤饼。过滤介质和滤饼对流过的液体产生一个流动阻力，这个阻力随着滤饼变厚而变得越来越大。因此，在过滤压力不变的情况下，可见的滤液体积流量 V_F 越来越少，而总滤液容量 V_G 和滤饼厚度 h 增长得越来越慢（**图 9-37**）。

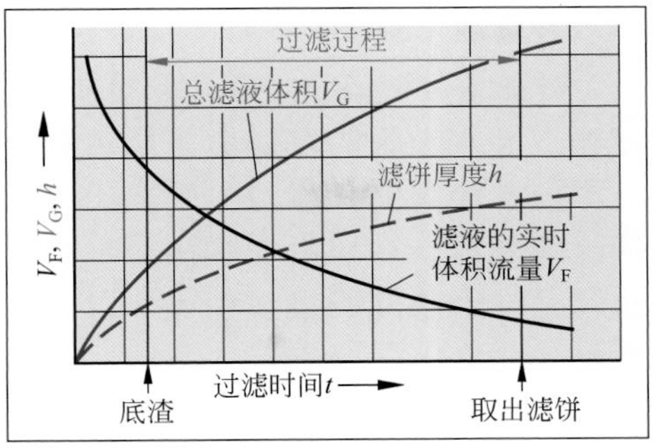

图 9-37：沉淀过滤的时间曲线

当滤饼到达一定厚度后必须将其清走，但是要留下一个滤饼基层，从而不让未经过滤的初始滤液通过。然后重新开始下一个过滤过程。

如果要清除滤饼上的过滤液，则必须在过滤后将**清洗液**（例如水）倒在滤饼上，冲洗掉剩余的滤液得到清洗滤液。如果要使得过滤后的固体滤饼尽量纯净，或者滤液是一种要送回到生产过程中的高价值的液体，则应如此处理。

然后可以用高压气体或者热蒸汽对滤饼进行脱水。

助滤剂

细密的泥浆状悬浮液会在滤饼厚度很小时就形成不让液体流过的滤饼，短时间后过滤就停止了。为了形成一种多孔的能通过液体的滤饼，在这种情况下会在悬浮液中添加助滤剂。这是一些颗粒状或纤维状的颗粒（例如硅藻土颗粒、粗的锯末或者纤维屑），可撑开滤饼使其保持疏松以流过液体。

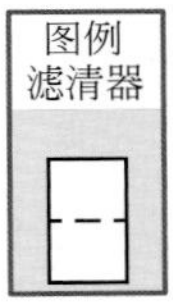

但是，只有当其不会对滤饼的后续加工产生不良影响时才能添加助滤剂。否则，之后必须从滤饼原料中将助滤剂分离出来。

过滤设备多种多样，通常可根据工作方式划分为间歇式过滤设备和连续作业式过滤设备。

2.2.2 间歇式过滤设备

吸滤器

吸滤器（suction filter）由一个平整的带水平过滤面的圆柱形容器组成（本页**图 9-38** 和第 102 页图 1-234）。

其带有搅拌器，搅拌器的搅拌臂和可以升高的卸料臂能进行旋转。主要使用加压（压力吸滤器）作为过滤驱动力，在很少的情况下也使用真空（真空过滤器）。

压力吸滤器的工作循环分为多个步骤：

（1）在实际的过滤步骤中，将悬浮液抽入过滤器中并在过滤面上形成一层不断增厚的滤饼。旋转的搅拌臂将悬浮液均匀地分散到过滤面上。

（2）在停止送入悬浮液并将剩余的滤液挤压流过滤饼后，用清洗液冲洗滤饼。

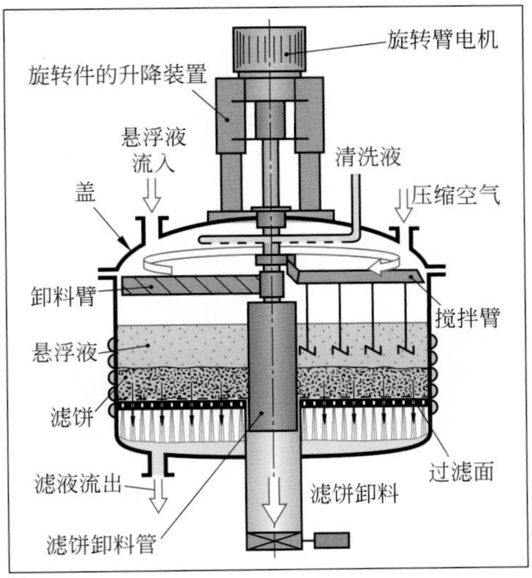

图 9-38：压力吸滤器

（3）在挤压出清洗滤液后，关掉高压空气。位于中间的卸料管与卸料臂一起下降。旋转的卸料臂将滤饼推到卸料管中。

压力吸滤器适合用于过滤所含沉淀物会形成多孔滤饼的悬浮液。

叶滤器（图 9-39）

叶滤器（plate filter），根据过滤方式也称为板式过滤器，拥有大量的过滤板（最多 20 片），依次排列在一个位于中央的垂直空心轴上，使得叶滤器拥有很大的过滤面积。过滤板安装在一个高压罐中，每块过滤板都是一个独立的过滤单元，由中空的板底组成，上面附有过滤介质。

过滤过程的工作循环如下：

（1）从底部给过滤容器加入悬浮液，然后给容器施加压力。高压把各块过滤板上的悬浮液压过过滤介质，滤液穿过过滤介质并通过板底和空心轴流出。在过滤介质上会形成滤饼。

（2）当容器中剩余的悬浮液过滤后，送入清水清洗位于过滤板上的滤饼，然后吹入热空气进行干燥。

（3）关掉压力并打开底部的阀门，通过旋转过滤板组，便可将滤饼从过滤板上甩出，向下从容器中落下，然后重新开始新的过滤过程。

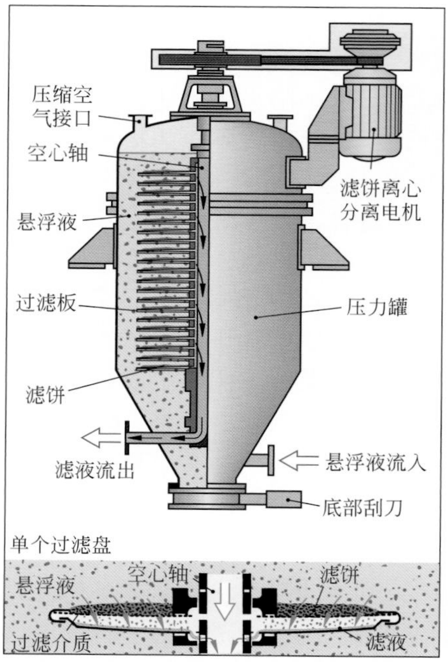
压缩空气接口
空心轴
悬浮液
过滤板
滤饼
滤液流出
滤饼离心分离电机
压力罐
悬浮液流入
底部刮刀
单个过滤盘
悬浮液
空心轴
滤饼
过滤介质
滤液

图 9-39：叶滤器（板式过滤器）

压滤机（图 9-40）

压滤机（filter press），也称为板式压滤机，由大量依次垂直排列的过滤单元组成（最多 50 个）。它们悬挂在液压机水平支架的导向杆上并可以移动。各个过滤单元由两个带槽的过滤盘（第 365 页，图 9-41）和上面的滤布组成。在过滤模式下，过滤板的固定式顶板和可移动的挤压板会通过液压挤压到一起，从而使过滤板处于相互密封的状态。要分离的悬浮液通过输送通道流入，滤液通过排出通道流出。在完成过滤取出滤饼时，将过滤板单独或者一起推开。滤饼自由落下或者用手、高压空气、刮刀以机械的方式剥离并掉到收集槽中。

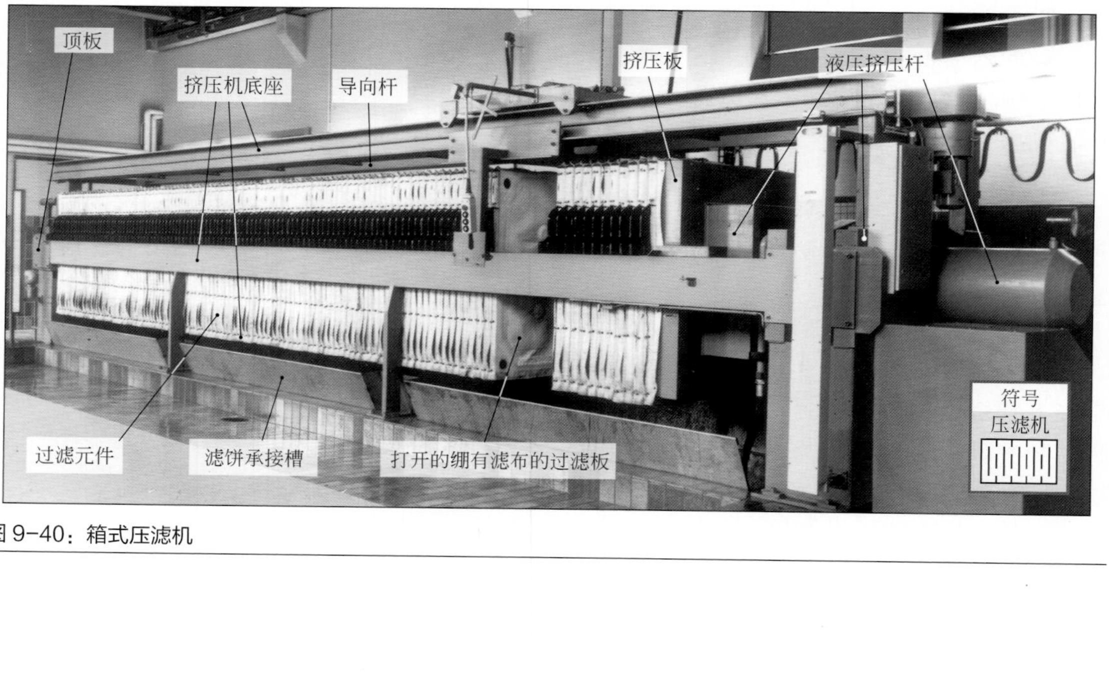
顶板
挤压机底座
导向杆
挤压板
液压挤压杆
过滤元件
滤饼承接槽
打开的绷有滤布的过滤板
符号
压滤机

图 9-40：箱式压滤机

压滤机根据各个过滤单元的结构可分为两种类型：框式压滤机和箱式压滤机。

框式压滤机（**图 9-41**）的分离室是一个正方形的扁平空腔，由一个空心框架和两个带槽的过滤板组成（第 218 页，图 4-79）。过滤板上绷有滤布，其夹紧在框架和过滤板之间。通过一个共用的管道从上部将要分离的悬浮液借助压力（3 ～ 15bar）送到分离室中。滤液穿过滤布，通过过滤板中的槽流出，然后汇集到下方的收集管中并排出。固体会在滤布上形成滤饼，随着时间的积累会迅速填充满整个分离室。然后通过拉开过滤板和空心框架打开压滤机，滤饼掉下或者借助工具将其剥离。将过滤板和框架推到一起后，开始另一个新的工作流程。

过滤板和空心框架都安装在导向杆上以方便快速打开和关闭（第 364 页，图 9-40）。

在**箱式压滤机**中，较厚过滤板中的正方形凹陷即为分离室（**图 9-42**），上面绷有滤布。悬浮液从中央流入，穿过滤布并通过两个滤液收集管流出。滤饼在过滤室中不断增长，一定时间后，打开过滤板，滤饼掉下。

框式压滤机用于过滤易于过滤的悬浮液和稀浆。

箱式压滤机滤饼的容积较大，适合用于过滤很难过滤的悬浮液，例如用于悬浮液的充分澄清。

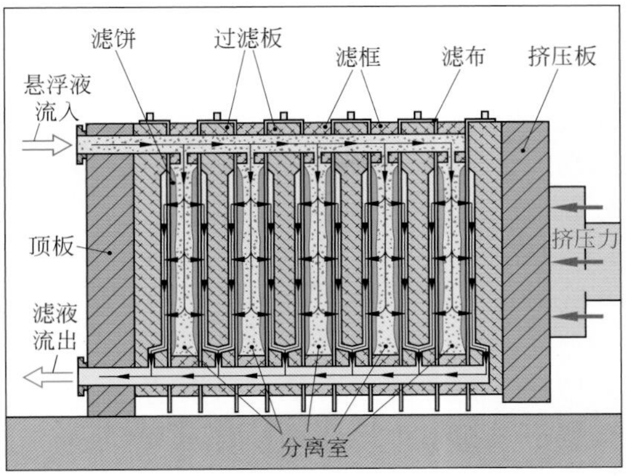

图 9-41：框式压滤机内部

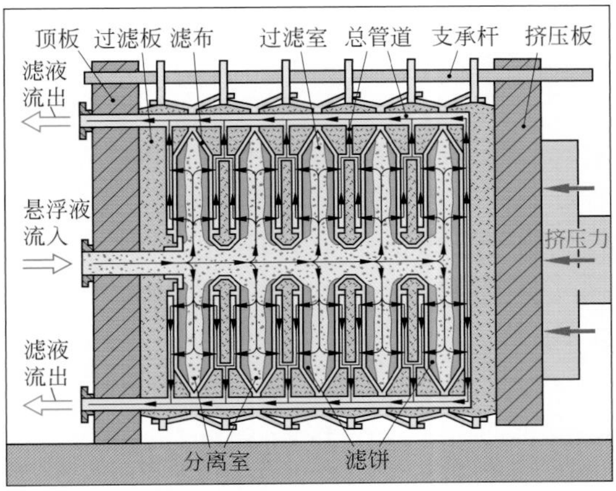

图 9-42：箱式压滤机内部

2.2.3 连续式过滤设备

真空盘式过滤器（图 9-43）

真空盘式过滤器（vacuum disc filter）的过滤单元由多个带孔的绷有滤布的略微呈圆锥形的空心圆盘组成，圆盘安装在一个缓慢旋转的空心轴上。这些圆盘大约有三分之一的直径浸入要过滤的悬浊液中。空心圆盘分为多个区段并通过空心轴连接在真空器上。真空器透过滤布将悬浮液吸入空心圆盘中并从这里通过空心轴将滤液送入到收集容器中。绷有滤布的圆盘在浸入悬浮液中时会在其上形成滤饼。将圆盘从悬浮液中提出并抽干滤液后用刮刀取下滤饼。盘式过滤器适合用于易于过滤的物质。

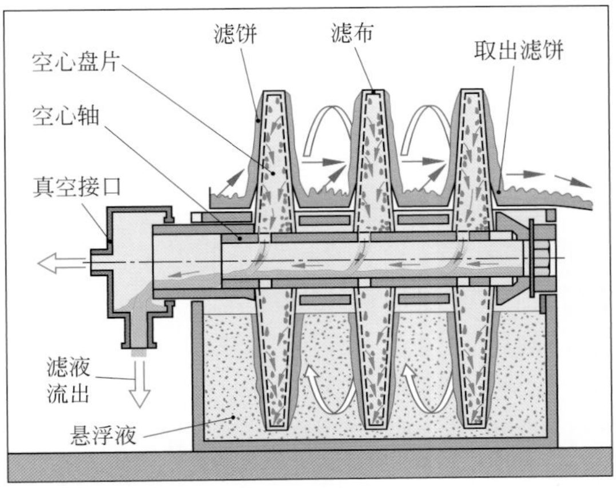

图 9-43：真空盘式过滤器（剖面图）

真空转鼓过滤器（图 9-44）

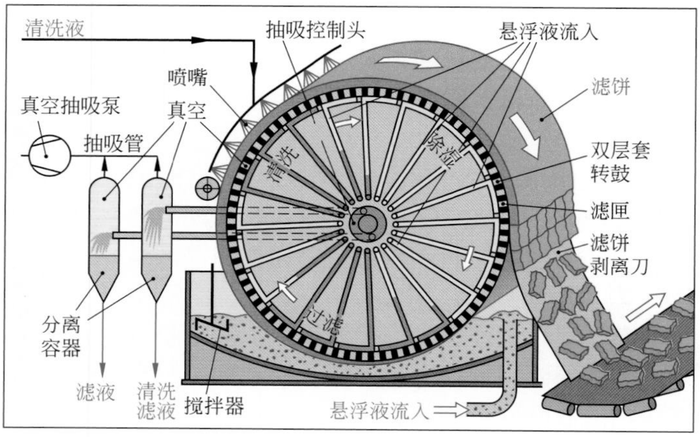

图 9-44：真空转鼓过滤器（示意图）

真空转鼓过滤器（vacuum drum filter），也称为旋转抽吸滤清器，由一个可旋转的按单元划分的双夹套转鼓组成，直径为 1 ～ 5m，宽度为 0.5 ～ 8m。其带孔的套面上绷有滤布。转鼓约有四分之一浸入盛有待分离悬浮液的槽中。转鼓的各个单元分别通过排出管和一个带抽吸管的固定控制头相连，该抽吸管在浸入悬浮液中的过滤面上透过滤布抽吸滤液。

滤液通过抽吸管和控制头进入分离容器中。

过滤转鼓缓慢转动，不断将新的过滤面浸入到悬浊液中。浸入时，滤布上形成滤饼并沿着转鼓的转动方向逐渐增厚。借助转鼓的转动，滤饼从悬浊液中转出，然后通过吸入空气进行脱水。之后滤饼转动到一个喷头下并被清洗液冲洗。清洗液将残留在滤饼中的滤液洗出，得到的清洗滤液被抽出和排走。接着对滤饼进行除湿和剥离。

盘式蜂窝状过滤器（图 9-45）

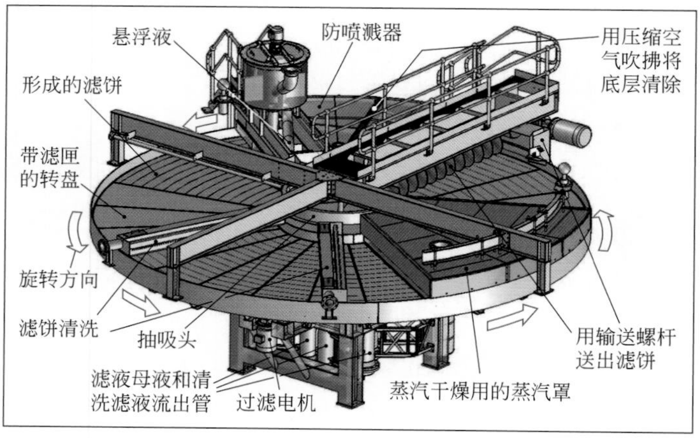

图 9-45：盘式蜂窝状过滤器

盘式蜂窝状过滤器（horizontal pan filter）由一个直径约 10m 的可转动圆盘和最多 24 个滤框组成。滤框上都覆盖有一个孔板，孔板上固定着滤布。与真空转鼓过滤器类似从下方抽吸滤液。在过滤器转动时，每个滤框依次经过各个过程区：悬浮液—形成滤饼—清洗—通过抽气除湿—用刮刀剥下滤饼。

真空带式过滤器（图 9-46）

真空带式过滤器（vacuum belt filter）有一条滤布制成的无缝带，其连续或间歇被拉过真空抽吸箱。在带子的起始处加入悬浮液或者稀浆。滤液借助真空被吸过滤布，汇集到前两个抽吸箱中，然后送入一个汇集容器中。留在带子上的滤饼会跟着带子缓慢穿过下一个抽吸箱，此时依次在滤饼上喷清洗滤液、清洗水，然后这两种液体被向下抽出并送入收集器中。在末端的转向辊上用一个刮刀将滤饼剥

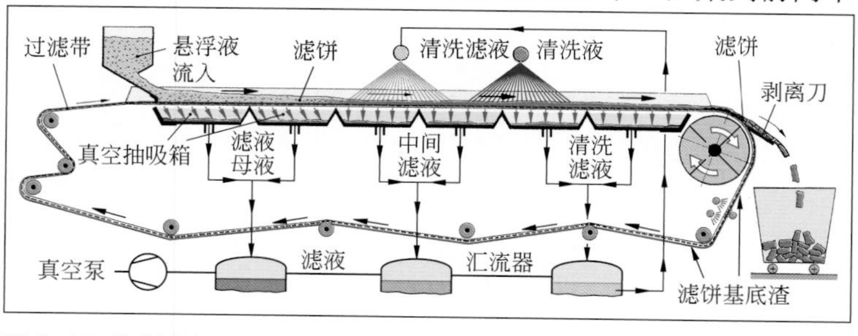

图 9-46: 带式过滤器

下，只在带子上留下一层薄薄的过滤底渣。

片式、转鼓式、水平盘式和带式过滤器具有较大的处理能力。当需要对滤饼进行深度清洗时，可以使用这类过滤器。

2.3 榨取

榨取（squeeze）用于从漂浮的物质或者从有机果肉（液体包含在细胞组织中）中分离液体。

用水果榨取果汁，从含油的植物中榨油，对聚合物的絮状物进行脱水，这些都是榨取的应用范例。

只有当其他的分离方法（例如过滤、离心分离、加热或者化学过程）无法达到分离要求，例如会损害口感而无法使用时，才能使用榨取，原因是挤压过程有一系列缺点。

在榨取时将挤压物放入一个缓慢变小的挤压室中。在机械压力的作用下，液体从挤压物中流出并通过挤压室壁上的孔离开挤压室。留在挤压室中的固体（渣饼），被间歇或连续清出。

简单的压榨机是小型酒吧和果汁店经常使用的**水果榨汁器**。其由一个圆柱形的带孔的挤压容器和一个挤压装置组成，只能间歇使用。

多层平板挤压器、压滤机或者**平板压滤机**同样以间歇的方式工作。挤压物在滤布中被包覆成扁平的形状并与平板交替叠放成一堆，然后将其放入到液压挤压机中并施加高的挤压力，液体被挤出并流到收集容器中。在间歇作业的挤压机中，清除渣饼并重新装入挤压物所需的时间较长。

用**螺旋挤压机**（screw extrusion presses）可以对挤压物进行连续挤压作业（**图 9-47**）。挤压机由一个挤压螺杆组成，挤压器在一个略微呈圆锥形的带孔的挤压桶中旋转，其形状与挤压桶匹配。挤压螺杆同样有一个略微呈圆锥形的螺栓轮廓和一个越来越窄的螺距。

这样，放入机器中的挤压物在螺板之间越来越小的空间中被挤压。挤压出的液体从带孔的挤压桶壁流出并汇集到一个排出管中。渣饼会在螺杆末端丢出。

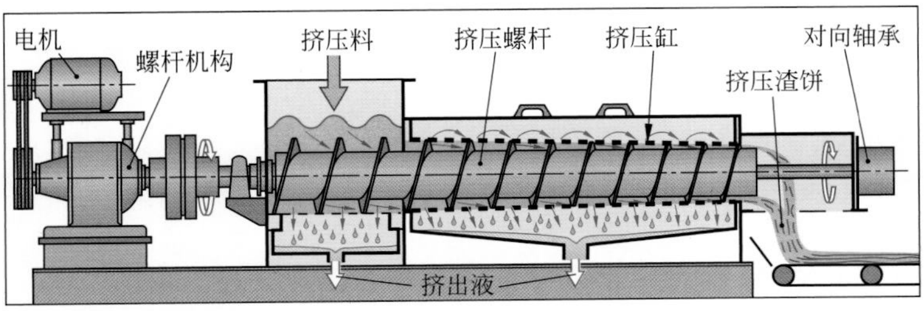
电机
螺杆机构
挤压料
挤压螺杆
挤压缸
对向轴承
挤压渣饼
挤出液

图 9-47：螺旋挤压机

复习题

1. 请解释下列术语：悬浮液、胶体溶液、滤浆、清液、泥浆。
2. 请说明如何在片式澄清器中分离悬浮液。
3. 在过滤过程中，滤饼起什么作用？
4. 随着滤饼变得越来越厚，滤液体积流量发生什么样的变化？
5. 助滤剂有什么用处？
6. 请描述加压过滤器的工作过程。
7. 请描述箱式压滤机的基本结构。
8. 在箱式压滤机中是进行过滤还是榨取？
9. 真空转鼓过滤器如何工作？
10. 榨取在哪些情况下应用？

2.4 离心分离

2.4.1 工作原理

离心分离（centrifugation）是通过离心力机械沉淀分离悬浮液中细密分布的固体颗粒。

在进行离心分离时，让要分离的悬浮液旋转起来。由此，除了重力 F_G 之外，在液体颗粒和固体颗粒上施加一个大得多的离心力 F_Z（**图 9-48**）。

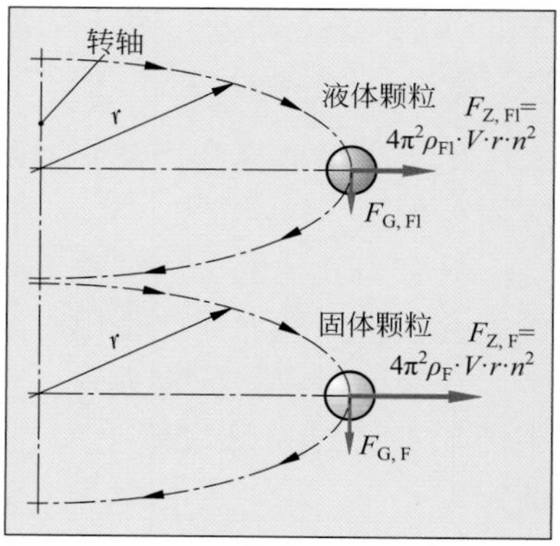

图 9-48：离心分离时的作用力

按照旁边的方程式对其进行计算。

离心力
$F_z = 4\pi^2 \cdot \rho \cdot V \cdot r \cdot n^2$

式中，ρ 为密度，V 为颗粒的体积，r 为旋转半径，n 为转速。

作用在一个液体颗粒或者一个固体颗粒上的离心力因液体 ρ_{Fl} 和固体 ρ_F 的密度不同而有所不同（图 9-48）。

较大密度的固体颗粒相比液体颗粒，离心力对其向外的加速更强，从而固体颗粒都集中在离心机的壁上（**图 9-49**）。固体颗粒上方是澄清的离心液体。

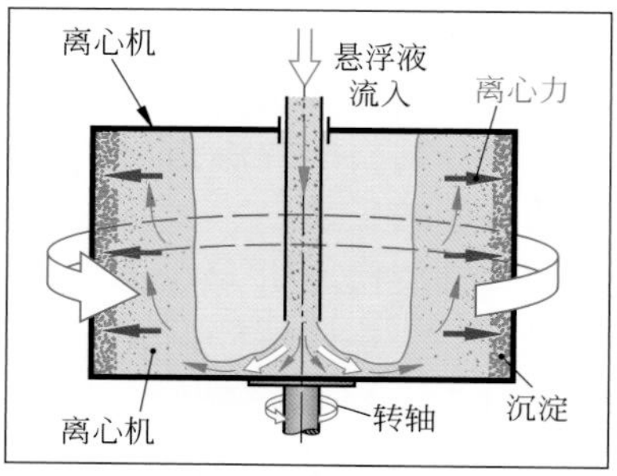

图 9-49：在离心机中分离悬浮液（示意图）

根据转速和离心机半径，在离心机（centrifuges）中通过离心力沉淀所达到的效果要比重力沉淀高 200 ～ 1000 倍。因此，通过离心分离也可以从悬浮液中分离极细的固体颗粒或者与液体密度差较小的颗粒。

衡量离心机分离效果的一个量度是**离心转速** z。该数值是指离心机的沉淀作用高出单纯通过重力沉降的倍数（参阅旁边的方程式）。

离心转速
$z = \dfrac{a_z}{g}$

式中，g 为重力加速度，a_z 为离心加速度 $a_z = 4\pi^2 \cdot r \cdot n^2$。

离心机中并不能将悬浮液完全分离为固体和液体，但是相比重力沉淀，其分离度要高得多。

低密度差的悬浮液也可以通过离心分离进行分离。

离心机的结构类型基本上分为两种：

– **过滤式离心机**（**图 9-50**），也称为筛筒式离心机。
– **沉淀式离心机**（**图 9-51**），也称为密闭式离心机。

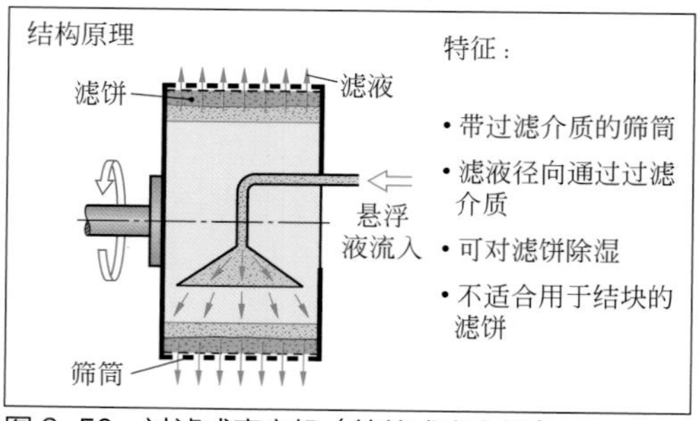

图 9-50：过滤式离心机（筛筒式离心机）

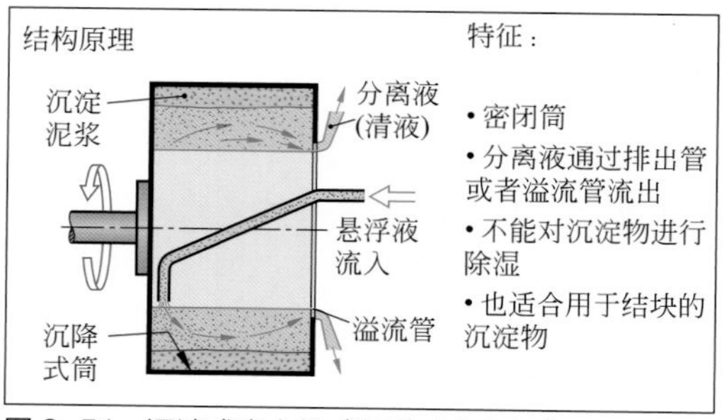

图 9-51：沉淀式离心机（沉降式离心机）

2.4.2 间歇过滤式离心机

过滤式离心机有一个多孔的离心转鼓（筛筒），内部绷有滤布。悬浮液从内部加入，然后向四周穿过滤布，在离心过程中，留下的固体成为滤饼（沉淀物渣）。在某些型号离心机中需要对滤饼刮削，称为**刮板卸料式离心机**。

过滤式离心机有垂直或水平转轴两种型号。

垂直筛筒刮板卸料式离心机

这种离心机的核心部件是筛筒，由电机驱动旋转（**图 9-52**）。筛筒位于一个圆形外壳中，外壳上部有一个悬浮液输入管和一个沉淀渣清理装置。悬浮液通过分配器均匀施加在转鼓内面上并随着转鼓进行旋转。借助离心力，悬浮液受到挤压并穿过自主形成的滤饼。

在外壳下部盛接甩出的离心液（滤液）并从侧面排出。

外壳安装在一个大质量基座的三个弹性支脚上，以均衡离心转鼓中略不均匀的质量分布。由于启动时的摆动运动，这种离心机也称为**三足悬摆式离心机**。

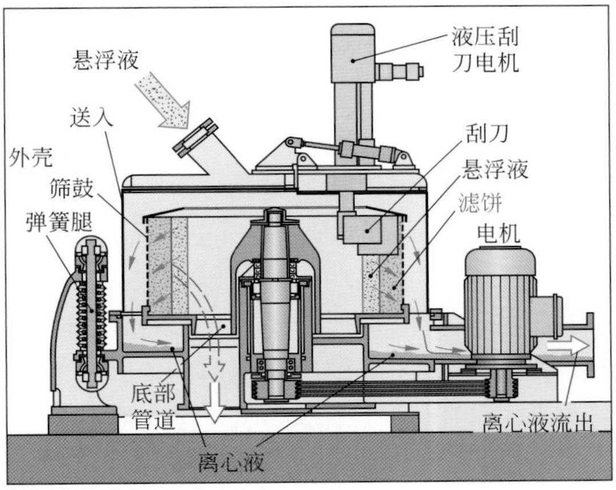

图 9-52：垂直筛筒刮板卸料式离心机

筛筒刮板卸料型离心机以间歇的方式工作（**图 9-53**）：

（1）离心机以加料转速运行并加入悬浮液，直到滤饼达到最大厚度。

（2）然后转速提高到离心转速。这样滤饼中的液体会被甩出。

（3）用清洗液冲洗滤饼。清洗液洗掉残留的悬浮液并同时被甩出。

（4）离心机降速到卸料转速。刮刀伸入滤饼中并将其剥离。滤饼通过一个打开的底部管道排出。

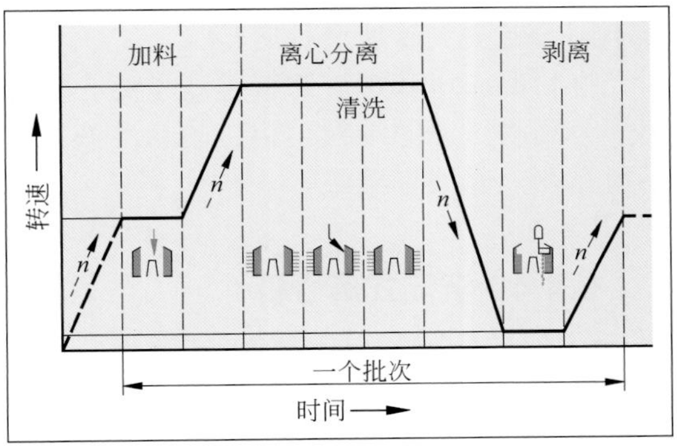

图 9-53：间歇式刮板卸料型离心机的工作方式

随后开始下一个工作循环。

在其他的垂直刮板卸料型离心机上滤饼用一个卸料管抽出。

水平筛筒刮板卸料式离心机

在这种结构类型中，筛筒、悬挂壳体和卸料装置水平布置（**图 9-54**）。其操作是间歇式的并且步骤跟垂直刮板卸料型离心机一样（参阅上文和图 9-53）。用一个宽刮刀剥离滤饼并且用卸料螺杆将滤饼推出。

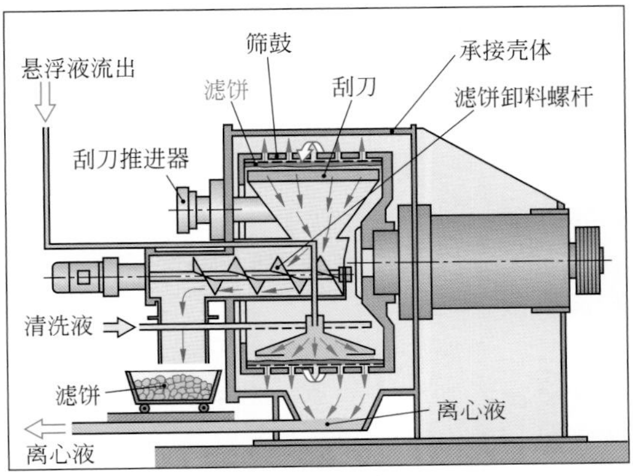

图 9-54：水平筛筒刮板卸料式离心机

2.4.3 连续过滤式离心机

连续操作的过滤式离心机拥有一个多孔的圆锥形筛筒。悬浮液通过一个圆锥形加料口送到转鼓内壁并在壁上形成滤饼，而悬浮液穿过滤布和带孔转鼓排出。在连续操作的过滤式离心机上，用特殊的装置或者转鼓进行专门的移动将形成的滤饼倒出。

这种离心机不同的结构样式的卸料方式有所不同。

这些离心机的命名都基于滤饼卸料的方式。

推料离心机（图 9-55）

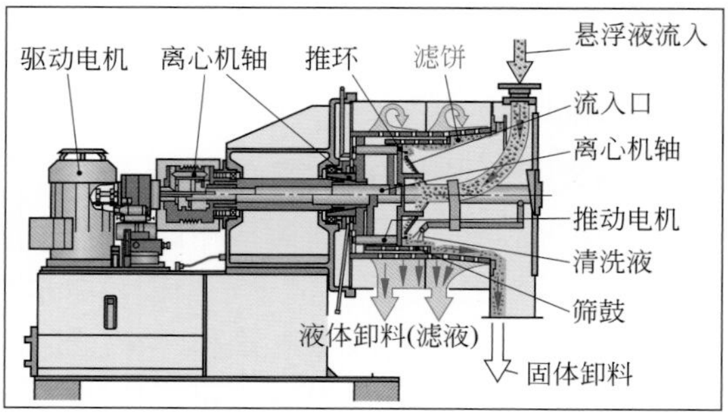

图 9-55：推料离心机

在推料离心机（pusher centrifuge）中，一个沿着轴向前后移动的推环以小推力将滤饼向前推到前面呈圆柱形，用清洗液冲洗滤饼，然后在后面略微呈圆锥形的筛筒中进行卸料。

螺旋卸料过滤型离心机（图 9-56）

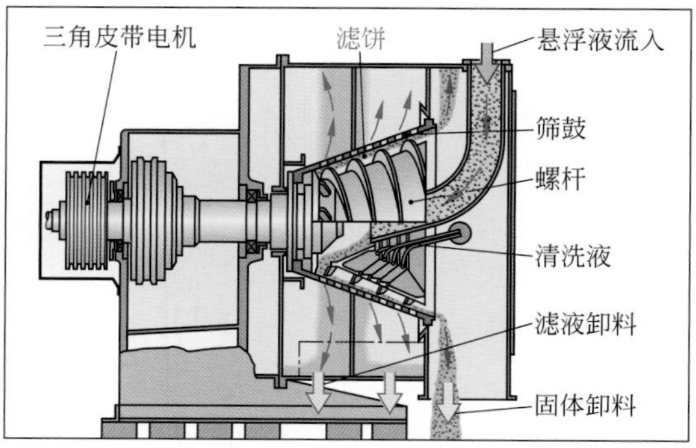

图 9-56：螺旋卸料过滤型离心机

螺旋卸料过滤型离心机（worm/screen centrifuge）有一个圆锥形的带孔转鼓。用一个同样为圆锥形的螺杆将滤饼推到卸料侧，螺杆以不同于转鼓的转速进行旋转。

推料离心机和螺旋卸料过滤型离心机适合用于分离易过滤的细粒至粗粒的悬浮液。滤饼不得黏在一起或者结块。

2.4.4 沉淀式离心机

沉淀式离心机有一个沉降式转鼓，在转鼓中通过离心力的作用将悬浮液分离为沉淀物和分离液（图 9-51，第 368 页）。通过卸料装置分别对分离液和沉淀物进行卸料。根据规格沉淀式离心机可以以间歇或者连续的模式进行作业。有带垂直或水平转轴的沉淀型离心机。

沉降式刮板卸料型离心机（图 9-57）

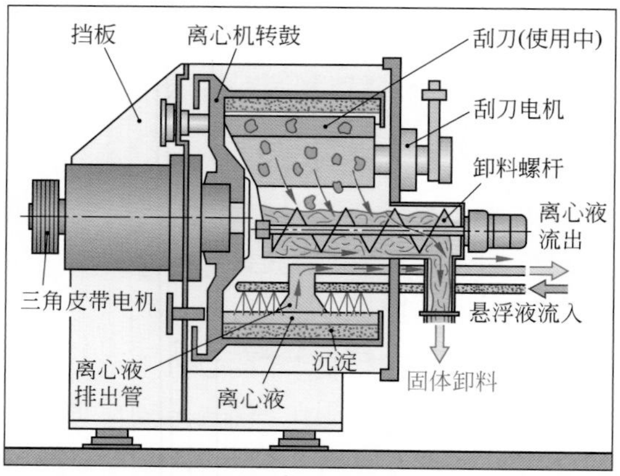

图 9-57：沉降式刮板卸料型离心机

这种间歇操作离心机（solid-bowl, peeler centrifuge）的工作流程是一个多步的工作循环。

（1）悬浮液在转鼓中旋转并分离为沉淀物和离心液。

（2）当离心液环达到一定的高度后，排出管便会浸入到旋转的离心液中并将其抽出。分多次送入悬浮液并抽干离心液，直到沉淀物层达到足够的厚度。然后停止送入悬浮液并抽干剩余的离心液。如果必要，用清洗液冲洗沉淀渣并抽干。

（3）然后刮刀进入到沉淀物层中并通过缓慢移动将其剥离。然后通过一个斜坡或者用一个螺杆卸料装置将沉淀物从离心机中送出。

之后送入悬浮液，开始一个新的工作循环。

由于液压驱动的剥离装置、螺杆卸料机构和高离心转速，沉降式刮板卸料型离心机是一种复杂而粗笨的设备（**图 9-58**）。

这种分离机主要用于分离因形成压缩的、不透水的和 / 或油脂性的沉淀渣而不能通过过滤或者离心过滤进行分离的悬浮液。

借助高转速，其可以对沉淀物进行脱水并达到较低的残留湿度。

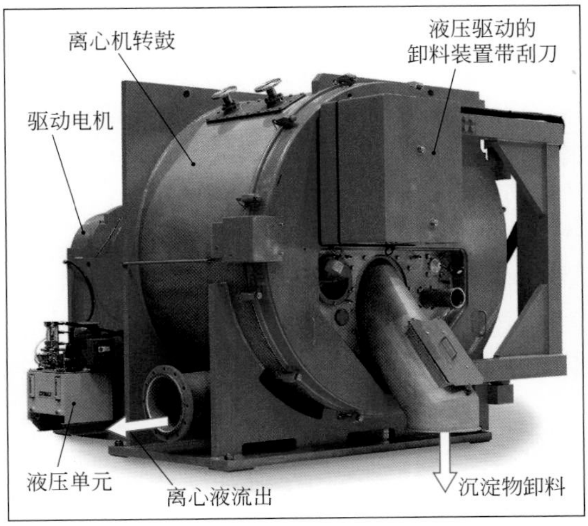

图 9-58：工业中使用的典型刮板卸料型离心机

沉降式螺旋离心机（图 9-59）

沉降式螺旋离心机（decanter centrifuge），也称为沉降式离心机、快速滗析机或简称为**滗析机**，有一个卧式的、部分呈圆锥形的全密闭转鼓。在转鼓内有一个送料螺杆以比转鼓较低的转速差进行旋转，送料螺杆和离心机转鼓之间的间隙宽度为 1 ～ 3mm。

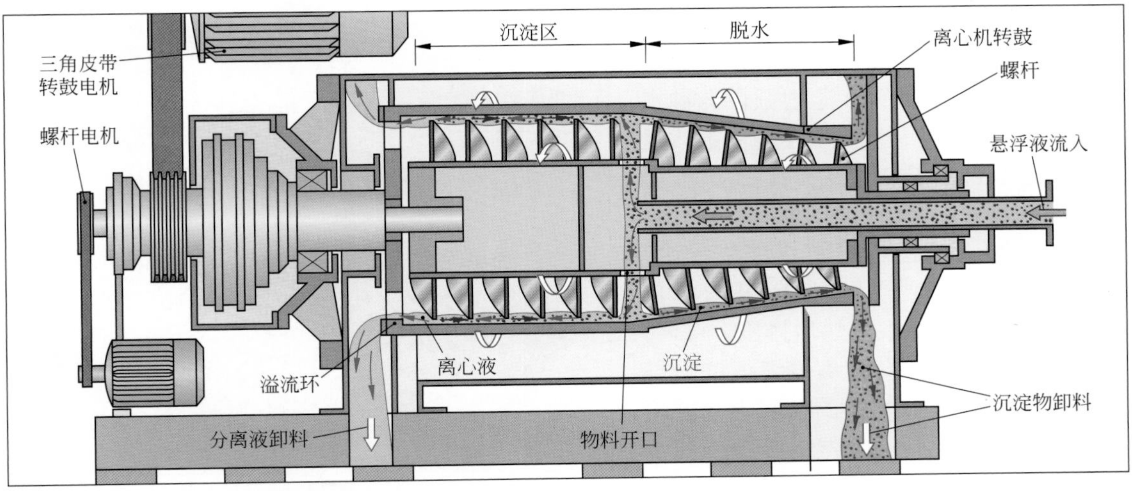

图 9-59：密闭式沉降式螺旋离心机（滗析机）

待分离的悬浮液从一个大约位于离心机中央的空心轴送入。

借助转鼓的旋转，悬浮液在转鼓的内部被挤压。在离心力的作用下，固体颗粒被沉积到转鼓壁上。然后用送料螺杆沿着沉淀区，顺着圆锥向上将沉淀物推到卸料口处。在圆锥中对泥浆进行挤压和脱水。在沉淀区的另一侧，位于沉淀层之上的离心液会越过一个可调节的溢流环流出。

沉降式螺旋离心机适合用于分离中等细度至粗粒的含较高固体或纤维沉淀物的悬浮液。除了分离悬浮液之外，其还可以用于净化废水、对泥浆进行脱水和压缩、分级，与提取的混合和溶解过程组合使用。

碟式离心机

碟式离心机，也称为**分离机**（disc centrifuge），是一种转速极高的垂直布置的沉降式离心机（**图 9-60**）。离心机有一个圆锥形的内腔，用多个（3 ～ 150 个）圆锥形的盘子将内腔分为许多狭窄的沉淀室。从结构上来看，碟式离心机是一种“旋转式薄板澄清器”（第 361 页图 9-34）。

用一个电机将离心机的锥形盘加速到高速。一个润滑系统用于降低离心机的旋转摩擦，风扇用于排出摩擦热。碟式离心机以连续的方式进行工作。

分离过程在锥形盘的空隙中进行（**图 9-61**）。

悬浮液从上部流入并在转向后进入离心机底部外侧范围，并从下方进入旋转盘片之间的锥形盘沉淀空间中。

借助离心力，悬浮液在每个沉淀室内分离为沉淀物（密度较高）和分离液（密度较低）。较重的沉淀物颗粒会被水平压在下一个较高盘子的倾斜壁上，滑动到盘子底部沿着斜度向外并汇集。

当沉淀物填满外侧的收集空间后，便会打开可开启的盖子将沉淀物排出。旋转的离心机转鼓会将它们甩出，汇集在外部的离心壳体中，然后排出。

较轻的离心液会被后续流入的悬浮液压入锥形盘沉淀物室的盘底上，并沿着斜坡向上至旋转轴，然后在上方通过一条固定的排出管吸出。

碟式离心机的转速极高，在其内部能达到 15000 倍的重力沉淀效果。离心转速为 $z = 15000$。碟式离心机可以分离粒度最大为 0.5μm 的细粒悬浮液。

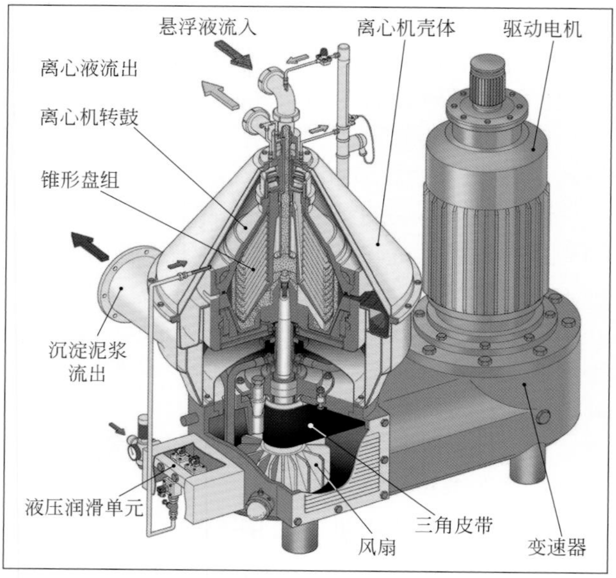

图 9-60：工业中使用的典型碟式离心机

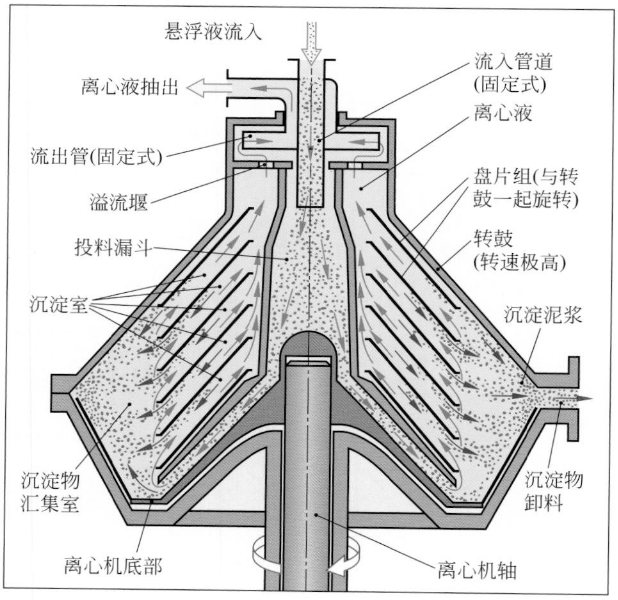

图 9-61：碟式离心机的工作原理

借助其很高的分离效果也可以分离液体和固体颗粒之间仅有较低密度差的悬浮液。

许多制药成分和食品在生产时以弥散的悬浮液形式出现，优先使用碟式离心机将其分离为沉淀物和清液。

在制药生产中常常累积起来的水 / 油乳浊液可用碟式离心机分离为相应的成分（第 375 页）。

2.4.5 工业用离心设备

离心设备是许多工厂的大型化工设备的组成部分，其核心部件由离心机（例如刮板卸料型离心机，第 370 页，图 9-57）以及与之相匹配的附加设备、管道和容器组成（**图 9-62**）。

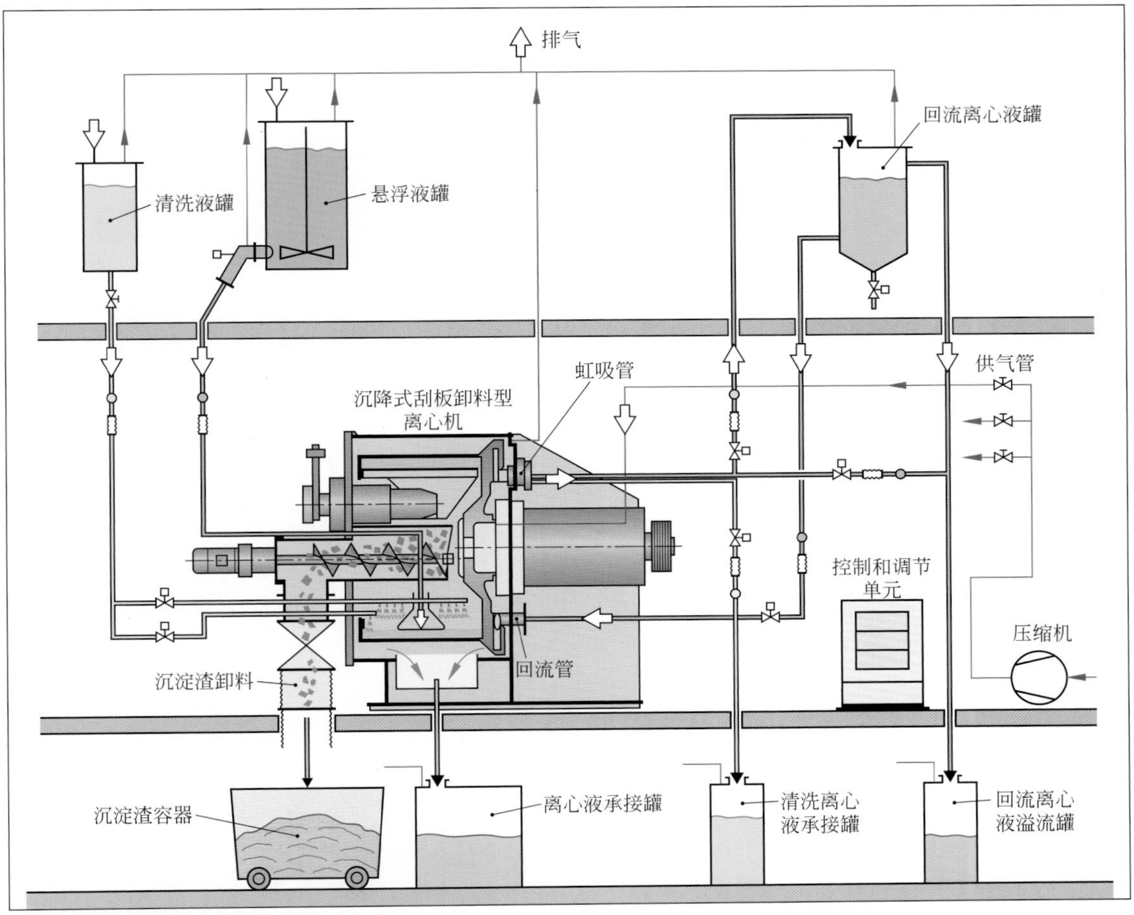

图 9-62：工业用离心设备

工业用离心设备的不同设备零件经常安装在一栋三层高的设备大楼中。从而，液体可借助重力流向分离设备。在最顶层是供应给离心机的液体：要分离的悬浮液，清洗液以及回流的离心液。从离心机中流出的离心液和清洗离心液向下流，沉淀渣落入一个收集容器中。

一个复杂的间歇生产过程通常包含测量系统、控制系统和调节系统，自动运行时可控制阀门、卸料的液压装置、离心机和沉淀卸料器等设备（请参阅第 517 页）。

复习题

1. 为什么离心机的沉淀效果要高于单纯的重力沉淀罐？
2. 请说明间歇工作的刮板卸料型离心机的工作循环。
3. 推料离心机的滤饼如何卸料？
4. 沉降式离心机和筛筒离心机工作模式的区别在哪里？
5. 请描述沉降室螺杆离心机如何分离悬浮液。
6. 碟式离心机借助什么达到较大的分离效果？

3 乳浊液的机械分离

两种不互溶的液体，在大力混合后会形成一种乳浊液（emulsion）。

这是一种液体混合物，从外观看跟均质的液体一样（例如牛奶），但是，这实际上是一种含有极小微滴（0.1 ～ 100μm）的多相的混合物。

较多数量的液体构成了**连续相**，而较低数量的分散为微滴的液体成为**分散相**（**图 9-63**）。

工业上重要的乳浊液有水包油乳浊液，其用作金属切削用的冷却润滑剂，或者油包水乳浊液，用作润滑油脂和润肤膏。

微滴大小超过 1μm 的水包油乳浊液会缓慢自主分离。微滴尺寸低于 1μm 的乳浊液可长时间稳定地存在。

乳浊液两种成分的密度仅有略微的差别，大多在 0.8 ～ $1.0g/cm^3$ 的范围内。

按照三种物理工作方式对乳浊液进行技术分离：

- 在大液滴的乳浊液中由于两种成分有密度差而采用**重力沉淀**（滗析）。
- 在两种成分密度差较小或者细致弥散的乳浊液中也可借助**离心力沉淀**进行分离（离心分离）。
- 由于各个成分会选择性地通过合适的分离膜，极细的乳浊液可采用**超滤**进行分离。

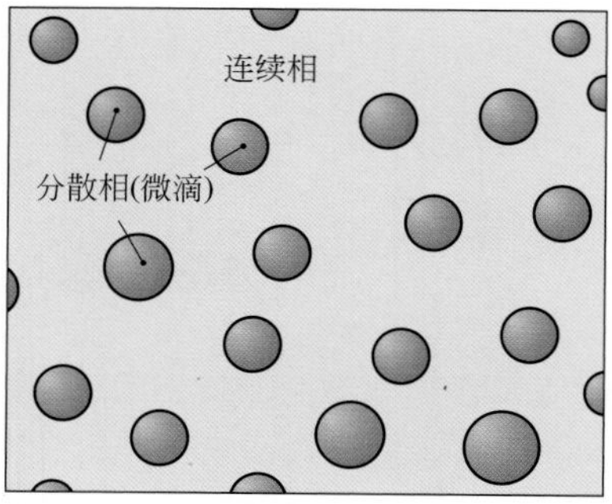

图 9-63：一种乳浊液的显微结构（放大视图）

3.1 滗析

在进行滗析（decanting）时，因两种液体有不同的密度差会发生离析，借此将乳浊液分离为单独的液体。

将乳浊液送入一个大的滗析容器中（**图 9-64**）。较轻的和较重的液体之间会形成一个离析区。乳浊液中较轻的成分浮起并流到一起，而较大密度的液体汇集在容器的下部。形成一个等高的液体分离面（相界）。较重的液体会通过一个底部的虹吸管排出。较轻的液体通过一个溢流口流出。

通过滗析只能分离能够迅速离析的液体混合物，例如水 / 汽油混合物或者大液滴的水 / 油混合物。

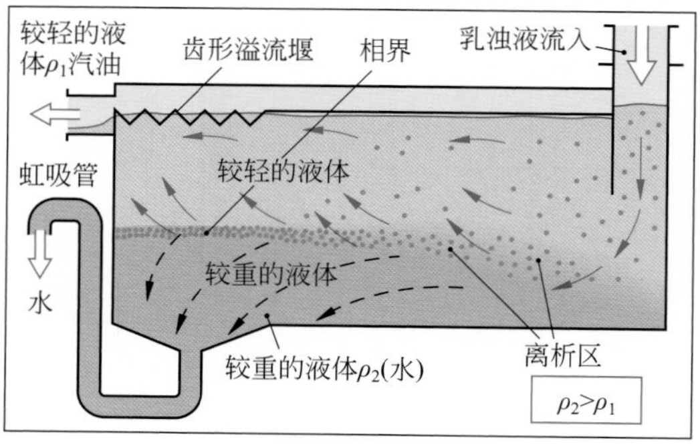

图 9-64：在一个重力滗析容器中滗析一种水 / 汽油混合物

3.2 离心分离

离心分离（centrifugation）是乳浊液最常使用的分离方法。此时，借助作用在液体微滴上或者连续液相上的不同大小的离心力对乳浊液进行分离：$F_z = 4\pi^2\rho Vrn^2$。由于两种液体成分的密度不同因而产生不同的离心力。其原理与离心分离悬浮液相同（第 368 页）。

在分离乳浊液时常使用沉降式离心机和碟式离心机。

在**沉降式离心机**上，较大密度的液体微滴会被离心力挤压在离心机的外壁上并在这里形成一个相连的液体环（**图 9-65**），其上方是较低密度的一个液体环。通过虹吸可以将两种液体分别抽出。

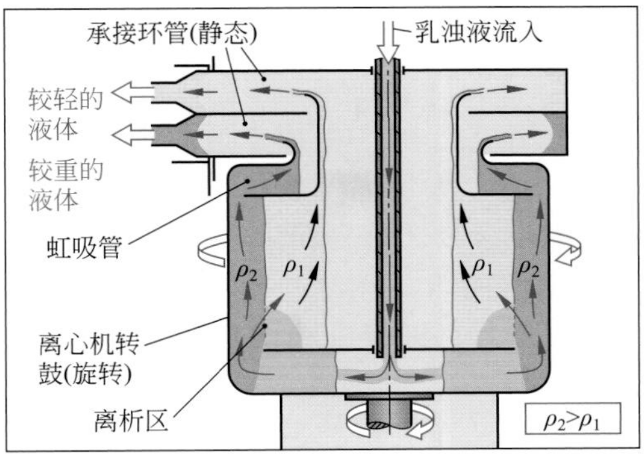

图 9-65：在沉降式分离机中离心分离一种乳浊液（示意图）

由于在离心机中所产生的离心力比澄析时的重力大几百甚至上千倍，因此离心分离也可用于分离细致弥散的乳浊液，例如牛奶（水 - 油脂乳浊液）。

特别适合用于分离稳定的和极细弥散乳浊液的是**碟式离心机**，也称为**分离机**（**图 9-66**）。其中通过依次相邻的多个圆锥形碟片将离心机内腔分为多个分离腔。乳浊液流到分配器底部并通过上升通道进入到倾斜的碟片的各个间隙中。在这里相对较重的液体微滴会向外走，较轻的液体汇集在轴附近的区域内。两种液体的分界线排成一排孔眼（上升通道）。分离的液体通过各自的虹吸管排出离心机。

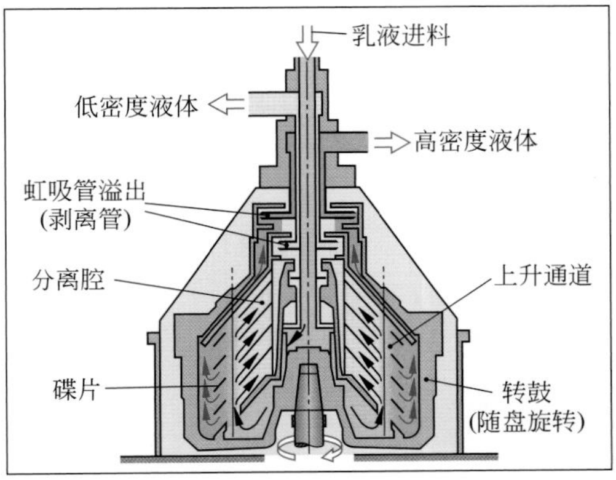

图 9-66：在碟式离心机中离心分离一种乳浊液

用碟式离心机可高强度地分离乳浊液，例如用于分离油残留物或者从污水中分离溶剂。

3.3 超滤

在超滤（ultrafiltration）时，可以用超滤膜从不干净的液体（例如废水）中分离出最小的液体微滴和大分子杂质。

例：从废水中分离油。

在超滤时，待清洁的液体在压力下流过安装在单孔支承管中的薄膜软管（**图 9-67**）。溶液（例如水）被压过薄膜，而分散相(例如油)因其分子较大而不能通过薄膜。因而得到作为滤液的纯溶液（水）和富含分散相（油）的溶液。然后再用一个分离器对其进行分离。

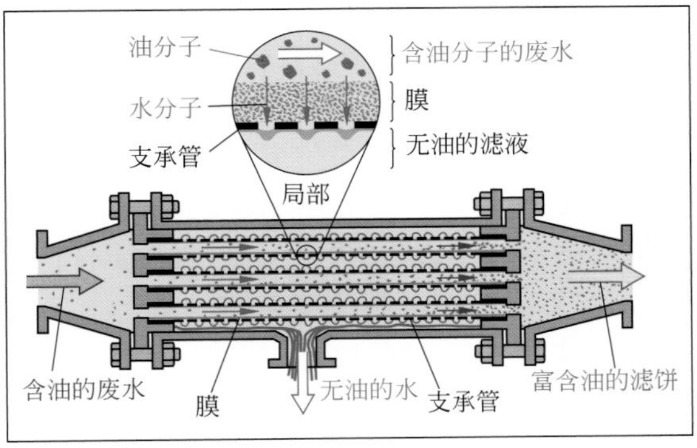

图 9-67：用一个超滤管束模块从废水中分离油

复习题

1. 哪些液体混合物可通过机械分离法进行分离？

2. 哪种分离机特别适合用于分离细小分布的乳浊液？

X.除尘和废气净化

在化工厂的许多加工过程中，例如粉碎固体物料、筛分、冶炼、添加细粒物料、燃烧时，都会产生细碎分布的气-固混合物，称为**粉尘**（dust）或者**烟**（smoke）。

举例而言，在冷凝时产生的气-液混合物，称为**烟雾**（mist）。含有细碎分布固体或液体颗粒的气体称为**气溶胶**（aerosol）。

同样，在大量的生产过程中也会产生气体混合物或者带较少其他气体成分的不纯气体。

净化含有异物颗粒或者危害环境的有毒气体的不净气体是生产技术和环境保护方面重要的工作任务。这些净化过程是在除尘和净化废气设备中进行的（**图10-1**）。

图10-1：除尘设备

通过除尘和废气净化，可以从要净化气体中除去细密分布的固体、液体或者气体异物成分。

除尘和废气净化有多种用途：

- 净化工业废气或者烟气，用于保持环境干净，例如在生产水泥时除去废气中的粉尘。
- 从废气中分离有毒的成分，例如消除炼厂气的毒性。
- 生产干燥的过程气体，例如分离其中的水汽（湿度）。

回收废气中所包含的物质常常是不经济的，但是从环保的角度来说必须这么做（第563页）。但是在许多情况下，回收（recycling）物质所产生的收益能部分抵偿净化废气增加的成本。

环境保护和劳动安全

由于德国工业密度较高，保持环境干净具有十分重要的意义。因此法律规定了排放到大气中的废气最大允许含毒异物成分的浓度。

MIK值说明了**最大允许排放浓度**的限值（排放值是指地面上1.5m处的空气污染程度，另请参阅第552页）。在化工厂厂区外，不允许超过**MIK**数值。

OEL值是有害物质技术规定（TRGS）所规定的**工位限值**，在工位的口鼻高度上有害物质浓度不得超过该数值。这个参数用于替代以前使用的MAK数值。

旁边的**表10-1**列举了几种有害物质的MIK值和OEL值。MIK值和OEL值的单位为mg/m³、ppm或者mL/m³。

ppm是英语“part per million”的缩写，代表“每1000000个承载气体微粒中含有的其他气体微粒的数量”。1ppm≈1mL/m³≈1cm³/m³。

净化气体的任务是将有害物质的浓度降到MIK值或者OEL值以下，以及将废气中的粉尘和烟雾含量降低到环境和人体健康所能承受的尺度上。

表10-1　有毒气体的MIK值和OEL值

废气中的有毒物质	MIK值		OEL值	
	mg/m³	ppm	mg/m³	ppm
二氧化硫 SO_2	0.5	0.2	5.0	2.0
一氧化氮 NO	1.0	0.5	30	16
氯 Cl_2	0.3	0.1	1.5	0.5
氯化氢 HCl	0.7	0.5	8.0	6.0
一氧化碳 CO	—	—	35	32

1 除尘

除尘（dust separation, dedusting）是指从气体中分离出细密分布的粉尘和烟气颗粒，气体主要是空气或烟气。

在进行除尘工作时，粉尘浓度要从 c_0 降低到 c_1（**图 10-2**）。

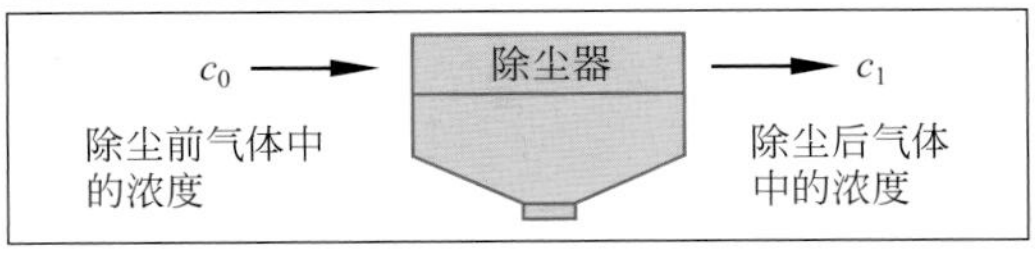

图 10-2：除尘时的浓度

评价除尘过程质量的一个量度是总粉尘分离度 $a_{总}$。这个参数为经过除尘所降低的粉尘浓度 $c_0 - c_1$ 与原本的粉尘浓度 c_0 之比。

总粉尘分离度

$$a_{总} = \frac{c_0 - c_1}{c_0} \times 100\%$$

大粒的粉尘容易被分离。粉尘越细，则分离的难度越高。因此，大粒粉尘的分离度比较高，细粒粉尘的分离度总是较差（**图 10-3**）。

例：在图 10-3 所示的布滤清器除尘设备中，100μm 粒度的总粉尘分离度能达到 80%；而 10μm 的颗粒仅能达到 20% 的分离度。

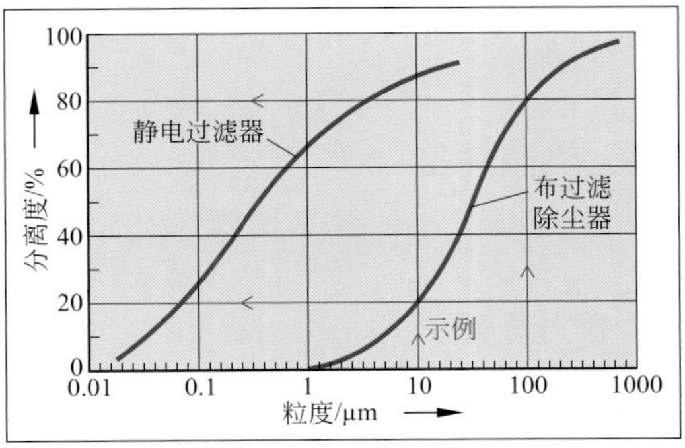

图 10-3：不同粉尘颗粒的分离度

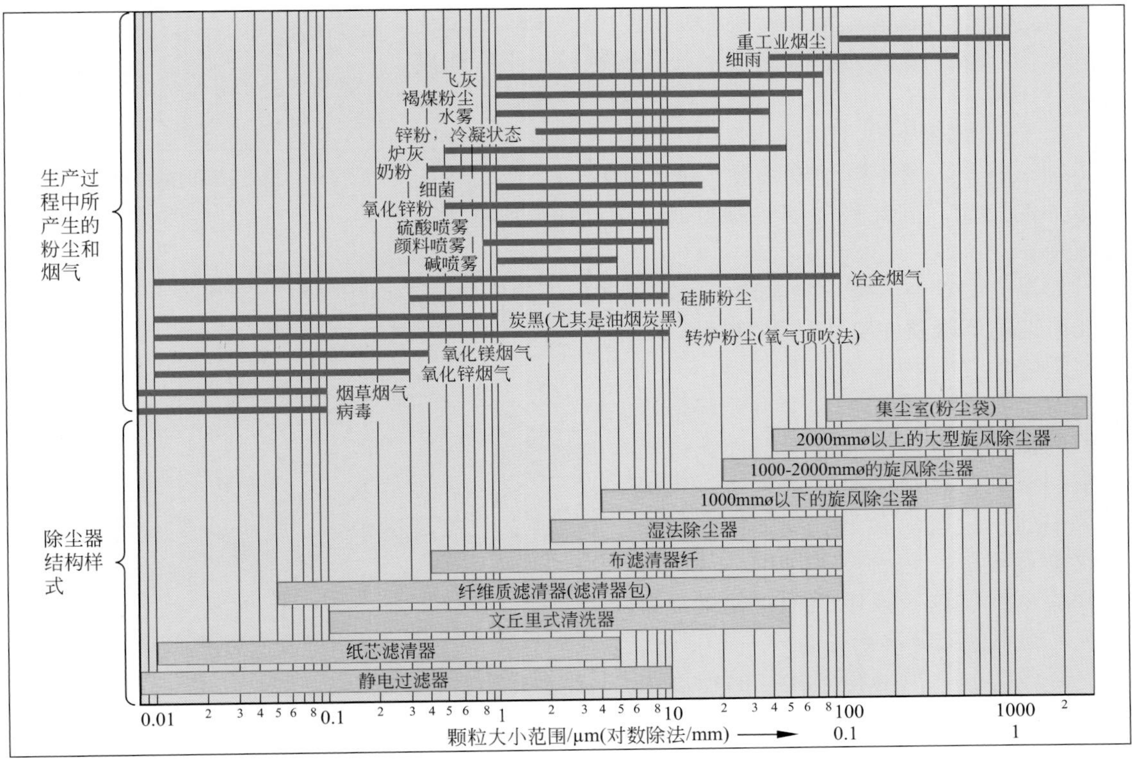

图 10-4：工业粉尘的粒度大小范围和各种除尘器的分离范围

用除尘设备进行除尘，除尘设备有多种结构型号（第 377 页，**图 10-4**，下半部分）。用相应的除尘设备型号可以分离特定颗粒大小的粉尘。

生产过程中所产生的粉尘没有统一的大小，粉尘的颗粒大小在一个很宽的范围内（第 377 页，图 10-4，上半部分）。例如，褐煤粉尘颗粒的大小在 1 ～ 60μm 之间。这代表着，例如在使用布滤清器除尘设备对褐煤粉尘进行除尘时，大粒的粉尘颗粒大部分会被分离出来，而低于 10μm 的粉尘颗粒很多都会通过除尘设备。

因此在对某些生产过程所产生的粉尘进行除尘时应使用合适的除尘设备。将多台除尘设备依次连接在一起通常是非常有用的，例如首先用一台布滤清器除尘设备去除掉大颗粒，然后用一台静电除尘设备进行精细除尘（第 377 页，图 10-3）。两台除尘设备相互补充，这种组合式除尘方式能达到最大的除尘效果。

有多种除尘方法，具体见下文。

1.1 机械除尘

> 对气体进行机械除尘的原理是通过重力、惯性力或者离心力分离粉尘颗粒。

重力分离

气体中所包含的粉尘颗粒受到重力 F_G 和浮力 F_A 的作用（**图 10-5**）。当颗粒下降时，还会受到气流阻力 F_W 的影响。

在这三个力之间，借助一个合成的力 F_R 达到平衡。这种合成力的方向朝下并且使颗粒以下降速度 v_A 进行下降。

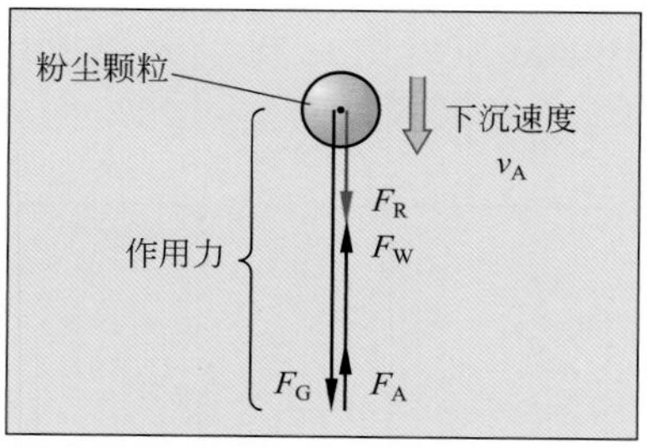

图 10-5：重力分离时的作用力

由于气流阻力 F_W 比重力 F_G 小，因此大颗粒下降速度快。颗粒越小，则下降速度越慢。由于颗粒的热运动能抵偿重力的影响，因此极微细的颗粒（低于 0.1μm）根本不会下降。

如果借助重力分离粉尘颗粒，则输送含粉尘的气体时必须让颗粒有足够的下沉时间。下沉在所谓的**沉降室**中实现（**图 10-6**）。

沉降室是一种大体积的容器，气体流经时会加大气流的横截面并明显降低气流的流动速度，从而延长气体流过沉降室的时间。在这个时间过程中，气流通道中的粉尘颗粒会下沉到圆柱形的粉尘收集容器中，然后按需排出。从沉降室开头至结尾这一段中的颗粒如果没有下沉，则不会被分离出去。

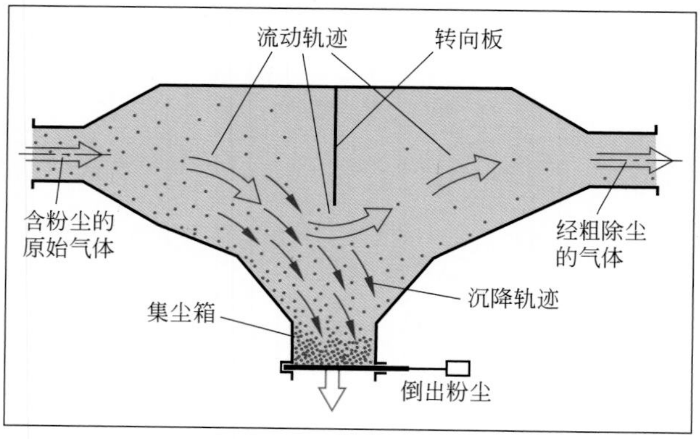

图 10-6：沉降室

恰巧能分离出的粉尘颗粒的粒度大小称为分离粒度。分离粒度越小，则气流的流速越小并且气流轨迹的高度越低。

集尘室的沉降高度特别低（**图 10-7**）。其中，用多个水平板条将流动横截面分开。从而让粉尘颗粒在较低的下沉高度上下降。粉尘颗粒汇集在略微倾斜的条板底部并且在这里汇聚成为较大的粉尘块。用一个振动器让粉尘从略微倾斜的条板底上掉下落到收集桶中。

沉降室和集尘室的重力分离只适合用于最大约 100μm 颗粒的粗除尘。较小的粉尘颗粒会被承载气流带走。

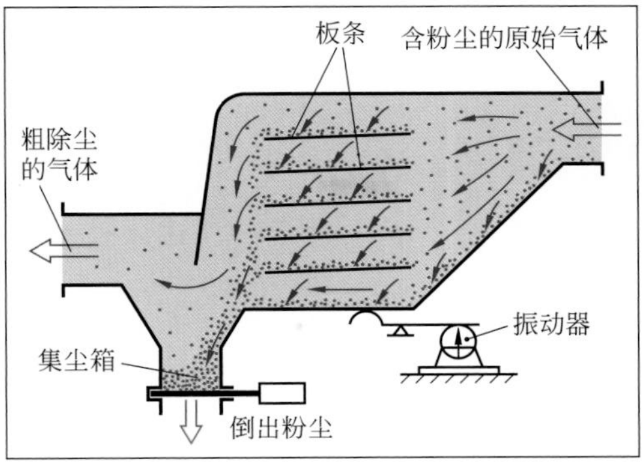

图 10-7：集尘室

离心力分离

粉尘的离心力分离要在**旋风除尘器**（cyclone）中进行（**图 10-8**）。

旋风除尘器是一个圆筒形的设备，其下部呈圆锥形。将要除尘的原始气体从上部沿着切线吹入旋风除尘器中并沿着圆形的除尘器的墙壁以螺旋轨迹向下流动。这会在外墙壁上形成一个旋转的气旋，即第一气旋。随着气旋旋转的较大的粉尘颗粒会被离心力甩到墙壁上，聚集为大团块并从墙壁上滑下。然后掉到下部的收集器中并定期倒空收集器。

一次气旋在设备外墙壁上向下旋转进入越来越窄的圆锥中。圆锥的圆形轨迹直径越来越小，因而提高了旋转速度。在变得越来越小的圆锥范围内，一次气旋发生方向改变并借助越来越小的直径旋转上升成为向上潜管中的二次气旋并穿过潜管离开除尘器。

离心力
$F_z = 4\pi^2 \rho_F V r n^2$

按照上述方程式计算分离粉尘颗粒的离心力 F_z。

其含义如下：

ρ_F 为粉尘密度，r 为漩涡半径，V 为体积，n 为一次气旋的转速。离心力不仅作用在气体颗粒上，也作用在粉尘颗粒上。由于粉尘颗粒的密度比气体颗粒的密度大 1000 倍左右，因此，作用在粉尘颗粒上的离心力明显更大，从而粉尘颗粒会向外侧走。如何计算旋转气流中作用在固体和液体颗粒上的力，详细内容请参阅第 368 页，图 9-48。

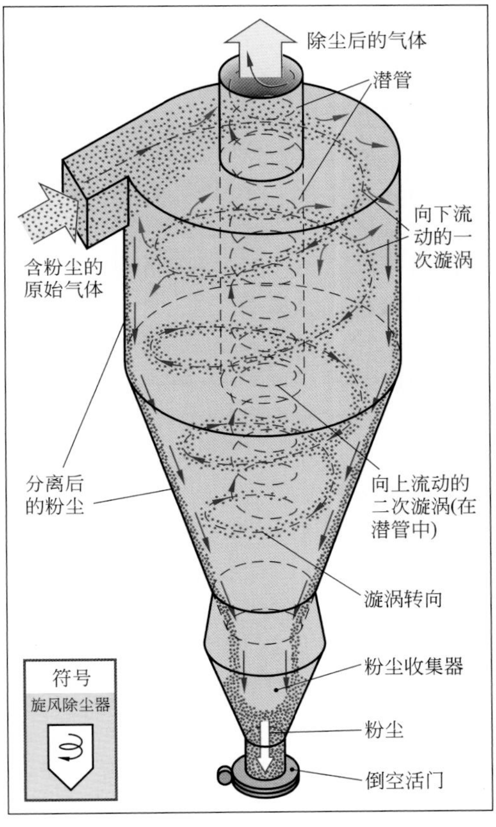

图 10-8：在旋风除尘器中分离粉尘

在潜管二次气旋的圆周上产生最大的圆周速度，从而分离出具有分离粒度大小（也即最小分离粒度）的粉尘颗粒。

气旋除尘器适合用于气体量大的粗除尘工作。细粉尘不能在气旋除尘器中分离（第 377 页，图 10-4）。在运行气旋除尘器时，除了空气的流动能量之外不需要使用其他的能量。因此气旋除尘器不会产生动力成本。

1.2 湿法除尘

湿法除尘（wet dedusting），也称为气体洗涤，即粉尘颗粒被黏附在喷洒的细水滴上并与其一起从气体中分离出去。

将含粉尘颗粒的原始气体逆着细密分散的水滴流送入设备（**图 10-9**）。

在气体围绕着液滴流动期间，粉尘颗粒因其惯性而不会改变方向，从而碰撞到液滴上。粉尘颗粒黏附在液滴上，被润湿并与液滴一起落入下面的装置中成为泥浆。粉尘分离的效果要越好，则水滴应越细和越快速地流向粉尘颗粒。

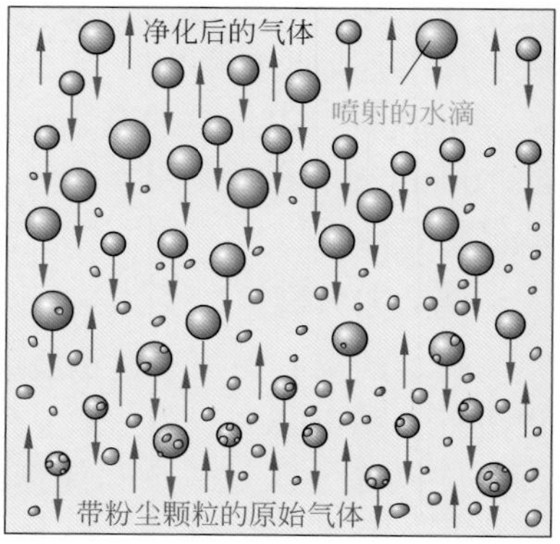

图 10-9：湿法除尘的原理

通过湿法除尘可分离 0.5 ～ 500μm 颗粒大小的粉尘。

用于湿法除尘的设备称为湿式除尘器、气体洗涤器或者简称洗涤器。它有多种规格。

洗涤塔是一种简单的气体洗涤器，它是一个垂直布置的管道，水滴喷雾从上方喷入，与缓慢向上流动的含粉尘的原始气体逆向接触。它不需要使用工作能源，但是粉尘分离度较低。

在**旋转式洗涤器**中通过一个喷嘴和旋转的盘片产生细粒的清洗液雾滴（**图 10-10**）。原始气体气流通过雾滴，同时粉尘颗粒黏附在水滴上。含粉尘颗粒的水滴会落到金属丝网盒中并在这里作为泥浆排出洗涤器。旋转式洗涤器具有良好的除尘度。在运行发雾盘片时需要使用能源。

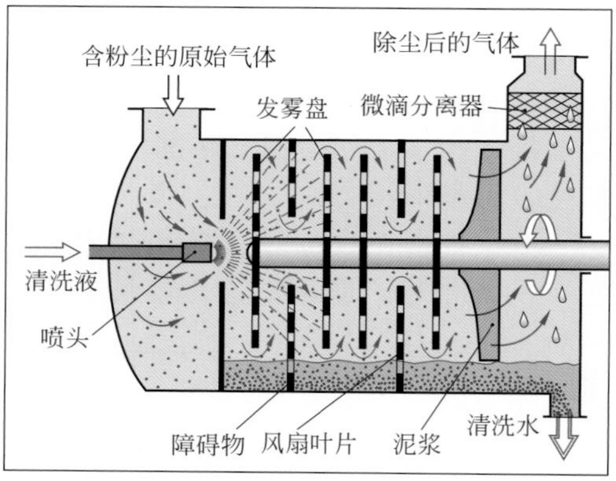

图 10-10：旋转式洗涤器

喷射式洗涤器在一个大体积的壳体内拥有多个对置的流量计喷嘴（**图 10-11**）。

含粉尘的废气从侧面吹入，然后从外侧向下压入并被挤压穿过部分浸没在水中的流量计喷嘴。以较大速度流过喷嘴的粉尘气体会吸附清洗水并与之一起被喷到中央分离室中。在紊流的喷射流中，当对置的喷嘴喷射流互相碰撞时，水滴借助湿润黏附住粉尘颗粒。水滴在转向板上和一个用细金属网制成的除雾器中进行分离（第 384 页，图 10-20），然后流到沉降盆中汇集成盆底的泥浆。除尘后的空气从上部排出。

喷射式洗涤器具有良好的分离效果。这种设备需要大量的水，此外还必须清理泥浆。

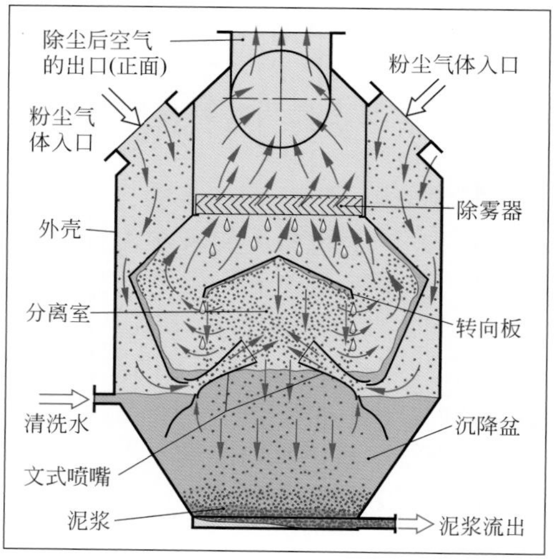

图 10-11：喷射式洗涤器

流量计式洗涤器是喷射式洗涤器的后续开发型号，但有一个通过法兰连接的用于分离水滴的旋风分离器（**图 10-12**）。

含粉尘的原始气体在开口处以较大的速度进入一个长的流量计管中。在最窄处喷入清洗液。在分散管中分散气体（含有水滴和粉尘颗粒的气体）形成气流紊流，从而造成强烈的涡流，借此进行充分混合。此时约有 98% 的粉尘颗粒会黏附在水滴上。然后分散的气体会流入到洗涤器的旋转分离器中。

在转向板上气流改变方向并在旋转通道中的一个导向叶片环上进行旋转加速。含粉尘的水滴借助离心力甩到分离器壁上进行分离。

含粉尘颗粒的清洗水，作为稀浆从分离器的下部排出。除尘后的气体作为二次旋涡穿过潜管，从一个位于侧面的排出管排出。

流量计式洗涤器大多用于对已经在气旋分离器中用机械方式粗除尘的气体进行后续清洁。其可以分离最小 0.1μm 分离粒度的粉尘颗粒。所产生的稀浆必须经过稠化然后清理出去。

流量计式洗涤器的优点是结构尺寸小、节省场地、分离度高、比其他的喷射洗涤器用水少和能耗低。

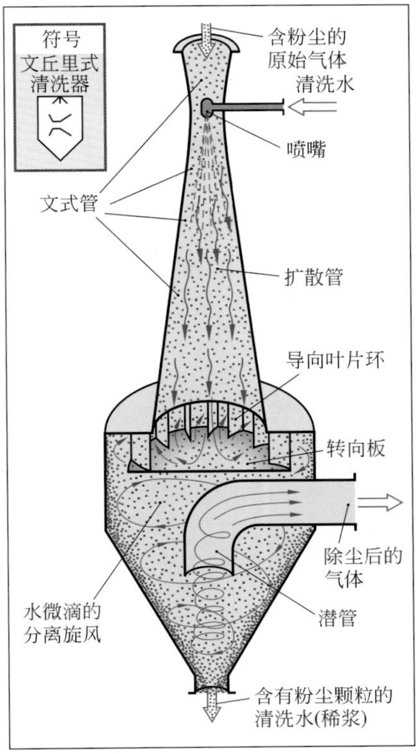

图 10-12：文丘里式洗涤器

1.3 过滤除尘

过滤除尘（布袋滤清器除尘，cloth filter dedusting）是指通过一个过滤材料将含尘原始气体中的粉尘颗粒分离出来。

过滤式除尘器呈圆柱形，带有管道式过滤单元（**图 10-13**）。过滤材料大多是一种细网眼的过滤布（过滤布袋）或者一个厚的过滤毡。根据使用的过滤材料可以分离 0.1 ～ 100μm 的粉尘颗粒。

分离粉尘颗粒以循环的方式进行。

经过清洁后的过滤材料会留住大于过滤材料网眼的粉尘颗粒（例如大于 10μm）。粉尘会聚集形成一个粉尘滤饼，然后在过滤过程中不断将滤饼清洁掉。此外滤饼也会起着过滤的作用并留住小于过滤材料网眼的粉尘颗粒。在开始时滤饼由粗粉尘颗粒组成，随后也由较细的颗粒组成。

随着过滤时间的加长，分离度、除尘效果和分离粒度会变得更好，但是同时会加大过滤材料中的压力损失，因此必须定期清除滤饼。在关掉原始气体后，通过摇晃过滤材料或者逆着过滤气流的方向进行高压吹拂来清除滤饼，使其掉到一个承接容器中。然后重新开始新的过滤过程。

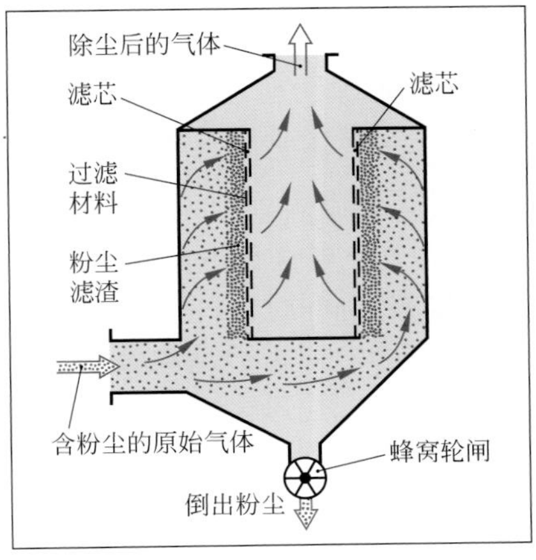

图 10-13：过滤除尘的分离原理

连排袋式过滤器组

用于气体除尘的过滤器大多设计成袋式过滤器，将其并联在设备中成为一组（**图 10-14**）。过滤在三个依次排列的设备单元中交替进行。在前两个设备单元中进行过滤（此处：左侧），在第三个设备单元中对分离出的粉尘进行清理。

过滤时（左侧），含粉尘的原始气体流入到过滤袋中，粉尘颗粒汇集在袋的内侧并形成滤饼。

当滤饼达到其最大厚度后，停止送入原始气体。然后以间歇的方式将高压空气反向吹入过滤袋中（右侧）同时进行晃动，使滤饼从过滤袋的内侧掉落并向下掉入承接锥形容器中，然后倒入集尘袋中。

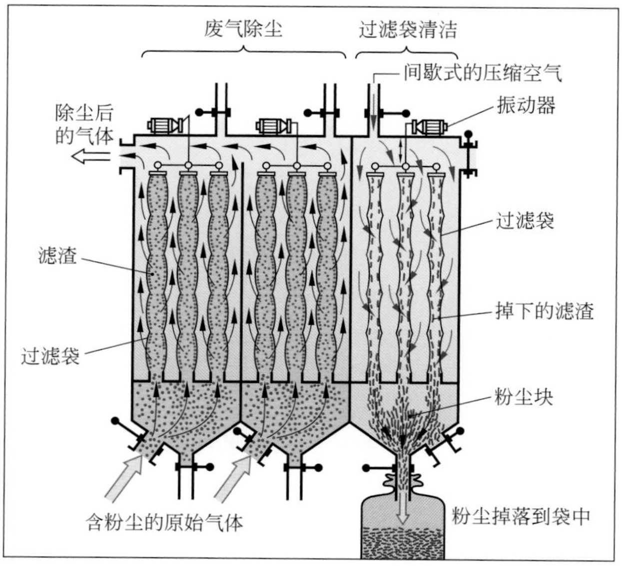

图 10-14：袋式过滤器组

清洁完过滤袋后会再次切换到除尘模式。

在对连续的废气气流进行除尘时，一个过滤器组至少需要使用三个袋式过滤器并以交替的方式工作。两个过滤器运行，第三个过滤器在此期间进行振动并作为备用机（待命）。

对于容易形成黏结滤饼的粉尘，要将含粉尘的气体从外部吹到过滤袋上并以压力冲击的方式清除掉滤饼。

袋式过滤器仅适合用于对干燥的气体进行除尘。潮湿的气体会黏附在过滤材料上。在对热废气进行除尘时，常使用金属丝网作为过滤材料。

借助绷有滤布的袋式滤清器可以分离最大 1μm 的粉尘颗粒。但是只有从 100μm 的颗粒大小开始，分离效率才会开始良好（第 377 页，图 10-3）。分离出的粉尘以干燥粉尘的形式掉下。袋式过滤器设备的运行成本相对较高。

1.4 静电除尘

静电除尘的原理是带电的粉尘颗粒会在电场中受到带反向电荷电子的吸引。

在进行电除尘时（electrostatic dedusting），原始气流从一个带强负电的喷射电极和一个带正电的分离电极之间吹过（**图 10-15**）。

喷射电极处于高电压（约 50000V）下并释放出电子，其使得周围的气体分子都带负电（电离）。带负电的气体分子被带正电的分离电极吸引并在喷射电极和分离电极之间的高压场中朝分离电极移动。在通向分离电极的路径上，带电的气体分子碰到从旁边流过的粉尘颗粒并将电荷释放到粉尘颗粒上使其带负电。之后带负电的粉尘颗

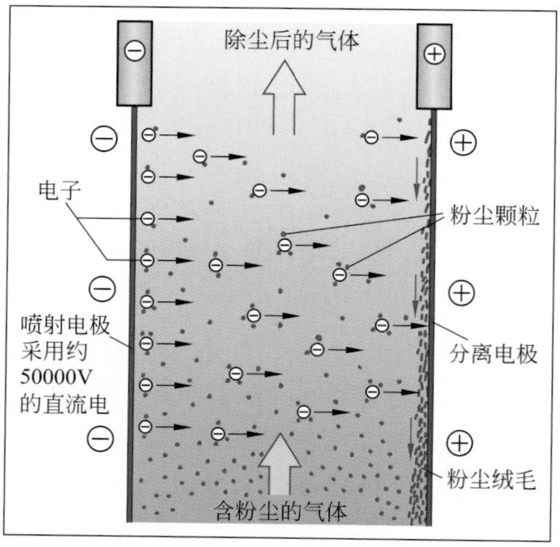

图 10-15：电除尘的原理

粒会同样被带正电的分离电极吸引并在分离电极上放掉电荷，与其他的粉尘颗粒一起黏合成为粉尘团块。

一个振动或摇晃装置使粉尘从分离电极上脱落并向下落入一个卸料锥形容器中。

静电过滤器的主要结构形式为**平板式静电过滤器**（**图 10-16**），其由一些并排分布的分离电极板组成。在电极板之间依次排列有多列铁丝状的喷射电极。

原始气体流过板子之间的间隙，从喷射电极旁流过。粉尘颗粒带电后，在板子上被分离。

用静电过滤器可以分离 0.001 ～ 10μm 颗粒大小的细和极细的粉尘。该设备自身昂贵，但运行成本低。

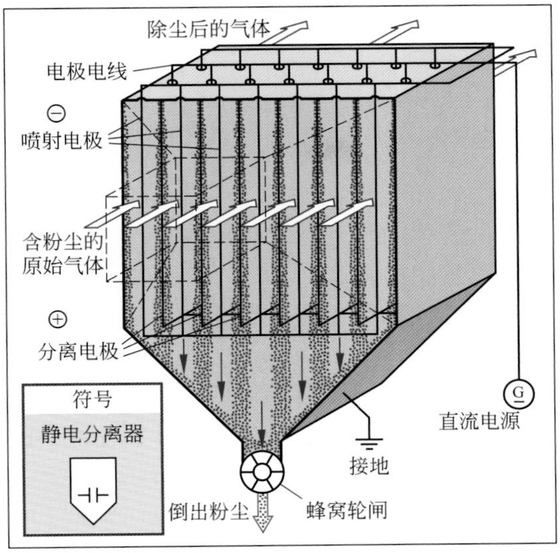

图 10-16：平板式静电过滤器

1.5 除尘设备

化学工业中所产生的粉尘和烟气的大小、浓度都是极为不同的（第 377 页，图 10-4）。

有的粉尘的颗粒大小范围很窄，例如喷漆设备的颜料喷雾。这种粉尘可以用一台除尘设备进行分离。

大多数粉尘颗粒大小的范围很宽，例如燃烧过程所产生的飞灰（1 ～ 100μm）。

分离这种粉尘可使用多台除尘设备（**图 10-17**）。在这种情况下，将多种型号的除尘设备依次相连，每种类型的设备主要分离特定颗粒大小的粉尘。

例如，在**图 10-17** 所示的设备中，含粉尘的废气首先流过一个旋风除尘器，在该设备中对最大约 200μm 的粗粉尘进行除尘，然后气体进入到一个袋式过滤器组中对颗粒大小最大约 5μm 的粉尘进行分离。此外，如果低于 5μm 的极细粉尘的含量较多，则需要使用静电过滤器。

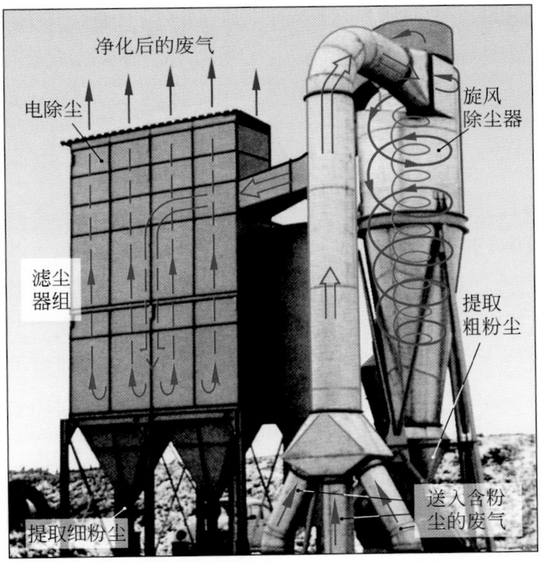

图 10-17：多级式除尘设备

复习题

1. 用哪个参数来规定工作场所最大允许的危险物质浓度？
2. 请说明旋风除尘器除尘的物理原理。
3. 在静电过滤器中，1μm 粒度大小的粉尘分离的比例能达到多少？
4. 袋式过滤器组是如何工作的？
5. 请说明如何在静电过滤器中分离粉尘颗粒。
6. 用哪种类型的过滤器可以完全分离氧化锌烟气？（在完成第 3 题和第 6 题时请使用第 377 页上的图 10-3 和图 10-4）

2 细分液滴的分离

在分离烟气中细密分布的液体微滴时，让液滴与设备壁或者内部构件进行接触，液滴会润湿部件并以液膜的形式往下流。

过饱和气体在冷的管道中冷凝等情况下会形成细密的液雾，也称为气溶胶（aerosol）（第 381 页图 10-12）。必须从气流中将其除去，否则气溶胶会在管道中冷凝出来并填充在管道的凹陷处，导致有害的液体冲击。一般气溶胶的液滴大小为 1 ～ 100μm。

极小的残留就可能会危害环境，因而从有毒的和有害环境的液体中分离出气溶胶具有十分重要的意义。

分离气体中细密分布液体微滴的原理是微滴与气体之间存在密度差。因此在改变运动方向时，微滴要承受较大的惯性力和回转力。

如果带着液体微滴的气流在直线路径上移动并被障碍物改变其方向，则特别重的液体微粒在经过直通道时所花的时间要比较轻的气体微粒更长（**图 10-18**）。由此液体微滴会碰撞到障碍物，并将其湿润以液膜的形式流下。

气雾分离器，也称为**除雾器**，是用轧钢板和金属丝网制成的碰撞板或者分离包。

碰撞板（也称为挡板），可安装在蒸发器的顶部（第 411 页图 11-42）等，是一种简单的多级转向障碍物（**图 10-19**）。

气雾流围绕着障碍物流动，同时分离出较大的液滴。

折叠板填料，也称为结构化填料或有序填料，由捆扎在一起成为填料包的大量折叠穿孔薄板组成（**图 10-20**）。气雾流穿过填料并经过钢板之间的空隙流到许多转向通道上。气雾液滴碰到钢板，形成液膜，然后流下（**图 10-21**）。

也有用片式钢板以及金属丝网制成的气雾分离包。包式分离器经常安装在蒸发器中（第 413 页）。

在分离精细的气雾时，也适合使用专门的**旋风气雾分离器**（第 379 页，图 10-8）。气雾流通过一个位于切线上的入口进入分离器，另外在环形通道内用一个离心风扇挤压气流，使其以高的旋转速度旋转。作用在气雾微滴上的离心力将雾滴甩到分离器的墙壁上以液膜的形式流下。除雾后的气流通过潜管离开旋风分离器。

旋风除雾器经常连接在蒸发器后。

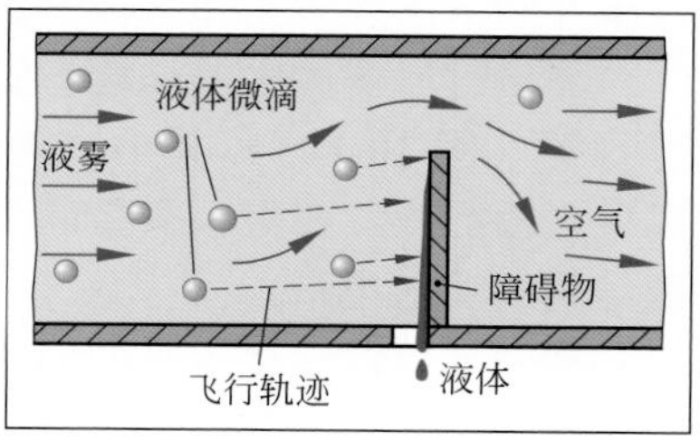

图 10-18：微滴分离原理

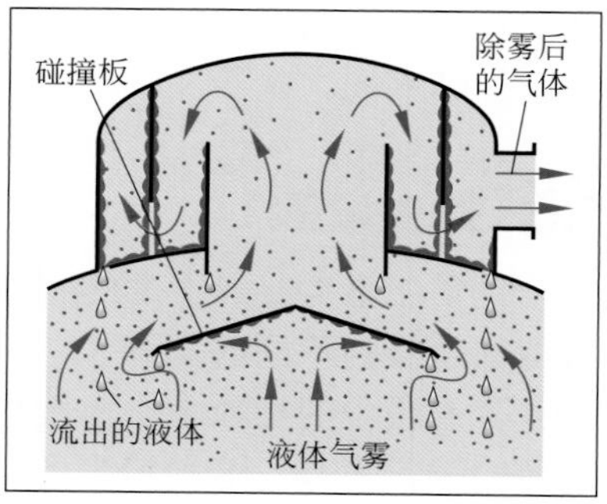

图 10-19：转向板和碰撞板

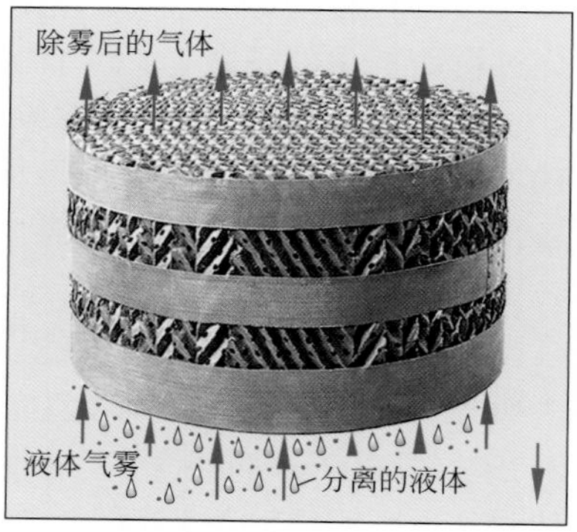

图 10-20：折叠板填料

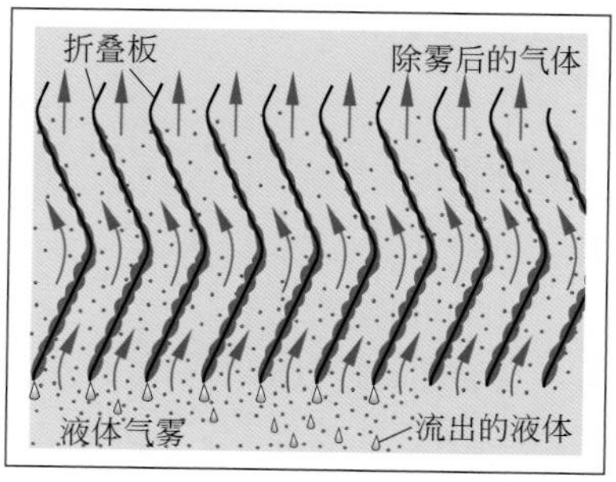

图 10-21：在折叠板填料中分离微粒的原理

3 分离其他气体

许多生产过程都会产生包含气态化合物的废气。例如因气体化合物有毒，危害环境或者有难闻的气味，因此必须将其分离出来。工业上生产的气体经常包含气态化合物成分，在进行后续的加工前必须将其分离出去。

在从气体中分离出不需要的成分时可采用多种方法。

3.1 通过冷凝分离外来气体

在通过冷凝（condensation）分离其他气体时，将气体混合物冷却到冷凝温度下，使某种气体成分液化并分离出来。

对于纯的气体，当冷却到冷凝温度时就会发生液化（第 322 页）。气体的压力不同，则气体的冷凝温度也不同。

冷凝温度（沸腾温度）和蒸汽压力之间的关系反映在蒸汽压力曲线上（请参阅第 327 页，图 8-12）。

气体混合物，如果需要分离的气体成分比载气的冷凝温度要低得多，在这种情况下，通过冷凝能很大程度地分离该成分。这个过程可直观地在一个饱和蒸汽量曲线中看到（**图 10-22**）。

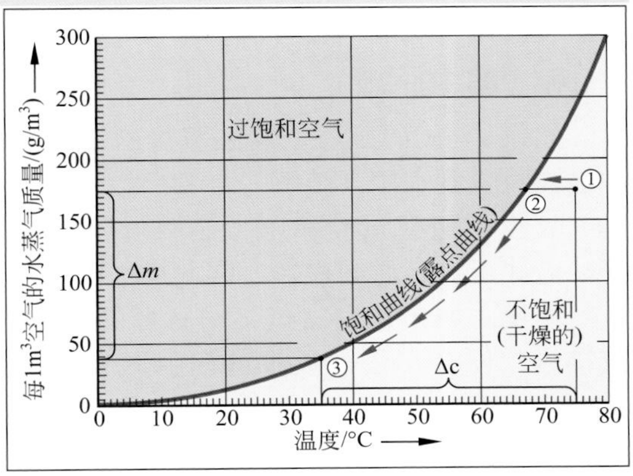

图 10-22：空气中水蒸气的饱和蒸汽量图

载气中可溶解的气体成分的最大质量（例如空气中的气态水）和温度之间存在关系，反映在饱和曲线上。

在通过冷凝进行气体分离时，“干燥的”气体混合物①在一个冷凝器中冷却 Δt。当温度下降到低于饱和温度（也称之为露点温度或者简称露点②）后，溶解的气体成分开始以细密分布的雾滴形式出现。雾滴在冷的表面上分离出来并以冷凝液膜的形式往下流。在冷却后，冷却的气体混合物中仍包含很多溶解的气体成分，对应饱和曲线上的点③。分离出的冷凝液质量为 Δm。气体混合物，如果各个成分之间的冷凝温度差很小，则通过一次性冷凝不能完全分离开。在这种气体混合物的冷凝液中，冷凝温度较低的组分的浓度富集在冷凝设备中。这种部分冷凝被称为**分馏**，用在蒸馏设备中（第 430 页，图 11-84）。

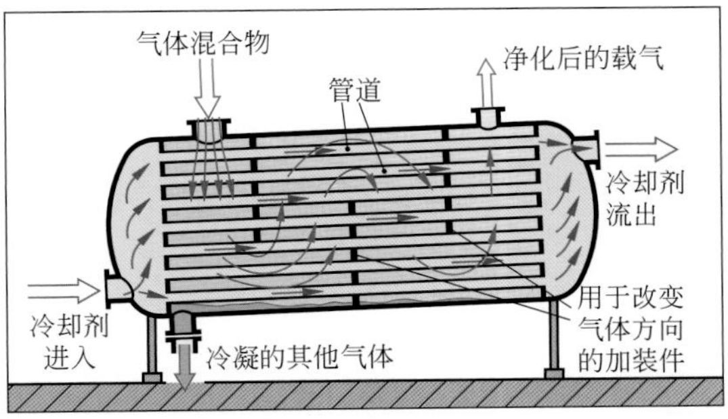

图 10-23：在冷凝器中分离其他气体

冷凝器

冷凝在专门的热交换器（也即冷凝器）中进行。一种常用的结构样式是管束式冷凝器（**图 10-23**）。在管束式冷凝器中，冷却剂在管道内部流动并冷却管道，气体混合物在冷却的管道外部四周流动。可液化的气体成分在管道上发生冷凝从混合气中分离并借助斜坡向下流，被高度净化的载气离开冷凝器。

例如，冷凝器用于从废气中粗分离溶剂蒸气或者用于降低湿热空气中的空气湿度。

3.2 通过吸收净化气体

吸收（absorption）可以理解为通过物理溶解或化学反应将气体吸收到液体（清洗液）中。

如果一种气体混合物的一个或多个成分可被吸收到液体中，而其他的成分不能被吸收，则称为选择性吸收（**图 10-24**）。

用吸收的方式净化气体混合物，将不需要的成分分离出去，则称为气体洗涤，在液体上则称为液体洗涤。

气体吸收可仅靠物理的作用力完成，但通常要依赖于或要辅以化学键的作用。因此，人们将吸收分为物理吸收和化学吸收（也称为化学吸着）。物理吸收是可逆的，而化学吸收则可能是可逆的，也可能是不可逆的。

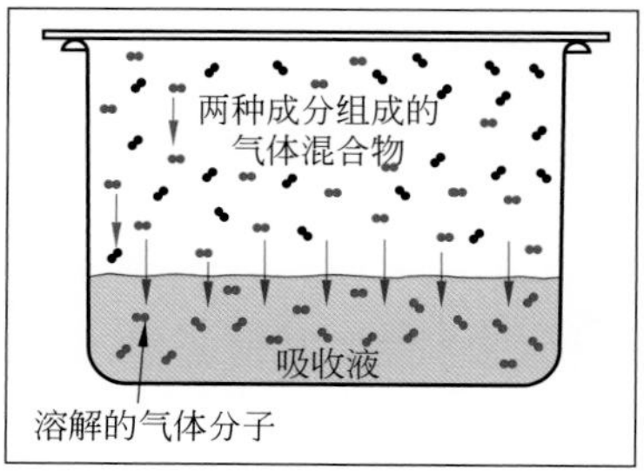

图 10-24：选择性吸收（示意图）

例（图 10-25）：

如果让氧气 O_2 与水发生密集的接触，则氧气便会物理性地被吸收到水中（溶解）。

吸收会随着温度和压力这两个环境条件变化而发生改变，借此可进行逆向操作。因此物理吸收是可逆的。

相反，如果让 HCl 气体与稀释的氢氧化钠（NaOH）溶液接触，便会在化学吸收过程中形成氯化钠：$HCl + NaOH \longrightarrow NaCl + H_2O$。

形成的氯化钠会在稀释的氢氧化钠中溶解为 Na^+ 和 Cl^-。

这种**化学吸收**在环境条件发生改变时不能逆向操作，也就是其是不可逆的。

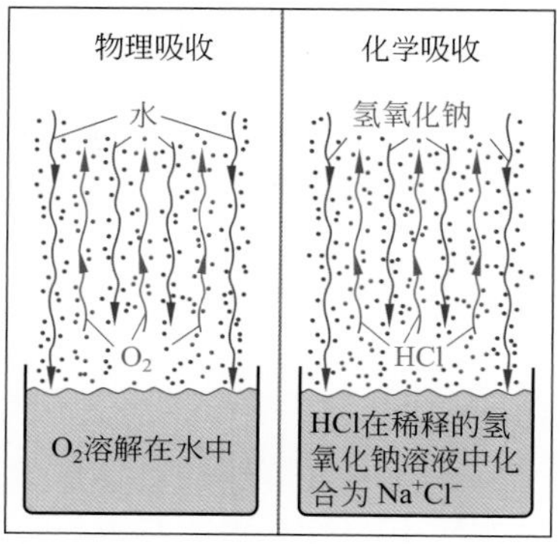

图 10-25：物理吸收和化学吸收

在进行**物理吸收**（也称吸附）时，吸收气体的物质量取决于温度和压力。在低温和高压下吸收较多的气体，在高温和低压下吸收较少的气体（**图 10-26**）。

吸附的反向过程（即释放气体）称为**解吸**。

以在水中选择性地吸附氧气 / 氩气（O_2/Ar）混合物**为例**，详细的过程如下：

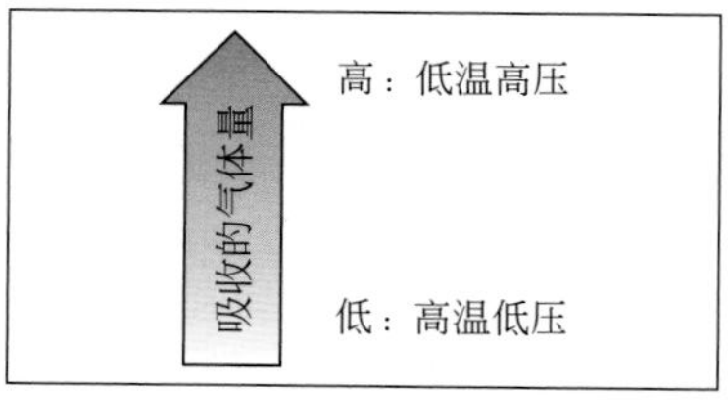

图 10-26：装载清洗液

如果让 O_2/Ar 气体混合物与水接触，则 O_2 气会被吸收到水中，而氩气不会溶解。O_2 气体在水中溶解，直到达到其吸收能力为止。

这种现象可以在玻璃杯中的冷却水上观察到。冷却水包含大量被吸收的 O_2 气体。将水加热时，O_2 气泡冒出并且以小气泡的形式在玻璃杯内壁上汇集。

气体被吸收的速度受到液体接触面的大小、气体和液体流动的影响。

因此，在进行工业吸收时，液体要么喷成细小液滴以形成气溶胶，要么将液体分布在喷淋器的大表面上，使吸收液的表面积更大（**图 10-27**）。

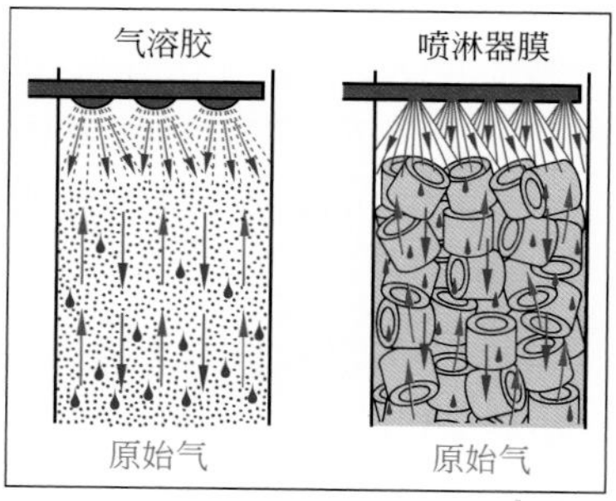

图 10-27：使吸收液的表面积更大

计算吸收的气体量

在温度不变的情况下进行物理吸收，溶解在液体中的物质量取决于气体类型和气体分压。

如果要吸收的气体以足够大的表面与液体接触足够长的时间，便会达到一种平衡状态。之后在液体中溶解气体的摩尔分数 x_A 达到一个饱和数值。

这种平衡状态可用**亨利定律**描述。其含义为：

在平衡状态和恒定温度下，溶解在液体中的气体摩尔分数 x_A 与载气中该气体的分压 p_A 成正比：$x_A \sim p_A$。

亨利定律

$$\boldsymbol{x_A = \frac{1}{H} p_A}$$

$$p_A = y_A p$$

$$\boldsymbol{x_A = \frac{p}{H} y_A}$$

借助比例系数 $1/H$ 得到了右上方的方程式（亨利定律）。***H* 为亨利系数**，其值取决于温度和物质的性质。

该系数表明了气体在液体中的可溶性，单位为 bar。旁边的**表 10-2** 列举了几种气体在水中的吸收系数 H。

表 10-2：亨利系数 H

气体 / 吸收液体	H/bar			
	0℃	20℃	40℃	60℃
O_2 / 水	25765	40584	54132	63536
N_2 / 水	53612	81169	105968.0	121412
SO_2 / 水	16.8	34.9	66.9	111.9
CO_2 / 水	737.8	1434	2360	3452
H_2S / 水	272.1	481.7	744.6	1042
CH_4 / 水	22661	38010	52761	63536

只能少量溶解在水中的气体（例如氧气 O_2 或者甲烷 CH_4），具有较高的 H 值。其他能大量地溶解在水中的气体，例如 H_2S 或者 SO_2，其 H 值较低。

根据**拉乌尔定律**，用摩尔分数 y_A 和总压力 p 计算混合气体中一种气体的分压 p_A：$p_A = y_A p$。

因此，亨利定律也可表达为 $x_A = p/H y_A$。

例：在 0℃和 $p = 1.013\text{bar}$ 的条件下，含 CO_2 的废气与水密切接触。废气中的 CO_2 的摩尔分数为 $y(CO_2) = 0.120$。

如果吸收达到平衡状态的 90% 时，在清洗水中 CO_2 的摩尔分数 $x(CO_2)$ 为多少？亨利系数：$H(CO_2, 0℃) = 737.8\text{bar}$

解：$x(CO_2) = \frac{p}{H} y(CO_2) = \frac{1.013\text{bar}}{737.8\text{bar}} \times 0.120 = 0.0001648$

在达到 90% 的平衡时：$x(CO_2, 0℃, 90\%) = 0.90 \times 0.0001648 \approx 0.000148$

除了亨利系数 H 之外，气体在吸收液体中的溶解性也可以用本森吸收系数 α 来表达。

本森吸收系数 α 说明了在分压力为 1bar 的情况下在 1L 清洗液中所溶解的气体量，单位为 L/bar。

可以用一个换算公式相互换算吸收系数 H 和 α（参阅右侧）。

在含有较多可溶气体的废气（例如带有二氧化碳 CO_2 和硫化氢 H_2S 的空气）中，每种气体成分都会根据其在原始气体中的溶解能力（表达为 H 或者 α 值）和其分压的大小 p_A 而进行溶解。

氢气 H_2、氧气 O_2 和空气（N_2/O_2 混合物）在水中的吸收可完全以物理吸收的方式进行。这种情况在计算时使用亨利定律。

对于 CO_2、H_2S 和 C_2H_2 这些气体以物理吸收为主，此外也使用可逆的化学吸收。在形式上也可以用亨利定律进行计算。但是，溶解的物质量明显高于纯物理吸收方式。

在进行化学吸收时不适用亨利定律，原因是溶解气体因

吸收系数 *H* 和 *α* 的换算

$$\boldsymbol{\alpha = \frac{1}{H} \cdot 22.4 \frac{L}{mol} \cdot \frac{\rho_S}{M_s}}$$

ρ_S 为溶剂的密度

M_s 为溶剂的摩尔质量

化学反应会不断降低其在液体中的含量。如果在液体中含有与待吸收气体进行化学反应所需的反应物质，则化学吸收便会一直进行。

吸收剂

经常使用的吸收液有水、稀硫酸溶液（吸收碱性气体）和稀氢氧化钠溶液（吸收酸性气体）。

吸收的主要应用领域是废气净化和过程气体净化。为此研发出了专门的吸收工艺（**表 10-3**）。

表 10-3：气体净化使用的吸收技术工艺

吸收方式	工艺名称	吸收液	应用情况
物理吸收 温度 / 压力再生	**Purisol 法**	*N*- 甲基 - 吡咯烷酮	从废气中选择性分离 H_2S
	低温甲醇洗法	–60℃的甲醇	完全净化很脏的废气
化学吸收 热再生	**热碳酸钾法**	碳酸钾溶液	从高压气体中分离出 CO_2 和 H_2S
	乙醇胺法	乙醇胺 (MEA, DEA, TEA)	从废气中分离出 CO_2 和 H_2S
化学吸收 不再生	**烟气脱硫**	石灰浆	从废气中去除 SO_2

使用最广泛的是低温甲醇洗工艺。这种工艺使用低温甲醇可吸收所有的有害气体。但是，由于低温冷却技术成本较高，因此这是一种较贵的工艺。

吸收器

在**吸收器**（absorber）中，给混合气体创造了一个面积大、不断更新的清洗液表面。根据设计的不同，被吸收的气体和吸收液以并流或者逆流的方式流动。

在吸收时会释放吸收热，这会加热吸收液。由于加热会对吸收产生相反的效果，因此必须冷却液体。例如可以通过对吸收器进行喷淋冷却或者使用内置的冷却盘管。

最简单的吸收器是可加气的搅拌釜（第 315 页，图 7-61）。

如果需要快速进行吸收（短时间吸收），则要在不同结构类型的**气体洗涤器**中进行吸收（第 380 页，图 10-10 和图 10-11，第 381 页，图 10-12）。在设备中，将吸收液以机械的方式细细地喷出并与原始气体混合。

同样经常使用的吸收器是直立式**吸收塔**（**图 10-28**）。

在**喷射塔**中，从柱顶将吸收液体细细地喷出并向下流动。要清洁的原始气体从下部送入并以逆流的形式向上流动。

在**气泡塔**中，将气体吹入向上升起的清洗液中并在强烈上升的漩涡中发泡。

板式塔包含多个带钟形虹吸孔的底板。清洗液从上方向下依次从每块底板上流过。原始气体从下方经过虹吸孔进入并穿过位于底板上的清洗液。

喷淋塔或者**填料塔**将清洗液向下喷到填料上并形成一个大的表面。气体从下面穿过间隙向上流动并被吸收到清洗液中。

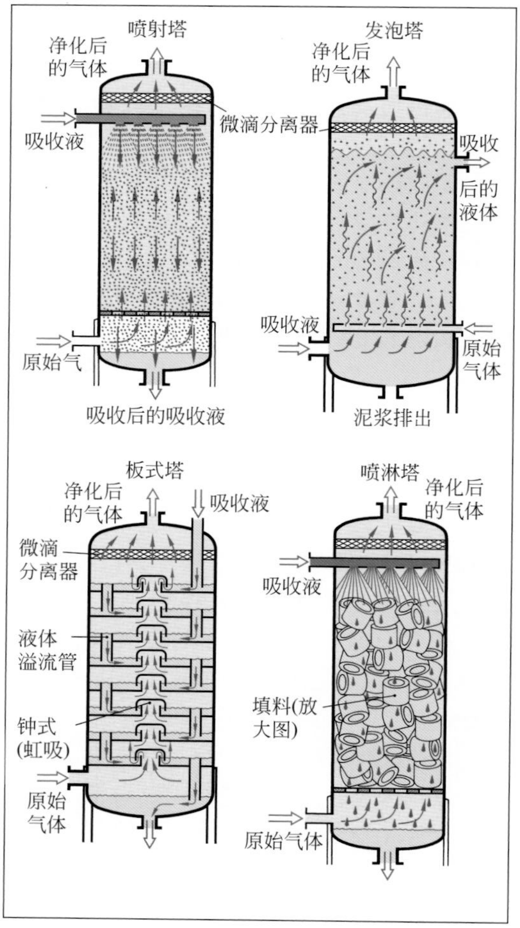

图 10-28：吸收塔

如果要再次回收吸收液，则必须选择一个带再生功能的吸收工艺。溶解的气体通过加热、输入过热水蒸气或者在真空中脱气来释放（解吸）。

液体循环式吸收设备

一个带吸收液再生循环功能的简单吸收设备由吸收塔和再生塔组成（**图 10-29**）。用一个高压鼓风机 PG1 将原始气体高压压入吸收塔中。在这里，气体向上流过被喷淋器分布的吸收液的间隙。同时，有害气体溶解在吸收液中。净化后的气体从塔的上部离开。

释放出的吸收热会加热塔中向下喷淋的吸收液，从而使其在热的状态下向下流出。然后在降压后将其送到一个解吸塔 KO2 中。在这里将带气体的液体喷淋到填料上同时释放出吸收的有害气体。将废气从塔中抽出并（例如）送到燃烧设备中进行处理。再生的吸收液冷却后用泵 PL2 再次在高压下将其送到吸收塔中。借此实现完整的吸收液循环。

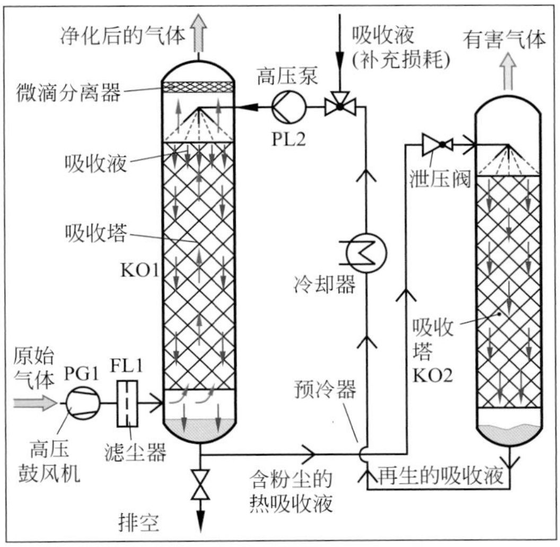

图 10-29：带吸收液循环的吸收装置

用于净化过程废气的吸收设备

在许多化工生产设备中会产生废气，其中含有诸如酸、乙醇、硫醇、酮、醚以及脂肪和芳香烃等。它们一起汇集成一股废气流并被送到一个废气净化设备中。此类化工废气使用的废气净化设备可由两个吸收塔和一个活性炭吸收器组成（**图 10-30**）。

在第 1 个吸收塔 KO1 中，用稀释的硫酸（BE1）对废气进行化学氧化清洗。这里主要通过化学吸收碱性的和可氧化的气体。然后，废气流进入第 2 个吸收塔 KO2 中，在这里用稀释的氢氧化钠溶液（BE2）吸收酸性气体。

吸收塔的废水收集在 BE3 容器中并送到一个废水净化设备中。

在流过吸收塔后，废气中还含有未溶于水的有机化合物。将其送入一个活性炭吸收器 FL2 中进行吸收。有关吸附的详细信息请参阅本书从 390 页开始的内容。

之后，净化的废气达到排放要求并通过一个烟囱排出。

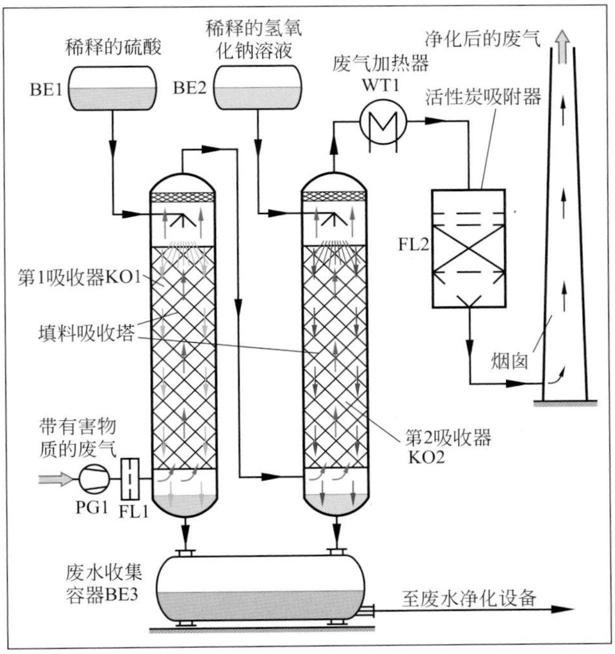

图 10-30：化工厂使用的废气净化设备

3.3 通过吸附净化气体

吸附（adsorption）可以理解为气体和液体分子积聚在表面活性固体上。

如果让一种气体混合物与一种合适的表面活性固体接触，则某种气体成分的分子会附着在表面上，而其他气体成分却不会（**图 10-31**），这种现象称为**选择性吸附**。

选择性吸附主要用于从气体中分离出有害性的成分，例如有毒的、危害环境的或者有异味的物质。

吸附的其他应用情况如下：

- 干燥空气和其他气体。
- 分离有机气体混合物（例如多种不同类型的碳氢化合物）。

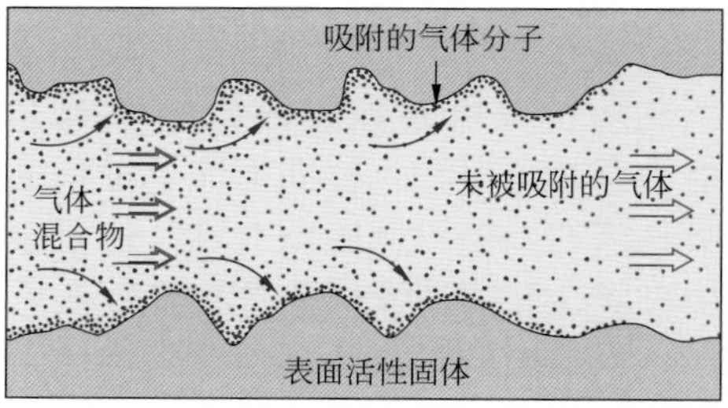

图 10-31：选择性吸附

在分离气体混合物或者分离较大的异物成分时，因吸附材料的再生成本高，因此吸附仅用在特殊情况下。在分离许多气体混合物时，吸收是比较经济的方法（第 392 页）。

吸附物质的数量，也称为吸附量，取决于吸附时的温度和压力（**图 10-32**）。较多的物质在低温和高压下被吸附，高温和低压会释放（解吸）被吸附的物质，直至达到与该条件相符的较低的吸附量。

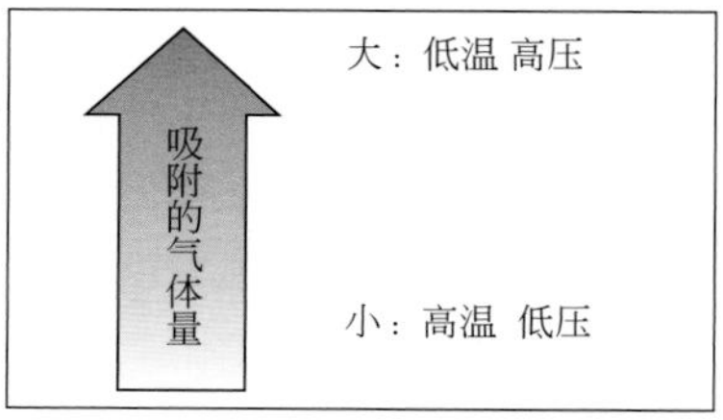

图 10-32：在吸附剂上吸附的物质量

因此，吸附是在低温和高压下进行的，而吸附剂是通过加热、降压或者用另一种物质代替而再生的。

吸附剂通常是细小的颗粒物或粉末状的固体表面活性剂，最常用的是活性炭、硅胶以及沸石（**表 10-4**）。

吸附剂颗粒具有泡沫塑料状的多孔微型结构，每个吸附剂材料的内表面能达到 200 ～ 1500m^2。

表 10-4：吸附剂和其应用情况

活性炭	除味和消除空气毒性，净化工业气体
硅胶	干燥空气和其他气体
沸石（分子筛）	干燥气体，分离有机气体混合物

活性炭（activated carbon）是有机成分（例如动物骨骼、泥炭、木材等）通过碳化（在气密的情况下加热）和化学再处理制成的。在这个过程中，挥发性的成分汽化，留下一个多孔的或者纤维状的具有大内表面的碳架（**图 10-33**）。活性炭大部分由碳以及剩余的矿物成分组成，有细孔和粗孔两种。活性炭极适合用于吸附废气中的有机溶剂以及有毒的和危害环境的化学品，几乎不吸收湿气，即不吸水（疏水）。

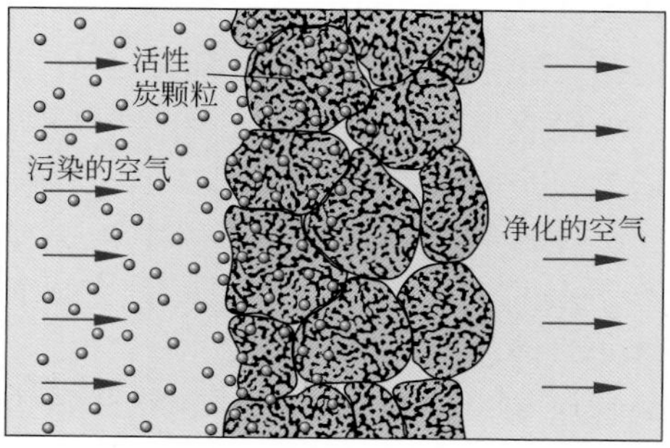

图 10-33：活性炭吸附

在解吸（即释放出被吸附的溶剂）时，使用 140℃的热水蒸气（蒸汽解吸）或者用 180℃左右的热惰性气体（惰性气体解吸）。

硅胶（silica gel），也称为**硅藻土**，由微孔的二氧化硅 SiO_2 组成。它是用硫酸处理碱金属硅酸盐颗粒制成的。硅胶有一个遍布气孔的 SiO_2 骨架，其可以制成细孔和粗孔的硅胶颗粒。硅胶吸水性很强（亲水），主要用于干燥潮湿的空气和气体（**图 10-34**）。用湿度指示剂染色就得到一种指示性的硅胶。橘色的硅胶（彩色指示剂为酚酞）在干燥情况下为橘色，在潮湿状态下无色。以前常用的**蓝硅胶**有致癌作用，不再允许使用。

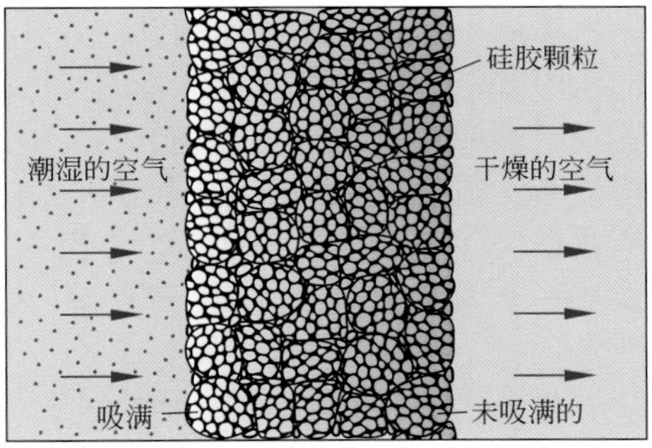

图 10-34：硅胶干燥

硅胶加热到 120 ～ 180℃，以使水气蒸发掉的方式再生。

沸石（zeolites），也称为**分子筛**，由结晶的具有典型结构的碱性或碱土性铝硅酸盐组成（**图 10-35**），有许多入口开孔大小相同的便于吸附的空腔。

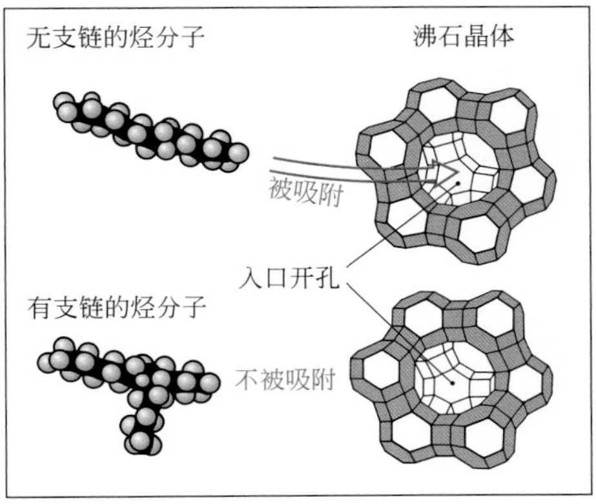

图 10-35：用沸石分离碳氢化合物混合物的原理

空腔的入口大小在有机化合物分子的大小范围内，为 0.3 ～ 1nm（1nm = 1 纳米 = 10^{-9}m）。可以在生产沸石时设计入口的大小。在进行吸附时，从气体混合物中仅会吸附其分子大小能通过入口的成分，而其他的成分由于横截面较大不能进入空腔中，因此不被吸附。通过这种方式，可以用沸石吸附剂分离无支链的和有支链的烃等（图 10-35）。

吸附设备

固定床吸附设备由一个吸附容器和其他配套装置组成，容器中添加有吸附剂所组成的填料（**图 10-36**）。另外还有用于吸附剂再生的附加设备。

通过选择性的吸附来净化气体的整个过程由两个步骤组成：待分离气体成分的吸附以及吸附剂的再生。这两个步骤在吸附设备里依次（分段）进行。

在吸附过程中，待净化的气体高压送入吸附器中，可吸附的气体成分被吸附在吸附剂上，而载气会流过固定吸附床并以净化气体的形式离开。开始时，吸附发生在最上方的吸附层中，当其吸附满了之后，吸附区便会往吸附固定床下方移动，直至整个填料都吸满。之后就会超出固定吸附床的吸收能力，导致未净化的原始气体流过。

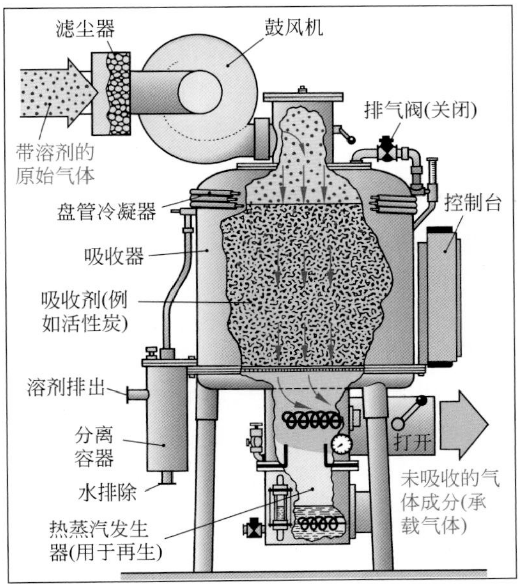

图 10-36：固定床吸附设备（吸附过程图示）

然后中断送入要净化的气体并开始第二个工作步骤：吸附剂再生。为此要降低吸附器中的压力并运行位于吸收罐下方的蒸汽发生器。热蒸汽流过并加热吸满的吸附填料，从而使填料释放出吸附的气体并获得再生。将气体 - 热蒸汽混合物送入水冷的盘管冷凝器中进行冷凝，然后送到分离容器中。液化的不混溶的冷凝液在分离器中分离，溶剂从上部排出，冷凝水从下部排出。当吸附剂完全再生后，设备会再次切换到吸附模式。

固定吸附床用于净化有害物质含量超过 5g/m^3 的废气。

双罐式吸附设备用于净化大流量的连续废气流，其由两个活性炭吸附器组成，它们交替进行吸附和再生（**图 10-37**）。

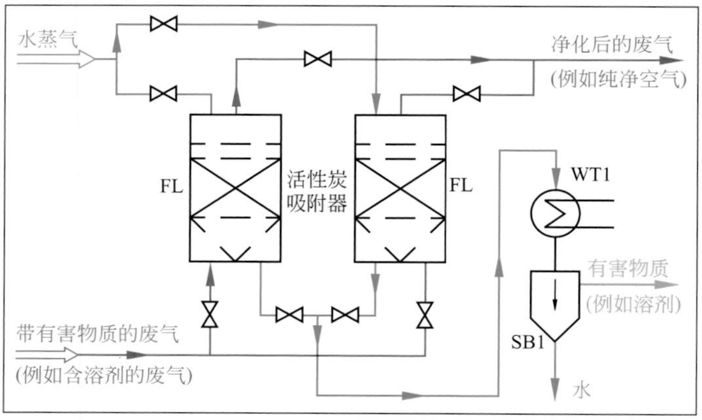

图 10-37：双罐式吸附设备的流程图

在第一个工作步骤中，未净化的废气在高压下进入第 1 个吸附器 FL1 中。有害物质成分（例如一种溶剂）被吸附，载气（例如空气）经过净化后离开吸附器。当超过 FL1 中吸附剂的吸附能力后，便会把原始气流切换到第 2 个吸附器 FL2 中并在这里吸附有害物质成分。

在此期间向第 1 个吸附器 FL1 输入热蒸汽并释放出被吸附的气体，使吸附剂再生。

热蒸汽 - 溶剂混合物送入冷凝器 WT1 中进行冷凝，然后在分离容器 SB1 中，冷凝液分离为溶剂和水，并分别排出。当第 2 个吸附器满了之后，便会将废气送入第 1 个吸附器中，同时再生第 2 个吸附器。

连续作业的**转盘式吸附装置（吸附轮）**在一个壳体内有一个缓慢转动的盘子，里面盛有约 30cm 高的吸附剂填料（**图 10-38**）。转盘表面有 85% 露出，含有害物质的废气在转盘上流过，然后从上方穿过吸附剂。有害物质被吸收，经过净化的废气从下部流出。

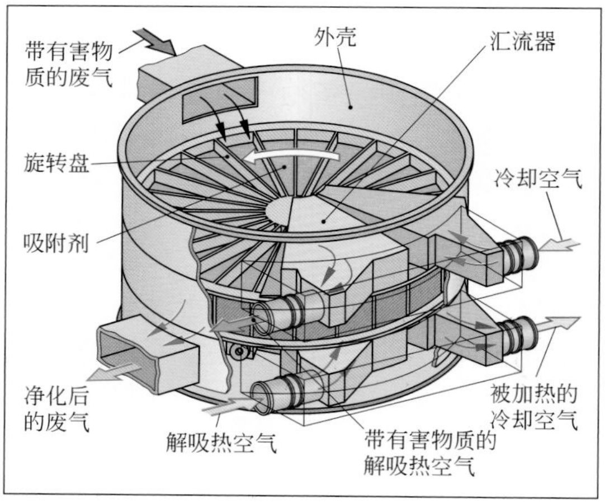

图 10-38：转盘式吸附装置

在转盘密封的 15% 的区域内，解吸热空气从下方吹过吸附层。有害物质解吸，携带着有害物质的热空气在上方收集器中离开。

然后，在一个连接在装置后方的燃烧炉内对热气流中的有害物质做燃烧无害化处理（第 564 页，图 15-23）。

解吸热空气中携带的有害物质比原始废气流中的高约 30 倍，而热空气的体积流量仅为废气流的约 1/30。

然后用空气冷却被加热的、继续旋转的吸附剂并再次准备进行吸附。

如果要净化有害物质含量低的大量废气，则使用转盘吸附器。这种设备使有害物质积聚在热空气流中，从而能够对其进行经济的处理。

3.4 通过蒸汽渗透净化气体

蒸气渗透（vapour permeation）可以理解为用选择性渗透膜分离有机蒸气（例如废气中的汽油蒸气）来净化气体。

蒸气渗透是一种采用薄膜技术的分离工艺。薄膜分离工艺的物理原理请参阅**膜分离技术**章节中的内容（第 473 页及以后）。

使用的薄膜能够从载气（例如空气）中分离出有机化合物，例如汽油的挥发性成分（汽油蒸气）。

薄膜将碳氢化合物的分子吸附在其表面上并允许它们扩散通过。施加的压力加速了这种扩散。空气中的氮气和氧气不会被吸附，也不能通过薄膜。

在用薄膜进行分离时需要很大的薄膜表面，例如，使用圆盘薄膜组件（**图 10-39**）。将分离薄膜成型为扁平的空心排水圆盘，并在耐压密外壳中的排水管上堆叠排列（**图 10-40**）。

含汽油蒸气的废气带压送到薄膜组件上。汽油蒸气会穿过薄膜并通过空心盘和中间的管道排出，净化后的废气流到外套室中。

用薄膜组件净化气体是一种成本低廉的工艺。但是，单靠这种工艺无法确保将含汽油蒸气的废气净化到德国空气技术指南所要求的汽油残余含量为 150mg/m³ 以及苯残余含量为 5mg/m³ 的标准。因此，要使用一种组合式废气净化设备（**图 10-41**）。

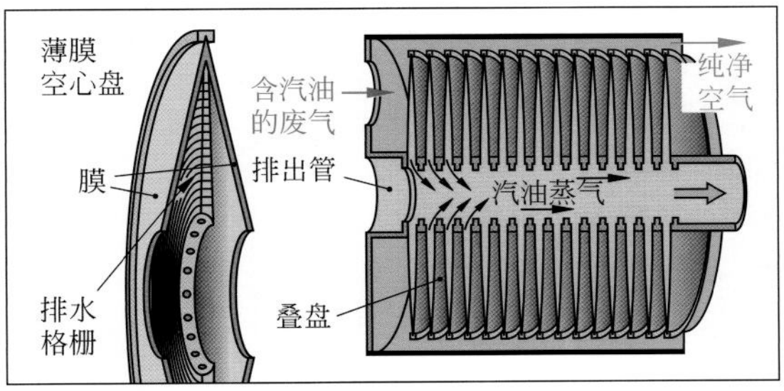

图 10-39：由薄膜空心盘组成的盘垛

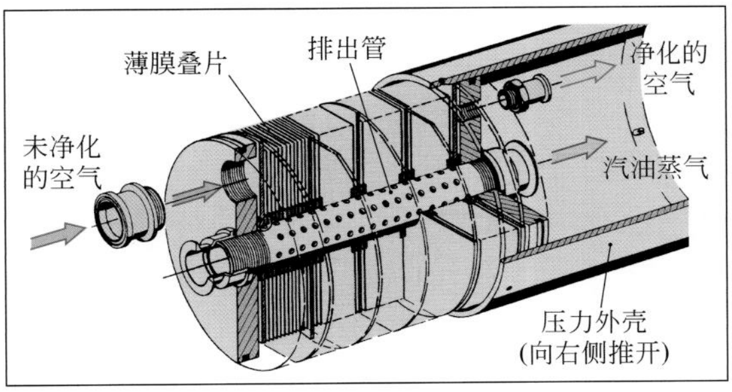

图 10-40：薄膜盘组件

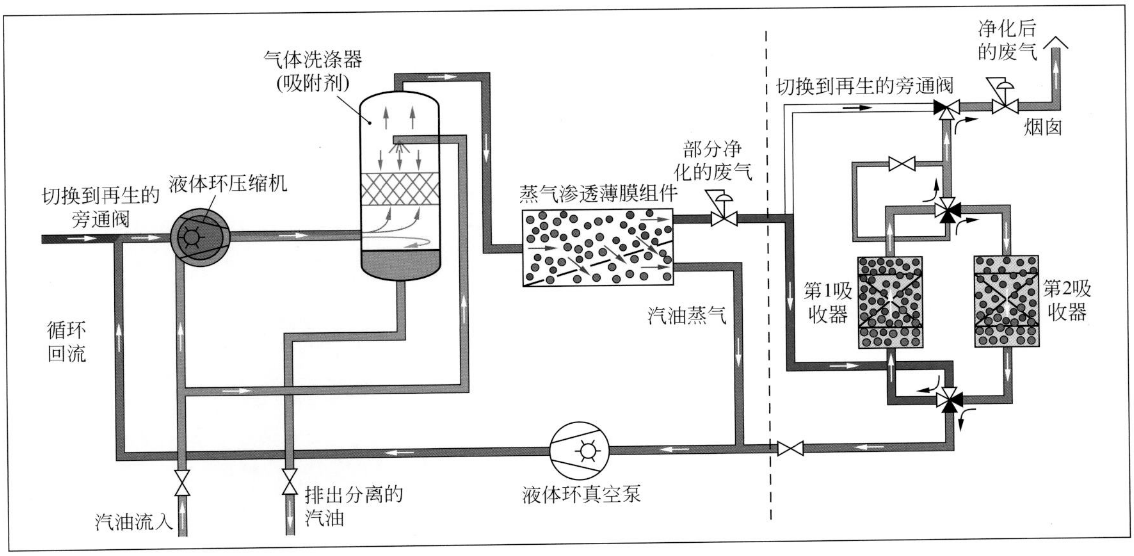

图 10-41：用于净化含汽油的油库废气的组合式废气净化设备流程图

例如，用这种组合式设备能够净化汽油储罐仓库中的汽油蒸气（**图 10-42**）。

废气净化设备由一个气体洗涤器（吸收器）、薄膜组件和一个位于后端的两级式吸收器单元组成（第 393 页图 10-41）。

含汽油的废气由一个加满汽油的液环泵加压到 3.5bar，然后送入气体洗涤器中分离出所携带的多余汽油。然后废气进入薄膜组件中。

图 10-42：含汽油的油库废气使用的废气净化设备

在薄膜组件中，大部分烃分子穿过分离薄膜并以汽油蒸气的形式排出。一台液环真空泵用于抽吸汽油蒸气并保持设备循环输送。

经过部分净化的废气离开薄膜组件并进入到第 1 个吸附器中。该吸附器里填充有活性炭，主要用于吸附剩余汽油蒸气中高沸点的烃（例如丁烷和更高的烃）。然后废气进入第 2 个填充有沸石的吸附器中，在这里从废气中吸附剩余的低沸点烃（甲烷、乙烷、丙烷）。此时，经过净化的废气已达到排放要求，从烟囱排出。

为了使吸附器再生，用真空泵将吸附器抽真空并通过旁通阀用经过部分净化的废气（来自薄膜组件）进行冲洗。

3.5 催化净化气体

气体的催化净化（catalytic gas purification）是指借助催化净化器，以化学的方式将有毒的或者危害环境的气体成分转化为无害的化合物。

催化剂是指能够改变化学反应速率的物质。在某些情况下，其作为中间反应组分参与到反应中，但是在反应结束时又再次回到原来的物质状态。气体催化净化的例子有：

- 使用氧化铁 - 氧化铬催化净化器将燃气和家用燃气中的有毒一氧化碳（CO）转换为无毒的二氧化碳（CO_2）。
- 通过氧化将高毒性的 SO_2 变为 SO_3，在五氧化二钒催化器中对精炼废气进行脱硫处理。所获得的 SO_3 会用于制造硫酸。
- 将烟气中的 NO_x 转化为 N_2。

为了获得大的反应面积，将催化器成分涂覆在坚果大小的多孔陶瓷块上形成细粒粉末涂层并烧结在上面（**图 10-43**）。

陶瓷块作为填料加入到催化净化器中，待净化的气体流过这些填料。

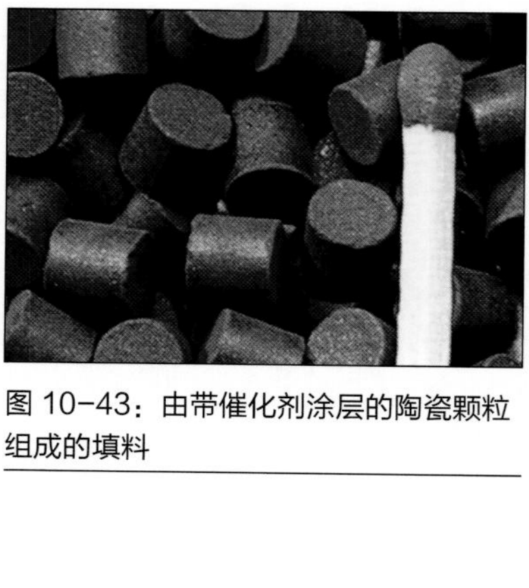
图 10-43：由带催化剂涂层的陶瓷颗粒组成的填料

催化反应器

在填充有颗粒状催化剂填料的催化反应器中进行气体催化净化（**图 10-44**）。由载气和有害成分组成的原始气体流过催化剂涂层。此时，在约 200 ～ 400℃的温度下，有害物质反应为无害的反应产物（例如 CO_2、H_2O、N_2、O_2）并随着载气一起通过烟囱离开反应器。

催化反应时会产生反应热，热量通过一个由冷却盘管和加热盘管所组成的系统移除，从而让反应器中的催化反应在最佳的温度下进行。

催化反应器经常是多级气体净化设备的一个组件（第 393 页图 10-41）。

借助催化反应器能够清除大部分有害物质，而剩余的有害物质用吸收器单元分离。

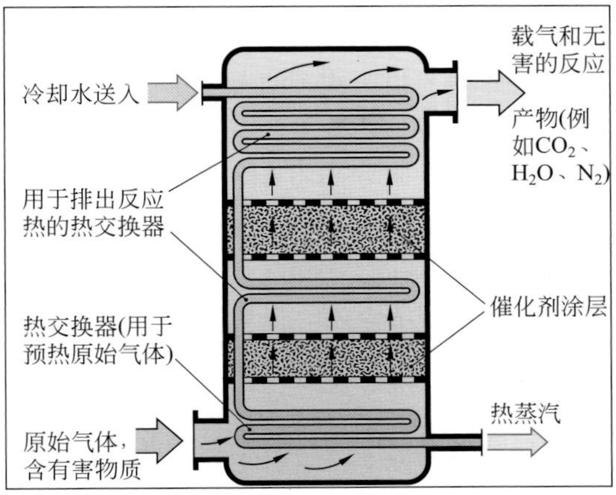

图 10-44：催化反应器（固定床）示意图

除了图 10-44 中所示的固定床反应器之外，在对气体进行催化净化时也使用流化床反应器（第 543 页，图 14-8）和管式反应器（第 542 页，图 14-5）。

3.6 通过燃烧净化废气

如果在一个工厂中产生大量的高浓度燃烧成分的有害物质废气，则也可以用燃烧（combustion）来净化。

燃烧在一个合适的燃烧炉内进行（**图 10-45**）。所需的高温通过燃料（燃油或燃气）火焰产生。废气以逆流的方式送入燃烧炉的外套室中进行加热，然后废气进入燃烧室里燃烧掉有害物质（燃烧温度为 650 ～ 1200℃）。燃烧后的气体流过废气预热器，然后送入一个烟气净化设备中（第 564 页，图 15-23）。

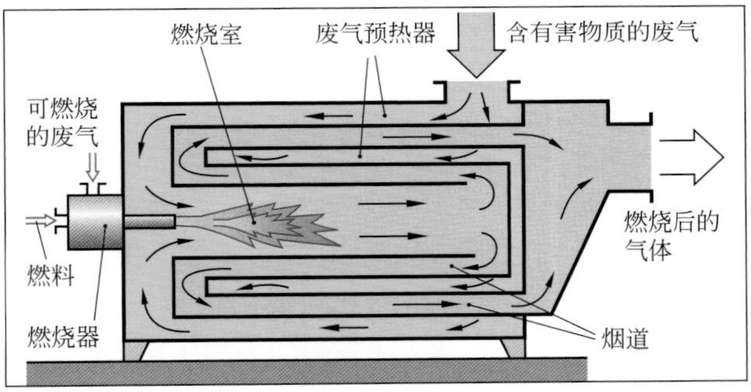

图 10-45：废气燃烧炉

含有害物质的空气在燃烧炉内被加热到高温，从而有机物质基本上被燃烧成为二氧化碳 CO_2 和水 H_2O，也可能产生少量的二氧化硫 SO_2、氧化氮 NO_x 和氯化氢 HCl，然后在位于后方的烟气净化设备中进一步分离。

复习题

1. 在分离液体气雾时，需要使用哪些装置和设备？
2. 在冷却气体混合物时，从哪个温度开始会形成冷凝液微滴？
3. 如何理解选择性吸收？
4. 在一种液体中被吸收的气体量如何随着温度和压力发生变化？
5. 吸收剂有哪些？
6. 沸石（分子筛）的选择性分离基于什么原理？
7. 双罐式吸收设备如何交替工作？
8. 请描述在一个薄膜组件中如何通过蒸汽渗透进行气体净化。
9. 在气体催化净化时有哪些化学过程？

Ⅺ. 热分离方法

混合物的热分离主要通过加热进行，在少数工艺中也使用冷却。

在大多数的分离方法中，加热或者冷却会使混合物中某种成分发生相态变化，例如蒸发或者凝固，由此从混合物中分离该成分。

热分离方法概述

热分离方法包括干燥、蒸发、结晶、蒸馏和精馏。

在**干燥**时加热潮湿的固体散料或者含固体的溶液，蒸发掉水汽，留下干燥的物料（**图 11-1**）。

在**蒸发**时，将一种固体的溶液加热到沸腾温度（**图 11-2**），蒸发掉溶剂，留下浓缩的溶液。完全蒸发掉溶剂之后得到固体溶质。

在**结晶**时对溶液进行冷却（**图 11-3**）。固体溶质会以结晶的形式从溶液中析出并汇集在容器的底部，固体溶质上方的溶液浓度不断降低。

在**蒸馏**时，液体混合物被加热到沸点（**图 11-4**）。低沸点的液体从混合物中蒸发出来，然后通过冷凝而液化。剩余液体混合物保留在蒸馏器中，主要由高沸点的液体所组成。

在**精馏**一种液体混合物时，将其加热到沸腾温度蒸发掉一部分混合物。在一个塔中混合物蒸汽和沸腾的液体混合物以逆流的形式相互接触（**图 11-5**）。此时，低沸点液体富集在上升的混合物蒸气中，而高沸点的液体会浓缩在流出的液体混合物中，从而实现分离。

热分离方法主要用于分离均质混合物。

均质混合物是指各个成分在分子层面上都能相互混合并共同形成一种具有一致外观的物质。例如水和酒精、汽油与柴油或者水和食盐都会形成均质混合物。均质混合物不能通过机械分离方法分离。

异质混合物由可见的不同的成分组成，例如由不同颗粒组成的矿料堆。异质混合物主要通过机械分离方法进行分离。

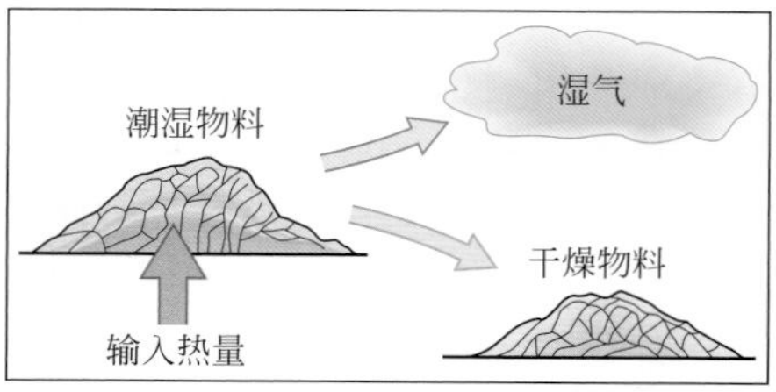

图 11-1：干燥

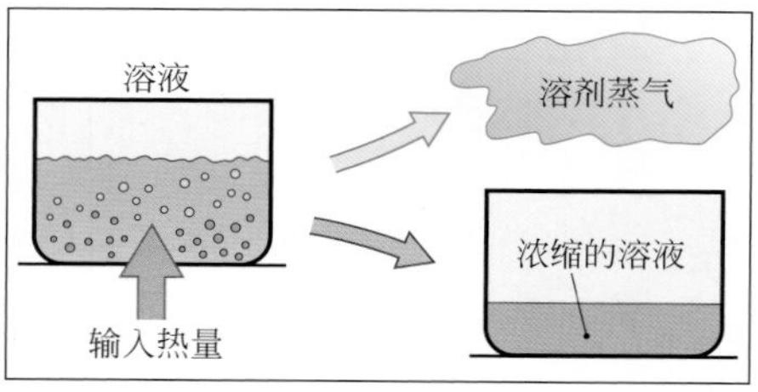

图 11-2：蒸发

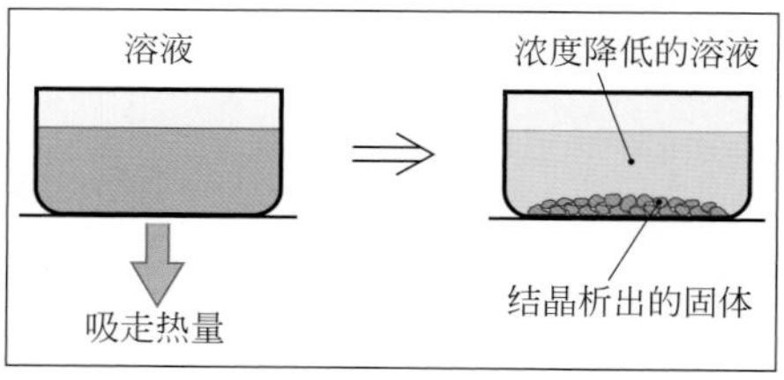

图 11-3：结晶

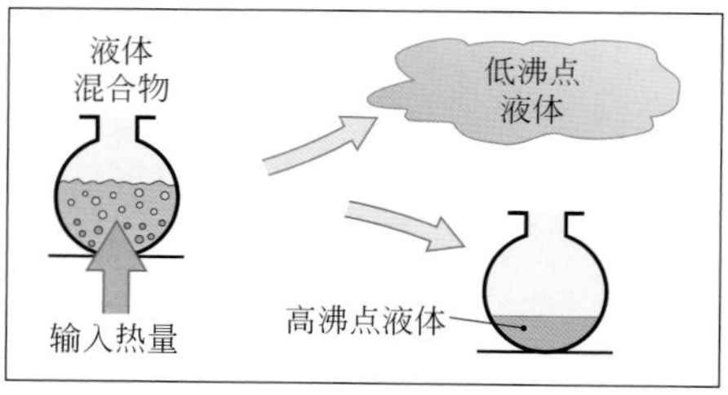

图 11-4：蒸馏

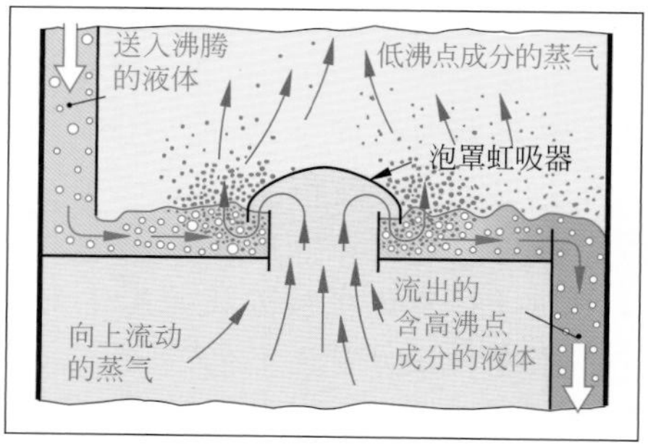

图 11-5: 在板式塔中进行精馏

1 干燥

在化学工业中经常会产生潮湿的固体，例如筛分矿料、滤渣、离心机渣、沉淀泥浆和倾析器泥浆等。

它们在表面上、颗粒之间和在毛细管及气孔中都包裹着液体。这部分液体被称为湿分或者湿气。

通过机械工艺（例如离心分离）可将水分含量尽量降低。剩余的湿气借助耗能的干燥除掉。

热干燥（thermal drying）时，通过加热将包含在潮湿物料中的水分汽化或者蒸发成为气相排出，得到干燥的物料（**图 11-6**）。

1.1 物理原理

质量守恒
$m_{FG} = m_{Tr} + m_W$
$m_{FL} = m_L + m_W$

在干燥期间物料的质量发生变化：潮湿物料的质量 m_{FG} 以水蒸气的形式失去湿气质量 m_W，剩下的干燥物料质量为 m_{Tr}。

干燥空气吸收湿气质量 m_W 并共同得出含有湿气的干燥空气质量 m_{FL}。

潮湿物料的湿气含量 w_{FG} 在干燥后会下降到 w_{Tr}，即干燥物料的湿气含量。

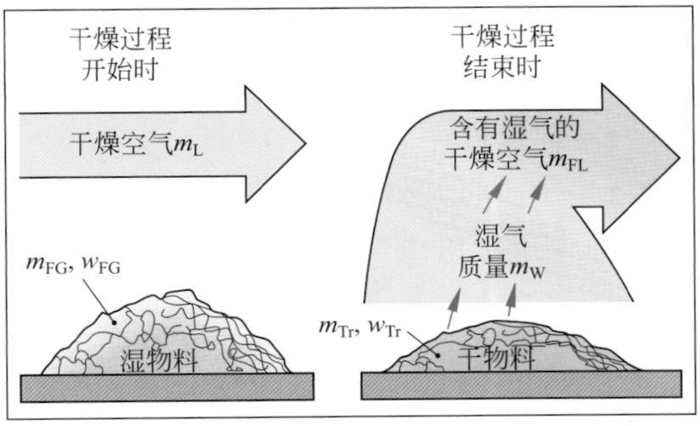

图 11-6：干燥过程

干燥曲线

干燥过程可用干燥曲线描述，其曲线取决于在干燥物料中湿气（大多为水）是如何存在的（**图 11-7**）。

以薄膜形式包裹住干燥物料颗粒表面的水分首先被汽化或者蒸发，并被干燥空气带走。

如果水分位于干燥物料的毛细管和气孔中，则干燥过程要慢一些。此时必须克服干燥物料的扩散阻力。

去除包含在干燥物料中并以强分子间力结合的结晶水更难一些，要使其排出，则必须强烈加热物料。

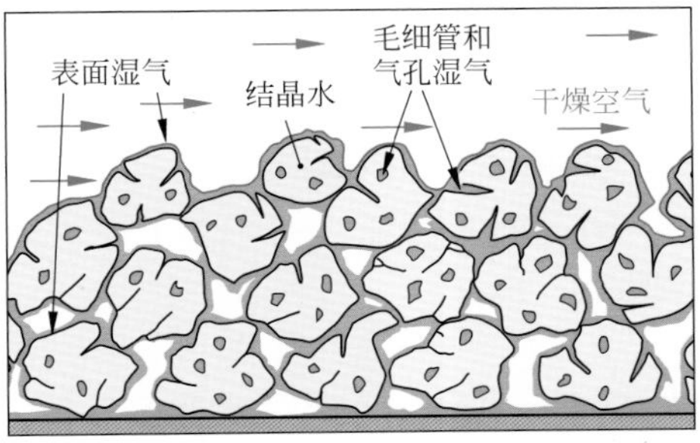

图 11-7：干燥物料（放大）

因此，干燥曲线的变化可分为多个阶段（**图 11-8**）。在第一个干燥阶段，吸附在干燥物料表面上的液体迅速以均匀的干燥速度汽化或者蒸发（干燥速度是指单位时间里单位质量干燥物料所失去的液体质量）。

当表面干燥后，毛细管中开始干燥，这会导致干燥速度下降。

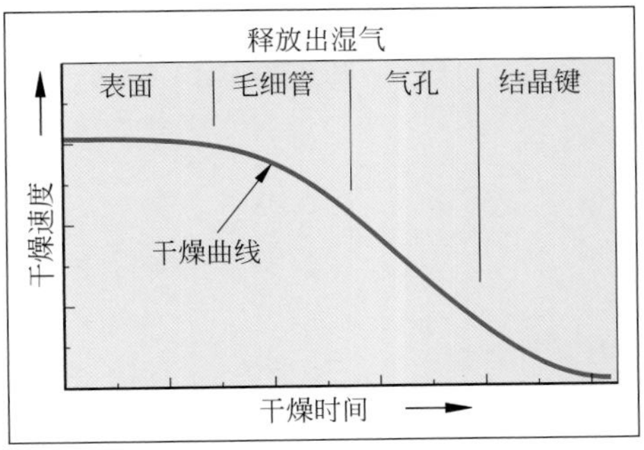

图 11-8：干燥曲线

当毛细管中的湿气也释放出后，便会开始在气孔中进行干燥。为此必须加热气孔中的水分，从而让其变为蒸汽状并从干燥物料中扩散出去。这是一个相对缓慢的过程，因此干燥速度会进一步明显下降。只有通过强烈的加热，结合在晶体结构中的结晶水才会缓慢释放出来。

在许多工业干燥中不按照绝对干燥度进行干燥，而是按照约定的剩余湿度来进行。

影响干燥过程的因素

当热的干燥空气与潮湿物料发生接触时，水分汽化并扩散到干燥空气中（**图 11-9**）。这种汽化干燥的动力是潮湿物料的饱和蒸气压力 p_S 和干燥空气的液体蒸气压力 p_L 之间的蒸汽压差 Δp。

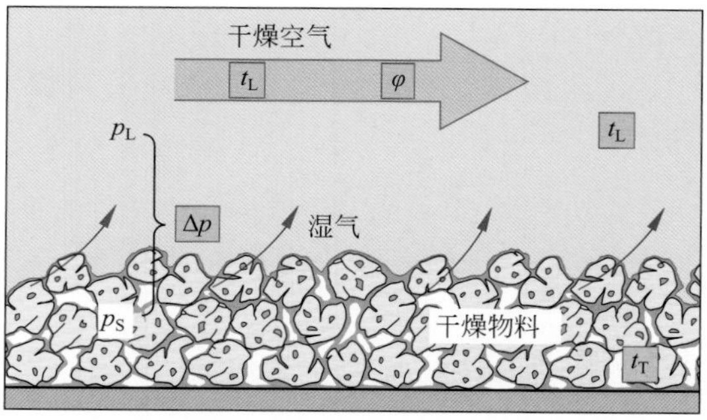

图 11-9：对干燥的影响因素

蒸汽压差 Δp 应尽量大。所以干燥空气的和干燥物料的温度必须尽量提高并且干燥空气应含有尽量小的湿度 φ。

对干燥速度有正面影响的因素有：

- 能够迅速排出含湿气的干燥空气。
- 抽真空。
- 能够通过例如粉碎或者摊薄让待干燥物料有一个大的接触表面。
- 能够不间断地翻动待干燥物料，以便让湿气更容易散出并尽量迅速加热物料。

但是，对于敏感的干燥物料（例如食品），不允许温度过高，否则会对物料造成损害。例如，食品干燥物料气孔中的水发生沸腾和蒸发，这可能造成食品开裂，从而无法食用。

为了让干燥机中的干燥空气含有尽量少的水汽，必须不断更新空气。如果湿气为水蒸气，则含有湿气的干燥空气通过烟囱排出或者通过冷却让水蒸气冷凝除湿。除湿后的空气在循环中加热后再次送回到干燥机中。

对环境有害的或者有毒的液体在任何情况下都必须在冷凝器中进行分离并回收处理。除湿后的废气作为干燥空气送回到循环中。

干燥空气的吸收能力

在进行空气干燥时，从干燥物料释放出的液体（m_W）被干燥空气以蒸气（气相）的形式吸收（m_D）。

但是空气只能够吸收一定量的液体蒸气（例如水蒸气）。每 $1m^3$ 空气所能吸收的最大水蒸气量（饱和蒸气量 m_{Dmax}）请参阅示意图（**图 11-10**）。根据温度高低，吸湿量不同并随着温度的升高而加大。

干燥空气可以吸收的湿气量是其本身含有的蒸气量 m_D（H_2O）和饱和蒸汽量 m_{Dmax}（H_2O）之差。

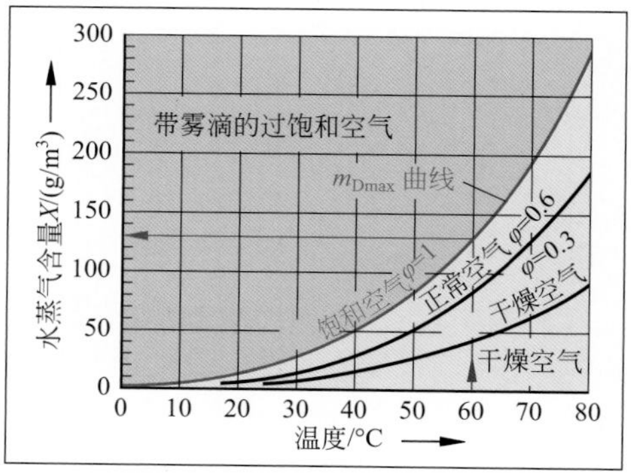

图 11-10：空气的水蒸气含量

例： 每 $1m^3$ 的 60℃的干燥空气含有 40g 的水蒸气。在干燥时，该空气还能继续吸收多少水蒸气？

解： 根据 398 页，图 11-10 所示，在 60℃时空气最大可吸收的水蒸气量为：$130g/m^3$。因此，在干燥时其还能吸收的水蒸气量为

$$\Delta m_D(H_2O) = 130g/m^3 - 40g/m^3 = \mathbf{90g/m^3}$$

相对空气湿度

$$\varphi = \frac{m_D(H_2O)}{m_{Dmax}(H_2O)}$$

蒸汽含量

$$X = \frac{m_D(H_2O)}{m_L}$$

可以将空气中的水蒸气含量表达为相对空气湿度 φ 或者蒸汽含量 X。

相对空气湿度 φ 为空气中原本含有的水蒸气质量 $m_D(H_2O)$ 和饱和蒸汽质量 $m_{Dmax}(H_2O)$ 相除所得的商。相对空气湿度 φ 可以用小于 1 的小数或者百分比（%）说明。

蒸汽含量 X（也称为湿度负荷）是水蒸气质量 $m_D(H_2O)$ 与干燥空气质量 m_L 之比，其单位为 g/kg。

干燥时所需的空气量

当干燥空气经过一段待干燥物料时，待干燥物料中的湿度 w_F 降低，而干燥空气中的蒸汽含量 X 上升（**图 11-11**）。

待干燥物料所释放出的湿气为：

$$m_W = m_{FG}(w_{F,开始} - w_{F,结束})$$

$w_{F,开始}$ 和 $w_{F,结束}$ 是干燥过程开始或者结束时的湿度。

待干燥物料中的湿气被干燥空气吸收后变为干燥空气的蒸汽质量 m_D。其为 $m_W = m_D$。

也可以根据干燥前 ($X_{开始}$) 和干燥后 ($X_{结束}$) 干燥空气的蒸汽含量计算干燥空气的蒸汽质量：

$$m_D = m_L(X_{结束} - X_{开始})$$

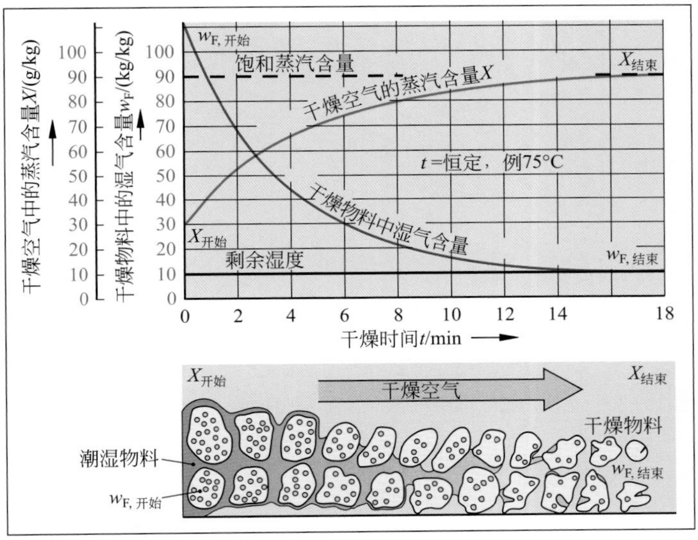

图 11-11：在干燥期间干燥物料和干燥空气中湿气含量的变化

据此可通过调整来计算所需的干燥空气量 m_L。在真实的干燥过程中，总是使用过量的干燥空气，使用**空气过量系数 f** 计算（请参阅旁边的方程式）。f 为 1.2 ～ 1.5。

对干燥空气的需求量

$$m_L = f\frac{m_D}{(X_{结束} - X_{开始})}$$

例： 从一种潮湿的物料中应干燥出 284kg 水，使用一种起始水蒸气含量为 15.5g/kg 的 70℃的预热干燥空气进行干燥。潮湿的干燥废气的蒸汽含量为 29.0g/kg。空气过量系数为 1.25。在这个干燥过程中所需的空气量有多少？

解： $m_D = m_W = 284kg$；$X_{开始} = 15.5g/kg$；$X_{结束} = 29.0g/kg$；$f = 1.25$

$$m_L = f\frac{m_D}{(X_{结束} - X_{开始})} = 1.25 \times \frac{284kg}{29.0g/kg - 15.5g/kg} = 26.3kg \cdot kg/g$$

$$\mathbf{m_L} = 26.3 \times \frac{1000kg \times kg}{kg} = \mathbf{26.3 \times 10^3\,kg}$$

1.2 干燥过程的 *h*–*X* 图

干燥过程中干燥空气的状态变化请参阅示意图，该图称为 *h*-*X* 图或者根据其发明人的名字也称为莫尔图（**图 11-12**）。

该图包含作为横坐标的蒸汽含量 *X* 和以 30° 角向右上方绘制的干燥空气中所包含的热量（也称为热焓 *h*）。

h-*X* 图是一种斜角图，在该图中相同焓值位于一条朝横坐标倾斜 60° 角的线上（红线），称为等焓线。

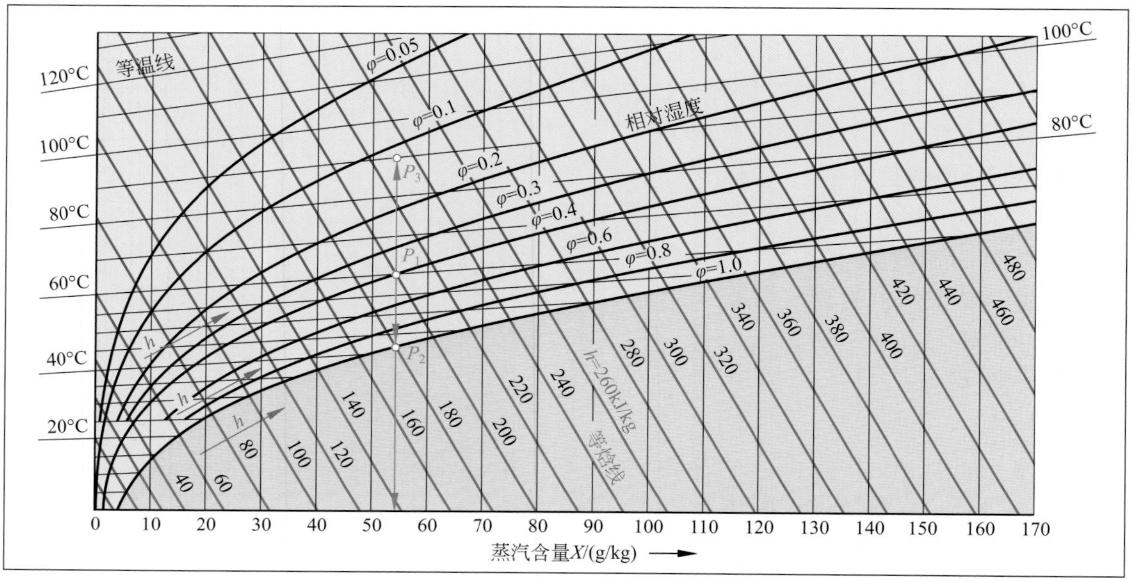

图 11–12：含水汽的干燥空气的 h–X 图（总压力：1bar）

h-*X* 图带三条刻度线（图 11-12）：

- 成 60° 角的倾斜等焓线（h 为 40 ～ 480kJ/kg）。
- 略微倾斜的线为等温线（如 20℃、40℃、60℃等）。
- 弯曲线为等值的相对湿度（φ 为 0.05 ～ 1.0）。

$\varphi = 1.0$ 时将图分为位于下部区域内的过饱和或者有雾的干燥空气（红色的面积）以及位于其上方的不饱和热干燥空气区域（蓝色的面积）。

在 *h*-*X* 图中可显示干燥空气的状态和状态变化：

- 干燥空气的状态对应 *h*-*X* 图中的一个点。

例（图 11-12）：温度 $t = 60$℃，相对湿度 $\varphi = 0.4$ 的干燥空气有一个 P_1 交点。在这里，蒸汽含量 $X_1 = 54$g/kg 并且热焓为 $h_1 = 200$kJ/kg。

- 干燥空气的状态变化对应 *h*-*X* 图中的一段曲线。

例（图 11-12）：如果将干燥空气冷却到状态 P_2，则对应从 P_1 向下走的一段曲线。在与线 $\varphi = 1.0$ 的交点 (P_2) 上，干燥空气的温度为 $t = 42$℃ 并且已饱和，该温度称为**露点**。热焓为 h_2 =180kJ/kg。冷却到低于 42℃ 会导致干燥空气过饱和并析出雾滴。

如果将状态 P_1 的干燥空气加热到 90℃，则对应从 P_1 向上到 P_3 的一段曲线。之后，相对湿度为 $\varphi_3 = 0.12$，热焓 $h_3 = 235$kJ/kg。在不与其他的物质接触的情况下，湿度负荷 X 在冷却或者加热时保持不变（$X_1 = X_2 = X_3 = 54$g/kg）。

- 预热干燥空气后再进行干燥，这段过程在 h-X 图中对应一个从 P_1 经过 P_2 到 P_3 的两段平滑的曲线段（**图 11-13**）。

例： 将 t=20℃、相对湿度 $\varphi_1 = 0.60$（60%）、蒸汽含量 $X_1 = 10\text{g/kg}$ 以及热焓 $h_1 = 45\text{kJ/kg}$（P_1 点）的自然界空气在预热器中加热到 80℃（P_2 状态点）。之后相对空气湿度为 $\varphi_2 = 0.03$ 并且热焓 $h_2 = 105\text{kJ/kg}$。

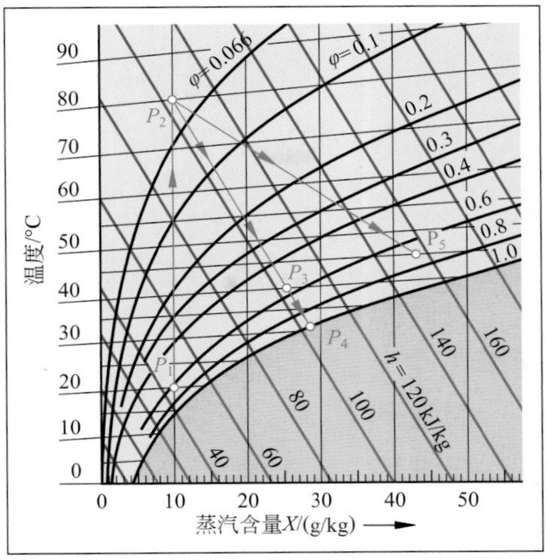

图 11-13：h-x 图中的干燥

这种经过预热的干燥空气进入干燥机中并与潮湿的待干燥物料密切接触。干燥空气将热量（热焓）释放到待干燥物料上并加热物料。借助汽化，待干燥物料释放出湿气并被干燥空气吸收。由此，干燥空气冷却下来。

如果在干燥过程中没有发生外部热损失，则在 h-X 图中干燥曲线沿着等焓线走。例如，如果在干燥期间将干燥空气从 80℃冷却到 40℃（P_3），则干燥空气的相对湿度为 $\varphi_3 = 0.56$ 并且蒸汽含量为 25g/kg。在干燥期间，干燥空气中增加的蒸汽含量为 $\Delta X = X_3 - X_2 = 25\text{g/kg} - 10\text{g/kg} = 15\text{g/kg}$。

干燥空气可最大冷却至 32℃ (P_4)。在这个温度下，干燥空气处于饱和状态并且不能继续吸收湿气。

- 在许多干燥机中，干燥期间会用附加加热装置加热待干燥物料。由此，干燥空气能够达到较高的蒸汽含量。在 h-X 图中，干燥曲线随后从 P_2 向更高的热焓值 P_5 走。

例： 当干燥空气冷却到 $t_5 = 45$℃的温度时，空气的蒸汽含量达到 43g/kg。因此，干燥期间的蒸汽含量明显高于不采用附加加热装置的干燥机：$\Delta X = X_5 - X_2 = 43\text{g/kg} - 10\text{g/kg} = 33\text{g/kg}$。

干燥时所需的热量

干燥过程所需的热量可以根据所需的干燥空气量的热焓进行计算。其取决于实际的可比空气量 l^*、干燥空气中的湿气质量 m_D 和干燥过程前（$h_{开始}$）和后（$h_{结束}$）的可比热焓之差。

实际可比空气量 l^* 是从干燥物料中干燥出 1kg 水（湿气，m_D）所需的干燥空气质量 m_L。f 为空气过量系数（第 395 页）。热焓值 $h_{开始}$ 和 $h_{结束}$ 可参阅 h-X 图。

干燥时所需的热量
$Q = l^* \cdot m_D \cdot (h_{结束} - h_{开始})$ $l^* = f \cdot m_L / m_D$

例： 计算图 11-13 中从 P_1 到 P_3 的干燥过程中所消耗的热量。将一个批次 $m_{FG} = 640\text{kg}$，含湿量为 52% 的潮湿物料干燥到剩余湿度为 6%。实际的可比空气量为 6.54。

解： 空气中的湿气质量 m_D 等于从干燥物料中释放出的湿气质量 m_W。其为 $m_D = m_W = m_{FG} \cdot (w_{F,开始} - w_{F,结束}) = 640\text{kg} \times (0.52 - 0.06) = 294.4\text{kg}$。

从图 11-13 的 h-X 图中可见：$h_{结束} = 103\text{kJ/kg}$，$h_{开始} = 45\text{kJ/kg}$；

$Q = l^* \cdot m_D \cdot (h_{结束} - h_{开始}) = 6.54 \times 294.4\text{kg} \times (103\text{kJ/kg} - 45\text{kJ/kg}) = 111672\text{kJ} \approx \mathbf{112MJ}$

复习题

1. 请说明干燥过程各个阶段曲线走向的原因。
2. 为什么在干燥时温度要尽量高，压力要低？
3. 湿物料的比表面对干燥时间有什么样的影响？
4. 干燥过程的空气过量系数说明了什么？
5. 哪三条线将 h-X 图划分为不同的区域？
6. t = 70℃并且 φ = 0.3 的干燥空气的蒸汽含量为多少？

1.3　干燥工艺

可以从多个角度划分或者命名干燥工艺：

根据热传递的方式可以细分为对流干燥、接触干燥和辐射干燥。

此外，根据干燥温度低于或者高于待干燥液体的沸腾温度可分为汽化干燥或者蒸发干燥，当干燥温度低于冰点时称为冷冻干燥。

在大气压下用热空气进行干燥是最常使用的干燥方式，人们称之为空气干燥。如果在真空下干燥，则称为真空干燥。

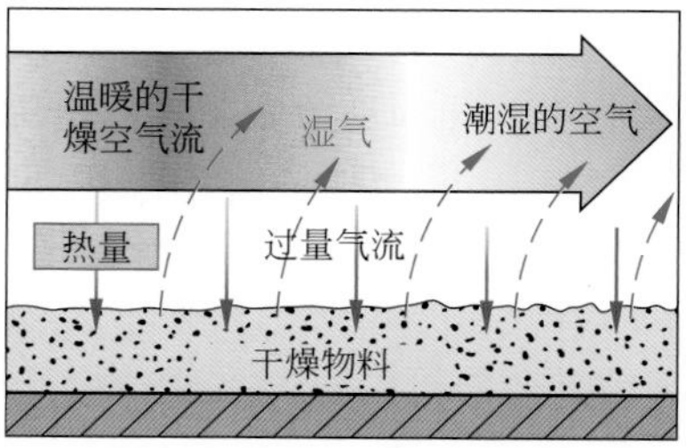

图 11-14：对流干燥

对流干燥

在进行对流干燥（convection drying）时，通过对流将干燥所需的热量从热气流（大多为热空气）中传递到干燥物料上（**图 11-14**）。对于松散的多孔干燥物料，用过量的气体流过薄薄的待干燥物料层来达到充分的热传递。对于很难干燥的物料要让气体流过待干燥物散料或者流化层来实现充分的热传递（**图 11-15**）。

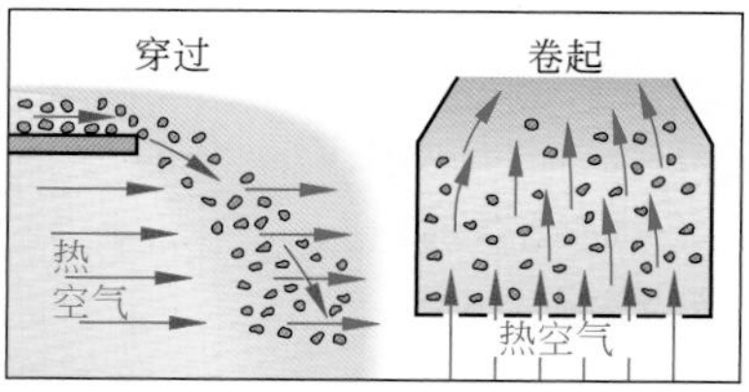

图 11-15：对流干燥时送入空气的方式

空气不仅用于传热，也用于吸收在干燥过程中所产生的蒸汽（空气湿度）。所以当空气流入干燥机中时，必须处于高温和干燥的状态，从而能够吸收尽量多的湿气（请参阅第 398 页）。

接触干燥

在接触干燥（contact drying）时，把湿物料放置在加热的表面上或者从热表面通过。热量主要通过热传导传递到湿物料上（**图 11-16**）。

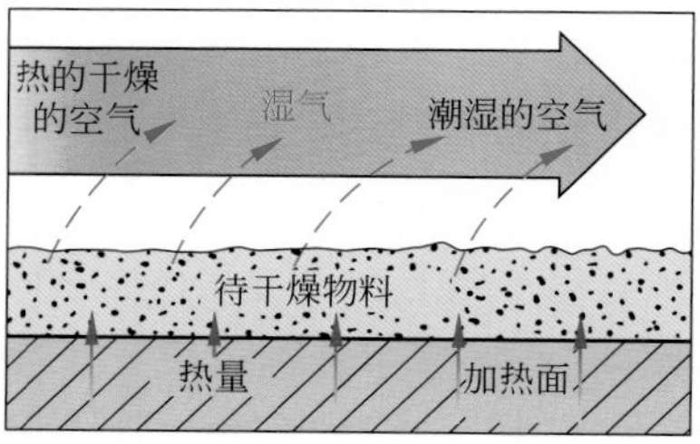

图 11-16: 接触干燥

为了达到充分的热传递效果，在加热面上仅铺上薄薄一层湿物料或者当物料层较厚时应不断翻动。紧实的湿物料热传导效果更好，适合使用接触式干燥。例如，膏状的团块和液体要放入辊式或者薄膜干燥机中进行干燥。接触式干燥经常在真空下进行，以降低蒸发温度，改善蒸发效果。

辐射干燥

在进行辐射干燥（radiation drying）时，用红外线发射器将热量辐射到待干燥物料上实现热传导（**图 11-17**）。

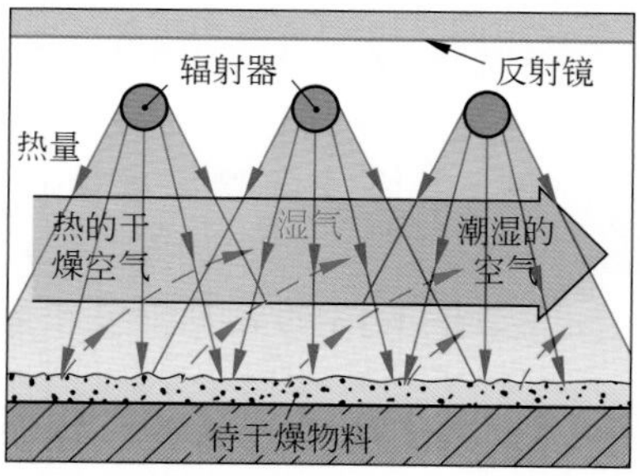

图 11-17: 辐射干燥

为了能够传递足够多的热量，辐射温度必须尽量高（超过 400℃）。一方面，这会导致静置的湿物料表面温度过高，对温度敏感的物料必须持续进行翻动，从而避免局部温度过高。另外一方面，较高的表面温度会使得干燥速度更快。因此，人们用辐射干燥来干燥薄薄的物料层，例如干燥喷漆层。

在工业干燥机中经常同时使用多种干燥方式，例如带式干燥机、圆盘干燥机、转管干燥机、回转筒干燥机和叶片干燥机上同时使用对流干燥和接触干燥这两种方式（第 403 ～ 405 页）。

真空干燥（vacuum drying）

对温度敏感的湿物料（例如食品和制药产品）必须在尽量低的温度下进行干燥，以避免对物料产生热损伤或损害。

通常这类物料在低压（也即在真空）下进行干燥，真空条件下，液体的蒸发温度要低得多（**图 11-18**）。

例：水在标准大气压（1013mbar）下温度为 100℃时会沸腾，但在真空干燥机中 100mbar 的压力下，水的沸腾温度仅为 45℃左右。45℃时，水分就会从湿物料中蒸发出来。

真空干燥常在带有气密壳体和真空泵的干燥机中进行。

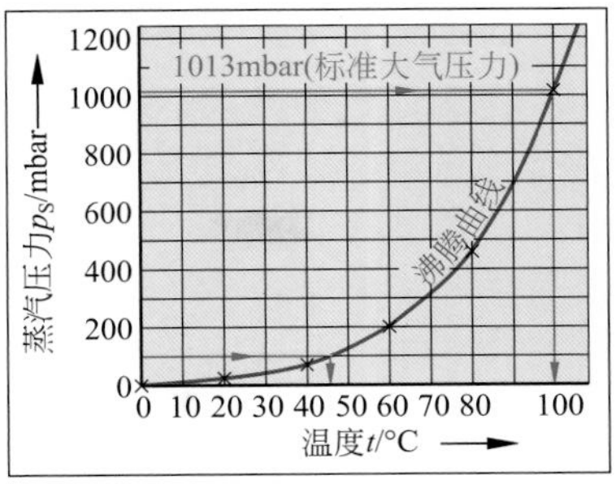

图 11–18: 水的沸腾曲线

1.4 固体散料干燥机

干燥机有多种结构样式，下面介绍几种典型结构样式的干燥机。

厢式干燥机

厢式干燥机（cabinet-type chamber dryer），也称为循环空气干燥柜或者板式干燥机，将液体或者颗粒湿物料摊在室内的板条底部、干燥板上，然后用预热的空气吹过干燥室（**图 11-19**）。借助对流加热湿物料。物料以间歇的方式加入到干燥机中，在干燥机中停留直至达到所需的干燥度为止。然后托架车将板条抽出并给干燥机添加新的一批物料。含湿气的干燥空气通过烟囱排走。厢式干燥机适合用于按批次干燥少量的固体和悬浮液。

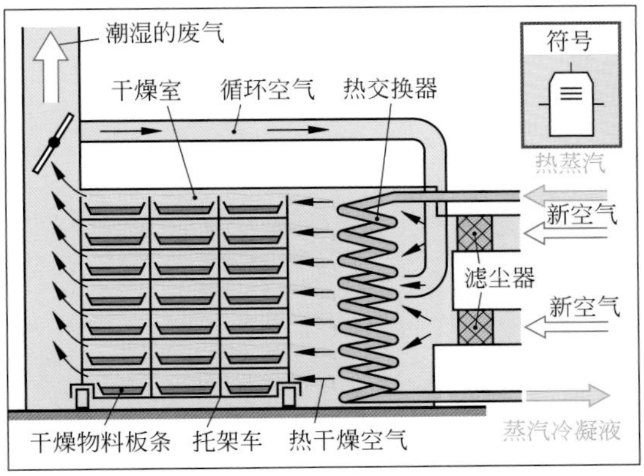

图 11–19：厢式干燥机（板式干燥机）

圆盘干燥机

圆盘干燥机（disc dryer）由干燥室内多个固定的依次叠加在一起的可加热圆形干燥盘组成（**图 11-20**）。将湿物料不断地加到最上面圆盘的中央并用一个刮板机构以螺旋轨迹将物料不断铲到盘子的外侧边缘。物料从外侧边缘掉到下面略大的圆盘中。在下方的圆盘上，用一个刮板机构将物料送到盘子中央并通过这里的孔掉到下方的圆盘中。这个过程一直重复，干燥空气从不断翻起的物料上吹过，直到干燥物料从干燥机下方掉出为止。在圆盘干燥机中使用接触干燥和对流干燥这两种方式。圆盘干燥机适合用于连续干燥松散的湿物料。

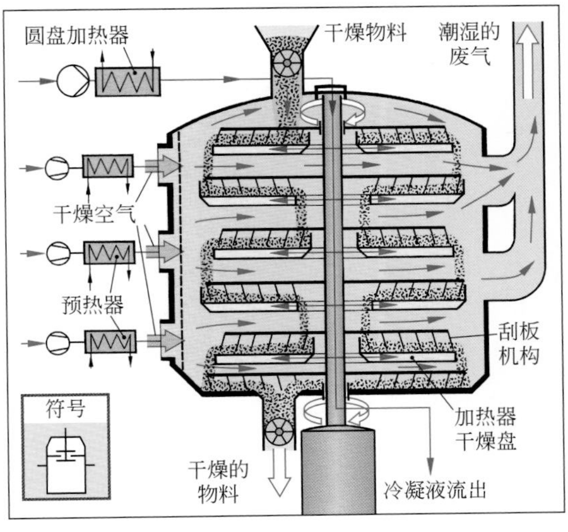

图 11–20: 圆盘干燥机

洞道式和带式干燥机

在洞道式和带式干燥机（conveyor dryer, band dryer）中，湿物料在运输带上移动，通过调节输送带的速度影响干燥时间。

洞道式干燥机在一个管状干燥隧道中有一个长的干燥传送带。

带式干燥机有多个依次叠加在一起的对向运行的传送带（**图 11-21**）。物料在带子末端掉到下一个较低的带子上，用这种方式对物料进行多次翻动。

洞道式和带式干燥机可用于干燥松散的散料和黏稠的湿物料。它们适合用于连续干燥较大量的物料。

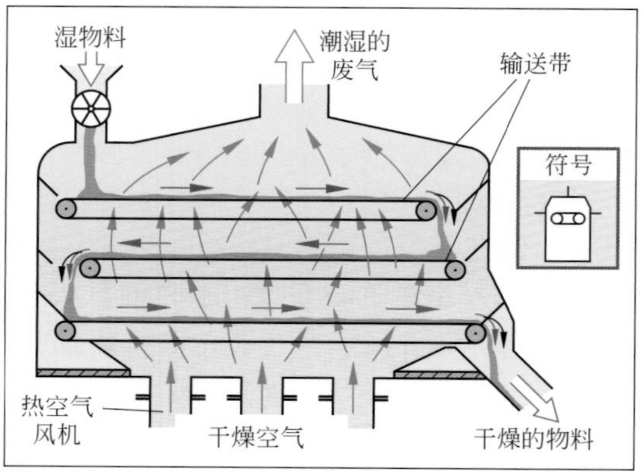

图 11-21：带式干燥机

回转干燥机（滚筒式干燥机）

回转干燥机（rotary dryer）由一个缓慢转动的管子和一个热空气风机组成（**图 11-22**）。湿物料以一个长的螺旋轨迹走过转管，并被管中的内部构件不断翻动。回转干燥机适合用于颗粒状、松散的物料。

急骤干燥机

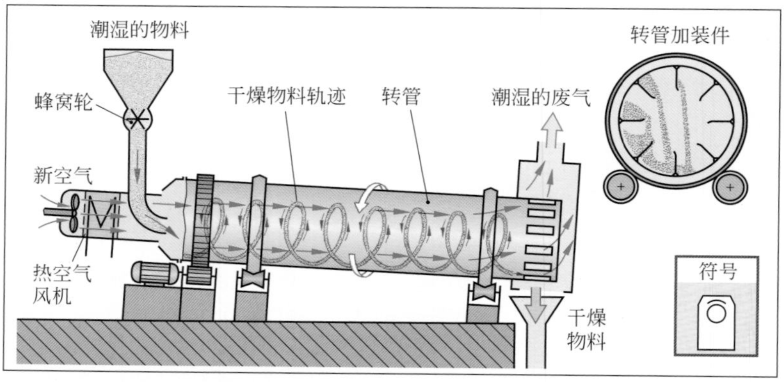

图 11-22：回转干燥机

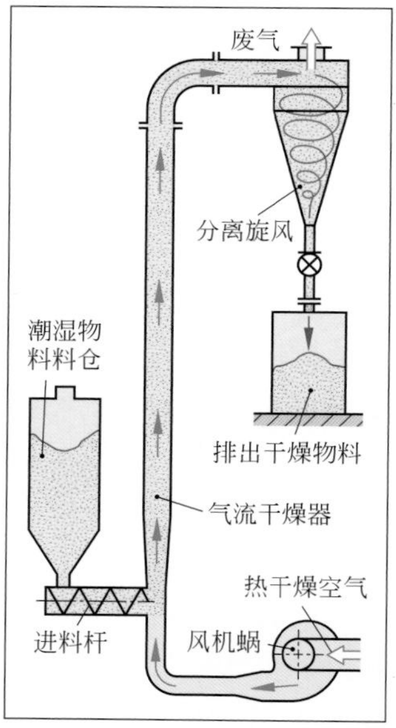

图 11-23：急骤干燥机

急骤干燥机（flash dryer）有一个垂直的干燥管（**图 11-23**）。按照潮湿物料的数量，从下方吹入热的干燥空气。干燥后的物料颗粒变轻，然后向上吹出。急骤干燥机适合用于小颗粒和粉末状的松散物料。以气动的方式给急骤干燥机加入物料。

回转筒干燥机

回转筒干燥机（free fall dryer）有一个作为干燥容器的圆柱形、球形或者双锥形转筒（**图 11-24**）。转筒进行旋转或者摆动并被加热蒸汽加热。湿颗粒物料分批加入，随着自转的转筒转动并不断翻动。加热蒸汽的热量通过转筒壁加热湿物料，释放出的湿气通过真空泵的废气

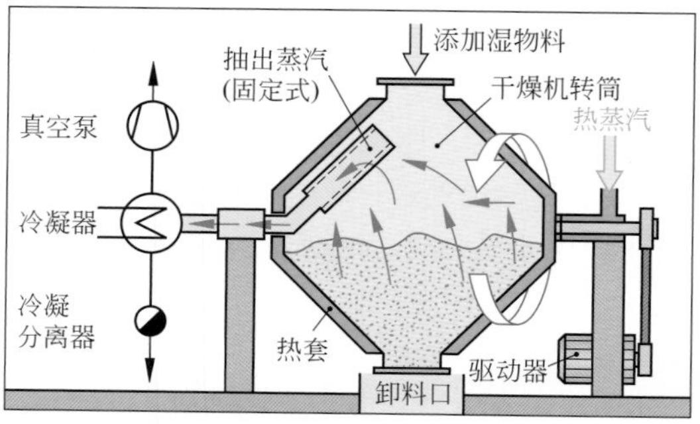

图 11-24：双锥形干燥机

抽吸管抽出。回转筒干燥机适合用于干燥颗粒状的松散物料。

桨叶干燥机

桨叶干燥机（paddle dryer）是一种卧式的圆柱形容器，其中有一个被转轴带动而作缓慢转动的搅拌桨叶（**图 11-25**）。真空密封的容器有一个用于加热的双层夹套。转轴设计成可用蒸汽加热的空心轴。分批加入湿物料并用搅拌桨叶不断翻动，热的容器壁和搅拌桨叶加热物料并释放出水汽。

桨叶干燥机用于在真空下干燥潮湿的物料，如滤渣或者离心分离残渣。

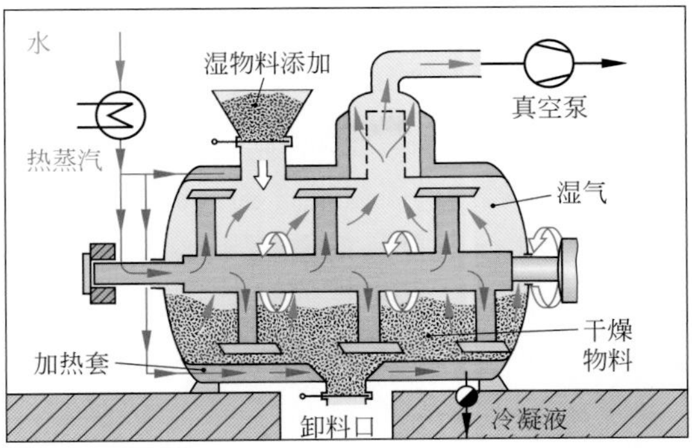

图 11-25：桨叶干燥机

流化床干燥机

流化床干燥机（fluidized bed dryer）有一个略微斜置的带孔板的流化床槽（**图 11-26**）。颗粒物料以流体的形式不断加到料槽中，热的干燥空气将其吹散成为流化层。振动电机振动料槽并让物料缓慢沿着料槽向排料口移动。借助流化层中大强度的热交换，物料迅速被干燥。

流化床干燥机仅能干燥颗粒状的松散物料。

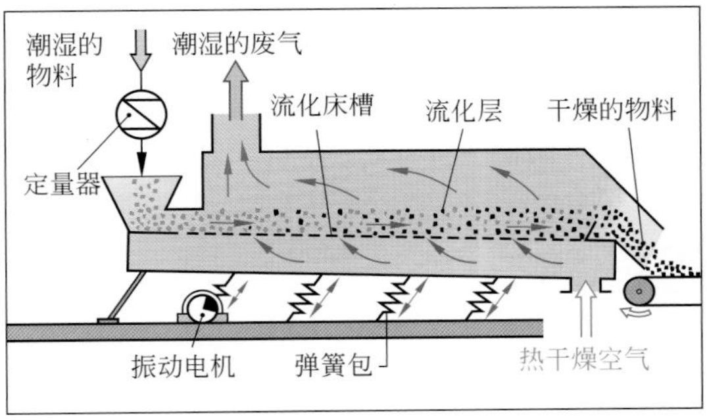

图 11-26: 流化床干燥机

1.5 液体和悬浮液干燥机

滚筒干燥机

滚筒干燥机（cylinder-drum dryer）有一个或两个可加热的大干燥滚筒，带光滑或者有槽的表面（**图 11-27**）。滚筒干燥机用于干燥黏稠以及膏状的产品。将糊状的物料不断摊在干燥滚筒上形成薄薄的一层并高速将其加热。在转动期间蒸发物料中的液体，直至物料被干燥。此时，用一个刮刀从滚筒上将干燥的物料剥下。滚筒干燥机经常用作预干燥机。然后，在其他干燥机中例如桨叶干燥机中进行最终干燥。

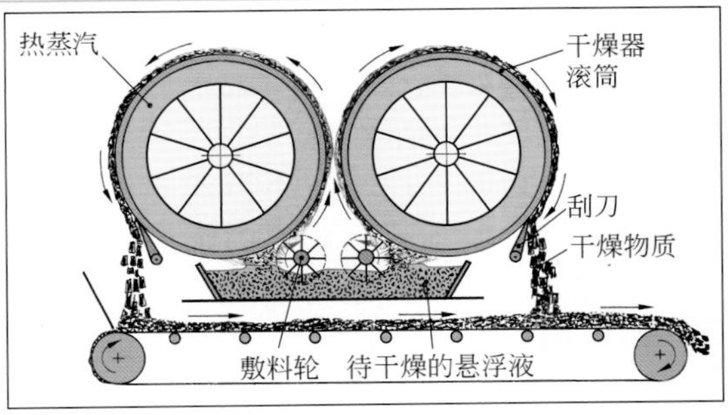

图 11-27：转筒干燥机

薄膜干燥机

薄膜干燥机（thin-film dryer）用于连续干燥黏稠的悬浮液和泥浆。其由一个可外部加热的圆柱形容器和加料口、排料口组成（**图 11-28**）。

一个带刮条的转子不断在热的内壁上把湿物料摊成薄薄的一层，物料在壁上干燥。刮条能够让物料朝卸料口的方向移动，最终在卸料口处物料被剥离并送出。

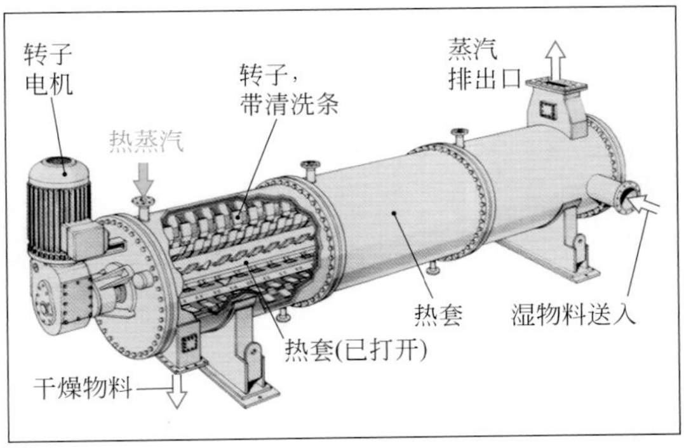

图 11-28：水平薄膜干燥机

液体的喷射干燥

借助喷射干燥或者喷雾干燥（spray drying）可将液体物质（溶液、悬浮液、流动的膏体）干燥为粉末。常用的干燥设备有喷射、喷雾或者造粒干燥机。

喷射或者喷雾干燥机

喷射和喷雾干燥机（spray dryer, suspended particle dryer）有一个很高的垂直干燥塔（**图 11-29**）。在干燥塔顶部用雾化喷嘴或者旋转雾化器将要干燥的液体喷成细雾。干燥的热空气从上部送入并充满整个干燥塔。液体微滴依靠重力穿过热的干燥空气向下流动，在其下落过程中被加热并在几秒钟内就完全干流动，以粉末的形式到达干燥塔的底部。较大的粉末颗粒掉到一个锥形收集器中。带有干燥物料细颗粒的干燥空气用一台轴向风机抽出并送到旋风分离器中，在这里分离细物料与干燥废气。喷雾干燥机用于干燥洗衣粉、食品、美容和制药产品的溶液，可得到粉末状至片状的干燥物料。

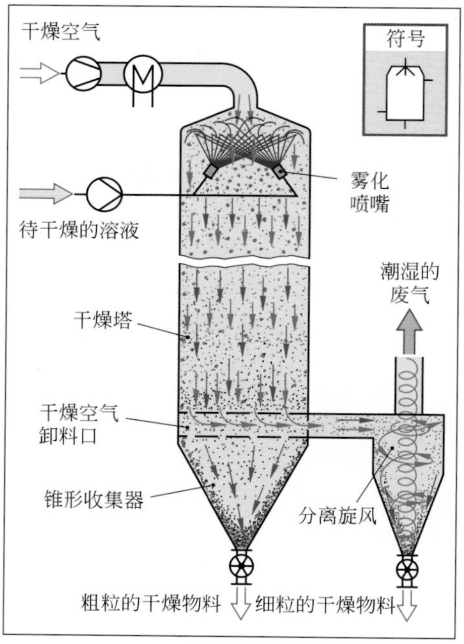

图 11-29：喷雾干燥机

造粒干燥机

造粒干燥机（granulation dryer）是喷射干燥机和流化层干燥机的一种组合型号（**图 11-30**）。待干燥的溶液被喷到干燥机下部的一个孔板上。热的干燥空气从下方通过筛板向上吹，将液体微滴悬浮（流化层）并使其干燥，形成初始的小颗粒。喷射的液体会湿润起始颗粒，然后被干燥，由此颗粒不断增大。气流使干燥颗粒保持悬浮状态，当颗粒达到所需的大小后，干燥气流不再能够使其悬浮在流化层中，物料颗粒下落到倾斜的筛板上，滚动穿过中心孔并通过卸料管排出干燥机。形成的颗粒从小粒至粗粒不等，有时还有结块的颗粒（**图 11-31**，右侧）。造粒干燥机的干燥和造粒在几分钟内完成，从而可节省热量。因此食品和药物溶液也可以用造粒干燥机干燥。

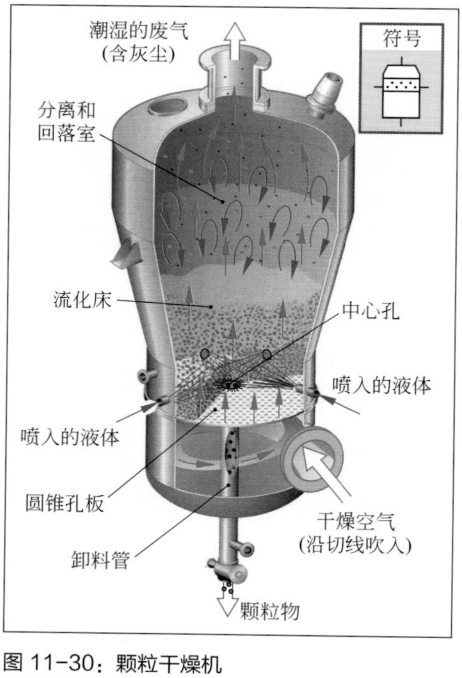

图 11-30：颗粒干燥机

应用示例：
洗衣粉、明胶、葡萄糖、牛奶、酵母、酵素，速溶饮品和婴儿食品颗粒。

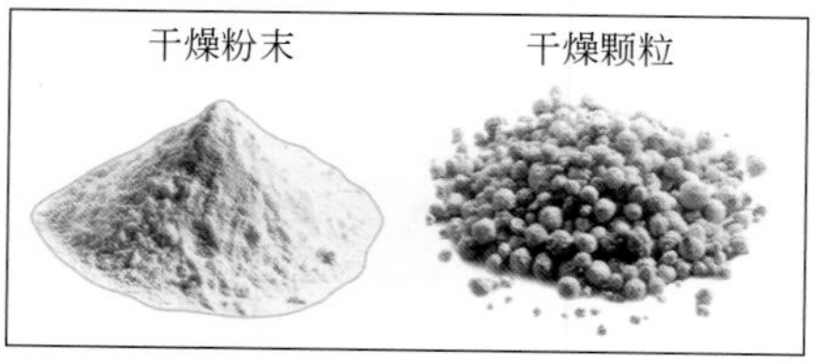

图 11-31：干燥产品

1.6 真空冷冻干燥

冷冻干燥（freeze drying）是指对冷冻的物料进行真空升华干燥，由此保持物质的生物效果和药效不变。

物理原理：冷冻干燥的原理是基于冷冻的液体（例如冰）在真空下会释放出水分子，其不经过液相而直接从固相变为气相。这种相态变化称为升华。

在进行真空冷冻干燥时，首先冷冻含有固体溶质成分（待干燥物料）的液体。然后，在 0℃的温度下，将低温冷冻的（有时也经过粉碎的）物料在真空下加热，物料中冷冻后的液体发生升华并从湿物料中蒸发出去。

在**图 11-32** 中可以看到一种物质的相态和相态变化以及干燥过程。

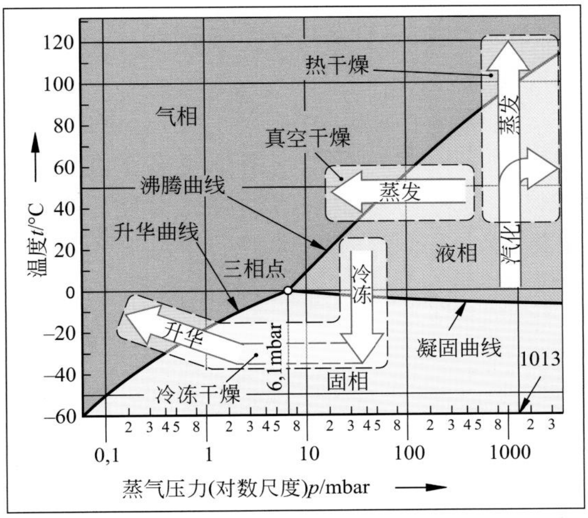

图 11-32：水在状态图中的物态和干燥过程

在该图中，根据温度和蒸汽压力将相态变化的区域涂成不同的颜色。将各个区域分开的曲线表示从一个相态到另一个相态的过渡。

如凝固曲线将固体范围（黄色）和液体范围（蓝色）分开。沸腾曲线是液体（蓝色）和蒸汽（红色）之间的分离线，升华曲线将固体范围（黄色）与蒸汽范围（红色）分开。

在状态分离线的交点（所谓的 0.010℃和 6.09mbar 的三相点）上，水可同时具有固相、液相和气相三种状态。在三相点上方，加热时，液体会汽化或者蒸发为气相。

在三相点下方，水仅呈固相和气相。如果将冰上的压力明显降低到 6.1mbar 以下，则会直接从固相变为气相：冰发生升华。例如真空冷冻干燥。

用于干燥少量物料的冷冻干燥设备由一个可排气的干燥机室和用于装卸料、冷却、气体分离和排气的附加装置组成（**图 11-33**）。干燥机室装备有冷却管道和冷却底板，其中流动着冷冻盐水或者加热介质。例如将液体物料首先倒入开口瓶或者水平的盘子中，然后再放到冷却底板上。按照一个可控的间歇过程首先进行冷冻，然后进行冷冻干燥。

干燥机室通过一条大流量的管道与冷凝器和真空泵相连。在冷凝器中凝结释放出的湿气。底板和冷却管所使用的冷冻盐水由制冷机提供。干燥机的加料和卸料通过真空密封门进行。

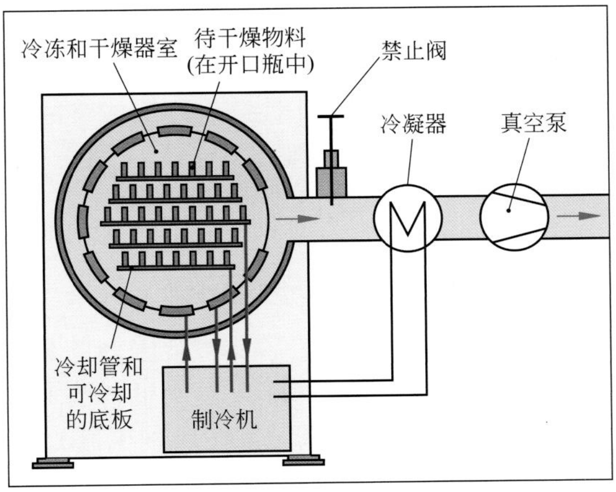

图 11-33: 冷冻干燥设备示意图

图 11-34 展示了工业中干燥小批量医药物料所使用的典型冷冻干燥设备。

冷冻干燥过程是一个控温控压的过程（**图 11-35**）。

首先，于大气压力下，在干燥机中将液体物料尽量快速地冷却到 –50℃左右并冷冻成冰。这种迅速冷冻会产生小的冰晶和小的冷冻固体区域。这是形成微气孔冷冻干燥产品的前提条件。

然后将干燥机室抽真空到 0.1mbar，冷冻物料中的冰发生升华，留下带多微孔的干燥物料。这种物料的水溶性好，有利于在溶液中溶解。当干燥时间过半后将温度不断升高到室温，以烘干在这个过程中所形成的气孔。在干燥时间的后半程，加大抽真空力度将残余的湿气抽出。

相对于热干燥，冷冻干燥所需的时间长（例如 24h）并且过程管理成本要高很多，因此价格较贵。通常，冷冻干燥用于不能通过热干燥生产的高价值物料。

通过冷冻干燥可经年保存含香气以及易腐烂的、有药效和生物效果的物质：速溶咖啡、维生素、激素、酵素、骨胶原、植物提取物、抗生素、抗体、血浆等。热干燥会破坏这类物质的效果。

给经冷冻干燥的干燥物质添加适量的水后可迅速制成所需的溶液。

在工业化冷冻干燥设备中，各个工艺环节在单独的设备中进行（**图 11-36**）。例如，在带式冷冻器中物料在几秒钟内冷冻成半成品，然后粉碎冷冻物料，摊在板子上，用平板车送到真空冷冻干燥室内进行冷冻干燥。

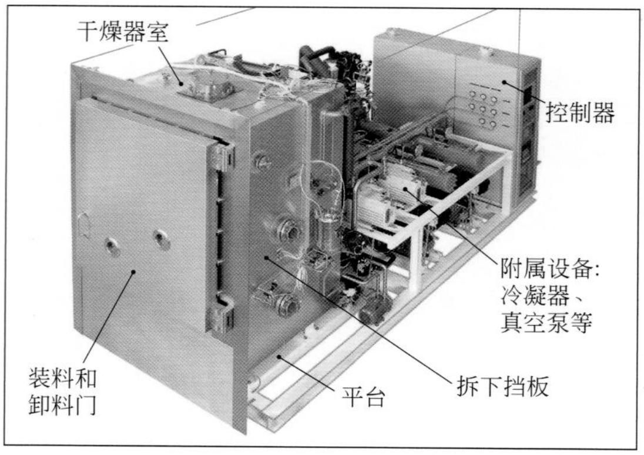

图 11-34：小批量使用的冷冻干燥设备（拆下挡板）

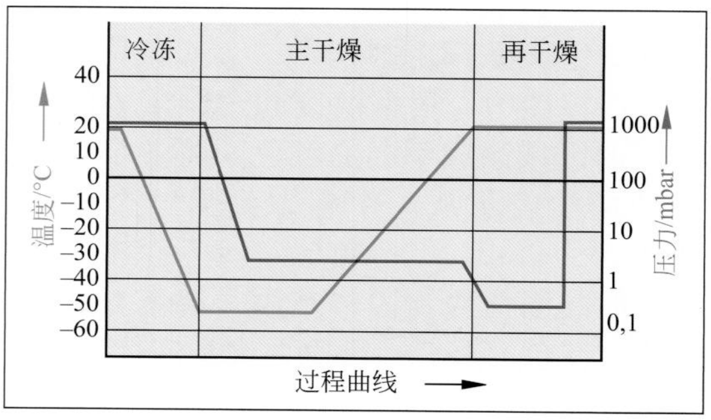

图 11-35：冷冻干燥的工艺过程

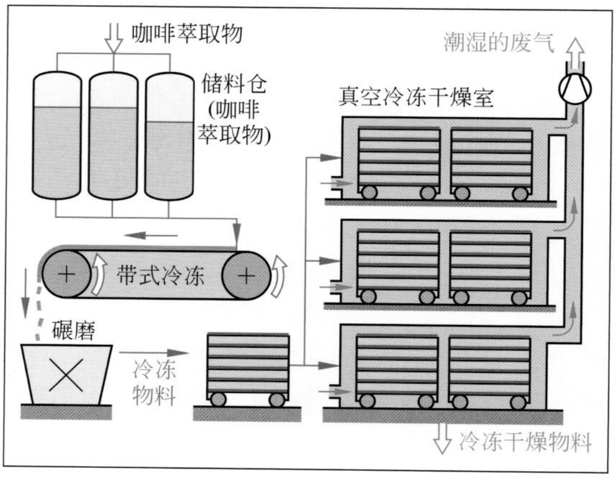

图 11-36: 工业用冷冻干燥设备示意图（生产速溶咖啡）

1.7 工业离心机和干燥设备

在化学工业中经常需要将含固体的悬浮液制成规定残留湿度的干燥物料。这类任务可单独用干燥设备（例如厢式干燥机、洞道式干燥机或者滚筒式干燥机）来完成。

但更为经济的方式是使用一种机械分离法与热分离法相结合的生产方法，其中用离心机分离液体的主要部分，剩余湿分用连接在后方的干燥机去除。第 409 页的**图 11-37** 所示的就是一台此类的设备。

① 悬浮液罐
② 加料罐
③ 清洗液罐
④ 滤液罐
⑤ 悬浮液加注阀
⑥ 清洗液阀
⑦ 气体摆动管
⑧ 悬浮液循环泵
⑨ 剥离离心机
⑩ 层厚传感器
⑪ 虹吸剥离装置
⑫ 虹吸回喷器
⑬ 滤液流出
⑭ 滤液换向
⑮ 离心机筛网冲洗器
⑯ 喷射滤液流出
⑰ 固体卸料口
⑱ 离心机电机
⑲ 减震基座
⑳ 带控制阀的液压装置
㉑ 控制台(在控制室内容)
㉒ 现场平行操作(外部)
㉓ 最低加注高度=3m
㉔ 带圆盘定量器的收集罐
㉕ 蜂窝轮真空闸
㉖ 送入压缩空气
㉗ 冰冻水或热水管
㉘ 真空圆盘干燥器
㉙ 可变干燥器驱动器
㉚ 蜂窝轮真空闸
㉛ 圆盘加热系统1
㉜ 圆盘加热系统2
㉝ 冷却水入口
㉞ 排气管
㉟ 热交换器
㊱ 循环泵加热介质
㊲ 冷凝器
㊳ 真空泵
㊴ 真空/排气冷凝液阀
㊵ 冷凝液罐
㊶ 冷凝液排放泵
㊷ 干燥器

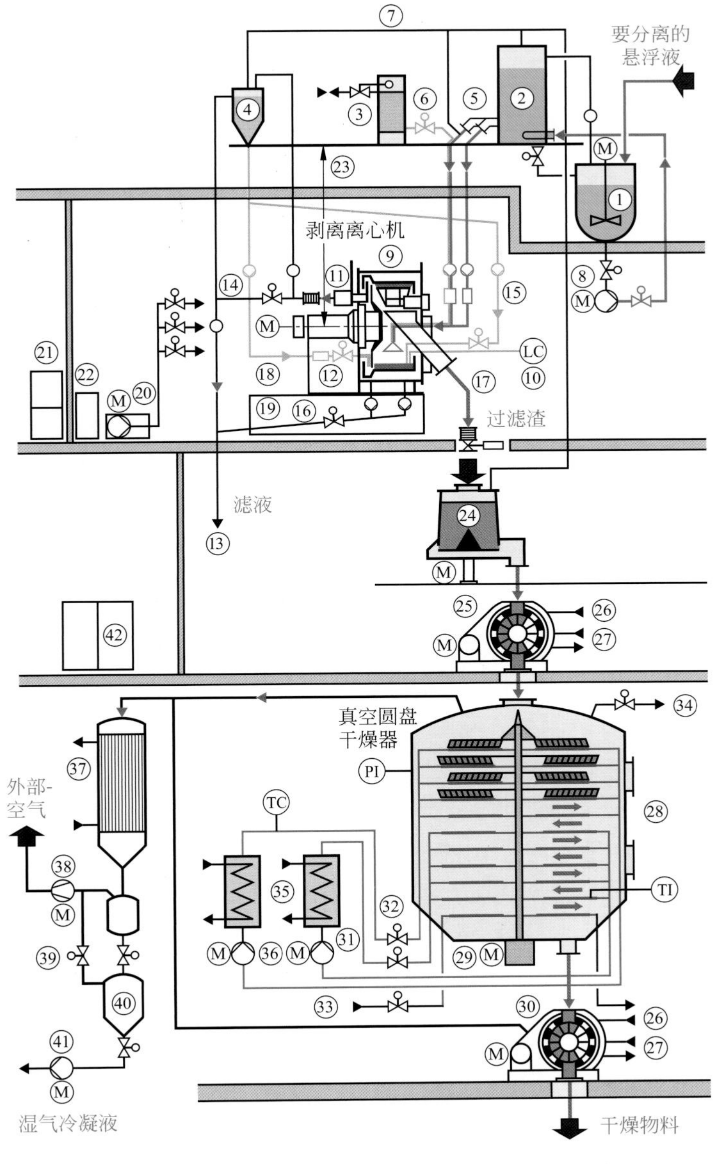

图 11-37：悬浮液中的固体成分的干燥设备

复习题

1. 在对流干燥时，如何将热量传递到湿物料上？
2. 真空干燥有哪些优点？
3. 请说出用于干燥固体散料的三种干燥机。
4. 在滚筒干燥机上如何将热量传递到湿物料上？
5. 在喷雾干燥机中干燥哪些物质？
6. 请在状态图中指出冷冻干燥时的相态变化情况。
7. 哪些物料采用冷冻干燥？
8. 冷冻干燥的物质有哪种微结构并且有哪些优点？

2 溶液的热分离

溶液是一种由溶剂和固体溶质所组成的均质混合物。根据待分离的成分物性而使用不同的热分离法。

- 蒸发掉溶剂，留下浓缩的溶液。
- 在结晶时浓缩溶液，从而让固体溶质以结晶的形式析出。
- 通过冷冻溶剂来浓缩对温度敏感的溶液。

2.1 蒸发

在蒸发（evaporation）时，通过加热从溶液中蒸发出一部分溶剂。剩下的溶液中，固体溶质的浓度较高。

如果将溶剂完全蒸发，称为蒸发，如果仅部分蒸发，称为蒸发浓缩。

通过蒸发溶剂可达到不同的目的：

- 通过蒸发掉溶剂浓缩某种溶液。

例： 通过蒸发掉水从氯碱电解液中浓缩氢氧化钠溶液。

- 浓缩某一溶液用于结晶析出固体溶质。

例： 通过蒸发掉水从盐卤水获取食盐。

- 通过蒸发和冷凝从溶液中获取溶剂。

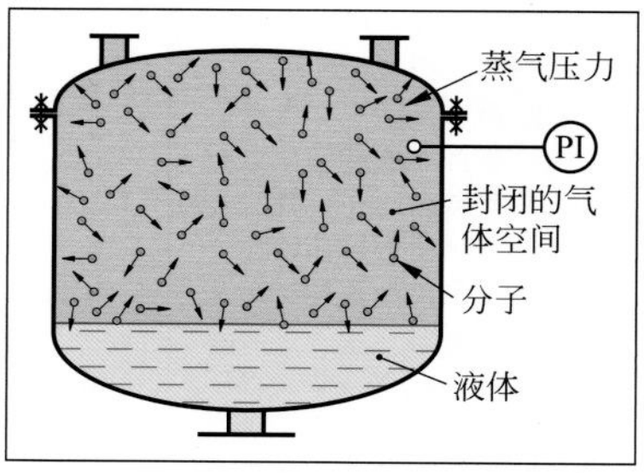

图 11-38：产生蒸气压力（示意图）

2.1.1 纯溶剂的蒸发

纯溶剂蒸发时，在液体上方会形成一个蒸气压，当分子从液体中逸出到上方的空间中和容器壁上时都会遇到该压力（**图 11-38**）。

如果蒸发空间是密封的，则在一定的时间后便会达到一个饱和蒸气压，一般简称蒸气压，其取决于温度。

液体的蒸气压随着温度升高而增大。这种关系请参阅蒸气压力曲线，也称为**沸腾曲线**（**图 11-39**）。当蒸气压达到环境压力时，液体开始沸腾。

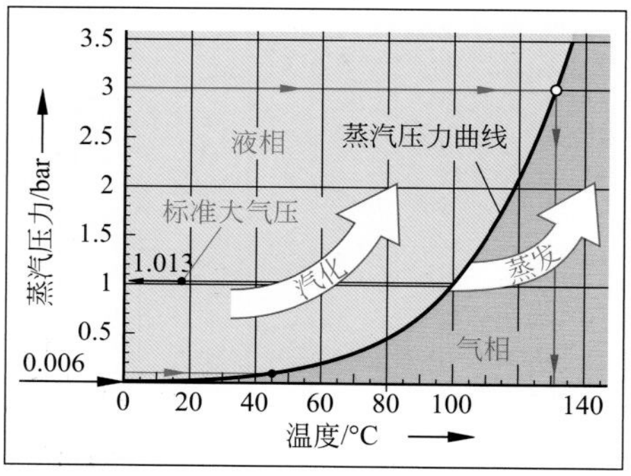

图 11-39：水的蒸气压力曲线

> 液体的沸腾温度就是当液体的蒸气压等于环境压力时的温度。

液体的沸腾温度取决于压力：其随着环境压力升高而升高。

例： 在标准大气压（1.013bar）下，水在 100℃时沸腾。在 3bar 的压力罐中，水在约 132℃时沸腾，而在 0.1bar 压力真空罐中，水在 45℃时就会沸腾（图 11-39）。

在这种情况下，还未到沸腾温度，分子就会从液体中逸出并形成一种气相。人们称这个过程为汽化。

当液体达到沸腾温度时，一般会在液体内部形成蒸气泡，液体发生沸腾和蒸发。

蒸发所需的热量 $\boldsymbol{Q}_{总}$ 由多个部分组成：

- 用于将溶剂加热到沸腾温度的热量 $\boldsymbol{Q}_{L} = c_{L} m_{L} (t_{b} - t_{0})$
- 蒸发热量 $\boldsymbol{Q}_{蒸发} = m_{LM} r_{LM}$
- 散失到环境中的热量 $\boldsymbol{Q}_{丢失}$

蒸发所需的热量
$\boldsymbol{Q}_{总} = \boldsymbol{Q}_{L} + \boldsymbol{Q}_{蒸发} + \boldsymbol{Q}_{丢失}$

2.1.2 溶液的蒸发

在由溶剂和固体溶质所组成的溶液中，溶液的蒸气压要低于纯溶剂的蒸气压（**图 11-40**），原因是固体的分子会对溶液中的溶剂分子产生附加的结合力。

这使得溶液的蒸气压降低 $\Delta p = p_{LM} - p_L$，对应沸点升高 $\Delta t = t_L - t_{LM}$。相对于纯溶剂，溶液的沸腾温度略微升高。

溶液上方固体溶质的蒸气压（例如盐）小到可忽略不计。蒸气实际上仅由纯溶剂组成。

在蒸发期间，固体溶质留在溶液中，从而增大了溶液的浓度。

沸点升高（elevation of boiling point）的大小取决于多个参数：

- 溶剂，表达为参数 K_b (Lm)
- 以及溶解物质的数量 X，表达为质量摩尔浓度 $\boldsymbol{b(X)}$ 和每单位的颗粒数 v。

沸点升高
$\boldsymbol{\Delta t_b = K_b\,(Lm) \cdot b(X) \cdot v}$

沸点升高可用旁边的方程式计算。

式中：

K_b (Lm)——溶剂的沸点测定器参数；

b(X)——质量摩尔浓度，$b(X) = \dfrac{n(X)}{m(Lm)} = \dfrac{m(X)}{M(X) \cdot m(Lm)}$；

n(X)——固体溶质的物质的量；

m(Lm)——溶剂的质量；

m(X)——固体溶质的质量；

M(X)——固体溶质的分子质量。

当固体溶质含量升高时，实际升高的沸点与用上述方程式计算的沸点不一致。**图 11-41** 显示了不同的水溶性盐溶液实际升高的沸点。

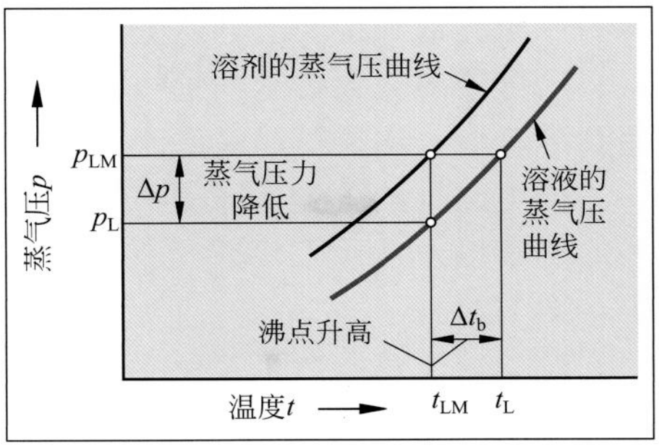

图 11-40：纯溶剂和溶液的蒸气压曲线

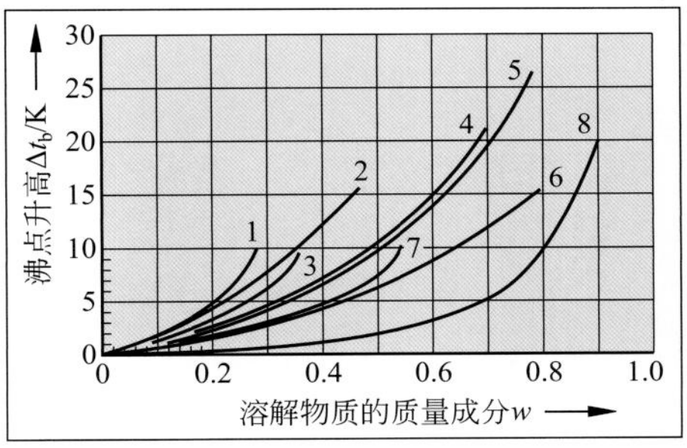

图 11-41：不同的盐溶液的沸点升高情况

1—氯化钠 NaCl　2—氯化铵 NH_4Cl
3—氯化钾 KCl　4—硝酸钠 $NaNO_3$
5—硝酸铵 NH_4NO_3　6—硝酸钾 KNO_3
7—硫酸铵 $(NH_4)_2SO_4$　8—糖

2.1.3 蒸发器中的蒸发过程

蒸发在适合的设备，也即蒸发器（evaporator, vaporizer）中进行（**图 11-42**）。

蒸发器的基本结构由一个热传导部分和一个蒸汽室组成。在热传导部分，用一种加热介质（大多为过热水蒸气）将蒸发所需的热量传递到溶液上。蒸汽室用于承接从蒸发器管道中喷出的蒸气 / 液体混合物。

液体落下并通过回流管道送回到蒸发器管道中。带液体微滴的蒸气向上流出。气液分离器（除雾器）会留下较

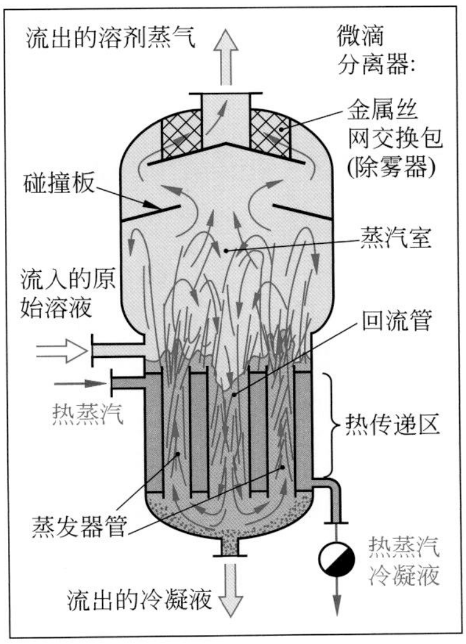

图 11-42：蒸发器的结构

大的液滴。蒸气状的溶剂从蒸发器上部逸出。

热传导部分大多是一种垂直的管束式热交换器。在这里将加热和蒸发溶液所需的热量传递到溶液上。从蒸发器底部流出浓缩后的溶液 - 浓缩液。

产生蒸气的关键因素是在蒸发器管道的外侧输入尽量多的热量以及在蒸发器管道的内侧将热量尽量传递到溶液中（**图 11-43**）。

最好是在热蒸汽侧能够持续不断地形成和滚下热蒸汽冷凝液滴。这会产生最大的热量传递效果。

在蒸发器管的内壁，溶液在热壁上形成溶剂的蒸气气泡。气泡变大，借助浮力和流力浮起并被带走。从而能够一直反复形成新的蒸气气泡。这代表具有良好的热传递效果。

如果内壁上的蒸气气泡未浮起，则它们会聚集成为连在一起的蒸气膜，这起到隔热的作用。从而阻碍了热量的传递，加热面的温度会升高。溶液局部过热，但不沸腾。这种现象人们称之为**沸腾延迟**。

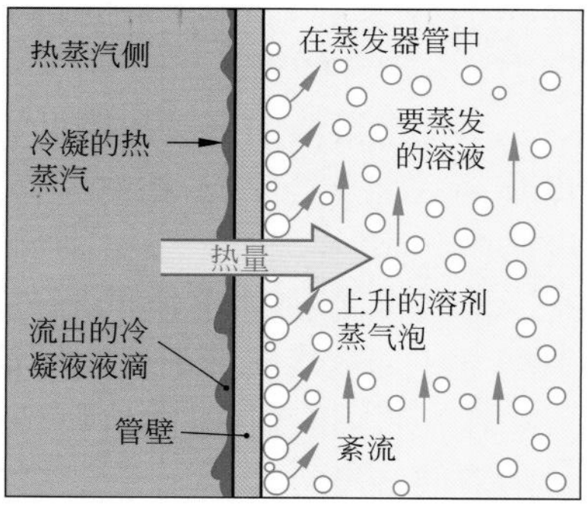

图 11-43：加热面上的过程

当蒸气膜变得足够大并作为一个整体浮起，则溶液会与极高温的加热面发生接触。这会导致突然蒸发较多数量的溶剂，从而在蒸发器中产生一个压力冲击。这可能会导致蒸发器发生损伤或损坏。

可以采取各种措施来避免或者降低蒸发器中的这种沸腾延迟以及压力冲击：

- 降低热蒸汽和蒸发溶液之间的温差。
- 在蒸发器管中形成一个均匀的涡流［例如用一个循环泵或者一个采用轴流的搅拌器（桨叶搅拌器）产生涡流］。

在蒸发器热传递部分所传递的热量 Q 的大小可以用下方所示的热交换器热传递方程式进行计算。

热传递的具体内容请参阅第 334 页。式中：

k——总传热系数；

A——热交换器面积；

t_{HD}——热蒸汽温度；

t_{bL}——溶液的沸腾温度。

蒸发器的效率（传递的热量）
$$Q = kA(t_{HD} - t_{bL})$$

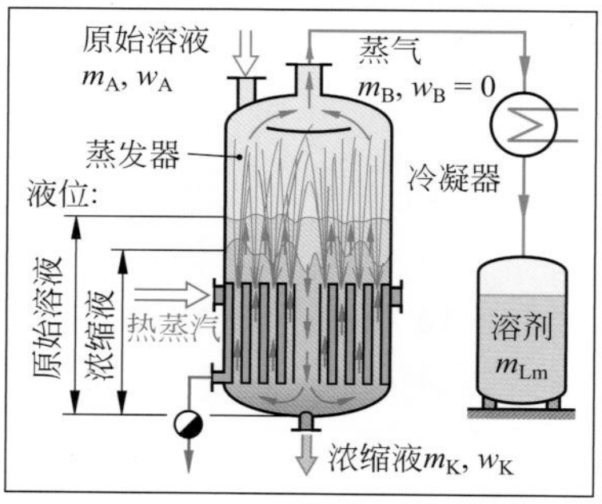

图 11-44: 间歇式蒸发

2.1.4 间歇和连续蒸发

在间歇蒸发时，将质量分数为 w_A 的起始溶液（m_A）分批加入蒸发器中（**图 11-44**）。然后通入热蒸汽进行蒸发。溶剂发生蒸发，以蒸气的形式排出并在一个冷凝器中进行冷凝。在蒸发过程中，蒸发器中溶液的液位下降，溶液中固体溶质的浓度升高。

当达到所需的浓度时，关掉热蒸汽停止蒸发。将质量为 m_K 并且提高了的质量分数 w_K 的浓缩液分批排出。

在连续蒸发时，原始溶液以质量流量 m_A 和质量分数 w_A 的液流持续不断地流入（**图 11-45**）。

从纯溶剂中产生一个持续不断的蒸气流 (m_B, w_B = 0)，

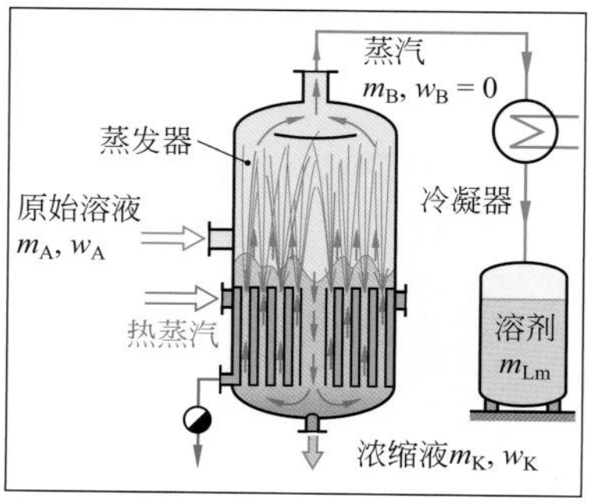

图 11-45: 连续蒸发

其从上方不断地流出并冷凝。在蒸发器的底板上，将质量分数为 w_K、流量为 m_K 的浓缩液不断地抽出。

2.1.5 蒸发器的种类

蒸发器按照结构以及溶液在蒸发器中的停留时间划分为釜式蒸发器、管道式蒸发器和薄膜蒸发器。

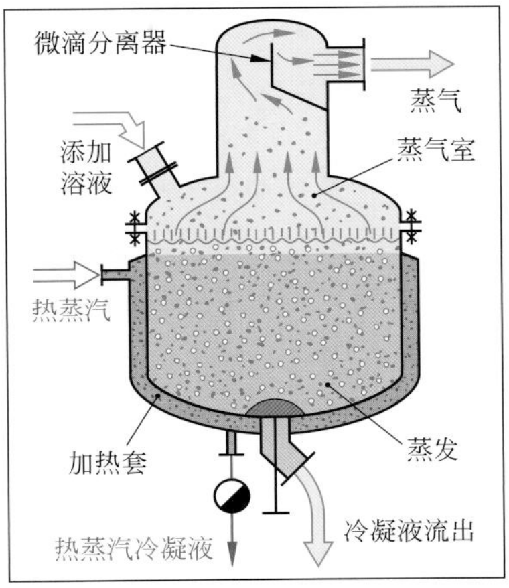

图 11-46：釜式蒸发器

釜式蒸发器

人们将可加热的容器或者可加热的搅拌釜称为釜式蒸发器（bubble evaporator）（**图 11-46**）。

它的典型特征是相对于要蒸发的体积（釜容积），蒸发面积（釜内壁）较小。因此有几个特点：

- 釜式蒸发器的蒸发效率（单位时间所蒸发的液体）较小。
- 在釜式蒸发器中蒸发持续进行，直到要蒸发的溶液达到所需范围内（持续数小时）。这会导致溶液长时间地处于沸腾温度下，从而无法在釜式蒸发器中蒸发对温度敏感的溶液。
- 在釜底加热面的上方有一个高的液体层，因而釜底有一个较大的静压压力，从而升高了局部的溶液沸腾温度。为了使这里的溶液发生沸腾，必须增强加热。因此，釜底发生沸腾延迟和过热的危险较大。特别是在降低压力进行蒸发（真空蒸发）时会出现这种情况。

因此，釜式蒸发器仅用于以批次模式生产和经常变换产品进行少量蒸发的情况：将一个批次添加到釜式蒸发器中并蒸发到所需的含量。

管道式蒸发器

管道式蒸发器（tube evaporator）用一个垂直的热管管束作为热传递单元（**图 11-47**）。管道的外侧围绕着流动的热蒸汽。

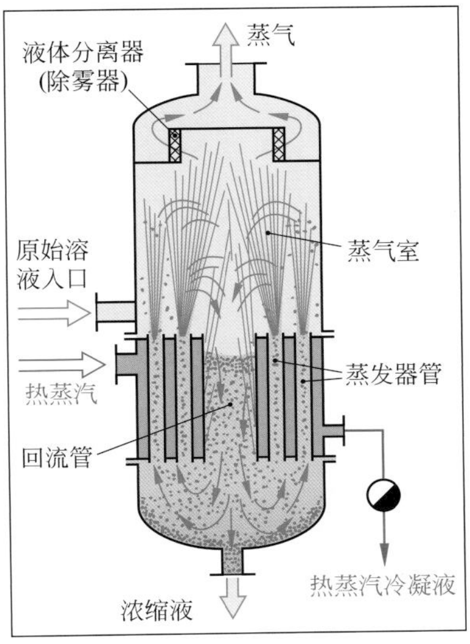

图 11-47: 罗伯特蒸发器

相比于气泡蒸发器，由于加热面较大并且要蒸发的溶液在管束中流动，因此管道式蒸发器的蒸发效率要大得多。

管道式蒸发器主要以连续模式运行。以连续不断的液流注入要蒸发的溶液，同时不断将蒸气和冷凝液排出。

根据热管管束的排列方式，管道式蒸发器分为不同的结构样式。

在**罗伯特蒸发器**（Robert evaporator）中，蒸发管围绕着中央的回流管（图 11-47）。从外部加热蒸发器管道，溶液在管内沸腾并从管道中以蒸气 - 液体混合物的形式喷到蒸气室中。液滴会落下并通过中央的回流管送回到循环中。蒸气流过除雾器（demiter）的金属丝网包，在这里分离出小的液滴。然后蒸气流向其使用地点。

对于黏稠的溶液，用一个桨叶搅拌器实现回流管中液体的流动循环。

当蒸气从溶液中逸出后，蒸发器中剩下的液体会发生浓缩（浓缩液）。在连续模式下，可通过输入热蒸汽和新溶剂的量来调节浓缩液的含量。

升膜蒸发器，也称为长管蒸发器，有一个长管，但在中央没有回流管（**图 11-48**）。要蒸发的溶液从下方流入并一次性流过蒸发器管进行蒸发。蒸气从上方流出，浓缩液由落下的液体组成并从环形收集器的侧面抽出。升膜蒸发器用于蒸发会明显发泡的溶液，例如糖溶液。

在强制循环蒸发器中，带蒸发器管的热传递部分和带回流管的蒸气室在空间上被隔开（**图 11-49**）。蒸发器管中为过热的溶液，其从输送管逸出到蒸气室后才会发生蒸发。用一个循环泵确保溶液循环流动。这种强制循环蒸发器也用作结晶蒸发器。

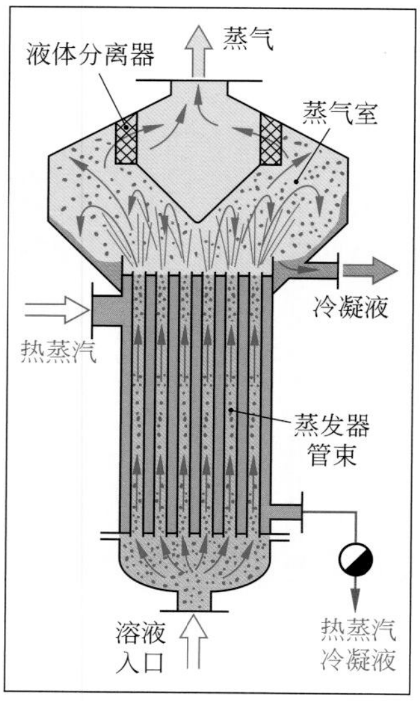

图 11-48：升膜蒸发器

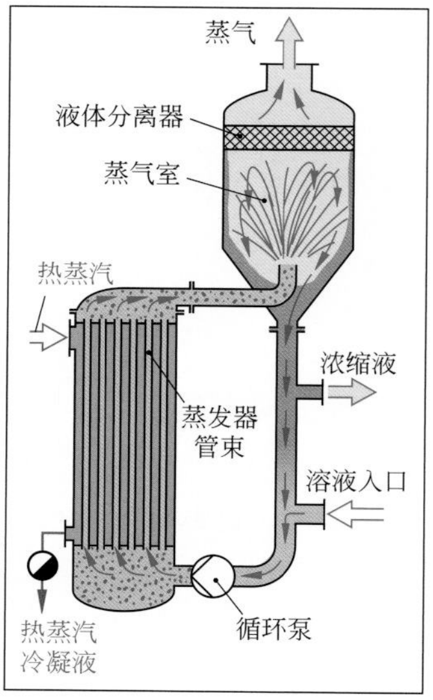

图 11-49: 循环蒸发器

薄膜蒸发器

薄膜蒸发器（thin-film evaporator）用于蒸发含有对温度敏感的物质，因而只能用于可短时加热到沸腾温度的溶液和液体混合物。将要蒸发的溶液在蒸发器面上摊成一个薄膜来进行蒸发。

在**降膜蒸发器**（falling-film evaporator）中，要蒸发的溶液从上部流到底板上并以薄膜的形式从蒸发器管内壁向下流（**图 11-50**）。同时溶液被加热并部分发生蒸发。产生的蒸气从管道向上流出。溶液在几秒钟内流下并以冷凝液的形式从下方流出。

旋转式蒸发器（rotary eva-porator, rotavap）由一个垂直的可加热的蒸发器管组成，在管道中用一个转子带动桨叶旋转（**图 11-51**）。蒸发的溶液从上方加到蒸发器管的内壁上并以液膜的形式流下。桨叶会不断搅动液体并对其进行加热。在液膜下落时，一部分液体会发生蒸发并以蒸气的形式离开蒸发器。浓缩液向下流，在蒸发器中的停留时间为几秒钟。

降膜蒸发器和转子蒸发器用于防护性地蒸发食品溶液和制药溶液。

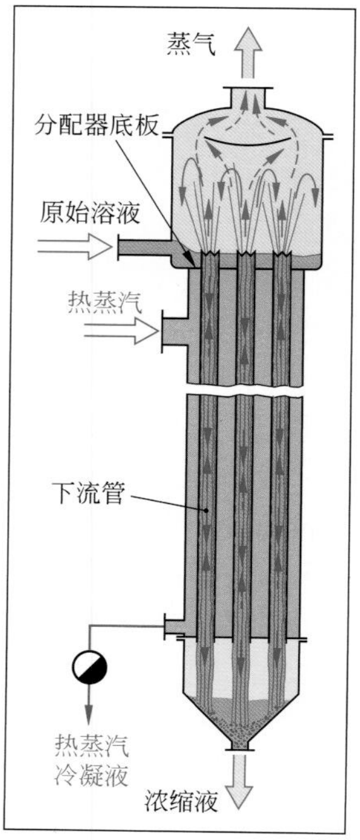

图 11-50：降膜蒸发器

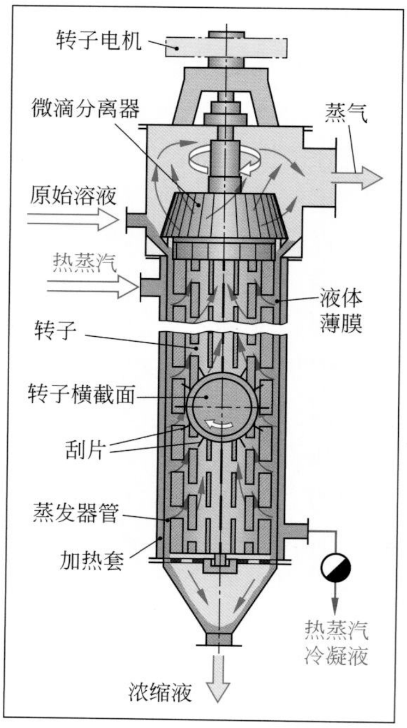

图 11-51：转子蒸发器

2.1.6 蒸发器设备

在蒸发时需要使用大量的热量，运行蒸发器的大部分成本都落在产生热蒸汽上。

因此在运行蒸发器或者蒸发器整套设备项目（evaporation unit）时，主要关注如何节能。

从节能方面观察蒸发过程的各个步骤时，有哪些方法能够节能就变得很明显了（第 412 页图 11-45）。

如果使用不带热量回收功能的蒸发器，则在以下三个方面无法使用物质流中所包含的热量：

- 热蒸汽冷凝液未经利用地流走。
- 至少必须用冷却剂将蒸气冷凝到环境温度，此时无法回收蒸气中的热量。
- 将塔釜的热浓缩液冷却到环境温度，所含的热量未经利用就散去。

在蒸发器设备的上述三个方面都可以采取节能措施。

带混合物预热功能的蒸发器设备

将待蒸发的原始溶液送至两个预热器 WT1 和 WT2 中，在预热器中用热蒸气冷凝液和蒸气对溶液进行加热（**图 11-52**）。由此包含在热蒸汽冷凝液中的热量被用在蒸发过程中。类似地也可以利用塔釜中的热浓缩液。

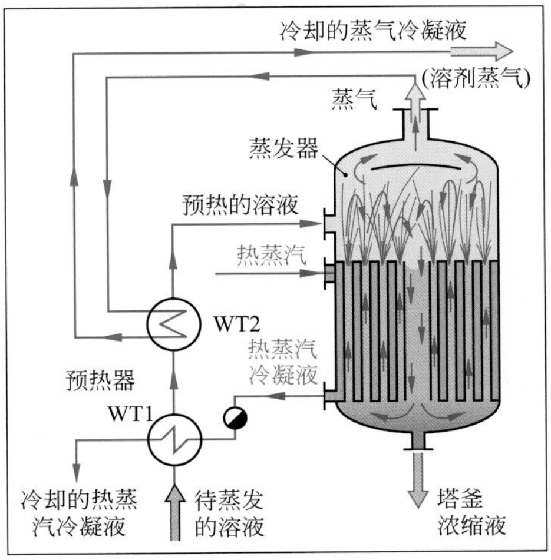

图 11-52: 带混合液预热功能的蒸发器

带机械式蒸气压缩机的蒸发器设备

带机械压缩蒸气功能的蒸发器（mechanical vapor recompression）设备由蒸发器、原始溶液预热器和一台用于压缩蒸气的压缩机（涡轮离心压缩机）组成（**图 11-53**）。

用热蒸汽启动蒸发器（加热）。将产生的蒸气送入压缩机中并压缩到约 2.5bar，从而使蒸气温度增高。被压缩的蒸气冷凝温度比要蒸发溶液的沸点温度高约 25℃。通过压缩，加热的蒸气会以热蒸气的形式送回到蒸发器中，在蒸发器中冷凝并将冷凝热传递给原始溶液，用于蒸发。此外，热蒸气冷凝液还可对预热器中的原始溶液进行预热。

在这种设备中，热蒸汽（新蒸汽）仅用于在开始时预热设备。在静态的工作状态下，该设备不需要使用热蒸汽。这种蒸发器设备仅由蒸气压缩机消耗电能作为驱动能。其仅将蒸气的热量水平提高到蒸发原始溶液所需的程度为止。这跟热泵的原理一样。

如果电价便宜，则使用这种类型的蒸气设备是非常经济的。

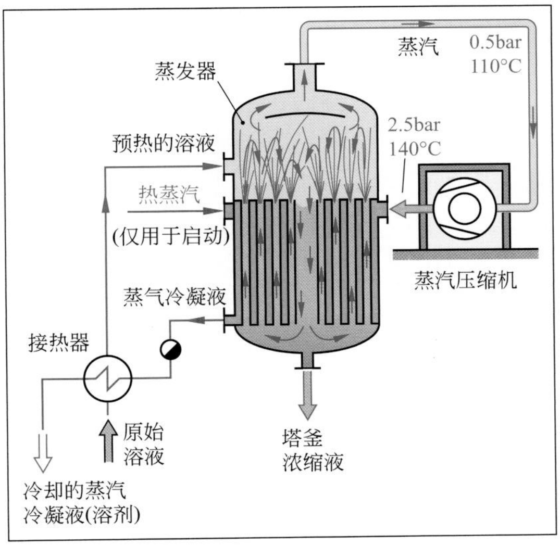

图 11-53：带机械式蒸气压缩机的蒸发器设备

多级蒸发器设备

多级蒸发器设备（multibody evaporation plant, unit），也称为蒸发级联，依次连接多台蒸发器（**图 11-54**），前面蒸发器中流出的蒸气相应地用作后面蒸发器的热蒸气。

具体流程：将原始溶液送入第一台蒸发器中并部分蒸发；第一台蒸发器的蒸气（第 1 蒸气）用作第二台蒸发器的热蒸气，由此再次利用第 1 蒸气中所包含的热量；来自第一台蒸发器的浓缩液（第 1 浓缩液）作为溶液流到第二台蒸发器中并在这里再次部分蒸发从而继续发生冷凝；上升的蒸气（第 2 蒸气）再次用作第三台蒸发器的热蒸气；第 2 浓缩液作为溶液流到第三台蒸发器中，在这里继续进行蒸发，同时再次冷凝溶液并形成最终冷凝液；第 3 蒸汽在一个冷凝器中液化并与第 1 和第 2 蒸气冷凝液一起排出。这些冷凝液由溶剂组成。

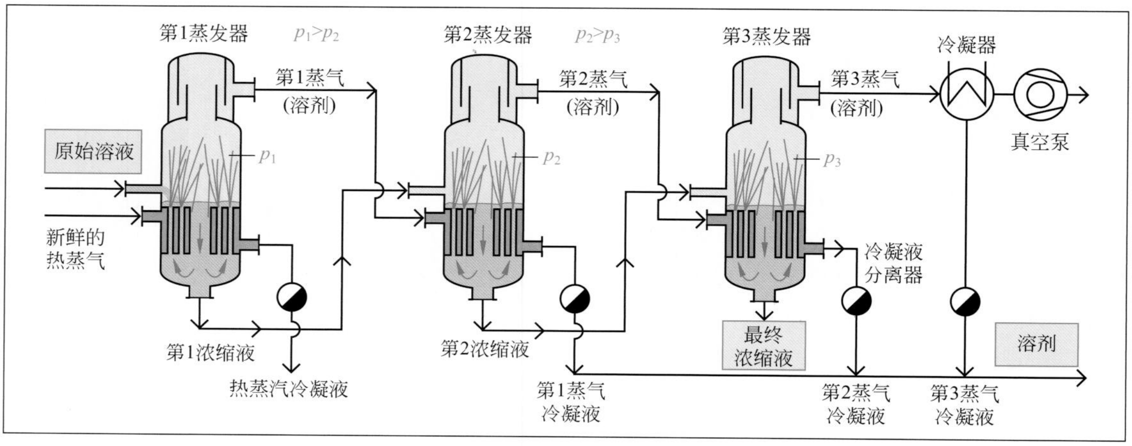

图 11-54：采用直流原理的多级蒸发器（蒸发器级联）设备

为了使前面蒸发器的蒸气能用作后面蒸发器的热蒸气，后面蒸发器中的压力必须低一些从而沸腾温度也低一些。可以通过对后面的蒸发器抽真空并且分级降低从第一台蒸发器到最后一台蒸发器的压力来实现。

三级蒸发设备的压力级别示例：p_1 = 2bar，p_2 = 0.7bar，p_3 = 0.2bar。在多级蒸发器中反复利用包含在蒸气中的热量，从而让蒸气可用作后面蒸发器的热蒸气。因此，蒸发 1kg 水，多级蒸发器所需的热蒸气量比单级蒸发器要少得多（**表 11-1**）。例如，一台三级蒸发器所需的热蒸气量仅为单级蒸发器的 1/3 左右。从第四级开始，所节约的热蒸气就很少了，此外由于成本中设备成本的比例更大，因此更多的蒸发级数是不经济的。

表 11-1: 蒸发 1kg 水所需的热蒸气

标准蒸发器	1.10kg
两级蒸发器	0.57kg
三级蒸发器	0.40kg
四级蒸发器	0.30kg
五级蒸发器	0.27kg

复习题

1. 当低压为 1.5bar 时，压力釜中的水在什么温度开始沸腾？
2. 蒸发一种溶液时，蒸气或冷凝液由哪些成分组成？
3. 釜式蒸发器用在哪些地方？
4. 罗伯特蒸发器由哪些设备组件构成？
5. 在薄膜蒸发器中可蒸发哪些溶液？
6. 在带蒸气压缩功能的蒸发器设备中通过什么方式来节能？

2.2 溶液的结晶

结晶（crystallization）可以理解为以结晶的形式从溶液中分离出固体溶质。

在化学工业中，结晶用途广泛：

- 以结晶的形式从溶液中获取固体溶质。
- 用于净化固体结晶，称为重结晶。即用溶剂溶解固体溶质，以机械的方式从溶液中分离出不能溶解的杂质，然后将溶液再结晶得到纯固体。
- 用于获取一定结晶粒度和结晶形式的固体。

2.2.1 物理原理

质量分数

$$w(X)=\frac{m(X)}{m(Lsg)}$$

溶解度

$$L^*(X)=\frac{m_{max}(X)}{m(Lm)}$$

以不同的方式来规定溶液的含量。

质量分数 w 表示 100g 溶液中所溶解物质的质量（单位 g）。对于一种物质在一种溶剂中的最大溶解能力（饱和质量比），人们规定了一个参数：**溶解度** L^*。溶解度表明了 100g 溶剂中最大可溶解的物质数量（单位 g）。

溶解度 L^*（solubility）的大小取决于固体溶质、溶剂以及温度。**图 11-55** 显示了几种盐在水中不同温度下的溶解度。例如，KNO_3 和 $NaNO_3$ 表现出随着温度升高，其溶解度明显增加，而 NaCl 的溶解度对温度的依赖性较低。

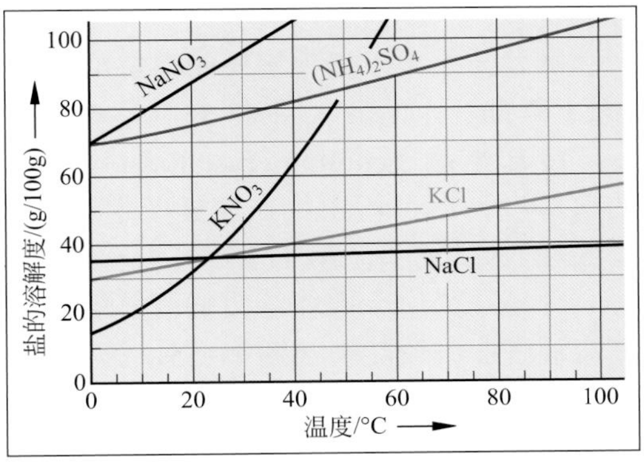

图 11-55：不同的盐在水中的溶解度 L^*(饱和溶解曲线)

在实际情况下用某种溶液结晶析出一种物质时，人们发现当超出溶解度 L^* 时，不会立即析出晶体。

为了形成晶体，溶液必须处于过饱和状态。也就是说，在相应的温度下，溶液中待结晶物质的浓度必须高于其溶解度 L^*。这种浓度差就是结晶的动力。

结晶能发生的浓度范围请参阅结晶图（**图 11-56**）。

不同温度下对应的溶解度 L^* 连成一条曲线，称为溶解度曲线，其将不饱和溶液和过饱和溶液的区域分开。结晶仅在过饱和范围内进行。

在结晶过程中，溶解度曲线会跨过不饱和溶液的区域朝过饱和溶液的方向移动。

在略过饱和的范围内，溶液处于准稳态（亚稳态），也即本身不会发生结晶，只有放入溶解物质的晶种才会发生结晶。

在明显过饱和的范围内，溶液是不稳定的。达到这种浓度，溶液大部分会自发形成晶体。

结晶时需借助已有的晶种以及其他细密分布在溶液中的颗粒（例如杂质）并将结晶容器壁粗糙化。

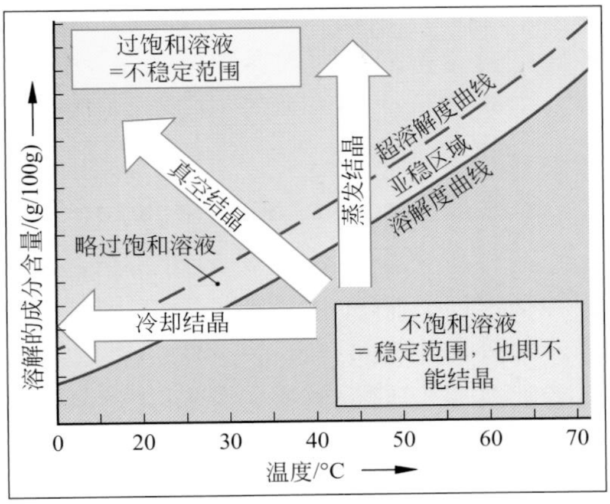

图 11-56：一种物质的结晶图

晶体长大。从起初的晶体开始，晶体成长为一种典型的结构样式。所形成的晶体形状（针形、片状或者立方体）主要取决于溶解的物质和溶剂，也取决于溶液的类型。此外，在过饱和时，溶液温度的高低和黏度也会对晶体形状产生影响。在结晶的过程中晶体聚集成长为块状物。

晶体的大小受到外部条件的明显影响。

当饱和浓度较高，溶液快速移动并且在迅速冷却的条件下会形成小的晶体。在这种情况下，形成晶体的速度很快。

当饱和浓度低、溶液移动速度慢以及缓慢冷却和添加晶种的情况下会形成大晶体。在这种情况下，形成晶体的速度缓慢。

为了形成规定的晶体形状和晶体大小，必须严格遵守操作条件（结晶容器中的搅拌条件和冷却条件）。

最终产品（例如：糖、盐）的结晶形状和结晶大小很重要，形状和大小是后续良好的再加工特性，例如，离心晶浆。

2.2.2 结晶工艺

可使用多种工艺进行结晶。

蒸发结晶（evaporation crystallization）：将溶液中的一部分溶剂蒸发掉，使剩余溶液中溶解的物质量超过饱和浓度（溶解度）而结晶析出。在结晶图（图 11-56, 第 417 页）中，这对应着垂直向上的箭头。

蒸发结晶用于固体溶质的溶解度受温度影响不大的溶液。例如，带有平滑溶解度曲线的 NaCl 和 KCl 水溶液（图 11-55，第 417 页）。

冷却结晶（cooling crystallization）：通过冷却热的饱和溶液使溶质含量超过溶解物质的溶解度而结晶析出。在结晶图中显示为从不饱和溶液区域进入到过饱和溶液区域中（图 11-56 的水平箭头，第 417 页）。

冷却结晶用于固体溶质的溶解度受温度影响大的溶液，例如 KNO_3 和 $NaNO_3$ 的水溶液，其溶解度曲线较陡峭（图 11-55，第 417 页）。

真空结晶（vacuum crystallization）：将热的饱和溶液送入到一个抽真空的容器中结晶析出固体物质。低压（真空）下沸点温度降低，从而蒸发掉一部分溶液。此时会移走剩余溶液中的蒸发热，从而使其冷却。借助同时冷却以及浓缩（部分蒸发）使固体在溶液中的浓度超过其溶解度。在结晶图（图 11-39，第 410 页）中，真空结晶对应着对角线箭头。人们也称之为真空冷却结晶。由于抽真空费时费力，因此真空结晶是一种成本较高的工艺。

由于在低温下和真空中进行蒸发，真空结晶用于对温度敏感的物质。

重结晶（fractional crystallization）

这种工艺用于净化带杂质的结晶固体（**图 11-57**）。在这种情况下，首先溶解带杂质的固体。随后通过过滤，从溶液中分离出不能溶解的杂质。然后冷却经过净化的溶液，或者对其进行部分蒸发，从而让溶解的物质析出晶体。例如，对粗盐进行重结晶来制造一种高纯度的食盐。

除了上述标准方法之外，还有专门的结晶工艺：盐析、沉淀和稀释（第 422 页）。

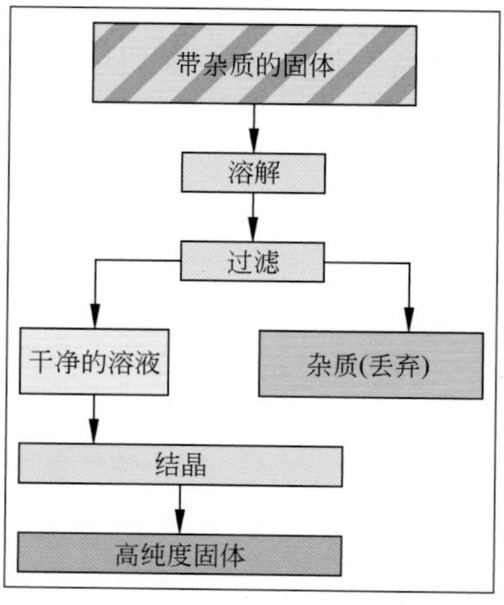

图 11-57: 重结晶

2.2.3 结晶设备

在结晶设备（也称为结晶器）中，必须能够调节形成结晶或者晶体增长的条件。为此结晶器必须包含用于加热、冷却，以及用于搅拌溶液的装置（例如搅拌器）。

蒸发结晶器

蒸发结晶器用于温度对溶解度影响较低的溶液，例如氯化物的水溶液（图 11-55，第 417 页）。这种结晶器以连续的运行模式进行工作。

带内置蒸发器的蒸发式结晶器是按照罗伯特蒸发器的原理制造的（**图 11-58**）。其含有一个用于维持循环管中溶液强制循环的循环泵和一个加大的结晶糊锥体沉降器。在结晶器中按照下列工序进行工作：

在蒸发器的长管中蒸发掉溶剂，从而使剩下溶液中的溶质超出饱和浓度。因此，回流管中的回流的过饱和溶液以及晶体沉降器中的溶液会析出晶体。

大的晶体沉降在蒸发器底部后被排出。然后在离心机中分离晶体上残留的溶液。带小晶体的溶液会重新通过蒸发器管送回结晶器中，小晶体在其中起到晶种的作用。

晶体沉降器中向上流动的溶液使晶体按粒度大小进行分级（第 358 页）。

带有外置蒸发器的蒸发式结晶器具有强制循环，效果更佳（**图 11-59**）。使用这种结晶器可以结晶高饱和浓度的黏稠溶液。

工作时，蒸发器管道中的溶液沸腾并喷射到蒸气室中。蒸气（纯溶剂）向上流出并发生冷凝。浓缩的过饱和溶液汇集在晶体沉降器中并在小晶体（晶种）的作用下析出晶体。大的晶体在沉降器中下沉，用一个回转卸料阀将晶体糊清出，然后在一台离心机中分离掉残留的溶液。带有晶种的上部溶液与新溶液混合后重新通过回流管抽回到蒸发器中。

冷却结晶器

冷却结晶器用于温度对溶解度影响较大的溶液，例如硝酸盐溶液（图 11-55, 第 417 页）。在该结晶器中，通过冷却让溶液达到过饱和状态从而析出晶体（图 11-56, 第 417 页）。

釜式结晶器（stirrer tank crystallizer）是一个带有外冷却套和一个内置冷却器的设备（**图 11-60**）。将热的不饱和溶液送入结晶器中，与循环管道中的溶液进行混合，然后在冷却面上进行冷却。由此让溶液过饱和并析出晶体。借助循环，新溶液与晶种混合从而促进晶体析出。抽出的晶体糊被送入离心机中分离为晶体和剩余的溶液。剩余的溶液送回结晶器。

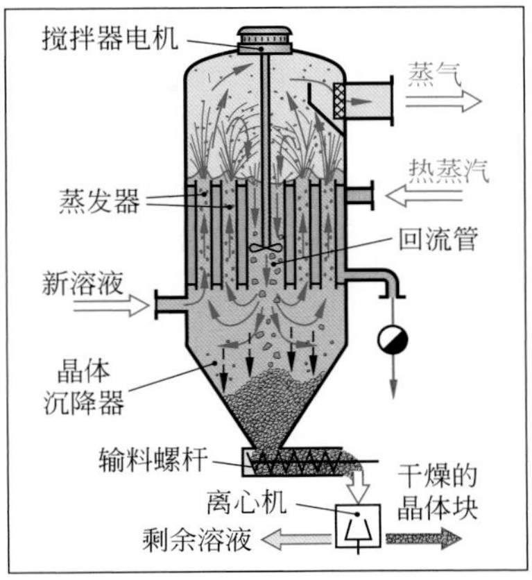

图 11-58: 蒸发式结晶器（罗伯特蒸发器结构样式）

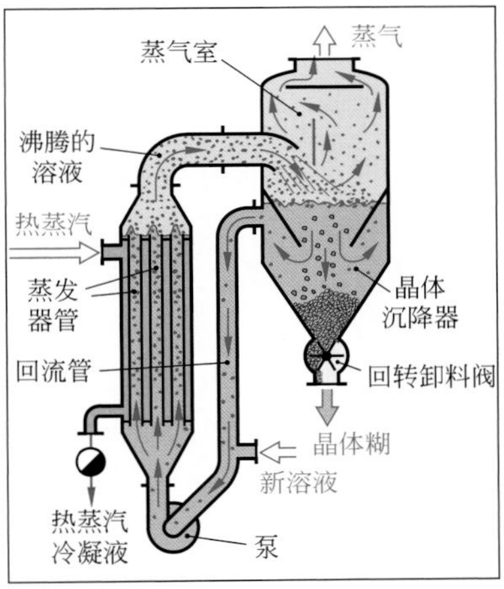

图 11-59：带外置蒸发器的蒸发式结晶器

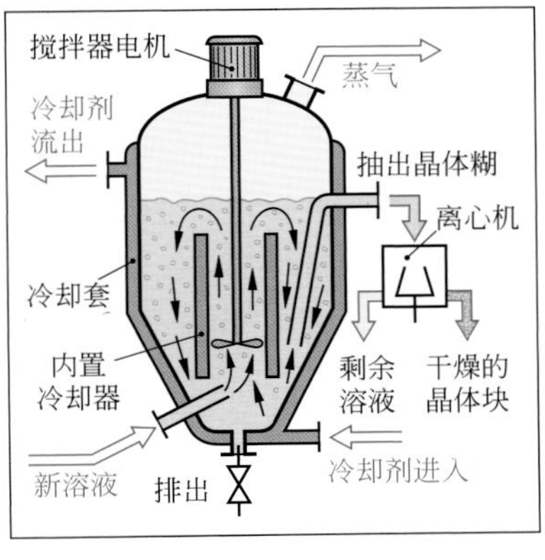

图 11-60：釜式结晶器

用一个可控搅拌器充分混合溶液并控制晶体的形成。

釜式结晶器可以间歇或者连续操作。

这种设备也可以进行重结晶（第 418 页）。

循环冷却结晶器（forced-circulation crystallizer）由结晶罐和外置冷却器组成（**图 11-61**）。

热的饱和新溶液从上部流入结晶罐中，与含有晶体的溶液混合，然后从罐中抽出送入冷却器中。通过在冷却器中冷却使溶液过饱和，从而让循环管中携带的晶体生长并产生新的晶种。然后带晶体的混合液通过潜管流入结晶罐中，大的晶体在结晶罐中下沉并被抽出。小晶体会被上升的溶液携带重新回到冷却循环中。

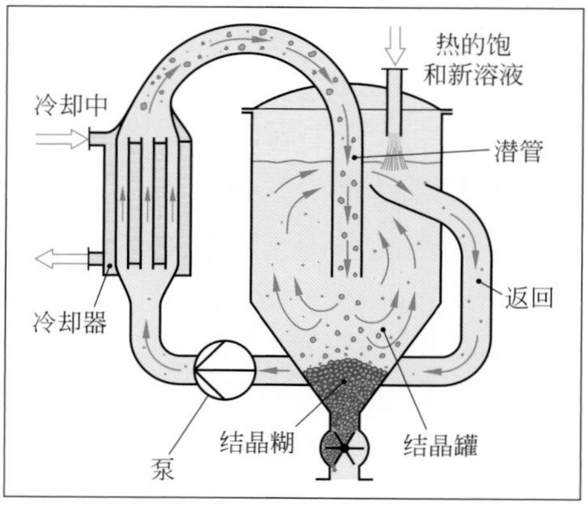

图 11-61：滚动冷却结晶器

滚筒结晶器（drum-type crystallizer）有一个缓慢转动的可冷却的弯板滚筒（**图 11-62**）。将热的饱和新溶液从上方以薄膜的形式送到滚筒中并在其转动过程中进行冷却。借此让溶液达到过饱和状态，晶体开始在滚筒上生长。在转动 3/4 圈后剥离下晶体。

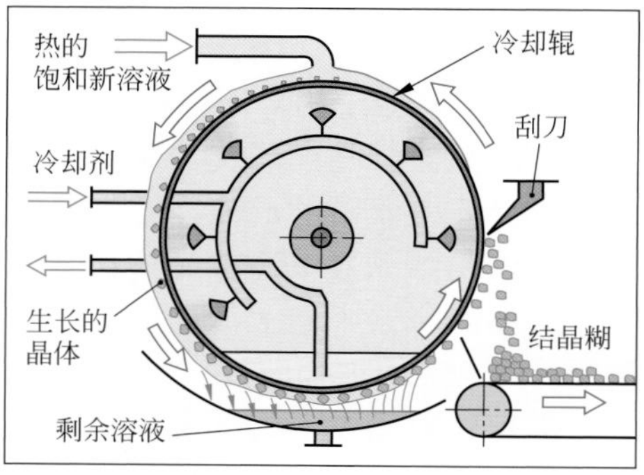

图 11-62：滚筒结晶器

带式结晶器（belt crystal- lizer）有一个可移动不锈钢板组成的可冷却的输送带（**图 11-63**）。输送带围绕着两个转向辊转动。借助冷却，板带上的固体结晶析出。剩余的溶液从卸料辊上流出，然后用刮刀剥下晶体。

滚筒和带式结晶器也用于凝固熔化物（塑料熔化物）和用于冷冻溶液，这是其作为冷冻干燥的一个工艺步骤（第 408 页）。

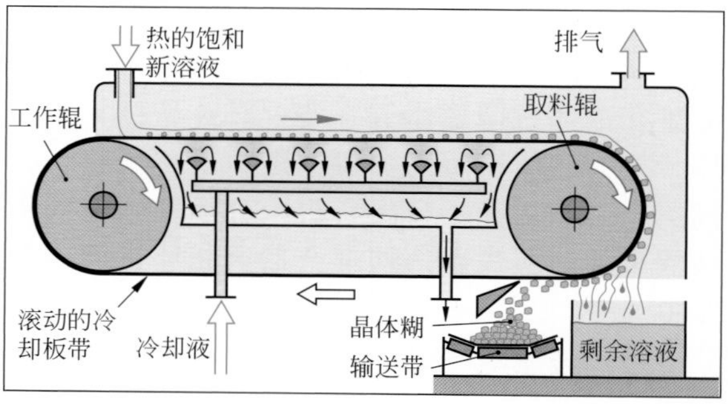

图 11-63：带式结晶器

管式结晶器（tube crystallizer）由一个管道和冷却外套组成，其中缓慢转动着一个蜗杆带式刮刀（**图 11-64**）。用刮刀将饱和热溶液抹到管壁上并在其向右的行程中在管壁上冷却。同时，晶体在冷的管壁上析出，然后用刮刀剥下并向右推至卸料口。最后通过离心分离将晶体糊中的残留溶液和晶体分开。

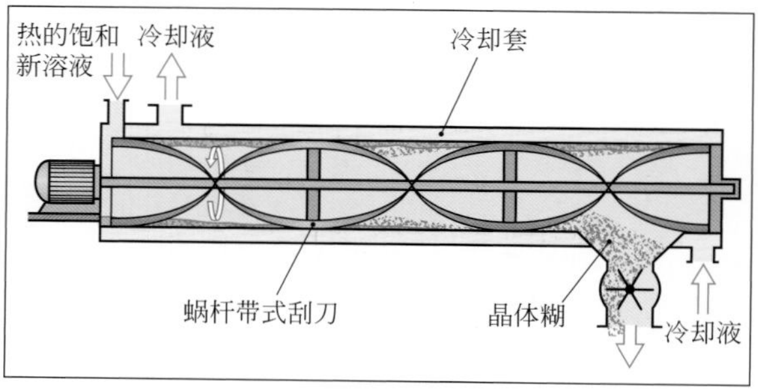

图 11-64：管式结晶器

真空结晶器

在真空结晶时，将热的饱和溶液送到低压（真空）的容器中。借助压力降低，溶液发生沸腾并自动蒸发出一部分溶剂，同时从溶液中移走蒸发热，从而冷却溶液。借此，在结晶容器中产生一种经过浓缩和冷却而过饱和的溶液并且固体溶质从溶液中以结晶的形式析出。

真空结晶器的主要优点在于其没有易结垢的加热或者冷却面，而在其他的结晶器上会因结垢使得热交换效果变差，有时甚至堵塞设备。

真空循环结晶器（vacuum-type crystallizer）是一种带外置循环泵的连续作业结晶设备（**图 11-65**），其提供一种结晶大小基本相同的晶体糊，也即它是一种分级式的结晶器。

将热的新溶液添加到带小晶体（晶种）循环溶液的循环管中，并且从下方通过一条虹吸管送入减压室中。这里的低压会让流入的溶液沸腾。溶液部分发生蒸发并同时冷却得到过饱和溶液。此过饱和的溶液回落到一个锥形容器中并在一个围绕着虹吸管的套管中向下流。在下方锥形容器中过饱和溶液析出晶体。然后用一个螺杆输送器和一个回转卸料阀送出晶体。剩余的溶液上升并再次进入到溶液循环中。

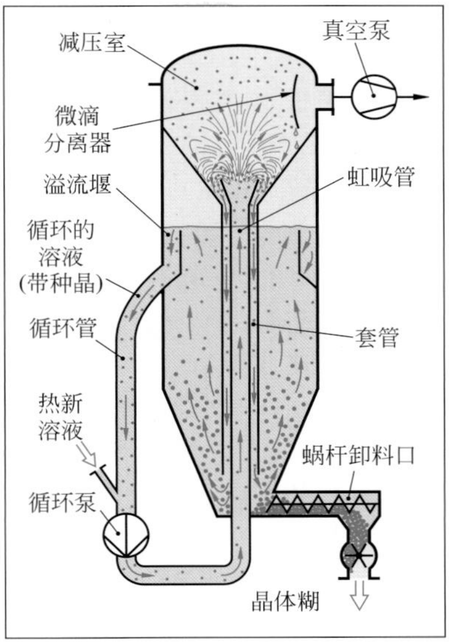

图 11-65：真空循环结晶器

真空搅拌结晶器（vacuum-type agitated batch crystallizer）有一个水平的圆柱形容器，其中缓慢转动着一个搅拌器（**图 11-66**）。真空泵用于产生低压。热饱和溶液在进入真空室后会减压，发生沸腾并部分蒸发。由此，剩余的溶液达到过饱和并且析出晶体。缓慢转动的搅拌器不断搅动晶体，使其不断与新溶液接触并生长。斜置的桨叶会让晶体缓慢朝卸料侧的方向移动。最终，晶体通过回转卸料阀送出。

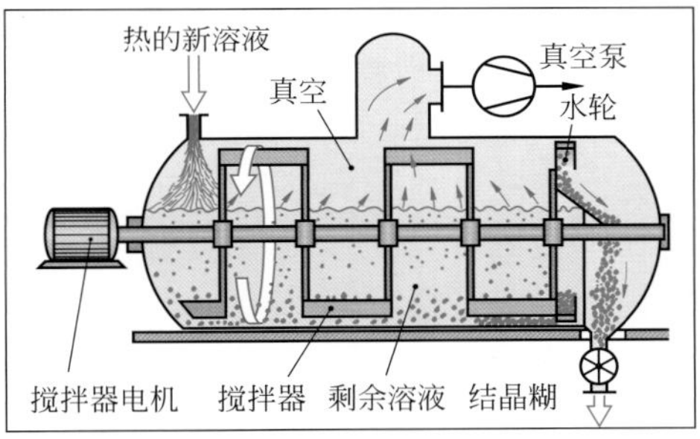

图 11-66：真空搅拌结晶器

结晶设备

除了结晶器之外，一套用于从溶液中得到晶体的设备由多个附加的装置组成。

例如，在一个冷却结晶设备（**图 11-67**）中，先将热溶液送到一个预浓缩单元中冷却，然后再送入结晶器中（图 11-60，第 419 页）析出晶体，剩余溶液流回到结晶器中。然后在离心机中把抽出的晶体糊分离为晶体和剩余溶液。

蒸发结晶设备有一个冷凝器以抑制结晶器中产生的蒸气（图 11-58，第 419 页）。在结晶器中完成结晶，然后用离心机对晶体糊进行脱水。

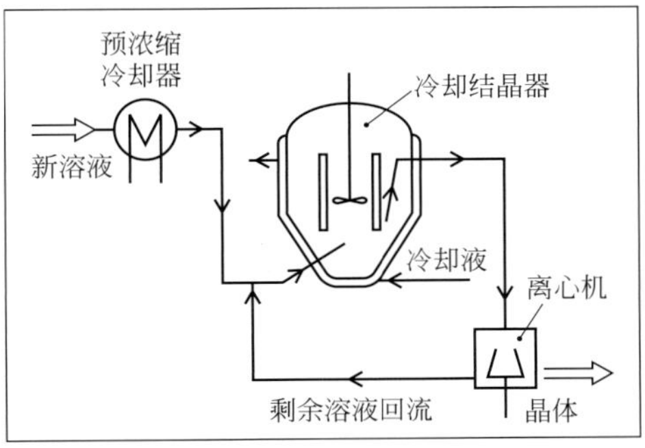

图 11-67：冷却结晶设备

2.3 盐析、稀释、沉淀

盐析（outsalting），也称为盐析结晶，可以理解为通过添加第二种易于溶解的盐（盐类置换剂）让溶液达到过饱和的一种工艺。

盐析时的结晶过程：

水溶性盐类置换剂的分子在水中溶解时发生离解，分离为单个的盐离子并同时被水分子包裹形成水合物（**图 11-68**）。这种现象被称为**水合作用**。水合物中物理结合的水分子不再溶解溶质。由此，较难溶解的物质在溶液内部提高了其浓度，超过了饱和界限从而析出晶体。

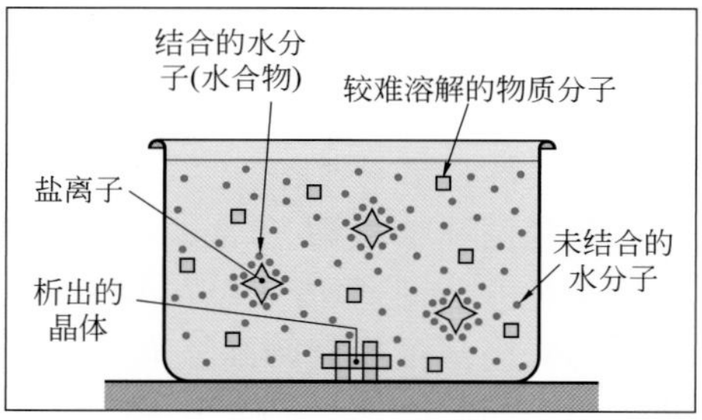

图 11-68：盐析的过程（示意图）

盐析用于从溶液中结晶析出有机颜料。例如在颜料溶液中添加容易溶解的价格便宜的食盐 NaCl 作为置换盐。

所谓的**稀释**（diluting）是一种特殊形式的盐析。即将第二种适合的溶剂添加到溶液中，其会结合水分子，从而在内部使物质的浓度超过其饱和界限并析出晶体。稀释的一个例子是在水溶液中添加甲醛会析出氯化钾 KCl 晶体。

沉淀（precipitating），也称为反应结晶，是通过添加合适的沉淀剂将溶解在溶液中的物质转换为一种不溶解的化合物，从而析出晶体。

在沉淀时，将一种沉淀剂添加到溶液中，沉淀剂会与溶解的物质形成一种很难溶解的化合物（**图 11-69**）。其会以一种细密分布的晶体形式（沉淀物）沉淀出来并可通过离心分离与溶剂分离开。

沉淀的一个例子是在苏打溶液中加入 CO_2 作为沉淀剂合成碳酸氢钠：

$$Na_2CO_3 + H_2O + CO_2 \longrightarrow 2NaHCO_3\downarrow$$

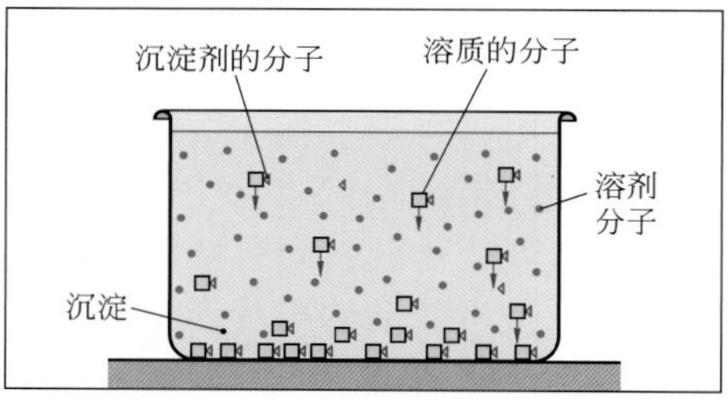

图 11-69：沉淀的过程（示意图）

沉淀也常常用于从溶解有多种物质的溶液中有针对性（选择性）地分离出一种物质。反应结晶的另一个例子是通过添加乙醇 C_2H_5OH 从水溶液中沉淀出白色颜料二氧化钛 TiO_2。

$$Ti(OC_2H_5)_4 \cdot 4H_2O + C_2H_5OH \longrightarrow TiO_2\downarrow + 2H_2O + 5C_2H_5OH$$

2.4 冷冻（冷凝）

冷冻（freezing）是浓缩对温度敏感溶液的一种工艺，冷冻并分离溶剂从而提高溶液的浓度。

物理基础知识

一种溶剂（例如水）有特定的凝点温度 t_m。如果将一种物质溶解在溶剂中，则所产生的溶液的凝点比纯溶剂要低，这种现象人们称为凝点降低。就像我们一般所知的海水（一种盐溶液），其凝点低于纯水。

溶解的物质越多，则溶液的浓度越高，溶液的凝点越低。饱和溶液的凝点达到最低点 t_{SL}。

如果根据盐的浓度将其凝点标记在一张图中，就会得到**凝固曲线**，也称为冻结曲线（**图 11-70**）。

如果冷却一种盐溶液（沿着图 11-70 中的箭头线），则在温度达到凝固曲线时便会发生冻结，开始析出冰形式的水晶体。由此，还未冻结的剩余溶液的盐浓度提高。继续冷却时冰晶不断地析出，剩余溶液中盐的浓度会沿着凝固曲线而升高。当达到固相线后，饱和的剩余盐溶液也会凝固（共晶溶液）。

在凝固曲线和固相线之间的温度范围内，呈现一种由冰晶和浓缩的剩余溶液所组成的混合物。

冷冻法正是利用该温度范围进行结晶的方法。将溶液冷却到凝固曲线和固相线之间的温度，析出冰晶，然后通过离心分离将冰晶从盐溶液 - 冰混合物中分离出来。浓缩后的剩余溶液就是产品。

通过冷却进行浓缩用于对温度敏感且通过加热蒸发可能会有损香气、味道和颜色的溶液。这种方法用于浓缩食品（如果汁）或者医药产品。

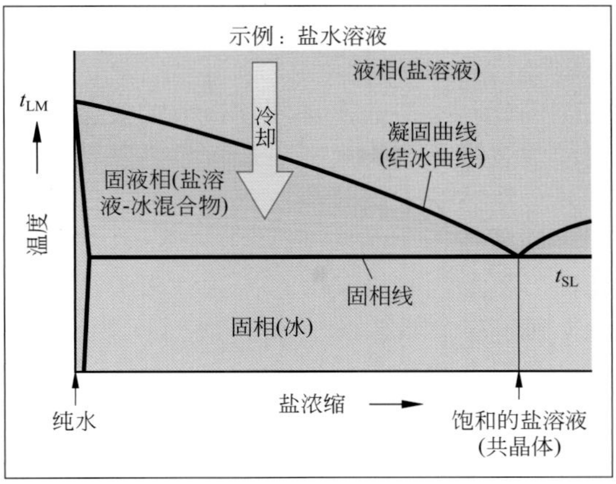

图 11-70：溶液的冷冻图

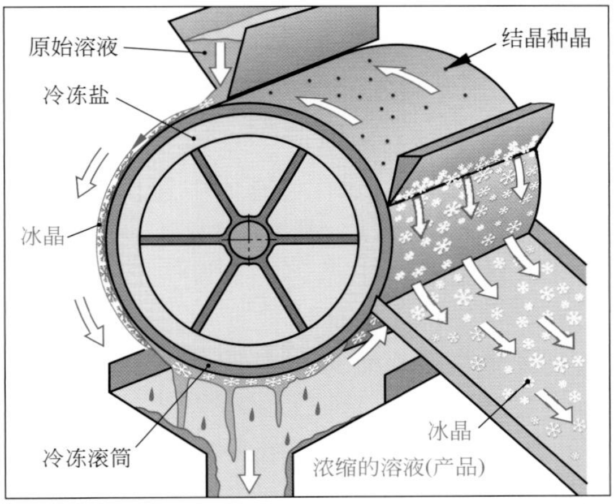

图 11-71：滚筒冷冻器

冷冻设备

常用的冷冻设备与滚筒、带式、管道式结晶器的原理类似（第 420 页）。

滚筒冷冻器（drum crystallizer）由一个可冷却的缓慢转动的滚筒组成（**图 11-71**）。将要浓缩的溶液从上方加到滚筒上并沿着旋转方向在滚筒外侧向下流。此时，一部分水冻结并在滚筒上形成冰晶。浓缩的剩余溶液（产品）从滚筒上滴入承接容器中。

在冷冻滚筒上生长的冰晶会在向后继续转动时被一个刮刀刮下，然后再向滚筒送入原始溶液。此时，在滚筒上剩下的小冰晶起着晶种的作用。

复习题

1. 大多数物质的溶解度随温度怎么变化？
2. 在结晶时，如何对产生晶体的大小施加影响？
3. 如何理解结晶时添加晶种？
4. 要让一个溶液达到过饱和状态并进行结晶，有哪些方法？
5. 如何理解重结晶？
6. 盐析结晶基于什么原理？
7. 请描述蒸发式结晶器中的结晶过程。
8. 请说出按照冷却结晶原理进行工作的三种结晶器。
9. 真空结晶相对于其他的工艺有哪些重要的优点？
10. 冷却结晶的设备由哪些元件组成？
11. 冷冻法用在哪些领域？

3 混合液的热分离

由相互可溶的多种液体组成的混合液称为均质混合液。它们大多可通过蒸馏和精馏这两种热分离方法进行分离。

均质混合液在化学工业中扮演着重要的角色，例如由有机液体组成的许多混合液以及水 - 酒精混合液等。

蒸馏和精馏设备的高分离塔是化工厂常见的典型画面（**图 11-72**）。

要理解热分离方法，必须了解蒸发和冷凝混合液的过程和规则。

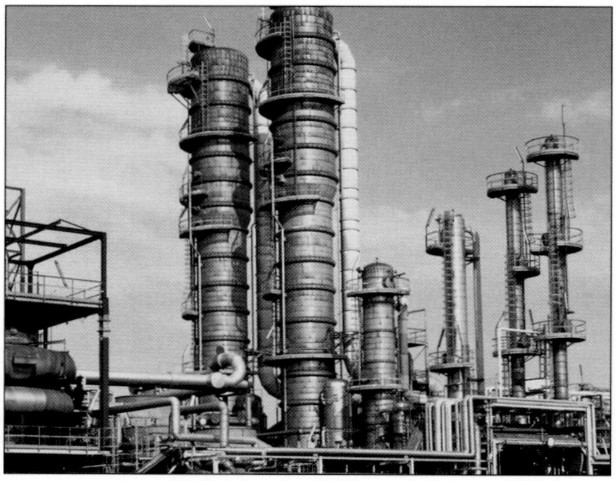

图 11-72：工业精馏设备

3.1 物理原理

3.1.1 液体的蒸发特性

液体在一定的温度下会产生一个相应的蒸气压，即液体分子从液体中逸出并会在容器壁上产生作用力（**图 11-73**）。

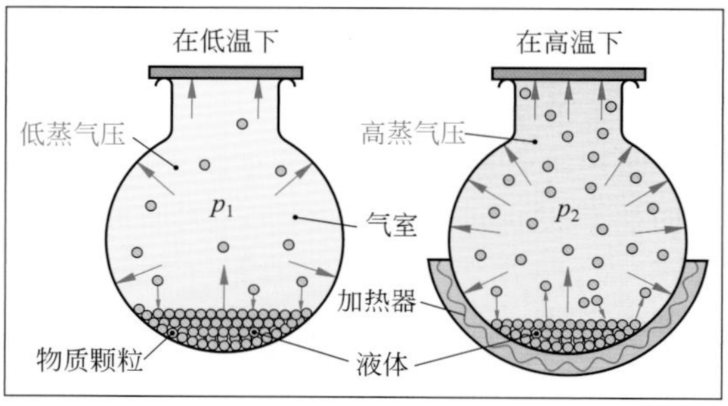

图 11-73：液体上方的蒸气压

蒸气压取决于温度：其随着温度升高而升高。

每种液体都有其自身的蒸气压与温度的依存关系。它们在气压图中以蒸气压曲线表示。**图 11-74** 显示了不同液体的蒸气压曲线。乙醚或丙酮等易沸腾的液体蒸气压曲线位于图的左侧，硝基苯等难沸腾的液体，其曲线位于较高的温度上。

将液体在标准气压 p_n = 1013mbar 下的沸腾温度作为液体挥发性的计量单位。

例： 乙醚易挥发，在标准大气压下，其在 34.5℃就会沸腾。相反，硝基苯难挥发，在标准大气压下，其在 210℃时才会沸腾。

在某个特定压力下的沸腾温度可同样参看蒸气压曲线。例：溴苯在标准大气压下的沸腾温度为 166℃，而在 100mbar 的压力下沸腾温度变为 70℃。

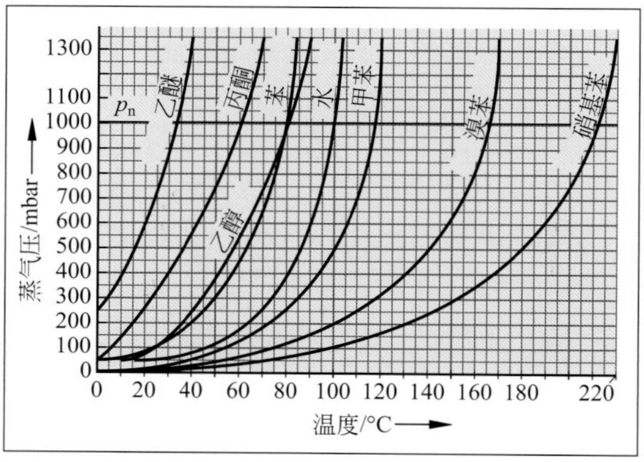

图 11-74：不同液体的蒸气压曲线

3.1.2 混合液的沸腾行为

一种均质的混合液由两种或多种液体组成，它们相互之间完全融合在一起并且有一个统一的混合相。

在最简单的情况下，混合液由 A 和 B 两种成分组成，这种混合物称为双组分混合液。将低沸点的成分称为 A 成分（易沸腾的 LS），将沸点较高的成分称为 B 成分（难沸腾的 SS）。

在蒸馏和精馏技术中，我们将混合液的成分含量规定为摩尔分数 x_A 和 x_B，如果在混合液蒸气中，则规定为摩尔分数 y_A 和 y_B。摩尔分数数值在 0 ～ 1 或者 0% ～ 100% 之间。

备注：在化学中一般用希腊字母 χ(chi) 来称谓摩尔分数。在化学工业中，为了便于书写使用字母 x 和 y 表示。

液体中的摩尔分数 $x_A + x_B$ 之和以及蒸气中的比例 $y_A + y_B$ 之和都相应地为 1（见右侧）。

如果加热一个双组分混合液 A-B，则其会在特定的温度 t_b 开始沸腾（**图 11-75**）。

沸腾的混合液上方的封闭空间有一个总蒸气压 $p_{总}$，其由各个成分的蒸气压 p_A 和 p_B 组成，也称为分压力（partial pressure），这种规律称为道尔顿定律。

两种混合物成分的分压力大小取决于混合液的类型和混合液中各个成分的摩尔分数。

根据混合液的类型（理想的混合液或者实际的混合液）用不同的方程式计算分压力。

液体中的摩尔分数

$$x_A = \frac{n_A}{n_A + n_B};\quad x_B = \frac{n_B}{n_A + n_B}$$

摩尔分数之和

在液体中 $x_A + x_B = 1$

在蒸气中 $y_A + y_B = 1$

道尔顿定律

$$p_{总} = p_A + p_B$$

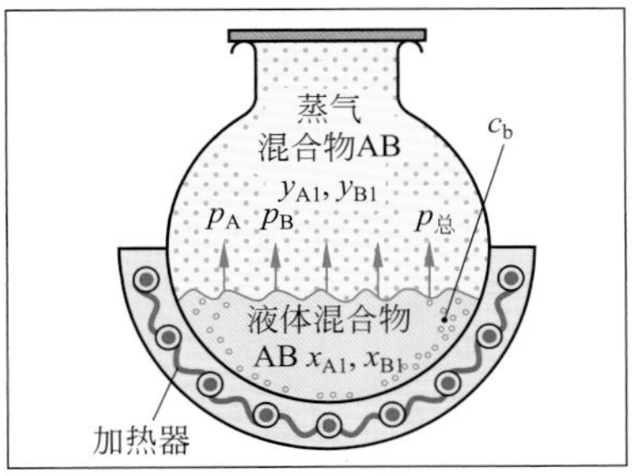

图 11-75：沸腾的双组分混合物

3.1.3 混合液的蒸气压

在理想的混合液中（也称为理想的沸腾混合液），混合蒸气的分压力与各个纯成分的摩尔分数和蒸气压成正比（拉乌尔定律）。

拉乌尔定律

$$p_A = x_A \cdot p_A^{\circ}$$
$$p_B = x_B \cdot p_B^{\circ}$$

p_A° 和 p_B° 是纯成分 A 和 B 的蒸气压，x_A 和 x_B 是混合物中各个成分的摩尔分数。

实际生产中不存在理想的混合液，只能由化学上类似的液体组成理想的或近于理想的混合物，如苯和甲苯混合物或者饱和烃组成的混合物。

例：在 1013mbar 的标准大气压下，摩尔分数各为 50.0%（$x_A = x_B = 0.500$）的苯和甲苯混合液的沸腾温度为 t_b= 92.2℃（**图 11-76**）。

（1）两种成分的分压有多高？

（2）沸腾混合液上的总蒸气压有多高？

解：从图 11-76 中可以看出：在沸腾温度（92.2℃）下，纯成分的分压力如下：

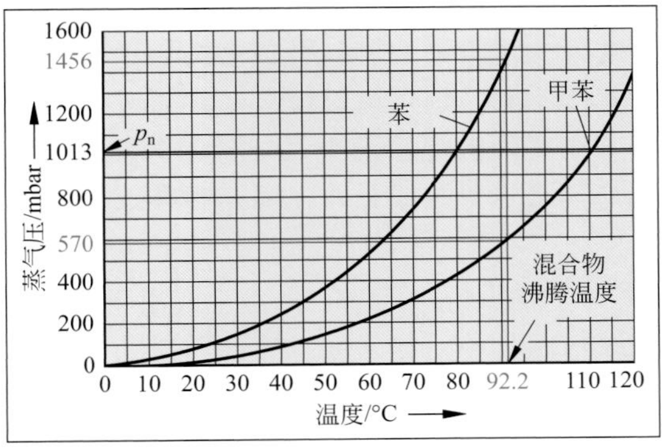

图 11-76：苯和甲苯的分压力

$$p^{\circ}（苯）= 1456\text{mbar}，p^{\circ}（甲苯）= 570\text{mbar}$$

（1）根据拉乌尔定律，蒸气混合相的分压力为：

p（苯）$= x$（苯）$\cdot p^{\circ}$（苯）$= 0.500 \times 1456\text{mbar} =$ **728mbar**

p（甲苯）$= x$（甲苯）$\cdot p^{\circ}$（甲苯）$= 0.500 \times 570\ \text{mbar} =$ **285mbar**

（2）根据拉乌尔定律，混合蒸气的总蒸气压为分压之和：

$p_{总} = p$（苯）$+ p$（甲苯）$= 728\text{mbar} + 285\text{mbar} =$ **1013mbar**

混合液的沸腾温度 t_b 在两个纯组分的沸腾温度之间（图 11-76，第 425 页）。根据摩尔分数和蒸气分压，混合物的沸腾温度离某个成分的沸点更近一些。详细内容请参阅第 427 页。

根据调整后的拉乌尔定律，用纯成分的蒸气压 $p_A°$、$p_B°$ 和按比例的分压 p_A、p_B 来计算混合液的组成比例 x_A、x_B。

沸腾混合液上方混合蒸气成分比例 y_A、y_B 等于各个成分的蒸气压与总压力之比。

混合液的组成情况（根据拉乌尔定律）

$$x_A = \frac{p_A}{p_A°}; \quad x_B = \frac{p_B}{p_B°}$$

混合蒸汽组成情况

$$y_A = \frac{p_A}{p_{总}}; \quad y_B = \frac{p_B}{p_{总}}$$

例：在 425 页的示例中，苯 - 甲苯混合物的分压力为：在总压力 $p_{总}$ = 1013mbar 时，p(苯)= 728mbar; p(甲苯) = 285mbar。

从沸腾液体中升起的蒸气的成分比例为多少？

解：$y(苯) = \frac{p(苯)}{p_{总}} = \frac{728\text{mbar}}{1013\text{mbar}} \approx \mathbf{0.719}$ $\quad y(甲苯) = \frac{p(甲苯)}{p_{总}} = \frac{285\text{mbar}}{1013\text{mbar}} \approx \mathbf{0.281}$

如果将一种理想混合液的单个成分的分压力 p_A 标注到有关摩尔分数的蒸气压图上，就得到了一条压力从 0 到 $p_A°$ 的直线（**图 11-77**）。

其他成分的分压力曲线 p_B 从图的右侧边缘（压力为 0 ）开始，然后线性升高直至数值 $p_B°$。

根据道尔顿定律，混合液气相的总压力 $p_{总}$ 由各个分压力之和组成：

$$p_{总} = p_A + p_B = x_A \cdot p_A° + x_B \cdot p_B°$$

将其标注到图 11-77 中，$p_{总}$同样得到一条从 $p_B°$ 向 $p_A°$ 走的直线。

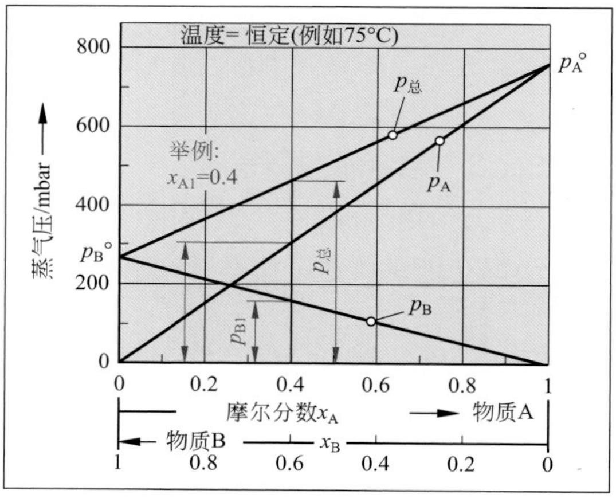

图 11-77：理想混合液的蒸气压图

实际混合液的蒸气压

大多数的液体不会形成理想的混合液，而是实际的混合液。其特性或多或少地与理想特性有所不同，这可通过拉乌尔定律进行说明。

在实际的混合液中，成分的分压 p_A 和 p_B 不与其摩尔分数成正比，而是存在或大或小的偏差：

p_A大于或小于$x_A \cdot p_A°$；p_B大于或小于$x_B \cdot p_B°$

因此，实际的混合液在蒸气压图中的分压曲线不是直线，而是向上（蓝色）或向下（红色）弯曲的曲线（**图 11-78**）。

根据道尔顿定律 $p_{总} = p_A + p_B$，因此总压力 $p_{总}$与分压力相关，因此 $p_{总}$也是一条弯曲的曲线。

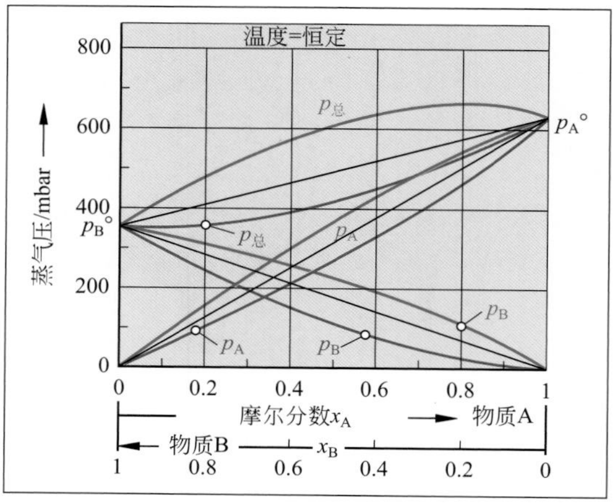

图 11-78：实际双组分混合液的蒸气压图

3.1.4 沸点图（相图）

混合物的沸腾温度取决于混合物成分。

如果根据成分的摩尔分数标注一种双组分混合物的沸点温度，就得到了沸腾曲线（**图 11-79**, 图上部）。

t_b(A) 和 t_b(B) 是混合液中纯成分 A 和 B 的沸腾温度。

沸腾曲线上的一个点对应特定混合状态的沸腾温度。

例： 图 11-79 中，$x_A = 0.40$ 的混合液，其沸腾温度为 126℃。

混合液的冷凝温度也会随着成分的摩尔分数发生变化。如果根据成分的摩尔分数进行标注，就会得到冷凝曲线。

沸腾线上的点表示相应混合物的沸点，与冷凝曲线的水平相交说明了此混合物平衡状态下的蒸气组成情况。

例（图 11-79）：从 $x_{A1} = 0.2$ (①) 的混合液中挥发出 $y_{A1} = 0.5$ (②) 的蒸气。

3.1.5 平衡图

当混合液沸腾时，则从中升起的蒸气组成与沸腾混合液的组成有所不同。这种关系请参阅平衡图（图 11-79，图下部）。

借助沸腾图中从沸腾线至冷凝线的水平线来确定蒸气的组成情况，例如图 11-79 上部从①向②的线。以此方式从沸腾图中绘制出点状的平衡曲线。为此要根据沸腾图（上部）确定冷凝线上属于 $x_A = 0.1$、0.2、0.3 等的 y_A 数值，将其标注在平衡图中（图下部）并从 $x_A = 0$ 至 $x_A = 1$ 画一条曲线将它们连起来。

从混合液的平衡曲线可以看出，从特定混合液中蒸发的混合蒸气的组成情况。

例： 图 11-79 下部摩尔分数为 $x_{A1} = 0.2$ 的混合液，从中升起摩尔分数为 $y_{A1} = 0.5$ 的蒸气。为此，在 $x_{A1} = 0.2$ 时垂直向上直至平衡曲线，在 y_A 轴上读出的 y_{A1} 数值为 0.5。

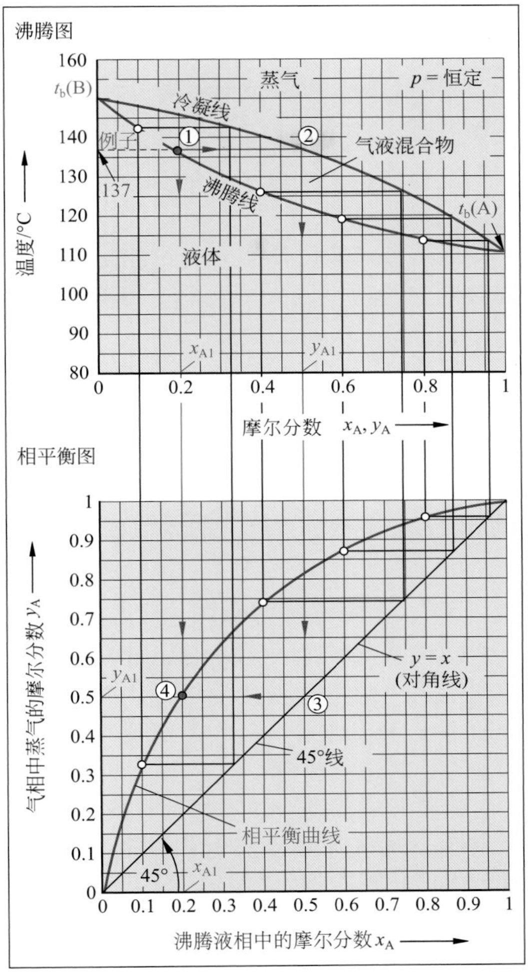

图 11-79：根据沸腾曲线和冷凝线来绘制平衡曲线（图示的是一种理想的混合液）

复习题

1. 拉乌尔定律是什么？
2. 用哪个方程式根据分压力计算蒸气组成？
3. 从平衡图可以看出什么？
4. 请根据图 11-79 的沸腾图确定 $x_A = 0.5$ 的混合液的沸腾温度？
5. 图 11-79 中，从 $x_A = 0.25$ 的混合液中升起的混合蒸气的组成是什么样的？

3.2 蒸馏

蒸馏（distillation）是让混合液沸腾，同时将产生的蒸气抽走并进行冷凝的过程（**图 11-80**）。

混合液由一种低沸点的和一种较高沸点的成分组成。

混合液沸腾时沸点较低的组分以蒸气的形式从混合液中升起，进入冷凝器中冷凝为液体，也称为蒸馏液。

因此，蒸馏液中沸点低的成分比原混合液中的含量更高，留在蒸馏容器中的混合液（残留液）中高沸点成分的含量也更高。

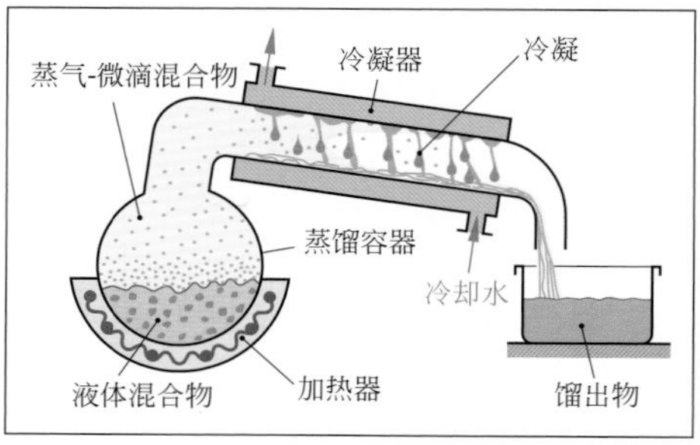

图 11-80：蒸馏（示意图）

一次性（简单）蒸馏的结果是将原始混合液分离为含有更多低沸点成分的蒸馏液和含有更多高沸点成分的残留液。

3.2.1 间歇简单蒸馏

间歇简单蒸馏（simple distillation）大多在化工厂内的蒸馏设备中进行，其由蒸馏釜、冷凝器及承接容器、接收器组成（**图 11-81**）。蒸馏釜也简称釜或槽。

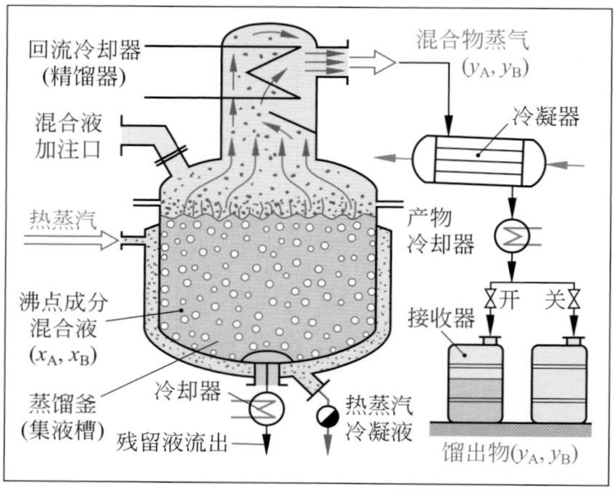

图 11-81：用于间歇简单蒸馏的设备

将要蒸馏的混合液添加到蒸馏釜中并加热至沸腾。蒸气流到冷凝器中并在其中完全冷凝，然后冷凝液收集在接收器中。蒸馏过程会一直进行，直至分离的低沸点成分达到所需的量为止。

人们可以在相平衡图中查看间歇蒸馏的过程（**图 11-82**）。例如，组成为 $x_{A1}=0.50$ 的原始混合液，在蒸馏开始时，蒸馏液中主要含有低沸点成分（例如 $y_{A1}=0.93$），在第一个接收器中承接这些蒸馏液。随着蒸馏的进行，从原始混合液中蒸发出越来越多的低沸点成分，从而蒸馏釜中高沸点成分的摩尔分数不断升高。蒸馏快结束时，蒸馏釜内几乎仅剩下高沸点成分和少量的低沸点成分（例如 $x_{A2}=0.05$）。之后从蒸馏釜中升起的蒸气同样包含较少比例的低沸点成分（例如 $y_{A2}=0.60$）。因此后半程的蒸馏液被送入第二个接收器中并在下一次蒸馏时送回原始混合液中。

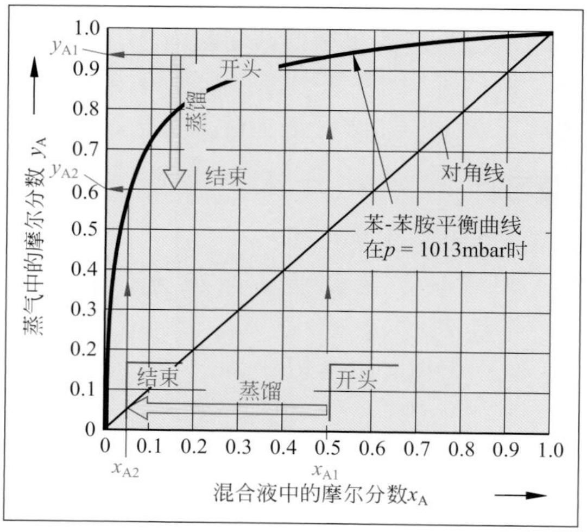

图 11-82：相平衡图中的间歇简单蒸馏

通过简单间歇蒸馏，在第一个接收器中获得较大摩尔分数的低沸点成分，在蒸馏釜的残留液体中获得较大摩尔分数的高沸点成分。

3.2.2 不同液体混合物的蒸馏特性

如果双组分混合液的成分之间沸点差异较大，则相平衡曲线有一个明显弯曲的突起，则几乎能够完全分离开来。例如第 428 页图 11-82 所示的苯 - 苯胺混合液，沸点为：t_b(苯) = 80.1℃，t_b(苯胺) = 184.4℃。

简单而言，如果混合液成分之间的沸点温差至少为 100℃，则混合液很大程度上能通过简单蒸馏进行分离。

间歇式简单蒸馏主要用于从混合液中分离出一种低沸点的成分以及将沸点温度差异较大的多物质混合液粗略分离为多个馏出物。

如果要获得高纯度的低沸点成分或者较纯净的蒸馏液，则必须将第一次蒸馏所获得的蒸馏液再进行第二次蒸馏。

例如，如果把第 428 页图 11-82 中所获得的参数为 y_{A1} = 0.93（≠ 93%）的蒸馏液进行第二次蒸馏，第二次的蒸馏液中就含有接近纯净的苯。在 x_{A3} = 0.93 的横坐标上，垂直向上作一直线与平衡曲线交于一点并从该点水平向左作一直线与纵坐标交于另一点，即得到气相中 y_{A3} 数值为 0.99 左右。

蒸馏特性

有些混合液，其成分之间的蒸馏特性差异极大，在相平衡图中呈现为明显弯曲的平衡曲线（**图 11-83**）。

平衡曲线明显弯曲并偏离对角线的混合液（图 11-83，曲线①和②），可在第一个蒸馏步骤中明显富集并在第二个蒸馏步骤中获得很大程度的纯净成分。

平衡曲线接近对角线的混合液（图 11-83，曲线③），只能通过多个蒸馏步骤才能富集。这些混合液能够更好地被专门的蒸馏工艺（精馏）分离开（第 433 页）。

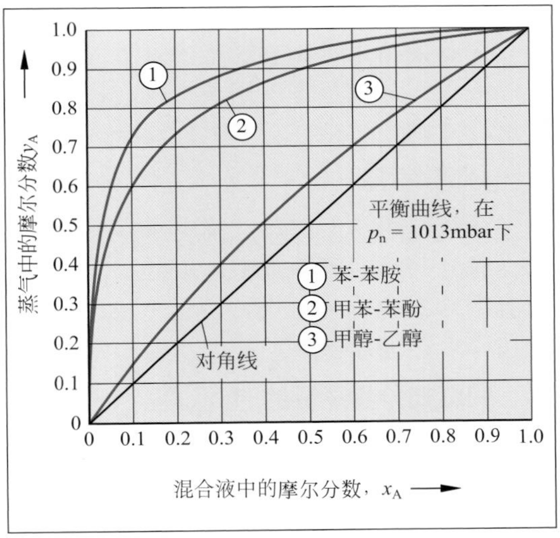

图 11-83：不同混合液的平衡曲线

分离系数

$$\alpha = \frac{\mathring{p}_A}{\mathring{p}_B}$$

双组分混合物可分离程度的一个计量单位是相对挥发度 α，也称为**分离系数**（separation factor）。

分离系数 α 规定为纯组分的蒸气压 p_A° 和 p_B° 相除所得的商。

组分易于分离，分离系数就大，不易分离，则分离系数就小。

混合液分离系数的例子：

苯 - 苯胺混合液（图 11-83 中的曲线①）：

$$p^\circ(苯) = 127\text{mbar};\ p^\circ(苯胺) = 0.8\text{mbar};（在 25℃时）\Rightarrow \alpha = \frac{125\text{mbar}}{0.8\text{mbar}} \approx \mathbf{156}$$

甲醇 - 乙醇混合液（图 11-83 中的曲线③）：

$$p^\circ(甲醇) = 128\ \text{mbar};\ p^\circ(乙醇) = 79.7\text{mbar};（在 25℃时）\Rightarrow \alpha = \frac{128\text{mbar}}{79.9\text{mbar}} \approx \mathbf{1.6}$$

除了上述的蒸馏特性之外，有一些混合液的蒸馏特性与其各纯物质的蒸馏特性差异较大，即所谓的共沸混合物。如何对其进行分离请参阅第 450 页后的内容。

3.2.3 间歇分步蒸馏

通过分步蒸馏（fractional batch distillation）将由多种单个液体组成的混合液分离为多个分混合液（馏出物）。

蒸馏过程按照批次模式在一套带有多个接收器的蒸馏设备中进行（**图 11-84**）。

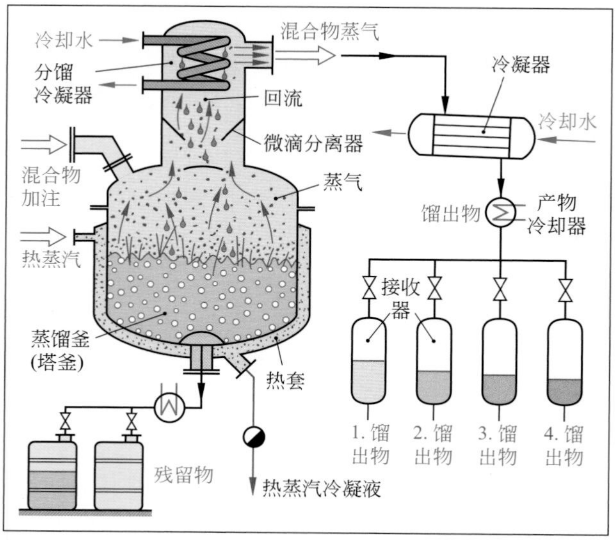

图 11-84：间歇式分步蒸馏

按批次将多组分混合液加入蒸馏釜中，然后加热至沸腾。蒸馏开始时，在冷凝器中产生第一种蒸馏液，主要含有沸点最低的液体，将其作为第 1 个馏出物混合液送入到第 1 个接收器中。在一段时间过后，将作为第 2 个馏出物混合液的蒸馏液送到第 2 个接收器中，其含有较高沸点的成分。第 3 个馏出物混合物由更高沸点的液体组成，以此类推。

在蒸馏结束时，蒸馏釜内剩下的混合液中主要含有沸点最高的液体。

间歇式分步蒸馏仅用于按批次模式进行小批量生产的过程。如果产物数量较多并且要连续运行，则通过精馏对多组分混合液进行分离（第 446 页）。

分馏冷凝器

在蒸发器的上部蒸气室中常常有一个盘管冷却器（图 11-84）。在该冷却器上主要冷却高沸点成分并滴回蒸馏釜中。由此，混合物蒸气中低沸点成分的含量增加。这种带富集作用的回流冷却器也称为分馏冷凝器（partial condensor）。其分离效果接近于第二次蒸馏，因此安装在许多蒸馏设备中。

间歇式分步蒸馏的时间过程

例如，间歇式分步蒸馏用于各个成分的沸点相差较大的多成分混合液。在蒸馏开始时主要蒸发最低沸点的成分并在冷凝后作为蒸馏液送到一个接收器中（图 11-84）。当这种成分很大程度上被蒸发掉后，蒸发下一种更高沸点的成分，接着蒸发更高沸点的成分，以此类推。

通过间歇式分步蒸馏也可以分离含有一种主成分和许多少量其他成分的混合液。

例：一种混合物中除了含有多种占比较低的成分之外，还有两种占比较高的成分。两种主要成分通过蒸馏获取。如果在蒸馏时间轴上标注混合液中升起蒸气的温度，就会得到一条分段曲线（**图 11-85**）。

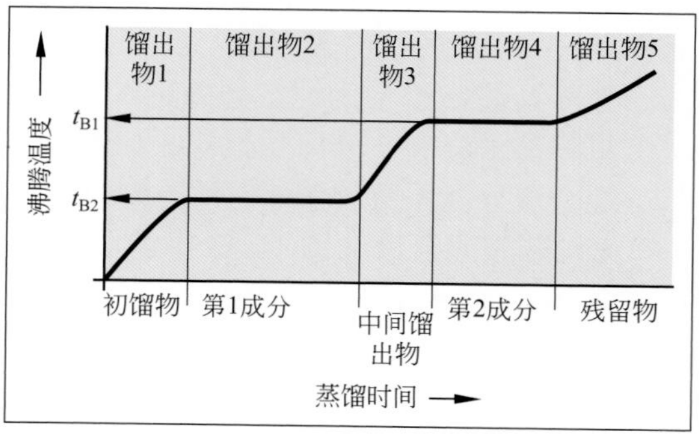

图 11-85：多成分蒸馏的时间过程

在蒸馏开始时，从混合液中获取低沸点的杂质作为蒸馏液（馏出物 1）。接着是低沸点的第 1 主成分（馏出物 2），之后是混合馏出物 3，然后是第 2 主成分（馏出物 4）。在蒸馏釜中剩下的残留液体是第 5 馏出物。

3.2.4 连续简单蒸馏

这种蒸馏方法在不断流入和流出物质流的设备中进行。设备由一个带上置分馏冷凝器的罗伯特蒸发器、一个后置冷凝器和几个接收器组成（**图 11-86**）。

要分离的混合液不断流到蒸发器中并在这里进行部分蒸发。包含更多低沸点成分的蒸气流过分馏冷凝器并冷凝出高沸点的成分，从而提高蒸气中低沸点成分的含量。

然后在后面的冷凝器中冷凝蒸气得到蒸馏液。蒸馏液（低沸点成分）以不断的液流流出。富含高沸点成分的残留液体也被从蒸发器的塔釜中抽走。

只有具有较高分离系数的混合液（沸点差 >100℃），在连续简单蒸馏中才能很大程度上被分离开。因此，连续简单蒸馏仅用于分离此类混合液。

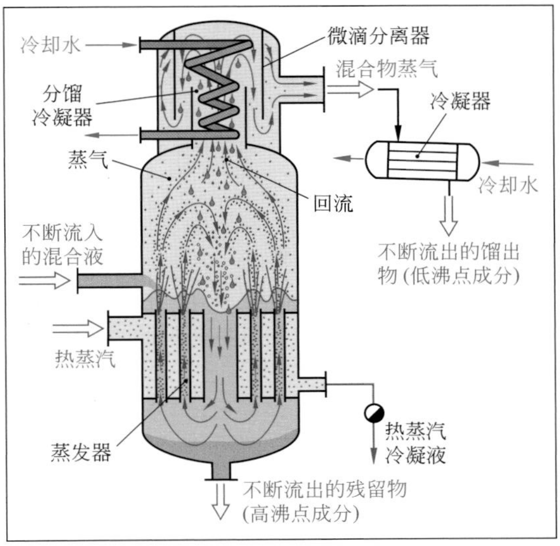

图 11-86：连续简单蒸馏设备

3.2.5 水蒸气蒸馏

水蒸气蒸馏（steam distillation），也称为承载蒸汽蒸馏，用于在保护性的条件下对温度敏感的高沸点有机混合物进行分离或者净化。

水蒸气蒸馏仅用于其成分不能与水混合的混合液，例如乙醚、苯、甲苯、苯胺、石油馏分物、脂肪酸等。

用于间歇式水蒸气蒸发脂肪酸混合物的设备请参阅**图 11-87**。

在蒸馏釜中的脂肪酸混合物中通入过热水蒸气。将水蒸气用作蒸发的热源并作为要蒸发的低沸点混合物成分的承载蒸汽。

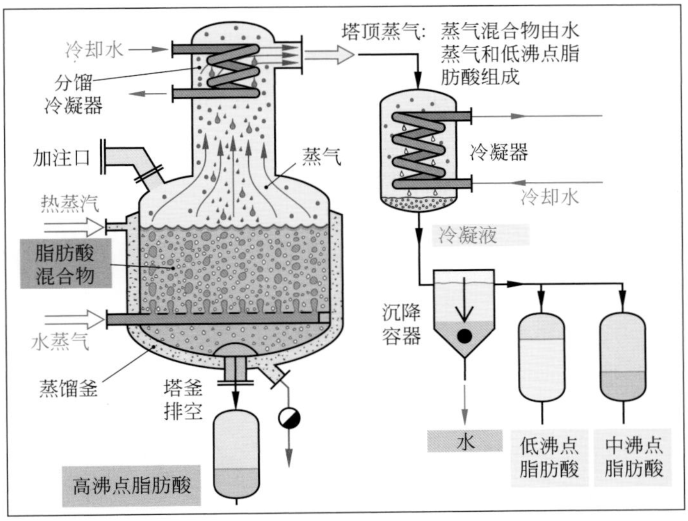

图 11-87：用于间歇水蒸气蒸馏脂肪酸混合液的设备

从沸腾的混合物中升起蒸气，分别由水蒸气和低沸点的脂肪酸组成。在流过分馏冷凝器后，蒸气在一个冷凝器中冷凝并以乳白色浑浊冷凝液的形式下落。然后将其送入一个沉淀容器中。在这里，两种不能混合的成分发生分离：密度较大的水汇集在底部，较轻的脂肪酸位于上部。

蒸馏结束时，在蒸馏釜中剩下高沸点脂肪酸。

水蒸气蒸馏的物理原理

在水蒸气蒸馏时，蒸馏釜（第 431 页图 11-87）中是由水和不能与水混合的液体所组成的沸腾混合物。

在混合物上方，每个成分都产生一个分压：水蒸气分压 p_W 以及与水不混溶的液体的蒸气分压 p_B。根据道尔顿定律，分压叠加在一起即为混合物的总蒸气压力：

$$p_M = p_W + p_B$$

由于液体与水不混溶，因此，水蒸气分压及液体的蒸气分压与混合液中各成分的比例无关，在混合液上方产生的都是各个成分完全的分蒸气压。

在 p-x 图中分蒸气压力 p_W 和 p_B 以及总蒸气压力 p_M 平行于 x 轴，原因是它们所有的组成都是相同的（**图 11-88**）。

例： 水 - 溴苯混合液。在总压力为 1013 mbar（大气压力）时，水的分蒸气压为 p_W = 852mbar，溴苯为 p_B = 161mbar。混合物的总蒸气压力为：

$$p_M = p_W + p_B = 852\text{mbar} + 161\text{mbar} = 1013\text{mbar}。$$

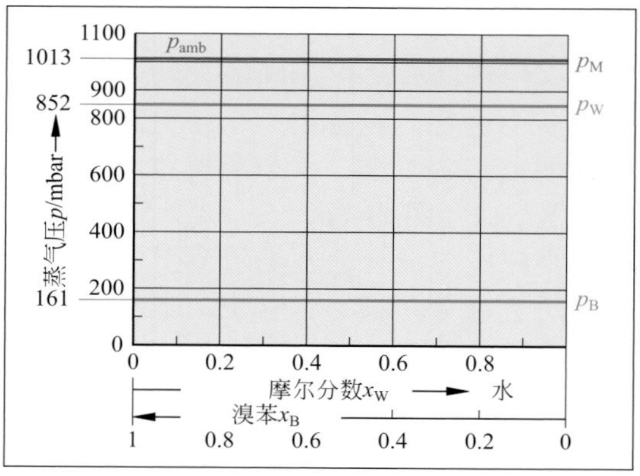

图 11-88：水 / 溴苯混合液的 p-x 图

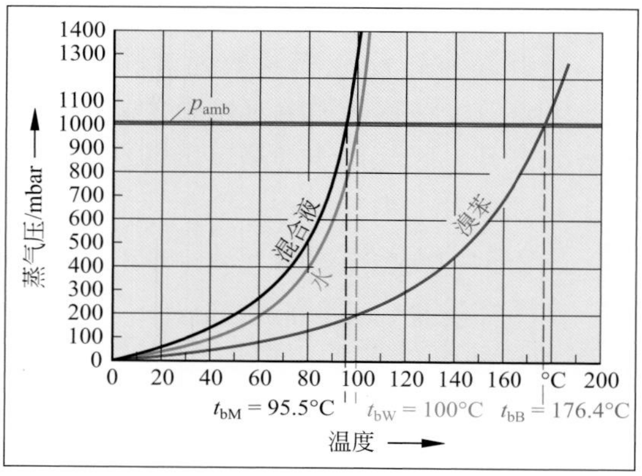

图 11-89：水 - 溴苯混合液和各个成分的蒸气压 - 温度图

如果观察蒸气压 - 温度图（**图 11-89**），则能够看出，在低于溴苯和水的沸腾温度很多的情况下，混合物压力就达到了大气压。

例如，水 - 溴苯混合物在 95.5℃的温度下就达到了 1013mbar 的总压力。也就是说，混合液在 t_{bM} = 95.5℃时沸腾。

因此，在 95.5℃时就可用水蒸气蒸馏对混合液进行分离。

因此，水蒸气蒸馏是不能与水混合的混合液的一种保护性的热分离方法，此类混合液大多是有机液体。

例如，水蒸气蒸馏用于净化带杂质的有机液体以及用于分离有机液体混合物（例如脂肪酸混合物）。

复习题

1. 请说明间歇式简单蒸馏的流程。
2. 一次性蒸馏可很大程度上分离开哪些混合液？
3. 分离系数说明了什么，其方程式是什么？
4. 间歇式分步蒸馏可分离哪些混合物？
5. 分馏冷凝器对蒸馏的成分有什么影响？
6. 连续简单蒸馏用在哪些地方？
7. 在水蒸气蒸馏时，混合物的沸点降低基于哪些原理？
8. 水蒸气蒸馏可分离哪些液体或者混合物？

3.3 精馏

对于具有略微弯曲平衡曲线的混合液，通过简单蒸馏仅能让成分达到较低富集度（**图 11-90**）。原始混合液的摩尔分数从蒸馏釜中的 x_0 升高到混合蒸气中的 y_0（在 x_0 时作垂直线与平衡曲线相交）。

为了能达到更大的分离效果，则必须冷凝含量为 y_0 的混合蒸气，然后继续蒸馏摩尔分数为 x_1（对应 y_0）的冷凝液。然后获得一个摩尔分数为 y_1 的蒸气，将 y_1 蒸气冷凝后得到相同摩尔分数 x_2 的液体。如果这种富集度也还不够，则必须再次蒸发并再次冷凝蒸气。一再重复这个过程，直至达到所需的富集度为止（图 11-90 中红色的阶梯线）。用多套蒸馏设备进行这种反复蒸馏所花的设备成本极为高昂并需要使用大量的能源。因此，在实际的化工产业中不使用这种方法。

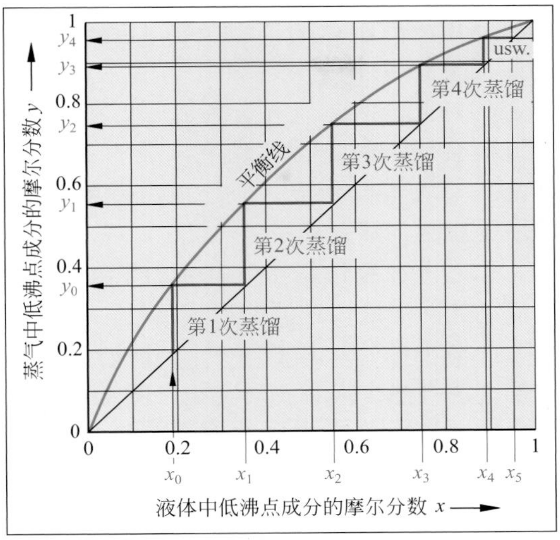

图 11-90：用多次蒸馏进行混合液分离的平衡图

众所周知，精馏或者逆流蒸馏价格要便宜得多而且设备成本也较低。

跟蒸馏一样，通过精馏分离混合物的前提是混合液中各个成分的沸点不同。

3.3.1 精馏过程

精馏（multistage distillation 或者 rectification）大多在连续作业的精馏设备中进行（**图 11-91**）。其基本上由垂直的带泡罩式塔板的管状精馏塔和蒸发器（也称为蒸馏釜或者蒸馏槽）以及一个位于塔上端（塔头）的冷凝器组成。

精馏塔（rectification column）也称为分离塔、交换筒或者简称塔或筒。

在精馏塔中有使得蒸气与液体紧密接触的内部构件。有各种各样的内部构件，一种类型是泡罩式塔板（图 11-91）。以相同的间距将内部构件安装在塔内，内部构件由塔板、泡罩颈、起着虹吸作用泡罩以及溢流管组成。

在塔内进行下列过程：

要分离的原始混合液以连续液流的形式流入蒸发器釜中并在这里加热到沸腾。产生的蒸气混合物向上流过第一个塔板的泡罩颈，然后在泡罩内转向并吹到位于塔板上的液体上方。蒸气依次穿过向上升起的每块塔板，最终从最上部的塔板流入冷凝器中并在这里冷凝。

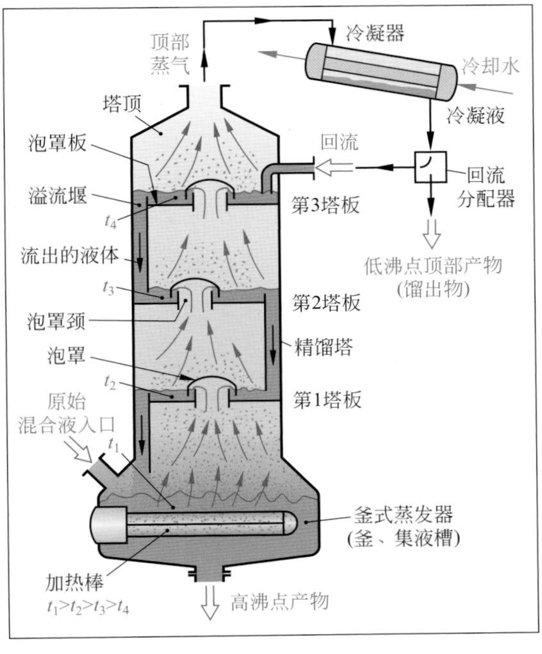

图 11-91：泡罩塔中的精馏

热的冷凝液在回流分配器中分为两部分：一部分作为回流（reflux）流到塔顶最上部的塔板上，另一部分作为低沸点的顶部产物（destillat）排出精馏设备（图 11-91，第 433 页）。

在与上升的蒸气充分混合后，最上部塔板上的回流液会通过溢流管流到下一级的塔板上，依次下降，从一块塔板到下一块塔板，直至液体从最下方的塔板流回到蒸发器中。

总之，在精馏塔中，向上升起的混合蒸气和向下流动的回流液以逆流的形式接触。

在塔中的每块塔板上，上升的蒸气和下流的液体都会进行热交换和物质交换（**图 11-92**）。

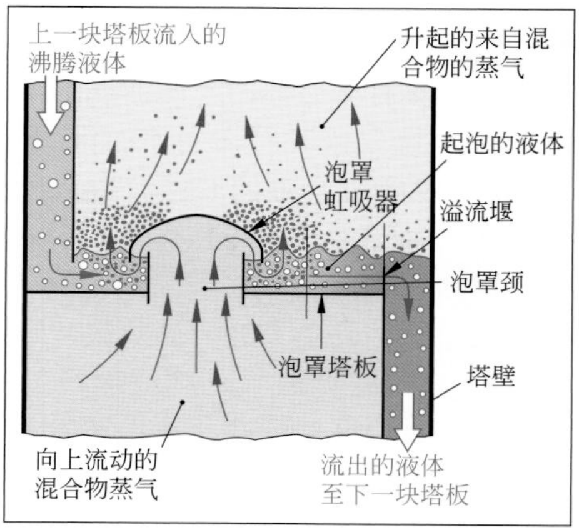

图 11-92：泡罩板上的物质流

向上流过虹吸泡罩的混合蒸气吹入位于塔板上的混合液中。此时，混合蒸气中较高沸点的成分发生冷凝，位于塔板上的混合液从而发生富集（**图 11-93**）。

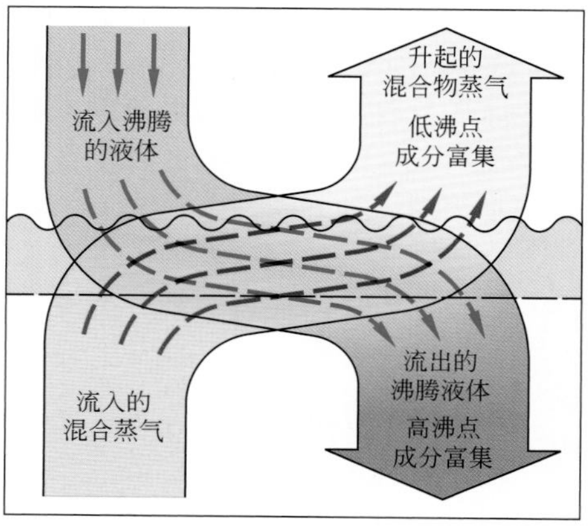

图 11-93：泡罩板上的物质和热交换

期间释放出的冷凝热使混合液中蒸发出低沸点的成分，从而使低沸点成分在向上流动的蒸气中富集。

这个过程会在精馏塔的每块塔板上进行。结果是在向下流的混合液中，从上部塔板到下部塔板高沸点成分越来越多，并且回流到塔釜中的混合液主要由高沸点成分组成（图 11-91，第 433 页）。

相反，在向上流动的混合蒸气中，从最下部的塔板往上，低沸点的成分越来越多，从而流到塔顶的混合蒸气主要由低沸点成分组成。

在不同塔板上混合物的组成不同，导致塔板上液体的沸点从下往上依次降低。

精馏的产物从塔中不断流出（图 11-91，第 433 页）：

- 在回流分配器后方有一部分作为低沸点顶部产物的冷凝液（蒸馏液）。
- 在蒸馏釜底部有一些高沸点的塔釜产物。

精馏工艺就是对混合液进行多次回流蒸馏的工艺。

在精馏时，通过逆向流动的混合蒸气和沸腾混合液之间的物质交换来实现富集或者分离混合液。

混合液和混合蒸气之间物质交换的原因是低沸点的成分更易于转变为气相而高沸点成分更易于冷凝为液态。

如果想要物质交换更密集（从而增强混合物的分离效果），则蒸气和液体之间的接触面积就要更大。可在蒸馏塔中安装内部构件（例如塔板或者填料散料）加大气液接触面积。

通过精馏也可以几乎完全分离仅有较低弯曲度的平衡曲线（也即沸点差较低）的混合液。因此，在化学工业中主要通过精馏来分离混合液。

3.3.2 板式精馏塔（板式塔）

在板式塔中，以规定的间隔将塔板（trays）安装在管形的塔中（**图 11-94**）。塔板是水平平板形的内部构件，带入口和出口以及蒸气通孔。

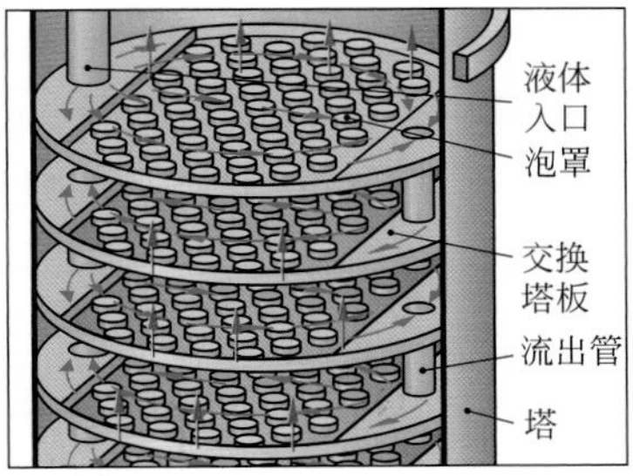

图 11-94：带泡罩板的塔

在每块塔板上都有一层液体，蒸气通过塔板的开孔和虹吸管形的泡罩流入液体层。由此，在塔板上形成一层由液体和蒸气泡所组成的剧烈移动的气液层。在这里进行热和物质交换。

液体从一侧流到塔板上，然后横向流过塔板并通过溢流堰上的排出口流到下方的塔板上。

有各种各样的塔板（**图 11-95**）。它们拥有各种样式的蒸气通孔并且主要按照其在不同流量下的分离效果稳定性和按照流动阻力以及价格而有所区别。

泡罩板由一块平板、垂直焊接的管座（泡罩颈）和叠加在上方的泡罩组成，其边缘为锯齿形。从下方流入的蒸气在泡罩内转向并通过锯齿均匀分布后进入液体中。蒸气流过后，在塔板上会留下一层液体。

浮阀塔板有一些位于阀盖（浮动盖）中的孔。盖子被蒸气流抬起，从而蒸气通过阀座侧面的孔喷入液体中。如果蒸气流速过低，则阀门会关闭，当重新达到所需的蒸气压力时阀门开启。这使得浮阀塔板能适应不同的流量。

筛板塔板在底板上有许多小孔，其使液体穿过小孔滴到下方的塔板上并且交替让蒸气穿过同样的孔从下方吹入塔板上的液体。

在裂缝塔板（格栅塔盘）上，倾斜的塔盘上冲压出许多裂缝。蒸气和液体交替流过裂缝并进行质量、热量交换。

筛板塔盘和裂缝塔板仅在很窄的流量范围内才能获得最佳的分离效果。在其他情况下，塔盘要么处于无液体的状态，要么处于满溢状态。因此，它们仅适合用于液流恒定的情况。

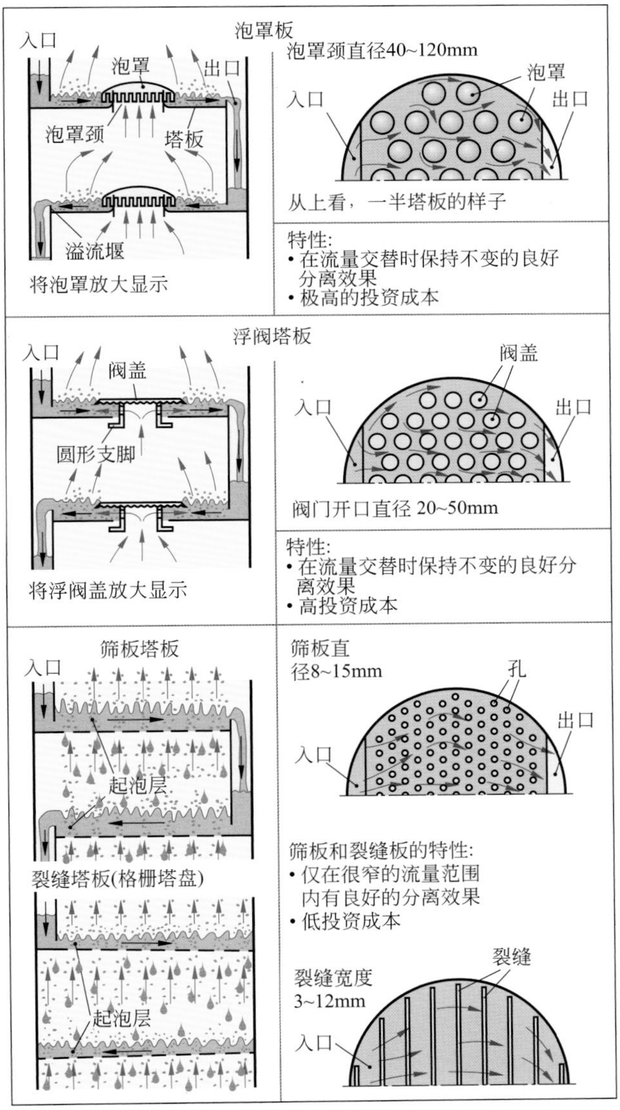

图 11-95：精馏塔的塔板

3.3.3 精馏塔中的组成变化

在板式精馏塔中所进行的过程（**图 11-96**，图左侧）会引起塔内不同位置的组成的变化。这可以从混合液的平衡图中看出（图 11-96，图右侧）。

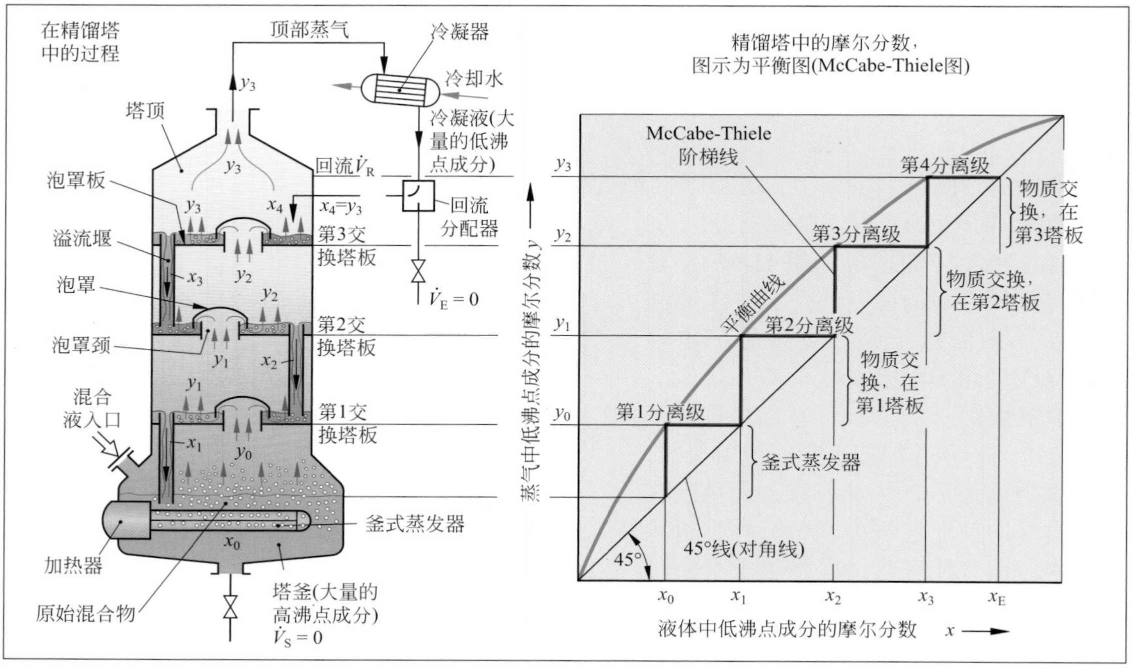

图 11-96：以全回流的泡罩板塔（不提取产物）为例说明精馏的浓缩过程；第 1 分离级：塔釜；第 2 ~ 4 分离级：泡罩板

- 在釜式蒸发器中，将摩尔分数为 x_0 的混合液加热至沸腾，从中升起蒸气的摩尔分数为 y_0。
- 上述蒸气流过泡罩颈并流到第一块塔板上的液体中，在这里部分冷凝为液体。在完全交换后，其摩尔分数为 x_1 和 y_0。
- 同时释放出的冷凝热可使第 1 塔板上的液体升起一个物质的量相同的蒸气（前提：成分具备相同大小的摩尔蒸发热），其摩尔分数为 y_1。
- 第 1 塔板上的蒸气流过泡罩颈进入第 2 块塔板上的液体中并部分冷凝。在完全交换后，其摩尔分数为 x_2 和 y_1。
- 这个过程在每块塔板上重复进行，同时从塔板上升起的蒸气都富含低沸点的成分。相反，塔板上留下的液体包含更多的高沸点成分。
- 从塔顶流出的蒸气主要由低沸点的成分组成（y_3），其在冷凝器中发生冷凝并进入到回流分配器中。所有的冷凝液都会通过整个回流管送回塔中。在实际的模式下，一个流股会作为低沸点的 x_E（$\neq y_3$）的产物离开设备。
- 回流到塔内的冷凝液就是回流液。液体回流，下落的液体流到塔板上。液体会通过溢流堰向下从一块塔板流到另一块塔板，从而富集越来越多的高沸点成分。
- 从最下部的塔板流到塔釜中的液体包含很大比例的高沸点成分，其摩尔分数为 x_1。

总之，在一个带 3 块塔板的精馏塔中会依次流出 4 种蒸馏液。在釜式蒸发器中进行第 1 次蒸馏，后续 3 次蒸发分别在 3 个塔板上进行。

3.3.4 理论分离级数

如果将精馏塔中的液体摩尔分数和蒸气摩尔分数标注在平衡图中（图 11-96，第 436 页，图右侧），就可看到对角线和平衡曲线之间有一个阶梯形的上升直线（红色的阶梯线）。这条线称为 McCabe- Thiele 阶梯线。从阶梯线的走向可以得出，当整个顶部冷凝液作为回流液回流到塔中（$\dot{V}_E = 0$）时，每块塔板上沸腾的液体和从中升起的蒸气之间形成平衡状态。

最低理论分离板数
$n_{th,min}$

这条曲线与对角线之间阶梯的数量称为最低理论分离级数 $\boldsymbol{n_{th,min}}$（number of theoretical stages），也称为最低理论板数。在第 436 页图 11-96 的例子中，$n_{th,min} = 4$。

在实际的工业设备中，分离塔塔板的数量必须大于理论上的最低分离级数，原因是在塔板上无法达到 100% 的平衡状态并且不是以完全回流的模式进行工作。

3.3.5 塔板效率和所需塔板数

根据最佳的理论分离效果，在塔的交换塔板（例如泡罩板）上不会对双组分混合物进行完全分离。实际塔板的分离效果低于理论板上的效果。通过塔板效率 η_B（plate efficiency factor）来说明实际塔板的分离效果。塔板效率 η_B 为 0.5 ～ 0.9。

实际所需的塔板数
$N = \dfrac{n_{th,min} - 1}{\eta_B}$

用塔板效率和最低理论板数 $n_{th,min}$ 来计算塔板实际所需的板数 $\boldsymbol{N}$。考虑到蒸馏釜中的蒸发与一级理论板类似，相应予以减去 (–1)。

例： 如果一个分离任务所需的最低理论板数为 4 并且塔板效率为 0.8 时，得出实际塔板的数量为 $N = (4–1)/0.8 = 3.75$。对此便会选择塔板的下一个较高的整数 $N = 4$。

3.3.6 回流比

在第 436 页图 11-96 的例子中，整个顶部冷凝液都回流到塔中并且也不从塔釜中提取产物。

$$\text{回流比} = \frac{\text{回流液流的量}}{\text{产物流的量}}; \quad R = \frac{\dot{V}_R}{\dot{V}_E}$$

在实际精馏时，一部分顶部冷凝液会作为产物从塔中排出。

回流液的流量 $\dot{V}_R$ 与馏出产物的流量 $\dot{V}_E$ 之比称为**回流比** R（reflux ratio）。这是精馏分离塔一个重要的工作参数。

$$R_{min} = \frac{x_E - y_M}{y_M - x_M}$$

如果回流比 $R = 0$，则将整个顶部冷凝液都作为产物取出，也就是没有液体回流到分离塔中。这不能分离混合物。

$$R_{real} = (2 \sim 5) \cdot R_{min}$$

表 11-2：回流比和分离效果

回流比 R	回流 $\dot{V}_R$	产物 $\dot{V}_E$	分离效果
0（零值）	0	完全提取	极低
0.1（1：10）	1 份	10 份	低
1（1：1）	1 份	1 份	中
10（10：1）	10 份	1 份	高
∞（无限大）	完全回流	0	最大

如果回流比 $R = \infty$（无限大），则整个顶部冷凝液都回流到分离塔中。分离塔的分离效果有一个最大值（$n_{th,min}$），但是这样不提取任何产物。

最小回流比 R_{min} 是指达到分离效果时所需的理论板数无限大的理论回流比。根据起始和最终摩尔分数来计算该参数。

在实际中，精馏塔采用 R_{min} 和 $R = \infty$ 之间的一个实际的回流比 R_{real} 进行工作（**表 11-2**）。其至少为最低回流比的 2 ～ 5 倍。

3.3.7 带填料和分离包的精馏塔

精馏塔可以不使用塔板，改用其他的部件在向下流的液体和向上流的混合蒸气之间创造一个大的接触面。

例如采用由散料组成的填料以及用细网眼的金属丝网或者薄钢板制成的分离包（图 11-100，第 439 页）。

填料塔

填料塔（packed distillation column）是用散料组成的填料（filler material, packing）填充在管形的分离塔中（**图 11-97**）。将它们放在带孔的架板上，蒸气从下方吹入散料中。

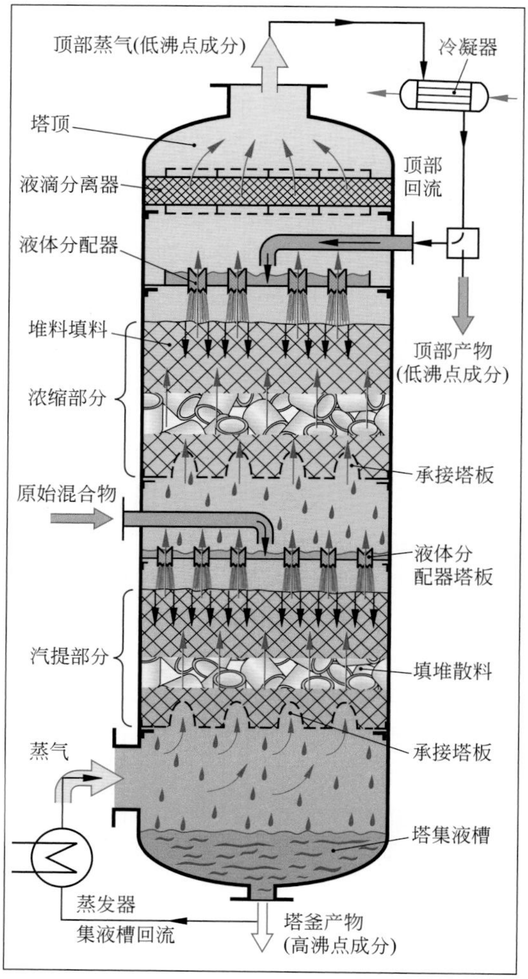

图 11-97：填料塔

将待分离的混合物（feed）从塔中部用液体分配器送到塔下部的填料上（汽提部分）。顶部回流液散布在塔上部的填料上（浓缩部分），流过填料向下淋洒并滴到塔釜中。

来自蒸发器的混合蒸气从下部侧面送入后向上流过填料，最后从塔顶离开分离塔。

在填料塔中，散堆填料（dumped packing）是散乱放置的（**图 11-98**）。蒸气向上穿过填料的空隙并在其行程中发生多次转向。液体在向下的行程中会湿润许多表面积大的填料并经过许多弯路缓慢向下淋洒和滴落。由此，蒸气和液体之间产生一个较大的接触面，从而两相之间会发生密集的接触。蒸气和液体在散堆填料的大表面上进行热和物质交换，从而将混合物分离为低沸点的顶部产物和高沸点的塔釜产物。要想填料达到较好的分离效果，对液体和蒸气进行均匀地分布是前提条件。必须尽量避免因填料密度不均匀或者填料方向单一在填料中形成沟流现象以及壁流效应。这可通过选择合适的填料大小以及恰当的放置方式来实现。

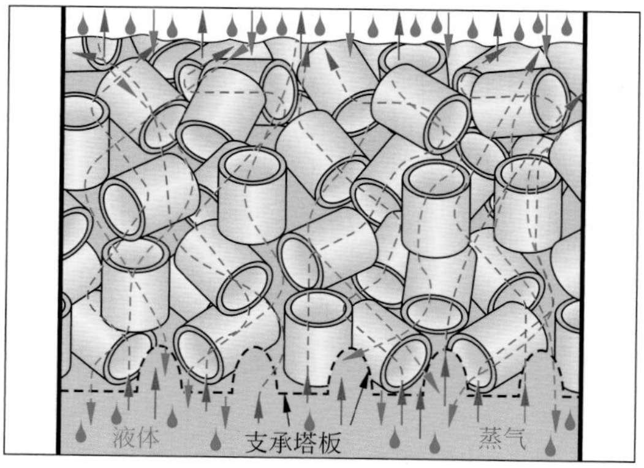

图 11-98：散堆填料中的流动情况

高的分离塔每隔 1 ～ 2m 有一汇集架板和一个液体分配器，以确保液体在填料上形成均匀的分布。

填料形状

散堆填料是一些小型或中等大小、均匀成型、具有大空腔的物体。为了能够胜任不同的分离任务，有各种各样的填料形状（**图 11-99**）。最常使用的填料是空心圆柱体（所谓的圆环），带和不带切口和换向片。除此之外还有马鞍形和球形填料。将填料添加到分离塔中成为一层具有大内表面和高多孔性的料堆。蒸汽和液体可在料堆中很好地流过。

填料的大小必须与塔的直径成一定的比例。一般填料尺寸与塔直径之比为 1/10 ～ 1/30。

填料由陶瓷（第 223 页）、塑料或者不锈钢组成。根据液体和蒸气的腐蚀性来选用材料。

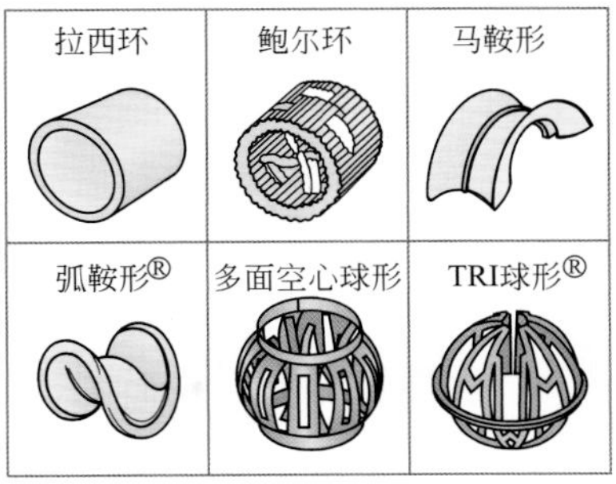

图 11-99：填料形状

交换塔的规整填料

另一种方法是在分离塔中创造一个大的交换面，为此要安装规整填料（**图 11-100**）。规整填料由细网眼的金属丝网带或者带孔的和带缝的板带组成，将这些金属带折叠或者弯曲成圆柱形的规整填料，将其分段填满整个塔的横截面。

相比塔板，填料尤其是规整填料对流动蒸气产生的流动阻力要小得多。因此，散堆填料和规整填料用于极高的精馏塔或者真空精馏。

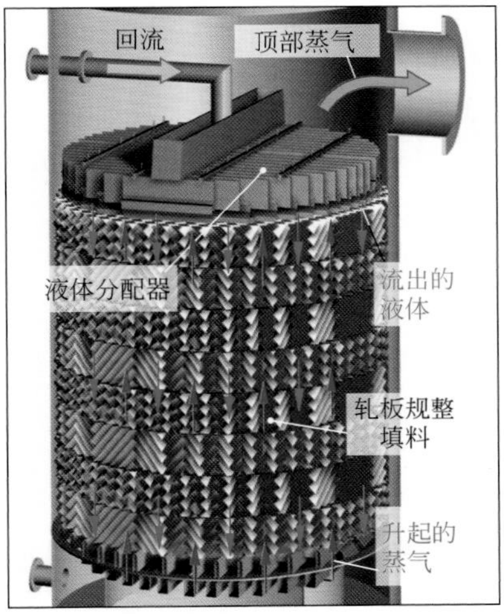

图 11-100：规整填料塔（Sulzer 式）

填堆填料和规整填料的分离效果

散堆填料或者规整填料分离效果用理论板当量高度 HETP（Height equivalent of a theoretical plate）来表示。HETP 是一个散堆填料高度或者规整填料高度，其作用与理论板数一样，单位为 m 或者 cm。

表 11-3：填料和规整填料的 HETP 数值

散料填料	HETP	规整填料	HETP
Pallringe® 25×25×0.6	33cm	Sulzer-Packungen	8 ～ 30cm
Pallringe® 50×50×10	45cm	Montz 规整填料	15 ～ 70cm

表格列举了在理想流动条件下几种散堆填料和规整填料的 HETP 数值。分离工作所需的散堆填料或者规整填料高度 h_F 应根据 HETP 数值和最低理论板数 $n_{th,\,min}$ 来计算（请参阅右侧）。η_F为填料的效率，其考虑了实际的流动情况。

所需散堆填料（规整填料）高度

$$h_F = \frac{(n_{th,min} - 1) \cdot \text{HETP}}{\eta_F}$$

例：第 436 页图 11-96 中所示的分离任务需要使用总计为 $n_{th,\,min} = 4$ 的最低理论板数。当使用 HETP 数值为 33cm 并且效率为 73%（≠ 0.73）的散堆填料时，为了能够完成分离任务所需的填料高度为 $h_F = (4 - 1) \times 33\text{cm}/0.73 \approx 136\text{cm}$。

复习题

1. 如何理解精馏？
2. 精馏设备分别由哪些单独的装置组成？
3. 如何在平衡图中确定最小理论板数 $n_{th,min}$？
4. 泡罩式塔板相对于筛板有哪些优缺点？
5. 对于产物数量和分离效果，回流比 $R = \infty$ 代表什么含义？
6. 填料塔有哪些内部构件？

3.4 精馏工艺

在工业生产中，有很多精馏工艺。根据要分离混合物的特性、混合物的组成情况、企业所具备的条件和经济性选择使用不同的工艺。

3.4.1 间歇精馏

在进行间歇（非连续）精馏（batch rectification）时，先将整批次要分离的混合液都添加到精馏设备的釜式蒸发器中并加热至沸腾（**图 11-101**）。

设备由釜式蒸发器和位于其上方的带有塔板或填料的精馏塔组成。此外，设备还有一个冷凝器、一个回流分配器以及产物冷却器和接收器。

启动时，在完全回流（$R=\infty$）的情况下运行设备，直至工作状态达到近乎稳定的程度并且从冷凝器中流出的顶部产物超出低沸点成分所需的组成比例。然后调节到合适的回流比，使一部分顶部产物流入接收器中。

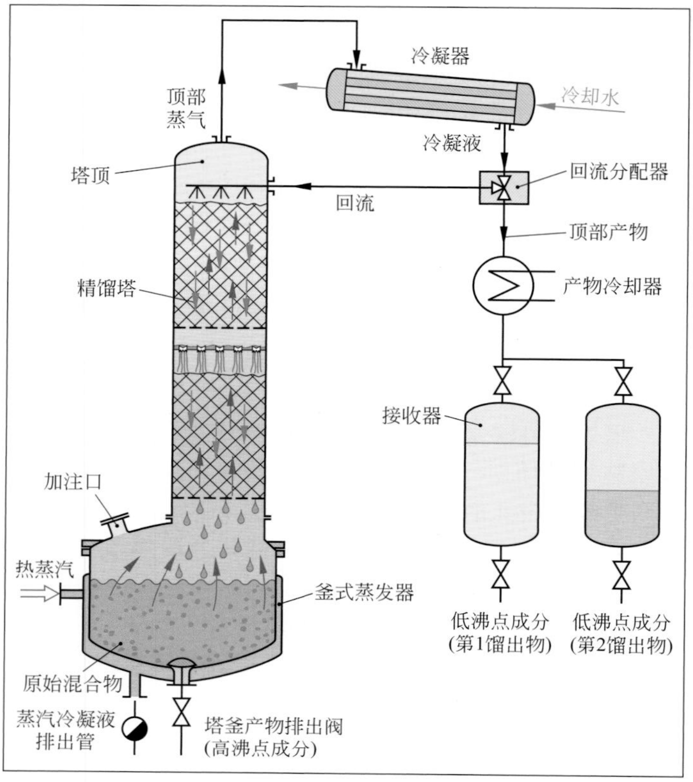

图 11-101：间歇精馏设备

有两种操作工艺：

（1）设置一个恒定的回流比。

如果设置了恒定的回流比，则顶部产物中的低沸点成分的含量会降低，开始时在一个最高的数值，然后不断下降，蒸馏釜中高沸点成分会持续增加。这种方法可在一定的精馏时间内（称为主流程）在顶部产物（第 1 馏出物）中提供低沸点成分所需的最低摩尔分数。在接近主流程结束时必须提高回流比，从而确保顶部产物达到低沸点成分所需的摩尔分数或者在第 2 个接收器中承接含有较少低沸点成分的顶部产物（第 2 馏出物）。在结束时要将富集高沸点成分的塔釜产物排出。

（2）通过不断地调节（放大）回流比实现顶部产物中的低沸点成分浓度恒定。

这种调节需要使用到昂贵的分析和调节技术装置。这种方法能够在较长的时间内提供一种组成稳定的顶部产物。当达到一个极高的、不经济的回流比后，便会结束精馏。然后从釜式蒸发器中排出富含高沸点成分的塔釜产物。

如果需要不定时分离较少量的混合物或者因数量较少使用连续设备不经济时，就使用这种间歇式精馏。

3.4.2 连续精馏

连续精馏（continuous rectification）是化工厂分离大量混合物或者连续生产某种物质的标准方法。连续精馏的设备由分离塔、蒸发器、冷凝器、回流分配器、换热器和收集器组成（**图 11-102**）。

将待分离的混合液（feed）在换热器内加热到沸腾温度并以持续的液流送入塔内。

如果将原始混合液送入塔的中部区域，则分离塔（图 11-102）由两个部分组成：

- 在塔的下部将混合液中残余的低沸点成分蒸发出去，叫作汽提塔（stripping column）。
- 在塔的上部主要富集（浓缩）低沸点成分的蒸气，叫作**浓缩塔**（concentrating column）。

有时，汽提塔的横截面较大，因为除了浓缩塔的蒸气流和液流之外还会有新混合液流入其中。

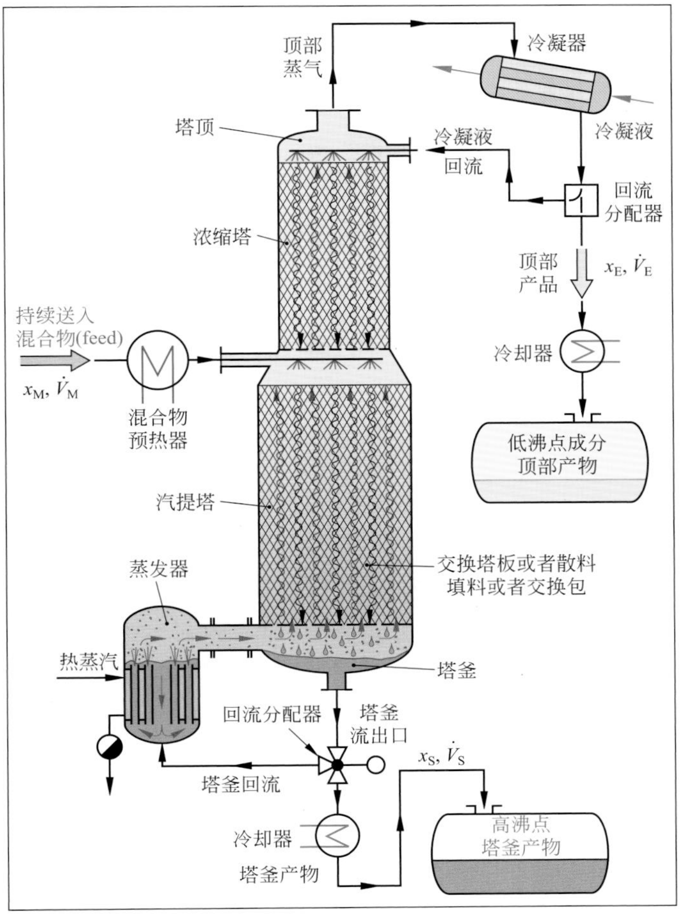

图 11-102：连续精馏设备

从塔的底部流出高沸点的塔釜产物，借助一个调节液位的三路阀门将液体分为回流液和产物。

回流液再次进入蒸发器中并以蒸气的形式流回塔中，所得底部产物进行冷却后收集在容器中。

蒸气从浓缩塔顶部流出并流入冷凝器中进行冷凝。回流分配器将冷凝液流分开，一部分作为回流液流回到分离塔中，另一部分在产物冷却器中冷却后作为设备的顶部产物离开分离塔。

除了上述装置之外，精馏设备还带有大量的仪表用于测量和调节液位。出于一目了然的目的，未在上图中标出它们的位置。一个带调节装置的精馏设备流程图请参阅第 503 页。

精馏塔启动时，将混合液添加到设备中并在全回流的情况下加热直至达到一个稳定的工作状态。然后缓慢降低回流比，直至提取的顶部产物的成分达到分离工作的要求为止。在固定工作状态下，精馏设备以该恒定的回流比运行。

理论上可在精馏设备中分离混合液至任意一个纯度（共沸混合液除外）。分离塔板的数量越多或者填料越高，则选用的回流比越大，从而保证分离更完全。

3.4.3 混合液进料的类型

根据不同的分离目的，待分离原始混合液的入口位于精馏塔不同的高度上。

混合液入口在塔中部范围

当混合液从塔中部进入时，入口是塔内下流的液体成分与送入的原始混合液的成分相同时的位置。

为了可灵活使用精馏塔，在塔中部区域有多个可选择使用的入口（**图 11-103**）。

以入口位置为分界线，塔上部范围称为浓缩塔，下部称汽提塔。

例如，如果双组分混合液的两种成分都要提取并且尽量提纯，则选择位于塔中部范围的入口。例如，甲醇 - 乙醇混合物的分离提纯。

混合液入口在蒸发器上（图 11-104）

原始混合液流入到蒸发器中并在这里发生沸腾，升起的蒸气向上流入到塔中并同时富集（浓缩）低沸点成分。整个塔当作一个纯浓缩塔使用，在塔顶的蒸气大多由低沸点成分组成。冷凝液部分作为回流液回流到塔中，另一部分作为顶部产物。塔釜产物主要是高沸点成分并含有极少的低沸点成分。

如果混合液中低沸点成分（例如乙醇 - 水混合液中的乙醇）需要提取，或者必须从混合液中分离出较少的但有害的高沸点成分（例如含水溶剂中的水）时，混合液入口选在蒸发器上。

混合液入口在塔顶（图 11-104）

原始混合液从塔顶加入并在塔内从上往下淋洒。此时，上升的蒸气会将低沸点的成分析出（排出）。整个塔当作汽提塔使用，从塔釜中提取高纯度的高沸点成分，冷凝器中的混合液主要由低沸点成分组成。

如果混合液的高沸点成分是要提取和提纯的成分（例如水 - 油混合液中的油），则采用混合液入口在塔顶的精馏方法。

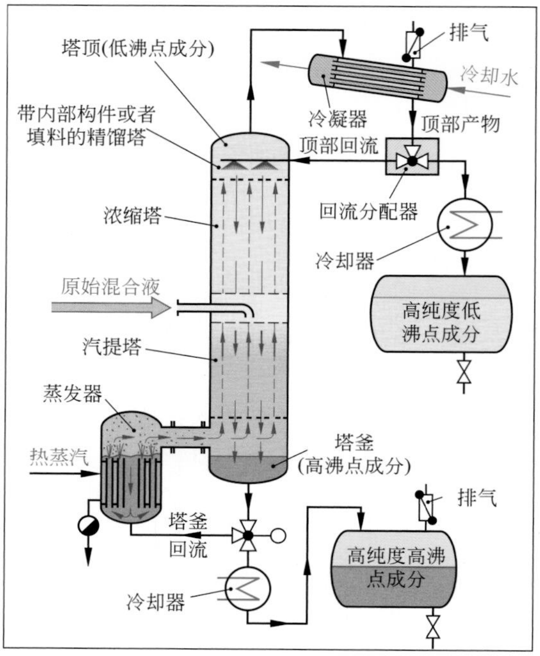

图 11-103：混合物入口在塔中部区域中的精馏设备

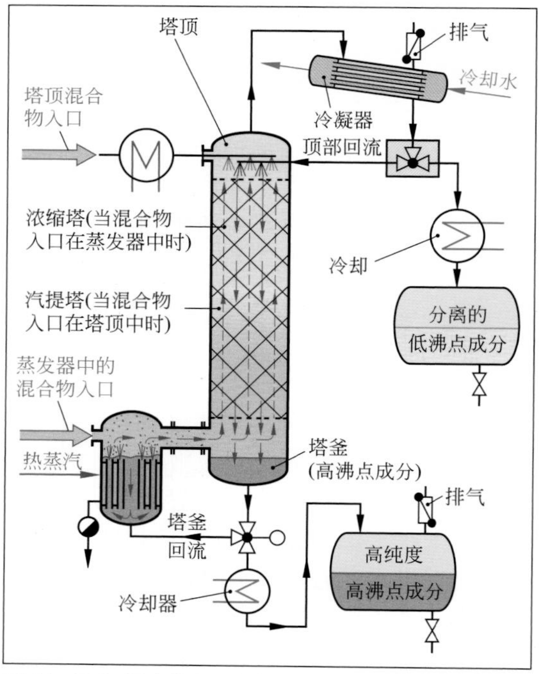

图 11-104：混合物入口在蒸发器或者塔顶的精馏设备

3.4.4 确定连续精馏塔的分离级数

对于连续运行的塔，用操作线和平衡曲线之间的阶梯数来确定理论分离级数（理论板数）。

此时要注意原始混合物加入塔中的位置。

入口在蒸发器中的精馏塔

当混合液入口在蒸发器中时（图 11-104，第 442 页）用平衡图中浓缩段操作线和平衡曲线之间的阶梯数来确定理论板数（**图 11-105**）。

浓缩段操作线是指 $x = x_E$ 时与对角线交点 E 和点（$0, y_0$）之间的直线。用下面的方程式计算 y_0：

$$y_0 = \frac{x_E}{R_{real} + 1}$$

浓缩段操作线的斜率取决于回流比 R。如果回流比大（这相应地提取较少的顶部产物），则浓缩段操作线紧贴在对角线上。如果回流比小（这相应地提取较多的顶部产物），则浓缩段操作线越往上越偏离对角线。

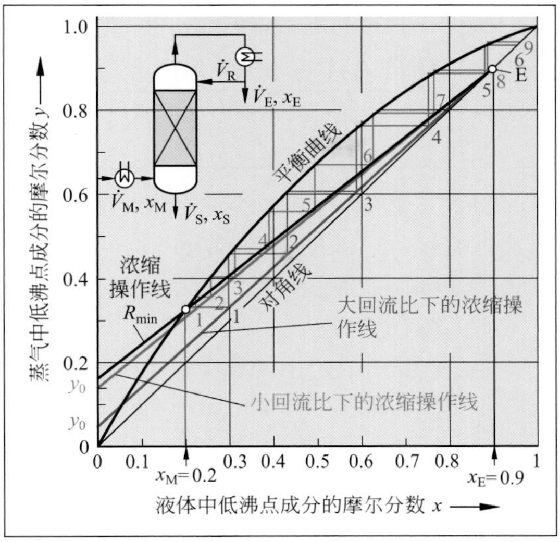

图 11-105：混合液入口在蒸发器中并且采用不同回流比时的分离级数

例：如果分别以①回流比大（红色浓缩线）和②回流比小（蓝色浓缩线）的模式进行作业，将一个 $x_M = 0.2$ 的混合液浓缩为 $x_E = 0.9$ 的低沸点成分时需要多少理论分离级数。

解：① 当回流比大（红色）时得到图 11-105 中的阶梯数为：$n_{th} = 6$；

② 当回流比小（蓝色）时得到图 11-105 中的阶梯数为：$n_{th} = 9$。

在实际情况下会选择能满足分离工作所需的最小的回流比进行工作。

入口在塔顶的精馏塔

对于这种类型的混合液入口（图 11-104，第 442 页），在平衡图中仅有一条汽提段操作线。这条线是平衡曲线的 S 点和 M 点之间的一条直线。借助汽提段操作线和平衡曲线之间的阶梯数来确定分离的级数。

入口在中部的精馏塔

如果要从原始混合液中分离出一种高纯度的顶部产物，同时也要分离出一种纯的塔釜产物，则精馏塔由两部分组成（图 11-103，第 442 页）。在浓缩塔中富集低沸点成分，在汽提塔中从高沸点的成分中提取残留的低沸点成分。

由两部分组成的精馏塔在平衡图中有一条浓缩段操作线和一条汽提段操作线（**图 11-106**）。根据汽提段操作线或者浓缩段操作线和平衡曲线之间的阶梯数来确定理论分离级数。阶梯线从 x_S 开始并在 x_E 上方结束。

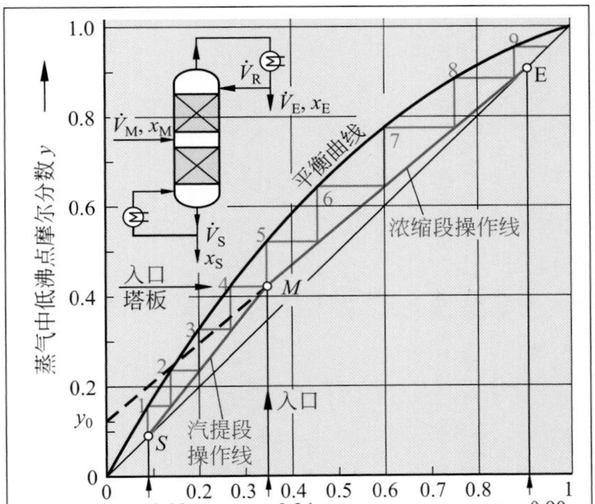

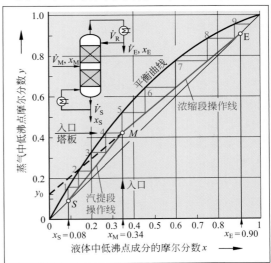

图 11-106：混合液入口在中部和采用恒定回流比时的分离级数

精馏工作的计算示例

在精馏塔中精馏苯-甲苯混合液。通过下列几对数值来确定平衡曲线。

x_B/%	0	5	10	20	30	40	50	60	70	80	90	95	100
y_B/%	0	11	21	38	51	62	71	78	85	91	96	98	100

将为 x_M(苯) = 42% 的混合液沸腾后送入塔中。顶部产物以 x_E(苯)=98% 的参数从塔中流出，以 x_S(苯)=4% 的参数提取塔釜产物。回流比为 $R_{real} = 2.0R_{min}$，塔板效率为 76%。

① 请画出平衡曲线。

② 请确定参数 y_M、R_{min}、R_{real} 和 y_0。

③ 请在平衡图中画出浓缩段操作线和汽提段操作线。

④ 请用 MacCabe-Thiele 阶梯线来确定理论分离级数。

⑤ 请确定精馏塔所需的实际塔板的数量。

解：

由题可知：$x_M = 0.42$；$x_E = 0.98$；$x_S = 0.04$；$R_{real} = 2.0 \cdot R_{min}$；$\eta = 0.76$。

① 请参阅图 11-107。

② 在 y 轴上，在 $x_M = 0.42$ 与平衡曲线的交点上可以读出：$y_M = 0.64$；

根据下列公式计算最低回流比：

$$R_{min} = \frac{x_E - y_M}{y_M - x_M} = \frac{0.98-0.64}{0.64-0.42} \approx 1.55$$

$$R_{real} = 2.0R_{min} = 2.0 \times 1.55 \approx 3.1$$

用下面的公式计算 y_0：

$$y_0 = \frac{x_E}{R_{real}+1} = \frac{0.98}{3.1+1} \approx 0.245$$

③ 在 E 点和点（0, y_0）之间画一条直线就是浓缩段操作线（**图 11-107**）。汽提段操作线是 S 点和 M 点之间的直线。S 点为 x_S 与对角线的交点；M 为 x_M 与浓缩段操作线的交点。

④ 在画 MacCabe-Thiele 阶梯线时，从 x_S = 0.04 开始，在平衡曲线和汽提段操作线以及浓缩段操作线之间画线直至越过 x_E = 0.98。估算阶梯数就得到理论分离级数 $n_{th,min}$=14。

⑤ 用下列公式计算实际所需的塔板的数量：

$$\boldsymbol{N} = \frac{n_{th,min} - 1}{\eta} = \frac{14-1}{0.76} \approx \mathbf{17.1}$$

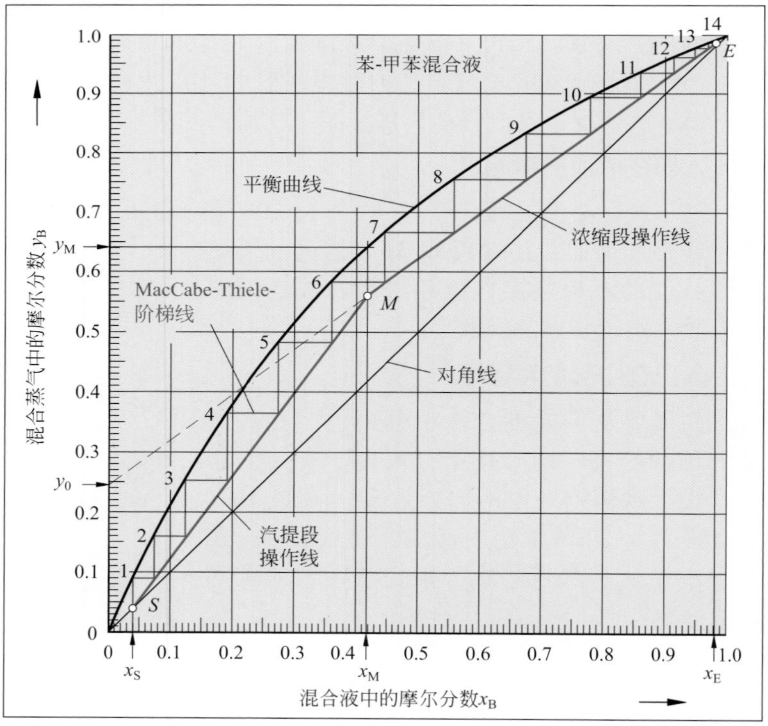

图 11-107：示例所用的溶液

所需的塔板的数量为下一个更大的整数：N = 18。

3.4.5 混合液进料高度的影响

入口塔板将塔分为浓缩部分和汽提部分（图 11-103，第 442 页）。知道精馏塔入口塔板正确的高度对于其分离效果十分关键。

如果高度正确，则塔可以用尽量少的分离板数来完成分离任务。选择了错误的入口塔板高度会恶化精馏塔的分离效果。

根据 MacCabe-Thiele 阶梯线确定入口板的位置：沿汽提操作线向上，当阶梯线首次碰到浓缩段操作线的地方即为入口位置（**图 11-108**）。

在图 11-108 中，混合液最好在第 6 块理论板上送入。

用总计 14 块分离板来实现顶部产物和塔釜产物所需的最终浓度。其中，汽提部分为 6 块分离板，浓缩部分为 8 块分离板。

混合液入口过低（也即在过低的塔板上送入，例如在塔板 5 上）时的情况，请参阅**图 11-109** 中的阶梯线。

在这种情况下，首先在平衡曲线与浓缩线及其延长线之间作阶梯线，当跨过第 5 塔板时，改为在平衡曲线与汽提线之间作阶梯线。

由图 11-109 可知在本例中需要使用 14 块精馏理论板。

汽提部分为 4 级，浓缩部分为 10 块。

总之所使用的分离板数（14 块）跟最佳入口高度时所用的板数一样（图 11-108）。

当混合液入口过高时请见**图 11-110**。混合液要从一块过高的塔板上加入，在该例中为第 9 塔板。

从 x_S 开始首先在汽提线及其延长线与平衡曲线之间作阶梯线，当跨过第 9 塔板时，改为在浓缩线与平衡曲线之间作阶梯线。

由此需要用到的分离板总计为 15 块。汽提部分为 9 块，浓缩部分为 6 块。

总体上，分离板数高于最佳入口高度时的板数（图 11-108）。

比较这三个入口高度后得出一个结论，选择最佳的入口塔板高度（图 11-108）所需的理论板数最少。混合液入口过高会增加所需的理论板的数量。

例如，如果实际的精馏塔带有 14 块理论板，则当混合液入口过高（图 11-110）时由于所需的理论板数要更多，因此无法达到所需的产物浓度。

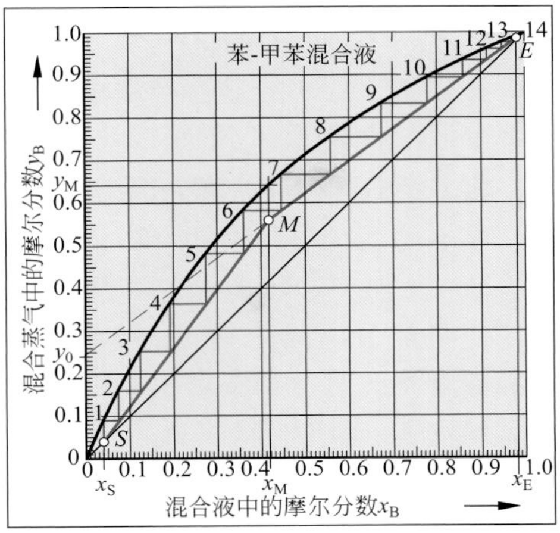

图 11-108：混合物入口在最佳高度的精馏塔所需的理论板数

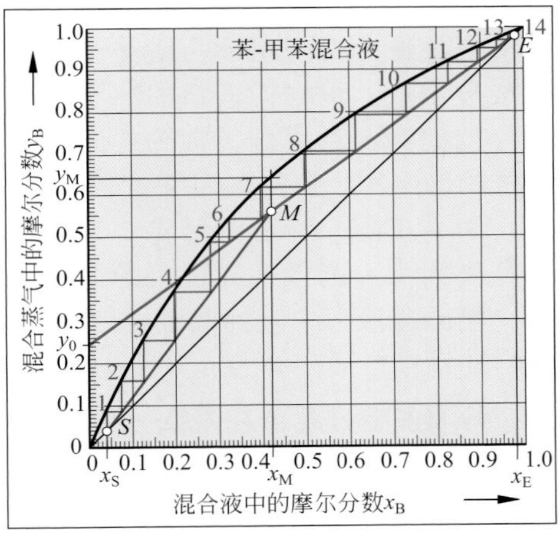

图 11-109：混合液入口过低的精馏塔所需的理论板数

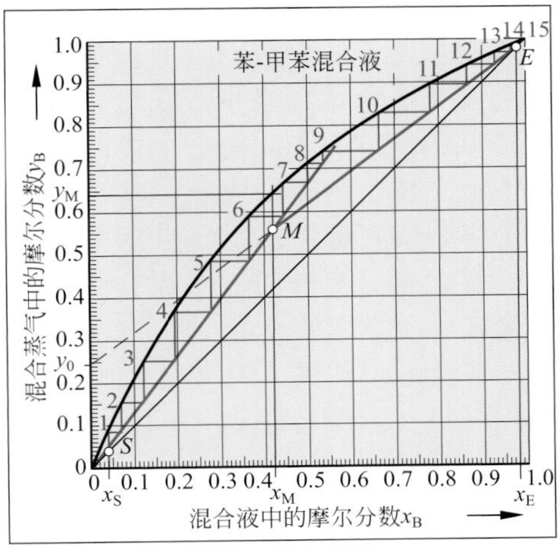

图 11-110：混合液入口过高的精馏塔所需的理论板数

3.5 多组分混合液的精馏

在化工工业中经常会产生由多种纯液体所组成的混合液，通常在专门的精馏设备中进行分离。

将多组分混合液分离为馏出物

如果混合液由许多成分组成（例如石油或产物混合物），则大多数情况下不能分离为纯的单个成分，而只能分离成为具有一定沸点范围的馏出物。此类混合物在具有很多塔板和侧面排液口的精馏塔上进行分离（**图 11-111**）。

从塔的下部区域加入多组分混合液。多组分混合液在每块分离塔板上沸腾，其中低沸点成分蒸发并向上升起，而较高沸点的成分流到下面的塔板上。结果是，在上面的塔板上富集低沸点的成分，而在下面的塔板上主要是高沸点的成分。顶部产物主要由沸点最低的成分组成，塔釜产物主要由沸点最高的成分组成。根据排液口的高度，侧面产物是由不同比例的高沸点成分、中沸点成分和低沸点成分所组成的馏出物，也称之为塔侧料。

为了在高分离塔中形成一个大的温差以将混合液分离为沸点范围差异很大的馏出物，也相应地从两个侧面排液口中间抽取混合液、冷却并再次送入。这样的精馏塔最高有 50m（**图 11-112**）。

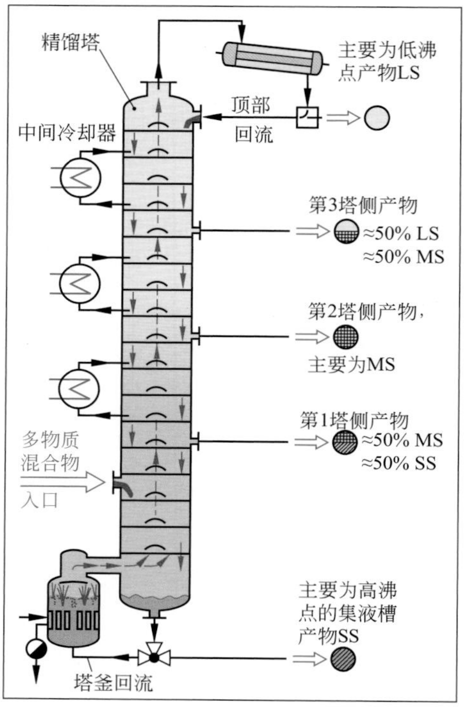

图 11-111：用于将多组分混合物分离为馏出物的精馏设备

图 11-112：多组分混合液精馏塔图片

分离多组分混合液为单一纯物质

在将由多物质混合液分离为多个纯物质时，需要使用一套由多个分离塔依次相连的精馏设备。**图 11-113** 为用于分离多成分混合液的一种精馏设备。

例如，在第一个精馏塔中，混合液从塔的下部区域进入，从塔顶获取纯的沸点最低的成分 A。第 1 个塔的塔釜产物中包含混合液剩余的成分；然后将其送到第 2 个精馏塔中，在这里接着分离下一个沸点最低的纯成分 B。第 2 个塔的塔釜产物包含要送到下一个塔中的剩余成分，以此类推。 在最后一个塔中将剩余的两种成分 C 和 D 分开。

要完全分离开带 n 个成分的混合液，需要使用一套带 n–1 个塔的设备。

混合液中各成分的沸点温度 t_b 从 A 向 D 依次升高：$t_b(A) < t_b(B) < t_b(C) < t_b(D)$。

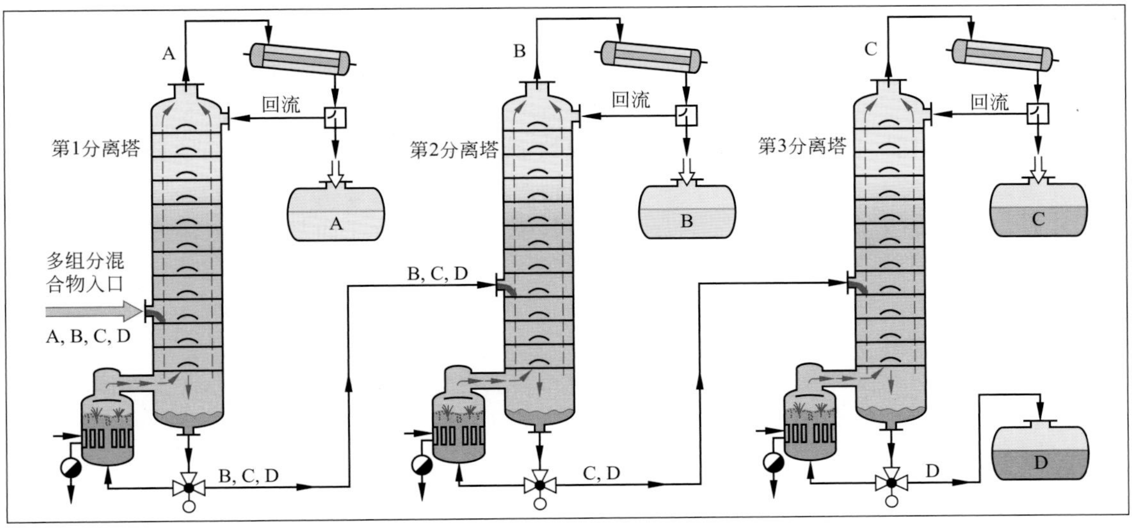

图 11-113：用于将多组分混合液分离为多种纯物质的设备

3.6 热敏混合物的精馏

对温度敏感、沸点高的有机混合物的温和精馏工艺有载气蒸汽精馏和真空精馏。

在**蒸汽精馏**（steam rectification）工艺中，其分离塔跟一般的精馏工艺所用的分离塔一样，但是除了混合液之外还另外在塔底吹入承载蒸汽（**图 11-114**）。载气降低了混合液的分压，从而降低了混合物的沸腾范围，使其在一个低得多的温度水平上进行精馏（详细说明请参阅第 432 页）。如此可避免产生热损害，尤其是对于有机液体。使用载气蒸汽的精馏塔也称为汽提塔。

在**真空精馏**（vacuum rectification）时用一台真空泵使整个精馏塔内形成一个明显的低压。由此降低混合液的沸腾范围（详细说明请参阅第 425 页），从而在一个较低的、温和的温度水平上进行精馏。真空塔内填充了流动阻力（压力损失）较低的填料（图 11-100，第 439 页）。

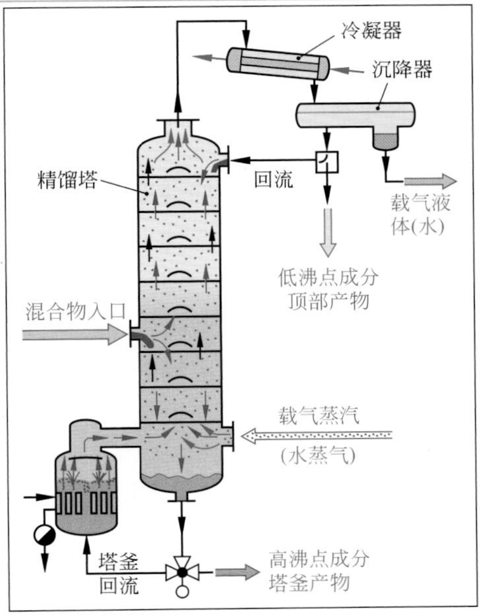

图 11-114：载气蒸汽精馏设备

复习题

1. 请描述以恒定的回流比进行间歇式精馏的过程。
2. 连续精馏设备由哪些零件组成？
3. 在混合液入口位于蒸发器的精馏设备中可以分离哪些混合液？
4. 如何画浓缩段操作线？
5. 对于混合液入口在塔中间的精馏塔，如何确定理论板数？
6. 分离一种三组分混合液的精馏设备需要多少个分离塔？
7. 蒸汽蒸馏或者真空蒸馏有什么用途？

3.7 原油精炼

通过精馏来分离多组分混合液的一个重要的应用例子是精炼原油（crude oil refining）。由于产量较大，因此在炼油厂中持续进行多种原油精炼过程。

原油是一种由上千种有机互溶的物质组成的多组分混合液，成分主要为烷烃、烯烃、环烷烃和芳烃。在大气压下，各种液体成分的沸腾温度为 50 ～ 500℃。

在精炼过程中，原油的多物质混合液不会分离为单种成分，而是将其分离为具有一定沸点范围的分段混合液（馏出物、馏分）。

原油馏出物有：精炼气体、液化气、机动车用的汽油、航空汽油（煤油）、轻重燃料油、各种润滑油、石蜡和沥青。

由于原油成分数量很多，有时产品的性能和要求也大不相同，因此原油在多个串联或者并联的设备中进行分离（**图 11-115**）。

粗略分离的主分离塔

首先在管式炉内将原油加热到沸腾温度，然后送入主分离塔中。在这里原油粗略分离为一种低沸点的顶部馏出物、一种高沸点的塔釜馏出物以及多个中间沸点的侧面排出液（塔侧料）。

在大气压下送入水蒸气（载气蒸汽、汽提蒸汽）至塔的下部，运行主分离塔。这降低了塔内混合液的沸腾温度，从而在相对较低的温度下进行精馏。此外，汽提蒸汽使塔釜产物中释放出低沸点的轻馏分，并从沉降器上部的液体产物中清洗出水溶性的杂质（例如盐）。

混合液蒸气从主分离塔塔顶流出，其主要由原油中沸点最低的成分组成。然后，在顶部冷凝器和沉降器中将其分离为炼厂气（常温下为气体）和粗汽油馏分。

主分离塔的塔釜馏出物是重燃料油。它可以用作发电厂或者轮船的燃料，也可以在真空分离塔中分离为各种成分。

低沸点组分的高压分离塔

粗汽油还含有一些挥发性的成分，将其抽到高压分离塔中。塔在高压下运行，从而将在大气压下呈气态的成分液化并可通过精馏进行分离。顶部产物是由液化气和炼厂气组成的混合物，它们在沉降器内进行分离，塔釜产物是汽油馏出物。

用于浓缩侧面馏出物的侧面分离塔

将主分离塔的侧面馏出物送到侧面分离塔中。侧面分离塔是纯汽提塔，借助汽提蒸汽运行。在侧面分离塔中还会分离出低沸点的挥发性成分。塔釜产物是煤油馏出物和轻质燃料油。

主分离塔的塔釜馏出物可以直接作为重燃料油（工业设备使用的燃料）使用，它包含原油所有的高沸点组分。

用于分离高沸点组分的真空分离塔

如果需要得到高沸点的原油产物（润滑油、石蜡和沥青），则将主分离塔的塔釜馏出物（重燃料油）送入真空分离塔中并在这里分离为相应的组分。带规整填料的分离塔是在真空下运行的，借此降低成分的沸腾温度。如果在大气压下精馏，则高沸点的成分会被热分解并焦化成炭黑。真空分离塔的塔釜产物是沥青。

真空分离塔的侧面排出液是润滑油和具有不同碳链长度的石蜡，呈黏稠至膏状。它们会在侧面分离塔中再次被汽提蒸汽洗出易挥发的成分。

在真空分离塔顶部有一个冷凝器、水分离器和一台真空泵。其会在塔内产生低压并将最后的挥发性成分抽出。这些成分以废气的形式排出设备，也可用于加热其他物料或者被烧掉。

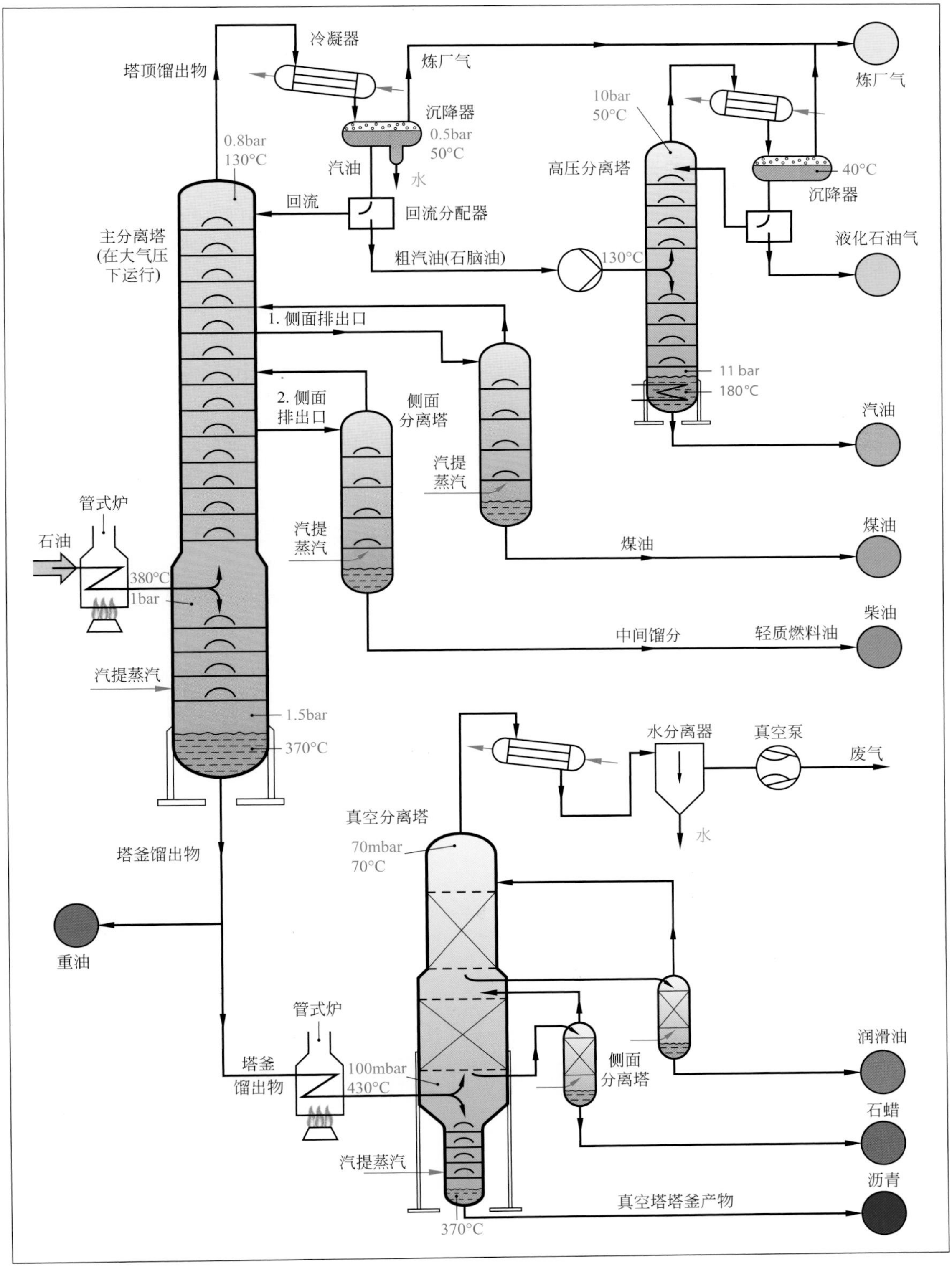
冷凝器
塔顶馏出物
炼厂气
沉降器
0.5bar
50°C
0.8bar
130°C
汽油
水
回流
回流分配器
主分离塔
(在大气压
下运行)
粗汽油(石脑油)
130°C
10bar
50°C
高压分离塔
40°C
沉降器
炼厂气
液化石油气
1. 侧面排出口
2. 侧面
排出口
侧面
分离塔
汽提
蒸汽
11 bar
180°C
汽油
煤油
煤油
管式炉
石油
380°C
1bar
汽提
蒸汽
中间馏分
轻质燃料油
柴油
汽提蒸汽
1.5bar
370°C
水分离器
真空泵
废气
水
真空分离塔
70mbar
70°C
塔釜馏出物
重油
管式炉
塔釜
馏出物
100mbar
430°C
侧面
分离塔
润滑油
石蜡
汽提蒸汽
沥青
真空塔塔釜产物
370°C

图 11-115：用于精炼原油的设备（流程示意图）

3.8 共沸和低沸点差混合液的精馏

在精馏期间，混合液的组成和升起的蒸气组成相同的混合液称为共沸混合液。
沸点相差不大的混合液称为低沸点差混合液。

3.8.1 共沸混合液的沸腾特性

相对于理想混合液（第 416 页），在沸腾图和平衡图中，共沸混合液具有自己的特点。

在共沸图中，纯物质 A 和 B 没有最低或者最高的沸点，而具有共沸组成的 A+B 混合液有一个共沸点 Az。根据共沸点高于或者低于各个成分的沸点，分为：

- **具有最低沸点的共沸混合物**：共沸点 Az1 低于纯成分 A 和 B 的沸点，例如在图 11-116（a）中，$x_{Az1}\approx 0.7$，也称其为最低沸点共沸。
- **具有最高沸点的共沸混合液**：共沸点 Az2 高于纯成分 A 和 B 的沸点，例如在图 11-116（b）中 $x_{Az2}\approx 0.60$，也称其为最高沸点共沸。

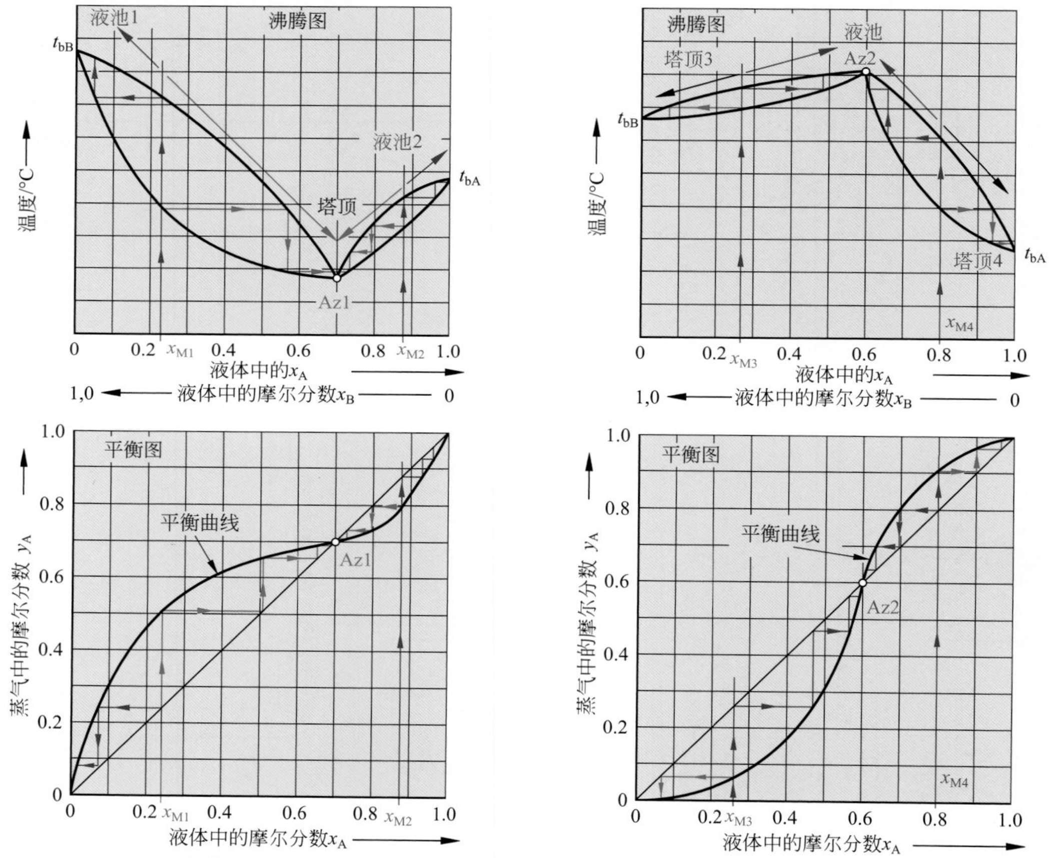

(a) 具最低沸点的混合液　　(b) 具最高沸点的混合液

图 11–116：共沸双组分混合液的沸腾曲线和平衡图

精馏共沸混合液的过程可以查看沸腾图和平衡图（**图 11-116**）：

如果将沸点最低且含量低于共沸点组成（例如 $x_{M1}=0.24$）的最低共沸物混合液送入精馏塔中，就会得到作为低沸点顶部产物的共沸物［图 11-116（a），第 450 页，蓝色的阶梯线］和作为高沸点塔釜产物的接近纯的成分 B（红色阶梯线）。

对于低沸点组分含量高的混合物（例如 $x_{M2}=0.88$），其组分位于共沸点 Az1 的右侧。在精馏时产生作为顶部产物的低沸点共沸物（蓝色阶梯线），塔釜产物为高沸点的接近纯的组分 A（红色阶梯线）。因此，精馏具有最低共沸点的混合液时，根据混合液的含量，在塔釜中剩下一种纯的组分，而在塔顶始终是共沸物。

对于具有最高共沸点的混合液，不管混合液的组成情况如何，在塔釜中剩下的始终是高沸点的共沸物［图 11-116（b），第 450 页，红色阶梯线］。将组分位于共沸点 Az2 左侧（例如 $x_{M3}=0.26$）的混合液送入精馏塔中时，便会产生作为顶部产物的接近纯的组分 B。在送入组分位于共沸点 Az2 右侧（例如 $x_{M4}=0.80$）的混合液时，便会在顶部得到接近纯的组分 A（相应的蓝色阶梯线）。

分离共沸混合液和低沸点差的混合液

借助一般的精馏工艺无法完全将共沸混合液分离为两个纯的组分 A 和 B。根据混合液的沸腾特性和组成情况，共沸混合物位于塔顶或者塔釜中。

相反，低沸点差的混合物由于沸点差较低因而具有一个极为平滑弯曲的平衡曲线，这会使得塔的分离级数激增，是不经济的。

因此，只能通过下述专门的精馏工艺将此类混合液分离。

3.8.2 双压共沸精馏

双压精馏法（two-pressure-type rectification method）的原理是在不同的压力下，共沸混合物的平衡曲线走向不同并且有不同的共沸组成情况（**图 11-117**）。借助压力变化使共沸点移动：压力降低时向右上方，压力升高时向左下方。

例： 分离四氢呋喃-水混合液。对于四氢呋喃-水混合液，当压力为 1bar 时，共沸点在 $x_{az1}=0.82$（红色平衡曲线），当压力为 8bar 时，共沸点在 $x_{az2}=0.64$（蓝色平衡曲线）。

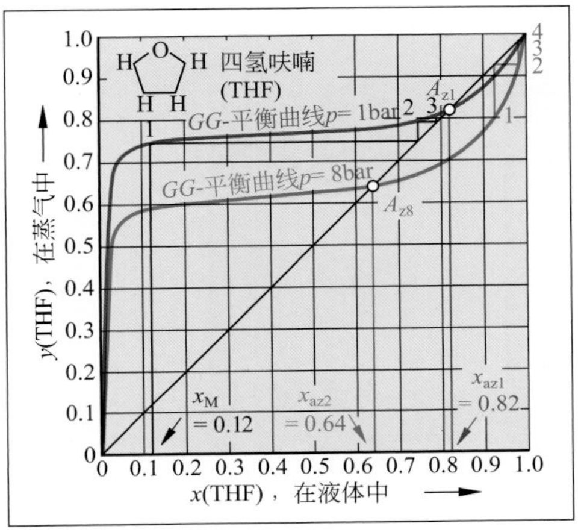

图 11-117：在 1bar 和 8bar 的工作压力下四氢呋喃-水混合液的平衡曲线

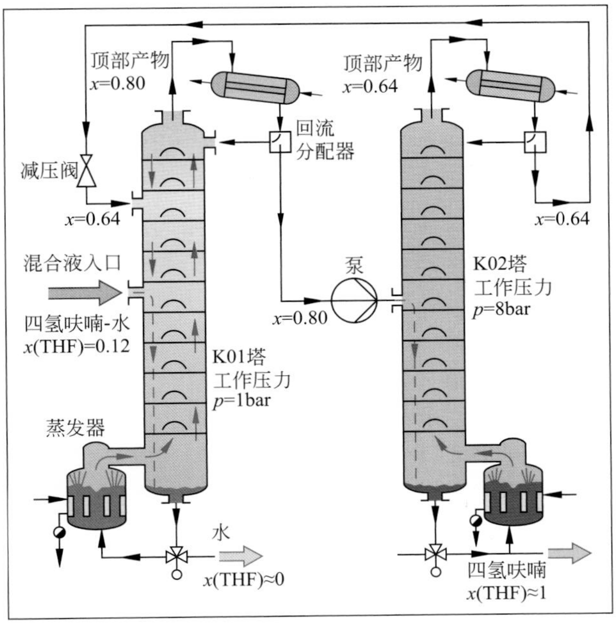

图 11-118：提纯四氢呋喃的双压精馏设备

一个用于进行双压精馏法的精馏设备由两个依次连接在一起的分离塔和附加装置（蒸发器、冷凝器和回流分配器）组成（**图 11-118**，第 451 页）。

例如，从四氢呋喃 - 水混合液中提取四氢呋喃时，K01 塔在 1bar 的压力下运行，K02 塔在 8bar 的压力下运行。

将摩尔分数 x（THF）= 0.12 的四氢呋喃 - 水溶液送入 K01 塔中（原始成分位于共沸点 Az1 左侧）。

例如，在有 2 块理论板数的情况下，借助在 K01 塔中的精馏得到 x（THF）= 0.80（第 451 页图 11-117 中的黑色阶梯线）的顶部产物（低沸点成分）。K01 塔的塔釜产物大多是不含四氢呋喃的水，然后将其从设备中排出。将 x（THF）= 0.80 的顶部产物用泵在略微中间的位置送入压力为 8bar 的第二个分离塔中。

当压力为 8bar 时，混合液的共沸点为 x_{az2} = 0.64。由此，x（THF）= 0.80 的四氢呋喃 - 水混合液位于共沸点右侧，跨过了压力为 1bar 时的共沸点。

当理论板数为 4 左右时（第 451 页图 11-118 中的蓝色阶梯线），在 K02 塔中的精馏会产生作为塔釜产物的 x（THF）≈ 1 的四氢呋喃。

作为 K02 塔的顶部产物得到一个接近于共沸组成成分 x（THF）= 0.64 的四氢呋喃 - 水混合物。将其作为上部的侧面液流从 8bar 降压到 1bar 后送回到 K01 塔中。

3.8.3 使用辅助剂的共沸精馏

在这种共沸精馏（azeotrope rectification）中，将向低沸点差混合液和共沸的混合液中添加辅助剂，形成另一种非均相共沸物。

选择的辅助剂应与相应原始混合液的某种成分形成一种新的共沸物，其沸点较低并且为顶部产物。顶部产物就是所谓的非均相共沸物，也就是在冷凝后，顶部产物混合液不会混合到一起，然后在沉降器中，辅助剂和组分作为一种重的和一种较轻的液体被沉淀分离。

例：使用环己烷辅助剂来共沸精馏乙醇 - 水混合液。

该共沸精馏在两个串联的精馏塔设备中进行（**图 11-119**）。

在主分离塔中对乙醇 - 水混合液进行标准的精馏。顶部得到与共沸点组成接近的产物：x（乙醇）≈ 0.85；塔釜产物是水。将环己烷与 x（乙醇）≈ 0.85 的顶部共沸产物混合，然后将三组分混合液送入辅助剂分离塔中。在这里分离为塔釜中接近纯物质的乙醇，以及新的共沸顶部产物环己烷 - 水混合液。

环己烷和水在液态下是不能混溶的，在沉降器（倾析器）中冷凝后分为较轻的环己烷和较重的水（仅带有少量的溶解的乙醇）。然后水从塔中间又送回到主分离塔中。

分离出的辅助剂环己烷通过辅助剂分离塔入口再次与流入的乙醇 - 水混合液混合，其在辅助剂分离塔的上部范围内进行循环，因此称其为塔顶流动辅助剂。

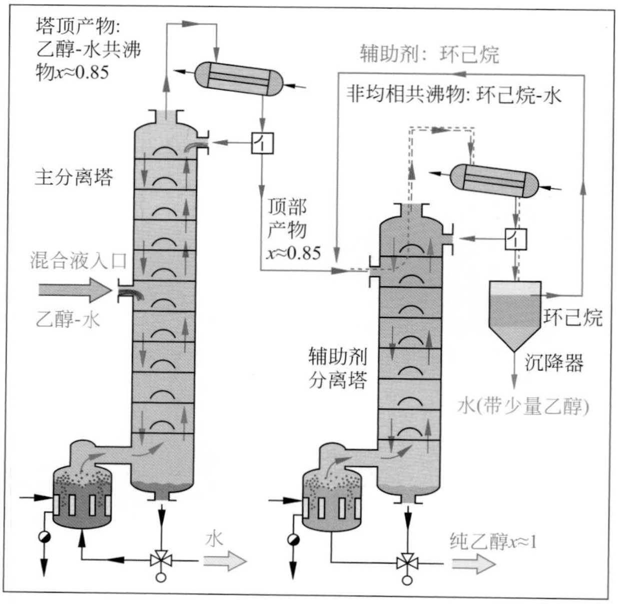

图 11-119：用于从乙醇 - 水混合液中获取纯乙醇的共沸精馏

3.8.4 萃取精馏

萃取精馏（extractive rectification）借助起萃取作用的辅助剂来分离低沸点差的混合液和共沸的混合液。这类辅助剂通常沸点很高，且不与混合液中的成分共沸。高沸点辅助剂与高沸点的混合液成分结合在一起，前者萃取后者。

添加萃取辅助剂后，待分离混合液的平衡曲线会发生变化（**图 11-120**）。

例如向苯 - 环己烷这样的共沸混合物中加入萃取辅助剂后就会失去共沸点并且具有一个均匀弯曲的平衡曲线。

具有紧贴在对角线上的平衡曲线的低沸点差混合物（例如苯 - 氯乙烯），在添加辅助剂后，其平衡曲线会偏离对角线很远。借此可将低沸点差和共沸的（大多在实际情况下无法完全分离的）混合物通过精馏分离为纯的成分。

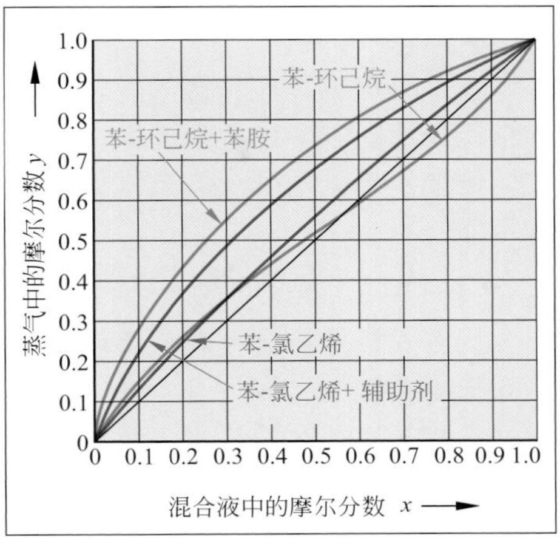

图 11-120：添加起萃取作用辅助剂后的平衡曲线

萃取精馏在一个带主分离塔 K1 和一个后置的辅助剂分离塔 K2 的设备中进行（**图 11-121**）。

混合物（A + B）的入口在塔的中部区域。

在主分离塔的上部范围内以 70% 左右的比例送入辅助剂（H）。高沸点的辅助剂会结合高沸点的混合物成分 B。

在主分离塔中进行精馏时，两种高沸点液体（B + H）会聚集在塔釜中。低沸点的混合液成分 A 会作为最终产物在主分离塔顶塔顶得到。将高沸点辅助剂（H）和同样高沸点的混合液成分 B 所组成的塔釜产物送入辅助剂分离塔中。辅助剂会将混合液成分 B“拖拽”到第 2 个塔中，因此也称其为挟带剂。

在辅助剂分离塔中，混合液分离为塔顶的混合液成分 B 和塔釜中的辅助剂。成分 B 作为第 2 产物送入一个储罐中。辅助剂被循环送入主分离塔中，其也称为塔釜循环辅助剂。

萃取精馏共沸混合液的示例：

混合液：丙酮 - 三氯甲烷
　　辅助剂：甲基异丁基酮
混合液：盐酸 - 水
　　辅助剂：浓缩硫酸

萃取精馏低沸点差混合液的示例：

混合液：苯 - 环己烷
　　辅助剂：苯胺
混合液：甲基环己烷 - 甲苯
　　辅助剂：苯胺

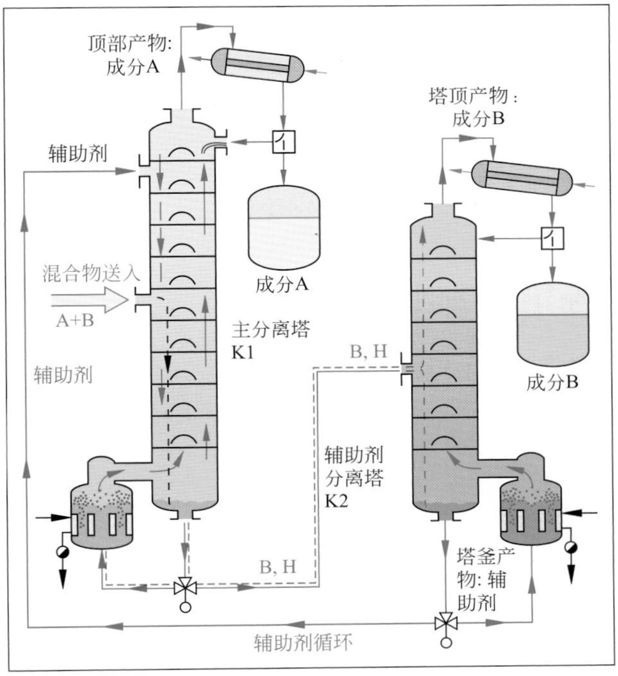

图 11-121：用高沸点辅助剂萃取精馏低沸点差的混合液

3.9 组合式精馏工艺

这种工艺是将精馏与化学反应或者另一种分离方法组合起来的工艺，因此也称之为混合分离方法。

反应精馏

在这种称为反应精馏的工艺中，化学反应及其产物的精馏分离在一个设备中进行。

例如，根据下列反应方程式，用甲醇和乙酸制造乙酸甲酯：

$$CH_3OH + CH_3COOH \xrightarrow{H^+} CH_3COOCH_3 + H_2O$$

反应式精馏塔是一种规整填料塔，细分为 5 个填料区（**图 11-122**）。

乙酸从上部区域流入，然后向下流。甲醇在下部区域送入，然后向上升起。

在催化剂，例如阳离子交换剂（H^+）的共同作用下，两种成分反应生成乙酸甲酯和水。乙酸甲酯 - 水的共沸物。在上升过程中与向下流的乙酸混合物接触并分离出水，水在最下方排出。乙酸 - 乙酸甲酯混合液在最上部的规整填料中精馏。

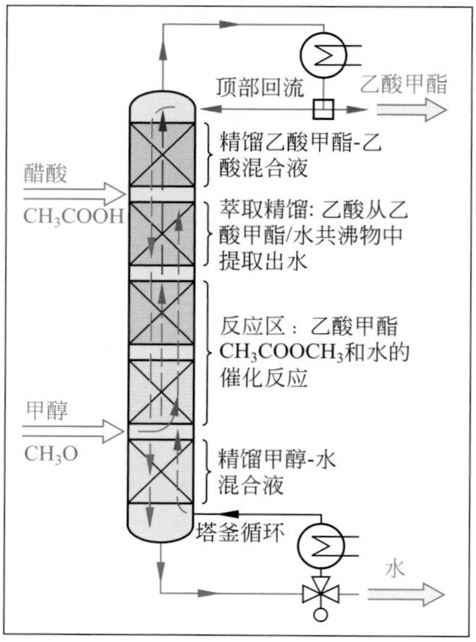

图 11-122：反应式精馏塔

水从反应区向下流出并携带着未消耗完的甲醇。甲醇 - 水的混合液在最下面的规整填料中精馏。

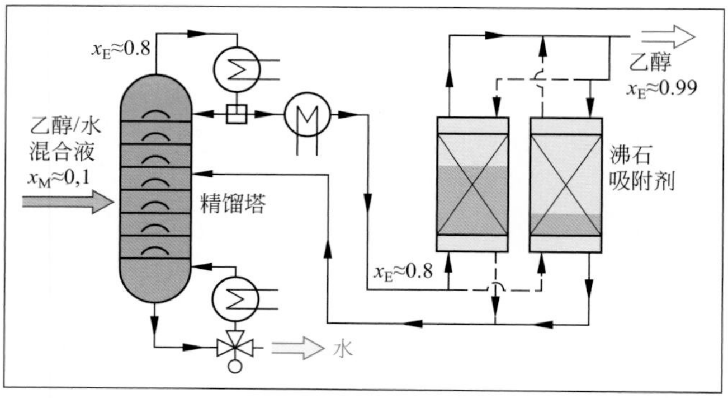

图 11-123：在精馏 - 吸附设备中获取乙醇

精馏和吸附

也可以使用精馏和吸附这种组合式方法来获得纯乙醇（**图 11-123**）。在精馏塔中聚集原始混合液直至接近共沸组成，约为 $x_E = 0.8$（请参阅图 11-117，第 451 页）。用吸附设备的沸石散料（第 391 页）将混合液中的水吸出获得纯乙醇。吸附单元以再生交替模式运行。

精馏和薄膜分离

丙醇 - 水混合液的共沸点为 $x_P = 0.4$。原始混合液在 K1 塔中分离，塔顶为丙醇 - 水共沸物（$x_P = 0.35$），塔釜中为水（**图 11-124**）。将顶部产物送入薄膜分离设备中。在这里，水通过分离膜流出。由此将丙醇的含量提高到约 $x_P = 0.65$，从而使该混合液组成位于共沸点右侧。然后混合液送入 K2 塔中分离为纯的丙醇（在塔釜中）和丙醇 - 水共沸物（在塔顶）。

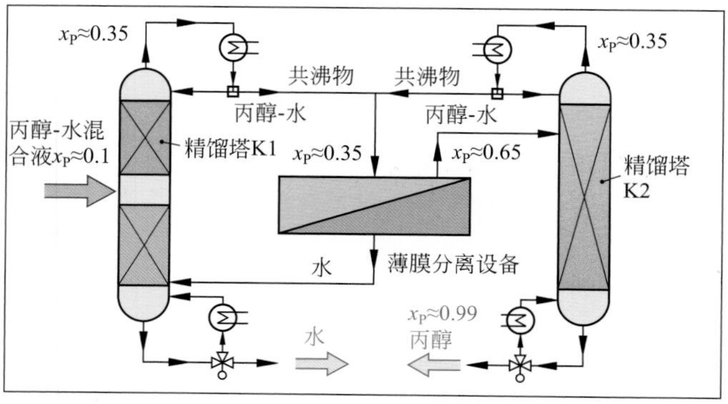

图 11-124：在连续精馏和薄膜分离设备中获取丙醇

3.10 精馏设备的节能措施

精馏设备的热量需求很大（图 11-102，第 441 页）。混合液送入时必须在预热器中加热到沸腾温度并且塔釜回流液要在蒸发器中进行蒸发，此外还必须给设备输入热量来平衡热损失。因此精馏设备的节能措施非常必要。

节能基本上有两种方法：

（1）对精馏塔以及传热的辅助设备和管道进行隔热保温，由此减少热损失。

（2）将产物冷凝和冷却所释放的热量回收用于加热和蒸发原始混合液。

图 11-125 图示了一种带热回收装置的精馏设备。

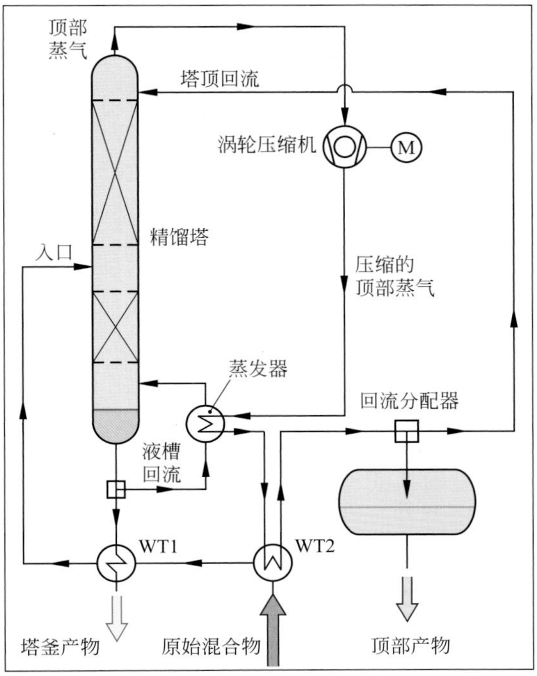

图 11-125：带蒸气压缩和原始混合液预热的精馏设备

在顶部产物冷却器 WT2 和塔釜产物冷却器 WT1 中预热原始混合液。由此将塔顶产物和塔釜产物中所包含的热量部分送回到精馏过程中。

塔顶蒸气不像通常那样冷凝，而是在一个增压压缩器中压缩从而提升到一个更高的温度水平，这个过程称为蒸气压缩（参阅图 11-34，第 408 页）。借此，压缩蒸气的温度比塔釜产物的沸点高很多并在蒸发器中作为热蒸气来蒸发塔釜回流液。以此方式将部分顶部蒸气所包含的热量送回到精馏过程中。此外，蒸发冷凝液（顶部产物）也用于预热热交换器 WT2 中的原始混合液。如果对设备的所有部件进行隔热并通过蒸气压缩回收热量（用于预热混合液），则紧靠涡轮增压压缩机的驱动电能就足够驱动精馏设备，仅在启动时需要进行一次额外的加热。

3.11 精馏设备的调节

精馏设备是一种复杂的设备，必须对温度、压力、液位、物料流量和成分进行测量和调节。

只有满足所有要求的运行状态和运行条件，才能获得所需的混合液分离结果。

设备调节和控制方面的基础知识请参阅本书的第 13 章第 2 节（第 482 页之后）。用于分离双组分混合液的精馏设备和所需的调节装置请参阅第 503 页中的图。

复习题

1. 原油精炼时在主分离塔中原油分离成哪些产物？
2. 什么是共沸混合液、低沸点差混合液？
3. 共沸混合液用哪种精馏法分离？
4. 在共沸精馏时，低沸点辅助剂的效果基于什么原理？
5. 高沸点辅助剂对共沸混合液有什么影响？
6. 在运行精馏设备时有哪些节能方法？

Ⅻ. 物理化学分离过程

方法概述

有一些混合气体和混合液体，不能或不能充分通过机械或者热分离方法分开，或者即使可以，也需要花费不少的成本。原因可能是热性的不稳定或者是混合成分的蒸馏性（如：共沸）或混合液被极端稀释。这些情况下，物理化学分离方法可视为混合物分离或者从混合物中分离出各个成分的适合方法。

气体和混合气体的物理化学分离方法是吸收和吸附。

吸收指的是气体混合物中的一种或多种成分溶解或化合在一种吸收液体中（**图 12-1**）。

吸附指的是气体混合物的成分与固定的吸附剂的内表面相结合（**图 12-2**）。

两种方法都会获得净化的气流。为了得到纯净的气体，必须紧接着把它同吸收剂或者吸附剂分开。

吸收和吸附通常用于废气和混合气体净化。它们常用在气体净化过程中（第 386 页）。

萃取过程指的是通过某种溶剂从固定或流动的混合物中析出（提取）一种或多种物质。根据待溶解物的聚集状态（被溶解物的状态）分为固 - 液萃取和液 - 液萃取。

固 - 液萃取中，待萃取的物质（萃取物）是一种可溶解的固体，大多都细密地分散在萃取剂中。萃取物被溶解并转移到萃取剂中（**图 12-3**），然后通过热分离（蒸发）来提纯。

液 - 液萃取是利用物质在两种互不相溶（或微溶）的溶剂中溶解度或分配系数的不同，使溶质从一种溶剂内转移到另外一种溶剂中的方法（**图 12-4**）。然后在后续的过程中将萃取物与萃取剂进行热分离。

离子交换过程指的是水溶液中的离子化合到固体（离子交换树脂）的表面并且进行离子交换，将其他离子输送到溶液中（**图 12-5**）。

通过**薄膜分离**方法，借助选择的透明薄膜，可将溶液中的各个成分分离（**图 12-6**）。

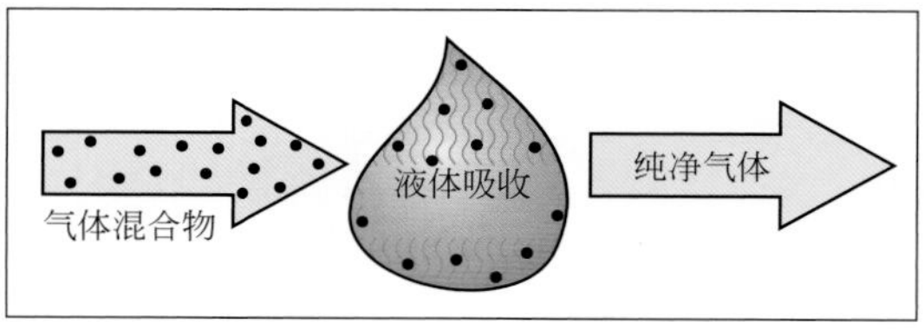

图 12-1：吸收

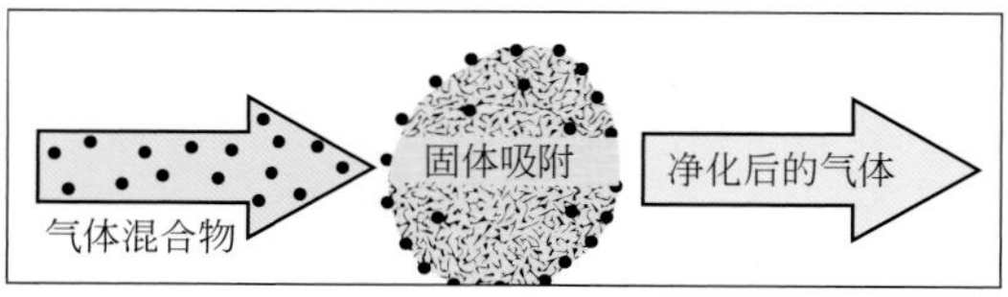

图 12-2：吸附

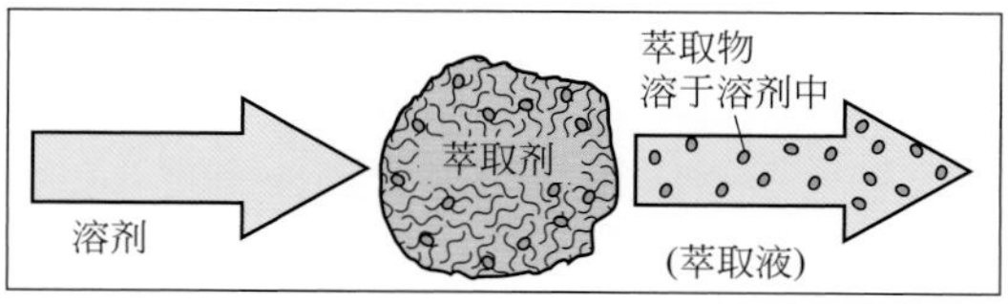

图 12-3：固 - 液萃取

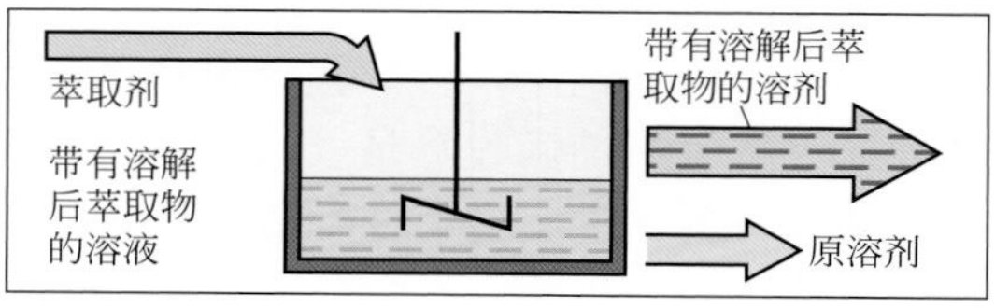

图 12-4：液 - 液萃取

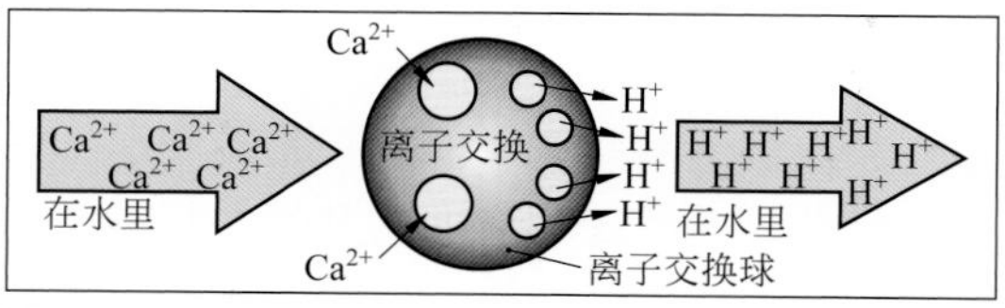

图 12-5：离子交换

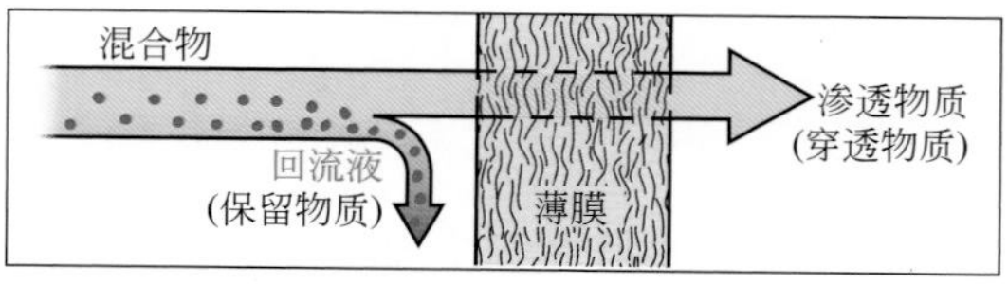

图 12-6：薄膜分离方法

1 固体萃取

固态物质萃取（liquid-solid extraction, solid-phase extraction, leaching）指的是借助溶剂将固态混合物中的可溶解成分提取出来。

该过程也被称为固 - 液萃取（solid-liquid extraction）或简称为萃取（leaching）。

1.1 过程和概念

固态物质萃取的一个日常例子就是用热水从研磨后的咖啡粉中提取咖啡芳香物（**图 12-7**）。

萃取技术的概念：

萃取材料	这里的萃取材料是新鲜咖啡粉
萃取剂（溶剂，solvent）	用于提取的溶剂 此处：热水
萃取物（可回收材料）	提取出来的物质 此处：咖啡芳香物
萃取液	含有溶解的萃取物的溶剂，此处：咖啡
萃取残留	萃取后的萃取材料 此处：萃取后的咖啡粉
萃取器	萃取工具 此处：咖啡机

在萃取过程中，固态物质中的可溶解萃取物被提取出来并溶解到萃取溶液中（**图 12-8**）。

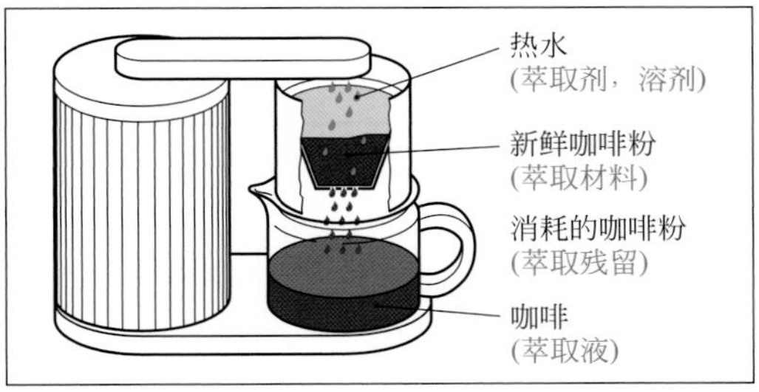

图 12-7：咖啡冲煮时的萃取

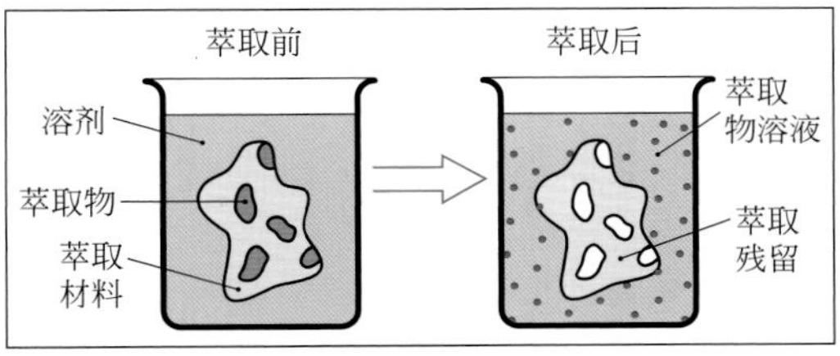

图 12-8：萃取过程（示意图）

1.2 工业萃取过程

工业萃取过程由多个工序组成（**图 12-9**）：

（1）粉碎萃取物，在萃取器中将其与溶剂混合并发生作用，由此从萃取材料中提取出萃取物。

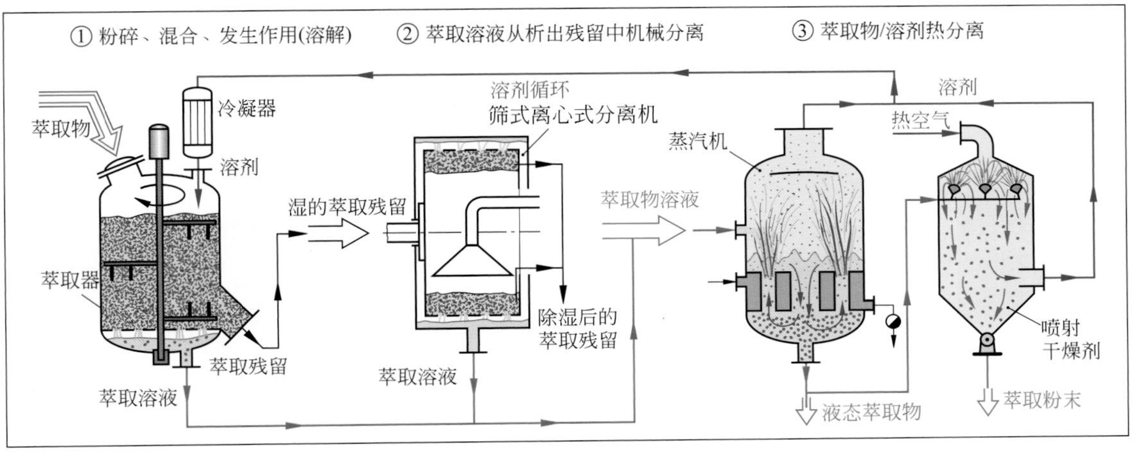

图 12-9：工业萃取过程

（2）从萃取后的残留物中将萃取溶液机械分离，比如通过离心机分离或过滤。

（3）将萃取溶液热分离为萃取物和溶剂，比如：通过蒸发或蒸馏，然后干燥或结晶。

1.3 萃取的溶剂

选择合适的溶剂对萃取过程的成功至关重要。

常用的溶剂有诸如冷水、热水，烃类如乙烷、乙醇、甲醇，氯化烃如二氯甲烷、三氯乙烷，以及丙酮、乙醚、甲苯、二硫化碳、有机和无机酸等。

没有通用的溶剂，每个萃取任务都要使用最适合于它的专用溶剂。对于已经研究过的萃取任务，可以参考工具书或借助实验室已研究出的溶解方法。

对萃取剂（溶解剂）的要求：

选择性。溶剂应该是可选择的，也就是说只能选择性地溶解萃取物，其他成分不能被溶解。事实上经常会有更多成分被溶解，必须通过后序分离程序分离。

化学反应特性。为了保持物质不变，溶剂不能与萃取物的成分发生化学反应。特殊情况下可允许有用的化学反应，或者说通过化学反应萃取才能实现。例如：用氢氧化钠溶液对铝土矿进行分解。

蒸馏特性。溶剂的沸点不能过高。

此外，溶剂应该价格便宜、无毒、不可燃烧和爆炸，没有腐蚀性，对环境无害，化学稳定性和热稳定性好。

1.4 物理原理

萃取效率，即单位时间萃取的物质数量，是由很多因素决定的。

浓度差。萃取（溶解）的驱动力是溶液与溶剂中萃取物的浓度差（**图 12-10**）。浓度差要尽可能大。可以按照以下方法增大浓度差：

- 快速移走溶解的萃取物。
- 经常更换为新鲜溶剂。

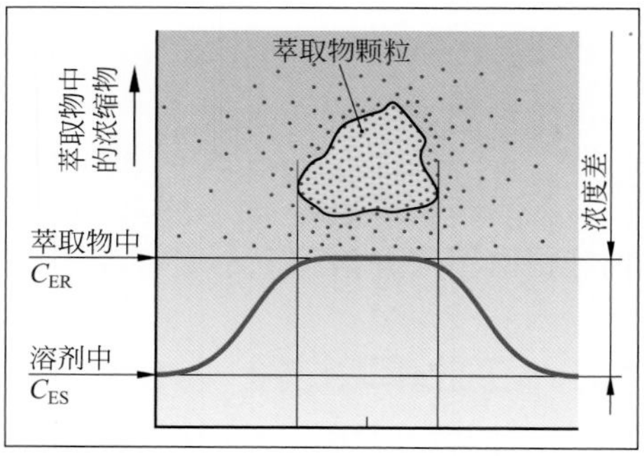

图 12-10：萃取物颗粒环境中的萃取物浓度

能斯特分配定律

通过一次性萃取，即一次性将溶剂与萃取物混合并发生作用，不可能完全溶解萃取物。

在一定的作用时间后，溶剂中萃取物的浓度（c_{ES}），以及部分萃取的物质中的萃取物浓度（c_{ER}）不再变化，萃取物在溶剂与原溶液之间达到溶解平衡。这种情况被称作能斯特分配定律。

能斯特分配系数
$\dfrac{\text{溶剂中的浓度}c_{ES}}{\text{萃取物中的浓度}c_{ER}} = K$

能斯特分配系数 K 是与材料和温度相关的参数。

萃取表面。萃取物表面积要尽可能大，因为萃取物地表面积与萃取的量成正比。因此固态萃取物要在放入萃取器之前研磨成颗粒。但萃取物的颗粒不能过小，以保证能使其轻易地从溶剂中分离出来。

在液 - 液萃取过程中，两个液相通过密集的搅拌打散滴液，以形成较大的交换面积。

扩散阻力。萃取物从萃取物料中析出溶解至溶剂的过程，会受到扩散阻力的影响。扩散阻力与溶剂的萃取物孔隙度和渗透率，以及颗粒的大小有关。扩散阻力要尽可能小。

温度。温度升高会增强萃取效果，因为热运动加强和溶剂黏度降低会加速萃取物质的析出。此外，通常情况下，萃取物的溶解度也会随着温度的升高而增大。

1.5 固体萃取时的物料导向

用新鲜溶剂分步萃取（图 12-11）

假设最终萃取物为 100kg，分配系数 ***K***=4。那么在第一萃取步骤中向第一萃取器加入 100kg 新鲜的溶剂，达到萃取平衡后可萃取出 80kg（4 份）的萃取物，剩余的 20kg（1 份）萃取物残留在萃取材料中并作为第二萃取步骤的初始萃取材料进入第二萃取器中；然后，向第二萃取器中重新加入 100kg 的新鲜溶剂，建立新的萃取平衡，最终溶剂中萃取了 16kg（4 份）萃取物，剩余的 4kg（1 份）萃取物残留在萃取材料中并作为第三萃取步骤的初始萃取材料进入第三萃取器中……

一直重复此萃取过程，直到达到所希望的萃取度。但是，即使经过多次萃取，还是会有少许萃取物残留在萃取材料中。

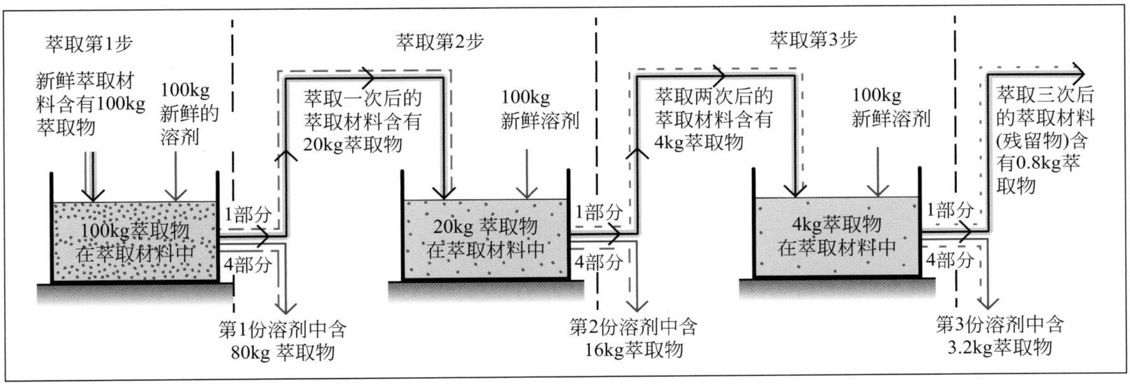

图 12-11：每次都用新鲜溶剂分步萃取（分配系数 K=4）

分步萃取法的缺点是从前一步到后一步萃取液的浓度逐渐降低，这对溶剂的需求量很大。这意味着要花费巨大的成本回收溶剂。

逆流萃取（图 12-12）

当萃取材料和溶剂逆向接触时，可以使用很少的溶剂进行萃取。新鲜的萃取材料在第 1 萃取器中加入，并与来自第 2 萃取器的负载溶剂相遇，使溶剂中的萃取物浓度饱和，然后饱和溶剂从第 1 萃取器中流出。在第 3 萃取器中，将新鲜溶剂倒入已经二度萃取的萃取材料中并将萃取物提取至只剩最终残留。在第 2 步萃取中会进行一次中度萃取并添加溶剂。

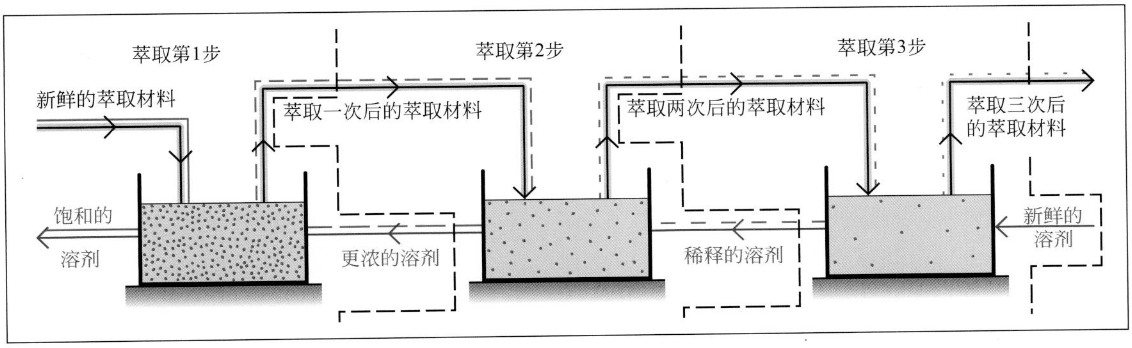

图 12-12：逆流方案下的分步萃取

通常来说，萃取设备都采用逆流萃取。与直流萃取相比，逆流萃取的萃取率更高（**图 12-13**）。

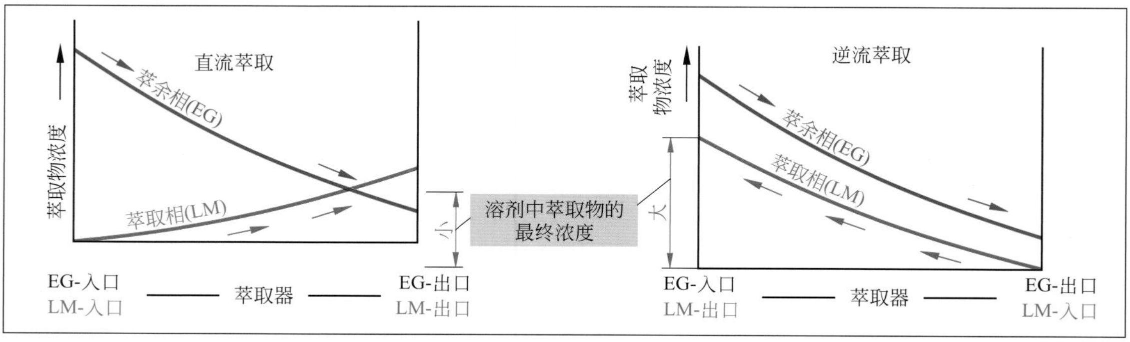

图 12-13：直流萃取和逆流萃取成果对比

固 - 液萃取的一个主要应用领域是食物和天然物质的萃取，比如从甜菜中萃取糖汁，从油果中萃取油，从药用植物中萃取有效物质等。另一个应用领域是矿石浸出，比如用稀硫酸浸出矿石中的成分。矿石浸出有许多方法和萃取设备可供使用。

1.6 间歇固体萃取器

在搅拌釜中萃取

如果没有萃取设备，可在一个带有大出水口的搅拌釜中萃取不规则的萃取材料。碾碎的萃取材料进入到搅拌釜中，灌入新鲜溶剂，搅拌并加热。然后排出溶液并在一个过滤设备中将其分离成萃取溶液和残留物。

一体化萃取设备

一体化萃取设备由萃取器、离心机、蒸发器和冷凝器（**图 12-14**）组成。

从萃取器上部填充细碎的萃取材料作为补料。之后热溶剂从萃取材料上流过，穿透填充物，从中析出萃取物。然后萃取溶液穿过筛板底部，进入蒸发器，溶剂在这里部分蒸发。浓缩的萃取溶液在底部积累。溶剂蒸气在冷凝器中凝聚，作为新鲜溶剂再次流入萃取器中，重复进行萃取过程。溶剂被循环导入，萃取材料被多次萃取，萃取液被输送到蒸发器中。

如果萃取物基本上都萃取出来了，则关闭蒸发器停止溶剂循环，浓缩的萃取溶液从蒸发器排出。

萃取器中的溶剂从萃取材料中排出，之后仍附着的溶剂可通过热蒸汽驱散（蒸发）。萃取残留物通过可拆折底部排空。

除了蒸发，萃取材料中的溶剂残留也可在离心机中除去，然后开始添加新的萃取填料。

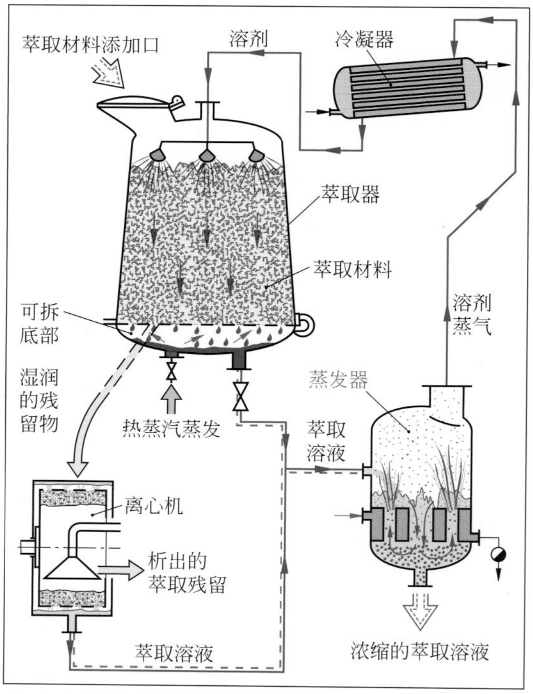

图 12-14：带有溶剂循环装置的一体化萃取设备（索氏原则）

串联式萃取设备

多个萃取器串联到一起可得到一个可以周期性、准连续化地萃取大批量物质的设备（**图 12-15**）。

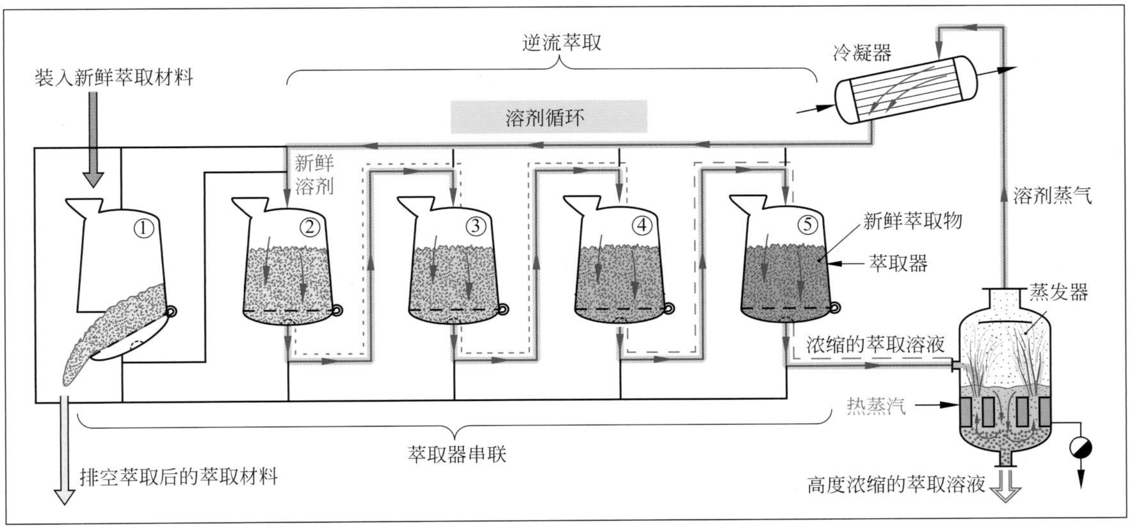

图 12-15：在逆流状态下运作的串联式萃取设备的流程图

每次分别有一台萃取器不断地卸料和重新装料①，同时在剩下的萃取器②到⑤中进行萃取。在此过程中新鲜溶剂进入萃取器②，与其中已经被最大程度萃取后的萃取材料接触，然后依次流过含更高浓度萃取液的萃取器，最终从装有新鲜萃取材料的萃取器⑤中流出。在萃取器内的这一逆流流程中，溶剂中的萃取物含量逐步增加，并离开最后一台萃取器，成为浓缩的萃取物溶液。浓缩的萃取液在蒸发器中分离为高度浓缩的萃取溶液和蒸发的溶剂。萃取溶液作为这个过程的产物被提取出来，同时溶剂经冷凝后再次流入萃取设备。

启动和切换萃取器：启动串联的萃取设备时，所有萃取器被萃取材料填充。溶剂流入萃取器①内，按照② – ③ – ④ – ⑤的顺序流经所有萃取器，最后浓缩的萃取溶液离开萃取器⑤。如果萃取器①中的萃取材料萃取完成，则萃取设备进入工作模式。断开萃取器①，新鲜溶剂流到萃取器②中，接着进入③ – ④ – ⑤，之后又进入到蒸发器中，在② – ③ – ④ – ⑤中进行萃取时，萃取残留物从萃取器①中排空并填入新鲜的萃取材料从而完成切换。这就是图 12-15 描绘的状态。

经过一个萃取周期，萃取器②被断开、排空并重新填料。新鲜溶剂在这一周期里按照③ – ④ – ⑤ – ①的顺序流经萃取器。如果该工作周期也结束了，萃取器③被断开、排空并卸料。新鲜溶剂按照 ④ – ⑤ – ① – ②的顺序流经萃取器。

这种切换节奏一直持续下去，使萃取器按照固定顺序清空并填料，按一定节奏周期性地连续运转。

图 12-16 展示的是工业型的串联式萃取设备，由多个带可拆底部和导入 / 导出装置的萃取器组成。

图 12-16：串联式萃取设备

1.7 连续固体萃取器

连续工作的固体萃取器用于大批量物料的萃取，例如从油果或含油种子中萃取油。获得的油被加工成食用油、人造黄油或燃料（生物柴油）。

萃取设备的填充和清空、在逆流状态下输送溶剂到萃取材料中、导出萃取溶液等这一系列过程是连续、全自动控制调节的。因此只需要很少的工人就能加工大量物料。连续萃取器有各种设计类型。

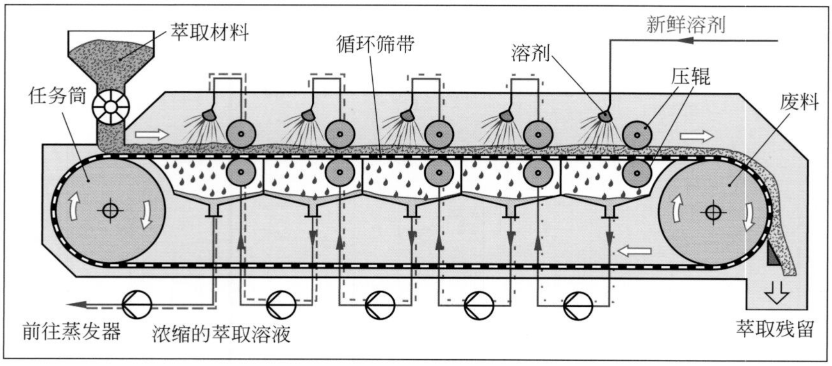

图 12-17：带式萃取器的物料流

带式萃取器

带式萃取器由专业的皮带传送机组成，带有循环带筛机，包裹在封闭的壳体内（**图 12-17**）。

萃取物从装载侧持续地送往循环带筛机，并缓慢地输送到卸料侧。

输送皮带分为好几段（例如 5 段），每一段都对应一个接泵的收集箱，用以接收流过萃取层的吸收溶剂。

卸料前的最后一段，新鲜溶剂喷洒到已经很大程度完成萃取的萃取材料上，使最后的残留被萃取出来。溶剂通过筛网带流出，残渣通过辊压机分离。溶剂被收集并喷射到前面的传送段，重复多次，直到来到第一个传送段。这样，萃取材料与浓度不断增加的溶剂逆流接触并萃取。

接下来，萃取溶液进入蒸发器中处理（图 11-120，第 453 页）。

蜗杆萃取器

蜗杆萃取器由多个输送蜗杆组成，它包裹在一个 U 形、罐装的壳体内，带有两根曲柄（**图 12-18**）。

萃取材料从萃取器上方右侧打开的曲柄处填入，由三个传送蜗杆输送到上方。左侧的溶剂流入左边曲柄的上方区域，完全填满萃取器。它逆着输送方向（逆流）一滴滴地渗入萃取材料，并从萃取器右边曲柄的上部区域离开。

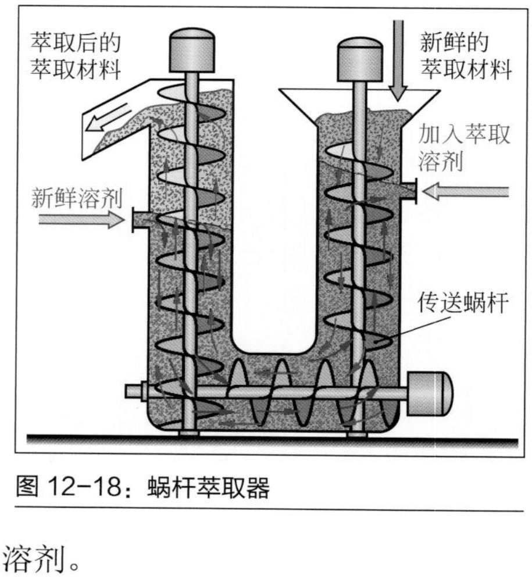

图 12-18：蜗杆萃取器

溶剂渗透期间，溶剂与萃取材料密切接触，将萃取物提取出来。它离开萃取器时的状态是包含萃取物的溶剂。

包含萃取物的溶剂在蒸发器中被分离，萃取后的萃取材料在离心机中从附着的溶剂上脱离。

旋转萃取器

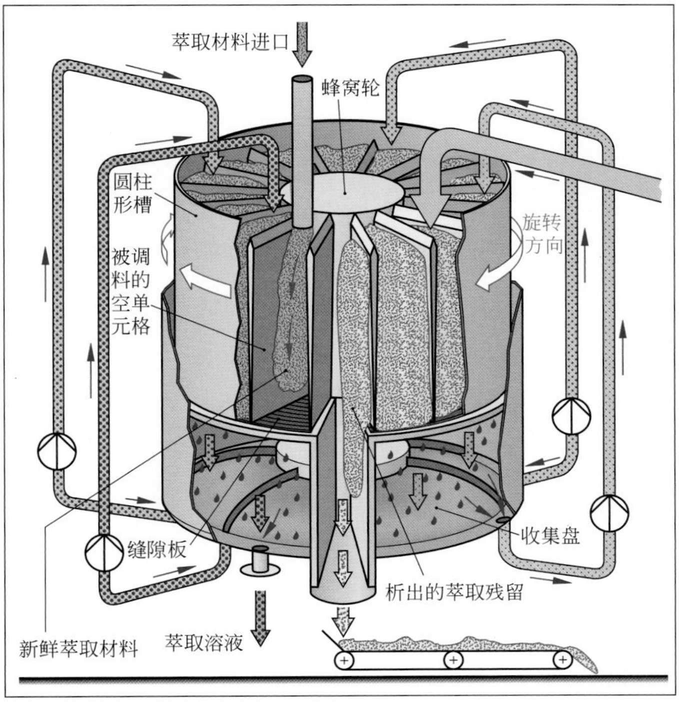

图 12-19：旋转萃取器的构造和工作原理

旋转萃取器由一个数米的圆柱形槽组成，分成 10 ～ 20 个径向单元格（如 16 个）（**图 12-19**）。柱形槽在一块缝隙板上缓慢转动。萃取材料从上方左侧填入空格中，与蜂窝轮一起缓缓转动，在运转过程中多次被溶剂浇灌、渗入，溶解可溶性的成分，最终溶剂穿过缝隙板流到下方的收集盆中。

萃取材料随着蜂窝轮一起旋转并析出萃取物后，从前方经缝隙板的开口掉出萃取器。

如果排空的单元格围绕着单元格切面继续旋转，则它会被重新填料又运转到环形轨道上来。

根据旋转指令，左前方单元格被不断灌入新鲜的萃取材料并且在旋转一圈后，析出的萃取残留从正前方中间掉下来。新鲜溶剂从右上方持续输入，充满萃取物的溶剂从左下方连续流出。

为了合理利用溶剂，溶剂与萃取材料逆流接触。新鲜溶剂在快达到排放口（右前方）之前，流到已经高度萃取后的萃取材料上并溶解掉最后的残留，然后收集的此溶剂在继续超前转 1/5 圈后被输送到含量还很丰富的萃取材料处。

每一步，溶剂都会重新溶解萃取物，因为它总会流向更新鲜的萃取材料。最后一步（左前方），溶剂继续流向新鲜的萃取材料并接近饱和。

这种萃取材料和溶剂的逆流接触在旋转萃取器运行时可充分提取萃取物。

复习提问

1. 工业萃取过程由哪些工序组成？
2. 萃取剂（溶剂）有哪些要求？
3. 为什么萃取材料在萃取前要碾碎？
4. 什么是能斯特分配定律？它对萃取有哪些影响？
5. 为什么要在溶剂和萃取物逆流时进行萃取？
6. 什么情况下，萃取残留要用热蒸汽蒸发？
7. 请描述串联式萃取设备的工作原理。
8. 旋转萃取器是什么构造？如何进行工作的？

2 液－液萃取

液-液萃取，也称为溶剂萃取（solvent extraction, liquidliquid extraction），是利用物质在两种互不相溶（或微溶）的溶剂中溶解度或分配系数的不同，使溶质从一种溶剂内转移到另外一种溶剂中的方法。

液-液萃取是在液体混合物通过蒸馏或精馏不能分离或需要巨大成本才能分离时所使用的分离方法。

以下情况要使用液-液萃取：

- 待分离液体混合物成分之间的沸点差别很小，或者是有共沸情况（第 450 页）。
- 液体因热敏感在蒸馏时会发生化学分解（受热分解）。
- 液体混合物中的有价值成分含量极低。

液-液萃取的应用领域包括从水性溶液中分离维生素、抗生素和芳香剂，从污水中分离芳香基，以及从水性盐溶液中分离矿盐。

2.1 物理原理

待分离的液体混合物，即萃取材料，由原溶剂（即之后的**精制品 R**）以及其中包含的**萃取物 E** 组成。溶剂 S，可溶解萃取物，但不能与原溶剂混合。

液-液萃取的整个过程由多个单独步骤组成（**图 12-20**）。

溶剂与液体混合物通过混合并分解成小液滴，溶剂（S）与待分离的液体混合物（R + E）密切接触。

这时，萃取物 E 从原溶剂中转移到溶剂（S）内。

接着，让搅拌后的混合物静置，使原溶剂 R 和溶剂与溶解后的萃取物（S+E）分别沉淀。

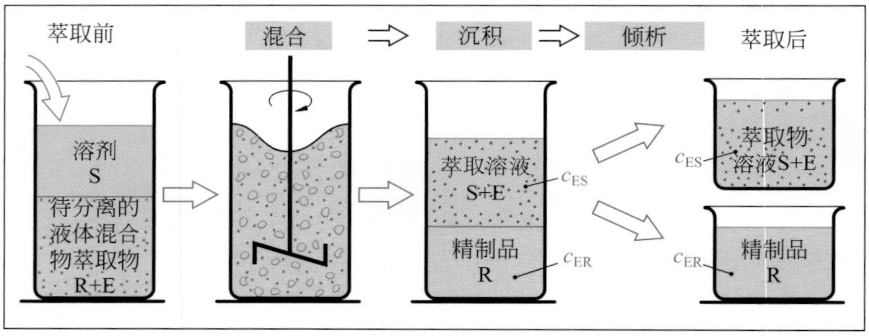

图 12-20：液－液萃取的各个过程（图表）

这样做的前提是，溶剂和原溶剂不互溶，并且其密度相差足够大。

最后，通过倾析（沉淀）将两个液相分开。

液-液萃取建立在萃取物 E 相比于原溶剂 R 更容易在溶剂 S 中溶解的基础上。

这一关联可用能斯特分配定律描述，即经过充分的混合时间后，溶剂中的萃取物浓度 c_{ES} 和原溶剂（精制品）中萃取物浓度 c_{ER} 的比例是恒定系数 K。

能斯特分配法
$K = \frac{c_{ES}}{c_{ER}} = \frac{\text{溶剂中的萃取物含量}}{\text{精制品中的萃取物含量}}$

它被称为**能斯特分配系数**。

为衡量萃取物含量，大多使用摩尔浓度 $c = n/V$ 表示：$c_{ES} = \frac{n_{ES}}{V_s}$，$c_{ER} = \frac{n_{ER}}{V_R}$。

能斯特分配系数 K 与萃取体系（溶剂中的萃取物）和温度有关。

若能斯特分配系数 K 很小，就需要多次重复萃取过程，直到从料液混合物获得所需数量的萃取物。

例：能斯特系数 K=5，那么在第一次萃取时溶剂中溶解的萃取物是原溶剂中的 5 倍。第二次萃取时，含量低 5 倍的原溶剂溶液与新鲜溶剂再次按照系数 5 开始分配，使得第二道溶液中还是比第二道原溶剂中多 5 倍的萃取物。在第二道原溶剂溶液中只包含原始萃取物（1/5）×（1/5）= 1/25 的含量。多次重复这一过程，直至达到所需的萃取度。

溶剂。对液 - 液萃取溶剂的要求是：溶剂必须有选择性地溶解，需要有足够大的萃取物溶解度，沸点不能太高，也不能产生化学反应。此外，它的密度要尽可能地区别于待精制液体的密度，以便混合后能实现良好的沉淀分层。

萃取的影响因素。影响萃取成果最重要的两点，一是溶剂和料液之间的接触面大小，二是温度。

接触面要尽可能大，一般可通过密集的搅拌以及将液体打散成液滴实现。但要避免过于精细的分配，比如做成乳剂，否则两个液相的沉淀分层会持续过长时间。

温度要尽可能高，因为这样物质能更好地交换，且溶剂的溶解力也会变得更高。但是蒸气压的极限或者萃取材料的热稳定性会限制温度的高低。

2.2　间歇液 - 液萃取设备

搅拌桶内的萃取

分段的液 - 液萃取最简单的形式是把待分离的液体混合物与溶剂一起在搅拌桶内混合，之后令其沉淀分层，并紧接着分别排出分层的液体。只有在巨大的分配系数（超过 20）以及原溶剂和溶剂的密度差距巨大时，才能取得令人满意的萃取度。

间歇式单级混合澄清萃取设备

间歇式单级混合澄清萃取设备由一个搅拌釜（混料器），一个下游的分离器和一个带有溶剂循环冷凝器的蒸发器组成（**图 12-21**）。人们把这样的装置称为混合澄清萃取设备或者用英语表达为 mixer-settler（混合 - 沉降器）。

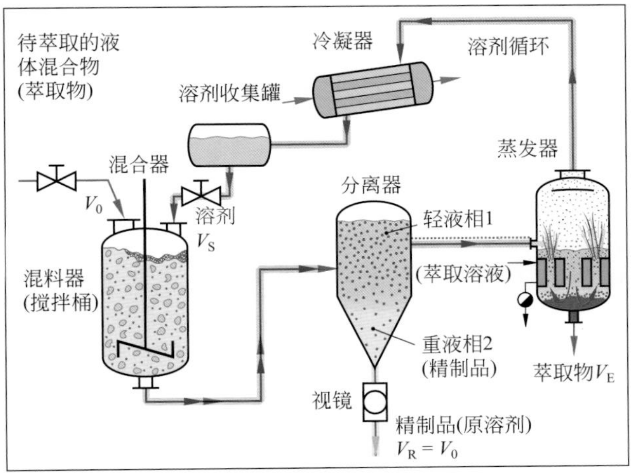

图 12-21：间歇式单级混合澄清萃取设备（混合沉降器）

待萃取的液体混合物分批灌入混料器中，用溶剂填满并密集搅拌。在此过程中，按照能斯特分配法，萃取物渗入溶剂内。然后液体混合物被导入分离器中静置分层，从这时起它分为轻重两个液相。

分离器底部喷口处较重的液相可通过视镜或测量点监视并选择性地排出。

若溶剂的密度比原溶剂的密度低，部分萃取的原溶剂就会聚集在下面并被排出，而包含萃取物的溶剂从上面被抽出，送入一个真空蒸发器中。溶剂在蒸发器中被蒸发，萃取物从蒸发器底部流出，溶剂从上部抽出并作为回收溶剂再次进入生产流程。

溶剂蒸汽在冷凝器中凝聚，液态溶剂被收集到溶剂收集罐中。回收的溶剂再次与新鲜的萃取材料一起被送入混料器。间歇式的单级液 - 液萃取被应用在萃取材料数量较少或不定期的萃取任务中，且能斯特分配系数 K 较大。

2.3 连续液 - 液萃取设备

当所需数量较大或者需要不断萃取时就要用到连续萃取设备。此外，能斯特分配系数 K 较低的萃取体系也能通过连续萃取设备分离。

连续运作的单级混合澄清萃取设备是一个带有组装件的水平罐体（**图 12-22**）。待萃取的液体混合物与溶剂一起被注入混合室，并快速搅拌混合。随后溶剂溶解萃取物，混合液经由卷边缝隙板水平流入澄清室。在这里，混合液分成特别轻的溶剂相（萃取溶液）和特别重的原溶剂相。萃取溶液在下游的蒸发器中被分为萃取物和溶剂（如图 12-21，第 465 页所示）。

大多时候萃取物就是萃取的产物，而溶剂在此过程中被重新送回生产过程中。

当单级混合澄清器达到的萃取度不够时，就要使用多级混合澄清器。在多级混合澄清器中，待萃取的液体混合物从左下方注入，溶剂（特别轻的）从右上方流入（**图 12-23**）。在第 1 格混合室的上部区域，待萃取混合液与逆流、包含部分萃取物的溶剂混合，使萃取器上方的溶剂达到最大程度饱和。

随后，混合液流入第 1 格澄清室，在这里分成特别重的原溶剂相和特别轻的溶剂相。原溶剂相在下方区域流入第 2 个混合 - 分离单元并再次与部分负载的溶剂相混合。每个混合 - 分离单元都重复这一过程。在第 1 格混合室头部，饱和的萃取溶液离开设备；析出的精制品从最后一格混合室的底部流出。

通过**多级连排混合澄清器**（**图 12-24**），可获得在多级混合澄清器中类似的萃取效果。混合 - 分离过程在混合器和分离器中进行。

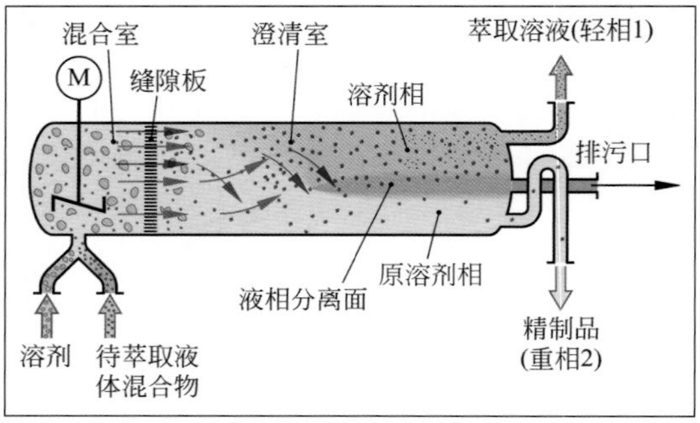

图 12-22：连续工作的单级混合澄清萃取设备

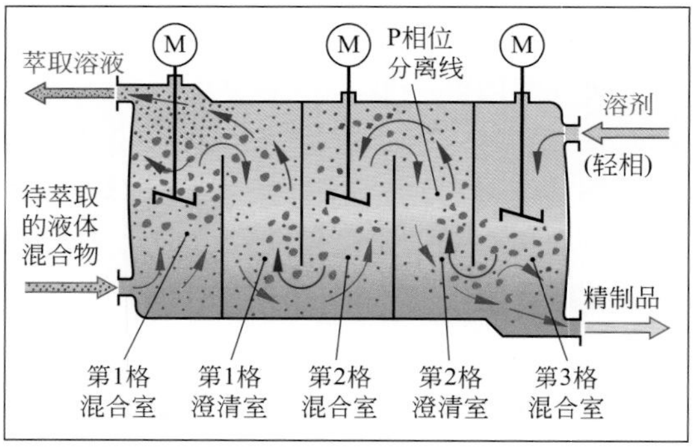

图 12-23：连续工作的多级混合澄清萃取设备

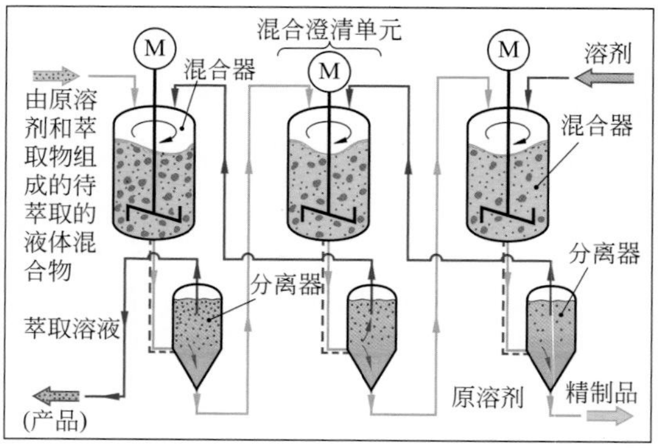

图 12-24：连续工作的多级连排混合澄清器

萃取塔

萃取塔就是管状垂直的萃取器。

重相液体如待萃取的液体混合物从上方不断注入，而轻相液体从下方流入（**图 12-25**）。螺旋分配器的作用是保证整个塔截面上液体分配均衡。

相对较重的液体形成连续的相，在塔内下沉。相对较轻的液体散落成许多液滴，在下沉的重液中往上浮动。在此过程中，两种液体进行物质交换，原溶剂中的萃取物被输送给溶剂。轻的萃取溶液汇集在塔顶部被抽走，塔底部形成精制原溶剂。

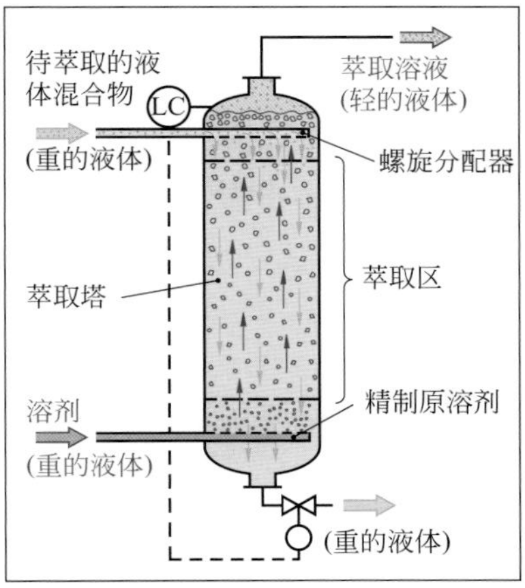

图 12-25：萃取塔（图示）

为提高萃取效果，在萃取塔中会内置组装件和填料。

筛板萃取塔在内部分成一系列专用筛板（**图 12-26**，左图）。重的液相从最上方筛板流入，来回横穿后续的筛板，直到汇集在塔底并被抽走。从下方流入塔的轻相液升高，在最下方的筛板处汇集，并穿过筛板孔往上流动。穿过筛板的轻相溶液被打散成许多液滴，重新在下一块筛板下方汇集。重复此过程，直至从塔顶部离开。筛板塔的分离效率很高。

填料萃取塔含有无规则的填料床（图 12-25，右图）。它使用的都是很结构化的填料，例如鲍尔环。液流在填料床中经过多次混合进行物质交换。

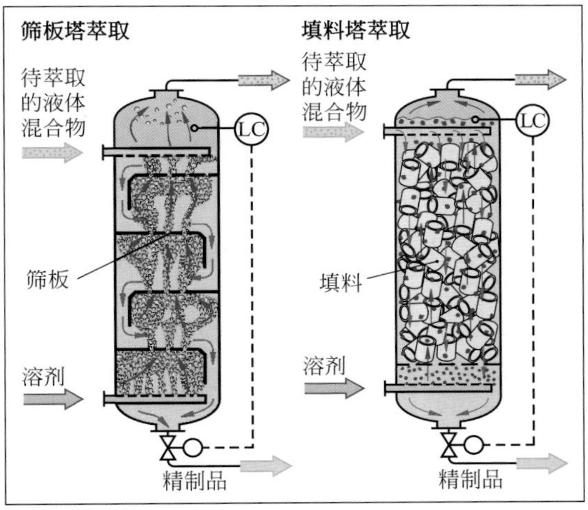

图 12-26：带固定组装件的萃取塔

间歇塔是筛板塔，液体通过脉动的一个隔膜泵形成振动波（**图 12-27**），来回晃动的液体在筛板上被打散并混合，期间分离成不同液相。

旋转塔交替形成混合区和分离区（图 12-27）。搅拌棒将逆流的液体在混合区混合，然后在分离区（如填料）进行液相分离。

离心萃取器有着圆盘离心机的结构，多用于液体之间的密度差别很小的体系。

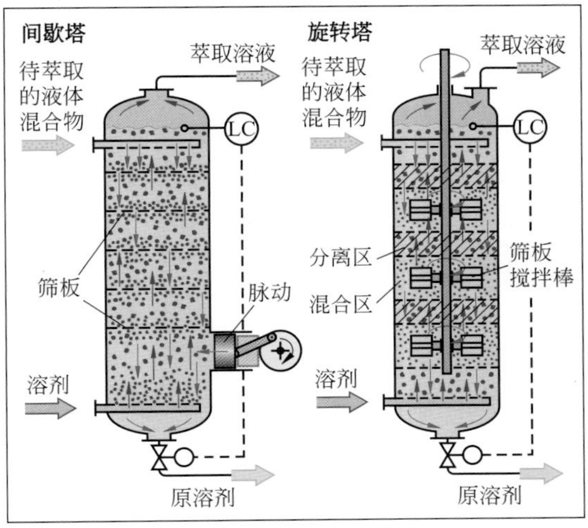

图 12-27：带活动式组装件的萃取塔

2.4 塔的萃取效率

与（第 443 页）精馏的中相平衡图类似，也可以将萃取塔中进行的流程展现在负载图中（**图 12-28**）。

横坐标表示液体混合物（萃取材料）中负载的萃取物的量 $\boldsymbol{X}$。纵坐标表示溶剂中负载的萃取物的量 $\boldsymbol{Y}$。X 和 Y 的单位为 kg/kg。

它们有如下定义：

混合液或原溶剂溶液的负载：

$$X=\frac{m_{ER}}{m_R}=\frac{\text{萃取物在待萃取混合液中的质量}}{\text{载液质量}}$$

溶剂中的负载：

$$Y=\frac{m_{ES}}{m_S}=\frac{\text{萃取物在溶剂中的质量}}{\text{溶剂的质量}}$$

如果将特定萃取液体系统的 X 和 Y 值以图表的形式呈现，则得出萃取平衡曲线（图 12-28）。对于常见的萃取液体体系，可参考表格资料中的平衡值。当分配系数 K 恒定时，平衡曲线是一条直线，在其他情况下是略微弯曲的曲线。

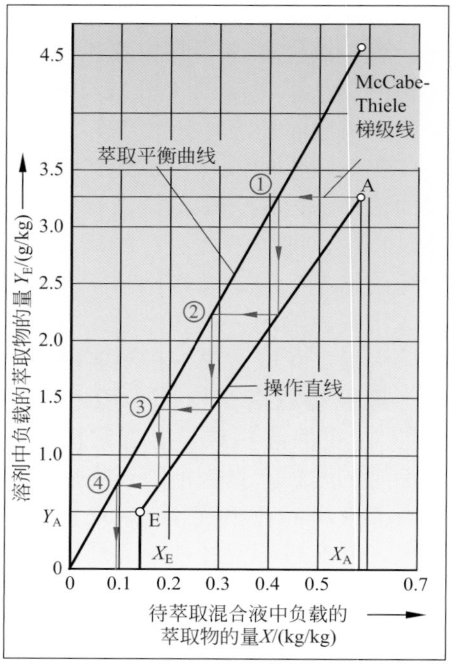

图 12-28：逆流的液－液萃取负载图

它给出了萃取材料中每种负载 X 所对应的溶剂负载 Y。

要计算理论萃取级数，将萃取物初始含量为 X_A 的萃取材料萃取到最终为 X_E 的程度，需要操作直线，也叫工作直线。它的斜率取决于塔中的质量流量，其终点由萃取材料的原始浓度和最终浓度 X_A/Y_E 或 X_E/Y_A 决定。

采用 MacCabe-Thiele 梯级线确定所需的萃取级数。从操作直线的起始点 A（萃取材料初始成分 X_A）开始，通过一次萃取，得出溶剂负载量 Y_E，通过水平直线与平衡曲线①相交的截面得出平衡曲线上相对应的点。从该点垂直向下，与操作线再次相交，然后再次水平移动到平衡曲线②点，直到所需的最终负载的萃取物 X_E 为④。

梯级数量即为理论上的**萃取级数 N_{th}**。

在图 12-28 已有的例子中，完成从 X_A 到 X_E 的萃取任务，需要 4 个理论萃取级数：$N_{th}=4$。

符合理论上分离级别的萃取塔的高度截面与精馏过程一样，在萃取中也被称为 **HETP**。HETP 即为**等板高度**。

萃取塔高度

$$H_{EK}=\frac{N_{th}\cdot \text{HETP}}{a_B}$$

为完成萃取任务所需的萃取高度 $\boldsymbol{H_{EK}}$ 是根据所需的理论萃取级数 N_{th}、所使用萃取塔的 HETP 值以及操作影响值 a_B 计算出来的。

复习问题

1. 能斯特分配定律的内容是什么？
2. 分步的液 - 液萃取要执行哪些步骤？
3. 如何描述混合 - 沉降器？
4. 萃取塔中进行的是哪些流体和物质的交换？
5. 旋转塔是如何工作的？
6. 如何得出萃取级数？

3 离子交换法

离子交换法主要用于分离含量非常少、但是具有干扰性的成分，如从原水中（水处理），或从污水中分离有毒成分（污水净化）。个别情况下也用于从电镀槽中获取有价值的贵金属盐以及食品的去酸。

离子交换法通常不用于混合物的分离。

3.1 理化原理

离子交换（ion exchange）是一种物质交换过程，液体中的离子与另一个合适的固体表面相接触，在交换中固体的其他离子被释放到液体内。

释放离子并且接收液体中其他离子的固体，被称为离子交换剂。

离子交换剂大多都是人造的、表面活性的合成材料，与聚苯乙烯或丙烯酸类树脂的构造类似。离子交换剂使用时以小球体或直径 1 ~ 3mm 的小颗粒的形式（**图 12-29**），作为待清洁液体的清洁填料装入容器中。离子交换剂小颗粒在水中发生膨胀才能发挥其作用。

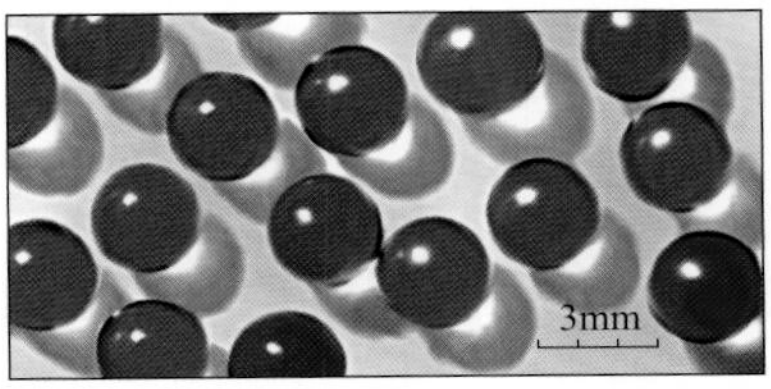

图 12-29：离子交换剂颗粒（放大后效果）

离子交换剂小颗粒可吸收自身体积的 50% 左右的水。它们在泡胀状态下（湿润）堆积。

离子交换剂在表面有能轻松结合的可交换活性离子群。根据它的酸碱性的不同，活性离子群分为：

阳离子交换剂（KA）：当活性离子群（如—$SO_3^-H^+$，—COO^-H^+）为酸性并可交换阳离子（如 H^+）时。

阴离子交换剂（AA）：当活性离子群［如— $N^+(CH_3)^+ OH^-$］为碱性并可交换阴离子（如 OH^-）时。

交换只能在同类离子之间进行：阳离子交换剂只能交换阳离子，阴离子交换剂只能交换阴离子。

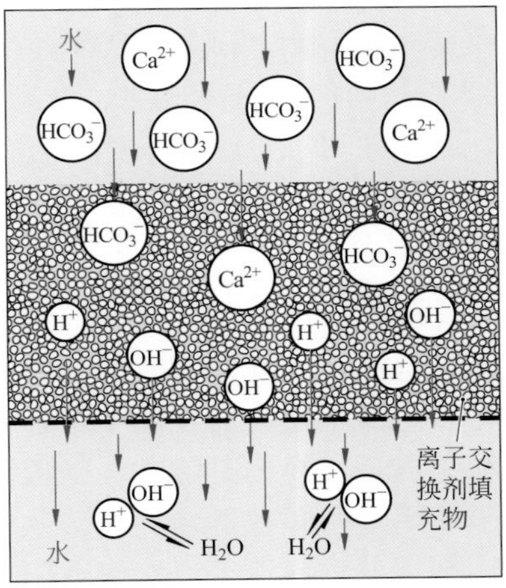

图 12-30：离子交换过程（示例）

图 12-30 展现了通过清除 Ca^{2+} 和 HCO_3^- 来填充离子交换剂的过程。在填充过程中发生了以下离子交换过程：

在阳离子交换剂颗粒上：

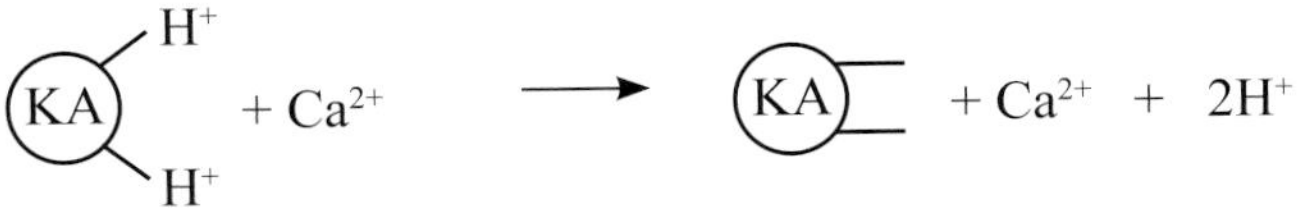

在阴离子交换剂颗粒上：

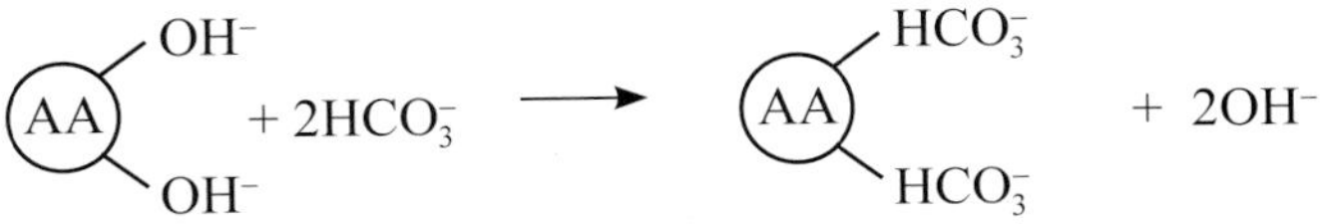

阳离子交换剂输出的 H^+ 和阴离子交换剂释放的 OH^- 从填充物中冲出来并生成水：

$$H^+ + OH^- \longrightarrow H_2O$$

由此，经过离子交换剂流出的水是中性的。

离子交换剂颗粒的吸水量是有限的。如果所有活性离子都被交换，那就意味着离子交换剂的吸水能力耗尽。

再生。离子交换是可逆的，也就是逆向进行的过程，使功能基本恢复到原来的状态。若一台设备的离子交换剂枯竭，可以使它再生。

这发生在带酸的阳离子交换剂上，大多为盐酸 (H^+Cl^-)：

$$\text{KA} \begin{array}{c} \\ \\ \end{array} Ca^{2+} + 2H^+ + 2Cl^- \longrightarrow \text{KA} \begin{array}{c} H^+ \\ \\ H^+ \end{array} + Ca^{2+} + 2Cl^-$$

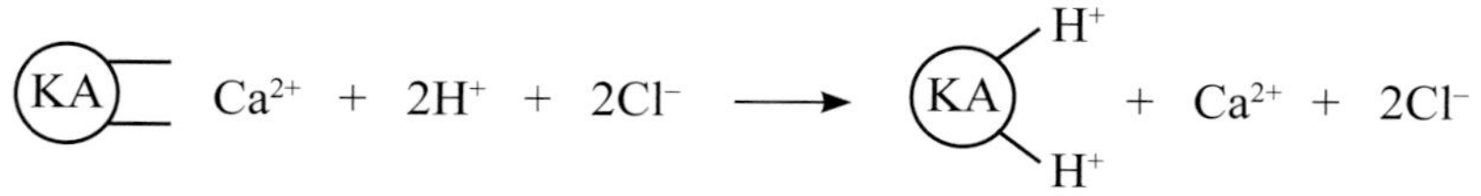

以及带碱液的阴离子交换剂上，主要是氢氧化钠溶液：

$$\text{AA} \begin{array}{c} HCO_3^- \\ \\ HCO_3^- \end{array} + 2OH^- + 2Na^+ \longrightarrow \text{AA} \begin{array}{c} HO^- \\ \\ HO^- \end{array} + 2HCO_3^- + 2Na^+$$

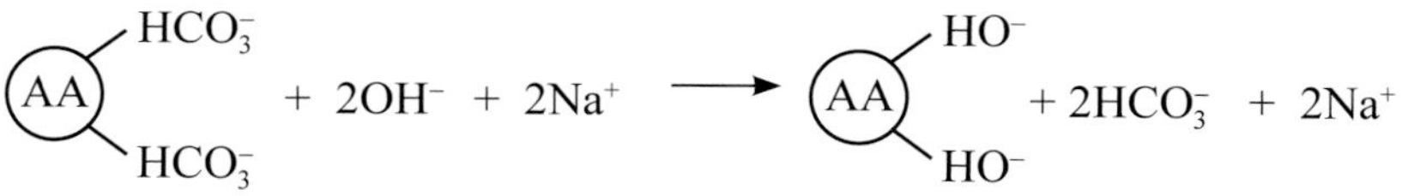

在再生过程中，会产生再生液体污水，它除了包含过剩的酸或碱，还包含高浓度被交换后的离子。

3.2 水的净化

自来水网可用的水（原水）并不是化学意义上的纯水 H_2O，其包含大量离子：Ca^{2+}、Mg^{2+}、Na^+、K^+、Cl^-、SO_4^{2-} 等。

如果水中不需要含这些离子，如用于化学反应的工艺用水或用于制造蒸汽的锅炉进水，就必须清除水中的这些离子。如果去除了水中所有的其他离子，就称为水的净化。水的净化是通过离子交换剂进行的。

得到的水称为净化水，也称**去离子水**。

水净化设备

这种设备分别带有一台阳离子交换器和阴离子交换器（**图 12-31**）。阳离子和阴离子交换器是罐体，筛板上有阳离子和阴离子颗粒的填充物。水在离子交换剂填充物内流动。水流入阳离子交换剂中，阳离子 Ca^{2+}、Mg^{2+}、Na^+、K^+ 与离子交换剂结合，然后流入阴离子交换剂中，阴离子 HCO_3^-、SO_4^{2-}、Cl^-、NO_3^- 被去除。因而水中的异物被清除。

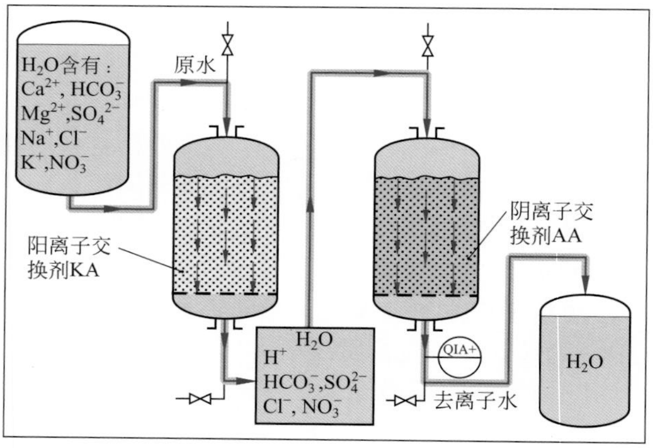

图 12-31：两罐式水净化设备

再生。经过一定的运行时间，离子交换剂填充物耗尽。这点随着水的导电能力提高可以看出来，可在水流出阴离子交换剂后测量。然后交换剂必须重新再生（**图 12-32**）。这时要关掉水流，向阳离子交换剂输送盐酸溶液，向阴离子交换剂输送氢氧化钠溶液。由此积聚的

图 12-32：再生时的水净化设备

离子被冲洗掉，交换剂再次被含有 H^+ 或 OH^- 的离子充满。最后用去离子水冲洗。

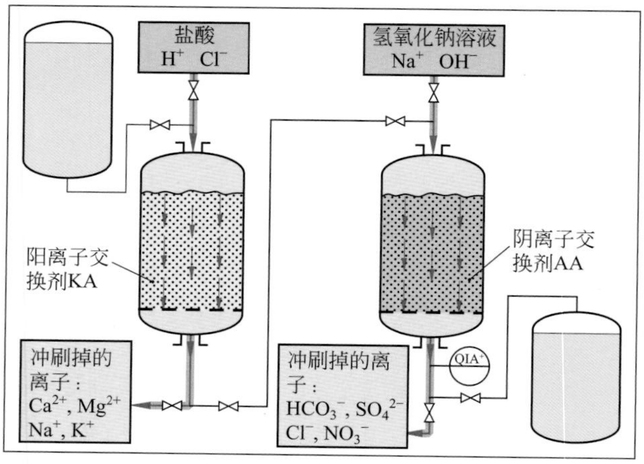

3.3 水的软化

水软化指的是清除水中溶解的碱土金属阳离子如 Ca^{2+} 和 Mg^{2+}，避免其在管道和设备内形成干扰性的锅炉水垢。最常使用的方法是用含有 H^+ 的阳离子交换剂进行软化（**图 12-33**）。原水流经阳离子交换剂容器，H^+ 进入水中，交换时选择 Ca^{2+} 和 Mg^{2+} 结合。过滤后水里含有 H^+、Na^+ 和 K^+ 阳离子以及各种阴离子。多出来的 HCO_3^- 与溶解在水里的 H^+ 生成 CO_2 气体（$H^+ + HCO_3^- \longrightarrow CO_2\uparrow + H_2O$）。因为 CO_2 可能有干扰性（造成腐蚀），所以会在下游的 CO_2 喷水器中被驱散。软化后的水还包括 H^+、Na^+ 和 K^+ 阳离子以及 SO_4^{2-}、Cl^-、NO_3^- 和 HCO_3^- 阴离子。这些离子不会形成水垢。

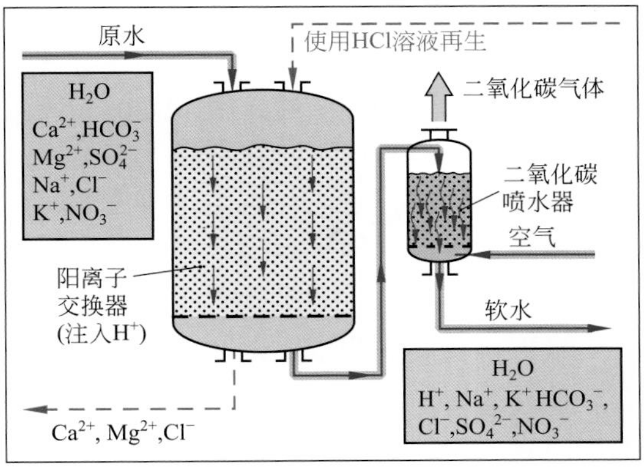

图 12-33：通过阳离子交换器进行的水软化

稀释后的盐酸（H^+ Cl^-）能使耗尽的阳离子交换剂再生。如果不使用含有 H^+ 的阳离子交换剂，水软化也可使用含有 Na^+ 的阳离子交换剂进行，例如 NaCl 溶液。

3.4 污水解毒

来自化学设备和其他工业设施的污水，如淬火车间、金属酸洗车间和电镀车间，通常都包含离子，如阳离子 Cd^{2+}、Zn^{2+}、Pb^{2+} 或阴离子 CrO_4^{2-}（铬酸盐）、CN^-（氰化物）、NO_2^-（亚硝酸盐）。在流入环境之前，它们必须从污水中清除。

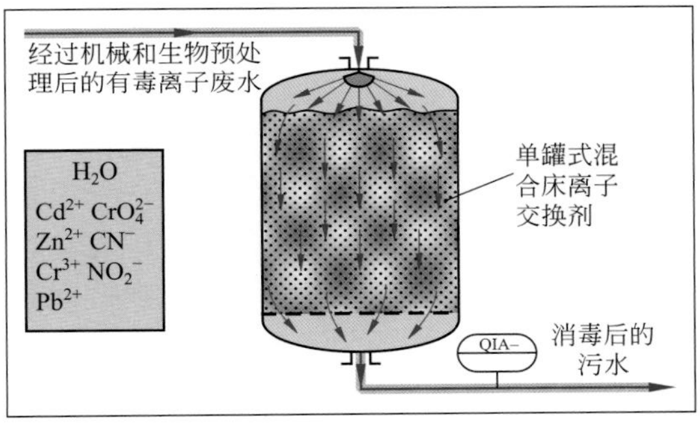

图 12-34：在混合床交换器中进行污水消毒

污水在金属和化学净化阶段后流入污水处理设备（第 559 页），用一台单罐式的混合床离子交换器（**图 12-34**）给污水消毒。阳离子和阴离子交换剂颗粒在罐内被混合成填充物。

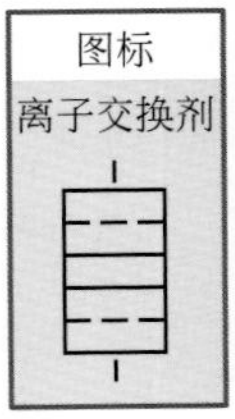

有毒离子在交换中与 H^+ 或 OH^- 结合。饱和的离子交换剂填料要么作为特殊垃圾处理，要么重新再生（第 472 页）。包含毒离子的再生液体也必须被处理掉。

图 12-35：离子交换设备

3.5 离子交换设备

离子交换设备由一个或多个交换容器及管道、泵、阀体和所需的控制调节装置组成（**图 12-35**）。

因再生液和去离子水的腐蚀性，设备由防腐的钢铁或塑料制成，并放置在隔开的空间或建筑内。

为了持续获得提纯的水，离子交换设备有多种转换模式。

带存储罐的两罐体设备

该设备有一个阳离子和一个阴离子交换器，以及大容量的存储罐（**图 12-36**）。原水流到两个离子交换器中，净化后流入存储罐。若离子交换剂耗尽，它们会再生。再生期间，下游的纯水需求靠存储罐满足。离子交换器的状态通过导电测试仪（QIA）监控。

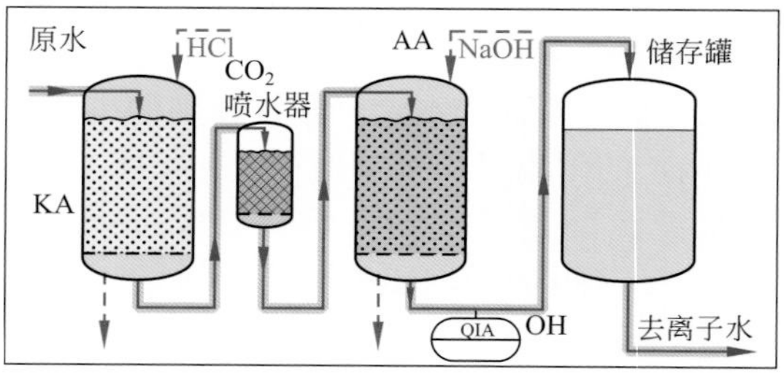

图 12-36：带储存罐的两罐体设备

带平行转换的四罐体设备

该设备有两个单元，每个都有阳离子交换器和阴离子交换器平行切换（**图 12-37**）。每次当其中一个单元运行离子交换模式时，另一个单元就进入再生模式。

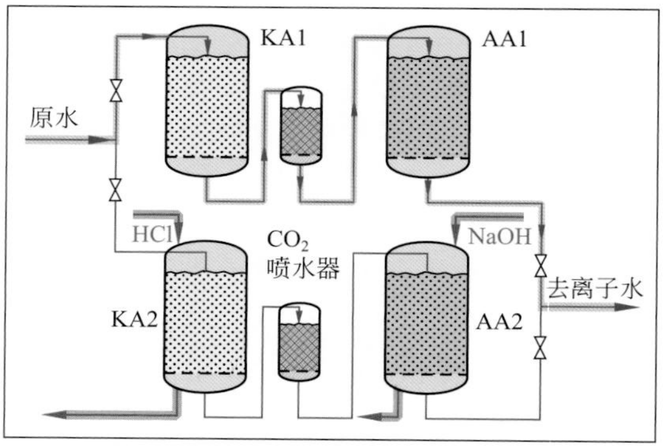

图 12-37：带平行切换的四罐体设备

单罐体混合床设备

在该设备中，阳离子交换颗粒和阴离子交换颗粒在一个交换容器内被混合成混合床填料（**图 12-38**）。 它们通常用于清洁上一环节剩余的离子。在去离子模式下，原水从蓝色流道流入交换器。去离子水中的测试仪如果报告导电性增强，则混合床需要再生。这是一个很费时的过程：混合的交换颗粒首先必须被分离。为此它们被水冲洗（绿色流道），直到特别轻的阴离子交换颗粒在重的阳离子交换颗粒上铺成一层。为了实现再生，稀释的盐酸溶液从下面穿过阳离子交换颗粒铺层（红色流道）、稀释的氢氧化钠溶液从上面穿过阴离子交换颗粒铺层（紫色流道）。在阳离子颗粒和阴离子颗粒的分隔线附近，饱和的再生溶液从侧面作为污水排出。接着用去离子水冲洗（黄色流道）。

再次将交换剂颗粒混合以便进入去离子模式。为此需要排出水并将压缩空气从填料下面吹入填料床。然后开始新一轮的净化过程。

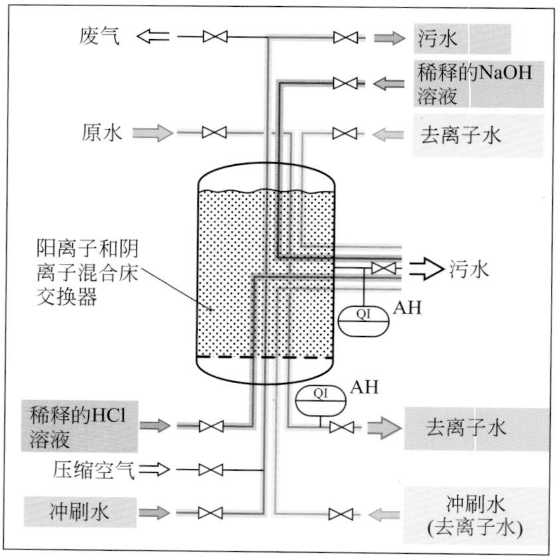

图 12-38：单罐混合床交换器

复习问题

1. 离子交换会发生哪些过程？
2. 离子交换器由什么组成？
3. 用于水净化的两罐体离子交换设备是如何工作的？
4. 含有有害物质的污水是如何消毒的？
5. 在连续交换设备中的交换容器有哪些切换组合？

4 膜分离技术

膜分离法是一种由溶剂和溶解后或者研磨得很细的颗粒组成的溶液，借助选择性渗透的薄膜分离的方法（**图 12-39**）。

在此过程中，溶液在压力下沿着薄膜导入。溶液中颗粒不能渗透薄膜流走的成分被称为**抑制物**。其他能渗透薄膜的成分，被称为**渗透物**。

根据聚集态的不同区分为不同的膜（见**表 12-1**）。液 - 液膜工艺，像反向渗透、纳米过滤、超滤和微过滤一样，用于分离真正的或胶体溶液。

采用**全蒸发法**可分离溶液中容易挥发的成分。采用**蒸气渗透**，气体混合物被分离，或者不干净的气体被某种成分净化掉。

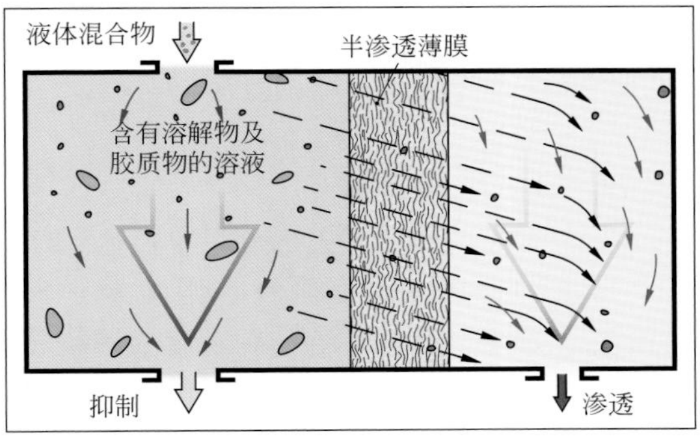

图 12-39：膜分离法的原理

表 12-1：膜分离法概况

混合类型 / 膜分离法	聚集态		
	混合物	抑制物	渗透物
反向渗透、纳米过滤、超滤和微过滤	液态	液态	液态
全蒸发法	液态	液态	气态
蒸气渗透	气态	气态	气态

膜分离法的优缺点

膜分离法比蒸发或蒸馏的热分离法需要的能量更少，在温度较低时，不改变聚集态也可以工作。因此，它尤其适合分离对温度敏感的溶液（营养液、果汁、许多医学有效成分、血液成分）。缺点是，在设备和污染处理方面的投入巨大。通过研发新的薄膜，膜分离法的应用变得越来越多样化。

4.1 液 - 液膜分离法的划分

根据分离颗粒物的大小不同区分液 - 液膜分离法（**图 12-40**）。

通过微过滤，胶质的和悬浮的颗粒，如颜料、溶剂的乳化油被分离。通过超滤从溶剂中分开各个宏观颗粒，如油、聚合物或蛋白质。通过反向渗透和纳米过滤，小离子（单价盐离子）到中型颗粒物都可以从溶剂水中分离。

薄膜材料大多都使用专业的聚合塑料，如聚酰胺（PA）、聚砜（PES）、聚丙烯酸酯（PAN）和醋酸纤维素（CTA）。此外，还可使用陶瓷膜片分离层，如沸石。

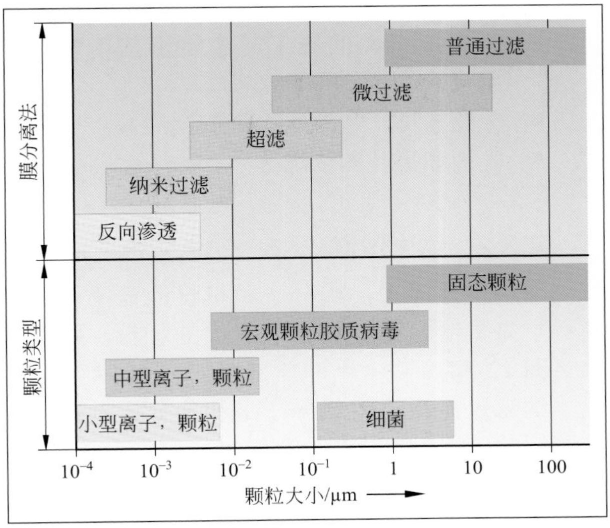

图 12-40：液 - 液膜分离法的应用领域

4.2 液－液膜分离法

利用不同的液 - 液膜片分离法，可分离由各种大小的颗粒组成的液体混合物。分离工具是孔径不一的薄膜。

4.2.1 反向渗透

反向渗透与渗透是相反的方向。

自发的自然渗透：两种水溶液中含有不同浓度的溶质（如某种盐），一层半渗透的薄膜将两者隔开（**图 12-41**）。薄膜对水分子是渗透的，对溶于水中的溶解物是不渗透的。在这样的设置下，两种溶液试图实现成分的平衡。含量低的溶液①中的水分子经扩散透过薄膜进入含量高的溶液②中。溶液①由此增稠，溶液②被稀释。这个过程一直持续到两种溶液的浓度相同。由此，进入溶液②的容器里的液体增加。这种静液压力被称为**渗透压**。

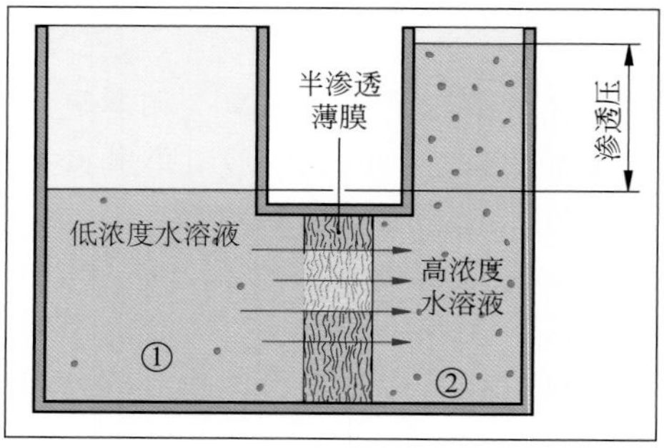

图 12-41：渗透的过程

如果在同样的设置下（**图 12-42**）将水性溶液和溶解后的颗粒②置于比渗透压更大的压力下，那么水分子就会穿过薄膜回到溶液①中与纯水相挤压。这一过程称为**反向渗透**。

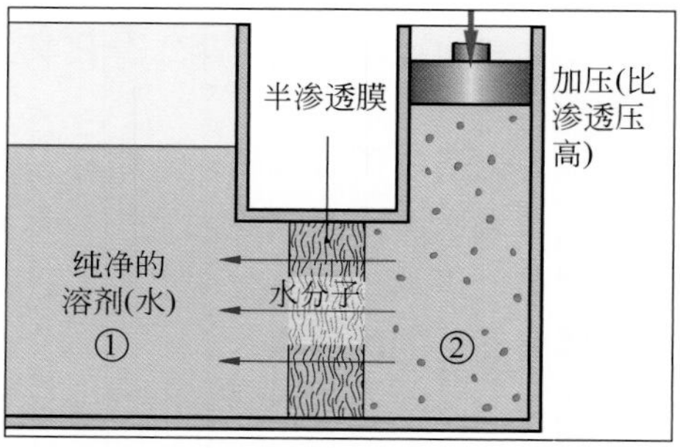

图 12-42：反向渗透过程

反向渗透所需的压力达到 30 ～ 200bar。

通过反向渗透，水反向通过半渗透膜，由此与溶液的溶质分离（**图 12-43**）。

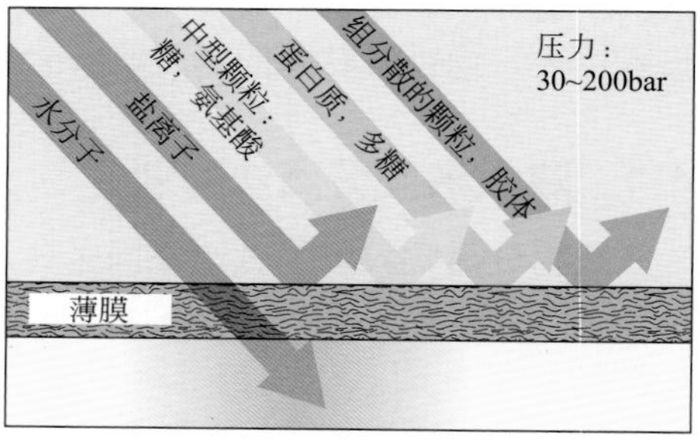

图 12-43：反向渗透的分离界线

反向渗透期望的产物既可以是被挤压的纯水，也可以是饱和的溶液（浓缩液）。

反向渗透有以下一系列应用：

- 分离原水中的离子，净化工艺用水和锅炉用水。
- 分离盐离子从海水中提取饮用水。
- 乳清和果汁的浓缩。

4.2.2 纳米过滤

在纳米过滤中，水分子和单价的盐离子透过薄膜；中型离子，如糖离子和更大的颗粒，则被留下来（**图 12-44**）。

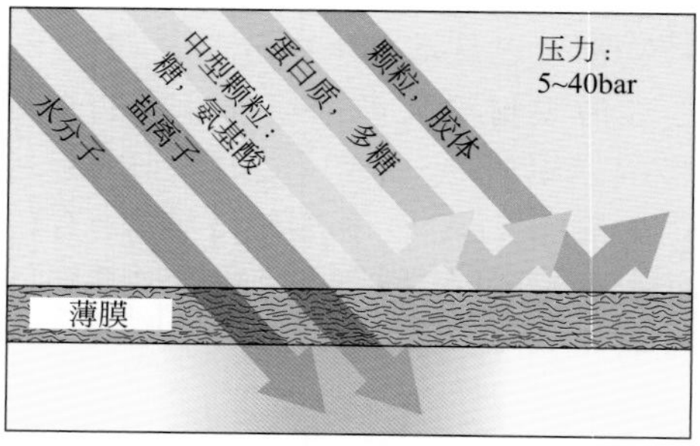

图 12-44：纳米过滤的分离界线

纳米过滤用于将低分子量和高分子量颗粒物质从溶解的矿物质和盐中分离出来。

其典型运用是糖溶液的浓缩、颜料溶液的净化、酸碱池的净化以及水解蛋白质的提取。

4.2.3 超滤

除了水分子，小型和中等大小的盐离子也可以透过超滤薄膜（**图 12-45**）。大分子和胶体以及分散的细颗粒会被留下。

超滤是浓缩和净化大中型分子物质的分离方法，如植物蛋白和牛奶蛋白、糖和酵素等。典型的运用领域是从乳剂中分离油，浓缩分子蛋白以及浓缩和净化果汁。

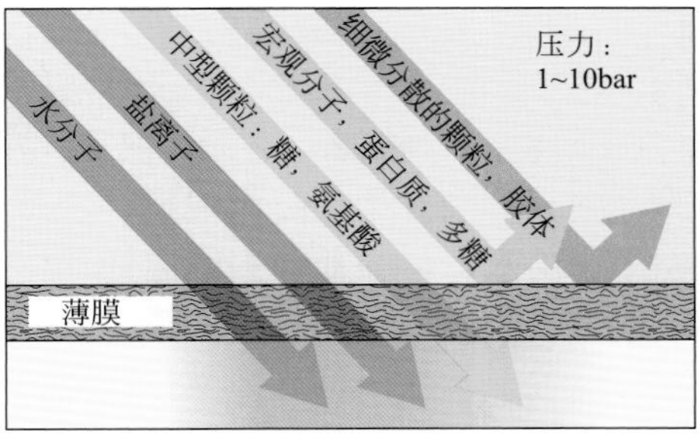

图 12-45：超滤的分离界线

4.2.4 微过滤

微过滤截留的是细微分散的悬浮物和胶体颗粒（**图 12-46**）。大分子、中小型分子、离子以及水分子可通过。

微过滤的典型运用领域包括从培养液中分离细胞、果汁提纯和从洗涤用水中回收化学清洁剂（表面活性剂）。

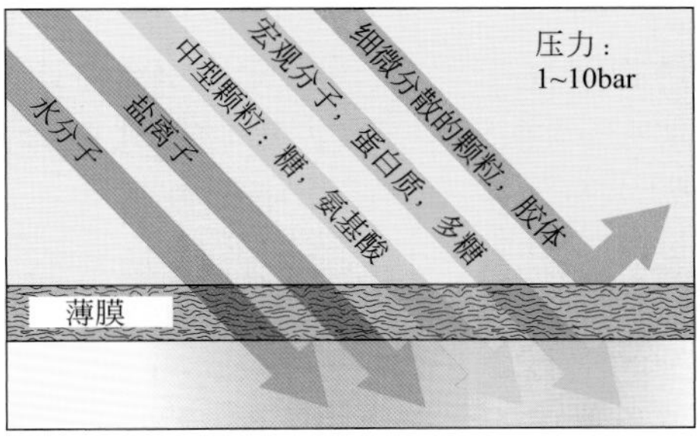

图 12-46：微过滤的分离界线

颗粒通过薄膜穿透或留下的作用机制并不是纯粹的机械过程，即并非只通过薄膜中颗粒大小和分子间隙的大小决定是否透过薄膜。

因为待分离的原子或分子的颗粒有大小等级，所以基于颗粒的电荷、极性以及颗粒在薄膜中的溶解度和分散性，颗粒在薄膜表面的吸附和解吸起着决定性的作用。

4.3 膜分离过程设备

膜分离法的核心是分离膜。分离膜由专用的聚合物组成，只有几微米厚（**图 12-47**）。为使它能承受反向渗透或过滤的压力，要在有孔的载液层上铺一层薄薄的选择性分离层并通过毛毡垫与总共约 0.3mm 厚的分离膜相连。

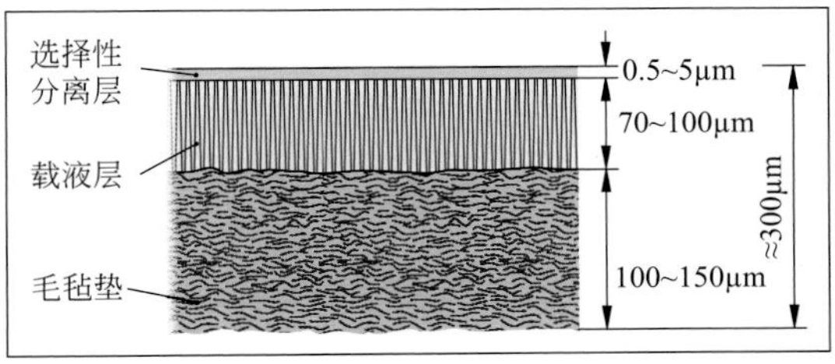

图 12-47：分离膜的分层图

薄膜铺在打孔的基板上，与抗压的安装元件组装在一起形成膜分离元件。膜分离元件里有流道，液体混合物沿着流道被导入到薄膜上，在这里被分为截留物（浓缩）和渗透物。

膜分离元件有不同的安装类型。

管式膜分离元件由管状膜组成，该膜被抽入穿孔的支撑管中（**图 12-48**）。待分离的液体在压力下流经薄膜管。溶剂（水）穿透薄膜，而大的分子结构（如油分子）则不能穿透薄膜形成分散相。

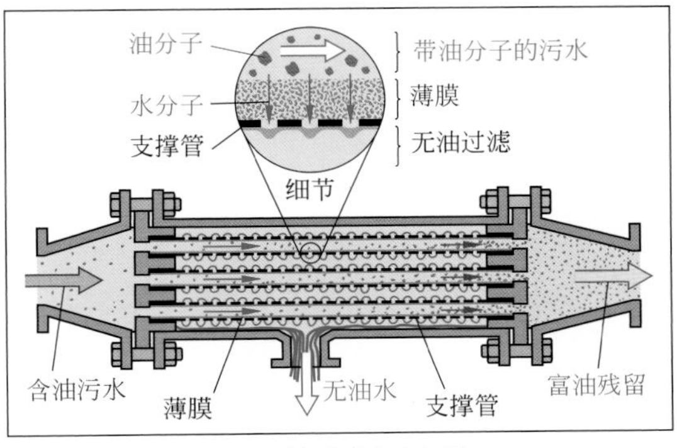

图 12-48：含油污水的管式膜分离元件

作为渗透物，可以得到纯水，作为截留物，可以得到含有乳化油的水 / 油乳剂。这些可在分离器（圆盘离心分离机）中分离。管道膜分离元件优先用在反向渗透、超滤和微过滤中净化污水，可轻易除去沉淀物。

板式膜分离元件或**盘式膜分离元件**由各个膜片组成，膜片由带有内部排水板的膜袋构成（**图 12-49**）。膜片堆叠在一根居中的排水管上，并置于一个抗压的管状壳体中。

待净化的液体流进压力容器的壳空间，渗透物穿过膜片盘，经中心排水管流出。截留物从壳空间的另一侧流出。板式膜分离元件和盘式膜分离元件适用于反向渗透、超滤和微过滤，也适合用于蒸气渗透。

空心纤维或毛细膜分离元件包含由数千根细的空心纤维（外径约 100μm）组成的纤维管，置于抗压管状壳体中（**图 12-50**）。空心纤维在管壳内平行排列，两端粘在顶板上。待净化的液体通过居中的分配管流入，并从外部围绕各个空心纤维管流动。渗透物穿透空心纤维膜，从对面放置的顶板上排出。饱和的液体作为渗透物从另一块顶板上排出。空心纤维和毛细膜分离元件主要运用在反向渗透，用于将地表水和海水净化成饮用水和纯水。

在**线圈膜分离元件**中，两个带有排水隔层（塑料网）的分离膜从两侧黏合到一起，形成密封的膜袋，并缠绕在收集管上（**图 12-51**），整体内置在管状壳体中。待净化的液体穿过侧部导管流入膜片袋外侧。渗透物穿过薄膜，被集中在膜片袋中，并通过收集管推出。液体沿着膜片袋外侧流动，并作为截留物在模块的另一侧排出。

线圈膜分离元件主要用于饮用水和纯水的获取。因为所需的膜片面积较大，所以可将多个元件串联使用。

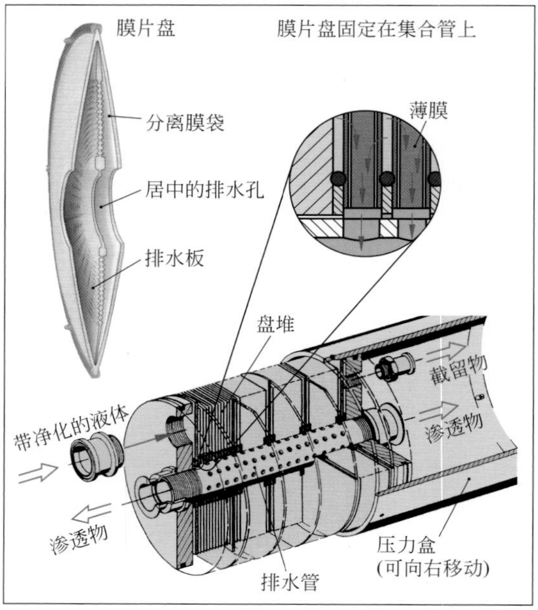

图 12-49：盘式膜分离元件的构造

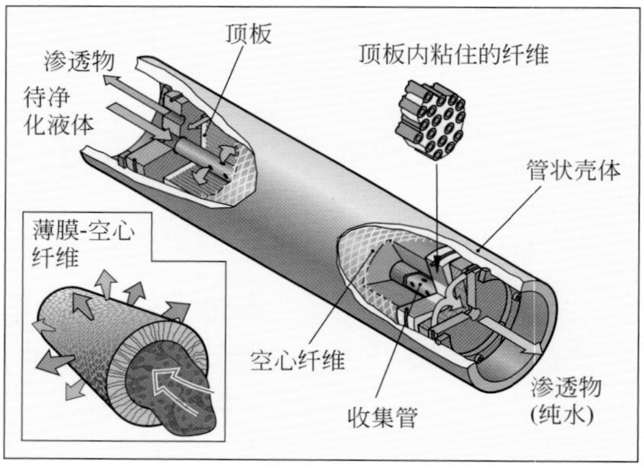

图 12-50：空心纤维膜分离元件的构造

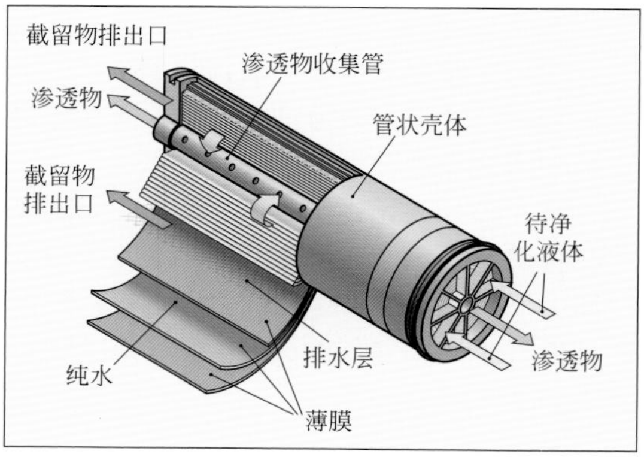

图 12-51：线圈膜分离元件的构造

4.4 使用膜分离法的设备

获取饮用水的设备

膜分离技术通常应用在从原水中获取饮用水的设备上（**图 12-52**）。井水、河岸过滤水和河流、湖泊中的表层水都可作为原水。原水在经过砂滤床和过滤器后进入带有诸如管式膜分离元件的反向渗透设备（**图 12-53**），渗透物是纯水，纯净水中不需要的成分都汇集在截留物中并流入排水沟。然后，纯水流过矿石床，使纯净水获得符合饮用水要求的矿物含量。

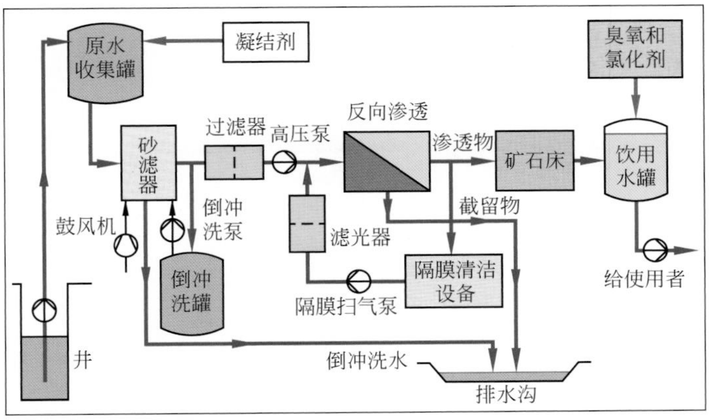

图 12-52：获取饮用水设备的流程图

图 12-53：反向渗透设备

生产奶制品的设备

在牛奶生产中，膜分离设备是用来从乳清中获取牛奶成分的重要装置（**图 12-54**）。它们用于生产大批量奶酪。

乳清本质上包含 7% 左右的脂肪和酪蛋白，5% 左右的乳糖和 1% 左右的乳清蛋白。用各种膜分离方法，按照乳清颗粒分离极限的递减顺序，将乳清分离（分解）成其他成分。随后进行热浓缩和干燥，获得可长时间保存的粉末状产品。

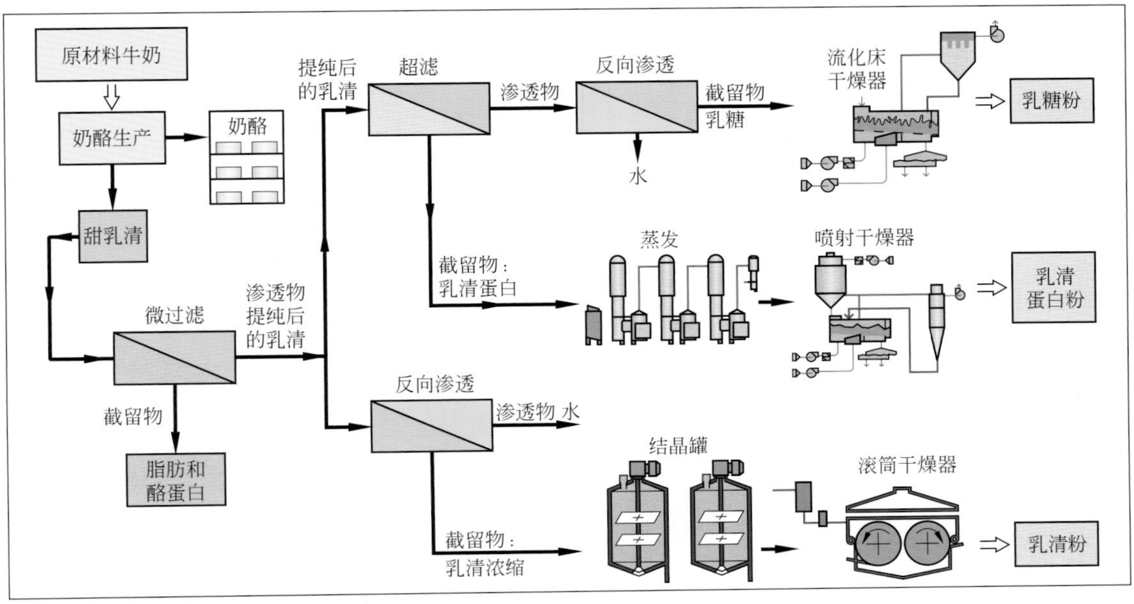

图 12-54：将牛奶分成不同产品的设备

4.5 全蒸发法

全蒸发法是一种膜分离法，用于分离容易挥发的、能很好溶解在薄膜中的液体混合物成分。

全蒸发法用于分离含水的有机或全有机的液体混合物。

通过全蒸发法分离混合物，必须使用合适的薄膜。人们将之称为**溶解 - 扩散薄膜**。容易挥发的成分在薄膜中溶解并扩散开来（**图 12-55**）。剩下的混合物成分不溶于薄膜，因此不能穿过它散逸。

如果要从含水的液体混合物分离有机成分，就要使用一种有机生物薄膜。如果要从有机液体混合物中分离水，就要使用吸水的薄膜。

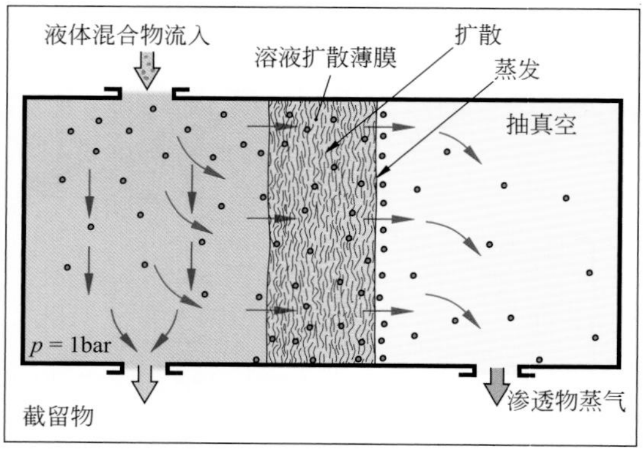

图 12-55：全蒸发法的原理

通过薄膜扩散后，容易挥发的成分（渗透物）在薄膜背面蒸发。

渗透物蒸气被抽走并通过冷却凝结。在薄膜的流入侧，剩余混合物液体作为截留物流走。

为使渗透物更好地通过薄膜渗透，在使用全蒸发法时要稍微提高温度。为了加速湿润薄膜表面的蒸发，额外对渗透物一侧施加真空。

全蒸发法的运用如下：

- 通过将酒精（乙醇）作为渗透物分离，生产无酒精的啤酒。全蒸发法在大约 30℃的温度下实施。由此，啤酒不会像蒸馏（高温）排出酒精那样发生任何破坏口感的变化。
- 通过对水（渗透物）进行膜分离将温度敏感的有机液体进行脱水（干燥）。

许多有机液体，如来自生产过程和运用中的酒精、酯、酮和芳香基都是含水的。分离其中的水很困难，因为它们与水一起形成共沸混合物（440 页）。因此通过精馏分离剩下的水成分非常费时费力。通常更经济的方法是用吸水薄膜实施全蒸发法来脱水。

图 12-56 展示的是全蒸发法的设备，用于给丁酮（$CH_3COC_2H_5$）脱水。

排水（渗透物）是在膜分离元件中进行，它放置在一个真空罐子里。

这意味着丁酮不会通过不密封的膜分离元件泄漏到周边环境中。

当渗透物从膜表面蒸发时，因蒸发热量被吸走而冷却。因此，丁酮在进入膜分离元件前必须进行加热。

全蒸发法脱水设备的产品几乎是无水丁酮（截留物），含水量可达 ppm 级。

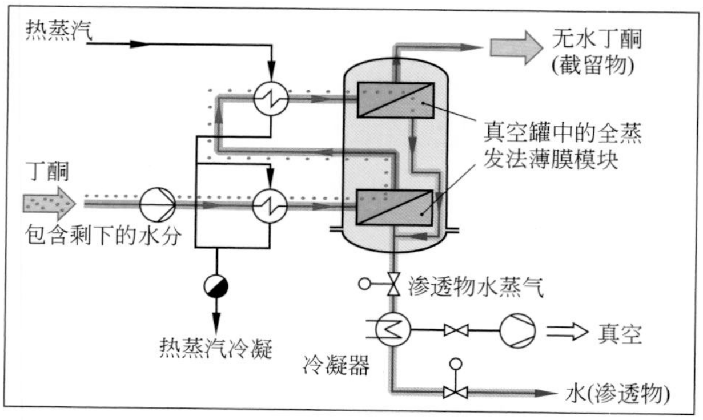

图 12-56：通过全蒸发技术将丁酮脱水的设备流程图

4.6 蒸气渗透

蒸气渗透（vapor permeation）是一种膜分离法，用来选择性分离气体混合物以及净化有害气体，例如不洁净的空气。

蒸气渗透中的渗透指渗透性。

在蒸气渗透时，气体混合物在分离区与专门的溶液分散薄膜接触（**图 12-57**）。气体成分溶解在薄膜中，分散开来，并作为渗透气逸到另一薄膜侧。通过施加真空，物料流被驱赶到渗透侧。其他气体成分不溶于薄膜，因此它们不能渗透并作为截留物流走。

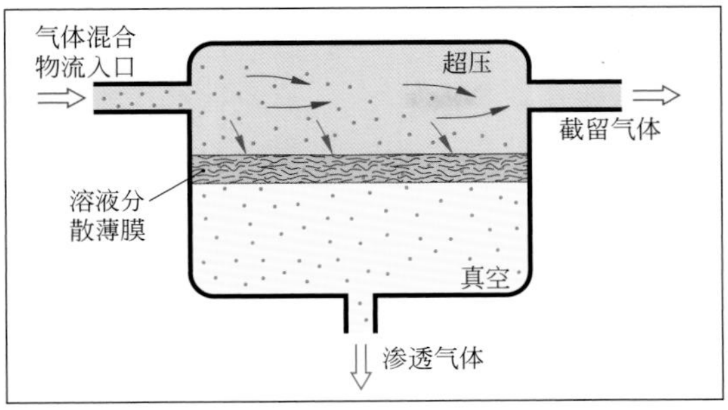

图 12-57：蒸气渗透的原理

工业上的蒸气渗透发生在盘式、空心纤维式和线圈式膜分离元件中（476 页）。

它们置于抗压的钢管中（**图 12-58**）。因为需要较大的膜片表面，所以串联了多个膜分离元件。

图 12-58：蒸气渗透膜分离元件

蒸气渗透的运用诸如以下：

- 回收或净化有机液体，如乙醇、丙醇、丁醇、丙醇、甲苯、苯和甲酯等。
- 净化废气，如分离汽油蒸气或从不干净的废气中分离其他有机蒸气（387 页）。

蒸气渗透一般都与其他分离法结合使用。

图 12-59 展示了由精馏塔和蒸气渗透膜分离元件组成的组合式设备，用于从甲醇混合物（乙酸甲酯）中分离甲醇 CH_3OH。两种液体都能形成共沸。因此，精馏塔中的分离只进行到共沸快要形成时。剩下的分离会在蒸气渗透膜分离元件中完成。这时，精馏塔顶部蒸气被导入膜分离元件。甲醇作为渗透物离开膜分离元件，乙酸甲酯截留物回流到塔内。塔底排出的是纯净的乙酸甲酯。

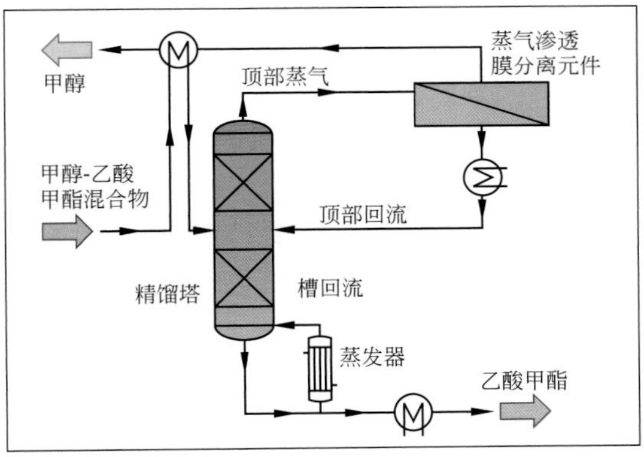

图 12-59：从乙酸甲酯混合物中分离甲醇的设备流程图

复习题

1. 通过反向渗透可分离哪些颗粒？
2. 膜分离法相对于热分离法具有哪些优势？
3. 分离膜是怎样的构造？由什么材料组成？
4. 空心纤维膜分离元件是什么结构？有何功能？
5. 饮用水净化设备的反向渗透膜分离元件如何工作？
6. 过滤膜和全蒸发膜之间有哪些区别？
7. 请描述将丁酮脱水的全蒸发设备的工作方法。
8. 蒸气渗透有哪些典型的运用？

XIII. 控制、调节和过程控制技术

如今化工厂很大程度都自动化了。由此，生产过程可在最优化的条件下进行，并且像测量、换挡和运行值校准这种单调的工作都由控制和调节装置实现。这使化工行业的员工可以解放出来去执行监测任务或排除干扰。

1 概述和概念

化工厂常规自动化过程中的主要内容是测量、控制、调节，简称为MSR（instrumentation and control engineering）技术。

MSR 技术通过电子技术的组件得以实现，人们因此也将其称为 EMSR 技术。

在现代化工厂中，测量、控制、调节过程借助于计算机实施，这一技术被称为过程控制技术（简称 PLT）。

测量

测量指的是通过测量仪表了解过程的运行状态，如温度、压力、流量、填充高度，以及前端、中间及终端产物，包括浓度、pH 值、导电性等等。

测量技术在本书第Ⅴ章和第Ⅵ章曾讲到（第 226 ～ 281 页）。

控制

控制指的是根据一定的时间和流程表，通过切换和调节脉冲，使各项措施按照所希望的方式进行。日常例子包括：家用洗衣机的运行（**图 13-1**）。这里指洗衣机塞满后在间歇运行状态下分为不同的过程步骤：与水混合—添加洗衣液—搅拌—排水—旋转脱水等。

一部分步骤是按照时间顺序进行的，也就是说它们按照特定的、预先设定的时间实施，比如说搅拌或者脱水。另一部分步骤是按照临界值进行，比如加水到一定高度或者将水加热至预设温度。

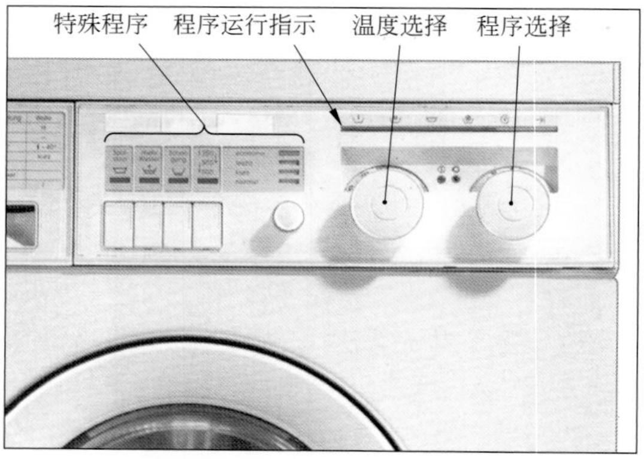
特殊程序
程序运行指示
温度选择
程序选择

图 13-1：家用清洗机的控制

调节

调节指的是通过对某个运行参数的大小进行持续测量，并不断与预设额定值比较和校准，使它尽可能接近额定值。

一个简单、手动可操作的日常例子就是淋浴器水温的设置和保持（**图 13-2**）。淋浴水的温度通过对调节冷热水管的水龙头开度进行调节。

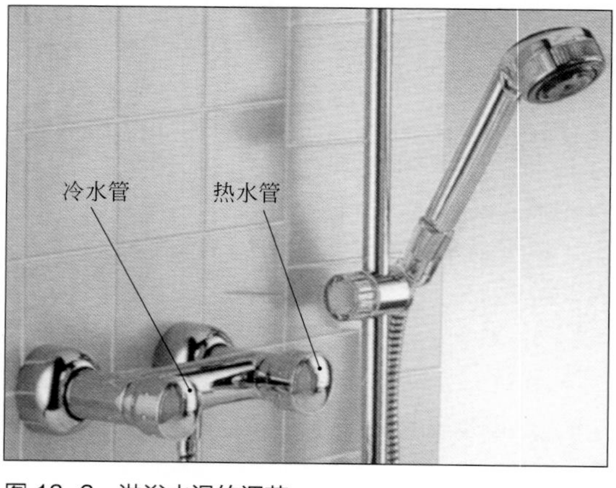
冷水管
热水管

图 13-2：淋浴水温的调节

淋浴水温的额定值就是人们感到舒服的温度。按照经验，首先出来的是冷水，因为它位于热水容器通往淋浴器的通道上。只有冷水流掉，热水才会通过热水管流出并在混合水龙头内与冷水混合成所需要的淋浴水温。人们通过调节混合旋钮或混合水杠杆对混合水龙头进行设置。

然而淋浴水温并不是恒定的。一开始为了加热管道，需要消耗热水的一部分热量。只有这样，淋浴水才能完全加热好以供使用。这意味着淋浴水经过一定时间才能变热，并且必须通过调整混合旋钮进行后续调节。因为还有其他影响淋浴水温的变量存在，如热水容器内的初始温度或者冷水流量的变化，所以水温会不断变化，必须通过后续调节来平衡。

因此，调节是测量、对比和后续调节的持续过程。

过程控制技术

在化工厂尤其是大型化工厂中，必须同时通过测量来控制、监测和调节大量仪器和设备。

在化学工业的早期，测量、控制、调节和监控仪器安装在各个设备上。员工必须在一定的时间间隔内前往各个设备，现场读取它们记录的测量值，如果需要，还要通过调整阀门来进行校正。

将测量、调节和控制仪器整体规划到中央控制室内，带来了本质上的改变（图 13-91，第 522 页）。这时，可集中读取测量值，并在出现偏差时可在控制单元上进行调节干预。控制室中的调节和控制单元独立监控系统内运行的各道工序。

化学工业自动化的突破在引入过程控制系统（简称为 PLS）之后才产生，也就是自我控制、自我调节和电脑监控的过程。

过程控制系统（**图 13-3**）借助中央控制室的计算机控制自动化单元，通过监视和操作单元来监控、调节和控制化学过程。

该过程显示在监视器上，如果与理想过程有偏差，操作员通过操作键盘或鼠标即可对过程进行干涉。

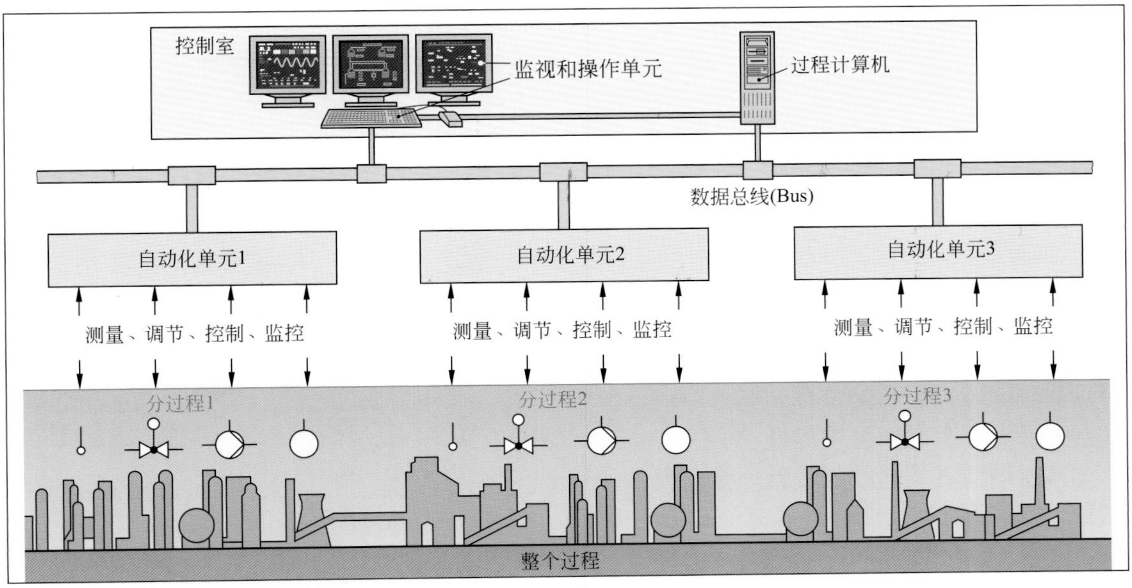

图 13-3：化工厂的过程控制系统

2 调节技术

闭环控制（反馈控制）指的是连续测量运行状态参数，将测量值与预设额定值进行比较，以及调整运行状态参数，尽可能设定并维持额定值的一个整体过程。

2.1 基础知识

以搅拌釜的温度控制为例说明控制技术的基本术语（**图 13-4**）。

控制过程中，尽管周边环境的热损耗不同（干扰变量 z），搅拌釜内的温度（被控变量 x）通过调节器设置并保持在所需的额定温度（额定值 w）。

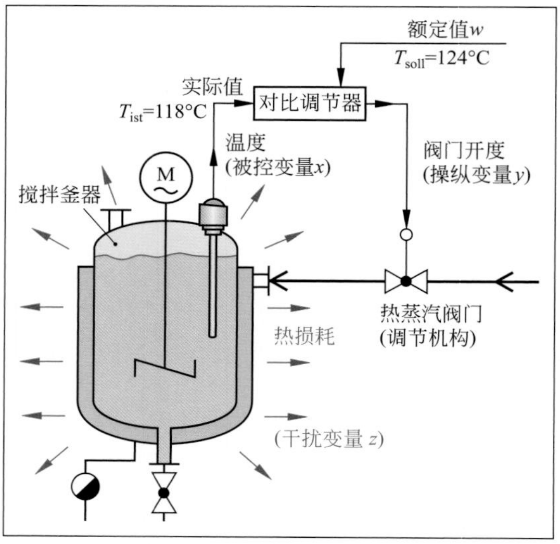

图 13-4：搅拌釜的温度控制

温度计测量当前温度（实际值）。控制器对比实际值与所需的搅拌釜温度（额定值）。当测量温度（实际值）与所需温度（额定值）有偏差时，就通过调节热蒸汽阀门的开度（操纵变量 y）来增加或减少热蒸汽进量，使容器内的温度被引导到额定温度。然后再次进行测量、比较、调节等。

控制过程受到外部干扰的影响。比如，由于外界温度浮动（干扰变量）导致热损耗不同，为平衡这些干扰，就必须持续校正调节整个过程。

这种不断重复的测量、比较和调整过程可在一个控制回路的框图中用方块形象地描绘为作用链（**图 13-5**）。

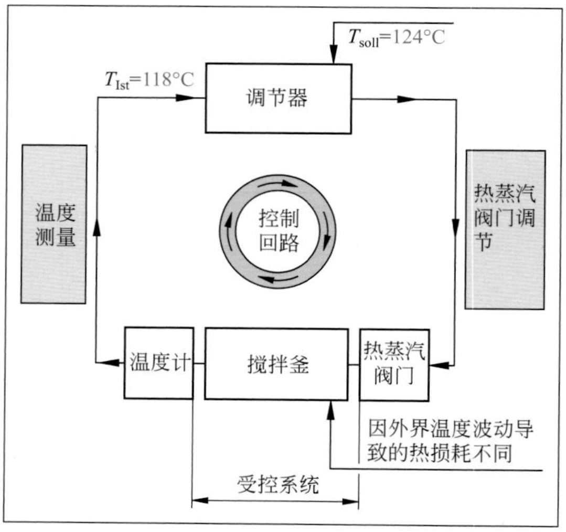

图 13-5：用于控制搅拌釜温度的控制回路

控制回路由受调节的对象、温度计、热蒸汽阀门、调节器以及连接线（信号流路径）组成。

受调节的对象，此处指搅拌釜，被称为受控系统。用温度计测量当前实际温度（比如 118℃）。调节器将它与搅拌釜所需的额定温度 124℃进行对比。因为测得的温度太低，调节器会发送指令，使热蒸汽阀门开得更大，更多的热蒸汽涌入搅拌釜的壳体空间。由此，搅拌釜内的温度升高并被继续测量。

只要调节过程持续进行就一直重复此调节过程。封闭的调节过程作用链被称为控制回路，体现了闭环控制的特征。

如果将第 482 页“搅拌釜温度控制”这个例子的名字换成控制工程通用的专业表达，那么就得到一个原则上对所有控制过程都适合的控制回路（**图 13-6**）。

被控变量 x 由测量仪持续测定（实际值）并在调节器内与被控变量 w（额定值）做对比。在此过程中得出的控制偏差 $x_w = w - x$ 在调节器中被编辑成操纵变量，通过控制阀作用在受控系统上。被控变量 x 由此发生变化，并再次被测量仪测出。

调节的任务是使被控变量 x 达到额定值 w 并通过改变操纵变量 y 对抗干扰变量 z 的影响，使被控变量 x 与额定值 w 保持一致。

除了基本元素（见图 13-6），控制回路还包括其他功能单元。

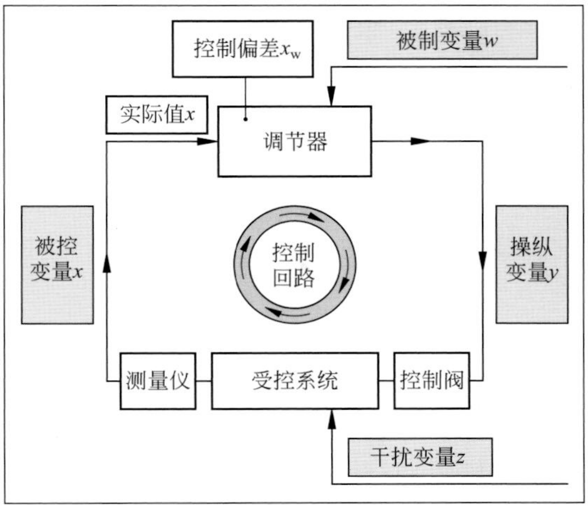

图 13-6：控制回路的基本元素

测量值换算器

测量工具（测量记录器）有不同的输出信号：它可以模拟电子输出信号，比如电阻温度计和热电偶，或者机械输出信号，比如管式弹簧压力表。

为使所有测量工具都能连接标准调节器，在测量仪和调节器之间会连接一个测量值换算器，将不同类型的测量仪原始信号转化成标准化的电子信号（**图 13-7**）。

根据信号重塑类型的不同，分成几种功能单元（DIN IEC 60 050-351）。测量值换算器，也称单元测量转换器或变送器，能提供标准化的电子输出信号（也参见第 256 页）。

转换器会改变测量信号的信息模式：如模拟 / 数字转换器（A/D 转换器）、数字 / 模拟转换器（D/A 转换器）等等。

伺服驱动

大多数工艺运行中，操纵变量 y 通过阀门或其他机械控制装置（控制阀）对控制回路发生作用。

需要一个可控制的驱动器来操纵控制阀。为此有以下四种运行模式：

- 电子伺服驱动
- 电磁伺服驱动
- 以压缩空气作为辅助能量的气压伺服驱动
- 以液压油作为辅助媒介的液压伺服驱动

伺服驱动的技术规格请见第 27 页。

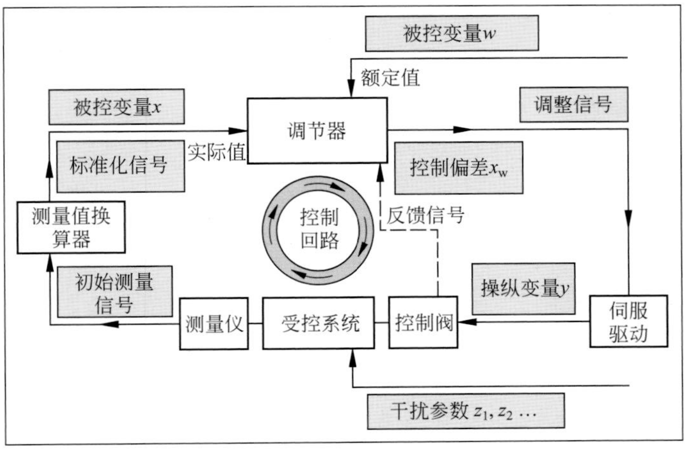

图 13-7：详细描绘的控制回路

信号反馈

从伺服驱动或者控制阀位置可截取反馈信号并通过正在进行偏差控制的调节回路反向耦合（图 13-7）。

根据反馈回路的不同结构，调节器有不同的调节行为。

2.2 测量、控制、调节点的图示及命名

电动测量、控制、调节装置，简称为 **EMSR 点**，显示在化工设备的管道和流程图中（管道和仪表图，第 110 页）。

在过程控制技术中（第 522 页），EMSR 根据其功能，也称为 **PCE 任务**，意为**过程控制任务**（PCE 来自 process control engineering）。

EMSR 点（图 13-11，第 485 页）的图形表示：

– 同时显示和命名了测量、控制、调节变量。

– 描述化工设备中的任务和作用方法（功能）。

EMSR 点—— 用椭圆形描绘

EMSR 点及其过程控制任务（PCE 范畴）的完整描述通过一个椭圆形和输入其中或位于其左右两边的简写标识来实现（**图 13-8**）

描述以 2010 年出台的 DIN EN 62 424 为标准。该标准替代了早前的 DIN 19227-1，后者在 2012 年以前的过渡期仍然可以使用。

在椭圆形的上部区域（图 13-8）是测量参数及其功能的简称，下部区域是数字编号。

椭圆形的左右两边还可给出额外信息。

表 13-1 显示了 EMSR 参数中最重要的缩写字母及其含义。

图 13-9 中的例子体现了在干涉值上下区间（AH,AL）时与质量相关的（■）分析值调节（AIC, pH 值），它会显示在中央控制器和警报中。 EMSR 点由下级供应商提供并编号为 00151。

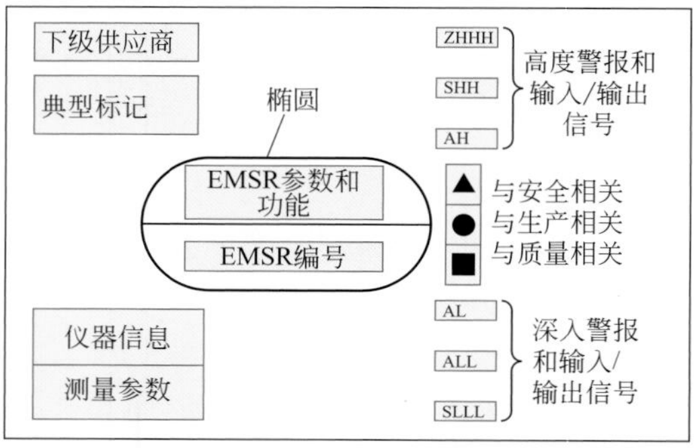

图 13-8：EMSR 的描述（示意图）（# 说明区）

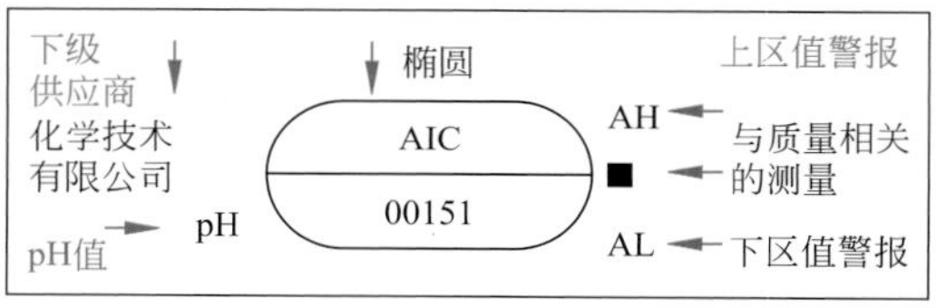

图 13-9：EMSR 点示例（黑字）（红字为解释）

EMSR 简称

EMSR 由字母或字母组合组成（**表 13-1**）。椭圆中的第一个字母代表测量、控制、调节参数。随后的字母标明了测量参数的功能，也就是所谓的过程控制处理功能。

可以提供诸如测量值是否显示（I）、调节（C）或记录（R）的信息。

字母 I 和 R 是基于之前所述的测量参数，如流量的实际值用 FI 显示。

过程控制处理功能 A、H、L、O、S 和 Z 只能在椭圆形以外的右侧使用（图 13-9）。

更多的字母按照 F – D – Y – C 的顺序排列。

表 13-1：EMSR 点过程控制处理方式的简称，根据 DIN EN 62 424 标准（筛选）

首字母（MSR 参数）（PCE 范畴）		后续字母：测量参数处理（PCE 处理功能）	
A	分析参数	A	警报，报告
B	火苗监控	B	限制
D	密度	C	调节
E	电子应力	D	差额
F	流量	F	比例
H	手动输入、手动干预	H	上限值（高）
I	电流	I	在打开的模拟显示器上
L	料位	L	（实际值显示器）下限值（低），关闭
M	湿度		
N	电机	O	本地显示开 / 关信号
P	压力	Q	累积值
Q	数量	R	打印（记录值）
S	转速、速率	S	双向控制或切换功能（跟安全无关）
T	温度		
W	重力、质量	Y	计算功能
Y	控制阀	Z	双向控制或切换功能（跟安全有关）

EMSR 缩写举例

LRC	带记录的料液调节	YC	带调节功能的控制阀
PDIC	带实际值显示器的压力差调节	NS	带输入 / 输出控制的电机
TIC	带实际值显示器的温度调节	YZ	安全相关的控制阀

习题

（1）以下 EMSR 简称分别代表什么含义？

（a）LIS （b）TRC （c）TIC （d）PIC （e）PIR （f）FS （g）FIRC （h）FIQC

（2）以下 EMSR 点的简称是什么？

（a）显示实际值的流量调节器 （b）带显示的压力调节器

（c）带显示的分析值调节器（pH 值） （d）显示实际值的温度调节装置

传导功能

过程控制任务的传导功能确立了传感器和激励器之间的功能关联。在 P&ID 流程图中，传导功能的符号是一个伸展的带有简称的六角形（**图 13-10**），以字母 U 开头。

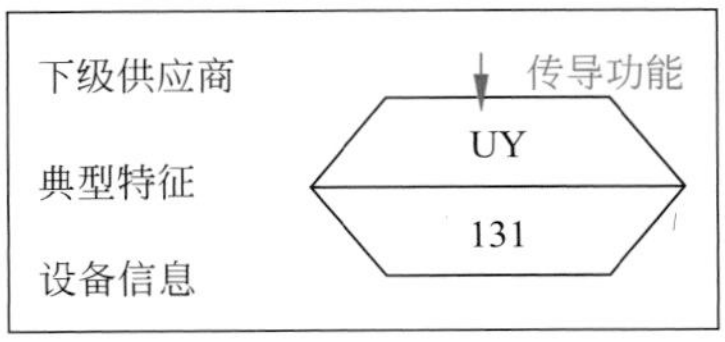

图 13-10：传导功能的描述

需要了解系统时，会显示传导功能的图形符号。相互关联清晰的简单传导功能可省略传导功能符号，例如温度传感器和导热管中的控制阀。

管道和仪表图中 EMSR 点的描述

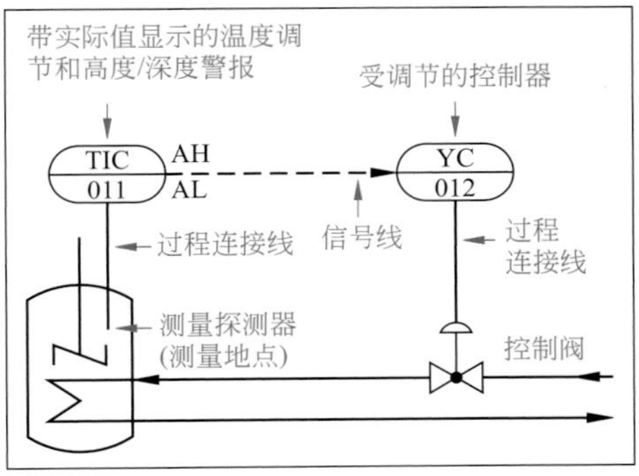

图 13-11：对管道和仪表图中 EMSR 点的描述（红字为解释）

管道和仪表图以符号形式描述化工设备（或其中一部分）（第 108 页），除了设备和物料流路径，也展现了过程控制任务以及所需的 EMSR 点（**图 13-11**）。通过一个带有简称的椭圆形对 EMSR 设备及其过程控制任务进行描述（第 484 页）。EMSR 设备和测量地点之间的连接以及 EMSR 设备和控制器之间的连接用连接线来标注。

过程连接线（穿过的细线）象征着 EMSR 设备和过程技术设备（如控制阀）之间抑或 EMSR 设备和传感器之间的信息流。

信号线（虚的细线）表示的是 EMSR 设备互相之间的信号路径。

测量探测器（传感器）设置为测量位置上 EMSR 设备椭圆的过程连接线终端。

EMSR 点的显示和操作位置用不同规格的椭圆标记（**图 13-12**）：

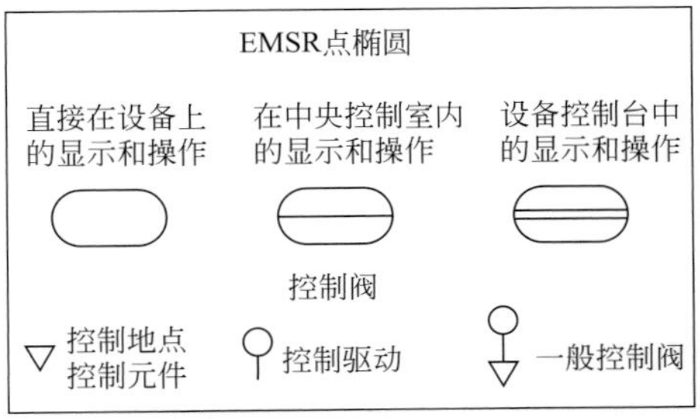

图 13-12：EMSR 点的图形

如果椭圆中有一条水平线，就会启动中央过程控制室内的显示和操作。无水平线的椭圆表示设备现场的显示。椭圆中的双线标记的是设备中本地控制台上的显示和操作。

控制阀可以用一个普通图形符号（图 13-12）或一个阀门图形符号（第 28 页和 110 页）表示。

管道和仪表图中，根据旧标准 DIN 19 227-1，表示形式有些许偏差。例如，可以用圆形而不是椭圆形显示 EMSR 点，或者在过程连接线的末端将测量位置绘制为小圆圈。

2.3 化工设备中 EMSR 点示例

流量调节

图 13-13 展示了带薄膜控制阀管道的流量调节（FIC）。

流量在中央控制室中显示，并有一个高值警报（AH）。

控制阀、与安全无关的调节阀（YCS）在控制台上有一个打开 / 关闭显示（OH, OL），其分别与一个双向切换、与安全无关的传导功能（US）连接。

测量单元，如文氏标准喷嘴，位于旁路前方，使得手动操作时也可显示体积流量（阀门符号见 28 页）。

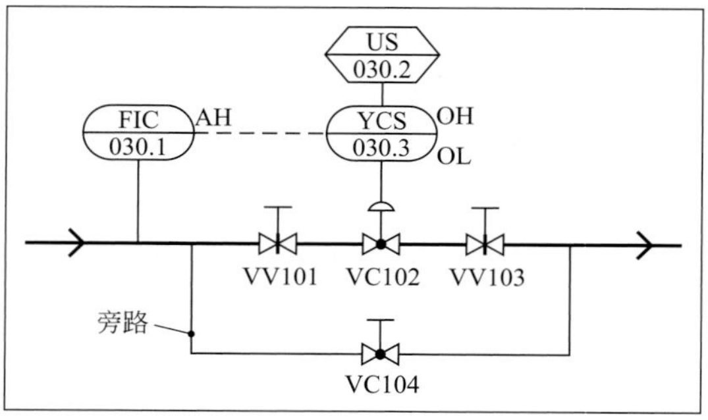

图 13-13：体积流量调节

搅拌釜的温度调节和压力监控

图 13-14 展现的是搅拌釜的温度调节（TIRC）和压力监控（PI）。

该釜用热蒸汽加热，后者通过阀门 VC1 流入。热蒸汽凝结后通过冷凝导流器流出。釜内的温度通过电机驱动的搅拌工具分配均匀。

温度在搅拌釜中被测量（测量单元编号 4.12），并在过程控制中心进行显示和记录。测量温度如与规定的釜温出现偏差，阀门 VC1 会进一步打开并供给热蒸汽；如超过上限值时，就会发出干扰报告。此外，釜内的压力会被测量（测量单元 4.11），并在过程控制台中显示，当超过上限压力时发出警报。

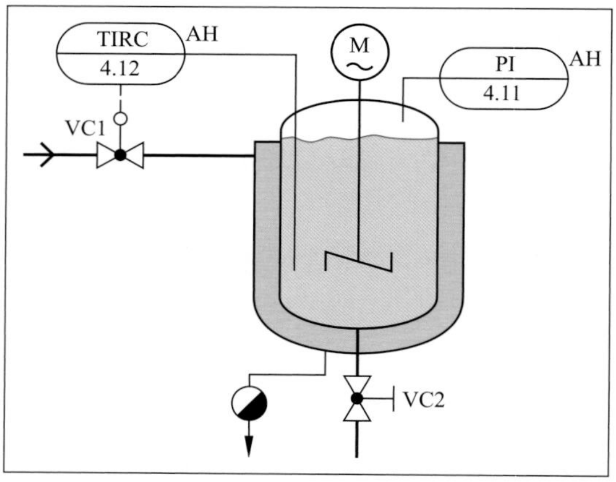

图 13-14：搅拌釜的温度限值调节和压力监控

釜内料位的控制

图 13-15 展示的是釜 **BE1** 内的液体泵到釜 **BE2** 的设备区域。温度在釜 **BE1** 中被测量（测量单元 1.01）、显示并记录在设备控制台中。料液高度（测量单元 1.02）被测量、显示，并给出二进制控制信号。

如果当前液位高度超过所容许的最高限制，泵的电机就会起动。然后泵 **PL1** 将釜 **BE1** 中的液体泵入釜 **BE2** 中。如果釜 **BE1** 的液位低于下限高度，泵就会关闭。

温度（测量单元 1.03）和压力（测量单元 1.04）在釜 **BE2** 中被测量、记录并显示在设备控制台中，如果压力超过压力极限时，会发出警报信号。

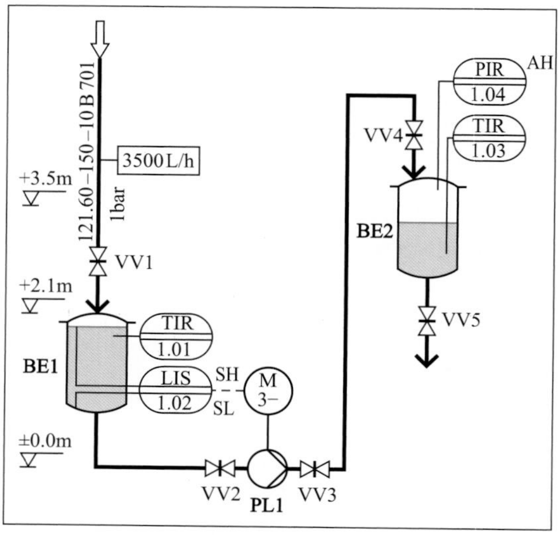

图 13-15：泵出液体时的控制

化工设备的调节

图 13-16 显示的是第 111 页描述的化工设备的调节，包括容器、研磨机和分离柱。所有 EMSR 点的测量值都显示（I）并记录（R）在过程控制台中。

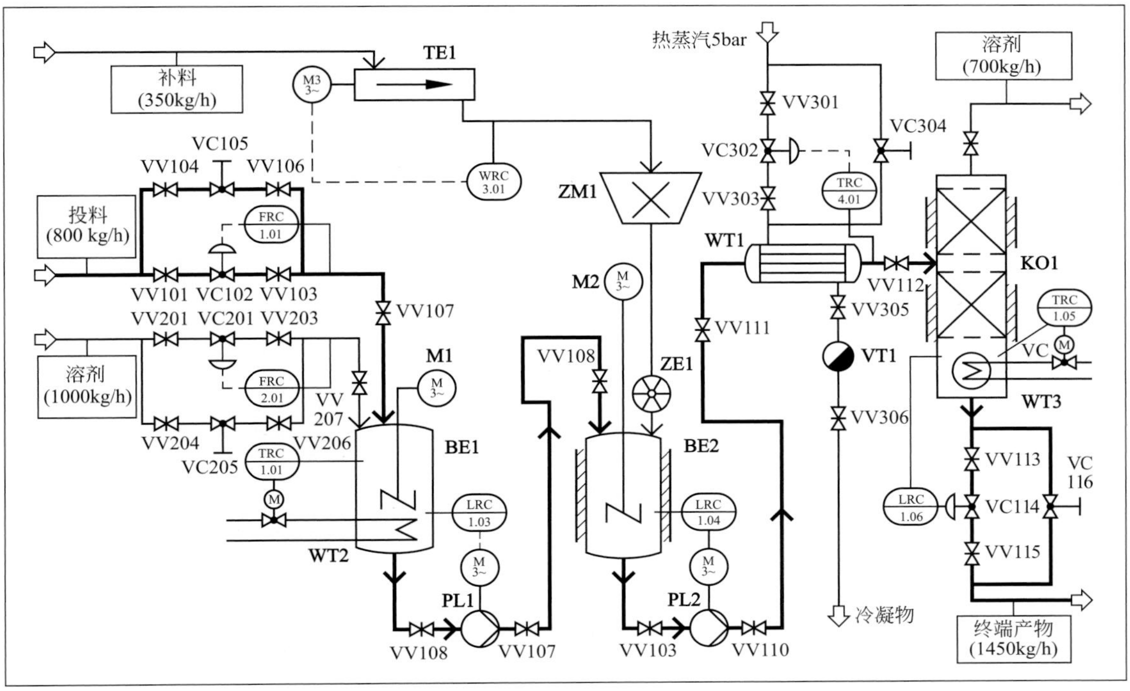

图 13-16：化工设备 P&ID 流程图中的 EMSR 点

EMSR 点 1.01 和点 2.01 调节流入分解槽 **BE1** 的液体量。EMSR 点 1.02 调节分解槽内的温度。通过点 1.03，当 **BE1** 中的液位超出时，泵会起动，将液体抽送到 **BE2**。

BE2 的固体物料通过传送带 **TE1** 传送，其速度由 EMSR 点 3.01 进行调节。EMSR 点 1.04 调节 **BE2** 中的液位控制泵 **PL2**，后者泵出的反应产物热交换器 **WT1**。

热交换器 **WT1** 流出的产物温度通过进入热交换器 **WT1** 的热蒸汽量进行调节（4.01）。

塔底 **WT3** 的加热通过塔底温度（带 EMSR 点 1.07）进行调节，塔底排空通过液位控制（1.08）进行。

练习：

1. 描述管道内薄膜控制阀调节流量的过程。流量显示并记录在控制台。

2. 在带排水阀的容器上绘制带显示器的温度测量和带显示器以及记录装置的料位调节。两种 EMSR 点都是过程控制系统的组成部分。

复习题

1. 如何理解控制和调节？
2. 过程控制系统有哪些任务？
3. 控制回路由哪些基本元素组成？
4. 测量值换算器有什么功能？
5. 调节单元简称可如何读取？
6. 下图相邻的 EMSR 点代表什么含义？

2.4 受控系统

根据不同的功能，人们将控制回路概念性地划分为受控系统和控制装置（**图 13-17**）。

控制回路中有质量流和能量流流动的部分称为受控系统。

控制装置包括控制回路信号处理的部分。

对于搅拌釜内的温度调节（图 13-17），受控系统指的是包含阀门、进出导管在内的全套搅拌釜。

调节器、测量探测器、测量值换算器以及调节阀的控制驱动都属于控制装置。

每个受控系统都体现了控制参数变化时被控变量的典型变化。

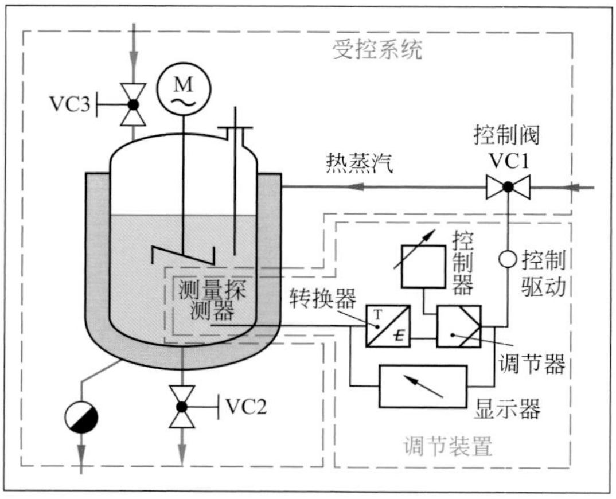

图 13-17：蒸汽加热的反应釜内的温度调节

2.4.1 受控系统的静态行为

受控系统静态行为或平衡行为是根据稳定状态的操纵变量和被控变量设置划分的。

例如旁边展示的温度调节（图 13-17），在 VC1 处于特定阀门位置时，釜内的温度为某个特定值（假设所有其他变量都为常数）。如果改变 VC1 的阀门冲程，那么在一定时间后釜内会调整为另一个恒定温度。不同的阀门位置对应了不一样的釜内温度，可以用一条特性曲线来表示（**图 13-18**）。

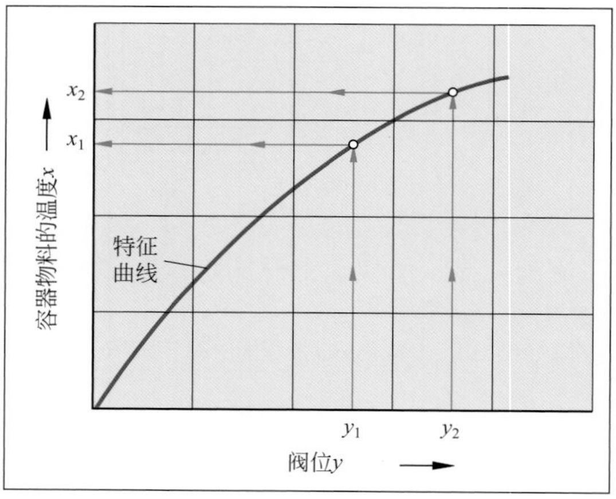

图 13-18：蒸汽加热的反应釜的特性曲线

在操纵变量变化后，被控变量达到新的平衡状态，此时的受控系统被称为平衡的或者比例受控系统。

平衡的受控系统有诸如管道内的流量调节装置以及许多容器内的温度和压力调节装置。

如果操纵变量的变化没有导致新的平衡状态，而是被控变量持续变化，则人们称之为无平衡的受控系统。

无平衡的受控系统比如容器内的液位调节装置（**图 13-19**）。排水阀 VC1 的调整不会导致新的平衡状态，即不会产生新的恒定液位，而是导致容器排空或者溢出。为防止这点，必须使用连续控制或限位开关。无平衡的受控系统也称为加法系统或积分系统。

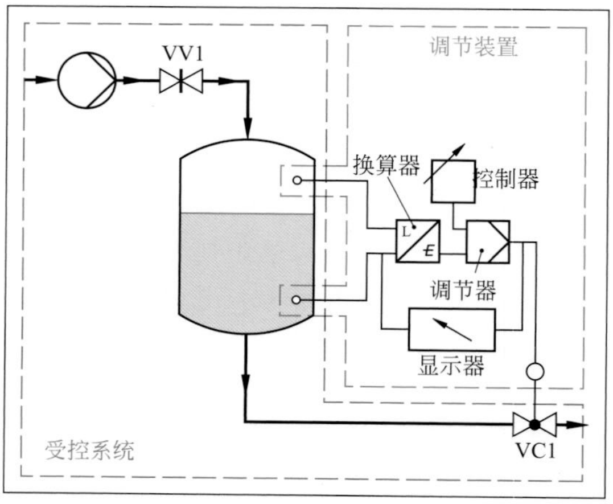

图 13-19：容器内的液位调节

2.4.2 受控系统的动态行为

受控系统的动态行为或过渡行为指的是被控变量 x 的时间行为，它是操纵变量 y 变化的结果（**图 13-20**）。

操纵变量 y 的“阶跃式”意思是非常快地增加到特定数值，如控制阀冲程的 10%（红色曲线）以及由此引起的被控变量 x 的时间变化（蓝色曲线）。

人们称之为受控系统的阶跃响应。

带平衡的受控系统（曲线①至⑥）的阶跃响应在经历过渡时期后获得平衡状态的恒定值。

（a）无延迟的受控系统①在随着控制参数阶跃式增长后直接形成阶跃响应。阶跃响应的高度与控制参数阶跃的比值被称为受控系统的放大系数或者传递系数。

（b）带延迟的受控系统②和③立即对控制参数阶跃做出反应，但需要一定的时间来达到恒定的被控变量值。

具有延迟元件的受控系统，如带存储器的节流阀，显示了快速上升的阶跃响应②，人们称之为一阶控制系统。

示例：带压力控制的容器。

带多个延迟元件的受控系统有一个缓慢增长的阶跃响应。人们称之为高阶控制系统。例：带温度控制的容器。

（c）有滞后时间的受控系统④和⑤在一定时间，也就是滞后时间 $\boldsymbol{T_t}$ 后才调节被控变量做出阶跃响应反应。滞后时间常存在于带有运输和混合过程的受控系统。例：传送带对应受控系统④，蒸汽加热的容器（图 13-17，第 488 页）对应受控系统⑤。

（d）有多个延迟环节的受控系统⑥没有准确的滞后时间，但也会通过延迟做出反应。为了描述它，就在阶跃响应曲线的转折点放一条切线。

与起始线的交点得出延迟时间 $\boldsymbol{T_u}$，切线与被控变量的最终值的交点为得出达到终值的大约时间，被称为补偿时间 $\boldsymbol{T_g}$。

（e）无平衡的受控系统（曲线⑦和⑧）的阶跃响应通过被控变量的持续增加来标注。

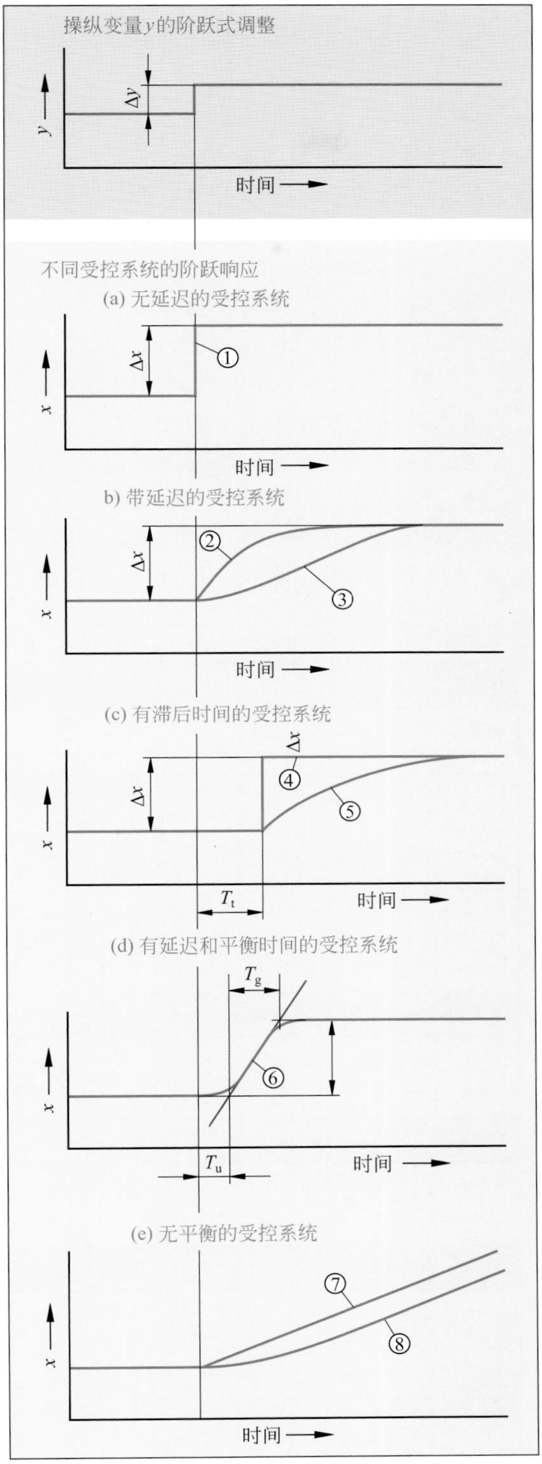

图 13-20：不同控制系统的动态调节特征

2.5 调节装置功能元件的描述

调节装置是控制回路的第二个功能模块（**图 13-21**）。

调节装置的功能元件有：

- 测量接收器（传感器），如温度测量探测器。
- 测量换算器（变送器）。它把测量信号转换为标准化的单元信号。
- 调节器。它将被控变量（*x*）的实际值与额定值（*w*）做比较，计算控制偏差 $\boldsymbol{x_w = w - x}$ 并生成调整信号（***y***）。
- 调节器的操作仪，如控制器。
- 输出器，如显示器或指示器。
- 执行器，如阀门。

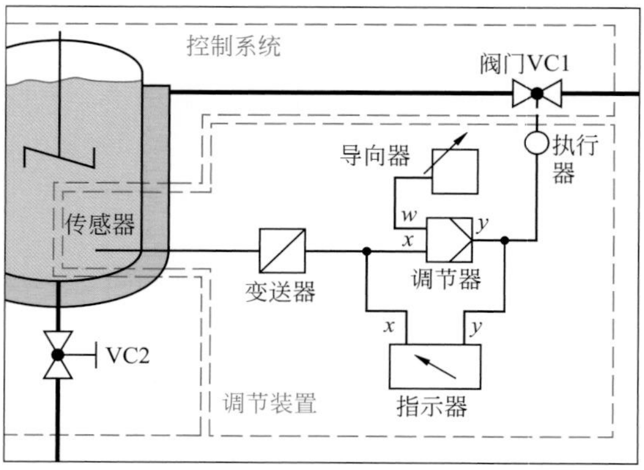

图 13-21：调节系统的功能元件

EMSR 设备的各个元件根据 DIN 19227 标准第 2 部分通过图形符号和字母进行描述（**表 13-2**）。

表13-2：EMSR功能元件（单元）的描述，根据DIN 19227标准第2部分

接收器				
流量	**温度**	**压力**	**状态，水平**	**分析，质量**
流量接收器，普通	温度接收器，普通	压力 接收器，普通	状态接收器，普通	质量参数接收器，普通
膜片，标准孔板	电阻温度计	压力电阻接收器	状态漂浮接收器	二氧化碳含量接收器
感应流量计	热电偶	压力膜片接收器	状态接收器，超声波	pH值接收器
测量换算器，转换器，信号增强器				
信号或测量换算器，普通	带电子单元信号输出的测量换算器	带电子单元信号的温度测量换算器	气动单元信号与电子单元信号转换器	信号增强器
输出器				
显示器，普通	显示器，数字	计算器	书写器，模拟	屏幕
调节器，控制仪				
调节器，普通	PID调节器，在输入信号增强时输出信号也增强	带转换输出的两点调节器	调节器调整装置，普通	控制仪，普通
控制仪及配件				
带控制驱动的控制阀，普通	膜片控制驱动	弹簧控制驱动	带电机驱动器的阀门	带膜片控制驱动的阀门，在能量故障时打开
导管，信号标识				
厚度1mm；EMSR管道：厚度：0.25mm	作用线；管道连接	单位信号管道：电动；气动	标准信号：E 电动；A 气动	信号：∩ 模拟-S.；# 数字-S.

调节装置描述示例

流量调节（图 13-22）

管道内的流量通过感应式的流量测量仪①测出（实际值）。

流量测量信号在测量换算器（转换器）②内转换为标准电信号并由数字显示仪③显示。

标准电信号进入调节器④被读取，通过调节器运算法则（调节行为）进行额定值调整，并生成调整信号。它驱动一个带控制驱动⑤的阀门，后者在断电时关闭。

通过调整器⑥设定额定值和运算法则。

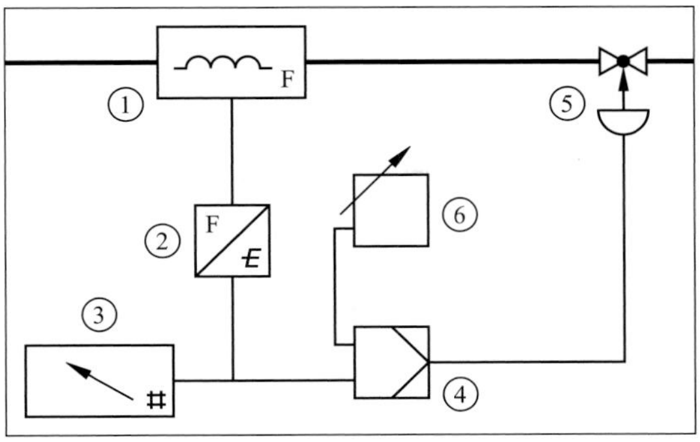

图 13-22：流量调节

温度调节（图 13-23）

温度通过电阻温度计① 测出。

电子温度信号在测量换算器②中转换为标准电信号。

信号到达数字记录器③和 PID 调节器④。

记录仪记录温度曲线。通过调节器调整装置⑤确定额定值，在调节器中设置调节运算法则。

调节器算出需要调整的参数，然后将其传递给电动控制阀⑥。

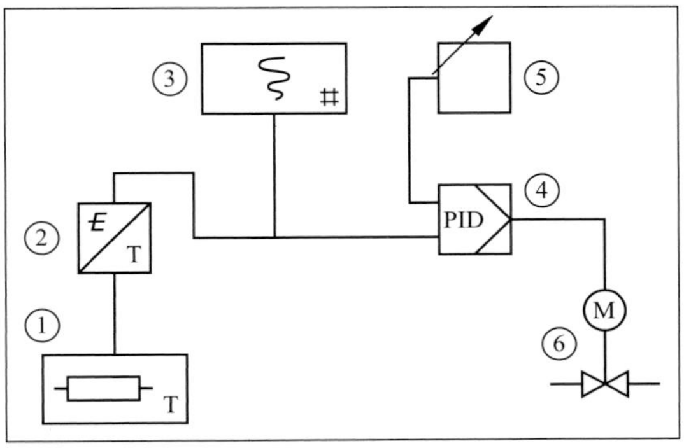

图 13-23：温度调节

压力调节（图 13-24）

若调节装置的各个元件分布在化工设备的不同领域，并且应在图示中明确说明，那么这些领域可通过线条界定并命名。

对于现有的调节装置（图 13-24），通过膜片接收器①测量压力。压力信号在测量转换器②中转化为标准气动信号并被导入控制室。它在这里进入第二个测量传感器③并转换为标准电信号。

标准电信号输入过程控制室中的屏幕④，在该屏幕上显示压力。另外，标准电信号被输入到控制室内的调节器⑤中。

调节器通过所测得的压力实际值和调整器⑥规定的额定值及测量器运算法则，确定信号的变化。

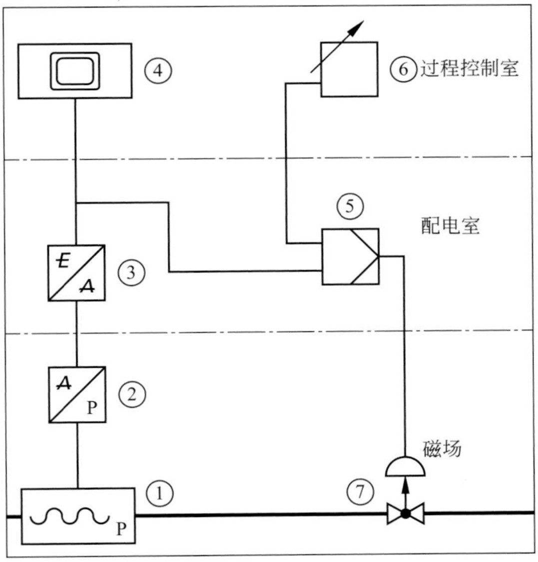

图 13-24：压力调节

信号的变化继续调节调整带控制驱动⑦的阀门。

出于安全原因，当电源故障时控制阀将打开。

2.6 调节器

每个调节装置的核心元件都是调节器，它有很多种。

根据运行方式的不同，分为电子 / 电动和气动调节器，以及无辅助能量的调节器。

根据调节参数的不同，分为温度调节器、压力调节器、流量调节器等等。

根据工作方法和时间特性分为连续的和不连续的调节器。连续的调节器可在调节范围内获取每个任意数值。反之，不连续的调节器只能输出少数调节值，如输入 / 输出或打开 / 关闭。

2.6.1 连续调节器的时间特性

调节器最重要的特征是操纵变量 $\boldsymbol{y}$ 对被控变量 $\boldsymbol{x}$ 阶跃式的调整的响应时间非常短。人们称之为调节偏差 $\boldsymbol{\Delta x}$。

突然调整被控变量的额定值后，调节器输出的操纵变量随时间变化的过程被称为调节器的阶跃响应。

根据时间特性的不同，连续调节器分为三种类型：

P 型调节器、I 型调节器和 D 型调节器。由此还形成了组合式调节器，如 PID 调节器。

P 型调节器

比例调节器，简称 **P 型调节器**，能够立即以操纵变量的变化 Δy［**图 13-25**（a）］按比例对被控变量的阶跃式调节偏差 Δx 做出反应。操纵变量 Δy 的大小与调节偏差 Δx 成正比。

操纵变量的变化 Δy 与调节偏差 Δx 之比被称为比例系数 $\boldsymbol{K_p}$，$\boldsymbol{K_p = \Delta y/\Delta x}$。它说明了调节偏差扩大或减小的倍数。比例系数 K_p 的值通常为 0.1 ～ 20。

为了描述 P 型调节器，还要给出**比例度** $\boldsymbol{X_p}$。它是比例系数的倒数：$\boldsymbol{X_p = 1/K_p}$。

它给出了调节参数需要变化的范围，操纵变量 y 围绕该范围变化。X_p 范围为设置范围的 5% ～ 1000%。

通过 P 型调节器进行调节，操纵变量 y_1 的新值会产生新的被控变量实际值，它也跟额定值有偏差。通过 P 型调节器不能准确地调节到额定值。P 型调节器的调节速度很快，但它会存在一个调节偏差。

I 型调节器

积分调节器，简称 **I 型调节器**，对阶跃式调节偏差 Δx 做出的反应是持续增加操纵变量 y［**图 13-25**（**b**）］。

调整速度与调节偏差 Δx 的大小成正比。

操纵变量会一直改变，直到调节偏差消失为止。I 型调节器按照额定值进行调节，不留余差。纯粹的 I 型调节器化工技术中使用极少，因为它要么太缓慢，要么波动幅度不受控。因此人们更倾向于组合式调节器 PI 或 PID（第 493 页）。

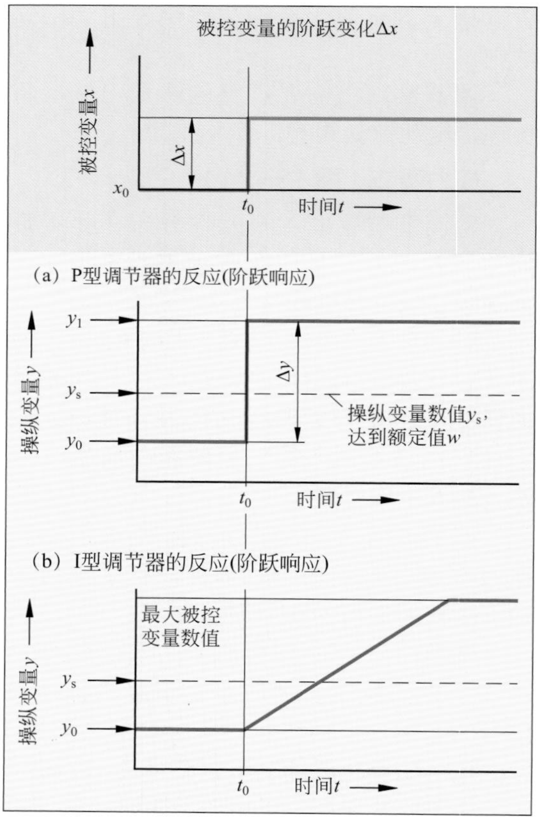

图 13-25：P 型调节器和 I 型调节器的时间特征（阶跃响应）

D 型调节器

微分调节器，简称 D 型调节器，自身没有调节作用。在阶跃式调节偏差Δx增加时，操纵变量 y 也会阶跃式增加并缓慢地回到输出值［**图 13-26（c）**］。

与其他类型调节器相结合，可加速 D 型调节器的调节干预。

在工业生产中，能被单独使用的调节器基本类型只有配置或不配置反馈的 P 型调节器。通常，均需要把调节器组合起来使用。

PI 型调节器

PI 型调节器首先通过操纵变量变化Δy_p（P 部分）对于调节偏差Δx快速做出反应，之后操纵变量 y_i 稳定增加（I 部分），直到被控变量接近额定值为止［**图 13-26（d）**］。PI 型调节器是化工设备经常使用的调节器类型。

PI 型调节器的特性参数是比例系数 $\boldsymbol{K}_p$ 和后续积分时间 $\boldsymbol{T}_N$。它们表明了 PI 型调节器实现操纵变量再次变化同样数值的时间间隔，即与它立即被 P 分量增加的操纵变量相同（$\Delta y_i=\Delta y_p$）的时间间隔。

PD 型调节器

PD 型调节器通过 D 部分立刻大幅改变操纵变量对调节偏差Δx做出反应，然后又会回到恒定的操纵变量（P 部分）［**图 13-26（e）**］。

PD 型调节器不能按照额定值进行调节，在化工设备上很少使用。

PD 型调节器的特性参数是**比例系数 $\boldsymbol{K}_p$** 以及**微分时间 $\boldsymbol{T}_V$**。后者指的是 PD 型调节器的响应达到单独用 P 部分操纵变量 y 的某个特定的时间间隔。

PID 型调节器

PID 型调节器结合了三种调节器的特点［**图 13-26（f）**］：

- 出现调节偏差Δx（D 效应）时立即大幅改变操纵变量。
- 迅速回到适合调节偏差的操纵变量变化（P 部分）。
- 随后按照额定值进行精细调节，不留余差（I 部分）。

PID 型调节器的特性参数是 $\boldsymbol{K}_p$ 值、**微分时间 $\boldsymbol{T}_V$** 和后续**积分时间 $\boldsymbol{T}_N$**。

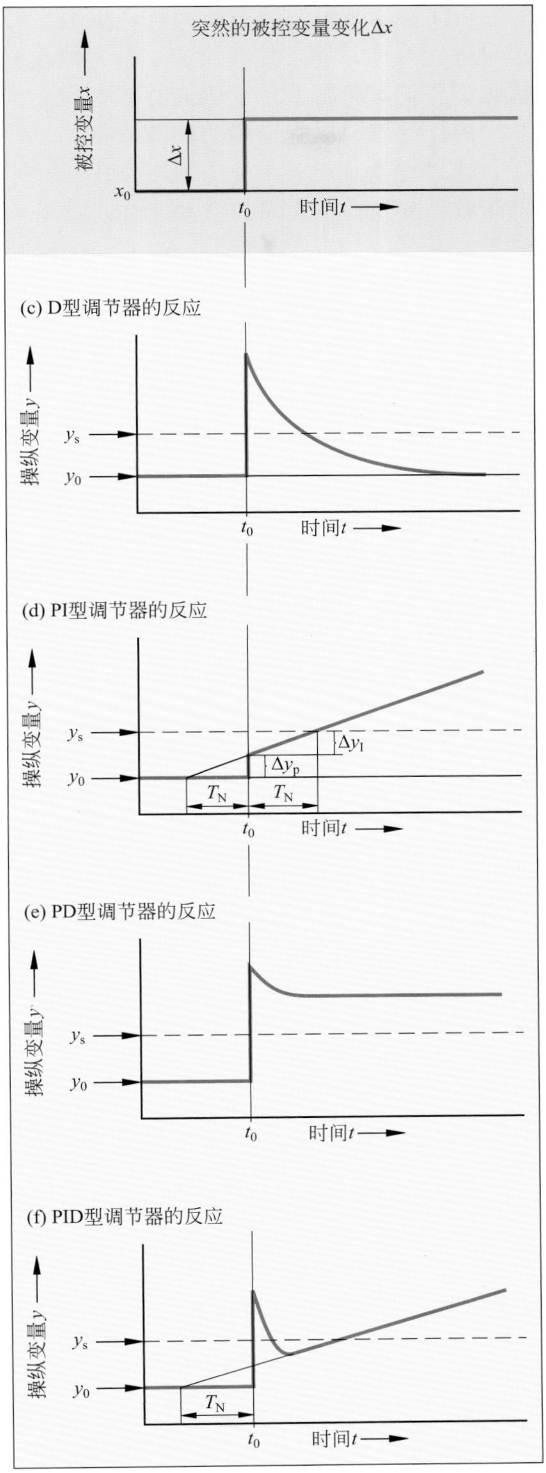

图 13-26：不同类型调节器的时间特征（阶跃响应）

PID 型调节器的调节行为可形象地与经验丰富的司机对驾驶途中突然出现障碍物时的反应过程做对比。他首先会快速、有力地改变方向以绕开障碍物，然后再迅速反向控制并通过后续调整把车辆带回到正确的行驶方向上。

PID 型调节器是通用的调节设备。

通过设置调节器参数，可把 PID 型调节器变成另外一种调节器，比如通过将 D 型调节器参数设置为零，变成 PI 型调节器，或者关闭 D 型和 I 型调节器部分变成纯粹的 P 型调节器。

2.6.2 调节器类型的对比和使用

每种调节器都有一定的特征，有优点，也有缺点。它们决定了各自的用途（**表 13-3**）。

表 13-3：不同调节器类型的优缺点

类型	P 型调节器	I 型调节器	PI 型调节器	PD 型调节器	PID 型调节器
优点	每个调节偏差 Δx 都与成比例的控制参数 Δy 相关；调节器反应迅速	调节作用缓慢但持续增加，直到调节偏差 Δx 完全被消除；完全消除调节偏差	初始反应快速；完全消除调节偏差 Δx	快速且强大的调节干预	快速且强大的调节干预；完全消除调节偏差 Δx；普遍使用的调节器类型
缺点	不能调节为额定值，是有余差的调节	调节器反应相对缓慢；容易产生不受控的波动	调节到额定值所持续的时间中等	存在余差	如果没有 D 部分就不实用

哪种调节器最经济，取决于很多因素。最重要的因素就是受控系统与调节器是否相互匹配，这点会导致控制回路的不同表现（第 498 页）。

表 13-4 展示了化工设备中常用的调节参数以及适合的调节器类型。

表 13-4：化工设备中常用的调节参数及匹配的调节器

调节参数	P 型调节器	I 型调节器	PI 型调节器	PD 型调节器	PID 型调节器
温度	有条件适合	不适合	很适合	有条件适合	很适合
压力	有条件适合	很适合	很适合	不适合	很适合
流量	不适合	很适合	有条件适合	不适合	很适合
料位	适合	不适合	有条件适合	不适合	很适合

对于高要求的调节过程，PID 型调节器是合适的类型。但也有些应用不希望有 D 调节，如流量和压力调节，所以在这种情况就会使用 PI 型调节器或 I 型调节器。在料位调节中，对于无平衡的受控系统（第 488 页），一台简单的 P 型调节器就很适合。

数字调节器包含存储的通用 PID 调节器。通过设置调节器的参数（K_p, T_N, T_V），可形成适合调节任务的调节器类型。

除了基本类型的调节器和由此衍生的组合式调节器，还有带自由调节算法（调节特性）的调节器。它们可以针对某种应用优化任何控制过程。

2.6.3 非持续调节器

非持续调节器只能给出少量的调节值，如两点调节器中的两个调节值（输入 / 输出或高值 / 低值）以及三点调节器中的三个调节值。

它不可以在调节范围内任意设置控制参数的值，由此从根本上区别于持续调节器。

最常用的非持续调节器是双金属两点调节器。它安装在大多数家电中，如冰箱、熨斗等，用于调节温度。在许多化工设备中也将它作为简单的温度调节器（**图 13-27**）。

双金属两点调节器是一个简单的构件，基本上由双金属片、绝缘材料制成的载体和一个额定值调整器组成。它将测量仪、调节器和控制驱动器统一为一体（第 230 页阐释了双金属的功能）。

实际的温度值间接通过双金属片的偏转进行测量，根据金属片的偏转不同，打开或关闭电路中的触点，接通或断开电切换接触器，释放或者中断热流传输。

当被控变量（这里指温度）超过额定值并且使操纵变量变化减弱时，两点调节器阶跃式地改变调整值（这里指电流）。由于双金属片的偏转惯性，输入 / 输出切换点有所不同，存在着所谓的**切换差速 x_{Sd}**。

被控变量 x 随操纵变量 y 的变化可用过程图阐明（**图 13-28**）。

如果冷炉接通（热电流进来），则炉子会被加热。当温度超过额定值 w 后，上面的切换点 x_2 会切断热电流。基于受控系统（炉子）的惯性，炉温还会长时间（延迟时间 T_{u1}）继续上升，然后才会回落。如果炉温不超过额定值 w，那么会接通下面的切换点 x_1，热电流再次连通。但炉温（T_{u2}）长时间继续下降，然后才升高。通过断开和接通操纵变量，两点调节器会产生一种典型形象，即被控变量 x 围绕着额定值 w 摇摆。摇摆持续时间以及摆动的振幅取决于双金属片的切换差速以及受控系统的惯性。

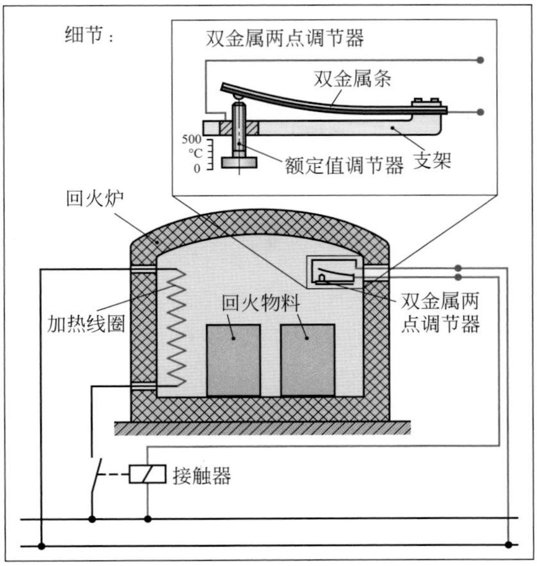

图 13-27：双金属调节的回火炉

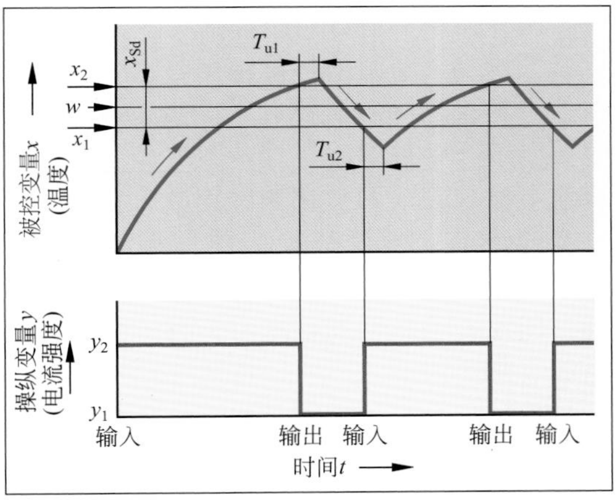

图 13-28：加热炉中双金属调节器的温度和时间

复习问题

1. 阐述一下带或不带平衡的受控系统。请举个例子。
2. 如何理解受控系统的滞后时间或延迟？
3. 请描述 P 型调节器、PI 型调节器和 PID 型调节器的时间特性。
4. 如何区分持续调节器和非持续调节器？请举个例子。

2.6.4 调节仪

今天使用的调节器是数字操作的电子组件，通常插入到控制柜或者控制室中（**图 13-29**）。从功能原理来看，它是一个微型计算器，也就是一台安装在电路板上的小电脑。

数字调节器的调节功能，即 P 特性、PI 特性或 PID 特性，不是通过仪器组件（硬件）实现的，而是通过储存在存储器中的程序实现的。通过选择调解程序，可以设置并使用所需要的调节器类型。另外，通过编程还可以存储与标准调节运算法则（调节器类型）不同的算法。

图 13-29：控制台中的小型数字调节器

这种可自由编程的特点使数字调节器可适用于所有调节任务。

调节仪通常设计为所谓的紧凑型调节器（**图 13-30**）。它由前端的控制台和壳体内电路板上分布的调节微机组成。

调节器中的流程可以简化如下：从测量换算器馈送到调节器的标准电信号（4 ～ 20mA）在信号转换器中被数据化，也就是说在 0 和 1 的数字组合中被编码。这些数字信号在微型计算器中被处理，即被相加、相减、相除或者通过存储的特定算法转换为数据调节信号。然后，数字调节信号再次转换为模拟的输出信号，如 4 ～ 20mA 的标准电信号。用以操纵诸如电动驱动器等。

在控制台内进行调节器的操作以及测量值和调整值的显示（图 13-30）。控制台与设备的测量点、控制面板以及壳体内的调节器相连。控制台由此成为化工设备包含测量点、执行器和调节器在内的观察面和操作面。

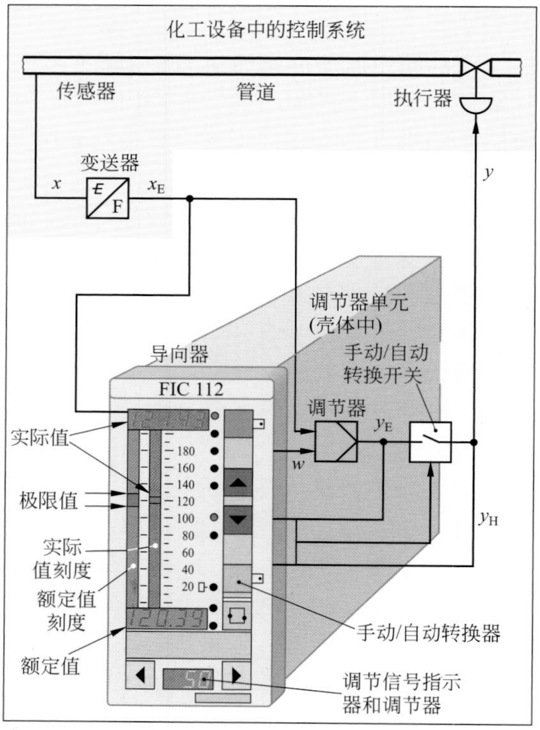

图 13-30：小型调节器与受控系统在化工设备中的相互影响

在额定值刻度上可分别设置一个上限值和下限值，当超过这两个值时就会触发闪光信号（红和黄）或声音信号（喇叭）。

在控制面板的右部有用于额定值调节、手动操纵变量和手动 / 自动模式转换器的调节旋钮，下方横向分布着调节参数的显示器和调节器。所需要的额定值在额定值调节器上调节。

调节器在起动或受干扰时会断开，并转换成手动模式。然后必须在调节参数设置器上手动设置操纵变量值 y_H，并观察实际值，调整额定值驱动设备。如果再次达到稳定运行状态，可重新转化成调节器自动运行模式（自动运行）。

2.6.5 无外加能量的调节器

无外加能量的调节器所需的能量从受控系统而来，通常是调节精度有限的机械设备，所有调节功能都统一在调节装置里。因为不需要外加能量，所以适用于简单的调节和用于安全装置，在化工设备中被大量使用。

压力调节器

减压阀或压力调节阀，是自主的调压仪器。**图 13-31** 展示的是隔膜气压调节器的工作原理。它安装在压力管道中，可将高压降低为较低的使用压力。

膜片和弹簧通过其位移间接充当测量仪器。同时，膜片将压力（实际值）和弹簧力（额定值）进行对比，从而起到调节器的作用。通过阀杆活动的控制阀用作执行器。 额定值调节器是一个滚花螺钉，弹簧通过它预加应力而改变弹簧力。

无外加能量的压力调节器也叫安全阀（第 30 页）。

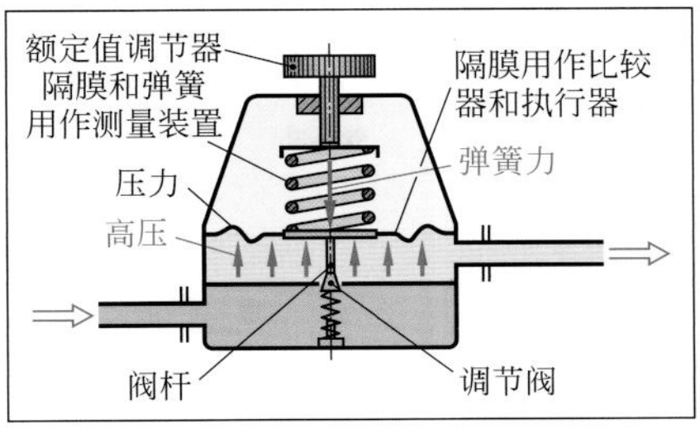

图 13-31：隔膜气压调节器

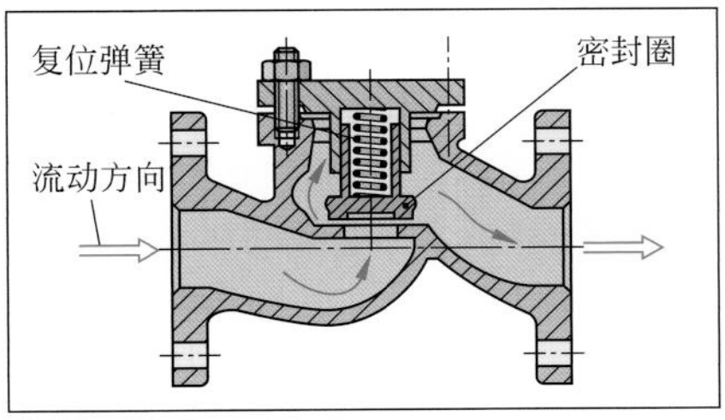

图 13-32：止回阀

流量调节器

与隔膜气压调节器（图 13-31）的原理类似，流量调节器适合用于调节小流量。膜片两侧的差压和弹簧力会打开控制阀，形成持续的流量调节。

回流阻碍器，也被称为止回阀（**图 13-32**），可阻止管道内的回流，也是没有外加能量的调节器。止回阀是带有打开 / 关闭的调节器，它具有两点调节器的特性。带有密封垫圈的复位弹簧发挥着调节器的作用。

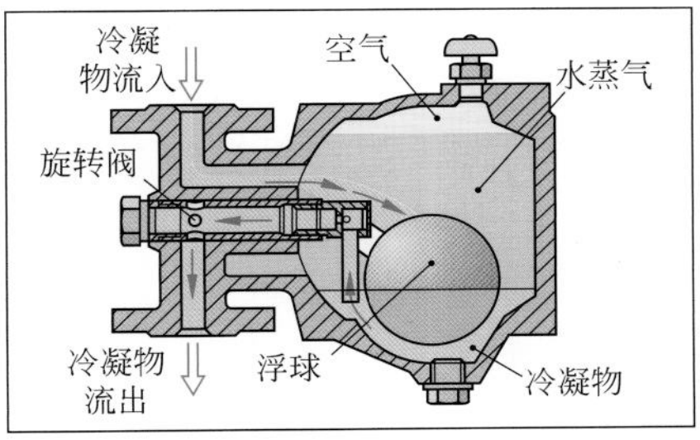

图 13-33：冷凝液导出器

料位调节器

无外加能量的料位调节器，例如各类冷凝液导出器（第 33 页）。比如在浮球式蒸汽疏水阀中，浮球同时也是测量仪和调节器，也是执行器（**图 13-33**）。它在某种液位状态下会打开或关闭旋转阀。容器内简单的溢流保护装置也是根据浮球原理工作的。

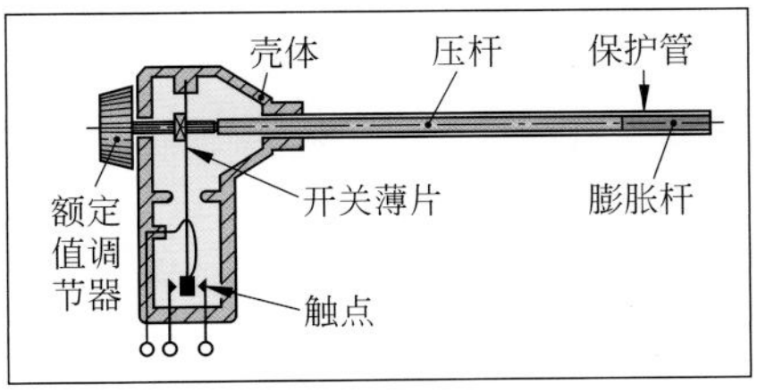

图 13-34：杆膨胀式恒温器

温度调节器

简单的温度调节器诸如双金属调节器和带电子接触件的杆膨胀式调节器（**图 13-34**）。它们普遍被命名为恒温器。

在杆膨胀式恒温器中，膨胀杆通过一根压力棒移动一个可弯曲的、能操纵开关的薄片。在额定值调节器上可设置所需的开关温度。

复习题

1. 如何理解调节器的自由可编程性？
2. 在小型调节器控制面板上能完成哪些任务？
3. 不带外加能量的调节器为什么能用于安全任务？
4. 请描述隔膜气压调节器的调节功能。

2.7 化工设备中的调节任务

在现代化工设备中，常通过调节使对整个过程都很重要的运行状态参数保持到额定值或接近额定值（控制参数）。

化工设备中最重要的调节参数有运行状态参数，例如压力 p、温度 T、气体和液体的体积量 V、流量 F 以及容器中的料位 L。除此以外还有分析测量值，例如 pH 值或气体 / 液体浓度。

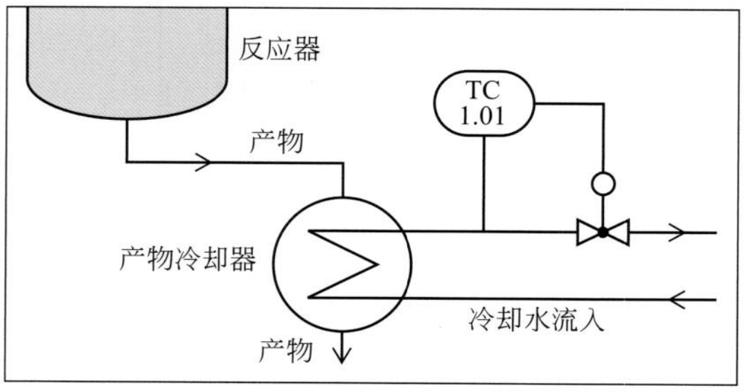

图 13-35：冷却水流出温度的控制

2.7.1 温度调节

简单的温度调节如加热柜和小的电热炉，通过不连续的两点调节器进行操作（第 497 页图 13-34 和第 495 页图 13-27）。它们不需要外加能量，是独立的调节机构。

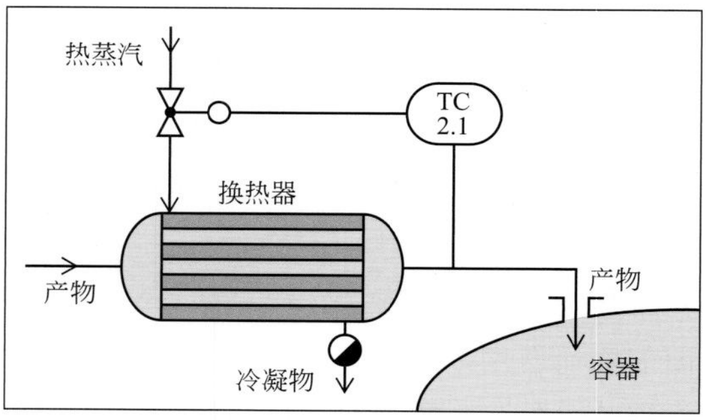

图 13-36：产物流入温度的控制

产品冷却器的冷却水排出温度调节起来也很简单（**图 13-35**）。比如，排出温度测出的实际值如果过高，阀门就会打开，流进更多冷水，使温度降下来。受控系统的反应实际上没有滞后时间，但有较低阶的延迟和平衡（见 489 页）。这种调节可通过简单的 P 型调节器或 PI 型调节器实现。

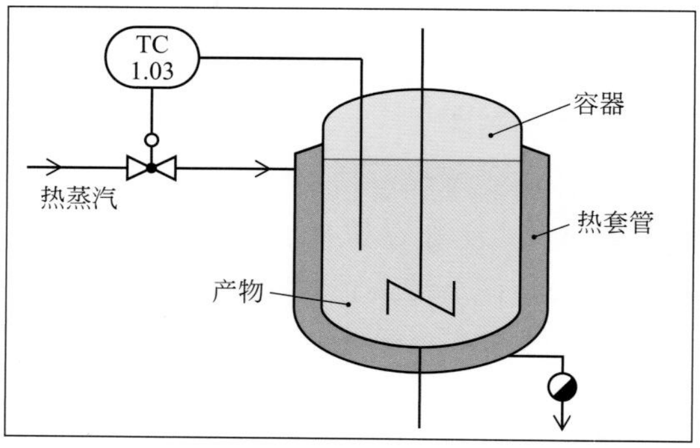

图 13-37：蒸汽加热容器中的产物温度控制

产物流入用蒸汽加热的热交换器中加热，其入口温度的调节同样是简单的调节（**图 13-36**）。当换热器中产物的流入温度过低时，蒸汽阀会继续打开，使更多的热蒸汽流入热交换器中，提高产物温度。然而这是有延迟的，哪怕是很小的延迟，因为蒸汽中存储的热量要通过管壁才能传递至产物。受控系统的反应稍有延迟，即有着很短的延迟和平衡时间（第 489 页）。PI 型调节器适合于该对象的调节。

在蒸汽加热的容器中通过调节进入容器双层外壳内的蒸汽量而对产物温度进行调节要复杂得多（**图 13-37**）。

若温度传感器记录的温度低于额定值，则调节器大大打开热蒸汽阀，更多热蒸汽流入双层外壳内，直到热蒸汽的热量使得容器内的大量液体温度明显增加，这要经过相当长的时间。受控系统具有多个延迟环节，有较长的延迟时间和平衡时间。PI 型调节器是合适的调节器，PID 型调节器更好。

在描述的调节中，始终将参考变量（额定参数）控制为固定值。这类调节被称为固定值调节。

串级调节

在串级调节（串级控制）中两个调节器串联连接：第一个调节器的输出变量（控制参数）是下游调节器的参考变量。

图 13-38 展示了容器内产物温度的串联调节，它是通过热液体循环加热的。产物温度的实际值 x_1 被传送到调节器 TC1.2 上，x_1 对应的额定值是所希望的产物温度 w_1。调节器 TC1.2 的操纵变量 y_1，作为调节器 FC1.1 的额定值 w_2 被输入。w_2 的实际值是持续的热液体 x_2 的流量。调节器 FC1.1 获得调节值 y_2，操纵热液体的控制阀。

PI 型调节器或 PID 型调节器可作为这一调节任务的调节器使用。

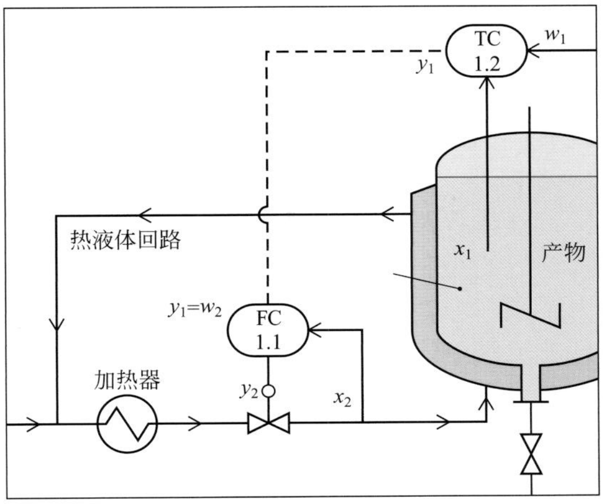

图 13-38：釜式反应器中的产物温度串级调节

随动调节

反应炉加热设备可作为固定值调节和随动调节结合的例子（**图 13-39**）。炉子通过燃气 / 空气混合物加热。

主要调节参数是炉温。炉温实际值 x_1 被输送到调节器 TC1.1 与额定值 w_1 进行比较并生成调节值 y_1，调节燃气传输。

燃气流 x_{Br} 是空气流的参考变量，空气流必须与燃气形成特定的体积比（额定值）。为保持最佳的燃气 / 空气混合比，流量调节器 FC 2.1 根据变化的燃气流持续调节空气流 x_2。

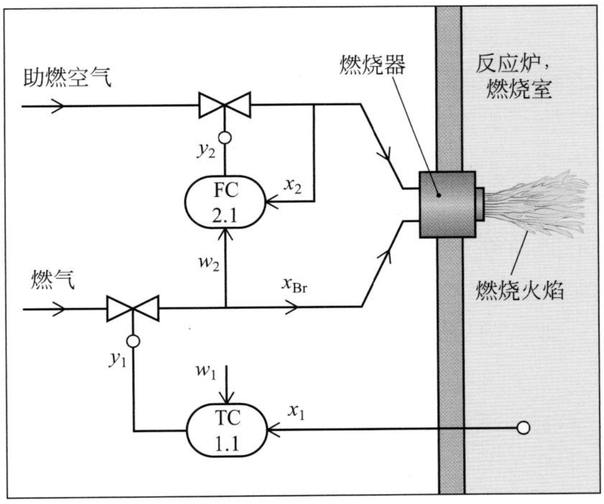

图 13-39：反应炉燃烧器的组合固定值和随动控制

在随动调节中，两个调节器并联连接。第一个调节器是固定值调节器，第二个调节器测量第一个调节器的调节值大小，将其作为参考变量。它随着参考变量的变化而变化。

2.7.2 压力调节

一方面出于安全原因设备内的压力调节很重要，另一方面压力在许多过程中也是很重要的运行状态参数。

通常，压力受控系统的反应都很迅速，但基于气体的可压缩性，它有着特殊的属性。出于安全原因限制压力时，人们使用结实、免维护的安全阀（第 30 页）。它们不需要外加能量，不连接任何调节系统，在断电时功能也可以维持。

流量相对较小的燃气管，里面的压力也可通过无外加能量的压力调节阀进行调节（**图 13-40**）。根据降压管是安装在调节器之前还是之后，可以分别发挥溢流调节器或减压站的作用。

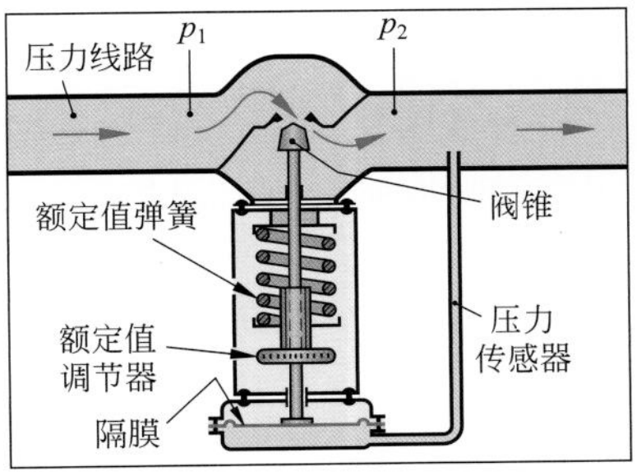

图 13-40：机械压力调节器

通过调节系统，调节有大流量的**气体管路**和大容量容器中的**压力**。执行器是一个节流阀，位于测量点的前部或者后部（**图 13-41**）。如果节流阀前部的压力保持恒定，则称为**溢流调节**。如果调节节流阀后部的压力，则称为**减压调节**。

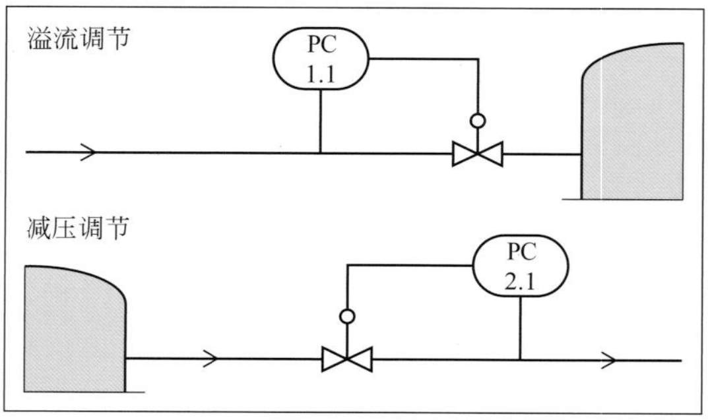

图 13-41：气体管路和容器中的压力调节

气体管路和容器中的压力调节，是具有一阶延迟的控制系统。它易于控制，特别是当压力系统（容器和管路）的静态气体量较大，并且节流阀中流动的气体量相对较小时。适用的调节器有 I 型或者 PI 型调节器。

调节压缩机时，为了将气室（压缩空气存储容器）保持在恒定的压力水平，由于成本原因，根据压缩空气的输出量，使用自动切换的空载 / 关闭调节装置（**图 13-42**）。

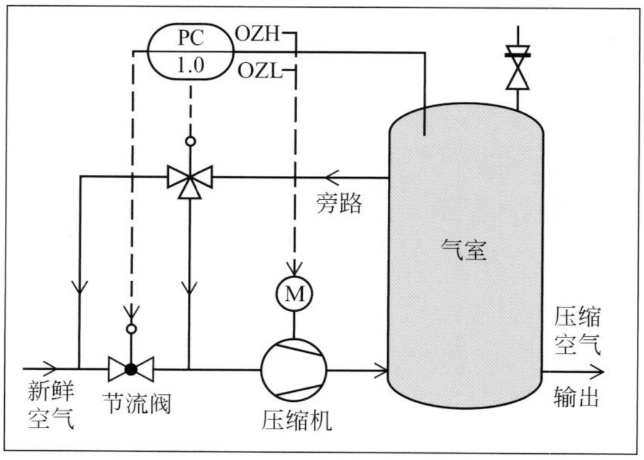

图 13-42：压缩空气站的压缩机调节

当压缩空气消耗量较高时，压缩机可连续运行。气室中达到压力的切换点上限时，压缩机继续空转并且输送量为零，比如可以通过一个节流阀和旁路循环泵做到这一点。

如果平均压缩空气消耗量较低，则通过关闭调节装置来驱动压缩机：当气室中的压力下降到切换点下限时，压缩机开启，超过切换点上限时则关闭。

在**连续运行的压力反应器的压力调节**（**图 13-43**）中，如果压力过高，则继续开启排气阀或者关闭供应阀。如果压力过低，则继续关闭排气阀或者打开供应阀。其中一个控制器交替作用于两个执行器，这种调节称为**分程调节**。

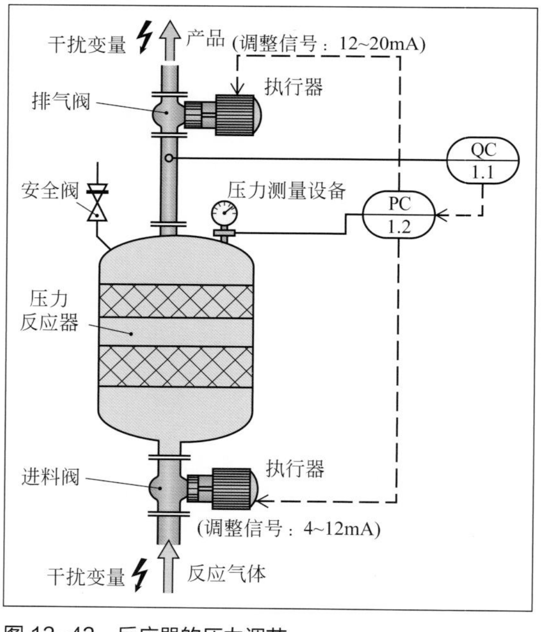

图 13-43：反应器的压力调节

关于应操作排气阀还是供应阀，与反应器中反应气体的转化等有关。测量流出气体中产物的组分，根据组成的变化操作排气阀或者供应阀，从而改变气体在反应器中的停留时间。在这种情况下，组分调节优先于压力调节。

为了确保安全，压力设备还拥有**安全阀**，超过极限值压力时，安全阀突然打开并且使压缩空气流出系统。这样，在压力调节装置发生故障时，避免了压力容器的爆裂。

2.7.3 流量调节

例如：流量调节用于维持管路中的流量 F（或者体积流量$\dot{V}$或者质量流量$\dot{m}$）恒定，或者在容器、设备中以一定的比例供给两种流体（流量比调节）。

例如：可以通过一个孔板、调节器和一个配有执行器的调节阀，调节管道中的流量（**图 13-44**）。孔板（第 248 页）提供一个有效压力，由变送器转换为标准信号。在 FIC1.0 调节器中，比较实际值和额定值，出现偏差时启动执行器，并且操作调节阀。

通常在孔板中，测量点设置在调节阀的前部，因为这里的流动受到的扰动较小，因此测量精度更高。

通过流量比调节装置，调节两条管路中的流量，从而保持两种物质的固定比例或者定时比。流量比调节装置的重要应用是，例如：在同一个反应容器中计量加入两种或者多种液体，或者在精馏设备中保持恒定的回流比。

图 13-45 显示了反应容器中两种物料的恒定进料比例的调节。它由两种物料的流量比调节组成。物料 1 和物料 2 的实际值 x_1 和 x_2 作为参考变量。这两种物料送入一个流量比调节器（FFIC-103）中。它根据规定的额定值 w，产生调节信号 y。该信号通过阀门影响物料 1 的流量，从而使两种物料的流量比保持恒定状态。

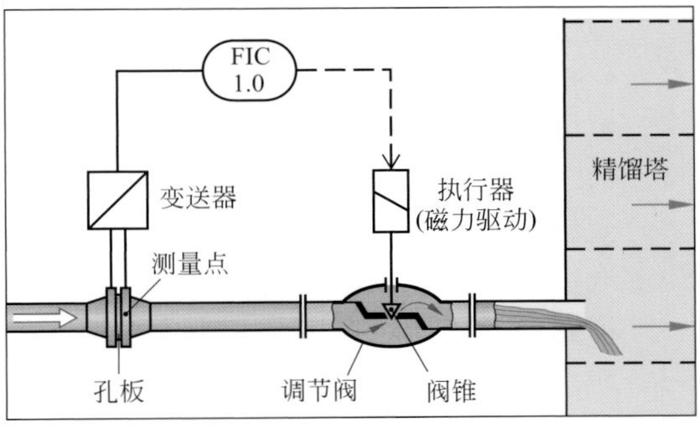

图 13-44：精馏塔混合流入的流量调节

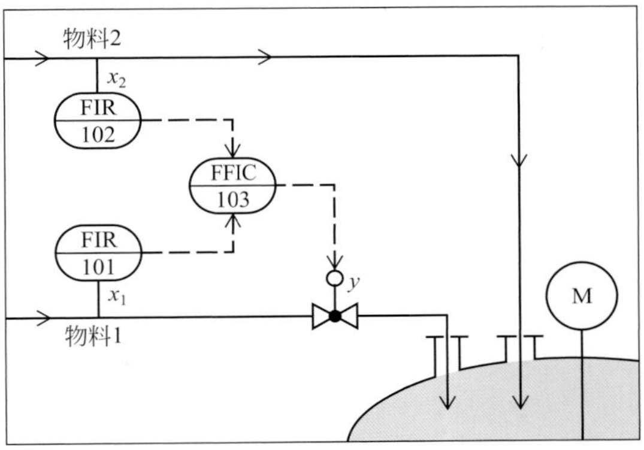

图 13-45：双成分定量装置的流量比调节

2.7.4 容量调节

在分批填充、计量或者包装物料时需要容量调节，例如称量所需的物料量（第 261 页）或者在计数器中确定所需的物料体积（第 252 页）。

达到所需的质量或者体积时，开关调节器（缩写为 CS）调节制动器为接通位置。

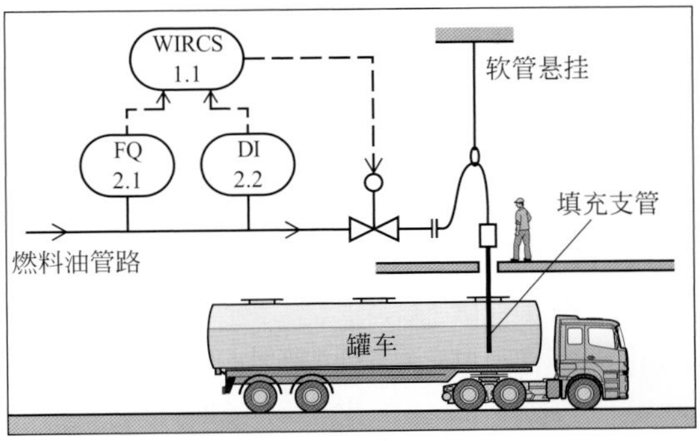

图 13-46：填充油罐车

图 13-46 显示了燃料油罐车的填充装置。引入填充支管至罐底后填充罐车。输送的体积通过一个椭圆齿轮计数器（FQ）测量，用密度计（DI）测量密度。通过这些数据，在开关调节器（WIRCS）中计算填充燃料的质量。通过开关调节器（CS）控制进料阀，可以预先设定所需的待填充质量。

2.7.5　液位调节

液位调节是化工生产的一项重要工作：

- 例如在精馏塔等设备中，确保塔内液位稳定，精馏塔能正常运行。
- 或者，在反应容器中，用于设置正确的反应物比例。
- 在收集容器中，安装在不同的料液缓冲罐中。

液位控制系统的共同点是系统没有补偿。执行器的调节，如阀门的调节，不会形成新的恒定液位，而是容器排空或者溢出。因此必须重新调节。

根据调节工作，在液位调节中使用不同的调节设备。

通过一个简单的机械浮球调节器，进行**较小容器中的液位调节**，例如：在疏水器（第33页）中，以及较大容器上的溢流保护（第497页图13-33）。调节器在没有辅助能量的情况下工作。

在**有收集功能的容器**中，液位不必保持在某个特定液位上，但是不允许低于最小值，并且不允许超过最大值。在这些情况下，配有极限值传感器的双点调节是正确的调节方案（第488页图13-19）。

在许多**设备**中，例如：在精馏塔的底部，设备功能需要精确的液位。这里，必须通过合适的测量设备（例如：使用超声波传感器）检测液位，并且通过调节阀或者泵和连续工作的调节器将其调节为额定值（**图13-47**）。

纯P型调节器或者具有较低I分量的PI型调节器，适用于液位调节。

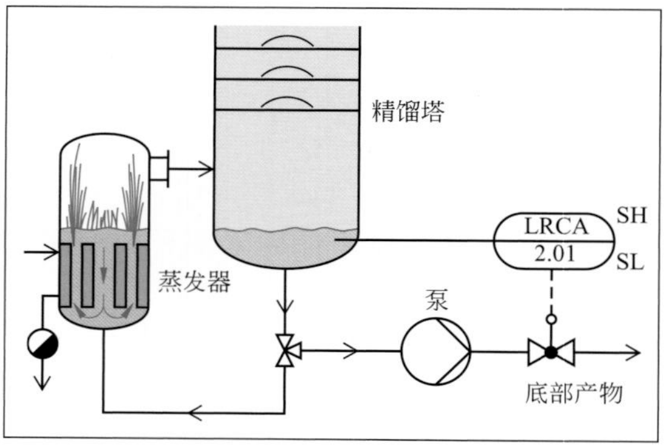

图13-47：精馏塔底部中的液位调节

2.7.6　分析数据的调节

化工设备中分析数据的调节，用于确保和监控原材料、配料、中间产物和最终产物的性能，并用于保护环境，监测废水和废气中有毒和对环境有害的物质。

例如：分析数据有浓度、pH值、潮湿度、电导率、溶解的物质量等。分析数据的测量方法是：测量某些物理性质，这些物理特征是物质成分或者特征的度量（第273～281页）。

pH调节是化工设备中最常用的分析数据调节。**图13-48**显示了化工废水连续中和池中的pH调节。pH调节回路由一个或者多个测量电极、调节器、酸碱的计量阀组成。中和池中的搅拌器使废水与中和用的化学品充分混合。调节器交替作用于碱或者酸的两个计量阀，这称为**分程调节**。

由于流动路径和混合过程，中和池是一个有静止时间和强烈延迟的控制系统。适用的调节器有PID型调节器或者专用的调节回路，例如：串级调节。

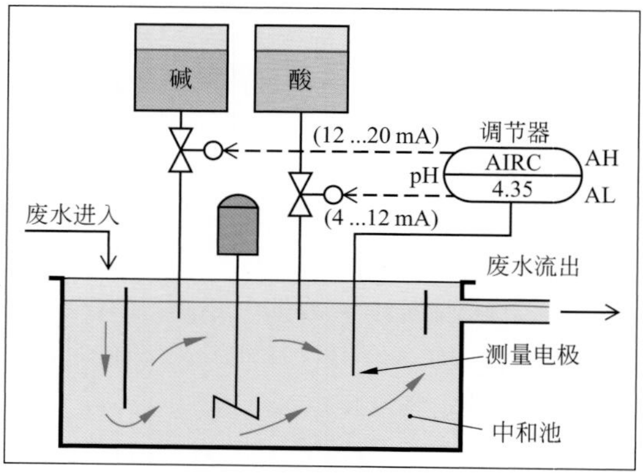

图13-48：废水池中的pH调节

2.7.7 精馏设备的调节

要控制复杂的化工设备，例如用于双组分混合物的连续精馏设备（参见第 441 页），需要一系列连接起来单独发挥作用的调节装置（**图 13-49**）。通过它们可以调节和操作精馏设备。

液体混合物流入时，需调节流量和入口温度：调节回路ⓐ和ⓑ。

通过调节进入蒸发器的蒸汽量，以及对精馏塔底第 2 块塔板温度的串级调节，来间接调节底部产物的成分：调节回路②。

通过一个用作控制回路（调节回路ⓐ）的分析值调节装置 AIC，在精馏塔的回流比（比例调节 FFIC）中调节顶部产物的成分：调节回路ⓑ。

针对设备功能而言，重要的是额外调节精馏塔底部的液位高度：调节回路④以及精馏塔中的压力差，调节回路⑤。

物料流的缓冲用于调节顶部蒸馏容器 BE1 中的液位：调节回路⑥。

精馏塔运行时，必须连续监控所有的调节回路。在控制室中显示测量值，并且由调节器进行调节。由于这是一个复杂的过程，因此可借助 DCS 过程控制系统（第 524 页）实现。

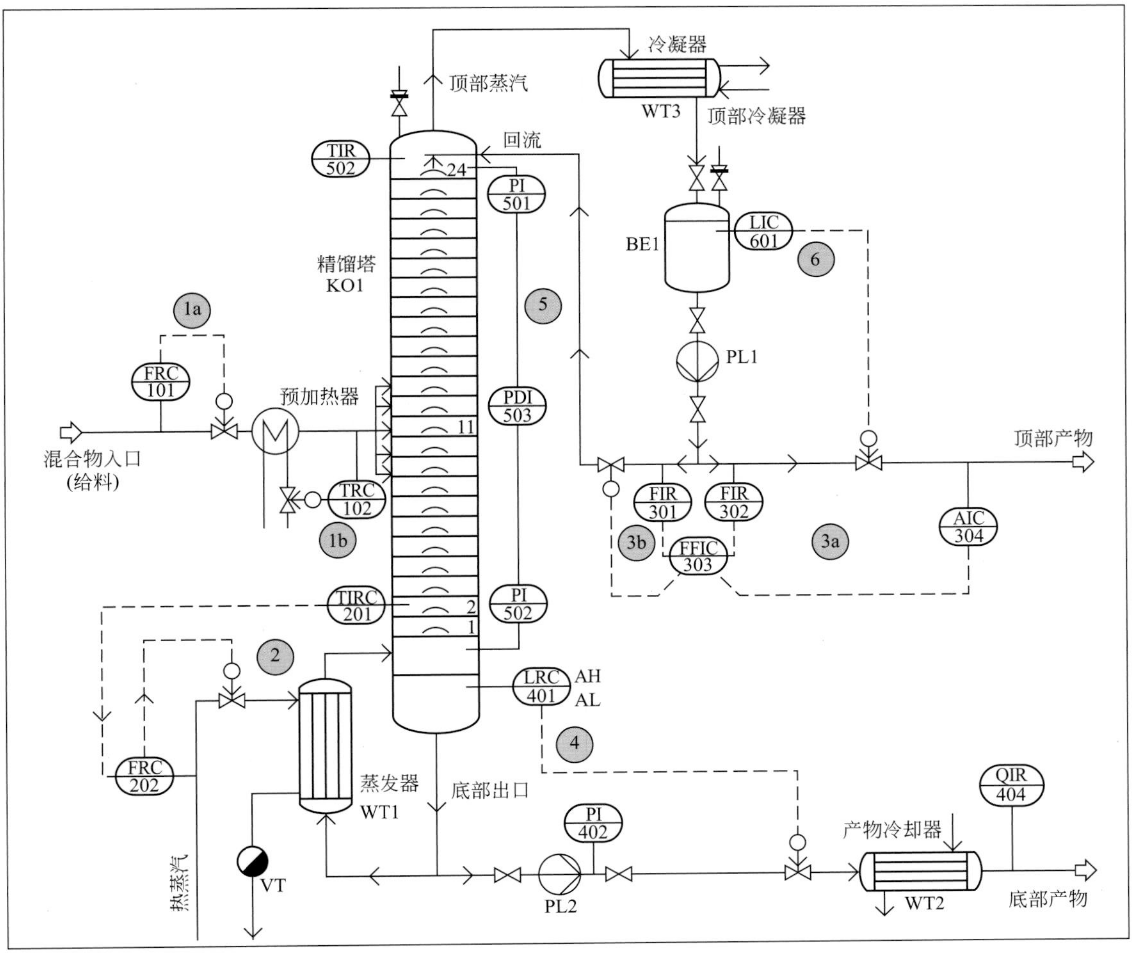

图 13-49：连续工作的精馏设备的调节

2.8 调节回路特征和调节器设置

在调节回路中，控制系统和调节器通过操纵变量和被控变量的相互影响而相互关联（第 483 页图 13-6）。根据控制系统和“合适”或者“不合适”的调节器类型，有不同的调节回路特征。

存在一个**稳定的调节回路特征**，如果被控变量 x 在

- 启动后
- 被干扰变量 z 干扰后
- 将额定值从 w_1 调整到 w_2 后

以及在达到平均值后的一定时间内，将重新返回到误差范围内（**图 13-50**）。这里有两个时间定义。

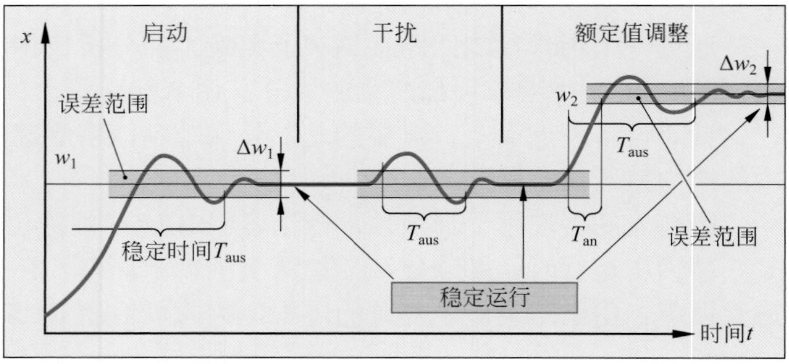

图 13-50：稳定的调节回路特征

恢复时间 T_{an}：离开原来误差范围至第一次达到新误差范围的时间。

稳定时间 T_{aus}：离开原来误差范围至进入并且保持在新误差范围内的时间。

如果被控变量在干扰后没有达到误差范围内的数值，而是稳定上升、振荡或者失去控制时，则存在不稳定的调节回路特征（**图 13-51**）。不稳定的调节回路是不可控制的。

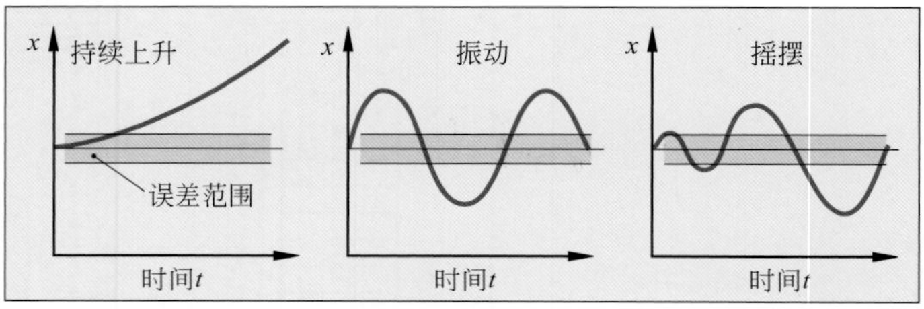

图 13-51：干扰后的不稳定调节回路特征

通过针对给定的控制系统（表 13-3，第 494 页和第 498 ～ 503 页）使用适当类型的调节器，并且通过使所选调节器适合控制系统（调节器设置）来实现**稳定的调节回路**。

调节器设置

调节器设置的目的是确保调节器设置值的调节偏差尽可能小，尽可能快速地缓冲控制过程，并且使稳定时间 T_{aus} 尽可能短。

调节器参数通过调节器设备上的键盘输入，或者在过程控制系统的监控和操作站的监视器上进行设置。可调的调节器参数是比例系数 K_p、积分时间 T_N 和微分时间 T_V。有关调节器参数的含义，请参见第 492 页。

对于一项调节工作，有专用的调节器参数的计算公式和表格数值。通常，化工设备的调节器由相关专业人员设置。

化工设备的启动和运行

化工设备的**启动**和要达到另外一个额定值的**运行**，是特殊情况的调节。

因此，除了固定的调节器功能以外，调节器还拥有自动启动和额定值调节程序、特殊的调节算法，并且可以切换到手动调节。通过这些特殊程序或者通过手动方式，启动或者运行设备。

复习题

1. 请描述蒸汽加热的釜式反应器中的产物温度调节过程。
2. 串级调节如何工作？
3. 什么是流量比调节？
4. 如何调节精馏塔底部的液位？

3 控制技术

开环控制（open-loop control）时，通过逐步开启和关闭机器、阀门或者开关，来实现化工生产过程的工作流程。

通过控制装置，生产流程可在没有操作人员干预的情况下自动进行，因此，控制技术也称为**自动化技术**。

3.1 控制技术的基本概念

以控制装置开启和关闭电气加热管道上的加热设备为例，来解释控制时的基本过程和概念（**图 13-52**）。

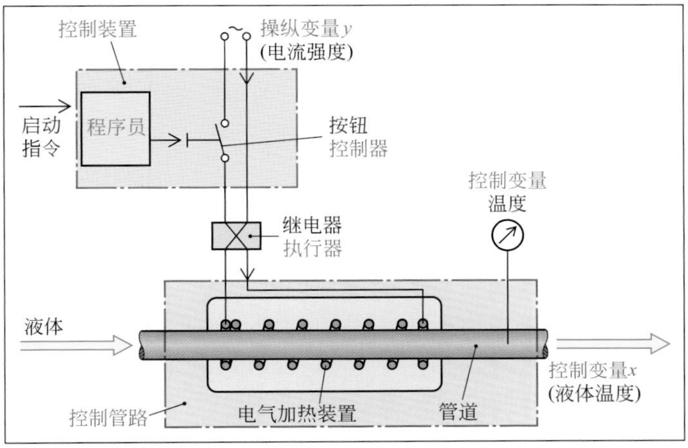

图 13-52：以管路伴热控制装置为例的控制技术概念

设备的工艺技术工作：液体流过加热的管路，即**控制路段**，被加热一段时间。液体的温度受到控制，称为**被控变量** x。控制装置包括**编程器**，其保存了所需的时间程序。该程序可作用于一个按钮，即**控制器**，通过控制器控制继电器即**执行器**打开电源。电流被接通和断开，因此电流被称为**操纵变量** y。

这样的一系列相互联系的过程称为**开放式作用链**，可用**方块图**清楚地予以说明。

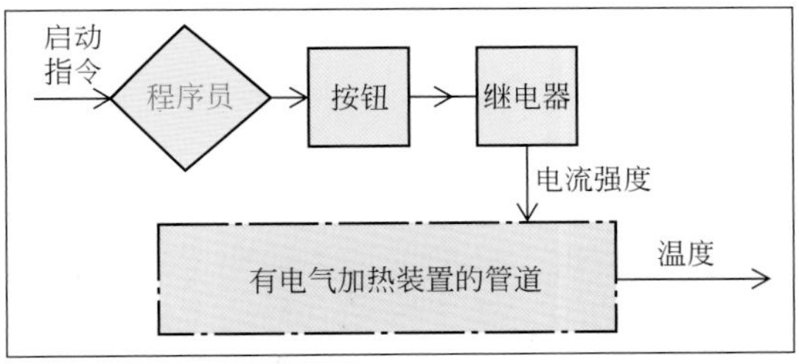

图 13-53：用于控制管路伴热的作用链方块图

图 13-53 显示了上述管道控制的作用链的方块图。从左到右：程序员通过按钮（控制器）向继电器（执行器）发出电流接通所需的脉冲。然后，接通电流（操纵变量）。它影响加热装置和其中加热的管路（控制管路）。如果达到了所需的加热时间，则程序员发出关闭指令。其中，作用链再次从左向右运行，然后发出一个断开脉冲。

因加热导致的温度升高对控制装置**没有**回溯性影响。

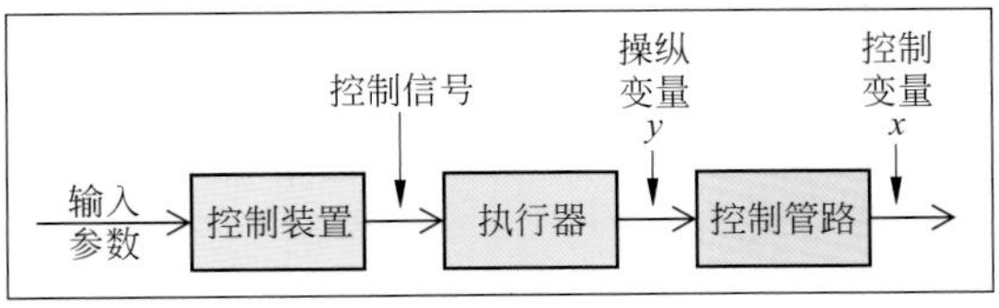

图 13-54：开放式控制作用链的通用方块图

如果在方块图的框中写入控制装置每个元件的标准名称，则可以获得**开放式作用链的方块图**，它以每个控制过程为基础（**图 13-54**）。

通常，可以将控制视为根据特定的作用关系（算法），通过控制器从输入信号的数值生成输出信号（调节信号）的过程。

3.2 控制的类型

根据信号处理的不同，分为不同类型的控制。

前馈控制

前馈控制（forward supervision），也称为开放控制，由于存储的作用关系（算法），操纵变量受输入参数的影响。

前馈控制的特征是**开放式作用链**（第 505 页图 13-54）。

通常，通过测量主要的运行状态参数，例如温度或者压力，在受控的生产过程中跟踪运行过程。它用于控制工作过程，但不会直接影响控制过程。

控制装置无法补偿由于干扰而引起的被控变量与所需额定值的偏差。

因此，如果操纵变量和被控变量之间存在一个固定的影响关系，并且不会出现有效的干扰，则使用前馈控制装置比较好。

例如：在管路加热中（第 505 页），只有当①待加热的液体以恒定的速度和初始温度流入时，并且②没有出现外部干扰时，才满足上述情况。

适用前馈控制应用的情况包括，液体通过计量泵填充体积固定的容器，或者通过恒定的输送泵清空容器，或者在搅拌槽中混合搅拌液体等。

在扩展的前馈控制中，也可以通过反馈信号触发开关脉冲（**图 13-55**）。

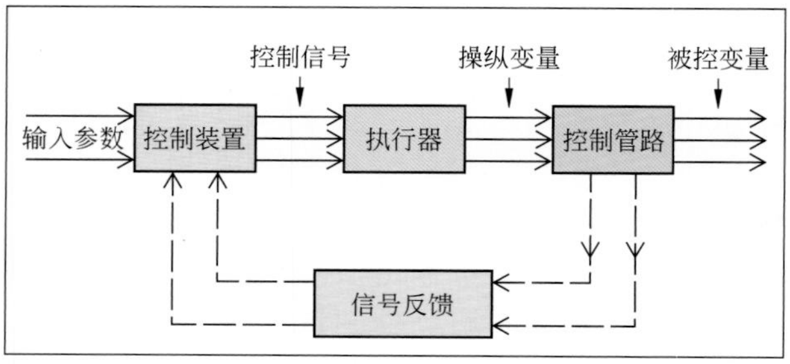

图 13-55：有信号反馈的前馈控制的方块图

反馈信号是被控变量的极限值信号，如最小或者最大液位或者来自执行器的反馈，例如：阀门打开或者阀门关闭。

逻辑控制

在逻辑控制（logic control）中，通过逻辑运算将输入信号转换为输出信号的特定信号。通过逻辑信号触发开关脉冲。

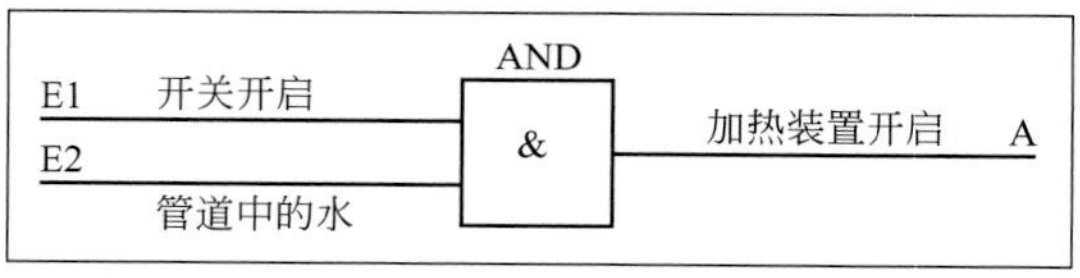

图 13-56：带线路标记 AND 的逻辑控制功能图（FUP）

通过功能图和线路标记表示逻辑控制（**图 13-56**）。

逻辑控制的示例：电气管路加热装置的接通控制原理见第 504 页图 13-50。输出控制信号后，只有当压力传感器发出管道中有水的信号时，才开启加热装置。这避免了因不受控制的加热而对加热装置和管道造成损坏。更多关于逻辑控制的信息请参见第 510 页以后。

顺序控制

在顺序控制（sequencee control）中，达到相应的分步控制条件后，先后进行控制步骤。

分步控制条件可以是某个时间段，将其称为**时间顺序控制**。分步控制条件也可以是达到的流程值，例如液位，将其称为**过程顺序控制**。

时间顺序控制的示例：有时间控制的管道加热装置（第 505 页图 13-52），在预选的时间内，控制器接通加热装置的电流，并且在预选的时间后将其关闭。

过程顺序控制示例：达到最大液位后，清空液体的收集容器。这里，如果极限值报警器向控制器发出最大液位的信号，则控制器将排水阀设置为开启。

组合的顺序控制和逻辑控制

也可以使用不同类型的控制组合，例如：时间顺序控制，其中在输入信号的逻辑控制后执行一个控制步骤。复杂的控制装置主要是顺序控制，它拥有每个控制步骤的完整逻辑控制。

示例：通过一个时间顺序控制进行釜式反应器中的分批处理。切换到下一个流程步骤与逻辑条件有关，例如：存在某些运行状态变量。

3.3 控制过程的描述类型

在化学工程中，用不同的表示方法和类型描述控制过程。

3.3.1 有文字和草图的描述

解释控制工作的最原始方式，包括通过草图进行关键词描述。

示例：在一个釜式反应器中，进行两种液体的反应（**图 13-57**）。打开液体 1 的入口阀 VC1，并且慢慢地填充容器。达到液位下限 L1 时，打开夹套加热装置的热蒸汽供应阀（VC3）并且同时启动搅拌器（Ⓜ）。

然后应进行以下控制工作：如果液体 1 达到平均液位 L2，同时搅拌器运行并且打开热蒸汽供给，则应打开液体 2 的入口阀 VC2。此外，无论三个条件如何，应可以手动打开液体 2 的入口阀 VC2。

可以通过一个手绘图来说明该逻辑控制工作（**图 13-58**）。它由功能模块（框）组成，左侧为输入端，右侧为输出端。

只有当所有的输入端都为正时，功能模块 AND 中的输出端才为正。如果其中一个输入端为正或者两者都为正，则后置的功能模块 OR 的输出为正。

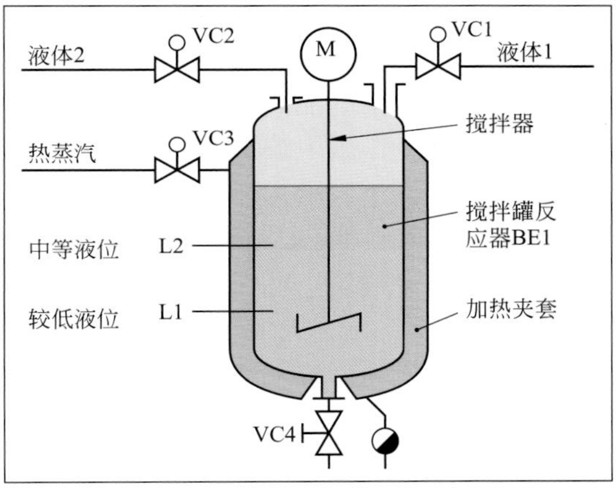

图 13-57：釜式反应器中的反应

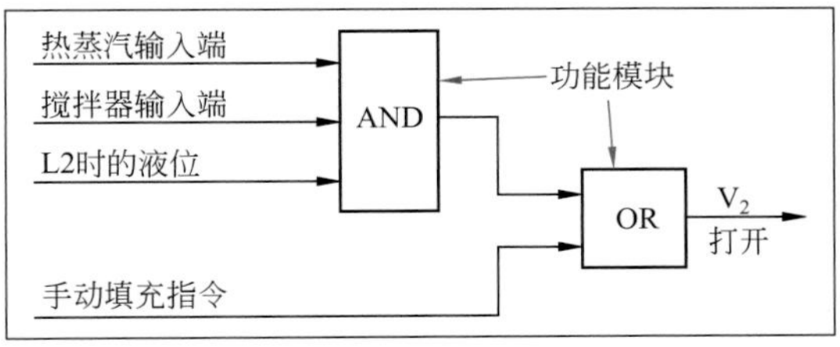

图 13-58：有功能模块的控制工作手绘图（未标准化）

3.3.2 逻辑描述

有线路标记的功能图

用一个带逻辑链接线路标记的功能图准确地描述逻辑控制。详细信息请参见第 510 页及以后的内容。

图 13-59 显示了上述用作功能图的控制工作。它由一个 AND 功能部分（&）和 OR 功能部分（≥ 1）组成。只有当满足三个输入条件 E1、E2、E3 **或者**给出一个填充指令 E_{FB} 时，才打开阀门 V2。

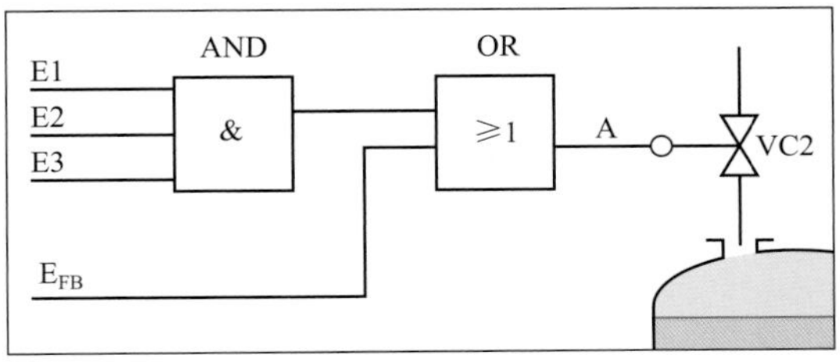

图 13-59：有线路标记的控制工作的功能图

布尔表示法的切换功能

也可以通过布尔逻辑表示法的切换功能，描述逻辑控制工作（**图 13-60**）。详细信息请参见第 510 页及以后。

有电气线路标记的电路图

另外一种描述控制工作的表现方式是所谓的电路图（**图 13-61**）。它描述了电气开关元件的逻辑控制，并且通过电气连接组件完成控制工作。

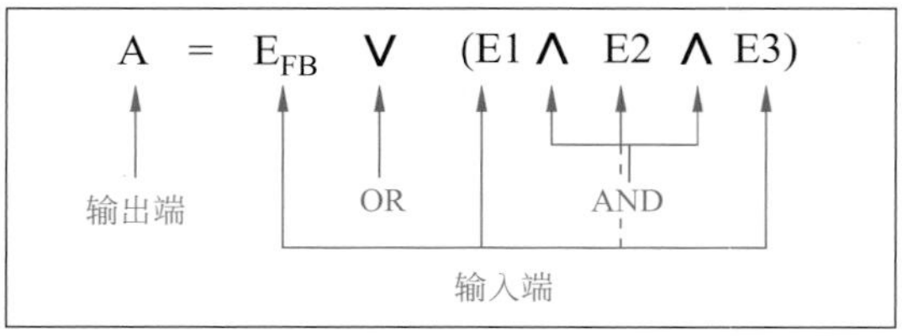

图 13-60：布尔逻辑表示法（红色 = 解释）

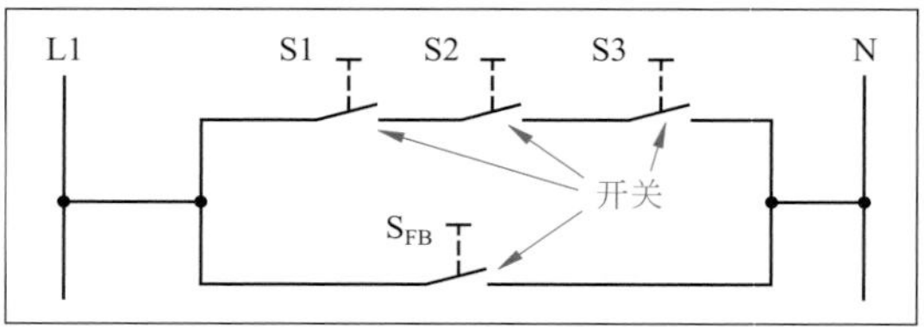

图 13-61：电路图（红色 = 解释）

3.3.3 控制时间表和切换顺序图

在**顺序控制系统**中，根据控制工作的技术实现程度，使用不同类型的描述，如下所示。

通过控制时间表和切换顺序图，根据时间显示操纵变量。

第 507 页图 13-57 的**示例**：如果切换至继电器，则接通全部的加热电流；关闭后，它将重置为零。如果在图中绘制随时间变化的操纵变量，则操纵变量显示为一个阶梯式过程（**图 13-62**）。开启时，操纵变量立即上升到满值，关闭时，它下降到零。这种描述类型称为**控制时间表**。

通常，在控制过程中开启或者关闭的操纵变量不止一个，在大多数情况下，有多个操纵变量先后切换或者在时间上重叠。**图 13-63** 显示了交通信号灯的控制时间表。先后开启和关闭红色、黄色和绿色信号灯的电流。

一次循环结束后，开始新的控制循环。

在**切换顺序图**中，在其自己的时间轴上显示每个单独的操纵变量（**图 13-64**）。其中，颜色条表示“操纵变量开启或者打开”，时间轴上没有条形的部分表示“操纵变量关闭或者中断”。在交通信号灯的示例中，有三个操纵变量：绿色、黄色和红色信号灯的电流。它们根据规定的时间表开启和关闭，每个循环结束后继续重复该循环。

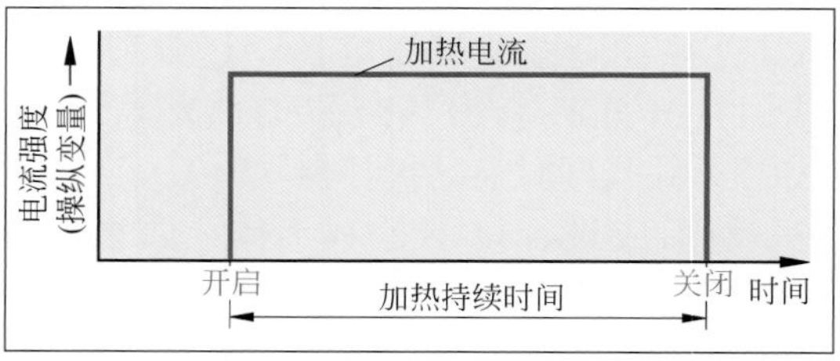

图 13-62：管路加热时的电流变化

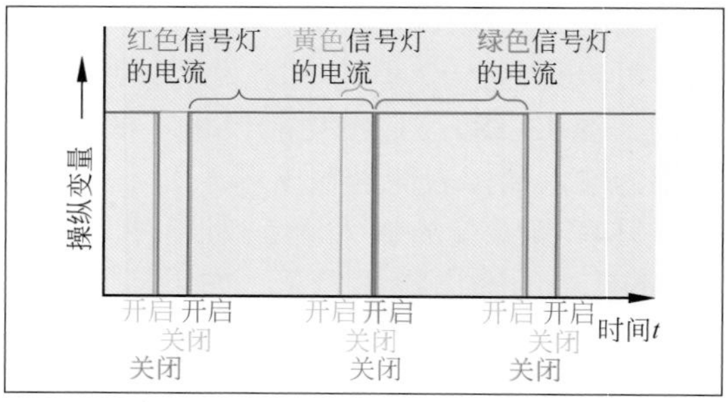

图 13-63：交通信号灯的控制时间表

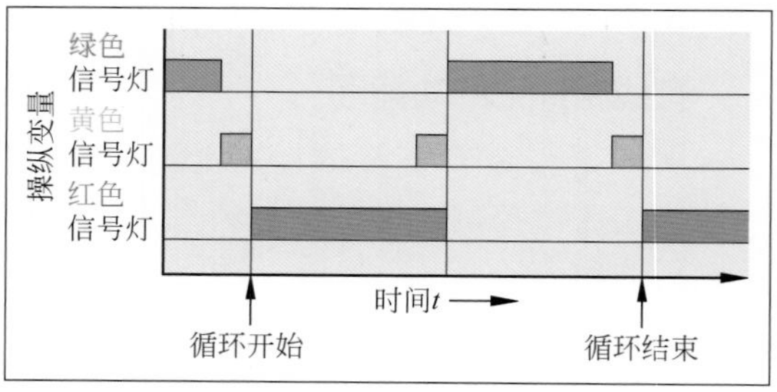

图 13-64：交通信号灯的切换顺序图

3.3.4 切换顺序图中批量反应器的流程控制

控制技术和自动化技术的优选应用领域是间歇运行的分批处理，即所谓的批处理流程，以及周期性工作的设备和机器，例如：箱式压滤机和剥离式离心机。

以下示例显示了电路图中分批处理的流程控制。

反应：在釜式反应器中，原料 A 在加热作用下生成最终产物 B（**图 13-65**）。

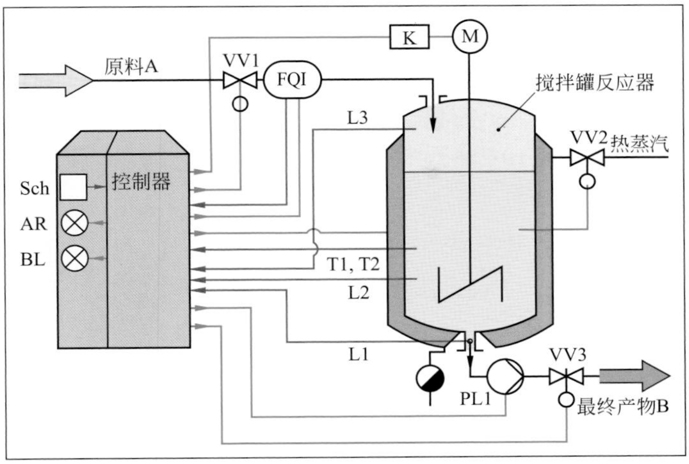

图 13-65：有控制装置的批量反应器

设备描述：通过开启 / 关闭开关 Sch 启动分批处理。通过滑阀 VV1 和数量计数器 FQI，向反应容器供应原料 A。L1、L2、L3 液位通过三个极限值传感器检测，温度 T1、T2 通过两个极限值传感器检测。通过滑阀 VV2 切换热蒸汽，通过一个接触器 K 开启或者关闭搅拌器电机 M。通过滑块 VV3，在反应结束后由泵 PL1 排空反应器。两个指示灯发出“空容器” = BL 和“设备反应中” = AR 的信号。

工艺流程和切换顺序图。从工艺参数变化、控制输入信号和切换顺序图中，可以看到工艺流程和控制指令（**图 13-66**）。

通过按下开关 Sch 启动该过程。然后，滑阀 VV1 打开。超过中等液位 L2 时，热蒸汽滑阀 VV2 打开，并且搅拌器电机 M 启动，从而加热和搅拌原料。如果流入的物料体积达到了计量表 FQI 中所设置的体积，则滑阀 VV1 关闭。

容器中达到温度 T1 时，信号灯 AR 发出信号，化学反应开始，热蒸汽滑阀 VV2 关闭。

由于反应是放热性的，因此在反应过程中温度升高到 T2 以上，并且在反应衰减后再次降至 T1 以下。均质化时间结束后，启动泵 PL1 并且打开排水阀 VV3，将反应器清空，直到液位下降至 L1。由信号灯 BL 表示该状态。

然后关闭搅拌器和泵的电机，关闭排水阀 VV3。这样，一个生产循环结束。

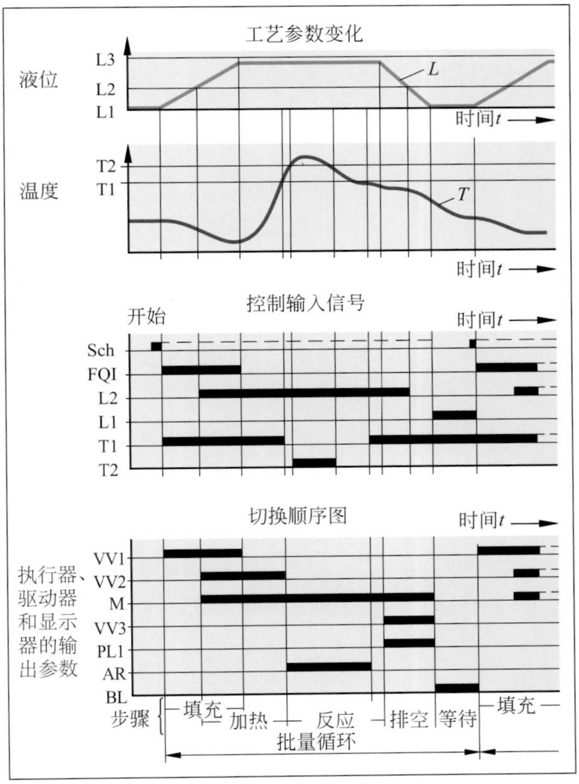

图 13-66：图 13-65 中批量反应器的工艺流程、控制参数和切换顺序

3.4 二进制信号处理的基本函数

控制器通过二进制信号 0 和 1 进行二进制控制。根据特殊定律，即二进制逻辑规定，进行二进制信号的链接，它也称为布尔代数。

二进制逻辑的依据是二进制逻辑的基本函数。它们由函数名称和函数方程（切换函数）标记，通常用一个线路标记（功能符号）或者一个电路图（电气实现）来表示。在状态表（功能表）（DIN 19 226）中说明了其开关状态。

AND 函数

在 AND 函数中，只有当在所有的输入端 E（例如：E1 和 E2）存在信号状态 1 时，输出信号 A 才呈现信号状态 1。

函数名称

AND

函数方程

$E1 \wedge E2 = A$

线路标记

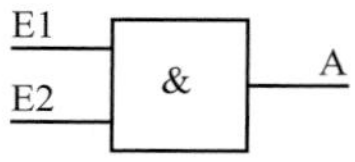

状态表

E1	E2	A
0	0	0
0	1	0
1	0	0
1	1	1

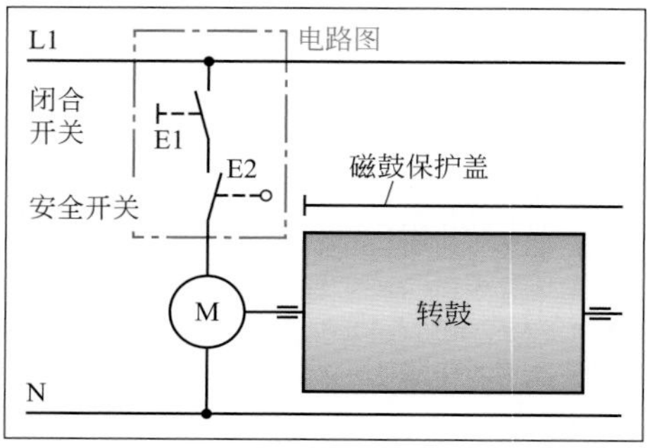

图 13-67：转鼓的安全电路

示例：安全电路（**图 13-67**）。只有当磁鼓保护盖的闭合开关 E1 和安全开关 E2 都关闭时，才启动转鼓的电动机。

OR 函数

在 OR 函数中，只有当至少一个输入信号 E1 或者 E2 具有信号状态 1 时，则输出信号 A 才呈现信号状态 1。

函数名称

OR

函数方程

$E1 \vee E2 = A$

线路标记

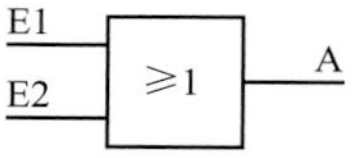

状态表

E1	E2	A
0	0	0
0	1	1
1	0	1
1	1	1

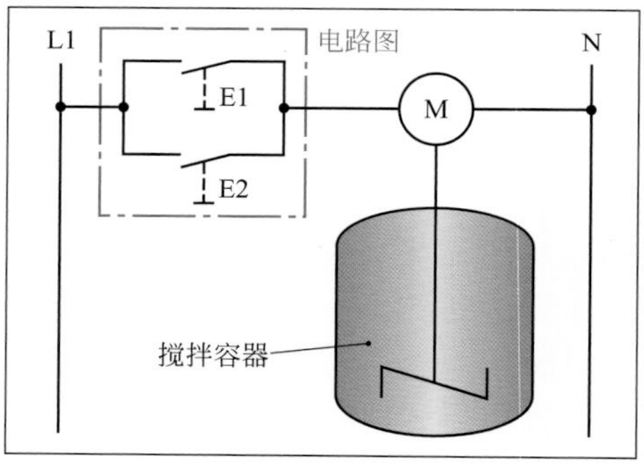

图 13-68：釜式反应器两个点的可选接通

示例：可以选择两个点的切换方案。如果釜式反应器（E2）上的开关或者控制室（E1）中的开关或者两者都打开时，则釜式反应器中的搅拌器运行（**图 13-68**）。

NOT 函数

在 NOT 函数，也称为否定函数中，只有当输入段 E1 拥有信号值 0 时，输出信号 A 才提供信号值 1。

函数名称

NOT

函数方程

$\overline{E1} = A$ or $E1 = \overline{A}$

线路标记

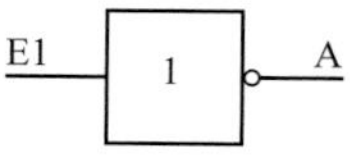

状态表

E1	A
0	1
1	0

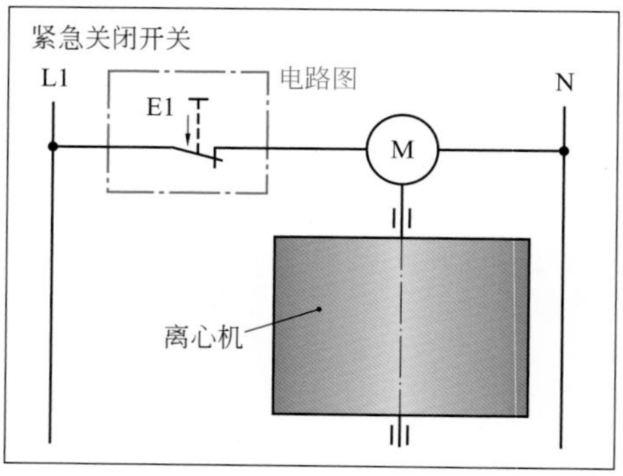

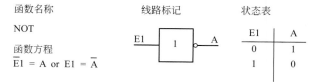

图 13-69：离心机的紧急关闭开关

示例：离心机的紧急关闭开关。在需要快速关闭离心机的紧急情况下，按下紧急关闭开关，中断电路（**图 13-69**）。接合开关时，电动机再次通电。

NAND 函数

在 NAND 函数中，也称为 AND-NOT 函数，只有当至少在一个输入端上有信号值 0 时，输出端 A 才拥有信号值 1。它的作用类似于 AND 和 NOT 元件的串联连接。

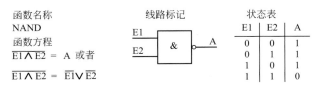

函数名称
NAND
函数方程
$\overline{E1 \wedge E2} = A$ 或者
$\overline{E1 \wedge E2} = \overline{E1} \vee \overline{E2}$

线路标记

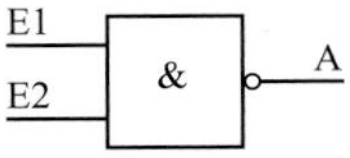

状态表

E1	E2	A
0	0	1
0	1	1
1	0	1
1	1	0

示例：监控底部产物排出（**图 13-70**）。由于运行安全性的原因，通过两个泵确保从精馏塔底部泵出产物（泵运行时的信号状态 1）。如果一个或者两个泵发生故障，则警报灯会亮起（信号状态 1）。

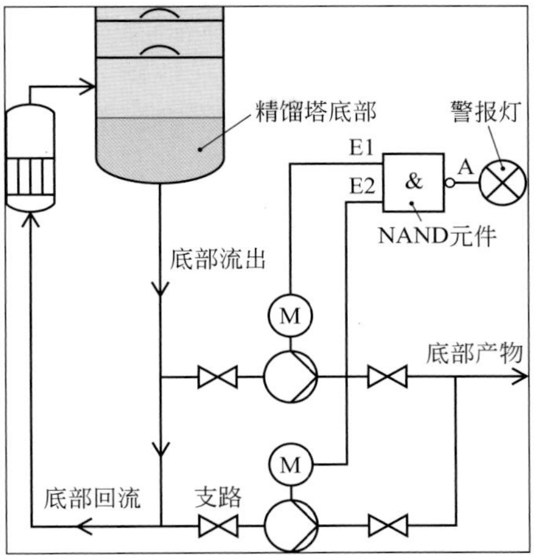

图 13-70：精馏塔中底部产物排出的监控电路

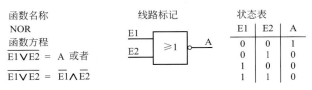

NOR 函数

函数名称
NOR
函数方程
$\overline{E1 \vee E2} = A$ 或者
$\overline{E1 \vee E2} = \overline{E1} \wedge \overline{E2}$

线路标记

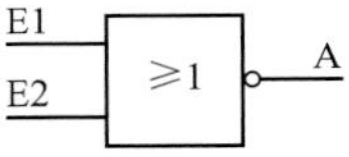

状态表

E1	E2	A
0	0	1
0	1	0
1	0	0
1	1	0

在 NOR 函数（也称为 OR-NOT 函数）中，只有当所有输入端存在信号值 0 时，输出端 A 才拥有信号值 1。NOR 函数的作用类似于 OR 和 NOT 元件的串联连接。

示例：图 13-70 设备的警报电路。

如果使用 NOR 元件代替 NAND 元件，则当两个泵同时发生故障时，警报灯会亮起。

逻辑基本函数 AND、OR、NOT、NAND 和 NOR 是纯逻辑函数。为了控制时间顺序，额外需要存储算法和配置与时间相关的功能元件。下面显示了部分内容。

线路标记 RS 存储器	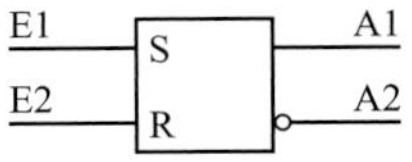
线路标记 延迟元件	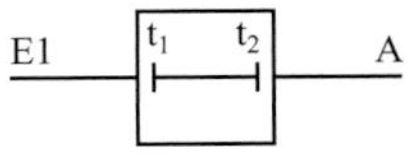
线路标记 时间函数元件	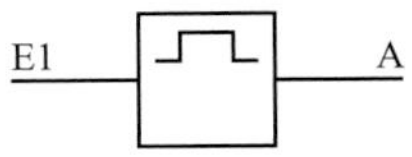

设置 RS 存储器的输入端 S，使输出端 A 的信号状态 1 在短时间内产生信号状态 1 或者 0，并且没有任何限制。它只会被复位输入端 R 处的信号 1 消除。

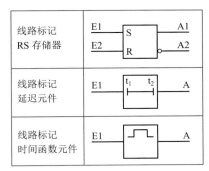

延迟元件仅在可选择的延迟时间后，将输入端的信号传输到输出端。它既可以同时延迟输入端及输出端的切换过程，也可以只延迟其中之一。

在时间功能元件中，同样通过输出端 A 的输入信号 E1 = 1 设置信号状态 1。它会在预先选定的时间后自动删除。

复习题

1. 请绘制并且解释简单作用链的方块图。
2. 什么是流程控制，什么是逻辑控制？
3. 在分批处理控制中有哪种控制类型？
4. 通过哪些组件实现电气控制中的链接？
5. 如何在配电顺序图中显示工艺流程？
6. 以下逻辑函数有哪些线路标记：AND、OR、NOT、NAND、NOR？

3.5 配有 GRAFCET 的流程控制系统的功能图

根据标准 DIN EN 60848 和规范语言 GRAFCET❶显示流程控制系统的功能图。

GRAFCET 功能图由左侧依次向下排列的流程结构和右侧的有效部分组成（**图 13-71**）。

流程结构描述了控制系统的过程。它由几个要素组成：

- 单个控制步骤是有计数编号的方框。
- 两个控制步骤之间的有效连接是垂直的连接线。
- 两个步骤之间的转接（过渡）是较短的水平线。

有效部分包括操作和转接条件：

- 在方块中说明与控制步骤有关的操作。
- 在转接线的旁边，用引号表示转接条件。

流程结构的图形要素

通过图形要素描述控制系统的结构（**表 13-5**）。

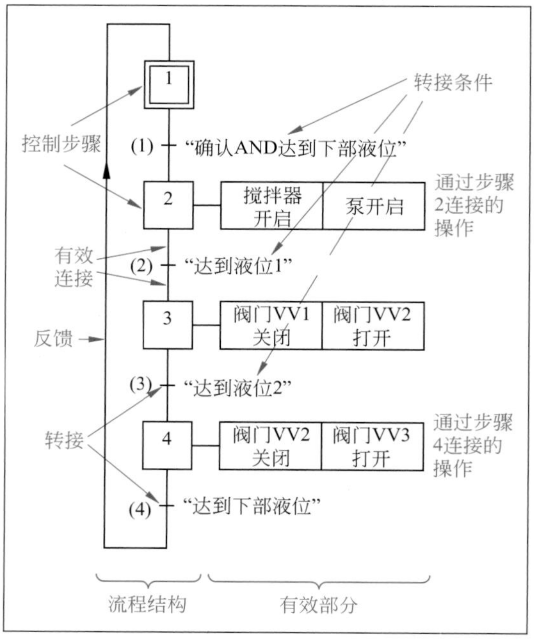

图 13-71：GRAFCET 功能图的结构（黑色字体）；红色字体表示解释

表 13-5：描述流程结构和转接条件的图形符号

控制步骤	
符号	**描述**
12	有名称计数编号的标准控制步骤
1（双框）	起始控制步骤 该控制步骤是控制的第一个步骤
5	中间控制步骤 它包含其他的控制步骤
M3	宏观控制步骤 它由多个控制步骤和转接条件组成
连接和转接	
27 / (23) / 28	有效连接是两个控制步骤之间的垂直线
	转接显示为有效连接的横线
	可以通过一个括号中说明的计数编号标记转接

转接条件	
显示	**描述**
32 “关闭盖子(a)，没有压力($\overline{b}$)”或者“$a \cdot \overline{b}$” 33	在横线旁边说明转接条件，例如：纯文本或者布尔逻辑开关函数
8 搅拌器开启 30s/X8 9	通过一个简称，说明与时间有关的转接条件：例如 30s/X8 表示：步骤 8（搅拌器开启）运行 30s
17 阀门VV1打开 2min/a/7min 18 搅拌器开启	旁边的与时间有关的转接条件“2min/a/7min”表示：步骤 17 结束后 2min，打开阀门 VV1，并且在 7min 后关闭 VV1

❶ GRAFCET = 法语名称的缩写，GRAphe Functional de Commande Etape Transition 的缩写，含义：控制步骤和转接的指令功能图。

GRAFCET 有效部分的描述

在有效部分中，转接条件旁边是操作（**表 13-6**）。

表 13-6：GRAFCET 有效部分中的操作描述	
描述示例	**说明**
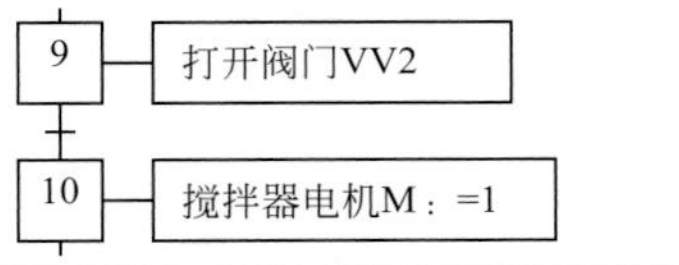	通过旁边的方块描述控制步骤的连续操作 例如： • 通过文字说明 • 通过布尔表示法
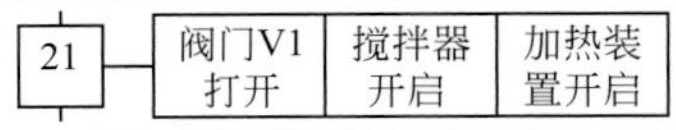	通过多个方块描述控制步骤中的多个操作 方块可以并排或者上下排列
	操作可能包括执行操作的赋值条件。此外，可以保存操作 旁边的示例：如果打开了安全开关 S1，则阀门 VV2 打开。阀门开度保持存储状态（↑）
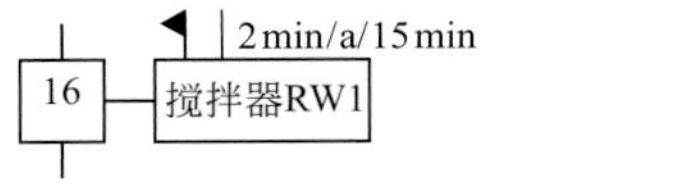	通过操作方块上的时间说明，描述操作的时间分配和存储条件 旁边的示例：搅拌器 RW1 在 2min 后开启，再过 15min 后关闭

为了清晰地设计 GRAFCET 功能图，可以通过特殊符号汇总步骤和指令（**表 13-7**）。

表 13-7：汇总的 GRAFCET 指令和步骤		
强制控制指令	**中间步骤**	**宏观步骤**
 如果激活步骤12，则激活标记有步骤17、18和19的子控制计划G5。	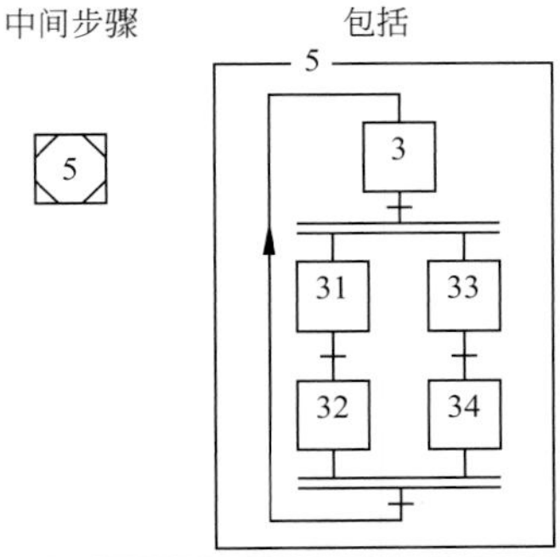	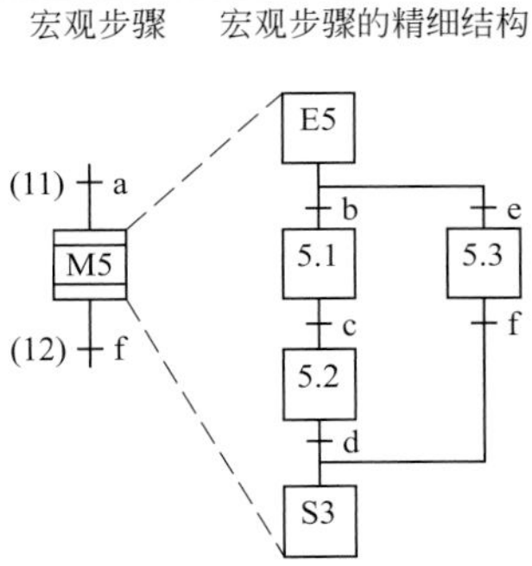

通过 GRAFCET 描述流程结构

通过多个控制步骤和转接形成流程结构。

流程链	中间流程链	流程选择	流程分离（平行流程链）	流程汇集（同步）	跳过步骤
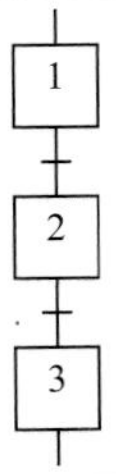	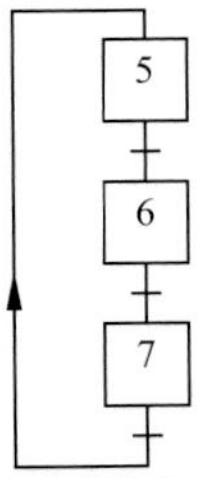	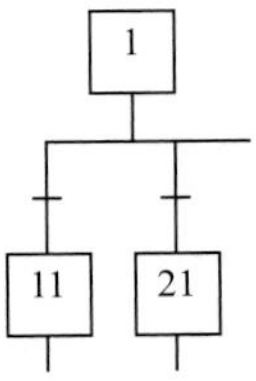	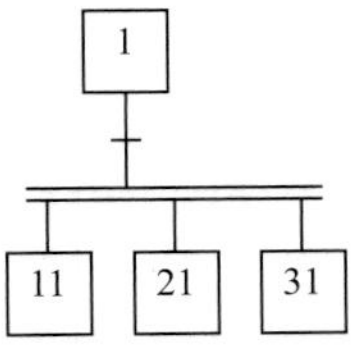	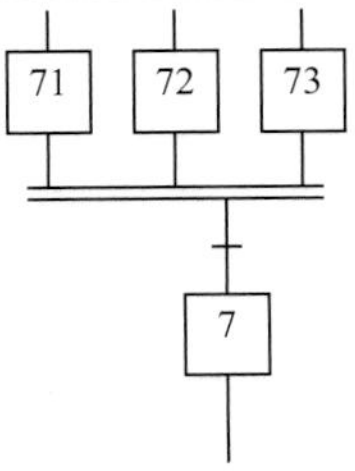	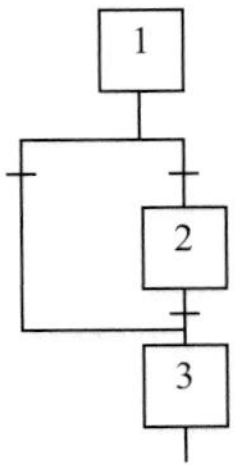

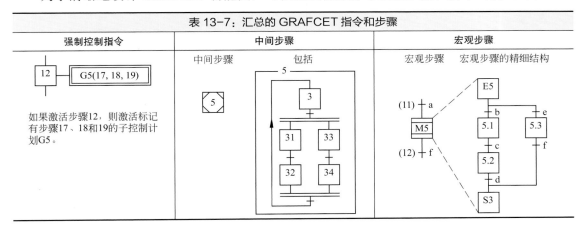

复杂流程结构的示例

为了清晰表示，首先在没有有效部分的情况下描述复杂控制装置的流程结构。在图中详细描述每个步骤的有效部分。

图 13-72 显示了控制装置的流程结构示例。

整个流程结构由以下基本结构组成：

- 几个流程链：

3 – 4, 6 – 7, 10 – 11 – 12,14 – 15, 20 – 21 – 22

- 链的流程选择：

从 1 到 3、5、14、20

- 激活并联的流程链：

从 4 到 6、8、10

- 两个流程汇集：

从 7 和 8 到 9

从 9 和 12 到 13

- 反馈：

从 13 到 1

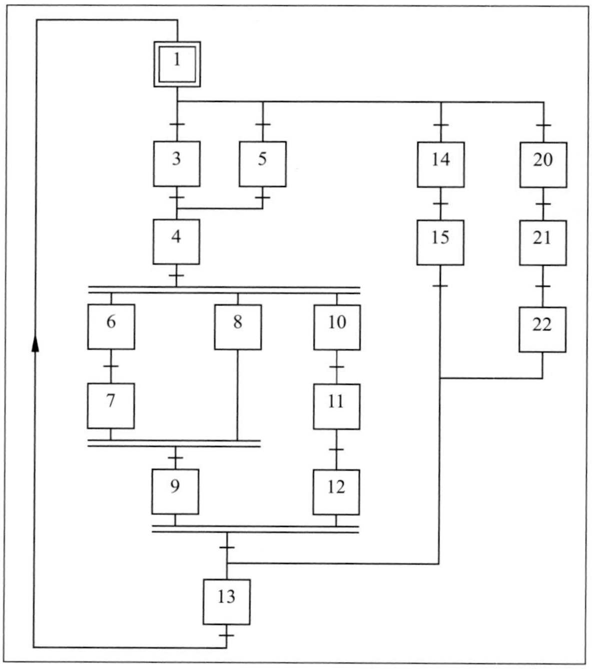

图 13-72：控制装置的负责流程结构（示例）

3.5.1 混合设备的流程控制

设备描述：混合设备由配有搅拌器和驱动电机的混合容器 BE2 组成。混合物的各个组分分别位于四个存储容器中，并且通过一个泵 PL1 和四个阀门供料（**图 13-73**）。

根据混合物成分的要求，通过打开或者关闭阀门 VV1 至 VV4，从存储容器 BE1 至 BE4 中取出不同数量的液体，并且泵送至混合容器 BE2 中。

其中，泵 PL1 产生所需的输送压力。

通过总计五个极限值传感器 L0 至 L4，检测混合容器 BE2 中的液位。

分批运行的设备通过设备上的控制器控制。通过按钮 S0 打开设备，通过按钮 S1 关闭设备。指示灯显示相应的运行状态。

发生故障时，可以使用紧急关闭开关，关闭混合设备。

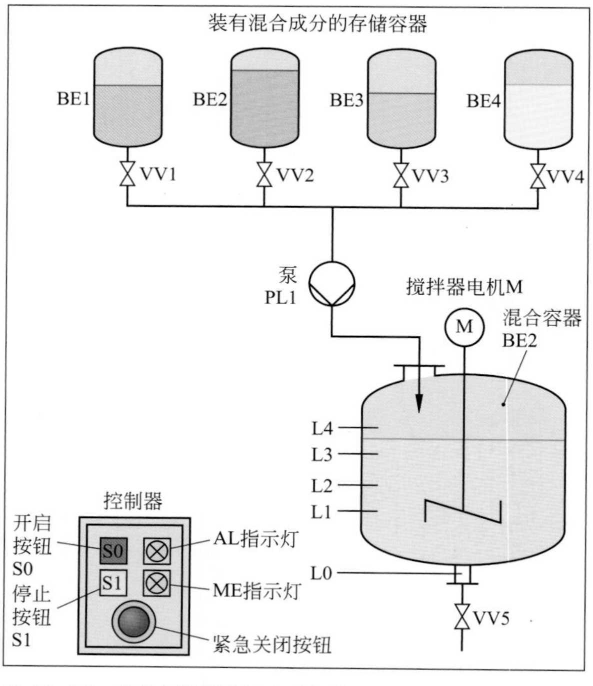

图 13-73：有控制装置的混合设备的 P&I 流程图

GRAFCET 功能图中的工艺流程

在 GRAFCET 功能图中，可以描述第 514 页混合设备的控制装置（**图 13-74**）。

步骤 1：按下启动按钮 S0 开始混合。

步骤 2：填充液体 1。指示灯 AL（系统运行）亮起，阀门 VV1 打开，搅拌器电机开启，泵电机启动。液体 1 流入混合容器中，直到液位极限值传感器达到 L1。

步骤 3：填充液体 2。阀门 VV1 关闭，阀门 VV2 打开，液体 2 流入。

步骤 4 和步骤 5 中的液体 3 和 4 类似步骤 3。

步骤 6：清空混合物。阀门 VV4 关闭，泵电机关闭，阀门 VV5 打开。

步骤 7：设备功率降低。如果液位传感器 L0 停用，则阀门 VV5 关闭。搅拌器电机关闭。

步骤 8：指示灯 ME（混合过程结束）亮起。

步骤 9：50s 后，指示灯 ME 熄灭，指示灯 AL 熄灭。

可以通过停止按钮 S1 关闭混合设备，或者通过按下启动按钮 S0 来开始新的混合过程。

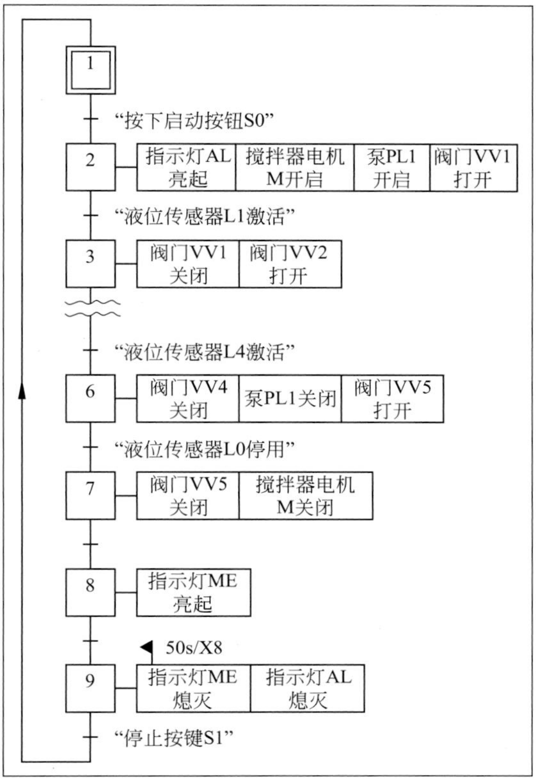

图 13-74：混合设备的 GRAFCET 功能图

3.5.2 反应设备的流程控制

设备描述（图 13-75）：从料仓中将固体物质 F 填充到可旋转的配料容器中并且称重。达到预定的质量时，关闭料仓出口。

然后，配料容器的回转电机 SM 启动，直到配料容器开启下部极限开关 GU。这时，固体物质落入反应容器 BR1 中。

同时，从容器 BE1 和 BE2 中加入液体并且启动搅拌器。两个体积测量设备 VM1 和 VM2 测量填充的体积，然后在达到预选的液体体积 FV1 或者 FV2 后，关闭阀门 VV1 和 VV2。

在 15min 的搅拌和反应时间后，通过打开阀门 VV3 进行排空。

然后开始下一批反应。

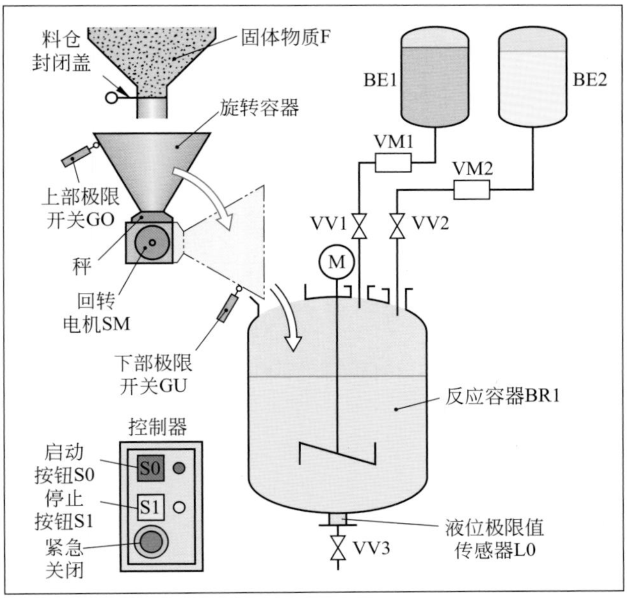

图 13-75：反应设备的流程图

第 515 页反应设备的 GRAFCET 功能图（图 13-76）

通过按下启动按钮 S0 开始分批处理。在检查设备内部的转接条件“秤为 0，上部极限开关 GO 激活”后，激活四个并联流程链。

第一流程链控制反应所需的固体物质的质量，并且通过旋转容器填充到反应容器中。第二和第三流程链控制两种反应液体的配料。第四流程链激活搅拌器电机。在第四流程链的流程汇集后，再次运行两个并联的流程链。

第一流程链将旋转容器返回到其原始位置。第二流程链控制反应时间，并且清空反应容器以及关闭搅拌器。

通过按下停止开关 S1，可以关闭反应设备，或者通过按下启动按钮 S0，可以开始新的分批处理。

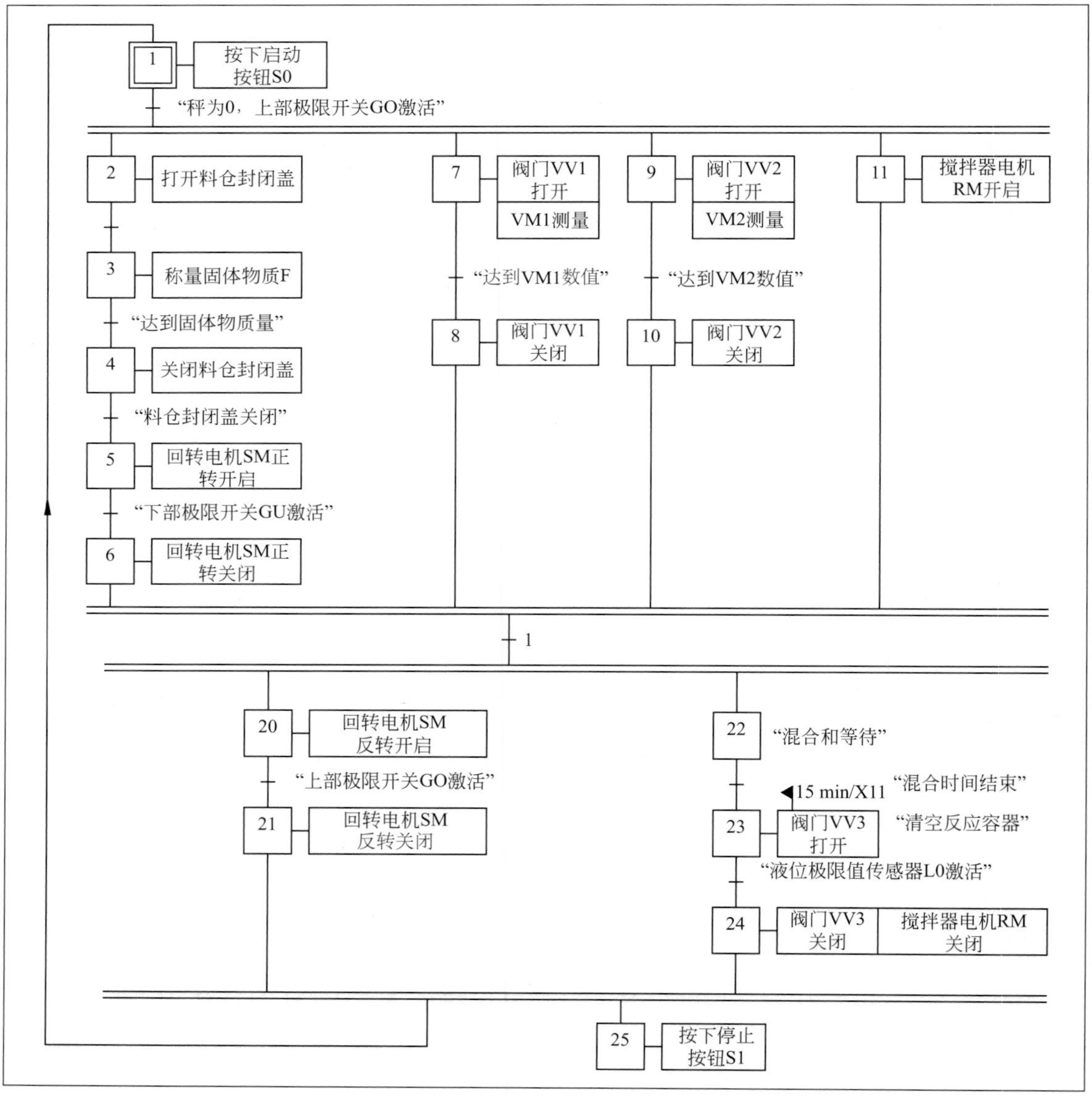

图 13-76：第 515 页图 13-75 的反应设备的 GRAFCET 功能图

3.5.3 离心设备的流程控制

设备描述

离心设备由配有附件的分批工作的剥离式离心机组成（**图 13-77**）。

在第 369 页图 9-54 中描述了离心机的运行方式。它由转速可控的电动机 M1 驱动。

待分离的悬浮液和洗涤液通过可控阀门 VV1 和 VV2 进入离心机中。离心的滤液流入收集容器中。固体物质以滤饼的形式在筛筒中沉积，由液压移动的削刀提起，并且通过螺旋输送器从离心机中移出。将滤液导入不同的容器中。

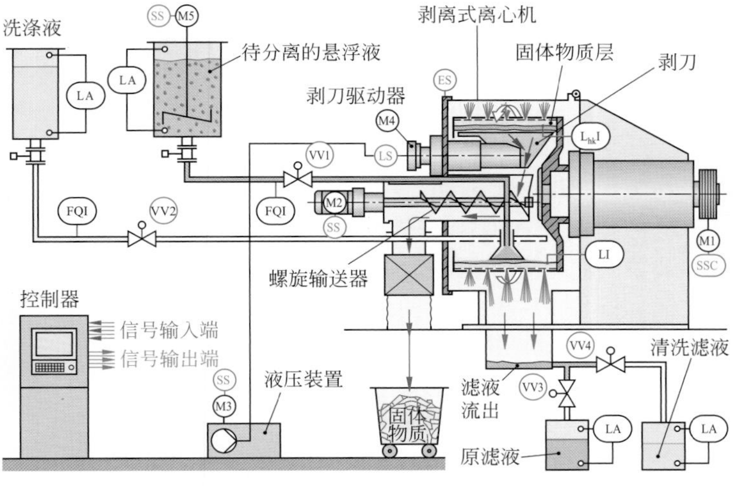

图 13-77：配有筛筒剥离式离心机的离心设备

工艺流程和功能图（图 13-78）

按下启动按钮后，通过主开关 S1 开启设备。检查安全装置。开启离心机 M1 的驱动电机。

然后，通过阀 VV1，悬浮液流入离心机中并且离心分离。滤液通过阀门 VV3 流入收集容器。

达到最大滤饼高度后，停止悬浮液供料（VV1 关闭）并且再次离心分离 1min。

然后通过洗涤液清洗滤饼，并且离心分离 4min。

滤饼用剥刀剥离，并且从螺旋输送器中取下（2min）。然后将削刀向后移动并且关闭螺旋输送器。

完成上述流程后可以开始新的离心分离过程，或者通过停止按钮关闭离心机。

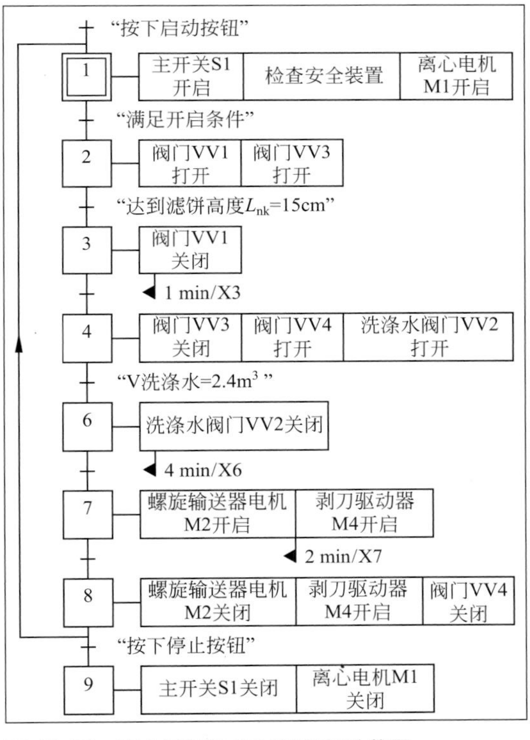

图 13-78：离心设备的 GRAFCET 功能图

复习题

1. GRAFCET 描述中的每个控制步骤由哪些要素组成？

2. 如何在一个控制步骤后面说明转接条件？

3. 控制流程结构中的水平双线符号是什么意思？

4. 如何说明与时间有关的转接条件？

3.6 控制器的技术设计

根据技术设计和信号的传输方式，分为机械、气动、液压、电气、电子（数字）和计算机辅助控制。

在化工设备中，气动控制（传输介质：压缩空气）和液压控制（传输介质：液压油）实际应用较少，主要应用领域是机床的控制。

3.6.1 机械控制器

机械控制仅在有限的范围内，用于老式小型设备和装置的简单顺序控制。

例如：**图 13-79** 所示的控制鼓的机械控制。它由有凸轮盘的机械组件轴和电气触点组成。凸轮盘的数量对应待控制尺寸的数量。凸轮盘轴通过一个电动机驱动，根据凸轮盘的形状打开或者关闭操纵变量。根据运行状态，可以额外启动或者停止凸轮轴的驱动。凸轮盘组对应一个特定的顺序控制。更换凸轮盘可以实现其他的顺序控制。

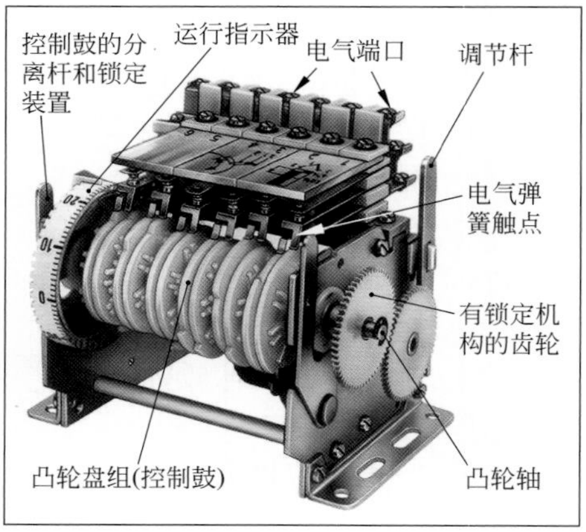

图 13-79：控制鼓

3.6.2 电气控制器

在电气控制中，通过切换电气触点来完成控制。

电气控制的结构元件是手动操作的开关设备（S），如闭合器或者常开触点，以及电磁驱动的开关设备，如接触器和继电器（K）（**图 13-80**）。它们通过管路固定布线。

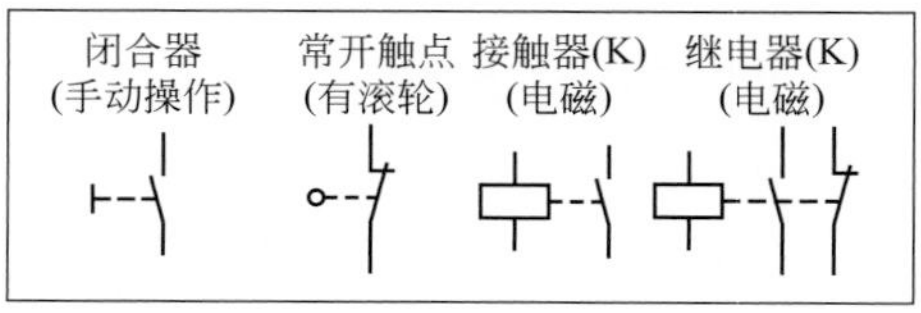

图 13-80：电气结构元件的线路标记

通过连接电气结构元件，可以实现简单的控制功能。

示例：两个开关串联，对应 AND 功能（第 510 页图 13-61），两个开关并联，对应 OR 功能（第 510 页图 13-62）。

图 13-81 举例显示了电动机发光显示的电气控制电路图。开关 S1 开启时，继电器 K1 保持触点 1 闭合。指示灯 H1 亮起并且显示电动机静止。如果开关 S1 闭合，则继电器 K1 打开触点 1，而触点 2 和 3 闭合，H1 熄灭。而 H2 亮起，电动机启动。

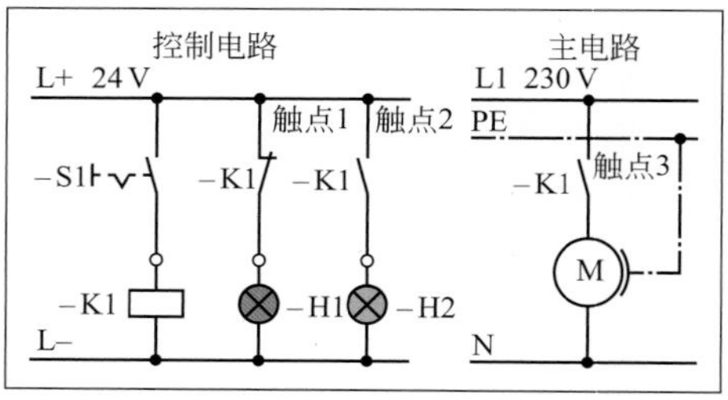

图 13-81：电气控制装置的电路图

电气控制可以辅以机电一体的时间和程序存储器，例如电动机驱动的控制鼓（图 13-79）。

电气控制装置由一系列接触器和继电器组成，它们根据开关柜中的电路图连接在一起（**图 13-82**）。通过受控设备上的按钮进行操作。电气控制装置仅适用于简单的逻辑控制。

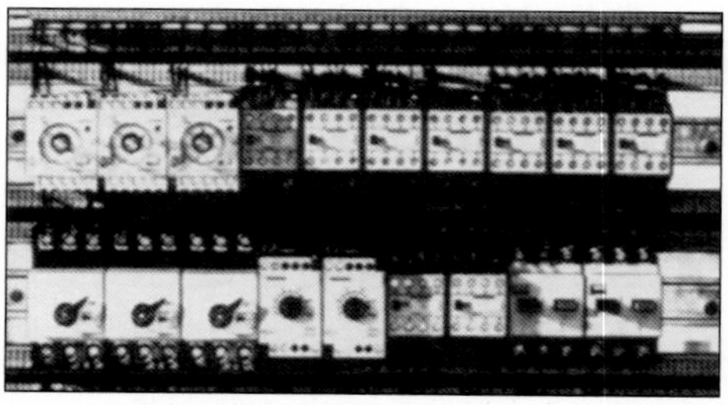
图 13-82：电气控制装置

3.6.3 电子控制器

在电子（数字）控制中，通过电子结构元件来切换电气连接。电子结构元件是二极管、晶体管和晶闸管（**图 13-83**）。

通过它们，释放、锁定、增强电流或者引导至某个方向。

电子结构元件可以单独（图 13-83，左侧）或者与集成电路以各种组合方式进行处理，也称为 **IC**（integrated circuits）（图 13-83，中间）。多个 IC 汇集为功能块、模块或者汇集在电路板上（图 13-83，右侧）。控制装置以模块或者模块集成电路板的形式连接在一起（**图 13-84**）。

功能模块通过固定或者可拆卸的布线连接，例如：在配电通道上连接功能模块。通过功能模块的相应连接，确定控制器的程序。它被称为**连接编程控制器**，简称 **VPS**。

模块化电子控制器用于小型控制工作。通过改变布线可以部分改变控制程序。

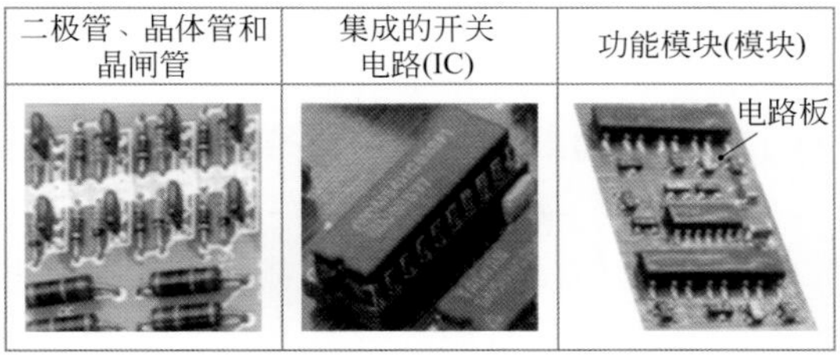
二极管、晶体管和晶闸管
集成的开关电路(IC)
功能模块(模块)
电路板

图 13-83：电子组件

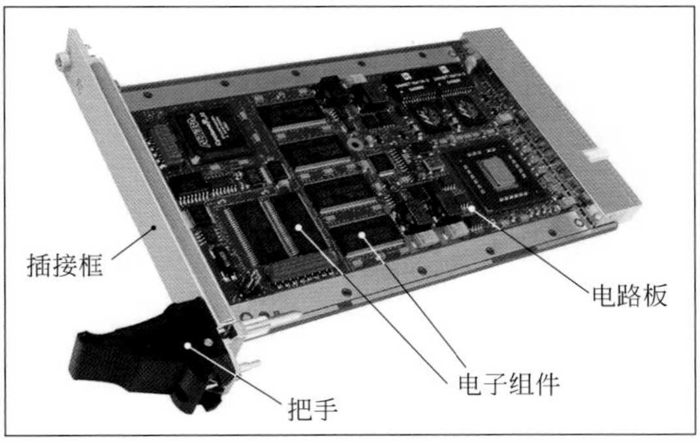
插接框
电路板
电子组件
把手

图 13-84：电子控制器的集成电路板

3.6.4 可编程逻辑控制器 PLC

可编程逻辑控制器，简称 PLC，在结构上是一个计算机（电子数据处理设备），它用于控制工作。由于其广泛的适用性，PLC 也称为自动化设备。

PLC 由微电子结构元件组成，焊接在接线板（电路板）上（图 13-84）。在电路板上可以设置较大的信号处理能力，例如：几千个链路、开关和继电器的逻辑。在几个电路板上相应地集成某些功能，这构成了 PLC 的核心。

PLC 自动化设备是功能最强大、适应性最强的控制设备。由于价格昂贵，过去仅用于大量而复杂的控制工作，但是今天 PLC 已逐渐成为中等甚至更小型控制工作的最经济的解决方案。

用于小型控制任务的紧凑型 PLC 设备，大小大约与香烟盒相当，可以安装在开关柜里的导轨上，也可以安装在化工生产的现场控制设备中（**图 13-85**）。

它安装在坚固的外壳中，有用户界面，适用于化工设备的基本操作（**图 13-86**）。

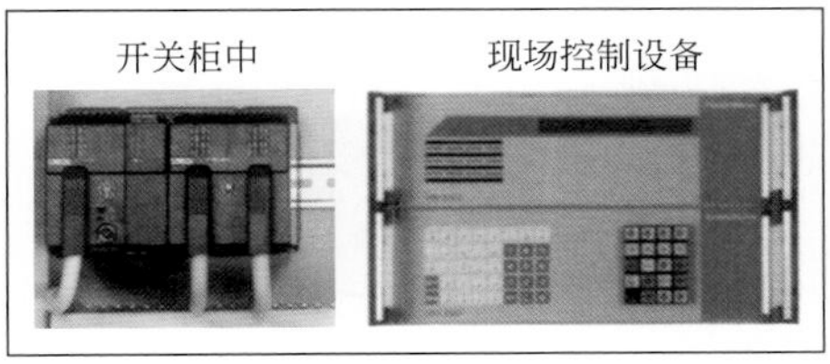
开关柜中
现场控制设备

图 13-85：紧凑型 PLC 设备

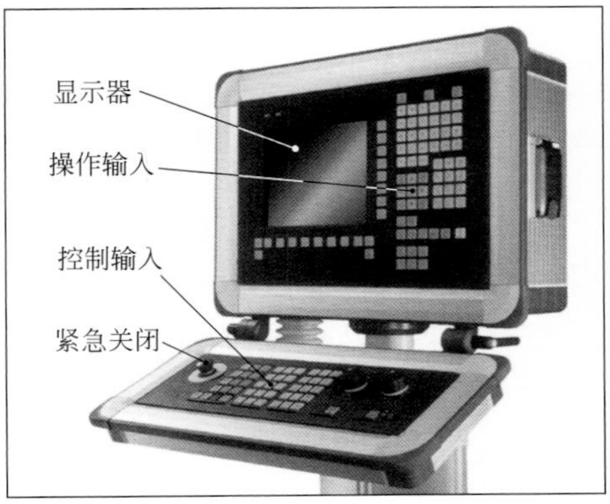
显示器
操作输入
控制输入
紧急关闭

图 13-86：设备上笨重的 PLC 控制器操作设备

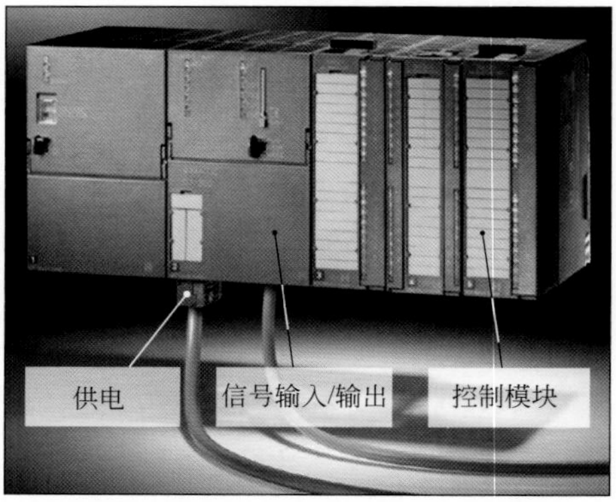

图 13-87：模块化 PLC 控制器

用于各种控制工作的 PLC 自动化设备，是过程控制系统的组成部分（第 523 页）。它拥有模块化结构（**图 13-87**）。

在组件支架上或者在组件壳体中，安装了供电、信号输入、信号处理和信号输出的电子组件。根据控制工作的复杂程度，设计存储器容量以及信号输入端和信号输出端的数量。

模块化 PLC 设备专门用于化工设备的控制工作。改造化工设备和扩展控制工作时，模块化 PLC 可以加装其他模块，从而适应扩展的控制工作。

PLC 的内部结构和工作原理

可编程逻辑控制器拥有电子数据处理设备的典型结构，可根据控制技术的特殊要求进行补充和配备。其中包括信号输入、信号处理和信号输出的电子组件（EVA 原理）。

它们通过数据总线相互连接在一起（**图 13-88**）。

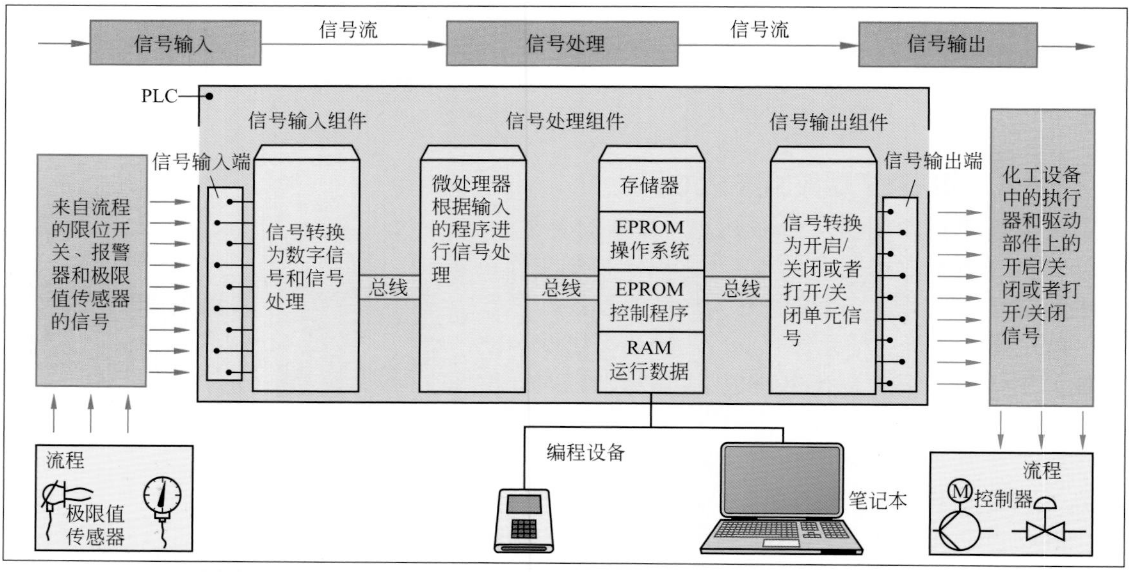

图 13-88：PLC 的结构示意图和作用方式

信号输入组件获取过程信号并且准备在微处理器中处理。过程信号是测量值（温度、压力、流速、液位等）和状态信息或者反馈信息的极限值信号，例如：开 / 关、打开 / 关闭等。模拟信号和二进制信号转换成数字信号。

PLC 的核心部件是有一个或者多个微处理器以及配有数据和程序存储器的信号处理组件。信号输出组件将数字信号转换成模拟或者二进制信号，用来打开或关闭执行器。

PLC 中的工作流程（图 13-88）是循环的：控制器先后询问信号输入端的信号状态，从程序存储器中提取控制指令，并且根据编程的控制程序处理过程信号。它由流程指令和逻辑链路组成，它以软件程序的形式存储在程序存储器中。直接向信号输出端发送链接结果，或者首先存储在存储器中，并且根据流程指令由计时器开启。完成一个循环（几分之一秒）后，重新开始下一个循环。

PLC 自动化设备的**“存储器”**是不同工作类型的存储器。PLC 的基本程序（操作系统）可以实现操作员和 PLC 之间的对话，并且组织每个功能模块之间的数据流，存储在 EPROM 存储器（可擦除可编程只读存储器）中。用户程序，例如相应化工设备的控制程序存储在 EEPROM 存储器（电可擦除可编程只读存储器）中。它必须由化工设备的操作员编写并且读入存储器中。在 RAM 存储器（可自由访问的存储器即工作存储器）中临时存储过程信号、结果和数据。

在**信号输出组件**中，微处理器产生的控制信号切换为开启 / 关闭或者打开 / 关闭信号。它控制化工设备中的执行器和驱动器。

微处理器、存储器和信号输入和输出组件，通过数据总线，即内部**数据总线**连接在一起。

PLC 的编程

在机械、电气和电子控制器中，通过硬件组件处理信号，如凸轮盘、开关和继电器或者电子模块。根据硬件组件及其机械或者电气连接，确定控制器的程序。它称为连接编程控制器 VPS。

但是，在**可编程逻辑控制器（PLC）**中，控制器的链接和流程指令在一个软件程序中定义，并且通过编程读入和存储在 PLC 的存储器中。

借助编程设备完成 PLC 的配置，即控制器算法的定义（第 520 页图 13-88）。编程设备是微型计算机，根据控制设备的大小不同，其形式可以是配备较大 LC 显示器的便携式计算机，也可以是笔记本电脑。可以在显示器或者监视器上跟踪控制步骤和过程数据（**图 13-89**）。

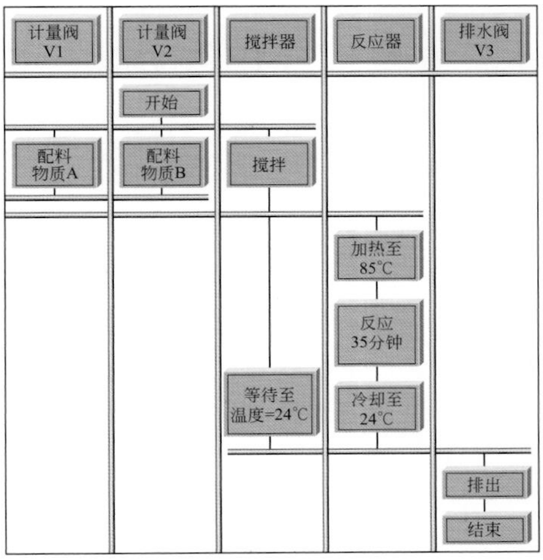

图 13-89：PLC 控制器的监视器图片

可以在屏幕中，通过 GRAFCET 功能图中“标记 - 拖动 - 放置”控制符号，并且输入过程条件来完成控制工作的编程。

通过保存当前程序并且读入新程序，可以更改 PLC 的控制程序。通过这种方式，可以在不更改硬件的情况下使 PLC 适应新的控制工作。

还可以保存整个控制程序库。

这样，通过从程序库中调用并且激活所需的控制程序，可以在分批处理中先后执行不同的方案（第 534 页）。

复习题

1. 通过哪些组件在控制鼓中实现控制？
2. 连接编程控制器和可存储编程控制器之间的本质区别是什么？
3. PLC 由哪些组件组成？
4. 与紧凑型 PLC 相比，模块化 PLC 的优势是什么？
5. PLC 的串行工作流程是什么意思？
6. PLC 如何编程？
7. 如何在 PLC 中更改程序？

4 过程控制技术

过程控制技术（computer process control）包括测量、设置、调节和计算机辅助过程控制的所有过程，这些过程在最佳条件下运行，从而实现最佳的质量和最大的产物产量以及最低的成本。

此外，过程控制技术能使设备尽可能安全地运行。

针对相互链接的设备单元，采取必要的调节、控制和管理措施，这些措施统称为**过程控制系统（DCS）**。在英语中，该系统称为 **Process Control System**，简称 PCS。

DCS 技术是一种基于计算机、通信技术和电子数据处理的现代技术。它是计算机技术在化工厂中的应用。

4.1 传统的 EMSR 技术和 DCS 技术的区别

与传统的（常用的）电气工程测量、控制和调节技术（简称 **EMSR**）相比，DCS 技术的典型特征非常明确。

传统的 EMSR 技术

在传统的 EMSR 技术中，每个重要的操作变量（例如：温度）都由测量传感器记录，在控制室中的显示装置转换后显示，在调节器或者控制器中进行处理，并且在执行器中实现控制信号（**图 13-90**）。

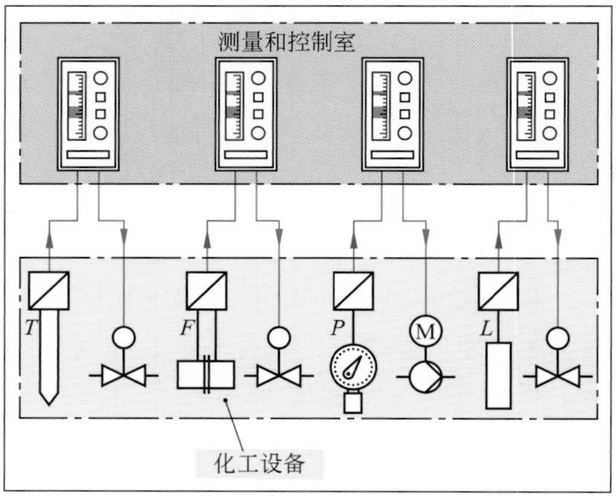

图 13-90：传统 EMSR 技术中的信号引导

化工设备的所有重要操作变量都有一个直接信号串，它独立于其他操作变量的信号串运行。这种技术称为并行设备技术。

它的特点是可靠性高，很容易找到并且消除 EMSR 系统中的故障，因为它只能分配给一个信号串。

在有大量重要操作变量的较大化工厂中，这种技术导致大型控制室的墙壁上挂满了排列的显示器、控制器和记录设备（**图 13-91**）。特别是在大型化工厂中，容易导致混乱。

图 13-91：传动设备技术的 EMSR 控制室

在传统的 EMSR 技术中，设备操作员通过观察控制室中的各个显示仪器来跟踪过程，并且在出现偏差时通过调整单个控制单元来干预过程。

例如，限位信号传感器提醒用户未经授权的操作变量的偏差或者危险状态。

过程控制技术

在带有 DCS 的化工设备自动化中，所有操作变量的测量信号通过数据总线、现场总线，先后发送到自动化单元中，并且进行处理，产生的控制信号发送到化工设备的每个执行器中（**图 13-92**）。

各个操作变量是先后处理的；它也称为串行或者循环。处理完所有的操作变量后，将重新开始下一次循环。

在具体调节时进行以下过程：

首先，查询第一被控变量的实际值，由此形成控制偏差，并且通过相应的调节器功能，处理、输出执行器的控制值。然后以相同的方式进行第二个控制循环，然后进行第三个控制循环等等。如果处理了所有控制循环，则自动化单元再次开始第一个控制循环。

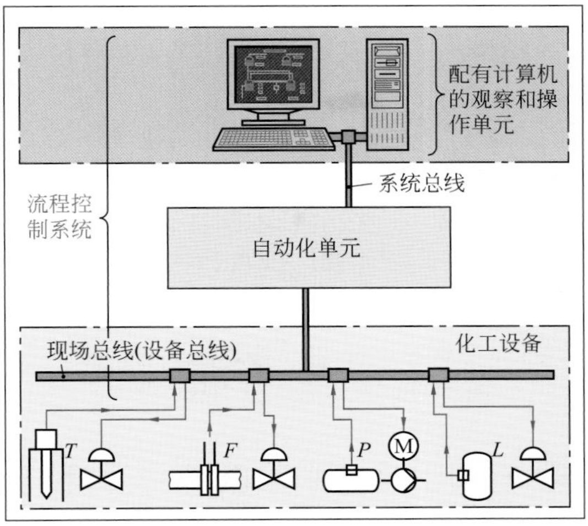

图 13-92：在过程自动化中，通过一个过程控制系统引导信号

调节回路的处理在几毫秒内完成，所以大约在以秒为周期的时间内重复设备的所有调节回路。因此，在实际情况中得以实现连续的控制。

自动化单元还执行控制功能，例如：流程或者逻辑控制，通过信息监控操作变量。同样，也大约在以秒为周期的时间内循环完成每个变量的处理。

自动化单元的所有功能，例如：调节器功能、控制功能、配料和监控功能存储为软件模块（模块）。根据在每个调节回路和控制链的循环处理中输入的程序，调用和使用这些模块。

功能模块与化工设备处理程序的链接称为**配置**，调节参数和控制极限值的输入称为**参数化**。

通过控制室中的系统总线，观察和操作每个单元，实现化工设备中的过程通信（图 13-92 和**图 13-93**）。它由屏幕（监视器）、键盘和功能强大的计算机（服务器）组成。

图 13-93：过程控制系统的观察和操作站

在彩色监视器上，设备操作员可以调用设备的流程图，显示相应位置的运行参数值。这样可以方便操作员了解设备运行的情况。警报和极限值信息则提醒他注意故障。此外还会存储运行参数值，并且可以显示为图形和曲线，也可以通过一个打印机打印报告。在特殊的操作窗口（面板）中，设备操作员通过鼠标和键盘干预运行的过程。

4.2　过程控制系统的结构

4.2.1　DCS 的组成部分

下文解释了小型化工设备过程控制系统的基本结构和功能（**图 13-94**）。

过程控制系统的基本部件有：

- 带彩色屏幕、键盘和计算机的**观察和操作站**（简称 BBS）。它位于化工厂的控制室中。通过 BBS 观察、监控和引导流程。
- 用于 BBS 和自动化单元联网的**服务器**（功能强大的计算机）。
- 存储测量、调节和控制程序的**自动化单元**（AE）。可以根据预先选定的额定值和流程自动执行该过程（自动）。
- 连接设备和系统的**数据传输线**（称为总线）。

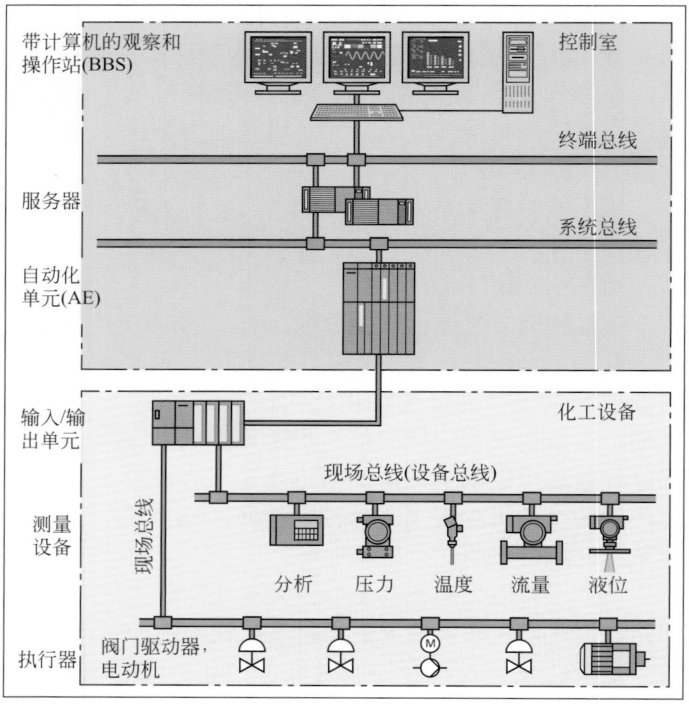

图 13-94：过程控制系统的系统结构

- **输入 / 输出单元**。首先，它接收来自测量设备的信号，并且为自动化单元做好准备。然后，它将自动化单元的调节信号发送到执行器中。
- 测量设备在测量位置获取化工设备（所谓的现场中）的测量数据。
- 通过调节，执行器可以减小或者增加化工设备管道和装置中的质量流或者能量流，然后导致操纵变量发生变化。

图 13-95 显示了过程控制系统的部件（模块）的技术设计。不同生产商的设计略有不同。

在实际的过程控制系统中，通常将各种部件的几个设备，例如：多个监视器或者多个自动化单元，组成一个系统。

在小型过程控制系统中，监控和操作站位于设备附近的控制室中。显示器（通常为 2～4 个）放在工作台上，计算机和服务器位于下部（第 523 页图 13-93）。通过终端总线建立设备之间的连接。

自动化单元排列在控制室的开关柜中。它们与系统总线相互连接在一起。

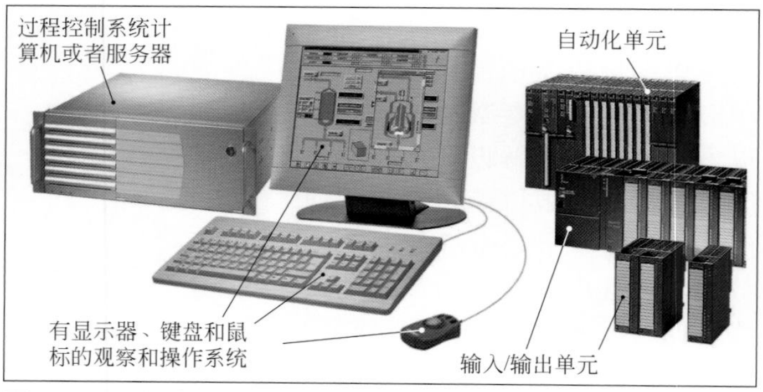

图 13-95：过程控制系统的部件

输入 / 输出单元（I/O 单元）组装在化工设备附近的开关柜中（称为面向过程）。

测量设备位于化工设备的相应测量位置，称为“现场”。测量设备通过现场总线（也称为系统总线）将信号发送到输入 / 输出单元，然后继续发送到自动化单元。

这里产生的控制信号通过 I/O 单元返回到现场执行器。

4.2.2 大型化工厂的过程控制系统

大型化工厂的过程控制系统是不同区域和不同操作层面的链接设备的复杂结构（**图 13-96**）。

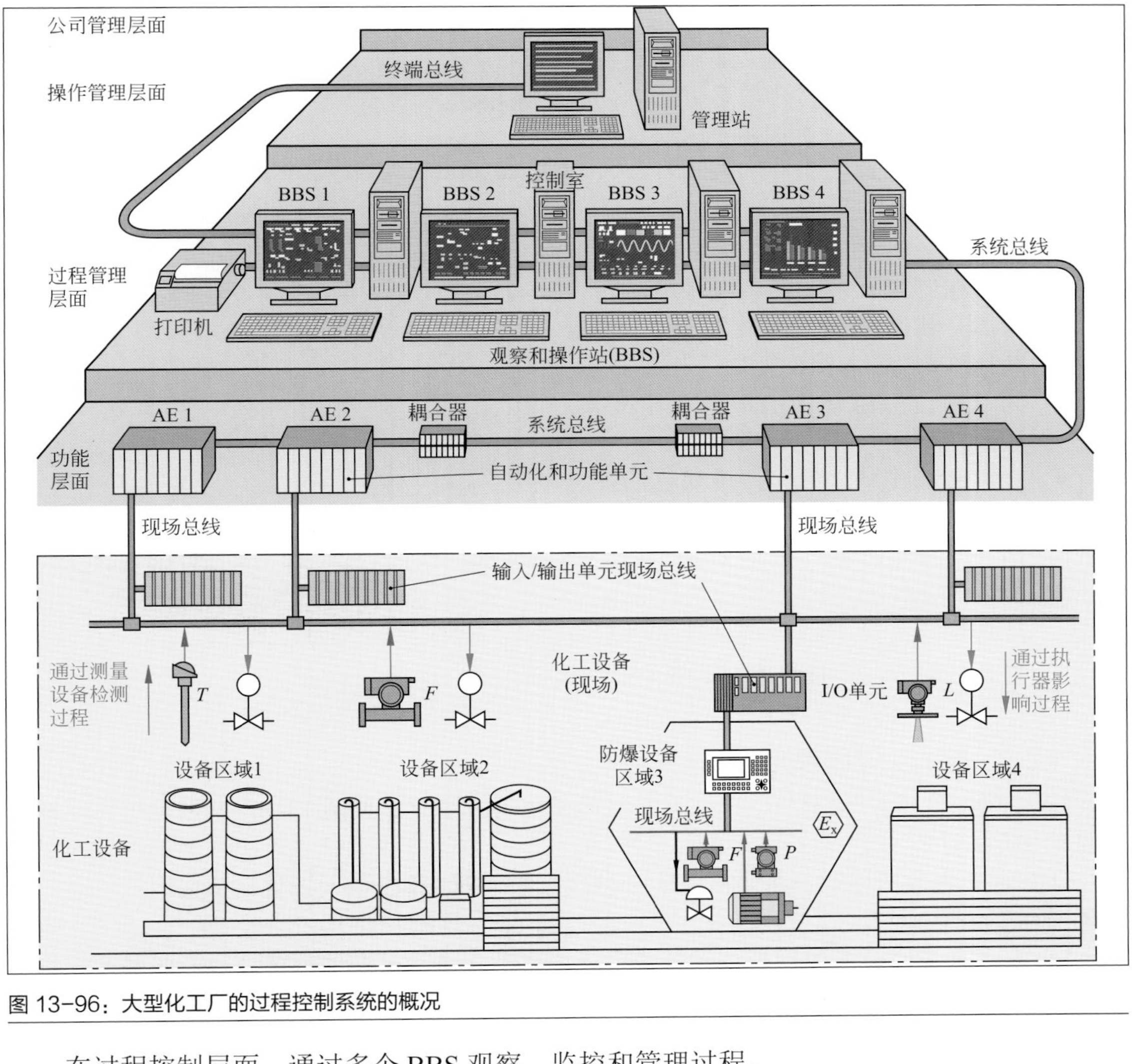

图 13-96：大型化工厂的过程控制系统的概况

在过程控制层面，通过多个 BBS 观察、监控和管理过程。

在功能层面，运行过程由自动化单元控制和调节。

在化工厂（现场）中，通过测量仪器获取设备运行状态，并且通过执行器调整运行状态。

通常，设备的防爆区域都配备了防爆部件。

在设备管理层面，收集化工厂的产品产量和质量数据，这些是化工厂技术改进和经济决策的基础。

4.2.3 自动化单元

过程控制系统的核心组件是自动化单元（AE）（field control station）（**图 13-97**），安装在过程控制室的开关柜中。

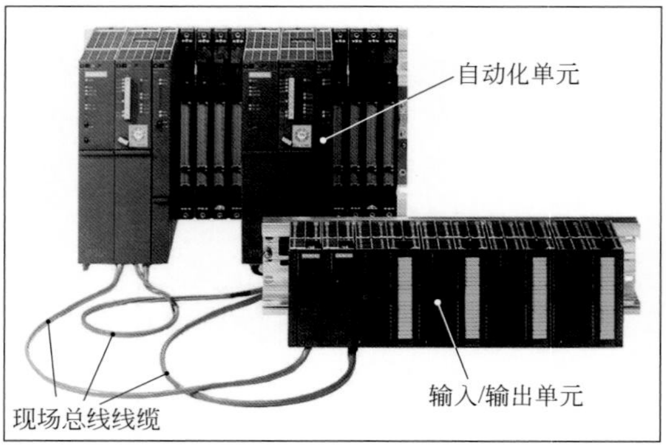

图 13-97：过程控制系统的自动化单元和输入 / 输出单元

自动化单元由标准化电子部件组成（**图 13-98**）。

- 自动化计算机，也称为中央单元或控制器（controller）。
  在控制器中执行自动化单元的实际功能函数：测量值处理、调节、控制和监控。这些函数存储在不可删除的存储器数据库中，并且在需要时调用。计算机的计算器和控制器执行函数的循环处理。
- 供电组件。它与有 230V 电压的电源连接在一起。该组件将电源电压转换为 24V 或者 5V 的低压电压，并且为自动化单元的所有组件提供适当的电压。为了防止短时间内的电源电压故障，该组件配有一个电池。
- 观察和操作单元的接口模块，通过总线耦合器在自动化单元与观察和操作站之间建立连接。
- 输入 / 输出单元以及其他现场设备的接口模块处理来自自动化计算机测量设备的信号，并且将控制信号传输到执行器中。

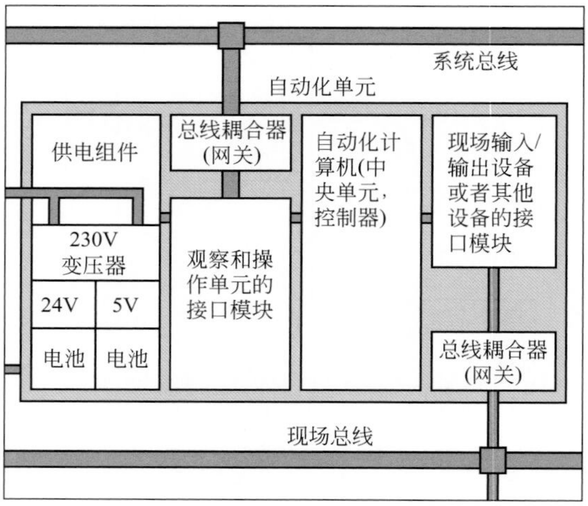

图 13-98：自动化单元的内部结构

4.2.4 输入 / 输出单元

输入 / 输出单元（简称 I/O 单元）通常位于现场（第 525 页图 13-96），但是也可以集成在自动化单元中。

在有爆炸危险的化工设备中，危险设备区域的输入 / 输出单元设置在防爆区域或者其附近的防爆壳体中。

I/O 单元将测量设备的模拟信号转换为可由自动化单元处理的数字信号。此外，它将从自动化单元流向执行器的调节和控制信号，转换成这些设备可执行的调节信号。

分散的结构。通常，通过 EMSR 技术将大型化工厂分为几个设备区域（第 525 页图 13-96）。每个设备区域通过测量和控制设备与自动化单元连接在一起，自动化单元检测、调节、控制和监控设备区域。将设备和过程控制系统细分为子区域，称为分散结构。其优点是，在过程控制系统中存在故障时，仅会影响一个设备子区域。

冗余执行。为了确保化工设备在计算机出现故障时不会停止，始终配有两台中央计算机（服务器）。

在有特别高潜在风险（有毒和对环境有害的物质）的化工设备中，过程控制系统的所有部件也会配有备用部件。这使过程控制系统拥有较高的可用性（操作安全性）。

4.2.5 观察和操作站

图 13-99：观察和操作站的屏幕及键盘

观察站和操作站（缩写 BBS），也称为控制站，英语为 workstations 或者 operatorstations，可以对生产的过程进行全面观察和管理（**图 13-99**）。有操作键盘和外围设备的显示器位于控制室的工作台上。BBS 的计算机安装在工作台下部。

过程观察。通过系统总线，BBS 可以访问系统中过程控制所需的所有数据。在彩色显示器的图片中显示经简化的过程信息。为了清楚和完整地描述该过程，有各种表示类型，例如：化工设备的流程图，包括显示的操纵变量测量值、操作面板、柱形和曲线图等。有关带有监视器图像的可视化过程显示的更多信息，请参见第 528 ～ 530 页。

此外，极限值信息和警报会提醒操作员注意临界过程状态。

过程管理。通过键盘或者鼠标，直接在屏幕上选择化工设备的 EMSR 点。然后规定额定值、操纵变量和参数，激活报告并且确认信息。

4.2.6 总线系统

总线是直径约 10mm 的同轴电缆。通过该电缆，连续将信息以电报的方式串行传输，即一个接一个地传输。除了实际信息以外，每个电报还包含一个地址代码，该地址代码将电报发送到过程控制系统中的预定位置。

在过程控制系统中，有多个总线系统（第 525 页图 13-96）。

自动化单元通过**系统总线**，也称为功能级总线，与观察和操作系统相互连接在一起。通过总线处理这些设备之间的数据传输。远程自动化单元（几千米）可以通过耦合器与光缆连接在一起。

观察站和操作站与管理站之间的数据传输通过**终端总线**（终端设备总线）完成。

从 I/O 单元到测量和调节设备的数据传输通过**现场总线**完成。

4.2.7 管理站

在操作和公司管理层面，大型化工厂还有一个配备高性能计算机的管理站（第 525 页图 13-96）。

来自过程控制系统的信息可以从管理站调取并且显示在屏幕上。特殊的管理功能可汇总信息，为操作管理层面的运营做好准备。这些管理功能的举例有，关于产物数量和产物质量、质量控制图等的每日综述。

由此获得的结果，可作为企业和公司管理层关于设备生产和经济运营的企业管理决策的基础。

复习题

1. 传统的 EMSR 技术与过程控制技术有什么不同？
2. 过程控制系统由哪些基本部件组成？
3. 过程控制系统可以执行哪些主要功能？
4. 自动化单元有哪些工作？
5. 如何在过程控制系统中描述生产的过程？
6. 请你命名管理功能并且解释其任务。

4.3 屏幕上过程事件的描述

在过程控制系统中，观察操作台的显示器上用彩色图片显示化工厂中正在进行的过程。

屏幕图像（screen）的结构通常与 Microsoft Windows® 操作系统相同（**图 13-100**）。屏幕图像的主要区域显示实际图像。在屏幕图像的顶部和底部是有按键（按钮）的菜单栏，通过鼠标单击菜单栏来编辑图像。

不同生产商的过程控制系统的图像在细节上有所不同，但是表达方式基本上类似。

因此，下面描述的表达类型适用于所有的过程控制系统。

通常有两种类型的图像描述：

- **流程图**。在设计和结构方面，它们大致对应工厂的管道和仪表流程图。
- **组合图**，也称为结构化或者预配置图像。它是以表格、模块、图表和栏的形式预先设计的图像，其中记录标准化的符号、曲线或者数据。

4.3.1 流程图

在大型化工厂中，有通过符号表示的设备区域的概况图，例如：反应部分、蒸汽产生、废水清除。通过点击系统符号，可以调出每个设备区域。

在中小型化工厂中，总体流程图概述了特定设备及其中发生的过程（图 13-100）。

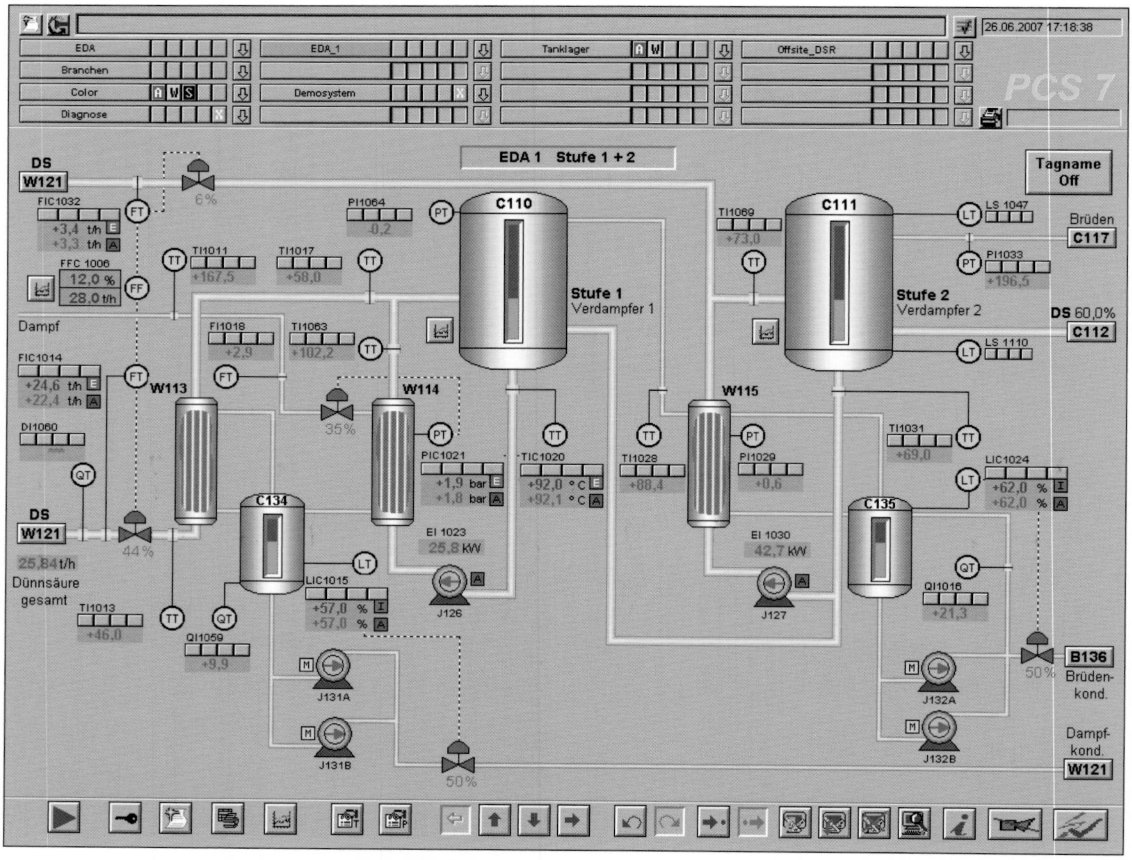

图 13-100：化工厂（硫酸蒸发厂）的总体流程图

根据 DIN EN ISO 10628、DIN 2429 和 DIN EN 62424（第 112 ～ 115 页），通过设备、阀门和管道的图形符号制定流程图，其中包含最重要的 EMSR 点。流程图的这些组成部分不会改变，它们是静态图像部分。

在静态流程图中，当前的操纵变量值显示在 EMSR 点旁边（图像比例可变）。

通过点击整个图像或者菜单栏，可以从总体流程图或者菜单栏中调取图像部分，并且显示在屏幕上（**图 13-101**）。

该部分流程图包含显示设备区域的 EMSR 点，其中显示了重要的当前操纵变量实际值，并且在调用后还包含额定值。

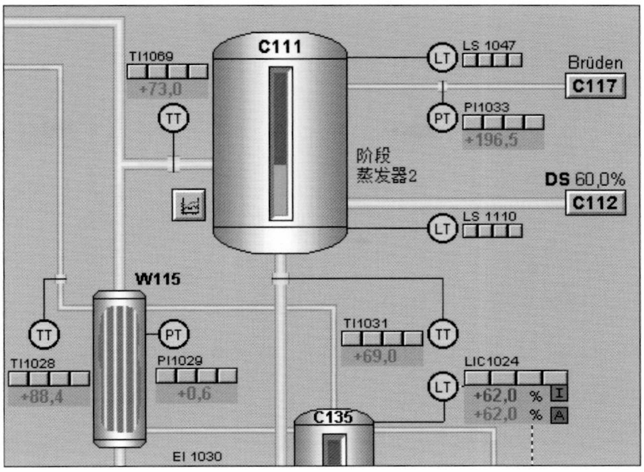

图 13-101：设备部分的流程图

4.3.2 组合图

组合图是在表格、模块或者栏目中预先设计的图片，其中包含生产过程的信息。对于缺乏经验的观察人员，需要参考这些图像，对于经验丰富的设备操作员来说，它提供了一个很好的过程描述。为了可以概括生产过程以及调用详细信息，有几种组合图类型。

控制位置的**概况图**显示了设备或者设备区域的多个控制位置（**图 13-102**）。

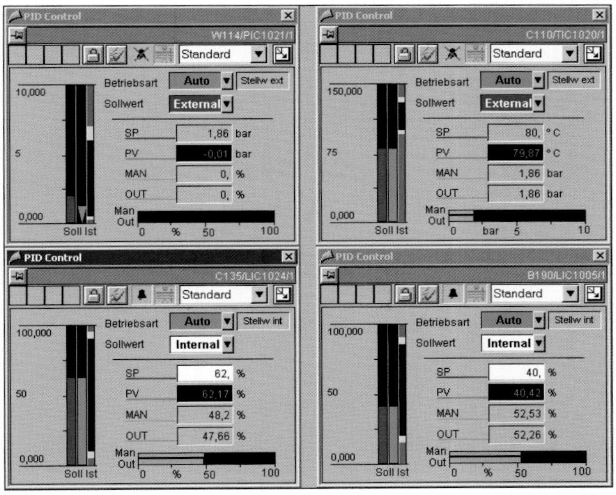

图 13-102：化工设备的控制位置概况图

它可以显示在设备的概况图中（第 528 页图 13-100）。

为了显示大型设备的 EMSR 点，需要多个概况图。

在概况图上，设备操作员可以立即识别故障情况（红色背景，闪烁），并且从该图像中进入详细信息的示图。

另一个组合图是物料流的概况图（**图 13-103**）。它概述了设备不同区域的物料流，也可以显示物料库存状态。

通过这些数据，可以可靠地管理化工设备的物料。

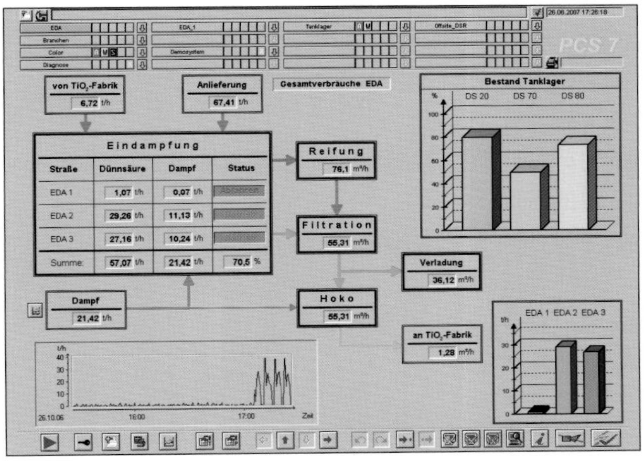

图 13-103：化工设备的物料流概况图

结构图是流程控制的特殊显示类型（**图 13-104**）。根据 GRAFCET（DIN 60848），通过它在功能图中显示流程控制（第 512 页）。

用彩色和一个对号标记完成的控制步骤。当前运行的控制步骤用一个三角形符号标记，下一个转接用红色标记。

在结构图中可以选择每个项目，并且通过键盘输入校准值，例如：时间数值。

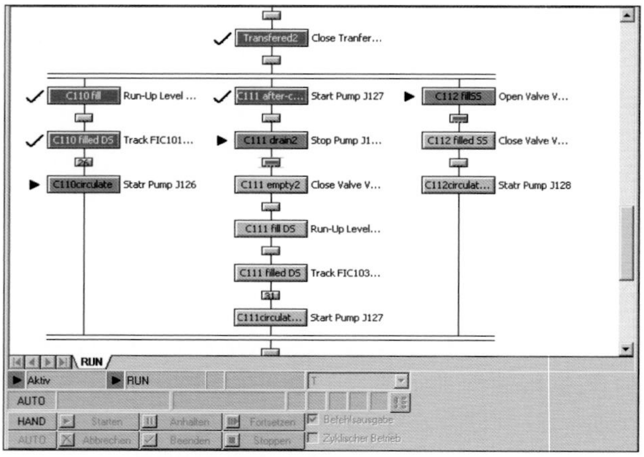

图 13-104：流程控制的结构图

4.3.3　曲线图

过程变量的时间过程可以制成曲线图，存储在过程控制系统中，也称为趋势图（**图 13-105**）。在曲线图中，可以用不同的颜色线显示多个测量参数。为了强调单个曲线，可以暂时遮盖曲线下部的曲面或者隐藏其他曲线。

曲线图的时间轴可以在很大的范围内变化，例如几分钟、几天或者几个月。

在曲线图下部，以与曲线相同的颜色说明相应的测量点名称、当前测量值以及时间和日期。

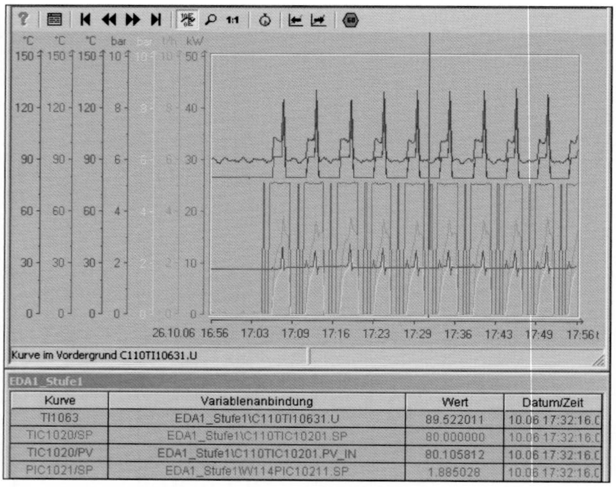

图 13-105：蒸发设备中的测量参数的曲线图

4.3.4　面板

通过面板技术，可以在屏幕图像上同时显示概况图，其中显示一个或者多个带有详细信息的图像（窗口）（**图 13-106**）。

例如：在不同的组合图或者流程图中，显示 EMSR 点的图像、曲线图和流程图截面。图 13-106 举例显示了反应釜设备的流程图，在左下方显示阀门的操作窗口，右侧是锅炉秤的显示窗口。

还显示了来自视频监控摄像机的图像，以监控敏感设备区域，例如：油罐车的加注设备。

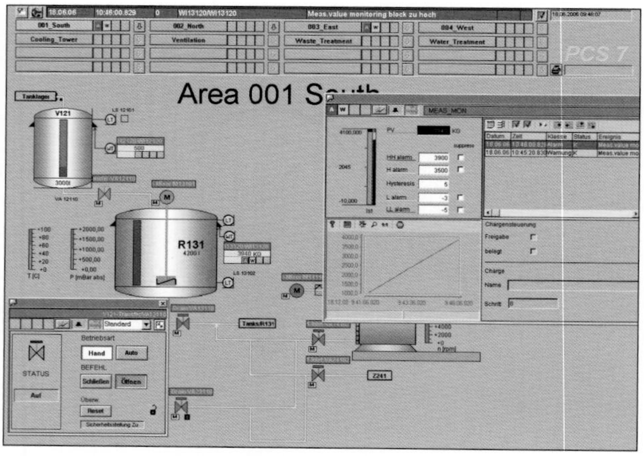

图 13-106：有双面板的反应釜设备的流程图

4.4 过程控制系统的操作

在控制室的观察和操作站（BBS）中进行过程控制系统的操作（**图 13-107**）。它是设备操作员（调度员）的工作场所。

BBS 通常有两至六个屏幕，有时最多十个。

这样设备操作员可以在第一个屏幕上监视设备概况，当前待处理的设备部分在第二个屏幕上显示。第三个屏幕例如用作报警页面，其中显示故障或者报警信息。

图 13-107：过程控制系统的观察和操作站

在第四个屏幕上，可以调用一个控制窗口（面板），通过该窗口控制过程。

此外，可能还有其他屏幕用作屏幕故障时的备用设备。

流程操作由许多干预类型组成。通过计算机键盘或者鼠标执行：

- 选择不同的显示图像。
- 选择 EMSR 点。这样可以跟踪和监控化工厂的生产过程。
- 通过面板手动管理过程或者监控自动管理的过程。
- 监控分批处理的流程控制。
- 确认（证实）并且编辑故障信息和报警。

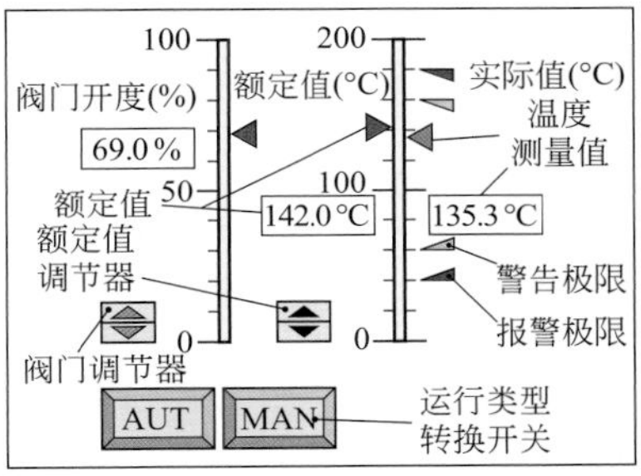

图 13-108：调节器操作窗口

关于设备和工艺的各种显示图像，参见第 528～530 页。

操作窗口（operating windows，faceplates）是指用于操作和显示管路过程的屏幕图像。

操作窗口包括操作元件的显示符号，例如：调节器或者阀门，以及用于显示测量值的栏和用于过程控制的操作界面（按钮）。

有不同类型的操作窗口。

最常使用的操作窗口是一个调节过程变量的调节器（**图 13-108**）。根据每个调节器的外观，设计操作窗口（第 496 页图 13-30）。例如：调节变量显示为垂直刻度。在刻度上通过彩色三角形标记额定值和实际值。同样，通过彩色标记显示调节变量的警告极限和报警极限。

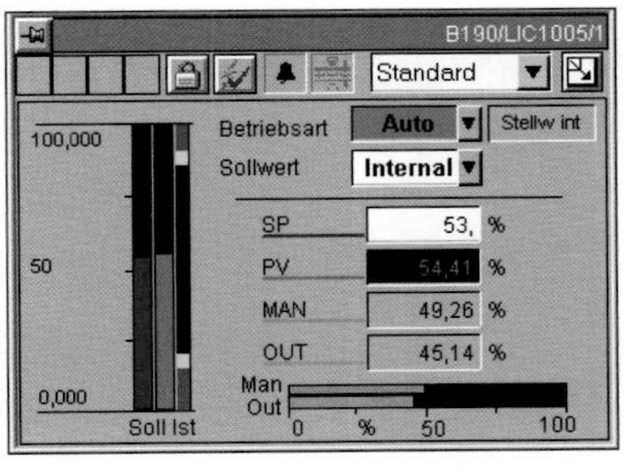

图 13-109：调节器操作窗口（柱形图）

在刻度上显示执行器（例如：阀门）的位置，通常以设定范围的百分比表示。

控制器操作窗口的另一种设计是柱形图（**图 13-109**）。

针对开 / 关切换过程，如与滑阀一样，使用开 / 关或者打开 / 关闭操作窗口（**图 13-110**）。

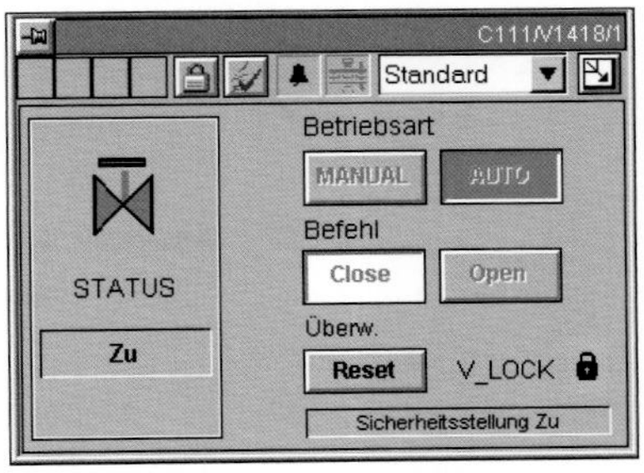

图 13-110：开 / 关操作窗口

4.5 过程控制系统的功能范围

过程控制系统具有多样化的功能，可以概括为以下基本功能：信号处理、调节、控制和监视。

此外，还有特殊程序，例如：用于分批处理中的配方处理、设备的启动和停止、化工设备的维护。

过程控制系统的功能作为软件存储在过程控制系统中，并且通过配置程序链接。根据该程序调用并且执行功能。

4.5.1 测量值编辑功能

可以通过以下功能处理得到的过程测量值：

- 通过多个测量值计算平均值。
- 过滤出一组测量信号的极限偏差值。
- 从 3 个测量值中选择 2 个测量值（所谓的 3 选 2）。
- 通过加、减等方式链接测量值。
- 通过回归到平滑曲线（补偿曲线）来校正测量值。
- 测量范围可以分解为重叠的子范围，从而可以根据统计规律确定控制值。这对应所谓的模糊控制（fuzzy，即模糊、模糊重叠）。

4.5.2 调节功能

控制功能的主要应用领域是在连续操作过程中管理被控变量的额定值。

针对不同的控制工作，过程控制系统中提供了大量的调节功能，例如：两点和三点控制，P、PI、PID 调节功能，模糊控制，固定值控制，比值控制，多成分控制，级联控制，干扰变量控制以及其他设备特定的调节算法。

通过配置程序，将每个操纵变量按所需的调节功能分类。这表示，通过两点控制调节操纵变量，通过一个 PID 调节功能调节第二操纵变量，通过比值控制功能调节第三和第四操纵变量等。

必要时，系统操作员可以调出每个操纵变量的调节器，并且在屏幕上显示。**图 13-111** 举例显示了调节器的概况图。

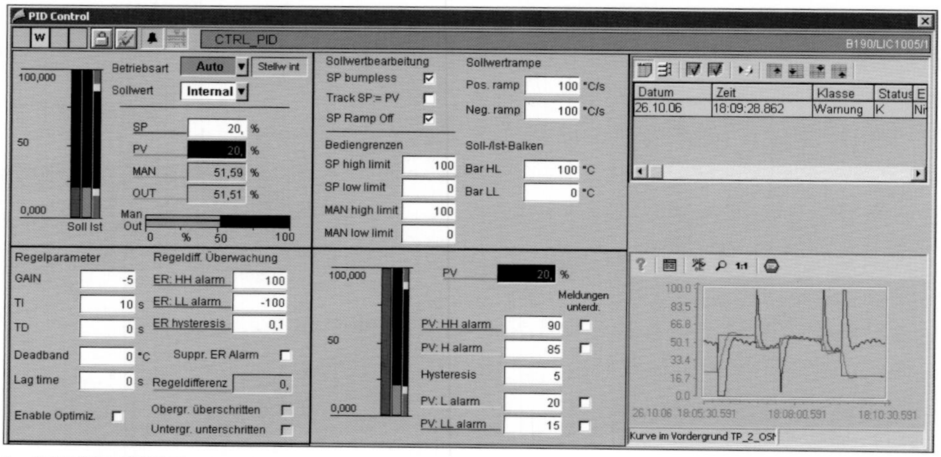

图 13-111：调节器的概况图

4.5.3 控制功能

控制功能优选用于分批操作的批处理。此外，它还用于以受控方式启动或者关闭的连续过程。

为了完成控制工作，在过程控制系统的系统软件中可以使用标准化的控制功能。例如流量控制、单独的控制功能、配料回路和逻辑控制器。此外，用户可以通过自己编程制订特定的、可自由编程的控制功能。

- 流量控制。它是一系列的控制步骤，例如：填充—搅拌—加热—排出。其中分别激活一个或者多个控制步骤，并且向下级组件发出控制指令，例如：调节阀或者驱动电机。

在观察和操作站的屏幕上，可以显示当前流程控制程序状态的功能图（**图 13-112**）。显示多个控制步骤时，用颜色标记已处理的步骤。

用三角形符号标记当前的控制步骤（图 13-112 中是产生真空）。

- 单独控制功能。单独控制功能可控制和监视每个结构元件，例如：隔膜阀或者搅拌器电机。
- 配料回路。配料回路功能用于打开或者关闭阀门，或者通过调整泵驱动器，以精确计量预选的物质质量。
- 逻辑控制器。逻辑控制器包括逻辑链接、定时和计数功能，以及较小的集成逻辑模块。
- 可自由编程的控制功能（FPS 功能）。可以在如存储编程的控制器（PLC）（第 519 页）中，通过指令列表或者功能图编程这些控制功能，并且作为控制功能模块写入过程控制系统的存储器中。可以像其他功能一样调用该功能，并且链接到复杂的控制器中。

自由编程的控制功能如 PLC 一样，集成在过程控制系统中。

实际应用的控制器

在实际生产用的控制器中，通常根据待控制过程的要求配置程序，以链接大量的控制功能。**图 13-113** 举例显示了过程控制器，由中央流程控制器和从属的单独控制功能、配料回路、FPS 功能和逻辑模块组成。

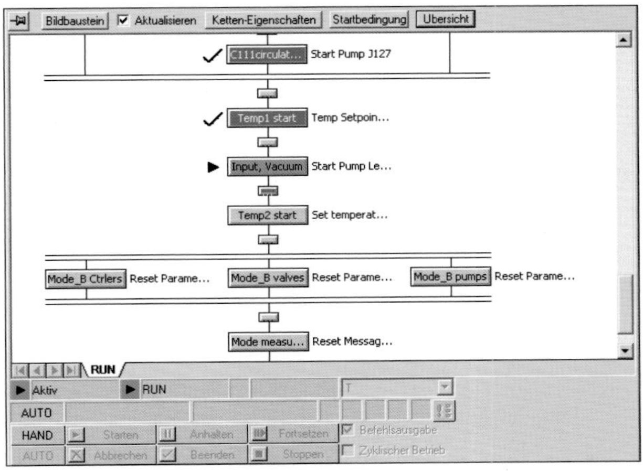

图 13-112：流程控制的功能图显示图像

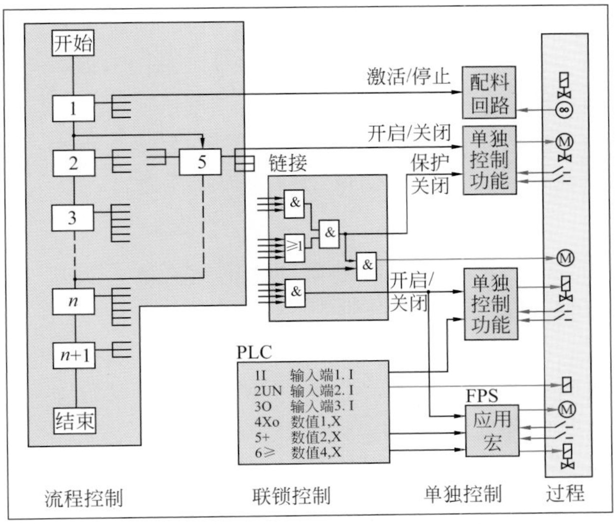

图 13-113：过程控制系统的复杂控制工作

4.5.4 批处理的配方控制

在批处理（batch process）中，根据规定的配方，在单个批次中生产少量的产物。

在过程控制系统中有针对该项工作和其设备的控制程序，称为配方控制。根据关系，在配方控制器或者批处理自动化设备中执行该程序。它存储在批处理计算机（batch server）中（**图 13-114**，图片的上半部分）。

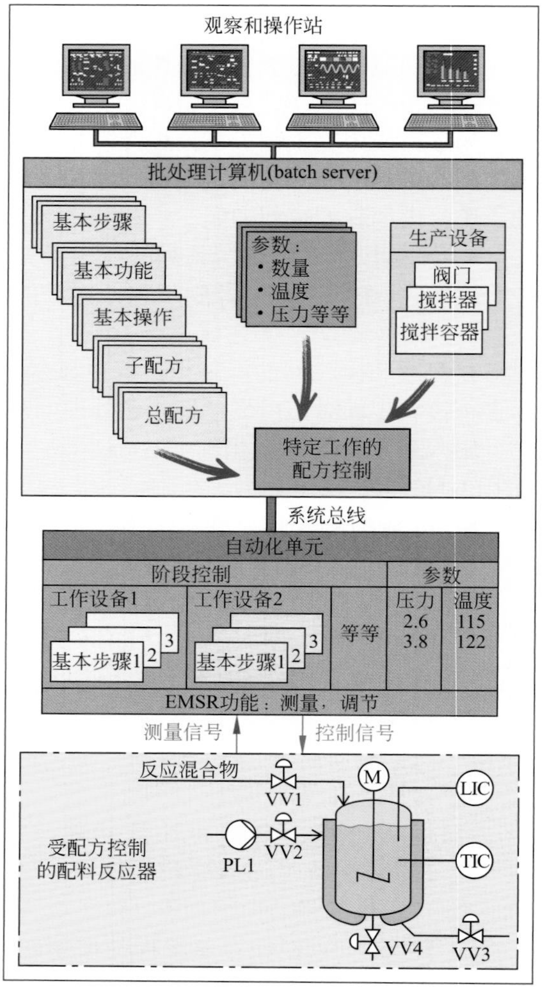

图 13-114：用于批处理配方控制的过程管理系统的系统概况

配方控制的结构

配方控制由许多细分为多个层次结构的单个要素组成（**图 13-115**）。

配方控制的基本模块是控制基本步骤。例如：阀门的打开或者关闭、电动机的开启或者关闭。

基本控制功能由共同执行的多个基本步骤完成，也称为宏指令模块。基本功能有“开启加热装置”等。为了实现该功能，必须打开热蒸汽阀和冷凝水排放阀。其他基本功能有，例如：“关闭加热装置”“开始填充”或者“结束填充”。

多个基本功能组合在一起就是基本控制操作，例如：配料、加热、反应、排出等。

多个基本操作组合后，得出控制子配方。

多个子配方组合后，最终得到总配方。

在特定的生产工作中，可从过程控制系统的程序库中选择适当的总配方控制，或者通过基本控制操作组成整个配方控制（图 13-114，图片的上半部分）。

此外，还规定了应使用的生产设备（阀门、仪器、机器）以及物料量和操作条件。

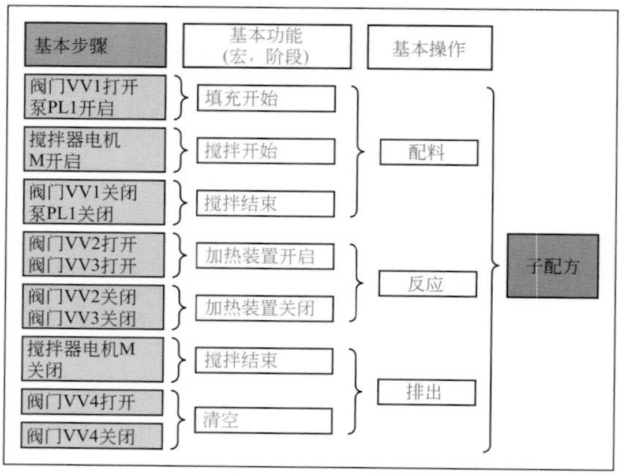

图 13-115：配方控制的结构

执行配方控制

由过程控制系统的自动化单元执行总配方控制（图 13-114，图片的下半部分）。

其中，根据分类的参数，将总配方控制分解成基本控制步骤，分配到规定的生产设备中一起循环处理。

除了控制步骤以外，自动化单元还执行普通的 EMSR 功能：测量、调节和操作执行器。

在观察和操作站中监控和管理批处理过程。

创建配方控制

过程控制系统中用于汇总（配置）或者修改总配方控制的软件工具（software tool）是配方编辑器，也称为配方工作室等。总配方控制显示为流程结构（**图 13-116**）。

如图 13-116 所示，在最上面一行中，待控制设备的生产资料按照其物料流的顺序排列。下面是按照时间顺序排列的，每列的方框中显示了对相应生产资料进行的基本控制操作。

可以从数据库中调用基本操作，并且通过标记、拖动、放置来构建配方控制。

双横线标记分离或者汇集流程。必须满足该流程的要求，才能开始下一个控制步骤。通过这种直观的配置方式，非专业人员也可以创建配方控制。

操作和监控

可以通过控制室中的 BBS（第 531 页图 13-107）或者设备中的 BBS（**图 13-117**），进行批处理的操作和监控。针对屏幕上配方控制的可视化，有一个批处理用户界面（batch control faceplate）（**图 13-118**）。这样，设备操作员可以通过点击它们来调用子图像，并且获得必要的信息。

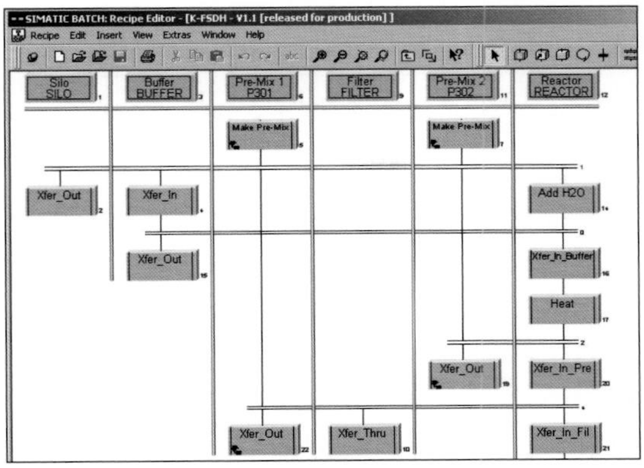

图 13-116：创建（配制）配方控制的屏幕图像

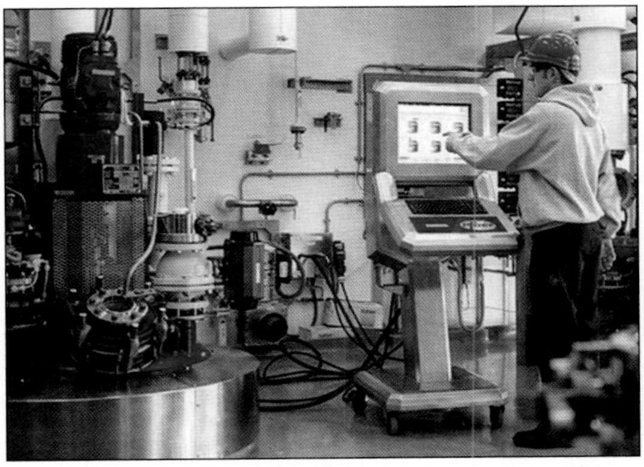

图 13-117：设备中的批处理操作

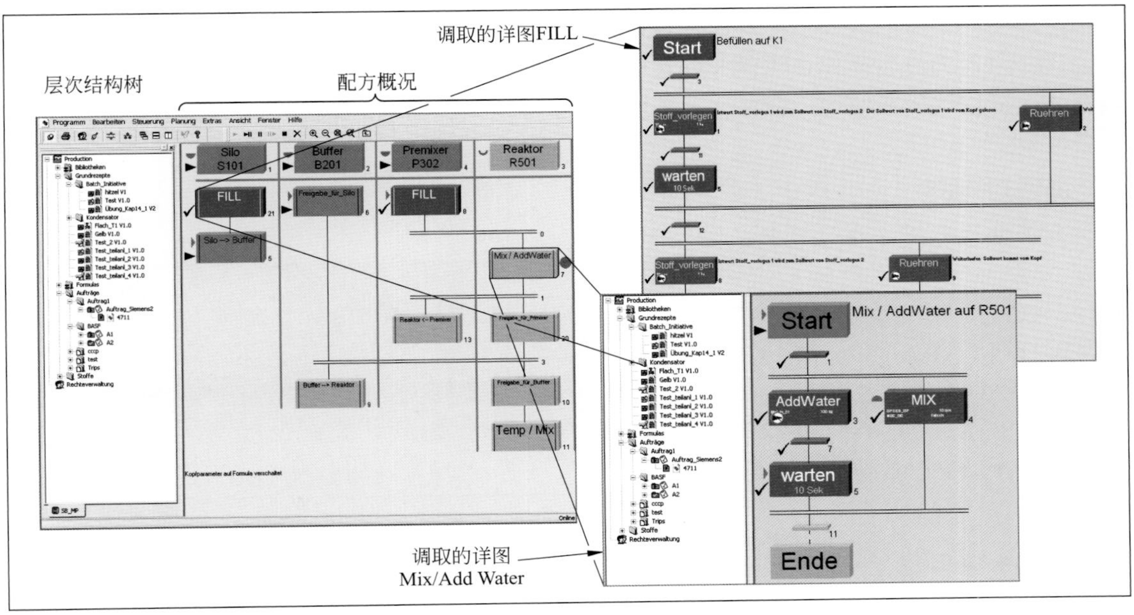

图 13-118：批处理用户界面的屏幕图像

4.5.5 管网控制

生产、混合和填充漆料、石化产物、化妆品、食品等的设备，通常具有大范围的管道网络（**图 13-119**）。其中例如，通过混合不同物料的成分和比例，从多个罐和多个储存容器中生产出大量的单一产物。

这些混合产物的典型例子是漆料生产商生产的不同漆料。它们由黏合剂（例如：聚氨酯树脂）、溶剂、稀释剂和稳定剂等基本成分以及各种颜料混合而成。

图 13-119：管道清洗机控制的管道网络

在流经后面的成分之前，通过管道清洗机控制的管道网络，可限制和清空管道中的每种成分，并且清洁管段（第 62 页及以下）。

通过设备屏幕流程图中的软件工具，配置和参数化特定批次的物料成分、比例和管道网络中的流动路径（**图 13-120**）。

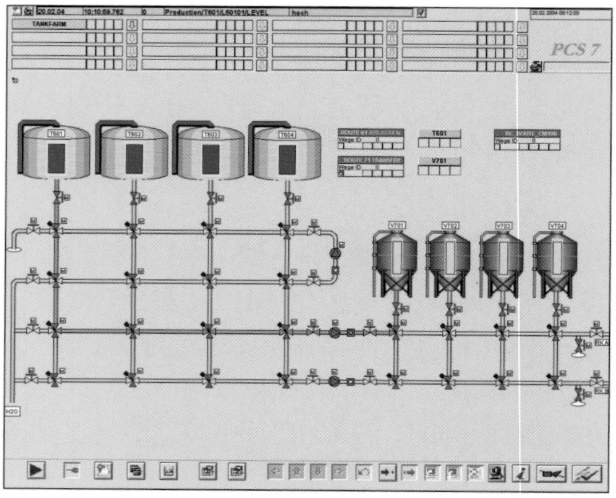

图 13-120：管道网络的屏幕流程图

通过点击选择相应储罐和储存容器中待混合的物料成分。在控制面板中定义待混合物的数量。通过单击管段确定物料的流动路径。

根据这些规范，软件将为此批次创建一个配料控制程序：

以适当的顺序打开和关闭阀门，适当地开启和关闭泵，在所需的管段中放入清管器。

4.5.6 监控功能

过程控制系统的过程监控功能，可以立即识别和报告化工设备中的危险运行状态。

这些报告为设备操作员提供排除运行状态故障或者系统故障所需的信息。此外，程序可以存储在过程控制系统中，在特别危险的运行状态下该程序能激活安全保护电路，甚至触发设备的紧急关闭装置。

新通知列表

为了使设备操作员注意到故障，准备了一个显示消息的显示器（**图 13-121**）。通过闪烁、标黄或者标红突出显示故障（警告和报警）。图 13-121 举例显示了 2006 年 10 月 26 日 18:17 分设备位置 B190/LIC 1005/1 的报警信息。这里，蒸气冷凝物的液位过高。

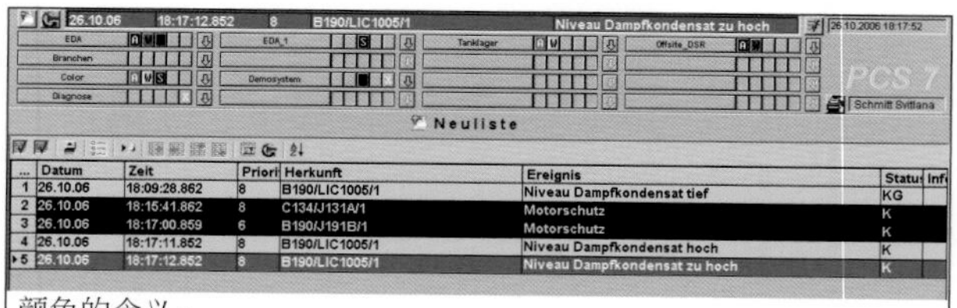

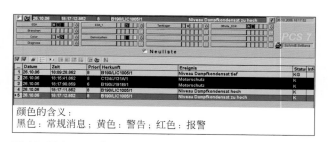

颜色的含义：
黑色：常规消息；黄色：警告；红色：报警

图 13-121：DCS 新通知列表的屏幕图像

每条消息都分配有一种颜色类别（优先级），例如：诊断、警告、报警，如报警是红色的，警告是黄色的等。它还包含故障位置的名称和故障类型。

消息历史情况表

消息历史情况表概括了所有收到的消息（**图 13-122**）。每条消息为一行，包括编号、日期、时间点、优先级、位置、设备名称、故障类型等。

示例： 2006 年 10 月 26 日 18:33:48 分收到的第 998 号优先级为 4 的消息，涉及的是容器 B136 中的液位控制（LIC）：蒸气冷凝物液位过高。

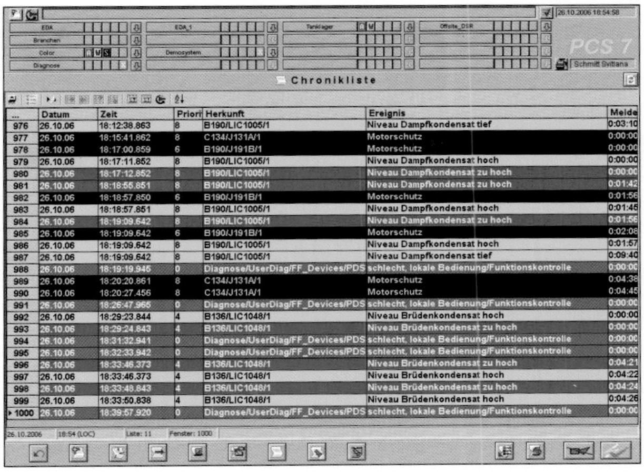

图 13-122：消息历史情况表

4.5.7 维护管理

通过适当的维护和保养以及可靠的生产保证来维持化工设备的正常运行，是一项重要工作（第 116 页及以下）。

为了简化该项工作过程控制系统拥有一个相应的软件程序。其中说明了装置和设备每个组件的维护间隔时间。如果设备正等待维护，则屏幕图像上会显示维护请求。

可以在概况图中快速了解设备的维护状态（**图 13-123**）。在显示的诊断图中，说明等待的维护设备。该软件还包括一个诊断程序，可检查每个设备，例如：阀门功能是否正常，当发生故障时显示故障消息。

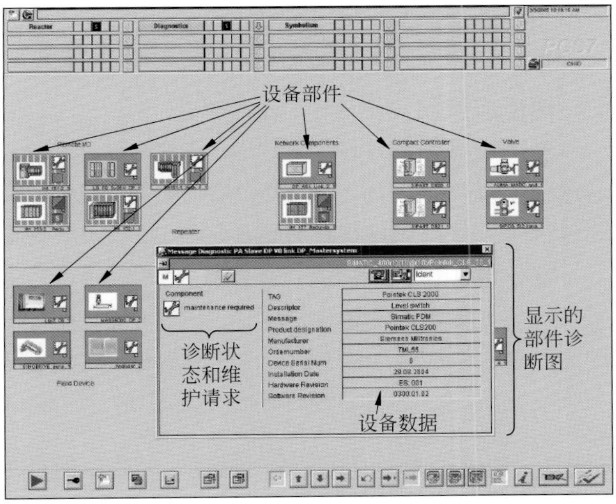

图 13-123：设备部件维护状态的概况和显示的诊断图

复习题

1. 过程控制系统的流程图包含哪些信息？
2. 过程控制系统中的组合图是什么意思？
3. 物料流的概况图包含哪些信息？
4. 如何在 DCS 屏幕上提示化工设备故障？
5. 通过哪种图像类型可以显示过程变量的时间过程？
6. 哪些监视器屏幕是在 DCS 中操作的控制器和执行器？
7. 什么是冗余？请给出一个举例。
8. 有哪些方法用来选择 EMSR 点？
9. 如何将 DCS 中存储的调节器功能分配给调节回路？
10. 哪些特殊的控制程序可用于批处理的自动化？
11. 管道网络的控制程序的用途是什么？
12. 故障报警页面给出了哪些信息？

XIV. 化学反应技术

化学反应技术涉及反应装置、各种化学反应过程以及影响反应器中化学反应的因素。

1 反应过程

在进行化学反应过程时，发生哪种反应取决于化学反应的类型：有些反应物聚集在一起时会自行发生化学反应，有些则只在高温或者高压下发生反应，还有一些只能在催化剂的作用下发生反应。

根据化学反应发生所需的条件或辅助剂，可对化学反应过程进行分类。

自发进行的反应过程

许多化学反应会在反应物聚集在一起时自行发生，既不用改变外部条件，也无须添加任何辅助剂。这类反应包括水溶液中酸和碱的中和，许多化学品的氧化和还原以及合成材料生产中的加成、重排、置换、聚合等。

这些反应可以在简单的反应器中进行，通常是釜式反应器或管式反应器。

热反应过程

如果需要温度大幅升高来进行化学反应，则必须采用这种过程。可以由外部提供热能或通过化学反应过程本身（在放热反应中）产生热能。热反应过程有焙烧过程、燃烧过程和煅烧过程等。热反应过程在釜式反应器、反应炉或管式反应器中进行。

催化反应过程

如果反应仅在催化剂存在下才能进行，则需要采用这种过程。其中主要包括气相的许多反应，例如合成氨（NH_3 合成）、甲醇合成或者许多合成材料生产过程中的加成、转化等。

催化反应过程可以在许多反应器中进行，例如管式反应器、环管反应器、压力管反应器、多次接触反应器等。

电化学反应过程

电化学反应过程需要借助电流作为辅助手段来进行化学反应。典型的电化学反应是用于提炼铝的熔融电解（第 164 页），以及用于生产基本化学品的盐的电解分解，例如氯碱电解生产氯、氢和苛性钠溶液（第 163 页）。

电化学反应过程在特殊的反应器，即电解槽中进行。

生化反应过程

在生化反应中，微生物（细菌、真菌）负责发生化学反应。这类反应主要用于食品生产和药物生产，例如奶酪、酵母、酒精的生产或者抗生素和维生素的生产等。

生化反应通常很慢，因此常将分段操作的搅拌釜用作反应器，这在生物技术中被称为发酵罐或生物反应器。

2 反应的影响因素

选择适当的反应过程和适当的反应器时，必须考虑许多因素。

经济性

出于成本原因，必须确保化学反应在最佳条件下进行。为此，一方面化学反应的收率必须尽可能大，即原料利用最大化；另一方面，反应速率应尽可能大，从而实现每单位时间内，在反应器中尽可能多地生成产物。

反应条件

为了使化学反应的收率和反应速率最大化，必须尽善尽美地控制每个过程的反应条件（**图 14-1**）。

重要的反应条件有：

- 温度；
- 压力；
- 反应物的浓度；
- 接触面积；
- 反应物的停留时间和混合程度。

通常还需要加入反应加速物质（催化剂），以达到足够高的反应速率。

同样对收率具有巨大影响的还有反应装置的结构类型和与之相关的反应器中的物料流动。

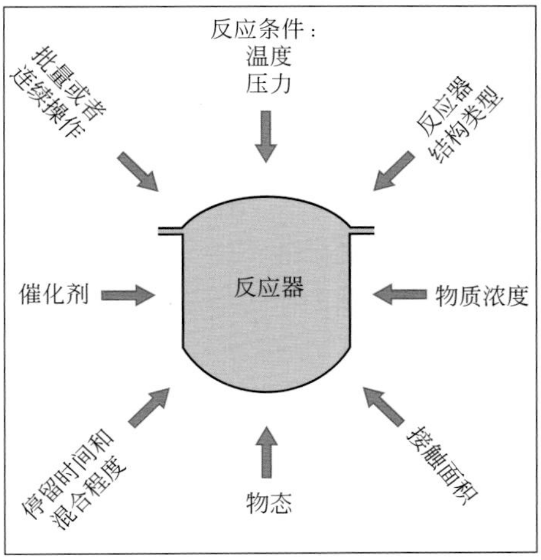

图 14-1：化学反应的影响因素

反应热

每个化学反应都伴随着能量转换，即反应焓 $\Delta_r H$，可能产生热量（放热反应：$\Delta_r H<0$），也可能消耗热量（吸热反应：$\Delta_r H>0$）。因此，反应器必须配有加热和冷却装置。

操作方式

化学反应可以分段进行，例如釜式反应器中的反应。这也被称为分组操作、批量操作、批处理或者分段式或间歇操作。

此外，反应也可以是连续进行的，例如反应管中的反应。这被称为流动操作或者连续操作。

当反应时间较长时，例如酯化反应，主要进行间歇操作，而反应时间较短和处理量较大时通常优选连续操作。

物态

反应装置的结构也由反应物的物态决定，气体与液体或散状固体所需的反应器不同。

反应系统

许多反应过程通常含有多种物质，被称为反应系统。

在均相反应系统中，反应物具有相同的相态，例如两种反应物均为气态。

在非均相反应系统中，物质以不同的相态存在，例如气态 / 固态、气态 / 液态或液态 / 固态。

反应装置概述

反应器（反应装置）的分类通常取决于反应器的操作方式或者化学反应的条件，有时也从其他角度分类：

- 用于批量操作的反应容器：釜式反应器（搅拌釜反应器）；
- 用于连续操作的反应装置：管式反应器；
- 高压反应装置：高压釜、压力反应器；
- 反应炉：反应温度高于 400℃的反应装置；
- 用于电化学反应的电解装置：电解槽。

3 批量操作

3.1 反应容器

搅拌釜反应器

搅拌釜或者搅拌容器（stirrer tank reactor）是钢制容器，配有搅拌器和夹套（**图 14-2**）。挡板通过管套伸入容器中，防止容器的全部物料随搅拌器一起旋转，使反应物混合得更好。盖子上还有其他管套用于加入反应物以及插入测量仪器。底部有可以打开和关闭的排水口和放料阀。

在环境条件下或在适度升高的压力和 250℃以下的温度中分批进行反应。根据操作要求，搅拌釜由非合金钢或合金钢组成，或者有电镀、上釉或者涂胶。

在搅拌釜中进行液相的化学反应，其反应时间相对较长。反应器的加工量取决于搅拌釜的尺寸和物料停留时间。

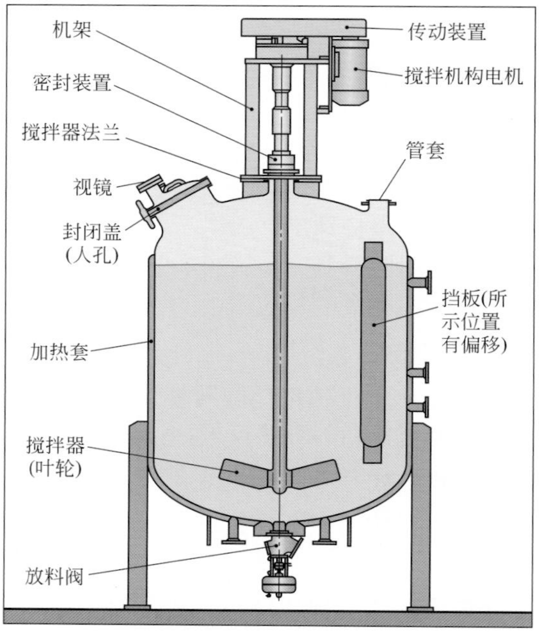

图 14-2：釜式反应器

生物反应器、发酵罐

生物反应器（fermenter）是特殊的釜式反应器，利用活体微生物（细菌或真菌）产生有机物（**图 14-3**）。

微生物的生长和代谢以及生物物质的产生通常是对温度非常敏感的反应。因此发酵罐的装置技术和构造必须能使其中敏感的微生物以最佳方式繁殖：

- 必须可以在整个发酵罐中设定均匀的温度，温差仅为零点几摄氏度。
- 必须可以均匀、彻底却轻柔地对发酵罐填充物加以混合。
- 整个生物技术设备必须由不锈钢制成，易于清洁和消毒。

图 14-3：发酵罐设备

3.2 批量操作的特点

批量操作（batch process），也称为分组操作、间歇操作或批处理，操作时首先将反应所需物质同时或者先后放入反应容器中，通过搅拌器加以混合。反应混合物在整个反应时间内均留在反应容器中并被持续搅拌。同时，为了达到规定的反应温度，会进行加热或冷却。必要时施加压力或者负压（真空）。

反应时间结束后，排出容器内容物。内容物由真正的反应产物组成，而在不完全反应时则由未反应的原料、副产物、溶剂等组成。在这种情况下，必须再处理反应物，即分离其成分。

浓度变化

在搅拌釜反应器的反应过程中，反应器内产物的浓度 $c(P)$ 增加，反应物的浓度 $c(A)$ 降低（**图 14-4**，左图）。由于反应物成分随时间而变化，这也被称为**瞬态操作**。

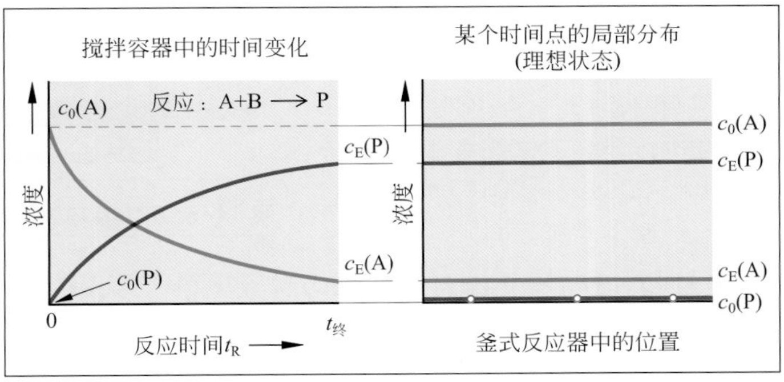

图 14-4：分段操作搅拌釜反应器中的浓度变化（例如反应：A → P）

在假设的理想混合状态下，在反应过程中的某一时间点，釜式反应器中各处的浓度都大致相同（图 14-4，右图）。

对于一定条件和要求下的大量反应，搅拌釜反应器中的批量操作是最合适、最经济的操作方式。

批量操作的优点

- 可少量（约 100kg 至数千千克）生产，例如染料、食品和药物生产或者用于实验室操作。
- 可在同一搅拌釜反应器中通过连续的工序进行数种少量不同物质或规格的生产。这样可以保持较低的企业投资成本。
- 可自由选择反应时长，例如可进行极慢的生化反应。
- 可生产泥状、黏稠和糊状物质。打开盖子，用铲子或者刮刀便可将此类物质从容器中取出。如果是在连续的反应管中，此类反应会引起管路堵塞，从而导致设备停机。
- 在批量操作运行时，可通过配方控制让搅拌釜反应器完全自动运行。

批量操作的缺点

批量操作的主要缺点是产物数量大时成本较高。

- 材料处理量较大时，批量操作的成本高于连续操作，因为在进料、出料、加热或冷却过程中需要暂停生产。
- 由于每个批次的加热或冷却都会一并加热或冷却整个容器，因此能源成本较高。批量操作时的能量利用率低于连续操作（第 455 页）。
- 与连续操作设备相比，非自动化、不连续操作的釜式反应器需要更多人力进行操作和监控。

4 连续操作

4.1 连续操作反应装置

在连续反应装置中通常进行反应时间相对较短、处理量大的反应。反应时间相当于在反应器中流动的时间。

管式反应器

管式反应器（plug flow reactor）通常由一个多次盘绕的长管组成。如此便可将长管段置于紧凑的壳体中（**图 14-5**）。

例如，将反应管安装在一个烘箱中，以达到管中反应所需的温度。

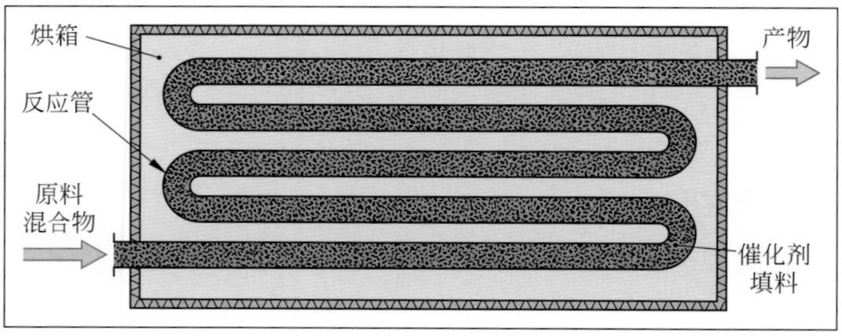

图 14-5：管式反应器（图示）

反应管通常填充涂有催化剂的陶瓷填料（第 394 页，图 10-43），使反应管具有非常大的反应表面。其中，催化剂加速了反应过程。

反应混合物以多次折返的路径流经填料床，通过填料空隙，被分散、聚集、搅动，然后与催化剂表面多次接触，使原料相互反应。

管式反应器中最常见的是气 - 气反应，较少见的是液 - 液反应。管段短则反应时间短，为了实现更长的反应时间，会设计很长的管段。例如，在进行铝土分解以提取氧化铝 Al_2O_3（生产铝的原材料）时，反应器的管长约为 4500m，并且被套管加热装置包覆，管式反应器中的停留时间（流动时间）约为 1h。

4.2 连续操作的特点

连续操作（continious process）时，反应物连续不断地进入管状的反应装置，流经反应管，发生化学反应生成产物，再与未反应的原材料和副产物一起连续流出。

浓度变化

在稳态连续操作中，管式反应器中的某处的反应物和反应产物成分始终相同（**图 14-6**，左图）。例如，在反应器出口，不断有恒定成分的反应物离开反应器。

沿着整段管路，反应物的组成从起始混合物变为最终产物（图 14-6，右图）

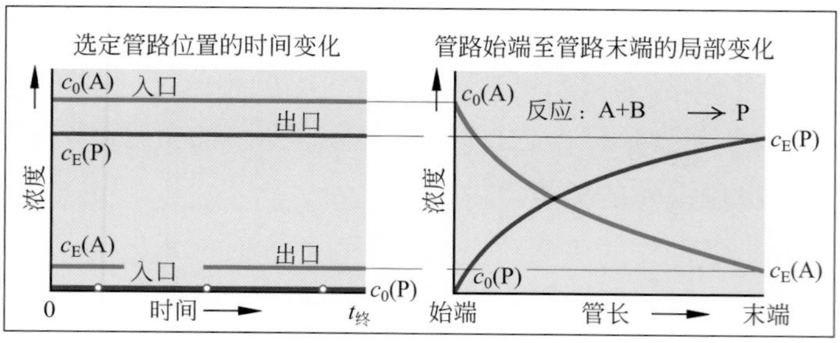

图 14-6：管式反应器中的浓度变化

连续操作的优点

- 连续操作是处理量较大时的最具成本效益的操作方式。
- 可提供稳定的产品质量并具有较高的操作安全性。
- 可在很大程度上实现自动化，因此操作设备所需的人力比间歇处理少。
- 系统是封闭的，设备中的任何物质都不会进入环境中，这对于有毒和对环境有害的物质尤为重要。

连续操作的缺点

- 小型设备系统的生产成本不够低廉，只有处理量大时设备方可实现低成本的生产。
- 连续操作设备的灵活性较低，因为只有在最小和最大处理量的狭窄范围内才能进行具有成本效益的生产。
- 管路堵塞或者泄漏等运行故障可能造成整个设备停机并导致大规模停产。
- 为了避免运行故障，易发生故障的设备部件应是双重设计并通过旁路作为备用，同时将收集容器规划为设备中的缓冲区。因此，连续操作设备需要较高的投资成本。

4.3 反应器中带循环控制的连续操作

有一些化学反应需要利用连续操作的优点，但是化学反应所需的停留时间较长或者需要混入最终产物来启动化学反应，则可使用具有内部循环功能的反应器。

环管反应器

使用环管反应器时，在相对的位置将两种原料加入反应器（**图 14-7**）。原料在反应器中混合并混入反应产物，然后被送入循环（环管）中。通过这种方式，可让反应器中的物质微粒在反应条件下滞留较长时间，从而增加有效的反应时间。产物由反应器中间部位的循环液流区域排出。通过内循环将部分反应产物与新的原料混合，从而使原本缓慢开始发生的反应能够更快开始进行。因此，反应产物中也混有少量的新原料。为了调节到最佳的反应温度，从内部和外部对反应器进行冷却或加热。

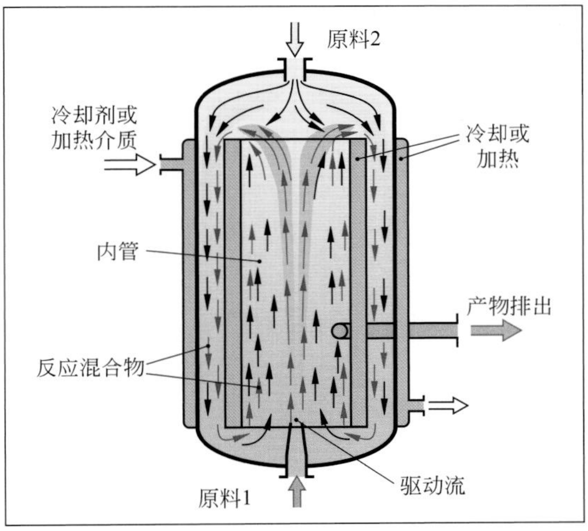

图 14-7：环管反应器

流化床反应器

流化床反应器，也称为沸腾床反应器，在这种反应器中，气流从下方流入将颗粒状固体填料吹散并保持一种动态的悬浮状态（**图 14-8**）。

这种被气体强烈吹散的固体填料被称为沸腾层或流化床，拥有与沸腾液体类似的流动特性，能够充分混合，使流经的气体与固体颗粒密集接触。

例如，在气体 / 气体催化反应中，颗粒填料由大约豆子大小的多孔陶瓷颗粒组成，其表面涂覆有催化剂物质（第 394 页，图 10-43）。反应混合物在催化剂颗粒表面发生化学反应变为气体产物，而一部分气体产物又被送回循环中以启动反应。

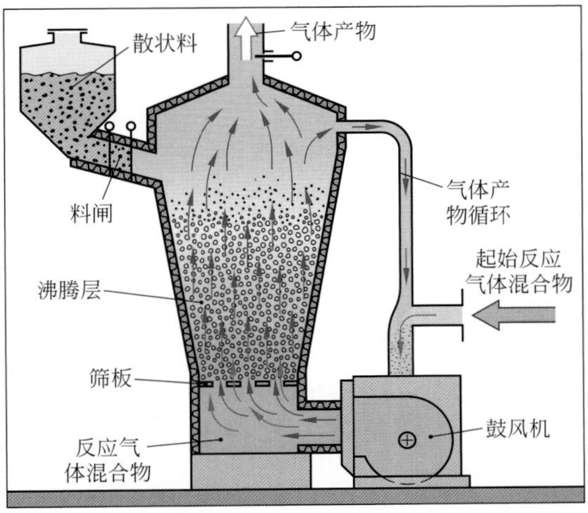

图 14-8：流化床反应器

5 组合式反应器

化学工业中也经常使用各种组合方式的多个反应器来进行化学反应，例如使用多个釜式反应器。

串联

串联（级联）是多个连续运行的釜式反应器依次排列（**图 14-9**）。第 1 个反应器的最终产物是第 2 个反应器的起始混合物，第 2 个反应器的最终产物是第 3 个反应器的起始混合物，以此类推。

此时，化学反应分别在多个釜式反应器中进行。

在下列情况下使用串联方式：

- 化学反应剧烈放热并且因放热的强度不同而造成温度不同，因而要在各个容器中调节不同的反应速率时。
- 在反应过程中需将产生的干扰性副产品排出时。

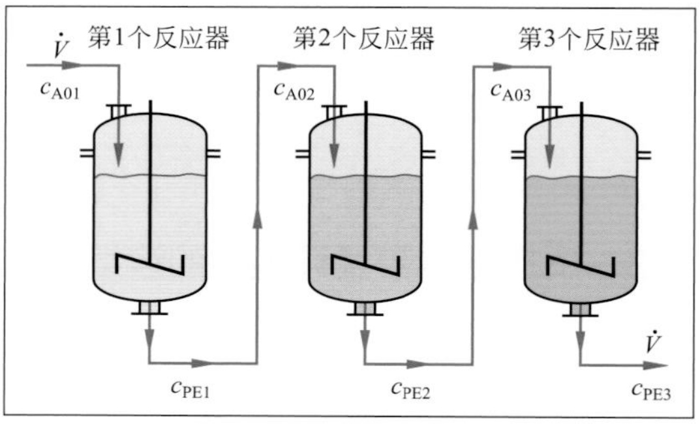

图 14-9：釜式反应器的串联

并联

并联，也称连排连接，是指在生产过程中将多个反应釜平行连接（**图 14-10**）。

例如，当反应器经常因堵塞发生故障时，便可采用并联方式。对故障反应器进行维修时，生产可在第二个反应器中继续进行。要按计划进行维修工作时也是如此。

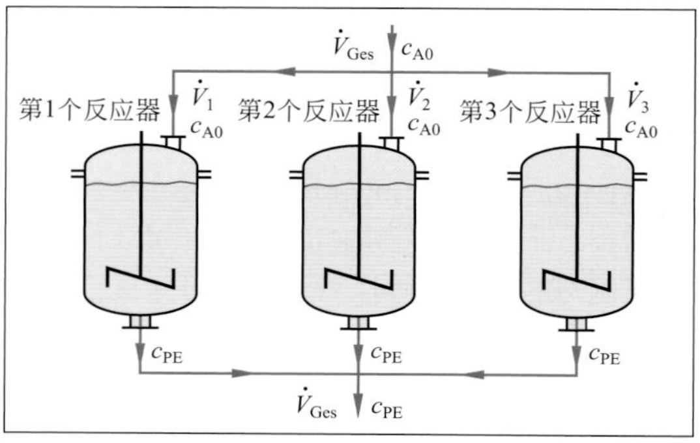

图 14-10：釜式反应器的并联

6 高压反应器

化学工业中的许多反应过程不仅在高压下进行，常常还需要高温。这些反应使用专门的**高压反应器**，也称为**高压釜**。高压釜一般由高强度、耐腐蚀的钢材制成。

在高压反应器外部可以看到，特别粗大的法兰和螺栓将罐体和罐盖连接在一起。

搅拌高压釜

液体进行高压间歇反应时，使用搅拌高压釜，也称为**高压罐**（**图 14-11**）。这是一种厚壁的反应釜，通过一个高压接口施加高压。液体从接口加入和排空，膏状产物，则通过打开高压罐的盖子、翻倒罐体倾倒出来。

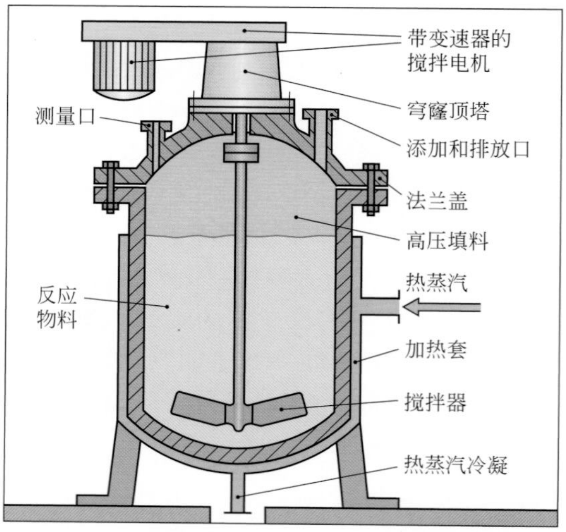

图 14-11：高压反应釜（高压罐）

高压管式反应器

高压管式反应器是一种厚壁的长钢管，在进料管和排料管上分别有法兰接口（**图 14-12**）。反应室中往往填充了有催化剂涂层的多孔颗粒。可使用套管加热器调节反应温度。

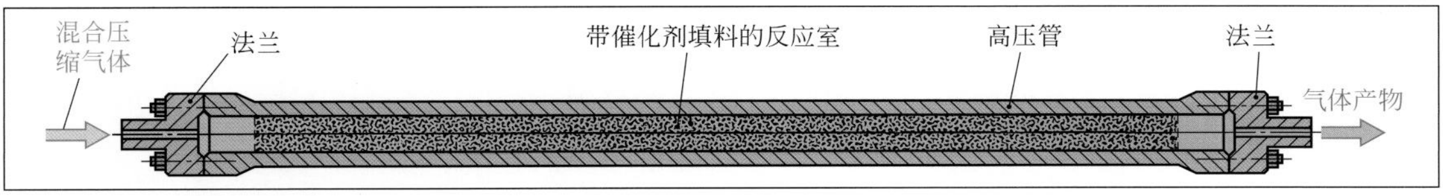

图 14-12：高压管式反应器

在高压管式反应器中可进行高压气－气反应的连续操作。反应物料在高压管中的停留时间较短，降低流速可延长停留时间。

多触点高压反应器

在多次接触反应器中，混合气体原料在高压反应罐中的三个单独的催化剂层中分别进行催化反应（**图 14-13**）。催化层的排列方式使得从侧面吹入的混合气体原料在进入反应器后沿着热管向上流，同时被加热升温。混合气体流过第 1 层催化层（预接触），在上方调转方向，然后进入填充有第 2 层催化剂（中间接触）的管道，大部分反应在这里发生。反应余热可用于加热管道，也就是对管道内新流入的混合气体原料进行加热。然后气体流入第 3 层催化层（再接触），使剩余的混合气原料发生反应。

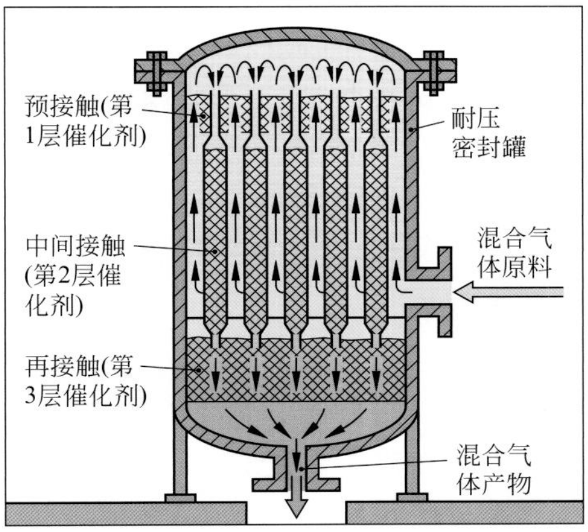

图 14-13：多次接触高压反应器

氨合成反应器有两个或三个催化层（**图 14-14**）。反应混合气体按照交错的路径穿过反应器，从而可在紧凑型的高压反应罐中获得较大的催化表面。图图 14-14 所示的是一种用于氨合成的两次接触反应器。由于要在大约 300bar 的压力和 450℃的温度下进行合成氨反应 $3H_2 + N_2 \rightleftharpoons 2NH_3$，因此，该反应器拥有厚壁的钢制外壳。

混合气体原料（N_2、H_2）以及少量用于启动反应的气体引发剂 NH_3 从反应器上方送入反应器内。这些气体在反应器中混合并从外向内流过第 1 层散状催化剂，开始合成氨反应。然后混合气体流入一根带热交换管的中心汇集管中，可在此调节到最佳的反应温度。在反应器的下方区域，混合气体重新从外向内流过第 2 层催化层，继续进行反应。流出的混合气体产物中约有 20% 的 NH_3，其余为 N_2 和 H_2 混合气体，在分离出氨后，N_2 和 H_2 再流回到反应器中。

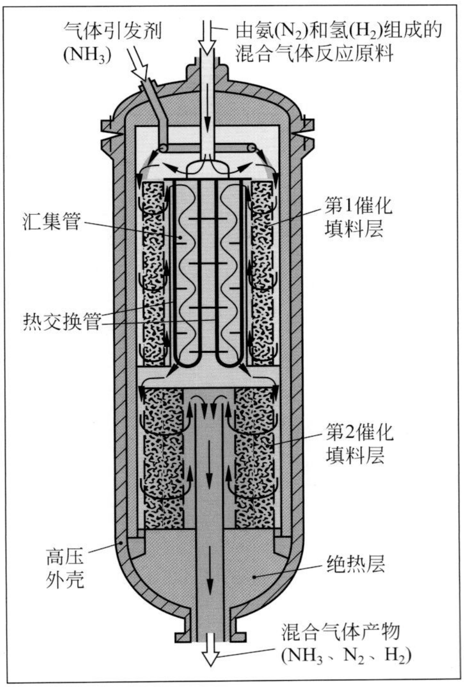

图 14-14：氨合成反应器

7 反应炉

温度高于400 ℃的反应器被称为反应炉（reaction furnace）。

化工管式炉

在化学反应炉中，混合物原料大多为气体，被送入一个由耐热钢制成的盘管中，在这里加热到反应所需的温度。

如果反应混合物所需的反应时间短，则使用炉内仅缠绕几圈盘管的管式反应器（第542页，图14-5）。

高压反应器（第545页，图14-13）内的反应所需温度较高，大多配有管道电伴热。

传统的化工管式炉由圆柱状的分段炉腔组成，炉腔下方的火焰可加热炉腔（**图14-15**）。反应气体混合物从上方通过管道盘管流入，该盘管在下部辐射部分将炉腔封闭。混合气与燃烧器火焰产生的热燃烧气体逆流流动。

化工管式炉可用作裂化石油馏分的预热器等。

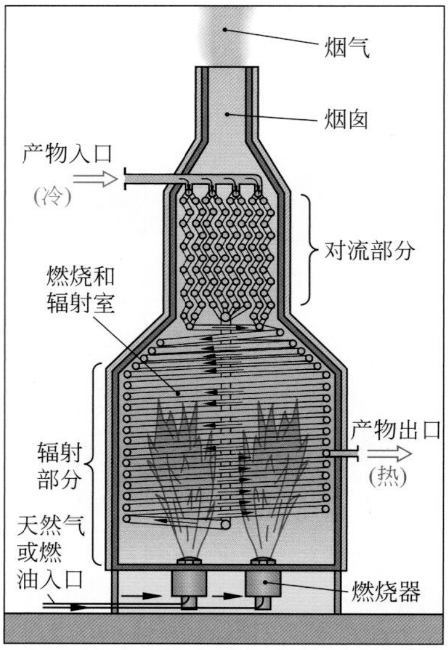

图14-15：化工管式炉

板式炉

板式炉是一种有多层炉床的立式圆筒（**图14-16**）。在炉床中央和圆筒壁上交替分布着落料孔。炉中央有一个轴，带动每层炉床上的耙齿刮具缓慢转动。刮具上的耙齿将颗粒状的固体原料推入架板中的落料孔中。以此方式，固体原料从上向下穿过炉子，在炉床上交替从中央散到四周或者反之。从下方送入的气体与固体原料反向流动，同时在不断滚动的物料表面与固体原料发生反应。燃烧热和反应热将板式炉加热到反应温度。

在板式炉内，细粒的固体原料在高温下产生反应。例如，铜矿石焙烧。

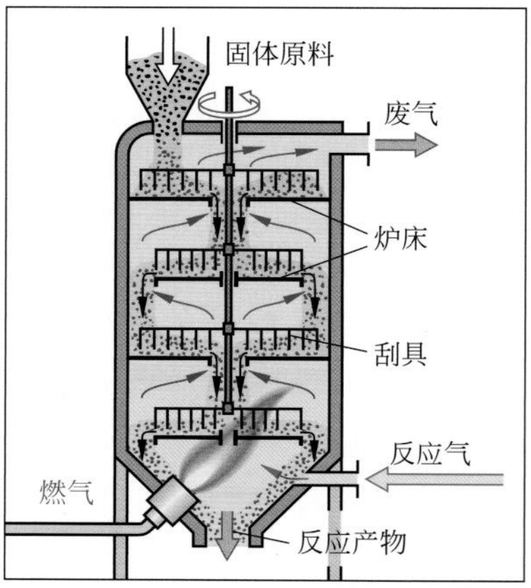

图14-16：用于煅烧矿石的板式炉

回转炉

回转炉由一根略微倾斜、缓慢转动的圆筒组成（**图14-17**），可用于煅烧或者进行气-固体反应。颗粒状的固体反应混合物从炉子较高的一端加入，该混合物在转筒和导向叶片的作用下持续不断地翻转，以一种螺旋轨迹行进至回转炉的出口处。可使用燃烧器产生的气体火焰对反应混合物进行加热。

应用：水泥生产、垃圾焚烧等。

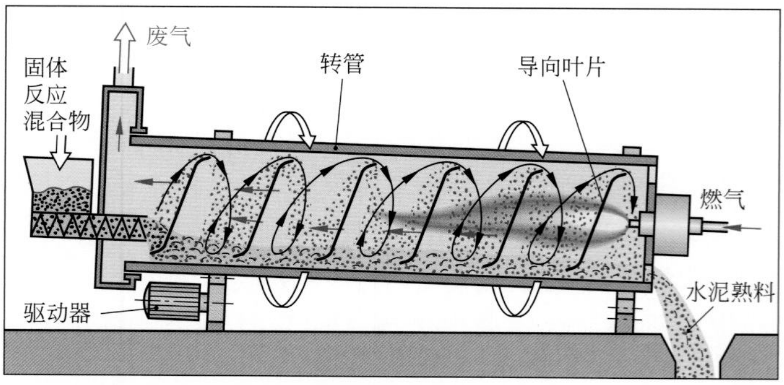

图14-17：用于生产水泥砖的回转炉

竖炉

竖炉有一个圆柱状的反应室，并在半高处略向外凸出（**图 14-18**）。

竖炉拥有钢制外壳并砌有耐火砖衬壁，能够耐受炉内的高温。

竖炉大多在原料产业中用于制取原材料。

例如，建筑高度可达 50m 的专用竖炉，也称为**高炉**，加入铁矿石、焦炭和助熔剂等原料可生产生铁。

反应原料铁矿颗粒、助熔剂、焦炭逐层从上方加入，然后这些散状物料逐渐向下滑落。

在缓慢下沉期间，部分燃烧的焦炭可将炉中填料加热到最高 1600℃。因缺乏空气而产生的气体 CO 和焦炭中的碳将铁矿（Fe_2O_3）还原为铁（Fe）：

$$Fe_2O_3 + 3CO \longrightarrow 2Fe + 3CO_2$$

$$Fe_2O_3 + 3C \longrightarrow 2Fe + 3CO$$

铁水和液态助熔剂（炉渣）向下流动并分批将铁水排出。

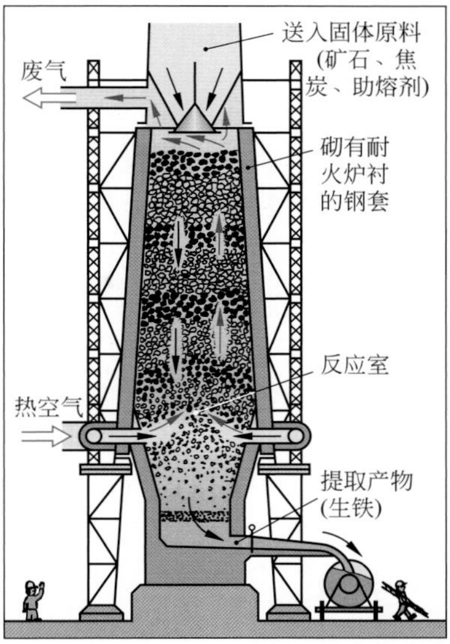

图 14-18：竖炉（用于生产生铁的高炉）

用石灰石（$CaCO_3$）和焦炭（C）生产生石灰（CaO）时，也采用在竖炉内燃烧的方式。

8 电解装置

进行电解反应的反应装置被称为电解槽，电解反应的特点是以电流作为驱动力（第 162 页）。

电解槽由一个桶状长圆槽和从上方伸入槽中的电极装置组成（**图 14-19**）。槽的底部由导电材料（例如石墨）制成，构成一个电极；另一个电极由电极装置构成。槽中装有电解质，这是一种导电的液体或者熔体，在电流的作用下会发生电解反应并生成最终产物。通常，在电解过程中常常会同时生成液体和气体产物（例如用水银电解法获取氯气）。因此，槽底略微倾斜，以便液体产物流出，气体产物则向上逸出。

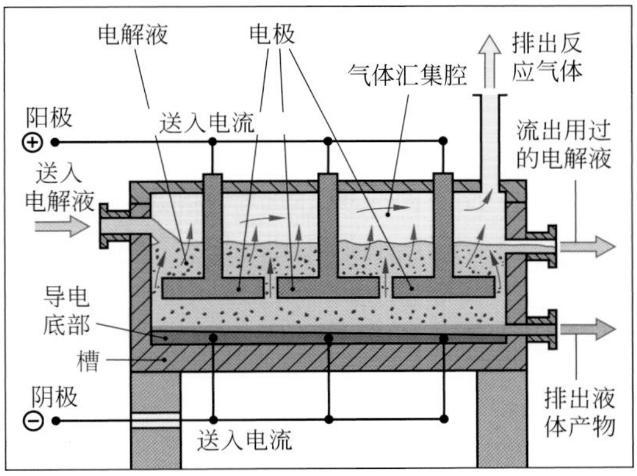

图 14-19：电解

复习题

1. 哪些反应条件对反应的收率有影响？
2. 请说明间歇操作和连续操作的工作方式。
3. 批量操作有哪些优缺点？
4. 请列举连续操作的三种反应装置。
5. 在管式反应器中，物料的组成如何沿着管道发生变化？
6. 连续操作有哪些优点和限制？
7. 如何理解串联和并联？
8. 高压反应器在化学专业术语中又被称作什么？

9　化学过程的评价参数

可使用不同的参数，如处理量、转化率、收率等来评价化学反应器中各种化学过程的物料流量和反应过程的有效性。

计算参数的基础是**化学计量反应方程式**。

其常见形式如下：$\boldsymbol{\nu_A \cdot A + \nu_B \cdot B \rightleftharpoons \nu_P \cdot P + \nu_Q \cdot Q}$

A + B 是反应物（原料），P 和 Q 是产物。ν_A、ν_B、ν_P、ν_Q 是原料和最终产物的化学计量系数。

例：SO_2 的氧化按照下列反应方程式进行：

$$2SO_2 + O_2 \rightleftharpoons 2SO_3$$

反应物是：SO_2、O_2；产物是 SO_3；化学计量系数为：$\nu_A = 2$；$\nu_B = 1$；$\nu_P = 2$。

流量参数		
体积流量	质量流量	摩尔流量
$\dot{V} = \frac{V}{t}$	$\dot{m} = \frac{m}{t}$	$\dot{n} = \frac{n}{t}$

流量

流量是指单位时间内送入反应器或者从反应器中流出的物质数量。

流量常用参数有体积流量$\dot{V}$、质量流量$\dot{m}$和摩尔流量$\dot{n}$。

转化率

转化率 U_k，经常也被称为转化度，是化学反应工程中最重要的参数。

对于间歇式反应器，转化率的定义是一种反应物 k 在反应期间所转化的摩尔量（$n_{k0} - n_k$）与其最初的物质的量 n_{k0} 之比（见右侧）。

按化学计量关系，计量系数小的反应物被当作关键成分，用下标 k 表示。其他的反应物，用下标 i 表示。

参数中的 0 代表反应开始时的数据。

转化率 U_k 也可用质量 m、体积 V 和物质的量浓度 c 来表示。

间歇式反应器的转化率

$$U_k = \frac{n_{k0} - n_k}{n_{k0}}$$

$$U_k = \frac{m_{k0} - m_k}{m_{k0}} = \frac{c_{k0} \cdot V_0 - c_k \cdot V}{c_{k0} \cdot V_0}$$

连续式反应器的转化率

$$U_k = \frac{\dot{n}_{k0} - \dot{n}_k}{\dot{n}_{k0}}$$

$$U_k = \frac{\dot{m}_{k0} - \dot{m}_k}{\dot{m}_{k0}} = \frac{c_{k0} \cdot \dot{V}_0 - c_k \cdot \dot{V}}{c_{k0} \cdot \dot{V}_0}$$

对于连续式反应器，可得到类似的摩尔流量 $\dot{n}$、质量流量 $\dot{m}$ 和体积流量 $\dot{V}$ 的方程式（见上侧）。

例：在进行 SO_2 氧化时（见上文），一个连续反应器中每小时有 23t 的二氧化硫 SO_2 与 15.5t 的氧气 O_2 进行反应，产生 3.7t 的三氧化硫 SO_3。该反应转换率是多少？

解：关键成分为 SO_2；$\dot{m}_{k0} = 23.0\text{t/h}$; $\dot{m}_k = 23.0\text{t/h} - 3.7\text{t/h} \times \frac{128}{160} = 20.04\text{t/h}$；

$$\boldsymbol{U_k} = \frac{\dot{m}_{k0}(SO_2) - \dot{m}_k(SO_2)}{\dot{m}_{k0}(SO_2)} = \frac{23.0\text{t/h} - 20.04\text{t/h}}{23.0\text{t/h}} \approx \mathbf{0.129 = 12.9\%}$$

将反应的转化率与化学计量方程式联系起来可得出旁边的关系式。

其中：

ν_i 表示任意一种成分的化学计量系数。

ν_k 表示关键成分的化学计量系数。

由此可得到一个与任意成分 i 的物质的量和化学计量系数有关的转化率 U_k 的方程式。

对于连续操作，应在方程式中使用摩尔流量。

化学计量关系

$$\frac{\nu_k}{\nu_i} = \frac{n_{i0} - n_i}{n_{k0}}$$

转化率

$$U_k = \frac{n_{i0} - n_i}{n_{k0}} \cdot \frac{\nu_k}{\nu_i}$$

收率

由于反应物和产物的浓度可能与化学计量系数不一致，在计算收率时必须对此进行考虑。

对于间歇操作，收率 A_P 是所生成的产物的物质的量（$n_P - n_{P0}$）与关键成分反应前的物质的量 n_{k0} 之比。

对于连续操作，可使用一个用摩尔流量的方程式进行计算。

收率（间歇操作）
$A_P = \frac{(n_P - n_{P0})}{n_{k0}} \cdot \frac{v_k}{v_P}$

收率（连续操作）
$A_P = \frac{(\dot{n}_P - \dot{n}_{P0})}{\dot{n}_{k0}} \cdot \frac{v_k}{v_P}$

例： 计算第 548 页例题中的 SO_2 氧化反应的收率。

即： $M(SO_2) = 64.06\text{kg/kmol}$; $M(O_2) = 32.00\text{kg/kmol}$; $M(SO_3) = 80.06\text{kg/kmol}$

解： 由$n(SO_2) = \frac{23000\text{kg}}{64.06\text{kg/mol}} \approx 359\text{kmol}$；$n(O_2) = \frac{15500\text{kg}}{32.00\text{kg/mol}} \approx 484\text{kmol}$；

$n(SO_3) = \frac{3700\text{kg}}{80.06\text{kg/kmol}} \approx 46.2\text{kmol}$；以及 $v_k = 2$ 和 $v_P = 2$得出：

$$\boldsymbol{A_P} = \frac{(n_P - n_{P0})}{n_{k0}} \times \frac{v_k}{v_P} = \frac{(46.2\text{kmol} - 0)}{484\text{kmol}} \times \frac{2}{2} \approx \mathbf{0.0955 \approx 9.55\%}$$

选择性

选择性 S_P 的定义是某种生成产物的物质的量（$n_P - n_{P0}$）和关键成分转化的物质的量（$n_{k0} - n_k$）之比。此外必须考虑化学计量系数 v。

S_P 也可用 A_P 和 U_k 进行计算。

如果在反应器中仅有一种反应，则选择性 $S_p = 100\%$。

选择性
$S_P = \frac{(n_P - n_{P0})}{(n_{k0} - n_k)} \cdot \frac{v_k}{v_P} = \frac{A_P}{U_k}$

停留时间	
间歇操作	连续操作
$\bar{t} = t_E - t_0$	$\bar{t} = \tau = \frac{V_R}{\dot{V}_0}$

停留时间

在釜式反应器等间歇式反应器中，所有微粒的平均停留时间$\bar{t}$是相同的，即从进料（t_0）至出料（t_E）的时间。

对于管式反应器等连续操作的反应器，用反应器的容积 V_R 和反应器中的体积流量$\dot{V}_0$之比计算停留时间$\bar{t}$。

在实际反应器中，微粒没有精确的停留时间，而是一种停留时间分布，因此，以平均停留时间$\bar{t}$作为近似值，也称为 τ。

例： 有一个连续操作的管式反应器，其中每小时通过的反应物质的体积流量为 $8.27\text{m}^3/\text{h}$，管式反应器的容积为 1.49m^3。反应器中的平均停留时间是多少？

解： 对于连续操作的管式反应器 $\boldsymbol{\tau} = \frac{V_R}{\dot{V}_0} = \frac{1.49\text{m}^3}{8.27\text{m}^3/\text{h}} \approx \mathbf{10.8}\text{min}$

产量

反应器产量 L 的定义为单位时间产生的产物 P 的物质的量或质量，由此可得出旁边的关系式。

将其与选择性 S_P 和转化度 U_k 的方程式联系起来，经过代入和变形后可得到旁边所示的产量方程式。

产量
$L = \dot{n}_P$或$L = \dot{m}_P$
$L = \dot{n}_P = S_P(\dot{n}_{k0} - \dot{n}_k) \cdot \frac{v_P}{v_k}$
$L = \dot{n}_P = S_P \cdot U_k \cdot \dot{n}_{k0} \cdot \frac{v_P}{v_k}$

复习题

1. 对于间歇操作的反应釜，转化率计算公式是什么？

2. 如何计算下列反应器的停留时间：

a）釜式反应器？

b）管式反应器？

XV. 化学工业中的环保技术

图 15-1：用于净化化工厂和城市生活污水的污水处理设备

图 15-2：化工厂有毒残留物的回收设备

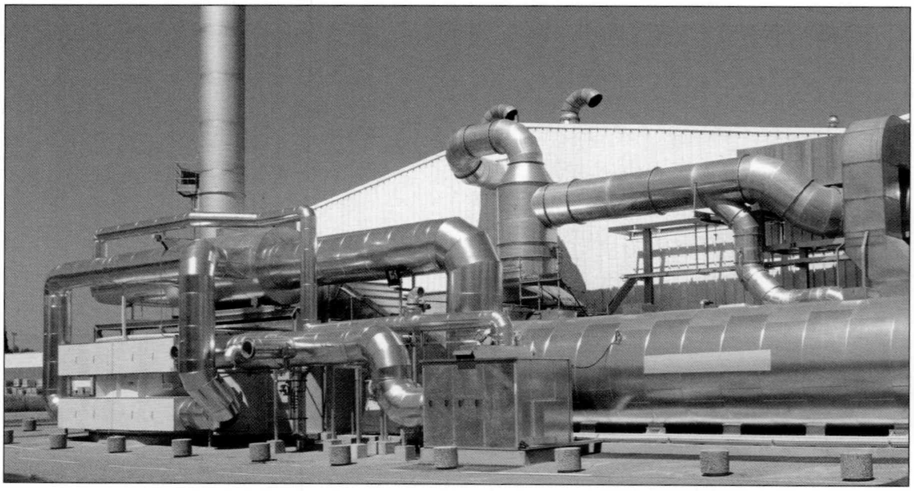

图 15-3: 工业污泥和垃圾的再利用设备

1 化工生产和环境保护

进出化工设备的物料流一览图请见**图 15-4**。将生产所需的有用原料送入化工设备中，产生的废水和废气从设备中排出。

下列情况会产生残留物：

- 在预加工原料时；
- 在化工生产过程中；
- 在从反应混合物中分离出有用物料时。

人们将不是一个工艺目的产品的所有物质都称为残留物或剩余物。这可能是固体或者液体残留物，但是也可能是废水或者废气。

残留物中含有可回收利用的和不可回收利用的成分。在生产过程中既不能避免产生也不能减少并且无法通过处理过程加以利用的物质称为废物。

即使尽可能地利用残留物（再利用）以及在厂内将残留物用于另一生产过程，也会累积形成越来越多不可再利用的废物，对环境造成负担。

根据所产生废物的三种形态（废气、废水或者废渣），需要在下面三个领域采取环保措施：空气、水和土壤。

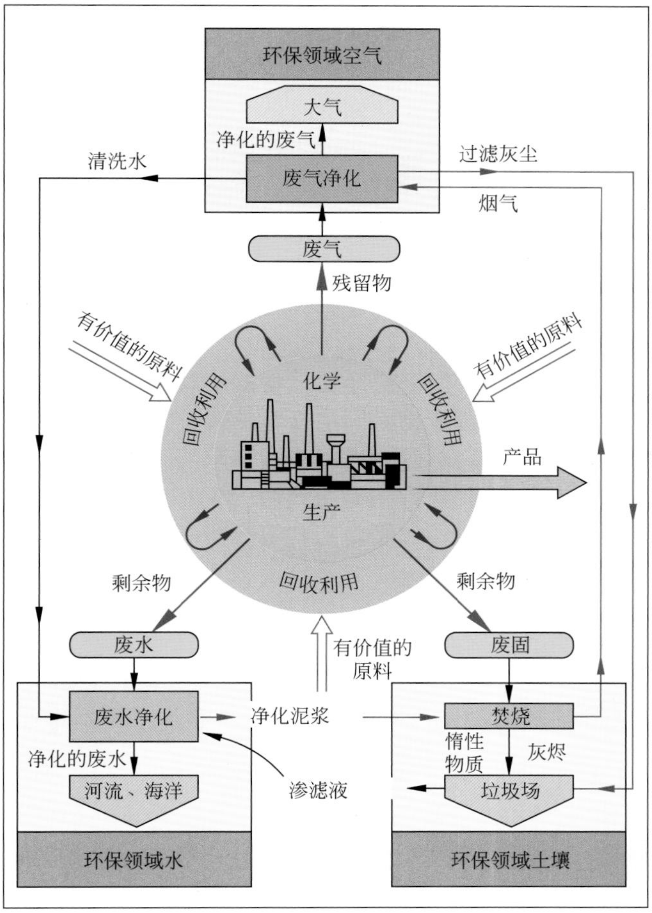

图 15-4：化工生产和环境负担

化学工业和在化学工业中所有从事的生产活动都有义务根据是否对环境有害，将化工厂所产生的有害物降低到最少。从而让我们的子孙后代有一个适于生存的环境。

为了实现这个目标，化学工业制定了环保准则：在设计化工生产过程时，应使残留物尽可能地少，同时对残留物进行最大化的再利用。无法回收的部分必须作为废物妥善处理。

因此，对于环保工作提出了一系列措施：

① 通过优化工艺流程和过程管理来减少和避免产生残留物。

② 在同一个或者是另一个化工过程中再次利用残留物。

③ 利用残留物中含有的能量，即通过燃烧残留物来获取能量。

④ 根据最新的技术水平，通过净化和废物处理设备减少工厂排放的气体、液体或者固体废物（排放量）。

⑤ 以环保方式处理和处置不可利用或者不能避免的废物。

化学工业中产生的生产残留物

根据物质相态和成分，将残留物分成各种不同的类型。

有机固体残留物：在碳化、低温干馏、气化和氢化有机原料（例如原油、煤或者它们的后续产品）以及生产塑料、加工皮革、制糖、用溶剂或活性炭进行净化等情况下会产生以有机成分为主的**固体残留物**。

无机固体残留物：例如，在用层积盐制盐时会累积**无机固体残留物**，催化反应也会形成中毒催化剂形式的残留物。

废气净化设备中所分离出的灰尘和飞灰以及废水净化设备中所产生的污泥是固体残留物的一个重要组成部分。

液体残留物：例如化工原材料业、造纸业、洗涤剂业所产生的母液、废碱液、稀酸和废盐溶液。

液体废物：指来自净化过程的含有大量有机成分（例如氯化烃）的污染废水。

固体和液体废物必须用合适的容器（例如桶、罐或者薄膜袋）存放在厂内，在回收处理之前，确保没有蒸发、点燃或者渗漏到土壤中的危险。

气体废物：在许多有机过程（例如硫化、氢化和裂解过程）、接触和冷凝工艺、燃烧化石燃料（例如原油和煤炭）获得热蒸汽和过程蒸汽以及火电厂发电时都会产生气体废物。

环保的法律规定

环保的法律法规反映了化工生产的环保原则。在德国《污染防治法》中规定：

> *在运营化工厂时，要避免产生残留物，或者按规定进行无害化处理。如果在技术上无法避免产生或者难以利用残留物，那么要将其作为废物妥善处理，以免危害人类健康。*

在这项一般性法定之外，各个领域都有自己的执行法律和规定。例如，相应的法规为生产设备和净化设备规定了有害物及其允许排放到环境中的最大值，或者规定了有害物的处理标准。

所有的环保措施有两个更高的目的：

- 按照数量和浓度限定排放值，也即由化工厂排放有害物质的数量（**图 15-5**）。
- 降低影响，也即让化工厂四周环境中的有害物质浓度能够保持在危害人类健康和舒适的数值以下。

举例来说，德国制定的《保持空气清洁技术指南》就是一个限制排放值的规定文件。对于从化工厂和锅炉厂中排放出的含大量有害物质的废气，其规定了最高浓度值，这些有害物质包括二氧化硫 SO_2、氧化氮 NO_x 和超过 100 多种的有机化合物。

德国《污染防治法》中的烟尘规定就是限制排放值的一个例子。当空气受到二氧化硫 SO_2 和氧化氮 NO_x 的明显污染时该规定便会生效。当地面以上口鼻高度（150cm）所测量的排放值超过规定的限值时，便会触发烟雾警报。大型工厂，例如火电厂就必须限制运行或者关停，私家轿车只允许在有限的范围内排放。

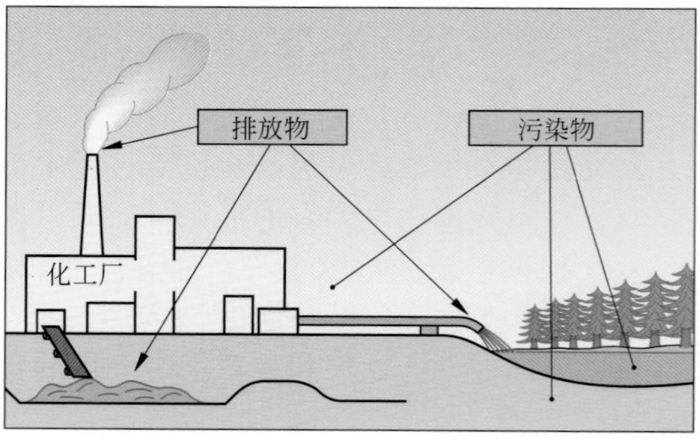

图 15-5：排放和污染

2 环保领域：水

足够洁净的水是人类和其他动植物生存的基础。水是人类基本的生活物料，同时也用作清洗剂或用于农业灌溉。保护天然水源是社会和工业界的共同使命。

在化学工业中，水的用途广泛（**图 15-6**）：用作原料、溶剂和反应介质（过程水），用作清洗水以及冷却和加热的介质等。使用后水受到污染，从而变为废水。

这些化工废水必须首先经过专门的净化处理，例如根据污染程度，以机械的方式将固体、油脂等不溶于水的物质分离出来；或者提取低沸点成分（汽提），通过蒸馏将高含量有机溶剂降低到最小；分离或漂白有色溶液，通过沉淀减少盐含量或者对于有毒物质使用专门的解毒方法（第 554 页以后）。

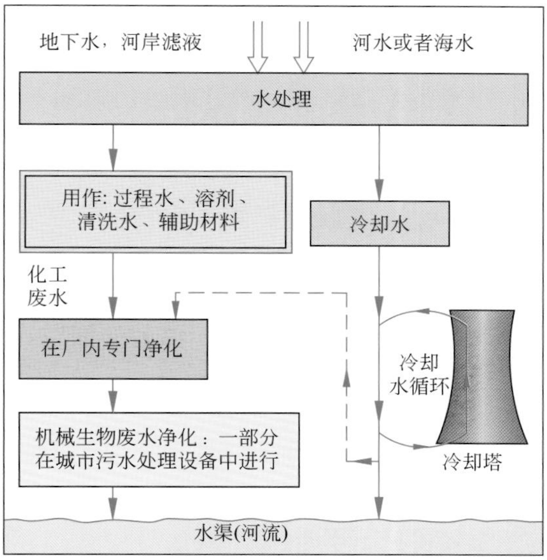

图 15-6: 化工业的用水情况

随后将预净化的化工废水送入到机械-生物废水净化设备中与生活废水一起净化，直至达到可以排放的程度为止。

用作冷却介质的冷却水一般不会受到污染，但是温度较高，需通过循环系统和在冷却塔中冷却至比河水水温略高几度后才能排放到天然水域中。当冷却水循环系统发生泄漏并受到有害物质的污染时，则必须将冷却水送入化工废水净化设备中进行净化。

2.1 废水的法律规定

废水的基本法律法规包括含有废水规定内容的联邦水资源管理法（也称联邦水法）和其专门的附件，以及联邦废水排放法。

将任何一种废水排放到天然水域中都需要经过官方的批准。

根据德国联邦水法，只有使用最新技术水平的工艺将废水中的有害物质降低到最少的情况下才能授予排放废水的许可证。

在废水法规和不同领域的附件中都对废水的排放要求做了规定。例如，化工业的第 22 号附件要求化工厂应节约用水、通过水处理工艺反复、循环使用水资源，或者使用有害物质少的原料。

按照水的危害等级来划分物质并规定了物质在废水中的阈值（**表 15-1**）。这些数值是未事先稀释废水的情况下废水在天然水域的排水口处的数值。

根据废水排放法，排放废水需要支付排污费。排污费的多少取决于废水中有害物质的数量和危害性，即 COD（化学需氧量）。

表 15-1：化工厂排放的废水中有害物质的阈值（摘录）

有害物质	最大含量
化学需氧量 COD	75mg/L
总氮	50mg/L
总磷	2mg/L
可吸附的有机卤化物 AOX	2 ～ 80g/t（根据使用的方法）
汞	0.05mg/L

2.2 废水的净化方法

废水的净化过程是专门针对特定任务的分离过程，类似于化工厂中的常用分离过程。

机械粗净化

废水中常常包含生产过程中的粗细不等、乳化的残留物。它们的分离大多是废水处理过程的第一步（预净化）。将废水送入沉降池中（**图 15-7**），由于流速降低，密度大于 1g/cm³ 的悬浮固体颗粒就会下沉到容器底部。然后将容器底部的稀泥浆抽出，送到压滤机中进行脱水。密度小于 1g/cm³ 的颗粒浮起并通过一个环形溢流堰流出，然后进行脱水。

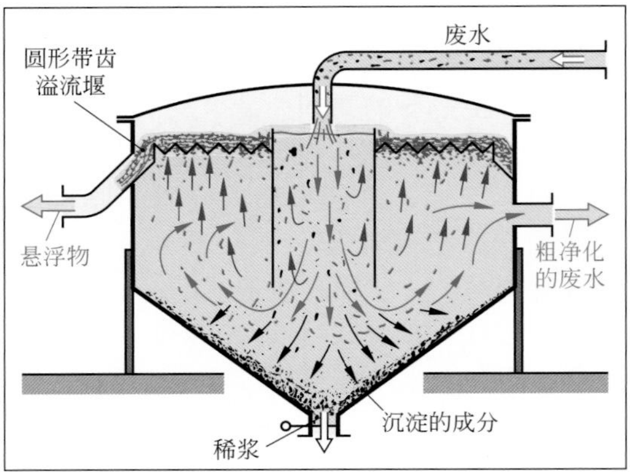

图 15-7：在沉降器中对废水进行粗净化

密度与废水密度差异不大的细粒以及絮状颗粒主要用斜管沉降池进行分离（图 9-34，第 361 页）。

絮凝和减压浮选

废水中极细的细颗粒和胶质固体自己不能沉降。可以先通过絮凝，然后用减压浮选法将它们分离出去（**图 15-8**）。

首先在废水中添加絮凝辅助剂，使细颗粒聚成团块。在浮选池底部喷入压力约为 5bar 的饱和空气循环水。水的压力降低，溶解的空气释放出来产生大量的直径约为 50μm 的微型小气泡。气泡主要积聚在颗粒上并将其携带至表面形成稀浆，然后用一个拨料机将它们除去。

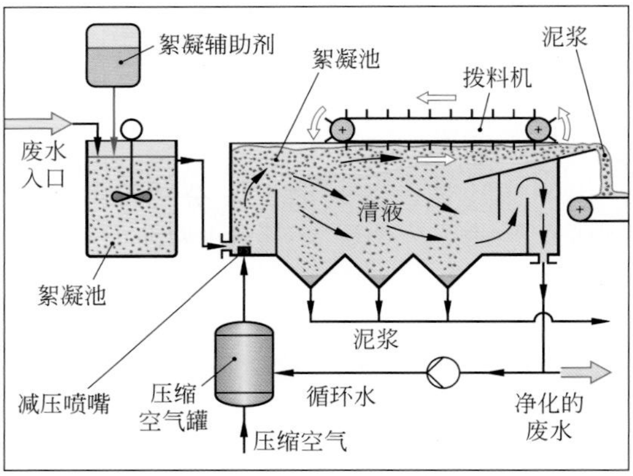

图 15-8：用絮凝和减压浮选法进行废水净化

乳浊液离析

在废水中乳化的油可以通过不同的乳液裂解法除去。

如果采用吸附法，则将细粒的吸附剂添加到废水中。吸附剂会结合油形成稀浆，然后被撇出去。吸附法的缺点是吸附剂价格较贵。

在进行所谓的酸分解时，将酸或者金属盐添加到水 / 油乳浊液中进行分解。在相分离器中将水和油分开。

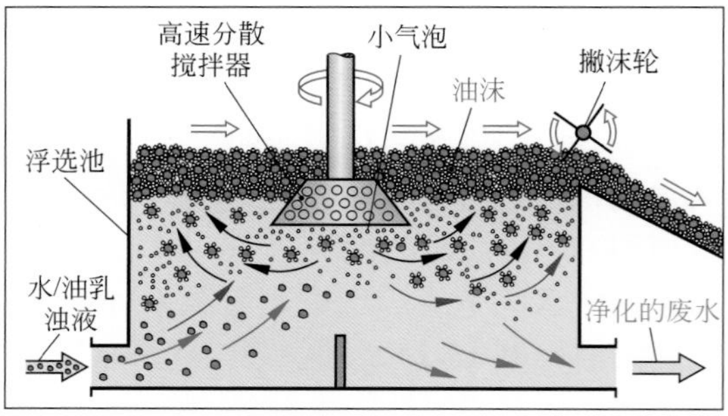

图 15-9：通过浮选裂解乳浊液

也可通过一种组合式的酸 / 浮选分解来进行乳浊液分解（**图 15-9**）。在这种情况下，事先在用酸分解的乳浊液中搅拌入空气小气泡，空气小气泡结合在油滴上并一起作为油稀浆浮起，然后将稀浆抽出。最后，分离出油的废水进入中和阶段。

超滤法（请参阅第 475 页）也可用于分解油 / 水乳浊液。

有害物的沉淀

废水中的金属离子和其他的离子常通过调整 pH 值使其沉淀而除去，例如往往对呈酸性的废水进行中和。

金属离子溶解在水中的数量取决于溶液的 pH 值（**图 15-10**）。

不同金属的沉淀 pH 值范围和沉淀条件差异极大。例如，Fe^{3+} 在 pH = 5 时就会完全析出，而 Ni^{2+} 只有在 pH ≥ 11 时才会析出。

用碱性溶液改变废水的 pH 值，从而使有害离子沉淀。例如用氢氧化钠 NaOH 或者使用更便宜的石灰浆 $Ca(OH)_2$，它们与金属离子形成很难溶解的金属氢氧化物并以絮凝物的方式析出。

如果使用石灰浆 $Ca(OH)_2$ 进行中和，则除了不溶性金属离子外，干扰性的阴离子如硫酸根、磷酸根、硫化物、氟化物等也会以钙盐的形式从废水中析出。

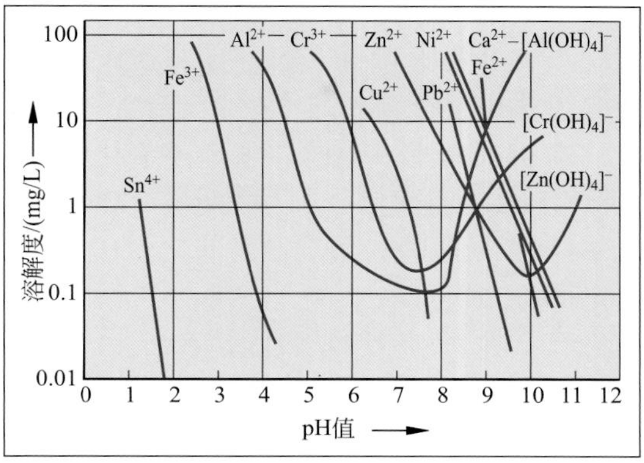

图 15-10：金属离子的溶解度

沉淀过程在中和池中进行（**图 15-11**）。絮凝剂用调节器定量添加，然后通过桨叶搅拌器均匀分布在废水中。添加絮凝剂（$FeCl_3$）后，析出的团块增大，从而易于分离。废水在沉降池或者层状斜管沉淀池中进行净化（第 361 页）。

沉淀净化过程按照以下原理进行：生成沉淀—絮凝—沉降。

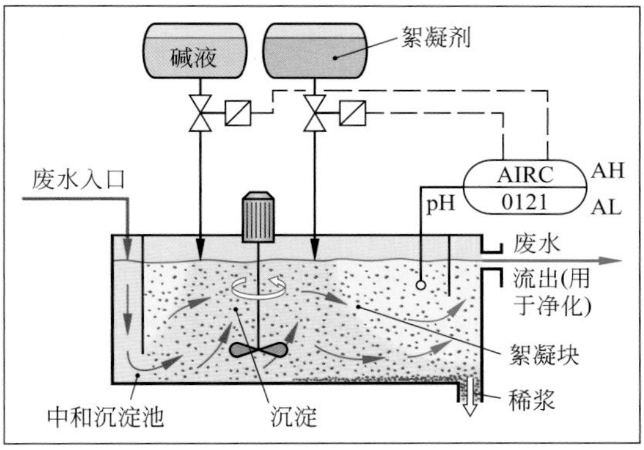

图 15-11：在中和池内沉淀

废水的化学解毒

在进行废水的化学解毒时，通过添加合适的化学品，将废水中的有毒物质转化为无毒物质（**图 15-12**）。

在解除一组毒性物质时，经常需要使用多个反应剂。例如，氰化物解毒最常使用的方法是添加次氯酸钠 NaOCl。反应在 pH ≥ 10.5 下进行并会生成氰酸钠 NaCNO。另一种方法是使用过氧化氢 H_2O_2。

铬酸盐解毒： 将有毒铬酸盐中六价的铬转换为无毒的三价铬（图 15-12）。

亚硝酸盐解毒： 最常使用的方法是添加次氯酸钠（图 15-12）。

通过调节 pH 或者添加辅助剂使废水中的无毒化合物析出，然后对其进行分离（参阅图 15-11）。

氰化物解毒

$$NaCN + NaOCl \xrightarrow[t \leqslant 15\,min]{pH \geqslant 10.5} NaCNO + NaCl$$

$$NaCN + H_2O_2 \xrightarrow[t = 30\sim120min]{pH = 9.5\sim10.5} NaCNO + H_2O$$

铬酸盐解毒

$$Na_2Cr_2O_7 + 3\,NaHSO_3 + 4\,H_2SO_4 \xrightarrow[t = 2\,min]{pH \leqslant 2.5} Cr_2(SO_4)_2 + 3\,NaHSO_4 + Na_2SO_4 + 4\,H_2O$$

亚硝酸盐解毒

$$NaNO_2 + NaOCl \xrightarrow[t \rightarrow 10min]{pH = 3\sim5} NaNO_3 + NaCl$$

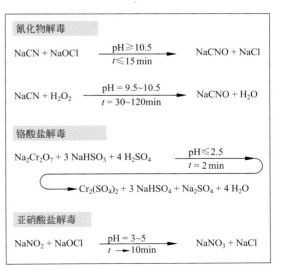

图 15-12：化学解毒法的反应方程式

有机毒性废水的解毒

使用有机物质的化工厂废水和垃圾场渗透水中包含大量的有机化合物或者毒性有机化合物。如果将这类废水排入生物处理净化设备中就会危害微生物，从而让净化设备停转。因此这种废水要先经过化学氧化预处理。

在进行化学氧化时，使用过氧化氢（H_2O_2）或者臭氧（O_3），以及过氧化氢和 Fe（Ⅱ）盐的水溶液作为催化剂（简称 Fenton 试剂）。

在此反应中 H_2O_2 会形成羟基自由基，其会通过中间阶段破坏有机内含物。分解的最终产物是二氧化碳和水。

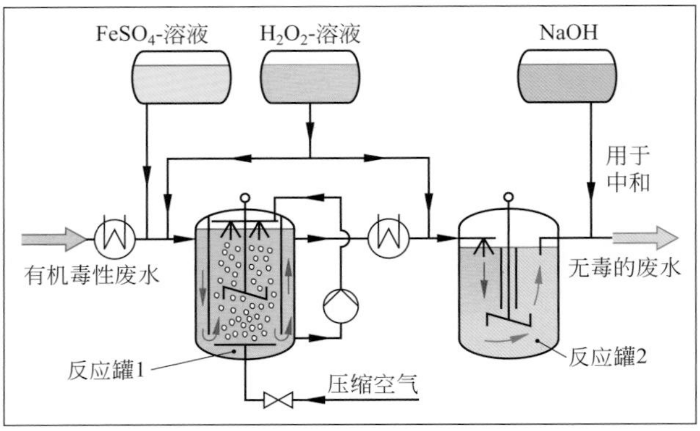

图 15-13：用 Fenton 试剂解除有机废水的毒性（H_2O_2 + $FeSO_4$ - 溶液）

例如，按照一个两级罐反应方式，在 pH 值为 3 和反应温度约为 60℃的情况下用 Fenton 试剂消除有机废水的毒性（**图 15-13**），工业设备的样式请参阅图 15-2，第 550 页。

废水氧化处理的另一个离子是用氯漂白碱液除去含颜料废水的颜色。

吸附

在特殊情况下使用活性炭散料（也称为活性炭滤清器）来吸附废水中的有害物质。例如，液态有机成分如油、表面活性剂、氯化烃等的吸附分离。通常，让废水流过活性炭粒组成的填料（吸附原理见第 390 页）。填料吸满有害物质后，出于成本考虑必须让活性炭填料再生或者作为有毒垃圾回收处理（烧掉）。

从废水中分离出溶剂

废水中包含的溶剂（例如酒精、烃或者氯化烃）要通过蒸馏或者精馏从废水中除去。

借助蒸馏，可以让低沸点的溶剂从废水中析出。将废水送到蒸馏设备的蒸馏釜中加热至沸腾（图 11-81，第 428 页）。低沸点的溶剂蒸发，从废水中分离出来，蒸馏釜中留下不含溶剂的废水。

通过精馏可以明显除去有害或者有气味的低含量挥发性物质，例如从生产氯代烃的废水中去除有毒的氯化氢（HCl）。

在精馏设备（**图 15-14**）中，根据有害物质和水的沸点不同来进行分离（精馏原理见第 433 ～ 447 页）。将汽提蒸汽从塔底送入精馏塔中以强化精馏效果。

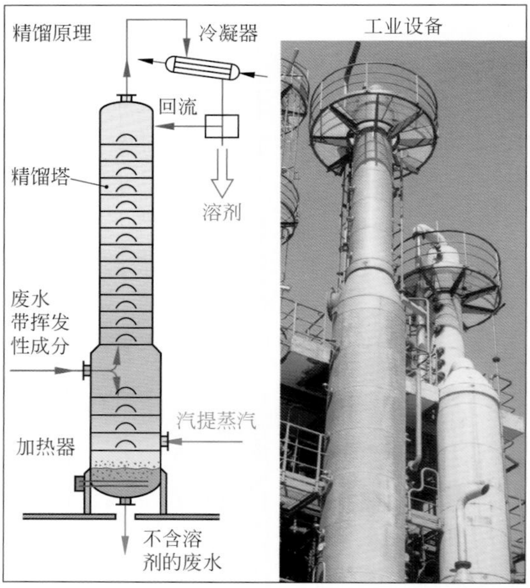

图 15-14：用于从废水中分离出溶剂的精馏设备

膜分离法

要将小于 0.01mm（10μm）的细小颗粒或者乳化的有害物质颗粒从废水中除去，无法用一般的过滤方法（第 362 页）分离。在这种情况下，多使用膜分离法。膜分离法的分离原理请参阅第 473 页以后的内容。根据分离物质的大小又分为反渗透法、超滤法、微滤法。

在膜分离法中，废水以一定的压力流过由薄膜材料制成的软管，软管位于带孔的支承管中（**图 15-15**）。分离薄膜由分子级多孔特种塑料制成，其工作原理跟分子过滤器一样。小分子如水分子可以穿过薄膜，较大的分子（例如油或者溶解的盐离子以及胶体分散的颗粒）不能穿过薄膜并富集在剩下的溶液中。

膜分离法在废水净化方面的主要应用领域是水 / 油乳液的分离以及脱盐和排污排毒。

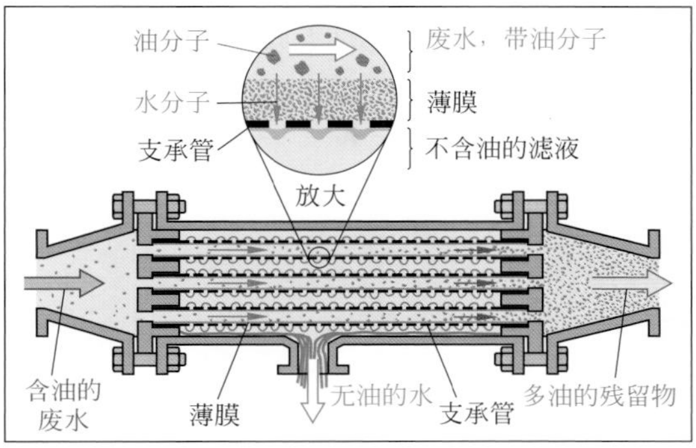

图 15-15：带薄膜模块的废水净化器

离子交换分离法

借助离子交换法可除去废水中危害环境的或有毒的离子。离子交换的详细内容请参阅第 469 页。离子交换设备由多个钢罐组成，罐内填充有离子交换剂小球组成的填料（**图 15-16**）。废水流过这些带填料的罐体。

离子交换剂小球的表面上有松散结合的离子：如果是阳离子交换剂则为 H^+，如果是阴离子交换剂则为 OH^-。废水流过小球填料，阳离子交换剂小球释放出 H^+ 与重金属阳离子如 Cd^{2+}、Ni^{2+}、Cr^{3+} 交换。阴离子交换剂小球释放出 OH^- 并交换有毒的阴离子，例如铬酸盐阴离子 CrO_4^{2-}或者氰化物阴离子 CN^-。

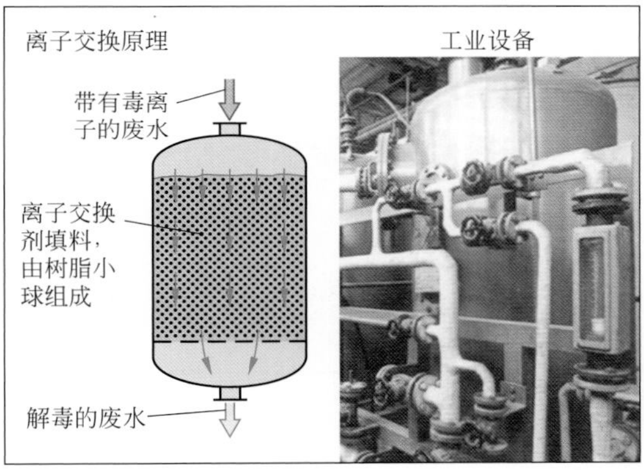

图 15-16：用离子交换设备除去废水中的毒离子

蒸发法

在废水蒸发过程中，废水中溶解的非挥发性成分通过水的部分蒸发而浓缩，这大大减少了废水量。有些浓缩液可作为回收物使用。废水蒸发过程最好在一个多级蒸发设备中进行（**图 15-17**）。

蒸发法的详细内容，请参阅第 411 页以后的内容。

如果积聚的浓缩液可再次利用，则经常使用蒸发法。例如，出自柠檬酸生产过程的酒糟含有 3% ～ 10% 可回收物质，便适合采用这种分离技术，将其浓缩到 65%，然后当作饲料或者添加剂使用。

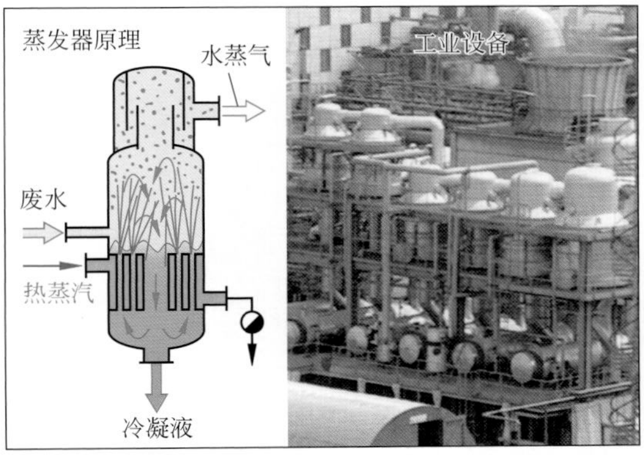

图 15-17：蒸发设备

生物净化法

在生物净化中，细菌和其他的微生物分解废水中的有机化合物：

$$\boxed{\text{有机物质}} + O_2 \xrightarrow{\text{微生物}} CO_2, H_2O \cdots + \boxed{\text{微生物增殖}}$$

在氧化过程结束时产生物质 CO_2、H_2O，有时也有 CH_4、NH_3、H_2S 并且微生物物质也会增加。消耗氧气的微生物称为好氧微生物，好氧微生物需要每升废水中至少溶解有 2mg 的氧气 O_2。

生物废水净化过程在小型净化设备的滴滤装置内进行（**图 15-18**）。

这是一些高度和直径都达到数米的容器，里面填充有坚果大小的熔岩石块所组成的填料。石块的表面上生长着一层微生物。旋转喷水器将废水分散着淋洒和滴落穿过散料。废水向下穿过微生物层时，有机成分会被微生物分解。废水淋洒形成了较大的表面，从而能溶入所需数量的氧气。

现代化设备的淋洒液流生物反应器中所添加的填料是聚苯乙烯小球。

在大型净化设备中使用的是活性污泥法（第 560 页）。

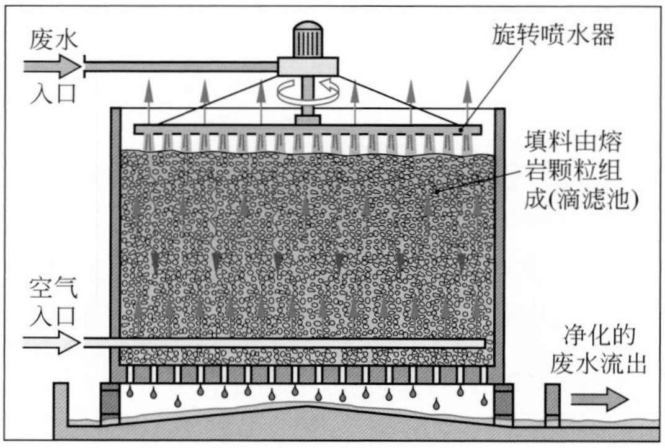

图 15-18：滴滤池设备中的生物废水净化

2.3 选择合适的废水净化法

对于特定的废水，会预先选择适合的净化方法。随后通过实验室和中试工厂的实验确定净化方法的安全性。

表 15-2 提供了不同净化方法的粗略使用指南。

表 15-2：废水中内含物适合使用的净化法

有害物质 / 可能的净化法	可沉淀的物质	重金属	离子	油 / 油脂	硫酸盐 磷酸盐	CN^-、Cr (Ⅵ)、亚硝酸盐、As(Ⅲ)	油漆、颜料	有机卤化物	有机物	微生物
沉淀、絮凝、沉降	★★★	★★★		★★	★★★		★			
过滤	★★★									
浮选				★★★			★★★			
微滤	★★★			★				★		
超滤	★★★			★★★			★★★	★★	★	
纳滤	★★	★	★		★		★	★★★	★★	
逆向渗透	★	★★	★★★		★			★★★	★★★	
离子交换法		★★★	★★★		★	★			★	
解毒 / 氧化						★★★			★★	★★
吸收				★					★	
蒸发	★★★	★★★	★★★	★★	★★★	★	★	★★	★	★
生物废水净化					★				★★★	

适用性：★★★ 极为适合，★★ 很适合，★ 一定条件下适合

2.4 化工废水净化工艺

没有通用的化工废水净化系统，通常要根据废水中所含的有害物质，在废水处理系统中依次设计所需的净化工艺。从系统中流出的经净化的废水不得超过相关机构所要求的阈值。

图 15-19 所示的是一种用于从化工废水中沉淀磷酸盐的净化工艺。

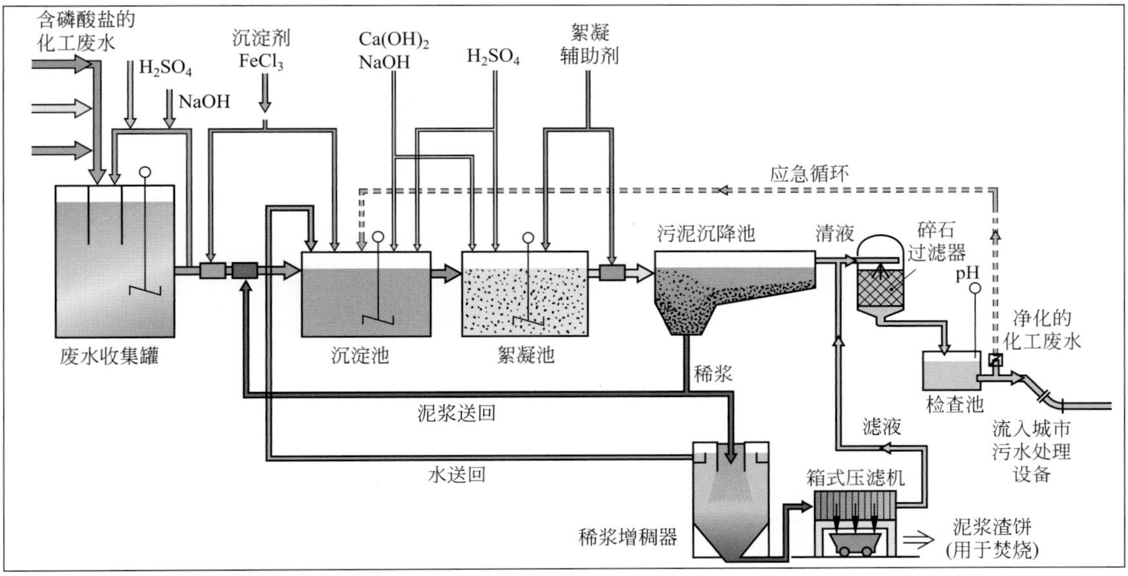

图 15-19：用于从化工废水中沉淀磷酸盐的工艺流程图

待净化的废水送入一个大容量的废水收集罐中，此罐可存储废水并使废水同质化。添加 H_2SO_4 或者 NaOH 溶液将废水的 pH 值调节到 4。

在沉淀池中添加 $FeCl_3$ 让磷酸盐析出。磷酸盐以极细絮凝团形式的磷酸铁析出。为了改善沉淀和絮凝效果，将回流淤泥送到沉淀池中。

在沉淀池中添加 NaOH 或者 $Ca(OH)_2$ 将 pH 值调节到 5.5，使泥浆更易过滤。但是，同时沉淀出的硫酸钙 $CaSO_4$ 会明显增加泥浆的数量。

废水从沉淀池进入絮凝池，在这里添加絮凝辅助剂，例如聚丙烯酸酯，形成易于沉降的絮凝块。

随后，废水流入到污泥沉降池中，在这里絮凝块沉降为稀泥浆。将一小部分稀泥浆送回净化过程，剩余的送入稀泥浆浓缩器。在箱式压滤机中将稀泥浆脱水挤压为坚硬的泥浆渣饼。

将污泥沉淀池的清液和箱式压滤机的滤液汇集到一起，流过一个最终滤清器（例如砾石过滤器），将剩余的絮凝物滤出。净化的废水随后进入测量 pH 值、浑浊度和剩余磷酸盐含量的最终检查池中。最后将净化后的化工废水送入到当地的污水处理厂或者直接排放到水渠中。

若系统中的净化过程出现故障时便会将废水送到循环中继续净化，直至废水中磷酸盐的含量低于所要求的磷酸盐阈值为止。

溶有其他有害物质（例如重金属离子、氟化物、硫化物或者硫酸盐）的化工废水要用类似于图 15-19 所示的净化工艺按照沉淀 - 絮凝 - 沉降的原理进行净化（另请参阅第 555 页）。沉淀和絮凝过程所需的化学试剂要相应地根据具体的净化要求进行调整。

2.5 城市污水处理厂中的机械 - 生物废水净化

城市污水中含有大量的粪便、洗涤水和其他家用有机废物。在机械 - 生物废水处理厂（**图 15-20**）中分解有机成分的核心工作是由微生物完成的。

如果化工厂的废水要送到城市污水处理厂，那么必须对废水进行预先净化，使其不会危害生物净化阶段中的微生物。

为了确保城市污水处理厂安全运行，在送入化工废水的系统中也有一个由中和池和絮凝池组成的化学预净化设备。如果流入的废水明显呈酸性或者碱性，则通过絮凝及中和来进行化学预净化。

然后将废水抽入一个大容量的预净化池中（停留时间约为 1h），悬浮物沉降到池底成为泥浆抽出（机械净化）。

机械式预净化的废水随后进入到曝气池中与回流的活化泥浆混合进行生物净化。活化泥浆由显微镜级的、黏液状的小絮凝团组成，其上生长着大量的特殊细菌和纤毛虫（原生动物）。细菌将溶解在废水中的有机化合物和悬浮物作为食物并吸收为自身细胞物质，而纤毛虫以细菌为食。最终，废水中的有机化合物转换为植物和动物（活性）的有机成分。

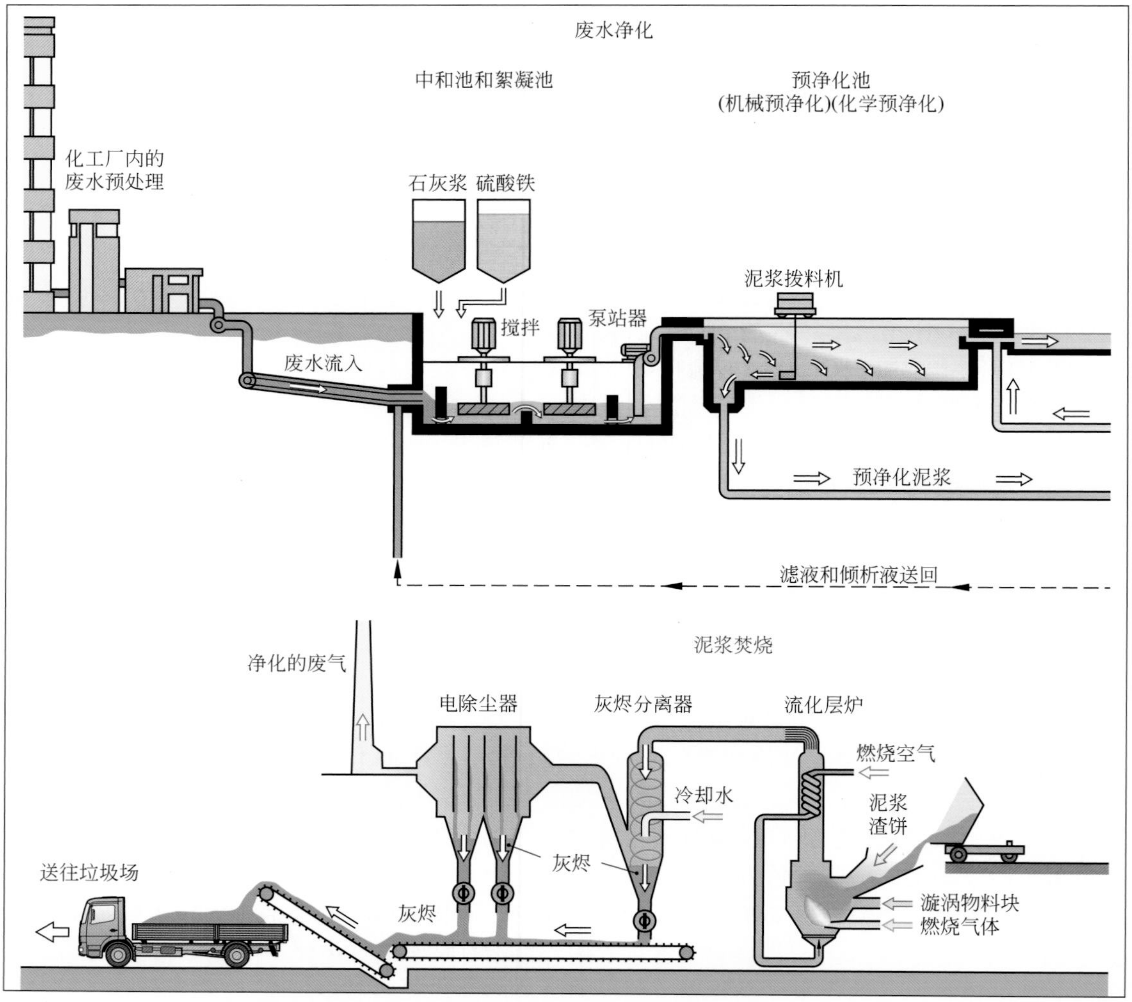

图 15-20（a）：采用化学预净化、泥浆脱水和污泥焚烧的机械生物废水处理厂

为了给曝气池中的微生物创造最佳的生存条件，用表面风机将空气（氧气）吹入废水中。必要时添加磷酸盐和含氮的营养盐。

条件适宜时微生物会迅速增殖。在停留约 10 ～ 20h 后，无数的微生物会将废水中溶解的有机化合物吸收掉并转换为其体内的有机成分。废水现在含有高比例的活化泥浆。然后将泥浆送入多个依次排列的二次净化池中，让活化泥浆沉淀几个小时。从最后一个二次净化池中流出的净化废水可排入天然水域（大多为河流）中。

一部分活化泥浆要送回到曝气池（回流泥浆），借助微生物增殖和物质交换进行生物分解。二次净化池中的多余泥浆和含约 1% 固体的预净化泥浆一起被送到泥浆增稠器中［图 15-20（b）下部］。

在泥浆增稠器（一个沉降池）中，增稠器底部泥浆的固体含量约为 3%。随后将泥浆送入过滤站中，首先经真空旋转滤清器过滤到固体含量约 20%，然后在厢式压滤机中脱水将固体含量提高到约 40%。

最后泥浆滤渣送入锅炉中燃烧掉，灰烬要存放在专门的垃圾场中。

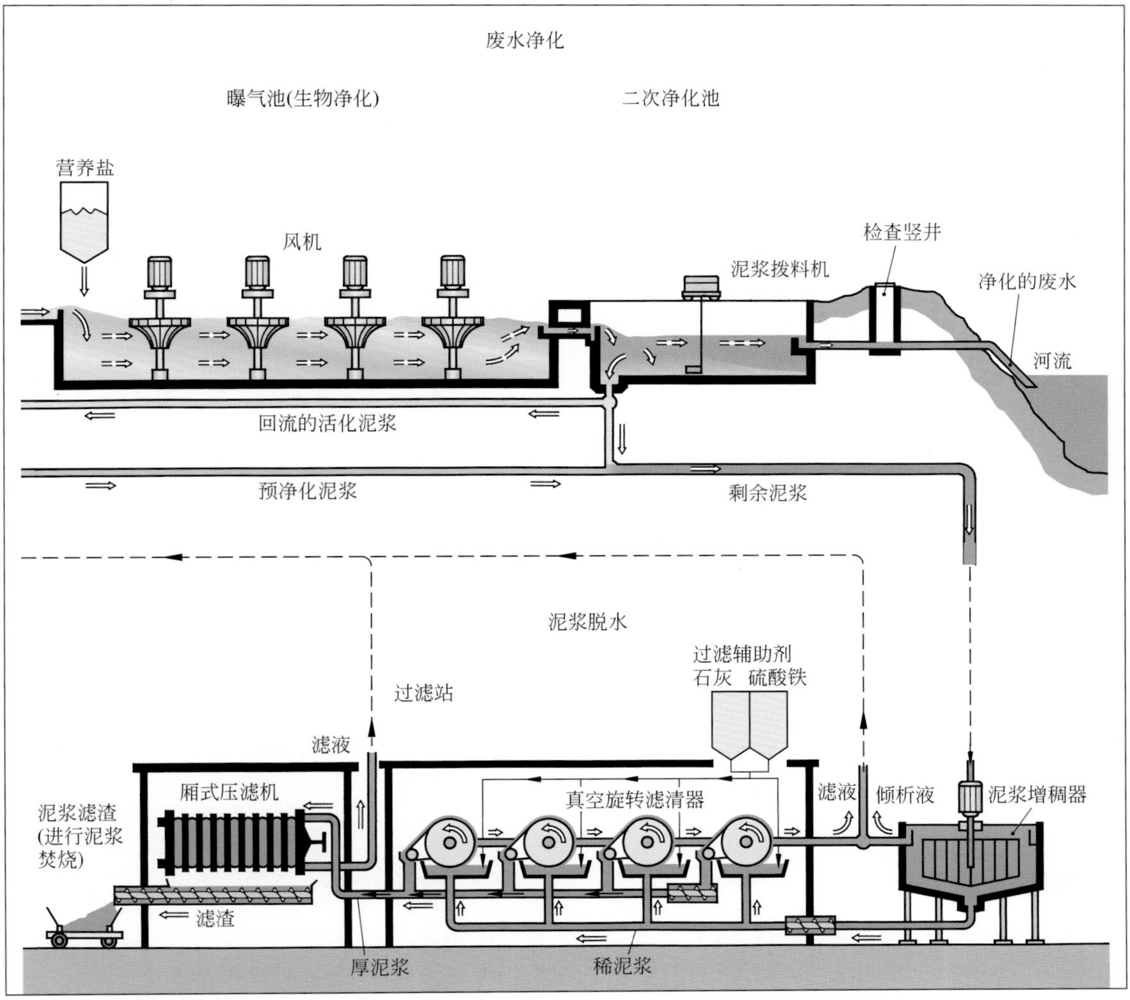

图 15-20（b）：采用化学预净化、泥浆脱水和污泥焚烧的机械生物废水处理厂

2.6 高层反应器中的生物废水净化

高层生物反应器（图 15-1，第 550 页）可明显提高活化泥浆的生物分解效果。在其中进行活化泥浆反应和二级澄清。中和池、絮凝池和一级澄清池中废水的预处理以及泥浆脱水与传统的废水处理厂相同（图 15-20，第 560 页）。

高层生物反应器，也称为塔式反应器或者生物高层反应器，其直径和高度能达到 30m，废水容积接近 $3000m^3$（**图 15-21**）。

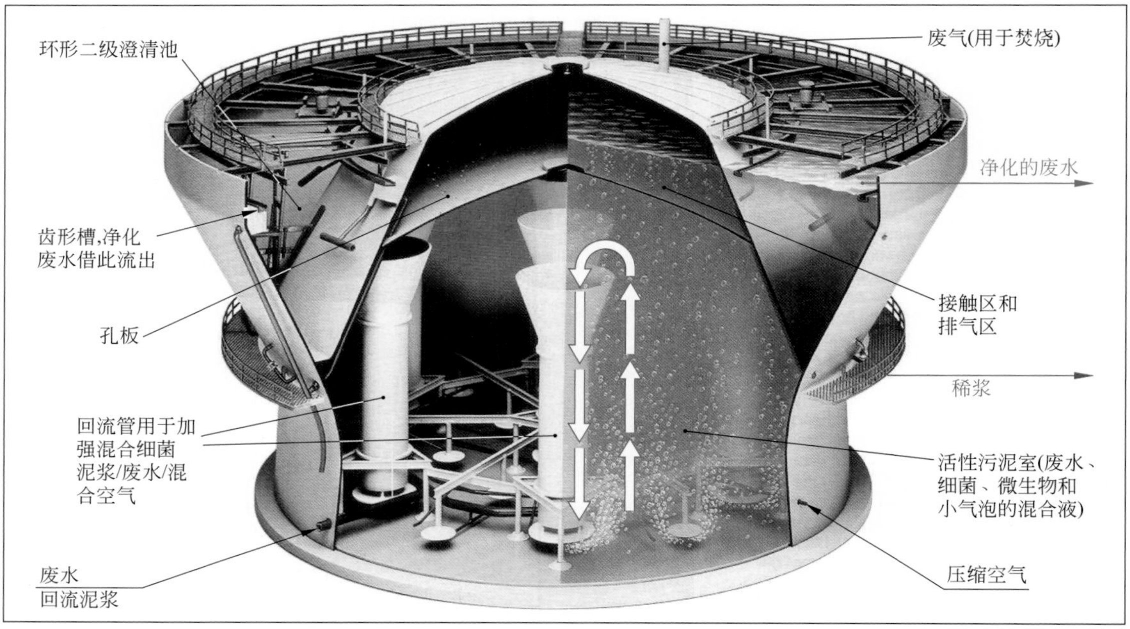

图 15-21：用于废水净化的高层生物反应器

废水和回流泥浆一起从下部送入，吹入的压缩空气使液体混合并将大量的氧气溶解在废水中。上升的空气气泡和垂直的回流管使活性污泥室发生强烈的垂直混合。

废水在活性污泥室的停留时间约为 6h。在此期间，按照与浅层曝气池相同的原理，微生物加速分解废水中的有机物质（第 561 页）。用一个孔板将活性污泥室分开。较大的泥浆团块被水流挟带穿过孔板向上进入到接触区中，然后从这里穿过一个溢流堰进入一个环形的二级澄清池中。在其底部汇集着呈泥浆状的絮凝物，然后将其送到泥浆脱水机中。经过净化的废水从齿型溢流堰流出。

高层反应器的上部是封闭的，所产生的废气被收集起来，然后将其（例如）用作污泥焚烧时的燃烧气体，并在此过程中除臭。

高层生物反应器的废水净化设备所需的场地面积仅为浅层活化泥浆和二级澄清池的废水处理设备的一半，但是其建设费用较高。

复习题

1. 如何理解排放量或者排放值？请举例说明。
2. 用哪些方法分离废水中的泥浆颗粒？
3. 超滤使用在哪个地方？
4. 用哪些方法除去废水中溶解的物质和离子？
5. 废水蒸发用在哪些地方？
6. 如何解除有毒废水的毒性？
7. 净化化工废水的系统包含哪些净化阶段？
8. 机械生物废水处理厂包含哪些净化阶段？

3 环保领域：空气

化工厂产生的排气以及废气，其数量、组成成分和浓度的差异可能极大。所谓的排气是指低于爆炸下限并含有大量异味物质或有害物质的空气。废气是指在化学过程中不能继续利用的不含空气的或者缺氧的气体及其混合气。

此外，排气和废气可能含有细密分布的固体（灰尘、烟气）或者液滴形式的细密分布的液体（雾、蒸汽）。

根据排气和废气的类型，有害物质的分离有不同的方法，可使用不同的分离设备。请参阅第X部分除尘和废气净化中的内容（第376～395页）。

3.1 废气的法律规定

在德国《污染防治法》的管理规定中，对净化后废气中所允许残留的有害物质的类型、浓度和数量进行了限制。

联邦污染防治法最重要的废气规定是：保持空气洁净技术指南和挥发性有机化合物的VOC（volatile organic compounds）规定。

在保持空气洁净技术指南中，有害物质划分为以下类别：

- 有机有害物质
- 无机灰尘
- 气态无机物质
- 致癌物
- 损害遗传物质
- 异味物质

每个有害物质类别都可细分为2～4个有害物质级别，每个级别都规定了排放值上限。这些极限值都基于最新的废气净化技术水平。要不断根据改进的技术来调整这些极限值。

化工厂的排放量不得超过排放的极限值，为此化工厂经营者必须准备所需的分离系统。

在具体的情况下，废气或者排气经常含有许多有害物质，所以分离系统由多个依次相连的净化阶段组成。

下面列举几个废气和排气净化系统的例子。

3.2 组合式废气燃烧和排气净化

可燃废气不断累积和含有有害物质或异味物质排气的化工厂，要配备中央废气/排气燃烧设备。来自不同地方的废气和用汇集管道送入的带液态可燃残留物的废气在燃烧系统中烧掉。

燃烧系统由燃烧炉和后置的烟气净化设备组成（**图15-22**）。将可燃的废气以及液体可燃残留物送入燃烧炉中，在接近1000℃的温度下，燃烧成低分子量的化合物，例如二氧化碳

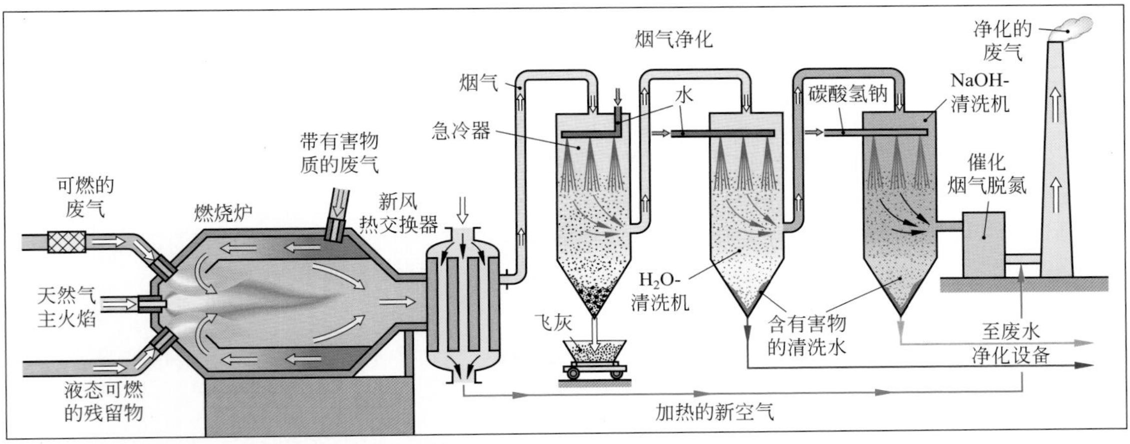

图15-22：废气、排气和液体残留物的焚烧系统

（CO_2）、水（H_2O）、二氧化硫（ SO_2）、氯化氢（HCl）等。将含有有害物质的排气送入燃烧炉的外套空间中进行加热，然后吹入火焰中。有害物质在火焰中被燃烧掉。一束天然气主火焰在整个燃烧过程中稳定燃烧。

然后，将热的烟气送入热交换器中，在这里将一部分热量传递给新空气。接着在急冷器中通过喷水将热烟气冷却到约 80℃。此时烟气中的灰尘颗粒会结合成为较大的团块并作为飞灰沉淀下来。然后烟气流入一个两级式烟气清洗机，先后用水和氢氧化钠溶液将 CO_2、SO_2、HCl 等结合在清洗液体上。将清洗后的水送入废水净化设备中。接着将净化后的烟气送入脱氮单元，在这里降低 NO_x 含量。然后将烟气与来自热交换器的新热空气混合（为了避免形成冷凝水）并通过烟囱排到大气中。

3.3 通过吸附和后燃净化排气

在许多工厂中，有大量的排气只含有小部分低含量的有害物质，例如喷漆和涂装厂、印刷厂、塑料生产和加工厂、轮胎厂等。虽然有害物质的含量相对较低，但是由于其会危害健康和环境或者有异味，因此必须对这些排气进行净化。

如果排气无法在一个组合式燃烧设备中一次净化，那么使用一台带组合式吸收和再燃烧功能的设备可能是一个合适的解决方案（**图 15-23**）。

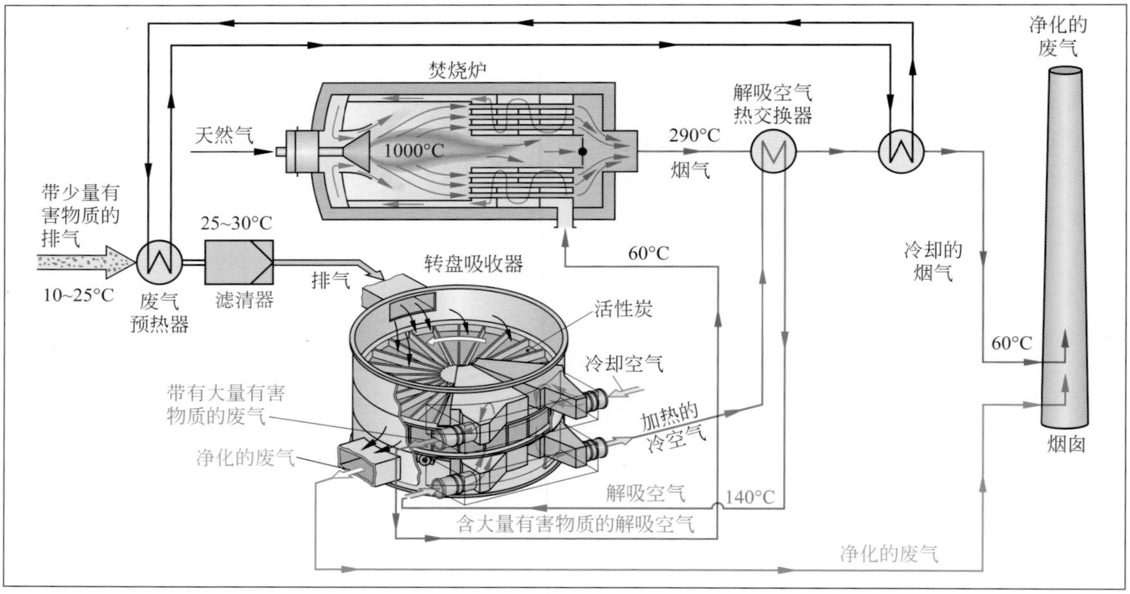

图 15-23：用于大体积流量的带少量有害物质的废气净化设备

含有有害物质的排气经过预热后送入转盘吸收器中。转盘吸收器由一个缓慢转动的圆盘组成，圆盘上盛放有一层 30cm 高的吸附材料，例如活性炭。在这里有害物质首先被吸附在吸附材料上，然后再释放到热的解吸空气中。相应的说明，请参阅第 392 页下部的内容。

解吸热空气中含有的有害物质比原本排气流高约 30 倍；解吸热空气的体积流量约为排气的 1/30。

将含有大量有害物质的解吸空气送入燃烧炉内燃烧掉所包含的有害物质。燃烧所产生的热量送到热交换器中用于加热解吸空气和预热原始排气。

例如，对于来自汽油油罐库的含有汽油蒸气的排气，应使用由气体清洗机、薄膜分离元件和沸石吸附器组成的组合式废气净化设备（第 393 页）。

3.4 火电厂的废气净化

火电厂通过燃烧化石燃料（如煤、天然气和重油）进行发电和制造蒸汽。其所排放的烟气中所包含的危害环境的有害物质主要是灰尘、二氧化硫（ SO_2 ）和氧化氮（NO_x）。必须将这些有害物质分离出去。

例如，根据《保持空气清洁技术指南》的规定，使用特定燃料的具有特定发电功率的发电厂，其废气中二氧化硫浓度的极限值不得超过 400mg/m³，氧化氮浓度不得超过 200mg/m³，剩余灰尘含量不得超过 50mg/m³。

火电厂有除尘分离、烟气脱硫和脱氮的设备（**图 15-24**）。这些设备通常比发电设备本身还要大。

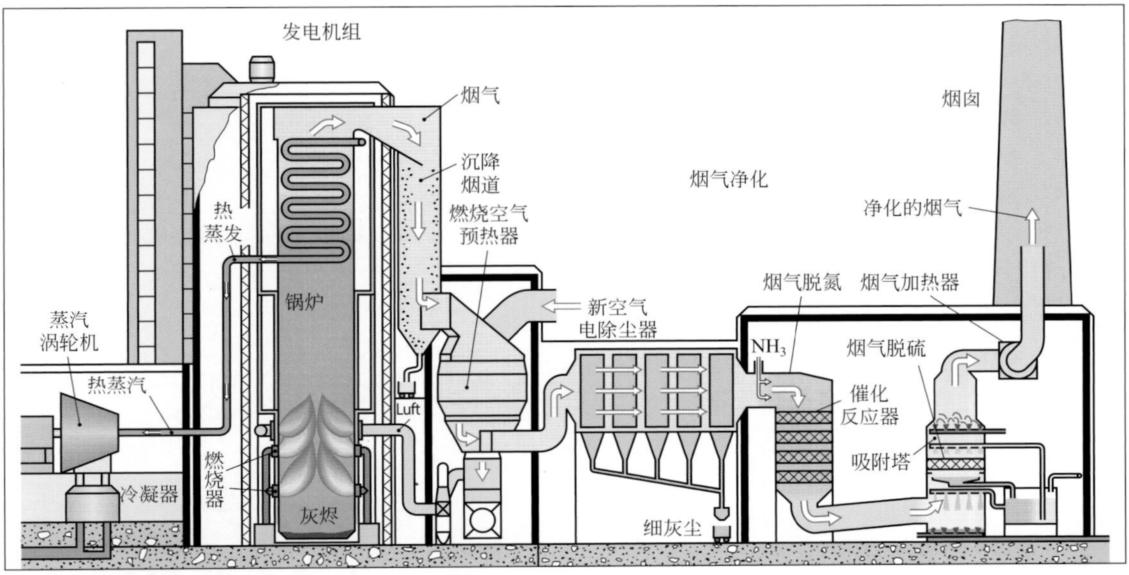

图 15-24：带烟气净化设备的热电机组

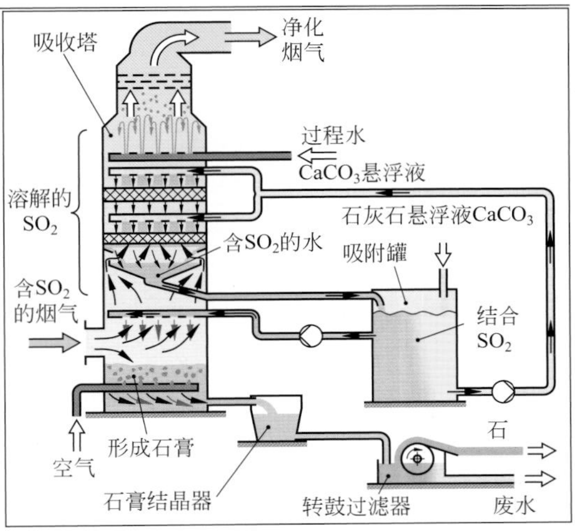

图 15-25：烟气脱硫

烟气净化从除尘开始。从锅炉流出的烟气首先进入沉降烟道中，在这里分离出大颗粒的灰尘。然后流过一个燃烧后的空气预热器，进入电除尘器中分离出细灰尘（图 15-24）。然后将除尘后的烟气送到后续的工序中进行化学净化。

在催化反应器中添加氨（NH_3）来对烟气进行脱氮，也就是去除氧化氮（NO_x），化学反应方程式为：

$$4NO + 4NH_3 + O_2 \xrightarrow[\text{催化剂}]{V_2O_5} 4N_2 \uparrow + 6H_2O \uparrow$$

然后在吸附塔中对烟气进行脱硫（**图 15-25**）。向上流动烟气中的 SO_2 溶解在喷入的过程水中，然后与加入的石灰石（$CaCO_3$）悬浮液混合。含 SO_2 的石灰水进入吸附罐中，SO_2 结合在碳酸钙（$CaCO_3$）上。将悬浮液送回到反应器的下部并吹入空气（O_2）形成石膏（$CaSO_4 \cdot 2H_2O$ ）以及二氧化碳（CO_2），反应方程式为：

$$2SO_2 + 2CaCO_3 + 4H_2O + O_2 \longrightarrow 2(CaSO_4 \cdot 2H_2O) \downarrow + 2CO_2 \uparrow$$

4 化工废固处理

化工废固（也称垃圾）可以理解为化工生产的剩余物，其既不能送回生产过程也不能通过加工继续使用。它们必须在回收厂进行材料上的或者能源上的回收再利用。

4.1 废物处理的法律规定

德国《循环经济和废物循环及处置法》提供了避免产生固体废物、固体废物回收利用和处理的法律框架。

其中，避免产生固体废物具有最优先的地位，第二位是在回收厂中进行材料上或者能源上的回收利用，最后一位才是环保回收剩余固体废物。

德国《垃圾目录条例》列出了固体废物的目录并根据其是否需要监控而划分了相应的等级。分为：

- 规定予以销毁的不需监控的垃圾。
- 规定继续使用的需要监控的垃圾。
- 需要专门进行监控的（有毒的和有害环境的）垃圾。

在《居民区垃圾技术指南》中规定了如何利用剩余固体废物以及对垃圾堆放和垃圾填埋的场地提出了要求。

4.2 垃圾的处理方法

垃圾的处理方法大多为热处理法，主要用于对不能避免的垃圾进行能量回收。

这种处理方法的最终产品是可堆放在垃圾场中的惰性渣和灰烬，以及燃烧后通过烟囱排放到大气中的无害气体。

垃圾焚烧

为了利用液体和固体垃圾的热量，通入大量空气进行焚烧是最常用的方法。

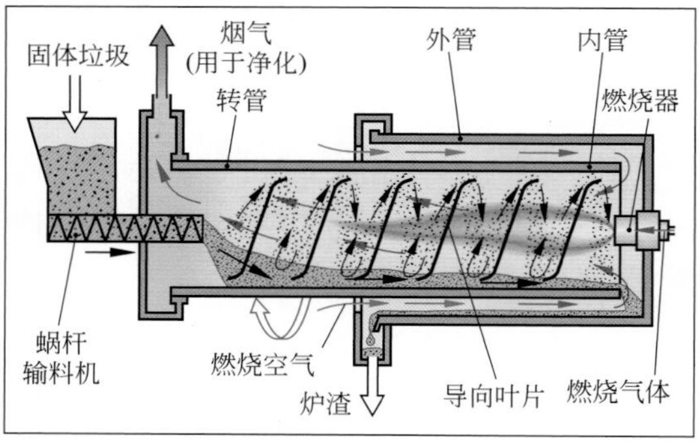

图 15-26：垃圾焚烧用回转炉

工厂的固体垃圾以及来自工业污水和城市污水处理设备的经过脱水、干燥的泥浆渣主要在回转炉内进行焚烧（**图 15-26**）。回转炉由一个缓慢转动的耐热钢制套管组成并带有耐火炉衬。垃圾从一侧加入，然后由导向叶片将其送到另一侧。在另一侧，燃烧器火焰点燃炉内物料，将其焚烧为炉渣和烟气。炉渣落到外管中并由导向叶片送至排出口。在环管间隙中加入燃烧所需的二次空气，空气在热炉壁上加热并被送到燃烧室内。烟气离开炉子，然后送入烟气净化设备中。

例如，带可燃成分的液态生产废物、悬浮液和粉尘会被送到旋风炉中进行焚烧（**图 15-27**）。热空气流从下方沿着切线送入燃烧室内并产生一个涡流的旋转气流。从上部喷入要燃烧的液体废物，空气与液体废物在炉内混合并燃烧。

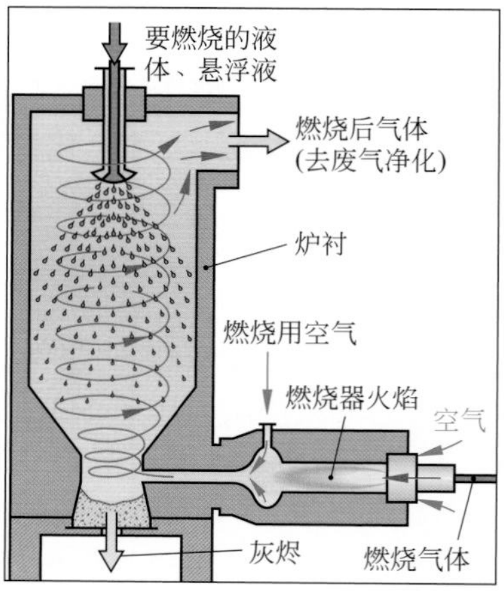

图 15-27：液体垃圾焚烧用的旋风炉

垃圾的热解

在密闭的情况下，对有机废物进行热分解称为热解，也称为低温干馏或者干馏。

例如在一个转管热解炉内对垃圾先进行热解，然后燃烧掉（**图 15-28**）。这种炉有两个室，一个用于热解，一个用于燃烧。热解炉所产生的热解气体和热解焦炭具有很高的热值。热解气体可以用作产生炉内温度的燃烧气体以及用于加热烟气的再燃烧室。热解焦炭用于维持燃烧室内的燃烧。因此垃圾热解和燃烧很大程度上不需要使用一次燃料（例如天然气）。

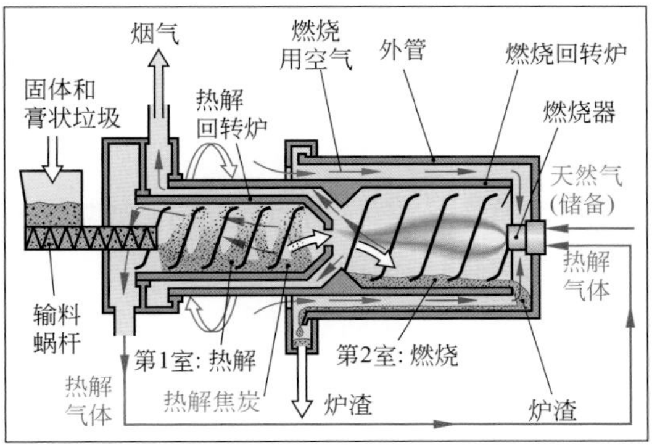

图 15-28：热解炉和燃烧炉

4.3 化工厂废固的回收处理

最常回收的固体垃圾是化工厂剩余废固以及污水厂的净化泥浆。它们在化工厂或者污水处理厂中累积起来并常常一起被送到热废物处理厂中进行焚烧（**图 15-29**）。

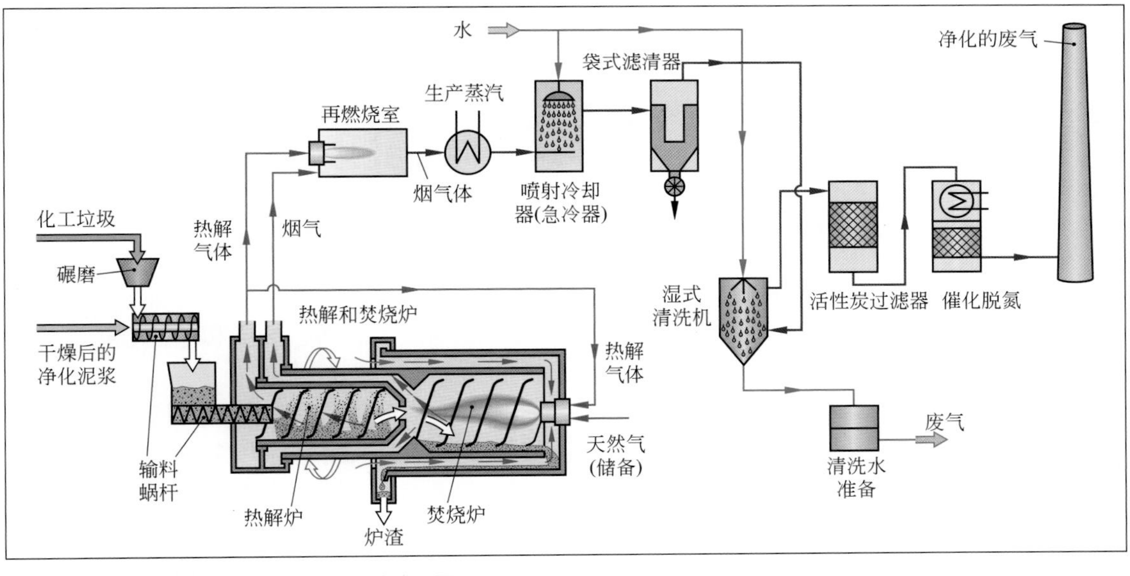

图 15-29：化工垃圾和净化泥浆焚烧系统流程图

固体垃圾粉碎后与干燥的净化泥浆一起送入热解炉和焚烧炉内。在这里首先对它们进行热解，然后进行焚烧。热解气体用于加热热解炉、焚烧炉和再燃烧室。烟气流过再燃烧室，在 1000℃的温度下将最后可燃烧的成分焚烧为低分子量的化合物：CO_2、H_2O、SO_2、NH_3、HCl、NO_x。从再燃烧室流出的热烟气中所携带的热量首先用于制造蒸汽，然后烟气流过一个多级气体净化器，分别由急冷器、袋式过滤器、湿式清洗机、活性炭过滤器和催化脱氮器组成。在活性炭过滤器中吸收掉烟气中所含有的二噁英和呋喃，并且在催化反应器中减少氧化氮气体 NO_x 的含量。剩余有害物质含量低于规定限值的净化废气可通过一个烟囱排到大气中。如果烟气含有大量 HCl 气体，便会在湿式清洗机中形成盐酸，可以对其进行加工并继续利用。

热解和焚烧组合对于高热值垃圾的处理非常有用，生成的热解气体可以加热热解炉、焚烧炉和再燃烧室，此外还能制造化工厂使用的热蒸汽。这意味着废物处理厂可以在很大程度上不需要使用其他能源（天然气或者燃料油）。

4.4 焚烧工业和城市垃圾的大型工厂

对于大型化工厂以及附近的大型城市来说，将化工垃圾和城市垃圾送到一个共用的回收厂中进行焚烧，从而利用其产生的热量常常是很好的解决方案。

因此要均衡不同垃圾的热值，使其在设备中能均匀地焚烧。

垃圾共同焚烧厂有一个带耐火炉衬的回转炉燃烧室，另外还有一个再燃烧室（**图 15-30**）。

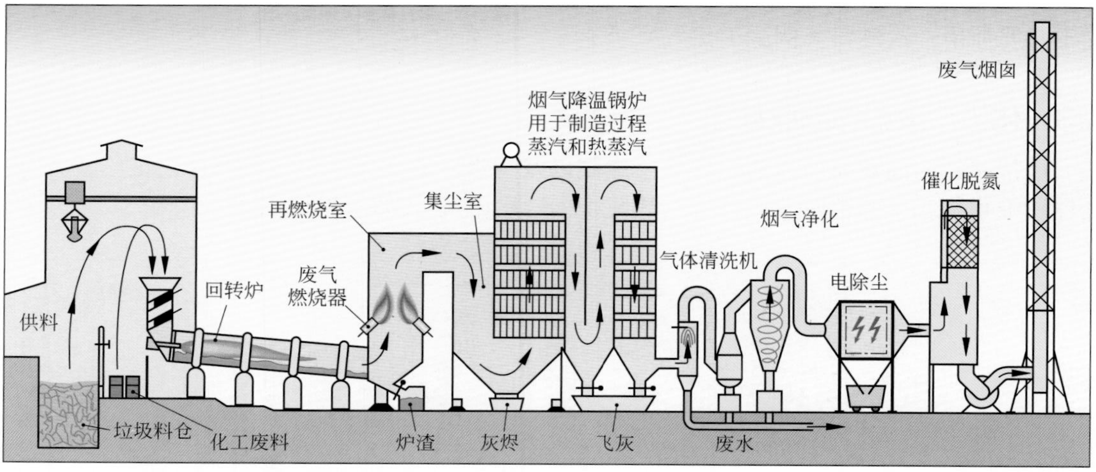

图 15-30：工业和城市垃圾公用的焚烧厂

固态的、膏状的和液态的化工废物收集在薄膜袋、桶和罐中，并与垃圾正确配比和混合后送入回转炉内，在 1000 ～ 1200℃的温度下将其焚烧为液态的熔融炉渣和烟气。炉渣流到水池中凝固为玻璃状的灰渣块。

回转炉内产生的烟气进入再燃烧室中。此外，用可燃的废气和液态的废物加热再燃烧室，使其温度达到 1400℃左右。在这里将残留气体、可燃的灰尘颗粒和炭黑焚烧为低分子量的化合物：CO_2、H_2O、SO_2、NO_x、NH_3、HCl 等。高毒性的物质，例如二噁英和呋喃，也会以 ppm 的浓度产生。

从再燃烧室出来的热烟气会通过一个集尘室进入降温锅炉内，在这里将热烟气的热量传递到热蒸汽上，同时热烟气降温到约 300℃。

然后烟气流过一个多级废气净化设备，包括急冷器、酸性和碱性的涤气装置、旋风分离器（粗尘分离）、静电除尘设备（细灰尘分离），以及催化脱氮设备。在脱氮设备中降低焚烧炉尤其是燃烧室内所形成的氧化氮的比例并除去可能包含的二噁英和呋喃。然后通过一个烟囱，将净化后的废气排到大气中。

总而言之，在气体净化设备中要将气体有害物质分离，直至达到相关法规所允许的数值为止。只有使用上述多级废气净化设备才能达到排放所要求的极限值。

回转炉所产生的灰烬、炉渣以及烟气除尘设备所产生的飞灰要存放在垃圾场中，或者存放于废弃的矿坑。烟气净化设备所产生的废水送入废水净化设备中。

4.5 存放在专用垃圾填埋场

根据垃圾目录规定（第 560 页），不需要监控的不可燃化学废固、含有化学品的土方以及来自锅炉的炉渣和灰烬要存放在专用的垃圾填埋场中。

垃圾填埋场是指垃圾的存放地点，其不得危害周围环境。在垃圾填埋场不进行销毁式的回收处理。

垃圾填埋场的主要问题是如何避免污染地下水。因此专用垃圾填埋场的选址要恰当，且其地面由黏土或者陶土组成，从而天然地与地下水隔离开。

在建造专用垃圾填埋场时，在平整的地面上另外盖上一层特殊的不透水黏土层（约 100cm 厚），然后在上面铺上一层层的塑料厚薄膜（约 3mm）并把它们组合到一起（**图 15-31**）。

在密封膜上铺一层砾石沙，沙中铺设渗透水排水管。在砾石沙层上再盖上一层吸水的石灰残留物（70cm），然后在其上方堆放垃圾。地面隔水层朝四周边缘的高度越来越高，从而垃圾填埋场形成一个槽形（**图 15-32**）。从垃圾中释放出的渗漏水和雨水汇集在排水管中并通过一个抽水管抽出。将这些水收集在罐中，然后在废水净化设备中进行处理（第 559 页）。

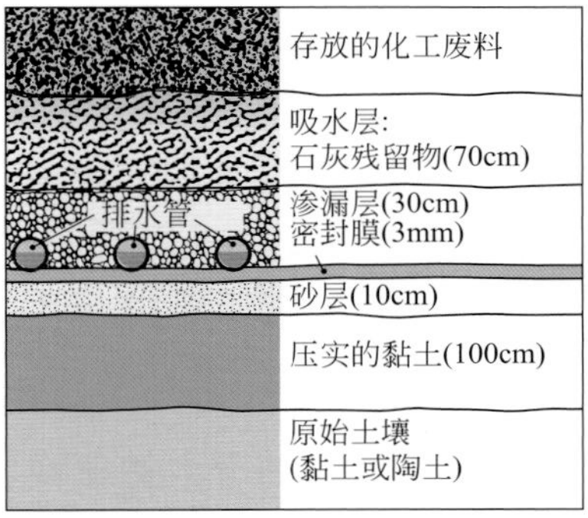

图 15-31：专用垃圾填埋场的地面隔离

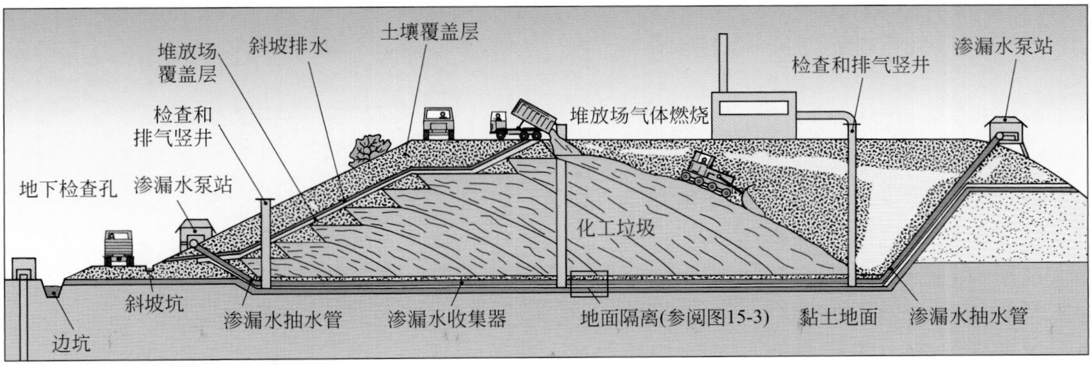

图 15-32：专用垃圾填埋场的剖面图

当垃圾填满场地后，用土方盖住垃圾顶部，然后铺上一层不透水的黏土层和一层气密薄膜，盖上表土并进行绿化。

在垃圾场四周挖掘一些地下水井，由官方部门对地下水进行抽样化验。用这种方式可及时发现地下水是否发生污染。

垃圾场中堆放的垃圾将经受自然老化和分解的过程。所经历的化学和生物化学过程可能将垃圾堆升温到 80℃。有机垃圾生成低分子量的裂解产物，如 CO_2、CH_4、NH_3、H_2S 等并从垃圾堆中释放出来。它们通过排气井溢出，将其烧掉或者用于发电。

在专用垃圾填埋场，不允许堆放的东西有：

- 高毒性的垃圾
- 释放有毒气体的垃圾
- 易于爆炸的垃圾
- 液体和膏状垃圾

高毒性的垃圾应放到钢制桶中，然后存放到废弃矿坑或受监控的地下垃圾填埋场中。其他的垃圾必须在垃圾处理厂中进一步处理并转换为可以在垃圾场中堆放的垃圾。

5 生产一体化的环保

在传统的环保工作中，将环保重点放在废水和废气的处理设施以及回收设备上。这些措施被称为附加环保。

相反，集成在化工生产过程中的环保致力于优化生产过程或复合式生产过程中的化工技术和工艺水平。从而将生产过程对环境所产生的影响降到最低。此过程也称为生产一体化的环保。

复合式生产由多个相互补充的生产过程组成。它们不必直接相关，而是可以分别在不同的化工厂内进行。

集成在生产中的环保是利用所有化学、物理、生物和工艺技术方法来将垃圾数量、所耗费的能源和对环境的影响降低到最小。

相关过程改善的范围从各个过程步骤的优化到整个工艺过程的完全更改，直至为达到此目的而建立新的生产过程（**图 15-33**，图上部）。

具体来说有：

- 借助新的合成方法或者使用高效催化净化器改善化学过程从而减少或者避免产生剩余物。
- 替换有害物质。
- 在复合式生产过程中将剩余物用于其他生产过程。
- 对设备和控制技术进行优化。
- 利用废热。
- 通过燃烧剩余废料来产生能量。

在生产一体化的环保框架内，只有尝试过所有避免产生剩余物、减少剩余物或者利用剩余物的方法后，才回收处理留下的剩余物，包括废气和废水净化（图 15-33，图下部）。

充分利用生产一体化的环保方法可显著减少所要回收的化工废物数量。从而各个化工厂可降低其废物回收处理的成本并减少缴纳排污法所规定的空气排放和污水排放的费用。

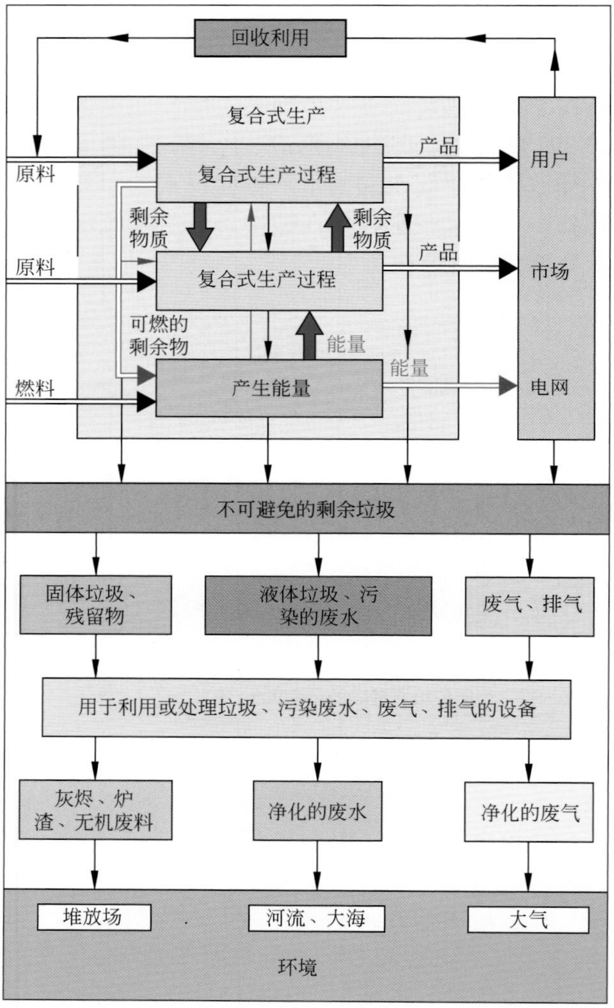

图 15-33：生产一体化的环保（示意图）

生产一体化的环保措施举例：组合式回收处理净化污泥和氯代烃化合物废固

很多化工厂在进行废水净化时都会产生净化污泥。在另一些化工厂内，会产生残余的氯代烃化合物。到目前为止，净化污泥和残余的氯代烃化合物分别在单独的设备中进行焚烧处理。但这种利用方法不尽如人意，因为潮湿的净化污泥（60% 的残留水）自身不容易燃烧，而燃烧残留的氯代烃化合物不值得使用昂贵的气体净化设备，但是如果不使用这样的净化设备就无法达到排放标准（第 563 页）。

将两个回收处理任务结合起来，可以在生产一体化的环保措施工艺中获得一个成本低并达到排放要求的回收处理方法。

净化泥渣在多层炉内热解或者燃烧，然后在再燃烧室内燃烧氯代烃化合物，接着其热量用于制造过程蒸汽，最后进入废气净化设备进行处理是工艺技术层面最有益的解决方案（**图 15-34**）。

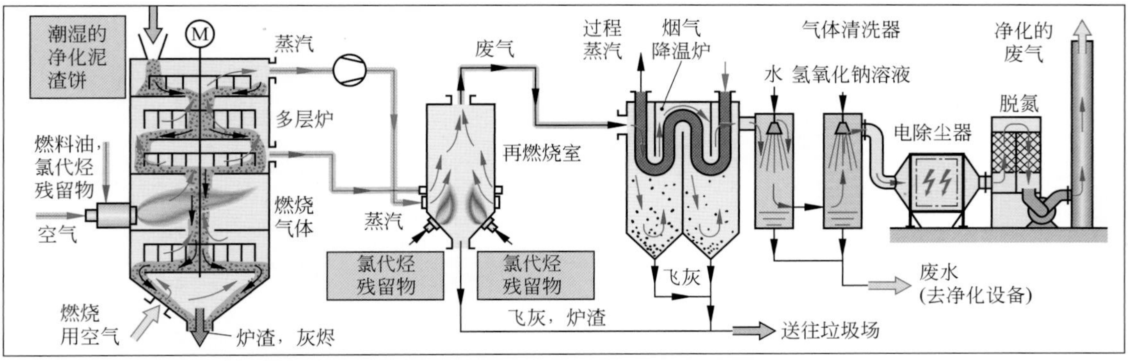

图 15-34：组合式净化污泥和氯代烃残留物焚烧设备

潮湿的净化泥渣饼（60% 的水分）从上部送入多层炉中，在这里进行干燥并被加热。同时湿气会产生蒸汽，其中包含净化泥浆中易挥发的有机成分。在多层炉的中部区域，首先热解掉落下的泥浆，然后在 800 ～ 1000℃的温度下燃烧。此时会产生热的燃烧气体，然后将其送到再燃烧室中并在这里与蒸汽一起继续燃烧。在多层炉的下部，借助下落的净化泥浆热灰烬预热燃烧用的空气。

将多层炉的蒸汽和燃烧后气体送入再燃烧室中。在这里通过燃烧掉液态的含氯代烃化合物的废固将混合废气加热到 1200℃左右。此时所有的有机成分和含氯代烃化合物废固都会完全燃烧为 CO_2、H_2O、Cl_2 和 HCl。由于高温，燃烧后的气体中含有一定比例的 NO_x。

再燃烧室燃烧后的热气体送入一个降温锅炉中。在这里根据化工厂的需要，将气体用于（例如）制造过程蒸汽，同时气体因一部分热量被抽走而冷却到 300℃左右。

然后，燃烧后的气体流过一个多级的废气净化设备，分别进行气体清洗除尘和除去 NO_x（脱氮），确保达到处理厂的废气排放限值要求。

复习题

1. 处理厂的烟气要经过哪些净化阶段？
2. 请说明转盘吸附器的结构和工作方式。
3. 大型锅炉设备的烟气脱硫系统是如何工作的？
4. 相对于焚烧，对有机废物进行热解有哪些优点？
5. 化工垃圾和生活垃圾一起燃烧有哪些优点？
6. 专用垃圾填埋场如何避免污染地下水？
7. 哪些废固不能堆放在专用垃圾填埋场中？
8. 如何理解生产一体化的环保？

根据文化部长联席会议（KMK）框架教学计划和本书内容，建议化学技术员职业培训必修的学习领域。

学习领域	化学技术框架教学计划的目标说明	化学技术框架教学计划的内容	内容对应的页码
学习领域 1 物质的结合与反应	学生要能够计划简单混合物质的工作流程； 学生会选用所需的装置； 学生会制备混合物质	搅拌器，混合器 封闭混合器 质量，体积，物质量 密度 体积测量 天平	1 ～ 7 100, 101 303 ～ 306 261 ～ 263 245 ～ 252 261 ～ 263
学习领域 2 分离和提纯物质系统	学生根据不同的物质量确定合适的分离工艺； 确定混合物分离的工作步骤； 合理地使用能源载体； 了解工作安全，健康保护和环境保护方面的各种规定	碾碎固体 机械分离工艺的原理 分类 分级，沉淀 过滤 加热，冷却 能量转换 气体使用 热和物理化学分离工艺的原理 危险物质，工作安全 防护装备，故障情况 对空气、水和土壤的污染问题	291 ～ 300 351 ～ 353 354 ～ 358 362 ～ 363 319 ～ 323 325 ～ 330 97 ～ 99 396 ～ 399 458 ～ 462 126 ～ 137 550 ～ 551
学习领域 3 获取生产设备中的物质参数和物质状态	学生要选用工艺相关的工艺参数并用测量装置获取这些工艺参数； 在选择和使用工艺参数时学生要考虑电流的作用和企业的实际情况	直流电和交流电的电参数 对电流危险的防护措施 获取测量值 采集物理参数的测量装置的测量原理	138 ～ 145 146 ～ 150 226, 227 228 ～ 258
学习领域 4 在生产过程中操作和维护工具	学生要了解生产设施中的物质流和能量流； 学生能选用合适的输送系统，对其进行操作和维修； 学生能采取措施防止泄漏、磨损和锈蚀； 学生能进行简单的维修； 学生能通过加工半成品制造简单的部件； 学生能将设备零件与管道连接起来并安装上合适的截止阀； 学生能记录维修措施的内容	基础流程图，工艺流程图，管道流程图和仪表流程图 EMSR 部位标记 危险物质符号 管道，密封件 连接件，补偿器 阀门 仓储装置 材料和材料特性 机器和装置的部件 部件的加工和连接 维修化学设备 机器和装置部件的防腐蚀	106 ～ 115 258 96 8 ～ 23 36 ～ 42 24 ～ 35 43 ～ 64 80 ～ 97 180 ～ 200 165 ～ 181 104, 105 172 ～ 177 116 ～ 120, 224, 225, 203 ～ 212, 212 ～ 219 165 ～ 171 151 ～ 181
学习领域 5 控制和记录各种过程	学生能测量物理参数，能选用测量装置并进行操作； 学生能记录测量到的各种参数，能对过程管理、质量保障和环境保护方面的数据进行评价； 了解控制回路中的各种元件的功能	温度，压力，物质质量，体积流量，液位的测量装置 数据记录，表格、图表的保存 控制回路的建立和描述 确保控制装置的安全 EMSR- 标记字幕	226 ～ 253 在 *TECHNISCHE MATHEMATIK FÜR CHEMIEBERUFE* 书中的页码 41 ～ 65 480 ～ 481 27 ～ 31 258, 484, 485

续表

学习领域	化学技术框架教学计划的目标说明	化学技术框架教学计划的内容	内容对应的页码
学习领域 6 用热工艺分离各种物质系统	学生通过再结晶提纯固体并干燥产物； 能同时考虑工作安全、环境保护的规定和经济性方面的问题； 能进行过程内控制，检查产品质量	能源载体 传热装置 固体的可溶性 再结晶设备 固体干燥器 吸附剂 确定纯度 物质有害健康的特性和易爆性	325 ～ 326 331 ～ 344 417 418 ～ 424 397 ～ 409 390 ～ 392 268 ～ 281 130 ～ 136, 121 ～ 129
学习领域 7 使用和处理各种有机基础化学品	学生能够说出有机基础化学品的化学名称并分出物质类别； 了解有机化学品及其特性和潜在危险； 能运用物质分离或者合成有机化合物的知识	有机物质类别：烷，烯烃，炔烃，卤代烷烃，醇，酮，醛，羧酸，酯，苯 有机物的命名，化学式和结构式，官能团类别和特性，取代、加成和消除反应 标准转换计算，化学品危险符号	学习领域 7 的内容包含在 *CHEMIE FÜR SCHULE UND BERUF* 这本书中。页码页：186 ～ 217
学习领域 8 含量控制和质量检查	学生要确定物质特性，分析结果并进行讨论； 选用合适的测量方法并按照规定提取试样； 通过色谱和分光光度法来确定含量； 使用 IT 系统来记录测量值并进行分析和归档	取样的方法和装置 确定分析方法 确定产品特性 测量性质和成分的电子方法 气体和液体的分析方法：色谱法，红外线法 记录分析结果并确定质量	259 281, 283 259 ～ 280 271 ～ 276 277 ～ 281 282 ～ 288
学习领域 9 机械分离混合物质	学生能选择分离混合物时所需的工艺和装置，能操作混合物； 学生能在分离时确保过程安全可靠，能注意工作安全，保护好自己的健康并保护环境； 学生能发现分离过程中的异常并在出现问题时采取措施予以排除	固体分离的工艺：分拣，分级，沉淀 过滤，离心分离 乳液的分离：滗析，离心分离，超滤	349 351 ～ 353 354 ～ 358 359 ～ 361 362 ～ 367 368 ～ 373 374, 375
学习领域 10 通过蒸馏分离混合物	学生能通过蒸馏分离物质混合物； 学生能了解蒸馏装置是如何运作的； 同时他们要考虑工作安全、环境保护的规定和企业的经济效益； 学生能进行过程控制； 学生能排除出现的问题； 学生能检查产品质量	二元物质系统的直流电蒸馏 能源载体 沸点 用于蒸馏的设备零件 热交换器 冷凝器 确定纯度	410 ～ 416 424 ～ 432 325 ～ 330 321 ～ 324 338 ～ 340 341 ～ 342 271 ～ 280
学习领域 11 通过精馏分离混合物	学生能通过精馏分离物质混合物； 学生能注意生态和经济效益； 学生能确定工艺中可能出现的异常的原因并采取措施予以排除； 学生能使用分析程序确定产品的质量	液体混合物热分离的物理原理 理想和实际液体混合物 共沸混合物 精馏塔 塔中的物质交换和能量交换 精馏段和提馏段 回流比，分离级数 精馏工艺 合理使用能源 测量点和过程管理 精馏时使用的 EMSR 技术	424 ～ 427 420 450 ～ 453 435 ～ 439 433, 434 442 ～ 447 437 446 ～ 454 455 440 ～ 443 498 ～ 504
学习领域 12 工业化生产产品	学生要了解工艺，以便工业化生产基础化学品和其后续产品； 学生能了解反应条件和操作条件； 学生能了解基础化工产品对一个国家经济的重要性	无机产品 有机产品 聚合产品 工业生产工艺中的反应和反应条件 化学反应和反应条件	学习领域 12 的内容包含在 *CHEMIE FÜR SCHULE UND BERUF* 书中。页码：124 ～ 167 218 ～ 230 244 ～ 249 231 ～ 233 在本书中。页码：538 ～ 544

续表

学习领域	化学技术框架教学计划的目标说明	化学技术框架教学计划的内容	内容对应的页码
学习领域 13 对各种过程施加影响	学生能按要求干预生产过程； 学生能管理一个过程的过程参数； 学生能测定过程数据； 学生能通过控制系统和管理系统将过程参数联系起来； 学生能对控制装置和管理装置进行配置和设置参数； 学生能对过程管理，质量保障，工作安全和环境保护方面所获得的数据进行评判	工艺技术设备中的信号 转换器，变换器，换热器 调节装置 逻辑开关 调节回路 稳定控制器和非稳定控制器 调节特征 控制技术 过程管理系统的结构，作用原理和操作方法 生产一体化的环境保护	227, 228, 229 ～ 254 255 ～ 262, 271 ～ 281 14 ～ 28 480, 481, 505 ～ 511 482 ～ 491 492 ～ 495 496 ～ 504 505 ～ 519 522 ～ 537 566 ～ 571
学习领域 14 实施和监督生产 过程	学生能描述生产过程和所使用的设备零件； 学生能启动或者停止设备，并在出现问题时采取措施予以排除； 学生能计划生产过程并记录整个过程	化学反应：反应工艺，影响反应的各种参数 反应器 非连续性和连续生产流程 P & ID 流程图 质量保障	538 ～ 549 540 ～ 547 539 ～ 543 106 ～ 115 282 ～ 289

根据文化部长联席会议（KMK）框架教学计划和本书内容，建议化学技术员职业培训选修的学习领域。

说明：根据职业培训中选修单元的规定，在第 3 和第 4 个培训年度要从 10 个选修领域中选择 3 个选修领域并予以学习。

选修学习领域	化学技术框架教学计划的目标说明	化学技术框架教学计划的内容	内容对应的页码
选修学习领域 1 利用热工艺处理各种物质系统	学生能选用热处理、物理化学处理工艺和物质系统所需的装置； 学生能使用产品控制所需的分析方法； 学生能发现问题并予以排除； 学生能遵守工作安全、设备安全、保护健康和环境保护方面的规定	物理化学处理工艺： 提取固体 溶剂萃取 薄膜分离工艺 干燥工艺和设备 用于产生低温的工艺和设备 健康保护和环境保护	456 457 ～ 463 464 ～ 468 473 ～ 479 397 ～ 409 407, 408 130 ～ 137, 550 ～ 571
选修学习领域 2 机械加工物质系统	学生要对物质进行破碎，挑选和分级； 学生能检查物质的特性和颗粒大小； 学生能通过除尘清洁气体	机械破碎工艺和破碎设备 挑选，分级 采集破碎参数（粒度分析） 气体除尘 设备安全性 空气净化	291 ～ 300 349 ～ 358 265 ～ 270 382 ～ 383 121 ～ 125 563 ～ 565
选修学习领域 3 物质的混合	学生能制作混合物； 学生能说明设置搅拌影响参数的理由； 学生能运行搅拌设备并根据工作要求进行改装	结块，造粒，模压，烧结 溶解，分散，均质 搅拌器，搅拌装置，搅动器，混合设备 电动机，机器元件 高压搅拌器 气动搅拌 捏合，固体混合 输送固体	303 ～ 306 314, 315 307 ～ 314 149 ～ 162, 165 ～ 175 544 ～ 545 315, 316 317 ～ 320 80 ～ 89

续表

选修学习领域	化学技术框架教学计划的目标说明	化学技术框架教学计划的内容	内容对应的页码
选修学习领域 4 对生产和加工过程进行规划并将设备投入运行	在规划生产过程中学生也参与进来； 学生能考虑法律规定； 学生能试运行设备或者参与运行设备； 学生能选用测量装置进行过程内检查并使用这些装置确保设备安全； 学生能操作自动化系统； 学生能借助控制和管理装置优化设备功能流程	工艺技术设备安全的标准和法律规定 环境规定 P&ID 流程图 操作和通过过程管理系统，确保设备安全 备用件储备，订单处理 试运行和关闭设备零件 过程控制的基本元素 产品检查的规定	121 ～ 125, 96, 97 551, 552, 563, 566 106 ～ 115 524 ～ 537 116 ～ 120, 536, 537 50 ～ 56 231, 235, 243, 247, 500 ～ 504 275 ～ 280, 287 ～ 290
选修学习领域 5 操作和维护自动化系统	学生能操作自动化系统； 学生能观察功能流程，干预控制和调节循环并优化参数； 学生能对气动和液压系统进行功能检查； 学生能巡查和维护制压设备并遵守检查规定和安全规定； 学生能排除可能的故障	控制系统的功能图，流程图 调节回路 故障报告，警报和事件表 气动和液压信号处理 气动调节系统，工作系统和输送系统 液压调节、升降和输送系统 维护计划以及检查规定和安全规定	505 ～ 511, 482 ～ 504 286 ～ 290 536, 537 27, 67 ～ 71, 180, 181 74 ～ 90, 83, 84, 89, 315, 316, 330, 355, 356 27, 59, 62 ～ 64, 178, 179 116 ～ 125, 537
选修学习领域 6 工作时进行分析和加工物质	学生能选择前端检查、过程中检查、末端检查的分析方法并予以使用； 学生能优化生产过程； 学生能了解废水处理和废物处理的设备； 学生在避免产生废物方面要参与进来； 学生能测量废水和废气的排放量； 学生能了解环保法的基本知识	分析方法的工作原理和使用领域 分析设备的结构 环保法的规定 水处理 污水处理 废气处理 废物处理 废物再利用 文本处理，电子表格	271 ～ 281 271 ～ 281 552, 552 469 ～ 472 553 ～ 562 376 ～ 395 563 ～ 565, 566 ～ 571 570, 571 其他包含在 *TECHNISCHE MATHEMATIK FÜR CHEMIEBERUFE* 这本书中，页码 55 ～ 68
选修学习领域 7 储存和运输物质	学生要组织物料和产品的运输； 学生要选择输送和仓储装置； 学生能描述物料流； 学生能操作物质的输送系统和仓储系统； 学生能对管道系统进行更换维修； 学生能确保反应物质和产品的可用性	物流：管理，电子数据处理系统 运输：固体，散料，液体，气体物质 存储设备：固体，液体，气体，运输和仓储货物的安全规定和环保规定	80 ～ 89, 43 ～ 64, 65 ～ 73 90 ～ 92, 92 ～ 95, 97 ～ 99 96, 97, 116, 126, 130, 569

续表

选修学习领域	化学技术框架教学计划的目标说明	化学技术框架教学计划的内容	内容对应的页码
选修学习领域 8 用生物技术方法获得产品	学生能进行生物技术和细胞培养技术工作； 学生能了解相应的法律规定； 学生能监控整个生物技术过程； 学生能加工处理发酵产品	生物和基因技术产品的细胞类型 基因技术 基因技术法，生物制剂条例，GLP 和 GMP 规定 生物技术过程 生物反应器 发酵技术 细菌和酵母的大规模培养 设备消毒 生物和基因工程废物处理	在本书中没有与生物技术相关的内容 这些内容包含在 *BIOLOGIE UND BIOTECHNIK* 这本欧版书中
选修学习领域 9 在生产设备上进行电子技术工作	学生要了解交流电电路中的电子参数的关系并能够进行测量； 在使用 5 项安全规定的情况下，学生要选用主电路和控制电路的组件； 学生要建立电动机的电路并将电动机投入运行； 学生能建立控制系统的电路； 学生能检查电子保护装置； 学生能遵守电气防爆规定	直流电电路和交流电电路中的电压，电流强度，电阻和功率 接线板，开关，保险丝，继电器，保护器 电动机，铭牌，电机保护 电子保护装置的功能 爆炸类别，区域划分，温度级别，防点燃类别	138 ～ 150, 151 ～ 156 147, 148 151 ～ 155, 156 148 ～ 150, 156 96, 121 ～ 125, 137, 129
选修学习领域 10 发展国际技能	学生能搜索外语信息的来源； 学生能通过外语了解职业相关的信息； 学生能了解另一个国家职业和日常生活中的文化和政治情况	基础外语知识 外语信息源：制造商说明书，试验说明书，装置和设备的说明 另一个国家的政治、文化和地理特点：风俗，宗教，国体	在本书中专业领域方面用英语列举了重要的专业术语

致谢

本书作者和 Europa-Lehrmittel 出版社诚挚感谢参与本书编写、印刷和出版的公司和机构。感谢他们为本书提供宣传册和印刷字体，感谢他们为本书提出的宝贵建议和信息以及图片资料复印许可。

以上条件大大提高了本书的技术现代性，所附图片为清晰地解释文本内容做出了重要贡献。

在此，特别感谢公司和机构的各位同事以及企业界和职业学校的专家，感谢他们参与本书选材和内容设计的讨论并提出了宝贵的建议。

图片来源列表

ABB Automation Products, Mannheim
Agilent Technologies Deutschland GmbH, Waldbronn
Albert Richter GmbH, Schloß Holte-Stukenbrock
Alfa Laval GmbH, Glinde
Allgaier Werke GmbH, Uhingen
Arbeitsgemeinschaft Deutsche Kunststoffindustrie, Frankfurt
BASF AG, Ludwigshafen
Bayer AG, Leverkusen
BBC AG, Mannheim
Berufsgenossenschaft Rohstoffe und chemische Industrie, Heidelberg
Berufsgenossenschaftliches Institut für Arbeitsschutz, St. Augustin
BHS Entstaubungstechnik GmbH Peißenberg
Bokela GmbH, Karlsruhe
Bornemann Pumps, Obernkirchen
Bopp & Reuther, Speyer
Böhler Schweißtechnik, Düsseldorf
Borsig Membrane Technology Rheinfelden
Bosch-Rexroth, Lohr am Main
BP Deutschland AG, Hamburg
Busch GmbH, Maulburg
Buss-SMS – Verfahrenstechnik, Butzbach
Bürkle GmbH, Lörrach
Butting GmbH, Knesebach
Degussa (vorm. Chemische Werke Hüls), Marl
Christ Gefriertrocknungsanlagen, Osterode
Christ GOEMA GmbH, Vaihingen
Continental Disc Deutschland, Kerschenbroich
Cyclo-Getriebebau Lorenz Barren GmbH Markt Indersdorf
Demag Prokorny, Frankfurt
Degussa AG, Frankfurt
Deutsches Kupfer Institut, Berlin
Deutscher Stahlbauverband, Köln
Dow Chemical Deutschland, Stade
Dräger Safety AG, Lübeck
DSD Industrieanlagen, Saarlouis
Eckardt AG Mess- und Prozessleittechnik Stuttgart
Eberhard Bauer GmbH, Esslingen
Eisenmann Maschinenbau KG, Böblingen
EN BW AG, Stuttgart
Endress & Hauser, Weil am Rhein
EKATO Rühr- und Mischtechnik, Schopfheim
Ellerwerk Maschinenfarbrik, Hamburg
Famat SA, St. Sulpice/Schweiz
Felten & Guillaume, Nordenham
Ferrum Zentrifugentechnik GmbH Rupperswil/Schweiz
Flender AG, Bocholt
Flexicon Corporation, Thun/Schweiz
Fluke GmbH, Kassel
FMW Fördertechnik GmbH, Wilhelmshafen
Fonds der chemischen Industrie, Frankfurt
Freudenberg Process Seals, Viernheim
Friatec-Rheinhütte GmbH, Wiesbaden
Fristam-Pumpen KG, Hamburg
Fronius GmbH, Wels-Thalheim/Österreich
GEA-Canzler GmbH, Düren
GEA Westphalia Separator, Oelde
Gebr. Becker GmbH, Wuppertal
Gildemeister AG, Bielefeld
Girard Industries, North Eldridge/England
GKSS-Forschungszentrum, Geesthacht
Hahn & Kolb GmbH, Stuttgart
Harzer Apparatebau Werke, Bockenem

Hecht Anlagenbau GmbH, Pfaffenhofen
Heine Zentrifugen GmbH, Viersen
Heinrich Kopp AG, Kahl
Heller Werkzeugfabrik, Bremen
Herrman Waldner GmbH, Wangen
Hillesheim GmbH, Waghäusel
Sanofi-Aventis (vorm. Hoechst AG), Hoechst
Hosokawa-Alpine GmbH, Augsburg
Hottinger Baldwin Messtechnik, Darmstadt
Indramat GmbH, Lohr
Informationsstelle Edelstahl Rostfrei, Düsseldorf
Institut für Werkstoffkunde und Schweißtechnik Hamburg
Iscar Hartmetall, Ettlingen
I.S.T. Molchtechnik GmbH, Hamburg
ITT Richter Chemie Technik, Kempen
G.A. Kiesel GmbH, Heilbronn
Kobold Messring GmbH, Hofheim
Konus Kessel GmbH, Bietigheim
Krauss-Maffei Verfahrenstechnik, München
Krautkrämer GmbH, Köln
Krohne Messtechnik GmbH, Duisburg
KSB AG, Frankenthal
KSB AG, Pegnitz
Lechler Chemie GmbH, Stuttgart
Lewa, Herbert Ott GmbH, Leonberg
Leypold Vakuum GmbH, Köln
Loos International GmbH, Gunzenhausen
Mannesmann AG Hartmann & Braun Frankfurt
MAN GHH, Duisburg
Mapress GmbH, Langenfeld
Mettler-Toledo GmbH, Gießen
MFL-Prüf- und Messsysteme, Mannheim
Nabertherm Industrieofenbau, Liliental
Nash Elno-Industries, Nürnberg
Netsch Gerätebau, Selb
Netsch-Condux Mahltechnik, Hanau
A. Nussbaumer AG, Düdingen
MIRO AG (vorm. OMW AG), Karlsruhe
Pfaudler Werke GmbH, Schwetzingen
Pfeiffer Chemiearmaturen, Kempen
Pfeiffer Vakuum GmbH, Asslar
Pigted Ltd, Chesterfield/England
Polytec GmbH, Waldbronn
ProConVal GmbH, Bad Schwalbach
Profi-Mess GmbH, Bremerhaven
Rathmann GmbH, Koblenz
Raytek GmbH, Berlin
Reotest Medingen GmbH, Ottendorf-Okrilla
Retsch GmbH, Haan
RMG Messtechnik, Butzbach
Rittal GmbH, Herborn
Salzgitter AG, Peine
Sartorius AG, Göttingen
Schleicher GmbH, Berlin
Schmersal GmbH, Wuppertal
Schott Glaswerke GmbH, Mainz
Schott-Instrumente GmbH, Mainz
Schrader Fahrzeugbau GmbH, Beckum
Schrader Verfahrenstechnik, Ennigerloh
Sero Pump Systems GmbH, Meckesheim
SEW Eurodrive, Bruchsal
SiCast Minearalguss, Witten-Annen
Siebtechnik GmbH, Mülheim
Siemens AG, Erlangen
Siemens AG, Karlsruhe
SGL-Carbon AG, Meitingen
Stahl-Informations-Zentrum, Düsseldorf
Salzgitter AG, Salzgitter
Sulzer AG, Wintherthur/Schweiz
Sulzer Chemtech GmbH, Linden/Schweiz
Systerra Computer, Wiesbaden
Thyssen AG, Düsseldorf
Thyssen Krupp-Uhde GmbH, Düsseldorf
Uhde GmbH, Dortmund
Verband der chemischen Industrie e. V. Frankfurt
Verein Deutscher Nickelwerke, Schwerte

Vereinigte Füllkörper Fabriken Ransbach-Baumbach
Voest Alpine AG, Linz/Österreich
Vogel Pumpen, Stockerau/Österreich
Wacker Chemie AG, Burghausen
Water Technology Sachsen, Hilbersdorf
Weidling & Sohn, Münster
Werner & Pfleiderer GmbH, Stuttgart
Widmann & Sohn GmbH Mannheim
Zeta Holding, Tobelbad/Österreich
Zinkberatung e. V., Düsseldorf
Ziehl – Abegg, Künzelsau